Axel Schulz, Uwe Weithöner,
Roman Egger, Robert Goecke (Hrsg.)
eTourismus: Prozesse und Systeme

Lehr- und Handbücher zu Tourismus, Verkehr und Freizeit

Herausgegeben von Univ.-Prof. Dr. Walter Freyer

Bisher erschienene Titel:

Agricola: Freizeit
Althof: Incoming-Tourismus
Arlt, Freyer: Deutschland als Reiseziel chinesischer Touristen
Bastian, Born, Dreyer: Kundenorientierung im Touristikmanagement
Bieger, Beritelli: Management von Destinationen
Bochert: Tourismus in der Marktwirtschaft
Conrady, Fichert, Sterzenbach: Luftverkehr
Dörnberg, Freyer, Sülberg: Reiseveranstalter-Management
Dreyer: Kulturtourismus
Dreyer, Dreyer, Obieglo: Krisenmanagement im Tourismus
Dreyer, Dehner: Kundenzufriedenheit im Tourismus
Dreyer, Krüger: Sporttourismus
Finger-Benoit, Gayler: Animation im Urlaub
Freericks, Hartmann, Stecker: Freizeitwissenschaft
Freyer: Pompl, Reisebüro-Management
Freyer: Tourismus
Freyer: Tourismus-Marketing
Groß, Stengel: Mietfahrzeuge im Tourismus
Günter: Handbuch für Studienreiseleiter
Henselek: Hotelmanagement
Illing: Gesundheitstourismus
Kaspar: Management der Verkehrsunternehmungen
Krüger, Dreyer: Sportmanagement
Landgrebe: Internationaler Tourismus
Landgrebe, Schnell: Städtetourismus
Müller: Tourismus und Ökologie
Pompl, Lieb: Qualitätsmanagement im Tourismus
Schreiber: Kongresse, Tagungen und Events
Schulz, Baumann, Wiedenmann: Flughafen Management
Schulz, Weithöner, Egger, Goecke: eTourismus
Schulz, Auer: Kreuzfahrten und Schiffsverkehr im Tourismus
Schulz: Verkehrsträger im Tourismus
Steinbach: Tourismus
Thimm, Freyer: Indien-Tourismus

eTourismus: Prozesse und Systeme

Informationsmanagement im Tourismus

2. Auflage

Herausgegeben von Prof. Dr. Axel Schulz,
Prof. Dr. Uwe Weithöner, Prof. Dr. Roman Egger
und Prof. Dr. Robert Goecke

DE GRUYTER
OLDENBOURG

ISBN 978-3-486-75428-5
e-ISBN (PDF) 978-3-486-85840-2
e-ISBN (EPUB) 978-3-11-039901-1
ISSN 2190-2909

Library of Congress Cataloging-in-Publication Data
A CIP catalog record for this book has been applied for at the Library of Congress.

Bibliografische Information der Deutschen Nationalbibliothek
Die Deutsche Nationalbibliothek verzeichnet diese Publikation in der Deutschen Nationalbibliografie; detaillierte bibliografische Daten sind im Internet über http://dnb.dnb.de abrufbar.

Coverabbildung: www.thinkstockphotos.de
Druck und Bindung: CPI books GmbH, Leck
♾ Gedruckt auf säurefreiem Papier

www.degruyter.com

Vorwort zur zweiten Auflage

Vier Jahre liegen zwischen beiden Auflagen des vorliegenden Werkes. In der IT-Branche kann ein Zeithorizont von vier Jahren mehreren Technologiesprüngen entsprechen. Dementsprechend beinhaltet die Neuauflage nicht nur eine einfache Weiterschreibung des Bisherigen, sondern in Teilbereichen eine vollständige Neukonzeption.

Ausgehend von der Wertschöpfungskette haben wir zudem einen Paradigmenwechsel vollzogen. Während in der ersten Auflage der Ausgangspunkt der Betrachtung die Leistungsanbieter mit ihren spezifischen Tourismusprodukten (Flug, Flughäfen, Hotel – und Gastronomie, Bahn sowie Reiseveranstalter) waren, haben wir in der zweiten Auflage den Fokus der Betrachtung verändert.

In der heutigen nachfrageorientierten Dekade ist die Stellung der Produzenten unstrittig, allerdings ist die Leistungsfähigkeit und Innovationsfreude bei diesen propritären IT-Systemwelten eingeschränkt. Häufig werden dort nur XML-Schnittstellen zur Verfügung gestellt und innovative Konzepte werden mit Hilfe serviceorientierte Architekturen (SOA), kleinen agilen Unternehmen und kundenorientierten Lösungsansätzen verwirklicht. Aus diesem Grunde ist die in diesem Werk verwendete prozessorientierte Sichtweise der Leistungsanbieter relativ statisch. Die dynamischen Verändungen sind in anderen Bereichen zu beobachten.

Der Fokus der Betrachtung liegt heute auf den letzten Gliedern der ursprünglichen Wertschöpfungskette: Marketing & Vertrieb sowie Kundenservice.Wir haben uns daher entschlossen, die touristische Wertschöpfungskette (Leistungsanbieter, Reisemittler, Endkunden sowie übergreifende Marketingmanagementsysteme) umzudrehen und unseren Fokus verstärkt auf kundenorientierten eTourismus zu legen.

Schliesslich wurde auch unsere Internetseite **http://www.tourismus-it.de** in letzten Jahren stark nachgefragt, und auch sie wird entsprechend der neuen Struktur angepasst. Auch für die 2. Auflage gilt, dass die genannten Unternehmen, Dienste und Produkte lediglich als Beispiele zur Erläuterung dienen. Sie stellen weder eine vollständige Angebotsübersicht noch eine Wertung oder Empfehlung der Autoren dar. Entsprechend des in Abschnitt 1.3 dargestellten Vorgehensmodells muss jedes eTourism Projekt individuell geeignete Systeme, Dienste und Anbieter recherchieren und nach projektspezifischen Kriterien auswählen.

Weiterhin gilt der herzliche Dank unseren Partnern und Familien, die unsere Arbeit an diesem Werk wieder mit Aufmunterung, konstruktiver Kritik und viel Geduld begleitet haben.

Kempten, Wilhelmshaven, Salzburg und München im November 2014

Axel Schulz, Uwe Weithöner,
Roman Egger, Robert Goecke

Vorwort zur ersten Auflage

Das letzte deutschsprachige Lehrbuch, das eine zusammenhängende Darstellung der Informationstechnik im Tourismus beinhaltete, wurde 1996 unter dem Titel *Tourismus und EDV* von Axel Schulz, Klaus Frank und Erwin Seitz veröffentlicht. Es hat in der Lehre eine weite Verbreitung gefunden und zeigte bereits 1996 anhand von Beispielen die großen Potentiale des Internet für den Tourismus. Nun, mehr als 12 Jahre später, hat das Internet tatsächlich sowohl die IT-Landschaft als auch den Reisevertrieb und die Reiseproduktion nachhaltig verändert.

Die aktuell in allen Sektoren der Branche vorzufindende Symbiose aus bewährten Legacy-Systemen und innovativen Systemen und Diensten zeichnet sich neben den zahlreichen nutzbringenden neuen Möglichkeiten und Wahloptionen auch durch eine hohe Komplexität der Materie aus. Die regelmäßigen Treffen der praxisorientierten nationalen Branchenforen der Messen ITB und Hogatec sowie des FVW-Kongresses und der forschungsorientierten internationale ENTER Konferenzen belegen, wie ungebrochen dynamisch sich die verschiedenen Felder der IT-Systeme im Tourismus weiterentwickeln und wie vielfältig und unüberschaubar die Auswirkungen, Querbeziehungen und Konvergenzen z. B. zu Suchmaschinen, Navigationssystemen oder Mobilfunk-Applikationen angrenzender Branchen sind. Dies alles hat das Informationsmanagement nicht einfacher gemacht, und selbst Experten haben heute mehr denn je Mühe angesichts der Fülle an echten und vermeintlichen Neuheiten und Entscheidungsoptionen im Hyperwettbewerb nicht die Übersicht zu verlieren.

Gerade das Internet liefert sowohl den Studierenden als auch den Praktikern eine nie dagewesene Menge von wertvollen Informationen über diverse Produkte, Dienste und deren aktuelle Weiterentwicklung. Aus unserer Sicht ist es nun an der Zeit, die vielen einzelnen Entwicklungen der letzten Jahre erneut in einen Gesamtzusammenhang zu stellen und sowohl unseren Studierenden wie auch den Praktikern in den Betrieben das notwendige und im Internet eher schwer zu findende Zusammenhangswissen in Buchform zum Einlesen und zum Nachschlagen anzubieten. Schnell stellte sich jedoch während der Vorbereitung dieses Buches heraus, dass es unmöglich ist, alle wichtigen Aspekte von nur drei Autoren in einem Buch darzustellen. Wir konnten eine gute Auswahl hervorragender Experten, Praktiker und Anwender gewinnen, die in ihren Beiträgen aus unserer Sicht wesentliche und – wo Vollständigkeit nicht möglich war – zumindest typische Aspekte des Informationsmanagement im Tourismus beleuchten. Neben den eher der verallgemeinernden Strukturierung der komplexen Applikationslandschaften dienenden Lehrbeiträge finden sich einige der Veranschaulichung und nicht als wertende Firmen- oder Produktempfehlungen gedachte Fall- und Praxisbeispiele. In ihnen soll den Lesern ein exemplarischer Eindruck von den Arbeitsabläufen und der Systembedienung gegeben werden. Auch die anderen in diesem Werk genannten Firmen, Produkte und Dienste dienen ausschließlich als Belege und Beispiele für die vorgetragenen Thesen und Funktionen. Als Beispiele sind sie angesichts des großen und sich mit rasantem Fortschritt weiterentwickelnden Angebotes nicht vollständig aufzählbar. Es gibt viele weitere Produkte und Anbieter im In- und Ausland, die – auch wenn sie hier zufällig nicht genannt sind – genauso gut oder sogar besser für den konkreten Anwendungsfall geeignet sein können. Auch lässt sich manches System aufgrund seiner vielen unterschiedlichen Funktionen durchaus mehreren Systemkategorien gleichzeitig einordnen, was ebenfalls in diesem Buch trotz aller Sorgfalt grundsätzlich weder eindeutig noch vollständig wiedergegeben werden kann. Gemäß unserem im ersten Kapitel vorgestellten Vorgehensmodell zur Systemauswahl empfehlen wir daher jedem Anwender, sich stets vor der Beschaffung einer Anwendung immer über die aktuell und für seine spezifische Situation passenden Angebote neu und detailliert zu informieren. Am besten sind für solche Recherchen neben dem Internet und den immer wieder zu bestimmten Produktkategorien erscheinenden Studien der Marktforschung und der Fachpresse die einschlägigen Branchen-Messen und auch die Erfahrungen und Referenzen anderer vergleichbarer Anwender geeignet. Das vorliegende Buch ist für diesen Zweck ausdrücklich nicht geeignet, da wir keine der nur als Beispiele genannten Produkte und Dienste systematisch getestet oder bewertet haben. Trotz sorgfältiger wiederholter Recherchen auf Basis der veröffentlichten Angaben der Anbieter kann daher für keine der gemachten Aussagen zu Produkten, Diensten oder Anbietern eine Gewähr oder Haftung übernommen werden. Die einzelnen Beiträge sind so mit Definitionen, Erklärungen und Literaturangaben versehen, dass sie nicht unbedingt nacheinander sondern auch in beliebiger Reihenfolge oder einzeln gelesen bzw. in voneinander unabhängigen Unterrichtsmodulen isoliert behandelt werden können. Das erste Kapitel sowie die zusammenfassenden Kapitel-Einleitungen und Querverweise in den Beiträgen sollen dabei die Zusammenhänge der verschiedenen Beiträge transparent machen. Das umfangreiche Stichwortverzeichnis am Ende hilft dem Leser schließlich alle Beiträge und Fundstellen zu identifizieren, die z. B. ein bestimmtes System oder Konzept behandeln.

Mit einem eigenen Webauftritt zum Buch wollen wir unseren Lesern zum einen weitere Fall- und Praxisbeispiele und zum anderen auch zusätzliche Beiträge über bisher nicht behandelte oder in den nächsten Jahren neu entstehende Entwicklungen bereitstellen. Er ist im Internet unter **http://www.tourismus-it.de** abrufbar.

Zu danken haben wir neben dem Oldenbourg Verlag und Herrn Prof. Dr. Walter Freyer als Herausgeber dieser Reihe auch unserem Lektor Herrn Dr. Schechler und der Herstellerin Frau Voit. Besonders verdient gemacht haben sich auch unsere Studentischen Hilfskräfte, die uns bei unseren redaktionellen Tätigkeiten hervorragend unterstützt haben.

Ein herzlicher Dank gilt unseren Partnern und Familien, die unsere Arbeit an diesem Werk mit Aufmunterung, konstruktiver Kritik und viel Geduld begleitet haben.

Kempten, Wilhelmshaven und München im März 2010

Axel Schulz
Uwe Weithöner
Robert Goecke

Inhaltsverzeichnis

1 Einführung

Die Organisation einer Reise und auch das Reisen selbst sind immer mit besonderen Informations- und Kommunikationsbedürfnissen über räumliche Distanzen hinweg verbunden. Entsprechend stellt der Tourismussektor mit seinen verschiedenen Teilbranchen von jeher besondere Anforderungen an das persönliche und betriebliche Informationsmanagement, die immer wieder sowohl zu Innovationen der Informationstechnik als auch zu entscheidenden Verbesserungen und Neuerungen der touristischen Leistungsangebote geführt haben.

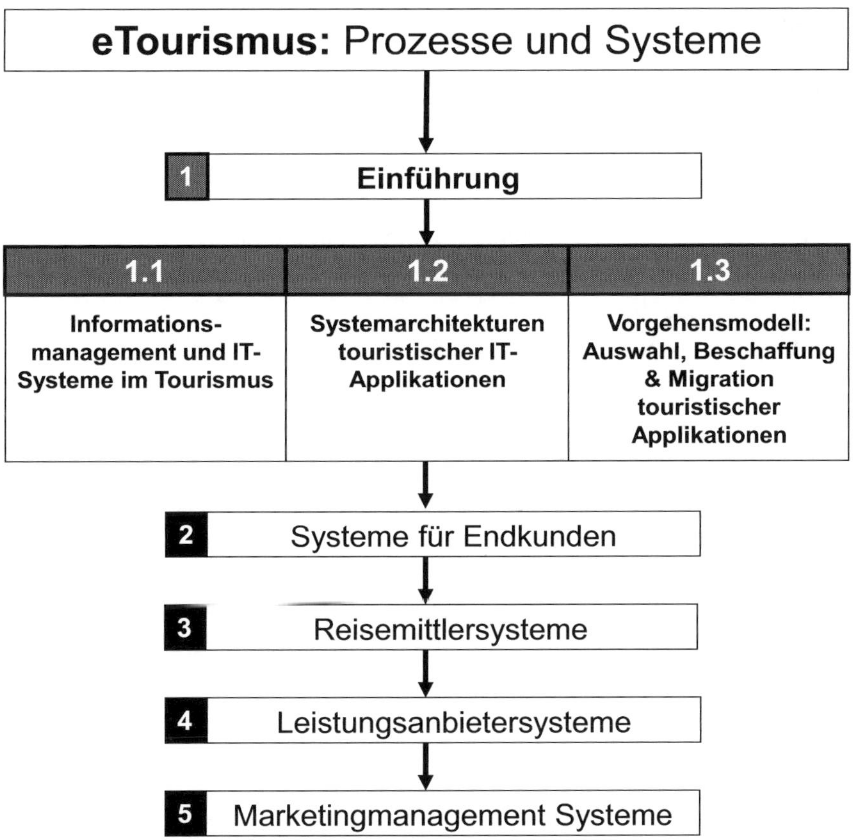

Abb. 1.1 *Überblick Einführung*

Airline-Computer-Reservierungssysteme gehören beispielsweise zu den ersten Systemen der kommerziellen Datenverarbeitung und waren mit ihrer Weiterentwicklung zu Global Distribution Systems Vorreiter für die heute auch in anderen Branchen anzutreffenden global vernetzten Informations- und Kommunikationssysteme. Zur Vereinfachung der Zahlung für Restaurantkunden und Geschäftsreisende wurden die Kreditkarten-Systeme mit ihren weltweit vernetzten Akzeptanzstellen entwickelt, und auch im E-Commerce zählt der Verkauf von touristischen Leistungen über Internetportale nicht nur zu den umsatzstärksten, sondern auch zu den technisch besonders anspruchsvollen Entwicklungsfeldern. Mit dem E-Commerce ist für den Tourismus auch das Dynamic Packaging als neue Form der kundenindividuellen Reiseproduktion (vgl. Reichwald/Piller 2009) entstanden. Schließlich sind touristische Anwendungen für Geo-Informationssysteme, mobile Endgeräte und soziale Netzwerke seit Jahren ein wichtiges Forschungsfeld. Auch hier stellt der Tourismus einerseits besondere Anforderungen und erhält andererseits durch diese Innovationen auch aktuell wieder entscheidende Impulse für die eigene Weiterentwicklung.

Bevor in den Kapiteln 2 bis 5 dieses Buches die aktuellen Formen des Einsatzes von Informations- und Kommunikationssystemen in den verschiedenen Anwendungsfeldern des Tourismus systematisch an vielen Beispielen dargestellt werden, sollen in diesem ersten Kapitel die elementaren Grundstrukturen und einige Grundbegriffe erläutert werden (vgl. Abbildung 1.1):

Kapitel 1.1. führt in wichtige Begriffe des Informationsmanagements ein. Es werden die touristischen Anwendungsfelder strukturiert und die drei Perspektiven der Akteure, Prozesse und Systeme vorgestellt, aus denen heraus das Informationsmanagement im Tourismus betrachtet wird.

Kapitel 1.2 dient der Erläuterung und Bewertung der in vielen Beiträgen dieses Buches erwähnten technischen Anwendungs-Architekturen in ihrer historischen Entwicklung. Sie sind nicht tourismus-spezifisch, werden aber an Beispiel-Anwendungen aus dem Tourismus erläutert.

Kapitel 1.3 schlägt für Tourismusunternehmen ein generisches Vorgehensmodell zur Auswahl, Beschaffung und Migration touristischer IT-Applikationen vor. Es geht unter anderem auf die wichtigsten Aspekte der Anwendungsentwicklung und des Anwendungsbetriebs ein.

Damit sind die notwendigen begrifflichen und theoretischen Grundlagen gelegt, um in den nachfolgenden Kapiteln die Beschreibungen der typischen Prozesse, Systemlandschaften und Funktionen zu verstehen, die in den zahlreichen touristischen Anwendungsfeldern auftreten.

1.1 Informationsmanagement und IT-Systeme im Tourismus

Der Tourismus beinhaltet verschiedene Branchen, und man kann allgemein in der touristischen Wertschöpfungskette sehr grob folgende Wertschöpfungsstufen und zugrundeliegende Geschäftsmodelle unterscheiden:

1. Reisende **Endkunden** sind die Personen, die entweder alleine oder in der Gruppe eine Urlaubs- oder Geschäftsreise unternehmen und die Leistungen der Leistungsanbieter in Anspruch nehmen. Unternehmen, welche die Dienstreisen für ihre Mitarbeiter bezahlen, sind zwar zu den Kunden der Tourismusbranche zu zählen. Ihre Firmenreisestellen sind aber mit dem Geschäftsreisemanagement betraut, organisieren wie ein Veranstalter Events, kaufen in großem Stil Reiseleistungen von Reisemittlern und Leistungsträgern ein und steuern die Nachfrage und das Angebot nach Reiseleistungen in ihrem Unternehmen – z. T. über eigene Reiseportale für ihre Mitarbeiter – wie ein Reisemittler. Wir behandeln sie wegen ihres Tätigkeitsspektrums eher als speziellen unternehmensinternen Reisemittler, der auch als Eigenveranstalter (z. B. Vertriebstagungen, Kundenveranstaltungen etc.) auftritt.

2. **Reisemittler** vermitteln dem Kunden in dessen Auftrag gegen eine Gebühr (Service Fees, Buchungsgebühren etc.) Leistungen der Leistungsanbieter, oder sie vermitteln umgekehrt den Leistungsanbietern gegen Provision als Handelsvertreter Kunden. Als Händler können sie z. B. Flugtickets zu Nettopreisen von einem sogenannten Consolidator beziehen und verkaufen diese mit einem individuellen Zuschlag an ihre Kunden weiter. *Consolidator* nennt man Großhändler, die den Leistungsträgern große Kontingente an Flügen und z. T. auch Bettenkapazitäten abnehmen und diese weiterverkaufen. Klassische Reisemittler sind die Reisebüros, die auf Urlaubs- oder Geschäftsreisen spezialisiert sein können. Seit der Einführung der Internet-Reiseportale unterscheidet man *stationäre Reisebüros* (Offline – Ladengeschäft/ Reisebüro) und *Online-Reisebüros* (virtueller Reisemittler – Webshop). Beide setzen auch *Call-Center* ein. *Tourismusorganisationen* der Destinationen bewerben und vermitteln ebenfalls die Leistungsangebote ihrer jeweiligen Region und können auch zu den Mittlern gezählt werden, selbst wenn sie gegebenenfalls als staatliche oder halbstaatliche Organisationen durch Subventionen anstelle von Provisionen finanziert werden.

3. **Leistungsanbieter** sind die *originären Leistungsträger*, die Transport-, Transfer-, Beherbergungs-, Gastronomieleistungen, Events, Attraktionen, Führungen, Wellness-Anwendungen etc. produzieren bzw. bereitstellen und die *Veranstalter*, welche die Leistungen der originären Leistungsträger zu Pauschalreisen bündeln, und das Gesamtangebot gegenüber dem Endkunden verantworten bzw. sichern. Zu den Leistungsanbietern kann man zudem die *Reiseversicherungen* zählen. Sie versichern verschiedene Risiken einer Reise gegen eine Versicherungsprämie. Leistungsanbieter vertreiben ihre Leistungen direkt oder über Reisemittler an die Endkunden.

Die oben beschriebenen drei Wertschöpfungsstufen können auch noch beliebig feiner untergliedert werden, z. B. durch Trennung von originären Leistungsträgern und Veranstaltern oder durch Trennung der Reisemittler (Broker, Agents) von den Händlern (Merchants) und den Tourismusorganisationen (vgl. z. B. Buhalis 2003 oder Mundt 2013).

1.1.1 IT-Systeme in der touristischen Wertschöpfungskette aus Anwendersicht

Für unser Ziel der Betrachtung des Informationsmanagements im Tourismus, und hier insbesondere einer systematischen Darstellung der in den verschiedenen Wertschöpfungsstufen eingesetzten IT-Systeme, ist die zweigliedrige Wertschöpfungsstruktur mit dem reisenden Endkunden als Konsument der in den beiden vorgelagerten Stufen produzierten und an ihn vermittelten Leistungen gut geeignet.

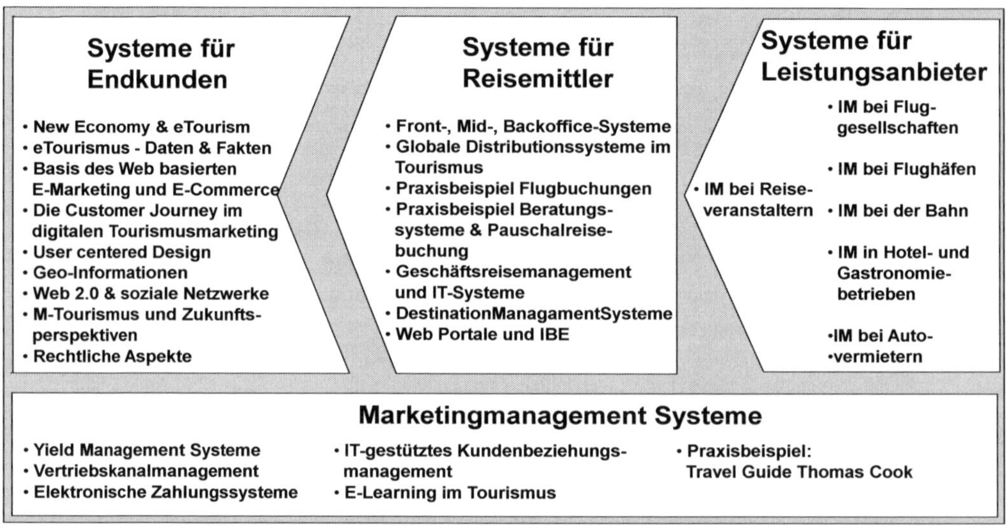

Abb. 1.1.1 *IT-Systeme in verschiedenen Stufen der touristischen Wertschöpfung bzw. des touristischen Konsums*

Als Informationsmanagement wollen wir die organisatorische und technische Gestaltung der Systeme der Informations- und Kommunikations- und Medientechnik bezeichnen, mit dem Ziel der effizienten und effektiven Informationsversorgung und Koordination aller Akteure in den Prozessen der touristischen Wertschöpfung und des Konsums touristischer Leistungen durch den Endkunden (zum IM vgl. auch Krcmar 2011) Bei letzterem ist zusätzlich das Kundenbedürfnis nach Interaktion und multimedial vermittelter Unterhaltung (Entertainment, z. B. TV im Hotelzimmer, Handy-Chat am Strand etc.) zu befriedigen. Die zugrundeliegenden technischen Systeme werden im internationalen angelsächsisch geprägten Sprachgebrauch zumeist auch als *Information Technology* (IT) bzw. *IT-Systeme* bezeichnet, was hier ebenfalls sowohl die Informations- als auch die Kommunikations- und Medientechnologien beinhaltet (vgl. Zerdick/Picot/Schrape et al. 2001 und Picot/Reichwald/Wigand 2008).

Herausforderungen für das Informationsmanagement ergeben sich zum einen innerhalb der Betriebe, z. B. der Leistungsträger, zur optimalen Koordination und Allokation ihrer knappen Ressourcen: Speziell im Tourismus ist hierbei das durch die Nicht-Lagerbarkeit von Dienstleistungen bedingte Problem des unwiederbringlichen Verfalls einer typischerweise zu hohen Fixkosten vorgehaltenen Leistung, wenn diese vom Kunden nicht zum vereinbarten Bereitstellungstermin in Anspruch genommen wird. Beispiele sind die Platzkapazitäten von Restaurants und Veranstaltungen, die Bettenkapazitäten in Hotels oder die Sitzplätze in Linienfliegern und Zügen. Typisch für touristische Leistungsanbieter sind daher alle Informationssysteme, die mit der Planung und Zuteilung der knappen Leistungspotentiale (Inventar) an Kunden vor dem Leistungskonsum stehen, und die verallgemeinert als *Computer-Reservierungssysteme* (CRS) bezeichnet werden. Ist mit der Reservierung zusätzlich der Verkauf der Leistung verbunden, spricht man auch von *Buchungssystemen.* Diese sind auch das Rückgrat der Koordination des Vertriebs der touristischen Leistungen über die in der Fläche bzw. national und international verteilten Leistungsmittler.

Das Inventar der Leistungsträger für den Vertrieb über stationäre oder Online-Reisemittler regional, national oder international-global elektronisch buchbar zu machen, ist ebenfalls eine für den Tourismus typische Aufgabe der sogenannte *computergestützten Distributionssysteme.* Eine besondere Rolle spielen dabei die aus den frühen Airline-Reservierungssystemen entstandenen *Global Distribution Systems* (GDS). Sie haben in ihrer historischen Entwicklung Ausgliederungs-, Integrations- und Konzentrationsprozesse durchlaufen, die zur Übernahme von Distributionsdiensten auch für andere Leistungsträger und Veranstalter, zu oligopolistischen Strukturen mit Regulierungsbedarf und schließlich – mit den neuen strategischen Optionen des Internet für die Airlines und andere touristische Gründungsorganisationen – zu einer weitgehenden Unabhängigkeit von diesen führte. GDS werden deshalb bislang nicht selten als eigenständige Wertschöpfungsstufe in die touristische Wertkette eingeordnet (vgl. z. B. Buhalis 2003, S. 37): Über ihre Rolle als IT-Systembetreiber für Leistungsanbieter und Reisemittler hinaus haben sie letzteren viele Jahre lang provisionsartige Kick-Back-Fees bzw. Incentives für computergestützte Buchungen gewährt und neben der Technologie auch die Geschäftsmodelle der computergestützten Distribution mitgestaltet. Vor dem Hintergrund der kontroversen Diskussion zu diesem GDS-Geschäftsmodell im Jahr 2009 änderte sich dies jedoch. Zur ganzheitlichen Betrachtung der Distributionssysteme müssen daher neben den klassischen GDS, zu denen wir auch die oftmals in diese integrierten aber eher national geprägten klassischen touristischen Distributionsnetzwerke zwischen Veranstaltern und Reisemittlern zählen (vgl. Kap. 3 und 4.6), auch die durch das Internet neu entstandenen „Alternativen Internet-Distributionssysteme" (ADS/IDS) berücksichtigt werden. Sie können die GDS durch Direktverbindungen zu den Leistungsanbietern umgehen und machen z. T. als *Online Travel Agents (OTA)* auch den traditionellen Reisebüros Konkurrenz. ADS/IDS-Unternehmen stellen einerseits eine konkurrierende Alternative zu den GDS dar, sind für jene aber andererseits auch interessante Kunden, Kooperations- und Beteiligungspartner (vgl. VIR 2014). Mit dem Internet entstanden zudem neue Akteure wie Content-Aggregatoren, die vielfältige multimediale Informationen zu Reisezielen, Leistungsanbietern und Reisekatalogen sammeln und den Distributionssystemen elektronisch bereitstellen. Sie sind Grundlage für Internet-Angebots- und Preisvergleichssysteme, die den Vertrieb sowohl im Reisebüro als auch über die im Internet neu entstandenen *virtuellen Reisemittler* bzw. *Online-Reisebüros* durch allerlei multimediale Zusatzinformationen unterstützen. Wie verschiedene Beiträge dieses Buches zeigen, bieten die GDS-Konzerne in der letzten Zeit auch immer mehr touristische Anwendungen jenseits der Distributionsdienste an. Sie wandeln sich somit von Distributionssystemen mit vertikal-einstufiger Wertschöpfungsfunktion zu Technologie-/IT-Dienstleistern, Content Aggregatoren bzw. technischen E-Commerce-Plattformen mit horizontal-mehrstufigen Querschnittsfunktionen in einer immer stärker netzwerkartig organisierten touristischen Wertschöpfung. Dabei konkurrieren und kooperieren sie mit zahlreichen alten und neuen Akteuren aus der IT-Branche, der Medien-/Werbebranche und der Internet-New-Economy, wie z. B. Online-Reiseführern, (Reise-)Suchmaschinen oder Reise-Communities und Sozialen Netzwerken, die ebenfalls in diesem Buch vorgestellt werden. Diese Entwicklung wird umso stärker gefördert, je mehr die touristischen Leistungsanbieter die Distribution direkt über das Internet oder in Kooperation mit dem Handel und Neuen Medien reorganisieren und z. T. unter Umgehung der klassischen Distributionssysteme und Reisemittler den Endkunden Systeme bereitstellen, über die diese entweder am PC, am Automaten oder mit mobilen Endgeräten mit oder ohne weitere Intermediäre in *Selbstbedienung* buchen können. Weiter beschleunigt wird dieser Trend zu mehr Kanal-Vielfalt durch die Endkunden und ihr Bedürfnis, direkt über das Internet mit den touristischen Akteuren zu interagieren und über deren Angebote und ihre Urlaubserlebnisse öffentlich miteinander zu kommunizieren. Dabei finden die klassischen GDS-Unternehmen neue Geschäftsfelder, indem sie in Konkurrenz zu alten und neuen, mehr oder weniger touristisch spezialisierten IT-Dienstleistern und Aggregatoren die hierzu notwendigen neuen Internet-Dienste-Plattformen im Auftrag der Leistungsanbieter und deren Allianzen, manchmal auch im Auftrag von Reisemittlern bzw. deren Kooperationen entwickeln und betreiben.

Die vollständige Internet-Vernetzung von Reiseveranstaltern sowohl mit originären Leistungsträgern als auch mit Endkunden ermöglichte außer den Informationsmanagement-Innovationen in der Distribution auch Innovationen in der *Reiseproduktion* wie das dynamische Paketieren (*Dynamic Packaging*). Bei dieser automatisierten kundenindividuellen Reiseproduktion werden erst zum Zeitpunkt einer Kundenanfrage von sogenannte *virtuellen Veranstaltern* passende Transport- und Beherbergungsleistungen bei vernetzten Leistungsträgern angefragt, kombiniert, zu Tagespreisen kalkuliert und dem Kunden zur sofortigen Buchung angeboten. In den Buchbeiträgen wird dargestellt, wie neben den Veranstaltern auch die Destinationen mit ihren Destinationsportalen und mobilen ortsbezogenen Diensten immer stärker direkt den Endkunden adressieren. Tourismusspezifische Herausforderungen des Informationsmanagements sind dabei zum einen die möglichst anschauliche und passende Beschreibung des komplexen immateriellen Erlebnisproduktes Urlaubsreise und zum anderen die optimale Integration sämtlicher stationären und mobilen elektronischen Dienstangebote, die der Endkunde vor der Reise, auf der Reise und nach der Reise nutzt.

Während das Internet also einerseits in der Distribution zu einer Umgehung von Intermediären führt (Dis-Intermediation), entstehen andererseits für Leistungsträger, Veranstalter und Endkunden neue Systeme und Dienste, deren Anbieter durch Bereitstellung multimedialer Informationen oder Bewertungen zum Reiseprodukt als „neue Intermediäre“ Beiträge zur touristischen Wertschöpfung leisten (vgl. Zerdick et al. 2001, Buhalis 2003 und Berchtenbreiter/Goecke 2014). Daher ist es sinnvoll, die verschiedenen alten und neuen IT-Systeme und Dienste nicht trendabhängig als neue oder übergangene Stufen der touristischen Wert-

sichtlich ihrer Veränderung im Ablauf der unterstützten Geschäftsprozesse lassen sich bei betriebswirtschaftlichen Anwendungen Stammdaten, Bestandsdaten und Bewegungsdaten unterscheiden (vgl. Abbildung 1.1.3).

Physikalisch können die Programme und Daten bzw. die Objekte einer Anwendung beliebig auf verschiedene Hard-, Softwarekomponenten verteilt sein und sich zum Datenaustausch beliebiger Netzkomponenten bedienen. Während eine einfache PC-Computerkasse z. B. als Anwendung nur auf einem PC installiert ist, kann ein Hotelmanagement-System auf einen oder mehrere Server-Rechner und viele Client-PCs verteilt sein. Sowohl der Server-Rechner als auch die Client-PCs können zusätzlich noch weitere Anwendungen beherbergen (engl. Hosting), was eine effizientere Nutzung der systemnahen IT-Komponenten ermöglicht.

Stamm-/Grunddaten (master data) sind zustandsorientierte Daten, die der Identifikation, Klassifikation und Charakterisierung von Sachverhalten dienen und unverändert über einen längeren Zeitraum zur Verfügung stehen. Sie werden auch als *feste Daten* bezeichnet.

Beispiel: Personaldaten, Kundendaten, Artikeldaten, Adressen

Bewegungsdaten (transaction data) sind abwicklungsorientierte Daten, die immer wieder neu durch die betrieblichen Leistungsprozesse entstehen, die laufend in die Vorgänge der Datenverarbeitung einfließen und dabei eine Veränderung der Bestandsdaten bewirken.

Beispiel: Reservierung, Bestellung, Rechnungsposition, Buchung, Zahlung

Bestandsdaten (inventory data) sind – wie die Stammdaten – zustandsorientierte Daten, welche die betriebliche Mengen- und Wertestruktur kennzeichnen, und somit veränderbar. Sie unterliegen – anders als die Stammdaten – durch das Betriebsgeschehen einer systematischen Änderung, welche durch die Verarbeitung von Bewegungsdaten bewirkt wird.

Beispiel: Warenbestand, Zimmerbelegung, Kontostand

Abb. 1.1.3 *Unterscheidung von Daten entsprechend ihrer Veränderung im Geschäftsprozess in Stamm-, Bewegungs- und Bestandsdaten in betriebswirtschaftlichen Anwendungen. Quelle: Scheithauer 2005*

Größere Anwendungen können zudem aus einzelnen Teilanwendungen (Komponenten, Modulen) bestehen wie z. B. die Front-, Mid- und Backoffice-Module einer Reisebüro-Verkaufsplattform oder eines Hotelmanagement-Systems, die mehr oder weniger integriert auf gemeinsamen Datenbeständen arbeiten oder über gemeinsame Schnittstellen Daten austauschen. Oft können die einzelnen Module einer Anwendung auch einzeln beschafft oder nur selektiv genutzt werden. Verschiedene Anwendungen, z. B. ein Hotelmanagement-System und ein Kassensystem, können über mehr oder weniger standardisierte Schnittstellen Daten in festgelegten Formaten nach fest definierten Regeln (Protokollen) austauschen. Auf diese Weise werden Mehrfacherfassungen von Daten für verschiedene Anwendungen vermieden und der Datenaustausch kann durch Vernetzung verschiedener Anwendungen auch über große Entfernungen hinweg automatisiert und in Echtzeit erfolgen. Zudem ist es möglich, dass komplexe Funktionen einer Anwendung auch von anderen Anwendungen mitgenutzt werden.

In der moderneren objektorientierten Sichtweise werden daher die Daten einer Anwendung zusammen mit den problemspezifischen Funktionen zu ihrer Verarbeitung als integrierte Anwendungs-Objekte zusammengefasst, die den Anwendern, Programmierern und anderen Anwendungen als wohldefinierte Dienste zur Nutzung angeboten werden. Dies wird auf Anwendungsebene auch als objektorientierte Modellierung und Programmierung und auf Ebene der Vernetzung bzw. Integration verschiedener Einzelanwendungen als Service-orientierte-Architektur (SOA) bezeichnet.

IT-Applikations- oder **Anwendungslandschaft** (vgl. Keller 2012) nennt man die Gesamtheit der Anwendungen bzw. Applikationen, die ein Betrieb oder verschiedene Betriebe einer Branche in ihren Geschäfts- und Wertschöpfungsprozessen einsetzt. Sie kann veranschaulicht werden, indem man wie in Abbildung 1.1.2 die wichtigsten Anwendungen bzw. deren Funktionsmodule grafisch darstellt. Die Schnittstellen, über welche die einzelnen Anwendungen miteinander Daten austauschen, können durch Linien symbolisiert werden. Auf diese Weise erhält man eine grobe Übersicht über die Anwendungen und ihr Zusammenwirken bei der Unterstützung der verschiedenen Akteure in den Geschäftsprozessen. In mehreren Beiträgen dieses Buches haben wir von den konkreten und zumeist historisch gewachsenen Applikationslandschaften einzelner Betriebe abstrahiert und idealtypische Applikationslandschaften dargestellt, die der Veranschaulichung der für eine Branche typischen gemeinsamen Aspekte des Informationsmanagements dienen. Sie ermöglichen eine verallgemeinerte Beschreibung und systematische Einordnung touristischer Applikationen entsprechend ihrer Funktionen in den Geschäftsprozessen unter Vernachlässigung der zahlreichen unterschiedlichen produktspezifischen Ausprägungen. Diese generischen IT-Landschaften geben darüber Auskunft, welche Applikationen bzw. Dienste welchen Akteuren welche Funktionen und Informationen zur Unterstützung welcher Geschäftsaktivitäten typischerweise anbieten. In der Praxis sind die generischen Basisdienste und Funktionen immer dieselben, können aber durchaus anders auf verschiedene betriebs- und herstellerspezifische Applikationsprodukte verteilt sein. Beispielsweise kann in Abbildung 4.3.1 des Kapitels 4.3 eine Anwendung zum Kundenbeziehungsmanagement (CRM-System) in einem Hotelbetrieb wie dargestellt ein typisches Zusatzmodul des Hotelmanagement-Systems sein. Es kann aber auch dem zentralen Reservierungssystem (CRS) der Hotelkette oder Kooperation zugeordnet sein, oder es ist eine Einzelanwendung, die mit den beiden anderen Systemen Daten über eine Schnittstelle austauscht. Entsprechend sind auch die Schnittstellen in einer generischen Applikationslandschaft nur idealtypische Verbindungen, die im konkreten Fall auch über andere technische Wege oder durch händischen Datenaustausch realisiert sein können. Sie werden, wenn sie seltener vorkommen, auch durch gestrichelte Linien dargestellt.

1.2 Systemarchitekturen touristischer IT-Applikationen

Der Fokus aller folgenden Buchbeiträge liegt auf der Anwendungsebene und den Funktionen der IT-Applikationen im Tourismus. Man kann jedoch die wesentlichen Entwicklungslinien der EDV im Tourismus nicht nachvollziehen, wenn man die historische Entwicklung der den Informationssystemen zugrundeliegenden anwendungsunabhängigen Systemarchitekturen nicht berücksichtigt. Bis heute finden sich in den touristischen Applikationslandschaften Systeme aller verschiedenen Architekturvarianten mit ihren spezifischen Vor- und Nachteilen für die Nutzung und den Betrieb. Dies muss beim Informationsmanagement berücksichtigt werden, insbesondere wenn alte Systeme mit neuen Systemen integriert oder durch diese weiterentwickelt oder abgelöst (migriert) werden sollen.

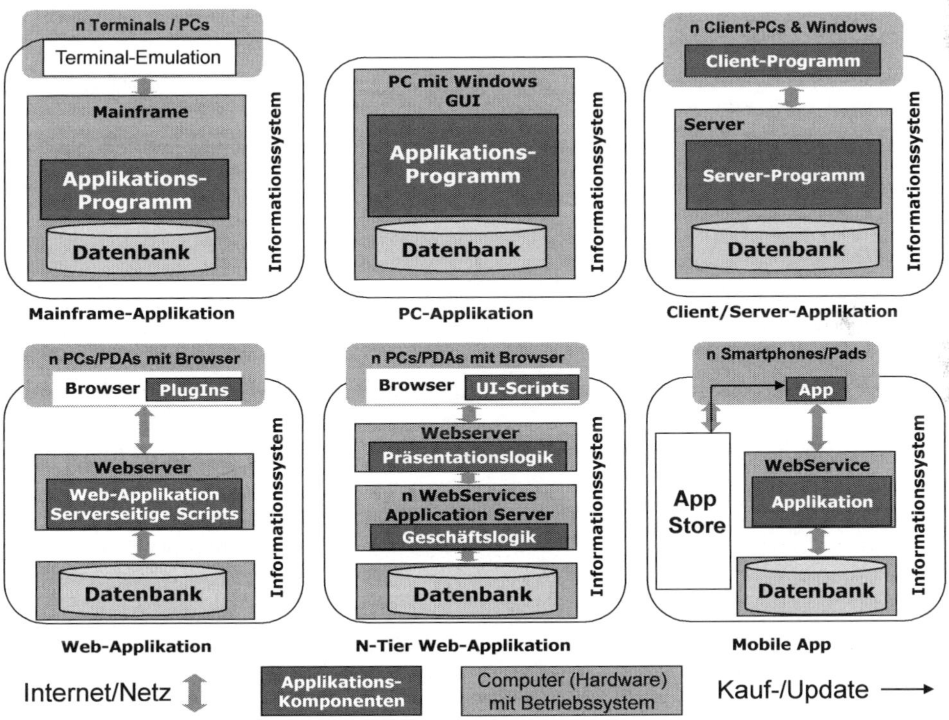

Abb. 1.2.1 Typische Systemarchitekturen von Informationssystemen für IT-Applikationen. Quelle: Eigene Darstellung in Anlehnung an Hansen/Neumann 2009

Abbildung 1.2.1 zeigt in der Reihenfolge ihrer historischen Entwicklung sechs typische Systemarchitekturen, nach denen Informationssysteme strukturiert sein können (vgl. Hansen/ Neumann 2009). Mit den Mobile Apps hat sich eine weitere Variante etabliert, die eigentlich eine spezielle, für mobile Endgeräte und ihre Bedienung optimierte Mischform der PC- und der Web-Applikation ist.

- **Mainframe-Applikationen**

Die ersten touristischen Computer-Reservierungssysteme (CRS) wurden von den Airlines auf der Basis von Großrechnern entwickelt und sind bei diesen bzw. in den Global Distribution Systems bis heute im Einsatz. Großrechner (engl. Mainframe) sind extrem leistungsfähige, herstellerspezifische teure Computersysteme, die in einem zentralen Rechenzentrum betrieben werden. Auf einem Großrechner können verschiedene Applikationsprogramme mit Zugriff auf gemeinsame Datenbanken ablaufen (gehosted – beherbergt werden) und sehr hohe Transaktionsraten (z. B. Abfragen, Reservierungen, Buchungen pro Sekunde) erreichen. Da vor Erfindung des Personal Computers (PC) die Anwender nur über alphanumerische Terminals ohne eigene Prozessorleistung verfügten, wurde neben der Geschäftslogik auch die gesamte Kommunikation mit den „dummen“ Anwender-Terminals (Konsole) vollständig durch die zentrale Applikation gesteuert. Der bis heute auf alphanumerischen Befehlscodes beruhende kryptische Bedien-Modus ist bei allen GDS ein typisches Relikt dieser Host-Applikationen. Während sich frühe Großrechner-Anwendungen sowohl um die Geschäftslogik als auch um die Datenhaltung kümmern mussten, wurden die anwendungsunabhängigen Funktionen zur Verwaltung von Massendaten sowie der Transaktionskontrolle zur Vermeidung von Inkonsistenzen durch parallelen Zugriff verschiedener Anwender auf dieselben Daten (typisch bei Reservierungen) in Datenbanksystemen zusammengefasst.

- **PC-Applikationen**

Mit der Einführung der aus massenweise hergestellten Standard-Hardware-Komponenten basierenden PCs konnte dem Bediener kostengünstig eigene Prozessorleistung im Endgerät bereitgestellt werden und es entstanden PC-Applikationen. Dies sind Programme wie z. B. Office, Finanzbuchhaltung oder Hotel-Zimmerverwaltungen, die auf einem PC installiert werden und dort mit lokaler Datenhaltung oder einer Datenbank vollständig dezentral auf dem Nutzer-Schreibtisch ablaufen. Die Einführung grafischer Bedienoberflächen mit Maus und Fenstertechnik war ein weiterer Schritt, der auf der lokalen Verfügbarkeit von Prozessorkapazität beruhte. Die menügesteuerten kryptischen Bedienoberflächen wurden immer mehr durch Windows-basierte grafische Oberflächen (GUI – Graphic User Interface) verdrängt. Sie sind für den gelegentlichen Nutzer bedienerfreundlicher und erfordern nicht das Erlernen von Befehlscodes, bieten aber häufig im sogenannten Experten-Modus schnelle tasten- und befehlsorientierte kryptische Bedienvarianten an. Durch Terminal-Emulationsprogramme kann auch jeder PC, der mit einem Großrechner vernetzt ist, in einem Fenster zentrale Host-Applikationen aufrufen und dem Anwender zur Bedienung anbieten.

- **Client/Server-Applikationen**

Mit der PC-Vernetzung kamen zu den zentralen Host-Applikationen noch Client/Server-Applikationen als Innovation hinzu. Ein PC, der mit den PCs mehrer Anwender vernetzt ist, kann als Server eine zentrale Datenbank und ein zentrales Applikationsprogramm, z. B. ein Hotelmanagement-System beherbergen, das von allen angeschlossenen Anwendern gemeinsam benutzt wird. Auf jedem Nutzer-PC wird hierzu ein Anwendungs-spezifisches Client-Programm installiert, das die meist grafische Bedienoberfläche und gegebenenfalls lokale Geschäftslogik für den Anwender bereitstellt und als Client (Kunde) Aufträge zur Bearbeitung an die Server-Applikation (Diener) schickt. Diese enthält die zentralen Komponenten der Geschäftslogik und organisiert den Zugriff auf die gemeinsam genutzten Daten. Anders als bei Großrechnern ist bei dieser Architektur die „Intelligenz" der Applikation zwischen PC und Server auf zwei Ebenen verteilt. Man spricht auch von *2-Tier-Architecture*. Der Vorteil der PC-Server ist, dass sie auch für Abteilungen, kleine und mittlere Betriebe erschwinglich sind, und für den gemeinsamen Zugriff auf Funktionen und Daten eine ähnliche Funktionalität wie Großrechner über eine grafische Bedienoberfläche bieten. Aber auch im Client-Server-Computing wurde der aus dem Host-Betrieb bekannte Terminal-Zugriff weiterentwickelt. Auf einem PC-Server mit einer Terminal-Server-Software kann man von jedem vernetzten PC aus eine sogenannte Remote-Desktop-Verbindung aufbauen und wie als entfernter Nutzer in einem Fenster diverse Anwendungen auf dem Server starten und in einer Windows-Oberfläche bedienen. Der lokale PC des Nutzers fungiert hierbei als reines „dummes" Windows-Terminal, das nur den grafischen Benutzerdialog abbildet, der durch die vollständig auf dem Server ablaufenden Anwendungen erzeugt wird. Auf diese Weise können Betriebe externen Nutzern kurzfristig ohne Installationsaufwand Zugriff zu diversen Windows-Anwendungen geben. Dieselbe Technik liegt PC-Support-Programmen zugrunde, mit denen z. B. Experten in einem Service Call Center Anwendern am PC Hilfestellung geben können, indem sie mit Zustimmung des Anwenders als Remote User die Fernbedienung (Remote Control) des PC übernehmen können.

- **Web-Applikationen**

Die Ausbreitung des Internet beschränkte sich viele Jahre lang auf die Ausbreitung der TCP/IP-Internet-Protokollfamilie zur Verbindung heterogener Computernetze auf dem Weg zu einem globalen Netzwerk (vgl. Kap. 2.3). Es schließt diverse, bis heute physikalisch und von den Übertragungsverfahren her verschiedenartige, historisch gewachsene Subnetze zu einem logischen (virtuellen) Standard-Netzverbund zusammen. Auf Ebene der Anwendungen verbreitete sich zunächst Internet-E-Mail, das in Konkurrenz zu zahlreichen anderen Mail-Systemen stand. Die Revolution auf Anwendungsebene begann auf dieser Basis erst mit der Einführung des World Wide Web (WWW) als standardisiertem multimedialem Hypertext-Informationssystem. Es bietet Anwendern über einen als Browser bezeichneten Web-Client beliebige in HTML (Hypertext Markup Language) beschriebene Multimedia-Dokumente zur Ansicht an, die auf verschiedenen Web-Servern (dt. auch Webserver) bereitgestellt, weltweit über Uniform Resource Locators (URLs bzw. Links) aufeinander referenzierbar und über HTTP (Hypertext Transfer Protocol) abrufbar sind. Als Web-Applikationen bezeichnet man nun Anwendungsprogramme, die für den interaktiven Dialog mit dem Anwender Hypertext-Dokumente wie Eingabeformulare und multimediale Ausgabedokumente automatisch und in Echtzeit auf dem Webserver erzeugen, verarbeiten und mit dem Web-Browser des Anwenders austauschen. Zur Programmierung dieser Webserver-zentrierten Interaktions- und Anwendungslogik von Web-Applikationen wurden Server-seitige Skriptsprachen wie z. B. (PHP – Personal Home Page, ASP – Active Server Pages und JSP – Java Server Pages) entwickelt. Web-Applikationen können daher von Anwendern sofort auf jedem Computer mit einem Web-Browser bedient werden, der über Internet-Verbindungen Zugang zum Webserver der Anwendung hat. Nach der einmaligen Installation eines Webbrowsers auf einem beliebigen Endgerät (PC, PDA, Smartphone, Webpad etc.) kann jeder Anwender weltweit über das Internet sofort die meisten Web-Applikation nutzen, ohne weitere Anwendungs-spezifische Client-Software installieren zu müssen. Neue Funktionen und Verbesserungen von Web-Applikationen, bei denen die Intelligenz zur Geschäftslogik und Dialogsteuerung wieder stärker zentralisiert ist, sind sofort nach Installation auf dem Webserver und ohne Softwareverteilung bzw. Client-Installation bei allen Anwendern weltweit nutzbar.

Internet, Intranet- und **Extranet:** Um den allgemeinen Zugang zu Web-Applikationen, die auch Internet-Applikationen genannt werden, zu beschränken, können diese zur Autorisierung und Authentifizierung der Anwender ein Login- und Passwort vorsehen und durch differenzierte Rechtevergabe den Zugriff auf Funktionen und Daten einschränken. Netzwerkseitig kann der Zugriff auf Web-Applikationen auch durch Firewalls erfolgen, die bei einem Subnetz oder einem einzelnen Computer nur Internet-Pakete von Rechnern mit zugelassenen Internetadressen zum Durchlass filtern. Auf diese Weise durch Firewalls vom allgemeinen Internetzugriff abgeschottete betriebseigene Subnetze nennt man auch Intranet. Die entsprechenden Web-Anwendungen, auf die nur von Rechnern im Subnetz zugegriffen werden kann, heißen auch Intranet-Anwendungen. Soll ausgewählten Anwendern (Kunden, Lieferanten, Mitarbeitern im Außendienst etc.) Zugriff zu besonders schützenswerten Web-Applikationen gewährt werden, ohne den Zugriff auf einzelne Rechner mit festen Internetadressen zu beschränken, kann auch eine Verschlüsselung der gesamten Kommunikation zwischen dem Intranet und ausgewählten Rechnern außerhalb des Intranets vorgesehen werden. Bei dieser auch als Extranet (Intranet für externe Nutzer) bezeichneten Erweiterung des Intranet benötigen Rechner außerhalb des Intranets meist eine anwendungsunabhängige VPN (Virtual Private Network) Client-Software, die nach einem dem Anwender individuell zugeteilten Schlüssel alle Daten zur Kommunikation mit den Webservern im Intranet ver- und entschlüsselt. Nur wer im Besitz eines Schlüssels ist, kann im offenen Internet über einen VPN-Server Kontakt zu ausgewählten Rechnern des ansonsten abgeschotteten Intranets aufnehmen und die ausgetauschten Datenpakete korrekt interpretieren – der Datenaustausch zwischen Browser und Webserver ist zudem im „offenen Internet“ verschlüsselt. Web-Applikationen für ausgewählte externe Nutzergruppen nennt man in Abgrenzung zu den offenen Internet-Applikationen und den auf bekannte Rechner und Subnetze beschränkten Intranet-Applikationen entsprechend Extranet-Applikationen.

Web-Portale: Die Möglichkeit verschiedenartige Web-Applikationen einfach per Link aufzurufen und zu verknüpfen führte zu einer weiteren Innovation, die auch für den Tourismus wesentlich ist. Verschiedene Web-Anwendungen können den Anwendern auf einem Web-Portal (dt. auch Webportal) gemeinsam angeboten werden (vgl. Kap. 3.7). Reiseportale entstehen z. B. aus der Kombination verschiedener Web-Anwendungen zur Buchung unterschiedlicher touristischer Angebote (Flug, Hotel, Mietwagen, Pauschalreisen, Tickets) mit Anwendungen z. B. zur Anzeige von Sonderangeboten oder zum Abonnieren eines Newsletters. Je nach Integrationsgrad sind die verschiedenen Web-Anwendungen optimal aufeinander abgestimmt, z. B. indem sie im gleichen Layout gehalten sind, oder dass der Kunde am „Portal“ seine Daten nur einmal eingeben muss, um dann alle Anwendungen mit diesen Daten nutzen zu können. Durch das sog. Session-Monitoring der Nutzer-Interaktionen nach dem Login auf einem Portal und die Wiedererkennung von Nutzern über das Setzen von Mini-Dateien (Cookies) im Browser der Nutzer können Web-Portale ihre Besucher wiedererkennen und ihr Verhalten analysieren. Web-Portale mit großem Nutzerkreis können außerdem zusätzliche Einnahmen generieren, indem sie auf ihrem Portal Online-Werbeformen wie Bannerwerbung oder Pop-Ups für Werbetreibende Dritte schalten. Durch geeignete *Advertising Server* können die Bannerschaltungen automatisiert, Clicks der Nutzer auf Online-Werbung oder sogar erfolgreiche Weiterleitungen mit Anschlusskauf aufgezeichnet und die fälligen pay-per-view, pay-per-click oder pay-per-sale Werbe-Vergütungen berechnet werden. Portale, die sich um den Betrieb von Advertising Servern oder die Akquisition von Werbekunden, die man auch als Affiliate Partner eines Portals bezeichnet, nicht selbst kümmern wollen, können diese Aufgabe an sog. *Affiliate Netzwerke* delegieren. Diese vermitteln gegen Provision Portal-Werbeflächen an Werbetreibende und übernehmen die Schaltung der Werbemittel, das Monitoring der Clickraten sowie die gegenseitigen Werbe-Abrechnungen vollautomatisch. Sie haben aufgrund ihrer Präsenz auf zahlreichen Portalen ähnlich wie Suchmaschinen-Betreiber erweiterte Möglichkeiten zum Portal-übergreifenden Tracking und Targeting eines Portal-Besuchers und können diesem auf seinem Weg durchs Internet (Customer Journey) auf verschiedenen Portalen passende Werbeempfehlungen einblenden. Portale ermöglichen also die zielgruppenspezifische Bündelung von Web-Applikationen, Multimedia-Content und Werbung verschiedener Anbieter und gehören zu den neuen Medien (New Media), die in Konkurrenz zu klassischen Medien wie Outdoor-Plakatierung, Print-, Funk- und Fernsehen treten bzw. diese komplementär ergänzen. Insbesondere bei Reiseportalen gibt es immer wieder Kooperationen und Fusionen mit den Portalen der klassischen Medien. Innovationen zur Verbindung von digitalem Fernsehen und Web-Portalen z. B. um im interaktiven Fernsehen präsentierte Produkte und Reiseangebote direkt im Reiseportal zu buchen, werden erprobt.

Content-Management-Systeme: In der Anfangsphase des WWW mussten Webseiten mit ihren Text- und Bildinhalten sowie mit ihrer kompletten Formatierung und dem Layout mühsam von Hand oder mit Hilfe spezieller Web-Editoren halbautomatisch in der von allen Browsern interpretierbaren Standard-Beschreibungssprache für Web-Dokumente HTML (Hypertext Markup Language) kodiert werden. Content-Management-Systeme sind spezielle Web-Applikationen, die die Entwicklung und Pflege von Webseiten durch konsequente Trennung des Layouts und der Formatierungen von den eigentlichen Text- und Bildinhalten (oder anderem multimedialem Content) erheblich erleichtern. Layout und Formatierungsvorgaben sind auf den meisten Seiten eines Webauftrittes gleichartig gestaltet und werden als Schablonen (sogenannte Web-Templates) von Designern vorgegeben. Eine in diesem Zusammenhang wichtige Eweiterung von HTML ist hierbei die Formatierungssprache CSS (Cascaded Style Sheets), welche die Trennung der Formatierung, von der Struktur und den Inhalten einer Website unterstützt. Die Inhalte können dann von Redakteuren allein durch das Ausfüllen von Text-Formularen und das Hochladen von Foto, Audio und Video-Dateien einfach gepflegt werden, ohne grafische und technische Aspekte der Layout-Formatierung oder gar HTML-Programmierung kennen oder berücksichtigen zu müssen. Das Web-Content-Management-System formatiert automatisch die in einer Datenbank verwalteten Text- und Multimedia-Inhalte entsprechend der Layout- und Formatierungsregeln der Templates und gibt sie als vollständig automatisch generierte Webseite aus (vgl. Abb 1.2.2). Allein durch Verwendung verschiedener Templates und Cascaded Style Sheets können so dieselben Informationen auch für verschiedene Endgeräte wie Handy oder Drucker unterschiedlich aufbereitet werden. Dieselben Inhalte, z. B. Reiseinformationen zu einem Zielgebiet, können ebenfalls mittels verschiedener Templates auf verschiedenen Webauftritten z. B. auf verschiedenen Reiseportalen in unterschiedlichem markenabhängigem Format und Layout angezeigt werden. So kann mittels Content Syndication derselbe Content an zahlreiche Abnehmer zur Wiederverwendung weiterverkauft werden. Ebenso werden Web-Applikationen wie z. B. Web-Buchungssysteme (IBE – Internet Booking Engines) als White-Label-Anwendungen mit individualisierbaren Templates bereitgestellt, damit sie von diversen Webportalen passend zum jeweiligen Portal-Layout integriert werden können. Die Verwaltung der Inhalte in einer Datenbank mit ihren mächtigen Verwaltungsfunktionen ermöglicht außerdem eine differenzierte Rechteverwaltung, die festlegt, wer welche Inhalte einstellen, ändern oder einsehen darf. Sie ist Grundlage der Personalisierung, bei der man Portal-Nutzern nur die Inhalte zeigt, die vermeintlich zu ihnen passen.

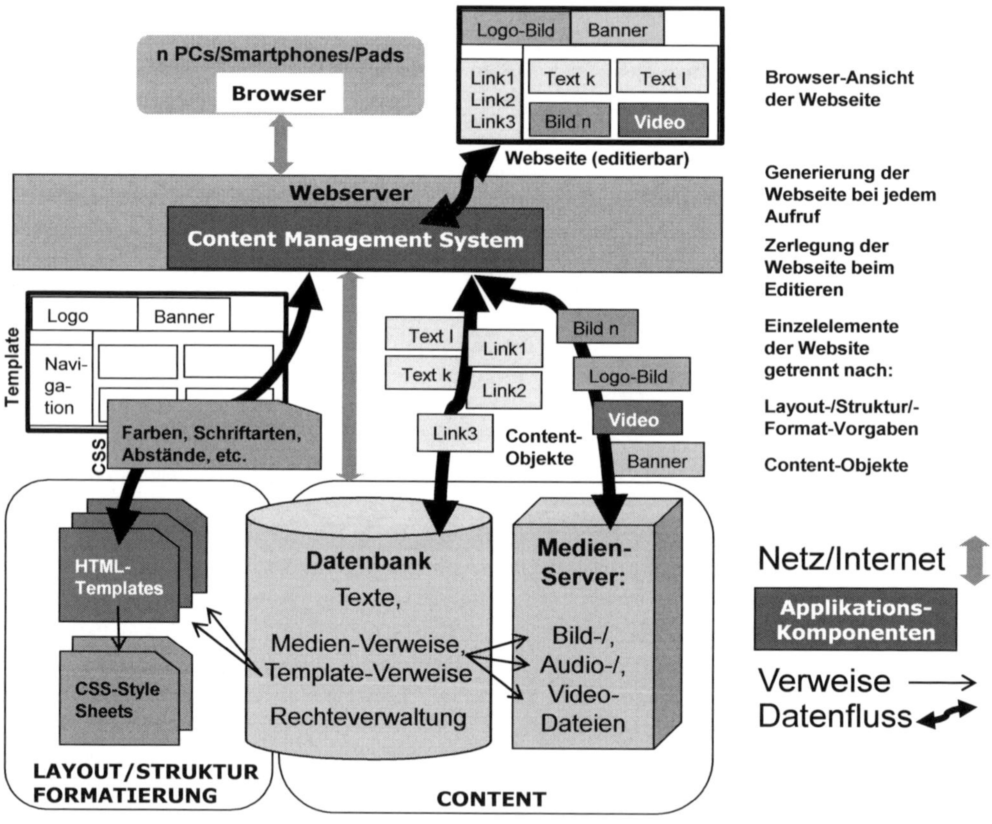

Abb. 1.2.2 Typische Architektur eines Content Management Systems

Internet-Communities, Bewertungsportale, Blogs, Wikis, E-Learning-Plattformen und **Soziale Netzwerke** sind aus technischer Sicht speziell erweiterte Content Management Dienste. Sie ermöglichen Web-Teilnehmern ohne technische Kenntnisse und Redaktionssystem beliebige digitale Inhalte zu publizieren und mit anderen Web-Teilnehmern in Echtzeit auszutauschen. Als Weiterentwicklung des klassischen WWW bezeichnet man dies als

Web 2.0 (vgl. sowie Lammenett 2009, Conrady 2010 und Kreutzer 2012). Systemspezifisch werden ausgefeilte Dienste zur Registrierung, Nutzerprofil-, Rechteverwaltung und Lokalisierung, sowie zur Strukturierung, Sortierung, Filterung, Georeferenzierung und Propagierung der Inhalte und Kommunikationsereignisse angeboten. Vom Geschäftsmodell her sind diese Dienste entweder IT-Dienste (z. B. Blog-Hosting gegen Nutzungsgebühr), oder Medien-, Werbe- und Marktforschungs-Dienste, die sich aus Werbeeinnahmen, Abos, ehrenamtlichen Beiträgen und Spenden finanzieren. Manche sind als Mash-Ups in klassische Webauftritte und Reiseportale integrierbar oder werden mit Suchmaschinen (siehe unten), Virtual/Augmented Reality-Darstellungen oder Computerspielen (Gaming Apps) kombiniert. Nutzerinteraktionen, Beziehungen, Interessen- und Bewegungsprofile sind dabei auf vielfältige Weise protokollier- und auswertbar. Darauf basieren innovative Dienste zur Nutzer-spezifischen Werbeansprache (z. B. zielgruppen- und ortsspezifische Bannerwerbung, nutzerprofilbezogene Reisetipps und Routenempfehlungen), PR-Arbeit und Online-Marktforschung (Mining von Bewertungen, Interessenprofilen und Beziehungsnetzwerken), deren spezielle Ausprägungen in der Reisebranche breite Anwendung finden (vgl. Kap. 2.3, 2.7, Conrady 2010, Ricci et al 2011 sowie Amersdorffer et al. 2011). Die besonderen rechtlichen Aspekte dieser Anwendungen behandelt Kapitel 2.9. Zur Aus- und Weiterbildung werden im Tourismus darüber hinaus spezielle CMS eingesetzt, die Lehrinhalte für Mitarbeiter, Kunden und Vertriebspartner als Texte, FAQs, Animationen oder Lern-, Plan- und Gewinnspiele mit Übungsfragen transportieren (vgl. Wilms 2010).

- **N-Tier-Web-Applikationen und Service-orientierte-Architekturen**

Der große Erfolg von Web-Anwendungen führte schnell zu Erweiterungen der Web-Systemarchitekturen. Zahlreiche Anbieter entwickelten für ihre bestehenden alten Host- bzw. Client-Server-Applikationen neue Web-Bedienoberflächen, ohne die komplexen und seit Jahrzehnten erfolgreichen Anwendungen selbst zu verändern. Vor die bewährten alten sog. Legacy-Systeme wurden Web-Front-Ends geschaltet, um die alten Funktionalitäten den Anwendern auf ihren Browsern mit moderner Bedienoberfläche zu präsentieren. Die Steuerung der Bedienoberfläche (Präsentationslogik) wurde von der eigentlichen Applikationslogik getrennt und auch zur Lastverteilung auf verschiedene Systeme (Application Server) verteilt. Beispiele für solche Architekturen sind die Internet-Booking Engines (IBEs), die vor klassische Tourismus-Applikationen als Internet-Frontends eingesetzt werden (vgl. insb. Kapitel 3.5, 3.7, 4.6). Die intelligente Verteilung der Last auf zahlreiche Server eines Server-Clusters bzw. über zahlreiche Rechenzentren im Internet (Cloud-Computing) erlaubt inzwischen auch technisch ähnliche Verarbeitungsleistungen, wie sie früher nur durch Großrechner erreichbar waren. Auch die Datenbanken, die inzwischen komplett in Hauptspeichern gehalten werden können und zudem auf beliebig viele Server verteilt werden können tragen zur Leistungssteigerung bei. Da die Fähigkeiten der Browser zur grafischen Darstellung z. B. von dynamischen Inhalten, 3-D-Darstellungen, Animationen, Filmen etc. bis heute im Vergleich zu den Windows-Oberflächen beschränkt sind, können diese durch nachladbare Plug-Ins – im Browser ablaufende Skriptprogramme (Scripts, insb. JavaScript) und auf dem Endgerät ausführbare Applikationsmodule (Applets) – dynamisch erweitert werden. Auch eine Kommunikation zwischen Browser und Server, die asynchron zu den eigentlichen Aktions-Kommandos des Nutzers „im Hintergrund" erfolgt, wird hierdurch ermöglicht (z. B. AJAX – Asynchronous JavaScript and XML). Die Komponenten und die Intelligenz einer einzelnen Web-Applikation können auf diese Weise auf verschiedene Module und Systeme beim Anwender und beim Anbieter bzw. dessen Zulieferer verteilt werden – es entstehen verteilte Mehrebenen (n-Tier)-Web-Applikationen. Frühe Beispiele für komplexe Mehrkomponenten-Web-Applikationen sind die *Suchmaschinen* und *Reisesuchmaschinen*. Die im vorigen Abschnitt bereits erwähnte Service-orientierte-Architektur stellt eine Weiterentwicklung dieses Trends dar, bei der eine Applikation aus zahlreichen über standardisierte Schnittstellen kooperierenden Teil-Applikationen verschiedener Dienstanbieter, den „WebServices", besteht (vgl. Krcmar 2011). Die klassischen monolithischen Host- und Client-Server Applikationen werden hierbei in viele verteilte WebServices zerlegt, was neue Organisationsmodelle und Spezialisierungen in der Branche ermöglicht aber auch viele Schnittstellen mit sich bringt. Ein wesentlicher Meilenstein zur Vereinfachung der Programmierung solcher Schnittstellen war die als XML (Extensible Markup Language) bezeichnete Verallgemeinerung von HTML. Sie liefert eine standardisierte Technologie, mit der Datenaustauschformate zwischen beliebigen Anwendungen auf einfache Weise definiert und mit Hilfe von Standard-Werkzeugen implementiert werden können. Die Definition von Standard-Austauschformaten auf Basis von XML-Technologien, z. B. durch die Open Travel Alliance oder den Deutschen ReiseVerband, hat die Direktverbindung touristischer Applikationen, z. B. von Leistungsträgern und Reisemittlern, erheblich vereinfacht und den technischen Aufwand zur Umgehung der klassischen Intermediäre durch Direktanbindungen gesenkt. XML ist auch technologische Basis der WebService-Schnittstellen, mit deren Hilfe die Integration alter und neuer Applikationsmodule (WebServices) innerhalb und zwischen verschiedenen Betrieben im Rahmen einer Service-orientierte-Architektur erleichtert wird. Web-Anwendungen können über WebService Schnittstellen nicht nur auf einzelne Application Server sondern auch mehrere WebServices verschiedener Application Service Provider nutzen um verschiedene Inhalte und Dienste (z. B. Reiseangebote, Landkarten und Kundenbewertungen) in einer sogenannten MashUp-Applikation neuartig oder kundenindividuell zu kombinieren. XML erlaubt darüber hinaus die Definition weiterer Standard-Sprachen zur Wissensrepresentation, auf denen das sogenannte Semantic Web aufbaut, das zur Erweiterung des WWW um Verfahren der intelligenten Suche und künstlichen Intelligenz seit Jahren Gegenstand intensiver Forschungstätigkeit ist. Automatische Interpretation von Kundenbewertungen und die Beantwortung unstrukturierter Nutzeranfragen sind wie die automatische Textübersetzung und Spracheingabe nur einige der vielen touristischen Anwendungsmöglichkeiten.

Suchmaschinen sind aus sogenannten *Verzeichnisdiensten* oder *Web-Directories* hervorgegangen. Dies sind spezielle Websites, die systematisch Links auf andere Websites branchen- oder themenbezogen sammeln, verschlagworten und durchsuchbare Web-Indexe (invertierte Listen, die einem Schlagwort, Stichwort, Schlüsselwort bzw. engl. Keyword eine Menge von URLs auf Webseiten mit Inhalten zu diesem Schlagwort oder Thema zuordnen) anlegen. Nutzern des WWW erleichtern sie die Suche nach Webseiten mit bestimmten Inhalten. Wichtige Search Engine Komponenten sind (vgl. Lewandowski 2005–2013 und Kap 2.3):

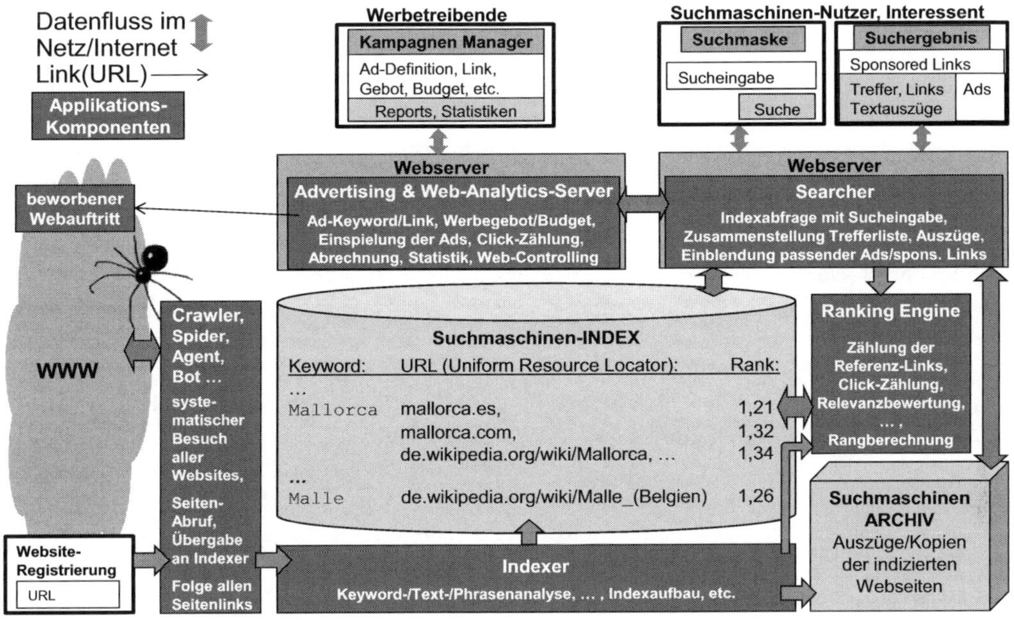

Abb. 1.2.3 *Typische Architektur einer Suchmaschine*

Web-Crawler, Web-Spider, Agents oder *Robots* sind Web-Applikationen, die regelmäßig alle bei einer Suchmaschine angemeldeten Webauftritte aufrufen und die Inhalte jeder einzelnen Webseite für die automatische Verschlagwortung im sog. Indexer einlesen. Dabei folgen sie jedem Verweis, den sie auf den eingelesenen Webseiten finden, um möglichst viele miteinander verlinkte Webauftritte und deren Webseiten im WWW zu erfassen.
Indexer indizieren maschinell jede eingelesene HTML-Webseite. Dazu kombinieren sie die sog. HTML-Meta-Tags, die Keywords, Crawler-Befehle und weitere Angaben des Webseiten-Autors zum Webseiten-Inhalt enthalten, mit statistischen und Computer-linguistischen Analysen der Webseiten-Texte. Ziel ist die Webseite mit ihren charakteristischen Schlagworten und Phrasen richtig in den *Suchmaschinen-Index* einzuordnen. Kopien der analysierten Webseiten werden im sog. *Suchmaschinen-Archiv* abgelegt und ggf. mit weiteren Index-Strukturen zur schnellen Volltextsuche und Markierung gefundener Textpassagen versehen.
Ranking Engines wurden von den großen Suchmaschinen-Anbietern wie Google, Bing oder Ask.com entwickelt, um festzulegen, in welcher Reihen- bzw. Rangfolge alle Webseiten, die im Suchmaschinen-Index unter demselben Schlagwort oder derselben Phrase zu finden sind, bei Suchanfragen ausgegeben werden. Am bekanntesten ist das Google PageRank Verfahren, das Webseiten im Index um so höher bewertet, je häufiger sie von anderen Webauftritten zum selben Schlagwort oder Thema durch Links referenziert werden. Links von Websites, die selbst einen hohen PageRank haben, liefern darüber hinaus einen besonders hohen Beitrag zum Ranking der von ihnen referenzierten Webseiten. Es gibt außerdem viele weitere Kriterien, die für die Positionierung einer Webseite in der ausgegebenen Trefferliste nach einer Suchanfrage herangezogen werden: Die syntaktische, logische (bei Suchanfragen mit

logischen Ausdrücken) oder semantische Übereinstimmung mit der Suchanfrage, die Häufigkeit, mit der die Webseite von Nutzern nach ihrer Anzeige in der Trefferliste tatsächlich angeklickt wird, ihre technisch einwandfreie und barrierefreie Programmierung sowie diverse weitere Merkmale unter anderem zur Erkennung von Ranking-Manipulationsversuchen. *Searcher* nennt man die Komponente einer Suchmaschine, in welche die Endnutzer ihre Suchanfragen in Form von Schlagworten, Phrasen oder deren logische Verknüpfungen (AND, OR, NOT, ...) eingeben. Searcher fragen den Suchmaschinen-Index ab und geben die dort verzeichneten Webseiten-Links mit Textauszügen der Webseiten in einer Trefferliste aus, die entsprechend dem Webseiten-Ranking sortiert ist. Searcher-Zusatzfunktionen können dem Nutzer Filter und erweiterte Sortiermöglichkeiten anbieten. Wenn Nutzer den Link einer Website in der Trefferliste des Searchers anklicken, werden sie direkt auf die zugehörige Webseite weitergeleitet. Zusätzlich zur Ausgabe der Trefferliste können Suchmaschinen den Nutzern ins Suchergebnis zur Suchanfrage passende Werbeanzeigen (Ads) bzw. gesponsorte Links von Werbetreibenden einblenden, für die sie sich von Werbetreibenden nach pay-per-click, pay-per-view oder pay-per-sales Geschäftsmodellen ggf. im Bieterverfahren vergüten lassen. Die marktführenden Suchmaschinen bieten um diese Basisdienste herum viele Zusatzdienste wie Trefferanzeige auf elektronische Landkarten oder automatische Webseitenübersetzungen an. Sie eignen sich besonders als Werbemedien für Schlagwort- und Themenbezogene Werbekampagnen (engl. Keyword Advertising) und offerieren ihren Werbekunden *Advertising & Web-Analytics Server* zum Kampagnen-Management im Suchmaschinen-Marketing sowie zum Monitoring der Nutzeraktionen auf den beworbenen Websites.

Reisesuchmaschinen (Travel Search Engines) sind Suchmaschinen, die sich nur auf die Suche und den Preisvergleich aktueller Angebote von Flügen, Hotels, Mietwagen und Pauschalreisen spezialisiert haben, welche auf Websites von Leistungsträgern, Reiseveranstaltern oder Reisemittlern buchbar sind. Mit einer als Web-Scraping bezeichneten Technologie besuchen die Crawler einer Reisesuchmaschine regelmäßig die Webseiten mit den aktuellen Produktangeboten der Reiseanbieter, lesen dort die aktuellen Angebote und Preise aus und legen sie in einer nach verschiedenen Kriterien indizierten durchsuchbaren *Angebotsdatenbank* ab, welche an die Stelle des *Suchmaschinen-Indexes* tritt. Alternativ zum Web-Scraping liefern an Werbung interessierte Reiseanbieter den Reisesuchmaschinen ihre aktuellen Angebots- und Preisdaten über direkte XML-Schnittstellen an. Die Angebots- und Preisdaten enthalten dabei einen als Deep Link bezeichneten Verweis auf diejenige Webseite im Anbieter-Webauftritt, wo das Angebot in dessen IBE sofort gebucht werden kann. Die Nutzer einer Reisesuchmaschine können im Searcher Anfragen nach Zielgebieten und Reiseterminen eingeben und erhalten aus der Angebotsdatenbank bzw. nach Echtzeit-Abfragen bei den Reiseanbietern eine Liste mit passenden Reiseangeboten, die meist nach Preis sortiert sind und über den Link den Nutzer direkt auf die Webseite des Anbieters mit der Buchungsmöglichkeit *weiterleiten*. Auch das Geschäftsmodell der Reisesuchmaschinen basiert auf Vergütungen der Reiseanbieter für Werbeeinblendungen, gesponsorte Links oder Treffer mit Deep Links zur Direktbuchung beim Anbieter. Überregionale Tourismusorganisation nutzen Reisesuchmaschinen um für Besucher ihrer Website alle Angebote aus den Systemen der lokalen Tourismusorganisationen aggregiert darstellen zu können. Anbieter der marktführenden allgemeinen Suchmaschinen haben eigene Reisesuchmaschinen entwickelt, die im Wettbewerb zu den Reisesuchmaschinen der Reisebranche und einzelner GDS stehen.

- **Mobile App für Smartphones und Web-Pads**

Insbesondere für mobile Web-Pads und Smartphones mit speziellen Bedienoberflächen, wie z. B. Multi-Touch-Displays werden Endgeräteehersteller-spezifische Apps entwickelt. Dies sind entweder Stand-Alone-Anwendungen, die wie eine PC-Applikation nur auf dem mobilen Endgerät ablaufen oder die vereinfachte Bedienung einer verteilten Web- oder n-Tier-Anwendung auf der speziellen Bedienoberfläche der jeweiligen Endgeräte-Klasse ermöglichen. Mobile Apps sind über ebenfalls geräte- und herstellerspezifische App Stores kostenlos oder gegen eine Nutzungs- bzw. Lizenzgebühr downloadbar. Neue Anwendungsmöglichkeiten ergeben sich für mobile Apps aus den Funktionen, die mobile Endgeräte zur Lokalisierung und Ortung anbieten. Applikationen können nach Freigabe durch den Nutzer die Koordinaten des integrierten GPS-Moduls (Global Positioning System), Kompass-Moduls oder durch Location Based Services die Funkzelle des Endgerätes ermitteln. Auch die in mobilen Endgeräten integrierten Kameras erlauben dem Nutzer das Scannen von 2D Quick Response Barcodes an stationären Objekten oder die Übermittlung eines Fotos seiner Umgebung, welche zur Ortung mit bilderkennenden Verfahren genutzt werden können. Augmented Reality Apps bedienen sich solcher Ortungsverfahren und spielen den Anwendern auf der Basis ihrer Position und Blickrichtung Zusatzinformationen in ihr Kamerabild. Eine weitere Zusatzfunktion, die Apps aufgrund ihrer Zwitterfunktion als installierbare Web-Applikation haben, sind ihre Möglichkeiten große Mengen an Content lokal auf dem Endgerät zu speichern. Dies ist insbesondere bei mobilen Reiseführer-Apps vorteilhaft, die ihren Anwendern auch bei fehlender Netzverbindung Inhalte präsentieren können. Der neue Standard HTML 5.0 integriert diese und andere Funktionsmerkmale von mobilen Apps auch für alle zukünftigen Browser-basierten Web-Applikationen und schafft neue Möglichkeiten multimediale Inhalte wie Filme, Videos und Animationen auch ohne Plug-Ins direkt im Browser anzeigen zu können.

In der Praxis sind aktuell alle hier vorgestellten Applikationsarchitekturen anzutreffen, wobei Systeme für einen Nutzer zumeist als PC-Applikation oder Mobile Apps, Systeme für sehr viele Benutzer vor allem als Web-Applikationen, zum Teil mit zu installierenden lokalen Browser-Erweiterungen oder nachzuladenden Skriptmodulen realisiert werden. Bei rein betriebsinternen Anwendungen finden sich neben vielen um selbsterstellte Makros erweiterten Office-Applikationen auch nach wie vor viele Client-Server-Anwendungen, welche die mächtigen Funktionalitäten der PC- und Smartphone-/Pad-Betriebssysteme ausnutzen. Mainframe-Applikationen werden weitergepflegt, in der Regel aber nicht neu entwickelt.

Beim vieldiskutierten ***Cloud-Computing*** werden immer mehr Applikationen, Teilapplikationen und Datenbanken je nach Bedarf flexibel auf beliebig verteilte Server im Internet (Netz-Wolke) zum Betrieb durch Service Provider verlagert. Das Internet mir all seinen Servern ist „der globale Computer“: Global agierende Suchmaschinen und soziale Netze sind seit langem auf eine flexible bedarfsgerechte Verteilung ihrer Web-Applikationen und Datenbanken auf *Cloud-Dienste* rund um den Erdball angewiesen. Auch Anwender beziehen Applikationen über App Stores je nach Bedarf (on demand) aus dem Internet. Die Apps nutzen das mobile Internet um Content und Applikationsdienste orts- und zeitunabhängig „wie Strom aus der Steckdose“ von weltweit verteilten Servern über WebService-Schnittstellen aus der Cloud abzurufen. Cloud-Dienste können nach beliebigen Geschäftsmodellen nutzungsabhängig, zeit-/ortsabhängig, im Abonnement, über Werbung oder Lizenzen, etc. finanziert werden. Je mehr Anwendungen in lokalisierbaren Endgeräten mit Servern in der Cloud vernetzt werden, desto intensiver können Anwenderinteraktionen aufgezeichnet und mittels leistungsfähiger Data Mining Verfahren zur statistischen Auswertung von Massendaten (Big Data) für Web-Controlling und CRM-Maßnahmen genutzt werden. Andererseits ergeben sich aus der globalen Verteilung von Daten und Diensten in der Cloud besondere Probleme bzgl. Datenschutz und Datensicherheit (vgl. Kapitel 2.9)

1.3 Vorgehensmodell zur Realisierung und Migration touristischer Applikationen

Es wurden viele Vorgehensmodelle und Empfehlungen zu Auswahl, Beschaffung und Management von IT-Systemen&Applikationen entwickelt (vgl. Krcmar 2011 und Keller 2012). Im Tourismus sind insbesondere die Empfehlungen der TIN (vgl. DTV-TIN 2005, Bd. 2) zur Beschaffung von Destinationsmanagement-Systemen zu nennen. In diesem Buch sind zahlreiche Produkte zu finden, die als Beispiele für touristische Anwendungssysteme genannt werden. Diese Produkte dienen jedoch nur als mehr oder weniger typische Beispiele zur Veranschaulichung der in den einzelnen Beiträgen entwickelten Systematisierung. Es handelt sich hierbei aber keinesfalls um Produktempfehlungen der Autoren oder Herausgeber. Vielmehr empfehlen wir jedem Verantwortlichen in der Branche, sich bei der Auswahl und Beschaffung von IT-Systemen stets einen aktuellen Überblick über möglichst alle am Markt von diversen konkurrierenden Anbietern angebotenen Systeme in deren aktuellen Versionen zu verschaffen, und dann das oder die für die jeweilige Situation am besten geeignete System auszuwählen. Eine situationsgerecht passende Auswahl ist jedoch nur dann möglich, wenn man bereits vorher gewisse Informationen gesammelt hat. Auch nach der Systemauswahl sind viele Dinge zu beachten, die wir in einem generischen Vorgehensmodell für entsprechende Projekte zusammengefasst haben.

Das Vorgehensmodell ist in der Abbildung 1.3.1 als Abfolge von Aktivitäten und typischen Fragestellungen zusammengefasst und kann wie eine Art Checkliste verwendet werden. Es müssen aber nicht alle Schritte in der angegebenen Reihenfolge abgearbeitet werden, es können je nach Situation auch Schritte parallel bearbeitet, übersprungen oder um zusätzliche, hier vielleicht nicht berücksichtigte Aktivitäten ergänzt werden. Auch eine iterative Bearbeitung (erst werden die Schritte grob bzw. unvollständig oder nur für Teilfunktionen bzw. Prototypen durchlaufen und in späteren Iterationen immer weiter detailliert) ist möglich.

Am Anfang steht die Bedarfs- bzw. Anforderungsanalyse oder auch IST-Analyse. Es ist die aktuelle IT-Applikationslandschaft eines Betriebes in Bezug auf spezifische Schwachstellen bei der Unterstützung der aktuellen Strategie und der Geschäftsprozesse zu untersuchen. Welche Applikationen fehlen, die z. B. bei Konkurrenten zu Wettbewerbsvorteilen führen? Bei welchen Applikationen gibt es Probleme, weil wichtige Funktionen, Schnittstellen oder Leistungsmerkmale fehlen, die von Kunden, Mitarbeitern oder Kooperationspartnern gefordert werden? Gibt es Ideen für Geschäfts- und Prozessinnovationen, die neue Funktionen erfordern? Wie soll das Geschäftsmodell für einen neuen Dienst aussehen? Das Ergebnis einer Bedarfs- und Anforderungsanalyse sollte ein Lastenheft (auch Anforderungskatalog oder SOLL-Konzept) sein, in dem aus Anwendersicht verbal beschrieben ist, was eine Anwendung zukünftig an Funktionen, Schnittstellen, Leistungsmerkmalen und Inhalten (Daten – Content) aus welchen Gründen welchen Anwendergruppen in welchem Geschäftsprozess anbieten soll. Dies kann in Form eines Anforderungskataloges oder in Form von möglichst vollständigen Anwendungsfällen (engl. Use Cases) systematisch beschrieben werden. Hier sollten auch Risiken und Anforderungen des Datenschutzes analysiert werden. Hier ist auch in einer Wirtschaftlichkeitsbetrachtung bzw. einem Business Plan eine erste grobe Bewertung des Nutzens erforderlich, den ein Betrieb aus der Applikation ziehen soll, denn die späteren Kosten für die Realisierung dürfen diesen Nutzen nicht überschreiten.

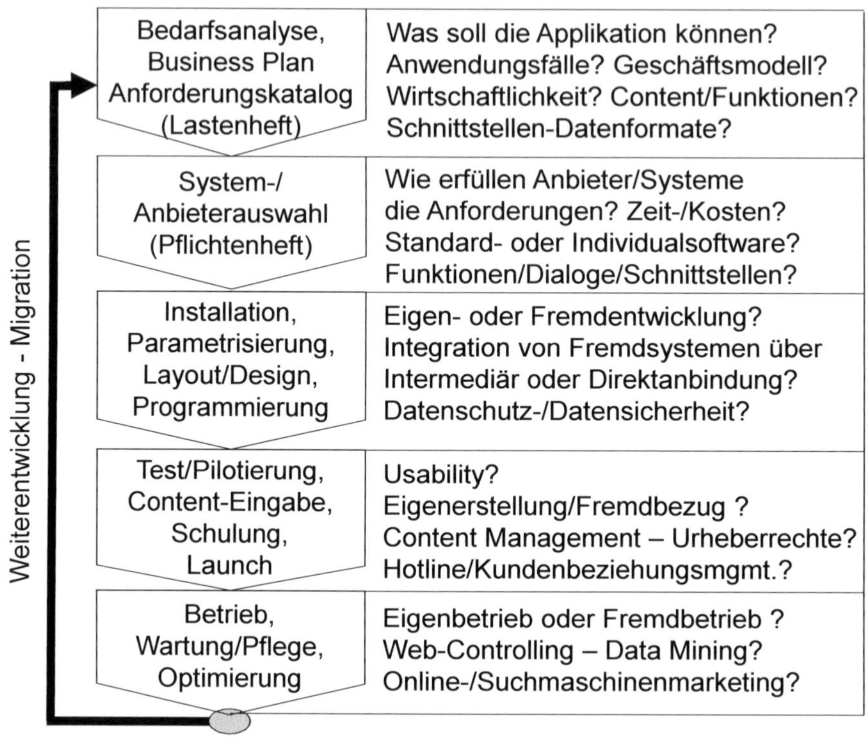

Abb. 1.3.1 *Vorgehensmodell zur Beschaffung, Auswahl und Migration von IT-Applikationen*

Die *Phase der Anbieter-/Systemauswahl* beinhaltet die Analyse der am Markt angebotenen Applikationen und Dienste und ihren Vergleich auf der Basis des Erfüllungsgrades der im Anforderungskatalog dokumentierten Wunschmerkmale. Dabei kann es passieren, dass keine der am Markt für ein bestimmtes touristisches Anwendungsfeld als Standardsoftware angebotenen Applikationen und Dienste die gestellten Anforderungen erfüllt. Dann ist zu analysieren, ob der Nutzen bzw. die Wettbewerbsvorteile einer Innovation die Kosten der individuellen Programmierung einzelner Funktionen oder einer ganzen Applikation als Individualsoftware nur für den eigenen Betrieb rechtfertigen. Typische Beispiele für Individualprogrammierung ist auch das Design eines Webauftrittes, da dies stets betriebsspezifisch gehalten ist. Content-Management-Systeme sollten dagegen als Standardsoftware, wenn möglich als kostenloses Open-Source-Produkt, bezogen werden. Gegebenenfalls ist auch abzuwägen, ob nicht eigene Geschäftsprozesse im Zuge der Einführung einer Standardsoftware an die dort bereits vorprogrammierten und meist bei vielen anderen Betrieben bewährten Arbeitsabläufe (engl. workflows) anzupassen sind. Auf der Basis des Lastenhefts können dann in einer Ausschreibung von Softwareanbietern Angebote zur Einführung und Anpassung einer Standardsoftware bzw. zur Programmierung einer Individualsoftware eingeholt werden. Handelt es sich bei dem Betrieb um eine große Organisation mit eigener IT-Abteilung und eigener Anwendungsentwicklung, ist zudem festzulegen, ob eine Individualsoftware selbst zu entwickeln oder die Entwicklung fremd zu vergeben ist. In ihren Angeboten legen nun die externen und internen Anbieter gegebenenfalls auf Basis eines bis zum endgültigen Vertragsabschluss zu detaillierenden Pflichtenhefts dar, wie sie mit ihrer Applikation oder ihrer Individualentwicklung die gestellten Anforderungen des Lastenheftes erfüllen wollen. Hierbei werden auch spätestens die Zeit- und Kostenrahmen bekannt, mit denen in der Wirtschaftlichkeitsbetrachtung zu rechnen ist. Anhand von Demosoftware oder Referenzinstallationen bei Referenzkunden oder einer möglichst genauen Beschreibung der Leistungsmerkmale, Funktionen und Dialoge des zu programmierenden Systems sollten die Fähigkeiten der Applikation transparent gemacht werden. Hier sollten rechtzeitig die wichtigsten Anwendervertreter zur Begutachtung mit in den Prozess einbezogen werden. Schließlich muss dargelegt sein, wie die im Anforderungskatalog geforderten Schnittstellen zu anderen Systemen realisiert werden sollen und welcher Content für die Applikation aus welchen Quellen in welchen Formaten bereitzustellen ist, bzw. welchen Content diese wem zu liefern hat.

Nach der Auswahl des Systems bzw. des Anbieters beginnt die *Phase der Entwicklung, Parametrisierung oder Installation* der Applikation. Individualsoftware muss nach Vorgehensmodellen der Softwareentwicklung entsprechend des Pflichtenheftes bzw. noch detaillierterer Spezifikationen implementiert werden. Bevor eine Anwendung aufwändig programmiert wird, sollte anhand eines Prototyps zumindest die Bedienung der Anwendungsfälle aus Sicht der verschiedenen Anwendergruppen evaluiert und freigegeben werden. Wenn es um Endkunden geht, können typische Testkunden in Fokusgruppen von Marktforschern um eine Bewertung des Prototyps bzw. alternativer Layout- und Designvorschläge gebeten werden. Standardsoftware kann entweder sofort installiert werden, oder es müssen die Spezifika der betrieblichen Geschäftsprozesse oder Schnittstellen durch geeignete Parametereinstellungen abgebildet werden. Häufig müssen zur Installation Wege gefunden werden, um alle bisher genutzten Daten in die neue Anwendung zu übernehmen und die Anwendungssoftware, falls nötig, auf diverse Anwender-PCs zu verteilen. Schließlich ist eine neue Anwendung über geeignete Schnittstellen in die IT-Applikationslandschaft zu integrieren. Spätestens jetzt ist auch zu entscheiden, ob Anwendungen von externen Partnern, mit denen Daten ausgetauscht werden sollen, direkt oder über Intermediäre angebunden werden sollen. Generell gilt, dass eine Direktanbindung meist mit einer einmaligen Investition in die Programmierung der Schnittstelle verbunden ist, während Intermediäre ihre Leistung nach der Menge der Transaktionen oder der übertragenen Daten berechnen. Je höher das erwartete Transaktions- bzw. Datenvolumen ist, desto eher amortisiert sich i. d. R. eine Direktanbindung. Spätestens mit der Inbetriebnahme und Installation von Anwendungen sowie ihrer Vernetzung über Schnittstellen ist ein Konzept für Datenschutz und Datensicherung in Übereinstimmung mit den im jeweiligen Staat/Land geltenden gesetzlichen Vorgaben zu erarbeiten (vgl. Kap. 2.9). Hier sind insbesondere auch die meist über Parameter konfigurierbaren Rechteverwaltungen festzulegen oder entsprechende Dienste zur zentralen und verteilten Anwendungsbezogenen Rechte- und Zugangsverwaltung sowie Verschlüsselungen und Schutzmechanismen wie Virenschutz, Firewalls, etc. zu etablieren.

Neue Applikationen sollten nicht ohne eine *Test- bzw. Pilotphase* flächendeckend in Betrieb genommen werden. Aus den Anwendungsfällen können Testfälle definiert werden, die eine Anwendung mindestens erfolgreich bedienen muss, um zum Regelbetrieb freigegeben zu werden. Besonders wichtig sind bei komplexeren Web-Applikationen für Konsumenten im Internet oder an Automaten umfangreiche Usability-Tests, in denen erprobt wird, ob eine Anwendung von der Zielgruppe auch ohne Schulungsmaßnahmen einfach, intuitiv und fehlerfrei bedienbar ist. Bei komplexen Anwendungen für professionelle Anwender müssen ggf. entsprechende Bedienungsanleitungen und Schulungsmaßnahmen, z. B. *webbasiertes Training* etc., vorgesehen werden. Anwender-Hotlines und das anwendungsbezogene Kundenbeziehungsmanagement sind hier spätestens einzuführen bzw. mit dem allgemeinen CRM-System zu integrieren und zu erproben. Bei Content-basierten Systemen ist vor der Erstinbetriebnahme (Launch) die Beschaffung, Bereitstellung und Pflege des applikationsspezifischen Content (Texte, Bilder, Angebote, Videos etc.) zu klären. Ein wichtiger Punkt ist es, hierbei sicherzustellen, dass keine Urheberrechte Dritter verletzt werden, und dass der Content (z. B. Angebots-, Vakanz- und Preisinformationen) den vorgegebenen Qualitätsanforderungen genügt.

Da IT-Applikationen vom Anwenderunternehmen nicht unbedingt selbst betrieben werden müssen, ist spätestens vor der *Phase des Regelbetriebs* zu entscheiden, wer die Anwendung mit welchen Service-Levels (z. B. 99 % Verfügbarkeit, maximale Antwortzeiten, maximale Ausfallzeiten etc.) betreiben soll. Seit dem Internet-Boom sind in der Regel genügend redundant auslegbare Netzkapazitäten vorhanden, um den Betrieb von Applikationen aus der eigenen Organisation in Service-Rechenzentren zu verlagern, die sich auf verschiedene Formen des externen Betriebs von IT-Systemen spezialisiert haben: Eine IT-Applikation, die vom Anwenderbetrieb mitsamt dem Server bereitgestellt wird, kann in einem Service-Rechenzentrum 24 Stunden / 7 Tage in der Woche unter geschützten und überwachten Bedingungen am Netz betrieben werden (Server/System Housing). Eine IT-Applikation eines Anwenderbetriebs kann auch auf einer vom Service-Rechenzentrum bereitgestellten und administrierten Serverumgebung betrieben werden (Application Hosting), oder eine IT-Applikation wird vom Service-Rechenzentrum den Anwenderbetrieben komplett administriert samt Server zur Nutzung als sogenannter Application Service angeboten (Application Service Providing). Im Rahmen des Cloud-Computing werden Anwendungen auch beliebig auf verschiedene Serverkapazitäten rund um den Globus verteilt, woraus sich neue Anforderungen zur Sicherstellung von Datenschutz und Datensicherheit ergeben. Bei allen Formen der Auslagerung des Betriebs kommt es auf die exakte vertragliche Vereinbarung messbarer und überwachter Service-Levels (Service Level Agreement – dt. Dienstgütevereinbarung) an. Auch müssen alle Betreiber auf strikte Einhaltung des Datenschutzes verpflichtet werden und es sind geeignete Vorkehrungen zur Datensicherung zu vereinbaren.

Mit der Inbetriebnahme einer Applikation beginnt die *Phase der Pflege und kontinuierlichen Verbesserung*. Zu empfehlen ist die Einrichtung einer Service-Hotline zur Betreuung der Anwender bei Problemen und die Dokumentation häufiger Probleme zur Behebung bzw. zur Hilfestellung durch eine FAQ-Liste (frequently asked questions). Ein besonderes Problem bei der Inbetriebnahme von Webanwendungen ist ihre Anmeldung in Suchmaschinen und die für ein gutes Listing erforderliche Optimierung der Web-Anwendung und ihrer Inhalte für ein gutes Suchmaschinen-Ranking (SEO/SEM – Search Engine Optimization und Search

Engine Marketing). Je nach Suchmaschine sind hier unterschiedliche und mit der Zeit auch wechselnde Verfahren erfolgversprechend. Sie umfassen neben einer Anpassung der Inhalte und Strukturen der Webseiten auch die Verlinkung mit anderen Webauftritten und einen Mix aus gezielten Maßnahmen des Suchmaschinen-Marketings, des Online-Marketings und der zielgruppenspezifischen Offline-Werbung für den Webauftritt. Für das Erfolgscontrolling dieser z. T. sehr kostspieligen Optimierungsmaßnahmen ist ein als Web-Controlling bezeichnetes Monitoring der Web-Applikation durch Zählung der Besucher, Auswertung der Seitenaufrufe und Besucher-Aktionen (Click-Stream-Analysen), Buchungsraten etc. notwendig. Als Ergebnis liefern Web-Controlling-Werkzeuge aggregierte Erfolgskennzahlen wie Besucherzahl, Look-to-book-Ratio oder Conversion Rates, die grafisch nach vielen Kriterien aufbereitet und in ihrer zeitlichen Entwicklung visualisiert werden. Neue Möglichkeiten zur Analyse des Kundenverhaltens bietet das Data-Mining der im Web massenweise aufgezeichneten Kundeninteraktionen (Big Data). Der Datenschutz ist auch hier genau zu beachten.

Der Lebenszyklus einer Applikation bzw. eines Dienstes endet erst mit dem endgültigen Abschalten sämtlicher Komponenten und mit der Migration zu einer neuen Applikation mit ähnlichem Funktionsumfang. Nicht selten werden aber wichtige Kernkomponenten einer Applikation jahrzehntelang weitergepflegt und weiterentwickelt oder als Module in Nachfolge-Applikationen übernommen. Für solche kritischen Komponenten kommt es entscheidend auf eine gute Software-Dokumentation an, damit sich neue Programmierer auch noch nach Jahrzehnten in die Logik einarbeiten können.

Quellen und weiterführende Literatur:

Amersdorffer, D., Bauhuber, F., Egger, R., Oellrich, J. (Hrsg.), Social Web im Tourismus – Strategien, Konzepte, Einsatzfelder; Springer-Verlag Berlin Heidelberg 2010.

Berchtenbreiter, R., Goecke, R., Digital Tourism – Tourismus im digitalen Zeitalter; Passport – Heft 07/14; S. 22–25; http://w3-mediapool.hm.edu/mediapool/ media/fk14/fk14_lokal/ passport/Passport_07_2014_Welt_des_Tourismus.pdf, (Zugriff 10.6.2014).

Buhalis, D., eTourism – Information technology for strategic tourism management, Harlow 2003.

Conrady, R., Web 2.0 und soziale Netzwerke im Tourismus, in: *Schulz, A., Goecke, R., Weithöner, U.,* Informationsmanagement im Tourismus, 1. Aufl. Oldenbourg Verlag München 2010, S. 429–439.

DTV – Deutscher Tourismusverband e.V., Touristische Informationsnorm (TIN) Bd. 1 und 2, 2005, http://dtv-tin.de/ (Zugriff 1.10.2009).

Freyer, W., Pompl, W., Reisebüro-Management: Gestaltung der Vertriebsstrukturen im Tourismus, 2. Aufl., Oldenbourg Verlag, München 2008.

Hansen, H.R., Neumann, G., Wirtschaftinformatik I und II, Stuttgart 2009.

Keller, W., IT-Unternehmensarchitektur – von der Geschäftsstrategie zur optimalen IT-Unterstützung, 2. Auflage, dpunkt.verlag, Heidelberg, 2012.

Lammenett, E., Praxiswissen Online-Marketing: Affiliate- und E-Mail-Marketing, Keyword-Advertising, Online-Werbung, Suchmaschinen-Optimierung, 2. Auflage, Gabler Verlag, Wiesbaden, 2009.

Krcmar, H., Einführung in das Informationsmanagement, Springer Verlag, Berlin 2011.

Kreutzer, R. T., Praxisorientiertes Online-Marketing: Konzepte – Instrumente – Checklisten, Gabler Verlag, Wiesbaden, 2012.

Lewandowski, D., Web Information Retrieval – Technologien zur Informationssuche im Internet, Frankfurt am Main: DGI, 2005 (Informationswissenschaft), http://www.durchdenken.de/lewandowski/web-ir/ (Zugriff 10.6.2014).

Lewandowski, D., Handbuch Internet Suchmaschinen 1, 2 und 3; Akademische Verlagsgesellschaft AKA, Heidelberg 2008, 2011 und 2013.

Mertens, P., Bodendorf, F., König, W., Picot, A., Schumann, M., Hess, Th., Grundzüge der Wirtschaftsinformatik, 11. Auflage, Springer Verlag, Berlin 2012.

Mundt, J., Tourismus, 4. Aufl., Oldenbourg Verlag, München 2013.

Picot, A., Reichwald, R., Wigand, R., Information, Organization and Management, Berlin und Heidelberg 2008.

Reichwald, R., Piller, F., Interaktive Wertschöpfung, 2. Auflage, Wiesbaden 2009.

Ricci, F., Rokach, L., Shapira, B., Kantor, P. B., Recommender Systems Handbook, Springer Verlag New York 2011.

Scheithauer, E., Wirtschaftsinformatik II – DV-gestütztes Rechnungswesen mit SAP R/3 FI/CO, http://www.fb3-fh-frankfurt.de/intranet/fb3/dozenten_ablage/0828DVgestuetzestRE WEI.pdf, Frankfurt 2005 (Zugriff: 27.9.2009).

Schulz, A., Frank, K., Seitz, E., Tourismus und EDV, München 1996.

Schulz, A., Berg, W., Gardini, M.A., Kirstges, T., Eisenstein, B., Grundlagen des Tourismus – Lehrbuch in 5 Modulen, 2. Auflage, Oldenbourg Verlag, München 2013.

VIR – Verband Internet Reisevertrieb, Daten und Fakten zum Online Reisemarkt, 9. Ausg., München 2014.

Wilms, U., E-Learning im Tourismus, in: Schulz, A., Goecke, R., Weithöner, U., Informationsmanagement im Tourismus, 1. Aufl. Oldenbourg Verlag München 2010, S. 429–244.

Zerdick, A., Picot, A., Schrape, Kl., et al.: Die Internet-Ökonomie – Strategien für die digitale Wirtschaft; 3. Auflage; Springer Verlag, Berlin 2001.

2 Systeme für Endkunden

In den letzten Jahren hat sich das Marketing von einem kundenzentrierten zu einem kundengetriebenen Marketing entwickelt und neue Technologien, allen voran das (mobile) Internet, verschaffen dem Kunden einen noch stärkere Marktposition als bisher. Eine der Hauptwirkungen, welche die flächendeckende globale Verbreitung des World Wide Web und nun der Smartphones hat, ist die Schaffung eines Endkunden-Direktzugangs zu touristischen Informationssystemen. Kunden können über touristische Informationssysteme direkt angesprochen werden und werden teilweise sogar in den Produktionsprozess integriert. Die Informations- und Kommunikationstechnologien unterstützen den Reisenden mittlerweile entlang der gesamten Customer Journey, denn einfach sowie komfortabel zu bedienende multimediale Endkunden-Bedienoberflächen ermöglichen jedem, sich im Internet ohne Unterstützung durch Expedienten und andere Fachkräfte selbst zu informieren, zu buchen und sogar eigene Erlebnisse und Bewertungen weltweit zu publizieren.

Neue Formen der direkten Kundeninteraktion, des elektronischen Marketings, des Direktvertriebs und der Individualisierung bzw. Personalisierung von touristischen Informationen und Angeboten sind entstanden. Im Zentrum dieses Kapitels stehen der Konsument, der technisch vermittelt interagiert sowie jene technologischen Innovationen, die ihn dabei unterstützten.

Kapitel 2.1 gibt eine Einführung in die Internetökonomie aus mikroökonomischer Sichtweise und analysiert die Tauschprozesse der Marktteilnehmer. Als prägende Kennzeichen wird der Tausch digitaler Güter, die Allokation auf elektronischen Märkten, das Verhalten der Marktteilnehmer und die Kommunikation in Netzwerken behandelt. Zudem werden technische und wirtschaftliche Einflussfaktoren auf die Internetökonomie beschrieben, um ein Modell der Net Economy zu erklären und Thesen für die weitere Entwicklung abzuleiten. Die strukturellen Veränderungen der traditionellen Geschäftsmodelle touristischer Unternehmen werden aufgezeigt und die neuen Kommunikationsmöglichkeiten des Kunden beschrieben.

Den derzeitigen Status Quo des eTourismus sowie aktuelle Trends im online Reisemarkt, beleuchtet Kapitel 2.2. Das Internet als Informations-, Buchungs- und Kommunikationsmedium ist aus der Reisebranche nicht mehr wegzudenken und so geht dieser Beitrag auf die dynamischen Veränderungen ein, welche durch das Web hervorgerufen wurden. Der Autor skizziert dabei sowohl aktuelle Größenordnungen des internationalen online Reisemarktes, den Wettbewerb der Portale, die zunehmende Bedeutung von Google im Tourismussektor, den Direktvertrieb durch Leistungsträger und nimmt mit dem „Homo Mobilis“ eine neue Kundenperspektive ein.

In Kapitel 2.3 werden zunächst die „electronic/e-, mobile/m- und Online-Begriffe“ des electronic Business (eBusiness) bzw. des eTourism abgegrenzt. Anschließend wird die Internet- und Web-Technologie als Basis des Online-Marketing und eCommerce anwendungsorientiert erläutert.

Damit werden die Implikationen, Anforderungen und Möglichkeiten verdeutlicht, um Systeme zum Online-Marketing und eCommerce aufzubauen und zu betreiben. Die wesentlichen Voraussetzungen und Systemelemente zur Sicherung und zur Aktualität der Kommunikationen und Geschäftstransaktionen werden darauf aufbauend erläutert sowie ausgewählte Elemente des Online-Marketing, insbesondere Suchmaschinen-Management und Web-Erfolgsanalyse.

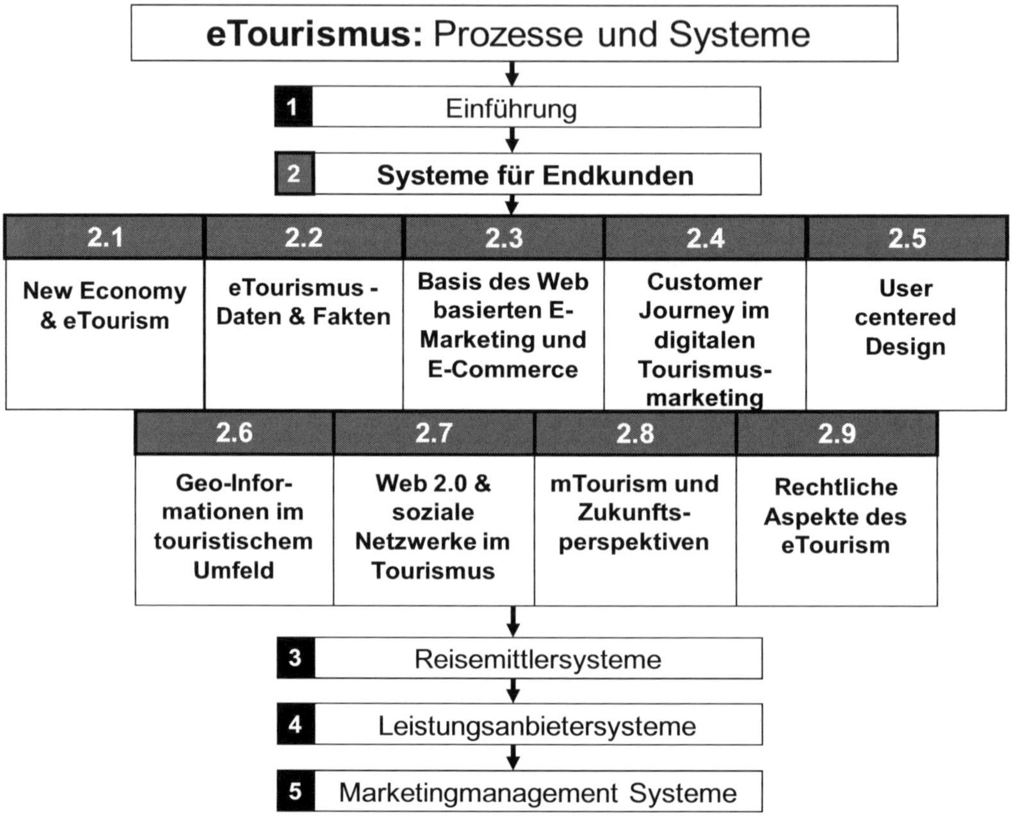

Abb. 2.1 *Überblick Endkunden-Systeme*

Kapitel 2.4 geht auf die Customer Journey im digitalen Tourismusmarketing ein. Die Reiseentscheidung als Prozess kann in unterschiedliche Phasen eingeteilt werden. Etabliert hat sich in der touristischen Marketingpraxis die sogenannte Customer Journey, also die Betrachtung der Entscheidungsabläufe im Zeitverlauf. In diesem Beitrag wird zunächst eine strukturelle Sichtweise erläutert und dann durch etablierte, prozessorientierte Ansätze und Modelle ergänzt. Dadurch wird eine umfassende Herleitung und Betrachtung der Customer Journey samt seiner Customer Touchpoints ermöglicht.

Dem Thema des anwenderzentrierten Webdesigns widmet sich der Beitrag 2.5. Dessen ist es, dass Kunden gute Erfahrungen mit einem Webangebot machen. Diese positiven Erlebnisse steigern dann die Buchungswahrscheinlichkeit. Bei der Gestaltung einer Internetseite sollten somit die Bedürfnisse der Kunden im Mittelpunkt stehen.

Abbildung 2.6 untersucht die Bedeutung von Geo-Informationen im touristischen Umfeld. Die Mehrzahl touristischer Informationen enthält raumbezogene Angaben: die Lage des Hotels, die Anfahrtsskizze zum Flughafen, der Plan mit den wichtigsten Points of Interest (POIs) in der Innenstadt, die Ströme touristischer Mobilität im Sommer oder die Geocaches in einer Destination sind einige wenige Beispiele. Dadurch motiviert werden in dem Kapitel zunächst grundlegende Begriffe der Geoinformation wie Raumbezug, Geometrie, Topologie und Karten eingeführt. Auch die Themen Standardisierung und Geodatenbeschaffung werden behandelt. Bei den IT-Systemen für Geoinformationen stehen endkundenorientierte Anwendungen wie das Web Mapping, virtuelle Globen und mobile standortbezogene Geo-Apps im Vordergrund. Das Kapitel schließt mit der Darstellung von raumbezogenen touristischen Anwendungen in den Themenfeldern Orientierung, Reiseführung, Unterhaltung (Spiele), Reisevorbereitung und Dokumentation (Tracking und Geotagging).

Die Themen Web 2.0 & soziale Netzwerke sind Gegenstand des Kapitels 2.7. In diesem Beitrag wird die breite Begriffspalette rund um das Hype-Thema Web 2.0 strukturiert, voneinander abgegrenzt und transparent offengelegt. Die Grundprinzipien des Web 2.0 werden diskutiert und eine Abgrenzung zu Web 1.0 und 3.0 wird vorgenommen. Begriffe wie Virtual Communities und Social Networks werden im Tourismuskontext diskutiert und kontrastierend gegenübergestellt. Eine theoretische Auseinandersetzung mit Social Web-Modellen, -Theorien und -Konzepten verschafft einen grundlegenden Überblick, die jeweiligen Kernaussagen werden dargelegt und touristische Anwendungsbeispiele schlagen die Brücke zwischen Theorie und Praxis. Die Kritik am Social Web und dessen Begrifflichkeiten werden im Beitrag ebenso behandelt, wie der idealtypischer Einsatz von Social Software in der Kommunikation eines Beherbergungsbetriebes.

Im Zentrum des Abschnitts 2.8 stehen mobile Endgeräte und deren Einsatzfelder im Tourismus. Es ist unbestritten, dass mit der Durchdringung der Smartphones der Boom zum mobilen Internet losgetreten wurde. Welche Technologien hierbei für den Tourismus relevant sind und wie diese die Tourismuswirtschaft nachhaltig verändern, steht im Zentrum dieser Abhandlung.

Mit den rechtlichen Asprekten des eTourism schließt das Kapitel 2. Da das Internet kein rechtsfreier Raum ist, befasst sich dieser Beitrag mit den rechtlichen Rahmenbedingungen des eTourismus. Um die Praxisnähe zu gewährleisten, wurde versucht, die vorliegende Rechtsprechung zu dieser Thematik sowohl in Deutschland als auch in Österreich darzustellen. Schwerpunkte werden gelegt auf die Darstellung des Abschlusses von Gastaufnahmeverträgen im Internet, auch unter Einbindung von Online Vertriebsplattformen, des Domainrechts, des Keyword-Advertisings, des Urheberrechts, der Hyperlinks, der Haftungsrisiken und Auskunftspflichten von Access- und Host-Providern, der Impressums- und zusätzlichen Informationspflichten, der Werbung mit e-mail und Anwendbarkeit der dargestellten rechtlichen Rahmenbedingungen auf soziale Netzwerke.

2.1 Internetökonomie und eTourismus – Net Economy and eTourism

Armin A. Brysch

2.1.1 Einführung in die Internetökonomie aus mikroökonomischer Sichtweise

Zur Relevanz und Bedeutung der digitalen Wirtschaft stellt der Monitoring-Report *Digitale Wirtschaft 2013* folgendes fest: „Digitale Anwendungen und Technologien sind ein Wachstumstreiber der gesamten deutschen Wirtschaft. Ob Industrie 4.0 oder Unified Communications, ob Social-Media-Marketing oder Online-Recruiting, kein Wirtschaftszweig kann heute auf die Errungenschaften der Digitalisierung verzichten. Das verändert auch die Arbeitswelt: Das Internet, neue Hard- und Software und die fortschreitende Digitalisierung aller Arbeitsbereiche erlauben mehr und mehr zeit- und ortsunabhängiges Arbeiten. Es entstehen neue Kommunikationsformen und Arbeitsabläufe. Diese Entwicklungen bringen viele Chancen, aber auch Herausforderungen für Unternehmen und Arbeitnehmer mit sich." (BMWi 2013, S. 7).

Die Studie fasst unter dem Begriff der Digitalen Wirtschaft die Informations- und Kommunikationstechnologien bzw. IKT-Branche (auch als IuK abgekürzt) und die Internetwirtschaft zusammen, die in 2012 in Deutschland für Umsätze in Höhe von 228 Mrd. Euro bzw. 79 Mrd. verantwortlich zeichnen. Damit entfällt – gemessen am Bruttoinlandsprodukt – ein Anteil von über 10 Prozent auf die Digitale Wirtschaft, die damit als eine Schlüsselbranche für die Zukunftsfähigkeit Deutschlands eingestuft wird. Kennzeichen sind eine rasante Entwicklungsgeschwindigkeit, eine starke Verknüpfung mit anderen Branchen und eine hohe Innovationsintensität (ebenda, S. 9). Diese Kennzahlen beschreiben eindrucksvoll die makroökonomische Bedeutung der Internetwirtschaft bzw. der Internetökonomie für die nationale Volkswirtschaft, die im weltweiten Wettstreit mit anderen Nationen maßgebliche Effekte auf Wertschöpfung und Beschäftigung in Deutschland generiert.

Im vorliegenden Beitrag soll die Internetökonomie (englisch Net Economy) vor allem aus mikroökonomischer Sichtweise betrachtet werden, die die Marktteilnehmer wie Unternehmen, Konsumenten und Verwaltungen sowie deren Verhalten beschreibt. Zunächst stellt sich die Frage, in welcher Form die Wirtschaftssubjekte ihre Güter über Märkte tauschen. Der Beitrag setzt bei dezentralen Allokationsverfahren an, bei denen die Wirtschaftssubjekte frei über Menge und Art der herzustellenden Produkte oder Dienstleistungen entscheiden, sich eigenständig Transaktionspartner suchen und nach selbst erstelltem Wirtschaftsplan ihre Güter tauschen.

Dieses Modell entspricht einer Marktwirtschaft, die traditionell als Verhaltenshypothese der Marktteilnehmer ein ökonomisches Prinzip unterstellt: „Jeder Tauschpartner versucht, das Tauschverhältnis möglichst günstig für sich zu gestalten." (Stobbe, S. 283). Ein günstiges Tauschverhältnis kann u. a. erreicht werden, wenn durch die Kommunikation zwischen den Teilnehmern möglichst viele Informationen über die Bedingungen des Tauschprozesses bereitgestellt und genutzt werden können. Nach dem Tausch empfinden die Wirtschaftssubjekte diesen als vorteilhaft, wenn sich ihre Präferenzordnung verbessert hat. Übertragen auf die Internetökonomie lassen sich auf Basis dieses mikroökonomischen Verständnisses einige prägenden Kennzeichen beschreiben:

- **Tausch digitaler Güter**

In der Internetökonomie werden digitale Güter bzw. Informationsgüter getauscht, die in immaterieller Form vorliegen. „Digitale Güter umfassen Produkte (z. B. Software), Dienstleistungen (z. B. Infrastrukturdienste) sowie Rechte und Zertifikate (z. B. Patente, Lizenzen). Sie sind immaterielle Mittel zur Bedürfnisbefriedigung, die sich in Form von Binärdaten durch Informationssysteme entwickeln, vertreiben oder anwenden lassen.“ (Clement/Schreiber 2013, S. 6).

- **Allokation auf elektronischen Märkten**

Die Internetökonomie basiert auf Suchen, Finden und Kaufen in elektronischen Märkten mit einer oftmals großen (z. T. unüberschaubaren) Zahl von Marktteilnehmern, die neben wirtschaftlichen auch nicht-wirtschaftliche Interessen verfolgen. Letztere bezeichnet einen kollaborativen Konsum, der für eine Form des Teilens materieller Güter (Fahrzeuge, Konsumgüter, Wohnraum etc.) als auch immaterieller Ressourcen (Wissen, Zeit, Erfahrungen etc.) steht, und als Share Economy bzw. Ökonomie des Teilens und Tauschens firmiert. Kennzeichnend für beiden Formen „ist vor allem der nahezu kostenlose und zeitnahe Austausch von Informationen, an dem bereits gegenwärtig rund 2,5–3 Mrd. Menschen teilnehmen.“ (ebenda, S. 5).

- **Verhalten der Marktteilnehmer**

Die Internetökonomie führt bei Nachfragern (privaten Konsumenten oder gewerblichen Unternehmen) oftmals zu wirtschaftlich vorteilhaften Tauschprozessen, die in den letzten zehn Jahren zu massiven Substitutionseffekten zwischen Online- versus Offline-Käufen geführt haben. Für die nächsten Jahre ist mit einem kontinuierlichen Fortgang dieser Entwicklung zu rechnen, die den Druck auf den stationären Handel erhöhen wird (Heinemann 2014).

- **Kommunikation in Netzwerken**

In der Internetökonomie werden Informationen und Wissen ebenso wie persönliche Meinungen und Erfahrungen vor, während und nach dem Tauschprozess geteilt, bevorzugt in sozialen Medien bzw. Netzwerken. Diese tragen maßgeblich zu Konsumentscheidungen der Wirtschaftssubjekte bei, sie bilden oder verändern Präferenzen und eröffnen zudem neue Möglichkeiten der Interaktion zwischen den Marktteilnehmern jenseits des ökonomischen Prinzips.

		Leistungsnachfrager		
		Consumer	**Business**	**Administration**
Leistungsanbieter	Consumer	**Consumer-to-Consumer (C2C)** z.B. Kleinanzeige auf einer persönlichen Homepage	**Consumer-to-Business (C2B)** z.B. Website mit persönlichem Fähigkeitsprofil	**Consumer resp. Citizen-to-Administration (C2A)** z.B. Bürger bewertet öffentliches Umweltprojekt
	Business	**Business-to-Consumer (B2C)** z.B. Produkte und Dienstleistungen in einem eShop	**Business-to-Business (B2B)** z.B. Bestellung bei Lieferanten (Supply Chain)	**Business-to-Administration (B2A)** z.B. elektronische Dienstleistungen für öffentliche Verwaltungen
	Administration	**Administration-to-Consumer resp. Citizen (A2C)** z.B. Möglichkeit für elektronische Wahlen	**Administration-to-Business (A2B)** z.B. öffentliche Ausschreibung von Projektvorhaben	**Administration-to-Administration (A2A)** z.B. Zusammenarbeitsformen virtueller Gemeinden

Abb. 2.1.1 *Zur Vielfalt elektronischer Geschäftsbeziehungen. Quelle: Meier/Stormer 2012, S. 3*

Neben dem Begriff der Internetökonomie werden in diesem Kontext weitere, marktrelevante Bezeichnungen verwendet. Unter Electronic Business (eBusiness) wird der Leistungsaustausch zwischen verschiedenen Marktteilnehmern zur Erzielung einer Wertschöpfung durch die Nutzung von IKT und internetbasierten Anwendungen verstanden. Eine definitorische Erweiterung beschreibt Barton, der auch den Leistungsaustausch zur Organisation einer Gesellschaft mithilfe von Informations- und Kommunikationssystemen, die Internettechnologien einsetzen, zum **eBusiness** zählt (Barton 2014).

Die Marktteilnehmer können – typisiert und gebündelt in die drei Gruppen: Unternehmen oder Business (abgekürzt B), Konsumenten oder Consumer (abgekürzt C), sowie öffentliche Verwaltungen bzw. Administrationen, Non Government Organizations oder Non Profit Organizations (abgekürzt A) am Markt sowohl als Leistungsanbieter und als Leistungsnachfrager auftreten. Abb. 2.1.1 visualisiert mögliche Kombinationen, die über die in der Literatur breit diskutierte Betrachtung der B2C- oder B2B-Beziehungen hinausgehen. Als Teilmenge des eBusiness werden B2C- und B2B-Beziehungen als Electronic Commerce (eCommerce) definiert (ebenda, S. 4f), der in der deutschsprachigen Literatur auch als Online-Handel bezeichnet wird (Heinemann 2014).

Kreutzer beschreibt den stufenweisen Einstieg in den Bereich **eCommerce** auf verschiedenen Wegen und Ausprägungen (siehe Kreutzer 2014, S. 472f). Während die erste Stufe des eCommerce ein Engagement des Unternehmens auf bereits bestehenden Online-Verkaufsplattformen bzw. Marktplätzen sein kann, sieht die zweite Stufe den Aufbau eines eigenen Basis- oder Premium-Shops bei etablierten Plattformen wie z. B. *eBay* vor und erst die dritte Stufe den Aufbau eines Online-Shops unter eigenem Namen mit selbstständiger Umsetzung der dafür notwendigen flankierenden Systeme.

2.1.2 Ausgewählte Einflussfaktoren auf die Internetökonomie

- **Technische Einflüsse: IuK und internetbasierte Anwendungen**

Technische Innovationen und Entwicklungen gelten bereits seit der Antike als Treiber für volkwirtschaftliche Veränderungen. Beginnend im 19. Jahrhundert beobachtet Kondratieff eine zyklische Wirtschaftsentwicklung, die als Theorie der Langen Wellen (Kondratieff-Zyklen) zur Erklärung der volkswirtschaftlichen Paradigmenwechsel und damit verbundenen innovationsinduzierten Investitionswellen zitiert wird. Ab 1990 wird der fünfte Kondratieff-Zyklus bzw. die Periode, die durch die Informations- und Kommunikations-Technik dominiert wird, beschrieben (Nefiodow 1991). In diesem Kontext gewinnt die Ressource Information eine wettbewerbsentscheidende Bedeutung und initiiert einen weltweiten Strukturwandel, der für nahezu jede industrielle Produktion und deren Anwendungen prägenden Charakter entfaltet. Für Unternehmen werden IT-gestützte Geschäftsprozesse und -modelle Wachstumsquelle und Antriebsmotor zugleich.

Parallel entwickelt sich das Internet als verbindendes Netzwerk und bildet als World-Wide Web (WWW oder Web) die Basistechnologie für eBusiness und eCommerce (Meier/Stormer 2012, S. 14) zwischen den Marktteilnehmern, deren (Ein-)Kaufverhalten ebenfalls grundlegend neu definiert wird. „Die Web-Technologie beinhaltet nicht nur den ungehinderten Zugang zu nahezu sämtlichen Informationen auf der Welt, sondern auch die Möglichkeit, Transaktionen effizienter und schneller abwickeln zu können. Mittlerweile nutzen fast alle Unternehmen aller Unternehmensformen, Größenklassen und Branchen diese technische Möglichkeit der Transaktionskostensenkung." (Heinemann 2014, S. 9).

Nach Clement und Schreiber (2013) werden die ökonomischen Strukturen vieler Volkswirtschaften durch die TIME-Sektoren (Telekommunikation, Informationstechnik, Medien, Elektronik) geprägt. „Verantwortlich sind die Nutzung innovativer IuK-Technologien wie das Web, der Mobilfunk und ansatzweise auch das interaktive Fernsehen (ITV). Technologie meint hier die Basistechnologie (z. B. UMTS) und die damit verbundenen Leistungsformen (z. B. mobile Dienstleistungen)." (Clement/Schreiber, S. 12). Sie verweisen zudem auf die Austauschbarkeit von technischen Infrastrukturkomponenten bei Kommunikationsvorgängen (Medienkonvergenz), die in der Folge eine Konvergenz von Inhalten z. B. bei Nachrichten in diversen Medien erwirkt. „Zuvor getrennte Wertschöpfungsketten verschmelzen und bilden einen multimedialen Sektor." (ebenda, S. 12). Diese Verschmelzung zeigt sich im Alltag z. B. im interaktiven Fernsehen, das Hardware seitig als WLAN-fähiges Smart TV durch entsprechende Software diverse Anwendungen wie Apps, Streaming-Dienste, Mediatheken, Video-on-Demand, interaktive Spiele, Recording etc. ermöglicht.

- **Wirtschaftliche Einflüsse: Globalisierung und Internationalisierung**

Die Internetökonomie erstreckt sich auf alle Märkte und Kontinente, sie ist zum globalen Treiber von wirtschaftlichen Transformationsprozessen geworden. Der Terminus Globalisierung ist umfassend und zugleich unscharf, wobei er sich nach Oschwald auf mehrere Teilprozesse bezieht wie die „Globalisierung …

  - von Finanzen,
  - der Märkte und des Wettbewerbs,

- von Technologien, Forschung und Entwicklung bzw. des Wissens,
- von Lebensformen, Konsummustern und Kulturleben,
- von Regulierungsmöglichkeiten und politischer Steuerung,
- als politische Einigung der Welt.“ (Oschwald 2010, S. 122)

Somit beschreibt Globalisierung nicht nur vielfältige Phänomene im sozialen, ökonomischen oder technischen Kontext, sondern umfasst auch deren direkte und indirekte Wirkungen auf die Marktteilnehmer (Brysch 2014). „In wirtschaftlicher Perspektive sind vor allem die Herstellung von Gütern in globalen Produktionsverbünden und die damit einhergehende Arbeitsteilung zwischen alteingesessenen Industrienationen und sich entwickelnden Volkswirtschaften gemeint.“ (Sattelberger 2011, S. 11). Diese Arbeitsteilung und die Digitalisierung von Waren und Dienstleistungen (siehe Abb. 2.1.2) wird durch die Internetökonomie beschleunigt, da Kostenvorteile in der Herstellung von digitalen Gütern bei nicht wettbewerbskritischer Wertschöpfung zu Verlagerungen in Niedriglohnländer führt (z. B. Leistungen in Callcenter, kaufmännische Administration, Softwareentwicklung), während sich die Unternehmen in den Hochlohnländern wie Deutschland bei ihrer wettbewerbskritischen Wertschöpfung (insbesondere bei wissensintensiven, kreativen oder innovativen Tätigkeiten) auf ihre Kernkompetenzen mit einer wettbewerbsfähigen Kern- oder Stammbelegschaft konzentrieren (Brysch 2014). Dennoch schafft die Internetökonomie neue Arbeitsplätze vor allem im tertiären Sektor, zum dem die Tourismusbranche in erheblichem Maße beiträgt. Nach Berechnungen des Statistischen Bundesamtes stieg die Zahl der Erwerbstätigen in Bereich Handel, Verkehr, Gastgewerbe von 8,63 Mill. in 1995 auf 9,57 in 2012 an.

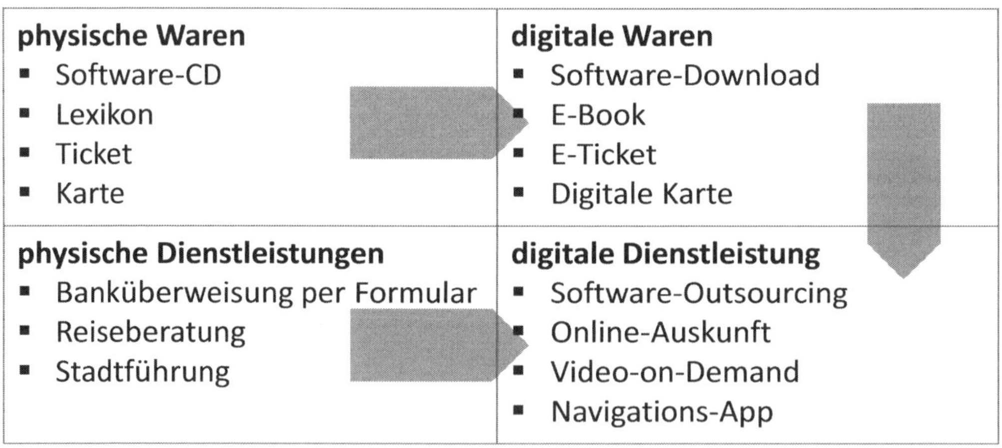

Abb. 2.1.2 *Digitalisierung von Waren und Dienstleistungen Quelle: Erweitert in Anlehnung an Peters 2010*

Weiter beeinflusst die zunehmende Internationalisierung die Internetökonomie. So führen der technische Fortschritt im Bereich Transport und Kommunikation sowie die (zunehmende) Konvergenz von Konsumbedürfnissen (siehe Oschwald 2010, S. 123) dazu, dass viele Konsumprodukte und Dienstleistungen weltweit über das Internet gesucht, getauscht und gehandelt werden. Speziell in der Reisebranche werden Mobilitätleistungen durch die erweiterte Angebotsvielfalt oftmals kostengünstiger, gleichzeitig können (virtuelle) Reise-Informationen quell- und zielmarktübergreifend und Reiseprodukte mit immensen Variationen international angeboten werden.

- **Modell der Internetökonomie**

Vor dem Hintergrund der genannten Einflussfaktoren und Anwendungen liefert Kollmann (2011) ein Modell für die Net Economy, das verschiedene Ebenen verzahnt (Abb. 2.1.3). Ausgangspunkt ist die Entwicklung zur Informationsgesellschaft, die auf Innovationen der Informationstechnik beruht und durch Anwendungen der Informationstechnologien seine Umsetzung erfährt. Im Zentrum der Informationsökonomie mit Fokus auf dem Produktionsfaktor Information steht die Net Economy, in der Transaktionen verschiedene Formen des eBusiness ermöglichen (Kollmann 2011, S. 69f).

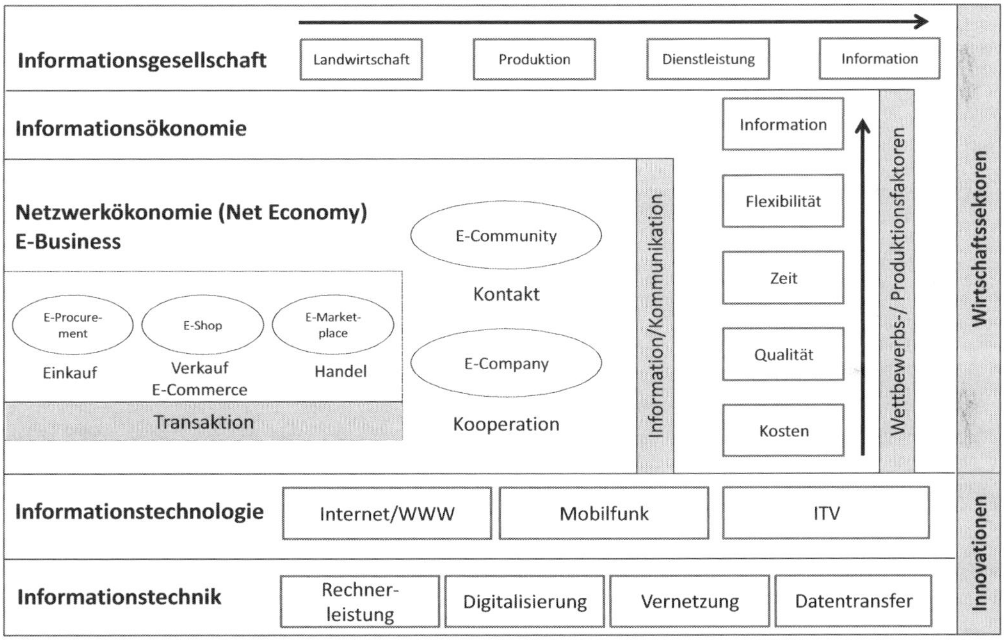

Abb. 2.1.3 *Schalenmodell der Net Economy. Quelle. Kollmann 2011, S. 70*

Als umfassende Definition des Begriffs Internetökonomie fassen Clement/Schreiber folgende fünf Aspekte zusammen:

„(1) Der Anwendungsbereich von IuK-Techniken und -Technologien,

(2) die über elektronische Märkte, Plattformen und Netzwerke,

(3) der Abwicklung von Informations-, Kommunikations- und Transaktionsprozessen

dienen, um

(4) durch Grundformen der ökonomischen Leistungserstellung,

(5) elektronische Wertschöpfung zu generieren." (Clement/Schreiber 2013, S. 17)

Für die Zukunft leiten Ökonomen diverse Thesen zur Internetökonomie ab (Zerdick et al. 2001, Meier/Stormer 2012, Anderson 2009), die u. a. folgende Entwicklungen betreffen:

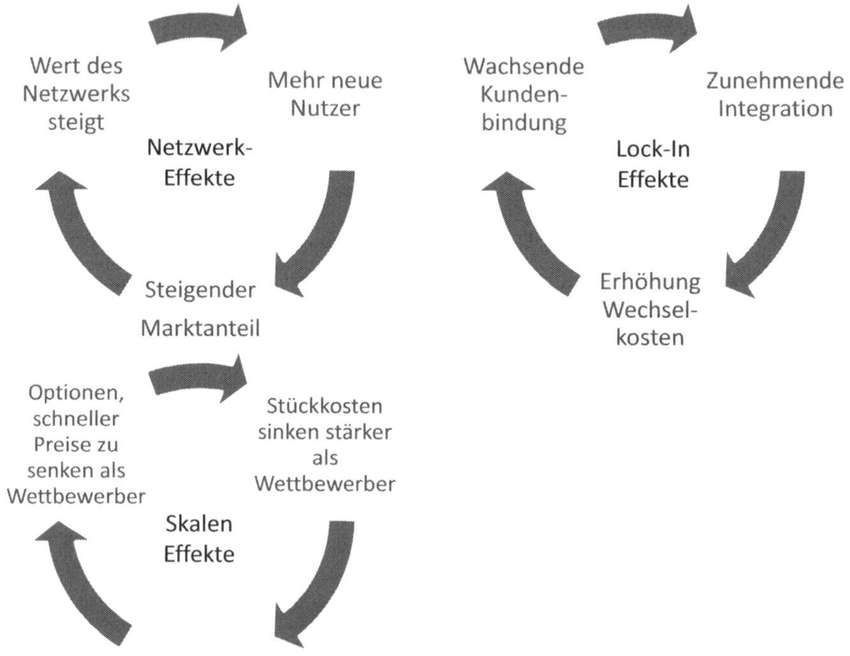

Abb. 2.1.4 *„Ringe der Macht" in der Internetökonomie. Quelle: In Anlehnung an Clement und Schreiber 2013, S. 166*

- **Digitale Wertschöpfung und Aufmerksamkeit**

Die Wertschöpfung wird weiter digitalisiert und erfasst alle Bereiche der Volkswirtschaft. Digitale Güter lassen sich einfach vervielfältigen und kosteneffizient verteilen, traditionelle Distributionswege und Lagerhallen entfallen. Die Grenzkosten für die Produktion zusätzlicher Einheiten digitaler Güter sind minimal oder tendieren gegen Null, was die globale Verbreitung und den eCommerce forciert. Die Märkte werden nicht durch Knappheit, sondern durch Überfluss bestimmt. Für die Marktteilnehmer wird aufgrund des Überflusses an Informationen und digitalen Gütern die Aufmerksamkeit der handelnden Wirtschaftssubjekte zum knappen Gut. Weiter wird für neue Marktteilnehmer der Zeitpunkt des Markteintritts immer entscheidender: Wer zu spät kommt, bleibt aufgrund der hohen Skaleneffekte oftmals chancenlos.

- **Kritische Masse und Netzeffekte**

Im Sinne einer FreeConomics (Anderson 2009) kann das Verschenken von (Basis-)Gütern ein Schlüsselkonzept werden, wenn diese durch andere Erlösformen, insb. bei Premium-Gütern als Quersubventionierung, finanziert werden. Damit stoßen klassische ökonomische (Preis-)Strategien an ihre Grenzen, das Erreichen einer kritischen Masse mit hoher Geschwindigkeit wird oftmals zur Voraussetzung für kommerziellen Erfolg. Für die Marktteilnehmer, die über die Güter viele Informationen und Erfahrungen (Feedback) austauschen, steigt der Wert des Netzwerks und die Bindung zur gewählten Option bzw. System. Diese Auswirkungen auf die Wirtschaftssubjekte, auch als Netzwerkeffekte und Lock-In Effekte bezeichnet, führen zu Rückkopplungen und nachhaltigen Marktveränderungen. Abb. 2.1.4 verdeutlicht diese Rückkopplungen, die Clement und Schreiber als „Macht der Ringe" beschreiben (2013, S. 166).

- **Individualisierung und kundenorientierte Mehrwerte**

Die Individualisierung des Massenmarktes schreitet weiter voran, indem z. B. Produktdifferenzierungen durch Versioning der Leistungen oder der Inhalte erreicht werden sowie durch die Vernetzung spezialisierter Anbieter kundenorientierte, personalisierte Marktleistungen erbracht werden. Die größere Leistungsvielfalt bei gleichzeitig geringen Transaktionskosten lässt traditionelle Wertschöpfungsketten erodieren, hingegen multimediale Wertschöpfungsprozesse mit vernetzten Medien- und Kommunikationsmöglichkeiten weiter wachsen. Besondere Chancen bietet die Internetökonomie für Intermediäre, indem die Vermittler spezialisierte Anbieter vernetzen und durch „die flexible Konfiguration von hochdifferenzierten und individualisierten Marktleistungen" (Zerdick et al. 2001, S. 18) kundenorientierte Mehrwerte schaffen. Diese Mehrwerte können in elektronischen Märkten auf Basis neuer Leistungskombinationen von Kostenführern sowie von Qualitätsanbietern kreiert werden (in traditionellen Märkten eher gegensätzliche Marktstrategien).

Die Internetökonomie prägt zukünftig die marktwirtschaftlichen Transaktionen, eBusiness und eCommerce werden zum Regelfall. Die bestehenden ökonomischen Gesetzmäßigkeiten werden nicht aufgehoben, mehr denn je Tritt der Kunde mit seinen individuellen Präferenzen und unterschiedlichen Lebens- bzw. Konsumstilen in den Mittelpunkt der Tauschprozesse. Jedoch verändern sich durch die IuK und deren neue Möglichkeiten der Kommunikation zwischen Marktteilnehmern die traditionellen Spielregeln: Wettbewerbsvorteile entstehen durch das schnelle Erreichen einer kritischen Masse, automatisierte Personalisierungssysteme (u. a. mit kollaborativen Filter und intelligenten Agenten) sowie kundenbezogenen Interaktionsangeboten über diverse Kundenkontaktpunkte (Touchpoints).

2.1.3 Zentrale Determinanten des eTourismus als Teil der Internetökonomie

- **Modellhafte Betrachtung des eTourismus**

Aus Sicht der Tourismus- und Freizeitwirtschaft soll auf zentrale Determinanten der branchenspezifischen Ausprägung der Internetökonomie eingegangen werden, die auch als Electronic Tourism (eTourism oder eTourismus) bezeichnet wird. Ausgangspunkt ist die Erkenntnis, dass die Nachfrager touristischer Leistungen, Gäste im Urlaubs- und Geschäftsreisesegment (leisure und business), einen Paradigmenwechsel vollziehen:

- Nahezu alle entscheidungsrelevanten Informationen über Reisen oder komplementäre Tourismusprodukte sind Standort und Zeit unabhängig verfügbar,
- die Gäste bewegen sich in einer sozialen Welt, in der sie ihre Meinungen und Bewertungen über den Urlaub oder die Geschäftsreise jederzeit und überall mit einer Vielzahl anderer Konsumenten teilen können.

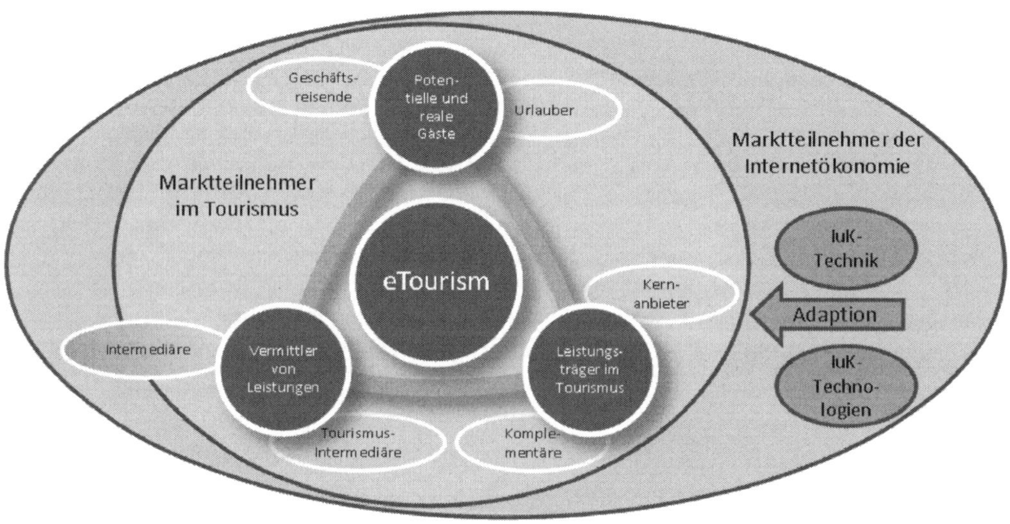

Abb. 2.1.5 *Grundmodell des eTourismus*

In der Tourismusbranche führt dieser Paradigmenwechsel zum anbieter- und nachfrageseitigen Strukturwandel bei den Marktteilnehmern. Die Leistungsträger in touristischen Destinationen, Reiseveranstalter oder sonstige Intermediäre entwickeln neue Modelle der Kundenansprache, investieren in neue Vertriebskanäle und reorganisieren ihre Produktionsprozesse von Reise- und Freizeitangeboten. Die (potenziellen) Gäste dagegen sind noch mobiler geworden, ihre Informationsbedürfnisse wachsen stetig und keine Reiseentscheidung wird mehr ohne vorherige virtuelle Inspiration oder Internetrecherche getroffen. Aus der Fülle der touristischen Online-Informationen entstehen neue Wünsche bzw. spezifische Reisebedürfnisse, die vermehrt auf elektronischen Marktplätzen gekauft bzw. gebucht werden. Innovative technische Lösungen und entsprechende Hardware bieten immer mehr „mobile" touristische Angebote: Durch Smartphones und Reise-Apps werden touristische Informationen und Erfahrungswissen bis in den letzten Winkel des Urlaubs oder der Geschäftsreise gebracht bzw. „gepostet". Neben den Angeboten der Leistungsträger in der Hotellerie und Gastronomie, Reiseveranstaltern, Mobilitätsdienstleistern etc. kommen den tourismusspezifischen und zunehmend branchenfremden Intermediären auf elektronischen Märkten eine besondere Bedeutung zu, da diese Aufmerksamkeit der Nachfrager auf sich ziehen. Im eTourismus prägen die Interaktionen der Marktteilnehmer Gäste, Leistungsträger und Vermittler die Tauschprozesse (Abb. 2.1.5).

Im Zusammenspiel der Marktteilnehmer werden unterschiedliche Formen von tourismusrelevanten virtuellen Anwendungen genutzt, die sich besonders in touristischen Websites, Onlinebuchungsportalen bzw. OTAs, Reise-Apps, Fanseiten touristischer Dienstleistungsunternehmern, Reise-Blogs, virtuellen Tourismus-Communities etc. konkretisieren. Der Begriff eTourismus (eTourism) wird wie folgt definiert:

- eTourismus umfasst die Planung, Konzeption und Umsetzung von IuK mit internetbasierten Anwendungen in der Tourismus- und Freizeitwirtschaft,
- um Leistungen in Verbindung mit privaten und geschäftlichen Reisen über elektronische Märkte zu generieren.

Diese verändern strukturell die traditionellen Geschäftsmodelle touristischer Unternehmen und integrieren den Kunden auf seiner virtuellen und realen Reise (Customer Journey) in den Dienstleistungsprozess.

- **Nachfrager: Potenzielle und reale Gäste**

Bei den touristischen Nachfragern, entweder potentielle und bestehende Gäste, lassen sich gegenüber dem Reiseverhalten vor 20 Jahren signifikante Verhaltensänderungen feststellen:

- **Suche nach abgestimmten Gesamterlebnissen**

  Der reiseerfahrene Gast hat in seiner persönlichen Reisebiographie bereits viele Ziele und Reiseformen erlebt. Er entwickelt aufgrund dieses Erfahrungswissens einerseits ein sensibles Gespür für ein (subjektiv) vorteilhaftes Preis-/Leistungsverhältnis, andererseits ein steigendes Qualitätsbewusstsein für das komplexe Leistungsbündel einer Reise. Der Gast erwartet in der Folge überzeugende Dienstleistungsketten, die auf gleichbleibend hohem Niveau ohne Schwachpunkte bei Service und touristischen Infrastruktur dargeboten werden. Defizite bei erfolgskritischen Leistungskomponenten für das Gesamterlebnis der Reise (critical incidents) werden in Bewertungsportalen, sozialen Netzwerken und/oder Reiseblogs z. T. schon während der Reise kommuniziert.

- **Differenzierung durch besonderen Service**

  Der Gast kann die Angebotsvielfalt touristischer Infrastrukturen (Hotels, Freizeiteinrichtungen, kulturelle Angebote etc.) kaum überblicken. Das Angebot – besonders für internationale Gäste – gleicht sich weltweit in den jeweiligen Kategorien an oder wird weitgehend standardisiert, d. h. wird zunehmend austauschbar. Infrastrukturelle und thematische Präferenzen werden bereits in der Phase der Informationssuche durch Internetsuchmaschinen (Internet Booking Engines, IBEs) herausgefiltert und dem Gast

werden i. d. R. aktuell kalkulierte und Vakanz geprüfte Angebote vorgestellt. Für eine nicht preisgetriebene Differenzierung im Wettbewerb werden „weiche" Angebotsfaktoren (Marke, Servicekultur, Ambiente, Stimmung, Gastfreundschaft, Authentizität etc.) immer bedeutsamer und bewusster wahrgenommen. Problematisch ist jedoch die glaubhafte, anbieterseitige Kommunikation diese Merkmale auf elektronischen Märkten, weshalb potenzielle Gäste vor der Buchung ihrer Reisekomponenten für die später zu produzierende Dienstleistung verschiedene Bewertungsplattformen als Referenz und Entscheidungshilfe nutzen. Touristische Leistungsträger begegnen dieser Qualitätsorientierung, indem sie u. a. den sozialen Kompetenzen ihres Personals größere Bedeutung widmen. Marktführer und Spitzenbetriebe in der Tourismuswirtschaft haben sich vor diesem Hintergrund dem Konzept der Service Excellence verschrieben.

- **Global orientierte Gäste mit multioptionalem Konsumverhalten**

In Analogie zu anderen Konsumbereichen lassen sich Reisende bzw. Gäste zunehmend schwieriger durch soziodemographische Kriterien segmentieren. Unterschiedliche Lebens- und Konsumstile führen zu heterogen Gästegruppen oder -milieus. Durch Internetrecherchen und intensivem Austausch via sozialer Netzwerke über die eigenen Reiseerfahrungen werden die medienkompetenten Gäste preisbewusster, anspruchsvoller, illoyaler, spontaner – insgesamt individueller. Die Nachfrager reagieren besonders auf Interaktionsangebote, die sie in ihren persönlichen Lebens- und Konsumwelten individuell ansprechen. Dazu zählt aus Sicht eines Gastes z. B. die Möglichkeit, um 17 Uhr für den gleichen Tag über eine App via Smartphone ein Hotelzimmer zu buchen oder während seines Stadtspaziergangs eine ortsbezogene Dienstleistungen (Location-based Services, LBS) wie eine Restaurantempfehlung im Umkreis von 500m abzurufen. Aus Sicht des eTourismus eröffnen sich für den potentiellen und tatsächlichen Gast neue Kommunikationsmöglichkeiten, die sich entlang der **Customer Journey** orientieren (Abb. 2.1.6). Die Reisenden suchen während jeder Phase nach qualifizierten Inhalten, Inspirationen oder Empfehlungen, die das Gesamterlebnis der Reise verbessern können. Für den Gast müssen die Informationen über touristische Sehenswürdigkeiten, Dienstleistungen oder ergänzende Produkte 24/7 und 365 Tage im Jahr sichtbar und abrufbar sein.

In Anlehnung an die Mediennutzer-Typologien ist bei Gästen mit Charakteristika der „Jungen Wilden" und „Zielstrebigen Trendsetter" (ARD-ZDF-Onlinestudien 2012 und 2013) eine besonders starke Interaktion während der Reise zu beobachten, während die anderen Gruppen schwerpunktartig im Vorfeld der Reise elektronische Marktplätze aufsuchen.

- **Anbieter: Leistungsträger im Tourismus**

Touristische Leistungsträger und komplementäre Unternehmen setzen aufgrund der oben skizzierten Nachfrageveränderungen auf innovative, differenzierte und/oder qualitätsorientierte Dienstleistungen, um der vergrößerten Macht der Gäste auf den elektronischen Marktplätzen gerecht zu werden. Folgende strukturelle Veränderungen wirken auf die Angebotsseite ein:

- **Globaler Wettbewerb der thematischen Reiseangebote und Destinationen**

Durch ein partielles, reales Überangebot an Tourismusprodukten verschärft sich der internationale Verdrängungswettbewerb und neue Destinationen mit touristischen Leistungen kommen jährlich dazu. Durch politische Spannungen oder Klimaeinflüsse in einigen Urlaubsländern schwanken zwar die Kapazitäten in diesem Bereich, jedoch nimmt tendenziell die Vielfalt und Zahl von Reiseoptionen weiter zu. Dieses Angebot wird auf elektronischen Märkten vor allem direkt über Online-Reisebüros oder direkt durch den Anbieter vermarket. Die beiden Begriffe „Deutschland" und „Urlaub" erzielen in der Google-Suche ca. 30 Millionen Ergebnisse, die Kombination „Tauchen" und „Hotel" ca. 11 Millionen Ergebnisse. Ohne entsprechendes Onlinemarketing, das über mehrere Kanäle ausgestrahlt wird, dringt der Anbieter nur schwer zum Kunden durch.

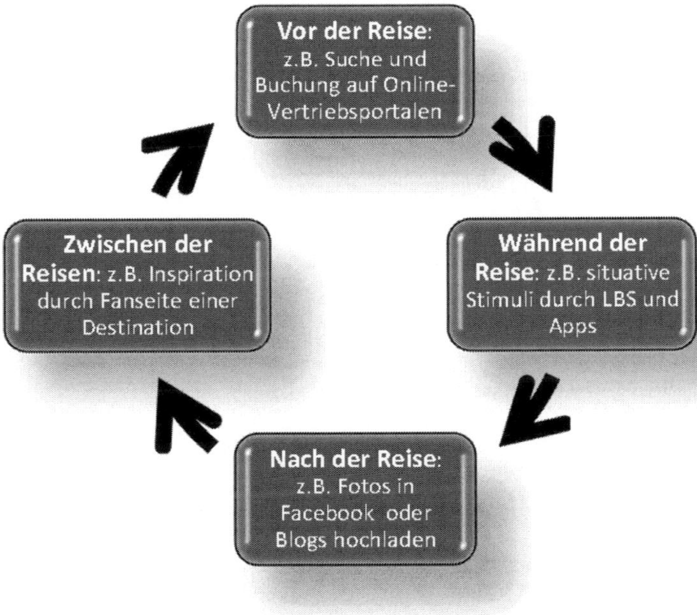

Abb. 2.1.6 *Einfluss virtueller Anwendungen im 4-Phasenmodell der Reise. Brysch 2012*

- **Netzwerkbildung und Konzentration der Anbieter**

Besonders international ausgerichtete Tourismusunternehmen organisieren sich in Kooperationen oder Ketten (Hotel- oder Restaurantketten, Reisebürokooperationen etc.), die zunehmend Einzelunternehmen oder Inhaber geführte Betriebe bedrängen. Zudem verschieben die vertikale Integration von Reisekonzernen und andere (virtuelle) Kooperationsmodelle die Marktmacht zulasten kleiner und mittelständisch geprägten Leistungsträger. Letztere können alleine kaum die notwendige Aufmerksamkeit im Internet erzeugen, die Transaktionskosten ohne Intermediäre sind relativ hoch. Daher versuchen touristische

KMUs u. a., über ein professionelles Customer Relationship Management (CRM) die Gäste zu binden und personalisierte Interaktionsangebote zu offerieren.

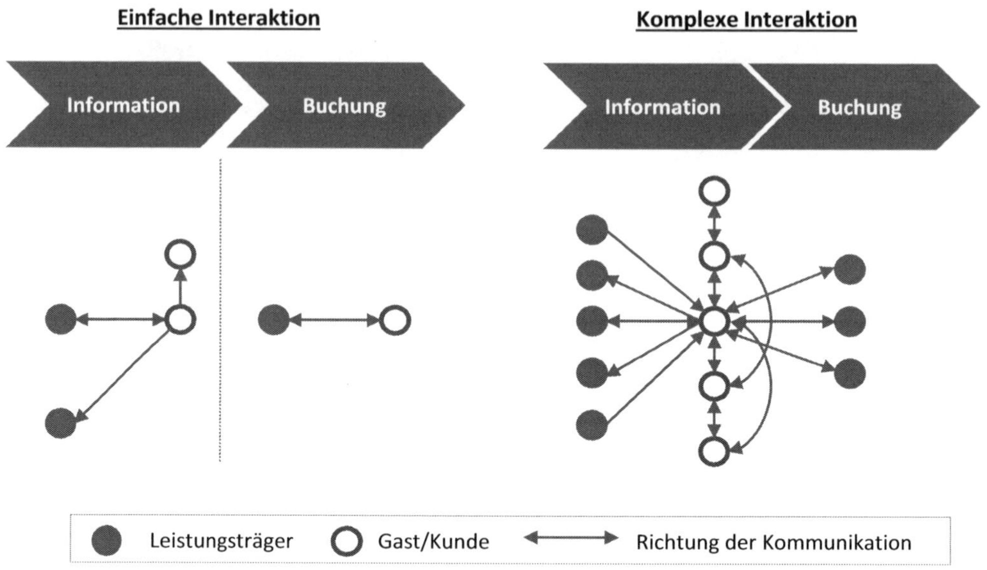

Abb. 2.1.7 *Veränderung der Interaktionen am Beispiel der Informations- und Buchungsphase. Brysch 2013*

- **Wandel der IT-gestützten Geschäftsprozesse**

Informationen und Wissen über die Gäste und deren Präferenzen werden besonders in der Informations- und Buchungsphase zu einem zentralen Erfolgsfaktor (Abb. 2.1.7) und verlangen durch immer schnellere und kurzfristigere Kommunikation der Gäste eine große Innovationsbereitschaft seitens der Anbieter. „Für die Leistungsträger im Gastgewerbe und in den touristischen Destinationen kann dies [...] zur Notwendigkeit führen, ihre Produktionsprozesse von Reise- und Freizeitangeboten zu reorganisieren, neue Modelle der Kundenansprache und Kundenbindung zu entwickeln und ihr traditionelles Marketing Mix neu auszurichten." (Brysch 2013, S. 148). Eine Konsequenz der anbieterseitigen Betrachtung des eTourismus betrifft die kommunikative Ausrichtung entlang der Customer Journey, sei es die inhaltliche Ausgestaltung der Online-Marketingaktivitäten oder die instrumentelle Nutzung neuer (virtueller) **Touchpoints** über Apps, Websites, Reiseblogs oder Facebook-Fansites. Touristische Leistungsträger müssen auf elektronischen Märkten alle Möglichkeiten nutzen, für ihre Gäste vor einer Reise individuelle und personalisierte Reiseangebote zu erstellen, während der Reise situative, ortgebundene Angebote zu generieren und nach der Reise durch ausgefeilte Kundenbindungsprogramme die Kundenbeziehungen und Markenwahrnehmung zu intensivieren.

- **Intermediäre: Vermittler von Leistungen**

Die Buchungswege von (Urlaubs-)Reisen erleben einen strukturellen Wandel. Zwischen 2005 und 2013 hat sich die Anteil der Online-Buchungen des Haupturlaubs der Deutschen von 11% auf 31% nahezu verdreifacht. Allgemein haben von der deutschsprachigen Bevölkerung 58% das Internet bereits zur Urlaubs-Information genutzt und 37% auch gebucht (VIR 2014, S. 35f; mit weiteren Daten über den deutschen Online-Reisemarkt). Obwohl das stationäre Reisebüro noch die wichtigste Buchungsstelle der Haupturlaubsreise darstellt, gewinnen Intermediäre stark an Bedeutung. Grundsätzlich haben Intermediäre „die Funktion, Transaktionen zwischen Wirtschaftsakteuren möglichst zweckmäßig zu gestalten und dabei Transaktionskosten in den einzelnen Phasen zu reduzieren" (Clement/Schreiber 2013, S. 260).

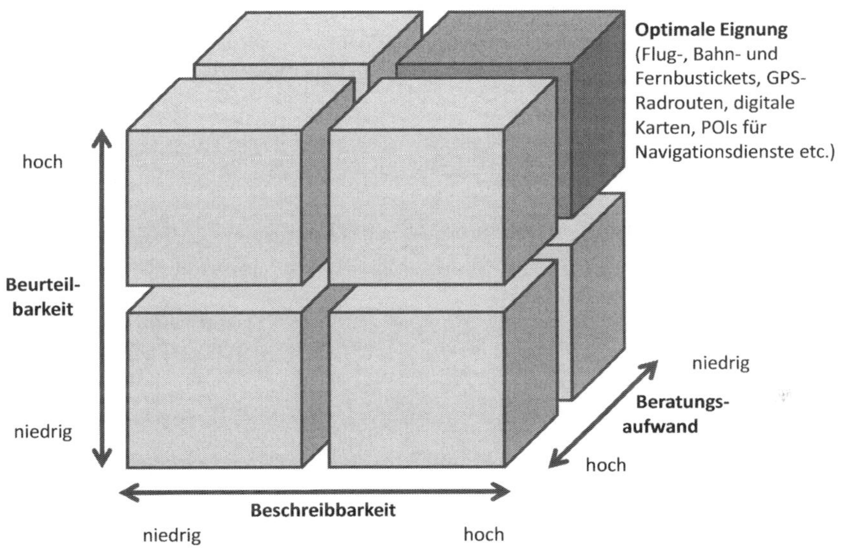

Abb. 2.1.8 *Produkteignungsmatrix in der Net Economy (3-B-Modell). Quelle: Eigene Darstellung in Anlehnung an Kollmann 2011, S. 268*

Im eTourismus versuchen eine Vielzahl von branchenspezifischen Internetportalen und verstärkt auch branchenfremde Akteure wie Google das touristische Angebot und die Reise-Nachfrage zusammenzuführen. Die große Verfügbarkeit von tourismusrelevanten Informationen (z. B. Flugzeiten, Hotelausstattung, Routen, Preise) und detaillierte Angaben zur Beschaffenheit der Güter, z. B. Destinationsinformationen zum regionalen und kulturellen Kontext, senken die Suchkosten und verringern das Risiko von Fehlallokationen. Die Intermediäre in der Reisebranche reduzieren einerseits die Transaktionskosten, andererseits nutzen sie die besonders Eignung von Tourismusleistungen. Die Eignung der Produkte lässt sich mittels **Produkteignungsmatrix** (3-B-Modell) veranschaulichen (Abb. 2.1.8). Ein weiterer Nutzen von Intermediären wird deutlich, wenn Konsumentscheidungen in der Phase während der Reisedurchführung in einer Destination mit Unterstützung von Reise-Apps betrachtet werden. Die Gäste treffen Entscheidungen, die durch situative Stimuli auf Basis von ortsabhängigen Diensten (LBS) hervorgerufen werden. So wird z. B. die Suche und Auswahl eines speziellen Restaurants vor Ort durch einen Intermediär, der Umgebungs- und Situationsparameter mit den Kunden- und Standortdaten verknüpft, maßgeblich beeinflusst. Kritisch bleibt anzumerken, dass nicht alle Vermittler und Plattformen von touristischen Informationen und Leistungen überzeugen. Wie in anderen Branchen auch treten bei Such- und Vergleichsprozessen auf elektronischen Märkten Risiken (Clement/Schreiber 2013, S. 265) auf:

- Die Informationsvielfalt kann Gäste überfordern und die Treffsicherheit, die „perfekte" Reise unter vielen Alternativen herauszufiltern, hängt vom Vorwissen und dem zielgerichteten Auswahlverfahren des Gastes ab.
- Die Aussagekraft und Vertrauenswürdigkeit von Reise- oder Destinations-Informationen werden durch die intersubjektiv unterschiedliche Wahrnehmung der Dienstleistungsqualität beeinträchtigt.
- Die Darstellbarkeit von Informationen zu Tourismusprodukten, die viele Erfahrungseigenschaften besitzen, stößt virtuell an Grenzen.

- **Ausblick**

Tauschprozesse zwischen den Marktteilnehmer im Tourismus sind ohne elektronische Märkte kaum noch vorstellbar. Viele Gäste nutzen bereits unterschiedliche Formen von virtuellen Anwendungen wie touristische Websites, Onlinebuchungsportale, Reise-Apps oder Blogs. Sie „posten" und „liken" Reiseerlebnisse in sozialen Netzwerken und bewerten Videoclips oder Fotos der besuchten Urlaubsorte. Damit stellt der eTourismus einen wichtigen Teil der Internetökonomie dar, der nicht zuletzt aufgrund seiner volkswirtschaftlichen Bedeutung in Deutschland weiter an Gewicht zunehmen wird. Für Gäste bieten elektronische Märkte hohe Transparenz und geringe Suchkosten, für Leistungsträger und Intermediäre eine große Vermittlungseffizienz und geringe Transaktionskosten.

Die Internetökonomie und der eTourismus haben die traditionellen Strukturen der Branche grundlegend verändert. Viele Wirtschaftssubjekte empfinden die Tauschprozesse als so vorteilhaft, dass sich ihre Präferenzordnung bei touristischen Gütern deutlich verbessert hat. Als Perspektive kann festgehalten werden, dass der eTourismus weiter an Dynamik gewinnen wird und die Kunden auf ihrer virtuellen und realen Reise profitieren werden.

Quellen:

AGOF e.V. (Hrsg.), AGOF Branchenbericht Reise & Touristik, Frankfurt am Main, 2013.

Anderson, C., Free – kostenlos – Geschäftsmodelle für die Herausforderungen des Internets, Frankfurt am Main, 2009.

ARD-ZDF Online Studie (2013), abrufbar unter http://www.ard-zdf-onlinestudie.de/, zuletzt geprüft am 22.4.2014.

Aufderheide, D./Dabrowski, M. (Hrsg.), Internetökonomie und Ethik, in: Volkswirtschaftliche Schriften, Heft 556, Berlin, 2009.

Barton, T., E-Business mit Cloud Computing, Wiesbaden, 2014.

Bliemel, F./Fassott, G./Theobald, A. (Hrsg.), Electronic Commerce, Wiesbaden, 2000.

Bradford, D. J., The Two Faces of The Internet Economy, Vol. 142, Issue 7, S. 61–66, 2000.

Brysch, A., E-Tourismus – Status quo und Potenziale für das Onlinemarketing, in: Dwif e.V. (Hrsg.): Jahrbuch für Fremdenverkehr 2012, 51 Jahrgang, S. 31–43, 2012.

Brysch, A., Innovative Interaktionsformen im Tourismus durch Reise-Apps und Smartphones, in: Quack, H.-D./Klemm, K.: Kulturtourismus zu Beginn des 21. Jahrhunderts, München, S. 143–151, 2013.

Brysch, A., Personalmanagement im Umbruch – Erfolgsfaktoren und Trends aus Sicht der Tourismus- und Freizeitwirtschaft, in: Gardini, M./Brysch, A. (2014) (Hrsg.): Personalmanagement im Tourismus, Berlin, S. 3–33, 2014.

Buchheit, S., Geschäfts- und Erlösmodelle im Internet, Hamburg, 2009.

Bundesministerium für Wirtschaft und Technologie (Hrsg.), Wirtschaftsfaktor Tourismus Deutschland. Kennzahlen einer umsatzstarken Querschnittsbranche – Kurzfassung. Berlin, 2012.

Bundesministerium für Wirtschaft und Technologie (Hrsg.), Monitoring-Report Digitale Wirtschaft 2013 – Digitalisierung und neue Arbeitswelten, Berlin, 2013.

Clement, R./Schreiber, D., Internetökonomie, Heidelberg, 2010.

DTV (Hrsg.), Zahlen – Daten – Fakten, Berlin, 2013.

eBusiness Lotse SüdWest und Fraunhofer IAO (Hrsg.), Anwenderstudie Webbasierte Plattformen in der Praxis, Stuttgart, 2014.

Evans, D. S., Antitrust Issues Raised By The Emerging Global Internet Economy, in: Northwestern University Law Review Colloquy, Vol. 102, No. 4, 2008.

Evans, P. B./Wurster, T. S., Die Internet-Revolution, in: Harvard Business Manager, Heft 2, 1998, S. 51–62, 1998.

FUR Forschungsgemeinschaft Urlaub und Reisen e.V. (2012), RA online 11/2011.

Grob, H.L./Vossen, G.(Hrsg.): Entwicklungen im Web 2.0 aus technischer, ökonomischer und sozialer Sicht, Internetökonomie und Hybridität, No. 51, 2007.

Heinemann, G. (2014), Der neue Online-Handel, Wiesbaden.

Kollmann, T. (2007), Online-Marketing: Grundlagen der Absatzpolitik in der Net Economy.

Kollmann, T., E-Business. Grundlagen elektronischer Geschäftsprozesse in der Net Economy, Wiesbaden, 2011.

Kreutzer, R. T., Praxisorientiertes Online-Marketing, Wiesbaden, 2014.

Krogfoss, B./Weldon, M./Sofman, L., Internet Architecture Evolution and the Complex Economies of Content Peering, in: Bell Labs Journal 17(1), S. 163–184, 2012.

Lammenett, E., Praxiswissen Online-Marketing, Wiesbaden, 2012.

Meier, A./Stormer, H., eBusiness & eCommerce – Management der digitalen Wertschöpfungskette, Berlin u. a., 2012.

Nefiodow, Leo A., Der fünfte Kondratieff – Strategien zum Strukturwandel in Wirtschaft und Gesellschaft, Frankfurt am Main u. a., 1991.

Noe, T./Parker, G., Winner Take All: Competition, Strategy, and the Structure of Returns in the Internet Economy, in: Journal of Economics & Management Strategy, Vol. 14, No. 1, S. 141–164, 2005.

Oschwald, T., Informationsmanagement und Wissensvermittlung im „Global Village“, in: Redwitz, G. (Hrsg.): Die digital-vernetzte Wissensgesellschaft – Aufbruch ins 21. Jahrhundert, München, S. 122–136, 2010.

Peters, R., Internet-Ökonomie, Heidelberg, 2010.

Porter, M. E., Competitive Strategy: Techniques for analyzing industries and competitors, New York, 1980.

Porter, M. E., Wettbewerbsvorteile: Spitzenleistungen erreichen und behaupten, Frankfurt/Main, New York, 1989.

Prensky, M., Digital Natives, Digital Immigrants, in: On The Horizon, MCB University Press, Vol. 9 No. 5, 2001.

Redwitz, G. (Hrsg.), Die digital-vernetzte Wissensgesellschaft – Aufbruch ins 21. Jahrhundert, München, 2010.

Rishi, M., Media Convergence Model for Emerging Economies, in: Journal of Management Research, Vol. 12, No. 2, S. 59–74, 2012.

Römmelt, B., Internetökonomie – Ein interdisziplinärer Beitrag zur Erklärung und Gestaltung hybrider Systeme, in: ORDO Jahrbuch für die Ordnung von Wirtschaft und Gesellschaft, Band 60, Stuttgart, S. 577–580, 2009.

Rüdiger, K., Nutzen und Risiken des Online-Handels, S. 24, in ISEB (Hg.): Arbeitsbericht Nr. 21, Bochum, 2006.

Sattelberger, Thomas, Wurzeln der Employability: Grundlegende Einführung, in: Rump, J./Sattelberger, T. (Hrsg.): Employability Management 2.0. Sternenfels, S. 7–39, 2011.

Savitz, E./Staff, F. (2012), The Intention Economy: The Internet As The World Wide City.

Savitz, E./Staff, F./Arkin, M. (2012), How ‚Do Not Track‘ Could Kill The Internet Startup Economy.

Schneider, D./Schnettkamp, G. (2001), E-Markets, Wiesbaden.

Stobbe, A. (1983), Volkswirtschaftslehre II Mikroökonomik, Berlin u. a.

Swain, M.R./Allen, R.D./Cottrell D.M./Pexton K., TechMall.com: Revenue Recognition in the Internet Economy, in: Issues in Accounting Education, Vol. 17, No. 4, 2012.

VIR, VIR Daten & Fakten 2014 zum Online-Reisemarkt. 9. Ausgabe, Oberhaching, 2014.

Welfens, P.J.J./Zoche, P./Jungmittag, A./Beckert B./Joisten, M., Internetwirtschaft 2010, Heidelberg.

WTO, Handbook on E-Marketing for Tourism Destinations, World Tourism Organization; European Travel Commission. Madrid, 2008.

Zerdick, A., Picot, A., Schrape, K., Artopé, A., Goldhammer, K., Lange, U., Vierkant, E., López-Escobar, E., Silverstone, R., Die Internet-Ökonomie – Strategien für die digitale Wirtschaft, Berlin u. a., 2001.

2.2 eTourismus – Daten und Fakten

Christian Maurer

Das Internet als Informations-, Buchungs- und Kommunikationsmedium ist in der Reisebranche nicht mehr wegzudenken. In den vergangenen zehn Jahren hat sich die Transformation vom Tourismus zum eTourismus vollzogen und das „e" (electronic) ist in der Tourismusindustrie zu einem fixen Bestandteil geworden. Angetrieben durch den Zulauf zu Sozialen Medien und die zahlreichen Anwendungs- und Einsatzmöglichkeiten mobiler smarter Geräte erfolgt eine neue Welle der zunehmenden Digitalisierung aller wesentlichen Lebens- und Wirtschaftsbereiche. Obgleich die Usability (dt. Benutzerfreundlichkeit) von Informations- und Kommunikationstechnologien immer einfacher und somit auch für weniger technologie-affine Nutzer interessant wird, erhöht sich aufgrund der Vielzahl von Anwendungen, Medien, Geräten und Kanälen paradoxerweise die Komplexität ihrer Einsatzmöglichkeiten für Kunden und Unternehmen gleichermaßen. In allen Phasen der Customer Journey und für alle Unternehmensprozesse können Informations- und Kommunikationstechnologien in unterschiedlicher Intensität und Kombination eingesetzt werden.

In Europa nutzen mehr als 80% aller Reiseinteressierten das Internet zur Reiseplanung (ETC digital, 2014). Konsumenten können in Suchmaschinen und auf Reise-Websites nach Urlaubsinformationen und -angeboten suchen und buchen diese auch immer öfter online. Urlaubserlebnisse und Reiseberichte werden zunehmend über Bewertungsplattformen und Soziale Netzwerke mit der Internet-Community geteilt und beeinflussen in der Folge die Kaufentscheidungen von Konsumenten. Bei den touristischen Leistungsanbietern gehört eine Unternehmenswebsite schon längst zum Standard und falls die Angebote noch nicht in Echtzeit direkt über die eigene Website gebucht werden können, dann doch zumindest über nationale und internationale Buchungsplattformen wie beispielsweise Booking.com, Expedia.com oder HRS.com. Eine Vielzahl von Property Management Systemen, Content Management Systemen, Customer Relationship Management Systemen, Destinationsmanagement Systemen, Web-Analytics Programmen, Social Media Monitoring Tools, Apps für mobile Geräte und dergleichen mehr unterstützen Betriebe und Unternehmen bei der Planung, Umsetzung und Effizienzmessung ihrer internen und externen Geschäftsprozesse.

2.2.1 Trends im Online Reisemarkt

Das Internet zählt sowohl bei Freizeit- wie auch bei Geschäftsreisen zum meistgenutzten Medium bei der Reiseplanung. Bereits jeder dritte Deutsche hat 2012 den Haupturlaub online gebucht, bei 80% der unter 21-jährigen ist das Internet sogar der bevorzugte Buchungskanal (Verband Internet Reisevertrieb, 2013). Der online Reisemarkt wächst, jedoch nicht mehr mit der Geschwindigkeit wie noch zu Beginn der Jahrtausendwende. Verschiedenen Schätzungen zufolge werden gegenwärtig zirka 50% aller Freizeitreisen und in etwa 40% aller Geschäftsreisen online gebucht (World Travel & Tourism Council, 2011). Die Zahlen variieren je nach Quelle, wobei Unterschiede auf verschiedene Berechnungsmethoden oder die mangelnde Verfügbarkeit von Daten zurückzuführen sind und nicht zuletzt darauf, was genau unter einer online Buchung zu verstehen ist (z. B. Buchung in Echtzeit versus Buchung via e-mail). Der größte Anteil der Reisebuchungen erfolgt allerdings immer noch offline über die traditionellen Kanäle Telefon, Reisebüro, Walk-Ins. Brief und Fax werden hingegen nur noch selten für Buchungsanfragen verwendet.

Da immer mehr Menschen über mobile Geräte wie zum Beispiel Smartphones und Tablets ins Internet einloggen, steigt entsprechend auch die Anzahl der mobil durchgeführten Buchungen. Im Jahr 2012 haben bereits 12% der Deutschen vor Reiseantritt Leistungen über mobile Geräte gebucht, während der Reise taten das immerhin noch 4% (Verband Internet Reisevertrieb, 2013).

In Europa wurde im Jahr 2012 mit online getätigten Reisebuchungen ein Umsatz von rund 87 Millarden Euro generiert, was einem Anteil von 36% am gesamten Reisemarkt entspricht (eMarketer, 2012b). Großbritannien ist der umsatzstärkste Markt vor Deutschland und Frankreich. Der hohe Anteil der Briten bei online Buchungen ist unter anderem darauf zurückzuführen, dass die Einwohner des Inselstaates für Auslandsreisen in der Regel auf Flüge angewiesen sind und diese deutlich mehr zu den Online-Umsätzen beitragen als andere Reiseprodukte. Schätzungen von Marktforschungsunternehmen zufolge wird der europäische online Reisemarkt bis Ende 2014 den US-Markt ein- bzw. mittelfristig möglicherweise sogar überholen.

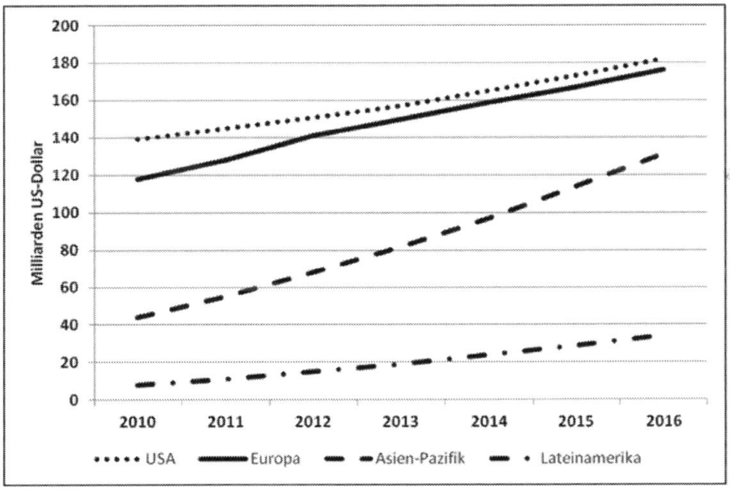

Abb. 2.2.1 *Online Reisemarkt Umsätze nach Regionen von 2010 bis 2016. Quelle: eigene Darstellung, basierend auf eMarketer, 2012*

Abbildung 2.2.1 verdeutlicht auch das starke Anwachsen der Umsätze durch online Buchungen in den Ländern der Asia-Pazifik-Region. Hohe Wachstumsraten verzeichnen vor allem die BRIC-Staaten Brasilien, Russland, Indien und China. Mit einer Steigerung des Marktanteils von 19% auf 39% haben sich beispielsweise in China die Online-Umsätze von 2008 bis 2012 mehr als verdoppelt (eMarketer, 2012a). Der chinesische Online-Reisemarkt im Jahr 2016 wird mit einem geschätzten Umsatz von fast 48 Milliarden US-Dollar größer sein als jener von Brasilien, Indien und Russland zusammengerechnet, wie in Abbildung 2.2.2 ersichtlich ist[1].

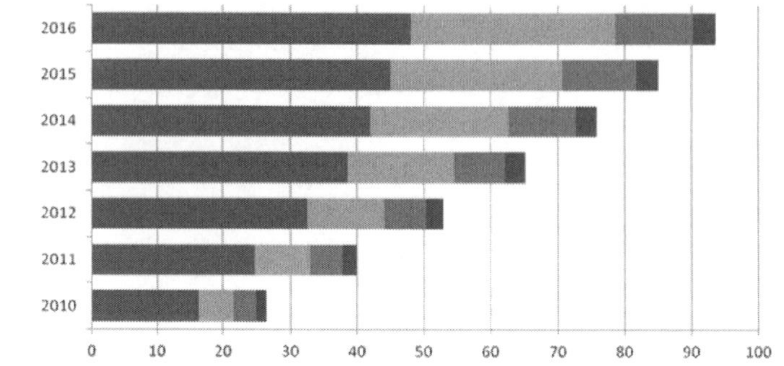

	2010	2011	2012	2013	2014	2015	2016
China	16,25	24,77	32,51	38,70	42,11	45,05	47,99
Indien	5,37	8,05	11,50	15,84	20,45	25,68	30,61
Brasilien	3,37	5,06	6,32	7,59	10,18	11,02	11,68
Russland	1,48	2,12	2,57	2,98	3,04	3,21	3,38

in Milliarden US-Dollar

Abb. 2.2.2 *Umsatz durch Online-Buchungen in den BRIC Staaten 2010 bis 2016. Quelle: eigene Darstellung, basierend auf eMarketer, 2012*

Die BRIC-Länder weisen allerdings signifikante Unterschiede hinsichtlich der Online-Penetration und der Internetnutzung durch die Konsumenten auf. In Brasilien ist der Reisemarkt immer noch relativ klein und wird von Inlandsreisen dominiert. Von den vier Schwellenländern verzeichnet Russland trotz eines hohen Bruttoinlandsproduktes den geringsten Umsatz bei Online-Reisebuchungen, jedoch spielt das Internet insbesondere bei der Suche nach Reiseinformationen eine dominate Rolle. In Indien machen Reisebuchungen mehr als drei Viertel des gesamten Online-Handels aus, während in China wiederum die Anzahl der online Reisebucher im Vergleich zu den Online-Käufern insgesamt relativ gering ausfällt.

2.2.2 Neue Kräfteverhältnisse bestimmen das eTourismus System

Der Tourismus ist ein Informationsgeschäft (Poon, 1993), in dem die Erstellung, Dissemination und Anreicherung von Information gemeinsam mit den finanziellen und menschlichen Ressourcen zu strategischen Erfolgsfaktoren werden. Das touristische Angebot als eine Serviceleistung ist in der Regel immateriell und intangibel. Potentielle Kunden sind somit auf die Informationen über die im Angebot enthaltenen Leistungskomponenten angewiesen,

[1] Abbildung 2.2.2 berücksichtigt online Umsätze für Freizeitreisen und selbstorganisierte Geschäftsreisen. Die Daten für China sind exklusive Hongkong und enthalten auch Umsätze von Consumer-to-Consumer Plattformen. Die Werte für die Jahre 2012 bis 2016 sind Schätzungen.

welche zunächst nur einem Versprechen der potenziellen Leistungfähigkeit des Anbieters gleichkommen.

Die Dienstleistung entsteht erst, wenn Anbieter und Nachfrager zusammentreffen – also dann, wenn Touristen zum Ort der Konsumation reisen. Hinzu kommt, dass in der Regel mehrere verschiedene Anbieter bei der Leistungserbringung beteiligt sind, da ein Anbieter allein nicht alle Kundenbedürfnisse entlang der Wertschöpfungskette befriedigen kann.

Dieser Umstand führt zu einem hohen Informationsbedarf, sowohl auf der Angebots- wie auch auf der Nachfrageseite. Die Tourismusindustrie profitiert somit in hohem Ausmaß von Informations- und Kommunikationstechnologien. Als Vermittler zwischen Anbietern und Konsumenten agieren offline und online Intermediäre (z. B. Reiseveranstalter, Reisebüros, GDS[1], CRS, OTA, IDS).

Um den Informationsbedarf von Reisenden quantitativ und qualitativ zu befriedigen und um die Verfügbarkeit der Information immer und überall zu gewährleisten, ist eine technische Infrastruktur erforderlich, welche alle Perspektiven einer globalen Ökonomie unterstützt. Die infrastrukturellen Voraussetzungen sind durch das Internet mit seiner auf dem TCP/IP-Protokoll basierenden Netzwerkarchitektur und dem Telefon- bzw. Mobilfunknetz realisiert. Unter eTourismus versteht man die Digitalisierung aller internen und externen Prozesse und Wertschöpfungsketten mit dem Ziel, die Effektivität und Effizienz eines touristischen Unternehmens zu steigern (Buhalis, 2003).

Dem wirtschaftlichen Aspekt, also dem eCommerce, kommt dabei eine besondere Bedeutung zu. Somit werden Informations- und Kommunikationstechnologien (IKTs) von Unternehmen strategisch und operativ eingesetzt, um einen Wettbewerbsvorteil am Markt zu erzielen. IKTs haben die Kräfteverhältnisse der Akteure in der Tourismusindustrie (z. B. Touristen, Leistungsträger, Tourismusverbände, Intermediäre) entscheidend verändert (Laudon & Traver, 2008). Durch Verbesserung der technischen Infrastruktur, sinkende Kosten für IKTs und die Entwicklung relativ einfach zu bedienender, internetfähiger (smarter) Geräte haben immer mehr Menschen entweder stationär oder mobil Zugang zum Internet.

Die Verhandlungsstärke der Kunden steigt, weil es für sie immer einfacher wird, im Internet Informationen, Preise und Qualitätsbewertungen von touristischen Angeboten zu finden und diese zu vergleichen. Konsumenten stehen zahlreiche Vertriebsplattformen zur Verfügung, doch in den meisten Fällen entscheiden sich diese für das kostengünstigste Angebot, was in der Folge zu Preiskämpfen unter den Wettbewerbern und sinkender Loyalität bei den Konsumenten führt. Indem Kunden ihre Reiseerfahrungen in sozialen Netzwerken und auf Bewertungsplattformen mit anderen teilen und dadurch die Attraktivität und die Qualität von touristischen Angeboten beeinflussen, werden sie zu sogenannten Prosumenten (= produktive Konsumenten).

Gleichzeitig nimmt die Verhandlungsstärke der Leistungsträger zu, weil sie nicht mehr ausschließlich auf die traditionellen Vertriebspartner (z. B. GDS, Reisebüros, Reiseveranstalter,

[1] GDS = Global Distribution System, CRS = Computerized Reservation System, OTA = Online Travel Agency, IDS = Internet Distribution System

Tourismusverbände) angewiesen sind, sondern ihre Angebote über eigene Websites, soziale Medien, Suchmaschinen und andere Plattformen vermarkten können. Durch diese Disintermediation können Anbieter Kosten für Provisionen einsparen, welche anderwärtig verwendet werden können (z. B. für Marketing, Produktentwicklung, Personalressourcen).

Bestrebungen zur Disintermediation bestehen allerdings nicht nur zwischen Anbietern und Intermediären, sondern auch zwischen den Reisemittlern selbst. Reiseveranstalter versuchen die Abhängigkeit von Reisebüros und die dadurch entstehenden Provisionskosten zu umgehen, indem sie selbst eigene Buchungsplattformen entwickeln und ihre Reiseangebote entweder als Pauschalen oder als Einzelleistungen direkt an die Endkunden vertreiben. Ebenso vermarkten sich Fluglinien, Autovermieter und internationale Hotelketten über eigene Websites, um die hohen Provisionskosten für Global Distribution Systeme und Online Travel Agencies zu umgehen.

Niedrige Markteintrittsbarrieren rufen neue Player auf den Plan, die im Kampf um Kunden und Marktsegmente mitmischen. Diese Verdrängungsprozesse führen zu Übernahmen und Zusammenschlüssen von Reiseinformations- und Buchungsportalen, wodurch oligopolistischen Marktgefüge mit enormen Netzwerkeffekten entstehen.

Diese durch Disintermediation, Re-Intermediation und das Auftreten neuer Plattformen geprägten Positions- und Machtkämpfe sind symptomatisch für die touristische Distributionslandschaft. Welche Strategien die Buchungsportale verfolgen und welche zu den Gewinnern zählen, wird im folgenden Kapitel erörtert.

2.2.3 Der Wettbewerb der Portale

Die Anzahl der über Online Travel Agencies (OTA) getätigten Buchungen stieg von 2010 auf 2011 um fast 20% an. Für die Jahre 2014 und 2015 werden Wachstumsraten von jeweils 10% prognostiziert. Allerdings gibt es bei den Online-Buchungen regional signifikante Unterschiede. In Europa verzeichnete im Jahr 2013 Großbritannien den größten Marktanteil, gefolgt von Deutschland und Frankreich (PhoCusWright, 2014).

Noch dominieren die Reiseportale bei den Reisebuchungen, doch zeichnen sich langfristig signifikante Strukturveränderungen ab. Reisende buchen immer öfter direkt auf Hotelwebsites oder über Buchungsportale. So buchten 28% der Deutschen im Jahr 2011 direkt über die Website des Beherbergungsbetriebes und 15% über ein Buchungsportal (FUR Forschungsgemeinschaft Urlaub und Reisen e.V., 2012). Der online Reisemarkt ist aber ein dynamisches und Prognosen können immer nur auf Basis von vergangenen und derzeit herrschenden Tendenzen erstellt werden. Somit können beispielsweise die Entwicklung neuer Suchmethoden – Stichwort: semantische Suche – oder innovativer Technologien und Anwendungen das Buchungsverhalten der Konsumenten beeinflussen.

OTA und IDS definieren sich in erster Linie über den Bestpreis der angebotenen Reiseprodukte. Somit gilt: je weniger Preiskonkurrenz, desto besser. Um ihre Marktmacht zu sichern, fusionieren besucherstarke Portale, was in der Folge zu oligopolistischen Strukturen und der Dominanz einiger weniger Unternehmen führt. In Europa laufen 60% aller OTA-Buchungen über die fünf Unternehmen Booking, Expedia, Lastminute, Ebookers und ODIGEO. In den USA erzielen gar nur drei OTA – nämlich InterActiveCorp, Sabre, Cendant – einen Marktanteil von 93%. Interessant ist auch, dass bereits vier der fünf oben genannten Europäischen OTA von US-Amerikanischen Unternehmen aufgekauft wurden. Die 2005 in den Niederlanden gegründete Buchungsplattform Booking wurde 2012 vom US-Amerikanischen Reiseriesen Priceline gekauft. Booking konnte im Jahr 2012 den Marktanteil in Europa auf 35% steigern (gegenüber 25% im Jahr 2011), während Expedia's Marktanteil mit 15% unverändert blieb. Expedia's Stagnation im Jahr 2011 wird aber wohl auch auf den Verkauf der weltweit populärsten Bewertungsplattform TripAdvisor zurückzuführen sein, welche 2000 gegründet und im Jahr 2004 von der Unternehmensgruppe InterActiveCorp, zu der auch Expedia gehört, erworben wurde. Im Vergleich dazu hat Expedia in den USA einen OTA Marktanteil von 42% und Priceline gar nur 16% (Travel Weekly, 2014). Auch der noch vor wenigen Jahren stark fragmentierte europäische OTA-Markt erfährt eine zunehmende Konsolidierung. Ihre dominante Marktposition nutzen OTA aus, um u. a. die Provisionshöhen (zwischen 15–35%) anzuheben. Wirtschaftlich betrachtet ist dieses „Abfließen" der Provisionsgebühren zu US-Amerikanischen Konzernen sowohl für die Destinationen und die Leistungsanbieter bedenklich.

Ein weiterer Trend ist die steigende Bedeutung der Reise-Metasuchmaschinen. Diese haben für die OTA (und letzten Endes auch für Beherbergungsbetriebe) sowohl Vor- wie auch Nachteile. Zwar bringen sie den OTA zusätzlichen mehr Besucher, aber zugleich ist auf diesen die Konkurrenz immer nur einen Klick entfernt, was zu sinkender Loyalität führt. Die OTA unterliegen somit wieder dem Zwang, den Gast mit dem preisgünstigsten Angebot anzusprechen, um für den potentiellen Kunden attraktiv zu sein. Zudem fallen durch die Erweiterung des Vertriebsweges über Referral-Gebühren zusätzliche Kosten an, die am Ende vom Hotelier zu tragen sind. Es ist daher nicht überraschend, dass die großen OTA auch im Metasuche-Markt mitmischen wollen. So wurde zum Beispiel die 2005 in Österreich gegründete Reise-Metasuchmaschine Checkfelix im April 2011 vom amerikanischen Metasuchdienst Kayak gekauft. Knapp ein Jahr davor im Mai 2010 hatte Kayak bereits die deutsche Meta-Suchmaschine Swoodoo erworben. Priceline wiederum hat im Jahr 2013 Kayak für 1,8 Milliarden US-Dollar übernommen. Expedia, Priceline's härtester Konkurrenz um Marktanteile, kaufte Ende 2012 die Mehrheitsrechte (62%) an der Metasuchmaschine Trivago um zirka 462 Millionen Euro. Das Ziel der beiden weltweit umsatzstärksten OTA ist klar: mehr Vertriebsmacht in Europa gewinnen.

Zusätzlich zu den traditionellen Intermediären drängen ständig neue Arten von Reiseplattformen in den hart umkämpften Markt, die auf das Befriedigen spezieller Kundensegmente beziehungsweise spezieller Kundenbedürfnisse spezialisiert sind. Ganz im Trend der „Sharing-Economy" liegen Consumer-to-Consumer Websites wie zum Beispiel Airbnb, HomeandAway, Vayable oder Trip4Real. Die Leistungsanbieter sind beim Vertriebsmix nach wie vor auf die Online-Buchungsplattformen angewiesen, forcieren aber zugleich auch den Direktvertrieb.

2.2.4 Direktvertrieb durch die Leistungsanbieter

Zu den wesentlichen touristischen Leistungsanbietern zählen Beherberger, Gastronomie, öffentlichen Einrichtungen (z. B. Museen, Theater, Konzerthäuser), Betreiber von Attraktionen, öffentliche Verkehrsmittel (v. a. Fluglinen, Bus- und Bahnunternehmen, Schifffahrtsunternehmen, Autovermieter, Seilbahnen). Die Mehrzahl der Unternehmen nutzt die eigene Website zur Kundenansprache und zur Direktvermarktung. Die Nutzungsintensität ist in den verschiedenen Sektoren jedoch sehr unterschiedlich ausgeprägt.

Nahezu alle Fluglinien bieten ihren Kunden die Möglichkeit, auf der Unternehmenswebsite Flüge zu buchen, wobei 90% der Fluglinien den Verkauf von Tickets über Smartphones mittelfristig als beinahe ebenso wichtigen Distributionskanal betrachten. Wichtige eTourismus Ziele für Fluglinien sind Kosteneinsparungen bei Betriebskosten, Optimierung der Prozesse beim Flugmanagement (z. B. Yield-Management, Check-In, Flugsicherheit, Gepäck-Handling, Personalmanagement) und Steigerung der Kundenzufriedenheit durch verbesserte Serviceleistungen wie online Check-in, mobile Boarding, On-Board Services (WLAN), Echtzeit-Informationen zum Flugstatus, Unterstützung beim Reisemanagement (SITA, 2012). Da Flüge häufig in Kombination mit Unterkünften und Mietautos gebucht werden, sind manche Fluglinien (z. B. British Airways) Kooperationen mit Hotelgruppen und Mietwagen-Unternehmeneingegangen, um durch die horizontale Integration entlang der touristischen Wertschöpfungskette ihre Abhängigkeit von OTA und GDS zu reduzieren. Mit dieser One-Stop Shopping Strategie versuchen die Fluglinien, die Kunden zu binden. Andere Transport-Sektoren wie Bahn, Schifffahrtsunternehmen und Autovermieter investieren ähnlich wie die Airlines in Anwendungen für Bezahl- und Ticketsysteme via mobile Geräte (z. B. NFC-Technologie), Direktvertrieb und Reisemanagementanwendungen.

Der Beherberungssektor ist extrem heterogen und – zumindest in Europa – sehr stark fragmentiert. Klein- und Mittelbetriebe (KMUs) repräsentieren die überwiegende Mehrheit in diesem Tourismusbereich. Der US-Amerikanische Markt wird von großen Hotelketten dominiert, auf welche 70% der gesamten Zimmerkapazitäten entfallen, während in Europa durchschnittlich nur 20% aller Zimmer Kettenhotels zugehören. In den USA werden gut die Hälfte aller Unterkünfte über GDS und CRS vertrieben, der Anteil in Europa liegt bei bescheidenen 10%. Studien belegen, dass Hotelbetriebe sehr oft Reservierungsanfragen via Telefon und auch über die unternehmenseigene Website erhalten (Maurer, 2012). Klassische Kommunikationsmittel wie Fax oder gar Brief spielen so gut wie keine Rolle mehr bei Buchungen. In Deutschland, Österreich und der Schweiz erfolgten im Jahr 2013 etwa zwei Drittel aller Hotelbuchungen über die direkten Buchungskanäle Telefon (24%), eMail (20%), Anfrageformular auf der Hotelwebsite (8%), Walk-ins (6%), obgleich deren prozentualer Anteil am Vertrieb seit Jahren abnimmt (Schegg & Fux, 2012).

Da sich die anfangs geweckten Hoffnungen der Beherberger auf einen überwiegenden Direktvertrieb über die Unternehmenswebsite nicht erfüllt haben, sind die Betriebe auf die Netzwerke der OTA und IDS angewiesen, insbesondere dann, wenn sie neue Gästesegmente erreichen wollen. In Deutschland, Österreich, der Schweiz lag der Anteil der Echtzeitbuchungen auf der betriebseigenen Website 2011 bei durchschnittlich 5,5%, wobei Kettenhotels mit 8,2% einen höheren Wert erreichten. Hingegen wurde fast jede fünfte Hotel-

Buchung über OTA und IDS erzielt, wobei hier die Schweiz mit 16,4% und Österreich mit 12,6% unter dem Dreiländer-Durchschnitt liegen (Schegg & Fux, 2012). Die Position und Funktion der Buchungsplattformen wird dabei sehr zwiespältig betrachtet. Einerseits erbringen sie natürlich wesentliche Marketingleistungen für einen Betrieb. Durch die hohe Reichweite und die Verfügbarkeit des Contents in zahlreichen Sprachen (z. B. Booking ist in 41 Sprachen) werden ansonst nicht oder nur mit hohem Aufwand zu erreichende Quellmärkte angesprochen. In Österreich generierten 29% der Hotelbetriebe mehr als 30% ihrer Buchungen über Online-Buchungsportale, was die große Bedeutung dieser Portale im Vertriebsmix unterstreicht, zugleich aber auch die Abhängigkeit vieler Hotels von diesen Plattformen zeigt (Maurer, 2012). Da die Vertriebs- und Marketingleistungen nicht kostenlos sind, klagen viele Betriebe über die hohen Provisionskosten, die zwischen 10% bis 35% des Zimmerpreises ausmachen.

Neben den für Beherbergungsbetriebe oft ungünstigen Vertragsklauseln (z. B. Best-Preis-Garantie, kostenlose Zimmerstornierung bis 18 Uhr am Anreisetag, Verpflichtung zur Last-Room Verfügbarkeit) verärgert die von den Buchungsplattformen eingeforderte Ratenparität die Unterkunftgeber. Gegen diese Forderung der OTA wurden von deutschen und Schweizer Branchenverbänden Klagen wegen des Verstoßes gegen das Kartellrecht eingebracht. Nach einem (vorläufigen) Schiedspruch des Bundeskartellamtes gegen das Buchungsportal HRS in der Bundesrepublik Deutschland wurde die Ratenparität inzwischen als wettbewerbsverzerrend verboten. Allerdings ist diese Unterlassung vorerst nur in Deutschland rechtsverbindlich.

Individualhotels sind von den Buchungsplattformen noch weitaus abhängiger als beispielsweise Kettenhotels mit starken internationalen Brands. Um der Marktmacht der Buchungsportale entgegenzutreten, haben sich Hotelketten zusammengeschlossen und eigene Online Buchungsplattformen aufgebaut, so vermarkten zum Beispiel die Gruppen Choice Hotels, Hilton, Hyatt, InterContinental, Marriot und Wyndham ihre Zimmer über die gemeinsame Plattform Roomkey.com. Tatsächlich kommt derartigen Bemühungen aber eher mehr eine mediale Aufmerksamkeit zu, als dass sie die Vertriebsmacht von Booking, Expedia oder Lastminute empfindlich gefährden könnten.

Die Websites der Destinations-Management-Organisationen (regionale, lokale und nationale Tourismusorganisationen) spielen im Vertrieb touristischer Angebote nur eine untergeordnete Rolle, wobei am ehesten noch die Ferienhotellerie von ihnen profitiert. Die regional strukturierten und organisierten Tourismusverbände konzentrieren sich vornehmlich auf die Image- und Markenwerbung und sind somit auf das Informieren über das vorhandene touristische Angebot in der Destination und weniger auf eCommerce ausgerichtet.

2.2.5 Der global vernetzte Homo Mobilis

Die neuen Medien haben die Welt in zwei Lager gespalten: in jenes der „Digital Immigrants", für welche die Entwicklung des Internets und der digitalen IKTs tatsächlich noch etwas Neuartiges waren, und in jenes der „Digital Natives", zu welchen die Generationen zählen, welche schon von klein auf mit den Technologien des digitalen Zeitalters aufwachsen. Digital Natives sind permanent online, höchst mobil, gut vernetzt und treffen Entscheidungen – auch was Reisen angeht – immer spontaner. Digital Natives kennen keine Berührungsängste im Umgang mit Computern, Internet, Smartphones und Pads. Funktion und Bedienung lernen sie nach dem „Trial-and-Error“-Prinzip schon von früh auf als Kids bei Computerspielen. Dieser Generationenwechsel erfordert von der Tourismusbranche neue, personalisiertere Kommunikationsformen und innovative Geschäftsmodelle. Die Menge an digitalen Daten und Informationen, welche User freiwillig oder unwissentlich hinterlassen, kann dazu verwendet werden, den zukünftigen Gast besser kennenzulernen und ihn gezielter anzusprechen (Stichwort: Big Data).

Zu Beginn des Jahres 2014 gibt es weltweit knapp 2,5 Milliarden Internetnutzer (Internetworldstats, 2014). Somit sind gut 35% der gesamten Weltbevölkerung im vernetzten Global Village angekommen. Hinsichtlich der geographischen Verteilung der Internetnutzer bestehen allerdings immer noch eklatante Unterschiede. Während in Nordamerika die Internetpenetration 81% und in Europa immerhin noch 63% (Westeuropa 78%, Zentral- und Osteuropa 54%) ausmacht, sind in Asien 28% und in Afrika gar nur etwas mehr als 18% aller Einwohner online (Internetworldstats 2014). In absoluten Zahlen betrachtet ist die Anzahl der Internetnutzer aus Entwicklungs- und Schwellenländern allerdings schon höher als jene der entwickelten Länder. Zudem haben die Zuwachsraten in den technologisch entwickelten Ländern bereits eine Sättigkeitsgrad erreicht, während insbesondere in Afrika, Asien, im Mittleren Osten und auch in Latein-Amerika noch hohes Wachstumspotential vorhanden ist. Dieses als „Digital Divide“ (digitale Kluft) bezeichnete Phänomen bedeutet eine große Herausforderung für den globalen Tourismus, weil dadurch einerseits noch viele potentielle Kunden vom online Reisemarkt abgeschnitten sind und andererseits Unternehmen aufgrund mangelnder Infrastruktur, Kenntnisse oder Ressourcen vom online Reisemarkt ausgeschlossen bzw. von Intermediären abhängig sind (Maurer & Lutz, 2012).

Die Verkaufszahlen mobiler internetfähiger Endgeräte (v.a. Smartphones und Tablets) wachsen, während der Absatz von Desktop-PCs und Notebooks kontinuierlich sinkt (GFK, 2013). Der weltweit rasant ansteigende Interneteinstieg über mobile Endgeräte kann dazu beitragen, dass sich die globale digitale Kluft künftig verringert. Über ein Mobiltelefon (nicht nur internetfähige Smartphones sondern auch GSM-Telefone) werden 2014 knapp 64% der Weltbevölkerung verfügen (eMarketer, 2014). Die globale Mobiletelefon-Penetration hat inzwischen einen Anteil von 93% erreicht. Allerdings gilt es hier zu berücksichtigen, dass in manchen Ländern die Penetrationsrate bereits höher als 100% ist, somit ein und derselbe Nutzer mehrere Mobiltelefone besitzt (z. B. beruflich und privat). Spitzenreiter sind dabei Zentral- und Osteuropa sowie Westeuropa, wo die Penetration mit Mobiltelefonen 151% bzw. 129% beträgt (We are Social, 2014). Ebenso erreicht die Penetration mit Smartphones in manchen Ländern bereits hohe Werte, so besitzen 78% der Österreicher ein Smartphone (AIM, 2013), in Deutschland sind es 38% (GFK, 2013), global sind es 24,4% (eMarketer, 2014).

Bei einer derart hohen Verfügbarkeit ist es nicht verwunderlich, dass der mobile Internetzugang via Smartphone und/oder Tablet in allen Phasen der Customer Journey erfolgt. Geschätzte 2,23 Millionen Menschen weltweit werden im Jahr 2014 mit ihrem Smartphone online gehen, das ist knapp die Hälfte aller Mobiltelefon-Nutzer (eMarketer, 2014). Die Konsumenten besitzen mehrere verschiedene vernetzte Geräte und „switchen“ je nach Situation „nahtlos“ entweder sequenziell oder simultan zwischen diesen umher. Computer werden meist zur Produktion und Information verwendet, Smartphones dienen vorwiegend der Kommunikation und der Unterhaltung, bei Tablets steht die Unterhaltung, z. B. Anschauen von Videos, im Vordergrund (Google, 2012). Während der Reise werden via Smartphones häufig Informationen über das Wetter, Angebote in der Destination, Routenplanung und ähnliches mehr abgerufen und immer öfter werden auch schon mobile Buchungen für Unterkünfte, Verkehrsmittel und andere Leistungen registriert (FUR Forschungsgemeinschaft Urlaub und Reisen e.V., 2012).

Insgesamt betrachtet nimmt die Zeit zu, die Menschen online verbringen, wobei sich die Online-Zeit auf mehrere Geräte verteilt. Während die Verweildauer auf Websites tendenziell zurückgeht, kehren die Nutzer aber dafür häufiger auf dieselben Websites zurück (Mobile Marketing Association Austria, 2014). Diese Entwicklung scheint auf die häufigere mobile Internetnutzung zurückzuführen sein. Viel Zeit wird mit den mobilen Geräten auch in Social Media Plattformen verbracht. Fast 17% der online Zeit verbringen US-Amerikaner in Sozialen Netzwerken – allen voran Facebook (comScore, 2012). Mit mehr als einer Milliarde registrierter Nutzer ist Facebook gegenwärtig das größte Soziale Netzwerk der Welt. Jedoch ist Facebook nicht in allen Ländern Marktführer, in China dominiert beispielsweise QQ und in Russland VKontakte. Die zunehmende Penetration mit Smartphones, Tablets und Smart-TVs lässt die App-Entwicklung und die App-Downloads exponentiell ansteigen. Das Volumen an App-Downloads für Smartphones und Tablets hat inzwischen enorme Ausmaße erreicht: laut der Marktforschungsunternehmen Gartner erfolgten 203 circa 102 Milliarden App-Downloads, im Jahr 2017 sollen es schon 268,7 Milliarden sein. Das Google-Betriebssystem Android und Apples iOS werden dabei mittelfristig die beiden wichtigsten Plattformen sein und zusammen rund 90% der Downloads ausmachen (ORF, 2013). Dem Trend zur Konvergenz von Geräten, Kanälen und Medien trägt der Google-Konzern mit der Entwicklung zahlreicher Anwendungen und Services Rechnung, welche Reisende und touristische Unternehmen in allen Phasen der Customer Journey unterstützen.

2.2.6 Die Omnipräsenz von Google

Das Wort „googeln“ wurde 2004 im Duden mit der Bedeutung *„mit der Suchmaschine Google oder irgendeiner Suchmaschine im Internet suchen, recherchieren“* als schwaches Verb aufgenommen worden. Inzwischen ist auch die Tourismusindustrie total vergoogelt. Der Google Suchdienst erhält täglich weltweit an die fünf Milliarden Suchanfagen und ist mit gut 70% Marktanteil der Marktführer unter den Suchdiensten, dahinter rangieren die Chinesische Suchmaschine Baidu mit zirka 16% und Bing und Yahoo mit jeweils 5% (Netmarketshare, 2014). Mit einem Anteil von 97% am Umsatz sind Werbeeinschaltungen in der Google Suchmaschine und in Partnernetzwerken die Haupteinnahmensquelle von Google.

Die Mehrheit aller Reiseinteressierten beginnt die Reiseplanung im Internet entweder mit einer Suchanfrage in einer Suchmaschine oder auf anderen Reisewebsites. Für ihre Urlaubsplanung haben sich schon 55% der Deutschen einmal online informiert, Tendenz: weiter steigend (FUR Forschungsgemeinschaft Urlaub und Reisen e.V., 2013). Für die Tourismusindustrie ist Google weit mehr als eine Suchmaschine. Unternehmen setzen Google-Produkte strategisch ein, um ihre Online-Geschäfte sowie ihre internen Prozesse zu verbessern. Häufig benutzte Produkte sind neben dem Suchdienst das Google-Anzeigenprogramme AdWords, das Analysetool Analytics, die geographischen Dienste Maps und Earth, der Hotel- und Flugfinder, das Soziale Netzwerk Google+, die Video-Plattform YouTube und nicht zuletzt das mobile Betriebssystem Google Android und der App-Store Google Play. Andere Dienste, welche im Tourismus eine Rolle spielen sind Picasa, Panoramio, das Bezahlsystem Google Wallet, Blogger und in naher Zukunft vielleicht sogar Google Glass.

Im Jahr 2010 hat Google für 700 Millionen US-Dollar die Software von ITA gekauft, dem führenden Anbieter von Flugdaten. Die ITA Daten werden u. a. von Orbitz, Kayak, Tripadvsior, Expedia Hotwire und American Airways verwendet. Vier Monate nach der ITA Übernahme startete Google mit dem Dienst Flugsuche (Flight Search), einer Meta-Suchmaschine für Flugverbindungen mit Preisvergleichsoption.

Im Jahr 2011 folgte der Kauf von Zagat, einem Online-Restaurant Führer mit Millionen von Kundenbewertungen für Restaurant- und Gastronomiebetriebe. Google reagierte damit auf den Trend von kontextbezogener lokaler Suche über mobile Geräte. Schon kurze Zeit später wurden die Zagat Daten in den Dienst Google+ Local (vormals Google Places) integriert, welcher wiederum ein wesentlicher Bestandteil des Sozialen Netzwerkes Google+ ist. Die Bewertungen von Zagat und andere ortsbezogene Informationen werden somit in Google+, Google Maps, Google Earth und den Suchergebnissseiten in der Google Suchmaschine abgebildet. Google ist bestrebt, die eigenen Dienste immer stärker in den Vordergrund zu stellen, was bei einer Suchanfrage in der Suchmaschine ganz deutlich zutage kommt. Das Ziel dieser Vorgehensweise ist offensichtlich die Steigerung der Werbeeinnahmen durch erhöhte Abhängigkeit der Werbetreibenden von den zahlreichen Google Diensten.

Im 2011 gestarteten Google Hotelfinder können User nach freien Hotelzimmern suchen und die angebotenen Preise auf verschiedenen OTA und IDS vergleichen. Der Hyperlink zur betriebseigenen Website wird – wenn überhaupt – meist am unteren Ende der Liste angezeigt. Mit dem Hotel-Finder tritt Google in direkte Konkurrenz zu den Reise Meta-Suchmaschinen wie beispielsweise Trivago, Swoodoo und Kayak. Für Individual-Hotels ist es aus finanziellen Gründen fast unmöglich, im Hotelfinder mit den großen Buchungsplattformen hinsichtlich des Rankings zu konkurrieren.

Bei den Hotelbewertungen sind ähnliche Entwicklungen feststellen: Während früher noch die Summe aller Bewertungen von verschiedenen Bewertungsplattformen bei Google zu sehen war, werden jetzt noch die Bewertungen dargestellt, die direkt bei Google+ abgegeben wurden. Andere Bewertungsportale wie z. B. Tripadvisor oder HolidayCheck werden weiter unten in den Suchergebnissen angeführt.

Es ist unwahrscheinlich, dass Google künftig selbst als Reiseveranstalter auftritt, aber mit personalisierten Anwendungen (z. B. Google Now, City Experts, Fieldtrips, Helpouts), Buchungssystemen für Flüge und Hotels, Navigationssystemen (Maps, Earth), Marketing-Tools (AdWords, Hotel Price Ads) und Sozialen Netzwerken (Google+, YouTube) durchdringt Google mehr und mehr das touristische Online-Ökosystem und wird dadurch für Reisende, Anbieter, Tourismusverbände und Intermediäre in allen Phasen der Customer Journey beinahe unverzichtbar.

Quellen:

Buhalis, Dimitrios, eTourism. Information Management for strategic tourism management. Harlow: Pearson, 2003.

comScore, U.S. Digital Future in Focus 2013. Key Insights from 2011 and What They Mean for the Coming Year.

eMarketer (2012a), Online Travel Grows in BRIC Countries, but Habits Differ. www.emarketer.com, aufgerufen am 20. Jänner 2014.

eMarketer (2012b), Online Travel Sales Explode in Latin America. www.emarketer.com, aufgerufen am 29. Jänner 2014.

eMarketer (2014), Smartphone Users Worldwide Will Total 1.75 Billion in 2014. www.emarketer.com, aufgerufen am 20. Jänner 2014.

ETC Digital Portal (2014), Consumer Trends, http://etc-digital.org/digital-trends/consumer-behaviour/consumer-trends/, abgerufen am 4. Februar 2014.

ETC New Media Trendwatch (2013), Online Travel Market, aufgerufen am 28.08. 2013, www.newmediatrendwatch.com/world-overview/91-online-travel-market?start=1.

FUR Forschungsgemeinschaft Urlaub und Reisen e.V., ReiseAnalyse 2012. Deutschland, 2012.

FUR Forschungsgemeinschaft Urlaub und Reisen e.V., ReiseAnalyse 2013. Erste Ausgewählte Ergebnisse der 43. Reiseanalyse zur ITB 2013.

GFK, Buchungs- und Reisetrends 2012/13, unveröffentlichte Präsentation von Herbert Lechner und Dörte Nordbeck, 6. März 2013, ITB Berlin.

Google (2012), The New Multi-Screen World: Understanding Cross-platform Consumer Behavior.

Google, The 2013 Traveller, http://ssl.gstatic.com/think/docs/2013-traveler_research-studies.pdf.

Internetworldstats (2014), www.internetworldstats.com.

Laudon, Kenneth & Traver, Carol, eCommerce. Business. Technology. Society. Pearson, 2008.

Maurer, Christian (2012). Status Quo der E-Tourismus Situation in Österreich. Studie im Auftrag des Bundesministeriums für Wirtschaft, Familie und Jugend, http://oegaf.wu-wien.ac.at/scripts/studienkarte.php?Stu2Element=101800&L=0.

Maurer, Christian & Lutz, Veronika, Strategic Implications for Overcoming Communication Gaps in Tourism Caused by Digital Divide, in: Journal of Information Technology & Tourism, Vol. 13, S. 205–214, 2012.

Mobile Marketing Association Austria (2014), Mobile Communications Report 2013.

Netmarketshare (2014), Market Share Statistics for Internet Technologies, www.netmarketshare.com, abgerufen am 4. Februar 2014.

ORF (2013), 100 Mrd. App-Downloads pro Jahr. In-App-Käufe als Umsatzbringer, www.orf.at/stories/2206899/2203404/, aufgerufen am 7.1.2014.

Poon, Auliana, Tourism, Technology and Competitive Strategies, Oxford University Press, 1993.

PhoCusWright, Online Travel Overview, 10th Edition, 2012.

PhoCusWright (2014), Europe's OTA Market Ripe for Consolidation as Booking, Expedia Battle for Share, http://www.phocuswright.com/research_updates/ europes-ota-market-ripe-for-consolidation-as-booking-expedia-battle-for-share, abgerufen am 4. Februar 2014.

Schegg, Roland & Fux, Michael, Die Macht der Buchungsportale. Resultate einer Online-Umfrage zur Vertriebssituation auf den Hotelmärkten Deutschland, Österreich und der Schweiz für das Jahr 2011. Institut für Tourismus, Fachhochschule Westschweiz Wallis, 2012. Unveröffentlichte PPT-Präsentation.

SITA (2012), The Airline IT Trends Survey. Executive Summary.

Travel Weekly (2014). PhoCusWright: Online travel spending on the rise in Europe. www.travelweekly.com, aufgerufen am 20. Jänner 2014.

Verband Internet Reisevertrieb, Daten & Fakten 2013 zum Online Reisemarkt. 8. Ausgabe, 2013.

We are Social, Global Digital Statistics 2014, www.slideshare.net.

World Travel & Tourism Council, Travel and Tourism 2011, http://www.wttc.org/site_media/uploads/downloads/traveltourism2011.pdf.

2.3 eMarketing und eCommerce – Internet-Basis, Voraussetzungen und Potentiale

Uwe Weithöner

Electronic Business, eBusiness, ist der Oberbegriff für die elektronische, IT basierte Automatisierung der Unternehmensprozesse mit dem Ziel betriebswirtschaftlich optimaler Prozessketten und Vernetzungen. Die informationstechnologischen (IT-)Systeme automatisieren bzw. unterstützen die Prozessabläufe und Kommunikationen auf Basis der Internet-Technologie. In diese Prozesse werden die datenbankbasierten Unternehmenssysteme (Enterprise Management Systeme, EMS, vgl. die Systeme in Kap. 4) mit z. B. ihren Warenwirtschafts- bzw. Reservierungssystemen und ihren personal- und finanzwirtschaftlichen Enterprise Resource Planning Systemen ERP eingebunden. Sie automatisieren oder unterstützen die Durchführung der jeweiligen Prozessstufen im Front-, Mid- und Back-Office der Unternehmen[1]. Electronic Tourism, eTourism, ist die branchenspezifische tourismuswirtschaftliche Ausprägung des eBusiness.

Als **eCommerce** soll die Teilmenge des eBusiness bezeichnet werden, deren Prozesse und Systeme ausgerichtet sind auf die Vermarktung und Beschaffung von Produkten und Dienstleistungen sowie auf das Kundenbeziehungs- und Kundenbindungsmanagement. eCommerce wird hier nicht nur im engen Sinne einer konkreten Verkaufs- oder Vermittlungstransaktion gesehen, wie z. B. die Reservierung einer Reise, sondern der Begriff umfasst alle beschaffungs- und absatzmarktorientierten Aktivitäten in Bezug auf potentielle und aktuelle Geschäftspartner. Der Begriff eCommerce ist operativ ausgerichtet, wie die Verweise auf die AIDA-Formel und auf Maßnahmen zum Customer Relationship Management unterstreichen, die getragen werden von der operativen Ausprägung, Umsetzung und Steuerung der Online-Kommunikation, der Online-Angebote und ihrer Distribution (vgl. Abbildung 2.3.1).

Die Begriffe eMarketing oder Online-Marketing fassen eCommerce und das langfristige strategische Marketing zusammen. Strategisches eMarketing steht für die Entwicklung langfristiger markt- und kundenorientierter Planungen und Konzeptionen auf der Basis elektronischer IT-Systeme und Medien.

Mobile/mCommerce und mobile Marketing sind mit ihrer speziellen Ausrichtung auf die Nutzung mobiler Endgeräte Teil des jeweiligen „e…-Begriffs“.

Der Begriff eAdministration umfasst die eher unternehmensinternen Aufgaben und Prozesse z. B. des Rechnungswesens, zur Ressourcensteuerung und -planung oder zur Datenanalyse im Rahmen des Enterprise Management Systems.

1 In Kapitel 3.1 werden diese Begriffe definiert.

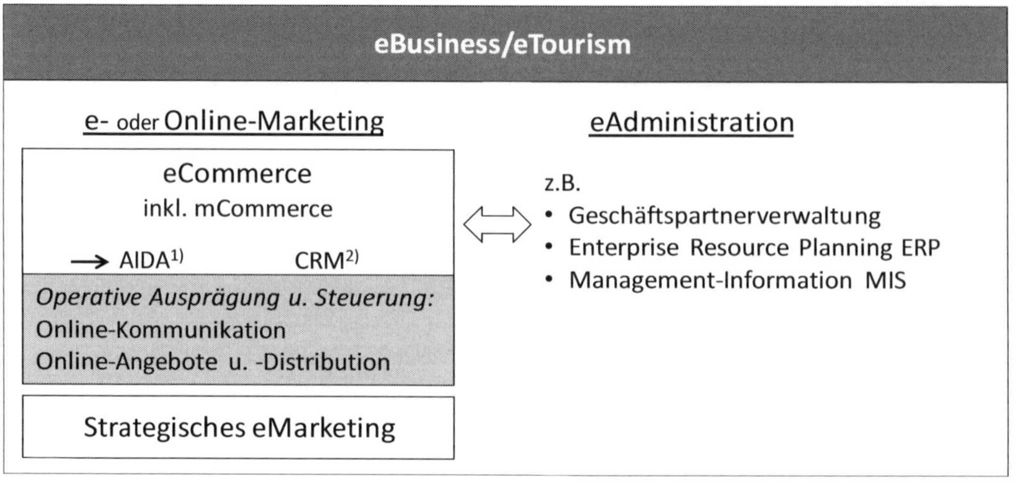

1) Marketing-Formel: Attention, Interest, Desire, Action
2) Customer Relationship Management

Abb. 2.3.1 *Strukturierung der Begriffe des eBusiness*

2.3.1 Internet-Technologie als Basis des Online-Marketing

Das Internet ist im Grundsatz ein offenes und dezentrales Netzwerk. Es gibt keine zentralen, allumfassende Besitzverhältnisse und Leitungsstrukturen, sondern es basiert auf der Akzeptanz technologischer und organisatorischer Standards und ihrer Weiterentwicklungen im Verbund seiner Teilnehmer. Diese Standards sind weltweit offen zugänglich, so dass die IT-Systeme und ihre Komponenten kompatibel entwickelt und eingesetzt werden können.[1]

Die Kommunikations- und Technologiestandards des Internets zum Senden, Übertragen und Empfangen von Daten über Telekommunikationsnetze werden im Transmission Control Protocol/Internet Protocol (TCP/IP) zusammengefasst. Darauf bauen die Standards bzw. Protokolle der Dienste zur Nutzung der Daten auf (z. B. WorldWideWeb und eMail).

Ein Protokoll ist im technischen Sinne ein informationstechnologisches Regelwerk zur Entwicklung, Herstellung, zum Betrieb und zur Nutzung von IT-Systemen und ihrer Komponenten. Ein Protokoll kann offen verfügbar sein, oder es kann proprietär sein, das heißt geschützt und im Eigentum eines Rechteinhabers, der Nutzungslizenzen kostenpflichtig vergibt.

Das offene TCP/IP ist die Basis der Internet-Kommunikation, auf der die standardisierten Protokolle für die internetbasierten Dienste aufbauen, z. B.:

---

[1] Die Kapitel 2.3.1 ff haben weniger zum Ziel technisches Wissen zu vermitteln, sondern sie sollen aufzeigen, welche Implikationen, Anforderungen und Möglichkeiten sich aus der technischen Grundstruktur des Internets ergeben, um Systeme zum Online-Marketing und eCommerce aufzubauen und zu betreiben.

- WorldWideWeb mit dem HyperText Transfer Protocol (http). Das WorldWideWeb Consortium (W3C), dem weltweit ca. 350 bedeutende Unternehmen und Organisationen angehören, fungiert als empfehlende Standardisierungsinstitution zur technologischen Weiterentwicklung (www.w3c.org).
- eMail-Kommunikation mit dem Simple Mail Transport Protocol (SMTP) zum Senden und Übertragen von eMails im Verbund mit dem Internet Message Access Protokoll (IMAP) zum Empfangen und Verwalten der eMails.

Das Internet hat die Topologie d. h. den Aufbau eines Maschennetzes. Bei einem Maschennetz sind Hauptverkehrsknoten zur Datenkommunikation i. d. R. mit anderen Hauptverkehrsknoten direkt über Hochgeschwindigkeitsleitungen (Backbone) verbunden. Daraus ergeben sich redundante bzw. alternative Verbindungswege, ein Grundprinzip des Internets.

Die Hauptverkehrsknoten und die sie weltweit verbindenden Backbone-Leitungen werden jeweils betrieben von großen internationalen IT-Dienstleistern, Internet-Providern. Sie „vermaschen" sich auf diese Weise zu einem globalen Hochgeschwindigkeitsnetzverbund. Verbundene **Internet-Service-Provider** (ISP) ermöglichen den Nutzern den Zugang zum Internet und seinen Diensten. Sie realisieren die Dienste und Kommunikationen technisch, inklusive technischer Datenschutz gegen unberechtigte Zugriffe (z. B. Firewall) und technischer Datensicherheit (z. B. Virenschutz). Abbildung 2.3.2 gibt einen Überblick zum Aufbau des Internets.

In den Netzwerkknoten beginnend beim Internet-Nutzer (z. B. durch WLAN-Router, Hotspot oder Access-Point) und in den verbindenden Knoten der Provider werden zum Versenden, zum Empfangen und zum Weiterleiten automatisiert arbeitende Router eingesetzt. Die zu kommunizierenden Daten werden in Datenpakete von standardisierter Größe aufgeteilt, die mit den gemäß Standard vergebenen Adressen des Senders und des Empfängers versehen werden (IP-Nummer/Adresse). Die Router empfangen diese Datenpakete und leiten sie im Netzwerkverbund weiter, bis sie ihren Empfänger gemäß IP-Adresse erreichen. Abbildung 2.3.2 zeigt, dass es alternative, redundante Verbindungswege zum Datentransfer gibt. Die Router kommunizieren dazu untereinander, um automatisiert freie und performante Übertragungswege zu wählen.

Das **Routing** zwischen denselben zwei Kommunikationspartnern kann sich folglich je Kommunikationsprozess unterscheiden. Daher gibt es vom Grundsatz her im offenen Internet keine eindeutig vorgegebenen und damit kontrollierbaren Verbindungswege, ein Risikofaktor für rechtswirksame Geschäftsprozesse mit sensiblen Daten. Soweit nicht zusätzliche Vorkehrungen getroffen werden, besteht ein weiterer Risikofaktor darin, dass die Daten, unverschlüsselt in einem jedermann zugänglichen Code, American Standard Code for Information Interchange (ASCII), binär dargestellt werden. Jeder weiterleitende Router hat die Möglichkeit, die Daten zu verfälschen oder zu kopieren, um sie zu missbrauchen (vgl. Kap. 2.3.4).

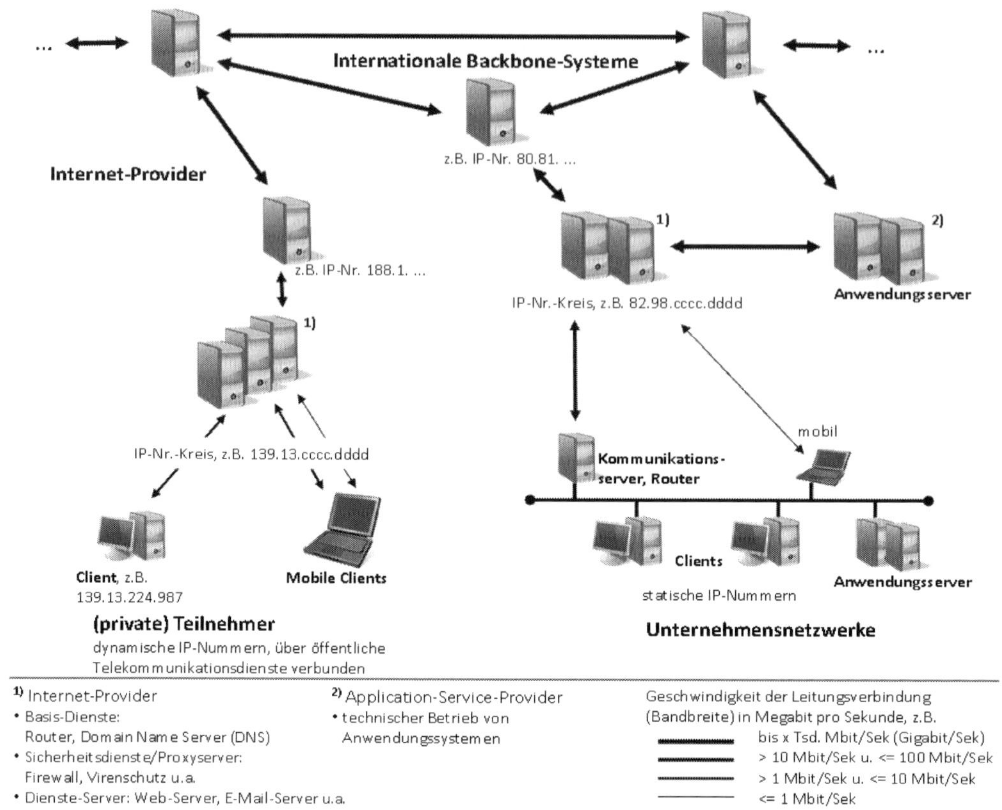

Die konkreten, teilweise alternativen Kommunikationswege zwischen einem (privaten) Teilnehmer und einem Unternehmenssystem können in der Abbildung nachvollzogen werden.

Der Anwendungsserver, z. B. das Reservierungssystem eines Reiseanbieters, kann im Unternehmensnetzwerk oder durch einen Application-Service-Provider (ASP, SaaS Software as a Service) betrieben werden.

Abb. 2.3.2 Modell zum global vermaschten Internet

Die Internet-Provider übernehmen im Verbund auch organisatorische Aufgaben. Das Internet ist weltweit in hierarchisch strukturierte Verwaltungsbereiche aufgeteilt, die durch IP-Nummernkreise weltweit eindeutig abgegrenzt werden. Im Rahmen ihres jeweiligen IP-Nummernkreises vergeben die Provider untergeordnete Nummern an die Systeme der Internetnutzer als deren IP-Adressen, im Format „aaa.bbb.ccc.ddd". Da dieser Adressraum heute weltweit ausgeschöpft ist, wird er von vier auf sechs Gruppen mit je 3 Ziffern erweitert. Diese IP-Adressen dienen der weltweit eindeutigen Adressierung zum Routing.[1]

[1] Die Jade-Hochschule in Wilhelmshaven verwaltete als Provider den Adressraum 139.13.ccc.ddd und vergibt den Computern der Hochschule (Clients und Server) untergeordnete Adressen im dritten und vierten Segment. Der Leser möge seinen Web-Browser starten und in die Locator-Zeile 139.13.242.20 eingeben (statt

Die Kommunikationen erfolgen über **IP-Nummern**, die einem Computersystem, aber nicht einer konkreten Person zugeordnet werden. Wenn die IP-Nummern statisch, das heißt dauerhaft vergeben werden, kann rückblickend nachvollzogen werden, welche Endgeräte an einem Kommunikationsprozess beteiligt waren. Aber insbesondere Provider, die den Massenmarkt der Endkunden bedienen, vergeben bedingt durch die Knappheit der ihnen verfügbaren Nummern die IP-Adressen an ihre Clients dynamisch und temporär: Eine aktuell freie Nummer aus dem IP-Nummernkreis wird nur für die gewünschte Internet-Session des Clients und bis zu deren Beendigung vergeben. Das Internet ist folglich im Grundsatz ein anonymes Medium. Das stellt neben den oben genannten Risiken des Routings ein weiteres Risiko für verbindliche eCommerce-Prozesse dar, das durch zusätzliche Vorkehrungen abgesichert werden muss, um eCommerce-Prozesse verbindlich und nachvollziehbar abzusichern (vgl. Kap. 2.3.4 sowie Kap. 2.9).[1]

2.3.2 WorldWideWeb als integrierender Internet-Dienst

Auf der Grundlage dieser Standards, die durch TCP/IP technisch detailliert beschrieben werden, werden Internet-Dienste mit ihren spezifischen Standards angeboten und genutzt, z. B. WorldWideWeb, eMail, Internet-Telefonie/Voice-over-IP (VoIP), Internet-Broadcasting (IP-TV) und File Transfer (FTP). Diese Dienste werden vielfach im WorldWideWeb integriert bzw. über Websites zugänglich gemacht.

Die Teilnahme am WorldWideWeb erfolgt in unterschiedlichen Rollen (vgl. Abb. 2.3.2):

- Ein **Web-Client** hat Zugang zum **WorldWideWeb** über sein stationäres oder mobiles Endgerät mit entsprechender Browser-Software, die die Web-Seiten darstellt, integrierte Funktionen ausführt und die Kommunikation mit dem Web-Server steuert. Der Web-Client fragt Informationen ab oder nimmt angebotene Leistungen, Navigations- und Kommunikationsmöglichkeiten online in Anspruch.
- Ein **Web-Server** ist ein Anbietersystem. Er stellt die Website (Gesamtheit aller Web-Seiten des Web-Auftritts) eines Anbieters und damit die Informationen, die Leistungs- und Kommunikationsangebote zur Online-Nutzung zur Verfügung. Der Web-Server wird i. d. R. durch einen Internet-Service-Provider betrieben (Web-Hosting).
- Auf einem im Web integrierten **Application-Server** wird ein Anwendungssystem betrieben, auf das über den Web-Server bzw. über entsprechend programmierte Web-Seiten zugegriffen wird, um konkrete Geschäftstransaktionen, z. B. die Buchung von Reisen,

---

http://www.jade-hs.de). Der Web-Server der Hochschule wird über seine IP-Nummer aufgerufen. Das ist seine Internet-Adresse gemäß IP-Standard. Der Domain-Name „jade-hs.de" ist technisch gesehen nicht erforderlich.

[1] Der Verfasser empfiehlt, in der zeichenorientierten Eingabeaufforderung des Windows-Betriebssystems (Programme/Zubehör/Eingabeaufforderung) das trace-route-Kommando abzusetzen, z. B. „tracert www.tui.de". Dieser Befehl simuliert aktuell einen Zugriff auf den genannten Web-Server und zeigt das Zusammenspiel zwischen Routing-Stationen und den IP-Nummern des Senders, Empfängers sowie der weiterleitenden Router. Vgl. dazu auch Abb. 2.3.2. Unter www.utrace.de kann mit der Eingabe einer IP-Nummer der zugehörige Web-Server/-Provider identifiziert werden. Vgl. auch Kap. 2.3.5 → Web-Erfolgsanalyse.

online und in Echtzeit abzuwickeln. Der Application-Server wird vielfach durch einen Provider betrieben (Application-Service-Provider ASP, und seine Dienstleistung des technischen Software-Betriebs wird als Software as a Service (SaaS) bezeichnet. (Vgl. Kap 2.3.4 sowie Kap. 3.6 und 3.7 als Anwendungsbeispiele).

Im Zusammenwirken zwischen Web-Cients und Servern wird ein wesentlicher Bezug zum Online-Marketing deutlich: Das Web ist ein Pull-Medium zur Kundenkommunikation und im Unterschied beispielsweise zu TV-, Radio- oder Print-Werbung kein Push-Medium. Der Online-Kontakt wird vom Kunden gemäß seiner individuellen Wünsche und Anforderungen initiiert, und er entscheidet über Umfang und Beendigung der Web-Kommunikation gemäß seiner individuell empfundenen Zufriedenheit. Kunden bzw. Zielgruppen müssen folglich auf das Online-Angebot aufmerksam gemacht und dafür interessiert und durch Befriedigung ihrer Interessen gebunden werden. Begleitende Maßnahmen der Online- und Offline-Werbung sowie das zielgruppen-orientierte Suchmaschinen-Management haben hier besondere Bedeutung zur Interessenten- und Kundengewinnung.

Um einen gewonnenen Interessenten nicht zu verlieren bzw. um ihn zu einer Geschäftstransaktion zu führen, muss die Website nicht nur ein ansprechendes und Zielgruppen orientiertes Design aufweisen, sie muss für den Nutzer eine hohe zufriedenstellende Usability aufweisen: Die Website muss dem Nutzer die Erfüllung seines Vorhabens durch vollständige Funktionalität und aktuelle Inhalte in möglichst effizienter Weise ermöglichen, z. B. minimale Wartezeiten, Navigations- und Funktionssicherheit, intuitive Verständlichkeit, barrierefreie Zugänglichkeit sowie vollständige Prozesse ohne Medienbrüche (vgl. Kapitel 2.5 und 2.9).

Maßnahmen des elektronischen Kundenbindungsmanagements sind bedeutend, um Interessenten und Kunden zur Wiederkehr auf die Website zu motivieren.

Der Aufruf einer Website kann über die IP-Nummer des Servers erfolgen (s. o. am Beispiel 139.13.242.20). Da diese Adressierung aber den Nutzern nicht zumutbar ist, werden sprechende Namen der IP-Adressierung vorgeschaltet. Die Provider betreiben Domain Name Server (DNS), die mit übergeordneten DNS weltweit in Verbindung stehen zur gegenseitigen Aktualisierung. Wie ein elektronisches Telefonbuch stellen die Domain-Name-Server zu dem „sprechenden“ Domain-Namen einer Website, die zugehörige Server-IP-Nummer den Routern zur Verfügung. Die Adressierung einer Domain setzt sich wie folgt zusammen: „Protokoll des Dienstes://Dienst.Domain.Top-Level-Domain“, z. B. „http://www.jade-hs.de“.

Eine **Domain** muss im Zusammenwirken mit der Top Level Domain weltweit eindeutig sein. Dazu ist sie bei der für die Top Level Domain zuständigen Registrierungsorganisation direkt oder über einen Provider zu beantragen. Ist der Name bisher nicht vergeben worden, kann er für die Zukunft geschützt übernommen werden. Die Top Level Domain für Deutschland „.de“ wird beispielweise vom „de-network-information-center“ (www.denic.de) verwaltet.

Internationale Unternehmen wählen (auch) die Top-Level-Domain „.com“ (verwaltet unter www.nic.com, z. B. www.tui.com).[1]

Die Domain repräsentiert die Website insgesamt, und mit Aufruf des Domain-Namens über die Locator-Zeile des Web-Browsers wird die Homepage der Website zur Anzeige gebracht. Die Web-Seiten und die Elemente, die im Rahmen der Web-Seiten dargestellt werden, z. B. Bilder, PDF-Dokumente, werden auf einem Web-Server gespeichert. Um sie auf den Client herunter laden und anzeigen zu können, muss der vollständige Zugriffsweg und Name z. B. über einen Hyperlink (s. u.) aufgerufen werden, z. B. „www.jade-hs.de/studium/kontakte/zentrale-studienberatung“ oder „www.tui.com/last-minute/spanien-und-portugal“. Dieser vollständige Zugriffsweg wird als Uniform Ressource Locator (URL) bezeichnet.

Für das Online-Marketing hat der Domain-Name eine wichtige Bedeutung (s. o. Pull-Medium): Er soll intuitiv mit dem Unternehmen bzw. der Marke verbunden werden, eingängig und leicht zu merken sein, so dass er gut und nachhaltig beworben werden kann bzw. der Interessent ohne Vorkenntnisse intuitiv diesen Namen nutzt.[2] Aus diesem Grund werden oftmals auch typische Schreibfehler als Domain registriert und automatisiert auf den richtigen Namen umgeleitet. Geeignete (Top-Level-)Domains und sprechende URL-Namen (s. o.) sind auch wichtige Kriterien, um in Suchmaschinen an führender Stelle gefunden zu werden (vgl. Kap. 2.3.5).

Eine **Website** setzt sich aus einer Vielzahl von Web-Seiten zusammen, die untereinander bzw. über eine integrierte Navigation verknüpft/verlinkt sind. Eine Web-Seite wird auf der Basis der Präsentationssprache HyperText Markup Language (HTML) entwickelt[3]. Nach den technischen Regeln des HyperText Transfer Protocol (HTTP) werden die Web-Seiten zum anfordernden Web-Client übermittelt, und sein Browser interpretiert den erhaltenen HTML basierten Code, um ihn als Web-Seite darzustellen. HTML selbst ist nur eine einfache Text- und Beschreibungssprache mit wenigen Gestaltungsmöglichkeiten. HTML kann aber weitere Internet-Dienste und Funktionen verfügbar machen und auf Medienobjekte, wie Bild-, Ton-, Videodateien oder Animationsobjekte verweisen und damit in die Web-Seite zur multimedialen Darstellung integrieren.

Um das Corporate Design eines Unternehmens auch im Rahmen seiner Website einheitlich und standardisiert umzusetzen, können Formatierungsvorlagen aufgebaut und vorgegeben werden, Cascading Style-Sheets (CSS). CSS werden zentral definiert und unter einem Namen zentral abgespeichert. Unter ihrem Namen wird eine Gestaltungsvorlage in die Web-/HTML-Seiten integriert und zur Formatierung von z. B. Textabschnitten, Überschriften, Tabellen mit Schriftgröße, Hintergrundfarbe, etc. festgelegt. Um die Formatierung aller

---

[1] Zurzeit werden neue Top-Level-Domains frei geschaltet, z. B. für die Reiseindustrie: „.travel“, „.reise“ oder „.hotel“ sowie regionale wie „.berlin“ (offizielle Vergabestelle unter www.icann.org).

[2] Grundsätzlich erfolgt die Vergabe der Domain-Namen nach dem Prinzip „first-come-first-served“, es hat sich aber im Streit um die besten Namen eine umfangreiche Rechtsprechung insbesondere im Zusammenwirken mit dem Marken- und Wettbewerbsrecht entwickelt.

[3] Freies Kompendium zur HTML-Programmierung, ihren Elementen und Erweiterungen: www.selfhtml.org.

HTML-Seiten einer Website einheitlich zu ändern, brauchen nicht mehr alle HTML-Seiten einzeln, sondern nur noch ihre gemeinsamen Style-Sheets geändert werden.

Darüber hinaus kann die Funktionalität durch die Integration von HTML kompatiblen Skript-Programmiersprachen erweitert werden. Client seitige Skripte werden im Rahmen der Web-Seite durch den Browser des Clients ausgeführt. So können beispielsweise durch integrierte JavaScript-Elemente Animationen dargestellt werden, oder Eingaben, die der Nutzer in Formulare einträgt, können auf Plausibilität überprüft werden, bevor sie an den Server versendet werden.

Websites der Unternehmen werden heute nicht mehr „Seite für Seite“ durch einen HTML-Spezialisten mit vollständigem Inhalte (Content) programmiert, sondern die Grundstruktur und die Funktionalität werden getrennt vom redaktionellen Inhalt der Web-Seiten. Die Web-Seiten werden mit ihrem standardisierten Aufbau, ihrem Layout gemäß Corporate Design z. B. durch CSS und mit ihrer Skript-Funktionalität als Seitenvorlagen, Templates, vom Programmierspezialisten entwickelt. Die Inhalte, die in Vorlagen zur Darstellung kommen, werden in einem datenbankbasierten Content Management System (CMS) erfasst, gepflegt und verwaltet. Das erfolgt durch die für die Inhalte Verantwortlichen z. B. in den Fachabteilungen. Sie benötigen dazu keine Programmierkenntnisse, sondern das CMS ermöglicht die Pflege der Inhalte über Editoren, die z. B. wie das Office-Programm Word bedient werden und die auch die CSS-Formatvorlagen zur Nutzung zur Verfügung stellen. Das CMS wandelt automatisch in HTML um und speichert die Inhalte in seiner Datenbank. Diese Inhalte werden dann beim Aufruf einer Web-Seite vom CMS automatisch in das Seitenlayout übertragen und als HTML Code an den Client zur Darstellung in seinem Browser übermittelt (vgl. Kap. 2.3.4).

Alle Elemente, die im Web-Browser dargestellt werden sollen, müssen in einem kompatiblen Format verfügbar sein, z. B. Bilder können in HTML-Dateien bzw. in Web-Seiten integriert werden, wenn sie im JPG-/JPEG-Format (Joint Photographic Experts Group) digitalisiert und komprimiert worden sind. Das W3C-Konsortium empfiehlt diese Standards und entwickelt sie weiter (www.w3c.com). Dateien, die kein Web-Standardformat haben, können ggf. vom Browser trotzdem mit Hilfe nachladbarer Erweiterungen (Plug-Ins oder Player) angezeigt werden. Hier sind z. B. die Reader für PDF-Dokumente (Portable Document Format), die Player für Video/Audio-Dateien zu nennen.

Mit HTML entwickelte Web-Seiten sind vom Grundsatz her statisch, d. h., ihre Inhalte sind zu einem bestimmten Zeitpunkt in der Vergangenheit geschrieben und dann via Web-Server öffentlich zur Verfügung gestellt worden.

Damit können einem Nutzer aber nur Informationen gegeben werden, die zu einem früheren Zeitpunkt erfasst/geschrieben worden sind und die nicht automatisiert durch die laufenden Unternehmensprozesse und Wertebewegungen (z. B. Reservierungen und Verfügbarkeiten) aktualisiert werden. Um automatisierte eCommerce-Prozesse zu ermöglichen, ist es daher erforderlich, dynamische Web-Seiten in die Website zu integrieren, die Online-Zugriffe auf die Unternehmenssysteme und -datenbanken ermöglichen und somit im Zeitablauf automatisch veränderliche Inhalte darstellen (z. B. Vakanzen von Reiseleistungen).

Zusammenfassend: Mit den dargestellten Grundlagen des Internets und des WorldWideWeb können noch keine automatisierten und rechtssicheren eCommerce-Prozesse realisiert werden.

Die Authentizität der Handeltreibenden und ihrer Datenkommunikationen sowie die Datensicherheit können nicht überprüfbar gewährleistet werden und über statische HTML-Seiten kann keine Aktualität und Verbindlichkeit der geschäftsrelevanten Daten gewährleistet werden. Daher müssen weitere technische Voraussetzungen gegeben sein, die in Kapitel 2.3.4 vertieft werden.

2.3.3 Mobile Dienste: Mobile App(likationen) und mobiles Web

Wenn ein Unternehmen seinen Kunden mobile Dienste insbesondere für Smartphones anbieten möchte, sind zwei Optionen grundsätzlich abzuwägen:

Entwicklung einer mobilen Version der Website, die im Layout an den kleinen Bildschirm und an die Browser mobiler Endgeräte angepasst ist.

Vorteil mobiler Websites sind die Standardisierungen in der Web- und Browser-Technologie und damit die weitgehende Kompatibilität mit den unterschiedlichen Endgeräten und ihren Betriebssystemen.

Zunächst ist festzulegen, welche Inhalte der Website von der Zielgruppe mobil genutzt werden (sollen). Für diese Web-Seiten ist ein angepasstes Standard-Layout zu entwickeln. Sollen gleiche Inhalte sowohl stationär wie auch mobil angeboten werden, sind sie im CMS nur einmal zu verwalten und zu pflegen, wenn sie automatisch und bedarfsgerecht vom CMS in das mobile oder stationäre Layout eingepasst werden können. Entwicklung und Wartung mobiler Web-Seiten sind dadurch vergleichsweise günstig.[1]

Ein Nachteil der mobil genutzten Webseiten ist, dass sie zur Nutzung eine Internetverbindung erfordern, die auch heute noch nicht überall mit der notwendigen Bandbreite verfügbar ist oder im Ausland noch Roaming-Gebühren verursacht. Ein weiterer Nachteil ist die Unfähigkeit mobiler Websites, die volle Funktionsbreite der mobilen Endgeräte zu nutzen, z. B. Kamera, Kompass oder Global Positioning System (GPS), was die Vielfältigkeit der Anwendungsbereiche beschränkt.

Entwicklung einer mobilen Applikation (App), die offline auf den mobilen Endgeräten genutzt werden kann.

---

1 Tipp: Schauen Sie als Beispiel unter „m.jade-hs.de“ und beobachten Sie beim Navigieren die Locator-Zeile Ihres Browsers.

Mobile Applikationen sind Programme für Smartphones und andere mobile Endgeräte, die Nutzer herunterladen und installieren können. Die Apps können ohne eine bestehende Internetverbindung genutzt werden, sofern die Anwendung keine Informationen in Echtzeit benötigt, um ihre Funktionen und Dienste leisten zu können. Apps können die volle Funktionsbreite eines mobilen Endgerätes nutzen, z. B. GPS oder Kamera.

Mobile Applikationen sind aber vom Hersteller und Betriebssystem abhängig, es fehlt (zurzeit noch) an Standardisierungen, so dass jede Applikation für alle relevanten Endgeräte entwickelt und gewartet werden muss, z. B. Apple/iOS, Android, Windows 8 u. a., was mit vergleichsweise hohem Aufwand verbunden ist.

Viele mobile Anwendungen kombinieren die Techniken wegen der vielfältigen Anforderungen (vgl. Kap. 2.6 u. 2.8): Offline Nutzbarkeit, spezielle App- und Smartphone-Funktionen (z. B. GPS, Kompass, Kamera) und Echtzeit-Informationen aus dem Web. Beispielsweise QR-Code oder Bild basierte Services (Quick Response-Code) benötigen die Kamera, um eine QR-Cloud oder ein Bildobjekt aufzunehmen; die Applikation interpretiert den QR-Code bzw. das Bild und nimmt mit diesen Informationen Zugriff auf einen Web-Service.

2.3.4 Spezielle Voraussetzungen zum eCommerce

Um sicher und verbindlich eCommerce-Prozesse im Web betreiben zu können, sind, wie aus Kapitel 2.3.1 abgeleitet werden kann, Voraussetzungen zu schaffen und Systemelemente aufzubauen, die die Sicherheit des Datentransfers und der Geschäftstransaktionen sowie die Aktualität der Daten gewährleisten. Dies gilt insbesondere, wenn z. B. Reiseleistungen an einem anonymen Markt automatisiert vermarktet werden (Business-to-Consumer B2C).

Im Folgenden werden daher die Transaktionssicherheit im elektronischen Zahlungsverkehr sowie dynamische Datenbankschnittstellen z. B. zu den Warenwirtschafts- bzw. Reservierungssysteme der Anbieter dargestellt.

- **Transaktionssicherung**

Der gesicherte Transfer sensibler Daten, insb. zum Zahlungsverkehr und zur Übermittlung von Registrierungsdaten, ist Voraussetzung für automatisierten eCommerce.

Die Erläuterungen zum Routing und zur Adressierung im offenen Internet in Kap. 2.3.1 haben gezeigt, dass die Authentizität der Handeltreibenden und ihrer Datenkommunikation sowie die Datensicherheit überprüfbar gewährleistet werden müssen, um Missbrauch auszuschließen:

- **Missbrauch durch weiterleitende Router**

  – Abhören bzw. Kopieren der weiterzuleitenden Daten, um sie anschließend missbräuchlich zu verwenden: Als Gegenmaßnahme sind sensible Daten kryptografisch so zu verschlüsseln, dass nur der adressierte Datenempfänger sie decodieren und nutzen kann.

  – Verfälschen, Verändern der weiterzuleitenden Daten, z. B. mit Schadprogrammen infizieren: Als Gegenmaßnahme ist aus den zu übermittelnden Daten eine Prüfziffer bzw. ein „Fingerabdruck“ zu berechnen und den Daten als Signatur mitzugeben. Diese Prüfziffer berechnet der Datenempfänger nach demselben Algorithmus aus den erhaltenen Daten, und wenn die übermittelte Prüfziffer und die berechnete Prüfziffer beim Datenempfänger übereinstimmen, sind die übermittelten Daten unterwegs nicht verfälscht worden.

- **Missbrauch durch die Handelspartner**

Wenn elektronisch handelnde Geschäftspartner sich online kennen und vertrauen, z. B. durch Registrierung und Geschäftstransaktionen in der Vergangenheit, identifiziert sich der Kunde im System des Anbieters mit verschlüsselten Kennwörtern, die dem Anbietersystem als Stammkundendaten bekannt sind und die nach verschlüsselter Übermittlung online im Datenbank-System des Anbieters überprüft werden. Die Echtheit/Authentizität der Handelspartner kann damit ausreichend gewährleistet sein.

Wenn aber Reiseleistungen kurzfristig am anonymen Markt vertrieben werden, sind die Echtheit der Anbieter und Nachfrager und die Ehrlichkeit ihrer Geschäftsabsichten in Echtzeit zu überprüfen, um sie gegenseitig vor Missbrauch zu schützen.

▪ Missbrauch durch Händler, Angabe falscher Händler- und Angebotsdaten, um Kundendaten zum späteren Missbrauch zu gewinnen: Um seine Echtheit auszuweisen und das Vertrauen des Kunden zu gewinnen, lässt sich der Händler zertifizieren, und die Web-Seiten, die sensible Daten des Kunden entgegen nehmen, übermitteln vorab das elektronische Zertifikat. Dieses Zertifikat wird vom Client-Browser automatisch überprüft.

▪ Missbrauch durch Kunden

– Vorgabe falscher persönlicher Daten, z. B. um die Bezahlung zu umgehen oder fehlende Bonität des Kunden: Als Gegenmaßnahme bzw. zur Prüfung kann der Händler die Kundendaten automatisiert und in Echtzeit der Geschäftstransaktion an ein Auskunftssystem oder an ein Bank- und Kreditkartensystem weiterleiten.

– Keine Ernsthaftigkeit bzw. späteres Abstreiten einer verbindlichen Bestellung oder Buchung: Der verfahrensgebundene Einsatz der dargestellten Einzelmaßnahmen stellt in Verbindung mit der aktiven Anerkennung der Händler-AGB (Allgemeine Geschäftsbedingungen) einen verbindlichen Vertragsabschluss dar, im juristischen Sinne eine verbindliche elektronische Signatur der Geschäftstransaktion.

Das **SSL-Verfahren** (Secure Socket Layer) ist der Standardablauf zur rechtsverbindlichen elektronischen Signatur im Web und als HTTPSecure Teil des HTTP-Protokolls zur Transaktionssicherheit. Die SSL-Funktionalität ist Client seitig standardmäßig in den Web-Browser integriert und wird via Zertifikat über den Web-Server bzw. einen kooperierenden Payment-Server verfügbar gemacht.

Das SSL-Verfahren basiert auf der Zertifizierung des Anbieters/Händlers durch eine staatlich legitimierte Certification Authority (CA). Der (seriöse) Händler erhält ein elektronisches Zertifikat, mit dem er sich in der elektronischen Kommunikation ausweist. Der Browser überprüft dieses Zertifikat, indem er sich bei der CA automatisch rückversichert.

Das Zertifikat enthält einen öffentlichen Teil und einen geheimen/privaten Teil, es enthält alle Informationen, die einen gesicherten und individuellen Datenaustausch mit kryptografischer Verschlüsselung und Datensignatur ermöglichen.

Die sensiblen Daten des Kunden werden vor ihrer Übertragung mit dem im Zertifikat angegebenen mathematischen Standard-Algorithmus verschlüsselt. Dazu nutzt das mathematisch-kryptografische Verfahren den mitgelieferten öffentlichen Schlüssel des Anbieters, indem mit diesem Schlüssel (z. B. 1024 oder 2048 bit lang) die zu übertragende Information umgerechnet wird. Das mathematische Verschlüsselungsverfahren gewährleistet, dass nur unter Einsatz des privaten Schlüssels, den nur der (Payment-)Server des Händlers kennt, die Daten wieder entschlüsselt werden können. Für Fremde sind diese verschlüsselten Daten wertlos, weil sie für sie nicht entschlüsselbar sind.

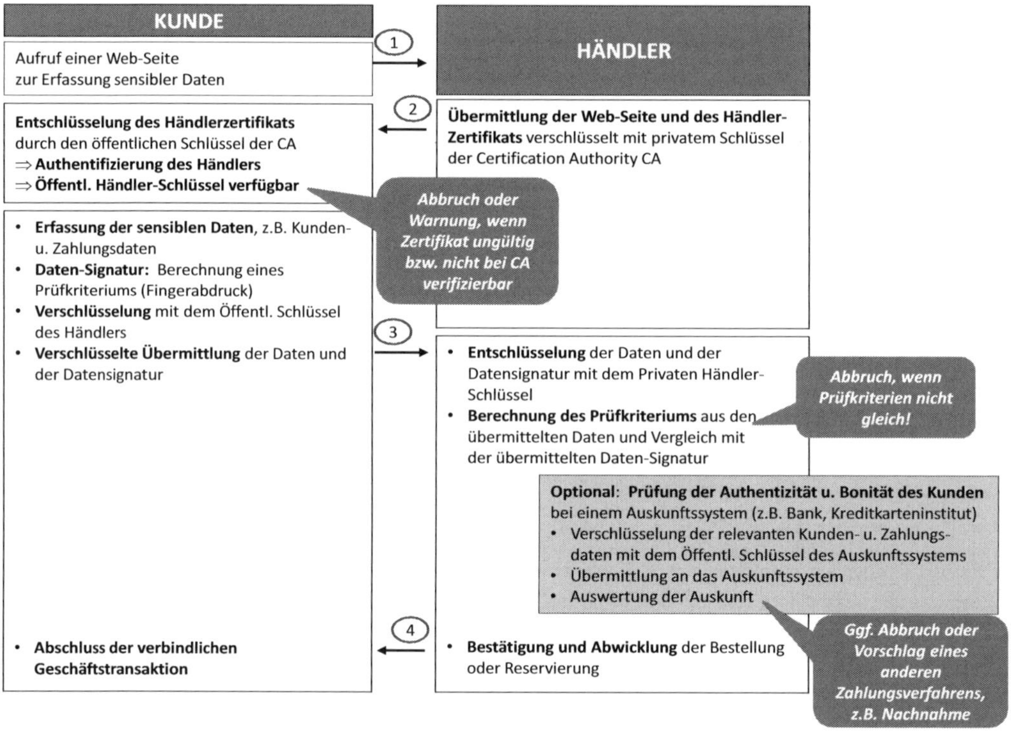

Abb. 2.3.3 Darstellung eines (vereinfachten) SSL-Prozesses

Bevor die Daten so verschlüsselt versendet werden, wird aus ihnen ein Prüfkriterium berechnet nach einem weiteren über das Zertifikat vorgegebenen Standardverfahren. Dieses individuell berechnete Prüfkriterium, das als elektronischer Fingerabdruck oder Datensignatur bezeichnet wird, wird ebenfalls verschlüsselt an den Server übermittelt. Der Server berechnet nun seinerseits aus den empfangenen sensiblen Daten der Geschäftstransaktion das Prüfkriterium nach dem festgelegten Algorithmus. Wenn der empfangene elektronische Fingerabdruck und der vom Server selbst errechnete Wert identisch sind, ist davon auszugehen, dass die Daten unterwegs nicht verfälscht worden sind. Anderenfalls wird die Transaktion abgewiesen. Abbildung 2.3.3 fasst den SSL-Prozess vereinfacht zusammen.[1]

- **Dynamische Web-Seiten und Datenbank-Schnittstellen**
  - **Online-Zugriffe auf die Systeme der Reiseanbieter**

Die Reservierungssysteme der Reiseanbieter verwalten die Stammdaten der Geschäftspartner, z. B. Reisekunden, die Bestandsdaten der Reiseangebote z. B. Preise und Kontingente sowie die Bewegungsdaten der Reisebuchungen in ihren Datenbanken. Alle Geschäftstransaktionen nehmen letztendlich Zugriff auf diese Datenbanken.

Wenn eCommerce-Prozesse automatisiert und in Echtzeit über Websites durchgeführt werden, übernehmen Web-Seiten die Funktionen eines (virtuellen) Reisemittlers. Sie müssen folglich dynamisch sein, d. h. im Zeitablauf veränderlich. Konkret bedeutet das am Beispiel einer Reisebuchung, dass sie gemäß dem aktuellen und individuellen Kundenwunsch online und in Echtzeit über automatisierte Schnittstellen auf die Angebotsdatenbank(en) zugreifen, um verfügbare Reiseangebote zu recherchieren (abfragende/lesende Zugriffe) und darzustellen. Nach der Auswahl einer Reise durch den Kunden sind die Kundendaten zu registrieren und die gebuchten Leistungen zu reservieren (speichernder/schreibender Zugriff).

Der Web-Server, der die Website zur Vermittlung von Reisen zur Verfügung stellt, muss folglich auf die Angebots- und Reservierungssysteme automatisiert zugreifen können. Dazu müssen technische Schnittstellen zwischen Web-Server und Application-Server bzw. zwischen der Web-Seite und dem Anwendungssystem aufgebaut werden. Abbildung 2.3.4 zeigt das grundsätzliche Zusammenwirken (vgl. auch Abb. 2.3.2) und visualisiert damit den folgenden Ablauf am Beispiel einer Angebotsabfrage:

1. Ein Reiseinteressent trägt in das Web-Formular des Anbieters seine Reisewünsche ein. Das ausgefüllte Formular schickt er über den Sende-Button an den Web-Server.
2. Der Sende-Button des Formulars trägt einen Link bzw. einen Aufruf mit der URL einer dynamischen Web-Seite. Diese aufgerufene Web-Datei übernimmt die vom Client übermittelten Daten in die integrierten Datenbank-Kommandos, die im Datenbank-Standardformat Structured Query Language (SQL) verfasst worden sind, und übermittelt sie an den Application-Server bzw. an das Angebotssystem.

---

[1] So wie der Browser des Clients dieses Zertifikat automatisch überprüft, kann es auch durch den Kunden in Augenschein genommen werden. Mit Betätigen der rechten Maustaste im relevanten sensiblen Bereich einer Web-Seite erhält man Zugriff auf den öffentlichen Teil des Zertifikats. Tipp: Achten Sie auch darauf, wie viel Aufwand und Information darauf verwendet wird, dem Kunden ein Sicherheitsgefühl bei der Datenübermittlung zu geben, z. B. unter www.start.de. Ein Anbieter sollte prüfen, ob seine Kunden bzw. seine Zielgruppen auch subjektiv diesen elektronischen Zahlungsverkehr als sicher akzeptieren. Soweit möglich, sollte dem Kunden die Auswahl zwischen Online- oder Offline-Zahlungsprozess gemäß seiner individuellen Sicherheitsbedürfnisse angeboten werden.

3. Das Angebotssystem führt durch Abfrage seiner Datenbank die Recherche gemäß Kundenwunsch bzw. gemäß Abfragekommandos aus und übermittelt die Ergebnisse als Tabelle an den Web-Server.

4. Diese Ergebnisstabelle des Datenbankzugriffs wird auf dem Web-Server in das HTML-Format konvertiert und in die vom Client durch den Sende-Button unter 1. aufgerufene dynamische Web-Seite integriert, so dass sie anschließend an den anfragenden Client als aktuelle Angebotsliste übertragen und in seinem Browser dargestellt werden kann.

Damit erhält der Reiseinteressent eine dynamisch, gemäß seiner individuellen Wünsche online und in Echtzeit generierte Antwort mit aktuellen Angeboten. Er kann ein Angebot auswählen und buchen. Dazu wird er seine persönlichen Daten, inklusive der sensiblen Zahlungsdaten, in weiteren Web-Formularen erfassen, um sie verschlüsselt und signiert (s. o.) zur Speicherung und Weiterverarbeitung an das Reservierungssystem zu versenden.

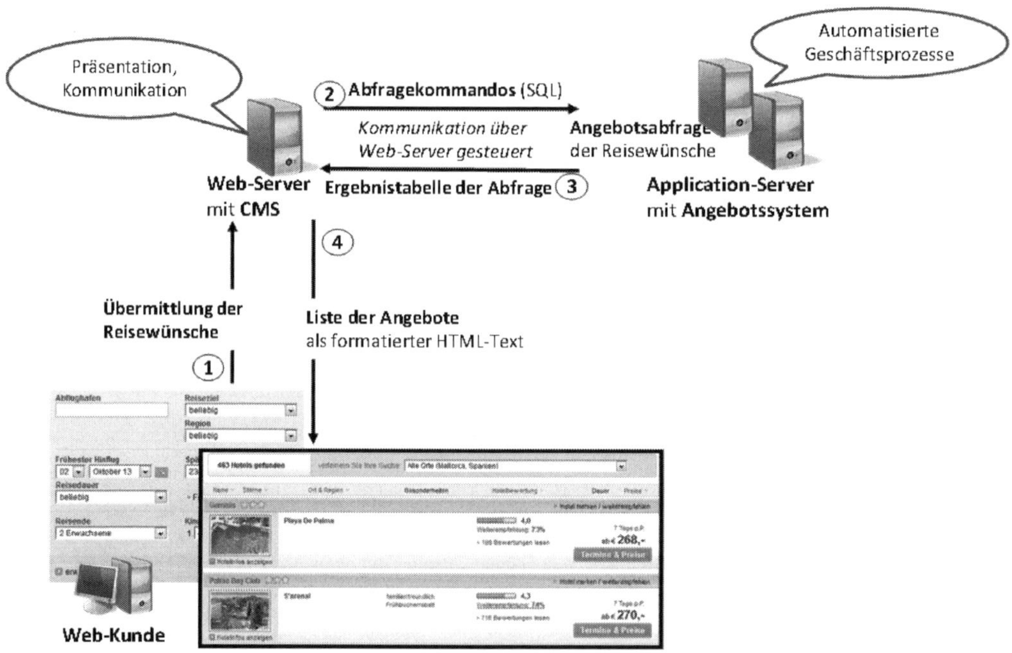

Abb. 2.3.4 Ablauf eines dynamischen Datenbankzugriffs am Beispiel der Abfrage von Reiseangeboten

- **Datenbank basierte Content Management Systeme (CMS)**

Wie oben am Beispiel der Client-Abfrage dargestellt, werden durch Datenbankzugriffe die HTML-Seiten dynamisch mit aktuellen Inhalten gefüllt, d. h., die aus Datenbanken gewonnenen aktuellen Inhalte werden in die Seitenlayouts an den definierten Stellen eingebunden.

Doch nicht nur die Daten der Geschäftstransaktionen sind aktuell zu kommunizieren, sondern auch allgemein beschreibende und darstellende Inhalte sind regelmäßig zu pflegen und in definierten Zeitabständen oder situationsabhängig zu aktualisieren. Um wiederkehrenden Programmieraufwand zu vermeiden und um diese Pflege der Web-Seiten arbeitsteilig durch Fachabteilungen und ohne Programmierkapazität durchführen zu können, stehen datenbankbasierte Content Management Systeme (CMS) zur Verfügung (vgl. Kap. 2.3.2). Heute basieren nahezu alle professionellen Websites auf CMS mit Integration oben beschriebener dynamischer Web-Seiten zur Abwicklung der Geschäftstransaktionen.

Content Management Systeme trennen die grundlegende Web-Seitengestaltung (standardisiertes Layout gemäß Corporate Design) von den Inhalten (Content). Mit der HTML-Programmierung von Templates werden die Seitenlayouts statisch festgelegt. Die Seiten werden in Standardbereiche aufgeteilt und gemäß Layout-Vorgaben strukturiert und gestaltet. Diese Bereiche sind die Design-Vorlagen und Platzhalter für die aufzunehmenden Inhalte, die aus der CMS-Datenbank zugeführt werden. Die Bereiche der Templates beinhalten die für sie jeweils relevanten Datenbankzugriffsschlüssel auf die Content-Elemente in der CMS-Datenbank. Ruft ein Web-Client eine CMS basierte Web-Seite auf, werden Server seitig die lesenden CMS-Datenbankzugriffe durchgeführt, die zugehörigen Inhalte aus der/den Datenbank/en selektiert und in die jeweils vorgesehenen Template-Bereiche als HTML-Code eingefügt. Anschließend wird die vollständige HTML-Datei an den Client gesendet.

Templates können geschachtelt werden, so dass ein Ganzseiten-Template mit Navigations-, Kopf- und Fuß-Bereichen sowie alternative Content-Templates definiert werden. Das Ganzseiten-Layout wird beispielsweise unternehmensweit für die Website einheitlich gestaltet. Für den Content-Bereich gibt es mehrere Template-Standards, die für unterschiedliche Zwecke geeignet sind. In ein entsprechendes Content-Template werden auch die dynamischen Zugriffe auf die Geschäftsdatenbanken gemäß Abb. 2.3.4 integriert. Abbildung 2.3.5 zeigt die Struktur einer CMS basierten Web-Seite.

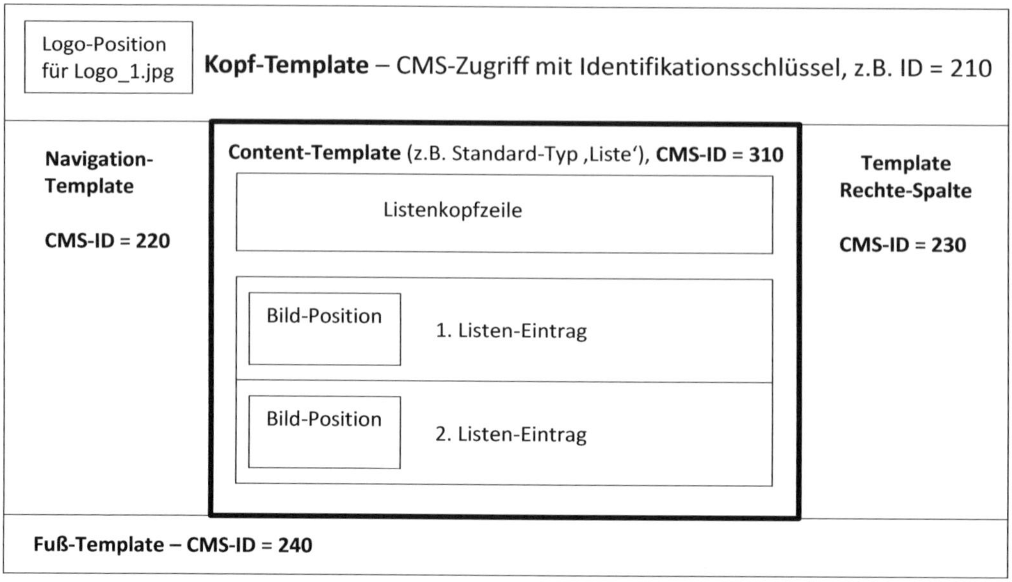

Die umrandete innere Content-Liste soll hier die Angebotsanzeige aus Abb. 2.3.4 symbolisieren. Die Listeneinträge werden inkl. Bild in Echtzeit der Kundenanfrage (dynamisch) aus dem Reservierungssystem abgefragt und vom CMS gemäß Layout dargestellt. Die weiteren Elemente der Web-Seite werden aus der CMS-Datenbank aufgerufen und vom CMS positioniert.

Abb. 2.3.5 *Aufbau einer Template-Seite (Ganzseiten-Template mit geschachtelter Struktur)*

Eine mit einem CMS erstellte Website sollte gleich strukturierte Standard-Templates haben, so dass mit diesen Vorlagen die Erstellung neuer Seiten schnell und rationell erfolgen kann. Die beschreibenden und darstellenden Text- oder Medien-Elemente (der Content für die Templates) werden über benutzerfreundliche Bildschirmoberflächen, die verbreiteten Office-Programmen gleichen, erfasst, aktualisiert und in der CMS-Datenbank verwaltet. Dies erfolgt über den Web-Browser ohne Erfordernis von Programmier-/HTML-Kenntnissen. Die Inhalte können arbeitsteilig in den jeweiligen Fachabteilungen durch fachlich kompetente Content-Manager gepflegt werden, auch externe Content-Manager können eingesetzt werden. Um die Zugriffsrechte und Kompetenzen („wer darf welche Seiten und Inhalte pflegen") gesichert und verbindlich festzulegen, sind durch einen Administrator jedem Content-Manager Zugriffsrechte individuell und abhängig von seiner Funktion zuzuordnen. Diese Berechtigungen werden ebenfalls in der CMS-Datenbank verwaltet und kontrolliert. Darüber hinaus kann der Arbeitsablauf von der Änderung bis zur Veröffentlichung der geänderten Inhalte durch das CMS standardisiert gesteuert werden:

- Ein Mitarbeiter hat beispielsweise im Rahmen seiner Berechtigungen Inhalte geändert.
- Das CMS übermittelt die Information über diese geänderten Inhalte an einen in der Datenbank eingetragenen Verantwortlichen zur Überprüfung der Änderungen.

– Erst nach seiner Bestätigung und ggf. Korrektur stehen die geänderten Inhalte im Web zur Verfügung.

Content Management Systeme werden von Internetprovidern als Application-Services bzw. als „Software as a Service (SaaS)“ angeboten, die sie als Provider technisch betreiben und als Dienste inklusive Web-Hosting anbieten.

Auf dieser Basis der CMS-Technologie können Web-Clients Personen individuell oder zielgruppenspezifisch mit Inhalten versorgt werden. Es kann differenziert festgelegt werden, wem zu welchem Zeitpunkt, an welchem Ort und/oder in welchem Kontext welche Inhalte angezeigt werden. Auf diese Weise werden Content Management Systeme zur Plattform für die Realisierung zielgruppenspezifischer, personalisierter, orts- und kontextbezogener Angebote (vgl. Kap 2.3.5), z. B.:

– Hat sich ein Kunde durch sein Login auf einer Website identifiziert, erhält er seinem Kundenprofil entsprechende Inhalte angezeigt.

– Der aktuelle Aufenthaltsort oder das aktuell benutztes Endgerät des Kunden können berücksichtigt werden, z. B. um ortsbezogene Inhalte und Dienste in den für sein mobiles Endgerät passenden Templates darzustellen und anzubieten (Location Based Services (LBS), vgl. Kap. 2.6, 2.8, 3.6 und Kap. 2.3.3).

- **XML Datenbankschnittstellen zum periodischen oder situativen Datentransfer im Hintergrund**

Oben ist der web-basierte Zugriff auf Angebotssysteme online und in Echtzeit der Kundenanfrage skizziert worden. Anbietersysteme, z. B. Reservierungssysteme, kooperieren aber auch untereinander im Hintergrund und aktualisieren gegenseitig ihre Angebotsdaten, bevor sie sie am Markt den Kunden anbieten. Ein Reiseveranstaltersystem transferiert beispielsweise Restkontingente zur Vermarktung an das System eines Lastminute-Anbieters. Um diesen Prozess des Datentransfers im Hintergrund zu automatisieren, müssen zwischen den Datenbanken Software-Schnittstellen vorhanden sein, die auf der Basis der Internet-Übertragungstechnologie mit einheitlichen Standards arbeiten.

Die XML-Programmierung (Extensible Markup Language (XML)) hat sich hierfür zum Standard entwickelt. XML ist eine Metasprache, die es ermöglicht die zu transferierenden Datentypen vergleichbar den Datenstrukturen der kommunizierenden Datenbanken zu beschreiben. Der konkrete Transfer der binär codierten Daten wird dann begleitet durch die Beschreibungen der Datentypen, die bei der Schnittstellendefinition vereinbart worden sind. Die jeweils transferierten Daten können durch das Empfängersystem eindeutig interpretiert und in seine Datenbank überführt werden. Die Beschreibung der Datentypen ist vergleichbar mit der Datenbeschreibung in relationalen Datenbanken, die Basis der Reservierungssysteme sind. Dadurch wird die Schnittstellenprogrammierung vereinfacht, weil begrifflich „sprechend“ und standardisierbar (http://de.selfhtml.org/xml/index.htm). Neue Partner können damit relativ schnell in einen Kooperations- und Transferverbund aufgenommen werden. Die

Open Travel Alliance hat für die Reisebranche branchenspezifische XML-Schemata unter dem Namen OTA-XML standardisiert (www.opentravel.org).[1]

Zusammenfassend

Die bisherigen Ausführungen machen deutlich, dass folgende Voraussetzungen für automatisierte eCommerce-Prozesse gegeben sein müssen und gegeben sind:

- Weltweiter standardisierter Netzwerkverbund, öffentlich oder geschützt nutzbar und mit schnellen Leitungsverbindungen verfügbar,
- verbreitete, intuitiv bedienbare und multimedia-fähige Endgeräte auf Basis akzeptierter Standards,
- Sicherungstechnologien für sensible Datentransaktionen und Geschäftsprozesse,
- Datenaktualität durch Integration der Warenwirtschaftssysteme und standardisierte Schnittstellentechnologien,
- komfortable Möglichkeiten der kundenorientierten Content-Pflege und zum Online-Marketing.

Auf dieser Basis können tourismuswirtschaftliche Geschäftsprozesse und -systeme entwickelt und betrieben werden. Allgemein können dabei eCommerce-Prozesse unterschieden werden in Business-to-Business-Prozesse (B2B) und Business-to-Consumer-Prozesse (B2C), vereinfachen gesagt, in Prozesse zwischen Unternehmen und Prozesse mit Endkunden bzw. mit „Selbstbedienung" durch den Konsumenten.

2.3.5 Ausgewählte Elemente des Online-Marketing

Online-Werbung, Information und Kommunikation sowie elektronisches Beziehungsmanagement umfassen im Rahmen des Online-Marketings einerseits die Übertragung und Bezugnahme traditioneller Werbemaßnahmen und kundenorientierter Informations- und Kommunikationsaktivitäten auf die Online-Medien. Andererseits bzw. zusätzlich sind spezifische Aktivitäten möglich und verbreitet.

Grundsätzlich ist hervorzuheben, dass traditionelle Offline-Aktivitäten, die insbesondere über Print-, Tele- und Broadcasting-Medien umgesetzt werden, und Online-Aktivitäten im Rahmen eines umfassenden Corporate Designs abgestimmt, kooperierend und wechselseitig unterstützend aufgebaut und eingesetzt werden müssen. Dabei steht vielfach folgendes Zusammenspiel im Vordergrund:

Die traditionellen Offline-Medien sind Push-Medien. Die darauf basierenden Werbeaktivitäten werden vom Werbetreibenden ausgesandt, um Aufmerksamkeit zu erregen und den Wunsch beim potentiellen Kunden zu erzeugen, initiativ zu werden und sich selbst des Pull-Mediums WorldWideWeb zu bedienen, um die Angebote des Werbetreibenden zu nutzen.

[1] Neue Datenformate werden zurzeit in der Tourismuswirtschaft entwickelt und als Standards etabliert. Vgl. z. B. Kapitel 4.6.5f.

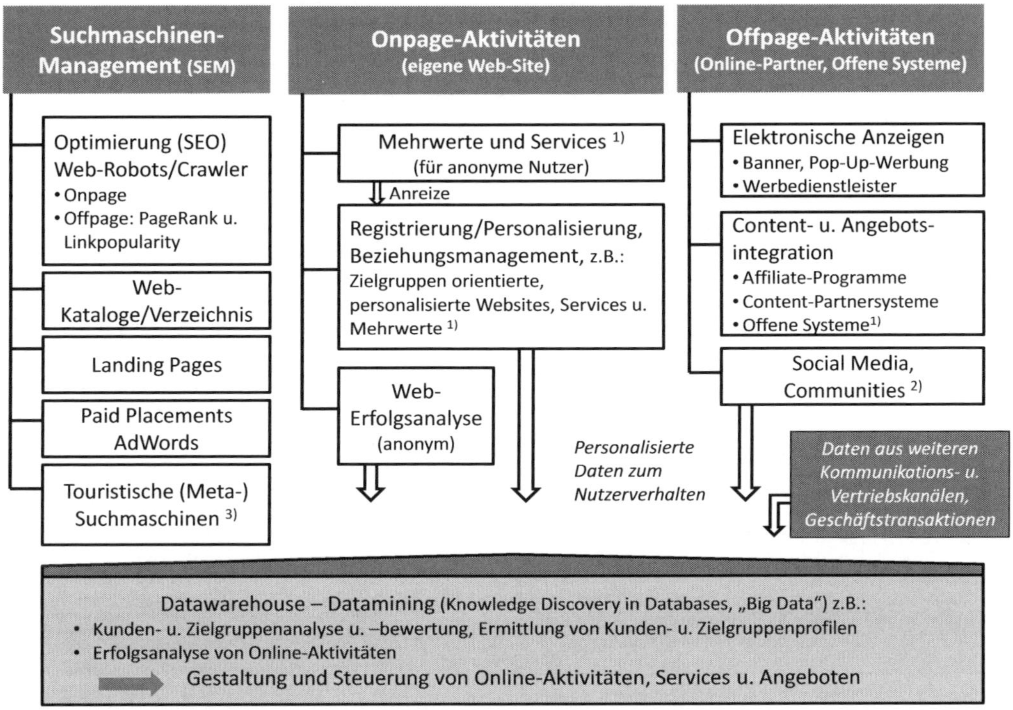

1) Vgl. z. B. Kap. 2.7 u. 2.8 2) Vgl. z. B. Kap. 2.2 u. 2.7 3) Vgl. Kap. 3.7

Abb. 2.3.6 *Ausgewählte Elemente des Online-Marketing*

Online-Werbung ist in erster Linie darauf ausgerichtet, neue Kontaktpartner und Neukunden aus der anonymen Masse der Zielgruppe(n) zu gewinnen, während das elektronische Beziehungsmanagement die zielorientierte Pflege gewonnener Kontakte und bestehender Beziehungen mithilfe internet-basierter Systeme zur Aufgabe hat (electronic Customer Relationship Management eCRM). Abbildung 2.3.6 gibt einen Überblick über ausgewählte Elemente des Online-Marketings[1].

- **Suchmaschinenmanagement, Search Engine Management (SEM)**
  - **Suchmaschinenoptimierung (SEO)**

Da das Web ein Pull-Medium ist, muss ein Interessent sich gemäß seiner aktuellen Wünsche und Interessen selbst informieren, ob bzw. wo gewünschte Informationen, Dienste und Produkte angeboten werden. Der Interessent muss im Web suchen, wozu Suchmaschinen unverzichtbar geworden sind, sie werden darüber hinaus auch genutzt, um bereits bekannte Websites aufzurufen, da sie auch im Falle von Schreibfehlern oder Ungenauig-

[1] Zu diesen in der Abb. 2.3.6 genannten Elementen existiert eine umfangreiche Fachliteratur. Als ein Beispiel zur praxisnahen Vertiefung sei verwiesen auf: Lammenett, E., Praxiswissen Online-Marketing, 2009.

keiten Ergebnisse liefern. Die Google-Suchmaschinen haben in Deutschland mit einem Marktanteil von über 90% herausragende Bedeutung (vgl. Kap. 2.2). Grundsätzlich sind zwei Typen von Suchmaschinen zu unterscheiden:

- **Echte Suchmaschinen** (z. B. Google, Bing) setzen automatisiert arbeitende Programme, Robots/Crawler, ein, die permanent und im Hintergrund das WorldWide-Web durchsuchen, sie suchen auf Web-Servern nach neuen Websites und nach neuen Inhalten und verfolgen Links zu und von anderen Websites. Die echten Suchmaschinen analysieren diese Web-Quellen und werten sie aus:

  Suche: Die Crawler suchen in den Web-Quellen (z. B. Web-Seiten und Dokumente) nach Schlagworten/Keywords, die die Inhalte der Quellen beschreiben.

  Bewertung: Sie messen diesen gefundenen Schlagworten nach vorgegebenen Kriterien eine inhaltliche Bedeutung für die Web-Quellen zu. Wird ein als Schlagwort identifizierter Begriff beispielsweise fett gedruckt in einer Überschriftzeile und mehrfach verwendet, wird ihm eine höhere Bedeutung zur Beschreibung einer Web-Seite beigemessen als ein seltener und ohne Hervorhebung verwendeter Begriff. Die Web-Quelle wird damit als entsprechend informativ und wertvoll zu dem jeweiligen Schlagwort bewertet.

  Indexierung/Verschlagwortung: Die URLs der Web-Quellen werden indexiert/verschlagwortet, sie werden mit ihren Keywords und ihrer Bewertung hinsichtlich des jeweiligen Schlagworts gespeichert.

  Damit stehen Sie dem Nutzer zur Suche zur Verfügung. Seine Suchbegriffe werden als Schlagworte/Keywords in den Datenbanken der Suchmaschine recherchiert, um die URLs der gefunden Web-Quellen gemäß ihrer Bewertung sortiert anzuzeigen.

- **Web-Kataloge/-Verzeichnisse** arbeiten nicht automatisiert (z. B. Yahoo, Web.de). Der Betreiber einer Website muss seine Domain mit ihren relevanten Schlagworten anmelden und sie den im jeweiligen Verzeichnis vorhandenen hierarchisch strukturierten Inhaltskategorien zuordnen. Mitarbeiter_innen der Web-Verzeichnisse überprüfen und bewerten diese Angaben, bevor sie in die Datenbanken der Suchmaschine überführt und frei gegeben werden.

Suchmaschinen arbeiten nicht immer eindeutig als Crawler oder Verzeichnis. Sie kombinieren auch beide Vorgehensweisen bzw. sie kooperieren untereinander, indem sie Suchanfragen weitergeben und Suchergebnisse übernehmen.

- **Onpage Suchmaschinenoptimierung:** Ein Online-Anbieter und Werbetreibender muss mit den relevanten Schlagworten, die seine Kunden und Zielgruppen zur Suche einsetzen, in den Suchmaschinen gefunden werden und in der Liste der Suchergebnisse, die eine Suchmaschine dem Nutzer präsentiert, an einer vorderen Stelle aufgeführt werden. Dazu muss er seine Website für Crawler optimieren, indem er durch Aufbau, Inhalte, Gestaltung und Verlinkung seiner Web-Seiten Einfluss nimmt auf die automatisch bewertende Verschlagwortung. Die Keywords, die bedeutend sind für seine Kunden und Zielgruppen und die sie daher zu ihrer Suche nutzen werden, müssen nach den Bewertungskriterien der Suchmaschinen so herausgestellt werden, dass der Crawler die inhaltliche Bedeutung der Web-Quelle erkennt und sie entsprechend bewertet. Die Suchmaschine sortiert die Ergebnisliste, bevor sie dem Nutzer übermittelt wird, gemäß der Bedeutung, die sie den einzelnen Suchergebnissen für den vom Nutzer gewählten Suchbegriff beimisst. URLs bzw. Web-Quellen, denen eine hohe Bedeutung und Übereinstimmung mit dem Suchbegriff des Nutzers beigemessen wird, werden zuerst genannt, d. h., die Einträge werden einem Ranking unterzogen. Bedingt durch den großen Umfang der Suchergebnislisten aber auch durch die Qualität der zuerst gelisteten Ergebniseinträge beachten die Nutzer von Suchmaschinen i. d. R. nur die ersten 2 Ergebnisseiten.[1]

– **Offpage Suchmaschinenoptimierung:** Da die Suchmaschinen von Google in Deutschland einen Marktanteil von über 90% haben, ist eine gute Ranking-Position insbesondere bei der Google-Suche von herausragender Bedeutung. Daher sind neben den allgemeinen Kriterien zur Suchmaschinenoptimierung auch die speziellen Google-Kriterien zum Ranking zu beachten bzw. zu optimieren. Der PageRank-Algorithmus von Google ist eine spezielle Methode, die Linkpopularität einer Website oder Web-Quelle festzulegen. Das Grundprinzip lautet: Je mehr fremde/externe Links auf eine Domain oder URL verweisen (Backlinks), umso höher ist ihr PageRank. Je höher der Rank-Wert der externen verweisenden Seiten ist, desto größer ist dieser Effekt für die zu bewertende Web-Quelle. Die Linkpopularität ist damit ein Maßstab für die Bedeutung einer Website. Der Google-PageRank quantifiziert die Linkpopularität und beeinflusst damit erheblich die Positionierung in den Suchergebnislisten. Für einen Online-Anbieter ist es daher wichtig, von externen Websites (z. B. Partner, Portale, Communities) verlinkt zu werden, deren PageRank höher ist als der eigene.[2]

- **Erweitertes Suchmaschinenmanagement**

Die Website eines Unternehmens und Anbieters ist i. d. R. sehr umfassend mit dem Anspruch einer weitgehenden Vollständigkeit bzgl. Informationen und Angebote. Darunter kann die Usability für den Interessenten leiden, wenn er z. B. erst tief in die Navigation eindringen muss, um (vielleicht) zu den gewünschten Informationen und Angeboten zu gelangen. Zudem entsteht der Eindruck, dass alles, was nicht am Anfang z. B. auf der Homepage oder in der Hauptnavigation steht, nicht so bedeutend ist oder nicht der Kernkompetenz entspricht. Vergleichbar „sehen" das auch die Suchmaschinen, wenn sie beurteilen, ob eine Website Bedeutung für ein bestimmtes Schlagwort hat. Je tiefer und verborgener ein Schlagwort in der Navigation der Website angesiedelt ist, umso geringer

---

1 Die Vielzahl der Möglichkeiten zur Onpage- und Offpage-SEO wird in der Fachliteratur umfangreich dargestellt. Als ein Beispiel sei verwiesen auf: Broschart, St., Suchmaschinenoptimierung & Usability, 2011.

2 Durch Integration der Google Toolbar in den Web-Browser kann der PageRank jeder aufgerufenen URL angezeigt werden.

wird der Wert dieser Seiten für das Schlagwort angesehen. Um diese mögliche Fehlinterpretation zu korrigieren, können **Landing Pages** eingerichtet werden, die die Website zum Interessenten- und Kundenemfang umgeben, zur Aktion animieren und ggf. weiterleiten. Bei einer Landing Page stehen nur ein bestimmtes Angebot und seine Zielgruppe im Mittelpunkt (z. B. Golfreisen am Mittelmeer). Sie ist relativ klein, übersichtlich und konzentriert sich ohne Ablenkung auf das konkrete Angebot. Sie soll das Vertrauen des Interessenten gewinnen und ihn auf den Hauptinformations- oder Vertriebskanal führen, z. B. durch gezielte Verlinkung auf die konkrete Angebotsseite der Website des Unternehmens. Eine Landing Page wird in Bezug auf das konkrete Angebot und die Zielgruppe für Suchmaschinen optimiert. Auf diese Weise können eine Vielzahl von Landing Pages mit unterschiedlichen konkreten Angeboten die Website des Unternehmens umgeben und die Interessenten über die Suchmaschinen gezielt zu den Angeboten im Rahmen der Website führen. Auch entsprechende Unternehmensauftritte in Social Media Systemen, z. B. in facebook oder YouTube, können als Landing Pages fungieren.

Bei Suchmaschinen ist zwischen den wie oben beschriebenen offenen Suchergebnissen und den bezahlten Platzierungen zu unterscheiden, die als **Paid Placements** und bei Google als **AdWords** bezeichnet werden. Merkmale dieser auf Keywords basierenden elektronischen Anzeigen (Keyword Advertising) sind:

- Sie erscheinen nur bei Suchvorgängen zu ausgewählten Begriffen, die beworben werden sollen. Das von den Interessenten aktuell Gesuchte wird beworben.
- Die Suchbegriffe/Keywords werden weitestgehend durch den Werbetreibenden selbst definiert gemäß den Bedürfnissen, die er bei seiner Kunden und Zielgruppen erwartet.
- Das Ranking richtet sich nach dem Gebot des Werbenden im Wettbewerb mit anderen, die zu demselben Keyword Gebote an die Suchmaschine gemacht haben. Es wird ein Geldbetrag pro Click bzw. Weiterleitung geboten (cost per click). Die Kosten der Werbekampagne ermitteln sich damit aus dem gebotenen Betrag und der Anzahl der Weiterleitungen auf die Web-Site des Werbenden. Sie können zeitlich begrenzt und budgetiert werden.

In der Google-Suche werden die Einträge und Links zu den beworbenen Keyword (AdWords) als Anzeigen gekennzeichnet und farblich abgesetzt oberhalb und rechts neben der offenen Ergebnisliste angezeigt.

- **Offpage-Aktivitäten** (vgl. Abb. 2.3.6)

Im Folgenden werden Werbemaßnahmen auf „fremden" Websites angesprochen, die wie bei der Suchmaschinen-Werbung Interessenten der relevanten Zielgruppen zu der beworbenen Website führen sollen:

Banner und **PopUp** sind elektronische Anzeigen, die in Websites integriert werden, die entsprechende Werbeplätze kostenpflichtig oder im Tausch unter Partnern anbieten. Um die passenden Zielgruppen mit dieser elektronischen Werbung zu erreichen, sollten die Werbepartner diesbezüglich thematisch und in Ihren Angeboten zu einander passen (z. B. Hotel-

Werbung auf Websites von Verkehrsträgern). Während Banner als Elemente in die Web-Seiten integriert werden, werden PopUps in einem eigenen Browser-Fenster mit definierter Größe geöffnet. PopUps werden vielfach vom Web-Nutzer als störend und penetrant empfunden, er hat die Möglichkeit, den Empfang von PopUps durch seine Browser-Einstellungen zu unterbinden. Die Positionierung von elektronischen Anzeigen wird auch durch **Online-Dienstleister** angeboten, die den Austausch der Anzeigen automatisiert durchführen. Werbende beauftragen den Dienstleister, Anzeigen auf Websites zu platzieren, die zum Angebot des Werbenden passen. Dazu gibt der Werbende Keywords/Schlagworte vor, die sein zu bewerbendes Angebot beschreiben. Die Anbieter von Werbeplätzen stellen Werbeflächen für Banner auf ihrer Website zur Verfügung, oder sie akzeptieren, dass mit Aufruf ihrer Website PopUp-Fenster zusätzlich übermittelt werden. Sie können dazu die passenden Themen (Keywords) vorgeben, zu denen sie Werbeplätze anbieten. Wird nun von einem Web-Client eine Werbung tragende Web-Seite aufgerufen, fordert diese per Verlinkung die Werbebotschaft vom Dienstleister ab, die dann in den Werbeplatz eingebunden wird. Der Dienstleister arbeitet mit automatisierten Regeln, welche Werbung übermittelt wird, wenn mehrere Werbetreibende mit denselben Keywords um knappe Werbeplätze konkurrieren, z. B. Bieterverfahren mit dem Abrechnungsmodell „cost per click".[1]

Ein **Affiliate-Programm** ist eine Vermittlungsvereinbarung zwischen einem Online-Anbieter (Händler) und einem Vertriebspartner (Affiliate), der die Leistungen des Händlers auf seiner Website zur Vermittlung anbietet. Die Vermittlung geschieht durch einen Affiliate-Link, der einen speziellen Code enthält, der den Affiliate eindeutig beim Händler identifiziert, so dass er erkennt, von wem der Kunde vermittelt wurde. Affiliate-Systeme basieren auf Vermittlungsprovisionen, bei tatsächlichem Umsatz oder messbarem Kommunikationserfolg werden Provisionen bezahlt (cost per transaction).[2]

Insbesondere themen- und branchenorientierte oder regional ausgerichtete Web-Portale bieten **Content-Partnerschaften** an. Content-Partner können ihre Inhalte an definierte Stellen in die Portale integrieren. Arbeitstechnisch kann das umgesetzt werden, indem die Partner im Content Management System des Portals Zugriffsrechte für die Web-Inhalte bekommen, die sie betreffen und für die sie verantwortlich sind (vgl. z. B. www.germany.travel/de/staedte-kultur/staedte/hamburg.html oder www.reiseland-niedersachsen.de/regionen-staedte).

Der Begriff der **Offenen Systeme** wird zunächst dadurch definiert, dass die Nutzer selbst Inhalte und Beiträge in die Systeme einbringen können. Einerseits kann es sich dabei um eigentümer- bzw. unternehmensgebundene Systeme handeln, in die über offene Schnittstellen Content und Angebote integriert werden können, z. B. Google Maps, YouTube. Andererseits

---

1 Google bietet in Erweiterung seines AdWords-Service (s. o.) den Dienst AdSense an. Die Anzeigen von AdWords-Kunden werden auf Web-Seiten angezeigt, die Google entsprechende Werbeplätze zur Verfügung stellen. Google stimmt dabei automatisch die Keywords der AdWords-Kunden mit den Inhalten der die Werbung tragenden Web-Seiten ab (Crawler-Technik). So können beispielsweise auf Web-Seiten mit Reisereportagen einer Online-Zeitschrift Anzeigen von Ferienhausanbietern oder Hotels von Google gesteuerte angezeigt werden.

2 Der Online-Händler Amazon bietet ein entsprechendes Affilliate-Programm an. Reise-Portale nutzen das, um z. B. den Kauf von Reiseliteratur zu vermitteln und ihren Kunden einen Mehrwert zu bieten, indem sie online geeignete Literaturvorschläge machen, die der Händler per Affiliate-Link anbietet.

seits kann es sich um Systeme handeln, die in offenen Communities gemeinschaftlich im Sinne der Web2.0-Philosophie entwickelt werden, z. B. http://www.openstreetmap.de, www.wikipedia.de, www.wikitravel.org. (Vgl. Kap. 2.2 u. 2.7). Offene Systeme beteiligen die Web-Nutzer an der Erstellung und Pflege von Web-Inhalten (User Generated Content), um dadurch die Intelligenz und das Wissen der Masse verfügbar zu machen und um virtuelle Gemeinschaften zu bilden (Social Media, Social Communities).

MashUp kann als Ausprägung Offener Systeme gesehen werden, die allgemein die Erstellung neuer Web-Inhalte durch die Kombination bestehender Inhalte bezeichnet. Dazu werden offene Schnittstellen anderen Websites zur Verfügung gestellt. Ein Anbieter einer Website kann beispielsweise Kartenmaterial (Google Maps) in die eigene Website einbinden und zusätzlich mit werbenden Markierungen versehen, die z. B. auf Medien in Foto- oder Video-Communities verweisen. Er schafft dadurch Mehrwerte für die Besucher der Website.

- **Zur relevanten Bedeutung von Cookies**

Ein Cookie bezeichnet Informationen, die ein Web-Server über das aufgerufene HTML-Dokument an den Browser sendet oder die Client seitig durch ein in HTML integriertes JavaScript erzeugt werden. Ein Cookie wird mit einer definierten Gültigkeitsdauer und verschlüsselten Informationen auf der Festplatte des Clients gespeichert und kann bei späteren Zugriffen an denselben Web-Server oder seine Partner übertragen werden, die die verschlüsselte Information interpretieren und auswerten können.

Für Geschäftstransaktionen ist das erforderlich, damit ein Web-Server den Client und die Geschäftstransaktion, die aus mehreren Kommunikationsvorgängen besteht, wiedererkennt und die Teilschritte zusammenführen kann (vgl. Kap. 2.3.4). Nach Abschluss einer Geschäftstransaktion, z. B. Buchung einer Reise, werden sie nicht mehr benötigt und können gelöscht werden.

Diese Cookies werden aber auch genutzt, um Werbedienste zu realisieren, indem z. B. aufgerufene Web-Seiten Informationen zu ihren Inhalten und damit zu den angenommenen Interessen des Web-Nutzers in Cookies codiert hinterlassen. Bei einem späteren Aufruf derselben Website oder der eines Werbepartners können die Cookies interpretiert werden, und neue vermeintlich „passende“ Werbung und Angebote können an den Client übermittelt werden. Die Cookies können auch von kooperierenden Werbedienstlern gesetzt, ausgewertet und genutzt werden.[1] [2]

---

1 Die Google-Tochtergesellschaft doubleclick ist ein bedeutendes Beispiel (www.google.de/doubleclick, vgl. auch die (verharmlosende) Darstellung unter www.google.de/intl/de/policies/technologies/cookies).

2 In den Einstellungen des Client-Browsers kann festgelegt werden, ob bzw. inwieweit das Setzen von Cookies gestattet wird. Das vollständige Ausschalten der Cookies schränkt die Nutzungsmöglichkeiten ein, z. B. in Bezug auf Geschäftstransaktionen. Es können aber Cookies von Dritten, z. B. doubleclick, unterbunden werden, und der Client kann die Einstellung vornehmen, dass mit Schließen des Browsers alle Cookies gelöscht werden, wenn er sich vor ungewollten (push) Werbebotschaften schützen will.

- **Elektronisches Beziehungsmanagement** (vgl. Abb. 2.3.6)

Besucher der Website eines Online-Anbieters müssen nicht nur bezüglich ihrer aktuellen Wünsche befriedigt werden, sondern sie sollen auch motiviert werden, zu einem späteren Zeitpunkt mit neuen Wünschen und Interessen auf diese Site zurück zu kommen. Neben der Usability, die sie mit ihrem aktuellen Besuch erfahren, sollen sie, wenn sie Teil einer relevanten Zielgruppe sind, durch Mehrwerte und Services zu weiteren Besuchen motiviert und gebunden werden. Neben eher traditionellen Möglichkeiten wie z. B. Gewinnspiele, Versteigerungen und besondere Angebote bieten Web2.0-Elemete z. B. mit Foren und Communities sowie Services für mobile Endgeräte Möglichkeiten, Websites nachhaltig interessant und aktuell zu gestalten und damit zu wiederkehrenden Besuchen zu motivieren.

Viele der genannten Onpage-Angebote können frei zugänglich angeboten werden, wobei dabei aber die Besucher der Website für den Anbieter anonym bleiben. Ohne dass sich die Kunden durch Registrierung und Login identifizieren, kennt er i. d. R. nur die (dynamischen) IP-Nummern der Client-PCs, nicht aber die interessierten Nutzer als Personen. Er kann nur die Anzahl der Besuche u. v. a. m. statistisch im Sinne einer Web-Erfolgsanalyse quantifizieren (s. u.).

Um ein elektronisches Beziehungs- und Kundenbindungsmanagement aufzubauen, müssen mit einer hohen Usability, geeigneten Angeboten und Mehrwerten Anreize geschaffen werden, so dass die Besucher bereit sind, in eine personalisierte Beziehung mit dem Online-Händler einzutreten. Durch Service und Mehrwerte, die nur einer dafür registrierten Nutzerschaft zur Verfügung gestellt werden, können Anreize zu einer persönlichen Registrierung geschaffen werden. Die Registrierung und die anmeldepflichtige Nutzung der Mehrwerte sind die Basis für ein elektronisches personalisiertes Customer Relationship Management (eCRM). Die konkrete Nutzung anmeldepflichtiger Dienste kann in Datenbanken gespeichert und unter Wahrung der Persönlichkeits- und Datenschutzrechte ausgewertet werden. Newsletter beispielsweise werden i. d. R. so aufgebaut, dass zu einem Thema ein kurzer Anrisstext (Teaser) mit einem kleinem Vorschaubild (Thumbnail) dargestellt wird, der auf eine detaillierte Darstellung des Themas verweist. Klickt der Leser den Verweis an, wird das Dokument vom Server des Newsletter-Versenders an den Leser übermittelt. Dieser Aufruf und jeder weiter führende Link kann Server seitig gespeichert werden, um damit Informationen über das gezeigte vertiefte Interesse der registrierten Leser zu gewinnen.[1]

Diese Daten können in einem **Datawarehouse** gemeinsam mit den Daten aus weiteren Kommunikations- und Vertriebskanälen sowie aus den Geschäftstransaktionen des Unternehmens strukturiert gesammelt und verwaltet werden (sogenannt: „Big Data“). Sie sind die Basis für Analysemethoden zum Datamining, um beispielweise detaillierte Kunden- und Zielgruppenprofile, Verhaltensmuster, Kundeninteressen und Kundenwerte zu ermitteln. Diese Erkenntnisse können Strategien und Aktionen zum One-to-One-Marketing mit personalisierten individuellen Angeboten ermöglichen. Ein sehr weit gehendes Ziel kann die Pro-

[1] Dies ist nicht nur eine technische sondern auch eine persönlichkeits- und datenschutzrechtliche Frage. Nur der Web-Nutzer selbst hat das alleinige Recht an seinen persönlichen Daten. Wenn eine personalisierte Beziehung zum Web-Kunden aufgebaut werden soll, muss er seine notwendigen Daten dafür zur Verfügung stellen und mit der definierten Verwendung beweisbar einverstanden sein (vgl. auch Kap. 2.9).

duktion individueller Angebote mit der Effizienz einer Massenproduktion (Mass Customization) sein. Für virtuelle Reiseveranstalter kann die Produktion individueller Reiseangebote auf Basis der Dynamic Packaging-Technologie ein Beispiel sein (vgl. Kap. 4.6).

- **Web-Erfolgsanalyse**
    - **Logfile-Analyse und skript-basierte Analyse-Software**

Personalisierte Maßnahmen, Personalisierungsstrategien und die Analyse ihrer Erfolge sind bedingt durch die großen Datenmengen und ihre detaillierte personen- oder zielgruppen-bezogene Auswertung aufwendig und sie unterliegen den Grenzen des Schutzes persönlicher Daten. Eine anonyme Auswertung und Erfolgsanalyse der Onpage- und Offpage-Aktivitäten ist aber bedingt durch die technische Struktur des Internets vergleichsweise einfach und automatisiert für jeden Website-Anbieter möglich. Jeder Abruf einer Web-Datei bzw. einer URL durch einen Web-Client wird standardmäßig vom Web-Server in einer Zugriffsprotokoll-Datei (Logfile) mit zumindest folgenden Daten gespeichert:

- IP-Nummer des abrufenden Clients,
- Zeitpunkt des Aufrufs und URL der aufgerufenen Datei,
- verweisende URL (Referrer), die den Nutzer zum Aufruf geführt hat,
- Angaben zum Endgerät des Clients (Betriebssystem, Browser, Bildschirmauflösung).

Diese Zugriffsdaten ermöglichen Nutzungs- und Erfolgsanalysen mit beispielsweise folgenden Fragen, die statistisch beantwortet werden können (Logfile-Analyse):

Mit den URL-Aufrufen, ihren Zeitpunkten und Reihenfolgen kann auf das Nutzerverhalten geschlossen werden:

- Wann erfolgen die Aufrufe bzw. gibt es Stoßzeiten, zu denen die technische und performante Verfügbarkeit gesichert werden muss?
- Wie viele Seiten werden in einem Zeitraum insgesamt abgerufen bzw. wie hoch ist die Kennzahl der Page Impressions pro Tag, pro Woche oder Monat?
- Welche Klick-Pfade werden genutzt, wie navigieren die Nutzer in der Website?
- Wie groß ist die Zeitdifferenz bis eine Folgeseite aufgerufen wird, d. h. näherungsweise, wie lange verweilt der Nutzer auf einer Seite?
- Verlässt er die Site schon nach Ansicht der Homepage oder nach wenigen Seiten, so dass angenommen werden muss, dass seine Wünsche nicht befriedigt werden?
- Bei welchen Web-Seiten beenden die Nutzer die Seitenfolge und verlassen die Website, z. B. bei Seiten, in denen persönliche Daten vom Nutzer oder Kaufentscheidungen verlangt werden?

- Wie viele zeitlich zusammenhängende Aufruffolgen erfolgen in einem Zeitraum bzw. wie hoch ist die Kennzahl der Visits pro Tag, pro Woche oder Monat?
- Wie viele Seiten schaut der Nutzer in Folge an bzw. wie viele Seiten pro Visit?
- Welche Web-Dateien/URLs werden wie häufig genutzt? Gibt es Favoriten, die evtl. einer besonderen Aufmerksamkeit und Pflege bedürfen, oder gibt es unbeachtete Dokumente, für die evtl. ein weiterer Aufwand nicht lohnt?

  Die Client-IP-Nummern geben, auch wenn sie dynamisch vergeben werden, Auskunft über die Provider der Clients und über ihre regionale Verortung. Mit Providern, die in der Nutzerschaft sehr verbreitet sind, können beispielsweise technische oder werbende Kooperationen eingegangen werden.

  Wer sind die Referrer?

- Sind die Online-Werbepartner, die auf die Website verlinken erfolgreiche Referrer und wie viele Visits vermitteln sie?
- In welchem Umfang werden Suchmaschinen genutzt? Welche Suchmaschine und welche Suchbegriffe werden genutzt?

  Wie sind die Endgeräte der Clients ausgestattet? Die Programmierung und Gestaltung der Website muss an die technische Entwicklung der Endgeräte und ihrer Web-Browser angepasst werden.

  Wie entwickeln sich diese statistischen Werte im Zeitablauf und in der Folge von Werbeaktivitäten?

  Wie entwickeln sich die eigenen Analyseergebnisse im Vergleich zu den allgemeinen Ergebnissen der Online-Marktforschung?

Zu diesen Fragen liefern die Logfiles die Datenbasis, die mit einer Analyse-Software statistisch ausgewertet werden kann. Die genannten Fragen und Beispiele zeigen, dass damit wertvolle Erkenntnisse zur Steuerung und Konzeption von Online-Aktivitäten gewonnen werden. Die Provider der Web-Server bieten i. d. R. die Durchführung der Logfile-Analyse an und stellen die Ergebnisse den Anbietern der Website online, durch Login geschützt zur Verfügung. Einfache Analysen werden vielfach ohne zusätzliche Kosten angeboten.

Technisch bedingt können die Logfiles nicht alle Zugriffe detailliert erfassen, so dass es sich um eine (sehr große) Stichprobe handelt. Um eine nahezu Vollerhebung zu realisieren oder um Analysen durchführen zu können, deren Datenbasis noch detaillierter und umfassender ist, kann die Technik der integrierten Skripte eingesetzt werden.[1] Sie werden von Dienstleistern zur Verfügung gestellt und in die HTML-Codierung der zu analysierenden Web-Seiten eingebaut. Mit diesen Skripten werden die Mess- und Analyseparameter festgelegt und beim

[1] Browser-seitige Scriptsprachen wie JavaScript haben einen standardisierten Befehlsvorrat, der mit HTML kompatibel ist und integriert werden kann, um den Funktionsumfang der reinen HTML-Programmierung zu erweitern (vgl. auch Kap. 2.3.2).

Aufruf oder Verlassen einer jeweiligen Seite ihre Werte ermittelt, z. B. zusätzliche Angaben zu den Aktionen und Auswahlentscheidungen des Clients. Das Skript schickt diese Werte an die Datenbank des Dienstleisters, der sie mit einer entsprechenden Analyse-Software statistisch auswertet.[1]

- **Weitere Elemente einer Web Erfolgsanalyse**

Mit JavaScripts ist es möglich, Clients, die das Setzen von Cookies (s.o) zulassen, mit Zusatzinformationen zu markieren. Beispielsweise kann mit dem Klicken auf eine Bannerwerbung oder Anzeige ein Cookie gesetzt werden. Kauft der Kunde dann später, z. B. bis 14 Tage nach der Markierung, mit demselben Client, wird dies als Konversion der Werbemaßnahme registriert. Damit können **Konversionsraten** von Online-Werbung ermittelt und Werbekampagnen analysiert werden.

Ergänzend und abschließend sei auf die Informationsgemeinschaft zur Feststellung der Verbreitung von Werbeträgern **IVW** hingewiesen, die die Förderung der Wahrheit und Klarheit der Werbung auf Basis freiwilliger Mitgliedschaften zum Ziel hat. Im Januar 2014 wurden für die ca. 1.500 an IVW angeschlossenen Internetangebote insgesamt ca. 5,7 Mrd. Visits mit über 40 Mrd. Page Impressions festgestellt (www.ivw.eu).

Quellen:

Broschart, St., Suchmaschinenoptimierung & Usability, C.H. Beck 2011

Goecke, R., Eberhard, T., Roth, J., Neue Wege zur Navigation durch die Datenflut der Reiseangebote – auf der Suche nach neuer Beratungsqualität im digitalen Zeitalter, Fakultät für Tourismus, Hochschule München, 2010, http://w3-mediapool.hm.edu/mediapool/ media/ fk14/fk14_lokal/diefakultt_1/forschungundprojekte/it/Arbeitsberichtl-Goecke_Eberhard_ Roth_Internet.pdf, (Zugriff 20.6.14).

Hansen, R., Neumann, G., Wirtschaftsinformatik 2 – Informationstechnik, 9. Aufl., Stuttgart 2005.

Hansen, R., Neumann, G., Wirtschaftsinformatik 1 – Grundlagen und Anwendungen, 10. Aufl., Stuttgart 2009.

Lammenett, E., Praxiswissen Online-Marketing – Affiliate- und eMail-Marketing, Keyword-Advertising, Online-Werbung, Suchmaschinen-Optimierung, 2. Aufl. 2009.

[1] Google Analytics bietet dies einfach und kostenfrei an. Die Demo-Versionen unter www.piwik.org (frei nutzbares System) oder www.etracker.com (kostenpflichtiges System) zeigen umfangreichere Systeme.

Links:

BITKOM – der Hightech-Verband: www.bitkom.org

Web Analyse und Website-Optimierungs-Lösungen: www.etracker.com.

Open Travel Alliacne: www.opentravel.org

Open-Source-Programm für Webanalytik: www.piwik.org

Web-Projekt SELFHTML: www.selfhtml.org

World Wide Web Consortium: www.w3c.org

Verband Internet Reisevertrieb e.V.: www.v-i-r.de

IVW – Informationsgemeinschaft zur Feststellung der Verbreitung von Werbeträgern e.V.: www.ivw.eu

DENIC eG – Not-for-Profit-Dienstleister für alle in Deutschland am Internet Interessierten: www.denic.de

2.4 Die Customer Journey im digitalen Tourismusmarketing

Eric Horster

2.4.1 Einleitung

Der Tourismus gilt als Informationsgeschäft. Im Internet können diese Informationen digital übertragen werden. Daher ist die Symbiose beider Teilbereiche eine logische Konsequenz: *„Die Tourismusbranche empfand das Internet von Beginn an sehr bedeutend, da der Tourismus als Dienstleistung ein immaterielles Produkt darstellt, das optimal für eine elektronische Datenübertragung geeignet ist"* (Amersdorffer et al. 2010: 3–4). Aufgrund dieser hohen Bedeutung rückt auch im Tourismus das Management digitaler Informationen zunehmend in den Fokus. Die Entwicklung von Konzepten, welche die Anforderungen der digitalen Wirtschaft berücksichtigen, wird daher auch für touristische Akteure zum kritischen Erfolgsfaktor (vgl. Kollmann 2011: 492). Die Umsetzung von marktrelevanten Managementzielen wird als Marketingmanagement beschrieben. Dabei ist nach Meffert et al. (2012: 18–19) der Ausgangspunkt zum einen in einer Konzentration auf das kundenseitige Informations- und Konsumbedürfnisse zu finden. Zum anderen ist die Fokussierung auf das Leistungsspektrum des Anbieters selbst zentral. Folglich ist sowohl die Kundengewinnung als auch deren Bindung das übergeordnete Ziel des Marketingmanagements, wobei im Tourismus ein zentraler Aspekt dem Informationsmanagement zukommt. Auf Basis der Erkenntnis, dass das Marketingmanagement den Kunden mit seinen (Informations-)Bedürfnissen fokussiert, ist der Ausgangpunkt des digitalen Tourismusmanagements folglich eine Betrachtung des Kunden bei seiner Reiseentscheidung, um in diesem Verlauf Informationen gezielt und strategisch einzusetzen. Um die Reiseentscheidung zu charakterisieren, bieten sich zwei grundlegende Denkweisen an (vgl. Abbildung 2.4.1): Zum einen kann die Reiseentscheidung als Prozess gesehen werden und zum anderen kann die Struktur der Reiseentscheidung erläutert werden (vgl. Horster 2013: 69–70).

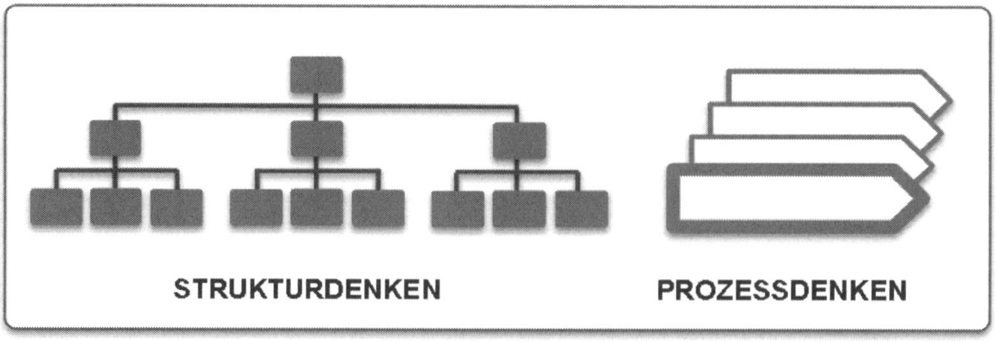

Abb. 2.4.1 *Prozess- und Strukturdenken. Quelle: In Anlehnung an Scheuss 2012: 196*

Bei einer Phasenbetrachtung des Transaktionsprozesses stellt sich zunächst die Frage, wie der Entscheidungsprozess des Kunden aussieht. Dieser Prozess kann in sehr unterschiedliche Phasen eingeteilt werden. Etabliert hat sich in der touristischen Marketingpraxis die sogenannte Customer Journey, also die Betrachtung der Entscheidungsabläufe im Zeitverlauf. Erbeldinger und Ramge (2013: 126) stellen in diesem Zusammenhang fest: *„Die Customer Journey ist die wichtigste Methode, um aus der Kunden-, Anwender- oder auch Mitarbeiterperspektive heraus Ansatzpunkte für die Innovationen von Abläufen Leistungen und Produkten zu finden“*. In diesem Beitrag soll daher zunächst eine strukturelle Sichtweise erläutert werden, um diese dann durch etablierte, prozessorientierte Ansätze und Modelle zu ergänzen.

Ziel ist es nun, eine umfassende Perspektive und Herleitung der Customer Journey zu ermöglichen. Denn diese bildet die Grundlage vieler Instrumente und Methoden des digitalen Informationsmanagements und hilft damit, Marketingprozesse und -maßnahmen zu identifizieren und zu strukturieren. Bevor jedoch auf die Customer Journey selbst eingegangen werden kann, bedarf es einer Erläuterung der Struktur der Reiseentscheidung im Internet, um darauf aufbauend den Reiseentscheidungsprozess herzuleiten.

2.4.2 Struktur der Reiseentscheidung im Internet

Die Struktur der Reiseentscheidung im Internet aus Anbietersicht kann anhand einer populären Differenzierung erläutert werden, welche den Absatz bzw. die Verbreitung kaufrelevanter Informationen berücksichtigt. Im digitalen Tourismusmanagement sind dies vor allem die Medientypen Paid, Owned und Earned. Also bezahlte Werbung (Paid), eigene Distributionskanäle (Owned) und Multiplikatoren (Earned), die sich ein Anbieter verdienen muss.

Das Modell, welches dieser Kategorisierung zugrunde liegt, geht auf einen Blogbeitrag von Daniel Goodall (2009) zurück. Es wurde im Anschluss von dem Marktforschungsunternehmen Forrester im Rahmen einer Studie aufgegriffen und wird seitdem in der Marketingpraxis zur Erläuterung der digitalen Medientypen eingesetzt. Nach Goodall (2009) bezieht sich „Owned Media“ auf jene Bereiche, auf welche Unternehmen direkten Einfluss haben. Im Tourismus wäre dies typischerweise die Internetseite des jeweiligen Anbieters selbst. Nach Corcoran (2009) kann hierzu aber auch „partially-owned media“ gezählt werden, wie beispielsweise eine Facebook Fanpage, bei der die Inhalte rein rechtlich gesehen nicht dem Unternehmen gehören. Die gekauften Medien (bought bzw. paid) sind solche, bei denen Geld dafür gezahlt wird, dass fremde Firmen auf die Internetseite des Unternehmens verlinken (beispielsweise Google Adwords) oder aber Werbebotschaften in klassischer Weise abbilden (beispielsweise durch Bannerwerbung). Der verdiente (earned) Medientypus ist jener, der im Internet das eigentliche Novum darstellt. Nach Goodall (2009) wird dieser erst dann möglich, wenn Unternehmen *„have done something so cool or interesting that people want to use their own media to tell others about it“*. Ausgangspunkt verdienter Medien sind die digitalen Netzwerke der Kunden. Dies sind in der Regel private Nutzerprofile bei Facebook, können aber auch themenspezifische Blogs sein. Also alle digitalen Medienformen, die dem jeweiligen Kunden zur Verfügung stehen.

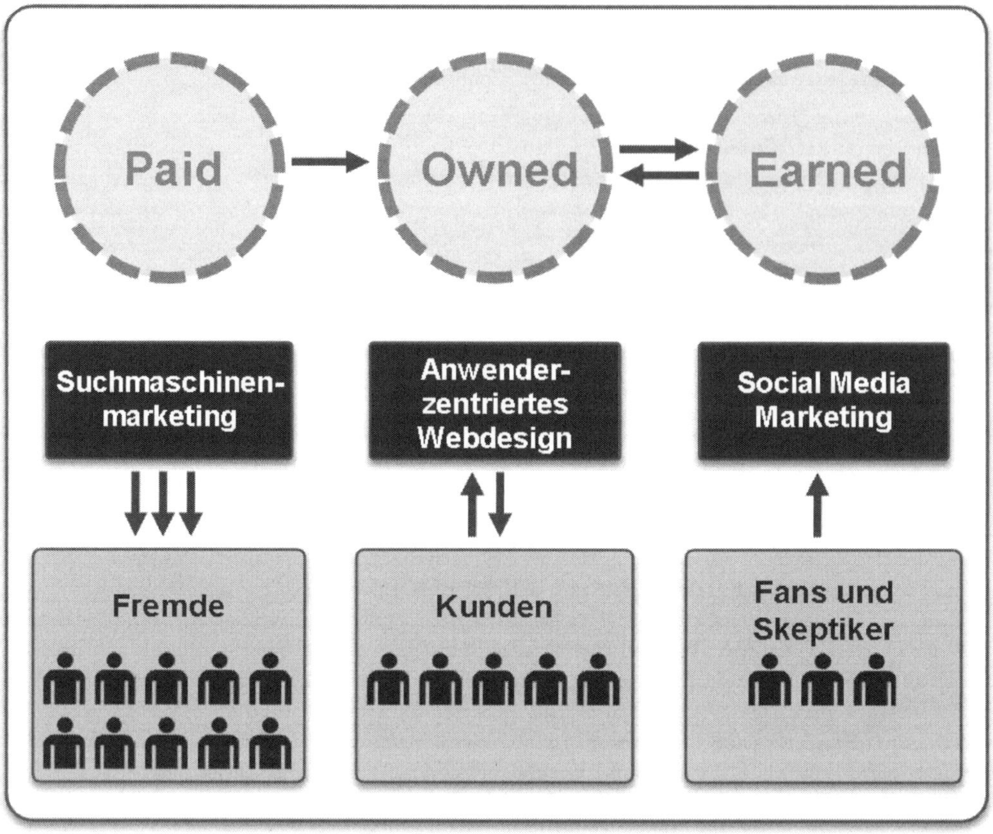

Abb. 2.4.2 *Paid, Owned und Earned Media. Quelle: Eigene Darstellung in Anlehnung an Lewis 2013*

Aus diesen drei Medienformen lassen sich auf struktureller Ebene die Grundlagen der Reiseentscheidung im Internet ableiten. So lässt sich argumentieren, dass die Kundenakquise vornehmlich durch die bezahlten Medien erfolgen kann, bei denen das Suchmaschinenmarketing im Vordergrund steht. Sind die Nutzer erst einmal auf der Internetseite des touristischen Akteurs, so ist das übergeordnete Ziel, diese in Kunden bzw. Gäste zu konvertieren. Die Wahrscheinlichkeit, dass dies erreicht werden kann steigert sich durch eine systematische Optimierung der Informationsarchitektur einer Internetseite mithilfe eines anwenderzentrierten Webdesigns. Schließlich geht es bei den verdienten Medien im Kontext des Internets um alle Plattformen, auf denen den Nutzern eine Interaktionsmöglichkeit angeboten wird. Im Tourismus also in erster Instanz die sozialen Netzwerke wie Facebook, Twitter oder Google Plus sowie Bewertungsportale wie HolidayCheck oder TripAdvisor. Das Informationsmanagement mittels dieser Kanäle wird auch als Social Media Marketing bezeichnet und bildet daher den dritten großen Baustein des digitalen Tourismusmanagements (vgl. Abbildung 2.4.3).

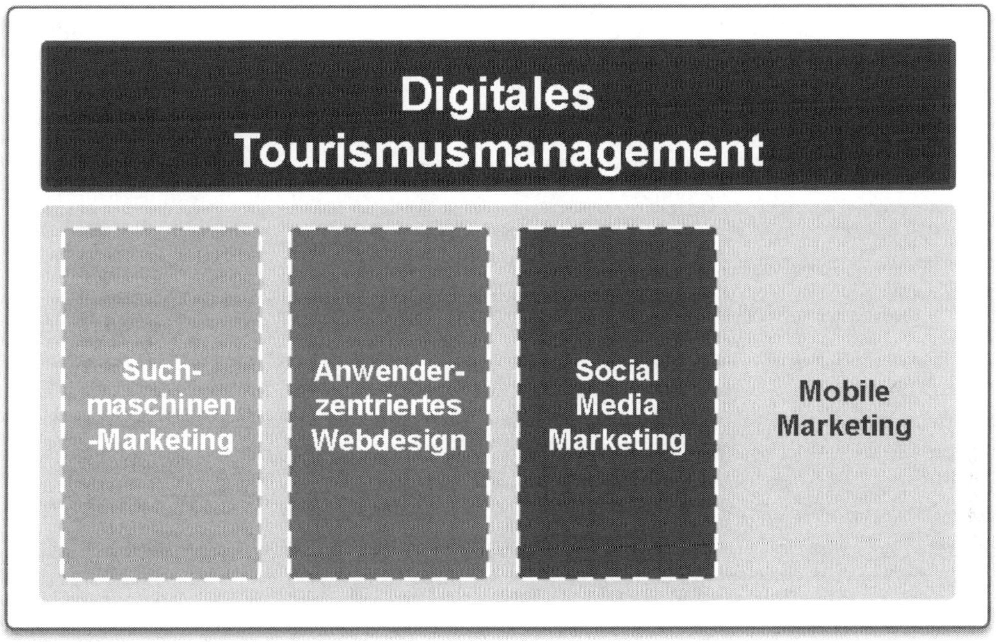

Abb. 2.4.3 *Die vier Säulen des digitalen Tourismusmanagements. Quelle: Eigene Darstellung*

Ein letzter Aspekt, dessen Entwicklung derzeit starken Veränderungen unterworfen ist, ist der des mTourism (vgl. Kapitel 2.8). Im Marketingmanagement können darunter alle Formen des Marketings mittels mobiler Endgeräte subsumiert werden. Aufgrund der damit verbundenen Konvergenz digitaler Serviceleistungen bzw. Dienste bleibt abzuwarten, ob dieser Bereich in Zukunft mit den drei erstgenannten Feldern verschmilzt. Unabhängig davon ergeben sich aus diesen Ausführungen mit dem Suchmaschinenmarketing, dem anwenderzentrierten Webdesign, dem Social Media Marketing sowie dem Mobile Marketing vier zentrale Komponenten des digitalen Tourismusmanagements (vgl. Abbildung 2.4.3).

2.4.3 Prozess der Reiseentscheidung im Internet

Analog zur strukturellen Sichtweise hat sich auf prozessualer Ebene in der touristischen Praxis im Kontext der Reiseentscheidung im Internet zunehmend der Begriff der Customer Journey durchgesetzt (vgl. Horster 2013: 74). Für den Bundesverband Digitale Wirtschaft (BVDW) stellt die Customer Journey *„alle messbaren Kontaktpunkte eines Nutzers auf dem Weg zu einer definierten Aktion dar. Hierbei werden alle Marketing-Kanäle berücksichtigt mit denen ein Konsument im Rahmen dieser Aktion in Berührung kommt“* (BVDW 2012:7) dar. Diese Definition beschreibt den Wechsel zwischen digitalen und analogen Berührungspunkten des Kunden auf dem Weg zu einer Reisebuchung sehr treffend. Dementsprechend darf das digitale Erlebnis nicht auf virtuelle Kontaktpunkte beschränkt werden, wodurch auch eine klare Trennung zwischen digitalem und analogem Marketing nicht mehr möglich ist: *„Ein potenzieller Kunde springt nicht nur im Web hin und her, er verquickt vielmehr die* *reale mit der virtuellen Welt"* (Schüller 2013: 20). Dennoch kann konstatiert werden, dass das digitale Tourismusmanagement sich auf alle Berührungspunkte bezieht, die eine Anbindung an den virtuellen Raum bieten, um so Informationen gezielt zu distribuieren.

Auch Bieger und Laesser (2000: 82) führen in diesem Zusammenhang die Notwendigkeit an, die touristische Dienstleistung prozessorientiert zu betrachten. Entscheidend innerhalb dieses Prozesses seien die Kontaktpunkte, die zwischen den Reisenden und den touristischen Anbietern bestehen. Dies führen sie auf die Charakteristika der Immaterialität von Dienstleistungen (in Abgrenzung zu Sachleistungen) zurück. So bestehen vorfabrizierte Produkte, wie beispielsweise ein Hotelbett, im Tourismus nur bedingt. Die meisten Komponenten sind Services, die erst im Moment der Inanspruchnahme durch den Kunden „produziert" werden (das sogenannte Uno-Actu-Prinzip). Damit ist die touristische Leistung a priori lediglich ein Leistungsversprechen. Der Kunde muss also auf Basis von Qualität und Quantität der Informationen, die er innerhalb seines Entscheidungsprozesses recherchiert, das Leistungspotenzial des Anbieters erahnen (vgl. Horster 2013: 19). Diese Antizipation erfolgt auf Basis von Informationen, die als *„Erstindikator der nachgelagerten, effektiven touristischen Dienstleistung und damit (gerade in der Informationsgesellschaft) zum strategischen Erfolgsfaktor"* (Bieger und Laesser 2000: 82) werden. Die Customer Journey wird damit zum Marketingwerkzeug, um dem Kunden diejenigen Informationen zur Verfügung zu stellen, die er im jeweiligen Entscheidungsschritt benötigt (vgl. Horster 2013: 74–75).

2.4.4 Wahrnehmungsebene des Reiseentscheidungsprozesses

Janson (2011: 2) identifiziert als Basis der Customer Journey sogenannte trichter- oder funnelorientierte Kaufentscheidungsprozessmodelle. Grundgedanke solcher Modelle ist es, dass der Kunde verschiedene Wahrnehmungsebenen durchläuft, bei denen sich der Kauf sukzessive konkretisiert – die sogenannte Set-Bildung.

Am Anfang eines Entscheidungsprozesses wird der Kunde stets mit allen Anbieteroptionen konfrontiert. Dies gilt insbesondere im Internet, da dort auch Nischenanbieter in Abhängigkeit zum gesuchten Produkt eine Sichtbarkeit erreichen können. Diese Auswahl wird als „Total-Set" bezeichnet (vgl. Narayana und Markin 1975: 2).

Den Kunden ist ein Produkt entweder bekannt, oder nicht. Wenn das Produkt bekannt ist, dann werden alle Alternativen, die dem Kunden innerhalb dieser Produktklasse bekannt sind, als „Awareness-Set" bezeichnet. Da dies jedoch meist zu viele Angebote sind, zieht der Kunde lediglich einige wenige in Betracht. Diese werden dann als „Evoked-Set" bezeichnet (vgl. Narayana und Markin 1975: 1).

Im Entscheidungsprozess können dann zusätzlich Alternativen in Betracht gezogen werden. Die Summe dieser Auswahl ergibt dann alle Alternativen, die vom Kunden berücksichtigt werden. Diese werden dann als „Consideration-Set" bezeichnet (vgl. Kuß und Tomczak 2007: 124). Um in diesem Berücksichtigungsfeld des Kunden erscheinen zu können, müssen die Maßnahmen des digitalen Informationsmanagements so abgestimmt sein, dass der Anbieter nicht nur wahrgenommen, sondern zusätzlich positiv evaluiert wird. Dabei konzentriert sich der Kunde auf sogenannte Schlüsselinformationen. Diese *„ersetzen Einzelinformationen, d. h. sie helfen dem Konsumenten, eine Entscheidung zu fällen, ohne einzelne Prüfpro-*

zesse durchführen zu müssen" (Kroeber-Riel et al. 2009: 425). Beispiele solcher Schlüsselinformationen sind Qualitätssiegel, die verschiedene entscheidungsrelevante Informationen subsumieren und zudem extern verifiziert wurden (vgl. Horster 2013: 42). Sowohl die Begrenzung auf das Consideration Set als auch das hinzuziehen von Schlüsselinformationen dienen der Vereinfachung von komplexen Prozessen, wie der Reiseentscheidung (vgl. Kroeber-Riel et al. 2009: 426).

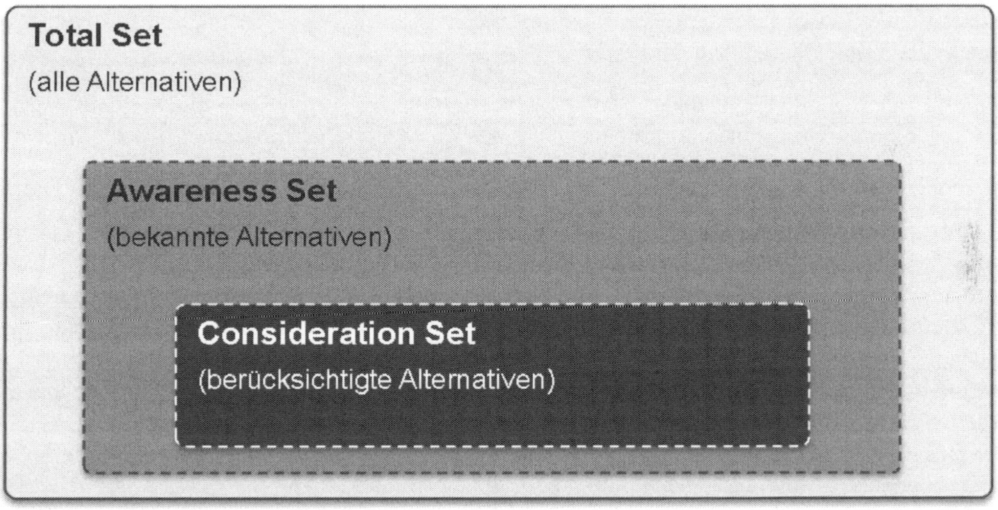

Abb. 2.4.4 *Wahrnehmungsebenen im Kaufprozess. Quelle: Eigene Darstellung basierend auf Narayana und Markin 1975: 2 sowie Bieger et al. 2011: 13*

2.4.5 Die Kundenperspektive des Reiseentscheidungsprozesses

Trotz der Schlüsselinformationen sowie der Selektion durch das Consideration Set, handelt es sich bei der Reiseentscheidung um einen komplexen Prozess (vgl. Horster 2013: 14–16). Daher ist es auch nicht verwunderlich, dass Kunden im Durchschnitt neun Anbieterseiten besuchen, bevor sie eine Reise online buchen. In vielen Fällen sind es sogar deutlich mehr (vgl. Google 2009b: 23). Es gibt mannigfaltige Ansätze, um die Reise des Kunden zu modellieren. Grundlegende Überlegung ist dabei stets, dass der Entscheidungsprozess lange vor dem eigentlichen Bezug der Leistung beginnt und es auch danach Prozesse gibt, die mit der eigentlichen Entscheidung in Verbindung stehen (vgl. Kotler et al. 2011: 298). Eine sehr einfache und gleichzeitig funktionale Differenzierung ist die in: Vorkauf-, Kauf- und Nachkaufphase (vgl. Horster 2013: 72). Analog zu diesem Prozess differenziert Kollmann (2011: 496) zwischen einem Zugangs-, einem Nutzungs- und einem Bindungsakt. Der Zugang zu einer Internetseite eröffnet sich somit über das Suchmaschinenmarketing. Ist der Nutzer auf der Seite, so steht die konkrete Nutzung im Vordergrund, weshalb ein anwenderzentriertes Webdesign in dieser Phase elementar ist. Schließlich besteht das Ziel darin, dass der Kunde wiederholt eine Buchung bzw. einen Urlaub beim jeweiligen Anbieter vollzieht. Hier ist das Social Media Marketing das zentrale Marketinginstrument.

Eine Erweiterung des aufgezeigten Dreiklangs ist ein Modell, welches von fünf Kaufentscheidungsphasen ausgeht (vgl. Abbildung 2.4.5). Dieses Modell gilt insbesondere für komplexe (auch extensive) Kaufentscheidungen, wie es die Reiseentscheidung häufig ist. Bei Gewohnheitskäufen oder impulsiven Entscheidungen können einzelne Phasen übersprungen werden. Auch eine Änderung der Reihenfolge ist denkbar. Trotz dieser Einschränkungen bietet sich diese differenzierte Betrachtungsweise an, um den Entscheidungsprozess beispielhaft zu modellieren (vgl. Kotler et al. 2011: 298).

Beginn einer Kaufentscheidung ist demnach stets die Wahrnehmung eines Bedürfnisses. Dieses äußert sich in einer Diskrepanz zwischen einer aktuellen und einer erwünschten Situation. Es findet somit ein Soll-Ist-Vergleich statt, bei dem sich der Konsument durch den Bezug einer Leistung ein bestimmtes Ergebnis erhofft. Besteht nun ein solcher Bedarf beim Kunden, so nimmt er die Suche nach Informationen auf, um sich über die (Reise-)Leistung zu informieren (vgl. Kotler et al. 2011: 298–299). Der Umfang der Suchaktivitäten kann dabei aufgrund von Produkteigenschaften, Persönlichkeitsmerkmalen oder dem individuellen Problemlösungsverhalten stark variieren (vgl. Hofbauer und Dürr 2007: 21). Innerhalb des Suchprozesses werden verschiedene Anbieter wahrgenommen. Diese Informationen werden dem Modell zufolge in einem weiteren Schritt verarbeitet, um die beste Alternative auszuwählen. Daher wird in diesem Akquisitionsprozess *„zunächst versucht, für einen regen Besuch des E-Marketplace zu sorgen, indem anvisierte Zielgruppen animiert werden, die Internetadresse aufzusuchen"* (Kollmann 2011: 492). Diese Gewinnung potenzieller Kunden kann auf verschiedene Weise erfolgen und schließt dabei auch Offline-Werbemaßnahmen mit ein (vgl. Kollmann 2011: 493). Eine Fokussierung auf das Suchmaschinenmarketing ist in diesem Prozessschritt sinnvoll, da dieses gerade im digitalen Tourismusmanagement ein bestimmender Faktor ist.

Abb. 2.4.5 *Fünf-Phasenmodell der Kaufentscheidung. Quelle: Horster 2013: 72 in Anlehnung an Hofbauer und Dürr 2007: 20 (leicht modifiziert)*

Bei der Bewertung der Alternativen wird häufig auf Entscheidungsheuristiken zurückgegriffen, die auf der Sammlung und dem Vergleich von Schlüsselinformationen aufbauen (vgl. Hofbauer und Dürr 2007: 24). Hat ein Konsument sodann die Alternativen bewertet und sich für einen Anbieter entschieden, entwickelt er die Absicht, die Leistung des Anbieters zu beziehen. Zwischen der Kaufabsicht und der tatsächlichen Kaufentscheidung kann jedoch noch eine undefinierte Zeitspanne liegen (vgl. Hofbauer und Dürr 2007: 29). Kommt es zur konkreten Kaufentscheidung, steht bei einer Online-Reisebuchung das Webdesign im Fokus. Die Gestaltung der Navigation ist häufig entscheidend für einen positiven Rechercheprozess, der dann in einer Kaufentscheidung münden kann. Hat sich der Kunde dazu entschlossen, das jeweilige Angebot zu beziehen, kommt der Buchungsstrecke eine elementare Rolle zu. Denn nur, wenn diese verstanden wird und somit den Erwartungen der Nutzer entspricht, kann die Abbruchrate minimiert werden, was eine erhöhte Konvertierung der potenziell Buchenden zur Folge hat.

Ist die Entscheidung getroffen, so evaluiert der Kunde die Leistung auch nach ihrer Inanspruchnahme. Beim Nachkaufverhalten steht somit die Kundenzufriedenheit im Mittelpunkt (vgl. Wiedmann et al. 2004: 18–19). Der Grad der Zufriedenheit ist dabei stark davon abhängig, welche Erwartungen im Vorfeld an den Leistungsbezug geknüpft wurden (vgl. Hofbauer und Dürr 2007: 33). Dieser Soll-Ist-Vergleich wird auch als C/D-Paradigma bezeichnet. Er kann sich bei Zufriedenheit in einer Weiterempfehlung – sei es in sozialen Netzwerken wie Facebook oder auf Bewertungsplattformen wie HolidayCheck – äußern. Bei Unzufriedenheit kann es aber auch zu kritischen Äußerungen in den genannten Kanälen kommen (vgl. Horster 2013: 72–73). Das Social Media Marketing ist somit in dieser Phase des Kaufprozesses vordergründig.

2.4.6 Werbewirkungsprozess der Reiseentscheidung

Im Marketingkontext ist es elementar, dass die Werbewirkung erfasst werden kann. Als klassische, wenn auch umstrittene Heuristik, kann dabei das AIDA-Modell dienen. Dieses wird den hierarchischen Modellen der Werbewirkung zugeordnet. Die Buchstaben bezeichnen die Aspekte, in denen eine Werbung ihre Wirkung beim Kunden entwickelt. Dabei stehen die einzelnen Buchstaben für: Attention (Aufmerksamkeit erzeugen), Interest (Interesse aufbauen), Desire (Wünsche wecken) und Action (Handlung auslösen) (vgl. Kroeber-Riel et al. 2009: 633–634). Es wird also davon ausgegangen, dass im Entscheidungsprozess des Kunden die Aufmerksamkeit (Attention) Voraussetzung ist, um ein Interesse (Interest) zu erzeugen. Wenn dieses Interesse besteht, kann auch der Wunsch des Kunden (Desire) bestehen, eine Leistung zu beziehen. Diesen Wunsch kann er sich dann durch den Kauf (Action) erfüllen (vgl. Abbildung 2.4.6).

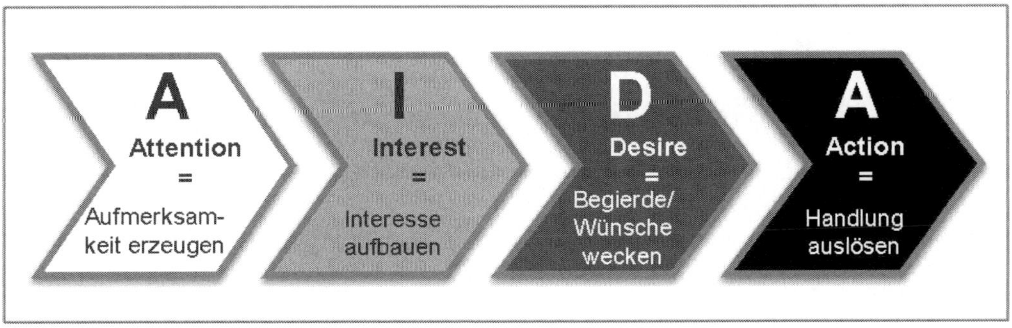

Abb. 2.4.6 *AIDA-Modell der Werbewirkung. Quelle: Eigene Darstellung basierend auf Trommsdorff 2009: 46 sowie Meffert et al. 2012: 742*

Während Meffert et al. (2012: 742) von Teilprozessen sprechen und damit von einem Stufenmodell ausgehen, bezeichnet Trommsdorff (2009: 46) die einzelnen Elemente des AIDA-Modells als Teilwirkungen. Daher könne es als Checkliste bei der Werbegestaltung angewendet werden. Er warnt jedoch gleichzeitig davor, diese Regel als „Theorie der Werbewirkung" zu verstehen. Vielmehr handele es sich um eine Faustregel, welche einen Überblick darüber gibt, welche Elemente bei einer Werbung berücksichtigt werden sollten. Dementsprechend darf keine der angesprochenen Teilwirkungen unberücksichtigt bleiben. Beide Sichtweisen haben ihre Legitimität. So kann die Auffassung von Meffert et al. (2012: 742) dahingehend interpretiert werden, dass zu unterschiedlichen Phasen der Wahrnehmung und Informationsverarbeitung verschiedene Reaktionen beim Kunden provoziert werden sollten. Es bleibt jedoch zu betonen, dass dieses Reiz-Reaktions-Schema eine starke Vereinfachung darstellt. Denn nach der Logik des Neobehaviorismus müssen neben Stimuli und Reaktion selbstverständlich auch Vorgänge im sogenannten „Organismus" des Konsumenten berücksichtigt werden (vgl. hierzu auch Kuß und Tomczak 2007: 1–7).

2.4.7 Die Customer Journey

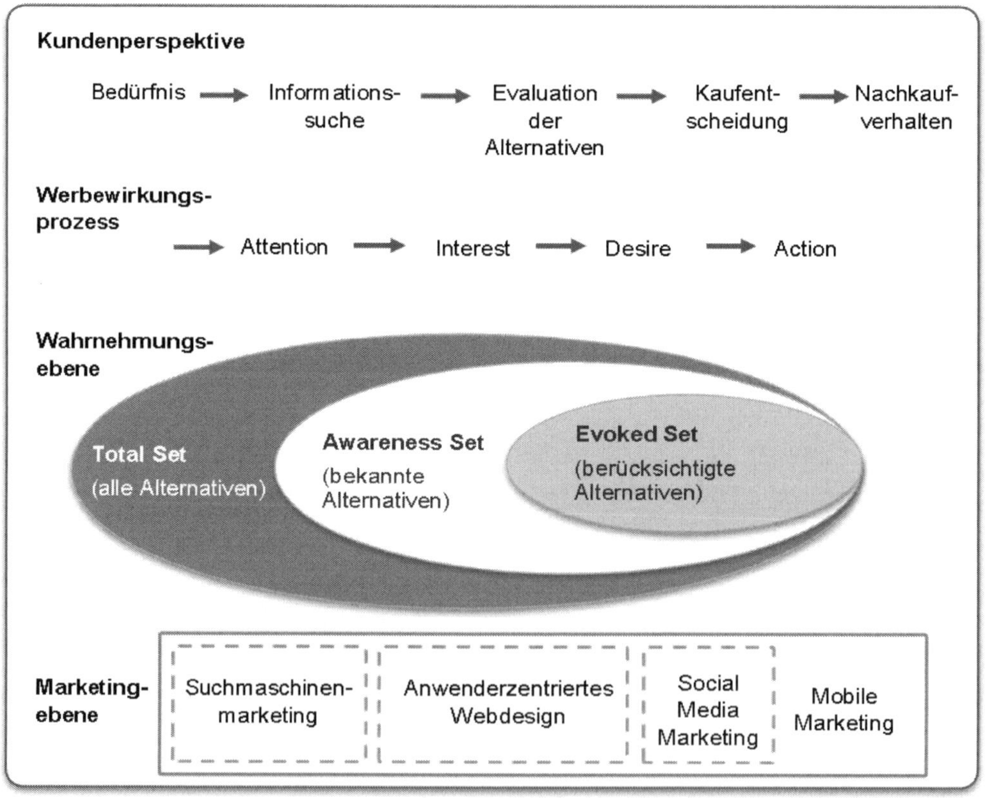

Abb. 2.4.7 *Kaufentscheidungsprozesse im digitalen Tourismusmanagement. Quelle: In grober Anlehnung an Bieger et al. 2011: 13*

Bieger et al. (2011: 13) fassen die oben skizzierten Prozesse auf mehreren Ebenen zusammen. Die Abbildung 2.4.7 kann daher als Symbiose der zuerst genannten Modellansätze verstanden werden.

Der Reiseentscheidungsprozess wird dadurch sowohl auf der Kunden- als auch auf Marketingebene betrachtet. Grundsätzlicher Vorteil von einer solchen umfassenden Sichtweise ist es, dass die Stärken und Schwächen der Marketingaktivitäten mehrstufig entlang des Reiseentscheidungsprozesses des Kunden analysiert werden können (vgl. Esch 2010: 587). Im Zeitalter des Social Web sollte hierbei ergänzend festgehalten werden, dass die digitale Informationsweitergabe durch die Omnipräsenz sozialer Netzwerke wie Facebook natürlich immer möglich ist. Anschaulich dargestellt wird diese Tatsache in einer Abbildung der Reiseanalyse 2014, bei der deutlich wird, dass das Teilen von Inhalten im digitalen Raum in jeder Phase des Reiseentscheidungsprozesses relevant ist. Interessant ist hierbei auch der Rückbezug auf das Dreiphasenmodell der Kaufentscheidung, welches dann wiederum in viele Teilentscheidungen untergliedert wird (vgl. Abbildung 2.4.8).

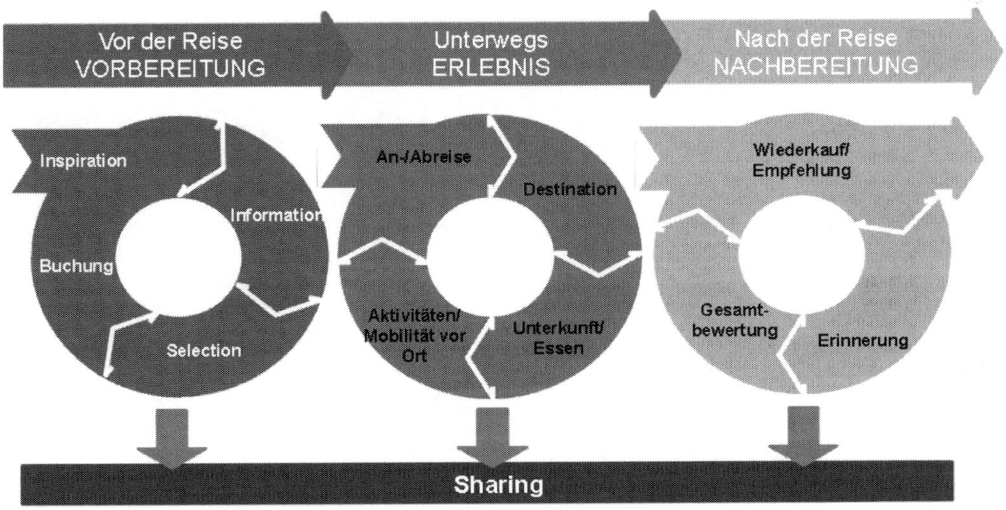

Abb. 2.4.8 *Kaufentscheidungsphasen im digitalen Tourismusmanagement. Quelle: In Anlehnung an FUR 2014*

Diese lineare Sichtweise vernachlässigt allerdings, dass Erfahrungen auf vorherigen Käufen auch in Folgekäufe mit aufgenommen werden. Schmücker (2007) entwickelte daher ein Modell, welches die Reiseentscheidung ringförmig darstellt. Die Motivation dieser zirkulären Modellierung begründet er treffend mit der Komplexität einer solchen Entscheidung: *„Nicht nur die Wahl der Destination, der Anbietermarke, des Transportmittels oder anderer Elemente, die zu einem Zeitpunkt vor der Reise abgeschlossen sind, sondern auch Entscheidungen hinsichtlich der Gestaltung der Freizeit während der Reise sind zu treffen"* 2007: 177). Es wird deutlich, dass die Reiseentscheidung tatsächlich aus einer Vielzahl von Teilentscheidungen besteht, die zudem mit einer hohen Relevanz behaftet ist, da in der Regel für die Inanspruchnahme sowohl zeitliche als auch monetäre Ressourcen aufgebracht werden müssen (vgl. Horster 2013: 75–76). In der Marketingpraxis hat sich daher die kreisförmige Visualisierung der Reiseentscheidung entsprechend manifestiert, die als Customer Journey, also die Reise des Kunden, bezeichnet wird (vgl. Abbildung 2.4.9).

Egger (2007: 437) spricht im Zusammenhang mit dem touristischen Kaufentscheidungsprozess von „Cyberglobetrottern" und bildet deren Kanal- und Medienwahl entlang des sogenannten Customer Buying Cycles nach. Verbindet man die in Abbildung 2.4.9 dargestellten Phasen der Customer Journey mit den Ausführungen Eggers (2007), so ergibt sich folgendes Bild:

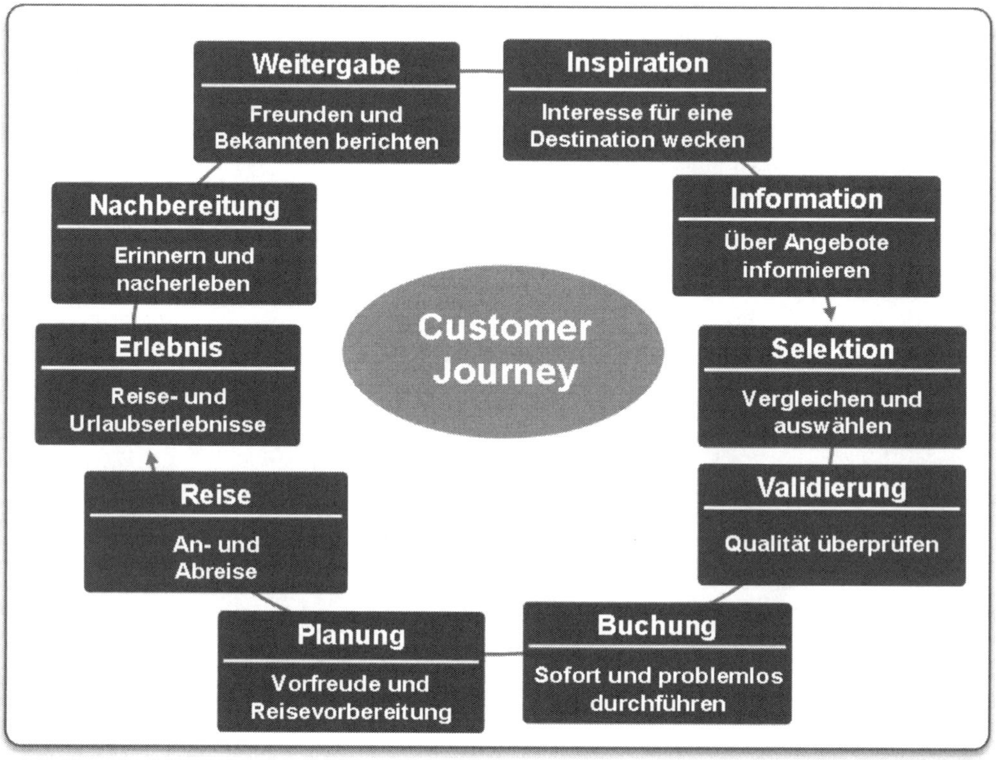

Abb. 2.4.9 Die Customer Journey im Tourismus. Quelle: In Anlehnung Kreilkamp 2012: 10 sowie Reich 2012

- **Inspirationsphase**

In der Inspirationsphase werden insbesondere Reiseberichte gelesen. Diese können je nach Präferenz in Printform, Bewegtbild oder auch durch Erzählungen rezipiert werden (vgl. Egger 2007: 438). Im Internet kommen daher insbesondere Blogbeiträge, Bewertungen bei HolidayCheck, Youtube Videos, Reisepodcasts, Fotoalben bei Flickr und anderen äquivalenten Plattformen in Betracht. Denkbar ist aber auch die kundenseitige Aufnahme anbieterseitiger Informationen, wenn hierzu entsprechende Inspirationsquellen angeboten werden.

- **Informationsphase**

In der Informationsphase werden Informationen bezogen, um die in der Inspirationsphase erfassten Optionen einschätzen zu können. Dabei sind entsprechende Qualitätssignale seitens der Anbieter relevant, wie Zertifikate und Qualitätssiegel. Dies können beispielsweise das ServiceQ oder auch der HolidayCheck Award sein. Suchmaschinen nehmen im Rahmen der Informationsrecherche eine bedeutende Stellung ein, da rund 55 Prozent das Internet als Informationsquelle heranziehen (vgl. VIR 2013: 29) und dabei bis zu 74 Prozent auf die Dienste einer Suchmaschine wie Google zurückgreifen (vgl. Google 2009a: 13 und 15).

- **Selektionsphase**

Im Rahmen der Selektionsphase müssen die Informationen bewertet werden, um Anbieter und/oder Destinationen ausschließen zu können. Dabei kann vermehrt auf die Anbieter- und Destinationsseiten selbst zurückgegriffen werden. Die Informationstiefe ist dabei maßgeblich abhängig von dem individuellen Bedürfnis der Nutzer nach Informationen. Das Informationsvolumen, um eine Selektion vornehmen zu können, kann daher stark variieren. In der Regel wird hierbei auf Schlüsselinformationen zurückgegriffen. In der Hotellerie können dies beispielsweise Angaben zu Lage, Sauberkeit, Atmosphäre oder Preisklasse sein (vgl. Hofbauer und Dürr 2007: 23–24). Daraus lässt sich schließen, dass in der Selektionsphase neben den Leistungsträgerseiten auch Vergleichsportale wie Metasuchmaschinen (Trivago, Kayak), Bewertungsplattformen (HolidayCheck, TripAdvisor) oder auch Buchungsportale (HRS, Booking) rekrutiert werden, um Informationen einzuholen.

- **Validierungsphase**

Innerhalb der Validierungsphase werden die ausgewählten Angebote hinsichtlich ihrer Qualität geprüft. Grundsätzlich besteht also die Absicht, die Leistung eines Anbieters zu kaufen. Dennoch ist diese Kaufabsicht von der Einstellung Dritter gegenüber einer Leistung abhängig. Dabei kommen zwei primäre Determinanten zum Tragen, welche den Übergang von der Validierungs- zur Buchungsphase negativ beeinflussen können. Erstens ist die Kaufentscheidung von der Intensität abhängig, in der sich Dritte über eine Leistung positiv oder negativ äußern. Zweitens wird die Kaufwahrscheinlichkeit von der Bereitschaft des Kunden beeinflusst, sich von der Meinung eines Dritten lenken zu lassen (vgl. Hofbauer und Dürr 2007: 29). Es wird deutlich, dass in dieser Phase Kundenbewertungen vordergründig sind. Diese werden im Tourismus klassischerweise auf HolidayCheck oder TripAdvisor geäußert. Aber auch auf sozialen Netzwerken wie Facebook werden zunehmend Meinungen zu Urlaubsregionen ausgetauscht

- **Buchungsphase**

Wenn die Entscheidung für einen Anbieter getroffen wurde, stellt sich in der Buchungsphase die Frage, wo eine Reise gekauft wird. Die Gründe, die für eine Buchung im Internet sprechen sind insbesondere darin zu finden, dass eine Online-Reisebuchung schneller und einfacher zu realisieren ist (67 Prozent). Aber auch die Vergleichsmöglichkeiten, die in der Selektionsphase relevant sind, werden im Rahmen der Reiseanalyse 2012 von rund 65 Prozent als Vorteil genannt (vgl. Abbildung 2.4.10).

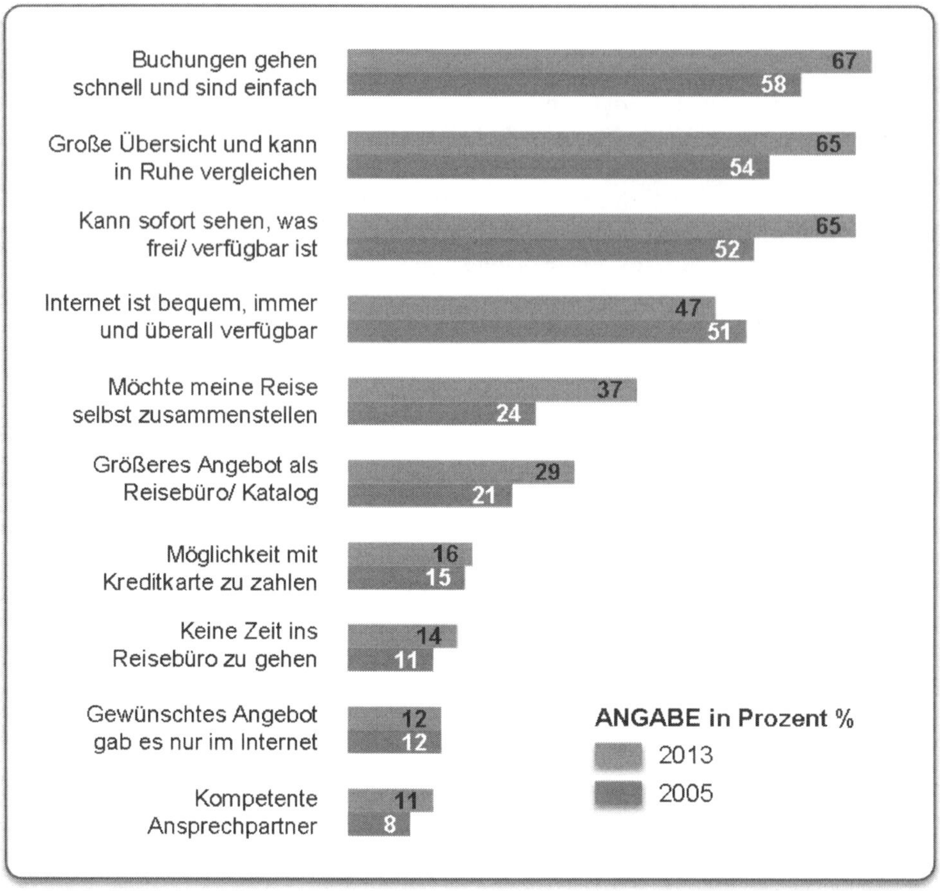

Abb. 2.4.10 *Gründe für eine Online-Reisebuchung.Quelle: VIR 2013: 34. Datenbasis: Reiseanalyse 2005 und 2012*

Es wird damit deutlich, dass in dieser Phase insbesondere die Qualität der Buchungsstrecke relevant ist und damit aus Marketingsicht das anwenderzentrierte Webdesign. Egger (2007: 442) verweist in diesem Kontext auf die zunehmende Professionalität von Internetreiseanbietern. Dahingehend sind auch die zunehmenden Zahlen zu interpretieren, dass die Buchung im Internet schnell und einfach erfolgt (vgl. Abbildung 2.4.10). Diesbezüglich stellt sich die Frage, ob die Kunden ein „ROPO-Verhalten“ (Research Online; Purchase Offline) zeigen, also zunächst die Angebote im Internet zu vergleichen, um sie dann im Reisebüro zu buchen. Alternativ erfolgt auch die Buchung online. Aber auch hier kann ein Anbieterwechsel erfolgen, wenn der Kunde sich beispielsweise zunächst auf einem Vergleichsportal über die zur Verfügung stehenden Alternativen informiert und dann die Buchung direkt auf der Internetseite des Anbieters vornimmt. Man spricht in diesem Zusammenhang auch vom sogenannten Billboard-Effekt, da das Portal zwar die Vergleichsinformationen des Leistungsanbieters zur Verfügung stellt, aber in einem solchen Fall keine Provision erhält. Es wird in diesen Fällen also zu einem kostenlosen Werbeplakat (Billboard) für den Leistungsanbieter. Nichtsdestotrotz erfolgen aufgrund der oft komfortableren Buchungsstrecke viele Onlinekäufe über Reisevermittlerportale wie HRS oder Booking.

- **Planungsphase**

Innerhalb der Planungsphase wird die Reise vorbereitet. Dieser Abschnitt bezieht sich also auf den Zeitraum nach der Buchung und vor dem Reiseantritt. Das Internet dient in diesem Fall erneut als Informationsquelle, um Ausflugsziele und Aktivitäten vor Ort zu recherchieren und sich auf diese emotional einzustimmen. Egger (2007: 443) spricht von einer „Inszenierung des Aufenthaltes“ und ergänzt: *„Bereits vorab begibt man sich virtuell vor Ort um etwas Urlaubsluft zu schnuppern und so werden Sehenswürdigkeiten, Öffnungszeiten, Eintrittspreise und Routenbeschreibungen etc. recherchiert, bewertet und die Reiseplanung damit vervollständigt“*. Es ist somit elementar, dass diese Informationen von den touristischen Akteuren bereitgestellt werden, damit andere Kunden diese unmittelbar finden können. Hier spielen Kartendienste wie Google Maps eine entscheidende Rolle, da mithilfe der dort hinterlegten Informationen und Bildern die Destination bereits von zuhause aus inspiziert werden kann – insbesondere mithilfe des in Google Maps integrierten Dienstes Google Streetview.

- **Reisephase**

Ein wichtiger Berührungspunkt ist auch die An- bzw. Abreise. Denn hier können insbesondere Transportunternehmen Kontakt zum Kunden aufnehmen. Die Fluggesellschaft KLM veranschaulichte beispielsweise mit der Aktion „KLM Surprise“, wie der standortbezogene Dienst Foursquare in Kombination mit anderen sozialen Netzwerken wie Twitter im digitalen Marketing bei der An- und Abreise eingesetzt werden kann. KLM identifizierte dabei Fluggäste, die auf einen Flug der Gesellschaft warteten und sich gleichzeitig beim standortbezogenen Dienst Foursquare eingecheckt hatten. Mithilfe öffentlich geteilter Statusmeldungen auf Facebook und Twitter recherchierten Mitarbeiter von KLM die Hobbies und potenzielle Bedürfnisse der Passagiere. Auf dieser Informationsbasis überlegten sich die Marketingverantwortlichen ein persönliches Geschenk, kauften dies und brachten es umgehend zu den Wartenden. Dies führte bei den beschenkten Personen dazu, dass sie über ihre Netzwerke von der Aktion berichteten, sodass für KLM ein positives Gespräch im digitalen Raum initiiert werden konnte (vgl. Horster 2013: 218).

Auf Kundenseite sind in dieser Phase der Reise insbesondere Anwendungen von Transportunternehmen relevant. Dies können Navigationsapplikationen wie Skobbler sein. Aber auch die Anwendung mytaxi (ein digitaler Taxiruf) oder ÖPNV-Applikationen (beispielsweise der DB Navigator), die Fahrpläne in Echtzeit übermitteln, sind hier von vordergründigem Interesse.

- **Erlebnisphase**

Wenn der Kunde dann schließlich vor Ort ist, bekommen mobile Technologien und damit das Mobile Marketing eine übergeordnete Relevanz. Insbesondere Standortbezogene Dienste, sogenannte Location Based Services (LBS) in Kombination mit der Erweiterung der Realität über Smartphones (Augmented Reality) werden von Gästen zunehmend genutzt und vorausgesetzt. Verbunden mit dieser Entwicklung sind infrastrukturelle Anforderungen an Leistungsträger und Destinationen im Bereich der Netzabdeckung (WLAN).

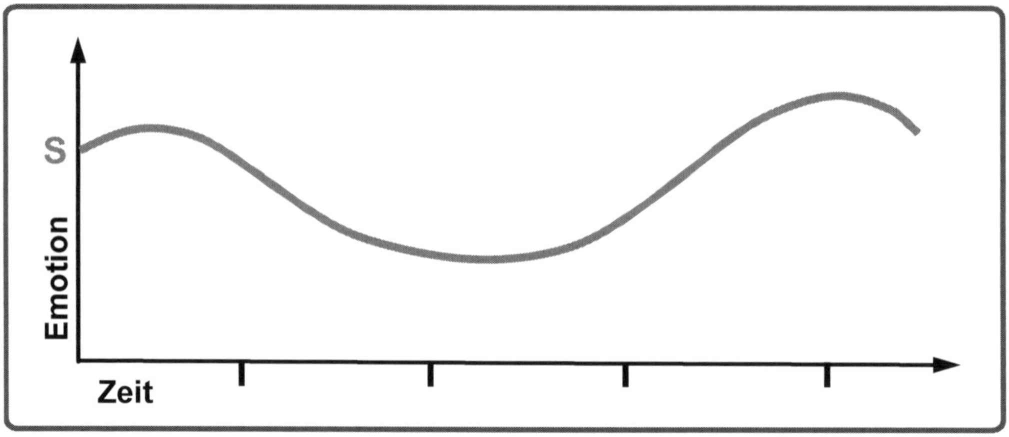

Abb. 2.4.11 Die Storykurve. Quelle: Lampert und Wespe 2012: 19

Nicht zuletzt steht hier das touristische Produkt selbst im Fokus. Denn dieses entscheidet schließlich darüber, ob die vor Ort digital geteilten Erlebnisse positiv oder negativ aufgeladen sind. Gerade im digitalen Tourismusmanagement kann die Reise des Kunden als Geschichte verstanden werden. Das bedeutet, dass die Kontaktpunkte mit den Kunden auf Basis einer Erzählstruktur (Storytelling) harmonisiert und koordiniert werden können. Wichtig ist daher das Timing der Reiseerlebnisse, damit sie in der entsprechenden Reihenfolge zum Kunden gelangen (vgl. Bodine 2012).

Sturm (2013: 34) weist hierbei auf Merkmale des Dramas hin und resümiert: *„Alle Geschichten scheinen dabei auf eine begrenzte Anzahl von altbekannten ‚Strickmustern' zu verweisen, was den funktionalen Erzählbogen und die tiefer liegende symbolische Struktur des Inhalts betrifft"*. Dieses Grundmuster hat Aristoteles für die antiken Dramen beschrieben. Er lieferte damit die Struktur, auf der bis heute viele Geschichten aufbauen (vgl. Lampert und Wespe 2012: 19–20).

Lampert und Wespe (2012: 20) sprechen daher auch von der Storykurve. Die horizontale Achse stellt den zeitlichen Verlauf der Geschichte dar und die vertikale die Stärke des emotionalen Appells an den Rezipienten (vgl. Lampert und Wespe 2012: 19). Sie betonen dabei die Relevanz des Einstiegs in eine Geschichte: den Story-Punkt (vgl. Abbildung 2.4.11). Denn anders als beim antiken Drama, sind die Urlauber vor Ort nicht darauf angewiesen, die ganze Geschichte aufzunehmen. Daher ist der Geschichtseinstieg elementar. Er ist entscheidend für den weiteren Verlauf der Reise. Empathie und Identifikation sind dabei Grundvoraussetzung (vgl. Lampert und Wespe 2012: 20–21).

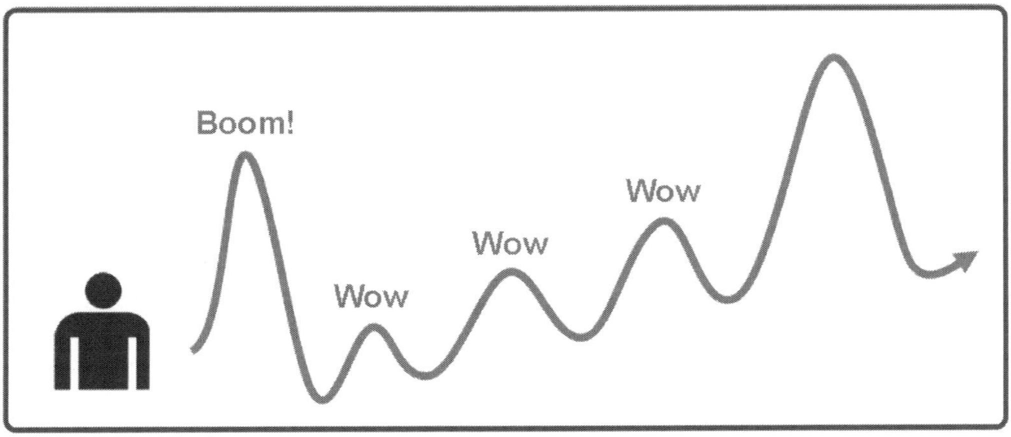

Abb. 2.4.12 *Dramaturgie der Customer Journey. Quelle: Bodine 2012*

Der Einstieg erfolgt also über einen ersten Höhepunkt. Die Geschichte arbeitet dann auf einen zweiten Höhepunkt hin: *„Mit der Storykurve holen und halten Sie Aufmerksamkeit"* (Lampert und Wespe 2012: 19). Da über die Reiseerlebnisse Emotionen angestaut werden, können diese zum zweiten Höhepunkt hin befreit werden. Im Idealfall wird das Erlebte sogar digital geteilt.

Eine ähnliche Struktur schlägt auch Lawrence (2006) vor. Er spricht jedoch (etwas plakativ) von der sogenannten „boom-wow-wow-wow-boom" bzw. der „James Bond Methode", da diese besser einprägsam wäre, als die Erzählstruktur des antiken Dramas. So startet jeder James Bond Film mit einem Prolog, der zwar nicht in Zusammenhang mit dem Rest der Geschichte steht, aber dennoch stets mit einer imposanten Explosion endet: dem Story-Punkt. Innerhalb des Filmes gibt es dann noch drei bis vier weitere Episoden, bei denen jede weitere etwas spannender und imposanter wird. Am Ende kommt es dann stets zum großen „Showdown", bei dem die Bösen besiegt werden (vgl. Lawrence 2006). Das erste große „Boom" lässt den Zuschauer somit in die Geschichte eintauchen. Es folgen drei bis vier „wow's", bis die Geschichte schließlich im finalen „BOOM" akkumuliert (vgl. Abbildung 2.4.12).

Bodine (2012) betont, dass dieser Aufbau auch für die Customer Experience genutzt werden kann. Um im Rahmen der Customer Journey aber eine gute Geschichte zu kreieren, müssen zunächst die rationalen Bedürfnisse bekannt sein. Es ist also zu fragen, welche Bedürfnisse beim Kunden vorherrschen. In diesem Zusammenhang können Produkte (und auch Webservices) dem Kano-Modell der Kundenzufriedenheit zufolge in drei zentrale Gruppen eingeteilt werden, die unterschiedliche Funktionen im Rahmen der Kundenzufriedenheit einnehmen: Basis-, Leistungs- und Begeisterungsmerkmale (vgl. Abbildung 2.4.13).

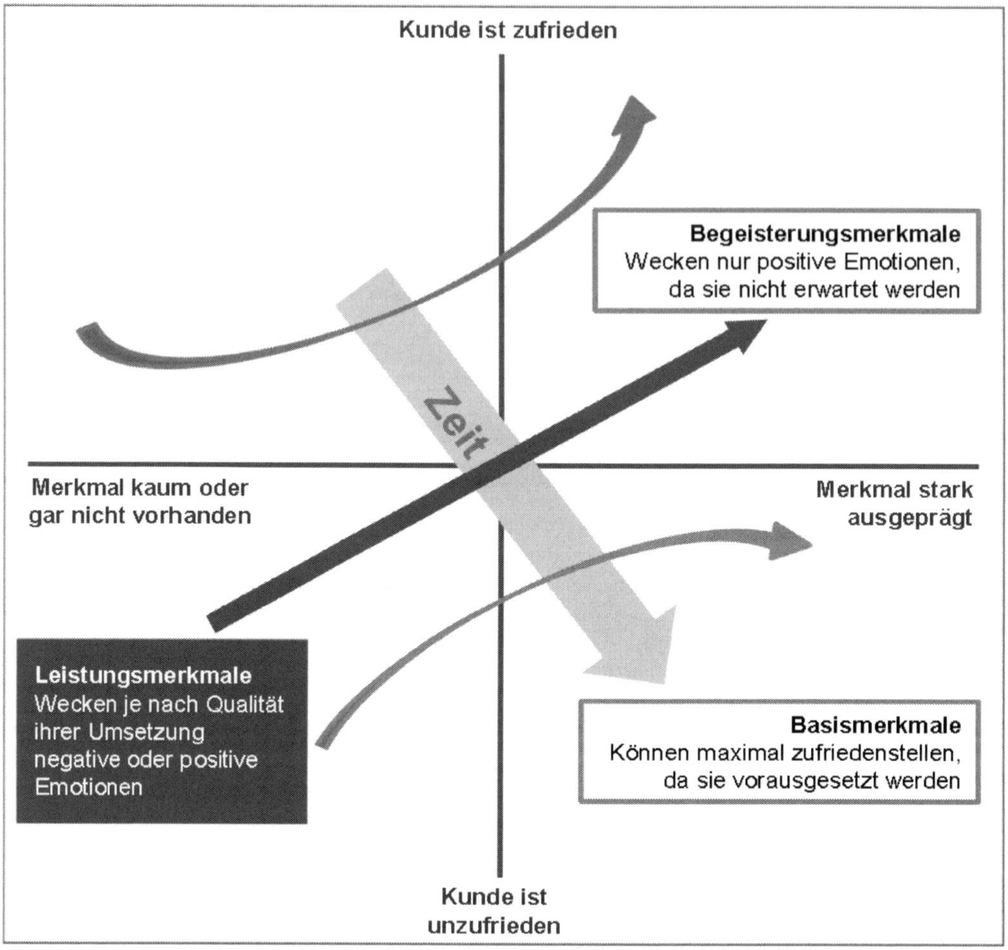

Abb. 2.4.13 *Kano-Modell der Kundenzufriedenheit. Quelle: In Anlehnung an Moser 2012: 6 nach Kano 1984*

Die Basismerkmale sind Grundanforderungen, die von Kunden vorausgesetzt werden. Werden diese nicht erfüllt, so wird das touristische Produkt als unvollständig wahrgenommen, was in Kundenunzufriedenheit resultiert (vgl. Moser 2012: 6). Wird dieses Merkmal erfüllt, so ist der Gast zwar nicht unzufrieden, honoriert dies jedoch auch nicht weiter (vgl. Bailom et al. 1998: 48). Das Erfüllen der Grundanforderungen führt somit maximal dazu, dass der Kunde nicht enttäuscht wird (vgl. Gardini 2009: 12). Die Leistungsmerkmale sind hingegen jene, die Kunden zwar erwarten, deren qualitative Ausprägung jedoch sowohl für positive als auch für negative Abweichungen bei der Zufriedenheit führen können (vgl. Bailom et al. 1998: 48–49). Die Begeisterungsmerkmale sind schließlich solche, die vom Kunden nicht erwartet werden. Gleichzeitig erfüllen diese Komponenten einen großen Kundennutzen, was in der Praxis häufig als „Wow-Effekt“ bezeichnet wird (vgl. Moser 2012: 7). Mit dieser Art von Merkmalen kann ein Angebot deutlich aufgewertet werden, was sich in einem merklich erhöhten Maß an Kundenzufriedenheit äußern kann (vgl. Bailom et al. 1998: 49). Bei Erfüllung aller drei Komponenten, wird die Qualität des Angebots als ideal empfunden (vgl. Gardini 2009: 12).

Im Zusammenhang mit dem digitalen Tourismusmanagement kommt es in dieser Phase vor allem auf die Komposition der Reiseerlebnisse an. Zusätzlich sollte dem Gast die Möglichkeit geboten werden, diese Erlebnisse digital zu teilen. Daher ist eine Anbindung an den digitalen Raum erforderlich. Sozialen Netzwerken wie Facebook oder Twitter kommt eine entsprechende Bedeutung zu. Denn sowohl positive als auch negative Erlebnisse werden dann unmittelbar geteilt, sodass Informationen und (Bewegt)Bilder direkt in den sozialen Netzwerken verbreitet werden können. Zunehmend sind aber auch Foto- und Videodienste wie Instagram oder Youtube entscheidende digitale Berührungspunkte der Gäste vor Ort.

- **Nachbereitungsphase**

In der Nachbereitungsphase werden die Urlaubserlebnisse nachempfunden. Egger (2007: 444) beschreibt diese Phase als: *„ein massiv emotionales Ausklingen des getätigten Urlaubs"* und stellt weiter fest, dass man *„bereits Erlebtes sowie bestehende Eindrücke noch einmal via Internet aufwärmt"*. Dabei werden Fotos, Videos, Berichte, usw. geordnet und strukturiert. Dies erfolgt meist zunächst in einem privaten Rahmen, um so eine Auswahl zu erstellen, die dann veröffentlicht werden kann. Es konnte bereits verdeutlicht werden, dass dieser Prozess zunehmend parallel zur Erlebnisphase entsteht. Die Reiseerlebnisse werden also im selben Augenblick in dem sie passieren dokumentiert und in sozialen Netzwerken wie Facebook geteilt. Je nachdem, ob die Reiseerlebnisse positiv oder negativ waren, werden diese im Anschluss entsprechend bewertet. Eine Weitergabe des Erlebnisses ist dann besonders wahrscheinlich, wenn die wahrgenommene Dienstleistung ein bestimmtes Toleranzniveau unter- oder überschreitet. Im Rahmen des sogenannten Toleranzzonenansatzes wird angenommen, dass Kunden Dienstleistungen eine gewisse Qualitätsschwankung zugestehen. Wird diese Toleranzzone überschritten, so resultiert daraus Begeisterung; wird sie jedoch unterschritten, so sind Kunden unzufrieden (vgl. Zeithaml et al. 2009: 80).

Die Toleranzzone ist dabei von der Situation, der Person sowie dem Dienstleistungselement abhängig. In der Konsequenz bedeutet dies, dass die Toleranzzone sehr klein aber auch sehr groß sein kann – abhängig von dem jeweiligen Kunden und seiner individuellen Situation. Gleichzeitig ist die Toleranzzone bei jeder Teilleistung unterschiedlich ausgeprägt (vgl. Abbildung 14). Bei negativen Erlebnissen müssen diese nicht zwingend in sichtbaren Handlungen resultieren. Es ist auch möglich, dass Kunden einen Anbieter wechseln, ohne anderen davon zu berichten. Erfolgt jedoch ein Bericht, so wird dieser mit der entsprechenden Konnotation weitergegeben.

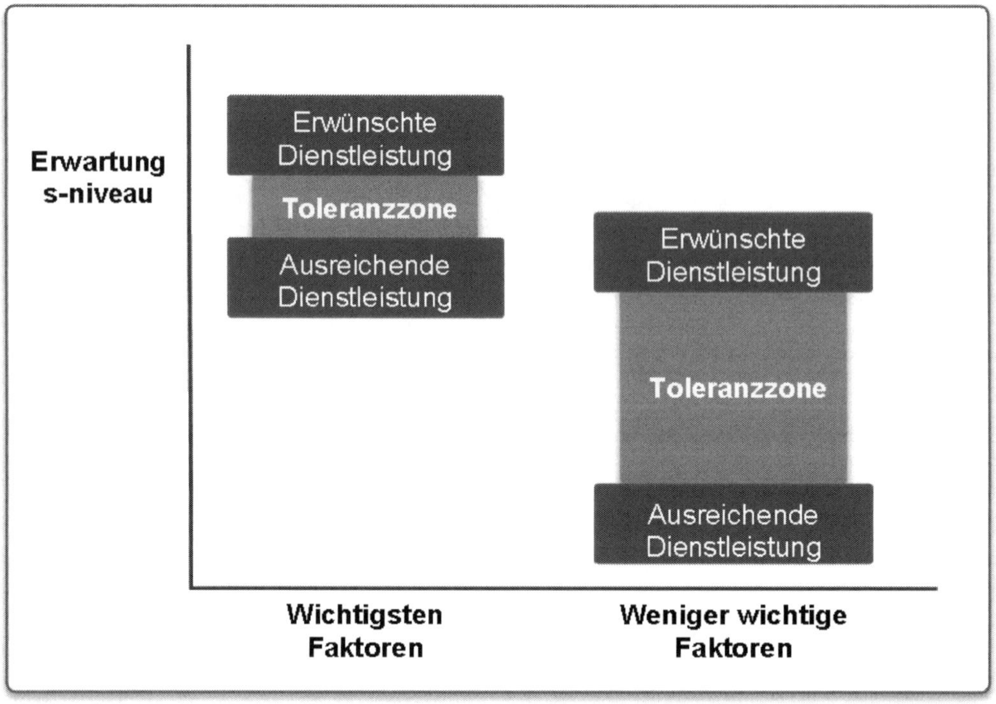

Abb. 2.4.14 *Toleranzzonenansatz. Quelle: In Anlehnung an Zeithaml et al. 2009: 81*

- **Weitergabephase**

In der Weitergabephase teilen Kunden ihre Erlebnisse mit anderen. Dies kann über verschiedene Instanzen erfolgen. So kann sich ein Kunde direkt an den Anbieter wenden und diesem von seinen positiven oder auch negativen Reiseerfahrungen berichten. Mögliche Konsequenzen sind dabei die Abwanderung bei negativer Evaluierung der Leistung oder auch Loyalität, wenn das Leistungsergebnis retrospektiv positiv bewertet wird.

Gleichzeitig kann sich ein Kunde an Freunde wenden und diesen von seiner Bewertung des Anbieters berichten. Dies kann im Internet in einem relativ privaten Rahmen erfolgen, wenn Fotos oder Videos lediglich via Dropbox, WhatsApp, Threema oder anderen kollaborativen Filesharing-Diensten geteilt werden. Es ist aber auch möglich, dass dies öffentlich erfolgt. Dann kann dies entweder über soziale Netzwerke wie Facebook erfolgen, oder aber bei einer außenstehenden Instanz, wie beispielsweise dem Bewertungsportal HolidayCheck (vgl. auch Abbildung 2.4.15). Es wird deutlich, dass in den Phasen nach dem eigentlichen Reiseerlebnis ein enormes Potenzial im elektronischen Customer Relationsship Management (eCRM) liegt (vgl. Egger 2007: 444). Aber auch im Rahmen der Kundenneugewinnung ist diese Phase relevant. Denn bedenkt man die ringförmige Anordnung der Customer Journey so wird deutlich, dass die öffentliche Evaluation der Leistung Ausgangspunkt für die Inspirationsphase ist, bei der sich potenzielle Kunden Berichte von Bestandskunden rezipieren. Insgesamt konnte damit verdeutlicht werden, dass sich durch die Customer Journey die Bedürfnisse der

Kunden adäquat abbilden lassen, sodass dieses Modell eine Hilfestellung im digitalen Informationsmanagement ist. Aber auch mit der Herleitung der Customer Journey auf Basis einer strukturellen sowie prozessualen Perspektive bietet dieser Beitrag eine umfassende Sicht auf die Reiseentscheidung im Internet, was in der Konsequenz zur Identifikation von Abläufen führen kann, die im Rahmen des digitalen Informationsmanagements strategisch genutzt werden können.

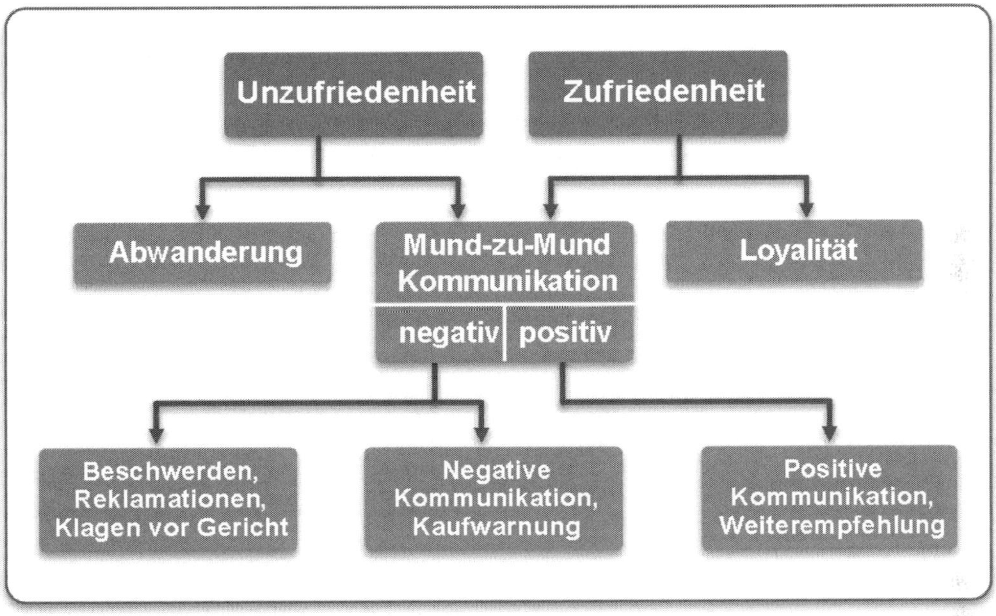

Abb. 2.4.15 *Mögliche Reaktionen auf Kunden(un-)zufriedenheit. Quelle: Meffert und Bruhn 2006: 125*

Quellen:

Amersdorffer, D.; Bauhuber, F. und Oellrich, J. (2010). Das Social Web. Internet, Gesellschaft, Tourismus, Zukunft. In: Amersdorffer, D.; Bauhuber, F.; Egger, R. und Oellrich, J. (Hg.). Social Web im Tourismus. Strategien – Konzepte – Einsatzfelder, Heidelberg u. a.: 3–16.

Bailom, F.; Tschemernjak, D.; Matzler, K. und Hinterhuber, H. H. (1998). Durch strikte Kundennähe die Abnehmer begeistern. Wie One-to-one-Marketingprogramme methodisch vorbereitet werden, so daß der Einzelkunde ins Zentrum aller Initiativen rückt. In: Harvard Business Manager, 21 (1): 47–56.

Bieger, T. und Laesser, C. (2000). Das Informationsverhalten der Schweizer Reisenden. Ergebnisse einer Clusteranalyse. In: Jahrbuch der Schweizerischen Tourismuswirtschaft 1999/2000, St. Gallen: 81–99.

Bieger, T.; Laesser, C. und Beritelli, P. (2011). Destinationsstrukturen der 3. Generation. Der Anschluss zum Markt, St. Gallen.

Bodine, K. (2012). Boom! wow, Wow, WOW, BOOM! Does your Customer Experience have a Dramatic Arc? Online verfügbar unter: blogs.forrester.com/kerry_bodine/12-04-02boom_wow_wow_wow_boom_does_your_customer_experience_have_a_dramatic_arc, eingestellt: 02.04.2012, abgerufen: 13.08.2013.

Bundesverband Digitale Wirtschaft (BVDW) (Hg.) (2012). Customer Journey. Definitionen und Ausprägungen. Online verfügbar unter: www.bvdw.org/mybvdw/download/bvdw-customer-journey-dmexco-120912-final.pdf, eingestellt: 12.09.2012, abgerufen: 10.02.2013.

Corcoran, S. (2009). Defining Earned, Owned and Paid Media. Online verfügbar unter: http://blogs.forrester.com/interactive_marketing/2009/12/defining-earned-owned-and-paid-media.html, eingestellt: 16.12.2009, abgerufen: 01.05.2013.

Egger, R. (2007). Cyberglobetrotter. Touristen im Informationszeitalter. In: Egger, R. und Herdin, T. (Hg.). Tourismus-Herausforderung-Zukunft, Münster: 433–451.

Erbeldinger, J. und Ramge, T. (2013). Durch die Decke denken. Design Thinking in der Praxis, München.

Esch, F.-R. (2010). Strategie und Technik der Markenführung. 6. Aufl., München.

Forschungsgemeinschaft Urlaub und Reisen e.V. (FUR) (2014). Reiseanalyse RA 2014. Modul: Customer Journey und Teilen von Urlaubserlebnissen, im Erscheinen.

Gardini, M. A. (2009). Marketing-Management in der Hotellerie. 2. Aufl., München.

Goodall, D. (2009). Owned, Earned and Bought Media. Online verfügbar unter: http://danielgoodall.com/2009/03/02/owned-bought-and-earned-media, eingestellt: 02.03.2009, abgerufen: 01.05.2013.

Google (Hg.) (2009a). Der Online Informationsprozess. Clickstream-Analyse am Beispiel Touristik. Online verfügbar unter: www.full-value-of-search.de/studies, abgerufen: 04.05.2013.

Google (Hg.) (2009b). Der Online Such- und Kaufprozess. Clickstream-Analyse für die Bereiche Touristik, Finanzen, Bekleidung, Computer, Mobiltelefonie und Auto. Online verfügbar unter: www.full-value-of-search.de/studies, abgerufen: 04.05.2013.

Hofbauer, G. und Dürr, K. (2007). Der Kunde: Das unbekannte Wesen. Psychologische und soziologische Einflüsse auf die Kaufentscheidung, Berlin.

Horster, E. (2013). Reputation und Reiseentscheidung im Internet. Grundlagen, Messung und Praxis, Wiesbaden.

Janson, A. (2011). Der Kunde im Fokus. Das Konzept der Customer Journey, München.

Kano, N. (1984). Attractive Quality and Must-be Quality. In: Journal of the Japanese Society for Quality Control (4): 39–48.

Kollmann, T. (2011). E-Business. Grundlagen elektronischer Geschäftsprozesse in der Net Economy. 4. Aufl., Wiesbaden.

Kotler, P.; Armstrong, G.; Wong, V. und Saunders, J. (2011). Grundlagen des Marketing. 5. Aufl., München.

Kreilkamp, E. (2012). Destinationsmanagement 3.0. Paradigmenwechsel im Tourismusmarketing. Online verfügbar unter: de.slideshare.net/EdgarKreilkamp/destinati onsmanagement-30-metropolregion-hamburg, eingestellt: 23.11.2012, abgerufen: 17.02.2013.

Kroeber-Riel, W.; Weinberg, P. und Gröppel-Klein, A. (2009). Konsumentenverhalten. 9. Aufl., München.

Kuß, A. und Tomczak, T. (2007). Käuferverhalten. Eine marketingorientierte Einführung. 4. Aufl., Stuttgart.

Lampert, M. und Wespe, P. (2012). Storytelling für Journalisten. 2. Aufl., Konstanz.

Lawrence, A. (2006). Boom! wow, wow, wow, BOOM!! What James Bond can teach us about story structure. Online verfügbar unter: workplayexperience.blogspot.de/2006/12/boom-wow-wow-wow-boom.html, eingestellt: 01.12.2006, abgerufen: 13.08.2013.

Lewis, M. (2013). Paid, Owned, Earned Illustration. Online verfügbar unter: blog.valtech.dk/2013/02/do-you-really-know-your-customers/paid-owned-earned-illustration, erstellt: 07.02.2013, abgerufen: 12.09.2013.

Meffert, H. und Bruhn, M. (2006). Dienstleistungsmarketing. Grundlagen – Konzepte – Methoden. 5. Aufl., Wiesbaden.

Meffert, H.; Burmann, Ch. und Kirchgeorg, M. (2012). Marketing. Grundlagen marktorientierter Unternehmensführung. 11. Aufl., Wiesbaden.

Moser, Ch. (2012). User Experience Design. Mit erlebniszentrierter Softwareentwicklung zu Produkten, die begeistern.

Narayana, C. L. und Markin, R. J. (1975). Consumer Behavior and Product Performance. An Alternative Conceptualization. In: Journal of Marketing 39 (4): 1–6.

Reich, T. (2012). Die Zukunft der Touristeninformationen. Präsentation im Rahmen des Nordsee Tourismustages 2012. Online verfügbar unter: www.prezi.com/6v539mjvhsqu/die-zukunft-der-touristeninformationen, eingestellt: 26.01.2012, abgerufen: 20.02.2013.

Scheuss, R. (2012). Handbuch der Strategien. 220 Konzepte der weltbesten Vordenker. 2. Aufl., Frankfurt a. M.

Schmücker, D. J. (2007). Touristische Informationsprozesse. Theoretische Grundlagen und empirische Ergebnisse zu Einflussfaktoren und Inhalten des Informationsverhaltens von Urlaubsreisenden. Dissertation, Universität Lüneburg.

Schüller, A. M. (2013). Touchpoints. Auf Tuchfühlung mit den Kunden von heute. 3. Aufl., Offenbach.

Sturm, S. (2013). Digitales Storytelling. Eine Einführung in neue Formen des Qualitätsjournalismus, Wiesbaden.

Trommsdorff, V. (2009). Konsumentenverhalten. 7. Aufl., Stuttgart.

Verband Internetreisevertrieb (VIR) (Hg.) (2013). Daten und Fakten. Online verfügbar unter: www.v-i-r.de/download-mafo-datenfakten/df-2013-web.pdf, abgerufen: 04.09.2013.

Wiedmann, K-P.; Walsh, G.; Frenzel, T. und Buxel, H. (2004). Konsumentenverhalten im Internet. Eine Einführung. In: Wiedmann, K-P.; Buxel, H.; Frenzel, T. und Walsh, G. (Hg.). Konsumentenverhalten im Internet. Konzepte – Erfahrungen – Methoden, Wiesbaden: 11–32.

Zeithaml, V. A.; Bitner, M. J. und Gremler, D. D. (2009). Services Marketing. Integrating Customer Focus Across the Firm. 5. Aufl., New York.

2.5 Anwenderzentriertes Webdesign im Tourismus

Eric Horster

2.5.1 Einleitung

Grundsätzliche Idee des anwenderzentrierten Webdesigns ist es, dass Kunden gute Erfahrungen mit einem Webangebot machen. Diese positiven Erlebnisse bei der Informationssuche und Reisebuchung steigern in der Konsequenz die Wiederkehr- und Kaufabschlusswahrscheinlichkeit. Die Relevanz des anwenderzentrierten Webdesigns wird dabei in der Praxis häufig unterschätzt. So ist es nicht ungewöhnlich, dass eine Internetseite in Auftrag gegeben wird und bei der Konzeption zunächst lediglich die Anforderungen aus Unternehmenssicht berücksichtigt werden.

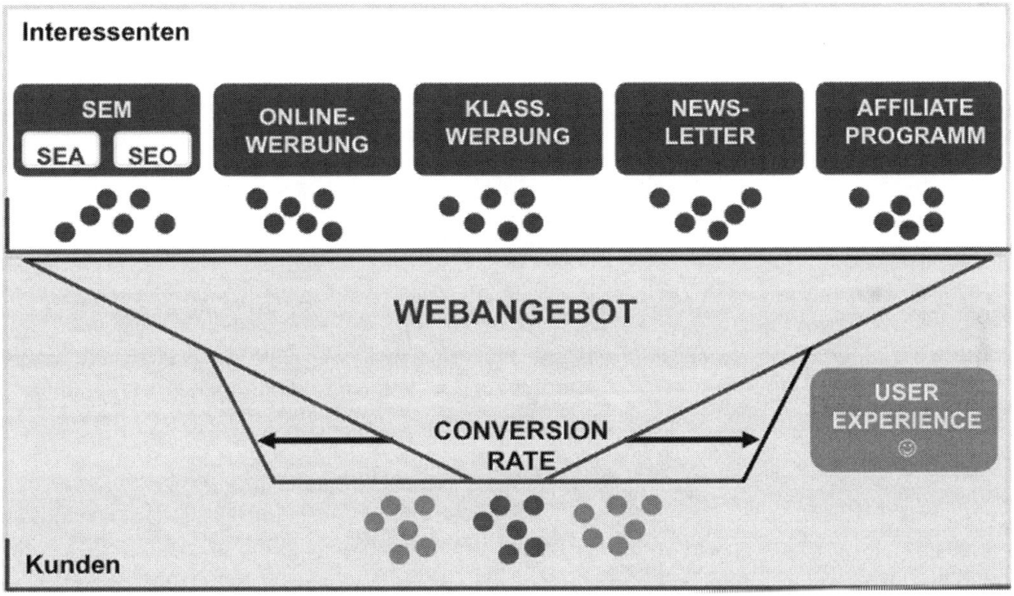

Abb. 2.5.1 *Conversion Rate Steigerung durch optimierte User Experience. Quelle: In Anlehnung an Eberhard-Yom 2010: 11*

Obgleich eine strategische Einbindung des Kunden in den Erstellungsprozess einer Internetseite elementar wäre, denn Nielsen und Loranger (2006: 171) bringen die Notwendigkeit einer anwenderzentrierten Haltung auf den Punkt: *„Der Versuch, Ihren Internet-Auftritt ohne Input seitens der Kunden zu strukturieren, ist ein großer Fehler, der Sie Tausende bis Millionen Euro kosten kann"*.

Das Ergebnis des anwenderzentrierten Webdesigns ist die sogenannte „User Experience" (UX): *„Bei der User Experience geht es nicht um die innere Funktionalität eines Produktes oder einer Dienstleistung, sondern darum, wie es nach außen hin funktioniert"* (Garrett 2012: 6). Offenkundig wird die Relevanz der User Experience durch die sogenannte Conversion Rate (Konversionsrate). Diese bezeichnet die Erfolgsrate einer Internetseite (vgl. Broschard 2011: 331). Sie ergibt sich dabei aus den gesamten Besuchern einer Seite im Verhältnis zu denjenigen, die ein vom Anbieter definiertes Ziel umsetzen. Im Tourismus könnte ein solches Ziel in einer Kontaktanfrage oder einer Buchung bestehen. Eberhard-Yom (2010:9) merkt treffend an: *„Die Conversion-Rate wird damit zu einem wichtigen Indikator für die wirtschaftliche Effizienz"*. Da eine Vielzahl von Marketingmaßnahmen (on- wie offline) daraus bestehen, potenzielle Kunden zur Internetseite zu führen, stellt die Optimierung der User Experience ein äußerst probates Mittel dar, um die Conversion Rate zu steigern (vgl. Abbildung 2.5.1).

Dieses Einsparungspotenzial ist nicht unmittelbar sichtbar, sondern äußert sich erst in einem zweiten Schritt, nämlich in der gesteigerten Anzahl von Buchungen bei gleichbleibender Besucherzahl. Dabei hat eine gute User Experience nicht nur Einfluss auf die Anzahl der Buchungsabschlüsse, sondern wirkt auch auf die Wiederkehrrate, denn: *„User Experience hebt ein Unternehmen von seinen Wettbewerbern ab und User Experience entscheidet darüber, ob Ihre Kunden überhaupt zurückkehren werden."* (Garrett 2012: 12).

2.5.2 Elemente der User Experience

Die User Experience gliedert sich nach Broschart (2011: 331) in zwei Bereiche: Zum einen die objektiven Funktionen (oder Fähigkeiten) eines Webangebotes, welche *„so einfach und intuitiv wie möglich zu gestalten"* sind. Zum anderen Aspekte, welche sich auf die subjektive Wahrnehmung des Nutzers beziehen. Hierbei zeigen sich starke Analogien zur Hypothesentheorie der Wahrnehmung, bei der davon ausgegangen wird, dass die menschliche Wahrnehmung *„nicht darauf ausgerichtet [ist], sich bei jeder Informationsaufnahme wieder neu von der Beschaffenheit der Welt überraschen zu lassen"* (Mangold 2007: 118). Menschen versuchen demnach stets, sich auf Basis ihrer Erfahrungen leiten zu lassen. Sie haben entsprechende Fortsetzungserwartungen an Informationsangebote (vgl. Horster 2013: 50). Dennoch gibt es objektivierbare Wahrnehmungs- und Gestaltgesetze (die sogenannte Gestaltpsychologie), welche parallel dazu berücksichtigt werden müssen (vgl. Moser 2002: 121–123). Dabei sieht Broschart die User Experience als übergeordnetes Ergebnis einer guten Verknüpfung beider Aspekte.

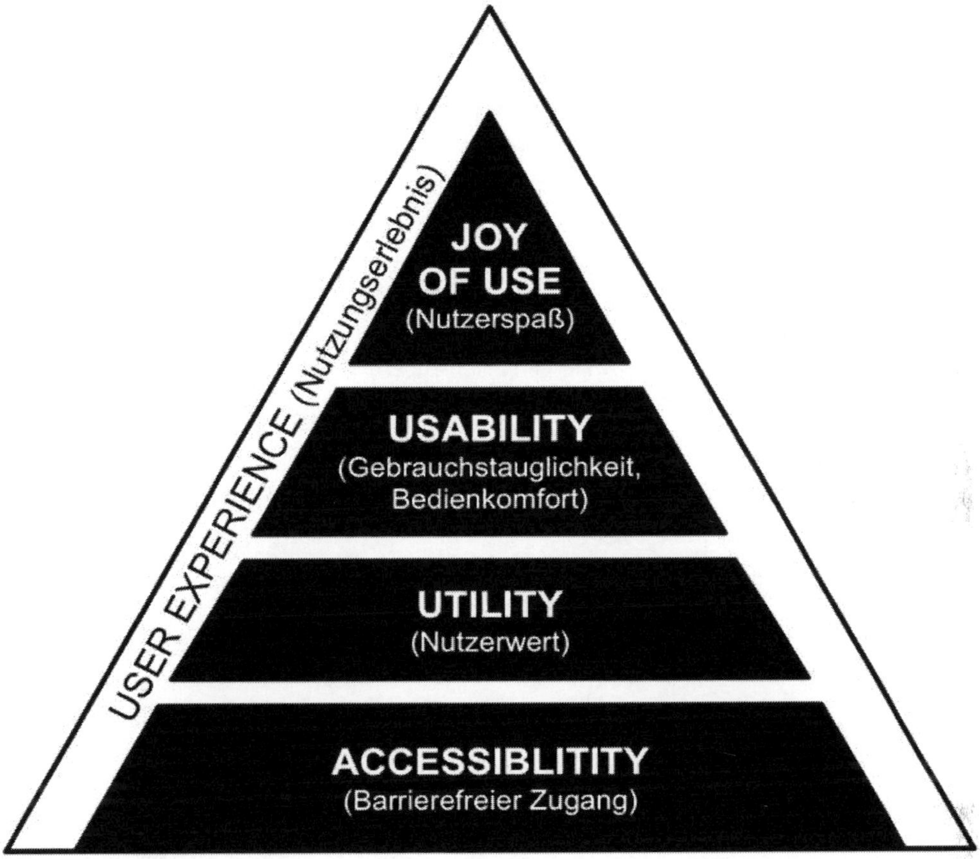

Abb. 2.5.2 *Elemente der User Experience. Quelle: Eberhard-Yom 2010: 8*

Etwas pragmatischer, aber dafür praxistauglicher differenziert Eberhard-Yom (2010: 6–8), indem sie von der Bedürfnispyramide des Nutzers ausgeht und einer guten User Experience die Elemente: Joy of Use, Usability, Utility und Accessibility zuschreibt. User Experience wird dabei als das übergeordnete Ergebnis einer erfolgreichen Abstimmung der genannten Aspekte gesehen (vgl. Abbildung 2.5.2).

Im Folgenden werden die Bereiche der User Experience aufeinander bezogen, um so zu einem besseren Verständnis des Begriffs zu gelangen.

- **Accessibility**

Ausgangspunkt der Accessibility (Barrierefreiheit) ist die Überlegung, dass beim Nutzer der Zugang zu einem Online-Angebot durch hohe Eintrittsbarrieren dazu führen kann, dass dieser eine Internetseite unmittelbar wieder verlässt oder aber eine Transaktion nicht durchführt. Ziel muss es daher sein, dass ein Webangebot möglichst einfach wahrgenommen werden kann (vgl. Kollmann 2011: 496). Verlässt ein Nutzer eine Internetseite sofort wieder, so spricht man von der sogenannten „Absprungrate“ (Bounce Rate), welche sich auch negativ auf die Positionierung bei Suchmaschinen niederschlagen kann. Des Weiteren sollten aber auch innerhalb der Buchungsstrecke die Barrieren bis zum Kauf möglichst gering gehalten werden. Eine anwenderzentrierte Gestaltung ist gerade in diesem Prozessschritt elementar, da sich der Nutzer bereits für das Angebot entschieden hat. Wird er nun aufgrund einer Buchungsabschlussbarriere an der Transaktion gehindert, so sind damit hohe Kosten verbunden, denn der Verlust eines Interessenten wirkt sich potenziert auf die Konversionsrate aus. Die Accessibility ist somit Grundvoraussetzung des anwenderzentrierten Webdesigns und umfasst zudem noch weitere Aspekte. So wird beispielsweise auch gefordert, dass der Zugang zu einem Internetangebot für möglichst viele Nutzer erfolgen kann. Also auch für solche, die körperliche oder geistige Einschränkungen haben, wodurch spezielle Anforderungen an eine Seite gestellt werden.

Im Zuge der Entwicklung diverser mobiler Endgeräte bezieht sich die Barrierefreiheit aber auch auf die Darstellung einer Seite auf verschiedenen Ausgabeformaten. Ziel der Barrierefreiheit ist es also, den Zugriff zu Informationen sowie die Funktionen einer Internetseite unabhängig vom Nutzungskontext sowie anderen externen Gegebenheiten zu gewährleisten (vgl. Eberhard-Yom 2010: 7–8). Dies wird gerade in den vergangenen Jahren mit der Etablierung von Smartphones, Tablet-Computern, Internet-TV, usw. immer komplexer. Derzeit wird daher viel über die Möglichkeiten des sogenannten responsive Webdesigns diskutiert. Abbildung 2.5.3 zeigt dabei die Internetseite eines Hotels, welche sich dynamisch auf das jeweilige Endgerät ausrichtet. Links ist die Ansicht auf einem klassischen Desktop PC zu sehen. In der Mitte die Darstellung auf einem Tablet-Computer und rechts das Erscheinungsbild auf einem Smartphone.

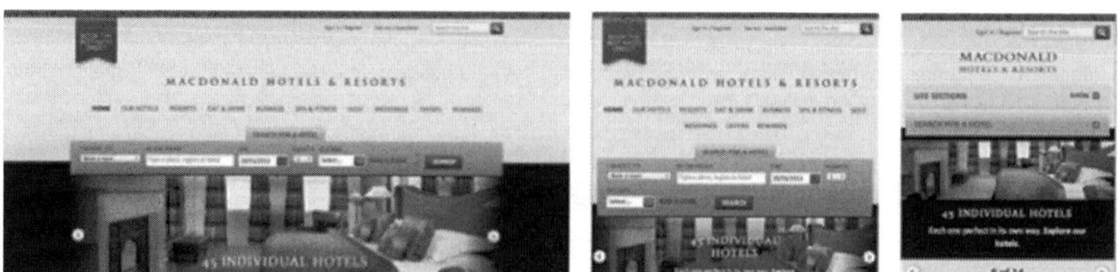

Abb. 2.5.3 *Responsive Webdesign in der Hotellerie. Quelle: www.macdonaldhotels.co.uk*

Beim responsive Webdesign erkennt die Internetseite also jeweils das Endgerät und passt sich entsprechend daran an. Zwar kommt man so dem Ziel einer barrierefreien Webseitengestaltung näher, im Tourismus ist aber gerade der Wechsel von einem stationären zu einem mobilen Endgerät häufig mit einer völlig neuen Bedürfnislage verbunden. So kann es sein, dass ein Nutzer am heimischen Computer zu einem Restaurant Öffnungszeiten und Speisekarte recherchiert. Ist er dann unterwegs, können ganz andere Aspekte, wie beispielsweise eine Wegbeschreibung relevant sein. Es muss also gelingen, auch diese unterschiedlichen Bedürfnisse zu antizipieren, worin eine große Herausforderung liegt.

- **Utility**

Utility beschreibt die „Nützlichkeit" und bezieht sich darauf, ob ein Webangebot *„sämtliche Funktionalitäten und Inhalte bereitstellt, die zur Erreichung der Nutzungsziele erforderlich sind"* (Eberhard-Yom 2010: 7). Somit ist bei der Utility entscheidend, welche Inhalte angeboten werden. Die Utility beschränkt sich dabei nicht ausschließlich auf die Beschreibung der Reiseleistung, sondern bezieht sich auch darauf, welche Art von Informationen im jeweiligen Nutzungskontext angemessen sind (vgl. Eberhard-Yom 2010: 7). Kollmann (2011: 496) spricht in diesem Zusammenhang von dem konkreten „Nutzungsakt" und mahnt an, dass Anbieter *„die interaktiven Kommunikationsmodule so gestalten, dass die Nachfrager immer wieder die Möglichkeiten des virtuellen Angebots in Anspruch nehmen"*. Ziel der Utility ist es demnach, dass ein Angebot so gestaltet ist, dass sich ein Gewohnheitskauf einstellt. Dass also ein potenzieller Gast aus Gewohnheit und aufgrund der wiederholten, positiven Erfahrung mit dem Transaktionsprozess immer wieder beim gleichen Anbieter bucht. In der Praxis wird die Relevanz der Utility im Vergleich der Buchungsstrecke von Hotelportalen (wie beispielsweise HRS) und den Internetseiten vieler Individualhotels deutlich. So wird seitens der Privathotellerie zunehmend eine Abhängigkeit von den Portalen beklagt. Die Gründe dafür, wie es zu dieser Abhängigkeit gekommen ist und welche Konsequenzen diese hat, sind vielschichtig. Einer dieser Gründe kann aber darin gefunden werden, dass Kunden nicht bei jeder Hotelbuchung eine andere Buchungsstrecke vorfinden möchten. Daher kann angenommen werden, dass Kunden in Bezug auf die „Nützlichkeit" eine einheitliche Buchungsstrecke bei jeder Hotelbuchung bevorzugen. Hinzu kommt, dass HRS (oder andere Portale) sehr professionell und mit hohem Aufwand eine Optimierung der Buchungsstrecke anstreben, sodass die Utility meist der eines kleinen und mittelständischen Hotels überlegen ist.

- **Usability**

Häufig wird bei der Definition von Usability auf die DIN-ISO-Norm 9241 verwiesen, in welcher der Begriff als *„das Ausmaß, in dem ein Produkt durch bestimmte Benutzer in einem bestimmten Nutzungskontext genutzt werden kann, um bestimmte Ziele effektiv, effizient und zufrieden stellend zu erreichen"* (DIN EN ISO 9241-11 1998: 4 nach Burmester 2008: 324) erklärt wird. In dieser ISO-Norm wird Usability auch als „Gebrauchstauglichkeit" übersetzt (vgl. Burmester 2008: 324). Aus Kundenperspektive kann der Begriff der Nutzerfreundlichkeit synonym verwendet werden. In der ISO-Erläuterung manifestieren sich mehrere Charakteristika. Das genannte Produkt ist per Definitionem ein interaktives System. Durch die Interaktion des Nutzers mit dem System kann diese auch als Benutzungsschnittstelle verstanden werden. Innerhalb dieser Schnittstelle gibt es Interaktionselemente, wie beispielsweise eine Navigation und weitere Schaltflächen (vgl. Burmester 2008: 325). Der Nutzungskontext bezieht sich darauf, dass der Nutzer ein klares Ziel verfolgt, welches er effektiv, effizient und zufrieden stellend erreichen möchte. Es kann aber auch sein, dass Nutzer kein konkretes Ziel verfolgen: *„Möglicherweise hat ein Benutzer ein diffuses Bedürfnis, wieder einmal Urlaub zu machen, und surft durch die Online-Angebote von Reiseagenturen, um sich anregen zu lassen"* (Burmester 2008: 325). In diesem Fall spielen andere Aspekte der User Experience eine Rolle, wie beispielsweise der Joy of Use.

- **Joy of Use**

Der Joy of Use ist nach Eberhard-Yom (2010: 7) die „Kür" bei der Gestaltung einer Internetseite. Während also Accessibility, Utility und Usability eine notwendige Voraussetzung – im Sinne einer „Pflicht" – bei der Gestaltung sind, sorgt der Joy of Use bzw. die Freude an der Benutzung dafür, dass der Nutzer die angebotenen Funktionen mit Spaß bedient. In Analogie zu Broschart (2011: 331) kann der Joy of Use zu den subjektiv wahrgenommenen Aspekten gezählt werden, dessen Ziel es ist: *„eine Vertrauensbasis zu schaffen und ein angenehmes, positives Gefühl bei der Anwendung zu unterstützen, sodass der Nutzer auch ‚will' und mögliche Blockaden abgebaut werden"*. Der „Wille" kann dabei als Motivation zur weiteren Recherche und damit zum potenziellen Kauf auf einer Internetseite interpretiert werden. In der touristischen Praxis wird hier häufig mit großen Bildern gearbeitet, welche entsprechende Emotionen beim potenziellen Gast auslösen sollen (vgl. Abbildung 2.5.4).

Abb. 2.5.4 *Emotionalisierung auf Internetseiten am Beispiel von Hotelfriends. Quelle: www.hotelfriends.de*

Zusammenfassend kann festgehalten werden, dass das übergeordnete Ziel des anwenderzentrierten Webdesigns darin liegt, Kunden an ein Webangebot zu binden. So merkt Kollmann (2011: 497) treffend an: *„Hat der Nachfrager das Gefühl, dass seine individuellen Bedürfnisse (...) gedeckt werden können, so entscheidet er sich für eine Transaktion. Die Transaktionsentscheidung soll dabei nicht nur einmalig, sondern wiederkehrend sein"*. Dementsprechend kann das anwenderzentrierte Webdesign auch als Kundenbindungsinstrument gesehen werden, welches zentraler Faktor für einen dauerhaften Vermittlungserfolg ist (vgl. Kollmann 2011: 496).

Quellen:

Broschart, S. (2011). Suchmaschinenoptimierung und Usability. Website-Ranking und Nutzerfreundlichkeit verbessern. 2. Aufl., Poing.

Burmester, M. (2008). Usability-Engineering. In: Weber, W. (Hg.). Kompendium Informationsdesign, Heidelberg.

Eberhard-Yom, M. (2010). Usability als Erfolgsfaktor. Grundlagen, User Centered Design, Umsetzung, Berlin.

Garrett, J. J. (2012). Die Elemente der User Experience. Anwenderzentriertes (Web-)Design. 2. Aufl., München.

Horster, E. (2013). Reputation und Reiseentscheidung im Internet. Grundlagen, Messung und Praxis, Wiesbaden.

Kollmann, T. (2011). E-Business. Grundlagen elektronischer Geschäftsprozesse in der Net Economy. 4. Aufl., Wiesbaden.

Mangold, R. (2007). Informationspsychologie. Wahrnehmen und Gestalten in der Medienwelt, München.

Moser, Ch. (2012). User Experience Design. Mit erlebniszentrierter Softwareentwicklung zu Produkten, die begeistern.

Nielsen, J. und Loranger, H. (2006). Web Usability, München u. a.

2.6 Geoinformationen im touristischen Umfeld

Thomas Brinkhoff

Die Mehrzahl touristischer Informationen enthalten raumbezogene Angaben: die Lage des Hotels, die Anfahrtsskizze zum Flughafen, der Plan mit den wichtigsten Points of Interest (POIs) in der Innenstadt, die Ströme touristischer Mobilität im Sommer oder die Geocaches in einer Destination sind einige wenige Beispiele. Von daher ist es für Tourismus-Experten wichtig, einen Einblick in die Grundlagen von Geoinformation zu haben („What is special about spatial?“) und die wesentlichen Eigenschaften der IT-Systeme zu kennen, die für die Verarbeitung von Geoinformationen eingesetzt werden. Auf dieser Basis können bestehende touristische IT-Anwendungen bewertet und innovative Systeme entwickelt werden.

2.6.1 Geoinformation

Mit Geoinformationen sind Informationen gemeint, die einen Raumbezug aufweisen. Sie beschreiben typischerweise einen Teil der Erdoberfläche und die darauf befindlichen technischen und administrativen Einrichtungen. Liegen Geoinformationen kodiert vor, so spricht man von Geodaten.

- **Raumbezug**

Ein Raumbezug kann in unterschiedlicher Weise hergestellt werden:

Direkter Raumbezug: Hierbei wird die Lage von Punkten durch Koordinaten bezüglich eines Koordinatensystems beschrieben. Dabei ist zu beachten, dass die Gestalt der Erde sich mathematisch nicht exakt definieren lässt. Eine gute Annäherung stellen Ellipsoide dar. Bei geografischen Koordinatensystemen wird eine Position der Erdoberfläche über Angaben im Winkelmaß bezogen auf den Äquator und einen Nullmeridian des Ellipsoiden festgelegt. Die Abweichung vom Äquator wird als geografische Breite und die Abweichung vom Nullmeridian als geografische Länge bezeichnet; ggf. erfolgt zusätzlich eine Höhenangabe. So sind zum Beispiel die WGS84-Koordinaten des Navigationssatellitensystems GPS geografische Koordinaten, die auf der linken Seite von Abbildung 2.6.1 illustriert werden.

Um Geoinformationen auf einer ebenen Oberfläche (z. B. Papier oder Bildschirm) darzustellen, wird eine mathematische Abbildung von Positionen der Erdoberfläche in die Ebene benötigt. In Abhängigkeit von dem dazu gewählten projizierten Koordinatensystem kann es – je nach Lage und Größe des Gebietes – zu Verzerrungen kommen. Öffentliche Ämter geben Geodaten oftmals mit projizierten Koordinaten ab (z. B. in ETRS89/UTM Zone 32N).

Eine weitere Form des direkten Raumbezugs stellen Kilometrierungen bezüglich eines Linienverlaufs (z. B. Straßen) dar.

Indirekter Raumbezug: Die Beschreibung der Lage erfolgt über Ortsbezeichnungen, Adressangaben oder Kennziffern. Verbreitete Kennziffersysteme sind Postleitzahlbezirke, Vorwahlgebiete und amtliche Gemeindenummern.

Symbolischer Raumbezug: Hierbei erfolgt der Raumbezug durch Angaben, die die Lage für den Menschen verständlich wiedergeben und sich dabei auf andere Objekte beziehen. Die Fahrtanweisung eines Navigationssystems („an der nächsten Kreuzung rechts abbiegen") ist ein typischer Vertreter des symbolischen Raumbezugs.In touristischen Anwendungen treten alle drei Formen des Raumbezugs auf, oft auch in Kombination.

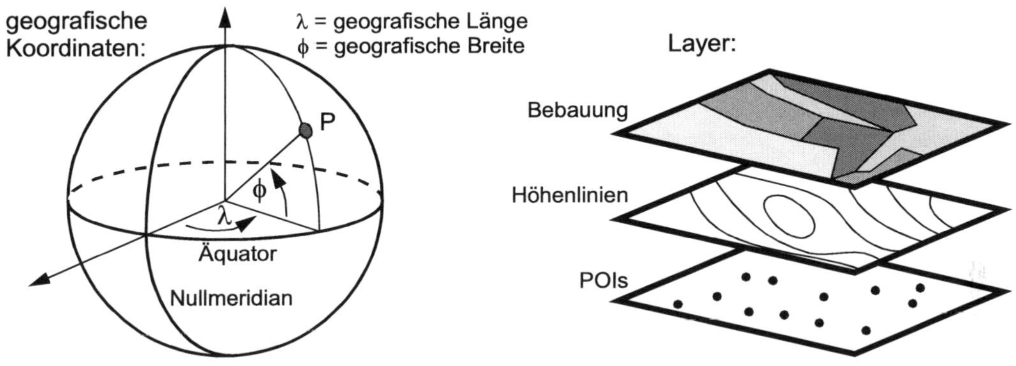

Abb. 2.6.1 *Geografische Koordinaten (links) und Layer (rechts)*

- **Modellierung von Geoinformation**

Um Informationen der realen Welt in einem rechnergestützten System verarbeiten zu können, ist es erforderlich, diese Informationen und Vorgänge in ein Datenmodell zu überführen. Für die rechnergestützte Repräsentation von Geodaten müssen dazu die wesentlichen Eigenschaften von Geoinformationen berücksichtigt werden, namentlich die Geometrie, die Topologie, die Thematik und die Zeit. Während die beiden erstgenannten Eigenschaften speziell für Geodaten sind, treten thematische und temporale Attribute (also ganz normale Sachdaten bzw. Zeitangaben) auch bei herkömmlichen Daten auf. Allerdings ist die Kombination von Raum und Zeit insofern von spezieller Bedeutung, da sich dadurch die Dynamik eines Objektes oder Gebietes beschreiben lässt (z. B. die Skipisten mit hoher Auslastung im Laufe eines Tages).

- **Geometriemodelle**

Die geometrischen Eigenschaften von Geodaten dienen zur Beschreibung der Lage und Ausdehnung im Raum. Für ihre Repräsentation lassen sich zwei grundsätzliche Ansätze voneinander unterscheiden:

Vektormodell: Die Geometriebeschreibung beruht auf Punkten, auf deren Basis Linien, Flächen und (in 3D) Körper gebildet werden. Die Lage eines Punktes wird über Koordinaten beschrieben. Eine Linie wird durch die Folge von zwei oder mehr Punkten gebildet. Eine Fläche wird durch eine oder mehrere geschlossene Linien beschrieben; sie kann ggf. eine oder mehrere Aussparungen (Löcher) aufweisen. Die linke Seite von Abbildung 2.6.2 illustriert das Vektormodell.

Bei Nutzung des Vektormodells wird in der Regel die Geometrieeigenschaft mit anderen thematischen Attributen, die für den beschriebenen Raum gelten, und einer eindeutigen Identifikationsnummer zu einem sogenannten Geoobjekt (engl. Feature) zusammengefasst.

Rastermodell: Dieser Ansatz zerlegt den Datenraum in gleichartige Rasterzellen. Die Rasterzellen (auch Pixel genannt) sind meist quadratisch oder rechteckig und werden über einen Spalten- und Zeilenindex identifiziert. Die Zellen können jeweils einen Wert annehmen; bei Rasterbildern ist dies ein Farb- oder Helligkeitswert; im allgemeinen Fall können aber beliebige Sachattribute in den Rasterzellen hinterlegt sein („Rasterdaten"). Der Raumbezug muss durch eine Georeferenzierung hergestellt werden, z. B. durch die Angabe der Koordinaten der Eckpunkte eines Rasters. Abbildung 2.7.2 zeigt rechts das Rastermodell.

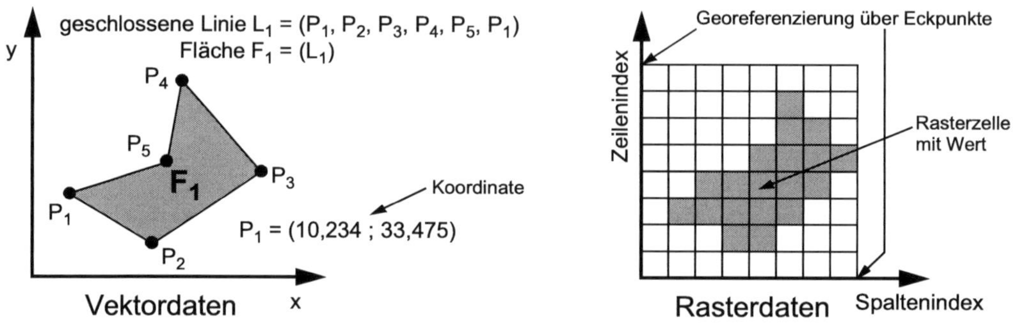

Abb. 2.6.2 *Vektor- und Rastermodell*

Beide Repräsentationsformen unterscheiden sich wesentlich in ihren Eigenschaften. So erlaubt das Vektormodell eine höhere Genauigkeit und kann besser in unterschiedliche Auflösungen skaliert werden. Das Vektormodell weist einen Objektbezug auf (so kann z. B. nach Anklicken einfach das zugehörige Geoobjekt mit seinen übrigen Eigenschaften identifiziert werden) und kann damit weitgehend analysiert werden. Letzteres möchte man aber oftmals dem Endnutzer nicht ermöglichen, so dass man dann lieber „dumme" Rasterbilder ausliefert. Auch harmoniert das Rastermodell gut mit wichtigen Aufnahmeverfahren (z. B. für Luft- oder Satellitenbilder) und Ausgabegeräten (Bildschirm). Von daher muss jeweils im Einzelfall bei einer touristischen Anwendung entschieden werden, ob das Vektor- und/oder Rastermodell für die Geodatenrepräsentation verwendet werden soll.

Gleichartige Geoobjekte oder zusammengehörige Rasterdaten werden zu einem Layer (deutsch auch: thematische Ebene) zusammengefasst (z. B. Straßen, Eisenbahnlinien, Sehenswürdigkeiten, Hotels, Pensionen usw.); Abbildung 2.6.1 zeigt auf der rechten Seite drei Layer. Thematisch verwandte Layer (z. B. alle Verkehrswege oder Beherbergungsbetriebe) können gruppiert werden.

- **Topologie**

Die topologischen Eigenschaften dienen zur Beschreibung der relativen räumlichen Beziehungen von Objekten zueinander, wobei von der Geometrie abstrahiert wird. Typische Fragestellungen sind:

- Welche Flächen grenzen aneinander?
- Welche Linien schneiden ein Gebiet?
- Welche Linien folgen einer Linie?
- Welche Punkte liegen auf einer Linie oder in einem Gebiet?

Topologische Eigenschaften können entweder aus den geometrischen Eigenschaften abgeleitet werden oder explizit im Datenmodell repräsentiert werden. Meist wird man für touristische Anwendungen dem ersten Ansatz folgen (z. B. um zu bestimmen, in welcher Stadt sich ein Tourist sich mit seiner mobilen Anwendung befindet), da es hier meist um Fragestellungen handelt, die (anders als z. B. im Katasterwesen) nicht hoch präzise und widerspruchsfrei beantwortet werden müssen. Eine wichtige Ausnahme stellen aber Navigationsanwendungen dar. Für die Berechnung des kürzesten Wegs von einer aktuellen Position zu einem Ziel oder den drei nächstgelegenen Restaurants benötigt man ein Netzwerk als topologisches Knoten-Kanten-Datenmodell, bei dem die Knoten die Punkte im Raum und die Kanten die direkten Verbindungen zwischen zwei Knoten mit ihren wesentlichen Eigenschaften (oftmals Entfernung oder Zeitbedarf) repräsentieren.

- **Karten und Pläne**

Karten dienen der Präsentation von Geoinformationen. Dazu werden die Geodaten so visualisiert, dass die Informationen, die vermittelt werden sollen, möglichst hervorgehoben dargestellt werden.

Für die Präsentation von Geodaten in Karten auf dem Bildschirm oder in gedruckter Form muss daher zusätzlich die Gestaltung (engl. Styling) der Geodaten festgelegt werden. Vektordaten werden durch grafische Stellvertreter, die Signaturen genannt werden, visualisierbar. Da Punkte keine Ausdehnung besitzen, müssen sie durch spezielle Punktsymbole (Icons) darstellbar gemacht werden. Auch für Linien können spezifische Signatureigenschaften (Strichmuster, Anzahl der Linien usw.) festgelegt werden. Für Flächen stehen Liniensignaturen für den Rand sowie Füllmuster/Schraffuren für das Flächeninnere zur Verfügung. Bei allen Signaturen ist deren Größe (Symbolgröße, Liniendicke, Abstand der Schraffuren usw.) ein wichtiges Gestaltungsmittel. Gleiches gilt für die Wahl der Farben bzw. Graustufen sowie der Sichtbarkeit bzw. Transparenz. Abbildung 2.7.3 illustriert verschiedene Punkt-, Linien und Flächensignaturen.

Auch für die thematischen Eigenschaften von Geoobjekten bzw. die Werte in den Rasterzellen sind geeignete Gestaltungsregeln festzulegen. Qualitative Eigenschaften, die sich durch (endliche) Aufzählungen repräsentieren lassen (z. B. die Hotelkategorie), können durch eine abgestufte Farbgebung, durch Symbole o. ä. visualisiert werden. Quantitative Eigenschaften, die aus einem (im Prinzip unendlichen) Zahlenbereich stammen, lassen sich über einen Farbverlauf darstellen. Alternativ kann eine Intervallbildung vorgenommen werden (z. B. Hotels mit weniger als 20 Betten, Hotels mit 20–49 Betten, usw.), so dass die gleichen Gestaltungsmittel wie bei den qualitativen Eigenschaften einsetzbar sind und Kategorien damit voneinander unterscheidbar werden. Nominale Eigenschaften wie Namen und Kodierungen, aber auch schlecht visuell darstellbare quantitative oder qualitative Eigenschaften können über Textsignaturen in eine Karte aufgenommen werden. Spezifische Textsignatureigenschaften sind u. a. Schriftarten, Textdekorationen und Platzierungsregeln in der Karte.

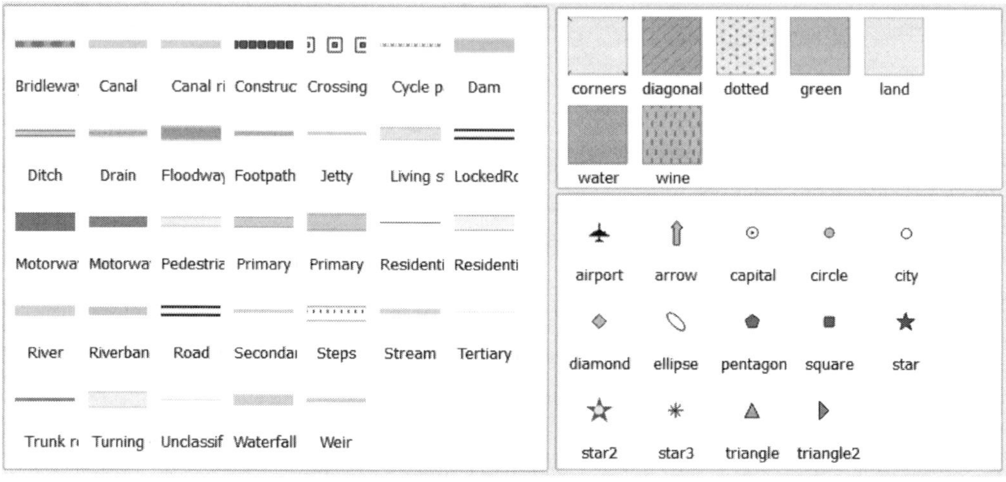

Abb. 2.6.3 *In QGIS 2.0 vordefinierte Punkt-, Linien- und Flächensignaturen*

Die Sichtbarkeit von Signaturen hängt zudem von einem weiteren Faktor ab: Die Layer werden in einer vorgegebenen Reihenfolge dargestellt. Damit überdecken später dargestellte Signaturen vorher gezeichnete. Auch lassen sich für unterschiedliche Maßstabsbereiche unterschiedliche Gestaltungseigenschaften definieren.

Ein wichtiges Konzept zur Gestaltung von Karten ist die Generalisierung; dabei werden für die Erstellung einer lesbaren Karte:

- wichtige Informationen ausgewählt (z. B. nur Städte mit mehr als 10.000 Hotelbetten oder nur Städte, die von touristischem Interesse sind),
- die Informationen in Abhängigkeit vom aktuellen Maßstab hinreichend vereinfacht, zusammengefasst und/oder klassifiziert (z. B. die Anzahl der Stützpunkte einer Linie, die Darstellung von Einzelhäusern oder Häuserblöcken, die Anzahl oder Sichtbarkeit von POI-Kategorien),
- wichtige Informationen betont (z. B. durch eine vergrößerte Darstellung von Museen in einem Stadtplan oder durch Freistellung von deren Umgebung),
- Objekte bezüglich ihrer Lage verdrängt, damit sie nicht mit anderen Objekten überlappen.

Bei Schemaplänen werden Geoinformationen dargestellt, deren topologische Beziehungen im Vordergrund stehen. Im touristischen Umfeld sind hier u. a. Verkehrsverbindungspläne, vereinfachte Wegschreibungen oder Übersichtspläne zu nennen. Auch bei der Darstellung von Skipisten hat die topologische Situation Vorrang vor geometrischer Lagetreue.

- **Standardisierung und Datenformate**

Für einen reibungslosen Datenaustausch sind anerkannte Standards Grundvoraussetzung. Dies gilt auch für Geodaten. Im Bereich der Geoinformation sind auf internationaler Ebene für die Standardisierung zwei Organisationen von Bedeutung: Das „Open Geospatial Consortium" (OGC) ist ein Zusammenschluss von rund 500 Unternehmen, Behörden, Organisationen, Forschungseinrichtungen und Hochschulen. Im Rahmen seiner Programme hat das OGC eine Vielzahl von konzeptionellen Spezifikationen, implementierbaren Standards, Anwendungsempfehlungen und Diskussionspapieren vorgelegt, die meist konkret Anwendung finden. Die Spezifikationen und Standards des OGC werden oftmals vom Technischen Komitee 211 der „International Organization for Standardization" (ISO/TC 211) aufgegriffen, weiterentwickelt und als Normen der 19100er-Reihe publiziert. Als wichtige Normen können (u. a.) genannt werden:

- ISO 19107 „Spatial Schema" ist ein konzeptionelles Datenmodell, das die räumlichen Eigenschaften von Geoobjekten beschreibt. ISO 19136 „Geography Markup Language" (GML) setzt dieses Modell in XML um. GML wird verbreitet zum interoperablen Geodatenaustausch eingesetzt.
- ISO 19125 „Simple Feature Access" spezifiziert eine Untermenge von ISO 19107 insbesondere für die Nutzung in Geodatenbanken. Eine Umsetzung in JSON stellt GeoJSON dar.
- ISO 19115 „Metadata" ist das anerkannte Datenmodell für Metadaten bezüglich von Geodaten.

KML, eingeführt als Geodatenformat für Google Earth, ist inzwischen OGC-Standard und hat sich als wichtiges Austauschformat etabliert.

Neben den offiziellen Geodatenstandards werden auch verbreitet proprietäre Datenformate zum Datenaustausch verwendet. Für Vektordaten sind hier insbesondere ESRI Shapefiles zu nennen. Für georeferenzierte Rasterdaten werden oftmals das GeoTIFF-Format oder (das Rasterbild ergänzend) ESRI World Files eingesetzt. Die Spezifikation von Koordinatensystemen zum Raumbezug erfolgt fast ausschließlich über die EPSG-Schlüssel der „European Petroleum Survey Group".

Karten und Pläne können ebenso wie Geodaten entweder in einem Raster- oder in einem Vektorformat bereitgestellt werden. Für Rasterkarten werden dazu die üblichen Rasterbildformate (JPG, PNG, GIF) verwendet. Als Vektorformat für Karten und Pläne hat im Rahmen von HTML5 insbesondere SVG (Scalable Vector Graphics) stark an Bedeutung gewonnen.

- **Geodatenbeschaffung**

Der Geoinformationsmarkt wurde lange durch teure und kompliziert (da föderal) zu beziehende Geobasisdaten gehemmt. Hier ist ein Umdenken zu beobachten. So bietet das Dienstleistungszentrum des Bundesamts für Kartographie und Geodäsie (BKG) deutschlandweite Geodaten und Geodienste an. Seit 2013 können dort digitale Landschaftsmodelle, Geländemodelle, topographische Karten (bis 1:200.000), Gemeindegrenzen und geokodierte Ortsbezeichnungen frei bezogen werden. Auch offene Datenportale (z. B. das „Datenportal für Deutschland" und „Offene Daten Österreich") enthalten (zum Teil recht unstrukturiert) viele landesweite oder regionale Geodatensätze.

Spezifische touristische Geoinformationen wie POIs oder Straßennetze können von kommerziellen oder öffentlichen Anbietern kostenpflichtig bezogen werden. Eine interessante kostenfreie Quelle von solchen (und anderen) Geodaten stellt das Projekt „Open Street Map" (OSM) dar, das die weltweite Kartierung von Straßen und anderen Geodaten durch Freiwillige betreibt. Diese Datenbasis enthält u. a. Informationen über Straßen, Fuß-, Fahrrad-, Feld- und Wanderwege, über natürliche Objekte und Landnutzung, über Freizeit- und Sporteinrichtungen und über Geschäfte. In der Kategorie „Tourismus" sind u. a. Campingplätze, Ferienwohnungen, Freizeitparks, Hotels, Jugendherbergen, Kunstwerke, Museen, Pensionen, Rastplätze, Sehenswürdigkeiten, Touristeninformationen und Zoologische Gärten enthalten. Das tatsächliche Vorhandensein dieser Informationen variiert sehr stark; eine touristische Destination kann aber durchaus das Einpflegen solcher Daten als Marketingmaßnahme forcieren.

2.6.2 IT-Systeme für Geoinformationen

Für die Verarbeitung und Präsentation von Geoinformationen steht eine Reihe von allgemeinen oder spezifischen IT-Systemen zur Verfügung. Die Wahl des Systems ist u. a. von Aufgabe, Nutzerkreis, Kommunikationsweg, Datenbasis und Budget abhängig.

- **Geoinformationssysteme**

Ein Geoinformationssystem (GIS) ist ein rechnergestütztes System zur Erfassung, Verwaltung, Analyse und Präsentation von raumbezogenen Informationen:

  - Die Erfassung von Geoinformation meint neben der unmittelbaren Dateneingabe am Rechner auch den Import von Geodaten aus unterschiedlichen Datenformaten.
  - Die Verwaltung umfasst die geeignete Beschreibung, Strukturierung, Speicherung und Abfrage von Geodaten. Diese Ausgabe wird oftmals von einem separaten Geodatenbanksystem übernommen. Neben den eigentlichen Daten sind auch Metadaten vorzuhalten, die die Geoinformationen beschreiben (z. B. abgedecktes Gebiet, Alter, Datenformat, Erfassungsart usw.).
  - Die Analyse dient der Informations- und Erkenntnisgewinnung aus den Geodaten. Das Ergebnis können Geodaten, Karten, Sachdaten, statistische Kennziffern, Berichte, Grafiken und andere Formen von Daten sein.
  - Die Präsentation umfasst die Visualisierung von Geodaten mittels Karten.

Geoinformationssysteme dienen im touristischen Umfeld insbesondere der Aufbereitung und Bereitstellung von Geodaten für endkundenorientierte Informationssysteme und Anwendungen. Bekannte Systeme sind u. a. ArcGIS von ESRI, GeoMedia von Hexagon Intergraph und das Open Source System QGIS.

- **Geodienste**

Eine sehr wichtige Form der Geodaten- und Kartenbereitstellung sind Geodienste (engl. Geospatial Web Services). Ein Geodienst stellt im Internet (oder Intranet) raumbezogene Daten oder Verarbeitungsfunktionalitäten mittels gängiger Webprotokolle zur Verfügung. Als Datenquelle dienen in der Regel Geodatenbanksysteme.

Bei den Geodiensten lassen sich geschlossene Dienste von offenen Geodiensten unterscheiden. Geschlossene Geodienste stellen ausschließlich für spezifische Anwendungsprogramme oder -bibliotheken Geodaten bereit; das Protokoll ist nicht offen und kann daher nicht von anderen Systemen genutzt werden. Ein Beispiel hierfür ist sind die Luft- und Satellitenbilder, die von Google Earth abgerufen werden. Auch die Kartendienste, auf denen beispielsweise Google Maps, Bing Maps oder Nokia Here beruhen, fallen in diese Kategorie.

Offene Geodienste basieren in der Regel auf allgemeinen Geodatenstandards. Für touristische Anwendungen haben insbesondere folgende offene Geodienste Bedeutung:

- Der OGC Web Map Service (WMS) (ISO 19128) liefert Kartenausschnitte in gängigen Raster- und Vektorkartenformaten. Zudem können ggf. für eine Kartenposition Sachdaten abgefragt werden (z. B. eine Beschreibung eines POIs, auf dessen Symbol der Benutzer in der Karte geklickt hat).
- Der OGC Web Map Tile Service (WMTS) leistet das gleiche wie der WMS, nur das anstatt eines beliebigen Rasterkartenausschnitts Rasterkacheln in vorgegebenen Größen und Maßstäben angefordert werden können. Dies kann die Serverleistung deutlich steigern.
- Die OGC Location Services (OpenLS) stellen Dienste u. a. für Ortssuche, Geokodierung und Navigation zur Verfügung. Der Directory Service dient dazu, nächstgelegene oder anderweitig spezifizierte Orte, Produkte oder Dienste zu finden („Welche Restaurants befinden sich in 500m Nähe zu meinem Hotel?"). Der Geocode Service erlaubt eine Geokodierung, die zu einer gegebenen Adresse die Koordinaten berechnet; beim Reverse Geocode Service wird für eine Positionskoordinate die Adresse bestimmt. Der Route Service berechnet serverseitig eine Route unter Berücksichtigung verschiedener Vorgaben. Ergebnisse können Navigationsanweisungen, die Geometrie der Route oder eine Karte mit eingezeichneter Route sein.

Offene Geodienste werden vielfach durch öffentliche Einrichtungen wie z. B. Landesvermessungsämter oder Landkreise angeboten.

Eine Geodateninfrastruktur (GDI) umfasst die technologischen und organisatorischen Maßnahmen und Einrichtungen zur Bereitstellung von Geoinformationen über Geodienste. Der Zugang von (potenziellen) Nutzern zu einer GDI wird in der Regel durch ein Geoportal unterstützt: Dieses ermöglicht die Suche nach den Geodiensten, erläutert die angebotenen Daten und Dienste und stellt außerdem einen Zugriff auf die Geodienste bereit. Ein Beispiel ist das Geoportal der GDI Deutschland, das zum Stichwort „Tourismus" Hunderte von Geodatensätzen, Karten und Diensten auflistet.

- **Web Mapping**

Unter Web Mapping versteht man die Bereitstellung von Karten für das World Wide Web. Die Karte wird dazu in eine Webseite eingebettet und mit Navigations- und Auskunftsfunktionen versehen. Die Geodaten werden in der Regel über Geodienste bezogen.

Die Erstellung von Web-Mapping-Anwendungen wird durch diverse JavaScript-basierte Softwarebibliotheken (engl. Application Programming Interfaces, APIs) unterstützt. So bieten die meisten GIS-Hersteller spezifische Softwarepakete an, mit deren Hilfe die Daten eines Geoinformationssystems einfach in eine Webanwendung überführt werden kann. Insbesondere bleiben dabei die Gestaltungsdefinitionen, die bereits im GIS definiert worden sind, für das Web Mapping erhalten.

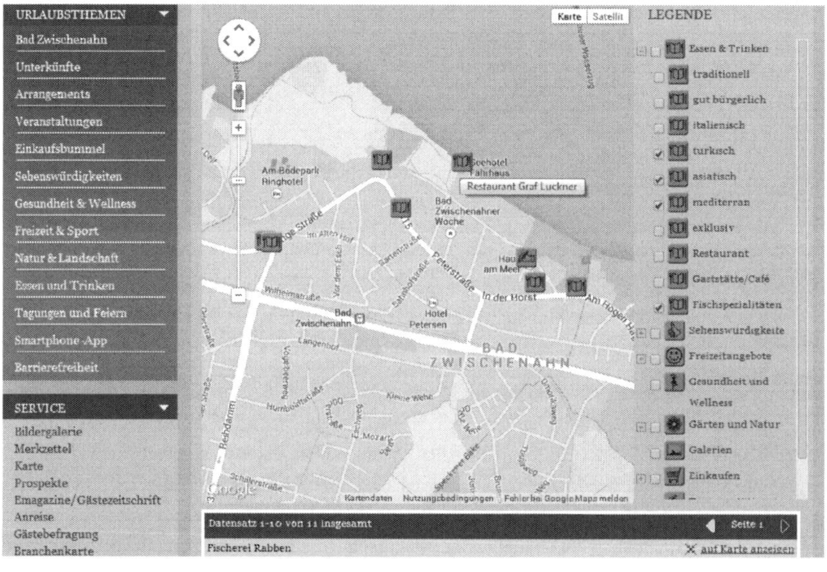

Abb. 2.6.4 *Mashup auf Basis von Google Maps. Quelle: http://www.bad-zwischenahn-touristik.de/*

Sehr populär sind Web-Mapping-Lösungen, die auf Google Maps, Bing Maps, Nokia Here oder ähnlichen Angeboten beruhen. Hierbei besteht eine enge Kopplung zwischen den Geodiensten und den APIs dieser Anbieter. Die Verwendung solcher Paketlösungen hat eine Reihe von Vorteilen: die Programmierung ist meist recht einfach und gut dokumentiert, die Basisdaten sind „mit dabei", es stehen Zusatzdienste wie Navigation, Geokodierung und Panoramabilder (z. B. Google Street View) zur Verfügung, das Look-and-Feel ist den Nutzern vertraut, die Kartenbereitstellung ist hoch performant, man kann eigene Daten integrieren und die Lösungen sind zum Teil kostenfrei oder recht kostengünstig. Es sind aber auch

Nachteile einzukalkulieren: der Einfluss auf die Basiskarten ist gering, die Nutzungsinformationen stehen auch den Anbietern zur Verfügung und – je nach Nutzungsvertrag – können auch zu Werbezwecken von dritter Seite spezifizierte Elemente in der Karte enthalten oder hervorgehoben sein.

Durch das Einbringen eigener Geodaten in eine mit Basisdaten ausgestattete Web-Mapping-Lösung entsteht eine Anwendung, die als „Mashup" bezeichnet wird. Im Anwendungsbereich Tourismus können dies beispielsweise die POIs einer Destination, Wanderwege, Schutzgebiete oder die aktuelle bzw. künftige Belegung von Beherbergungsbetrieben sein. Abbildung 2.7.4 zeigt ein typisches Beispiel für ein Mashup auf Basis von Google Maps.

Einen dritten Lösungsansatz stellen systemunabhängige Softwarebibliotheken dar, die offene und (über Inklusion der jeweiligen API) auch geschlossene Geodienste integrieren. Prominenter Vertreter ist die freie Open Source Software „OpenLayers", die es erlaubt, diverse Datenformate (u. a. GeoJSON, GML, KML, OSM) und Geodienste (u. a. WMS, WMTS, OSM Tile Service, Google Maps, Bing Maps) direkt einzubinden. Eine Alternative dazu stellt die JavaScript-Bibliothek „Leaflet" dar.

- **Virtuelle Globen**

Virtuelle Globen sind Programme, die die Darstellung der Erde (oder – für touristische Anwendungen zurzeit noch weniger relevant – anderer Himmelskörper) auf Basis eines dreidimensionalen Modells ermöglichen. Ein virtueller Globus erlaubt es, sich die Erde von frei wählbaren Positionen, Höhen und Blickwickeln anzuschauen. Neben Satelliten- und Luftbildern enthält ein virtueller Globus weitere Geodaten (z. B. Straßen, Bahnlinien, Ortsbezeichnungen) und geokodierte Objekte (z. B. Fotos, Wikipedia-Artikel, 3D-Gebäudemodelle). Google Earth ist der wohl bekannteste virtuelle Globus. Meist werden virtuelle Globen als normale Rechnerapplikationen installiert und genutzt. Alternativ besteht oftmals (z. B. für Google Earth und Bing Maps 3D) auch die Möglichkeit, sie in Web Browsern auszuführen und damit als Web-Mapping-Anwendung zu betreiben. Dies setzt aber beim Nutzer in der Regel die Installation eines entsprechenden Browser Plug-ins voraus.

Virtuelle Globen erlauben durch die Integration von Nutzerdaten ebenfalls die Schaffung von Mashups. In Google Earth kann dazu das Datenformat KML genutzt werden. Damit können Punkt-, Linien- und Flächengeometrien definiert und mit entsprechenden Signaturen gestaltet werden. Auch ist es möglich, Rasterkarten und WMS-Dienste sowie eigene 3D-Gebäudemodelle einzubinden. Eine touristische Destination kann beispielsweise entsprechende KML-Dateien bereitstellen, damit potenzielle Besucher die Region bereits mit einem virtuellen Globus vorerkunden können. Wenn Sehenswürdigkeiten als 3D-Modelle zur Verfügung stehen, ist es zweckmäßig, diese bereits durch den Betreiber des virtuellen Globus serverseitig integrieren zu lassen, wie zum Beispiel Berlin (vgl. Abbildung 2.6.5).

Abb. 2.6.5 *Google Earth mit geladener KML-Datei und integriertem 3D-Stadtmodell von Berlin*

- **Mobile standortbezogene Geo-Anwendungen**

Ein wichtiger Anwendungsbereich von Geoinformationen im touristischen Umfeld stellen standortbezogene Dienste (engl. Location-Based Services; LBS) dar. Die dafür erforderliche Positionsbestimmung erfolgt oftmals über ein globales Navigationssatellitensystem (GNSS) wie GPS, GLONASS und (künftig) Galileo. Falls kein GNSS verfügbar ist (z. B. in Gebäuden oder Tunneln) oder die vorliegende Positionierung präzisiert werden soll (z. B. aufgrund einer Gebäudeabschattung), werden weitere Verfahren eingesetzt. So ist die WLAN-basierte Ortung eine weit verbreitete Technik. Eine ausführlichere Darstellung mobiler Technologien erfolgt im Kapitel 2.8.

LBS werden auf mobilen Geräten genutzt. Hierbei handelt es sich in der Regel um Smartphones und Tablets. Damit muss Software entweder direkt auf Basis des Betriebssystems des mobilen Gerätes (derzeit also meist Android, iOS oder Windows Phone) oder als Webanwendung in dessen Web Browser ablaufen. Im ersten Fall spricht man von einer nativen App, im zweiten Fall von einer Web App. Die Positionierungsinformationen sind in beiden Fällen verfügbar; für Web Apps wurde dazu im Rahmen von HTML5 die Geolocation API eingeführt.

Zweite wichtige Anforderung für Apps und Web Apps, die Geoinformationen verwenden, ist die Verfügbarkeit einer Kartenanzeige. Eine Kartenanzeige auf einem mobilen Gerät erlaubt i. d. R. die Zentrierung des Kartenausschnitts nach der aktuellen Position und die Ausrichtung der Karte gemäß der Ausrichtung des Gerätes. Hilfreich sind 3D-Visualisierungen; hierbei kann es aber noch zu Beschränkungen durch die Hardware und/oder Datenübertragung kommen. Für Web Apps stehen zur Kartenanzeige mobile Versionen von einem Großteil der im Abschnitt „Web Mapping" genannten Systeme zur Verfügung (also z. B. von Google Maps oder OpenLayers). Bei der Entwicklung nativer Apps benötigt man hierfür ein spezifisches SDK (Software Development Kit). So steht beispielsweise das Google Maps SDK für iOS und Android zur Verfügung; das ArcGIS Runtime SDK ist daneben auch für Windows Phone erhältlich. Die Ausführungen machen deutlich, dass für eine touristische Anwendung mit Kartenfunktionalität wohl überlegt sein sollte, ob sie als native App für spezifische Plattformen oder plattformübergreifend als Web App realisiert wird. Bis vor kurzem waren solche Anwendungen nur als native App realisierbar; diese Einschränkung gilt (insbesondere durch die Verbreitung von HTML5) nun nicht mehr.

Einen wichtigen Sonderfall von LBS stellen Navigationsanwendungen dar. Während sie früher nur in speziellen Systemen bzw. gekapselten Softwareanwendungen verfügbar waren, lassen sie sich nun über entsprechende APIs leicht in eigene Anwendungen integrieren. Somit stellt aus Nutzersicht eine leicht nutzbare Anfahrtsnavigation zur einer touristischen Destination oder einem Beherbergungsbetrieb eine Muss-Anforderung dar.

2.6.3 Anwendungsbeispiele

Die beiden vorigen Abschnitte haben in die Grundlagen von Geoinformationen und dazugehöriger IT-Systeme eingeführt und dies mit touristischen Anforderungen motiviert bzw. illustriert. In diesem Abschnitt soll nun die Darstellung von möglichen und tatsächlichen touristischen Anwendungen, die Geoinformationen nutzen, strukturiert nach Aufgabengebieten erfolgen. Die Anzahl solcher Anwendungsbeispiele ist quasi endlos; von daher kann der nachfolgende Überblick nur einen kleinen Ausschnitt wiedergeben.

- **Orientierung**

Ein Reisender befindet sich in einem Umfeld, das ihm nicht vertraut ist. Er bedarf also einer geeigneten Unterstützung. Neben gedruckten Karten – die weiterhin ihre Berechtigung haben – können LBS mit einer standortabhängigen Kartenanzeige und Navigationssysteme bei der Orientierung helfen.

Kfz-Navigationssysteme können sowohl der Anreise also auch beim Transport im Urlaubsgebiet bzw. bei einer Rundreise Verwendung finden. Wanderer und Radfahrer haben andere Bedürfnisse: Meist ist nicht die kürzeste, sondern die touristisch interessanteste Route von Interesse. Auch das Wegenetz unterscheidet sich: Wander-, Rad- und Waldwege sollten als navigierbare Geodaten verfügbar sein. Tourenportale und Tourenplaner können die Reisenden bei der Orientierung unterstützen: dies kann mit vorgefertigten Routen erfolgen, die der Urlauber nach unterschiedlichen Kriterien auswählen kann, oder mittels individueller Routen, die nach den spezifischen Bedürfnissen des Reisenden (Zeit, Interessen, Fitness usw.) berechnet werden. Abbildung 2.6.6 zeigt ein entsprechendes Beispiel.

Bei einer Umkreissuche werden dem Reisenden interessante POIs kenntlich gemacht, die sich in der Nähe von dessen aktuellen Standorts befinden, aber (z. B. aufgrund der Bebauung) ansonsten gar nicht beachtet oder gefunden worden wären.

- **Reiseführung**

Reiseführer und andere Informationsmaterialien über Reiseziele beinhalten von jeher Karten. Neben der Orientierung ist hier die Verknüpfung der POIs mit Hintergrundinformationen die Aufgabe. Bei der Überführung solcher Systeme in eine digitale Version ist es oftmals nicht ausreichend, eine statische Karte in digitaler Form aufzunehmen.

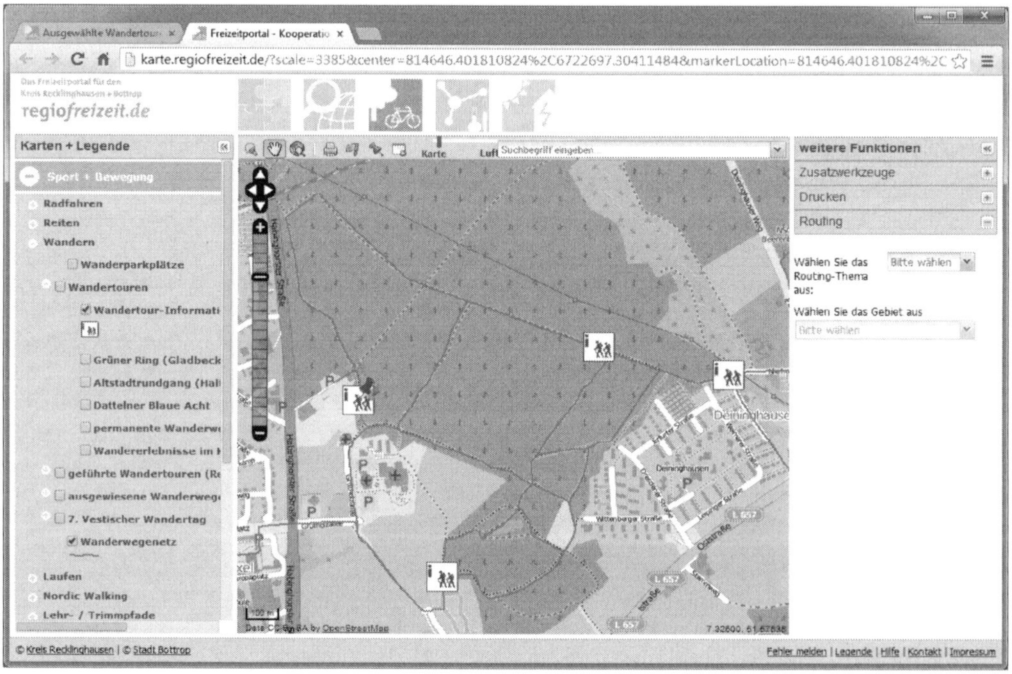

Abb. 2.6.6 *Wandertouren im Freizeitportal für den Kreis Recklinghausen und Bottrop auf der Basis von OpenLayers und OSM. Quelle: http://www.regiofreizeit.de/*

Dynamische Karten ermöglichen dem Nutzer, das Kartenmaterial zu verschieben, in unterschiedlichen Maßstäben darzustellen oder zwischen unterschiedlichen Karten-Layern zu wechseln. Es können weitere Informationsquellen hinzugefügt werden (z. B. geokodierte Wikipedia-Artikel, Audio- oder Videodaten) oder dem Nutzer die Möglichkeit gegeben werden, die Objekte in den Karten mit eigenen Informationen zu annotieren.

Lehrpfade können einen wichtigen Beitrag für die Urlaubsgestaltung darstellen. Während früher solche Pfade physisch mit Schildern und Schautafeln ausgestattet wurden, kann man nun über LBS virtuelle Lehrpfade entwickeln. Da LBS die orts-, zeit- und interessensbezogene Auswahl von Informationen ermöglichen, können (auf Basis von Geodaten) individuelle Lehrpfade abgeleitet und – je nach Wunsch und Verhalten des Reisenden – angepasst werden. Ein Beispiel wird in Abbildung 2.6.7 dargestellt.

Augmented Reality (AR), also die Anreicherung der Realität um virtuell eingeblendete Informationen, wird in den nächsten Jahren voraussichtlich stark an Bedeutung gewinnen. So lässt sich über die eingebaute Kamera ein dynamisches Bild der Umgebung auf dem Bildschirm eines Smartphones oder Tablets anzeigen. Zusätzlich können (wiederum interessensbezogen) im Kamerabild weitere Informationen zu den dort sichtbaren Objekten eingeblendet werden (z. B. Baudaten zu einem Gebäude oder Öffnungszeiten eines Restaurants). Hierfür sind zwei raumbezogene Fragestellungen zu lösen: Zunächst ist es erforderlich, relevante Objekte im Bild (mit Hilfe der Position und Ausrichtung des mobilen Geräts) zu identifizieren. Im zweiten Schritt müssen die zu den Objekten vorliegenden Informationen geeignet in das Bild eingeblendet werden. Dabei braucht es sich nicht nur um Sachdaten handeln: So können z. B. auch die Gebäudeumrisse, wie sie in der Vergangenheit existierten oder nach Planungen zukünftig gelten sollen, dargestellt werden. Smartglasses (wie z. B. Google Glass) werden es künftig erlauben, für solche Aufgabenstellungen nicht mehr auf das mobile Gerät in der Hand blicken zu müssen.

- **Unterhaltung**

Die bekannteste Form von Spielen, bei denen der Ortsbezug im Vordergrund steht, ist das Geocaching. Mit Hilfe eines Gerätes, das eine (möglichst gute) Positionsbestimmung erlaubt (GPS-Gerät, Smartphone), werden bei dieser modernen Form der Schnitzeljagd Verstecke gesucht, die (Geo-)Cache genannt werden. Dabei handelt es sich meist um einen wasserdichten Behälter, in dem sich ein Logbuch und mehrere kleine Tauschgegenstände befinden. Ein Finder trägt sich in das Logbuch ein und ersetzt einen Tauschgegenstand gegen einen anderen. Da Geocaching eine inzwischen sehr beliebte Freizeit- und Urlaubsaktivität ist, wird Geocaching von vielen Destinationen unterstützt und propagiert. Durch gezielt gelegte Caches können wenig besuchte Orte an Zuspruch gewinnen. Dies kann auch dazu genutzt werden, Geocaching von z. B. besonders geschützten Bio- und Geotopen fern zu halten. Neben Geocaching finden aber auch andere positionsbezogene Spiele Verbreitung, die beispielsweise angepasste Versionen bekannter Geländespiele wie „Räuber und Gendarm“ sind, sich aus verbreiteten Computerspielen herleiten oder adaptierte Rollenspiele darstellen. Vielfach findet dabei ein Informationsaustausch zwischen mehreren Spielern statt. Durch ein entsprechendes Event Management kann eine Destination versuchen, Spielort solcher Spiele zu werden. Auch für Betriebsausflüge und das Team Building im Rahmen von Weiterbildungsmaßnahmen eignen sich positionsbezogene Spiele. Über Edutainment-Angebote lassen sich Reiseführung und Unterhaltung zusammenführen. Quizfragen, die sich durch Suche (z. B. in einem Museum) beantworten lassen, stellen einen sinnvollen Ansatz dar. Sowohl bei Planung (z. B. um eine Schülergruppe möglichst schnell auf das Gebäude oder Gelände zu verteilen) als auch bei Durchführung sollten raumbezogene Aspekte beachtet werden (z. B. Hilfestellungen, falls man sich verlaufen hat, oder Hinweise wie „kalt“ oder „warm“ wie beim Topfschlagen).

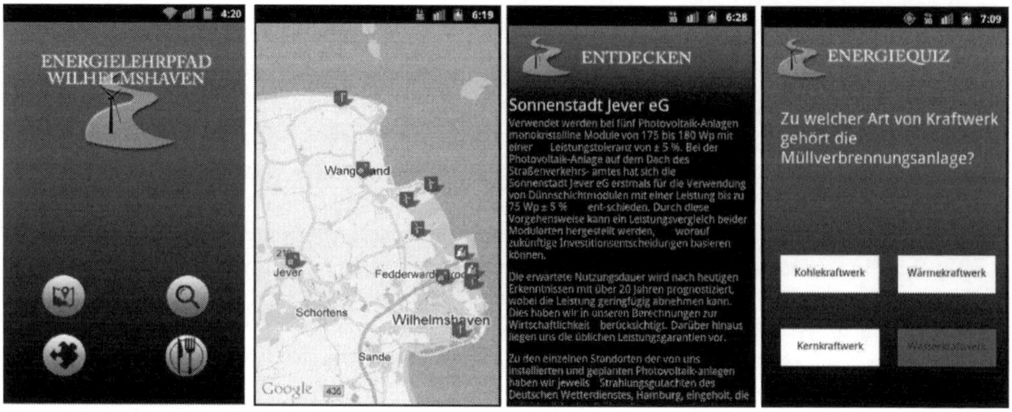

Abb. 2.6.7 *Energielehrpfad Wilhelmshaven als native Android App. Quelle: Studentisches Projekt im Studiengang Geoinformatik auf Basis der Bachelorarbeit von Friederike Többelmann im Studiengang Tourismuswirtschaft; alle Jade Hochschule Wilhelmshaven/Oldenburg/Elsfleth*

- **Reisevorbereitung**

Geoinformationen spielen eine essenzielle Rolle bei der Reisevorbereitung. Über digitale Karten kann ein potenzieller Reisender sich über das Leistungsangebot, über die Landschaft und über die Erreichbarkeit einer Destination informieren. Dementsprechend sollte der Webauftritt einer Destination sowohl dynamische Karten der Region als auch PDF-Versionen enthalten, die nach Download auch offline zur Verfügung stehen.

Gleiches gilt für Hotels und andere Beherbergungsbetriebe. Hier stehen allerdings meist kleinräumigere Fragestellungen im Vordergrund (Entfernung/Weg zum Meer/Skistation/ Stadtzentrum; eventuelle Störfaktoren wie Straßen, Eisenbahn, Industriebetriebe; Parkmöglichkeiten etc.); dies sollte sich im bereitgestellten Kartenmaterial widerspiegeln. Auch kann eine direkte Einbindung eines digitalen Globus oder die Bereitstellung von Informationen als KML-Datei zweckmäßig sein.

Einen wichtigen Aspekt der Reiseplanung stellt die Planung der An- und Abreise dar. Neben der bereits erwähnten Navigation spielt eine Reihe von weiteren raumbezogenen Aspekten bei der lang- und kurzfristen Planung eine Rolle: die Planung von Zwischenstationen und -übernachtungen, Informationen über die Verkehrslage und Wetter, Nutzungsmöglichkeiten (Linien, Fahrpläne) des öffentlichen Personennahverkehrs, etc.

- **Dokumentation**

Eine wichtige Aufgabe stellt die Dokumentation einer Reise- oder Freizeitaktivität dar. Während früher der Diaabend die Aufgabe hatte, Verwandte und Bekannte über den letzten Urlaub zu informieren, haben inzwischen digitale Daten mit Raumbezug diese Aufgabe übernommen:

Abb. 2.6.8 *Foto-Plattform „flickr" auf Basis von Leaflet und Nokia-Karten. Quelle: https://www.flickr.com/*

Tracking: Das Tracking erlaubt die wiederholte Aufzeichnung von Zeit- und GNSS-Standortpositionen (plus evtl. zusätzlicher gemessener Informationen wie Höhe/Wassertiefe, Geschwindigkeit, Temperatur usw.). Zum Datenaustausch wird oftmals das XML-basierte GPX (GPS Exchange Format) genutzt. Viele Programme erlauben es, GPX-Dateien einzulesen, zu verwalten und in Karten zu visualisieren. Das Aufzeichnen von Tracks hat sich bei vielen Sport- und Freizeitaktivitäten etabliert. Eine Variante aus Sport und Kunst ist das „GPS-Drawing", bei dem Touren gelaufen oder gefahren werden, deren Tracks Wörter oder Grafiken ergeben. Diese werden erst nach Laden des Tracks in ein GIS oder einen virtuellen Globus als solche erkennbar.

Geotagging: Hierbei werden Fotos geokodiert. Dies kann direkt bei der Aufnahme durch die Kamera erfolgen. Alternativ besteht die Möglichkeit, das Bild später mit Hilfe von GPX-Tracks oder unter Nutzung einer Karte oder eines virtuellen Globus mit einer Koordinatenangabe zu versehen. Bei JPEG-Bildern werden diese Information in die Metadaten abgelegt; dies liegen meist in Exif (Exchangeable image file format) oder XMP (Extensible Metadata Platform) vor. Eine Veröffentlichung von geokodierten Bildern ist über Plattformen wie „flickr" (siehe Abbildung 2.6.8) oder „Panoramio" möglich.

Quellen:

Bartelme N., Geoinformatik – Modelle, Strukturen, Funktionen, Springer, 2005.

Bill R., Grundlagen der Geo-Informationssysteme, 5. Auflage, Wichmann, 2010.

Blankenbach J., Handbuch der mobilen Geoinformation, Wichmann, 2007.

Brinkhoff T., Geodatenbanksysteme in Theorie und Praxis, 3. Auflage, Wichmann, 2013.

Groß S., Groß M., Biohlawek K. & Menzel A., GPS im Tourismus – Grundlagen – Einsatzbereiche – Produktentwicklung, ITD-Verlag, 2013.

Links:

Bundesamt für Kartographie und Geodäsie (BKG) – Dienstleistungszentrum: http://www.geodatenzentrum.de/

Geoportal der GDI Deutschland: http://www.geoportal.de/

ISO/TC 211: http://www.isotc211.org/

Open Geospatial Consortium (OGC): http://www.opengeospatial.org/

Open Street Map (OSM) – Wiki: http://wiki.openstreetmap.org/wiki/DE:Main_Page

2.7 Das Web 2.0 im Tourismus

Thomas Hinterholzer, Roman Egger

Web 2.0 ist wohl eines der am meisten strapazierten Buzz-Words der letzten Jahre. Zumeist sind Begrifflichkeiten die scheinbar nicht mehr sind als Worthülsen von einer kurzen Halbwertszeit geprägt. Anders jedoch bei dem Terminus Web 2.0 – ein Phänomen welches nicht nur erfolgreich Einzug in unser tägliches Leben gehalten hat, sondern das gesamte Internet revolutionierte.

Der Begriff Web 2.0 lässt durch den Zusatz 2.0 erkennen, dass es davor ein andere „Version" des Internets gegeben haben muss. Das Web 1.0 besteht in erster Linie aus untereinander verlinkten Dokumenten, die von einigen wenigen Autoren erstellt wurden. Diese benötigten für die Erstellung von Webinhalten entsprechend komplexes Know-How oder mussten es durch entsprechende Kapitalkraft zuzukaufen.

Im Gegensatz dazu kann das Web 2.0 als das Web von zahlreichen Services gesehen werden, in welchem der Grundsatz der Beteiligung von vielen Publizisten und Konsumenten sowie der leichten Wiederverwertbarkeit von Inhalten gilt. Beide Web-Varianten bestehen zeitgleich, neben- und miteinander (vgl. Blumauer/Pellegrini 2009, Friedman 2008 und Raman 2009).

Beim Web 2.0 handelt es sich um keinen singulären technischen Standard der zu einem bestimmten Zeitpunkt eingeführt wurde, sondern um eine Vielzahl an Technologien, die das Publizieren „für Jedermann" erleichtert haben. Viele der Web 2.0-Technologien entstanden zeitlich zum Ende bzw. nach dem Ende der „Dot-Com-Ära" im Jahre 2000.

Der Begriff Web 2.0 selbst, ein Sammelbegriff für die ihm zugeordneten Technologien, wurde 2005 das erste Mal bei einer US-amerikanischen Konferenz von Tim O'Reilly beschrieben. Der Begriff Web 2.0 steht für den Aufbruch in eine „gute neue" Internetzeit, die von den Inhalten der Nutzer geprägt wird und kann gleichzeitig als ein Synonym für den Wendepunkt zwischen beiden Phasen angesehen werden.

Die am häufigsten zitierte und ursprünglichste Definition von Web 2.0 ist jene von O'Reilly, die sich im Artikel „What is the Web 2.0?" findet (vgl. O'Reilly 2005: onl). Sie ist die Basis für alle anderen Definitionsansätze und umfasst die in Tabelle 2.7.1 dargestellten Aspekte, die das Web 2.0 charakterisieren.

Grundprinzipien des Web 2.0:	Implikationen für informationsverarbeitende Prozesse:
Globale Vernetzung	Informationen auf globaler Ebene sammeln, anbieten und austauschen; Informationsinseln entgegenwirken
Kollektive Intelligenz	Informationen durch Kunden bzw. Nutzer austauschen, systematisieren und bewerten lassen
Datengetriebene Plattformen	Informationen sammeln, systematisieren, um einzigartige wertvolle Datenbestände aufzubauen und zu syndizieren
Perpetual Beta	Feedback einholen und Nutzerverhalten aufzeichnen, um Produkte kontinuierlich zu pflegen und verbessern. Web 2.0 Services haben keine Versionen und werden ständig weiterentwickelt
Leichtgewichtige Architekturen	Offene Schnittstellen verwenden, die eine schnelle Erstellung eigener und einfache Nutzung fremder Dienste ermöglichen. Stichwort Interoperabilität
Geräteunabhängigkeit	Informationen plattformunabhängig und situationsadäquat sammeln und anbieten
Reichhaltige Benutzeroberflächen	Nutzer- bzw. Kundeninteraktion mit informationsverarbeitenden Systemen dem Stand der Technik entsprechend gestalten

Tab. 2.7.1 *Grundprinzipien des Web 2.0. Quelle: Kollmann / Häsel 2007, S. 6f*

Nach Koch und Richter (2007: 4) lässt sich Web 2.0 in Erweiterung des Aspektes der neuen Anwendungen oder Techniken auch beschreiben als eine:

> *„Kombination aus neuen Techniken (Web Services, Ajax, RSS, XSLT, ...), größerer Modularität und neuen Anwendungstypen, welche als Services auftreten (Weblogs, Wikis, Mashups, Social Bookmarking, ...), einer Orientierung hin zu den Bedürfnissen der einzelnen Benutzer und einer sozialen Bewegung (breite Mitwirkung und Selbstdarstellung der Endnutzer), die dazu führt, dass die Grenze zwischen Autor und Leser mehr und mehr verschwimmt, Benutzer also mehr und mehr zu gemeinsamen Informationsräumen beitragen."*

Für die nächste Entwicklungs-„Version" des Webs, das Web 3.0 oder das (Social)-Semantic Web, gilt es die Bedeutung von Informationen und den Sinngehalt von Sprache für Computer verwertbar zu machen. Computer sollen die menschliche Sprache verstehen und richtig interpretieren können. Die vollständige Verfügbarkeit maschinenlesbarer Wissenspräsentationen kann als eines der angestrebten Ergebnisse angeführt werden. Derzeit sind allerdings noch wenige entsprechend ausgereifte Technologien verfügbar. Die technischen Konzepte des Web 3.0 werden zuweilen als eine Wunschliste von zu realisierenden Komponenten kritisiert, die aber aufgrund der ungeheuren Komplexität des notwendigen Zusammenspiels für die maschinenlesbare Wissensinterpretation voraussichtlich noch lange nicht zur Verfügung stehen werden.

2.7.1 Social Web, Social Media und Social Software

Der Begriff Social Web wird oft mit dem Terminus Web 2.0 gleichgesetzt oder ersetzt diesen zunehmend in der Alltagssprache. Jedoch handelt es bei Social Web letztendlich um einen Teilbereich des Web 2.0, und zwar um jenen der Unterstützung sozialer Strukturen und Interaktionen über das Netz (vgl. Ebersbach et al. 2008). Innerhalb des Social Web produzieren und publizieren die Nutzer mit dem Ziel, zu koexistieren, zu kommunizieren, zu koordinieren, zu kooperieren, also unter Verwendung von Social-Software-Anwendungen unterschiedliche Inhalte zu bearbeiten bzw. zu erstellen.

Diese Inhalte werden in Summe als User Generated Content (UGC) bezeichnet. Das Social Web, für die Autoren wird der Begriff Social Media hierfür als Synonym verwendet, besteht wiederum aus der Gesamtheit an Social Software, womit die einzelnen Anwendungen gemeint sind. Social-Software-Anwendungen und somit das Social Web lassen sich lt. Alby (2008: 90f) in zwei große Gruppen klassifizieren:

- Social Software, bei welcher die Kommunikation im Vordergrund steht und diese in der Regel nicht publiziert wird (bspw. Skype, WhatsApp, ...)
- Social Software, bei der zwar auch kommuniziert wird, aber auch Inhalte im Mittelpunkt stehen, die von den Teilnehmern erstellt oder zumindest in irgendeiner Art und Weise angereichert werden. Hier steht der Community-Gedanke im Vordergrund (bspw. Facebook, Foren, ...).

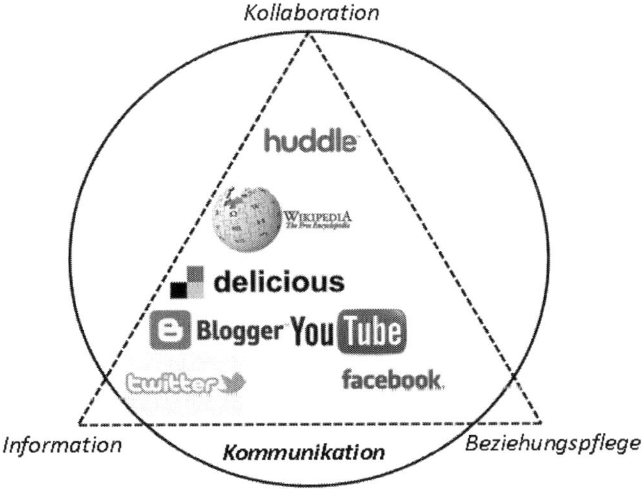

Abb. 2.7.1 *Web-2.0-Dreiecksmodell mit ausgewählten Anwendungsbeispielen[1]. Quelle: Modifiziert aus Ebersbach et al. 2008: 35*

[1] Facebook = ein Online Social Network (OSN) zum Finden alter und Knüpfen neuer Bekanntschaften und zur Präsentation des eigenen Profils im Internet; YouTube = eine Anwendung zur öffentlichen Publikation von Videos; Wikipedia = eine von Internetnutzern verfasste Online-Enzyklopädie; Blogger = eine Anwendung

Abbildung 2.7.1 stellt das Web 2.0 gruppiert nach den drei wesentlichen Anwendungszielen dar und zeigt ausgewählte Anwendungsbeispiele. Nutzer kommunizieren zum Informatinsaustausch, pflegen ihre Beziehungen und nutzen das Web zur Zusammenarbeit. Die drei Ebenen verschwimmen meist. So ist bspw. eine Kollaboration ohne Informationsaustausch nicht möglich.

Neben den beiden oben gezeigten Klassifikationen von Social Software kann man diese auch nach Anwendungsklassen einteilen und kommt so zu folgenden detaillierteren Typen (vgl. Ebersbach et al. 2008, Koch & Richter 2007 oder Stocker & Tochtermann 2009):

- Weblogs (persönliche Journale zu unterschiedlichsten Themen)
- Wikis und Gruppeneditoren (gemeinsame Erstellung und Editierung von Texten bzw. Artikeln)
- Social Sharing (Tausch und Bereitstellung von digitalen Inhalten wie Videos, Podcasts, Bildern oder Bookmarks)
- Social Networking (Online Social Networks (OSN), die dem Aufbau und der Pflege von Beziehungen und Netzwerken im Web dienen)
- Instant Messaging (verschiedene Messenger-Programme ermöglichen es zwei oder mehreren Benutzern, gemeinsame Unterhaltungen zu führen)
- Weitere Social-Software-Konzepte (Social Tagging, RSS, Newsfeeds, Mashups, Social Gaming, …)

Dieser Form der Kategorisierung des Social Webs nach Social Software-Anwendungsklassen folgt auch das Social Media-Prisma der Fa. Ethority (vgl. Ethority GmbH & Co. KG 2012: onl.), welches die Kategorisierung aber weiter verfeinert und eine große Anzahl an Anwendungsbeispielen mitliefert.

(Blog) zur Erstellung und Veröffentlichung eigener Blogfaces; Huddle = eine Anwendung zur Zusammenarbeit in Echtzeit mittels Diskussionen, Whiteboards oder Meetings sowie dem Austausch und der gemeinsamen Bearbeitung von Datenfiles; del.icio.us = eine Anwendung zum speichern, verwalten und teilen von Internetlesezeichen; Twitter = ein Micro-Blog zum publizieren und abonnieren von Kurznachrichten.

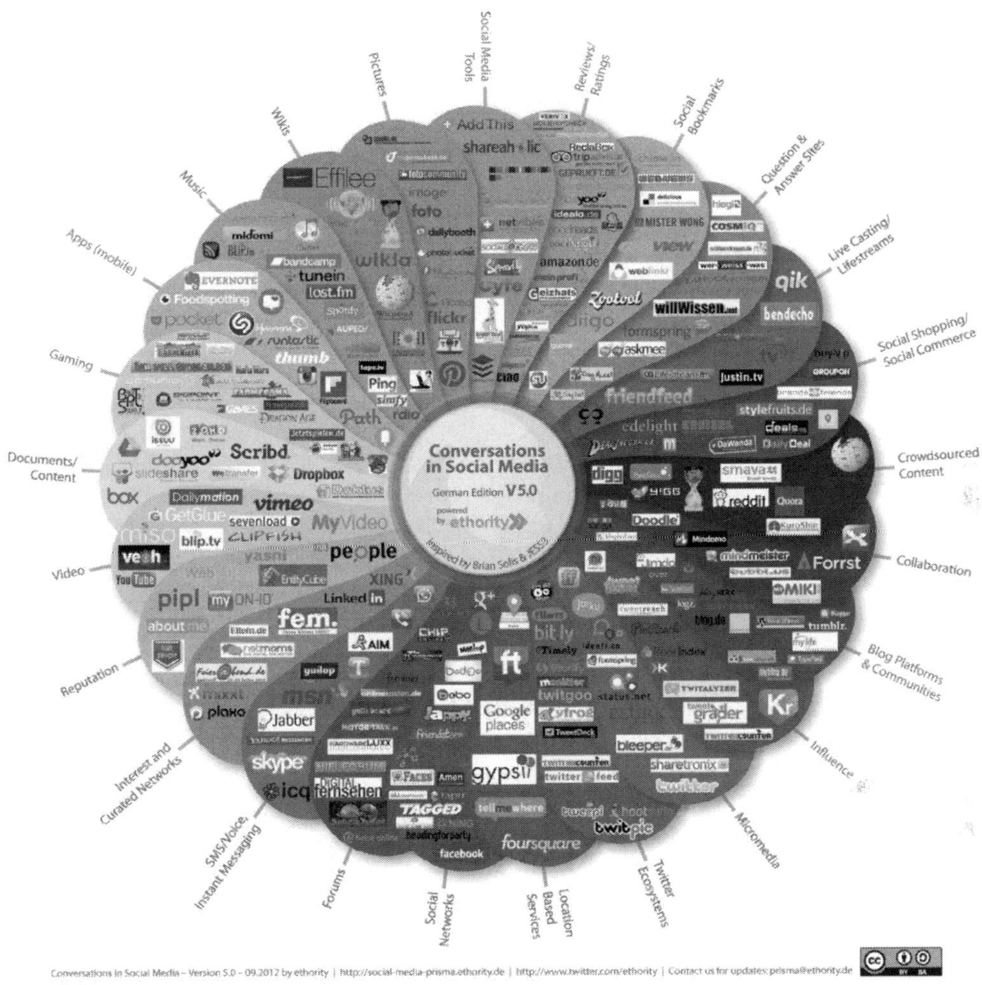

Abb. 2.7.2 *Web 2.0-Prisma Vers. 5.0. Quelle: Ethority GmbH & Co. KG 2013: onl.*

2.7.2 User Generated Content: Die Partizipation des Einzelnen im Social Web. Eine Nutzerbetrachtung.

User Generated Content (UGC) ist eines der Schlagworte im Themenbereich Web 2.0. Er wird im Social Web mit Hilfe entsprechender Social-Software-Anwendungenen vom Internet-Nutzer produziert. Es handelt sich um Inhalte, die über die bloße Kommunikation (bspw. via Skype) hinausgehen und die dem allgemein zugänglichen (Unterschied zu bspw. dem E-Mail-Dienst) Austausch von Inhalten dienen (bspw. Slideshare.net zum Austausch von Vortragsfoliensätzen oder die Bereitstellung von Urlaubsfotos über Flickr im touristischen

Anwendungsfeld). Der User ist somit nicht mehr Rezipient alleine, sondern auch Produzent und Gestalter, indem er eigene Inhalte bereitstellt (vgl. Egger 2007; Koch & Richter 2007).

Die Aussagen über die Zahl der Internetnutzer, die wirklich originären Content herstellen (bspw. Videos auf YouTube.com laden, Fotos auf Flickr.com laden oder originäre Blogbeiträge verfassen) und nicht bloß konsumieren, also aktiv am Social Web partizipieren, variiert auf niedrigem Niveau zwischen 2 % bis max. 15 % (vgl. Statista 2008: onl.; Digiom 2010: onl; Tomorrow Focus Media 2012: onl.). Die britische Langzeitstudie „Adults Media Use and Attitutes Report“ von Ofcom (2012: onl.) mit großer Stichprobenanzahl (n > 1.000) weißt über die Jahre hinweg eine Stagnation bei der Produktion von Content aus. Beliebt sind demnach das Publizieren von Fotos im Netz und das Kommentieren von UCG. Die originäre Produktion scheint sich auch nach dieser Untersuchung auf niedrigem Niveau einzupendeln.

Die „90-9-1 Rule“ besagt, dass nur 1 % der Internetnutzer zu den „Heavy Usern“ gezählt werden kann, welche den Großteil der Inhalte produzieren. Weitere 9 % erstellen ab und zu Content, der mit Abstand größte Anteil, nämlich 90 % der Internetnutzer sind weiterhin passive Nutzer. Diese Tatsache bringt auch einige Probleme mit sich, denn zum einen sind die von einer Minorität bereitgestellten Inhalte nicht repräsentativ und zum anderen existiert eine hohe „Noise-Ratio“. Dies bedeutet, dass der einzelne Internetnutzer vor dem Problem steht, aus der ihm zur Verfügung stehenden Informationsmasse jene wenigen Elemente zu identifizieren, die für ihn scheinbar relevant sind (vgl. Nielsen 2006: onl.).

Neben den üblichen soziodemographischen Beschreibungen von Social Media-Nutzern hat sich daher die Unterscheidung nach deren Aktivität im und deren Einfluss auf das Netzwerk eingebürgert. Demnach werden die Nutzer in sozialen Medien häufig in Meinungsbildner (Influencer), überdurchschnittlich aktive Nutzer (Heavy User) und reguläre Nutzer (User) unterteilt. Influencer haben viele Freunde, kommunizieren überdurchschnittlich viel und sind zudem in der Lage, Einfluss auf die Ansichten anderer zu nehmen und diese zu überzeugen. Aus dieser These lassen sich Handlungsempfehlungen für das Social Media-Marketing von Unternehmen ableiten. So sollten Influencer durch Social Media-Marketing angesprochen werden, da diese dann die weniger aktiven Nutzer zu eigenen Gunsten beeinflussen können. Forrester Research hat hierzu eine sogenannte „Peer-Influencer-Pyramid“ entwickelt, in der drei verschiedene Typen von Meinungsbildnern unterschieden werden (vgl. Abbildung 2.7.3), die von Tourismusproduktanbietern durch unterschiedliche Ansprachen beeinflusst werden könnten.

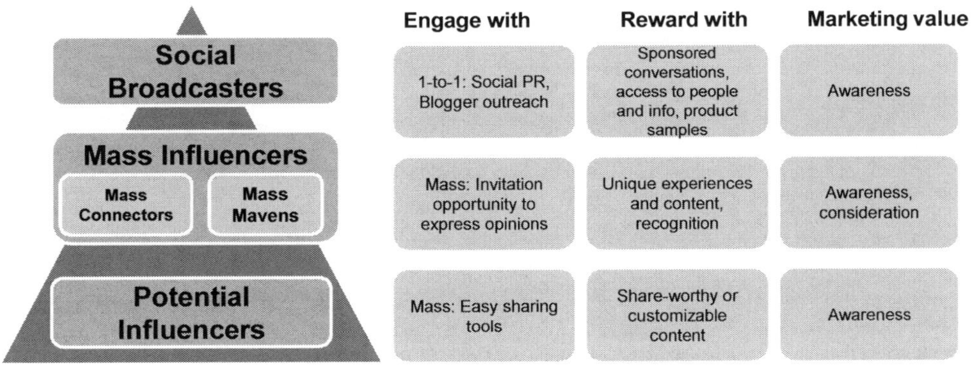

Abb. 2.7.3 *Peer Influencer-Pyramid. Quelle: Forrester Research 2010: onl.*

Die angesprochenen soziodemographischen Beschreibungen der Social Media-Nutzer lassen sich in Kurzform wie folgt beschreiben: Die soziodemographischen Profile (Alter, Geschlecht, Internetnutzungsintensität, Bildung, Haushaltsnettoeinkommen) der reiseaktiven Onlinenutzer und der typischen Facebooknutzer nähern sich zusehends an (vgl. V. I. R. 2013: onl.). Es sind aber nach wie vor die Jugendlichen (sogenannte „Ditgital Natives"), die sich häufiger und länger in OSN aufhalten als ältere Personen. Geschlechterspezifisch ist das Nutzerverhältnis repräsentativ für die Onlinebevölkerung. Absolventen mit Pflichtschulabschluss und Personen mit Hochschulstudium sind in OSN leicht unterrepräsentiert. Vorwiegende OSN-Nutzer verfügen über ein etwas niedrigeres Haushaltseinkommen als bspw. überwiegende Newsletter-Leser, die das höchste Haushaltseinkommen aufweisen. Bei der Nutzungsintensität sind Facebook-Nutzer den anderen Internetnutzern noch voraus. Einer BitKom-Studie (2013) entsprechend, sind mehr als drei Viertel der deutschen Internetnutzer in einem sozialen Netzwerk angemeldet, zwei Drittel davon können als aktive Nutzer bezeichnet werden.

Das Verwenden von bestimmten Internetdiensten und die dort verrichteten Aktivitäten hängen letzten Endes immer von Motivationen der Nutzer ab. Welche Motive durch die Nutzung von OSN (besonders gut) befriedigt werden können, zeigt die BitKom-Studie (2013 onl.). Demnach (vgl. Abbildung 2.7.4) ist zu konstatieren, dass die OSN ist in erster Linie auf die Vernetzung mit Freunden ausgerichtet ist: 73 % der befragten Nutzer geben an, sich mit Hilfe der OSN mit Freunden auszutauschen bzw. in Kontakt zu bleiben. Weitere 47 % benutzen soziale Netzwerke um sich mit der Familie auszutauschen bzw. in Kontakt zu bleiben. Ein weiteres häufiges Nutzungsmotiv ist das Infomieren über das Tagesgeschehen und Verfolgen von Nachrichten (38 %). Mehr als ein Drittel (36 %) nutzt die sozialen Netzwerke um neue Freunde und Bekannte kennenzulernen. Frauen verwenden soziale Netzwerke im Übrigen deutlich häufiger um mit der Familie in Kontakt zu bleiben als Männer.

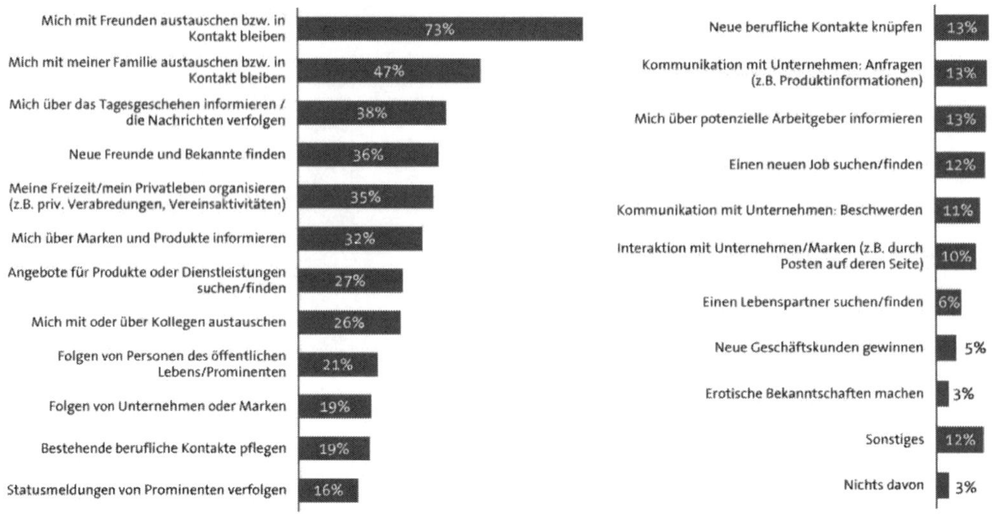

Abb. 2.7.4 *Nutzungs-Motivationen von OSN-Nutzern. Quelle: BitKom 2013: onl.*

Für touristische Leistungsanbieter ist nun folgelogisch die Frage relevant, inwiefern die Nutzer von OSN den in den OSN vorhandenen Empfehlungen und Informationen vertrauen. Die Wichtigkeit dieser Fragestellung sollten die Anbieter in der Tourismuswirtschaft vor (1) dem Hintergrund der inhaltlichen Nutzungen von OSN: Werden die 14 % von oben herangezogen, nutzen ca. 3,5 Mio. Personen der 25 Mio. deutschen OSN-Nutzer oder 4,3 % (!) der dt. Gesamtbevölkerung OSN für Produktinformationen, (2) dem Vorgehen bei der Reiseinformationssuche: Hier ist bei der Onlineinformation die Suchmaschine Google nach wie vor der Startpunkt für die potentiellen Gästen und (3) dem Informations- und Buchungsverhalten der Gesamtbevölkerung: 45 % der dt. Gesamtbevölkerung über 14 Jahren nutzte das Internet noch nie zur Reiseinformationssuche und 66 % buchten noch nie eine Reise oder Reisebestandteile online (vgl. V. I. R. 2013: onl.) aber durchaus relativieren!

Bezüglich der Vertrauenswürdigkeit von Informationen anderer Internetnutzer zeigt sich, dass fremde Meinungen in den letzten Jahren stark an Bedeutung gewonnen haben und mittlerweile gegenüber den Informationen der Produkt- und Dienstleistungsanbieter bevorzugt werden (Institut für Demoskopie Allensbach, 2012: onl). Vergleicht man die Relevanz von Online- vs. der von Offlineempfehlungen, gelangt Nielsen (vgl. Nielsen in Giles 2010: 7) zu der Erkenntnis, dass persönlicher Empfehlung von Freunden und Familienmitgliedern mehr Vertrauen geschenkt wird als Beiträgen in OSN. Wang und Fesenmaier (2004) untersuchten die Nutzungs-Motivationen von VC-Nutzern beispielhaft in einer U.S.-amerikanischen Travel Community. Die Tabelle 2.7.2 gibt einen Überblick über die Ergebnisse in Form einer relativen Rangreihung. Werden die Ergebnisse dieser Untersuchung mit den Ausführungen in Kapitel 2.7.3 verglichen, ergeben sie einen schönen empirischen Beleg für die dort gemachten Aussagen.

Starke/Relevante Nutzungs-Motivationen für Travel Communities:	(1) Geringe Kosten der Informationsgewinnung
	(2) Freude und positive Erlebnisse (mit)teilen
	(3) Anderen Hilfe anbieten können
	(4) Empfehlungen zu Produkten und Dienstleistungen anbieten und erhalten
	(5) Bedürfnisse anderer Personen befriedigen können
Schwache/Irrelevante Nutzungs-Motivationen für Travel Communities:	(6) Freunde finden
	(7) Zur Qualitätsverbesserung der Anbieter beitragen
	(8) Produkt-/Serviceevaluierungen
	(9) Aufbauen/Teilnehmen an einer Interessensgruppe
	(10) Kontakte mit Personen knüpfen, von denen ich Hilfe erhalten/erwarten kann

Tab. 2.7.2 *Starke vs. schwache Nutzungs-Motivationen von Travel-Community-Nutzern. Quelle: Tabelle nach den Daten aus Wang und Fesenmaier 2004: 715*

2.7.3 Virtual Community vs. Social Network: Zwei differente Arten von Internet-Gemeinschaften

Im Social Web steht die soziale Interaktion der Nutzer im Zentrum des Geschehens. Um dies zu ermöglichen und zu fördern, entwickelten sich einerseits Virtual Communities (VC), in vielen unterschiedlichen Formen und zu den unterschiedlichsten Themen. Andererseits entstanden so genannte Online Social Networks (OSN).

Nach Clement und Schreiber (2010: 301) werden virtuelle Gemeinschaften fälschlicherweise oftmals mit sozialen Netzwerken gleichgesetzt. Es bestehen jedoch einige Unterschiede! VC können als webbasierte Dienste verstanden werden, die es ermöglichen öffentliche oder halböffentliche Profile in einem begrenzten System zu erstellen, eine virtuelle Verbindung mit anderen Nutzern aufzubauen und so miteinander über mehr oder minder definierte Themen zu kommunizieren. Ein eigenes Benutzerprofil ist sehr oft, aber nicht immer von Nöten. In OSN ist immer ein Benutzerprofil anzulegen. User können sich gegenseitig ausfindig machen, vernetzten und ihre Verbindungen öffentlich machen. Anders als bei VC steht hier nicht ein bestimmter Themenkreis sondern eine Person steht im Zentrum. Während in OSN (bspw. Facebook oder Google+) „die in der Soziologie gegebenen Interaktionsgeflechte (z. B. Bekanntschafts-Netzwerke)" (Clement/Schreiber 2010: 301) abgebildet werden, ohne dass dabei das OSN per se ein Ziel, ein Thema, hätte, ist es bei virtuellen Gemeinschaften so, dass gemeinsames Wollen und Wissen (meist zu einem bestimmten gemeinsamen Thema) entwickelt wird, Erfahrungen geteilt werden und dabei eine eigene Identität aufgebaut wird. Diese beiden unterschiedlichen Ziele münden in verschiedene Stärken der Gemeinschaften:

„Soziale Netzwerke sollen eigene Ziele besser verwirklichen, Communities sollen gemeinsame Ziele erreichen. [Diese Zieldefinitionen münden in folgenden differenten Interaktionsmustern:] Die Kommunikation und Interaktion in Gemeinschaften, deren Mitglieder sich zur Zielerreichung absprechen müssen und eine gemeinsame Identität vertreten, ist wesentlich höher. Soziale Netzwerke vereinfachen das Entstehen von Gemeinschaften, da aus losen Beziehungen stärkere Verflechtung entstehen kann." (Clement/Schreiber 2010: 301)

Beispielhaft, zur Illustration dieser beiden Typen von Netzwerken, seien hier einige Virtual Communities, die sich mit tourismusrelevanten Themen auseinandersetzen, angeführt: Backpacker.com, IgoUgo.com, www.virtualtourist.com, www.gusto.com, www.bootsnall.com, www.tripadvisor.de, www.holidaycheck.de, www.globalzoo.de, www.trivago.de. Diese virtuellen Gemeinschaften haben bspw. alle das gemeinsame Thema „Reisen" als Basis ihrer Gemeinschaften und firmieren daher als „Travel-Communities". Diese Virtual Communities haben auf die Reise- und Buchungsentscheidungen von Touristen wesentlich stärkere direkte Auswirkungen als die OSN (vgl. Teufel 2010). Denn im Gegensatz zu den Travel-Communities zeigt sich bei OSN wie etwa www.facebook.com, www.lokalisten.de, www.wer-kennt-wen.de, www.xing.com oder www.tutorials.de kein augenscheinlich gemeinsames Thema wie etwa das Reisen, sondern im Vordergrund steht hier die Vernetzung an sich als primärer Wert.

Aus diesen Überlegungen kann sich eine Praxisempfehlung für Verkäufer und Vermarkter von Tourismusprodukten und -dienstleistungen ableiten lassen: Holidaycheck, Facebook und Google Plus bieten – neben anwendungsimmanenten Möglichkeiten wie dem Reagieren auf Nutzerkommentare, dem Erstellen von Gruppen und Firmenseiten oder dem Verbessern des eigenen Rankings der Webauftritte – alle die Möglichkeit klassischer Onlinewerbung mit mehr oder weniger perfekter Zielgruppensegmentierung. Jedoch

„Wer die Homepage von Amazon oder eBay aufruft, tut das vermutlich nicht zur reinen Unterhaltung, sondern in der Absicht, sich was zu kaufen. Wer auf Google nach ‚Digitalkamera' sucht, will vermutlich bald eine solche erwerben. Das ist also alles sehr transaktionsnahe. Hingegen: Wer auf Facebook [...] eine Bannerwerbung sieht, ignoriert die fast sicher und spielt lieber weiter mit seinen Online-Freunden." Göldi (2007: onl.)

Die Transaktionswahrscheinlichkeiten zwischen OSN und VC sind sehr unterschiedlich, denn das Nutzungsziel ist bei OSN die Kommunikation, während es bspw. bei eCommerce-Plattformen wie Amazon (Online-Buchhandlung), Holidaycheck (Hotelbewertungsplattform), Expedia (Online-Reisebüro) oder HRS (E-Intermediär) ganz klar die der Produktinformation und/oder -konsumation ist. Dieser Aspekt ist bei der Kanalauswahl der Schaltung von Werbeanzeigen neben Aspekten der Segmentierungsmöglichkeiten, des Interaktionsgrades oder der Aufenthaltsdauer der Nutzer aus Anbietersicht jedenfalls mit zu berücksichtigen.

Abschließend sind von den beiden oben erläuterten Begriffen ferner noch das Diskussionsforum sowie – tourismusspezifisch – die Buchungs- und Bewertungsplattform abzugrenzen. Das Diskussionsforum ist verwandt zur VC, jedoch ist hierbei der Vernetzungsgedanken, das Gemeinschaftselement, wesentlich schwächer ausgeprägt. Selten schweifen die Beiträge hier über das Kernthema hinaus und private oder semi-private Aspekte der teilnehmenden Persönlichkeiten kommen in den Diskussionen zwischen den Teilnehmern kaum zum Vorschein. Die Grenzen zwischen VC und Diskussionsforen sind äußerst fließend und keineswegs so trennscharf wie die zwischen OSN und VC. Die Unterscheidung zwischen Buchungs- und Bewertungsplattform ist mittlerweile eher theoretischer Natur. Denn es zeigt sich, dass reine Buchungsplattformen, etwa zur Buchung von Hoteldienstleistungen, ohne Bewertungs- und/oder Communityfunktion selten geworden sind. Andererseits bieten die meisten Bewertungsplattformen mit Community-Funktionalität wie HolidayCheck.de oder TripAdvisor.com auch die Möglichkeit zur Buchung an. Daneben existieren eine Unzahl von Travel-Communities ohne Buchungs- und/oder Bewertungsmöglichkeiten, die auf Spezialreisethemen fokussiert sind wie etwa everytrail.com zum Austausch von Wandererfahrungen und -wegbeschreibungen.

Die Nutzung der OSN ist aber nicht nur hinsichtlich der grundsätzlichen Penetrationszahlen sehr dynamisch, sondern auch nach Regionen sehr unterschiedlich. Vor allem Facebook hat in den letzten Jahren in nahezu allen westlichen (!) Märkten weltweit überdurchschnittlich Marktanteile gewonnen und es kann bereits von einer natürlichen Monopolstellung in den meisten Ländern gesprochen werden. Die Marktanteile von Google Plus, gemessen am weitesten Nutzerkreis, liegen in Asien und in Indien am höchsten.

In den europäischen Märkten, aber auch in den USA ist Google Plus damit noch vergleichsweise „klein“, wenn auch sehr bekannt. In anderen Märkten haben andere OSN ein Quasimonopol. Etwa in Russland (Vkontakte), in China (QQ), in Saudi-Arabien (maktoob) oder in den Niederlanden (hyves). Tabelle 2.7.3 listet zur Veranschaulichung dieser Tatsache (und zur Veranschaulichung, dass es aus touristischer Sicht durchaus interessant scheint, die OSN und/oder Travel Communities in den für den Einzelbetrieb wesentlichen Quellmärkten zu identifizieren) länderspezifische Traffic-Rankings (vgl. Alexa Internet Inc. 2013: onl.) verschiedener OSN und Travel Communities auf sowie das Land, in dem das entsprechende Netzwerk am häufigsten verwendet wird. Sortiert ist die Tabelle 2.7.3 in absteigender Sortierreihenfolge nach dem weltweiten Ranking.

• OSN	Bestes Ranking in	Global	RU	US	AT	DE	NL
• Facebook	u. a. Türkei (1.)	2.	10.	2.	2.	2.	4.
• QQ.com	China (2.)	9.		475.			
• Twitter	Südafrika (7.)	10.	17.	8.	13.	12.	8.
• LinkedIN	Niederlande (7.)	19.	89.	12.	46.	59.	7.
• Vkontakte.ru	u. a. Ukraine (3.)	37.	4.	1.019.		554.	
• MySpace	USA (36.)	62.	187.	36.	75.	62.	108.
• Odnoklassniki.ru	Georgien (4.)	106.	9.	858.		215.	
• Orkut	Paraguay (9.)	108.		1.454.			
• Maktoob.com	Libyen (5.)	162.		4.264.			
• Hi5.com	Mongolei (8.)	214.	3.471.			2.118	
• XING	Deutschland (15.)	265.		5.967.	21.	15.	811.
• Netlog	Saudi Arabien (24.)	345.	1.541.	2.733.	307.		262.
• Hyves.nl	Niederlande (6.)	457.				4.102.	6.
• Wer-kennt-wen.de	Deutschland (31.)	651.				31.	
• Viadeo.com	Benin (12.)	872.				2.902.	
• Friendster	Philippinen (14.)	920.	5.536.	1.867.		5.980.	
• Lokalisten.de	Deutschland (279.)	4.822.	17.681.	63.274.		279.	
• Booking.com	Italien (26.)	125.	152.	349.		83.	51.
• Tripadvisor.com	USA (82.)	199.		82.			
• Holidaycheck.de	Deutschland (92.)	2.334.			357.	92.	
• Hrs.de	Deutschland (275.)	7.365.		100.042.	911.	275.	17.253
• Backpacker.com	USA (8.802.)	8.802.		8.802.		70.036.	
• Everytrail.com	USA (6.375)	21.013		6.375.		48.909.	
• Globalzoo.de	Deutschland (17.530)	366.528.				17.530.	

Tab. 2.7.3 *Ranking von OSN und Travel Communites im Rahmen aller online Portale nach Webtraffic. Quelle: Eigene Darstellung, Datenmaterial: Alexa Internet Inc. 2013: onl.*

Bei den Travel Communities gelten TripAdvisor.com, HolidayCheck.de, Booking.com und Hrs.de zu den aufgrund ihrer Marktgröße, Besucheranzahl, der hohen Anzahl von vorhandenen Reiseberichten sowie ihres niedrigem Manipulationsrisikos als die bedeutendsten Bewertungsportale für deutsche und österreichische Reisende. TripAdvisor.com gilt international gesehen als Marktführer.

Da der Markt der OSN sowie der VC einer ständigen und vor allem sehr raschen Veränderung unterliegt, sind die veröffentlichten Zahlen meist zur Drucklegung schon wieder veraltet. Es gibt zu dieser Thematik online eine Vielzahl an Zahlen und Statistiken aus Erhebungen, die teils sehr unterschiedliche absolute Ergebnisse präsentieren. Am lohnenswertesten scheint an dieser Stelle der Verweis auf die Digital Library der European Travel Commission. Unter http://etc-digital.org kann ein Sammelsurium an Daten- und Zahlenmaterial zum Thema abgerufen werden.

2.7.4 Rolle von OSN und Travel Communities bei der Urlaubsplanung und -buchung

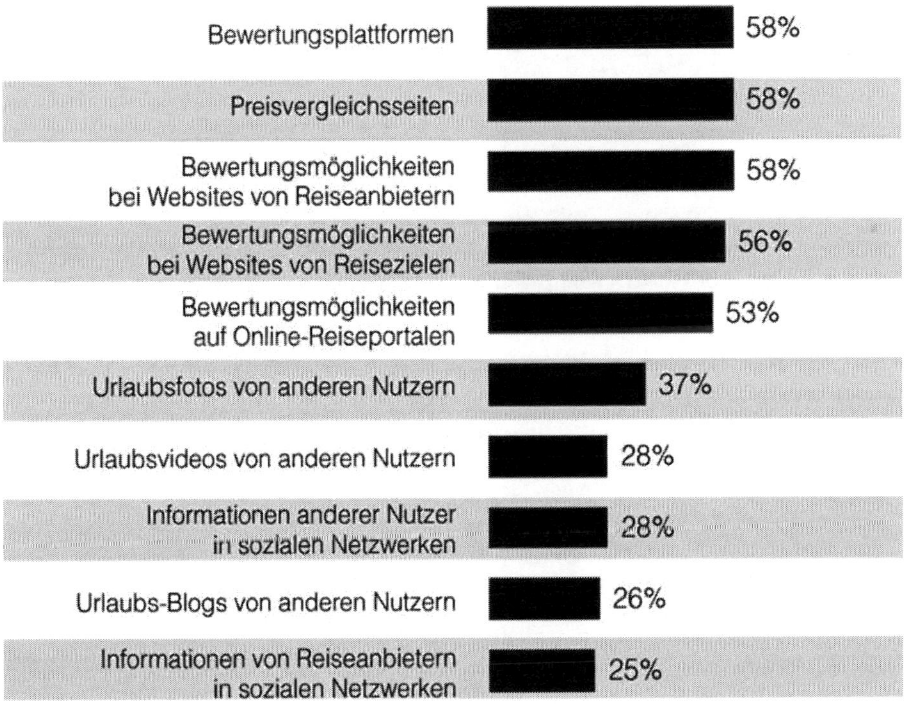

Abb. 2.7.5 Genutzte Social Media Kanäle bei der Urlaubsplanung. Datenbasis: Reisende > 14 J. Quelle: FuR in V. I. R. 2013: onl.

Generell nutzen mittlerweile 55 % der Deutschen das Internet zur Urlaubsinformation und 34 % haben bereits Urlaubsprodukte online gebucht (V. I. R. 2013: onl.). Bei der Betrachtung der Nutzung von OSN zur Informationsgewinnung im Rahmen der Urlaubsplanung zeigt sich, dass diese von knapp einem Drittel der Reisenden genutzt werden, wenn es um UGC-Informationen geht und von einem Viertel der Reisenden, wenn es um Informationen vokommerziellen Anbietern geht (vgl. Abbildung 2.7.5). Bewertungsplattformen jeglicher Art und Preisvergleichsseiten werden von mehr als der Hälfte der Reisenden aufgesucht. Es scheint so zu sein, dass bei der Urlaubsplanung der Informationskanal entscheidender ist, als das Faktum von wem die Information stammt.

Wird die Rolle der OSN sowie der Travel Communities vor und nach der Reise – unabhängig von der konkreten Entscheidungsfindung für eine Buchung – untersucht, zeigt sich, dass Travel Communities von rund einem Drittel der Reisenden vor der Buchung konsultiert werden und Hotelbewertungsplattformen von vier Fünftel der Reisenden. Nach der Buchung besuchen deutlich weniger, nur mehr knapp die Hälfte der Reisenden, die Hotelbewertungsplattformen nochmals (vgl. Teufel 2010: 81). Aktiv Bewertungen im Anschluss an die Reise geben nur mehr knapp ein Fünftel der Reisenden ab.

2.7.5 Theoretische Auseinandersetzungen mit dem Social Web im Tourismus

Da der Tourismus bereits als eine spezifische (Einzelfall-)Betrachtungsweise gelten kann und Theorien allgemeine Erklärungsmodelle sind bzw. diesen Anspruch erheben, gibt es (auch) im Tourismus folgerichtig keine tourismus-, branchenspezifische Theorien. Denn der Anspruch der Spezifität und der der Allgemeingültigkeit würden sich ausschließen. Es finden jedoch Adaptionen für und Diskussionen der bekannten (vgl. Tabelle 2.7.4) Theorien, Thesen und Modelle im tourismusspezifischen Kontext statt.

Eine der wenigen Versuche, weil auf wirklich „alte“, empirisch überprüfte und standfeste Theorien rückgreifend, unternimmt Egger (2010: 125ff.) in seinem Artikel „Theorizing Web 2.0 Phenomena in Tourism: A Sociological Signpost“, indem er Theorien aus der Soziologie (bspw. symbolischer Interaktionismus) mit den Phänomenen des Social Web sowie mit konkreten Anwendungsbeispielen aus dem Tourismus verknüpft. Er stellt sich die Frage, ob die Alltagsphänomene denn mit diesen Theorien allgemeingültig erklärbar wären. Seine Intention ist es, Gedanken für künftige Forschungsarbeiten zu liefern, um letztendlich zu theoretisch fundierten Auseinandersetzungen mit dem Social Web im Tourismus zu gelangen. Eine bis dato aber (noch) fehlende ernsthafte wissenschaftliche Auseinandersetzung.

Tabelle 2.7.4 listet abschließend für dieses Teilkapitel häufig diskutierte Social Web-Theorien, -Thesen, -Methoden, -Modelle und -Handlungsanleitungen auf. Sie zeigt die Urheber dieser Gedanken, das Erscheinungsjahr und umreißt in knapper Form die Kernaussagen der Werke. Abschließend finden sich häufig Anwendungsbeispiele aus dem Tourismusalltag. Die dargestellten Werke wurden zudem in drei große Themenbereiche, *Theorien*, *soziale Trends und veränderte Beziehungen* sowie *Strategien und Geschäftsmodelle* kategorisiert.

Bezeichnung:	***Autor(en):***	***Jahr:***	***Charakteristik / Kategorie:***
Themenbereich I.) Theorien:			
Die sozialen Medien des Web 2.0	*Stefan Münker*	*2009*	*Theorie*
Kernaussage(n)	– Im Web 2.0 dreht sich alles um Kommunikation, Interaktion und Partizipation; die Angebote mit den größten Wachstumszahlen sind OSN und offene Informations- und Unterhaltungsplattformen, die von vielen ihrer Nutzer bewusst als Alternativen zu den konventionellen Angeboten der traditionellen Massenmedien verstanden werden. – Das Web 2.0 hat dem Internet einen letzten, wichtigen Wachstumsschub gegeben. – Die digitalen sozialen Medien sind immersiv – anders als die elektronischen Massenmedien: Der Nutzer ist Teil des Webs, wenn er sich der sozialen Medien bedient. Er wird aber kein Teil des Radios, des TV oder der Zeitung bei der Benutzung. – Die Differenz: Hier sind die Medien, dort die Menschen, lässt sich in einem medialen Umfeld, welches durch die Partizipation der Menschen erst entsteht, nicht mehr so einfach zu trennen		
Touristisches Anwendungsbeispiel	Dass Gäste im Tourismus Medienproduzenten sind, lässt sich vor allem auf den Hotelbewertungsplattformen gut erkennen. Seit dem Aufkommen der OSN, Reise-Communities und Bewertungsplattformen ist das Web für die Gäste insgesamt auch zur Reiseinformation, -buchung, -nachbereitung und -bewertung attraktiver geworden. Daher wird es mehr genutzt als noch zu Zeiten, in der die bloße Konsumation der vom Anbieter via bspw. Hotelwebsite zur Verfügung gestellten Informationen die Hauptfunktion des „Tourismusweb 1.0" war.		
Sprache der neuen Medien	*Lev Manovich*	*2001*	*Modell*
Kernaussage(n)	– Es gibt 5 Prinzipien digitaler Medienobjekte: Numerische Repräsentation, Automatisierung, Modularität, Variabilität und Transkodierung (= Gegenseitige Beeinflussung von menschlicher Kultur und Computertechnologie). – Problem dabei: In den digitalen Medien gibt es zu viel Information und zu wenig Narration, um diese Informationen zusammenzuhalten.		
Touristisches Anwendungsbeispiel	Bei Bausteinreisen zeigt sich bspw. das Modularitätsprinzip sehr schön: Der Tourist ist nicht mehr auf Reisebüros angewiesen, die komplexe Angebote für ihn bündeln, sondern er kann sie selbst modular neu zusammensetzen. Anbieter können somit diese Einzelbausteine auch einzeln bereitstellen und den Touristen direkt ohne Zwischenhändler anbieten.		
Tipping Point	*Malcom Gladwell*	*2000*	*Modell*
Kernaussage(n)	– Der Tipping Point ist der Moment der kritischen Masse, die Schwelle, an dessen Punkt innerhalt kürzester Zeit eine große Veränderung eintritt. Bild: Wasser beginnt zu kochen. – Um soziale Epidemien loszutreten, also den Tipping Point zu überschreiten, bedarf es besonderer Menschen: Vermittler (= Geselliger und gut Vernetzter), Kenner (= Wissender und Informationsträger) und Verkäufer (= Überredner und Überzeuger). – Große Veränderungen werden durch eine Handvoll Menschen verursacht, die zusammen seltene gesellschaftliche Fähigkeiten (siehe oben) besitzen. Sie können andere beeinflussen und auf bestimmte Dinge aufmerksam machen. Sie treten Mundpropaganda los, eine der wichtigsten Form der menschlichen Kommunikation. – Ideen müssen sich einprägen und Menschen zum handeln bringen, wenn sie in der Lage sein sollen, Epidemien auszulösen. – Einige wenige Umstände der physischen und sozialen Umwelt können dazu führen, dass die ansteckende Natur einer Idee stark gesteigert wird.		

Touristisches Anwendungsbeispiel	Einige Szene-Bars bedienen sich sozialer Medien, indem sie etwa Meinungsbildner (= gut vernetzte Vermittler) beim Barbesuch fotografieren und diese Fotos unmittelbar auf Facebook stellen. Somit werden andere Netzwerkteilnehmer durch Zugriff auf die Daten via Smartphone animiert ebenso diese Bar an diesem Abend zu besuchen. Diese werden wieder fotografiert und die soziale Epidemie bietet die Chance die Bar auszulasten bzw. sogar zu überfüllen. Ein anderes bekanntes Beispiel ist der Song „United Breaks Guitars“, in dem der kanadische Country-Musiker Dave Caroll besingt, wie die Fluggesellschaft „United Airlines“ 2009 seine teure Gitarre während eines Fluges durch fehlende Sorgfalt der Mitarbeiter zerstörte. Das auf YouTube veröffentlichte Musikvideo verbreitete sich schlagartig (14 Mio. Klicks; Feb. 2014) und wurde weltweit in den (Offline-)Medien rezensiert. Noch heute, 5 Jahre später, diskutieren Nutzer in OSN, die teure Gegenstände in Flugzeugen transportieren müssen, ob sie einen Transport mit United Airlines riskieren können.		
Cluetrain Manifest	*Rick Levine / Christopher Locke / Doc Searls / David Weinberger*	*1999*	*Thesen & Handlungsempfehlungen*
Kernaussage(n)	– These 1 (von 95): Märkte sind Gespräche. – These 12: Es gibt keine Geheimnisse. Ob gut oder schlecht: Es spricht sich alles herum. – These 16: Schon jetzt kommen die hohlen Phrasen vieler Unternehmer bei den Menschen nicht mehr an. – Durch den freien und schnellen Austausch von Wissen haben die Märkte den Unternehmen einiges voraus – sie sind teilweise intelligenter als die Unternehmen und setzten ihre Überlegenheit aktiv ein. – Es finden sich im Manifest Anleitungen zur Teilnahme am globalen Gespräch/MarktUnternehmen müssen bereit sein, ihre Mitarbeiter für sich sprechen zu lassen. – Unternehmen müssen selbst die Sprache des vernetzten Marktes sprechen. – Unternehmen sollen unverkrampft und aufgeschlossen bleiben. – Unternehmen sollen mitmachen und sich anstecken lassen. – Bei einem guten Gespräch hört man auch zu und wartet ab. – Unternehmen sollen Veränderungen zulassen.		
Naked Conversations	*Robert Scoble / Shel Israel*	*2006*	*Thesen & Handlungsempfehlungen*
Kernaussage(n)	– 1. These: Die direkte Kundenkommunikation durch Blogs ist eine Revolution für Unternehmen in den Bereichen der Kundenpflege, der Produktentwicklung, der internen Kommunikation, der Weiterentwicklung und Forschung. – 2. These: Blogs bezeichnen die Stufe von der kontrollierten Einwegkommunikation hin zum dezentralen interaktiven Modell. – 3. These: Unternehmer, Mitarbeiter und Kunden müssen auf gleicher Augenhöhe kommunizieren. Blogs geben den Unternehmen den menschlichen Touch. Ein stammelnder Mitarbeiter hat mehr Glaubwürdigkeit als das geschliffene Wort des PR-Profis. – 4. These: Bloggen ist der direkte Zugang zu Kunden und Mitarbeitern. Dieser Kommunikationsweg gibt Unternehmen die Chance, ohne journalistische Gatekeeper zu kommunizieren.		
Touristisches Anwendungsbeispiel	Unabhängige Reise-Blogs, wie etwa http://escape-town.com, liefern längst viel gelesene und von potentiell Reiseinteressierten beachtete Reiseberichte und sind vor allem auf Destinationsebene ein nicht zu unterschätzendes Kommunikationsinstrument.		

Themenbereich II.) Soziale Trends und veränderte Beziehungen:			
Weisheit der Vielen	*James Surowieckis*	*2005*	*These*
Kernaussage(n)	– Wenn eine Gruppe eine Entscheidung einem Experten überlässt, ist sie im besten Fall so gut wie die des Experten. Wenn die Gruppe es schafft das Wissen der Gruppe zentral zu aggregieren, dann wird die Entscheidung besser als jede individuelle Entscheidung. – Damit eine Gruppe zu besseren Lösungen als der einzelne Experte gelangt, müssen Dezentralisierung, Unabhängigkeit und Meinungsvielfalt gegeben sein.		
Touristisches Anwendungsbeispiel	Im Tourismus verlassen sich die Konsumenten zusehends auf die Weisheit der Vielen, wenn sie den vielen Bewertungen auf tripadvisor.de mehr Glauben schenken als Experten am Schalter des Reisebüros. Auch Fragen zu Reisezielenan die eigenen Facebook-„Freunde" á la „Wer kennt ein gutes Hotel in Berlin" mit dem Ergebnis zahlreicher Diskussionen und Kommentare von Menschen die ihre Meinung dazu abgeben, ist nichts anderes als das Nutzen der Weisheit der Masse. Bei hochkomplexen spezialisierten Problemen oder im Tourismus hochspezialisierten individuellen Reisen kann jedoch das Expertenwissen zu besseren Lösungen führen, bzw. hier muss die These der weiseren Maße kritisiert werden.		
Here Comes Everybody	*Clay Shirky*	*2008*	*Beispielsammlung*
Kernaussage(n)	– Soziale Technologien verändern die Art und Weise wie Gruppen zusammenfinden und wie deren Mitglieder gemeinsam aktiv werden. – Leistungen mit höherer Spezifität können aufgrund gesunkener Transaktionskosten erstmals außerhalb hierarchischer Organisationsformen erstellt werden. – In den sozialen Medien des Internets wird zunächst geteilt und anschließend nach gemeinsamen Interessen mit anderen gesucht. – Am effizientesten sind kleine Gruppen, deren Mitglieder untereinander eng miteinander verbunden sind und vereinzelt lose Verbindungen mit anderen kleinen Gruppen haben. – Für die Umsetzung neuer Ideen ist eine große Gruppe von Vorteil, da die Chance von glücklichen Zufällen, bei denen Innovationen entdeckt werden, sehr viel höher ist. – In den sozialen Medien geht es häufig nicht darum, etwas zu verkaufen, das für diejenigen hergestellt wird, denen das Versprechen gilt. Es ist vielmehr so, dass diejenigen, denen etwas Versprochen wird, selber an der Herstellung teilnehmen sollen.		
Crowdsourcing	*Jeff Howe*	*2006*	*Begriffsschöpfung*
Kernaussage(n)	– Crowdsourcing ist der Prozess, bei dem Unternehmen traditionell interne Aufgaben auslagern, indem sie Freiwillige über das Internet zur Teilnahme an spezifische Aufgaben im Produktionsprozess auffordern. – Es lassen sich je nach Kollaborationsgrad und -aufgabe verschiedene Crowdsourcing-Modelle ausmachen: Crowd Wisdom zur gemeinsamen Wissensnutzung, Crowd Creation zur gemeinsamen Produktion, Crowdfunding zur gemeinsamen Finanzierung.		
Touristisches Anwendungsbeispiel	Der verrückte Eismacher, ein Eisproduzent aus München, der sich auf außergewöhnliche Eissorten spezialisiert hat, fordert seine Kunden immer wieder auf, neue verrückte Eiswünsche etwa via https://www.facebook.com/dERvERRUECKTEeISMACHER zu posten, die er dann real umsetzt. Das Wissen der Kunden wird so für Open Innovation Prozesse angezapft.		
The Future of Ideas	*Lawrence Lessig*	*2001*	*Handlungsempfehlung*
Kernaussage(n)	– Die dzt. Urheber- und Patentschutzrechte sind zu streng: Zu strenge Urheberrechtsrechte verhindern Innovationen. Die gültigen Gesetze stammen aus einer Zeit, in der die technologischen Möglichkeiten von heute undenkbar waren. – Das Problem ist vor allem die perfekte Kontrolle der urheberrechtlichen Rechte. Es herrscht dzt. keine Balance zwischen Freiheit und Kontrolle.		

Themenbereich III.) Strategien und Geschäftsmodelle:			
Wikinomics	*Don Tapscott / Anthony D. Williams*	*2006*	*Thesen & Handlungsempfehlungen*
Kernaussage(n)	– Peer Production bietet durch neue Formen der Zusammenarbeit die Chance Probleme zu lösen, die aufgrund hoher Komplexität und Kosten bis dato nicht lösbar waren. – Die hohe Bereitschaft das Internet in einer globalen Ökonomie für eigene Zwecke zu nutzen führt zu einem „Perfect Storm". Dieser verändert Strategien und Architekturen von Unternehmen. – Ideagoras: Auf virtuellen Marktplätzen können Probleme bei relativ geringen Kosten einer großen Anzahl an möglichen Problemlösern präsentiert werden und von diesen gelöst werden. – Kunden werden zu Co-Innovatoren und verlassen die klassische Rolle als passiver Konsument. – Neue Strukturen: Hierarchische Strukturen sind in Anbetracht der vielen Menschen, die an einer Lösung arbeiten, nicht mehr effizient. Mitarbeiter sind auch nicht mehr an lokale Strukturen wie feste Orte und Lokalitäten gebunden – Alexandriner: Viele, früher als unlösbar bezeichnete Probleme, sind heute durch kollaborative Zusammenarbeit lösen. Es wird nicht nur häufiger eine Lösung gefunden, sondern auch besser. – Wiki-Arbeitsplatz: Arbeitsplätze sind zeit- und ortsunabhängig und erfordern eine Neugestaltung der klassischen Arbeitsplätze.		
Touristisches Anwendungsbeispiel	Die neue Ökonomie, die in Wikinomics beschrieben wird, zeigt sich etwa in neuen Formen der Zusammenarbeit in Hotelbetrieben, wenn dort alle Mitarbeiter gleichberechtigt ihr Wissen und ihre Ideen in einem sozialen Intranet einpflegen, diskutieren und weiterentwickeln können. Je nach Position (bspw. Housekeeping) auch mittels mobilen Endgeräten. Die Firma hotelkit.net bietet bspw. ein solches „Wikipedia" für Hotels an.		
Was würde Google tun?	*Jeff Jarvis*	*2008*	*Handlungsempfehlungen*
Kernaussage(n)	– Jeff Jarvis versucht Antworten auf die zentralen Herausforderungen zu finden, denen sich Unternehmen im Web 2.0-Zeitalter stellen müssen. Da Google diese Herausforderungen gut gemeistert hat, versucht er deren Erfolgsrezepte auf andere Branchen (Handel, Medien, Produktion, Marketing, Kirchen, Investment-Banking, Politik, öffentliche Hand,...) anzuwenden und gibt entsprechende Empfehlungen ab. – Die Grundwerte Transparenz, Ehrlichkeit und Offenheit erfreuen sich im digitalen Zeitalter einer großen Beliebtheit. Ihre Bedeutung wird durch den immer schnelleren Informationsfluss weiter zunehmen.		
Touristisches Anwendungsbeispiel	„Simplify, Simplify" ist eines der Google-Prinzipien. Das zeigt sich zuvorderst in der Suchmaske der Google-Suchmaschine. Im Tourismus finden sich zunehmend Webauftritte, wie http://www.germany.travel oder noch extremer http://www.salzburgerland.com, die diese Reduktion auf das Wesentliche verfolgen.		
The Long Tail	*Chris Anderson*	*2004*	*These, Modell & Handlungsempfehlungen*
Kernaussage(n)	– Während die Nachfrage früher auf eine übersichtliche Anzahl von Top-Produkten für den Massenmarkt konzentriert war, scheint sie sich heute in eine sehr große Anzahl von Nischenprodukten in Nischenmärkten aufzufächern. – Zusätzliche Nachfrage: Die regionale Nachfragebegrenzung nach Nischenprodukten wird durch die uneingeschränkte Erreichbarkeit (weltweit) über das Internet aufgehoben. – Zusätzliches Angebot: Produkte, die sich bis dato nur selten verkauften und damit hohe Stückkosten verursachten, lassen sich online rentabel vertreiben. Lagerkosten fallen weniger ins Gewicht (just in time) und die Transaktionskosten werden marginal. – Zusätzliche Märkte: Durch die Zusammenführung eines größeren Angebotes und einer größeren ausreichenden Nachfrage gewinnen Nischen-Märkte deutlich an Volumen. Zuvor unrentable Produkte werden durch den Online-Vertrieb rentabel.		

Touristisches Anwendungsbeispiel	Das traditionelle große Massensegment des Bade- und Erholungsurlaubers im Sommerhalbjahr im österr. Tourismus hat sich längst rentabel aufgesplittert in Angebote für Fliegenfischer, Mountainbiker, Flusskreuzfahrer, Kulinarikinteressierte, Klosterbegeisterte, Bogensportschützen, Geochacher, Hundebesitzer und viele viele andere Nischen-Zielgruppen. Diese lassen sich über entsprechende Themen-Communities und OSN zielgerichtet ausfindig machen und ansprechen.		
Freemium – Kostenlos	*Chris Anderson*	*2009*	*Theorie*
Kernaussage(n)	– Im Web 2.0 gibt es das zentrale Geschäftsmodell des kostenlosen Anbietens von digitalen Produkten. – Die meisten kostenlosen Angebote basieren auf dem Prinzip der Quersubventionierung. – Es gibt mehrere Kategorien von Quersubventionierungen und damit mehrere Geschäftsmodelle. – Aus Kundensicht bedeutet ein kostenloses Angebot eine Risikominimierung. Der Kunde hat bei seiner Wahl keine Angst etwas falsch zu machen, da er nichts dafür bezahlen muss. Wenn das Produkt nicht seinen Erwartungen entspricht, ärgert er sich nicht. Erfüllt es seine Erwartungen, freut er sich jedoch viel mehr als bei kostenpflichtigen Angeboten. Diese positive Wahrnehmung kann der Anbieter nun zu seinem Vorteil nutzen, indem er diesen Vertrauensvorschuss bspw. zum Angebot von Quersubventionierungsprodukten nutzt.		
Groundswell	*Li und Bernoff*	*2008*	*Methode & Handlungsempfehlungen*
Kernaussage(n)	– Der „Groundswell" ist ein sozialer Trend, in welchem Leute Technologien nutzen, um Dinge von anderen Personen zu erhalten, die sie von anderen benötigen anstatt diese bei Unternehmen nachzufragen. – Es gehört zur Natur des Menschen, dass er sich gegenseitig unterstützt. Das Verhältnis zwischen Individuen und Institutionen hat sich durch Social Media in Richtung Individuen verschoben. – Da sich die Technologien, die den sozialen Interaktionen dienen (zu) schnell ändern um einen Überblick zu bewahren, rücken nicht die Technologien in der Vordergrund, sondern die sozialen Beziehungen an sich. Die Technologien bleiben austauschbar. – Ökonomische Veränderungen führen zu neuen Geschäfts- und Erlösmodellen. Sinkende Transaktionskosten ermöglichen in der Internetökonomie neue Produkte und Dienstleistungen, deren Kosten-Nutzen-Relation in der Vergangenheit nicht aufgegangen ist. – POST-Methode als Ableitung dieser Überlegungen: 1) P = People = Zielgruppe, 2) O = Objectives = Unternehmensziele, 3) S = Strategy = Festlegung der strategischen Eckpunkte, 4) T = Technology = Erst zuletzt wird nach den geeigneten Technologien zur Erfüllung der Kundenwünsche und zur Erreichung der eigenen Ziele gesucht.		
Touristisches Anwendungsbeispiel	CouchSurfing ist im Tourismus ein klassisches Beispiel für die Umgehung von kommerziellen institutionellen Anbietern (in diesem Fall Beherbergungsunternehmen). Über die Plattform couchsurfing.org können Privatpersonen Reisenden Schlafmöglichkeiten kostenlos bei anbieten und andererseits selbst Schlafmöglichkeiten für ihre eigenen Reisen erhalten.		

Tab. 2.7.4 *Existente Theorien, Thesen, Modelle im Zusammenhang mit dem Social Web. Quelle: Adaptiert aus Michelis / Schildhauer 2010. Tabellarische Kurzzusammenfassung und Anwendungsbeispiele durch den die Autoren*

2.7.6 Kritik am Social Web und dessen Begrifflichkeiten

Die Kritik am Social Web und den damit in Verbindungen stehenden Begrifflichkeiten ist so alt wie das Phänomen an sich. Zwischen wissenschaftlicher Betrachtung, differenzierter Kritik, werblicher Schönmalerei und pessimistischer Polemik im Bezug auf das Social Web ortet Reichert (2008) eine Gemeinsamkeit all dieser Positionen, die er durch das Gegenpaar „Befreiungsdiskurs" (= pro Social Web) und „Kulturkritik" (= kontra Social Web) beschreibt:

„Der Befreiungsdiskurs und die Kulturkritik besitzen eine entscheidende Gemeinsamkeit: sie verabsäumen es, die soziale Alltagspraxis der Amateure zu berücksichtigen. Der theoretische Ausgangspunkt des Befreiungsdiskurses ist die emanzipatorische Überzeugung des Amateurs; die Kulturkritik hingegen verachtet die Amateure als ‚kulturelle Deppen' (cultural dopes) der Kulturindustrie." (Reichert 2008: 11)

Kritiker des Hypes, der sich zu Beginn um den Begriff des Social Webs ausbreitete, führen an, dass dem Web seit jeher das (beidseitige) Verknüpfen von Menschen zu Grunde lag, sich das Netz(werk)verständnis also in keiner Art und Weise verändert oder erst durch das Web 2.0 ergeben habe, denn:

„Web 1.0 was all about connecting people. It was an interactive space, and I think Web 2.0 is of course a piece of jargon, nobody even knows what it means. If Web 2.0 for you is blogs and wikis, then that is people to people. But that was what the Web was supposed to be all along." (Tim Berners-Lee in IBM 2006: onl.)

Schon von Anbeginn an gab es auch entsprechende interaktive Technologien (die Definition von Social Web bzw. Web 2.0 bedient sich ja oft des Bildes, ein Bündel aus Technologien zu sein, das die Interaktion erleichtere). So bspw. den „alten" Internetdienst „Usenet", in welchem entsprechende virtuelle Gemeinschaften (VC) kommunizierten. Oder schon der von dem Erfinder des Internets, Tim Berners-Lee, erste entwickelte Web-Browser war Web-Editor und Web-Browser zugleich. Foren, Chats, Frames (= das Einbinden von fremden Inhalten auf der eigenen Website) und viele weitere Technologien waren sozusagen schon seit jeher Social-Software-Anwendungen.

Der Begriff Web 2.0 vereinnahme also oftmals lediglich die „natürlichen" Weiterentwicklungen von existenten Web-1.0-Anwendungen, um diesen einen neuen Anstrich zu verleihen. Bspw. würde jede Weiterentwicklung von schon immer vorhandenen Client-Server-Anwendungen heute gerne als Web 2.0 oder soziale Netzwerkanwendung ausgegeben. Andrew Keen kritisiert in seinem Buch „Die Stunde der Stümper" (2007) mit dem bezeichnenden Untertitel „Die erste Web-2.0-Kritik oder wie wir im Internet unsere Kultur zerstören" nicht wie Tim Berners-Lee die nicht vorhandene Neuartigkeit der Technologien hinsichtlich ihrer Wirkung, sondern anerkennt diese Neuartigkeit, kritisiert aber die Auswirkungen des Web 2.0. Er kritisiert alle vereinfachenden Theorien im Zusammenhang mit dem Web 2.0, „die das Internet mit Demokratie und der Ermächtigung von Identität und des Guten gleichsetzen" (Lovink 2008: 19). Klar streicht er den aus seiner Sicht negativen Unterschied zu herkömmlichen, aus seiner Sicht seriösen Medien heraus:

„Statt in dem Medium nach Nachrichten, Informationen oder Kultur zu suchen, gebrauchen wir es, um selbst die Nachricht, die Information, die Kultur zu sein. [...] Die wirklichen Folgen der Web-2.0-Revolution sind weniger Kultur, weniger verlässliche Nachrichten und ein Chaos nutzloser Informationen." (Keen 2008: 24)

Doch Machill & Beiler (2008) entkräften Keens Kritik, dass die Web-2.0-Bewegung und der UGC, also der „Bürgerjournalismus", der Tod für den Journalismus seien, sondern eher die Tatsache, dass heutige Journalisten ihrerseits selbst das Internet verwenden, aber nur ein kleiner Teil davon auf professionelle Weise. Die alten Medien schaufeln sich demnach ihr Grab selbst.

> *„Neben der Frage der Bedeutung des Internets für die Recherche stimmt der Befund nachdenklich, dass eine Überprüfungsrecherche selten stattfindet, die Validierung von Quellen im Grunde gar nicht. Eine Ausnahme machten nur die finanziell gut ausgestatteten und qualitativ anspruchsvollen öffentlich-rechtlichen Fernsehsender. Guter Journalismus hat also offensichtlich seinen Preis." (Machill & Beiler 2008: 531)*

Keen kritisiert auch die kollaborativ erstellten Texte im Internet, also bspw. die Wikipedia, und dass v. a. die Nutzer der jungen Generation diesen Texten oftmals unreflektiert vertrauen. Die Tatsache, dass diese Inhalte oftmals unbelegt, unvollständig und im schlechtesten Fall fachlich falsch sind, da sie keinerlei Kontrolle von ausgewiesenen Experten unterliegen, sei schlagkräftig (vgl. Keen 2008: 45ff.).

Die vielfach zitierte „Weisheit der Vielen" bzw. „Schwarmintelligenz" (vgl. Kap. 2.7.5) ist einer der am kritischsten diskutierten Phänomene des Web 2.0. So ist die Behauptung, dass die Suchmaschinenergebnisse diese Weisheit widerspiegeln und so der Weisheit der Vielen zu mehr Gehör verhelfen und derart eine Demokratisierung erfolgt, nicht zu halten, da „Google-Bomber" und „Linkfarm"-Betreiber, große Anbieter mit entsprechenden SEO-Budgets bspw. die Suchergebnisse in einer nicht demokratischen Art und Weise sehr stark manipulieren. Generell ist zu hinterfragen, ob die breite Masse in Sachen Relevanz, Wissen und Geschmack das letzte Wort haben sollte. Weingarten, ein Redakteur des Musikmagazins „Rolling Stones" merkt hierzu beispielhaft an:

> *„Crowdsourcing killed punk rock. It kills art. It killed indie rock. You want to know why? Because crowds have terrible taste." (Weingarten 2009 in Ferraro 2009: onl.)*

Das Web 2.0 bringt ferner eine ganze Reihe neuer sozialer Zwänge mit sich und verpflichtet seine Teilnehmer zur fortlaufenden Beschäftigung mit dem Medium, denn „wer heute nicht mehr bereitwillig von sich erzählen möchte, gilt in einer sich ausweitenden Bekenntniskultur als asozial" (Reichert 2008: 48). Ja, ganze Krankheitsmuster werden dem Social Web zugerechnet, die durch das Abwandern von der realen Existenz hin in eine digitale Welt entstehen können. Die OSN sind in erster Linie bei Fragen der Privatsphäre, des Datenschutzes sowie des Jugendschutzes, aber auch des Missbrauchs durch Nutzer in starker und ständiger Kritik. Nicht zuletzt seit im Sommer 2013 bekannt wurde, dass der US-amerikanische Geheimdienst NSA vollen Zugriff auf die Daten von Facebook und Google hatte. Kündigungen durch Arbeitgeber aufgrund der Bewertung von Inhalten in OSN oder Cyber-Mobbing sind mittlerweile hinlänglich bekannte Beispiele im Bezug auf die fehlende Nutzerkompetenz von OSN.

2.7.7 Idealtypischer Einsatz von Social Software in der Kommunikation eines Beherbergungsbetriebes

Basierend auf den theoretischen Ausführungen sowie der Datenlage aus Marktforschungsumfragen, aber vor allem aus zwanzig geführten qualitativen Interviews mit Unternehmern aus der österreichischen Hotellerie, die (a) erfahren im Umgang mit der betrieblichen Nutzung von Social Software sind und (b) möglichst unbeeinflusst von Webagenturen waren, wurden die in Tabelle 2.7.5 gezeigten Handlungsanweisungen für den Social Software-Einsatz entwickelt (vgl. Hinterholzer/Jooss 2013).

<table>
<tr><th>Costumer Journey:</th><th>Anregungs-phase</th><th>Informations-phase</th><th>Entscheidungs- & Buchungs-phase</th><th>Vorreisephase</th><th>Reisephase</th><th>Nachreise-phase</th></tr>
<tr><td>Marketing-ziele:</td><td>Aufmerksamkeit im Destinationsverbund (!) erwecken</td><td>Aufmerksamkeit & Minimierung des gefühlten Kaufrisikos</td><td>Vertrautheit = Minimierung des gefühlten Kaufrisikos</td><td>Minimierung der gefühlten Kaufreue & Zusatzverkauf</td><td>Schaffung von Ver- und Gebundenheit & Vertrautheit</td><td>Wertschätzung zeigen & Wiederkauf & Vertrautheit</td></tr>
<tr><td>Marketing-aufgaben:</td><td>Zusammenarbeit mit Destinationsorganisationen & Marketingkooperationen</td><td>Informationsbereitstellung & Sicherung der Informationsqualität & Präsentation</td><td>Bestätigung der Kaufentscheidung</td><td>Detailinfos bereitstellen & Dialog mit Gast & Service</td><td>Leistungserstellung lt. Gästeforderungen, Service = Produktkonfiguration</td><td>Dialog mit Gast auf- und annehmen</td></tr>
<tr><td rowspan="4">Aufgaben & Ziele des Gästebeziehungsmanagements:</td><td rowspan="4">Interessenten-Management: Potenzielle Neugäste für die Destination gewinnen</td><td rowspan="4">✗ Interessenten-Management: Potenzielle Neugäste (= alle Personen, die die Destinationsentscheidung getroffen haben) gewinnen</td><td rowspan="4">Interessenten-Management: Potenzielle Gäste gewinnen</td><td rowspan="4">✔ Neugäste-Management: Gewonnene Gäste festigen</td><td>Gästebindungs-Management: Gäste stabilisieren</td><td>Gästebindungs-Management: Stabile Gäste zum Wiederkauf animieren</td></tr>
<tr><td colspan="2">✗ Beschwerde-Management: Gefährdete Gäste binden</td></tr>
<tr><td></td><td>Rückgewinnungs-Management: Verlorene Gäste wieder gewinnen</td></tr>
<tr><td colspan="2">✗ Beziehungsauflösungs-Management: Ungebetene Gäste abweisen</td></tr>
<tr><td>Beispiele geeigneter Kanäle im Web 1.0:</td><td>E-Mail</td><td>E-Mail, Hotelwebsites, Suchmaschinen, Destinationswebsites</td><td>E-Mail, Hotelwebsites, Reiseveranstalterwebsite, Online-Vertriebsplattformen, Hotelpreisvergleichsportale</td><td>E-Mail, Suchmaschinen, Hotelwebsites, Destinationswebsites, Websites von Leistungsträgern (Skischulen,...)</td><td></td><td>Newsletter, Einträge in Gästebücher auf Hotelwebsites</td></tr>
<tr><td>Beispiele geeigneter Kanäle im Web 2.0 (= Social Software):</td><td>Facebook, Flickr, YouTube, Wikipedia, Twitter</td><td>Google Places, Reise- und Bewertungsplattformen (TripAdvisor, HolidayCheck, TripWolf,...)</td><td>Auf Bewertungsplattformen integrierte Buchungsplattformen wie auf HolidayCheck</td><td>Blogs, Twitter-Anfragen, Facebook-Fanseiten, Facebook-Messages, Skype</td><td>Smartphonenutzung von Geo-Diensten (LBS), Restaurantführern etc. und Informationsübertragung von Erfahrungen ins eigene soziale Netz</td><td>Bewertungsportale, Blogbeiträge schreiben, YouTube Filme hochladen, Flickr Fotos hochladen, Einträge auf Google Earth, ...</td></tr>
</table>

✔ = *OSN (wie Facebook) aus Sicht der Hoteliers sehr gut geeignet.*
✗= *OSN (wie Facebook) aus Sicht der Hoteliers weniger geeignet*

Tab. 2.7.5 *Social-Software entlang des Reisezyklus des Gastes*

Quellen:

Alby, T. [3]2008, Web 2.0. Konzepte, Anwendungen, Technologien, München: Hanser Fachbuchverlag.

Alexa Internet Inc. 2013, Top Sites, URL: http://www.alexa.com/topsites, 26.10.2010.

BitKom – Bundesverband Informationswirtschaft, Telekommunikation und neue Medien e.V. (Hg.) [2]2013, Soziale Netzwerke 2013. Eine repräsentative Untersuchung zur Nutzung sozialer Netzwerke im Internet, URL: http://www.bitkom.org/files/documents/SozialeNetzwerke_2013.pdf, 17.03.2014.

Blumauer, A. & Pellegrini, T. 2009, Semantic Web Revisited – Eine kurze Einführung in das Social Semantic Web. In: Blumauer, A. & Pellegrini, T. (Hg.) 2009, Social Semantic Web. Web 2.0 – Was nun? Heidelberg: Springer Verlag. 3–22.

Clement, R. & Schreiber, D. 2010, Internetökonomie, Grundlagen und Fallbeispiele der vernetzten Wirtschaft, Heidelberg: Physica-Verlag.

Digiom 2010, Von wegen Non-User: Das User-Generated-Content Ökosystem, URL: http://digiom.wordpress.com/2008/04/21/von-wegen-non-user-das-user-generated-content-okosystem/, 22.02.2013.

Ebersbach, A. / Glaser, M. et al. 2008, Social Web, Konstanz: UVK Verlagsgesellschaft.

Egger, R. 2010, Theorizing Web 2.0 Phenomena in Tourism. A Sociological Signpost. In: Information Technology and Tourism. Vol. 12, 125–137.

Egger, R. 2007, Cyberglobetrotter-Touristen im Informationszeitalter. In: Tourismus-Herausforderung-Zukunft, 433–452.

Ethority GmbH & Co. KG 2012, Social Media Prisma Version *5.0*, URL: http://www.ethority.de/weblog/social-media-prisma/, 20.08.2013.

Forrester Research 2010, Tapping the Entire Online Peer Influence Pyramid. URL: http://blogs.forrester.com/interactive_marketing/2010/02/my-first-forrester-report-tapping-the-entire-online-peer-influence-pyramid.html, 29.08.2013.

Friedman, V. 2008, Praxisbuch Web 2.0, Bonn: Galileo Computing.

Giles, M. 2010, A world of connections, A special report on social networking. In: The Economist, January 30th 2010. 1–14.

Göldi, A. 2007, Benutzer ist nicht gleich Benutzer: Warum Facebook nicht das nächste Google ist, URL: http://netzwertig.com/2007/10/14/benutzer-ist-nicht-gleich-benutzer-warum-*Facebook*-nicht-das-naechste-google-ist/, 26.10.2012.

Hinterholzer, T. / Jooss, M. 2013, Social Media Marketing und -Management im Tourismus, Heidelberg: Springer Gabler.

Institut für Demoskopie Allensbach (Hg.) 2012, Kommunikationspotentiale sozialer Netzwerke, URL: http://www.ifd-allensbach.de/fileadmin/ACTA/ACTA_Praesentationen/2012/ACTA2012_Bruttel.pdf, 28.08.2013.

J&S Dialog-Medien GmbH 2011, „Handgemacht"-Portal Etsy bringt deutsche Plattform ins Netz, URL: http://www.onetoone.de/%E2%80%9EHandgemacht%E2%80%9C-Portal-Etsy-bringt-deutsche-Plattform-ins-Netz-19593.html, 25.03.2013.

Kaplan, A. & Haenlein, M. 2010, Users of the World, unite! The challenges and opportunities of Social Media. In: Business Horizons, No. 53/2010, 59–68.

Koch, M. & Richter, A. 2007, Enterprise 2.0. Planung, Einführung und erfolgreicher Einsatz von Social Software in Unternehmen, München: Oldenbourg Wissenschaftsverlag.

Kollmann, T. & Häsel, M. 2007, Web 2.0 Trends und Technologien im Kontext der Net Economy, Wiesbaden: Gabler.

Kommission zur Ermittlung der Konzentration im Medienbereich (Hg.) 2010, Die Bedeutung des Internets im Rahmen der Vielfaltsicherung, Berlin: Vistas Verlag.

Michelis, D. & Schildhauer, T. 2010, Social Media Handbuch. Theorien, Methoden, Modelle, Baden Baden: Nomos.

Nielsen, J. 2006, Participation Inequality: Encouraging More Users to Contribute, URL: http://www.nngroup.com/articles/participation-inequality/, 19.01.2014.

Ofcom 2012, Adults media use and attitudes report, URL: http://stakeholders.ofcom.org.uk/binaries/research/media-literacy/media-use-attitudes/adults-media-use-2012.pdf, 29.08.2013.

O'Reilly, T. 2005, What is Web 2.0?, URL: http://www.oreilly.de/artikel/web20.html, 23.08.2013.

Personalizemedia 2007, Web 2.0 and the Myth of Non-Participation, URL: http://www.personalizemedia.com/the-myth-of-non-participation-in-web-20-social-networks/, 22.02.2013.

Raman, T.V. 2009, Towards 2W, Beyond Web 2.0. In: Communications of the ACM, No. 2/2009, 52–59.

Reindl, S. 2009, Online Social Networks als Vermarktungsinstrument für Reisedestinationen am Beispiel der Destination Zauchensee, Puch/Urstein: Diplomarbeit an der Fachhochschule Salzburg.

Richter, A. / Koch, M. & Krisch, J. 2007, Social Commerce – Eine Analyse des Wandels im E-Commerce, Technischer Bericht Nr. 2007-03, München: Fakultät für Informatik, Universität der Bundeswehr München, Aug. 2007.

Statista 2008, Zu welchen Themen haben Sie bereits user generated content im Internet erstellt? URL: http://de.statista.com/statistik/daten/studie/72063/umfrage/verfassen-von-user-generated-content-nach-ausgewaehlten-themen/, 22.02.2013.

Statista 2012, Anteil der Nutzer von Google+ an den Internetnutzern in ausgewählten Ländern weltweit im 2. Quartal 2012, URL: http://de.statista.com/statistik/daten/studie/243917/umfrage/nutzung-von-google-in-ausgewaehlten-laendern-weltweit/, 27.08.2013.

Stocker, A. & Tochtermann, K. 2009, Anwendungen und Technologien des Web 2.0: ein Überblick. In: Blumauer, A. / Pellegrini, T. (Hg.) 2009, Social Semantic Web. Web 2.0 – Was nun? Heidelberg: Springer. 63–82.

Teufel, M. 2010, Social Media im Tourismus Erfolgspotenziale von Hotelbewertungsportalen Möglichkeiten und deren Einfluss auf die Reiseentscheidung; Eine empirische Studie am Beispiel der Falkensteiner Hotels & Residences, Wien: Diplomarbeit an den FH-Wien-Studiengängen der WKW.

Time Magazine 2006, Time Magazine Cover of the year, URL: http://www.time.com/time/covers/0,16641,20061225,00.html, 21.07.2013.

Tomorrow Focus Media 2012, Social Media Effects 2012, URL: http://www.tomorrow-focus-media.de/uploads/tx_mjstudien/TFM_SocialMediaEffects_2012.pdf, 27.08.2013.

Trendstream Ltd. 2009, Trendstream – The Global Web Index, URL: http://www.iabeurope.eu/knowledge-bank/iab-europe-events/research-showcase-on-social-media---october-2009.aspx, 02.03.2013.

Trendstream Ltd. 2011, Trendstream – The Global Web Index. Annual Report 2011, URL: http://globalwebindex.net/annual-report-2011/, 03.03.2013.

V. I. R. – Verband Internet Reisevertrieb (Hg.) [8]2013, Daten und Fakten zum Online Reisemarkt, URL: http://www.v-i-r.de/download-mafo-datenfakten/df-2013-web.pdf, 27.08.2013.

Wang, Y. & Fesenmaier, DR 2004, Towards understanding members' general participation in and active contribution to an online travel community. In: Tourism Management, No. 25/6, 709–722.

Widder, O. 2013, Geek and Poke, URL: http://geek-and-poke.com/, 28.03.2013.

Wiewer V. & Anweiler R. 2010, Der Europäische Social Media und E-Mail Monitor, URL: http://www.ecircle.com/fileadmin/files/pdfs/04_Resource_Centre/4.4._Studien/DE/eCircle_Europaeischer_Social_Media_und_E-Mail_Monitor_-_Laendervergleich.pdf, 27.08.2013.

2.8 mTourism

Roman Egger, Eric Horster

Der gesellschaftliche Stellenwert von Informations- und Kommunikationstechnologien (IKT) hat sich in den vergangenen Dekaden rasant entwickelt. Das Internet nimmt zunehmend die Rolle eines universellen Trägermediums ein (vgl. Horster 2013: 1). Der Lebensalltag wird dabei in der westlich zivilisierten Welt durch den omnipräsenten Zugriff auf Informationen bestimmt, die zunehmend auch mobil verarbeitet werden.

Diese Entwicklungen haben zur Informationsgesellschaft geführt, die auf der Grundlage moderner Informations- und Kommunikationstechnologien das ökonomische und gesellschaftliche Leben verändern. Parallel zur Entwicklung, Kommerzialisierung und Professionalisierung des Internets hat sich in den letzten Jahren die Mobilkommunikation als fixer Lebensbestandteil der Gesellschaft etabliert. Durch die Emergenz beider Teilbereiche wird neben der persönlichen Erreichbarkeit auch die ortsunabhängige Versorgung mit Informationen gesellschaftlich relevant, was für boomende Märkte und innovative Dienste sorgt. Die Unterstützung von Mobilität befriedigt nicht nur vorhandene, sondern weckt gleichzeitig auch neue Bedürfnisse. Es bleibt daher festzuhalten, dass keine andere Technik sich in den letzten Jahren so rasch verbreitet hat, wie das mobile Internet.

Erkennbar wird, dass der Tourismus als prädestinierte Branche für den Einsatz mobiler Dienste und Services angesehen werden kann, bereits durch dessen Eigenheiten, insbesondere durch die vorrangig durch den Ortswechsel hervorgerufene Informationsintensivität. Die Tourismuswirtschaft ist damit von den mit dieser Entwicklung einhergehenden Trends Globalisierung, Kommunikation, Mobilität und Virtualität konfrontiert – die mobile Internetnutzung wird für die Reiseplanung und -durchführung zunehmend zum Standard.

2.8.1 Die mobile Informationsgesellschaft

Ausgelöst durch eine ganze Reihe von Basisinnovationen spricht man zunehmend vom Zeitalter der Informations- und Kommunikationstechnik. Die Entwicklung der heutigen Informationsgesellschaft muss als evolutionärer Prozess verstanden werden, für den nicht nur technologische Errungenschaften verantwortlich sind (vgl. Egger, 2007). Durch die Zerlegung ehemals zusammengehörender Arbeitsprozesse, auch als Taylorismus bezeichnet, kam es zu Veränderungen in der Sozialstruktur, denn Arbeitsteilung verlangt nach Koordination und eine optimierte Koordination benötigt eine verbesserte Informationsversorgung. Die zielgerichtete Verarbeitung und Verbreitung von Informationen wurde durch die Einführung neuer IKT optimiert und setzte sich daher mehr und mehr durch (vgl. Egger & Jooss, 2010).

Parallel zum veränderten Informationsbedarf und der daraus resultierenden Mediennutzung führten gesellschaftliche Veränderungen zu mehr Freizeit, einer höheren Flexibilität und einer gesteigerten Mobilität. Die mobile Freiheit entstand jedoch nicht erst seit dem Siegeszug des Mobiltelefons. So zählen beispielsweise auch das Kofferradio oder der Walkman zu Endgeräten, welche die mobile Informationsversorgung im geschichtlichen Abriss vorzuzeigen hat. Die Akzeptanz und Nutzung mobiler Endgeräte im Tourismus, die Reisende zu ubiquitären Informationsrezipienten im Urlaub werden lässt, besitzt demnach eine facettenreiche Vorgeschichte.

Grundsätzlich kann davon ausgegangen werden, dass jede technische Revolution auch massive Auswirkungen auf Wirtschafts- und Gesellschaftsstrukturen hat und im Falle der Mobilkommunikation wird dies besonders augenscheinlich. Der Anruf über die Bluetooth-Freisprechanlage, dass man sich verspäten werde, der Geschäftsreisende, der für seine Präsentation noch schnell ein paar passende Bilder mobil aus dem Internet lädt, der Kollege, der seine eMails während des Meetings auf dem Smartphone abruft oder der Jugendliche, der einige soeben mit der Handycam aufgenommene Fotos mobil auf Facebook stellt – all diese „mobilen Situationen" und Handlungen sind mittlerweile alltäglich geworden.

- **Relevanz für die Reisebranche**

Dass mobile Endgeräte immer leistungsstärker werden, lässt sich schon durch die Bezeichnung „Smartphone" antizipieren. Die klassischen Kommunikationsmöglichkeiten wie telefonieren oder das Versenden von Textnachrichten, nimmt nur noch ein Drittel der Nutzung von Smartphones ein. Apps von Facebook, WhatsApp, Wikitude und Co. haben das Handy zu einem „Schweizer Taschenmesser" gemacht, das in allen Lebenslagen und somit auch im Urlaub, seinen Einsatz findet. Rund 30% der weltweit sieben Milliarden Mobilfunknutzer verwenden ein Smartphone. Laut einer Studie von Google kommen bereits rund ein Viertel aller Suchanfragen zu Hotels von mobilen Endgeräten, wobei Tablets noch vor Smartphones an erster Stelle rangieren (eMarketer, 2013). Auch im deutschsprachigen Raum zeigt sich ein ähnliches Bild. So gibt der Verband Internet Reisevertrieb (VIR) etwa an, dass heutzutage bereits jeder dritter Internetnutzer ein Smartphone besitzt und dass 32% der Befragten das mobile Internet vor der Reise benutzt haben, um nach Informationen zu suchen, 12% haben sogar Reiseleistungen übers mobile Internet gebucht. Während der Reise nutzten 15% der Befragten das mobile Internet, um sich zu informieren. Weitere 4% haben auch vor Ort Buchungen getätigt (VIR, 2013). Zahlreiche Studien (etwa von Amadeus oder PhocusWright) zeigen, dass rund ein Drittel der Touristen während des Urlaubs nicht auf das Internet verzichten wollen. Eine Studie von Hotels.com verdeutlicht, dass für zwei Drittel der Reisenden, egal ob Geschäfts- oder Freizeitreisende, ein kostenloser Internetzugang im Hotel wichtiger ist, als das inbegriffene Frühstück. Für rund ein Drittel stellt der kostenlose Internetzugang sogar ein Buchungskriterium dar. Natürlich werden all diese Zahlen in kürzester Zeit überholt sein. Dennoch zeigen sie beeindruckend, welchen Stellenwert mobile Endgeräte und deren Services in unsere Gesellschaft bereits einnehmen, und dass es aus Anbieterseite ein Muss-Kriterium ist, sich mit mobilen Technologien auseinanderzusetzen.

2.8.2 Mobile Technologien

Seit einigen Jahren ist ein Trend in der Mobilkommunikation zu beobachten, der als TIMES-Konvergenz bezeichnet wird. Darunter ist das Verschmelzen von Telekommunikation, Information, Media, Entertainment und Security zu verstehen, welches vor allem durch den Einsatz neuer Technologien und Anwendungen vorangetrieben wird (Egger 2005). Die Konvergenz in der Mobilkommunikation findet auf technologischer, inhaltlich-funktionaler und wirtschaftlicher Ebene statt und führt zu einer Strukturveränderung des Mediensystems. Besonders offenkundig wird dies, wenn man den Funktionsumfang der Smartphones betrachtet (vgl. Abbildung 2.8.1).

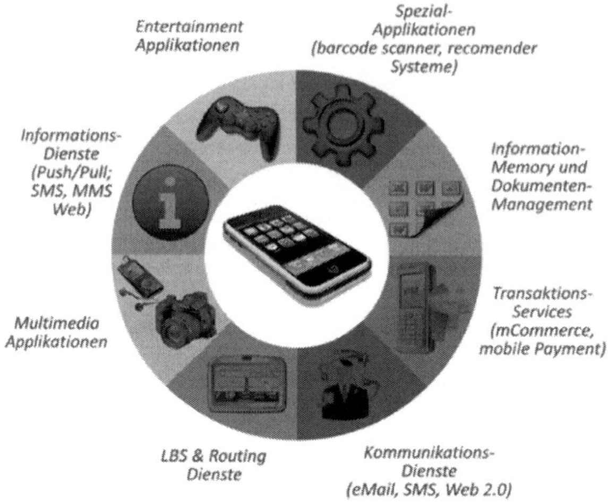

Abb. 2.8.1 *Konvergenz mobiler Dienste & Services. Quelle: Eigene Darstellung in Anlehnung an Goldhammer et al. 2008*

Durch die Entwicklung hochtechnologischer Endgeräte, die in der Lage sind, die Komplexität moderner Informationsangebote mithilfe von Programmen (sogenannte Applikationen) wiederzugeben, ist die Basis geschaffen, für den Nutzer individualisierte Informationsangebote zu schaffen. Das Telefonieren ist damit längst nicht mehr die Hauptfunktionalität des Endgerätes. Ausgestattet mit Übertragungstechnologien wie WLAN, UMTS, GPS und Bluetooth ermöglichen sie eine breite Palette neuer mobiler Dienste, die auch im touristischen Kontext einen zunehmend höheren Stellenwert einnehmen werden. Dementsprechend kann der Funktionsumfang moderner Mobiltelefone durch die Kombination von Hard- und Softwarekomponenten stark ausgebaut werden. Ohne näher auf technische Details einzugehen, werden im Folgenden einzelne für den Tourismus relevante, mobile Technologien vorgestellt.

- **Smartphones und Tablets**

Basis des mTourism ist die Möglichkeit der Informationsübermittlung auf mobile Endgeräte. Neben Smartphones werden dabei auch Tablets verstärkt in die mobile Kommunikation eingebunden und unterstützen den User bei der ortsunabhängigen Informationssuche und -verarbeitung. Der ebenfalls rasante Anstieg der weltweiten Tablet-Verkäufe verdeutlicht dies. So wurden laut Portio Research 2012 weltweit 136 Millionen Tablets verkauft, und diese Zahl sollte auf 208 Millionen in 2013, sowie 398 Millionen in 2016 steigen (Mobile Facebook 2013). Gemäß diesen Zahlen lassen sich Smartphones sowie Tablet-PCs als mobile Endgeräte mit hohem Potenzial für den mTourism einordnen.

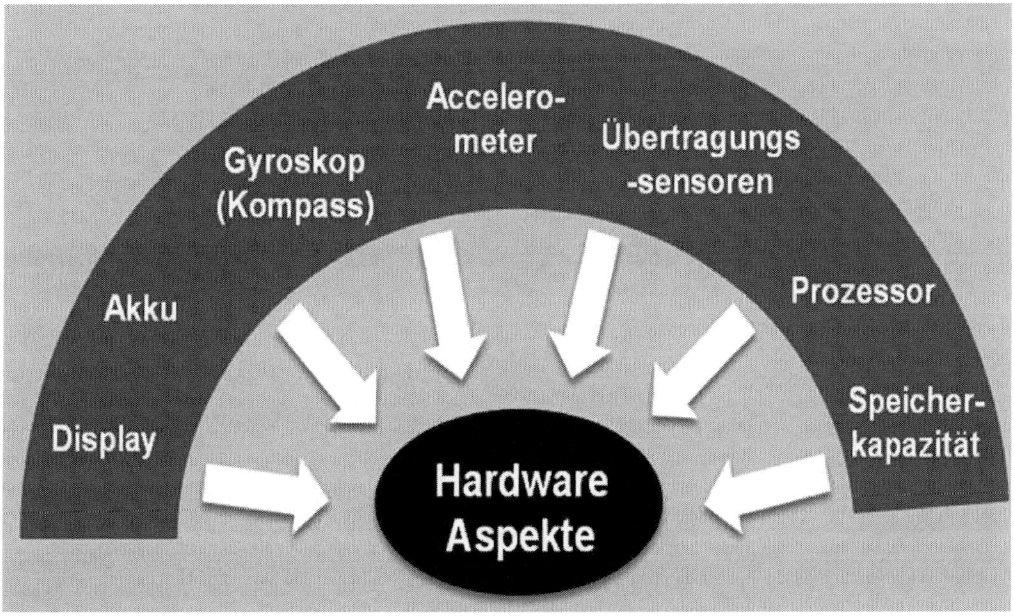

Abb. 2.8.2 *Hardware-Aspekte mobiler Endgeräte. Quelle: Eigene Darstellung in Anlehnung an Göll et al. 2010: 28–29*

Neben dem Wachstumspotenzial sind auch Hardwarekomponenten für die Einsatzfähigkeit mobiler Endgeräte im mTourism relevant. Denn die Möglichkeit, mobile Dienste variabel zu designen, ergab sich insbesondere durch resistive Touchscreens. Diese erlauben eine Steuerung mit leichtem Fingerdruck auf die Oberfläche der Anwendung, was *„für den Benutzer besonders angenehm in der Handhabung"* (Göll et al. 2010: 28) ist. Hinzu kommen dedizierte Grafikchips, welche den hohen Anforderungen hinsichtlich Animations- und Übergangseffekte gerecht werden. Damit diese Chips ihre Leistungsfähigkeit abrufen können, sind entsprechende Prozessoren notwendig. Da diese in der Konsequenz zunehmend mehr Strom verbrauchen, stellen Göll et al. (2010: 29) treffend fest: *„Ein Dauerbrenner-Thema ist nach wie vor die mangelhafte Akkulaufzeit von gut ausgestatteten Smartphones"*. Dass dieses Thema nicht obsolet werden wird, ist durch die stetige Weiterentwicklung der Smartphones und dem damit einhergehenden erhöhten Energiebedarf, vorherzusehen. Aus diesen Anforderungen ergeben sich für den mTourism relevante Hardwarekomponenten, welche in Abbildung 2.8.2 zusammengefasst sind.

- **Mobilfunknetze**

Neben mobilen Endgeräten ist die Möglichkeit des mobilen Informationsaustausches für mobile Dienste elementar. So hat sich unter den Mobilfunknetzen eine Reihe von Standards entwickelt, wobei das GSM-Netz in Europa die größte Verbreitung besitzt. Das GSM-Netz bezeichnet dabei die zweite Generation der Mobilfunkstandards (2G). Erweiterungen dieses volldigitalen Standards, mit dem Ziel einer gesteigerten Datenübertragung, sind GPRS und EDGE.

Dennoch bleibt die Datenübertragungsgeschwindigkeit von rund 260 kbits/s im Hinblick auf touristisch relevante mobile Dienste eingeschränkt, da diese häufig auf der Anzeige von Kartenmaterial oder Bildern basieren und somit den Abruf eines entsprechenden Datenvolumens erfordern. Deutlich höher fällt die Übertragungsrate bei UMTS (Universal Mobile Telecommunications System) aus, welcher eine Datenübertragungsrate von bis zu 7,2 Mbit/s erlaubt und damit zur dritten Mobilfunkgeneration (3G) zählt.

		Funkzellengrößen Reichweiten	Downloaddauer (mit 10 MB)	Datenrate (Download)	Datenrate (Upload)
2G	GSM	300 m – 30 km	2,5 Std.	9,6 kbit/s	9,6 kbit/s
	GPRS	300 m – 30 km	21 Min.	54 kbit/s	26 kbit/s
	EDGE	300 m – 30 km	5 Min.	260 kbit/s	260 kbit/s
3G	UMTS	50 m – 3 km	3,5 Min.	384 kbit/s	384 kbit/s
	HSPA	50 m – 3 km	44/ 22 11 Sek.	1,8/ 3,6 7,2 Mbit/s	5,8 Mbit/s
	HSPA+	50 m – 3 km	3 Sek.	28/ 42 Mbit/s	11 Mbit/s
4G	LTE	50 m – bis zu 75 km	< 1 Sek.	100 Mbit/s	50 Mbit/s

Abb. 2.8.3 *Vergleich verschiedener Mobilfunkstandards. Quelle: Eigene Darstellung in Anlehnung an Außermayr 2011*

Auch bei UMTS existieren bereits technische Erweiterungen des Standards, die noch höhere Datenempfangs- (HSDPA) und Senderaten (HSUPA) ermöglichen. Die notwendige Flächenabdeckung sowie die Verfügbarkeit geeigneter Endgeräte vorausgesetzt, ermöglicht UMTS nun jene Übertragungsraten, die auch für zahlreiche tourismusrelevante Applikationen notwendig sind. Schließlich ist es durch den auf dem UMTS Standard aufsetzenden Nachfolger LTE (Long Term Evolution) möglich, eine noch größere Datenübertragungsrate (bis zu 300 Mbits/s) zu erreichen, der sich bei Mobilfunkanbietern zunehmend etabliert.
Da es sich beim Tourismus um ein internationales Geschäft handelt und Gäste oftmals Mobilfunkverträge in anderen Ländern haben, entsteht das Problem der sogenannten Roamingkosten. Dies sind erhöhte Ausgaben für Datentransfer mittels der genannten Mobilfunkstandards. Göll et al. (2010: 30) konstatieren, dass Roaming-Gebühren ein Hindernis im mTourismus darstellen und ergänzen: *„Das gilt natürlich in besonderem Maße für Anwendungen im Bereich mTourismus, die oft für den Einsatz im Urlaub bzw. Ausland konzipiert sind, beispielsweise mobile Reiseführer"*. Netzwerktechnologien stellen jedoch nur eine technische Variante der Mobilkommunikation dar. Zahlreiche weitere Funktechnologien existieren und können situativ eingesetzt werden bzw. die Netzwerktechnologien unterstützten, um so Roaming-Gebühren zu umgehen.

- **WLAN**

Unter einem WLAN *(Wireless Local Area Network)* ist ein drahtloses, lokales Funknetzwerk zu verstehen, welches als Infrastrukturerweiterung im Sinne einer Anbindung an bestehende Netzwerke dient. Als Endgeräte werden vorrangig Laptops, Tablets und Smartphones verwendet, die mit einem WLAN-Chipset ausgestattet sind. Während die Endgeräte zunehmend ortsunabhängiger werden, ist ein WLAN durch die Abhängigkeit von Hotspots (einem durch WLAN versorgten Bereich) örtlich gebunden, weshalb etwaige Services als „Presence-based Services" bezeichnet werden können. Die Reichweite von WLAN-Hotspots ist mit Radien von rund 100m äußerst begrenzt und in ihrem Durchmesser typischerweise auf einzelne Räume, ein Stockwerk, ein Firmengelände, etc. beschränkt. Die Betreiber von WLAN-Hotspots sind neben Privatpersonen auch Firmen oder Behörden und damit keine Netzwerkbetreiber, wie bei klassischen Mobilfunknetzen. Das generelle Ziel von WLANs ist der Ersatz einer unflexiblen Verkabelung und zusätzlich die Schaffung neuer Möglichkeiten der Ad-hoc-Kommunikation.

Dieser drahtlose Netzzugang findet seinen Einsatz im Tourismus hauptsächlich auf Flughäfen, in Messezentren und Cafes sowie in der Hotellerie, um dem Gast in Seminarräumen, Hotelzimmern oder der Lobby den Einstieg ins Internet zu ermöglichen. Mit der bloßen drahtlosen Netzwerkanbindung für Gäste sind die Einsatzmöglichkeiten von WLAN jedoch noch nicht beendet. Mittels WLAN können Daten zur betriebsinternen Informationsverarbeitung übertragen werden, um Prozesse zu optimieren und effizienter zu gestalten. Ursprünglich gab es Befürchtungen, dass WLAN und UMTS in Konkurrenz zueinander stehen würden. Mittlerweile werden beide Funktechnologien jedoch als komplementäre Lösungen verstanden.

Die Einrichtung solcher Hotspots wird in der Hotellerie von Gästen mitunter bereits vorausgesetzt. Im Hinblick auf diese steigende Erwartungshaltung gibt es auch auf Destinationsebene zunehmend Bestrebungen, flächendeckend kostenlose Hotspots anzubieten. Auch wenn die Umsetzung aufgrund der beschriebenen mangelnden Reichweite in einer ganzen Stadt oder Region ungleich schwieriger zu realisieren ist, als in einem Hotel. Dennoch entstehen derzeit unzählige sogenannte „Municipal wireless Networks“ in Städten wie Barcelona, Bologna, Geneva, Tallinn, etc.

- **GPS und Funkmast-Triangulation**

Die Ortung mobiler Endgeräte ist ein elementarer Bestandteil des mTourism. Die dafür notwendige Ortsbestimmung kann mittels seit Jahren etablierten Satellitennavigation (GPS) sowie der Funkmast-Triangulation erreicht werden. Bei letztgenannter wird der Abstand des mobilen Endgeräts zu drei verschiedenen Funkmasten festgestellt, wodurch der Standort des Endgerätes ermittelt wird. Die Standortbestimmung ist zu jenen mobilen Technologien zu zählen, die auch im Tourismus bereits seit Jahren erfolgreich ihren Einsatz finden. An ein modernes und attraktives Tourismusangebot sind Anforderungen wie die flexible Gestaltungsmöglichkeit, Naturverträglichkeit, ortsspezifische Informationsversorgung und ein höchstmögliches Maß an Sicherheit gebunden. Gerade für Destinationen, in denen Naturerlebnisse und Outdoor-Sportarten ein zentrales Element darstellen, aber auch für Städte- und Studienreisen, können GPS basierte Routing- und Mapping-Funktionen einen klaren Mehrwert liefern. Ergänzend zur Positionsbestimmung mit dem Endgerät finden sich zahlreiche Plattformen im Internet, auf denen die Möglichkeit besteht, GPS-Tracks nach der Region, dem Anforderungsprofil, Höhenmetern etc. zu selektieren und herunterzuladen. Das entsprechende Datenmaterial kann darüber hinaus mit Points of Interest (POIs), wie beispielsweise Informationen über Sehenswürdigkeiten, touristische Leistungsträger oder lohnende Aussichtspunkte, ergänzt werden.

- **RFID & NFC**

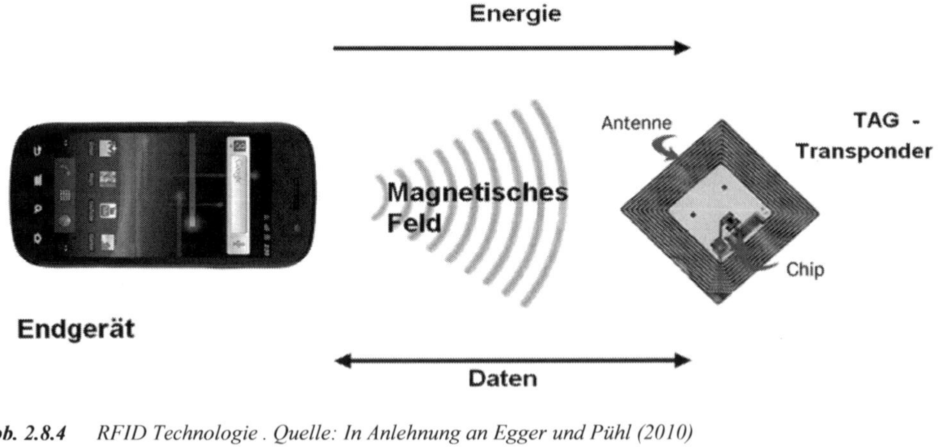

Abb. 2.8.4 RFID Technologie . Quelle: In Anlehnung an Egger und Pühl (2010)

RFID (Radio Frequency Identification) ist eine drahtlose Kommunikationstechnik mit dem Ziel, Informationen zur Identifizierung von Objekten und Personen bereitzustellen (vgl. Horster et al. 2012: 108). Dabei gibt es jeweils eine aktive und eine passive Komponente.

RFID Systeme bestehen somit aus einem Datenträger/Transponder (passiv) und einem Schreib-/Lesegerät (aktiv). Die RFID-Technologie basiert auf elektromagnetischen Wellen, die vom Lesegerät ausgesendet werden. Schneiden diese Wellen nun den Transponder (Tag), so wird dieser identifiziert. Die dem Tag zugeordneten Daten werden dann am Lesegerät ausgegeben. Verlässt der Transponder das Lesefeld wieder, bricht die Kommunikation ab. Der Einsatz dieser Technologie löst im weitesten Sinne die bisherigen Strichcodesysteme ab und eröffnet auch zahlreiche neue Möglichkeiten und Anwendungen im touristischen Umfeld.

Die RFID-Technologie hat bereits einen hohen Verbreitungsgrad erreicht. So sind in allen deutschen Reisepässen, die nach dem 1. November 2005 ausgesellt wurden RFID-Chips enthalten. Ein hohes Einsatzpotenzial bietet sich zudem für Bergbahnen, Museen, Hotels und den öffentlichen Nahverkehr. Sogenannte Keycards liefern dabei eine RFID gestützte Zugangskontrolle. Bekannt sind diese Kontrollsysteme insbesondere in der Hotellerie. Anstelle von Zimmerschlüsseln werden Transponder eingesetzt. Auf diesen ist ein entsprechender Code gespeichert. Beim Anhalten des Transponders an die Zimmertür wird durch das aktive System an der Tür identifiziert, dass es sich um den korrekten Transponder handelt und die Tür öffnet sich. Ähnlich bekannt ist dieses System bei den Bergbahnen in Skigebieten. Dort tragen Skifahrer die passive Komponente in Form einer Karte mit sich. Die Terminals, die zum Eingang in den Lift passiert werden müssen überprüfen, ob die Karte zum einen für den entsprechenden Tag freigeschaltet und zum anderen, ob die Karte für die entsprechende Region freigeschaltet wurde. Ist dies der Fall, lässt das System den Gast passieren (vgl. Horster et al. 2012: 110). Auch am Aviation-Sektor sind vielfältige Nutzungsszenarien für den Einsatz von RFID vorhanden. So setzen bereits zahlreiche Airlines und Flughäfen auf die RFID-gestützte Gepäckverfolgung. Am internationalen Flughafen von Hongkong (HKIA) erzielt man eine 97-prozentige Leserate der Tags. Im Gegensatz dazu konnten mit dem Barcodesystem lediglich 80 Prozent der Objekte identifiziert werden. Aber auch beim Catering, im Cargobereich und bei der Wartung von Flugzeugen, also überall dort, wo der logistische Aufwand ein hohes Ausmaß erreicht, kommt die RFID-Technologie bereits erfolgreich zum Einsatz.

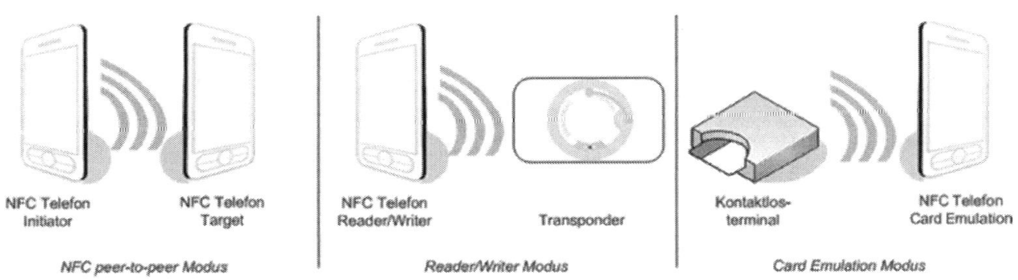

Abb. 2.8.5 *NFC Modi. Quelle: In Anlehnung an Madlmayr und Scharinger 2010: 77*

Eine Technologie, die auf RFID aufbaut und mit dieser kombiniert werden kann, ist **NFC** (Near Field Communication). Dies ist eine an den Standard der kontaktlosen Smartcards angelegte Übertragungstechnologie. Sie ist RFID ähnlich, aber wesentlich leistungsstärker. Wie der Name bereits vermuten lässt, ist es nicht die Reichweite, die für die Leistungsstärke sorgt. Mit rund 10cm Übertragungsdistanz wurde NFC bewusst für den Nah- bzw. Kontaktbereich entwickelt (vgl. Pesonen und Horster 2012: 12). Im Gegensatz zu RFID kommen hier zwei grundsätzlich gleichberechtigte Geräte zum Einsatz (ein Initiator und ein Target). Daraus resultiert die Leistungsstärke, da die Devices in beiden Betriebsmodi arbeiten können und sich so daraus drei Anwendungsmodi ergeben. Entweder NFC-Geräte bauen eine bidirektionale Datenverbindung (peer-to-peer) auf oder ein NFC-Gerät wird verwendet, um einen externen Tag auszulesen bzw. zu beschreiben (Reader/Writer-Modus), bzw. können NFC-Geräte als Smartcard agieren (Card Emulation Modus) (vgl. Madlmayr und Scharinger 2010). Ein weiterer wesentlicher Vorteil von NFC ist, dass die Geräte auch passiv, also ohne Strom, betrieben werden können (vgl. NFC impact on tourism: 3).

Für den Tourismus ergeben sich dadurch zahlreiche neuartige Anwendungsfelder. So könnte in Zukunft das Mobiltelefon der Schlüssel für das Hotelzimmer oder Mietautos sein, den man kurz nach Abschluss der Buchung mittels Kurzmitteilung direkt auf sein Handy geschickt bekommt. Aktuelle Entwicklungen bei BMW mit dem System „ConnectedDrive" verdeutlichen, dass diese Vision schon bald Realität werden kann (vgl. www.nfcworld.com, 2012). Auch Amadeus, Air France und der Flughafen Nizza arbeiten bereits jetzt testweise mit NFC, um das mobile Boarding zu erleichtern. In Konkurrenz dazu stehen die sich derzeit zum mBoarding-Standard etablierenden 2D-Barcodes, wie sie beispielsweise Lufthansa bereits einsetzt. Auch die Deutsche Bahn testet derzeit eine NFC-Lösung namens Touch &Travel. So soll künftig der öffentliche Personenverkehr noch einfacher und sicherer werden. Der Fahrgast meldet sich mit seinem Handy am Touch&Travel-Point zu Beginn der Fahrt an und am Fahrtziel wieder ab. Am Monatsende erhält er die entsprechende Sammelrechnung.

Abb. 2.8.6 *NFC-Touchpoint und 2D Barcode. Quelle: http://www.computerbild.de/, http://www.lufthansa.com*

Auch im Kontext des Destinationsmanagements scheint der Einsatz von NFC enabled Destination Cards ein interessanter und vielversprechender Ansatz zu sein (vgl. Horster et al. 2012: 111). Viele Destinationen haben Destinationskarten implementiert, um die Kundenbindung, das Destinationsimage und die Marke der Destination zu steigern und damit letztlich den Umsatz zu erhöhen. Gleichzeitig werden durch den Einsatz von Destinationskarten wichtige Kennzahlen über Kundensegmente und die Nutzung der Angebote in der Region generiert. Zumeist werden dabei einzelne regionale Leistungen gebündelt und als Package angeboten. In Zukunft könnten Destinationskarten direkt auf dem Handy des Gastes abgelegt werden. Zutrittsberechtigungen, Zahlungsfunktionen sowie Bonussysteme und Loyalty-Programme könnten dann über die mobile Destinationskarte abgewickelt werden.

Es muss jedoch festgestellt werden, dass die Technologie in Europa noch nicht als etabliert bezeichnet werden kann. Bisher ist nicht geklärt, ob sich NFC als Standard durchsetzen wird. Das NFC-Forum, hinter dem Unternehmen wie Sony, Nokia, Microsoft sowie zahlreiche Kreditkarteninstitute und Unternehmen aus der Telekommunikationsbranche stehen, forciert jedoch dessen Verbreitung. Die Implementierung von NFC-Chips ist dabei hauptsächlich für Mobiltelefone vorgesehen, die es dann erlauben, das Telefon als kontaktlose Chipkarte bzw. als RFID-Lesegerät zu verwenden. Prognosen gehen in zwei verschiedene Richtungen. Einerseits schätzt Gartner die Anzahl der Zahlungen via NFC um bis zu 40% weniger als zuerst vorhergesagt, anderseits sagt Berg Insight, dass bis 2017 jedes dritte mobile Endgerät NFC fähig sein wird (vgl. www.nfcworld.com, 2013). Unabhängig von der Tatsache, dass die konkrete technische Ausformung noch nicht vorhergesehen werden kann, zeigt der erläuterte Funktionsumfang von NFC jedoch, welche mobilen Dienstleistungen auf Basis dieses Standards möglich sind. Aus Sicht der Tourismuswirtschaft ist es daher weniger entscheidend, welches System sich endgültig durchsetzen wird, als vielmehr, welche Möglichkeiten sich dadurch bieten werden.

- **2D Barcodes**

Neben den gezeigten und hochtechnologischen Optionen zum Informationsaustausch bieten 2D Barcodes in Kombination mit einer Internetverbindung eine simple und dennoch effektive Möglichkeit, einen mobilen Dienst auf einem Smartphone zugänglich zu machen. Im Kontext des mTourism sind insbesondere sogenannte Quick-Response-Codes (kurz QR-Codes) verbreitet, da diese von vielen Kameras mobiler Endgeräte ausgelesen werden können. Diese Codevariante wurde 1994 erfunden und zunächst in der Logistik eingesetzt. Charakteristisch ist, dass drei Ecken jeweils mit einem weiteren Quadrat markiert sind, die beim Auslesen des Codes als Orientierungspunkte dienen (vgl. Faber und Perstin, 2012: 186). QR-Codes werden häufig dafür genutzt, um Verweise zu Internetseiten herzustellen. Die Internetlinks können dabei durch einen sogenannten QR-Code-Generator hinterlegt werden.

- **Bluetooth & Infrarot**

Der Vollständigkeit halber sollen noch die beiden Technologien Bluetooth und Infrarot vorgestellt werden, die jedoch aufgrund gewisser Nachteile keine besondere Relevanz im touristischen Kontext besitzen. Bluetooth ist zwar in nahezu jedem mobilen Endgerät standardmäßig integriert und erzielt Reichweiten von bis zu 100m, der zweiphasige Verbindungsaufbau sowie das aufwendige Akzeptieren der Verbindung durch den Nutzer mittels der Eingabe eines Codes erweisen sich in der Praxis jedoch für die meisten Anwendungen als ungeeignet. Infrarot stellt mit einer Datenübertragungsrate von bis zu 4 Mbit/s eine schnelle Übertragungstechnologie dar. Der Einbau der Infrarottechnologie ist sehr kostengünstig, die Reichweite ist jedoch auf maximal einem Meter begrenzt. Als weiterer großer Nachteil gilt, dass ein direkter Sichtkontakt zwischen den kommunizierenden Objekten vorhanden sein muss.

2.8.3 Mobile Dienste im Tourismus

Im Kontext mobiler Dienste spielt sowohl die Ausgabeform als auch das damit verfolgte kommerzielle Ziel des Anbieters eine wesentliche Rolle. Nach Killermann und Vaseghi (2001) existieren zwei komplementäre Geschäftsmodelle. Beim Communication Services Modell überwiegt die Kommunikation zwischen zwei oder mehreren Kunden. Der Dienstleister bietet in diesem Umfeld ein oder mehrere Kommunikationsmedien oder -kanäle an. Typische Produkte in diesem Zusammenhang sind Telefonie, eMail, SMS oder MMS. Der Serviceprovider stellt dabei die Verfügbarkeit des mobilen Kommunikationskanals sicher. Beim Content Services Modell überwiegt die Interaktion des Kunden mit den Inhalten des Anbieters. Typische Produkte dieses Geschäftsmodells aus Kundensicht sind Auskunfts- und Informationsdienste. Kunden können auf diese Inhalte über ihr Endgerät von beliebigen Standorten aus zugreifen. Im Folgenden werden ausgewählte Dienste sowie die möglichen Ausgabeformen vorgestellt, die für den Tourismus eine hohe Relevanz vorweisen können.

- **SMS & MMS**

Short Message Service (SMS) ist ein Telekommunikationsdienst zur Übertragung von Textnachrichten. Wenngleich wesentlich leistungsstärkere Technologien auf dem Markt verfügbar sind, führen die starken Nutzungsraten von SMS zahlreiche Unternehmen dazu, ihre Dienste nicht auf dem neuesten technologischen Stand zu entwickeln, sondern auf eine ältere, dafür bewährte Technologie zu setzten. So erhält der Gast beispielsweise SMS-Alerts, die ortsbezogene Informationen über News und Events, Schneeberichte oder Wettervorhersagen liefern, sofern er den Service zuvor im Web abonniert hat. Desweiteren können Tickets für Bus und Bahn, Kino, Konzerte und Museen über SMS bestellt werden. Mit der zunehmenden Durchdringung von Smartphones, gekoppelt an Flatrate-Tarife zur mobilen Internetnutzung, werden diese Dienste jedoch in den nächsten Jahren obsolet werden. Dennoch ist ein Trend zu Communitylösungen wie WhatsApp oder Threema zu erkennen, welche den Vorteil haben, dass sie den Datenaustausch via Internet realisieren. Dadurch können auch größere Datenmengen wie Bilder oder Videos kostengünstig übertragen werden. Es ist daher zu erwarten, dass diese Kommunikationsformen auch im Kontext des mTourism in Zukunft an Relevanz gewinnen werden.

- **Native- und Web-Applikationen**

Im Kontext mobiler Dienste wird in Bezug auf die Ausgabeform häufig zwischen nativer Applikation (kurz App) und Web-Applikation differenziert. Die sogenannten **nativen Apps** sind kleine Programme, welche den Funktionsumfang eines mobilen Endgerätes erweitern. Sie sind auf das jeweilige mobile Betriebssystem ausgerichtet, wodurch eine Abhängigkeit zur jeweiligen Plattform besteht (vgl. 1000°Digital 2011a). Für touristische Akteure bedeutet dies, dass eine Applikation für jedes Betriebssystem individuell programmiert werden muss. Bezogen werden können diese Erweiterungsprogramme bei sogenannten Application-Stores. Alleine im deutschsprachigen Apple App-Store waren im Jahr 2013 36.000 Travel-Apps verfügbar, was einem Anteil von rund 4,6 Prozent aller verfügbaren Apps entspricht (Wagner, 2013). Für den User ist die Erweiterung seines Smartphones um eine Applikation sehr einfach und es genügt ein Klick, um die App herunterzuladen und zu installieren. Die Abrechnung kostenpflichtiger Apps erfolgt per Kreditkartenabbuchung. Durch die Option, Apps kostenpflichtig anzubieten, kann sich ein Geschäftsmodell aus der Anwendung selbst ergeben (vgl. 1000°Digital 2011b). Ein Beispiel hierfür ist der mobile Reiseführer Tripwolf. Dort werden professionelle Reiseinformationen mit Reiseberichten von sogenannten „Trip-Gurus", die ihre Reiseerfahrungen in den Dienst einbringen, kombiniert (vgl. Göll et al. 2010: 39). Die Applikation integriert zusätzlich Kartenmaterial. Die Anwendung selbst ist dann zwar kostenlos, die einzelnen Karten sind jedoch kostenpflichtig.

Im Gegensatz dazu ist eine **Web-App**, die auf den gängigen Programmiersprachen für Internetseiten wie HTML, CSS, Java Script, usw. basiert. Dadurch können sie mittels eines Internetbrowsers unabhängig vom Betriebssystem auf jedem internetfähigen mobilen Endgerät dargestellt werden. Web-Apps unterscheiden sich von Internetseiten, die auf mobile Endgeräte optimiert sind lediglich dadurch, dass sie dem Funktionsumfang von nativen Apps nachempfunden sind (vgl. 1000°Digital 2011a). Dies wird über den vom W3C-Konsortium[1] geplanten Webstandard HTML5 realisiert.

- **Responsive Webdesign**

Seit der zunehmenden Verbreitung von Smartphones wurde neben einer Desktopversion mitunter auch eine mobile Internetseite entwickelt. Aufgrund der Tatsache, dass diese Web-Apps jedoch von der jeweiligen Ausgabegröße des Endgerätes abhängig sind, wird seit einiger Zeit der Ansatz des **Responsive Webdesign** propagiert. Dieses „antwortende" Webdesign bezeichnet eine Flexibilisierung im Design: *„Responsives Webdesign bezeichnet ein Design, dass mit einem flexiblen Grid und flexiblen Inhalten auf beliebigen Endgeräten stets das beste Nutzererlebnis bietet"* (Petereit 2011). Zum einen werden also Schriftgrößen in relativen Werten angegeben, wodurch sie stets lesbar bleiben. Zum anderen passt sich das Layout dynamisch der Ausgabegröße an, was die Programmierung unterschiedlicher Websites obsolet macht (vgl. Petereit 2011). Einen weiteren Vorteil bietet diese Programmierung auch deshalb, weil dadurch auch eine Anpassung auf größere Ausgabeformate, wie beispielsweise Internet-TV möglich wird.

- **Location Based Services**

Neben dem mobilen Internetzugang und der Möglichkeit des Erwerbs von Produkten und Dienstleistungen (z. B. mTicketing) gelten insbesondere Location Based Services (LBS) als vielversprechende Dienste mit touristischem Ortsbezug. LBS sind per Definitionem Dienste,

[1] Das W3C steht für „World Wide Web Consortium". Die Vereinigung besteht aus Mitgliedorganisationen, einem festangestellten Team sowie der Öffentlichkeit. Definiertes Ziel des W3C ist: *„Dem World Wide Web dadurch seine vollen Möglichkeiten zu erschließen, dass Protokolle und Richtlinien entwickelt werden, die ein langfristiges Wachstum des Web sichern"* (W3C 2013).

„die eine geografische Position und weiterführende Informationen zu dieser bzw. zu ihrem Umkreis verbinden und hierdurch einen Mehrwert für den Nutzer schaffen" (Lubos 2010: 456). Auf den Aufenthaltsort des Anwenders abgestimmte Informationsangebote sind damit die Grundlage von LBS. Mittels verschiedener Technologien wie der Nutzung von GPS, der Funkmast-Triangulation oder der WLAN-Ortung kann der Reisende lokalisiert werden und ihm eine ortsbezogene Karte sowie die dafür entsprechenden Informationen übermittelt werden. Ein Nutzer hat dann die Möglichkeit, Informationen und Applikationen auf seinem mobilen Endgerät abzurufen, die auf seinen aktuellen Aufenthaltsort abgestimmt sind. Neben der Lokalisierung kann auch ein kundenspezifisches Profil aufgebaut werden, das als Filtersystem agierend, ein Höchstmaß an personalisierter Information liefert (Egger und Buhalis, 2008). Zu den favorisierten Diensten gehören interaktive Stadtführer (etwa *mTrip* oder *Tripwolf*) sowie Hinweise auf nahe gelegene Restaurants (etwa via *Yelp*), günstige Unterkünfte in unmittelbarer Umgebung (etwa *JustBook* oder *Hotels Now* von HRS), Tankstellen und Geldautomaten. Freizeitaktivitäten und viele weitere touristisch relevante Informationen lassen sich insbesondere über weniger spezifische Dienste wie beispielsweise Google Places abrufen. Des Weiteren ist es möglich, zu ausgewählten Objekten kundengenerierte Inhalte und Bewertungen einzublenden sowie die Route dorthin zu berechnen. Auf diese Art werden touristische Web 2.0 Elemente mobil verfügbar gemacht.

Die Dienste können dabei in proaktiv (push) und reaktiv (pull) unterteilt werden. Im Kontext von proaktiven LBS wird der Begriff des „Geofencing" relevant. Damit ist eine virtuelle standortbezogene Grenze bzw. ein digitaler Zaun gemeint, bei dessen Überquerung eine Aktion der Anwendung ausgelöst wird. Dem Nutzer werden also in dem Moment, in dem er einen bestimmten Bereich betritt, kontextrelevante Informationen zugespielt. Im Gegensatz dazu muss der Nutzer bei reaktiven standortbezogenen Diensten selbst aktiv werden (vgl. Kirchner und Scheffel 2012: 127).

- **Augmented Reality**

Unter Augmented Reality (AR) versteht man die Verknüpfung des realen Raumes mit digitaler Information in Form von eingeblendeten Informationsebenen am Bildschirm. Wichtig ist zu betonen, dass sich Augmented Reality nicht auf eine komplett virtuelle Welt bezieht. So betonen Grabs und Bannour (2012: 439): *„Dabei betritt der Anwender keine virtuelle Welt (...), sondern er erfährt seine reale Welt direkt, aber virtuell ergänzt"*. Dadurch werden Alltagsgegenstände, wie beispielsweise touristische Attraktionen mit zusätzlichen Informationen angereichert. Eng verbunden mit dieser Entwicklung ist ein Trend der *„Integration von Offline- und Online-Welt"* (Kollmann 2011: 33). Diese Immersion von digitaler und physischer Welt bezeichnet das Trendforschungsunternehmen TrendOne als „Outernet": *„Das Internet verlässt den bislang abgetrennten Bereich des Cyberspace und legt sich wie eine zusätzliche Schicht über unsere Umwelt. Die Möglichkeiten, die wir aus dem Internet kennen (...) übertragen sich damit auf physische Objekte"* (TrendOne 2009: 2). Die reale (analoge) Welt wird dabei überlagert von einem digitalen Datenschatten, der sich auf die Objekte in der Realität legt. Bei Augmented Reality handelt es sich somit nicht um eine technologische Komponente, sondern um eine durch virtuelle Informationen erweiterte Realität (vgl. TrendOne 2009: 6). Die Verdeutlichung von Augmented Reality als Ebenen-Modell ist dabei treffend: Durch mobile Endgeräte wird eine digitale Ebene (oder Schicht) auf die physische

Welt gelegt. Bezogen auf den Tourismus weisen Göll et al. (2010: 40) auf die Integration von virtueller und realer Welt durch Augmented Reality hin: *„Während die virtuelle Darstellung einer Destination am Web-Portal und die Realität noch relativ weit auseinander liegen, führt die erweiterte Realität virtuelle und reale Welt zusammen“.* Als wichtige Konsequenz dieser Entwicklung werden Menschen in Zukunft personalisierte Informationsfilter über die Umwelt legen und diese in Abhängigkeit zu den eigenen Präferenzen individuell wahrnehmen können (vgl. Spiegel 2009). Zudem werden Informationen künftig Kontext-sensitiv bereitgestellt werden. Die Relevanz von Informationen ist demnach nicht nur vom Ort abhängig, sondern auch vom aktuellen, Wetter, der Uhrzeit und anderen variablen Daten.

Abb. 2.8.7 *Augmented Reality Applikationen „Streetmuseum“ und Wikitude. Quelle: Museum of London (2013) und Wikitude (2013)*

Als touristisches Beispiel kann die Applikation Wikitude genannt werden. Diese greift auf Informationen aus Wikipedia, Flickr oder auch Twitter zurück, sodass diese digitalen Zusatzinformationen zu touristischen Attraktionspunkten hinzugefügt werden können, indem das Smartphone auf den entsprechenden Gegenstand gehalten wird (vgl. Grabs und Bannour 2012: 440). Gleichzeitig versteht sich Wikitude als Technologieanbieter, der Unternehmen ermöglicht selbst ihre eigene AR-Anwendung zu entwickeln. Als weitere Beispiele für AR Applikationen können *„Peak.AR“* der Salzburg Research GmbH sowie die Anwendung *„Streetmuseum“* des Museum of London genannt werden. Peak.AR zeigt dem Nutzer die Namen der Berge in seiner Umgebung auf dem mobilen Endgerät an (Url: http://peakar.salzburgresearch.at/). Das Streetmuseum stellt die Straßen und Plätze von London im historischen Stil dar. Damit wird es den Besuchern von London erlaubt, in ausgewählten Bereichen die historische Architektur der Stadt von 1666 bis in die 1960er Jahre hinein direkt nachzuerleben.

In diesem Zusammenhang ist auch Google Glass zu erwähnen. Eine neue Datenbrille, mit der Informationen aus dem Internet abgerufen und vor dem Auge als Overlay dargestellt werden können. Neben der Google-Suche können auch Fotos und Videos gemacht werden und sofort über Soziale Netzwerke wie Google+ oder Facebook geteilt, bzw. auf Youtube hochgeladen werden. Des Weiteren verfügt Glass standardmäßig über eine Navigationsapp und ein Übersetzungstool, welches die Übersetzung, etwa die Beschilderung an Flughäfen oder U-Bahnen, in die gewünschte Sprache übersetzt und anzeigt. Der Dienst Google Now hält den Nutzer zudem auf dem Laufenden, etwa darüber ob der Flug verspätet ist oder informiert über die aktuelle Verkehrslage. Mit Glass kommt das erste richtige „Wareable“, also eine tragbare Technologie, auf dem Markt. Die Datenbrille wird per Sprache gesteuert, alternativ dazu dient der Brillenbügel als Touchpad.

Abb. 2.8.8 *Google Glass. Quelle: Fotos rechts: Google.com (2014)*

Die Funktionen von Google Glass können um Apps, die sogenannte Glassware, erweitert werden. Für den Tourismus eröffnet sich dadurch ein neues, breites Anwendungsfeld. Jetzt schon werden hohe Erwartungen auf Google-Glass gesetzt, insbesondere im Bereich des Point of Sales (POS) Marketing und für Location based Services.

2.8.4 Die Zukunft des mTourismus

mTourism ist nicht als eine neue Version des eTourism zu verstehen, sondern versteht sich vielmehr als eine logische, evolutionäre Weiterentwicklung. Bereits im eTourism sind branchenfremde Anbieter mit Ihrem IT-Know-How erfolgreich in den Tourismusmarkt eingedrungen. Auch im Mobile-Sektor wird dies der Fall sein, wenn technologieorientierte Unternehmen den Know-How-Vorsprung nutzen, um sich im touristischen Umfeld, und daher in einem höchst attraktiven und lukrativen Markt, zu positionieren. Das Ziel ist es, den Menschen in jeder Lebenslage mit Informationen zu Versorgen, die aktuell und auf ihn zugeschnitten und damit personalisiert sind. Dabei können die Informationen soziale sowie kontextuelle Filter durchlaufen haben. Die derzeit neu entwickelten Technologien und Lösungen folgen konsequent einer Richtung: schnellere und genauere Informationsversorgung, bei gleichzeitiger Steigerung der Mobilität durch kleinere, in Zukunft in unsere Kleidung bzw. Accessoires eingebaute Endgeräte, die sich gegenseitig vernetzen können (Web of Things).

Um den Gast von morgen, der diese Technologien zunehmend verwenden wird, zufriedenzustellen zu können, ist eine neue Form der Datenquantität und -qualität erforderlich. Dies wird Anbieter aller touristischen Branchensegmente vor große Herausforderungen stellen. Daher sind künftig mehr denn je strategische Partnerschaften, auch mit branchenfremden Playern (etwa Technologieunternehmen) gefragt. Seitens der Tourismuswirtschaft setzt dies letztlich aber auch die Kompetenz voraus, Dienste, Services, Lösungen und Applikation richtig bewerten zu können.

Die flächendeckende Verfügbarkeit eines Services wird künftig eine entscheidende Rolle bei der Akzeptanz von mobilen Diensten darstellen. Die Suche nach einem touristischen Angebot über ein mobiles Endgerät wird nur dann in einem entsprechenden Ausmaß stattfinden, wenn der User diese Möglichkeit als routinemäßige Handlung auffasst. Voraussetzung dafür ist einerseits die ständige Verfügbarkeit der Services sowie die einfache Bedienung der Endgeräte. Sofern gewisse Services nur für bestimme Destinationen angeboten werden und der Gast vor der Nutzung des Dienstes erst dessen Verfügbarkeit prüfen muss, ist eine mangelnde Marktdurchdringung vorherbestimmt. Insbesondere Tourismusorganisationen werden sich daher künftig in Konkurrenz zu Content-Providern und -Aggregatoren wiederfinden und vor der Herausforderung stehen, ihre Informationen zu restrukturieren und für mobile Geräte nutzbar zu machen. Es gilt darauf zu achten, dass die Informationsbereitstellung durch externe Anbieter mit der strategischen Ausrichtung der Destination in Einklang steht. In Zukunft werden damit die Anforderungen an eine proaktive Gestaltung entsprechender Produkte sowie an eine reaktive Haltung gegenüber den Bedürfnissen des Reisenden in jeder seiner Urlaubsphasen gestellt werden.

Um eine weitreichende Durchdringung mobiler Endgeräte im Tourismus zu erwirken, gilt es eine Reihe von Hürden zu überwinden.

- Touristische Entscheidungsträger müssen ein grundlegendes Bewusstsein über den möglichen Einsatz mobiler Services im Tourismus erlangen und dabei in der Lage sein, den Beitrag zu bewerten, den dieser Dienst für das jeweilige Business leisten können.
- Technische Standards stellen auch in Zukunft eine der zentralen Herausforderungen dar, um Netzeffekte zu schaffen und eine entsprechende Penetration zu ermöglichen. Diese Problemstellungen gilt es auf internationaler Ebene zu klären. Sie erfordern den Dialog zwischen Mobilfunkbetreibern, Serviceanbietern und Tourismusexperten.
- Die Aufbereitung und Verarbeitung kontextsensitiver Informationen ist samt Georeferenzierung auf lokaler, regionaler und nationaler Ebene notwendig, um location based Services zu entwickeln. Welche Geschäftsmodelle sich dafür am besten eignen, wer als Content- bzw. Serviceprovider auftritt und welche Rolle dabei künftig Destinationen und Tourismusorganisationen einnehmen werden, sind nur einige der bislang weit gehend offenen Fragen.
- Branchenfremde Player wie etwa Google nehmen eine immer gewichtigere Marktposition ein, indem sie den Zugang zu den dominanten (Kommunikations- und Vertriebs-) Kanälen zu den Gästen kontrollieren. Gleichzeitig verteilen, filtern und strukturieren Sie nicht mehr nur die Informationen im Web, sondern stellen die nötigen Endgeräte und damit die Hard- und Software für den Konsumenten zur Verfügung.

Quellen:

1000°Digital, Definition – native App, Web-App und mobile Webseite, www.1000grad-epaper.de/blog/2011/02/28/definition-web-native-app-mobile-webseite. 2011a.

1000°Digital, Pro und Contra: Die native App. Online verfügbar unter: www.1000grad-epaper.de/blog/2011/03/09/pro-und-contra-die-native-app, erstellt: 09.03.2011, abgerufen: 23.06.2013.

Egger, R., Grundlagen des eTourism, Sharker, Aachen, 2005.

Egger, R., Cyberglobetrotter-Touristen im Informationszeitalter. In: Egger, R. & Herdin, T. (Hg.) Tourismus Herausforderung Zukunft; LIT, Münster, 433–453, 2007.

Egger R. & Buhalis D., eTourism Casestudies. Management and Marketing Issues; Oxford, Elsevier, 2008.

Egger, R. & Jooss, M., Die Zukunft im mTourism-Ausblick auf Technologie- und Dienstentwicklung. In: Egger, R. & Jooss, M. (Hg.) mTourism-Mobile Dienste im Tourismus; Gabler, Wiesbaden, 11–25, 2010.

Egger, R & Pühl, M. F. T., Akzeptanzanalyse eines RFID-gestützten Informationssystems für Museen. In: Egger, R. & Jooss, M. (Hg.) mTourism-Mobile Dienste im Tourismus; Gabler, Wiesbaden, 195–208, 2010.

eMarketer, Tablets Grab Significant Share of Travel Traffic http://www.emarketer.com/Article/Smartphone-Adoption-Tips-Past-50-Major-Markets-Worldwide/1009923, 2013.

Faber, R. und Perstin, S., Social Media und Location-Based Marketing. Mit Google, Facebook, Foursquare, Groupon & Co. Lokal erfolgreich werben, München, 2012.

Goldhammer K. & Wiegand A. & Becker D. & Schmid M., Goldmedia Mobile Life Report 2012. Mobile Life in the 21st century. Status quo and outlook, Bitkom 2008.

Göll, N.; Lassing, M. und Rehrl, K., Location-Based Services im mTourismus – Quo Vadis? In: Egger, R. und Jooss, E. (Hg.). mTourism – Mobile Dienste im Tourismus; Gabler, Wiesbaden, 27–44, 2010.

Google, Welcome to a World through Glass. http://www.google.com/glass/start/what-it-does 2014.

Grabs, A. und Bannour, P., Follow me! Erfolgreiches Social Media Marketing mit Facebook, Twitter und Co. 2. Aufl., Bonn, Galileo Computing 2012.

Horster, E., Reputation und Reiseentscheidung im Internet – Grundlagen, Messung und Praxis, Wiesbaden 2013.

Horster, E.; Domsalla, M. und Pesonen, J., Near-Field Communication im Destinationsmanagement. In: Zeitschrift für Tourismuswissenschaft 4 (1): 107–112, 2012.

Killermann U. & Vaseghi S., Wege zwischen Technologie und Wertschöpfung, in: Gora W. & Röttger-Gerigk S. Handbuch Mobile-Commerce, Springer 2001.

Kirchner, S. und Scheffel, T. Mobile Marketing. Mobile-Marketing-Instrumente und ihre Tauglichkeit zur Kundengewinnung und -bindung, Hamburg, 2012.

Kollmann, T., E-Business. Grundlagen elektronischer Geschäftsprozesse in der Net Economy. 4. Aufl. Wiesbaden, 2010.

Lubos, B., Geoinformationssysteme im Tourismus. In: Schulz, A.; Weithöner, U. und Goecke, R. (Hg.). Informationsmanagement im Tourismus. E-Tourismus: Prozesse und Systeme, München: 452–469, 2010.

Madlmayr G. & Scharinger J., Neue Dimensionen von mobilen Tourismusanwendungen durch Near Field Communication Technologie, in: Egger R. & Jooss M. mTourism. Mobile Dienste im Tourismus. 75–88, 2010.

Museum of London, Streetmuseum. http://www.museumoflondon.org.uk/Resources/app/you-are-here-app/home.html 2013.

NFC World, BMW uses NFC car keys to open hotel doors. http://www.nfcworld.com/2012/04/23/315235/bmw-uses-nfc-car-keys-to-open-hotel-room-doors 2012.

NFC World, Juniper cuts NFC Ticketing forecast. http://www.nfcworld.com/2013/06/12/324567/juniper-cuts-nfc-ticketing-forecast 2013.

Pesonen, J. und Horster, E., Near Field Communication Technology in Tourism. In: Tourism Management Perspectives, Jg. 4 (2012) Heft 1, S. 11-18.

Petereit, D., Responsive Webdesign mit HTML5 und CSS3. Grundlagen. Online verfügbar unter: www.t3n.de/news/responsive-webdesign-html5-css3-grundlagen-335305, erstellt: 06.10.2011, abgerufen: 23.06.2013.

Spiegel, Outernet – Die Welt wird zur Website. www.spiegel.de/kultur/gesellschaft/outernet-die-welt-wird-zur-website-a-669419.html 2013.

TrendOne (Hg.) (2009). The Outernet. Say hello to the wild world web! Online verfügbar unter: www.trendone.com/fileadmin/Redaktion/Downloadcenter/TrendONE_Outernet_White_Paper.pdf, abgerufen: 18.06.2013.

VIR, Daten und Fakten zum online Reisemarkt. http://www.v-i-r.de/download-mafo-datenfakten/df-2013-web.pdf 2013.

Wagner, S., Travel App Guide. http://www.itbberlin.de/media/itb/itb_media/itb_pdf/publikationen/MTAG_2013.pdf 2013.

Wikitude, http://www.wikitude.com 2013.

2.9 Rechtliche Aspekte des eTourismus

Markus Kroner

2.9.1 Die Rechtslage in Deutschland und Österreich

Das Medium Internet ist für Juristen insofern eine Herausforderung, als bereits seit teilweise sehr langer Zeit bestehende Rechtsvorschriften des Zivilrechts, insbesondere des Immaterialgüterrechts, auf dieses neue Medium angewandt werden müssen.

Daneben gibt es bereits flankierend einige neue gesetzliche Vorschriften, die konkret wegen des vorliegenden Bedarfs für dieses neue Medium entwickelt wurden. Hierbei handelt es sich im Wesentlichen um rechtsetzende Akte der Europäischen Union. Zu denken ist hier insbesondere an die Signatur- und Fernabsatzrichtlinie und eCommerce Richtlinie, welche sich das erste Mal mit Rechten und Pflichten von Dienstanbietern auseinandergesetzt hat. Diese Richtlinie wurde in der Bundesrepublik Deutschland insbesondere durch das Telemediengesetz (TMG) sowie in Österreich durch das eCommerce Gesetz (ECG) in nationales Recht umgesetzt.

Die in diesem Beitrag zitierte Rechtsprechung berücksichtigt Entscheidungen, die bis zum 31.03.2014 veröffentlicht wurden.

2.9.2 Das Rechtsgeschäft

Das Rechtsgeschäft ist der Kernbegriff des Schuldrechts und somit jeder Zivilrechtsordnung.

Ein Rechtsgeschäft kommt durch übereinstimmende Willenserklärungen der Vertragsparteien zustande, wobei die Willenserklärung ausdrücklich oder auch stillschweigend (konkludent) erfolgen kann. Eine Willenserklärung ist so auszulegen, wie sie von einem redlichen Erklärungsempfänger unter Berücksichtigung sämtlicher Umstände objektiv verstanden werden konnte (Maßgeblichkeit des Empfängerhorizonts).

Die einleitende Willenserklärung, die auf den Abschluss eines Vertrags gerichtet ist, wird als Anbot (Offerte) bezeichnet, die Willenserklärung, die dieses Anbot des Offerenten annimmt, heißt Annahme. Geltungsvoraussetzung ist, dass das Anbot eine Bindungswirkung hat und die Annahme zeitnah erfolgt. Entspricht die Annahmeerklärung nicht vollinhaltlich dem Anbot, so kommt kein Vertrag zustande. Allenfalls kann eine abweichende Annahmeerklärung jedoch ein neues Angebot darstellen, das wiederum vom ursprünglich Anbietenden angenommen werden kann. Zu beachten ist, dass Schweigen prinzipiell keine Zustimmung ist. Die gesetzlichen Vorschriften finden sich im BGB in den §§ 145–157 und im öst. ABGB in den §§ 861–864a.

Eine Buchungsanfrage eines Hotelgastes ist mangels Bestimmtheit noch kein Angebot, erst die entsprechende Reaktion des Hotels, mit dem ein Zimmer für einen bestimmten Zeitraum zu einem bestimmten Entgelt offeriert wird, stellt ein ausreichend bestimmtes Angebot dar, welches nun vom Gast angenommen werden kann. Eine nach erfolgter Annahme durch den Gast vom Hotel ausgestellte Reservierungsbestätigung hat demgemäß nur noch Beweisfunktion.

2.9.3 Das Rechtsgeschäft im Internet

Die dargestellten Grundsätze gelten auch bei Vertragsabschlüssen im Internet, es wird jedoch davon auszugehen sein, dass die Bindungsfrist des Anbietenden kürzer ist als bei postalischer Übermittlung des Angebots und der Zugang einer Erklärung mit dem Zeitpunkt angesetzt wird, zu dem sie der Erklärungsempfänger „unter gewöhnlichen Umständen" abrufen kann. Dies wird im Regelfall der Zeitpunkt der Übermittlung sein (LG Nürnberg-Fürth, 2 HK O 9434 /01; öst. OGH, 2 Ob 108 /07 g).

Bei Online-Auktionen (z. B. eBay) wird das Angebot nach der Einstellung auf der Website unwiderruflich. Ein Webauftritt ohne Buchungsmöglichkeit ist ähnlich wie ein Schaufenster eines Geschäfts kein Angebot, sondern nur eine Aufforderung an einen Betrachter der Website, ein Angebot zu stellen (sog. „invitatio ad offerendum"). Das Angebot geht somit vom potentiellen Kunden aus und dem Betreiber der Website steht es frei, das Angebot des Kunden anzunehmen.

- **Unternehmer/Verbraucher**

Auf Grund der fast deckungsgleichen Legaldefinitionen von Verbrauchern und Unternehmern (§§ 13, 14 BGB, § 1 öst. KSchG, Art. 6 Rom I VO) ist davon auszugehen, dass sowohl nationale als auch internationale Verträge zwischen Gästen und Hotels (Gastaufnahme- bzw. Beherbergungsvertrag) regelmäßig Verträge zwischen Verbrauchern und Unternehmern darstellen und demgemäß die jeweiligen zwingenden gesetzlichen verbraucherschutzrechtlichen Bestimmungen bei der Vertragsgestaltung zu berücksichtigen sind (z. B. §§ 305 c Abs. 1, 307 Abs. 1, 308, 309 BGB, §§ 864a, 879 Abs. 3 öst. ABGB, § 6 öst. KSchG).

- **Vertragsabschluss unter Einbeziehung der Allgemeinen Geschäftsbedingungen (AGB)**

Bei AGB handelt es sich um vorformulierte Vertragsbedingungen, die regelmäßig die wirtschaftlich stärkere Vertragspartei, die eine Vielzahl von gleichartigen Verträgen abschließt, ihren Verträgen zugrunde legen möchte.

Geltungsvoraussetzung für diese AGB ist, dass sie entweder ausdrücklich oder stillschweigend zum Vertragsinhalt gemacht werden. Diesbezüglich ist es wesentlich, dass der Verwender der AGB vor Vertragsabschluss darauf hinweist, dass er ausschließlich bereit ist, zu den Bedingungen seiner AGB's Verträge abzuschließen und der Vertragspartner Gelegenheit bekommt, vom Inhalt dieser AGB's Kenntnis zu nehmen. Nach Ansicht des BGH (I ZR 75/03) reicht zur Möglichkeit der Kenntnisverschaffung iSd § 305 Abs. 2 Nr. 2 BGB, wenn AGB's über einen auf der Bestellseite gut sichtbaren Link aufgerufen und ausgedruckt werden können. Nach Ansicht des öst. OGH reicht hierfür bereits das Abrufen mittels Google-Suche aus (öst. OGH, 6 Ob 167/12 w).

Der Hinweis, dass AGB einbezogen werden sollen, muss so angeordnet sein, dass er auch bei flüchtiger Betrachtung nicht übersehen werden kann (LG Essen NJW-RR 2003, 1207). Es ist somit nicht Gültigkeitserfordernis, dass dem Geschäftspartner die AGB tatsächlich übermittelt werden.

Weitere Einbeziehungsvoraussetzung ist das Einverständnis des Kunden zur Geltung der AGB. Dieses kann, da für Gastaufnahme- bzw. Beherbergungsverträge keine Formvorschrift besteht, auch schlüssig erklärt werden. Es ist in der Regel dann zu bejahen, wenn es nach Erfüllung der bereits genannten Voraussetzungen tatsächlich zu einem Vertragsabschluss kommt, insbesondere wenn der Gast tatsächlich beim Hotel zum Einchecken erscheint.

- **Fernabsatz**

Für Vertragsabschlüsse im Fernabsatz, das sind alle Verträge, die unter ausschließlicher Verwendung eines oder mehrerer Fernkommunikationsmittel ohne persönliche Kontakte zwischen Unternehmer und Verbraucher zustande kommen, gelten erweiterte Informations- und Bestätigungspflichten des Unternehmers. Weitere Voraussetzung für die Anwendbarkeit dieser Bestimmungen ist, dass der Unternehmer über ein organisiertes Vertriebs- oder Dienstleistungssystem verfügt, also z. B. für sein Unternehmen eine Website betreibt oder regelmäßig Prospekte an potentielle Kunden versendet.

Zu beachten ist, dass ab 13.06.2014 diese Pflichten auch für im Wege des Fernabsatzes geschlossene Gastaufnahme- bzw. Beherbergungsverträge gelten, mit Ausnahme von individuellen Kommunikationsmitteln wie z. B. e-mail. Es besteht jedoch weiterhin eine Ausnahme vom gesetzlichen Widerrufs- bzw. Rücktrittsrechts (§ 312 g Abs. 2 Z 9 BGB, § 18 Abs. 1 Z 10 öst. FAGG).

- **Grenzüberschreitende Sachverhalte**

Sollten die Vertragspartner keine Rechtswahl getroffen haben, so kommt bei Gastaufnahme- bzw. Beherbergungsverträgen auch bei Verbrauchergeschäften das am Sitz des Hoteliers geltende Sachrecht zur Anwendung (Art. 4 Nr. 2 iVm Art. 6 Nr. 4 lit. a Rom I VO).

Im räumlichen Anwendungsbereich des EWR bestehen entsprechende Verbraucherschutzbestimmungen und können bei Vorliegen der übrigen Voraussetzungen (siehe Art. 15, 16 EuGVO, ab 10.01.2015 Art. 17–19 gem. VO (EU) 1215/2012) Verbraucher nur in ihrem Heimatstaat geklagt werden und können dort auch aktiv klagen. Diese Voraussetzungen sehen u. a. vor, dass der Unternehmer seine Tätigkeit auf den Wohnsitzstaat des Verbrauchers „ausrichtet".

Zum „Ausrichten" der Tätigkeit des Unternehmers durch eine Website hat der EuGH in mehreren Entscheidungen entsprechende Kriterien herausgearbeitet (EuGH, C-585/08, C-144/09, C-190/11; folgend öst. OGH, 4 Ob 172/12 s), durch welche der Willen des Unternehmers erkennbar ist, Verbraucher in anderen Mitgliedsstaaten als Kunden zu gewinnen.

2.9.4 Verträge mit Online Vertriebsplattformen

Der Vertrieb von Hoteldienstleistungen über Online Vertriebsplattformen setzt voraus, dass drei Vertragsparteien Vertragsverhältnisse untereinander abschließen. Folgende Vertragsverhältnisse sind zu unterscheiden

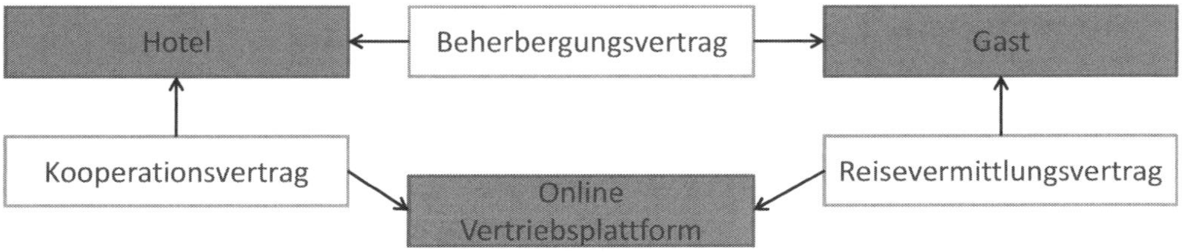

Abb. 2.9.1 *Verträge mit Online Vertriebsplattformen*

- **Rechtsverhältnis Hotel – Online Vertriebsplattform:**

Es handelt sich um ein Dauerschuldverhältnis, das entweder befristet mit Verlängerungsautomatik oder auf unbestimmte Zeit abgeschlossen wird.

Unabhängig von der Bezeichnung dieses Vertragstypus durch eine der Parteien, auf die es aus rechtlicher Sicht nicht ankommt, definieren sich die wechselseitigen Hauptleistungspflichten dadurch, dass die Online Vertriebsplattform dem Hotel die Möglichkeit einräumt, auf der jeweiligen Plattform die von ihm angebotenen Hoteldienstleistungen einzustellen und mit Hotelgästen entsprechende Beherbergungsverträge abzuschließen, dies gegen Zahlung eines Entgeltes an die Online Vertriebsplattform (Kommission), die sich als Prozentbetrag in unterschiedlicher Höhe auf das Beherbergungsentgelt darstellt.

Auf diesem Vertrag kommen die jeweiligen AGB der Online Vertriebsplattformen zur Anwendung, in welchen den Hotels zahlreiche Verpflichtungen, wie insbesondere Raten- und Verfügbarkeitsparität, Regelungen zu Stornierung und Umbuchung, auferlegt werden. In letzter Zeit sind in mehreren Ländern die von den Online Vertriebsplattformen verwendeten Bestpreisklauseln ins Visier der nationalen Kartellbehörden geraten (z. B. Abstellverfügung des dt. Bundeskartellamtes gegen HRS vom 20.12.2013, B 9-66/10).

Zur rechtlichen Stellung der Online Vertriebsplattform ist festzuhalten, dass diese somit lediglich als Vermittler zwischen Hotel und Hotelgast auftritt und der Beherbergungsvertrag direkt zwischen Hotel und Hotelgast abgeschlossen wird.

- **Rechtsverhältnis Hotel – Gast:**

Durch Vermittlung der Online Vertriebsplattform kommt zwischen Hotel und Gast direkt ein Gastaufnahme- bzw. Beherbergungsvertrag zustande.

Die Online Vertriebsplattform ist nicht Partei dieses Vertrages und richten sich die Bestimmungen dieses Vertrages bei Beherbergungsverträgen mit internationalem Charakter auch ohne ausdrückliche Rechtswahl nach dem geltenden Recht am Sitz des Hotels.

Die Regelungen der AGB der Online Vertriebsplattformen im Rechtsverhältnis zum Hotel können jedoch sehr wohl Einfluss auf das Rechtsverhältnis zwischen Hotel und Gast haben.

- **Rechtsverhältnis Gast – Online Vertriebsplattform:**

Zwischen dem Gast und der Online Vertriebsplattform wird ein sog. Reisevermittlungsvertrag abgeschlossen, wobei mangels anderslautender vertraglicher Regelung die Online Vertriebsplattform nicht als Bote des Gastes, sondern als Gehilfe des Hotels tätig wird (öst. OGH, 1 Ob 688/83, 6 Ob 264/02 w).

Auch in diesem Rechtsverhältnis kommen AGB der jeweiligen Online Vertriebsplattform zur Anwendung.

2.9.5 Immaterialgüterrechte

- **Was ist Immaterialgüterrecht?**

Immaterialgüterrecht ist der Oberbegriff für Rechte am geistigen Eigentum. Geschützt wird nicht bereits die Idee an sich, sondern das jeweilige schutzfähige Arbeitsergebnis, das Ausfluss dieser geistigen Schöpfung (Idee) ist.

Unterteilt wird das Immaterialgüterrecht in die gewerblichen Schutzrechte einerseits, diese umfassen Rechte, die unter Lebenden übertragbar sind. Hier sind zu nennen das Markenrecht, das Musterrecht (ausgeformt als Design- bzw. Geschmacks- und Gebrauchsmusterrecht) und das Patentrecht, andererseits die Immaterialgüterrechte im engeren Sinn, die nicht unter Lebenden übertragbar sind, dies ist das Urheberrecht.

Verwandte Rechte sind das Wettbewerbs(Lauterkeits-)recht sowie das Namensrecht des BGB (öst. ABGB) und HGB (öst. UGB).

Diesen gewerblichen Schutzrechten ist im Regelfall gemein, dass das Recht mit Eintragung in ein öffentliches Register, das von einer Behörde geführt wird (Deutsches Patent- und Markenamt, Europäisches Patentamt in München, Österreichisches Patentamt, Harmonisierungsamt der EU in Alicante), entsteht. Es gilt der im Sachenrecht allgemeine Grundsatz „prior tempore potior iure“ oder moderner ausgedrückt „first come, first served“. Dies bedeutet, dass der zeitlich Frühere der rechtlich Stärkere ist und somit eine zeitlich frühere Eintragung einem späteren Rechtserwerb entgegensteht.

- **Die Marke**

Eine Marke dient dazu, Waren und Dienstleistungen eines Unternehmens von Waren und Dienstleistungen eines anderen Unternehmens zu unterscheiden.

Marken können alle Zeichen sein, die sich dauerhaft und für jedermann verständlich graphisch darstellen lassen und werden nach ihrer graphischen Ausgestaltung in reine Wortmarken und Bildmarken (inklusive Wortbildmarken) eingeteilt.

Die jeweilige Registrierungsbehörde muss bei Anmeldung einer Marke prüfen, ob absolute oder relative Eintragungshindernisse bestehen.

Absolute Registrierungshindernisse sind z. B. Hoheitszeichen, amtliche Prüfungs- oder Gewährzeichen, Zeichen internationaler Organisationen oder solche, die gegen die öffentliche Ordnung oder gegen die guten Sitten verstoßen.

Relative Registrierungshindernisse sind fehlende Unterscheidungskraft, Beschaffenheitsangaben und Gattungsbegriffe.

Bei den relativen Registrierungshindernissen ist eine Eintragung mit Verkehrsgeltungsnachweis möglich. Verkehrsgeltung liegt dann vor, wenn die Ware von einem erheblichen Teil der beteiligten Verkehrskreise auf Grund der Marke als von einem bestimmten Unternehmen stammend erkannt wird (EuGH, C-108, 109/97).

Die Waren und Dienstleistungen, für die eine Marke eingetragen werden kann, sind in der Nizza Klassifikation in einzelne Klassen unterteilt (34 Klassen für Waren und 11 Klassen für Dienstleistungen). Die relevante Klasse für Dienstleistungen zur Verpflegung und Beherbergung von Gästen ist die Klasse 43.

Wesentlicher **Inhalt des Markenrechts** ist, dass es dem Inhaber das ausschließliche Recht gewährt, Dritten zu verbieten, bei Vorliegen von Verwechslungsgefahr ohne seine Zustimmung im geschäftlichen Verkehr ein mit der Marke gleiches oder ähnliches Zeichen für gleiche oder ähnliche Waren oder Dienstleistungen zu benutzen.

- **Namensrecht**

Der Name einer Person ist Bestandteil der Persönlichkeit und hat eine Kennzeichnungs- und Unterscheidungsfunktion. Der Träger eines Namens kann sich u. a. gegen eine Namensanmaßung zur Wehr setzen. Schutz genießen auch Firmen und Firmenschlagwörter sowie Abkürzungen (öst. OGH, 4 Ob 169/04 b) von juristischen Personen (§ 12 BGB, § 37 HGB; § 43 öst. ABGB, § 37 öst. UGB).

Auch Internetdomains, die Namen enthalten oder namensmäßig anmuten, haben ein Namensrecht, soweit ihnen über die bloße Adressierung hinaus Kennzeichnungs- und Unterscheidungsfunktion zukommt (BGH, NJW 2002 2031; öst. OGH 4 Ob 165/05 a).

- **Wettbewerbs- (Lauterkeits-)recht**

Ein funktionierender Wettbewerb und somit u. a. die nicht zulässige Inanspruchnahme von geistigem Eigentum Dritter wird auch durch das Wettbewerbsrecht geschützt. Dieses ist sowohl in Deutschland als auch in Österreich jeweils im Gesetz gegen den unlauteren Wettbewerb (UWG) normiert. Im Gegensatz zu früher wird nunmehr auch aufgrund EU-rechtlicher Vorgaben nicht nur der b2b sondern auch b2c Bereich vom UWG umfasst. Verpönt sind unlautere Geschäftspraktiken, dies sind insbesondere aggressive oder irreführende, die geeignet sind, im geschäftlichen Verkehr den Wettbewerb zum Nachteil von Unternehmen nicht nur unerheblich zu beeinflussen oder das wirtschaftliche Verhalten des Durchschnittsverbrauchers, den sie erreicht oder an den sie sich richtet.

2.9.6 Die Domain

Im Gegensatz zu den bisher dargestellten Rechten hat eine Domain zwar einen bestehenden Wert, ist aber kein Immaterialgüterrecht (BGH NJW 2008, 3716; öst. OGH, 3 Ob 287/08 i). Durch die Registrierung einer Domain erwirbt somit der Inhaber kein absolutes Recht an dieser und damit kein sonstiges Recht iSd § 823 Abs. 1 BGB (BGH, I ZR 187/10).

Primäre Funktion von Domains ist die Adressfunktion (sozusagen die virtuelle Hausnummer eines Unternehmens), daneben besteht auch eine Kennzeichenfunktion, da Internet-User oft die Domain mit dem Betreiber der Website oder mit den von diesem Unternehmer angebotenen Waren/Dienstleistungen gleichsetzt.

Länderdomains wie z. B. .de, .at und .eu werden von jeweils nationalen Registrierungsbehörden vergeben, welche auf rein zivilrechtlicher Basis tätig werden, also keine Träger von hoheitlicher Gewalt sind (Deutschland: denic Domain Verwaltungs- und Betriebsgesellschaft e.G.; Österreich: nic.at Internetverwaltungs- und Betriebsgesellschaft m.b.H.; EU: EURid).

2.9.7 Kennzeichenkollisionen

Die Domain ist zwar kein Immaterialgüterrecht, kann jedoch die Verwendung einer Domain in bestehende Immaterialgüterrechte Dritter eingreifen und steht somit in Konkurrenz zu diesen Rechten.

Ein Domain-Inhaber kann somit allein aus der Registrierung einer Domain keine Rechte an dem verwendeten Begriff ableiten und kann somit z. B. nicht gegen jüngere registrierte Marken vorgehen. Dies ist nur dann möglich, wenn durch die faktische Verwendung eines Wortzeichens als Domain im Internet ein Unternehmenskennzeichen in Gebrauch genommen wird (BGH, NJW 2005, 1198; öst. OGH, 17 Ob 3/07 a).

- **Domain/Marke**

Voraussetzung für den Eingriff in ein Markenrecht ist es, dass die kennzeichenmäßige Verwendung im geschäftlichen Verkehr erfolgt.

Eine Nutzung von Marken durch Private wird somit nicht vom Schutzbereich des MarkenG oder öst. MSchG umfasst (z. B. Fanseiten).

Die Verwendung eines Zeichens zur Registrierung als Domain ist noch keine markenmäßige Verwendung (öst. OGH, 4 Ob 327/00 t) und ist auch das Vorliegen von Verwechslungsgefahr notwendig. Für die Beurteilung dieser Frage ist ausschließlich der Inhalt der Homepage maßgebend (öst. OGH, ÖBl. 2001, 225).

- **Domain/Name**

Für eine Beeinträchtigung des Namensrechtes reicht es aus, dass der Namensträger durch die Namensanmaßung zu Unrecht mit bestimmten Handlungen eines anderen in Zusammenhang gebracht oder überhaupt der Anschein ideeller oder wirtschaftlicher Beziehungen zwischen dem Namensträger und dem Dritten erweckt wird.

Zur Namensanmaßung zählt auch der Fall der Zuordnungsverwirrung. Diese ist dann gegeben, wenn der unrichtige Eindruck hervorgerufen wird, der Namensträger habe dem Gebrauch seines Namens zugestimmt (BGH, NJW 1983, 1186). Im Gegensatz zum Markenrecht kann auch schon in der bloßen Reservierung einer Domain mit fremden Namensbestandteilen eine Namensanmaßung vorliegen (OLG Düsseldorf, MMR 1999, 369).

Gemäß Rechtsprechung liegt bereits in jeder Verwendung eines Städtenamens als Teil einer Domain eine Namensanmaßung und somit ein Eingriff in das Namensrecht der Kommune vor (OLG Köln, MMR 1999, 556; OLG Karlsruhe, MMR 1999, 604; öst. OGH, 17 Ob 44/08 g). Geschützt sind auch Namen von Stadtteilen und Länderbezeichnungen, nicht aber Begriffe, die über die Gebietsgrenze von Kommunen hinausgehen (OLG Brandenburg, 6 U 123/06) und lediglich die beschreibende Bezeichnung einer geografischen Region sind (LG Frankfurt am Main, 2-06 O 167/10).

Im Gegensatz zur deutschen Rechtsprechung (KG Berlin, 5 U 41/12 für berlin.com) hat der öst. OGH judiziert, dass bei der Beurteilung der Zeichenidentität bzw. -ähnlichkeit auch die Top-Level Domain zu beachten ist. Demgemäß ist durch ein einzuholendes SV-Gutachten die Verkehrsauffassung überprüfbar, ob die Top-Level Domain „.com“ eine Zuordnungsverwirrung ausschließen kann (öst. OGH 17 Ob 16/10 t, für schladming.com). Dies wurde auf Grund der Ergebnisse des eingeholten Gutachtens im zweiten Rechtsgang verneint (öst. OGH, 4 Ob 59/13 z). Dies gilt prinzipiell auch bei „.at“-Domains (öst. OGH, 17 Ob 15/11 x, für wagrain.at).

2.9.8 Haftung der Domainvergabestelle?

Die Domainvergabestelle haftet nur dann, wenn der Rechtsverstoß offenkundig und ohne weiteres festzustellen ist (BGH, NJW 2001, 3265) oder dann, wenn der Verletzte unter Offenlegung und Bescheinigung des Sachverhalts die Domainvergabestelle zur Beseitigung auffordert (öst. OGH, 4 Ob 166/00 s).

2.9.9 Domain-Grabbing

Wenn ein Anmelder eine Domain registriert, ohne diese tatsächlich benutzen zu wollen, kann ein Anspruchsteller mit einem besseren Titel aus Marken- oder Namensrecht dagegen vorgehen, da dieses **Domain-Grabbing** eine wettbewerbsrechtlich relevante unzulässige Behinderung im Sinne des dt. und öst. UWG darstellt.

Eine unlautere Behinderung kann im Falle der Domainreservierung dann vorliegen, wenn der Zweck der Reservierung ausschließlich darin besteht, Dritte zu behindern bzw. zur Zahlung einer deutlich über den Registrierungskosten liegenden Vergütungen zu veranlassen („Cyper-Squatting“: LG München 1, CR 1998, 434; öst. OGH, 4 Ob 56/02 t).

2.9.10 Keyword-Advertising

Das „**Keyword-Advertising**“ wird von Suchmaschinenbetreibern verwendet und stellt deren Haupteinnahmequelle dar. Die Suchmaschinenbetreiber bieten an, Suchbegriffe (z. B. google

Adwords) zu kaufen und erscheint bei Eingabe dieses Suchbegriffs durch einen Internetuser die Anzeige des google Adwords-Käufers neben der Trefferliste.

Mit Entscheidung vom 23.03.2010 (C-236/08 bis C-238/08) hat der EuGH klargestellt, dass keine Markenverletzung des Suchmaschinenbetreibers (konkret Google) vorliegt, wenn Google Marken als Keywords für seinen Dienst Adwords bereitstellt. Der EuGH überlässt es jedoch nationalen Gerichten, wann die Nutzung der Marke eines Dritten als Keyword zu einer Funktionsbeeinträchtigung der Marke führt oder nicht (EuGH, C-323/09). Die nationalen Gerichte in Deutschland (BGH, I ZR 30/07, I ZR 51/08, I ZR 125/07, I ZR 217/10) und Österreich (öst. OGH, 17 Ob 1/07 g, 17 Ob 3/10 f, 17 Ob 8/10 s, 17 Ob 22/11 a) sehen die Nutzung fremder Marken beim Keyword-Advertising dann als zulässig an, wenn der Eindruck vermieden wird, dass die beworbenen Waren und Dienstleistungen vom Inhaber der Marke stammen und zwischen dem werbenden Unternehmen und dem Markeninhaber eine wirtschaftliche Verbindung besteht, sowie die Marke selbst in der Anzeige verwendet wird oder die Marke nachgeahmt oder herabgesetzt wird.

2.9.11 Urheberrecht

- **Bedeutung des Urheberrechts für den Tourismusbereich**

Durch die Möglichkeit der digitalen Kopie von Werkstücken und deren Verbreitung im Internet hat das Urheberrecht in der juristischen Praxis an Bedeutung gewonnen. Im Bewusstsein der Bevölkerung präsent ist somit das Urheberrecht insbesondere durch Fragen betreffend die öffentliche Musikausführung, Radio- und TV-Empfang und das Kopieren von CD's und MP3-Dateien zum Zwecke der Vervielfältigung von Musik in digitalisierter Form oder auch dem Uploaden und Downloaden von Videos auf entsprechenden Plattformen wie YouTube etc. Gerade diese technisch problemlose Verbreitung von Werkstücken über das Medium Internet birgt die Gefahr von Urheberrechtsverletzungen in sich. Dies betrifft direkt auch den Tourismusbereich, da Hoteliers – wie es in Deutschland, Österreich und in anderen europäischen Ländern Standard geworden ist, einen eigenen Internetauftritt haben und ein Hotel seinen Gästen regelmäßig einen Internetzugang als Informationsquelle und Kommunikationsmittel anbietet.

- **Grundlagen**

Rechtsquellen sind in Österreich und Deutschland jeweils das Urheberrechtsgesetz (UrhG) sowie internationale Abkommen (z. B. World Copyright Treaty WCT, Word Performers und Products Rights Treaty WPPT).

Zweck des Urheberrechts ist der Schutz der Leistung des Urhebers vor einer unbefugten Auswertung und vor der Verletzung seiner ideellen Interessen. Zu diesem Schutz gehört bei jeder Form der Auswertung seines Werkes auch eine angemessene finanzielle Beteiligung („Lizenz").

Geschützt sind eigentümliche und persönlich geistige Schöpfungen auf den Gebieten der Literatur, der Wissenschaft und Kunst, in Deutschland wird zusätzlich noch eine gewisse Gestaltungshöhe gefordert (für Websites z. B. OLG Celle, 13 W 17/12). Die Aufzählung geschützter Werkarten ist in Deutschland nur beispielhaft, in Österreich jedoch abschließend. Das Urheberrecht gewährt dem Inhaber – mit gewissen Ausnahmen – das ausschließliche Recht, sein Werk auf die im Urheberrechtsgesetz genannten Arten zu verwerten. Der Urheber hat zum einen **Persönlichkeitsrechte** wie Schutz gegen Entstellung, Veränderung, Kürzung, Bearbeitung, Übersetzung und Namensnennung sowie **Vermögensrechte**. Diese umfassen u. a. das Recht auf Vervielfältigung (z. B. in Form des Downloads aus dem Internet), sowie des Rechts auf öffentliche Zugänglichmachung bzw. der Veröffentlichung des Werkes (z. B. durch Uploading in das Internet). Zu beachten ist, dass das Urheberrecht unabhängig von seiner Registrierung und dem Copyright-Vermerk besteht. Das Urheberrecht ist vererblich, als solche unter Lebenden aber nicht übertragbar. Der Urheber kann aber Dritten Lizenzen zur Nutzung, nämlich ausschließliche oder einfache Nutzungsrechte (Deutschland) / nicht exklusive Werknutzungsbewilligungen oder exklusive Werknutzungsrechte (Österreich) erteilen. Die Schutzfrist beträgt prinzipiell 70 Jahre ab dem Todesjahr des Urhebers, bei Werken ohne Urheberbezeichnung 70 Jahre nach ihrer Schaffung/Erstveröffentlichung. Leistungsschutzrechte wie bei einfachen Lichtbildern erlöschen 50 Jahre nach der Erstveröffentlichung oder Darbietung, der Schutz von Datenbanken 15 Jahre nach der letzten Änderung.

- **Verwertungsgesellschaften**

Für den Urheber ist es in der Praxis auf Grund der Vielzahl der Nutzer und der Vielfalt der technischen Nutzungsmöglichkeiten nicht möglich, selbst den Überblick darüber zu bewahren, von wem, wann, wie oft, wo und welche seiner Werke genutzt werden. Zu diesem Zwecke werden Verwertungsgesellschaften als Interessengemeinschaften von Urhebern und deren Verlegern zur Wahrnehmung der Nutzungsrechte der Urheber gebildet. In der Regel werden dann auch Urheberrechtsverstöße von diesen Verwertungsgesellschaften verfolgt. In Deutschland ist insbesondere die Gesellschaft für musikalische Aufführungs- und mechanische Vervielfältigungsrechte (GEMA) zu nennen, in Österreich die staatlich genehmigte Gesellschaft der Autoren, Komponisten und Musikverleger reg.Gen.m.b.H. (A.K.M.).

- **Urheberrechtlicher Schutz von Texten**

Bedingung dafür, dass ein Text ein Werk der Literatur iSd Urheberrechtsgesetzes ist, dass eine gewisse Originalität aufweist („Werktiefe“). Diese Werkqualität wird bei sog. „sprachlichen Zweckschöpfungen“ für den Einsatz in Werbung und Marketing (z. B. Werbeslogans oder Werbetexte) regelmäßig verneint (öst. OGH, 4 Ob 166/93). Wissenschaftliche Aussagen, Erkenntnisse und Methoden sind urheberrechtlich nicht geschützt.

Eine Vervielfältigung von Werken der Literatur ist im Rahmen des Freien Zitierens, insbesondere im Rahmen des sog. „kleinen Zitats“ (§ 51 Nr. 2 UrhG; § 46 öst. UrhG) zulässig. Voraussetzung ist, dass die Quelle deutlich angegeben wird und dass ein eigenes selbständiges Sprachwerk vorliegt.

Auch RSS-Feeds können Urheberrechte verletzen, wenn in der Website ohne Zustimmung des Urhebers ein RSS-Feed integriert wird und die Werke des Dritten dadurch öffentlich zugänglich werden (AG Hamburg, 36 AC 375/09).

- **Urheberrechtsschutz von Webgrafiken**

Webgrafiken (Dateien der Formate „gif", „jpg" sowie animierte „flash"-Dateien) sind in der Regel urheberrechtlich geschützt und dürfen somit nur mit Zustimmung des Urhebers vervielfältigt/der Öffentlichkeit zugänglich gemacht bzw. zur Verfügung gestellt werden.

Googles Bildervorschau im Suchergebnis (Thumbnails) ist jedoch keine Urheberrechtsverletzung, da die google Webcrawler freien Zugriff auf die Daten der Internetseite mit den Bildern hatten (BGH, I ZR 69/08).

Eine unerlaubte Nutzung von Webgrafiken kann Ansprüche auf Unterlassung, Beseitigung, Zahlung eines angemessenen Lizenzentgelts und Schadenersatzansprüche begründen (§§ 97 ff UrhG; §§ 81 ff öst. UrhG). Der Geschädigte kann zwischen den Berechnungsarten frei wählen (BGH, I ZR 48/97).

Für die Ermittlung angemessener Lizenzgebühren für Foto-/Bildhonorare erstellt in Deutschland die Mittelstandsgemeinschaft Foto-Marketing (MFM) jährlich die üblichen Honorare im Fotobereich und kann zusammen mit dem Handbuch „Der Bildermarkt" zum Preis von € 33,00 beim Bundesverband der Pressebild-Agenturen und Bildarchive e.V. bezogen werden. Grundsätzlich sind diese Honorare bei Nutzung in Onlinemedien nach Nutzungsdauer gestaffelt.

In Österreich sind dies die Veröffentlichungshonorare im Fotografengewerbe, herausgegeben von der Bundesinnung der Berufsfotografen, Wiedner Hauptstraße 63, 1045 Wien. Diese bietet zur Ermittlung eines angemessenen Lizenzentgelts online einen Foto-Honorarrechner unter www.fotografen.at/rsv/rechner/index.htm an.

Im Falle eines Gerichtsstreits ziehen die Gerichte diese Lizenzentgelte, die im Regelfall durch einen Sachverständigen ermittelt werden, heran, allenfalls auch durch freie Festsetzung durch den Richter in Ausübung seines Ermessens.

- **Das Recht am eigenen Bild**

Zu beachten ist auch das in diesem Zusammenhang relevante Persönlichkeitsrecht, „des Rechts am eigenen Bild" gem. § 22 KUG und § 78 öst. UrhG. Ungeschriebene Tatbestandsvoraussetzung für den Bildnisschutz ist bei dem jeweiligen Bild die Erkennbarkeit der Person. Eine Erkennbarkeit liegt nicht erst dann vor, wenn auch der flüchtige Durchschnittsleser bzw. -betrachter einen Abgebildeten erkennen kann, vielmehr ist bereits die Erkennbarkeit durch einen mehr oder weniger großen Bekanntenkreis ausreichend (Loewenheim, Handbuch des Urheberrechts, 2003, Rz 6 zu § 18). Ein Bildnisschutz besteht, wenn berechtigte Interessen des Abgebildeten beeinträchtigt werden. Dies bedarf einer Abwägung im Einzelfall und wird nach der vorliegenden Rechtsprechung immer dann verletzt, wenn der Abgebildete bloßgestellt oder herabgesetzt wird, das Privatleben des Abgebildeten Preisgegeben wird, die Abbildung zur Missdeutung Anlass geben kann, die Abbildung zu Werbezwecken verwendet wird (jedenfalls dann, wenn der Abgebildete dem Verdacht ausgesetzt wird, er habe sein Bildnis entgeltlich für Werbezwecke zur Verfügung gestellt: öst. OGH, 4 Ob 192/12 g).

Gem. § 23 Abs. 1 Z 2 KUG dürfen ohne Einwilligung der abgebildeten Bilder veröffentlicht werden, in denen die Personen als Beiwerk neben einer Landschaft oder sonstigen Örtlichkeit erscheinen. Abzustellen ist auf den Gesamteindruck des Bildes (BGH, NJW 1979, 2206). Kann hierbei die Personenabbildung auch entfallen, ohne den Gegenstand und den Charakter eines konkreten Bildes zu verändern, ist von einer hinreichenden Unterordnung der Personenabbildung und der Gesamtdarstellung auszugehen (OLG Karlsruhe, GRUR 1989, 823).

2.9.12 Hyperlinks

- **Was ist ein Hyperlink?**

Hyperlinks sind die gängigste Methode zur Vernetzung von Informationen und ermöglichen es, durch Anklicken des gesetzten Links direkt von einer Website zur Nächsten zu springen, ohne die Adresse der verlinkten Website in den Browser manuell eingeben zu müssen. Folgende Linktypen werden unterschieden:

Interner Link (User wird auf eine Unterseite der eigenen Website weitergeleitet)

Einfacher externer Link im Fließtext/Linkliste/Navigationsframe (URL wechselt im Fenster des Browsers)

Frame-Link (die vernetzte Website erscheint in einem eigenen Frame auf der eigenen Website)

Surface-Link (Link auf die Startseite der verlinkten Website)

Deep-Link (Link nicht auf die Startseite der vernetzten Website, sondern auf eine Unterseite)

- **Haftung für Links am Beispiel von Frame- und Deep-Links**

Urheberrechtlich ist das Setzen von Links sowohl nach österreichischer als auch nach deutscher Rechtsprechung unbedenklich. Mit dem bloßen Einrichten eines Hyperlinks kommt es nämlich zu keiner Vervielfältigung eines digitalen Werks auf dem adressierten Rechner (BGH, I ZR 299/00; öst. OGH, 4 Ob 252/04 v).

Framing ist dann urheberrechtswidrig, wenn das zugänglich gemachte Werk auf dem eigenen Server in eine Website eingegeben wird, da „sich der Website-Ersteller nach außen hin als Herr der Inhalte geriere, sodass für den gewöhnlichen Nutzer die Fremdheit nicht mehr in Erscheinung trete.“ (LG München I, MMR 2007, 260).

Eine Wettbewerbsverletzung liegt beim Framing dann nicht vor, wenn für den Nutzer klar ist, dass es sich beim entsprechenden Inhalt um den Inhalt einer verlinkten fremden Website handelt, auch bereits ein Copyrightvermerk beim verlinkten Inhalt kann eine Herkunftstäuschung vermeiden (öst. OGH, 4 Ob 248/02 b).

Eine urheberrechtlich relevante Wiedergabe durch Linksetzung liegt nur dann vor, wenn sie sich an ein neues Publikum richtet (EuGH, C-466/12, C-136/09). Demgemäß ist die Bereitstellung von anclickbaren Links auf einer Website zu Werken, die auf einer anderen Website frei zugänglich sind, keine öffentliche Wiedergabe im Sinne des Urheberrechts. Dies gilt auch dann, wenn das Werk bei Anklicken des Links durch die Internetnutzer in einer Art und Weise erscheint, die den Eindruck vermittelt, dass es auf der Seite erscheint, auf der sich dieser Link befindet (Frame-Link).

Urheberrechtlich zu beachten ist jedoch, dass der Inhaber einer Website ohne Erlaubnis der Urheberrechtsinhaber über Hyperlinks auf geschützte Werke dann nicht verweisen darf, wenn ein solcher Deep-Link es ermöglicht, beschränkende Maßnahmen zu umgehen, die auf der Seite, auf der das geschützte Werk zu finden ist, getroffen wurden, um den Zugang der Öffentlichkeit allein auf ihre Abonnenten zu beschränken (EuGH, C-466/12; so auch bereits BGH, I ZR 39/08). Ansonsten verstößt das Setzen von Deep-Links weder gegen die urheberrechtlichen Befugnisse der verlinkten Anbieter, noch stellt es eine unlautere Ausbeutung der Leistung der Anbieter dar (BGH, I ZR 259/00).

2.9.13 Der Internet-Service-Provider

Ein Internet-Service-Provider ermöglicht Nutzern den Zugang zu den Diensten des Internets wie z. B. eMail, WorldWideWeb, etc.

Mit der eCommerce-Richtlinie wurden EU-weit einheitliche Bestimmungen für die Providerhaftung geschaffen.

Ein Grundsatz der eCommerce-Richtlinie ist u. a. das Herkunftslandprinzip. Dies bedeutet, dass die Dienste der Informationsgesellschaft grundsätzlich dem Rechtssystem unterfallen, in dem der Anbieter niedergelassen ist. Ausnahmen hiervon sind eine getroffene Rechtswahl, Verbraucherverträge und sonstige zwingende gesetzliche Vorschriften.

Hoteliers, die ihren Gästen Zugang zum Internet (gegen Gebühr) zur Verfügung stellen, sind Access-Provider und somit Dienstanbieter im Sinne des TMG und öst. ECG. Dies gilt unabhängig davon, auf welche technische Weise dieser Internetzugang zur Verfügung gestellt wird (WLAN, Koaxialkabel, Telefonkabel oder Stromleitung).

Hoteliers und Tourismusverbände, die auf ihrer Website ein Onlinegästebuch betreiben, sind sog. Host-Provider, da sie fremde Inhalte veröffentlichen. Dies gilt auch für Online-Buchungsplattformen, die das Einstellen von Bewertungen von Hotels durch Gäste ermöglichen.

2.9.14 Der Access-Provider

Der Schwerpunkt der Leistung des Access-Providers liegt auf dem Transport von Daten in das und aus dem Internet und ist ein Access-Provider-Vertrag ein Dienstvertrag (BGH, III ZR 338/04).

- **Haftung des Access-Providers**

Eine zivilrechtliche bestehende Haftung des Access-Providers hinsichtlich Schadenersatz und strafrechtlicher Verantwortung ist ausgeschlossen, wenn der Provider die Übermittlung der Information nicht auslöst, den Empfänger der Information nicht auswählt und die übermittelten Informationen weder auswählt noch verändert (§ 8 TMG, § 13 öst. ECG).

Allfällige Ansprüche eines Dritten zielen somit nur auf Unterlassung (BGH, I ZR 121/08).

Desweiteren sind Access-Provider nicht verpflichtet, die von ihnen gespeicherten, übermittelten oder zugänglich gemachten Informationen zu überwachen und von sich aus nach Umständen zu forschen, die auf rechtswidrige Tätigkeiten hinweisen.

Ein Betreiber eines Hotels, der seinen Gästen freien Internetanschluss anbietet, haftet nicht für rechtswidriges Nutzerverhalten, wenn er die Gäste auf die Einhaltung der gesetzlichen Vorgaben hingewiesen hat und den Internetzugang über ein sicherheitsaktiviertes und zudem verschlüsseltes Netzwerk anbietet (LG Frankfurt/Main, 2-6 S 19/09). Der WLAN-Anschluss sollte durch angemessene Sicherungsmaßnahmen vor der Gefahr geschützt sein, von unberechtigten Dritten zur Begehung von Urheberrechtsverletzungen missbraucht zu werden. Die Sicherung muss den zur Zeit der Installation des WLAN-Routers marktüblichen Standards entsprechen, eine Anpassung an sich weiter entwickelnde Standards wird nicht verlangt (BGH, I ZR 121/08).

In Österreich kann ein Access-Provider dann Adressat von verschuldensunabhängigen Unterlassungsansprüchen sein, sofern er die rechtswidrigen Aktivitäten des Users (Gastes), von denen er Kenntnis erlangt hat, nicht unterbunden hat (öst. OGH, 4 Ob 194/07 v).

Es liegt keine Verantwortlichkeit des Access-Providers für den Inhalt der Webseiten, zu denen er seinen Kunden den Zugang vermittelt, vor (OLG Frankfurt, 6 W 10/08).

- **Auskunftspflichten des Access-Providers**

In Deutschland besteht gemäß ständiger Rechtsprechung kein Auskunftsanspruch gegenüber einem Access-Provider (z. B. OLG Hamburg, 5 U 156/04; OLG Frankfurt, 11 U 51/04; OLG München, 11 U 4696/04). Auch der Betreiber eines Internetforums ist Dritten gegenüber nur sehr eingeschränkt zur Mitteilung von Namen und Anschriften seiner Nutzer verpflichtet (AG München, 161 C 24062/10).

In Österreich hat der öst. OGH (4 Ob 41/09 x) auf Grundlage der Rechtsansicht des EuGH (C-557/07) eine Auskunftspflicht des Access-Providers verneint, dies mit der Begründung, dass die dynamische Zuordnung von IP-Adressen als Verkehrsdaten im Sinne des § 92 Abs. 3 Z 4 öst. TKG 2003 qualifiziert werden. Verkehrsdaten unterliegen nämlich dem Grundrecht des Telekommunikationsgeheimnisses und dürfen gar nicht gespeichert werden. Auch der EuGH (C-275/06) geht davon aus, dass es sich bei diesen Daten um Verkehrsdaten handelt.

2.9.15 Der Host-Provider

Im Bereich des Persönlichkeitsschutzes besteht für Host-Provider vor allem die Gefahr der Haftung für fremde Inhalte wegen Verletzung von Persönlichkeitsrechten (z. B. bei Hotelbewertungen), insbesondere kreditschädigende Tatsachenbehauptungen, die dem Verletzten sowohl nach deutschem als auch nach österreichischem Recht u. a. einen verschuldensunabhängigen Unterlassungsanspruch gewähren (§§ 823, 824, 1004 BGB; § 1330 Abs. 2 öst. ABGB). Bei der einzelfallbezogenen Prüfung sind Tatsachenbehauptungen von prinzipiell zulässigen reinen Werturteilen und Meinungsäußerungen zu unterscheiden. Ein Hotel kann sich im Hinblick auf den Schutz der Meinungs- und Kommunikationsfreiheit nicht dagegen zur Wehr setzen, dass es auf einem Hotelportal von Gästen bewertet wird (OLG Hamburg, 5 U 51/11). Das Recht auf freie Meinungsäußerung findet aber dort seine Grenzen, wo das Gebot der Sachlichkeit verletzt wird und sind demgemäß Schmähkritik bzw. Wertungsexzesse unzulässig. Geschützt sind wirtschaftliche Interessen von natürlichen und juristischen Personen.

- **Verantwortlichkeit des Host-Providers**

Der Unterlassungsanspruch des in seinen Persönlichkeitsrechten Verletzten kann sich auch gegen denjenigen richten, der die unrichtigen Tatsachen verbreitet. Dabei ist es prinzipiell ausreichend, wenn bloß fremde Behauptungen weitergegeben werden. Die Aufnahme von Tatsachen in eine Website ist eine tatbestandsmäßige Verbreitung (öst. OGH, 6 Ob 307/00 s).

Bei einem Host-Provider ist die zivilrechtliche Haftung hinsichtlich Schadenersatz und strafrechtlicher Verantwortung ausgeschlossen, wenn der Provider von der rechtswidrigen Tätigkeit oder Information keine tatsächliche Kenntnis hat und sich im Bezug auf Schadenersatzansprüche keiner Tatsachen oder Umstände bewusst ist, aus denen eine rechtswidrige Tätigkeit oder Information offensichtlich wird oder, sobald er diese Kenntnis über dieses Bewusstsein erhalten hat, unverzüglich tätig wird, um die Information zu entfernen oder den Zugang zu ihr zu sperren (§ 10 TMG, § 16 öst. ECG).

Die gesetzliche Privilegierung von Host-Providern gilt nicht für verschuldensabhängige Unterlassungsansprüche (BGH, I ZR 304/01; I ZR 35/04; öst. OGH, 6 Ob 218/03 g unter Berufung auf § 19 öst. ECG).

Diese bestehen jedoch dann nicht zu Recht, wenn der Host-Provider von dem rechtswidrigen Inhalt des Beitrags keine tatsächliche Kenntnis hat und sobald er diese Kenntnis erlangt hat, unverzüglich tätig wird, um die Information zu entfernen oder den Zugang zu ihr zu sperren (sog. Notice-and-Take-Down-Prinzip). Dies gilt auch für RSS-Feeds (BGH, VI ZR 144/11).

Haftungsauslösend ist somit das Vorliegen der anspruchsbegründenden Tatbestandsmerkmale „Kenntnis“ und „offensichtliche“ Rechtswidrigkeit. Der Anspruchsteller trägt die volle Behauptungs- und Beweislast für das Vorliegen der Kenntnis (BGH, VI ZR 335/02). „Offensichtliche Rechtswidrigkeit“ liegt dann vor, wenn dies für einen juristischen Laien ohne weitere Nachforschungen offenkundig als rechtswidrig leicht erkennbar ist (öst. OGH, 4 Ob 66/04 s).

Der Host-Provider muss somit nur dann tätig werden, wenn der Hinweis auf Rechtsverletzung so konkret gefasst ist, dass der Rechtsverstoß auf der Grundlage der Behauptungen des Betroffenen ohne eingehende rechtliche und tatsächliche Überprüfung bejaht werden kann. Er muss die Beanstandung zunächst an den Verfasser zur Stellungnahme weiterleiten. Antwortet der nicht in angemessenem Zeitraum, muss der Host-Provider davon ausgehen, dass die Beanstandung berechtigt ist und sind die Inhalte zu löschen. Wenn hingegen der Verfasser substantiiert gegen die Beanstandung argumentiert und berechtigte Zweifel an den Beanstandungen bestehen, hat der Host-Provider das dem Beanstandenden mitzuteilen, erfolgt keine Reaktion vom Beanstander oder vermag dieser die Zweifel nicht auszuräumen, braucht der Host-Provider nicht weiter zu prüfen (BGH, VI ZR 93/10).

Einen Host-Provider trifft somit keine Verpflichtung zur Vorabkontrolle der Beiträge (OLG München, 6 W 1551/11; öst. OGH, 6 Ob 178/04 a, 3 Ob 190/11 d). Host-Provider sind im Übrigen nicht präventiv verpflichtet auf eigene Kosten und zeitlich unbegrenzt Filtersysteme zu verwenden, um Urheberrechtsverletzungen zu verhindern (EuGH, C-360/10).

- **Grenzüberschreitende Sachverhalte**

Trotz abgeschlossenem Gastaufnahme- bzw. Beherbergungsvertrag handelt es sich bei der Verletzung von Persönlichkeitsrechten um deliktische Ansprüche. Für den räumlichen Bereich des EWR hat der EuGH (C-509/09, C-161/10) klargestellt, dass nur jener Mitgliedsstaat, in dem sich der gewöhnliche Aufenthalt des Geschädigten befindet, für einen solchen Rechtsstreit international zuständig ist (EuGH, C-509/09, C-161/10). Es besteht somit ein Wahlgerichtsstand am Sitz des Hotels (LG Düsseldorf, 2 O 184/12; öst. OGH, 2 O 184/12).

Nach deutschem internationalem Privatrecht (EGBGB 40) kommt primär das Tatortprinzip zur Anwendung, dies ist bei Delikten im Internet der Ort, an dem das Uploading stattfindet, also nicht der Ort, an dem der Server steht. Der Verletzte kann jedoch verlangen, dass davon abweichend das Recht des Staates zur Anwendung kommt, an dem der Erfolg eingetreten ist. Der Erfolgsort wiederum ist der gewöhnliche Aufenthalt des Betroffenen, also z. B. der Standort des Hotelbetreibers.

Auch nach österreichischem internationalem Privatrecht ist die Anwendbarkeit österreichischen Rechts argumentierbar (öst. OGH 3 Ob 180/03 x, 4 Ob 114/04 z).

2.9.16 Impressums- und zusätzliche Informationspflichten

Betreiber von Websites treffen umfangreiche Informations- und Offenlegungspflichten, deren Verletzung zivil- und verwaltungsstrafrechtliche (Ordnungswidrigkeiten) Sanktionen nach sich ziehen kann.

Die gesetzlichen Regelungen finden sich in Deutschland in § 55 Rundfunkstaatsvertrag (RStV) in der Fassung des fünfzehnten Staatsvertrags zur Änderung rundfunkrechtlicher Staatsverträge (15. RÄStV) gültig ab 01.01.2013, sowie im TMG, in Österreich in § 5 öst. ECG und §§ 24 Abs. 4, § 25 Abs. 5 öst. MedienG.

Eine umfassende Impressumspflicht gem. TMG/öst. ECG trifft Diensteanbieter für geschäftsmäßige, in der Regel gegen Entgelt angebotene Telemedien und sind die gesetzlich vorgegebenen Informationen leicht erkennbar, unmittelbar erreichbar und ständig verfügbar zu halten, wobei ein Impressum, das über zwei Links erreichbar ist, diesen Vorgaben entspricht. Die Bezeichnung als „Impressum“ oder „Kontakt“ ist ausreichend (BGH, I ZR 228/03).

Unter den Tatbestand „gegen Entgelt angebotene Telemedien“ fallen auch rein werbende Unternehmenswebsites, d. h. kostenfrei und ohne Bestellmöglichkeit (OLG Düsseldorf, I-20 U 147/11; OLG Hamburg, 3 W 64/07).

Für Unternehmenswebsites besteht auch bei Facebook (OLG Düsseldorf, I-20 U 145/12; LG Regensburg, 1 HK O 1884/12) und bei google+ (LG Berlin, 16 O 154/13) eine Impressumspflicht.

Auf allen Geschäftsbriefen – gleich, welcher Form – somit auch e-mails, die an einen bestimmten Empfänger gerichtet werden, müssen bestimmte Pflichtangaben angeführt werden.

Die entsprechenden gesetzlichen Bestimmungen finden sich in § 35a GmbHG für Gesellschaften mit beschränkter Haftung, in § 37a HGB für Einzelkaufleute, in § 125a HGB für offene Handelsgesellschaften, in § 177a HGB für Kommanditgesellschaften, in § 80 AktG für Aktiengesellschaften sowie in § 7 Abs. 5 PartGG für Partnerschaften, sowie für Österreich in § 14 öst. UGB betreffend in das Firmenbuch eingetragene Unternehmer und in § 63 Abs. 1 öst. GewO 1994 betreffend natürliche Personen, die nicht im Firmenbuch eingetragene Unternehmer sind.

2.9.17 Werbung mit eMail

- **Eingriffshandlungen**

Unverlangte Werbesendungen an Adressaten, dies umfasst sowohl Verbraucher als auch Unternehmer, sind wettbewerbswidrig (§ 7 Abs. 2 Nr. 3 UWG; § 107 Abs. 2 öst. TKG 2003). Jede Werbesendung von Unternehmern stellt eine „unzumutbare Belästigung“ dar, wenn der e-mail-Empfänger nicht vorher ausdrücklich zugestimmt hat (sog. Opt-In). Dies trifft auf Produktempfehlungen mit Zusatzwerbung (BGH, I ZR 208/12), auf Anfragen per e-mail, ob jemand zukünftig Werbemails erhalten will (öst. OGH, 4 Ob 113/99 t), und auf Einladungs- und Erinnerungsmails für Facebook (LG Berlin, 16 O 551/10) zu. Unter „vorheriger ausdrücklicher Einwilligung“ ist jede Willensbekundung zu verstehen, die ohne Zwang, für den konkreten Fall und in Kenntnis der Sachlage erfolgt (BGH GRUR 2008, 923), die Einwilligung kann somit auch konkludent erfolgen. Die Angabe einer e-mail Adresse auf einer Unternehmenswebsite ist jedoch keine solche konkludente Einwilligung (BGH, I ZR 201/07).

Bei Newslettern bedarf es eines sog. Double-Opt-In. Dies bedeutet, dass der Versender eines Newsletters nach Erhalt der Zustimmungserklärung des Adressaten zusätzlich ein Bestätigungsemail versenden muss, um den Beweis der datenschutzrechtlichen Einwilligung erbringen zu können (OLG München, 29 U 1682/12).

Bei mangelnder ausdrücklicher Zustimmung des Adressaten sieht § 7 Abs. 3 UWG/§ 107 Abs. 3 öst. TKG 2003 ein modifiziertes Opt-Out vor. Demnach ist die Versendung von Werbemails auch dann erlaubt, wenn die e-mail Kontaktdaten im Zusammenhang mit dem Verkauf eines Produkts/einer Dienstleistung unmittelbar vom Kunden erhalten wurden und der Werbende folgend eigene ähnliche Leistungen via Internet bewerben will. Bei der ersten Bestellung und bei jeder Verwendung muss jedoch die Möglichkeit zu einem einfachen, gebührenfreien Widerruf möglich sein (§ 7 Abs. 3 Nr. 4 UWG; öst. VwGH, 2008/03/008 und 009).

Die Voraussetzungen des § 7 Abs. 3 UWG/§ 107 Abs. 3 öst. TKG 2003 lassen sich somit wie folgt zusammenfassen: Waren oder Dienstleistungen müssen ähnlich sein, Gast wurde bereits bei Dienstleistung darauf hingewiesen, dass er der e-mail Werbung jederzeit widersprechen kann, Gast wird in jeder Werbemail auf dieses Widerspruchsrecht hingewiesen.

- **Rechtsfolgen**

§ 6 Abs. 2 Satz 1 iVm § 16 Abs. 1 TMG normieren eine Ordnungswidrigkeit mit Bußgeld bis zu € 50.000,00, wenn kommerzielle Kommunikation per elektronischer Post versendet und in der Kopf- und Betreffzeile der Absender oder der kommerzielle Charakter der Nachricht verschleiert oder verheimlicht wird. In Österreich stellt ein Verstoß gegen § 107 Abs. 2 oder 5 öst. TKG 2003 eine Verwaltungsübertretung dar und ist gem. § 109 Abs. 3 Z 20 öst. TKG 2003 mit einer Geldstrafe bis zu € 37.000,00 bedroht.

Erfolgt die Zusendung einer unzulässigen elektronischen Post aus dem Ausland, ist Tatort jener Ort, an dem die unerbetene Nachricht vom Empfänger abgerufen wurde (öst. VwGH, 2012/03/0052).

Darüber hinaus gewähren sowohl das dt. als auch öst. UWG Beseitigungs- und Unterlassungsansprüche (öst. OGH 7 Ob 168/09 w).

Die Zusendung einer Werbe-e-mail ohne vorherige ausdrückliche Einwilligung des Adressaten kann auch einen Eingriff in das Recht am eingerichteten und ausgeübten Gewerbebetrieb des Adressaten darstellen und gewährt diesem einen Unterlassungsanspruch aus den §§ 823 Abs. 1, 1004 BGB gegen den Absender (BGH, I ZR 218/07).

- **Sonstige Anforderungen an eMail Werbung**
  - Trennungsgebot: In allen Telemediendiensten sind Werbung und redaktioneller Teil klar durch entsprechende Hinweise zu trennen (§ 1 Abs. 1 iVm § 58 Abs. 1 RStV).
  - Identität des Absenders und authentische e-mail Adresse sind erforderlich (§ 7 Abs. 2 Nr. 4 UWG; § 107 Abs. 2 öst. TKG 2003).
  - Kennzeichnung als Werbung (§ 6 TMG; § 6 öst. ECG).
  - Klarstellung des Absenders (§ 6 TMG; § 6 öst. ECG).
  - Erkennbarkeit von Angeboten zur Absatzförderung wie Preisnachlässe, Zugaben und Geschenke (§ 6 TMG; § 6 öst. ECG).
  - Erkennbarkeit von Preisausschreiben und Gewinnspielen mit Werbecharakter (§ 6 TMG; § 6 öst. ECG).
  - Erfüllung der Informationspflichten nach § 35a GmbHG, § 37a HGB, § 125a HGB, § 177a HGB, § 80 AktG, § 7 Abs. 5 PartGG sowie nach § 14 öst. UGB und § 63 Abs. 1 öst. GewO 1994.
  - Erfüllung der erweiterten Informationspflichten bei Fernabsatz-Rechtsgeschäften (§§ 312d bis 312j BGB; öst. FAGG).

2.9.18 Social Media

Prinzipiell gelten die vorweg dargestellten rechtlichen Grundsätze auch im sozialen Netzwerk, wobei neben den bereits behandelten gesetzlichen Grundlagen (Urheberrecht, Wettbewerbsrecht, Markenrecht, Namensrecht, TMG/öst. ECG, etc.) darüber hinaus auch die Nutzungsbedingungen der jeweiligen Social Media-Plattform vom User zu beachten.

3 Reisemittler-Systeme

Reisemittler stellen in den Leistungs- und Wertschöpfungsprozessen der Tourismusbranche (Makroebene) Front-Ends bzw. interaktive Kontaktpunkte zum Reisekunden dar.

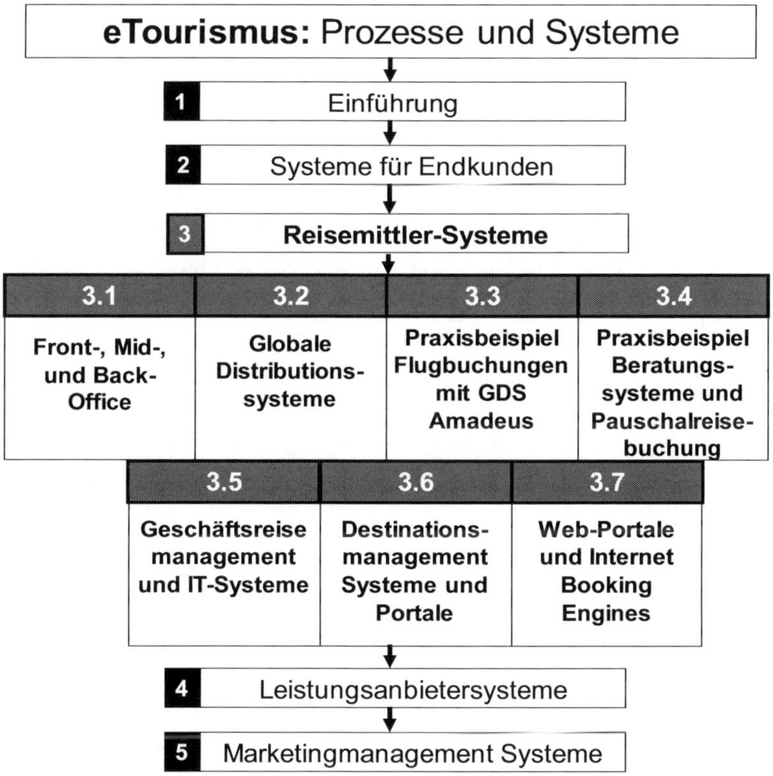

Abb. 3.1 Überblick Reisemittler-Systeme

Die Reisemittler informieren und beraten die Kunden mit dem Gebot der Redlichkeit und Sorgfalt nach bestem verfügbarem Wissen. Sie bahnen die Geschäftstransaktion an, indem sie z. B. Preise ermitteln und Verfügbarkeiten prüfen, und vermitteln verbindlich im Kundenauftrag das Geschäft bzw. die Reisebuchung. Dazu werden sie durch die Produzenten und Anbieter der Reiseleistungen und Reisepakete bzw. durch ihre Distributoren autorisiert, im juristischen Sinne durch Agenturverträge und Geschäftsbedingungen sowie im technischen

Sinne durch die Nutzungsmöglichkeit von elektronischen Netzwerken und Schnittstellen zum Zugriff auf die Reservierungssysteme der Anbieter. Nach Abschluss einer Vermittlung können die Reisemittler, abhängig von den Vereinbarungen mit den Anbietern, an der weiteren Abwicklung der Geschäftstransaktion beteiligt werden, z. B. indem sie die Inkasso-Funktion wahrnehmen. Für diese Tätigkeiten, die im Rahmen der Mikroprozessebene der Reisemittler im interaktiven Kundenkontakt bzw. im konkreten Front-Office/Front-End des Mittlers stattfinden, erhalten sie entweder Provisionen von den Anbietern, oder sie berechnen den Kunden Beratungs- und Bearbeitungsgebühren.

Darüber hinaus betreiben die Reisemittler ein eigenes Kundenbeziehungsmanagement (Customer Relationship Management CRM), sie steuern ihre Vertriebsaktivitäten und Ressourcen auf Basis von Controlling- und Managementinformationen, vielfach eingebunden in Konzerne und Ketten, und sie vollziehen im Back-Office z. B. ihre Aufgaben des Rechnungswesens.

Reisemittler sind Teil internationaler Geschäftsprozesse; Reiseleistungen werden weltweit angeboten, vermittelt und in Anspruch genommen. Der Bedarf und die Nachfrage nach Reiseleistungen enstehen oft kurzfristig, und aufgrund der Nichtlagerbarkeit der touristischen Produkte werden die Reiseangebote oftmals kurzfristig generiert oder an die Nachfrage angepasst (Yield Management vgl. Kap. 5.1 und Vertriebskanalmanagement vgl. Kap. 5.2). Reisemittler agieren daher in internationalen IT-Netzwerken und Distributionssystemen, um in Echtzeit des Kundenwunsches aktuelle Angebote mit umfassender Markttransparenz, ohne Zeitverzug und in multimedialer Darstellung verbindlich vermitteln zu können.

Als Grundlage zum Verständnis der Reisemittlerprozesse (Mikroebene) im Rahmen der weltweiten (Makro-)Prozesse der Tourismusbranche wird zuerst in Kapitel 3.1 eine Unterteilung in Front-, Mid- und Back-Office-Funktionen vorgenommen. Dabei wird verdeutlicht, dass in den Geschäftsmodellen und -prozessen vom Grundsatz her keine Unterschiede zwischen traditionellen stationären Reisebüros und virtuellen Reisemittlern als Online Travel Agents (OTA) bestehen. Lediglich die Ausgestaltung des Front-Office bzw. synonym des Front-Ends zur interaktiven Kommunikation mit den Kunden erfolgt bei virtuellen Reisemittlern über Web-Portale, die den Kunden automatisierte Prozesse „zur Selbstbedienung" anbieten. In Kapitel 3.7 wird diese Thematik der Web-Portale, der Online Travel Agents sowie ihrer Internet Booking Engines vertieft und abgegrenzt.

Global Distribution Systems (GDS) arbeiten bereits seit Jahrzehnten als elektronische Intermediäre und Datenlogistiker, die über weltweite Netzwerke die Reisemittler mit den Reservierungssystemen der Produzenten und Anbieter von Reisen und Reiseleistungen verbinden und die als Distributoren Reiseleistungen, insbesondere IATA gebundene Flüge der Linienfluggesellschaften in ihren Reservierungszentralen anbieten und reservieren inklusive Tarifrechnung und Ticketing sowie Steuerung der Abwicklung und Abrechnung (International Air Transport Association, vgl. iata.de). Diese GDS haben ihr IT-Produktportfolio und ihre IT-Services für Reisemittler erheblich erweitert. Kap. 3.1 zeigt, dass GDS-Services nicht nur im Front-Office sondern auch für Mid- und Back-Office-Funktionen und -Prozesse den Reisemittlern zur Verfügung stehen. Kapitel 3.2 gibt einen umfassenden Überblick über den Aufbau, die Funktionen und Services der GDS, erwähnt aber auch, dass mittlerweile insbesondere am deutschen Markt neue Systeme als Alternativen zu den drei weltweit verbreiteten

Global Distribution Systems (Amadeus, Sabre und Travelport mit Galileo und Worldspan) zur Verfügung stehen. Kapitel 3.2 wird in den Kapiteln 3.3 und 3.4 mit 2 Praxisbeispielen auf Basis des Amadeus GDS ergänzt.

In Kapitel 3.3 werden Vermittlungsprozesse für IATA-/Linienflugbuchungen dargestellt, die insbesondere für das Marktsegment der Geschäftsreisen Bedeutung haben. In Kapitel 3.4 werden Beratungs- und Buchungsprozesse zur Vermittlung von Urlaubsreisen bzw. Pauschalreisen am Praxisbeispiel erläutert.

Neben der Buchung von Flügen im Rahmen von Geschäftsreisen bieten Business Travel Management-Systeme (BTM) umfangreiche Unterstützungen und Automatisierungen für den Geschäftsreiseprozess und seine Teilprozesse von der Reisevorbereitung bis zur Reiseabrechnung und Managementinformation. BTM-Systeme ermöglichen den Unternehmen mit umfangreichen Geschäftsreisetätigkeiten, Optimierungspotentiale umzusetzen. Ein Unternehmen kann ein BTM-System inkl. der Reisemittlerfunktionen selbst intern aufbauen, oder es kann die Dienste eines Reisemittlers in Anspruch nehmen, der als stationärer oder virtueller Reisemittler ein BTM-System nutzt. Kapitel 3.5 stellt BTM-Systeme mit ihren Funktionen im Rahmen der Unternehmensprozesse und ihren Vernetzungen mit den Distributionssystemen der Reiseindustrie dar.

In Kapitel 3.6 wird die besondere regional orientierte und i. d. R. öffentlich-rechtlich gebundene Reisemittlertätigkeit im Marketing-Management deutscher Urlaubsdestinationen aufgegriffen. Destinationsmanagement-Systeme (DMS) werden mit ihren Funktionen und Prozessen insbesondere zur Vermittlung von Ferienunterkünften sowie mit ihrer internen regionalen und externen Vernetzung dargestellt. Alternativen zum Aufbau eigener regionaler DM-Systeme werden aufgezeigt.

3.1 Front-, Mid- und Back-Office

Uwe Weithöner, Mareke Tetz

Die Begriffe Front-, Mid- und Back-Office werden grundsätzlich über die Nähe zum Kunden definiert und unterschieden, wobei nicht die räumliche sondern die funktionale Kundennähe bestimmend ist. Das Front-Office bzw. Front-End ist das Ziel eines Informations- und Vertriebskanals und meint den unmittelbaren Kontaktpunkt zum Kunden bzw. den Dialog und die Interaktion mit dem Kunden. Der Begriff „Office" legt zunächst eine räumliche Interpretation nahe. Die Begriffe Front-Office und Front-End sowie Back-Office und Back-End sollen aber jeweils synonym verwendet werden, da sie als Service- und Funktionseinheiten auch als „virtuelle" Büros gesehen werden können. Ein Front-Office oder Front-End kann sowohl das Ladenlokal eines Reisebüros, als auch ein Web-Portal oder eine mobile Applikation (App) sein.[1] Ein Mid- oder Back-Office kann in diesem Sinne auch ein automatisiert arbeitendes IT-System sein, dass z. B. Kunden- und Vertriebsdaten verarbeitet und verwaltet.

Abbildung 3.1.1 gibt einen allgemeinen Überblick zur Definition der Front-, Mid- und Back-Office-Funktionen und grenzt sie von einander ab.

Front-, Mid- und Back-Office-Funktionen können grundsätzlich für alle Tourismus- und Reiseunternehmen im Rahmen der Marketing- und Unternehmensprozesse definiert werden. Konkret sind sie aus der Perspektive eines Unternehmens und seiner Positionierung im Rahmen der Vertriebskanäle und Leistungsprozesse zu betrachten und abzugrenzen[2], z. B.:

- Ein Reise- oder Leistungsproduzent, der direkt seine Leistungen den Reisekunden anbietet, betreibt als Front-End seine Website, ggf. auch als mobile Site und Applikation, sowie im Font-Office sein Call Center und tritt damit direkt in den Kundenkontakt.
- Reiseanbieter, die über stationäre Reisemittler vermarkten, betrachten diese Reisemittler in Summe als Front-Offices, so dass die Mittler oder homogene Gruppen von Mittlern als ein Front-End gesehen werden (z. B. der TUI Konzern mit seiner Kette der TUI Reise Center und TUI-lizensierten Agenturen). Sie delegieren folglich den konkreten Front-Office-Betrieb und den Kundenkontakt an diese Reisemittler, nehmen aber durch Maßnahmen der Vertriebskanalsteuerung (Provisionsregelung, Angebotssteuerung, Agentur-

---

1 Zu den Reisemittlern zählen neben den traditionellen Reisebüros (organisiert in Ketten und Kooperationen, stationär am Ort des Kunden) auch die virtuellen Online-Reisebüros (Online Travel Agents OTA , vgl. Kapitel 3.7). Online-Agenturen sind Web-Reiseportale, die die Reisen und Reiseleistungen dem Kunden zur Selbstbedienung anbieten, sie multimedial vergleichend darstellen und die Buchungen im Kundenauftrag online steuern. Das Web-Portal übernimmt die Funktionen einer allgemeinen touristischen Information und Animation. Die integrierte Internet Booking Engine übernimmt die konkrete Beratung und Vermittlung und fungiert als technische Schnittstelle zu den Reservierungssystemen der Reise- oder Leistungsproduzenten (vgl. z. B. Kap. 4.6.6).

2 Die allgemeinen Erläuterungen beziehen sich folglich nicht nur auf Reisemittler sondern auf alle Anbieter von Reisen und Reiseleistungen, die über ihre jeweiligen Vertriebskanäle den Reisekunden Angebote machen.

verträge u. a.) und durch eigene Mid-Office-Funktionen, z. B. Kundenbindungsaktivitäten, Einfluss.[1]

– Ein stationärer Reisemittler mit seinem Ladenlokal und seinem Beratungspersonal oder ein virtueller Reisemittler mit seiner Website inkl. Internet Booking Engine erbringen mit ihren Beratungs- und Vermittlungssystemen den Kundenservice im Front-Office (vgl. Kap. 3.4 u. 3.7) und setzen ihrerseits auf Basis dieser Vermittlungsgeschäfte Mid- und Back-Office-Systeme ein.

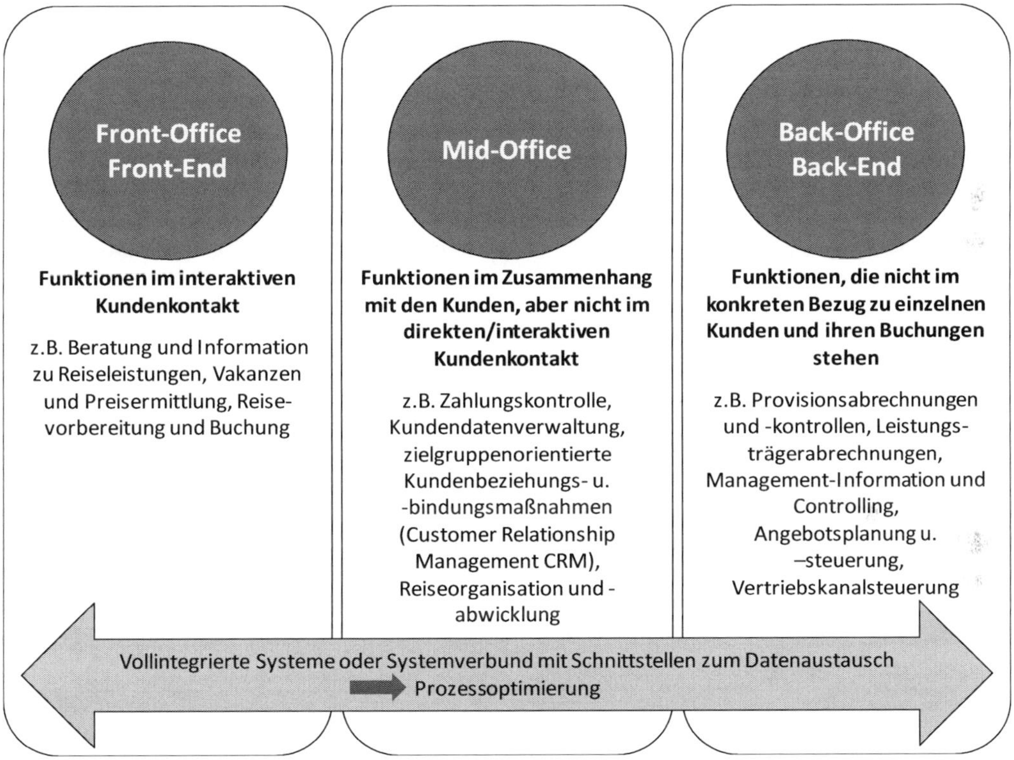

Abb. 3.1.1 *Überblick über die Front-, Mid- und Back-Office-Funktionen*

[1] Die Front-Ends eines Reiseanbieters können im Wettbewerb zueinander stehen, wenn z. B. ein Reiseanbieter mit seiner Marke direkt die Kunden anspricht und zur Buchung seine Website bewirbt und er ebenfalls über Reisemittler vermarktet. Die Lufthansa mit ihren Germanwings Basic-Tarifen sowie der Freistellung von Servicegebühren bei Buchung über www.lufthansa.com sind Beispiele (Stand 5/2014). Der Reiseanbieter steuert seine Vertriebskanäle ergebnis- und zielgruppenorientiert (vgl. Kap. 5.2).

3.1.1 Front-Office

Beim Front-Office handelt es sich um die Funktionen, die den direkten und interaktiven Kundenkontakt erfordern. Traditionell wird darunter ein Verkaufsraum, z. B. das Ladenlokal eines stationären Reisebüros mit Zugriff auf ein Global Distribution System (GDS, vgl. Kap. 3.2), verstanden. Hier erfolgt der persönliche, individuelle Kundenkontakt zur Beratung, Vakanz- und Preisermittlung sowie zur Buchung in der Regel durch fachkundige Expedienten. Sie beraten mit Hilfe der Reisekataloge und/oder mit multimedialen und interaktiven Beratungs- und Vergleichssystemen, die durch Schnittstellen mit den GDS und ihren Buchungsverfahren (vgl. z. B. Kapitel 3.4) oder mit alternativen Vertriebssystemen und Distributoren (vgl. z. B. Kap. 4.6.6) verbunden sind.

Front-Office kann auch im virtuellen Sinne als Front-End verstanden werden, wenn es sich beispielsweise um ein Web-Portal/eine Website (vgl. Kap. 3.7) oder um eine mobile Applikation handelt („App" mit Zugriff auf eine für mobile Endgeräte optimierte Website, vgl. Kap. 2.3.3, z. B. Deutsche Bahn oder Hotel Reservation Service HRS).

Front-Offices bzw. Front-Ends sind für die Kunden integrierte Points of Information (POI) und Points of Sale (POS).

Social Media-Systeme (z. B. Facebook, Twitter, YouTube, vgl. Kap. 2.7) sind hier abzugrenzen, da sie zunächst werbende Kommunikationskanäle darstellen, die zielgruppenorientiert zu gestalten sind und aus denen Front-Office-Prozesse generiert werden sollen (s. u.).

Im Unterschied zu einer zielgruppenorientierten werbenden Kommunikation ist die Kernaufgabe des Front-Office die individuelle Ermittlung der Kundenwünsche und eine umfassende Beratung mit dem Ziel einer verbindlichen Buchung. Je komplexer die Kundenwünsche und die Reiseangebote sind, desto wichtiger ist die Beratungsleistung. Um eine gute Beratung zu gewährleisten, ist ein leistungsfähiges Mid-Office erforderlich, um z. B. mit der Auswertung von Geschäftstransaktionen der Vergangenheit zur Kundenzufriedenheit im allgemeinen und zu den konkreten Wünschen und Reisen des jeweiligen Reisekunden (Kundenhistorie und -profil) individuell beraten zu können.

3.1.2 Mid-Office

Im Mid-Office werden die Kunden im Rahmen jeweils homogener Gruppen betrachtet, die zusammengefasst angesprochen werden (z. B. Newsletter) und deren Prozesse in automatisierter Gruppenbearbeitung erfolgen (z. B. Zahlungskontrolle und Mahnwesen). Die Daten, die im Rahmen der Mid-Office-Funktionen aggregiert und aufbereitet werden, entstammen den Front-Office-Prozessen, ihre Bearbeitung und Nutzung erfolgt aber nicht im persönlichen interaktiven Dialog. Die Kunden werden als Mitglieder einer Kunden- oder Zielgruppe, die gemäß definierter Kriterien homogen strukturiert ist, über automatisierte Kommunikationswege angesprochen, bzw. die Prozesse werden für eine Gruppe automatisiert durchgeführt. Drei Aufgabenbereiche stehen im Vordergrund:

- **Verkaufsfördernde Maßnahmen, automatisierte Serviceleistungen**

Insbesondere das Kundenbeziehungs- und -bindungsmanagement auf Basis einer Kunden- und Vorgangsdatenverwaltung (Customer Relationship Management CRM) ist als Aufgabe im Mid-Office hervorzuheben. Alle Informationen über die Kunden und ihre getätigten Buchungen sollten als Basis zur Verfügung stehen, um sie aggregieren und auswerten zu können, mit dem Ziel homogene Kundengruppen zu definieren. Diese Zielgruppen können dann mit „passenden" Reise- und Serviceangeboten verkaufsfördernd angesprochen werden (z. B. zielgruppenorientierte Newsletter).

Auch Social Media-Kommunikation ist hier einzuordnen. Sie ist auf homogene Kunden- bzw. Zielgruppen ausgerichtet, wenn z. B. über facebook junge, kontaktfreudige Menschen für Jugendreisen interessiert werden sollen. Diese Social Media-Systeme sind Informations- und Kommunikationskanäle, die zielgruppenorientiert zu gestalten und zu moderieren sind. Sie können in einer „One-to-many-Kommunikation" vom Reiseanbieter an seine Zielgruppe(n) eingesetzt werden oder in einer „Many-to-many-Kommunikation" moderiert werden. Mit der Kommunikation vieler Mitglieder einer Zielgruppe untereinander und ihrer Moderation wird eine virale Werbung, eine virtuelle „Von-Mund-zu-Mund-Reklame", angestrebt. Um Medienbrüche zu vermeiden, können in diese Systeme Verweise/Links integriert werden, die den individuellen Zugriff auf die Beratungs- und Buchungssysteme (Internet Booking Engines) ermöglichen und damit den konkreten Reiseinteressenten in den Front-End-Dialog übermitteln.

Automatisierte Serviceleistungen für die Reisekunden, wie z. B. die Terminverfolgung und -überwachung, sind als weitere Mid-Office-Aufgaben zu nennen. Auch Reiserichtlinien und Reisegewohnheiten der Geschäftsreisekunden werden im Mid-Office verwaltet, um sie in den Beratungs- und Buchungsprozess einbeziehen zu können (vgl. Kap. 3.5).

- **Prozessoptimierung zur Angebots- und Vertriebssteuerung**

Zur Prozessoptimierung werden diese Steuerungsfunktionen von IT-Systemen unterstützt bzw. automatisiert, so dass z. B. Restplätze der Reiseanbieter automatisiert in Lastminute-Angebotssysteme übertragen werden.

Ziel der Reisemittler ist es, beispielsweise durch Verkaufssteuerung die Provisionserträge im Segment der Freizeitreisen zu optimieren. Auf Basis der unterschiedlichen Provisionshöhen und -staffelungen sowie der Mindestumsätze der einzelnen Reiseveranstalter kann für die Beratungssysteme und -prozesse festgelegt werden, welche Reiseveranstalter im Front-End bevorzugt empfohlen oder vernachlässigt werden sollen (vgl. Kap. 3.4).

- **Abwicklung der gebuchten Reisen**

Hierzu zählen u. a. die automatisierten Prozesse zum Inkasso des Reisepreises und zur Zahlungskontrolle, zur Reisebestätigung und zur Erstellung der Reiseunterlagen. Diese Prozesse beziehen sich auf die Reisebuchungen der Kunden und werden automatisiert durchgeführt. Eine Zuordnung zum Mid-Office ist jedoch nicht immer eindeutig, da diese Prozesse in enger Verbindung zum Back-Office stehen, insbesondere zur Finanzbuchhaltung. Sie können auch von diesen Systemen im Back-Office automatisiert gesteuert und umgesetzt werden.

3.1.3 Back-Office

Im Back-Office handelt es sich um Funktionen, die nicht im konkreten Bezug zu den Kunden und ihren Reisebuchungen stehen. Sie erfolgen unternehmensorientiert. Das Back-Office wird vielfach mit dem Rechnungswesen und Controlling gleichgesetzt, die neben der Personalwirtschaft im Kern den Funktionsumfang von ERP-Systemen (Enterprise Resource Planning) ausmachen. Mit der Aggregation und Auswertung der Geschäftsvorfälle sowie mit der Analyse der Kunden-, Kosten- und Erlösstrukturen eines Unternehmens steht im Back-Office ein Management Informationssystem (MIS) zur Kontrolle, Steuerung und Planung der Unternehmensentwicklung zur Verfügung. Marktorientierte Auswertungen und Analysen dienen der zielgruppenorientierten Entscheidungsfindung im Mid-Office-Bereich und stellen die Basis zur Angebotsplanung, Vertriebskanal- und Angebotssteuerung für das Reiseunternehmen und seine Produkte in den jeweiligen Marktsegmenten dar.

3.1.4 Systeme der Reisemittler

Front-, Mid- und Back-Office-Funktionen werden durch die IT basierten Unternehmenssysteme unterstützt oder automatisiert, die mit dem Oberbegriff Enterprise Management System (EMS) zusammengefasst werden können und die in ihrer konkreten Ausprägung auf die Anforderungen des jeweiligen Marktsegments ausgerichtet sind (vgl. z. B. die Beiträge in Kap. 4). Die IT-Systeme eines Reiseunternehmens können unterschiedlich aufgebaut sein. Ein integriertes EMS kann die dargestellten Bereiche in einem System vollständig integrieren – von eigenen Front-End-Funktionen und den Schnittstellen zu den externen Front-Ends aller kooperierender Vertriebssysteme bis zur umfassenden Übernahme der Back-Office-Funktionen im Rahmen seiner ERP-Module. Ein EMS kann aber auch aus mehreren eigenständigen Systemen bestehen, die als Systemverbund über Schnittstellen zur Kommunikation und zum Datentransfer kooperieren.[1]

Das folgende Beispiel zeigt, wie die IT-Konfiguration eines Reisemittlers aufgebaut sein kann, der Teilnehmer im Verbund eines Global Distribution Systems (GDS) ist (vgl. vertiefend Kap. 3.2, 3.3, 3.4 und 3.7):

- Im **Front-Office** des Reisebüros werden beispielsweise die Amadeus Selling Platform zur Vermittlung und Buchung von Reiseleistungen und Reisen sowie das TT Bistro-Portal als Beratungs- und Angebotsvergleichssystem für Pauschalreisen eingesetzt (vgl. Kap. 3.4). Die Amadeus Selling Platform ist das Front-End-System im Rahmen des GDS Amadeus für den stationären Vertrieb. Das System der Amadeus-Tochtergesellschaft Traveltainment TT Bistro kann zur multimedialen Beratung und zum Angebotsvergleich für das Segment der Pauschalreisen am deutschen Markt integriert werden. Ein Web-Portal setzt zur Vermittlung dieser Reisen in Selbstbedienung des Kunden eine entsprechende Internet Booking Engine

---

1 Bei den jährlich stattfindenden Travel Technologie-Veranstaltungen im Rahmen der Internationalen Tourismusbörse Berlin (*itb-berlin.de*) und des fvw-Kongress (*fvw-kongress.de*) werden entsprechende Systeme von ihren Anbietern vorgestellt. Das einmal jährlich erscheinende fvw Dossier Travel Technologie gibt einen aktuellen Überblick über Systeme und ihre Entwicklungen.

ein, z. B. die Traveltainment TT IBE (vgl. Kap. 3.7). Der stationäre oder virtuelle Reisemittler ist damit lizensierter Teilnehmer im GDS.[1]

Zu den GDS alternative Systeme (Alternative Distributionssysteme ADS) bieten vergleichbare Front-End-Lösungen. Diese ADS arbeiten teilweise mit eigenen Netzwerken, die mit Reservierungssystemen der Anbieter verbinden, sie können aber auch als Front-Ends alternativ oder ergänzend zu den Front-Ends der GDS in das GDS-Netzwerk eingebunden werden.[2]

Diese GDS- und ADS-Front-Ends unterscheiden sich durch den Umfang ihrer Vernetzung und damit durch die Erreichbarkeit und Anbindung der Reservierungssysteme der Anbieter von Reisen und Reiseleistungen. Reisemittler müssen daher analysieren, welche Anbindungen und damit buchbare Leistungen ihnen mit Einsatz der jeweiligen Front-End-Systeme geboten werden, um ein System oder eine Systemkombination einzusetzen, die den Bedürfnissen ihrer Kunden entspricht. So können z. B. zur Vermittlung von Urlaubsreisen andere Front-Ends geeignet sein (vgl. auch Kap. 4.6) als zur Vermittlung von Reiseleistungen für Geschäftsreisende (vgl. auch Kap. 3.5).

Die GDS- oder ADS-Nutzung im Front-Office sowie ggf. auch im Mid- und Back-Office ist kostenpflichtig, abhängig vom vertraglich vereinbarten Funktions- und Leistungsumfang und seiner Nutzung. Die Kosten können im Sinne von Gemeinkosten periodisch und pauschaliert anfallen oder je definierter Geschäftstransaktion, z. B. je vermittelter Buchung.[3]

- Die GDS und ADS stellen Datentransferdienste und Schnittstellen zur Verfügung zur Übertragung der vermittelten Buchungsvorgänge in das **Mid- und Back-Office-System**, das der Reisemittler nutzt:

Der Reisemittler übermittelt mit dem entsprechenden Buchungsverfahren die Reisebuchung an das Reservierungssystem des jeweiligen Reiseanbieters. Um diese Daten im Mid- und Back-Office-System des Reisemittlers weiter nutzen zu können, müssen sie auch in seinem System erfasst werden. Dazu bieten die GDS und ADS Datentransfer- und Schnittstellendienste an, mit denen die vom Reservierungssystem verbindlich bestätigten Buchungsdaten automatisch an das Mid- und Back-Office-System des Reisemittlers übertragen werden. Das Reisemittler-System muss dazu eine Schnittstellen-Software haben, die diese Buchungsdaten gemäß dem Datenstandard des relevanten Buchungsverfahrens (z. B. AMA oder TOMA, vgl. Kap 3.2 ff) in die eigene Datenbank übernimmt, damit sie anschließend den Mid- und Back-Office-Funktionen zur Verfügung stehen.

Für die Mid- und Back-Office-Funktionen kann ein eigenständiges System dezentral im Unternehmen des Reisemittlers eingesetzt werden. Diese Systeme können aber auch zentral

---

1 Die Sabre Deutschland Marketing GmbH und die Travelport/Galileo Deutschland GmbH bieten vergleichbare Systeme im Verbund ihrer GDS an.

2 Als Beispiele marktverbreiteter oder neu entwickelter, im Aufbau befindlicher ADS insbesondere mit Bezug zur Pauschal- u. Freizeitreise können folgende Systeme/Systemanbieter genannt werden: MyJack/Bewotec, Travelviewer/Peakwork, Cosmo/Traffics, LM-Plus/Travel-IT, Schmetterling und Ypsilon.net (vgl. fvw Dossier Travel Technology, 2014).

3 Details und Konditionen der genannten Systeme können auf den Web-Sites der GDS und ADS-Anbieter aktuell recherchiert werden. Die Websites können über gebräuchliche Suchmaschinen gefunden werden.

für eine Reisebürokette eingesetzt werden, so dass jedes Mitglied der Kette an diesem zentralen System teilnimmt. Dieser zentrale Service ermöglicht im Rahmen der Kette Synergien verbunden mit IT-Kosteneinsparungen und ermöglicht zentrale Auswertungen und zentrale Maßnahmen zur Vertriebssteuerung. Der Kettenzentrale ist damit die Möglichkeit gegeben, über alle Mitgliedsagenturen Daten zur Management-Information zu erheben und zu analysieren.[1]

Alternativ kann eine Mid- und Back-Office-Lösung gewählt werden, die ein GDS oder ein IT-Servicezentrum anbietet (Application Service Provider ASP bzw. Software as a Service SaaS). Die Reisemittler oder die Reisebürokette mit seinen Mitgliedern werden dann Teilnehmer in diesem System mit ihren Daten und im Rahmen der für sie lizensierten Funktionen.

- Mid- und Back-Office-Systeme können wie vorstehend dargestellt in einem System integriert sein. **Back-Office-Funktionen** können alternativ aber auch im Systemverbund durch z. B. ein Standard-ERP-System erbracht werden, so dass spezialisierte Front-, Mid- und Back-Office-Systeme über Schnittstellen kooperieren. Die GDS arbeiten mit Back-Office-Dienstleistern zusammen, indem sie die Front- und Mid-Office-Systeme als GDS-Leistungen anbieten und über automatisierte Schnittstellen die relevanten Daten in das jeweilige kooperierende zentrale Back-Office-System übertragen[2].

Informationsquellen zu den IT-Systemen:

ITB, Travel Technologie-Veranstaltungen und Ausstellungen im Rahmen der Internationalen Tourismusbörse Berlin, *www.itb-berlin.de.*

fvw Kongress, Travel Technologie-Veranstaltungen und Ausstellungen im Rahmen des fvw-Kongress, *www.fvw-kongress.de.*

fvw Dossier „Travel Technologie“, erscheint einmal jährlich, zuletzt im April 2014
Websites der im Text genannten Anbieter von Travel Technology-Systemen, auffindbar über gebräuchliche Suchmaschinen.

---

1 Als Beispiele marktverbreiteter Systeme mit integrierter Mid- und Back-Office-Funktionalität können folgende Systeme/Systemanbieter genannt werden: MyJack/Bewotec, Bosys, Travelbasys und Syncess/Ziel (vgl. fvw Dossier Travel Technologie, 2014).

2 Z. B. an Ibiza/TATS oder Travelbasys.

3.2 Globale Distributionssysteme

Axel Schulz

Für die Buchung von Reisedienstleistungen kommen heute vor allem branchenspezifische Systeme zum Einsatz. Ein globales Distributionssystem (GDS) ist ein Medium, mit dem Reisebüros und Endkunden Informationen und Vakanzen abfragen sowie Kundendaten und Leistungen erfassen und verarbeiten können. Typischerweise handelt es sich um Systeme, die eine (informations-)logistische Funktion wahrnehmen. Sie halten aktuelle Informationen über alle verfügbaren Leistungsanbieter bereit und verfügen über die notwendige Infrastruktur zur Datenübermittlung. Diese Systeme übernehmen für die Distribution der Dienstleistungen Aufgaben, die im Bereich der Sachgüter z. B. von Speditionen geleistet werden, nämlich den Transport der Ware (bzw. das Anrecht auf eine Dienstleistung), wobei sie die räumliche Distanz zwischen Produzenten und Absatzmittler bzw. Konsumenten überwinden. Somit können bestehende globalen Distributionssysteme zunächst als Bündel von Infrastrukturmaßnahmen angesehen werden, die interessierten Anbietern von touristischen Dienstleistungen zur Nutzung angeboten werden. Ähnlich einem leeren Supermarkt wird eine Verkaufsfläche in Form von Speicher- und Kommunikationsmedien zur Verfügung gestellt. Die Leistungsanbieter können nun, indem sie ihre Daten in das GDS einspeisen, diese leeren Regalflächen füllen. Die folgende Abbildung gibt einen Überblick des typisches Aufbaus eines globalen Distributionssystem.

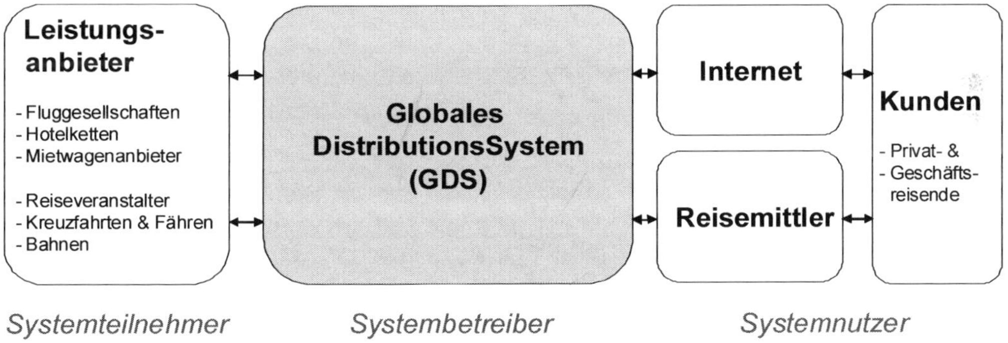

Abb. 3.2.1 *Vereinfachtes Grundmodell globale Distributionssysteme (GDS)*

- **Systemteilnehmer:** Die wichtigsten Leistungsanbieter der globalen Systeme sind die Linienfluggesellschaften, welche die globalen Distributionssysteme auch ursprünglich entwickelt haben. Zur Vervollständigung des Angebotes sind in einem zweiten Schritt auch die großen Hotel- und Mietwagenketten in die Systeme aufgenommen worden. Heute sind auch noch Reiseveranstalter, Schifffahrts- und Bahngesellschaften in den GDS vertreten. Billigfluggesellschaften sind jedoch aus Kostengründen zumeist nicht buchbar.

- **Systembetreiber**: Die globalen Distributionssysteme haben die Aufgabe der Produkt- und Tarifdarstellung sowie Reservierung der Reisedienstleistungen aller Systemteilnehmer. Hierzu verfügen die Systeme über ein rechenzentrum und eine Kommunikationszentrale zur weltweiten Verbindung mit den Systemnutzern. Zudem erleichtern moderne Benutzeroberflächen die Benutzung der Systeme. Nach mehreren Konsolidierungen gibt es heute nur noch drei globale Systeme: Amadeus, Galileo/Travelport und Sabre.
- **Systemnutzer**: Auf der Nutzerseite sind vor allem die Reisemittler zu nennen. Deren Aufgabe ist es, alle Reisedienstleistungen an den Endkunden zu vermitteln. Heute sind auch Endkunden und Online-Reisebüros mit Hilfe von Internet Booking Engines (IBE) direkt an die globalen Distributionssysteme angeschlossen. Daher entfällt zunehmend der Informationsvorsprung der Reisemittler.

3.2.1 Entwicklungslinien

In den Anfangsphasen der zivilen Luftfahrt waren Flugbuchungen sehr zeitintensiv. Aufgrund der geringen Anzahl der Flüge und Nachfrager sowie den wenig unterschiedlichen Tarifen reichte es vollständig aus, dass die Fluggesellschaften ihre Flug- und Tarifinformationen in einer einfachen Broschüre oder in Zeitungsanzeigen veröffentlichten. Mit zunehmender Popularität des Fliegens kam es zu einer Vielfalt von Flugverbindungen und Tarifen. Verschiedene neutrale Unternehmen (z. B. Official Airline Guide (OAG)) publizierten nun Kataloge, welche die Tarife und Flugpläne aller Fluggesellschaften enthielten. Die Reservierung war jedoch sehr umständlich und zeitaufwendig. Zudem führten die manuellen Systeme aufgrund von Unstimmigkeiten häufig zu Über- und Unterbuchungen und damit zur geringen Auslastung der Flüge. Ab Mitte der 1950er Jahre kam es zu einem weltweiten Anstieg des Luftverkehrs. Die gleichzeitige Zunahme des Leistungspotentials der elektronischen Datenverarbeitung ermöglichte nun die Entwicklung von computergestützten Informations- und Reservierungssystemen.

Im Rückblick kann man drei Entwicklungsphasen voneinander unterscheiden, welche die Evolutionsstufen der Systeme verdeutlichen. Im ersten Schritt entwickelten einige amerikanische Fluggesellschaften interne computergestützte Airline Reservierungssysteme (ARS), welche die internen Arbeitsabläufe vereinfachen und die Zuverlässigkeit der Buchungen erhöhen sollten. In diesen internen Systemen waren jedoch nur die eigenen Flugverbindungen buchbar. Im Rahmen der Deregulierung des amerikanischen Luftverkehrsmarktes 1978 wurden in einem zweiten Schritt die internen Systeme auch den Reisebüros und weiteren Leistungsträgern, nämlich weiteren Fluggesellschaften sowie Hotels & Mietwagen, zur Verfügung gestellt. Somit entstanden die ersten branchenweiten Computer Reservierungssysteme (CRS). Diese Systeme wurden kontinuierlich weiterentwickelt und an die Bedürfnisse der Reisemittler angepasst. Im dritten Schritt kam es durch staatliche Vorgaben bezüglich diskriminierungsfreier Darstellung aller Systemteilnehmer zu einer Weiterentwicklung in Richtung neutraler globaler Distributionssysteme (GDS).

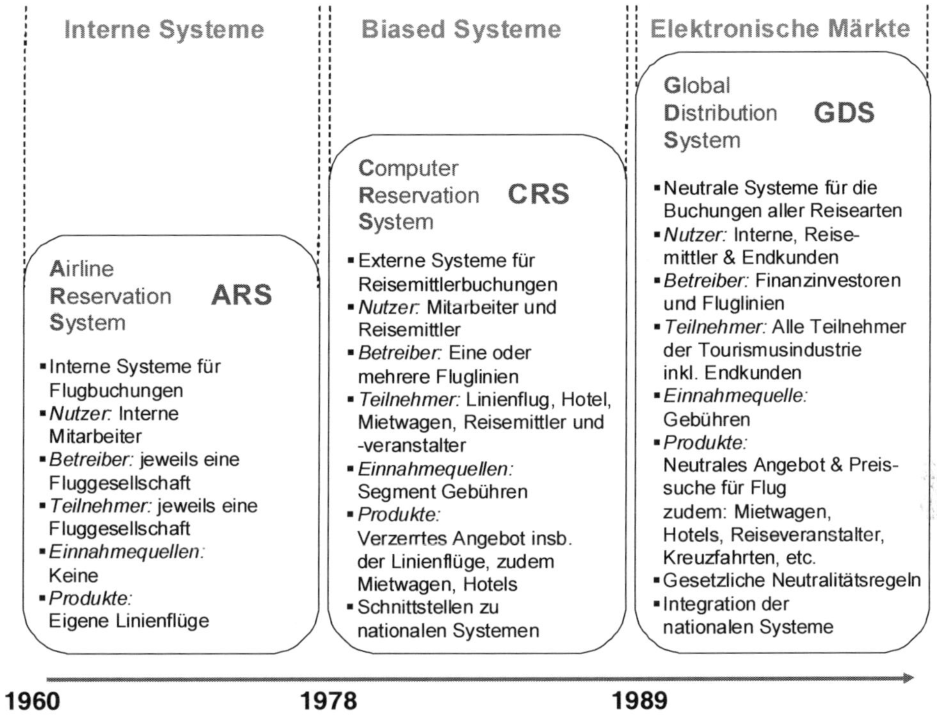

Abb. 3.2.2 *Entwicklungslinien ARS, CRS und GDS*

3.2.1.1 Airline Reservierungssystem (ARS)

Bereits in den 1950er Jahren gab es in den USA erste Überlegungen im Hinblick auf ein technisches System, um die steigenden Verwaltungsarbeiten zu rationalisieren. Ziel einer Kooperation zwischen der International Business Machines Corp. (IBM) und American Airlines (AA) war es, den Buchungsvorgang in den eigenen Reservierungsbüros zu automatisieren, um so die Auslastung der Flüge zu steigern. Durch das Projekt namens SABER sollte es erstmals möglich sein, einen Passagiernamen inkl. eines Sitzplatzes elektronisch zu buchen.

Eine Hürde bei der Einführung der ersten Reservierungssysteme waren die hohen technologischen Anforderungen, z. B. die Abwicklung von Transaktionsprozessen in Echtzeit und der Parallelbetrieb von Prozessen (realisiert mit Hilfe des bis heute einzigartigen Betriebssystems Transaction Processing Facility, TPF). Darüber hinaus musste das System eine absolute Zuverlässigkeit aufweisen und für den Dauerbetrieb ausgelegt sein. Diese Anforderungen führten zur Entwicklung neuer technologischer Konzepte wie Hardware-Redundanz, Backup-Systemen und unterbrechungsfreien Stromversorgungen. Zudem musste erstmalig ein umfassendes Datenkommunikationsnetzwerk in Zusammenarbeit mit den Telekommunikationsunternehmen ARINC (Aeronautical Radio Incorporated) und SITA (Société Internationale Télécommunications Aéronautiques) installiert werden.

1964 wurde das erste kommerzielle Echtzeit-Datenfernverarbeitungssystem von American Airlines und IBM eingeführt und umbenannt in „Semi-Automatic Business Research Environments“ (SABRE). Dieses erste Airline Reservierungssystem (ARS) ist der Ausgangspunkt für alle weiteren Entwicklungen. Die Reservierungsmitarbeiter von American Airlines waren somit erstmalig in der Lage mehr als 84.000 Telefonanrufe und Buchungswünsche pro Tag elektronisch problemlos zu verwalten.

Anschließend entwickelte IBM eine umfassende Branchenlösung mit dem Namen Programmed Airline Reservation System (PARS), welche insbesondere für mittelgroße Fluggesellschaften gedacht war. Eastern Airlines modifizierte dieses Produkt und nannte es Easternbased PARS. Diese Weiterentwicklung wurde von mehreren amerikanischen Fluggesellschaften eingesetzt. Nach weiteren Anpassungen entstanden die Systeme APOLLO von United Airlines, PARS von Trans World Airlines (TWA) und 1972 auch eine modifizierte Version von SABRE. Anfang der 1970er Jahre führten die Fluggesellschaften schließlich Verhandlungen über ein gemeinsames Reservierungssystem.

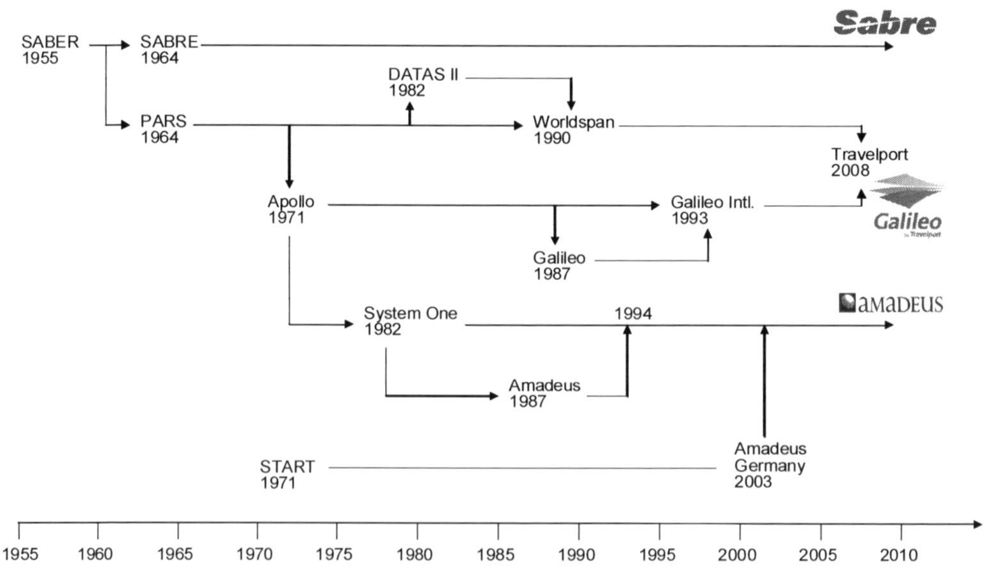

Abb. 3.2.3 *Zeitachse der Distibutionssystem. Quelle: Merten, S. 69*

3.2.1.2 Computer Reservierungssysteme (CRS)

Nachdem verschiedene Versuche zur Zusammenfassung der Systeme zu einem gemeinsamen Reservierungssystem scheiterten, entschloss sich United Airlines 1976 dazu, APOLLO den Reisebüros zu öffnen. Auch American Airlines und Trans World Airlines machten ihre Systeme zugänglich, wobei die Systeme SYSTEM ONE von Eastern Airlines und DATAS II von Delta Airline erst 1982 in die Reisebüros kamen. Mit der Verlagerung der Systeme in die Reisebüros, also an den Verkaufsort, wurden sie zu einem wichtigen Marketinginstrument für die Fluggesellschaften. Gleichzeitig wurden weitere komplementäre Systemteilnehmer wie Hotel- und Mietwagenunternehmen angeschlossen. Schließlich ermöglichte American Airlines 1978 mit dem *CoHost Konzept* auch anderen Fluggesellschaften den Zutritt zu ihrem Reservierungssystem SABRE. Auch andere CRS öffneten sich und so hatten die Reisebüros bald die Möglichkeit, über einen einzigen Terminal eine Vielzahl von Fluggesellschaften buchen zu können. Die Computer Reservierungssysteme (CRS) wurden somit innerhalb kurzer Zeit zum unentbehrlichen Werkzeug für die Buchungen von Reisedienstleistungen der Reisebüros.

Maßgebend für diese Entwicklung war die in den USA 1978 einsetzende Deregulierung mit der Aufhebung staatlicher Einmischung in diezivilen Luftfahrt. Mit der Freigabe von Strecken und Tarifen waren die Fluggesellschaften gezwungen, die Flugzeugumläufe und Flugpreise laufend den sich verändernden Marktbedingungen anzupassen. Vor der Deregulierung hatten die Fluggesellschaften in den USA ca. 400.000 verschiedene Tarife, im Jahre 1987 waren es bereits mehr als sieben Millionen mit mehr als 10.000 täglichen Änderungen [Echtermeyer 1997]. Dies erforderte eine Markt- und Nachfragebeobachtung in Echtzeit, d. h., man musste jederzeit in der Lage sein, die gerade aktuelle Buchungssituation für jeden einzelnen Flug abfragen zu können. Ohne ein solches System wäre die Entwicklung von Verfahren des Yield Management nicht möglich gewesen, mit dem Fluggesellschaften gezielt auf Nachfrageänderungen reagieren und durch entsprechende Gestaltung von Preisen und Konditionen ihre Erträge optimieren können [Mundt 2008].

Neue Systemteilnehmer kamen hinzu und computergestützte Reservierungssysteme wurden zum unverzichtbaren Instrument bei der Verarbeitung wachsender Datenmengen. Die komplexen Tarifstrukturen machten CRS für die Reisebüros unentbehrlich und die amerikanischen CRS begannen erhebliche Gewinne zu erwirtschaften.

- **Wettbewerbsverzerrungen**

Einige Fluggesellschaften (insbesondere American Airline und United Airlines) hatten in der Anfangszeit der Reservierungssysteme eine Doppelrolle sowohl als Systemteilnehmer und Systembetreiber. Diese Fluglinien missbrauchten ihre Marktmacht, um ihre Konkurrenten zu benachteiligen und die Nachfrage möglichst auf die eigenen Verbindungen zu steuern. Eine beliebte Strategie war die Beeinflussung der Darstellungsreihenfolge der einzelnen Flugverbindungen (engl. Biased Display). Auch heute wird noch ein Großteil aller Buchungen von der ersten Bildschirmseite getätigt (ca. 30 % von der ersten Bildschirmzeile und ca. 80 % von der ersten Bildschirmseite). In den ersten Jahren wurden daher die Systembetreiber immer an erster Stelle angezeigt. Um diese massive Wettbewerbsbeeinflussung zu verhindern wurden in Amerika und Europa gesetzliche Neutralitätsregeln aufgestellt. Die europäische Kommission stellte 1989 den so genannten Code of Conduct auf. Die darin geregelten Regulierungsbestimmungen sind in den nachfolgenden Kriterien strukturiert:

- **Neutralität**: Flug- und Preisinformationen sind neutral („unbiased“) darzustellen. Systembetreiber dürfen ihre eigenen Flugverbindungen in keiner Weise bevorzugen. Die Reihenfolge der Darstellung ist in Europa nach festen Regeln vorgeschrieben.
- **Zugangsberechtigung:** Alle Fluggesellschaften müssen auf Wunsch in den Systemen aufgenommen werden und zu gleichen Bedingungen neutral dargestellt werden. Zudem

müssen die Kosten der Benutzung für alle Systemteilnehmer nach einheitlichen Kriterien aufgeteilt werden.

- **Teilnahmeverpflichtung:** Fluggesellschaften, welche gleichzeitig Systembetreiber und Systemteilnehmer sind, müssen ihre Flugverbindungen in allen Distributionssystemen darstellen.
- **Vertragsregulierungen:** Die Verträge mit den Systemnutzern (insbesondere den Reisebüros) sind für alle Nutzer zu gleichen Bedingungen zugänglich und müssen faire Ausstiegsklauseln beinhalten. Zudem dürfen die Systembetreiber den Systemnutzern keine exklusive Nutzung des eigenen Systems vorschreiben.
- **Marketing-Daten:** Alle Fluggesellschaften bekommen zu gleichen Konditionen Zugang zu Marketing Daten. Diese Daten werden von den Fluggesellschaften für die Analyse von Flugplanung und Yield Management verwendet. [Sterzenbach 2009, S. 468]

Nach diesen Wettbewerbsregeln ist es allerdings immer noch möglich, daß bei Code Share Flügen der gleiche Flug mehrere Male auf dem Bildschirm angezeigt wird: einmal unter der Flugnummer der durchführenden und zum anderen unter der der Partnerfluggesellschaft(en). Dadurch werden andere Flüge auf der ersten Seite weiter nach unten bzw. auf die Folgeseiten verdrängt, von denen die Buchungswahrscheinlichkeit nur noch gering ist [Mundt 2008].

In der EU wird die Lockerung oder Abschaffung des Code of Conduct zurzeit diskutiert. In den USA ist ein entsprechender Kodex bereits ersatzlos gestrichen worden. Mit Abschaffung dieser Wettbewerbsregeln sind die Fluggesellschaften nicht mehr gezwungen, ihre Flugverbindungen mit Hilfe der GDS zu vermarkten, sie können den Kostenfaktor der hohen GDS-Gebühren somit vermeiden (vgl. auch Kap. 4.2.5).

3.2.1.3 Globale Distributionssysteme (GDS)

Durch die Formulierung und Umsetzung der Neutralitätsregeln verloren die Systeme ihre strategische Bedeutung als Waffe im Wettbewerb. Die Systemeigner konnten ihre Marktposition durch den Besitz eines Systems nicht mehr beeinflussen bzw. verbessern. In der Folgezeit konzentrieren die Linienfluggesellschaften ihren Wettbewerb auf die Bildung der strategischen Allianzen, (Star Alliance, One World und Skyteam). Die Reservierungssysteme standen daher nicht mehr im Mittelpunkt der Unternehmensausrichtungen und konnten sich zu eigenständigen marktfähigen Unternehmen entwickeln, die der touristischen Wertschöpfungskette eine neue Stufe hinzufügten. Aus den bestehenden Computer Reservierung Systemen entwickelten sich so unmerklich neutrale globale Distributionssysteme (GDS). Folgende Eigenschaften kennzeichnen heute diese Systeme:

- **Eigentumsverhältnisse:** Die globalen Distributionssysteme sind nicht mehr im Besitz einer Fluggesellschaft, sondern überwiegend im alleinigen Besitz neutraler Gesellschaften aus der Finanzbranche. Ausnahme ist nur das GDS Amadeus, bei dem es noch Minderheitsbeteiligungen der Gründungsfluggesellschaften gibt. Die Systemeigner der anderen GDS (Sabre und Travelport/Galileo) sind Finanzinvestoren. Diese neuen Systemeigner verfolgen bei ihrer Unternehmensausrichtung keine strategischen bzw. manipulativen Interessen mehr, sondern vertreten eine strikte Fokussierung auf Renditeziele.

- **Systembeteiligte:** Auf Seiten der Nachfrage sind nicht mehr nur die stationären Reisemittler die einzigen Kunden der Distributionssysteme, sondern weitere Vertriebskanäle und insbesondere Endkunden mit Zugriff aus das Internet. Auf der Angebotsseite sind neben Flug, Hotel und Mietwagen auch Reiseveranstalter, Kreuzfahrtgesellschaften und Bahnen mit ihrem Leistungsangebot in die Systeme integriert. Lediglich die Billigfluggesellschaften sind in den Systemen aus Kostengründen nur in wenigen Fällen buchbar.
- **Produktpalette:** Das klassische Leistungsangebot der Systeme beinhaltet Linienflug, sowie internationale Hotel- und Mietwagenggesellschaften. Besonders der Flugbereich generiert auch heute immer noch den größten Teil des Umsatzvolumens. Neben der Verfügbarkeitsdarstellung gewinnt die vergleichende Produktsuche mit Hilfe von weiteren Kriterien (Ticketpreis, Standort des Hotels etc.) eine immer größere Bedeutung.
- **Verbreitungsgrad:** Die globalen Distributionssysteme sind weltweit tätig, wobei die geographische Abdeckung vor allem in Europa und Nordamerika sehr hoch ist. In diesen Regionen werden allerdings auch die höchsten Umsätze der Tourismusindustrie erwirtschaftet.

3.2.2 Entwicklungen in Europa

Europa besteht, anders als die USA, aus verschiedenen, unabhängigen Ländern, die sich wirtschaftlich, sprachlich und kulturell stark voneinander unterscheiden. Zudem gab es in jeden Land eine nationale Fluggesellschaft, welche häufig die gesamte Tourismusindustrie des jeweiligen Landes dominierte. Durch diese Marktstruktur entwickelten sich die Reservierungssysteme in Europa anders und erst später als in den USA. Ausgangspunkt waren jedoch auch hier die internen Reservierungssysteme der Fluggesellschaften, welche die manuellen Reservierungen ersetzten. Die weitere Entwicklung vollzog sich länderspezifisch, wobei sich neben den nationalen Fluggesellschaften oft auch andere Leistungsträger (Reiseveranstalter, Bahnunternehmen etc.) an den Reservierungssystemen beteiligten.

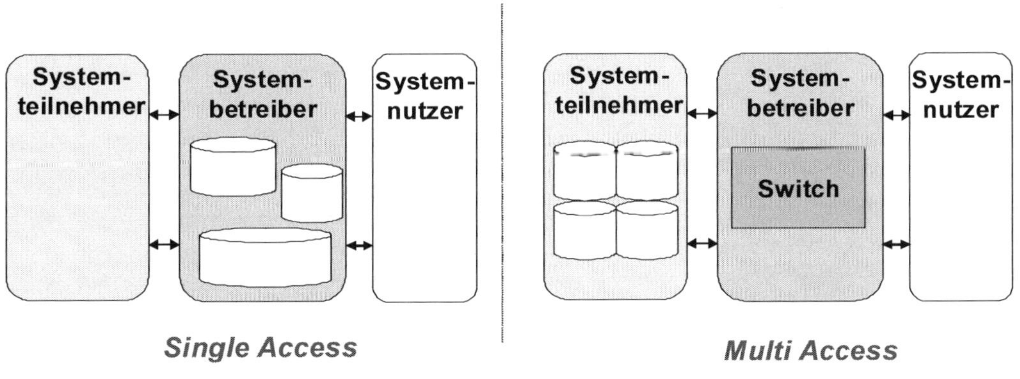

Abb. 3.2.4 Single- und Multi-Access-Systeme

Angesichts des geringen Wettbewerbs begannen europäische Fluggesellschaften erst in den 1970er Jahren mit der Entwicklung computergestützter Reservierungssysteme, die, im Gegensatz zu amerikanischen Single Access-Systemen, auf dem Multi Access-Prinzip basieren.

- **Single Access:** Beim Single-Access-Verfahren kommuniziert der Systemnutzer nur mit dem Systembetreiber, da dort zentral alle relevanten Informationen für die Buchungen in verschiedenen Datenbanken abgespeichert sind. Der Systemnutzer bekommt somit die Angebote aller Systemteilnehmer mit einer Anfrage beim Systembetreiber angezeigt. Alle Linienfluggesellschaften sind heute zentral im Single-Access-Verfahren abrufbar.
- **Multi Access:** Beim Multi-Access-Verfahren sind alle relevanten Buchungsinformationen nicht zentral abgespeichert, sondern in den internen EDV-Systemen der Systemteilnehmer. Für jede Buchung muss sich der Systemnutzer direkt mit der jeweiligen Datenbank des Systemteilnehmers verbinden. Der Systembetreiber stellt lediglich die Verbindung zwischen den Marktteilnehmern her. Eine Buchung wird in den internen Systemen abgespeichert. Besonders die europäischen nationalen Systemteilnehmer (Reiseveranstalter, Bahn u.W.) sind nur im Multi-Access-Verfahren abrufbar.

In Europa entwickelte sich eine Vielzahl von nationalen Systemen. Die wichtigsten Systeme sollen in Folgenden kurz vorgestellt werden.

- **Start**

In Deutschland begann 1971 die „Studiengesellschaft zur Automatisierung für Reise und Touristik" (*Start*) mit einer mehrjährigen Untersuchung zur Realisierung eines elektronischen Reisevertriebssystems. 1976 wurde dann die Firma „Start-Datentechnik für Reise und Touristik GmbH" gemeinschaftlich von der Deutschen Lufthansa, dem Reiseveranstalter Touristik Union International (TUI), der damaligen Deutschen Bundesbahn sowie den Reisemittlern abr, Hapag-Lloyd und DER gegründet. Für die technische Realisierung des Start-Systems wurde 1977 ein Vertrag mit der Firma Siemens geschlossen. Das primäre Ziel von Start war die Entwicklung eines effizienten Instrumentes zur Unterstützung aller Reisebürotätigkeiten. Start realisierte dabei, neben der Anbindung von Leistungsträgern aus den internationalen Bereichen Linienflug, Hotel- und Mietwagenketten, auch die gleichberechtigte Integration weiterer Leistungsträger wie Bahn und Reiseveranstalter/Touristik. Ab 1980 war Start einsatzbereit und die wesentlichen Leistungsanbieter buchbar: Die Deutsche Bundesbahn bot über Start die elektronische Sitzplatzbuchung sowie die Fahrausweiserstellung an, TUI-Reisebestätigungen konnten ausgestellt werden und die Flugbuchungen bei Lufthansa waren in das System integriert. Start stellte damit weltweit das erste einheitliche System für den gesamten Touristikbereich zur Verfügung.

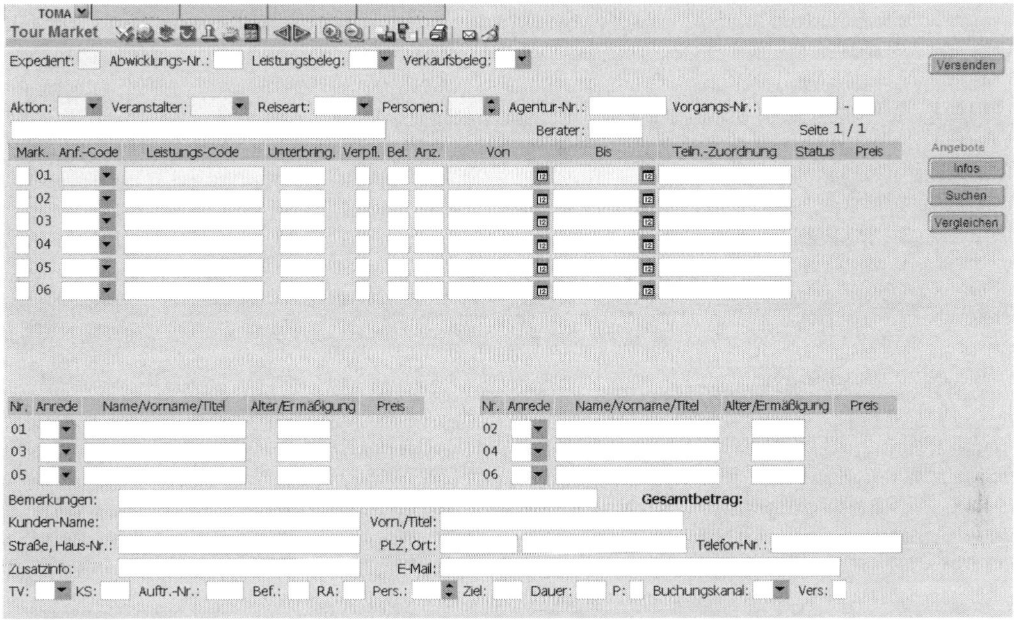

Abb. 3.2.5 *Reiseveranstalterbuchung mit Hilfe der touristischen Maske (TOMA)*

Besonders fortschrittlich war zudem der Einsatz einer einheitlichen Buchungsseite (*TOMA* = Tourismusmaske) für die deutschen Reiseveranstalter, welche die Bedienungsnachteile des Multi Access Prinzips kompensierte. TOMA wird noch heute flächendeckend für Reiseveranstalterbuchungen eingesetzt. 1990 erfolgte eine organisatorische Umstrukturierung des Unternehmens in die Start-Gruppe. Die bisherige Start Datentechnik für Reise und Touristik GmbH wurde in die Start Holding GmbH überführt, an der nur noch Lufthansa, TUI und die Deutsche Bahn zu je 33,33 % beteiligt waren. 2003 schließlich kaufte das globale Distributionssystem Amadeus das gesamte Unternehmen von den verbliebenen Gesellschaftern und änderte den Namen entsprechend in Amadeus Germany.

- **Weitere europäische Systeme**

Das erste Computer Reservierungssystem mit Multi-Access-Technologie war das 1977 in Großbritannien eingeführte *Travicom* System der British Airways. Über dieses System war es den Reisebüroagenten möglich, Anfragen auf die Reservierungssysteme von 49 in Großbritannien operierenden Fluggesellschaften zu tätigen. Neben den Linienfluganbietern waren zusätzliche Hotel- und Mietwagenunternehmen angeschlossen. Zur gleichen Zeit wie in Deutschland nahm in Skandinavien das Multi-Access-System Smart den Betrieb auf. Dominiert von der nationalen Fluggesellschaft SAS wurde es insbesondere für den Flugbereich, aber auch für den Bereich Bahn und Fährverkehr entwickelt. Erst im Jahre 1984 konnte auch auf dem französischen Markt ein Reservierungssystem in Betrieb genommen werden. *Esterel* deckt durch die Anbindung verschiedener Leistungsträgersysteme sowohl den Flug- als auch den Touristiksektor ab. Unter Beteiligung nationaler Fluggesellschaften haben sich auch in

weiteren europäischen Ländern CRS entwickelt wie die Systeme *Savia* in Spanien, *Corda* in den Niederlanden, *Saphir* in Belgien und *Sigma* in Italien.
Ende der 1980er Jahre hatten sich die europäischen CRS weitgehend etabliert. Zu dieser Zeit unternahmen auch amerikanische Fluggesellschaften verstärkt Anstrengungen, ihre Systeme in Europa zu vermarkten. Obwohl der Vertrieb von Reiseleistungen in Europa von den nationalen CRS dominiert wurde, gab es zunehmenden Bedenken, ob die europäischen Systeme auch den steigenden globalen Anforderungen gerecht werden könnten. Die Fluggesellschaften unternahmen daraufhin zusammen mit der IATA (International Air Transport Association) den Versuch, ein neutrales Distributionssystem in Zusammenarbeit mit einigen US-Fluggesellschaften zu entwickeln. Das Projekt mit dem Namen NIBS (Neutral Industry Booking System) scheiterte jedoch nach kurzer Zeit. Heute sind die nationalen Systeme größtenteils vom Markt verschwunden bzw. in die globalen Distributionssysteme integriert.

3.2.3 Grundfunktionen & Gesamtmodell

Allen Arten von Reisevertriebssystemen beinhalten die nachfolgenden vier Grundfunktionalitäten: Produktdarstellung, Reservierung, Tarife sowie Benutzeroberfläche & Kommunikation.

- **Produktdarstellung**

Die wichtigste Informationsaufgabe eines Distributionssystems ist die Präsentation der Produkte bzw. Dienstleistungen der verschiedenartigen Leistungsanbieter. Für jede Gruppe von Anbietern (insbesondere Flug, Hotel, Mietwagen und Reiseveranstalter) gibt es eigene Bildschirmanzeigen, deren Inhalte auf deren Komplexität des Angebots und spezifische Leistungsmerkmale abgestimmt sind. Die Beschreibungsbedürftigkeit des Produktes „Linienflug“ ist vergleichsweise gering, da die Abflug- und Ankunftszeit, die Wegstrecke, die Verfügbarkeit einzelner Buchungsklassen sowie evtl. der Flugpreis ausreichend für eine neutrale Produktbeschreibung sind. Die Produkte anderer Leistungsanbieter (Hotel, Mietwagen und Reiseveranstalter) benötigen wesentlich umfangreichere Informationen. So ist für ein Hotelangebot die textbasierte Beschreibung durch den Preis, die Größe des Bettes und die ungefähre Lage des Hotels allein nicht sehr aussagekräftig. Eine multimediale Aufbereitung der Information wird in den globalen Distributionssystemen erst seit kurzen zur Verfügung gestellt.

- **Tarife/Tickets**

Die Tarifdarstellung ist abhängig von der Art und Komplexität des Leistungsangebots. Im Flugbereich gibt es eine große Anzahl unterschiedlicher Tarife, abhängig von Passagiertyp, Buchungsklasse, Zeitpunkt der Reise, Buchungszeitpunkt, Route und Länge des Aufenthalts. Entsprechend müssen die Flugpreise bei Reisen mit mehreren Zwischenstopps individuell vom System berechnet werden, wobei sich alle Tarife laufend verändern können. Bei den anderen Leistungen (Hotel, Mietwagen und Pauschalreisen) sind die Preise hingegen eher unflexibel, so dass sie zumeist ein integrierter Bestandteil der Produktdarstellung sind. Für das Ticketing wurden dem Reisemittler in der Vergangenheit Blankoflugtickets abgezählt zur Verfügung gestellt, die erst nach direkter Bestätigung durch den Leistungsanbieter bedruckt wurden. Heute verzichtet man im Flugbereich auf die Erstellung von Ticketunterlagen, sondern speichert die relevanten Flugdaten lediglich in Form eines elektronischen

Tickets (E-Ticketing) ab. Der Kunden muss sich dann beim Check-In ausweisen, um das Ticket verwenden zu können. Der Ausdruck von weiteren Reiseunterlagen wird von den meisten Systemen nur unvollkommen unterstützt, so kann der Reisebüromitarbeiter bei einer Hotel- oder Mietwagenbuchung lediglich einen unverbindlichen Voucher erstellen.

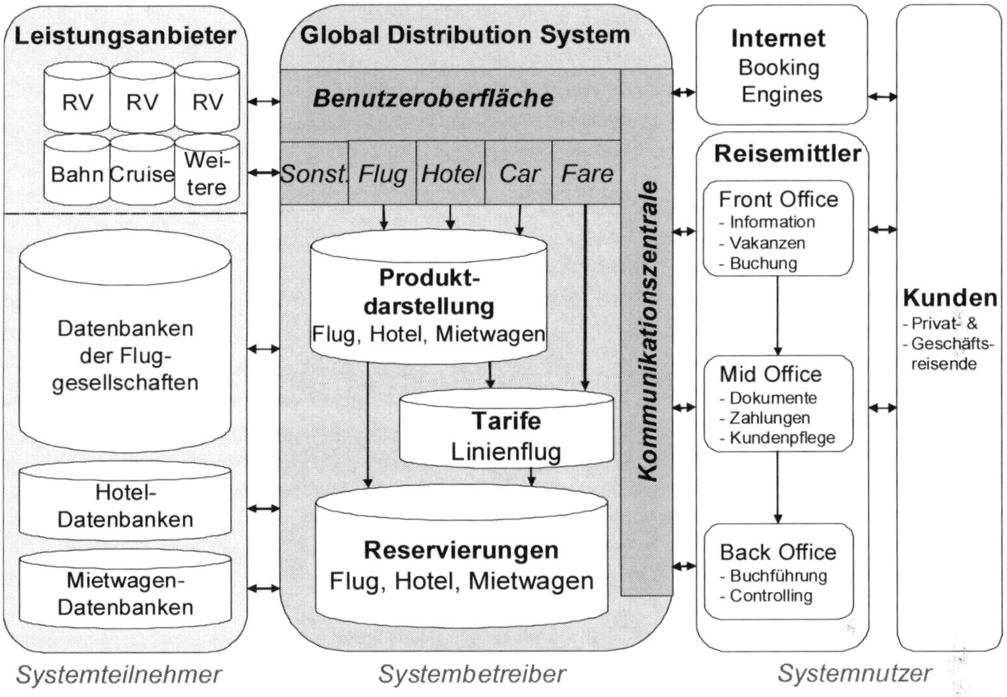

Abb. 3.2.6 *Gesamtmodell globales Distributionssystem*

- **Reservierung**

Der zentrale Kern und Grund für die Entwicklung aller Reservierungssysteme ist die Reservierung der angebotenen Reiseleistungen. Hierzu wird üblicherweise für jeden Passagier bzw. jede zusammengehörende Gruppe von Passagieren ein sogenannter Passenger Name Record (PNR) aufgebaut, in dem alle kundenabhängigen Leistungsinformationen abgespeichert werden.

Der Passenger Name Record ist ein Datensatz mit allen für die Buchung wichtigen personen- und reisespezifischen Daten und zudem Grundlage für das anschließende Erstellen der Reiseunterlagen (z. B. Ticketing). Ein PNR beinhaltet drei wesentliche Teilbereiche:

- Im **Kopfteil** wird ein Teil der Buchungsinformationen automatisch eingefügt. Hierzu gehört die Identifikationsnummer des Agenten, die eine Zuordnung der Buchung bzw. von Provisionszahlungen ermöglicht. Beim ersten Abschluß des PNR-Aufbaus vergibt das System einen Primärschlüssel (File-Key), mit dessen Hilfe jeder PNR eindeutig identifizierbar ist und der bei jeder Änderung angezeigt wird.

- Im **Leistungsteil** werden alle Leistungsbuchungen (Flug, Hotel, Mietwagen) festgehalten. Diese müssen nicht manuell vom Reisemittler eingegeben werden, sondern können mit Hilfe von kurzen Transaktionen (Short-Cuts) direkt aus dem Angebotsdisplay in den PNR übernommen werden. Eine Sortierung der PNR-Elemente erfolgt unabhängig von der Eingabe in chronologischer Reihenfolge, wobei zuerst die Flugbuchungen angezeigt werden.
- Im **Informationsteil** werden anschließend die notwendigen Zusatzeingaben vom Reisemittler manuell hinzugefügt oder aus einem Kundenprofil übernommen. Hierzu gehören Sitzplatzreservierung, Sonderwünsche, Bezahlungsart etc.

	`--- TST ---`
Kopfteil	`RP/FRALH0982/FRALH0982 20JUL08 AZFEEV` `1.SCHLOSS/ANNETTE MRS`

Leistungsteil	`2 LH 369 C 29NOV 2 NUEFRA HK1 1435 1525`
	`3 LH 730 C 29NOV 2 FRAHKG HK1 1700 1055+1`
	`4 BA 179 C 11DEZ 3 HKGLHR HK1 2310 0600+1`
	`5 BA 388 C 12DEZ 3 LHRNUE HK1 0705 0805`
	`6 HHL ST SS1 HKG IN30NOV OUT11DEZ`
	`1E1K USD139.00 STO OAKBROOK HOTEL`
	`7 CCR ZT SS1 HKG 30NOV 11JAN ECAR/`

Informationsteil	`8 AP 069/696-90000`
	`9 TK OK 01AUG/FRALH0499`
	`10 SSR NSST LH HK1 FRAHKG/24A,P1/S3`
	`11 SSR VGML LH S3`
	`12 OSI LH ELDERLY LADY`

Abb. 3.2.7 *Aufbau Passenger Name Record*

Zum Passenger Name Record gehört zudem eine PNR-History, in der alle Änderungen aufgezeichnet werden. Somit ist jederzeit feststellbar, welche Personen den PNR verändert haben. Schließlich werden als Teil des PNR auch das sogenannte Transitional Stored Ticket (TST) abgespeichert. Hier sind alle Tarifinformationen und das elektronische Tickt abgespeichert und aufrufbar.

- **Benutzeroberfläche & Kommunikation**

Durch die zunehmende Konkurrenzsituation wurden die Betreiber der Systeme gezwungen, außer den drei unabdingbaren Komponenten eines Distributionssystems, auch weitere Zusatzdienstleistungen anzubieten. Zuerst wurden weitere Reiseinformationen und Zusatzleistungen integriert: Klimatabellen, Messehinweise, Einreisebestimmungen, Veranstaltungskalender etc. Schließlich wurde die Benutzerführung erheblich verbessert, um auch dem ungeübten Benutzer den leichten Einstieg in den Reservierungsablauf zu ermöglichen. Hierbei werden zunehmend moderne Benutzeroberflächen eingesetzt. Besonders der Schulungsaufwand für die Reisebüroexpedienten wird so minimiert.

Neben den Grundfunktionalitäten bildet ein Hochgeschwindigkeitsnetz für die Datenübertragung den zweiten Pfeiler der GDS. Es verbindet das System mit den Leistungsanbietern auf der einen Seite, und den Reisemittlern auf der anderen Seite. Die Anbindung der Reisebüros erfolgt in Europa zumeist über Schnittstellen zu den kooperierenden nationalen Systemen, wobei deren Netzwerkinfrastruktur verwendet wird.

3.2.4 Überblick Systembetreiber

GDS	Amadeus	Sabre	Travelport Galileo/Worldspan
Flug	430 (690 mit Flugplan)	> 400	> 500
Bahn	40	> 50	GDS 12, Railmaster 39
Mietwagen	33 Vermieter	27 Vermieter	27 Vermieter
Kreuzfahrt	12	14	–
Fähren	22	–	–
Hotel	> 129.000	> 100.000	GDS > 100.000 Travelport > 550.000
Versicherungen	6	k.A.	–

Abb. 3.2.8 *Überblick globale Distributionssysteme*

Weltweit werden heute vor allem die drei globalen Distributionssysteme Amadeus, Sabre und Galileo/Travelport eingesetzt. Hinzu kommen die Systeme Abacus mit dem Fokus auf den asiatischem Markt sowie Worldspan, welches kürzlich von den Galileo Gesellschaftern übernommen wurde. Es ist davon auszugehen, dass zukünftig zwei bis max. drei globale Distributionssysteme auf dem wettbewerbsintensiven Markt bestehen werden, da die Vertriebs- und Kostenmodelle der Systeme nicht mit den Vorstellungen und veränderten Marktbedingungen der Fluggesellschaften (z. B. Konkurrenz durch Billigflug, Internetvertrieb, Provisionsstreichungen) einhergehen.

Amadeus

1987 wurde das globale Distributionssystem Amadeus von Air France, Iberia, SAS und Lufthansa gegründet. Ein Grund für diese Neugründung war die drohende Vormachtstellung der amerikanischen globalen Systeme im Bereich der Linienflugbuchungen. Mit Amadeus ist ein internationales GDS auf europäischer Basis entstanden, welches vor allem für die Flugbuchungen der europäischen Linienfluggesellschaften konzipiert wurde. Der Hauptsitz der Gesellschaft Amadeus IT Group S.A. ist in Madrid, wo die Bereiche Finanzen, Marketing, Personal und Unternehmensstrategie untergebracht sind. Das Rechenzentrum wurde in Erding bei München gebaut und die Produktentwicklung ist in Sophia Antipolis bei Nizza angesiedelt. Hinzu kommen Marketing- und Vertriebsgesellschaften in ca. 70 Ländern. Amadeus ist heute in Europa und Nordamerika sowie in Lateinamerika, Afrika und im Mittleren Osten und Asien vertreten. Neben den ca. 89.000 Reisebüros verwenden einige Fluggesellschaften Amadeus gleichzeitig auch als internes Reservierungssystem. Populäres Beispiel hierfür ist British Airways, die einen großen Teil ihrer IT-Systeme zu Amadeus ausgelagert hat. Amadeus bietet als globales Distributionssystem vorwiegend Leistungen in den Bereichen Flug, Hotel und Mietwagen. Der Bereich der Flugbuchungen dominiert allerdings die gesamte Systemarchitektur.

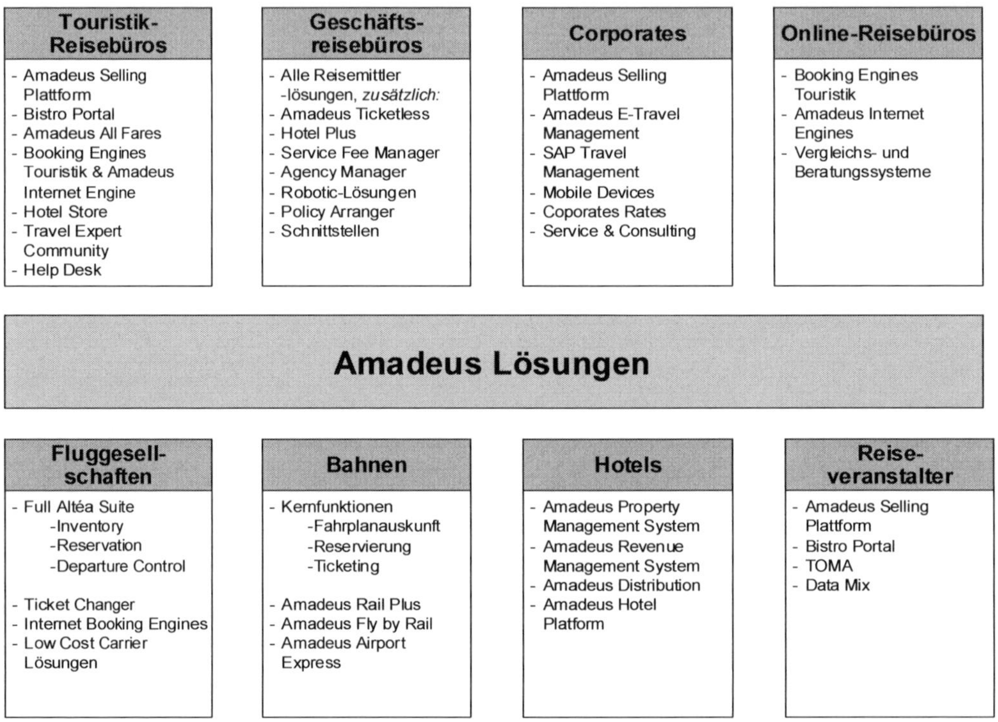

Abb. 3.2.9 *Produkte und Lösungen des GDS Amadeus*

Bereits 1991 kommt es zu einer umfassenden Zusammenarbeit zwischen Start und Amadeus in Rahmen der sogenannten Migration. Mit der Migration sind alle Angebotsdarstellungen, Tarife und PNRs vom Reservierungssystem der Lufthansa zu dem globalen System Amadeus verlagert worden. Bis Ende 1992 wurden insgesamt 8.000 Start-Betriebsstellen mit 15.300 Terminals auf Amadeus aufgeschaltet und die Reisebüromitarbeiter geschult.

Eine erste Firmenallianz von Start und Amadeus wurde 1996 beschlossen. Die Gesellschafter beider Unternehmen stimmten dem Verkauf von 50 % der Anteile der Start Informatik GmbH an Amadeus Global Travel Distribution S.A., Madrid, zu. Im Rahmen dieser Allianz wurden Marktdurchdringung, gemeinsamer Systembetrieb sowie Produktentwicklung angestrebt. So wurde auch die technische Verbindung des Start Rechners in Frankfurt/Main mit dem Amadeus-Rechner in Erding realisiert. Ein wichtiger strategischer Schritt war die zunehmende Einbindung vom nationalen Start-System in Amadeus. Bereits im Jahre 2001 verkaufte Lufthansa 34 % ihrer Start-Anteile an Amadeus und schließlich 2003 die restlichen Firmenanteile. Seitdem ist die Amadeus IT Group alleiniger Gesellschafter. Start wurde anschließend in Amadeus Germany umbenannt und vollkommen integriert, wobei auch das Start-Rechenzentrum nach Erding zu Amadeus verlagert wurde. In Deutschland konnte sich Amadeus Germany zum bedeutendsten Reisevertriebssystem entwickeln und bietet heute ein umfangreicheres Angebot als alle anderen Systeme weltweit. Wie andere nationale Systeme auch, weist Amadeus Germany eine hohe Marktdurchdringung im Heimatmarkt auf.

Aus Sicht des Reisemittlers ist das umfangreiche globale System (Amadeus IT Group) heute lediglich eine Teilkomponente von Amadeus Germany. Die nachfolgende Abbildung gibt einen Überblick der Leistungsanbieterkategorien, welche über Amadeus Germany buchbar sind.

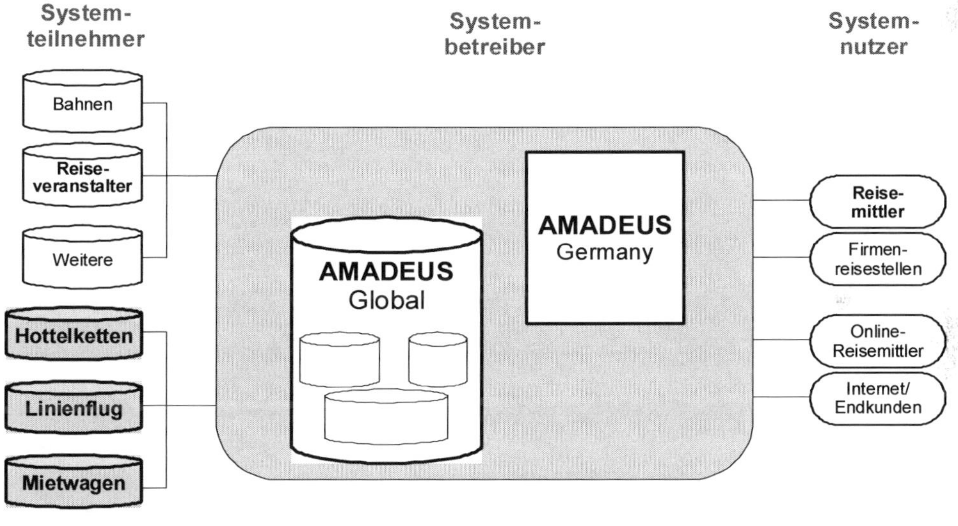

Abb. 3.2.10 Struktur des GDS Amadeus

Ausgehend von der Struktur eines Multi-Access-System bietet Amadeus Germany nur im geringen Umfang eigene Reservierungsfunktionen, sondern stellt primär eine Verbindung zu den Reservierungssystemen der Leistungsanbieter her (sog. Switch Board). Aufgrund ihrer Größe sind hierbei besonders die internen Reservierungssysteme der Reiseveranstalter und das System der Deutschen Bahn hervorzuheben. Für den Flugbereich kommt es nicht zu einer Verbindung zu den einzelnen Fluggesellschaften, sondern sämtliche Vorgänge werden direkt in dem globalen Reservierungssystem der Amadeus IT Group bearbeitet, dort sind aufgrund der zentralen Single-Access-Struktur alle notwendigen Informationen zentral abgespeichert.

Im geänderten Wettbewerbsumfeld definiert Amadeus eine auf Diversifikation ausgerichtete Unternehmensstrategie. Sie sieht sowohl die Marktsicherung im Kernmarkt als auch Wachstum in weiteren Märkten vor. Ein wesentlicher Bestandteil der Strategie ist die Gründung eines weltweiten Competence Centers Leisure unter Führung von Amadeus Germany. Weitere Punkte sind: Ein starker Ausbau des Corporate Geschäfts für das Business Travel Management (B-to-B), die Absicherung und Optimierung des Leistungsträgergeschäfts durch die Ausweitung des Inventarmanagements sowie Check-In und eine zukunftsweisende Ausrichtung des Angebots für Endverbraucher (B-to-C). Damit sind auch die Geschäftsfelder klar definiert: Leistungsträger, Reisemittler und Unternehmen (Corporates) sowie Enkunden.

Sabre

Sabre

Das computergestützte Reservierungssystem Sabre wurde als erstes internes Reservierungssystem von der Fluggesellschaft American Airlines bereits 1959 gegründet. Ziel war es, die bisherigen handgeschriebenen Reservierungen durch Lochkarten zu ersetzen. Das interne Platzbuchungssystem wurde bereits 1960 erfolgreich eingeführt, die ersten externen Terminals wurden jedoch erst 16 Jahre später in US-Reisebüros installiert. Das Rechenzentrum von Sabre steht in Tulsa/Oklahoma, USA. Sabre ist das führende amerikanische GDS und wird weltweit von mehr als 56.000 Reisebüros genutzt. Das System bietet ein umfangreiches Leistungsangebot, welches besonders auf den amerikanischen Markt zugeschnitten ist. Angeschlossen sind u. a. 500 Fluggesellschaften, 76.000 Hotels und 42 Autovermieter. Zudem verwenden auch einige Eisenbahngesellschaften, z. B. Amtrak sowie die staatliche französische SNCF-Gesellschaft mit ihren TGV-Schnellzügen die Technik von Sabre. Im Jahre 2000 wurde Sabre unabhängig von der Fluggesellschaft American Airlines und erwarb in den folgenden Jahren verschiedene Beteiligungen an Internetportalen (travelocity, lastminute.com, getthere etc.). Schließlich wurde auch Sabre im Jahre 2007 von einer Finanzgesellschaft übernommen.

1986 eröffnete Sabre sein erstes europäisches Büro und versucht seither, sich auch auf dem europäischen Markt zu etablieren. Der wichtigste Schlüssel für den Erfolg im deutschen Markt war die Übernahme der Firma Dillon Communications Systems, dem Entwickler des touristischen Systems Merlin, im Jahre 2003. Dadurch war Sabre in der Lage, den deutschen Reisebüros Zugriff auf die Reservierungssysteme der Reiseveranstalter anzubieten. und erreichte einen Marktanteil von 30 % bei deutschen Reisebüros. Hauptkundenkreis von Sabre Merlin ist das touristisch orientierte Reisebüro, das eine Alternative zu Amadeus Germany sucht. Teure Standleitungen zum Rechenzentrum in Hamburg werden nicht angeboten, sondern die gesamte Datenübertragung erfolgt mittels ISDN-Leitungen oder Internet. Verkaufsargument sind vor allem die vergleichsweise geringen Kosten und die einfache Bedienung. In der Merlin-Maske können Pauschalreisen, Ferienhäuser, Busreisen, Charterflüge, Mietwagen, Versicherungen und Kreuzfahrten gebucht werden. Insgesamt stehen die wichtigsten 170 Anbieter online zur Verfügung. Flugbuchungen sind über eine Schnittstelle zu Sabre möglich. Mit der integrierten grafischen Benutzeroberfläche kann Sabre Merlin per Maus bedient werden. Der (ungeübte) Benutzer muss nicht mehr alle Formate kennen, um das System professionell bedienen zu können. Sogenannte Shortcuts und grafische Masken reduzieren hierbei die Anzahl der Tastatureingaben und beschleunigen den Verkaufsvorgang.

Neben dem Buchungsvorgang werden auch Management-Informationssystem-Komponenten unterstützt. Wesentliche Daten werden automatisch in eine Datenbank übernommen. Einfache Auswertungen von Kundendaten, deren Reisen und Hobbys sowie Umsätze mit einzelnen Veranstaltern können dargestellt werden. Schließlich werden integrierte Mid- und Back-Office Funktionen angeboten.

Für Airlines:
Sabre Airline Solutions
- Sabre Flight Planning-, Price&Revenue Management, Operations Tools
- SabreSonic Customer Sales & Service (Inventory/Reservation, Departure Control)
- Sabre GDS Participation Services

etc.

Für Hotels
Sabre Travel Network / SynXis
- SynXis RedX Distribution Management System (Multi-Channel, Multi-GDS/ADS)
- SynXis Website Booking Engine
- GDS Advertising Suite

etc.

...

Für Reiseveranstalter/ Reiseversicherungen:
Sabre Travel Network
- MySabre+merlin Anschluss
- Res Center Tools (Sabre Web Services API)
- Versicherungen

etc.

Sabre Travel Network (GDS)

Für Reisebüros:
Sabre Travel Network
mySabre+merlin shop
GDS:
- Sabre Air/Cars/Hotels/Rail (GDS)
- Sabre FlightExpress (Flug-IBE)
- NetCheck (Web-Tarife)
- Company Tip (Reiseinfos)

Touristik:
- merlin Maske (touristische Maske)
- Versicherung
- Shop Pauschal/Charter/Hotel/ Einkaufswagen (Suche/Beratung/ Preisvergleich/Warenkorb)

etc.

Für Business Travel Management:
Sabre Travel Network
mySabre+merlin
GDS (+ touristische Maske):
wie bei Reisebüros

BTM-spezifisch:
- GetThere (Corporate-BTM-Portal)
- Turbo Sabre (Buchungsmaschine für hohe Buchungsvolumen)
- Traveller Security & Data Suite (Lokalisierung reisender Mitarbeiter)

etc.

Für Online-Reisemittler:
Sabre Travel Network
mySabre+merlin shop
GDS + touristische Maske:
wie bei Reisebüros

IBEs:
- Sabre .Res (GDS-Content)
- Sabre Leisure IBE (touristische IBE)

APIs:
- Sabre Web Services (API)
- Sabre X-Gate (OTA-API)

etc.

Für Reisebüros/BTM/Online Reisemittler:
Mid und Back-Office-Dienste, etc.:
- Sabre X-Gate (Customizing für Ketten/-Kooperationen)
- Sabre VirtuallyThere (Reise/Flug-Infos für Kunden auf Reisebüro-Website)
- Sabre MyFares (Pflege eigener verhandelter Tarife)
- Sabre Quick Refunds and Exchanges (Automatisierung beiTicket-Neuausstellungen etc.)
- MySabre+merlin CRM / MidOffice / MIS4Travel (Management Informationssystem)
- MySabre Scribe/API (Prozessautomatisierung)
- Agency Fee Manager (Service-Fee-Verwaltung)
- Agency eServices (Trainings-Portal)
- Mesonic WINLine (Finanzbuchhaltung) etc.

Abb. 3.2.11 *Struktur & Produkte des GDS Sabre*

Abbildung 3.2.11 gibt einen Überblick über das umfangreiche Angebot von Sabre für Reisemittler wie auch für Leistungsanbieter. Die GDS-Dienste von Sabre sind unter der Marke Sabre Travel Network zusammengefasst. Stationäre Reisebüros, Stellen für Geschäftsreisemanagement in Reisebüros und Unternehmen sowie Online Reisemittler finden im Portal mySabre ein umfassendes Angebot an GDS-Diensten zur Buchung von Flügen, Hotels, Mietwagen und Zugtickets. Eine Flug-Internet Booking Engine und erweiterte Internet-Suchfunktionen erlauben die Auswahl von GDS und Web-Tarifen sowohl von Linien- und Billigfluggesellschaften. Touristische Urlaubsangebote können über die merlin Maske ggf. mit merlin Shop gesucht, verglichen, für die Beratung visualisiert, und in einem Einkaufskorb gespeichert bzw. kombiniert gebucht werden. Reiseversicherungen sind zusätzlich buchbar.

Für das Geschäftsreisemanagement in Unternehmen wird von Sabre das GetThere-Portal angeboten, über das die Mitarbeiter eines Unternehmens im Intranet/Extranet ihre Reisen buchen[1]. Für den Firmenreisedienst gibt es die Turbo Sabre Buchungsmaschine mit einer Programmierschnittelle zur Vorgangsautomatisierung, und über die Traveller Security & Data Suite ist es z. B. möglich, anhand der gespeicherten Reisepläne der Mitarbeiter deren aktuellen Aufenthaltsort zu ermitteln. Zur Integration in Online-Reisebüros bietet Sabre Travel Network die .Res Internet Booking Engine an, mit der Flüge, Hotels und Mietwagen aus dem GDS auf der Website an Endkunden des Online-Reiseportales vermittelt werden können. Zur Online-Vermittlung von Urlaubsangeboten können die Sabre Leisure IBE bzw. die White Label IBE der Sabre Tochter Lastminute.com in Online-Reiseportale integriert werden. Über XML-Schnittstellen und Application Programming Interfaces ist eine flexible Anpassung der SABRE-Funktionen und Buchungsstrecken auf spezielle Bedürfnisse von On- und Offline Reisebüros, -Kooperationen und Ketten möglich. Entwickler können innovative Anwendungen entwickeln, die auf die Sabre-Funktionen und Daten zurückgreifen.

Für alle Reisemittler bietet Sabre darüber hinaus verschiedene Mid- und Backoffice-Dienste und weitere Zusatzfunktionen an, die das komplette Fulfillment der Buchungen im Front-Office bis zur Finanzbuchhaltung unterstützen: Nach der Buchung kann ein Kunde seine Reisedaten über eine Website einsehen und wird über Flugplan-Änderungen informiert, wenn das Reisebüro auf seiner Website Sabre VirtuallyThere integriert. Es gibt ein Customer Relationship Management System, und Kundenprofile können für die Wiederverwendung bei späteren Buchungen gespeichert werden.

Neben einem Mid-Office System wird das Management-Informationssystem MIS4Travel angeboten, das dem Reisebüro Management diverse Statistiken liefert, und auch die Finanzbuchhaltungs- und Enterprise Resource Planning Software Mesonic WINLine hat Sabre in seine Dienste für Reisebüros integriert. Schließlich gibt es verschiedene Tools zur Eingabe, Pflege und Hinterlegung eigener verhandelter Raten und von Service Fees, um die Dienstleistungen des Reisebüros mit den Kunden transparent abrechnen zu können. Neben weiteren Automatisierungs-Hilfen gibt es eine E-Learning-Plattform für alle Nutzer von Sabre, die als Agency eServices wichtige Informationen für Expedienten rund um die Uhr bereitstellt.

Wie andere GDS bietet auch Sabre neben der Vertriebsplattform für Reisebüros Dienste und IT-Lösungen für Leistungsanbieter an. Die Division Sabre Airline Solutions stellt ein breites Spektrum von IT-Lösungen für Airlines vom SabreSonic Inventory und Passagiermanagement-System über den GDS-Zugang bis zu Revenue Management und Airline Crew Management Lösungen bereit. Für Hotels bietet die Sabre Tochter SynXis Dienste zum Distributionsmanagement an. Sie beschränken sich nicht nur auf den GDS-Zugang, sondern eröffnen Hotels auch Zugänge zu diversen GDS- und Internet-Distributionskanälen mit Multi-Channel-Management. Dasselbe gilt für Kreuzfahrt-Anbieter.

Mietwagenanbieter, Reiseveranstalter und Versicherungen erhalten Direktzugang zum Sabre Travel Network, wobei Sabre über seine Internet-Marke Holidayautos auch als Internet-Mietwagen-Broker und über Travelocity, Holidaysandmore, Lastminute.com und zahlreiche

---

[1] vgl. Kapitel 3.5 Geschäftsreisemanagement und IT-Systeme

weitere Marken-Reiseportale selbst als Online Reisemittler aktiv ist. Darüber hinaus werden die Reiseangebote über das Affiliate-Netzwerk World Choice Travel auf zahlreichen Partner-Portalen von Sabre Travelocity unter anderen Labels vermarktet. Schließlich verfügt Sabre mit IgoUgo über eine große Internet-Travel-Community, auf der Reisende über ihre Urlaubserfahrungen berichten.

Galileo / Travelport

Galileo wurde zeitgleich zu Amadeus 1987 als globales System mit europäischer Beteiligung entworfen. Gegründet wurde es von den Fluggesellschaften British Airways, Swissair, KLM sowie einer Tochterfirma von United Airlines. Weitere europäische Fluggesellschaften wie Alitalia, Austrian Airlines, AerLingus, TAP Air Portugal, Sabena und Olympic Airways schlossen sich kurze Zeit später an. 1992 kam es zu einem Zusammenschluss mit dem amerikanischen GDS Apollo, wobei weltweit der Namen Galileo beibehalten wurde. Die Fusion der Datenzentren und die Verlagerung nach Denver/USA erfolgte bereits 1994. Im Jahre 2001 wurde Galileo an die amerikanischer Finanzgruppe Cendant verkauft und dann im Jahre 2006 an die bekannten Finanzinvestoren Blackstone Group weiterverkauft. Der gesamte Bereich der Reisedienstleistungen wird heute unter dem Firmennamen Travelport vermarktet. Der Marketingnamen Galileo wird aber weiterhin genutzt. Das Unternehmen ist neben Amerika im Wesentlichen im Mittleren Osten und Afrika sowie in Asien und im pazifischen Raum vertreten. Auch in Europa hält Galileo einen Marktanteil von ca. 30 %. In vielen Ländern wie der Schweiz, Österreich und Großbritannien ist Galileo Marktführer. Neben den Fluggesellschaften können in Galileo auch ca. 115 Deutsche Reiseveranstalter abgerufen und gebucht werden. Auch die Endbenutzer können über die Onlineportalen Orbitz, ebookers, ratestogo u.s.w. auf Galileo zugreifen. Nach Freigabe durch die Kartellaufsichtsbehörden in den USA und der EU hat Travelport Mitte 2007 den Galileo-Mitbewerber Worldspan übernommen und mit der Zusammenführung der beiden Distributionsssysteme begonnen. Worldspan war das kleinste globale GDS und vor allem in Amerika vertreten.

Analog zur Darstellung für Sabre gibt Abbildung 3.2.12 einen Überblick über das Angebot von Travelport Leistungsanbieter, Reisemittler und das Business Travel Management. Travelport betreibt sowohl das GDS Galileo wie auch das GDS Worldspan. Unter der Marke GTA (Gulliver Travel Associates) werden zusätzliche Datenbanken mit Hotel-Angeboten und Zusatzleistungen wie Transfer, Fahren, Eintrittskarten für Attraktionen, Events und Führungen sowie diverse weitere Angebote von Destinationen geführt. Sie können sowohl in Reisebüros über Galileo Leisure vermittelt als auch von Online-Reisemittlern über die GTA XML API in ihre Reiseportale integriert werden. Das breite Spektrum von Airline Lösungen wird durch die Division Travelport IT Services und Software zusammen mit Hosting und Consulting Diensten angeboten. Darüber hinaus betreibt Travelport eigene Internet-Reiseportale unter Marken wie Needahotel.com, OctopusTravel.com oder TravelCube. In Österreich kooperiert Galileo eng mit TraviAustria, in Deutschland mit Partners Software.

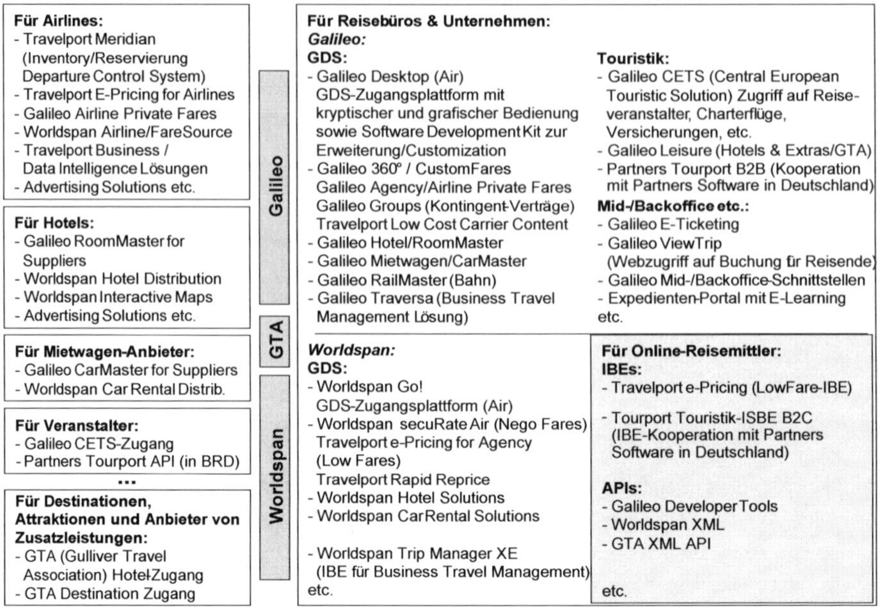

Abb. 3.2.12 *Struktur & Produkte von Travelport*

Abacus ist das größte Distributionssystem Asiens für Flüge, Mietwagen und alle weiteren Arten touristischer Leistungen. Die Abacus Holding wurde 1988 gegründet. Anteilseigner waren neben dem GDS Worldspan elf asiatische Fluggesellschaften (All Nippon Airways, Cathay Pacific Airways, China Airlines, Dragonair, EVA Airways, Garuda Indonesia, Malaysia Airlines, Philippine Airlines, Royal Brunei Airlines, Silk Air, Singapore Airlines). Worldspan und Abacus unterhielten mit jeweils geringen gegenseitigen Beteiligungen eine Reihe von Geschäftsbeziehungen. Zum Beispiel entstand Abacus auf der technologischen Basis von Worldspan und wurde auch in dessen Rechenzentrum in den USA betrieben. Die Zusammenarbeit fand ein Ende, als Abacus Verhandlungen mit Sabre führte und schließlich 1998 ein Joint Venture aus der Abacus Holding und der Sabre-Gruppe gegründet wurde. Worldspan erhielt aufgrund dieses Vorgehens von Abacus einen erheblichen Ausgleich durch ein Schiedsurteil.

Die Beteiligungen am neuen Unternehmen Abacus International mit Firmensitz in Singapur liegen heute beim amerikanischen GDS Sabre und der Abacus-Holding mit oben genannten Fluggesellschaften. Der Großteil der Kunden von Abacus stammt aus diesen Gründen aus dem asiatisch-pazifischen Raum, auf anderen Märkten ist das GDS unbedeutend.

3.2.5 Kosten- und Vergütungsmodelle

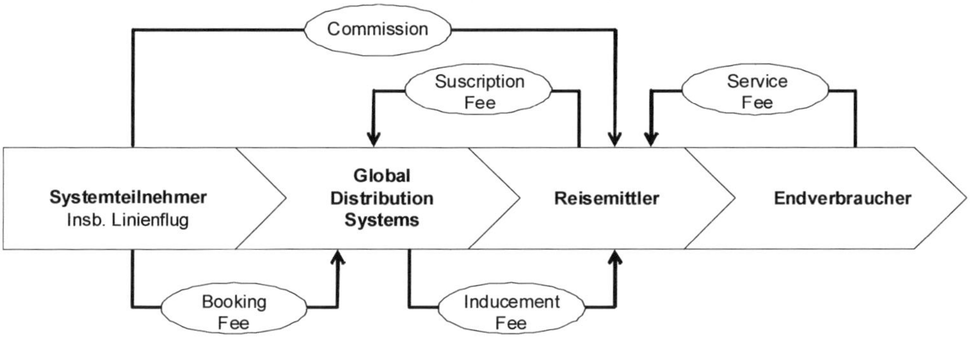

Abb. 3.2.13 *Kostenmodelle. Quelle: Sterzenbach 2009*

Die Systemkosten der globalen Distributionssysteme basieren auf der Anzahl von Buchungen und Transaktionen, die über das System getätigt werden. Als Kennzahl dienen die gebuchten Segmente. Ein Segment bezeichnet eine einzelne Reiseleistung. Dabei kann es sich um einen über das System gebuchten Flug (Hin- und Rückflug sind zwei Segmente), Hotelübernachtung oder Mietwagen handeln. Das Besondere am Kostenmodell der GDS ist allerdings, dass sowohl die Leistungsträger, als Anbieter von Reiseleistungen, als auch die Reisemittler, als Nachfrager für die Nutzung der Reservierungssysteme zahlen müssen. Die Kosten für die Reisemittler sinken jedoch mit zunehmender Nutzung bzw. Buchungen, da pro Buchung eine Rückzahlung erfolgt.

- **Kosten der Systemnutzer**
  - Für die Buchung einer Leistung zahlt der Endkunde neben dem Preis für die Leistung (z. B. Flugschein oder Übernachtung) dem Reisemittler eine Bearbeitungsgebühr *(Service Fee)* in Höhe von ca. 10 bis 20 €. Diese Servicegebühr ist die wichtigste und häufig einzige Einnahmequelle der Reisemittler und dient zur Deckung aller Kosten.
  - Die Reisemittler zahlen für die Verwendung des globalen Distributionssystems eine monatliche Nutzungsgebühr (*Subscription Fee*). Mit diesen Gebühren sind alle Leistungs- und Systemkosten bezahlt. Zusätzliche Kosten können jedoch für einzelne Module (z. B. Vergleichssysteme) entstehen. So verlangt das GDS Amadeus für die Bereitstellung von den Tarifen der Billigfluggesellschaften eine Gebühr von ca. 0,10 € pro Abfrage.
  - Für die GDS Nutzung erhält das Reisebüro rückwirkend eine Ausgleichszahlung *(Inducement Fee)* vom Distributionssystem. In Abhängigkeit von der Anzahl der getätigten Buchungen sind die Ausgleichszahlungen häufig höher als die Nutzungsgebühren, d. h. der Reisemittler bekommt die GDS-Leistungen kostenlos. Nur bei einer geringen Anzahl von Segmentbuchungen kann die monatliche Nutzungsgebühr die vertraglich festgelegten Ausgleichszahlungen seitens der GDS übersteigen, d. h. der Reisemittler muss für die Systemnutzung etwas bezahlen.

- Obwohl Buchungsprovisionen für die Reisemittler von den Fluggesellschaften eigentlich abgeschafft worden sind, erhalten einzelne Reisemittler teilweise noch eine Vermittlerprovision *(Commission)* in Abhängigkeit von ihrem Umsatz mit der jeweiligen Fluggesellschaft. Berechnet wird diese Provision meist als Prozentangabe, basierend auf den Gesamtbuchungen des Absatzmittlers, oder als Zuwachsrate, basierend auf den Vorjahres-Flugscheinbuchungen bei der jeweiligen Fluggesellschaft.

- **Kosten der Systemteilnehmer**
  - Die Systemteilnehmer (Fluggesellschaften, Hotel- und Mietwagenketten) bezahlen das Distributionssystem für die Möglichkeit, dass weltweit Reisemittler ihre Leistungen dort abrufen und buchen können. Bei dieser Bezahlung handelt es sich um eine Buchungsgebühr *(Booking Fee),* einen fixen Pauschalbetrag pro Passagier und Segment. Die durchschnittliche Buchungsgebühr liegt bei ca. 4,00 € pro Segment, was ca. 8,00 € für einen einfachen Hin- und Rückflug (ohne Umsteigen) ergibt. Die Buchungsgebühren sind bei Ticketpreisen für Business- und First Class Tickets in Höhe von 1.000 bis 15.000 € vernachlässigbar. Bei Sonderangeboten mit Preisen von 10 bis 30 € pro Ticket ist der Anteil der Buchungsgebühren an den Gesamtkosten allerdings unvertretbar hoch.

Durch die Deregulierung des europäischen und amerikanischen Marktes und den Billigangeboten der Fluggesellschaften sind die Kosten für die GDS-Nutzung prozentual stark gestiegen. Im Zuge dessen erfuhren die traditionellen Vertriebsstrukturen von Flugleistungen eine Neuordnung. Der traditionelle Finanzweg verlagert sich und die Leistungsanbieter splitten die Leistungen und Kosten verursachungsgerecht auf, d. h. die einzelnen Gebühren für Flughafen, Reisemittlerleistungen etc. werden separat aufgelistet und verrechnet. Die globalen Distributionssysteme werden dabei gezwungen, die Kosten für die Systemnutzung für die Leistungsanbieter zu senken und gleichzeitig die Reisemittler stärker zu belasten. Hierfür gibt es zwei Modelle, welche die Systemkosten in Zukunft zu Lasten der Reisemittler neu verteilen sollen:

- **Full Content / Opt-in**

Um den Reisebüros weiterhin den gesamten Leistungsumfang mit der gesamten Tarifvielfalt und insbesondere die günstigen Tarife der Fluggesellschaften (so genannter Full-Content) anbieten zu können, wird auch in Europa das sogenannte Opt-in-Modell eingesetzt. Besonders in den USA und Grossbritannien sind Opt-in-Programme weit verbreitet. Die billigen Tarife der Fluggesellschaften sind bei diesem Verfahren in den globalen Distributionssystemen weiterhin zu gleichen Kosten buchbar, da sich die Fluggesellschaften dazu verpflichten, weiterhin alle Tarife und Angebote in die GDS einzuspeisen. Im Gegenzug zum Full-Content aller Tarife werden die Buchungsgebühren der Fluggesellschaften auf fast 50 % reduziert. Die Reisebüros schließen neue Verträge mit ihrem GDS und können so auf den Full Content der Fluggesellschaften zugreifen. Hierbei verzichten die Reisemittler auf einen Teil ihrer finanziellen Anreize (insb. Inducement Fees), indem sie eine Opt-in-Gebühr zwischen 0,50 € und 1,10 € pro Segment oder einer Ticketpauschale von 2,00 € an die GDS entrichten. Um die Einnahmeeinbußen auszugleichen, verlangen die Reisemittler von ihren Kunden häufig ein erhöhtes Serviceentgelt mit einem Ticketaufschlag von bis zu 2,50 € .

- **Airline Surcharge / Opt-Out Modell**

Falls der Reisemittler das Opt-In Modell ablehnt, bekommt er automatisch ein Opt-Out-Vertrag. Auf der Gebührenseite gibt es für die Fluggesellschaften und Reisemittler vordergründig keine Veränderungen. Jedoch wird der Zugang zu den günstigsten Flugpreisen systemintern versperrt und der Reisemittler erhält nur die teureren Tarife angezeigt. Zusätzlich muss der Reisemittler pro Buchung eine zusätzlich Segmentbuchungsgebühr (Airline Surcharge) an die Fluggesellschaften bezahlen, so dass auf diesem Wege die Kosten für die GDS-Nutzung auf die Reisemittler abgewälzt werden.

3.2.6 Ausblick

Die Konkurrenz des Internets verändert zunehmend die Struktur der Tourismusindustrie. Einerseits müssen die Reisebüros mit gut informierten Kunden rechnen, die einen Großteil der Informationen bereits im Internet und anderen Quellen recherchiert haben. Daher ist es für den Reisemittler überlebensnotwendig, nicht nur auf das Informationsangebot der Distributionssysteme zuzugreifen, sondern alle Informationsquellen zu nutzen. Andererseits geraten auch die Reservierungssysteme zunehmend unter Druck: die Kostenstruktur der GDS ist nicht mehr zeitgemäß, da sie unabhängig vom gebuchten Tarif mit einem sehr hohen Fixbetrag vom Leistungsanbieter vergütet werden. Es zeichnet sich daher ab, dass in naher Zukunft eine Reihe von Veränderungen auf Reisebüros und GDS zukommen werden.

- **IT-Ausstattung der Reisebüros**

Betrachtet man die heutige IT-Ausstattung in den Reisebüros, so kann man feststellen, dass die wesentlichen Systembereiche vorhanden sind. Für die Zukunft ist vor allem die Integration und nahtlosen Bereitstellung aller relevanten Informations- und Buchungsdaten innerhalb einer Systemwelt erforderlich.

- Ein globales Distributionssystem ist heute das Hauptarbeitsmedium des Reisemittlers. Aufgrund der unterschiedlichen Kostenmodelle der Distributionssysteme fordern allerdings besonders Reisemittler mit Geschäftreisefokus den gleichzeitigen Zugriff auf weitere globale Distributionssysteme (*Multi GDS*), um so problemlos zwischen den einzelnen Systemen wechseln zu können und die Buchungen im jeweils besten (günstigsten) System durchführen zu können. Zudem sind die Fluggesellschaften nicht mehr gezwungen in jedem GDS alle Tarife und Tarifänderungen einzuspeisen, so dass eine Buchungsanfrage in zwei Systemen zu unterschiedlichen Tarifen führen kann.
- Auch die speziellen Tarife der *Konsolidatoren* (Ticketgroßhändler) sind nicht ohne weiteres erreichbar. Zwar sind diese Tarife in speziellen Datenbanken abgespeichert, aber eine unmittelbare Übernahme der Tarife und Aufbau eines PNRs im GDS ist nur schwer möglich.
- Das gleiche Bild ergibt sich für die sogenannten *Beratungssysteme*. Diese Systeme ermöglichen eine Anfrage und Darstellung aller Reiseveranstalter auf einem Bildschirm und vereinfachen damit den Vergleich der Leistungen und Preise der einzelnen Anbieter. Der Zugriff aus den Informationsbildschirmen der Beratungssysteme zur Buchung der Reiseveranstalterleistungen ist heute nicht immer möglich.

- Wenn der Kunde jedoch aktuelle Wetterinformationen oder Billigflugangebote bekommen möchte, muss der Reisemittler häufig das System verlassen und direkt im Internet recherchieren.
- Heute wird vermehrt ein Direktzugang zu den jeweiligen internen Buchungssystemen der Fluggesellschaften angeboten. Hierbei wird das GDS nur zur Informationszwecken genutzt. Die teuere Buchungsfunktionalität des GDS wird nicht verwendet, sondern der PNR wird direkt beim Systemteilnehmer aufgebaut.

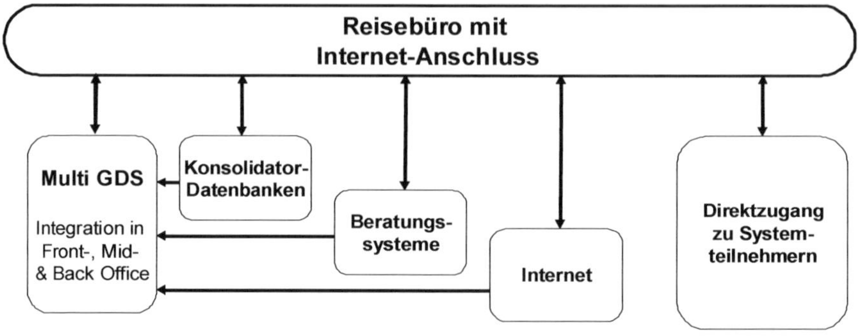

Abb. 3.2.14 *EDV-Ausstattung der Reisebüros*

- **Neue Systembetreiber**

Der Druck auf die Reisemittler und auch auf die GDS verstärkt sich zunehmend, was angesichts der enormen Kosten, die auf die Leistungsanbieter zu kommen, nicht verwunderlich ist. Deshalb finden Ersatzsysteme in den letzten Jahren immer größeren Anklang. Die sogenannten Global New Entrants (GNE) sind neue Systeme, die ähnliche Leistungen wie die GDS bieten und zudem die Reservierung und die Vorgangsverwaltung in den Reisebüros revolutionieren sollen. Zugleich können Fluggesellschaften erhebliche Einsparungen erzielen. Allerdings haben diese Systeme auch eine Reihe von Nachteilen, so bekommen die Kunden keinen Full-Content, da sie in der Regel nur mit einer begrenzten Anzahl von Fluggesellschaften Verträge abgeschlossen haben. Mit den Produkten der GNEs können derzeit lediglich einfache Flugbuchungen durchgeführt werden – diese zudem häufig nur innerhalb der USA. Da es dadurch für die Reisemittler notwendig wird, sich weiteren Vertriebskanälen anzuschließen, entstehen für sie weitere Kosten, da diese ebenso Gebühren erheben. Der Expedient muss die verschiedenen Quellen einzeln durchsuchen, bevor er dem Reisenden ein günstiges und passendes Angebot vorlegen kann. So wird eine Buchung deutlich zeitaufwendiger. Dennoch bieten Global New Entrants nicht nur Nachteile für die Tourismusindustrie. Speziell für Reisebüros bringen die GNEs mehrere Vorteile für den täglichen Ablauf mit sich. Wichtigstes Element hierbei ist die Aufhebung der GDS-fähigen Reservierungen und anderer Buchungskanäle. Statt der heutigen Buchungen in den GDS sollen die Reisemittler den sogenannten *SuperPNR* verwenden. Dieser bietet die Möglichkeit unabhängig vom Buchungssystem alle Vorgänge zu verwalten. Damit können sowohl Buchungen via Internet als auch Direktanbindungen in verschiedenen Systemen des Reisebüros koordiniert werden. Schließlich sollen die GNEs mit einer einheitlichen Oberfläche Zugriff auf mehrere angeschlossene Buchungssysteme ermöglichen. Der Vorteil dabei ist, dass Expedienten dadurch auch die Oberfläche eines anderen CRS nutzen können, die ihnen besser vertraut ist. Ob sich allerdings diese neuen Entwicklungen in deutschen Reisebüros durchsetzen werden, ist derzeit noch sehr unsicher.

- **Alternative Vertriebsplattformen**

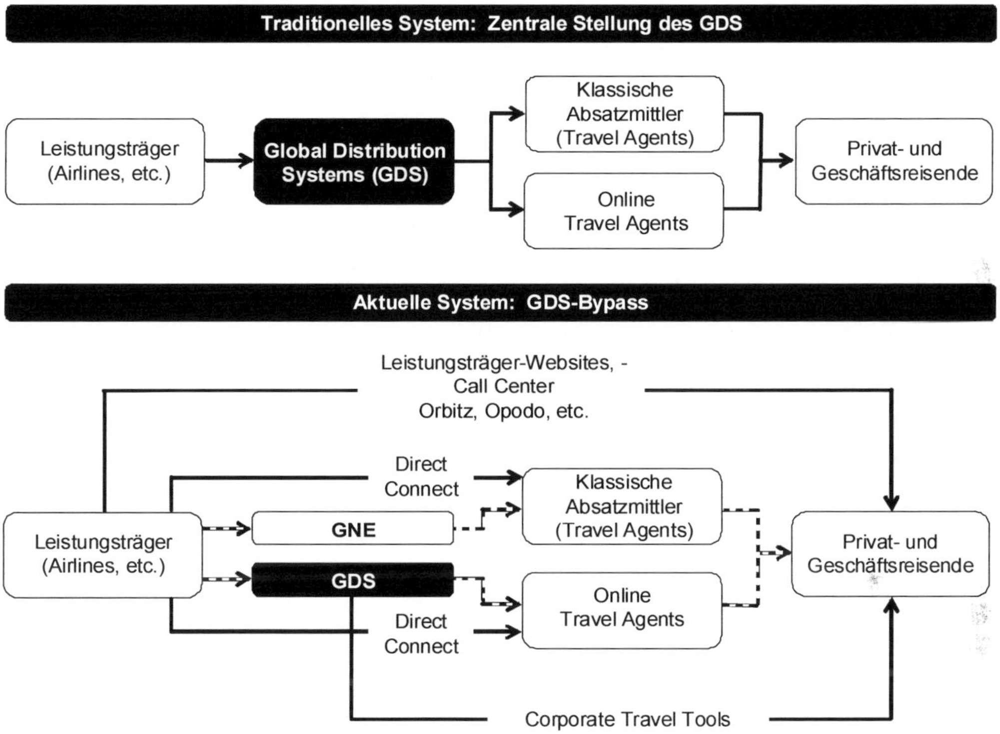

Abb. 3.2.15 Alternative Distributionswege. Quelle: Conrady 2013

In jüngster Zeit werden häufig Vorschläge diskutiert, die Fluggesellschaften direkt mit dem Reisebüro zu verbinden. Bei diesen Modellen werden die traditionellen GDS ganz oder z. T. umgangen (GDS-Bypass). Der ausschlaggebende Punkt dieser Entwicklungen sind vor allem die hohen GDS-Gebühren, die von den Leistungsanbietern entrichtet werden müssen. So zahlen z. B. alleine die Mitglieder der Star Alliance jährlich 1,47 Mrd. € an die GDS. Um diese hohen Gebühren zu reduzieren, soll ein neues System etabliert werden, welches in naher Zukunft auf den Markt kommen soll. Der Vertrieb, insbesondere über Geschäftsreisebüros, soll damit technisch verbessert werden. Dieses eigene Reservierungssystem soll als neuer Kanal dazu dienen, insbesondere die günstigen Tarife buchbar zu machen. Die in der Regel teureren Published Tarife werden weiter über die traditionellen GDS vertrieben, da hier die hohen GDS-Gebühren einen geringeren Ausschlag geben.

- **NDC Datenstandard**

Eine weitere aktuelle Entwicklung betrifft die abnehmende Interoperationalität zwischen Fluggesellschaft, Distributionssystem, Reisemittler und Drittanbietern aus dem Softwarebereich. Zwar können einfache Informationen (insbesondere die Datenelemente Passenger Name Record (PNR) in der Reservierung sowie Passenger Name List (PNL) im Check-In Bereich) seit Jahrzehnten problemlos ausgetauscht werden. Weitergebende Informationen (z. B. Passagierinformationen, Zusatzwünsche) können jedoch nicht ausgetauscht und auch nicht abgerechnet werden. Besonders die Zusatzentgelte (engl. Ancillary fees) spielen für die Rentabilität der Fluggesellschaften eine zunehmend grössere Rolle, da das Kerngeschäft (Verkauf der Transportleistung) aufgrund der harten Wettbewerbsbedingungen nur eine geringe Rentabilität erlaubt.

Aus Kundensicht ist besonders der Aspekt der personalisierten Darstellung der Flugdaten hervorzuheben. Basierend auf den Kundendaten aus den Customer Relationsship- und Frequent Flyer-Datenbanken können die Fluggesellschaften nun massgeschneiderte Angebote für identifizierte Kunden erstellen und anzeigen. Zum einen können nun die spezifischen Interessen einzelner Kunden berücksichtigt werden, z. B. wird ein Platz am Notausgang automatisch einem bestimmten Kundenkreis präferiert angeboten. Zum anderen kann nun auch die Zahlungsbereitschaft der Kunden ausgetestet werden, z. B. werden loyalen Kunden andere Flugtarife angezeigt im Vergleich zu Kunden die häufig mit weiteren Fluggesellschaften unterwegs sind.

Von Seiten der Fluggesellschaften und Flughäfen sind Zusatzentgelte eine einfache und lukrative Möglichkeit die Rentabilität zu steigern. Bekannte Formen für Zusatzgeschäfte und -entgelte sind: Sitzplatzreservierungen, Internetverbindungen, besondere Essenswünsche, Hotel- und Mietwagenangebote usw. Um diese Erlösquellen reibungslos anzubieten und abzurechnen, müssen alle notwenigen Informationen der Zusatzentgelte in einheitlicher Form in den globalen Distributionssystemen dargestellt werden. Der Reisebürovertrieb kann dann dem Endkunden eine Vielfalt von Zusatzdienstleistungen anbieten und die Entgelte über das GDS auch abrechnen.

Um diese Ziele zu erreichen hat der Dachverband der Fluggesellschaften IATA einen neuen Datenstandard names New Distribution Capability (NDC) entwickelt. NDC baut auf dem zeitgemäßen Internet XML-Standard auf und soll die vier Jahrzehnte alten Data-Exchange-Standards TELETYPE und EDIFACT ablösen. Dieser Flugdatenstandard soll so die Kommunikation zwischen Leistungsanbieter und Reisemittler vereinfachen und vereinheitlichen sowie die Abrechung aller Leistungen ermöglichen. Hinzu kommen Vergleichsmöglichkeiten, wie etwa der Sitzabstände, der Inflight-Entertainments, von Gesamtpreisen (inkl. Ancillary Services, die bei anderen Fluggesellschaften evtl. integriert sind), die Möglichkeit persönlicher Angebote nach eigenen Präferenzen und vieles mehr. Der Datenstandard ist allerdings noch in der Entwicklungphase und wird noch nicht bei den Fluggesellschaften eingesetzt. Bei einem flächendeckenden Einsatz sind weitreichende Umwälzungen in der Vertriebslandschaft zu erwarten, da nun eine einfache Vergleichbarkeit zwischen den Leistungsanbietern und den Vertriebswegen zu erwarten ist.

Quellen:

Backer C., Back in the bottle, in: Airline Business, July 2007, S. 44–46.

Barth H., Von Platzbuchungssystemen in Verkehrsbetrieben zu globalen Reisevertriebssystemen, in: *Kurbel H., Strunz E.* (Hrsg.), Handbuch der Wirtschaftsinformatik, Stuttgart 1990, S. 164–177.

Becker S., Flugangebot in den GDS, in: Touristik Report , 26 Jg., Nr. 5, S. 128–130.

Bommer, J., Elektronikeinsatz im Marketing der Tourismusbranche, in: *Hermans, J., Flegel, H.,* (Hrsg.), Handbuch des Electronic Marketing, München 1992, S. 893–903.

Echtermeyer M., Elektronisches Tourismus-Marketing, Berlin 1998.

Inkpen G., Information Technology for Travel and Tourism, 2. Auflage, Singapore 1998.

Merten P., the Future of Air Travel, Fribourg 2009.

Mundt J.W., Computerreservierungssystem, in: Fuchs W., Mundt J., Zollondz H., Lexikon Tourismus, S. 152–156, München 2008.

Pompl W., Luftverkehr – Eine ökonomische und politische Einführung, 5. Auflage, Berlin 2007.

Schmidt A., Computerreservierungssysteme im Luftverkehr, Hamburg 1995.

Schulz A., Informationsmanagement im Reisebüro, in: Freyer W., Pompl W. (Hrsg.), Reisebüro-Management, 2. Auflage, München 2008, S. 183–200.

Schulz A., Frank K. und Seitz E., Tourismus und EDV-Reservierungssysteme und Telematik, München 1996.

Schulz B., Amadeus Griffbereit, Amadeus Vista Graphic Page-Air, Hotel, Car, Bad Homburg 2005.

Conrady R., Fichert F., Sterzenbach R., Luftverkehr, 5. Aufl., München 2013.

Stirm P, Abkürzung am GDS vorbei, in: FVW, 40 Jg., Nr. 8, S. 52–53.

Weithöner U., Informationsmanagement und Informationssysteme, in: Freyer W., Pompl W. (Hrsg.), Reisebüro-Management, 2. Auflage, München 2008, S. 321–347.

Weithöner U., Globale Distributionssysteme, in: *Fuchs W., Mundt J., Zollondz H.,* Lexikon Tourismus, S. 323–328, München 2008.

Links zu den GDS:

www.travelport.com/en/

www.amadeus.com/de/de.html

www.sabre.com

3.3 Flugbuchung mit Amadeus

Axel Schulz, Saskia Kwoka

Für Linienflugbuchungen gibt es in Amadeus zwei prinzipielle Möglichkeiten. Zum einen gibt es den sogenannten Command Page Modus mit der manuellen Tastatureingabe aller Transaktionen, zum anderen die komfortablere Selling Plattform. Hier ist es möglich eine Buchung fast ohne Kenntnisse der Mausklick durchzuführen. Aufgrund des hohen Ausbildungsgrad der Reisemittler in Deutschland wir heute häufig der Command Page Modus verwendet. Im nachfolgenden werden beide Modi ausführlich erklärt.

Command Page	Selling Plattform
– Buchung nur mit Hilfe kryptischer Eingaben – Sprache: Englisch – Hoher Trainings- & Lernaufwand – Kaum Hilfefunktionen – Kein Multimedia (Hotel-Fotos etc.) – Geringer Zeitaufwand pro Buchung	– Browserorientiert – Intuitive Benutzerführung – Sprache: Deutsch – Keine Vorkenntnisse notwendig – Geringer Trainingsaufwand – Umfangreiche Hilfefunktionen – Buchung per Mausklick
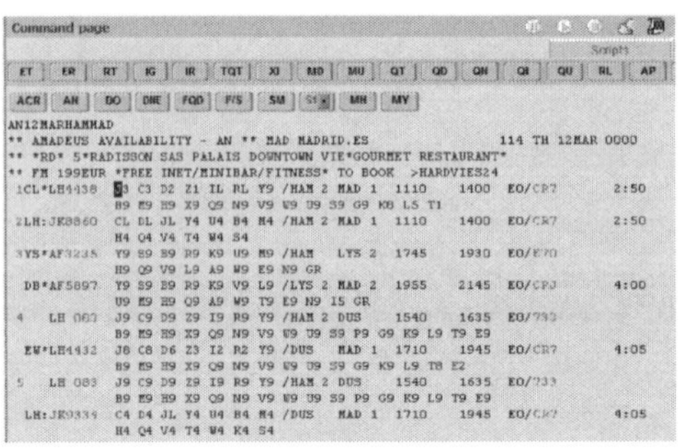	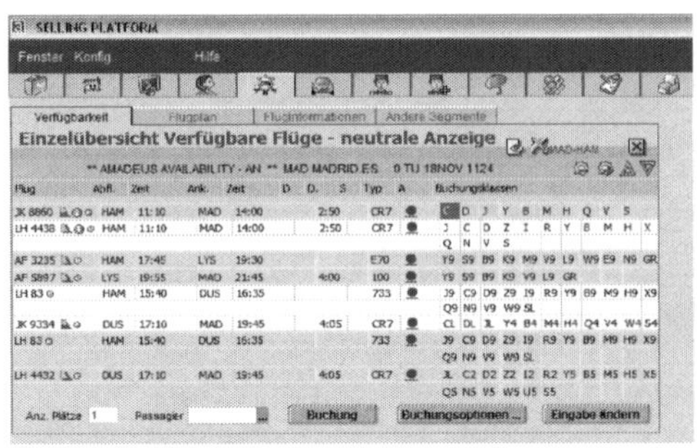

Abb. 3.3.1 Vergleich Command Page und Selling Plattform

3.3.1 Flugbuchung mit der Selling Plattform

Die Amadeus Selling Plattform ist eine webbasierte Verkaufslösung. Sie umfasst das gesamte Leistungsangebot von Amadeus. Die graphische Maske unterstützt vereinfacht den kompletten Beratungs- und Buchungsprozess. Ein Wechsel zwischen dem kryptischen und graphischen Modus ist jederzeit möglich.

Auf dem oberen Bildschirmrand sind verschiedene Symbole abgebildet. Mit Aufruf dieser Masken können verschiedene Aktionen durchgeführt werden.

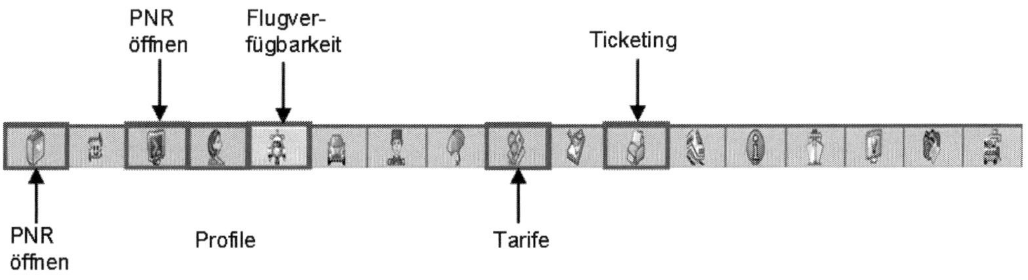

Abb. 3.3.2 *Menuleiste*

- **Verfügbarkeit / Single und Duale Abfrage**

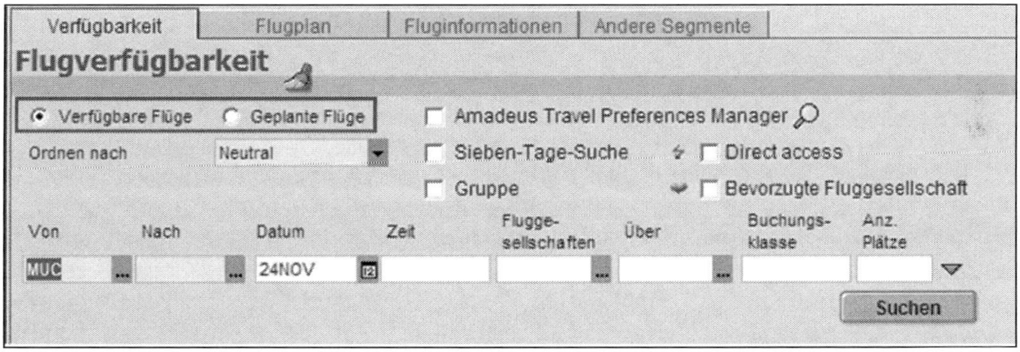

Abb. 3.3.3 *Beispiel Verfügbarkeitsabfrage*

Es gibt zwei Abfragemöglichkeiten der Verfügbarkeit. Man hat die Wahl zwischen Verfügbaren Flügen oder Geplanten Flügen. Mit der Flugabfrage nach Flugplan werden alle, auch nicht verfügbare Flüge entsprechend der Eingabedaten angezeigt. Wählt man die Anzeige der Verfügbaren Flüge aus, erscheinen im Display alle Verfügbarkeiten von mind. einem Platz oder wo Wartelistenbuchungen möglich sind.

Für die Verfügbarkeitsabfrage ist es nicht zwingend notwendig, den 3-Letter-Code des jeweiligen Abflug- oder Ankunftsortes zu kennen. Ist der Code nicht bekannt, den Namen eingeben und auf ▪ klicken. Vom System wird automatisch der richtige Code ermittelt, der dann durch Doppelklick eingefügt werden kann. Um eine Verfügbarkeit zu prüfen, werden die gewünschten Daten, wie Flugstrecke, Datum, gewünschte Abflugzeit, evtl. präferierte Fluggesellschaft und Buchungsklasse in die dafür vorgesehen Felder eingetragen. Im Feld Fluggesellschaften können bis zu drei 2-Letter-Codes eingegeben werden. Ist der Code nicht bekannt, kann der Name eingetragen werden. Danach einfach auf ▪ klicken und den richtigen Code auswählen. Die Verfügbarkeitsanzeige kann nach verschiedenen Kriterien geordnet werden, Neutral, nach Abflug-, Ankunftszeit und Flugdauer. Dafür einfach das Aufklappmenu anklicken und die gewünschte Anzeige auswählen. Es ist auch möglich, eine Sieben-Tage-Suche anzuklicken. Hier sucht das System nach dem ersten verfügbaren Flug innerhalb einer Woche. Für Gruppenbuchungen mit mehr als neun Personen kann die Gruppenoption gewählt werden. Die Verfügbarkeitsprüfung kann somit allgemein oder detailliert erfolgen.

Für die Duale Abfrage muss ▽ angeklickt werden. Eine neue Reihe wird angezeigt, wo beispielsweise Rückflugdaten eingegeben werden können. Zum Schluss auf Suchen klicken und alle abfragebezogenen Ergebnisse werden angezeigt.

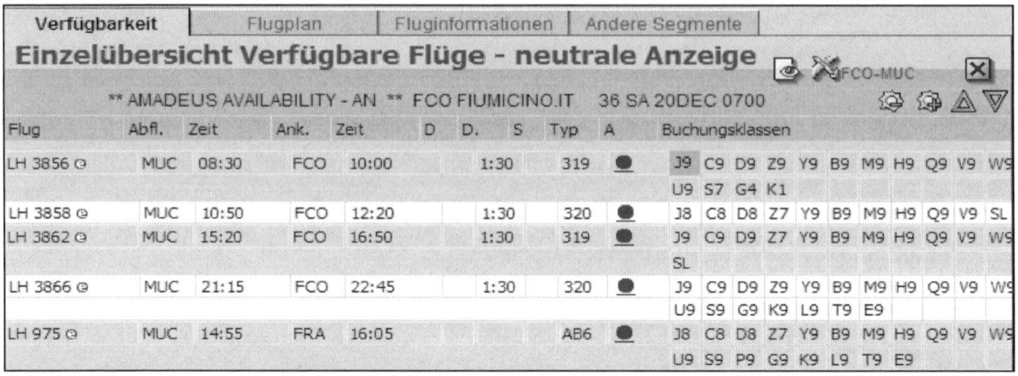

Abb. 3.3.4 *Darstellung Flugverfügbarkeit*

In der neutralen Anzeige wird dann die Einzelübersicht verfügbarer Flüge dargestellt. Zunächst wird der abgefragte Abflugtag mit gewünschter Abflugzeit und gewünschtem Zielflughafen (hier FCO – Rom Fiumicino) nochmals angezeigt. Die Ausgabe beginnt mit dem Kürzel der Fluggesellschaft und der dazugehörigen Flugnummer. Oft kommt nach der Flugnummer ein kleines, blaues Symbol mit einem „e“. Klickt man dieses Symbol an, gibt das System diverse Fluginformationen, wie Abflugterminal, ETIX-fähige Strecke oder Verpflegung aus. Nach der Information Abflugort mit Abflugzeit sowie Ankunftsort mit Ankunftszeit folgen die Flugdauer und der Flugzeugtyp. Am Ende der Anzeige werden dann die Buchungsklassen mit der Anzahl verfügbarer Plätze dargestellt.

Oben rechts in der Ecke wird die Rückflugstrecke angezeigt. Klickt man mit der Maus darauf, öffnet sich ein neues Feld und der Rück- oder Weiterflug kann abgefragt werden. Der Rückflug wird in der gleichen Form wie der Hinflug angezeigt.

Symbolerläuterung:

Anklicken:	Ergebnis:
△	Zur vorherigen Seite des Verfügbarkeitsdisplays wechseln
▽	Zur nächsten Seite des Verfügbarkeitsdisplays wechseln
	Verfügbarkeitsdisplay für den vorherigen Tag
	Verfügbarkeitsdisplay für den nächsten Tag
	Verfügbarkeit in der Druckansicht. (drucken und kopieren möglich)
☒	Verfügbarkeitsdisplay schließen

- **Flugplandisplay**

Im Flugplan werden alle Flugfrequenzen, aktueller und auslaufender Verbindungen dargestellt. Es zeigt alle Flüge an, die innerhalb sieben Tage ab Abfragedatum die bestimmte Strecke bedienen. Hierfür klickt man im Flugmodul auf Flugplan. Im Aufklappmenu wird zunächst ausgewählt wie die Flüge dargestellt werden sollen. Im Von-Feld muss dann der 3-Letter-Städte oder Flughafencode des Abflughafens eingegeben oder über ▪-Funktion ausgewählt werden. Der Ankunftsflughafen wird dann im Nach-Feld eingetragen. Weiterhin wird das Wunschdatum und optional eine gewünschte Abflugzeit angegeben. Bei Nichtausfüllen zählen das aktuelle Datum bzw. alle Abflugzeiten ab Mitternacht. Bleibt das Feld Fluggesellschaft frei, gibt das System automatisch alle an, die die Strecke bedienen. Zuletzt klickt man auf Suchen, der Flugplan mit Angabe der Wochentage, an denen die Flüge stattfinden wird angezeigt. Durch anklicken eines bestimmten Tages kann aus der Anzeige heraus die Flugverfügbarkeit für den entsprechenden Flug abgefragt werden.

- **Erstellung des PNR**

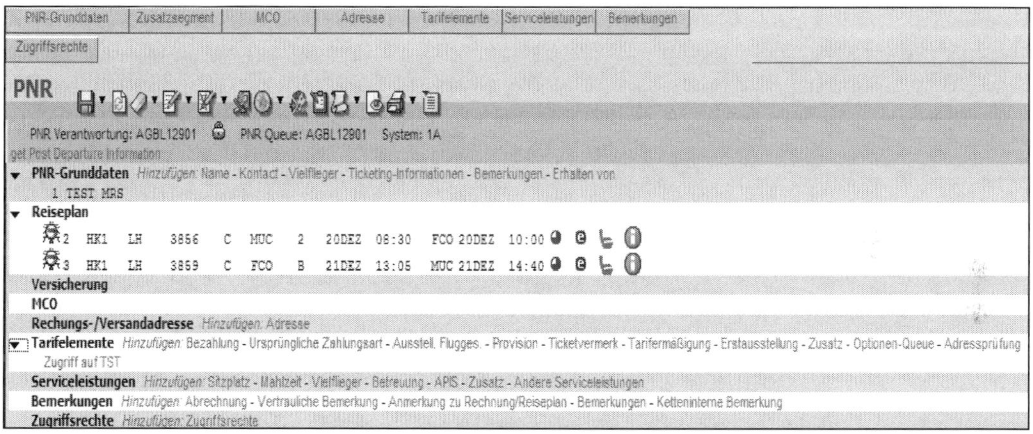

Abb. 3.3.5 *Beispiel PNR-Aufbau*

Nachdem die Flüge gebucht sind, müssen nun die dazugehörigen PNR-Grunddaten, wie Kontaktdaten, Ticketinformationen und das Erhalten von Element erfasst werden. Dazu klickt man beispielsweise im Tarifelement auf „Hinzufügen Bezahlung" und gibt die gewünschte Zahlart ein. Sind alle notwendigen Passagier-, Ticket- und Reisebürodaten eingetragen, kann die Buchung mit OK beendet und gespeichert werden. Nach Wideraufruf ist eine weitere Bearbeitung möglich. So können Flugstrecken storniert oder geändert, Sonderwünsche wie spezielles Essen hinzugefügt oder persönliche Daten des Reisenden geändert werden.

Wichtig sind hier folgende Zusatzeingaben:

Zusätzliche Buchungsinhalte:	Hinzufügen:
Rechnungs-/Versandadresse	Adresse
Tarifelemente	Bezahlung, Ursprüngliche Zahlungsart, Ausstellende Fluggesellschaft, Erstausstellung, Zusatz, Optionen Queue, Adressprüfung
Serviceleistungen	Sitzplatz, Mahlzeit, Vielflieger, Betreuung, andere Serviceleistungen
Bemerkungen	Abrechnung, Vertrauliche Bemerkungen, Anmerkung zu Rechnung/Reiseplan, Bemerkungen, Ketteninterne Bemerkungen
Zugriffsrecht	Zugriffsrechte

- **Buchung**

Aus der Verfügbarkeitsanzeige kann dann der gewünschte Flug gebucht werden. Dies geschieht durch Doppelklick auf die in Frage kommenden Buchungsklasse. Alternativ kann man auf die gewünschte Buchungsklasse klicken, im Feld Platzanzahl die gewünschten Plätze eingeben und bei Passagiertyp zutreffendes eintragen (Erwachsener, Kind, etc.) oder diesen aus der Liste auswählen. anschließend auf Buchen klicken. Um den Rückflug buchen zu können, wechselt man nun nochmals in die Verfügbarkeitsmaske und ändert die Daten wunschgemäß um. Der Rückflug wird dann genau wie der Hinflug direkt aus der Anzeige gebucht. Die gebuchten Flugsegmente (Hin- und Rückflug) erscheinen ganz unten im PNR-Display und können nun weiter bearbeitet werden. Unter Andere Segmente können Flüge direkt ohne vorherige Verfügbarkeitsabfrage gebucht werden. Hierfür müssen alle Fluginformationen, wie Abflug- und Ankunftsort, Datum, Fluggesellschaft, Flugnummer, Buchungsklasse sowie die Anzahl der gewünschten Plätze und der Passagiertyp bereits bekannt sein. Abschließend auf Buchen klicken.

- **Ticketerstellung**

Die gesamte Buchung wird zur Ticketausstellung in die „Ticketing“ Maske übernommen. Falls noch nicht alle Rechnungsdaten in der Buchung eingegeben wurden, können diese fehlenden Daten hier eingegeben werden.

In dieser Maske können verschiedene Möglichkeiten ausgewählt werden:

Auswahlmöglichkeiten	**Erklärung**
TICK	Normales Papierticket ausstellen
ETKT	Elektronisches Ticket (ETIX) ausstellen
REF	Refund (Ticketerstattung)
MANU	Manuell ausgestelltes Ticket erfassen
REISPLAN	Erstellung Reiseplan
CC – ZUSATZDATEN	Kreditkartendaten erfassen

- **Tarifanzeige**

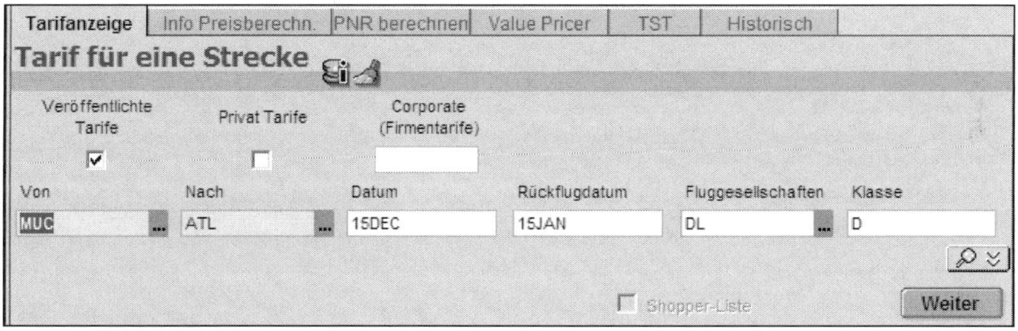

Abb. 3.3.6 *Tarifabfrage*

In der Tarifabfrage können nun die möglichen Preise für eine gewünschte Verbindung abgefragt werden. Hierfür ist es notwendig, dass Flugstrecke, gewünschtes Datum und Fluggesellschaft in die dafür vorgesehenen Kästchen eingegeben werden. Weiterhin kann ausgewählt werden, um welche Tarifart es sich handelt. Dabei stehen veröffentlichte, private und Firmentarife zur Auswahl. Bei der Abfrage firmeneigener Tarife wird der entsprechende Code benötigt.

Nach Eingabe aller vorhandenen Daten, werden nun die verfügbaren Tarife der ausgewählten Fluggesellschaft oder aller, die die Strecke bedienen angezeigt. Bei Klick auf die Tarifbasis, werden die Tarifbedingungen ausgegeben. Außerdem besteht die Möglichkeit, dass der vorhandene PNR sofort über die Funktion „PNR berechnen" berechnet werden kann.

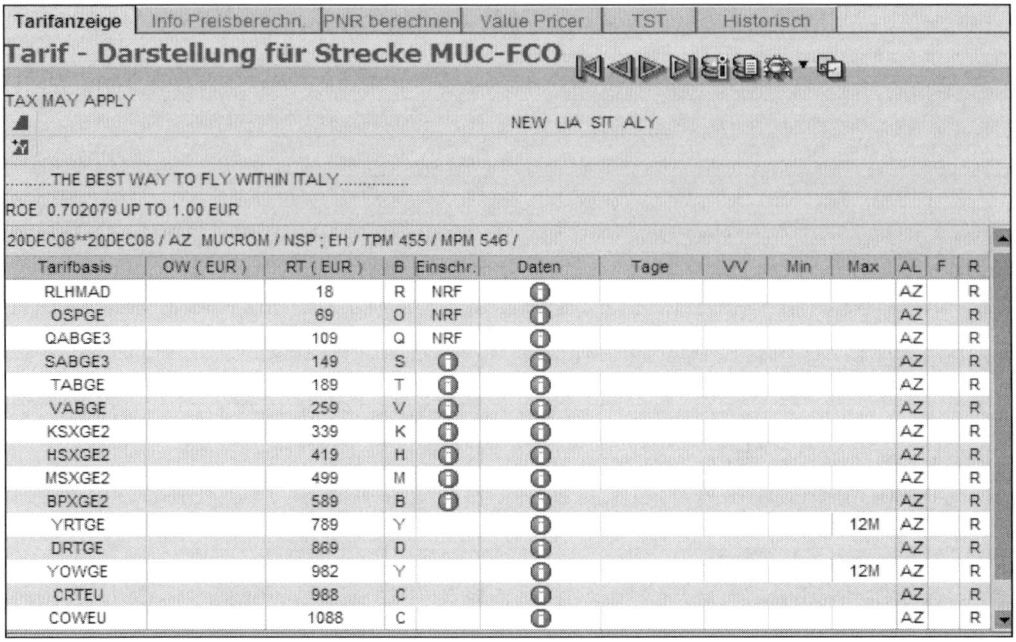

Tarifanzeige | Info Preisberechn. | PNR berechnen | Value Pricer | TST | Historisch

Tarif - Darstellung für Strecke MUC-FCO

TAX MAY APPLY

NEW LIA SIT ALY

.........THE BEST WAY TO FLY WITHIN ITALY..............

ROE 0.702079 UP TO 1.00 EUR

20DEC08**20DEC08 / AZ MUCROM / NSP ; EH / TPM 455 / MPM 546 /

Tarifbasis	OW (EUR)	RT (EUR)	B	Einschr.	Daten	Tage	VV	Min	Max	AL	F	R
RLHMAD		18	R	NRF						AZ		R
OSPGE		69	O	NRF						AZ		R
QABGE3		109	Q	NRF						AZ		R
SABGE3		149	S							AZ		R
TABGE		189	T							AZ		R
VABGE		259	V							AZ		R
KSXGE2		339	K							AZ		R
HSXGE2		419	H							AZ		R
MSXGE2		499	M							AZ		R
BPXGE2		589	B							AZ		R
YRTGE		789	Y						12M	AZ		R
DRTGE		869	D							AZ		R
YOWGE		982	Y						12M	AZ		R
CRTEU		988	C							AZ		R
COWEU		1088	C							AZ		R

Abb. 3.3.7 *Tarifdarstellung*

In der vorher aufgeführten Tarifabfrage, wurde der Preis für die Strecke München–Rom mit der Alitalia erfragt. Bei der Darstellung werden zunächst alle Tarife aufgelistet. Dann folgen die Preisangaben mit den entsprechenden Buchungsklassen. Ggf. wird in der darauf folgenden Spalte auf Einschränkungen aufmerksam gemacht. Durch anklicken des jeweiligen Tarifs oder des Informationszeichens werden die Tarifbedingungen angezeigt. Oft wird in der Spalte „Min“ und „Max“ auf Mindest- bzw. Maximalaufenthalte hingewiesen. Am Ende wird die nochmals die abgefragte Fluggesellschaft aufgeführt.

Tarifanzeige | Info Preisberechn. | PNR berechnen | Value Pricer | TST | Historisch

Tarif-Berechnung der Strecken

#	Tarifbasis	Rabatt	Passagiere	Tarif	Info	Steuer	R
01	DRWB		1	EUR 4444.98		Y	

Abb. 3.3.8 *Tarifberechnung gebuchter Strecken*

Mit der Tarifberechnung der Strecke wird zunächst die Tarifbasis angezeigt. Nach der Passagieranzahl folgt der Tarif als Gesamtbetrag. Bei Klick auf (i) wird das Tarifrouting, der Tariftyp, die Stadt (MUC ATL) sowie die Tarifbasis dargestellt.

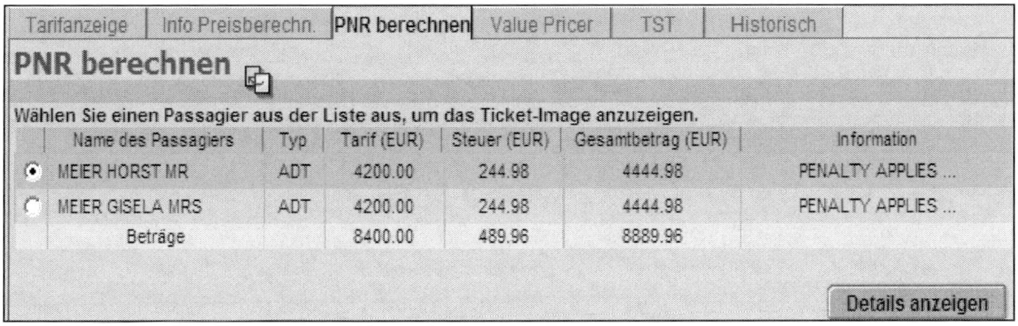

Abb. 3.3.9 *Berechnung PNR*

Mit PNR berechnen können die gebuchten Flüge automatisch berechnet werden. Voraussetzung ist, dass bereits ein PNR besteht. Im ersten Teil erkennt man die Passagiere, den Typ, den gebuchten Tarif, die inkludierten Steuern und den Gesamtbetrag. Im Feld Informationen ist dann ersichtlich, ob ggf. Restriktionen zu diesem Tarif vorhanden sind. Mit Klick auf Details anzeigen wird die Ausgabe etwas detaillierter.

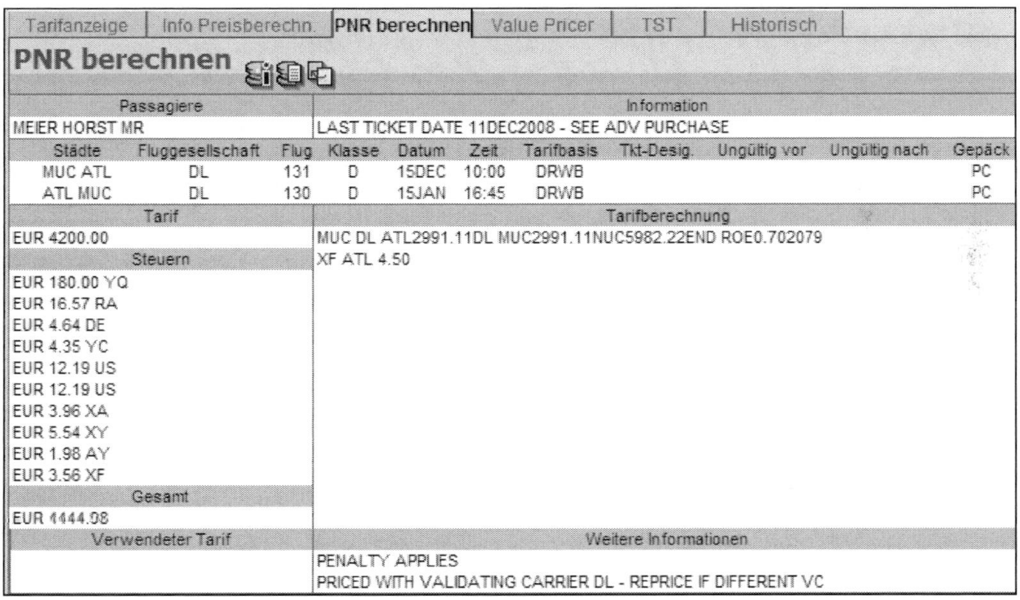

Abb. 3.3.10 *Detaillierte PNR-Berechnung*

Hier werden beispielsweise die einzelnen Steuern und die genaue Tarifberechnung angezeigt. Weiterhin werden die Flugdaten nochmals wiederholt. Außerdem werden die Gepäckvorschriften, hier mit PC (Piece-Konzept) angegeben. Eine Besonderheit ist der Value Pricer.

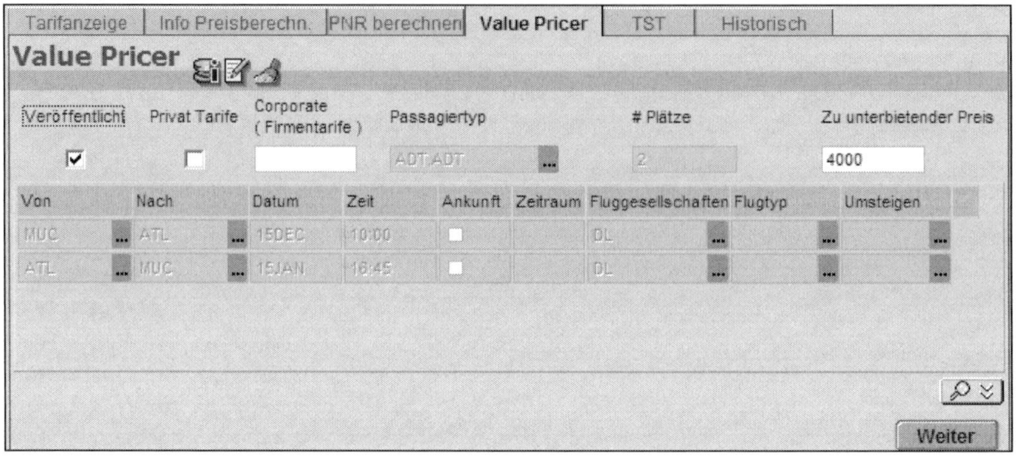

Abb. 3.3.11 Value Pricer

Hat der Kunde einen bestimmten maximalen Betrag, den er für einen Flug ausgeben möchte, kann dieser im Feld Zu unterbietender Preis eingegeben werden. Weiterhin kann angegeben werden, welche Tarifart (Veröffentlicht, Privat Tarif, Corporate) gewünscht ist. Das System sucht dann nach möglichen Tarifen, die diesen Betrag unterbieten.

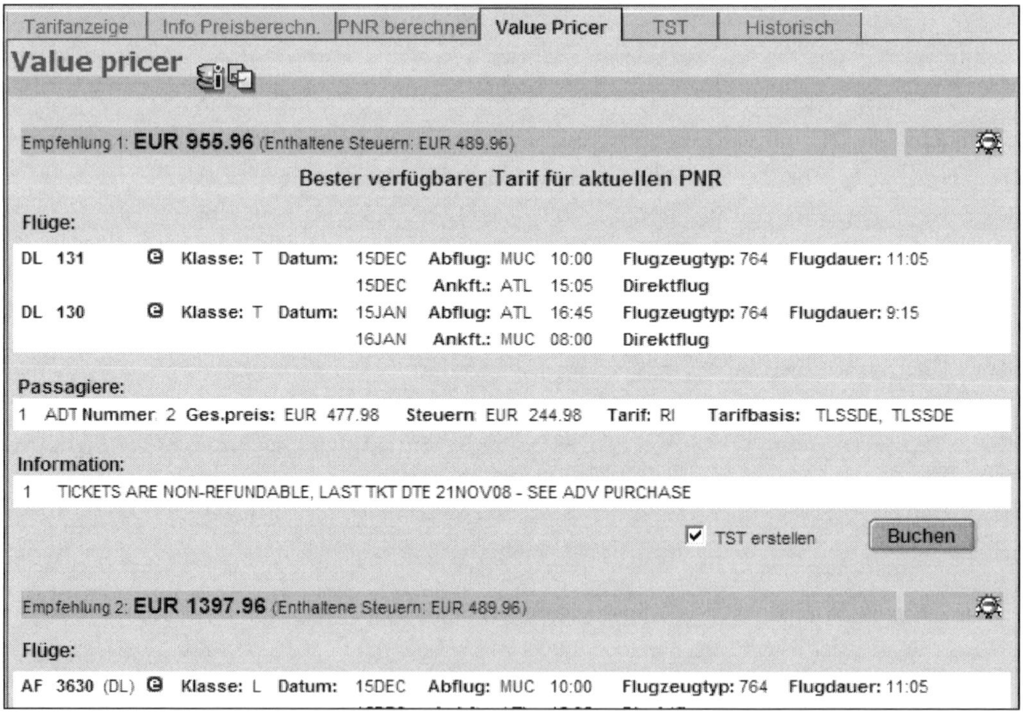

Abb. 3.3.12 Ausgabe Value Pricer

3.3.2 Flugbuchung im Command Page Modus

Grundsätzlich wird in Amadeus nur mit Codes gearbeitet, d. h. es muss bekannt sein, wie Städte- und Flughafennamen bzw. Fluggesellschaften umgewandelt werden. Weiterhin besteht die Möglichkeit der Umwandlung des Codes in seinen Namen. Ist dies bekannt, ist der nächste Schritt zur Buchung die Flugplanabfrage. Hier werden alle verfügbaren Flüge für die gewünschte Strecke angezeigt. Aus dieser Abfrage heraus wird dann die Buchung vorgenommen. Nach der Flugreservierung wird der PNR aufgebaut, d. h. zur Buchung werden alle wichtigen Daten, wie Name des Passagiers und seine Kontaktdaten hinzugefügt. Anschließend wird der genaue Flugpreis ermittelt.

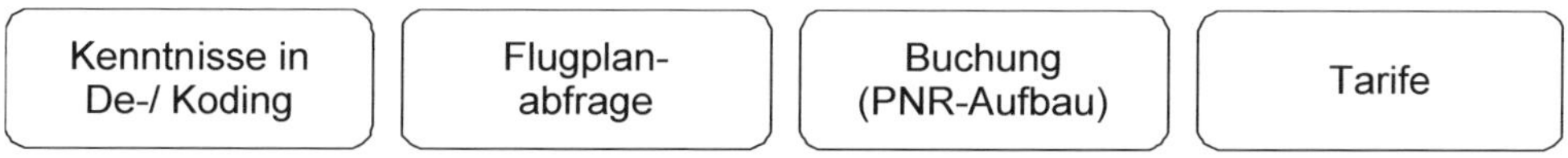

Abb. 3.3.13 De-/Kodieren von Fluggesellschaften, Flughäfen und Städtenamen

De-/Kodieren Fluggesellschaften und Flughäfen

Fluggesellschaften	Codes	Flughäfen	Codes
Aerolineas Argentinas	AR	Atlanta	ATL
Aero Flot Russian Airlines	SU	Auckland	AKL
Air Canada	AC	Bangkok	BKK
Air France/KLM	AF	Buenos Aires	BUE
Air New Zealand	NZ	Dubai	DXB
Birtish Airways	BA	Frankfurt	FRA
Continental Airlines	CO	Lissabon	LIS
Delta Air Lines	DL	London Heathrow	LHR
Emirates	EK	Madrid	MAD
Iberia	IB	Moskau	MOW
Lufthansa	LH	New York	NYC
Singapore Airlines	SQ	Paris	PAR
Thai Airways	TG	Singapore	SIN
TAP Portugal	TP	Toronto	YTO
Swiss International Airlines	LX	Zürich	ZRH

In Command Page Modus werden keine kompletten Flughäfen- und Städtenamen sowie Namen von Fluggesellschaften eingegeben. Man arbeitet mit Codes. Das System bietet hierfür die Möglichkeit zum Kodieren und Dekodieren. Man unterscheidet zwischen 2-Letter-Codes für Fluggesellschaften und 3-Letter-Codes für Städte und Flughäfen. Die 2-Letter-Codes bestehen immer aus zwei Buchstaben oder einem Buchstaben und einer Zahl, die 3-Letter-Codes nur aus drei Buchstaben. Bei der Eingabe des Städte- und Flughafennamens muss auf die englische Schreibweise geachtet werden. Ist die genaue Schreibweise nicht bekannt, reicht die Eingabe der ersten vier Buchstaben der Stadt oder des Flughafens.

Abb. 3.3.14 *De-/Kodieren von Fluggesellschaften, Flughäfen und Städtenamen*

Die Transaktion DAN verwendet man zum Kodieren oder Dekodieren von Fluggesellschaften. Bei Eingabe des Namens der Fluggesellschaft erhält man den 2-Letter-Code. Ist der 2-Letter-Code bekannt, aber der Name der Fluggesellschaft nicht, wird bei Eingabe des Codes der Name dargestellt. Hierfür werden die nachfolgenden Transaktionen getätigt.

Eingabe:
DNA British Airways oder **DNA** BA
- Fluggesellschaft de-/kodieren, Decode Name of Airline

Ausgabe:
BA/BAW 125 BRITISH AIRWAYS
- 2-Letter Code/3-Letter Code,
- Ticketingcode (Abrechnungscode) hier: 125
- Name Fluggesellschaft

Zum Kodieren und Dekodieren der Flughäfen und Städtename werden zwei Transaktionen genutzt. Die Abkürzungen findet man bei der DAN-Abfrage in der zweiten Zeile. Zu jedem Städte-Code gibt das System alle 3-Letter-Codes der ausgegebenen Stadt an. Beispiele hierfür sind Flughafen-, Busstationen- und Bahnhof-Codes. Ganz rechts in der Ausgabe wird der Ländercode, teilweise mit entsprechendem Bundesstaat angegeben.

Eingabe:
DAN Paris oder **DAC** PAR
- Flughafen/Stadt de-/kodieren, Decode Airport/City Name

Ausgabe:
```
PAR C  PARIS
A  CDG - CHARLES DE GAULLE          0K    /FR
A  ORY - ORLY                       0K    /FR
H  JDP - HELIPORT DE PARIS          0K    /FR
B  XGB - GARE MONTPARNASSE BUS      0K    /FR
```

Erklärung der wichtigsten Kürzel:

A: APT	Airport (Flughafen)
B: BUS	Busstation
C: CITY	Stadt
H: HELI	Heliport, Hubschrauberlandeplatz
R: RAIL	Railway Station (Bahnhof)

Flugplanabfrage

Es gibt verschiedene Möglichkeiten Flugdaten abzufragen. Zum Einen gibt es eine Darstellung aller Flugverbindungen einer abgefragten Strecke, bei der nur verfügbare Buchungsklassen angezeigt werden. Alternativ kann man sich Flüge darstellen lassen, bei denen alle, auch bereits ausgebuchte Buchungsklassen angezeigt werden. Außerdem können mit einer Eingabe gleichzeitig zwei Flugpaare, z. B. Hin- und Rückflug abgefragt werden. Mit Hilfe des Flugplans kann man feststellen, an welchen Wochentagen und in welchem Zeitraum ein Flug verkehrt.

Abb. 3.3.15 Abfragemöglichkeiten Flug

Mit der Flugplanabfrage werden die Flüge immer nach einem bestimmten Schema dargestellt. Neben der Fluggesellschaft, den Buchungsklassen und der Flugstrecke, wird immer die Ab- und Ankunftszeit sowie die Flugdauer angezeigt.
Nicht buchbare Flüge oder Klassen werden vom System nicht angezeigt. Dadurch wird die Bildschirmausgabe verkürzt und bleibt übersichtlicher. Abgesagte Flüge werden ebenfalls nicht angezeigt. Dabei besteht die Möglichkeit allgemeine oder ganz spezifische Abfragen zu tätigen.

```
AN01DECFRAATL

** AMADEUS AVAILABILITY - AN ** ATL ATLANTA.USGA 17 MO 01DEC

1 DL 015   J9 D9 S9 I9 Y9 B9 M9 /FRA 2 ATL  0945  1420  E0/764  10:35
           H9 Q9 K9 L9 U9 T9

2 LH 444   C8 DL ZL Y9 B9 M9 H9 /FRA 1 ATL  1155  1620  E0/343  10:25
           Q9 V9 SL

3 UA 881   C4 D0 Y4 B4 M4 H4 Q4 /FRA 1 ATL  1255  1720  E0.340  10:25
           V4 W0 S0 T0 K0 L0 G0 Z0 E0 U0

4 DL 049   J9 D9 S9 I9 Y9 B9 M9 /FRA 2 CVG 3 1140  1535 E0/767
           H9 Q9 K9 L9 U9 T9
  DL1711   F9 A9 Y9 B9 M9 H9 Q9 /CVG 3 ATL S 1650  1828 E0/M888
           K9 L9 U9 T9                                       12:48
```

Abb. 3.3.16 Produktdarstellung Flug (Availability Display)

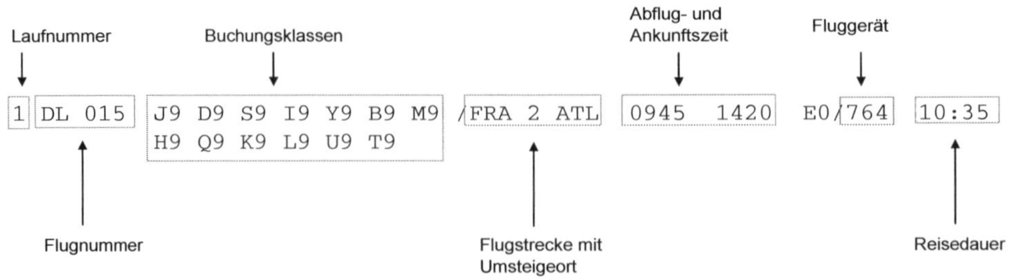

Abb. 3.3.17 *Delta Flugabfrage Frankfurt–Atlanta*

Die Ausgabe der Verfügbarkeitsabfrage beginnt mit der Laufnummer. Danach folgt die Angabe der Fluggesellschaft mit der dazugehörigen Flugnummer. Jedem Flug wird eine eigene Flugnummer zugeteilt.

Nach der Klassendarstellung wird die Flugstrecke mit Abflughafen Frankfurt (FRA) und Zielflughafen Atlanta (ATL) angezeigt. Bei Umsteigeverbindungen wird zusätzlich der Umsteigeort, in obigem Beispiel Cincinnati (CVG) dargestellt. Mit der Zahl hinter der Flugstrecke wird die Nummer des Abflugterminals angegeben. Dann folgen Abflug- und Ankunftszeit. Mit dem E und der 0 nach der Ankunftszeit wird verdeutlicht, dass es sich um eine ETIX-fähige (elektronisches Ticket) Strecke ohne Zwischenlandung handelt. An der dreistelligen Zahl nach dem Schrägstrich kann man das Fluggerät erkennen, z. B. 320 = Airbus 320. In der letzten Spalte wird die gesamte Reisedauer angegeben, im Beispiel 10,35 Stunden.

Bei der Verfügbarkeitsabfrage zeigt das System die Flüge in folgender Reihenfolge an:

1. Non-Stop-Flüge (ohne Zwischenlandung), nach Ablugzeit geordnet
2. Direktflüge (mit Zwischenlandung), nach Reisezeit geordnet
3. Umsteigeverbindungen und Flüge mit Fluggerätewechsel, nach Reisezeit geordnet

- **Exkurs: Buchungs- und Beförderungsklassen**

Im Linienflugbereich unterscheidet man zwischen Buchungs- und Beförderungsklassen. Zu den Beförderungsklassen zählen First, Business und Economy Class. Im Abfragebeispiel handelt es sich um Buchungsklassen.

Beförderungsklasse	**Buchungsklasse**
First Class	F, A, P, R
Business Class	C, D, J, Z, I
Economy Class	Y, B, G, H, K, M, Q, S, U, V, W, E, L, T

Je nach Fluggesellschaft können die Buchungsklassen allerdings variieren. First-Class-Beförderungsklassen werden nur auf Langstreckenflügen angeboten. Buchungsklassen werden immer mit Verfügbarkeit angezeigt. Steht eine 9 hinter der Buchungsklasse, so sind neun oder mehr Plätze verfügbar. Würde beispielsweise eine 4 angezeigt werden, so wären genau vier Plätze in dieser Klasse verfügbar.

Die einzelnen Buchungsklassen unterscheiden sich in ihren Tarifbedingungen und dementsprechend im Preis. Dargestellt werden zunächst die Verfügbarkeiten der Business- danach die der Economy Class. Dabei ist die Y-Klasse, die am höchsten und die G-Klasse, die am niedrigsten tarifierte Klasse. Das bedeutet, dass die höher tarifierte Klasse die wenigsten Einschränkungen hat und somit sehr flexibel ist. Die G-Klasse auf der anderen Seite ist gar nicht flexibel, erlaubt somit keine Flugänderungen und Stornierungen.

- **Availability Neutral**

Die Amadeus Availability Neutral zeigt alle Flüge an, die über Amadeus gebucht werden können. Dabei werden aber nur die Buchungsklassen angezeigt, die tatsächlich verfügbar sind. Bereits ausgebucht Klassen, bei denen auch keine Warteliste mehr offen ist, werden ignoriert.

Eingabe:
AN 01OCT MUC ATL
- Flugverfügbarkeit für den 01. Oktober (01OCT)
- Strecke von München (MUC) nach Atlanta (ATL)
- keine Präferenzen in Bezug auf eine Fluggesellschaft, Abflugzeit oder Buchungsklasse

Eingabe:
AN01OCTMUCATL **/ADL**
- Abfrage nach Verbindungen mit der Fluggesellschaft Delta
- A nach dem Schrägstrich steht für Airline, DL für Delta
- Anzeige aller Verbindungen mit Delta

Eingabe:
AN01OCTMUCATL **0700**
- Abfrage nach bestimmter Abflugzeit (z. B. 07:00 Uhr)
- Anzeige aller Verbindungen, die in etwa in dieser Zeit liegen

- **Duale Abfrage**

Die Duale Abfrage ermöglicht die Abfrage von zwei Flugpaaren mit einer Eingabe. Es können gleichzeitig Hin- und Rückflug oder zwei verschiedenen Strecken abgefragt werden. Dabei können Hin- und Rückflugdatum unterschiedlich sein. Die Duale Abfrage wird durchgeführt, indem an die Eingabe für die erste Flugstrecke ein Sternchen (*) angefügt wird.

Eingabe:
AN01OCTMUCATL ***15AUG**
- Hinflug 01. August, Rückflug 15. August

Eingabe:
AN01AUGMUCATL ***+8**
- Rückflug acht Tage später, 09. August

Eingabe:
AN01OCTMUCATL *****
- Rückflug gleicher Tag ab 18:00 Uhr

- **SN-Abfrage (Schedule Display Neutral)**

Das Schedule Display gibt eine Übersicht über alle Flugverbindungen der abgefragten Strecke. Hierbei spielt es keine Rolle ob Plätze verfügbar sind oder nicht. Damit ist das Schedule Display umfangreicher als das Availability Display. Die Eingabeformate sind die Gleichen wie bei der AN-Abfrage. Nur der Transaktionscode ändert sich, anstelle AN wird hier SN eingegeben.

Eingabe: **SN**01AUGMUCATL – Abfrage aller verfügbaren und nichtverfügbaren Flüge und Buchungsklassen

- **TN-Abfrage (Flugplan ohne Platzverfügbarkeit)**

Im Flugplan (Timetable Neutral) werden keine Daten für einen bestimmten Tag angezeigt. Er gibt eine Übersicht über Wochentage und Zeiträume, in denen bestimmte Flüge verkehren. Daher ist hier auch keine Verfügbarkeit ersichtlich.

Eingabe: **TN**MUCATL/ADL – Abfrage des Flugplans mit der Eingabe TN – Strecke von München (MUC) nach Atlanta (ATL) – Zusätzlich kann auch die gewünschte Fluggesellschaft eingegeben werden

```
TNMUCATL/ADL
** AMADEUS TIMETABLE - TN ** ATL ATLANTA.USGA          20NOV08 27NOV08
1      DL 131  D    MUC 1 ATL S   1000    1505   0 02NOV08 27NOV08 764 11:05
2 AF:DL8453  6    MUC 1 CDG2D  0650    0835   0 CONNECT CDG     319
       DL 029  6    CDG2E ATL S   0920    1330   0 08NOV08 03JAN09 767 12:40
3 AF:DL8453  X67  MUC 1 CDG2D  0650    0835   0 CONNECT CDG     318
       DL 029  X67  CDG2E ATL S   0920    1330   0 03NOV08 06MAR09 767 12:40
```

Abb. 3.3.18 *Flugplananzeige*

Der Flugplan gibt die Verkehrszeiten für die Strecke von München nach Atlanta mit Delta Air Lines an. Die Flugtage werden mit den Zahlen 1–7, bzw. Buchstaben D und X angegeben. Außerdem wird angezeigt in welchem Zeitraum die jeweiligen Flüge verfügbar sind.

Bedeutung der Zahlen und Buchstaben:

1 – Montag
2 – Dienstag
3 – Mittwoch
4 – Donnerstag
5 – Freitag
6 – Samstag
7 – Sonntag
D – Daily (Täglich)
X – Täglich außer

Reservierung (PNR Aufbau)

Der Datensatz der Buchung (engl. Passenger Name Record; PNR) enthält sämtliche Informationen über eine Buchung sowie eine Liste aller Transaktion, die für diese Buchung in Amadeus vorgenommen wurden. Bis drei Tage nach der Durchführung des letzten gebuchten Flugsegments bleibt der PNR im Amadeus System gespeichert.

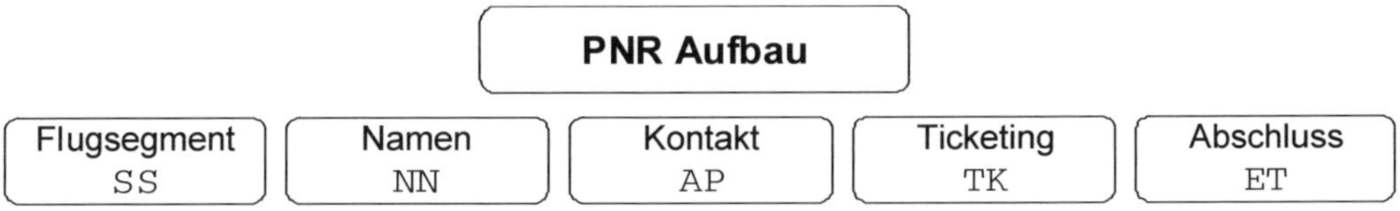

Abb. 3.3.19 *PNR-Pflichtelemente*

Ein Passenger Name Record besteht aus fünf Basiselementen. Die Reihenfolge, wie diese fünf Elemente eingegeben werden spielt keine Rolle. Üblicherweise wird nach der Buchung der Flugsegmente das Namenselement eingegeben.

```
RP/AGBL12901/AGBL12901            AA/SU  24NOV08/1545Z   46DWQE
1.MEIER/HORST MR   2.MEIER/GISELA MRS
  3  DL 131 D 15DEC 1 MUCATL HK2       1  1000 1505    *1A/E*
  4  DL 130 D 15JAN 4 ATLMUC HK2       S  1645 0800+1 *1A/E*
  5 AP 089-123456-H
  6 AP E INFO@HORSTMEIER.DE
  7 TK OK24NOV/AGBL12901
END OF TRANSACTION COMPLETE - 46DWQE
```

Abb. 3.3.20 *Beispielbuchung*

In der oben gezeigten Buchung findet man die fünf Basiselemente wieder. Beginnend mit der Bürokennung folgt immer der Name/die Namen des/der Reisenden. Anschließend werden immer die gebuchten Flugsegmente angezeigt. Danach folgen Kontakt- und Ticketingelement bevor die Buchung zum Abschluss gebracht werden kann. Mit dem Abschluss `ET` erhält man den sog. Filkey, die Buchungsnummer.

1. Flugsegmentbuchung

Der Short Sell (Kurzeingabe) ist der Befehl, um aus einer AN- oder SN-Abfrage einen Flug zu buchen. Zusätzlich wird die gewünschte Personenzahl und Buchungsklasse eingegeben. Wichtig ist am Ende die Laufnummer des Fluges im Display.

Eingabe:
SS`1C1`
– Flugbuchung (SS – Short Sell) für eine Person in der C-Klasse
– Gewünschtes Flugsegment mit der Laufnummer 1 im Display

Ausgabe:
```
RP/AGBL12901/
 1 IB3537 C 01NOV 6 MUCMAD HK1  1 0750 1030  320 E 0 B
   SEE RTSVC
```
Erklärung:
- RP = Responsibility (Verantwortlichkeit) + Amadeus Office ID
- Laufnummer + Flugnummer + Reservierungsklasse + Flugdatum + Wochentag + Flugstrecke +
- HK = Holding Confirmed, Statuscode, Buchung ist bestätigt +
- Eincheckterminal + Abflug/Ankunftszeit + Fluggerätecode +
- E = Etix ist möglich + 0 = Zahl der Zwischenlandungen + Meal Code hier: B = Breakfast

2. Namenselement

Der Name wird zusammenhängend in die Buchung eingegeben. Zur besseren Übersicht ist es möglich, ein Leerzeichen zwischen Vorname und Anrede zu setzen. Bei Doppelnamen mit Bindestrich wird dieser weggelassen. Amadeus akzeptiert keine Bindestriche im Namenselement. Stattdessen kann auch hier ein Leezeichen gesetzt werden. Weiterhin akzeptiert das System keine Umlaute, da diese in der englischen Schreibweise nicht existieren. Ein ß wird daher durch ss ersetzt. Das Namenselement darf eine Maximallänge von 59 Zeichen nicht überschreiten.

Eingabe eine Person:
```
NM1MEIER/HORST DR MR
```
- NM1 = Name Element, 1 Reisender
- Nachname/Vorname
- falls vorhanden, steht der Titel vor Anrede

Ausgabe:
```
RP/AGBL12901/
  1.MEIER/HORST DR MR
```

Eingabe zwei Personen:
```
NM2MEIER/HORST MR/GISELA MRS
```
- NM2 = Name Element, 2 Reisende
- Name/Vorname und Anrede der ersten Person
- Nach dem zweiten Schrägstrich folgt der Vorname der Ehefrau und die Anrede
- Beide Personen haben den gleichen Nachnamen

Eingabe zwei Personen mit verschiedenen Namen:
```
NM1MEIER/HORST MR 1SCHMITZ/MICHAEL MR
```
- 2 Reisende mit unterschiedlichen Namen
- Name/Vorname und Anrede der ersten Person danach der zweiten Person

Eingabe Kleinkind unter 2 Jahren:
```
NM1MEIER/INES MRS(INF/LISA)
```
- Die Eingabe in der Infant-Klammer erfolgt ohne Leerzeichen
- Das Infant wird direkt an das Namenselement des Erwachsenen angehängt

Eingabe Kind (2–11 Jahre):
`NM1MEIER/THOMAS`**`(CHD)`**
- Direkt nach der Namenseingabe erfolgt die Bezeichnung Kind in Klammern

Eingabe für Jugend-, Studenten- und Seniorentarifen:
`NM1SCHMITZ/LINDA MRS`**`(IDDOB07NOV90)`**
IDDOB = Identity Date Of Birth
07 = der Tag muss immer zweistellig eingegeben werden
NOV = Monat, die ersten drei Buchstaben des englischen Monatnamens
90 = Jahreszahl (Eingabe auch vierstellig möglich: 1990)

Ein mitreisendes Kleinkind unter zwei Jahren (englisch: infant; abgekürzt: INF) hat keinen Anspruch auf einen eigenen Sitzplatz. Es zahlt auf international Flügen nur 10 Prozent des Erwachsenentarifs, innerdeutsch fliegt es kostenlos. Jeder Erwachsene kann maximal ein infant mitführen. Im Namenselement wird es an den Erwachsenen angehängt. Dabei spielt es keine Rolle ob es den gleichen oder einen anderen Nachnamen hat.

Reist ein Kind zwischen zwei und elf Jahren (englisch: child; abgekürzt: CHD), zahlt es i. d. R. 67 Prozent des Erwachsenentarifs und hat damit Anspruch auf einen eigenen Sitzplatz. Die Eingabe entspricht der eines Erwachsenen.

Bei Jugend-, Studenten- und Seniorentarifen muss im Namenselement zusätzlich das Geburtsdatum eingegeben werden. Diese Eingabe sorgt aber nicht dafür, dass Amadeus automatisch eine Ermäßigung berechnet. Hierfür wird bei der Tarifberechnung eine spezielle Eingabe benötigt. Ab oder bis zu welchem Alter die jeweiligen Tarife gelten entnimmt man den Tarifbedingungen. I. d. R. gelten Jugendtarife bis 17 oder 24, Studenten bis 26 oder 29 und Seniorentarife ab 60 Jahre.

3. Kontaktelement

Das Kontaktelement enthält die Adressdaten des Passagiers. Ganz wichtig ist hier die Telefonnummer für Benachrichtigungen und Rückfragen, z. B. bei Flugänderungen. Wurde die Buchung nicht selbst vom Reisenden getätigt, so wird der Name dieser Person hier angegeben. Oft wird ein zweites Kontaktelement mit den Kontaktdaten des Reisebüros angelegt. Der Transaktionscode zur Eingabe des Kontaktelements lautet `AP` (Adress/Phone).

Das AP-Element darf maximal 90 Zeichen beinhalten. Ein vorgeschriebenes Format gibt es nicht, es ist frei wählbar. Allerdings gibt es ein Empfohlenes von Amadeus.

Eingabe:
`AP` `069-123456-`**`H`**
- Nach dem Transaktioncode folgt die Telefonnummer
- H ist die Kennung, für die Art der Telefonnummer
  H = Home (private Telefonnummer)
  A = Agency (Telefonkontakt eines Reisebüros
  B = Business (dienstliche Telefonnummer)

Eingabe:
APE INFO@HANSMAIER.DE
- Mit der Eingabe E hinter dem AP-Element wird angegeben, dass es sich nachfolgend um eine E-Mail handelt
- Danach folgt die E-Mail Adresse

4. Ticketing Element

Das Ticketing Element ist eine Art Erinnerungsfunktion. Mit Eingabe eines bestimmten Datums, läuft die Buchung in der Queue (elektronischer Briefkasten) auf. So wird der Mitarbeiter an die Ticketausstellung erinnert. Es dient zur Organisation in Amadeus. Der Transaktionscode für das Ticketing Element lautet TK.

Die wichtigsten Optionen:

Eingabe	Erklärung
TK OK	Ticket wird vor Abschluss der Buchung ausgestellt. Buchung erscheint nicht mehr in Queue.
TK TL	Ticketing Time Limit (Zeitlimit, Ausstellungsdatum des Tickets) Buchung erscheint am angegeben Datum in Queue Beispiel: TK TL15NOV
TK MA	Ticket to be Mailed (Ticketversand) Zusätzlich muss Kundenanschrift in Buchung eingegeben werden Buchung erscheint am angegeben Datum in Queue Beispiel: TK MA15NOV
TK AT	Airport Ticket Office, Ticket wird am Flughafenschalter ausgestellt Beispiel: TK AT15NOV

Mit der Eingabe TK OK wird das Ticket sofort ausgestellt. Geschieht dies nicht, besteht die Möglichkeit, das Fristen zur Ticketausstellung verpasst werden. Wird eine Frist zur Ticketausstellung für einen Tarif nicht eingehalten, kann dies zu einem höheren Preis führen. Der Flug muss dann in die nächst höhere, verfügbare Buchungsklasse umgebucht werden.

5. PNR Abschluss

Der PNR wird mit der Eingabe ET, End of Transaction (Ende der Transaktion) geschlossen. Damit ist die Buchung beendet und gespeichert. Nicht geschlossene Buchungen werden vom System automatisch nach 90 Minuten ignoriert, damit nicht gespeichert. Nach Abschluss der Buchung erhält man einen sog. Filekey (Buchungsnummer). Der Filekey besteht aus sechs Buchstaben oder einer sechs Buchstaben-Zahlen-Kombination.

Beispiel Filekey: 46DWQE

PNRs können auch ignoriert werden. Wurde der PNR noch nie abgeschlossen, wird er durch die Eingabe IG, Ignore (ignorieren) wieder storniert. Dabei werden alle Transaktionen, die vorher vorgenommen wurden wieder entfernt.

Weitere PNR Transaktionen

- PNR Aufruf

Ein PNR kann nur von dem Reisebüro aufgerufen werden, das die Buchung erstellt hat. Die Daten sind also gegen den Zugriff anderer Büros gesichert. Wichtigste Möglichkeiten eines PNR Aufrufs sind:

Eingabe	Erklärung
`RT`	Wiederaufruf eines bereits geöffneten PNR
`RT X6EZ4T`	Mit Hilfe des Filekeys
`RT/Meier`	Mit Angabe des Namens
`RT/M`	Mit Angabe des Anfangsbuchstabens Es erscheint eine Auflistung aller vorhanden Buchungen, die mit M beginnen

- **PNR Stornierung**

Im PNR können einzelne Elemente oder die komplette Buchung storniert werden. Bei der Stornierung ist darauf zu achten, dass im PNR drei Gruppen von PNR-Elementen unterschieden werden.

- Namenselement
- Flugsegment
- alle anderen Elemente

Die gleichzeitige Stornierung von mehreren Elementen in einer Aktion ist dabei immer nur innerhalb einer Gruppe möglich. Beispielsweise kann man nicht gleichzeitig ein Namenselement und Flugsegment stornieren.

Eingabe	Erklärung
`XE 4`	Stornierung von Element 4
`XE 4-6`	Stornierung der Elemente 4 bis 6
`XE 2,5-7`	Stornierung der Elemente 2 und 5 bis 7
`XI`	Stornierung der kompletten Buchung

Tarife

In Amadeus werden die Tarife mit dem s.g. Fare Quote Display abgefragt. Man unterscheidet zwischen veröffentlichten Tarifen der IATA (International Air Transport Association) und nichtveröffentlichten Tarifen, den Nettoraten. Nettoraten sind ausgehandelte Flugpreise, die von einem Reisebüro oder einem Unternehmen mit einer Fluggesellschaft ausgehandelt werden. Es besteht die Möglichkeit selbst eine Tarifberechnung durchzuführen oder über einen Ticket Consolidator zu bestellen. Die Tarife des Consolidators werden Graumarkttarife genannt. Hier hat der Consolidator Flugpreise mit Fluggesellschaften ausgehandelt

Abb. 3.3.21 Verschiedene Tarifarten

– Veröffentlichte Tarife/IATA-Tarife

Bei den veröffentlichten Tarifen unterscheidet man zwischen Normal- und Sondertarifen. Normal- oder Fullfare- Tarife haben keine Einschränkungen hinsichtlich der Reservierung, des Mindest- oder Maximalaufenthalts, der Umbuchbarkeit und der Rückerstattbarkeit. Diese Tickets haben eine einjährige Gültigkeit. Das bedeutet, dass die Reise innerhalb eines Jahres nach Ausstellung des Tickets angetreten werden muss. Vom Reisebeginn an ist das Ticket wiederum ein Jahr gültig.

Beispiel:

Kaufdatum	15.01.2009	(Reiseantritt bis 15.01.2010)
Reisebeginn	10.01.2010	(Rückreise bis 10.01.2011)
Rückreise spätestens bis zum	10.01.2011	

Es gibt First-, Business- und Economytarife als Tarifklassen für Normaltarife. Im Gegensatz zu Normaltarifen haben Sondertarife Einschränkungen bei der Umbuchbarkeit, Reservierung, des Aufenthalts und der Rückerstattbarkeit. Die Tarifbestimmungen findet man in den Fare Notes. Diese werden im Anschluss an eine Preisabfrage abgerufen.

– Unveröffentlichte Tarife/Nettotarife

Unveröffentlichte Tarife sind Nettoraten oder auch Negofares (Negotiated Fares) genannt. Zugriff auf diese Tarife hat nur jenes Unternehmen, welches diese speziellen Raten mit der jeweiligen Fluggesellschaft ausgehandelt hat. Diese sind sinnvoll, wenn bestimmte Flugstrecken mit der gleichen Fluggesellschaft regelmäßig geflogen werden. Auch große Reisebüroketten können aufgrund ihrer Größe spezielle Tarife aushandeln und die Ersparnis an den Endkunden weitergeben. Aber auch bei diesen Tarifen müssen bestimmte Bestimmungen eingehalten werden. Nettotarife gibt es ebenfalls in allen drei Beförderungsklassen, First-, Business- und Economyclass.

– Consolidator Tarife/Graumarkttarife

Unter einem Consolidator versteht man einen Großhändler. Durch die Masse der Tickets, die er an Reisebüros verkauft, bekommt er noch günstigere Konditionen bei den Fluggesellschaften. Graumarkt Tarife können nicht selbst über das System sondern nur telefonisch oder per Fax abgefragt werden.

- **Tarifabfrage**

Tarifabfragen können aus der Buchung heraus vorgenommen werden. Dabei wird unterschieden, ob der Preis im PNR gespeichert oder nur angefragt wird. Außerdem können Tarife ohne Buchung dargestellt werden. Als Ausgaben erhält man eine Auflistung aller vorhanden Preise für eine Flugstrecke. Wichtig ist auch die Überprüfung der Tarifbestimmungen. Sie geben an, zu welchen Bedingungen der jeweilige Tarif angewendet werden darf.

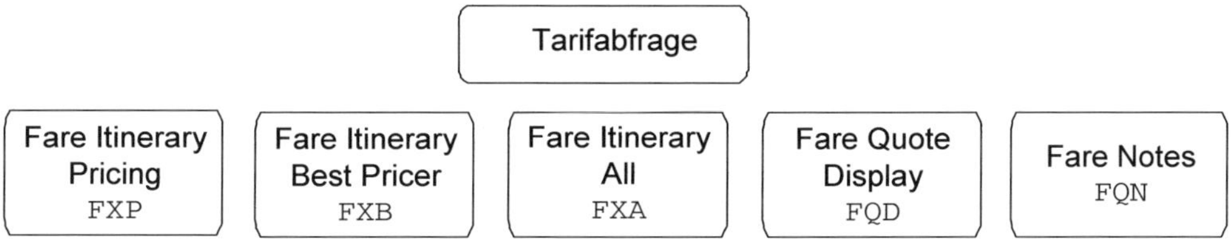

Abb. 3.3.22 *Tarifabfrage*

- **FQD-Abfrage, Fare Quote Display**

Alle Flugpreise werden über das sog. Fare Quote Display abgefragt. Hier hat man die Möglichkeit, sowohl veröffentlichte Tarife der IATA als auch einzelner Fluggesellschaften für einfache und Hin- und Rückflüge abzufragen. Eine Buchung benötigt man für diese Eingabe noch nicht. Es werden lediglich alle angebotenen Tarife angezeigt. Die FQD-Abfrage dient nur zur Information.

```
FQDMUCBKK/DNOV/ATG
AB  AC  AF  AY  AZ  BA  BD  BR  CA     TAX MAY APPLY
CI  CX  CZ  DE  DL  EK  EY  GF  HU    SURCHG MAY APPLY-CK RULE
JL  KE  KL  LA  LH  LT  LX  LY  MA
MH  MP  MS  NH  NW  NZ  OA  OS  OZ
P2  QF  QR  RJ  SK  SN  SQ  SR  SU
9G  9Q  9X
ROE 0.702079 UP TO 1.00 EUR
14NOV**13FEB/TG MUCBKK/NSP;EH/TPM  5459/MPM  7036
* THAI AIRWAYS** R-T-W FARE/MISC. SEE INFO NOTE TG/0001*
* VISIT THAI INTERNET HOMEPAGE -HTTP://WWW.THAIAIRWAYS.COM
LN FARE BASIS    OW   EUR  RT   B PEN  DATES/DAYS  AP MIN MAX R
01 D12M                   3080 D 300    -      -   + -  3+ 12M R
02 ZAB12M                 2380 Z  +     -      -   +60+14+ 12M R
03 BHPX12M                1220 B  +   S19DEC  11JAN+  +  + 12M R
04 MHPX6M                 1050 M  +   S19DEC  11JAN+  +  +  6M R
05 MKPX6M                  925 M  +   S20JUN  18DEC+  +  +  6M R
06 HHAP3M                  920 H  +   S19DEC  11JAN+ 7+  +  3M R
07 QHAB45                  820 Q 150  S19DEC  11JAN+14+  +  45 R
08 HKAP3M                  785 H  +   S20JUN  18DEC+ 7+  +  3M R
09 VHAB1M                  720 V  +   S19DEC  11JAN+28+  +  1M R
10 QKAB45                  695 Q 150  S20JUN  18DEC+14+  +  45 R
11 VKAB1M                  595 V  +   S20JUN  18DEC+28+  +  1M R
```

Abb. 3.3.23 *Thai Airways Tarifabfrage München–Bangkok*

Eingabe:
FQDMUCBKK
- Preisabfrage für die Strecke von München nach Bangkok
- Es werden alle Tarife von allen Fluggesellschaften, die diese Strecke bedienen abgefragt

Eingabe:
FQDMUCBKK/**D01NOV**
- Preisabfrage für die Strecke von München nach Bangkok
- Mit Angabe eines konkreten Datums, der 01. November
- Es werden alle Tarife von allen Fluggesellschaften, die diese Strecke bedienen abgefragt

Eingabe:
FQDMUCBKK/D01NOV/**ATG**
- Preisabfrage für die Strecke von München nach Bangkok
- Mit Angabe eines konkreten Datums, der 01. November
- Abfrage nach einer bestimmten Fluggesellschaft, der Thai Aiways
- Hier wird ganz konkret nach einem bestimmten Datum und einer bestimmten Fluggesellschaft gefragt

Nettoraten erfordern die Eingabe einer speziellen Kodierung, die vom Reisebüro an die Preisabfrage angehängt wird. Dieser Code ist für jedes Abkommen unterschiedlich.

Eingabe:
FQDMUCBKK/D01NOV/ATG/**R,C00...**
- Das R steht für Request, nach dem Komma folgt die Kodierung für den speziellen Tarif

- **Fare Notes**

Die Fare Notes enthalten alle Tarifbestimmungen für einen Flugtarif, beispielsweise Ausschlusstage, Mindest- oder Maximalaufenthalte, Storno- oder Umbuchungsbedingungen. Ist die Fare Note kürzer als 20 Seiten, wird sie detailliert dargestellt. Ansonsten erhält man eine Übersicht der einzelnen Kategorien, die dann gezielt abgefragt werden können.

Eingabe:
FQN 7
- FQN ist der Transaktionscode für die Abfrage der Tarifbestimmung
- 7 ist die Laufnummer des gewünschten Flugtarifs in der FQD-Anzeige

- **Preisberechnung im PNR**

```
FXP
PASSENGER              PTC     NP   FARE<EUR>  TAX       PER PSGR
01 MEIER/HORST*        ADT      1     4200.00  244.98     4444.98
02 MEIER/GISEL*        ADT      1     4200.00  244.98     4444.98

                     TOTALS     2     8400.00  489.96     8889.96

1-2 LAST TKT DTE 11DEC08 - SEE ADV PURCHASE
1-2 SUBJ TO CANCELLATION/CHANGE PENALTY
```

Mit der FQD-Abfrage hat man einen Preis ermittelt. Für die Ticketausstellung muss dieser Tarif im PNR gespeichert werden. Dabei kommt es darauf an, ob man die richtige Buchungsklasse gebucht hat und alle Tarifbestimmungen eingehalten werden. Ist dies der Fall und die Buchung enthält alle Pflichtelemente, bietet Amadeus die Funktion einer automatischen Preisberechnung für die gebuchten Segmente. Itinerary Pricing heißt soviel wie: Berechne den Preis des Reiseverlaufs. Maximal 14 Strecken können auf diese Weise berechnet werden.

Der Transaktionscode für die automatische Preisberechnung lautet FXP, Fare Itinerary Pricing. Nach Ausführung dieser Aktion bleibt die Tarifierung 3 Tage lang gültig. Danach verfällt sie und muss erneut durchgeführt werden.

Eingabe:
FXP
- Vorhandene Flugbuchung wird automatisch berechnet.

Durch die Aktion FXP wird das sog. TST, Transitional Stored Ticket (hinübergetragenes gespeichertes Ticket) erzeugt. Es enthält die Daten aus der FXP-Abfrage zzgl. weiterer Daten, wie die Auflistung alles Steuern, die hinterher auf dem Ticket erscheinen. Dieses kann jederzeit mit der Eingabe TQT aufgerufen werden.

```
TST00001     AGBL12901 AA/20NOV I 0 LD 11DEC08 OD MUCMUC SI
T-
FXP
1.MEIER/HORST MR   2.MEIER/GISELA MRS
1   MUC DL  131 D 15DEC 1000  OK DRWB                       PC
2 O ATL DL  130 D 15JAN 1645  OK DRWB                       PC
    MUC
FARE  F EUR    4200.00
TX001 X EUR 180.00YQAC TX002 X EUR    16.57RAEB TX003 X EUR  4.64DESE
TX004 X EUR   4.35YCAE TX005 X EUR    12.19USAP TX006 X EUR 12.19USAS
TX007 X EUR   3.96XACO TX008 X EUR     5.54XYCR TX009 X EUR  1.98AYSE
TX010 X EUR   3.56XF
TOTAL   EUR   4444.98
GRAND TOTAL EUR    4444.98
MUC DL ATL2991.11DL MUC2991.11NUC5982.22END ROE0.702079 XF
 ATL4.5
```

Weitere Eingabemöglichkeiten:

Eingabe:
FXB
- Best Pricer-Abfrage
- Für bereits getätigte Buchung wird der günstigste anwendbare Tarif ermittelt
- System prüft automatisch, ob Plätze zu diesem Tarif frei sind und ob Tarifbedingungen erfüllt werden
- System bucht automatisch innerhalb der gebuchten Beförderungsklasse um

Eingabe:
FXA
- Best Prices-Abfrage
- Für bereits getätigte Buchung wird der günstigste anwendbare Tarif ermittelt
- System prüft automatisch, ob Plätze zu diesem Tarif frei sind und ob Tarifbedingungen erfüllt werden
- System bucht nicht automatisch um

Liste aller Transaktionscodes

Eingabe	**Erklärung**
De-/Kodieren	
DNA British Airways oder **DNA** BA	Fluggesellschaft de-/kodieren, Decode Name of Airline
DAN Paris oder **DAC** PAR	Flughafen/Stadt de-/kodieren, Decode Airport/City Name
Flugabfrage	
AN01OCTMUCATL	Flugverfügbarkeit (nur verfügbare Flüge) Keine Präferenzen in Bezug auf Fluggesellschaft, Abflugzeit oder Buchungsklasse
SN01AUGMUCATL	Flugverfügbarkeit (verfügbare und nicht verfügbare Flüge) Keine Präferenzen in Bezug auf Fluggesellschaft, Abflugzeit oder Buchungsklasse
TNMUCATL/ADL	Abfrage Flugplan Mit prefärierter Fluggesellschaft
PNR-Aufbau	
SS1C1	Flugsegmentbuchung 1 Person, C-Klasse, Segment Laufnummer 1
NM1 SCHULZ/AXEL DR MR	Namenselement Flugbuchung
AP 0831-123456-**H**	Kontaktelement mit privater Telefonnummer H = Home (private Telefonnummer) A = Agency (Telefonkontakt eines Reisebüros B = Business (dienstliche Telefonnummer)
TK OK	Ticketingelement, sofortige Ticketausstellung
RT/Meier	PNR-Aufruf mit Angabe des Namens
De-/Kodieren	
Tarife	
FQDMUCBKK	Tarifabfrage Keine Präferenzen in Bezug auf Fluggesellschaft
FQN 7	Abfrage der Tarifbestimmungen des Tarifs mit der Laufnummer 7
FXP	Vorhandene Flugbuchung wird automatisch berechnet
FXB	Best Pricer-Abfrage für gebuchte Segmente System bucht automatisch innerhalb der gebuchten Beförderungsklasse in günstigsten, verfügbaren Tarif um
FXA	Best Pricer-Abfrage für gebuchte Segmente Günstigster anwendbarer Tarif wird ermittelt System bucht nicht automatisch um
XI	Stornierung komplette Buchung

Abb. 3.3.24 *Liste aller wichtigen Transaktionen*

3.4 Praxisbeispiel Beratungssysteme und Pauschalreisebuchung im Reisebüro

Uwe Weithöner, Mareke Tetz

Global Distribution Systems (GDS) bieten den Unternehmen der Reise- und Tourismuswirtschaft informationstechnologische und informationslogistische Dienstleistungen zur weltweiten Vermarktung der Reiseprodukte (vgl. Kap. 3.2).[1] Die GDS-Leistungen können im Überblick wie folgt unterschieden werden:

- Global Distribution Network (GDN): Internationales technisches Netzwerk mit standardisierten Schnittstellen und branchen-/anwendungsbezogenen standardisierten Kommunikations- und Transaktionsverfahren zum Reisevertrieb über Reisemittler
- Global Reservation System (GRS): Internationales zentrales Reservierungssystem zum Vertrieb von Einzelreiseleistungen, insbesondere (Linien-)Flüge, Hotelübernachtungen (Großhotellerie), Bahnen und Mietwagen.
- Erweiterte Front-Office-Dienste (vgl. Kap. 3.1), z. B. touristische Beratungs- und Angebotsvergleichssysteme mit multimedialen Produktdarstellungen und touristischen Informationen.[2]
- Weiterverarbeitende Mid- und Back-Office-Dienste insbesondere für Reisemittler
- Dienstleistungen zum Web basierten Reisevertrieb, z. B. Internet Booking Engines (IBE, vgl. Kap. 3.7).
- Dienstleistungen zum Business Travel Management (BTM, vgl. Kap. 3.5)
- Individuelle IT-Projektentwicklung.

Amadeus IT Group SA in Madrid, Sabre Holding in Texas/USA sowie Galileo International und Worldspan als Tochtergesellschaften der Travelport Inc. in Georgia/USA sind die weltweit führenden GDS-Anbieter mit einer oligopolistischen Stellung am internationalen Markt. Am deutschen Markt sind die beiden erstgenannten GDS marktführend.[3]

---

1 Oftmals wird noch der Begriff Computer Reservierungssystem (CRS) synonym mit dem GDS-Begriff verwendet. Der Begriff Global Distribution System ist aber der umfassendere für die Vielzahl angebotener IT-Dienstleistungen. Computer Reservierungssystem (CRS) wird auch allgemein und unspezifisch als Oberbegriff für elektronische Systeme zur Buchung, Reservierung und Abwicklung touristischer Leistungen genutzt. Beide CRS-Interpretationen sollen hier nicht (mehr) verwendet werden. Der Begriff Central Reservation System (CRS) wird für zentrale Reservierungssysteme von Hotelketten und -kooperationen verwendet.

2 Diese Dienste für das Marktsegment der deutschsprachigen Vermittlung von Freizeit-/Pauschalreisen, im GDS Amadeus „German Content" genannt, sind im Folgenden Gegenstand dieses Kapitels.
Vgl. zum Segment der internationalen/globalen (Linien-)Flüge als Einzelleistungen Kap. 3.3.

3 Stets aktuelle und detaillierte Informationen unter amadeus.com sowie http://de.eu.sabretravelnetwork.com. Hier stellen sich dieses GDS z. B. wie folgt dar (Stand 02/2014):
Amadeus nennt für das Jahr 2012 Umsatzerlöse in Höhe von ca. 2,9 Milliarden Euro. In Deutschland sind 45.000 Reisemittler-Lizenzen vergeben, die damit Zugriff nehmen können auf die Angebote von 230 Reiseveranstaltern, auf die weltweiten Flugangebote von 425 Airlines u. v. a. m. Amadeus betreut mit seinen 73 nationalen Amadeus Commercial Organisations (ACO) 195 internationale Märkte. Im Amadeus Rechenzentrum

Technisch basiert das Netzwerk (GDN) auf der Internet-Technologie. Es ist aber kein öffentliches Netzwerk, sondern ein abgeschirmtes Branchen-Netzwerk mit kostenpflichtiger Teilnahme. Die teilnehmenden Reise- und Tourismusunternehmen werden über standardisierte Schnittstellen technisch eingebunden, und diese Interfaces spezifizieren und standardisieren je Reise- und Leistungsart (z. B. Pauschalreise oder Linienflug) und je Transaktionsart (z. B. Vakanzabfrage) die zu erfassenden und zu transferierenden Daten. Aus der Anwender-Sicht eines stationären Reisebüros stellen sie sich als die nach Leistungs- oder Reisearten differenzierten Bildschirmmasken zur Datenerfassung und -anzeige dar bzw. als Reservierungsverfahren (z. B. Amadeus Tour Market/TOMA-Verfahren oder als AMA/AIR-Verfahren). Abhängig von den getroffenen Lizenzvereinbarungen erhält ein Reisebüro über das GDS-Portal (z. B. Amadeus Selling Platform) Zugriff auf die für ihn freigegebenen Verfahren. Die Systemteilnahme ist für die Reisemittler kostenpflichtig und kann gemäß der genutzten und lizenzierten Reservierungsverfahren und Services differenziert werden.

Ein derartiger GDN-Verbund setzt einheitliche Standards für die kooperativen Geschäftsprozesse und ihre Transaktionsverfahren, hier Reservierungsverfahren voraus. Im folgenden Fallbeispiel wird zur Vermittlung von pauschalen Freizeit- und Urlaubsreisen am deutschen Markt der TOMA-Standard als Teil der Amadeus Selling Platform genutzt.[1, 2]

Es werden in dem folgenden Fallbeispiel zwei **Prozesse auf TOMA-Basis** vergleichend dargestellt:

- Im traditionellen **Prozess B** wird der Reisekunde auf Basis gedruckter Kataloge beraten. Der elektronische TOMA-Ablauf setzt mit der Abfrage ein, ob eine ausgewählte Reise bei einem ausgewählten Reiseveranstalter auch mit ihren Leistungen Beförderung/Flug und Unterkunft/Hotel verfügbar ist (Vakanzprüfung, inkl. Preisrechnung).
- Im **Prozess A** hingegen wird die Kundenberatung auf Basis des vergleichenden Beratungssystems mit integriertem touristischen und multimedialen Informations- und Content-System (hier TT-BistroPortal) durchgeführt. Das Beratungsergebnis bzw. der Rei-

in München Erding werden pro Sekunde über 10.000 Transaktionen der Reiseberatung und -vermittlung und pro Tag über 3 Mio. Buchungen abgewickelt.

Sabre macht z. B. folgende Angaben: Das Sabre-GDS verkauft jährlich Reisen im Wert von mehr als 100 Mrd. USD. Sabre verarbeitet über 1 Mrd. Anfragen pro Tag und gehört so mit Google, Facebook und Twitter zu der kleinen Gruppe der Unternehmen mit der weltweit höchsten Zahl an Datentransaktionen. „Zu Spitzenzeiten verarbeiten wir mit jedem Mal, wenn Ihr Herz schlägt, mehr als 60.000 Anfragen."

1 Die Systeme der im Wettbewerb stehenden GDS sind vergleichbar aufgebaut. Am deutschsprachigen Travel-IT-Markt werden auch zu den GDS alternative Distributionssysteme angeboten (ADS, z. B. Jack Plus der Fa. Bewotec, vgl. auch Kap. 3.1 u. Kap 4.6.4)

2 Das TOMA-Verfahren ist mit einem Vorläufer bereits in den 1970er Jahren aufgebaut worden. Entwickelt und betrieben wurde es bis in die ersten 2000er Jahre durch das damaligen Gründerunternehmen START (Studiengemeinschaft zur Automatisierung in Reise und Touristik). START wurde seinerzeit als Computer Reservierungssystem (CRS) bezeichnet. Es ist von Amadeus übernommen worden und wird heute bei Amadeus als „German Content" geführt, vgl. die Unternehmenschronik zu Amadeus Germany unter amadeus.com.

sewunsch des Kunden wird dann automatisch zur verbindlichen Vakanzprüfung, Preisrechnung und ggf. anschließenden Buchung in das TOMA-Verfahren überführt.[1]

Reisewünsche des Kunden

Familie Müller (zwei Erwachsene, ein 7-jähriges und ein 5-jähriges Kind) aus Wilhelmshaven hat die folgenden Wünsche für ihren nächsten Urlaub. Sie lässt sich in ihrem Reisebüro vor Ort beraten:

- Eine Woche Badeurlaub, Pauschalreise, möglicher Zeitraum: 15.09.2014–29.09.2014
- Abflug kann ab den in ca. 2 Stunden erreichbaren Flughäfen erfolgen: Hamburg HAM, Hannover HAJ, Münster/Osnabrück FMO oder Bremen BRE (3-Letter-Code)
- Im Beratungsgespräch sind folgende Wünsche zum Aufenthalt deutlich geworden:
  - Familienfreundliches Hotel mit Kinderpool und großer Badelandschaft
  - Wellness für die Erwachsenen, Kinderbetreuung, Sportangebot
  - 3- bis 4-Sterne Hotel, all inclusive, direkt am Strand
  - Urlaubsziel noch nicht konkret, Wünsche/Kriterien: max. 4 Flugstunden, Ausflugs- und Einkaufsmöglichkeiten, Kulturangebot.

3.4.1 Kundenberatung auf Basis eines Beratungs- und Angebotsvergleichssystems (Prozess A)

- **Vorbereitend zur Einrichtung und Nutzung des Kundenberatungssystems**

Das Reisebüro muss Voreinstellungen vornehmen. Sie dienen der Arbeitserleichterung sowie der Produkt- und Provisionssteuerung, z. B. Priorisierung bestimmter Veranstalter und Marken im Beratungsprozess. Abb. 3.4.1 zeigt Beispiele aus TT-BistroPortal:

- Über „Einstellungen – Res.-Systeme" in Abb. 3.4.1 wird das genutzte GDS oder ein alternatives System unter den gelisteten bzw. möglichen Systemen angegeben, über das ausgewählte Reisen an den anbietenden Veranstalter übermittelt werden sollen.
- Über „Häufige Suchkriterien" werden in den Eingabefeldern optionale Werte voreingestellt (hier: Hannover HAJ als Abflughafen).
- Grundsätzlich werden in den Beratungsprozess nur Veranstalter einbezogen, mit denen ein Agenturvertrag besteht. Über die Veranstalterliste werden die Veranstalter mit ihrem TOMA-Kürzel angegeben, die im Beratungsprozess dem Kunden bevorzugt dargestellt werden sollen (hier: TUI, ALL, ITS). Diese Eingrenzung auf bestimmte Veranstalter dient u. a. der Verkaufs- und Provisionssteuerung (Staffelprovisionen, Mindestumsätze).

---

1 In der erweiterten Version des TT-BistroPortals2 erfolgt die Vakanzprüfung, Preisberechnung und Buchung aus einer eigenen Buchungsmaske (vergleichbar mit dem TOMA-Aufbau) heraus ohne sichtbaren Wechsel in die originäre TOMA-Maske.

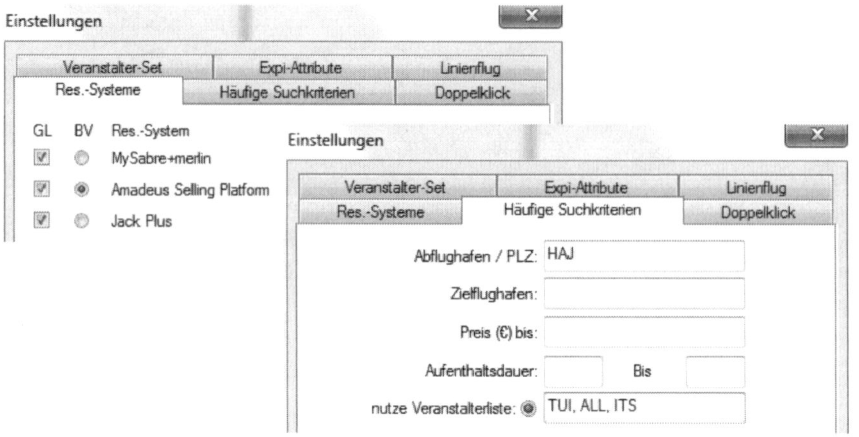

Abb. 3.4.1 *Einstellungen im Beratungssystem TT-BistroPortal*

- **Kundenberatung in Prozess A**

Abbildung 3.4.2 zeigt die Einstiegsseite in das TT-BistroPortal und gibt einen Überblick über das Beratungssystem und den Beratungsprozess im Rahmen der Amadeus Selling Platform.

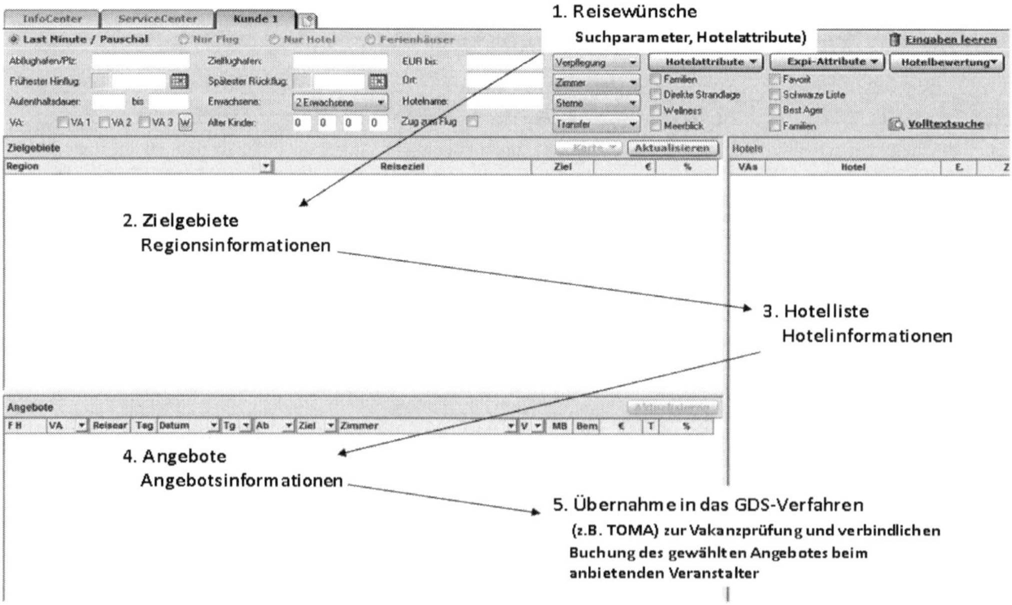

Abb. 3.4.2 *Überblick über das Beratungssystem und über die Abfolge der Beratungsschritte*

Abbildung 3.4.3 zeigt die Erfassung der Reisewünsche, soweit sie standardisiert zur Selektion von Zielgebieten und Hotels als Suchkriterien erfasst werden können. Das System listet daraufhin Urlaubsdestinationen bzw. Zielgebiete, in denen Angebote gemacht werden, die den Kundenwünschen entsprechen.[1]

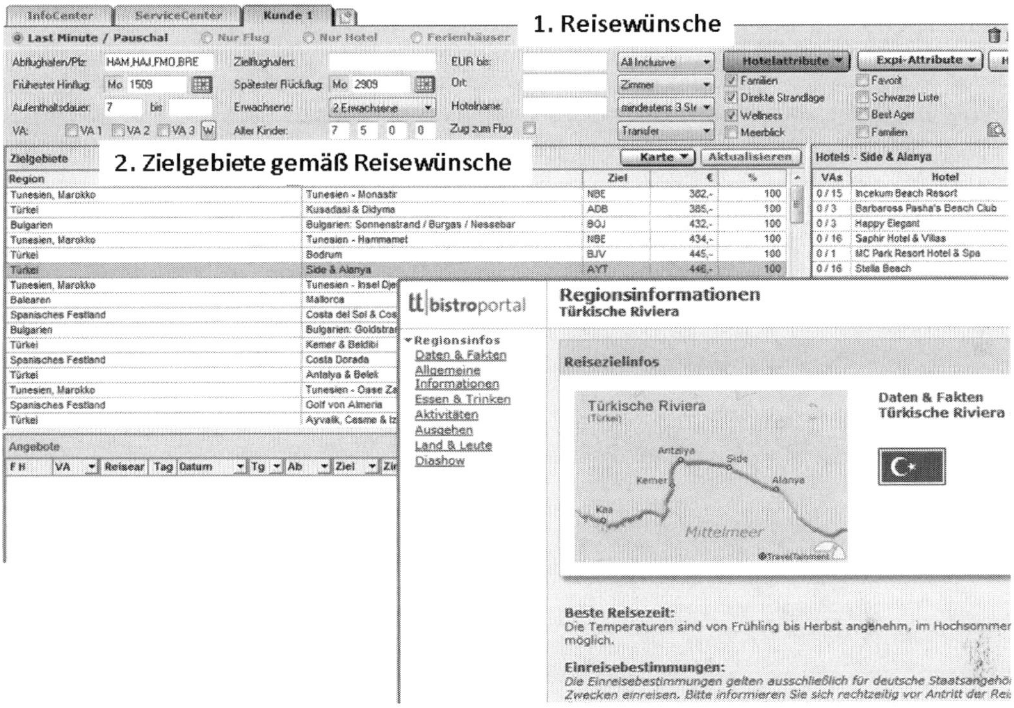

Abb. 3.4.3 *Selektion relevanter Zielgebiete mit weiteren Informationen zur Beratung*

Mit diesen Reisewünschen werden Zielgebiete im System selektiert und im zweiten Feld zur Anzeige und Auswahl gelistet. Die Abbildung zeigt, dass weitere Text-, Bild- und Multimedia-Informationen zu den Zielgebieten aufgerufen werden können, um die Kundenberatung zum Zielgebiet zu vertiefen, z. B. Wetter-, Klimadaten und Wassertemperaturen sowie regi-

1 Standardisierte und detailliert nutzbare Angebotsmerkmale/Reiseattribute, die zum Angebotsvergleich den Kunden angeboten werden können, hat es bisher nicht gegeben. Sie sind erst in jüngerer Vergangenheit mit den DRV-GlobalTypes entwickelt worden. Unter anderem werden Attribute zur eindeutigen Klassifizierung von Strandnähe, zur exakten Preisberechnung mit Berücksichtigung aller Preisregeln inkl. Kinderpreisen und viele Zusatzattribute zur eindeutigen Beschreibung der Hotelart, Ausstattung, Verpflegung und diverser weiterer Teilleistungen festgelegt. Mit dieser besseren quantitativen und qualitativen Vergleichbarkeit der Reiseangebote sollen kleinere Treffermengen bei Suchanfragen erreichen, die besser zur Kundenanfrage passen und den preisfixierten Wettbewerb hin zu einem eher qualitätsorientierten Wettbewerb führen (vgl. drv.de/fachthemen/informationstechnologie-onlinevertrieb).

onale und geografische Informationen. In der Liste der Zielgebiete werden auch erste Angaben zu Hotels gemäß der Kundenwünsche gemacht.

Die Müllers wählen das Zielgebiet Side & Alanya in der Türkei aus (standardisierter Code gemäß Zielflughafen AYT/Antalya). Anschließend selektiert das System eine Hotelliste zum Zielgebiet, sortiert nach dem Grad der Übereinstimmung mit den Kundenwünschen und nach Preis (Abb. 3.4.4). Andere Sortierungen sind möglich. Es findet hier noch keine Überprüfung der Verfügbarkeit der Flüge und der Hotelzimmer statt. Die Kunden interessieren sich für das Hotel *Royal Garden Suite* und möchten weitere Detailinformationen. Abbildung 3.4.4 zeigt, dass die Kundenberatung durch weitere Hotelinformationen wie Lage, Ausstattung, Zimmer, Bilder, virtueller Rundgang, Umgebungsinformationen, Hotelbewertungen u. a.m. vertieft werden kann. Sie zeigt auch, welche Reiseveranstalter dieses Hotel im Angebot führen, wobei aber hier im Beispiel gemäß Abb. 3.4.1 die Angebote der eingestellten drei Veranstalter im weiteren Beratungsverlauf vorrangig berücksichtigt werden.

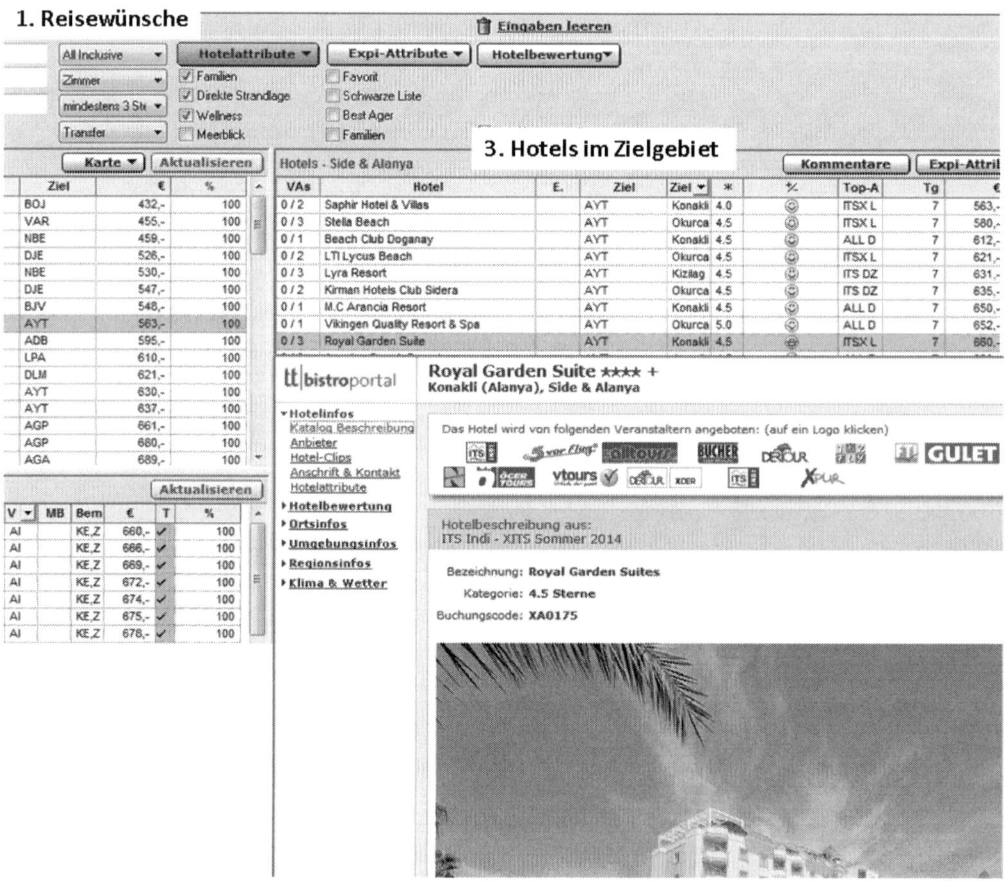

Abb. 3.4.4 Liste der den Wünschen entsprechenden Hotels im ausgewählten Zielgebiet mit zusätzlichen Hotelinformationen zur detaillierten Kundenberatung

Auf Basis dieser Hotelwahl wird gemäß Abbildung 3.4.5 die Liste der konkret angebotenen Zimmer/Wohneinheiten in diesem Hotel und der anbietenden Reiseveranstalter selektiert. Dabei wird in der ersten Spalte eine erste vorläufige Vakanzauskunft zum Flug F und zum Hotelangebot H angezeigt. Diese Vakanzauskunft kann auf Vergangenheitsdaten beruhen, ist zunächst unverbindlich und muss durch das anbietende Veranstaltersystem im Folgenden bestätigt werden.

Wenn der Kunde sich noch nicht verbindlich entscheidet, kann das Reiseangebot unverbindlich ausgedruckt, per E-Mail versandt und zur späteren Wiedervorlage bzw. Fortsetzung des Beratungsprozesses unter dem Kundennamen gespeichert werden. Im vorliegenden Fallbeispiel wählt Familie Müller das Alltours-Angebot (ALL) mit Abflughafen Hamburg (HAM) und Abflug am 22.09.2014. Die Reisedaten werden zur Vakanzabfrage und Preisermittlung an das Veranstaltersystem übermittelt (im TOMA-Datensatzformat). Bei Bestätigung der Verfügbarkeit können die Reisedaten dann zur abschließenden Buchung automatisch in die traditionelle GDS-Buchungsmaske, hier TOMA, übertragen werden und der Prozess der Reisevermittlung wird in diesem traditionellen Verfahren mit Zugriff auf das System des Reiseveranstalters verbindlich fortgesetzt (Abb. 3.4.7).[1]

Ergänzend und vertiefend kann ein Produkt-/Preisvergleich durchgeführt werden.[2] Hierbei wird das ausgewählte Alltours-Angebot mit alternativen Angeboten anderer Reiseveranstalter verglichen. Es wird eine Übersicht dargestellt (Abb. 3.4.6), aus der das Reiseangebot selektiert werden kann.

Abbildungen 3.4.5 und 3.4.7 zeigen den weiterführenden TOMA-Prozess nach der Übertragung des gewählten Angebots in die standardisierte TOMA-Buchungsmaske. Das ausgewählte Hotel wird gemäß Veranstaltersystem mit der Produktnummer AYT231 und die gewünschte Unterbringungsart mit SUAA codiert (Suite, all inclusive – konkrete Codierung gemäß Veranstaltersystem/-katalog). Die Flugstrecken sind mit den internationalen 3-Letter-Codes der Flughäfen codiert (hier verbunden mit einer veranstalterspezifischen Zusatzinformation „1A"). Diese Codierung erfolgt mit der Datenübergabe automatisch.

Die Eingabemaske ist mit den Adressdaten der Müllers vervollständigt worden und anschließend an das Reiseveranstaltersystem (hier: ALL) im Rahmen des GDS-Netzwerkes (GDN) übertragen worden. Das Veranstaltersystem hat die Flug- und Hotelvakanzen in Echtzeit abschließend geprüft und die Reservierung verbindlich bestätigt (**Testb. ok** – Testbuchung).

1 Das erweiterte TT-BistroPortal2 bietet eine eigene (TOMA-ähnliche) Buchungsmaske, in der der Buchungsdialog im Front-Office vollständig abgeschlossen werden kann.

2 In der Darstellung der alternativen Angebote wird darauf hingewiesen, dass wichtige Daten, z. B. Flugzeiten und Preise noch ungeprüft sind. Auch die „Häkchen" in der Spalte „Frei" bzw. die „Häkchen" zum Flug F und zum Hotel H zum zuvor ausgewählten ALL-Angebot in Abb. 3.4.5 u. 3.4.6 sowie die Preisangaben sind zunächst vorläufig und unverbindlich. Sie müssen durch explizite Abfragen im Veranstaltersystem überprüft und aktualisiert werden. Dies ist an dieser Stelle ein Beispiel für die in den Kapiteln 4.6.3, 4.6.4 und 3.7 erläuterte Kritik an der Datenqualität/-aktualität der Beratungssysteme, die mit zentralen Cache-/Pool-Systemen arbeiten.

Im dargestellten Prozess A erfolgt die Übertragung der Reise- und Leistungsdaten automatisiert, so dass lediglich eine Vervollständigung der Maske im Kundenbereich D erforderlich ist.

Abb. 3.4.5 *Liste der konkret angebotenen Zimmer/Wohneinheiten im gewählten Hotel, Ausdruck und Speicherung des gewählten Angebotes, Vakanzprüfung beim anbietenden Veranstalter und Möglichkeit zur Übertragung in das verbindliche GDS-Buchungsverfahren*

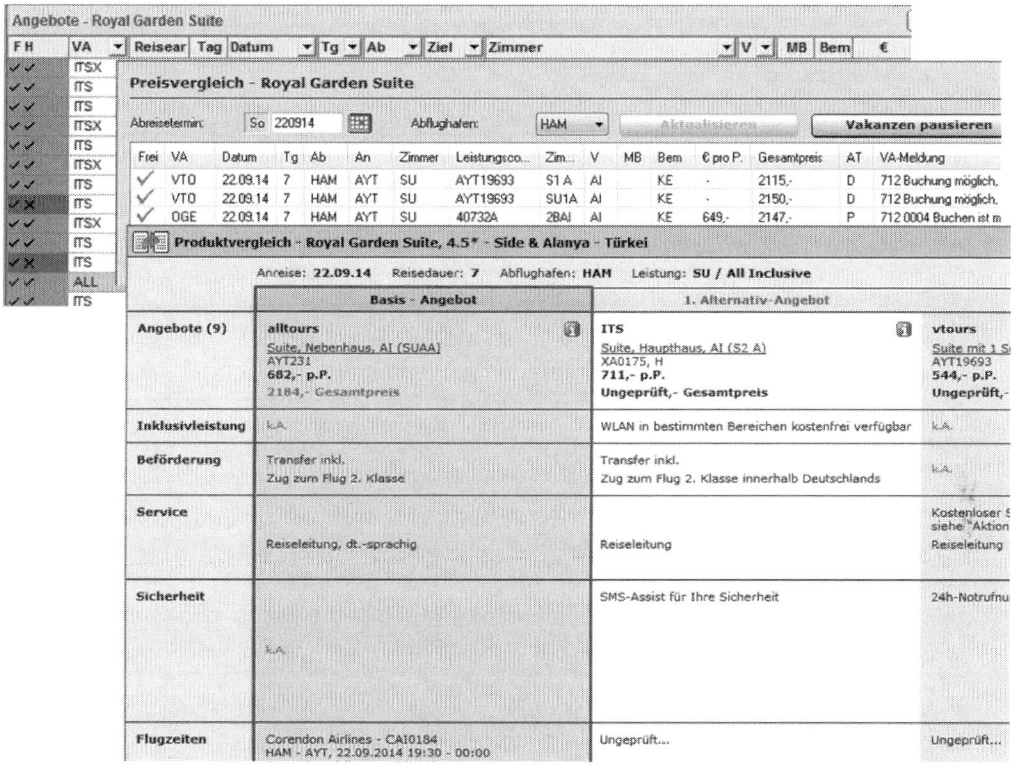

Abb. 3.4.6 *Produkt- und Preisvergleich für das in Abb. 3.4.5 ausgewählte Alltours-Angebot*

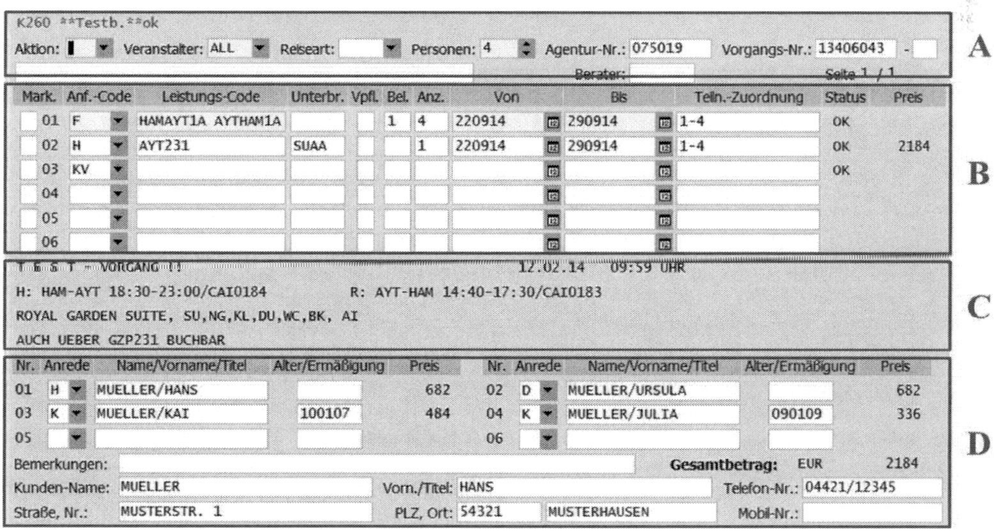

Abb. 3.4.7 *Standardisierte TOMA-Buchungsmaske*

3.4.2 Traditionelle Vermittlung auf Basis gedruckter Kataloge (Prozess B)

Im traditionellen Prozess B erfolgt die Eingabe vollständig manuell unter Zuhilfenahme des Kataloges, insbesondere des Preisteils. Die Abbildung 3.4.7 gibt einen Überblick über die vier Hauptbereiche der TOMA-Maske.

- Im Steuerungsbereich (A) erfolgt die Eingabe der Transaktionscodes, wie z. B. „Aktion: G" für Geräte- bzw. Flugvakanz, „H" für Hotelvakanz und „B" für Buchung. In dem Feld „Veranstalter" wird das Veranstalter-Kürzel erfasst, in diesem Fall Alltours „ALL". Im Veranstaltersystem wird eine „Vorgangs Nr." generiert, mit der der Buchungsvorgang jederzeit vom Reisebüro und vom Veranstalter aufgerufen werden kann. Unter der angegebenen „Agentur Nr." wird das Reisebüro gemäß Agenturvertrag im System des Veranstalters geführt. Die Reiseagentur unseres Beispiels wird im Alltours-System unter der Nummer „075019" geführt.
- Im Produktbereich (B) werden die Reiseleistungen erfasst. Der Anforderungscode „Anf. Code" gibt an, um welche Leistungsart es sich handelt (hier: F Flug, H Hotel, KV keine Versicherung). Im Feld Leistungscode werden die Leistungskürzel, z. B. Flugverbindung mit Drei-Letter-Codes und Hotelcodierung, eingegeben. Im Unterbringungsfeld erfolgt die Angabe des Zimmertyps. Angaben zur Verpflegung mit standardisierten Codes (hier bei Alltours im Unterbringungscode enthalten), die Belegung je Leistung. Die gebuchte Anzahl der Leistungen sowie der Buchungszeitraum folgen. Die Reiseteilnehmer werden den Leistungen zugeordnet und der verbindliche Reisepreis wird dargestellt.
- Im Bereich **C** werden Zusatzinformationen zur Buchung angegeben. In diesem Fall erscheint die Flugstrecke mit den voraussichtlichen Flugzeiten, Eigenschaften des Zimmers sowie Rabattinformationen.
- Im Kundenbereich D werden alle notwendigen Daten der Reisenden sowie die Adressdaten des Reiseanmelders erfasst. Der verbindliche Reisepreis wird aufgeschlüsselt auf die Reiseteilnehmer dargestellt.

Die traditionelle Vermittlung von Veranstalterangeboten soll hier nur kurz und zum Vergleich dargestellt werden. Es wird dabei vorausgesetzt, dass der Leser mit dem Aufbau und der Gestaltung gedruckter Veranstalterkataloge vertraut ist. Jedes Reiseangebot, das auf Basis dieser statischen Beratungsunterlagen in die engere Wahl kommt, muss im traditionellen GDS-Verfahren (TOMA oder TUI Iris.plus) beim anbietenden Veranstaltersystem bzgl. der Verfügbarkeit seiner Einzelleistungen abgefragt werden.[1]

---

[1] Eine mit dem Prozess A vergleichbare Kundenberatung auf Basis elektronischer Beratungssysteme und die damit verbundene Beratungsqualität sind in Online-Buchungsportalen durch die Internet Booking Engines zum Standard geworden (vgl. Kap. 3.7) und werden von den Kunden auch in den stationären Reisebüros erwartet. Dennoch steht auch heute noch in vielen Reisebüros das individuelle Fachwissen im Zusammenwirken mit der Beratung auf Basis gedruckter Veranstalterkataloge und traditioneller GDS-Verfahren im Vordergrund. Es sei angemerkt, dass die Produktion, der Versand und die Lagerung der Kataloge kosten- und ressourcenintensiv sind, dass gedruckte Kataloge statisch, d. h. nur durch zusätzliche Informationen und Informationsmedien und

Die standardisierten Abfragen zur Flug-/Gerätevakanz „Aktion G" und zur Hotelvakanz „Aktion H" beim Veranstalter Alltours „ALL" für vier Personen zeigen die Abbildungen 3.4.8 und 3.4.9. In Abbildung 3.4.8 wird die Flugvakanz durch Angabe des Anforderungscodes F, der codierten Flugstrecke HAM AYT (Hamburg–Antalya) und der Hin- und Rückflugtage abgefragt. Diese TOMA-Anfrage wird an das Veranstaltersystem übermittelt, das mit seiner vollständigen Darstellung gemäß Abbildung 3.4.8 antwortet.

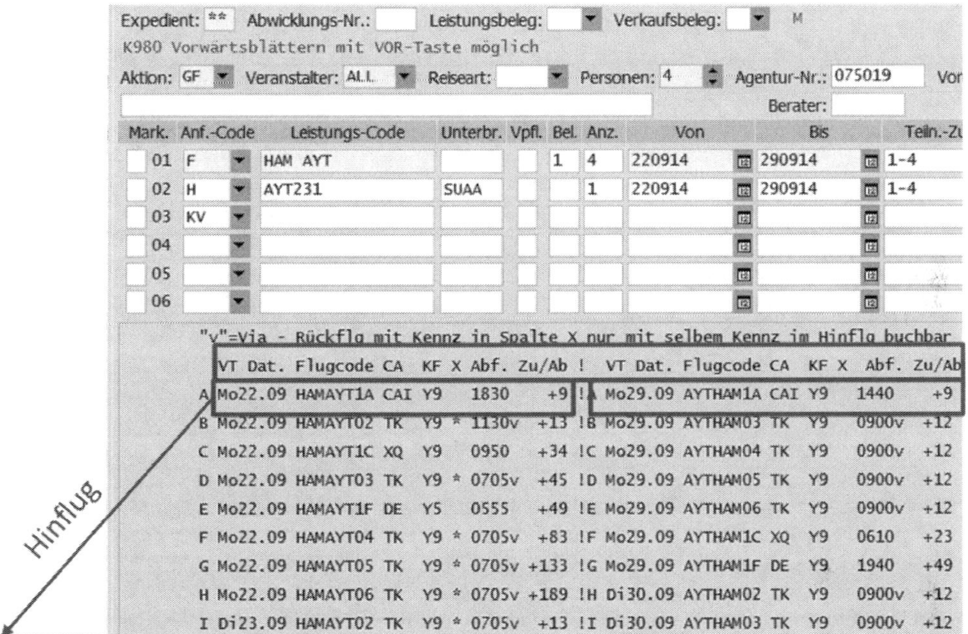

VT	Flugcode	CA	KF	Abf.	Zu/Ab
Verkehrstag, z.B. Mo =Montag, hier 22.09.	Flugstrecke, z.B. HAM = Hamburg, AYT = Antalya	Carrier, z.B. CAI = Corendon Airline oder XQ = Sun Express	Buchungsklasse und freie Plätze, z.B. Klasse Y = Economy, mind. 9 freie Plätze	Abflugzeit, z.B. 18:30 Uhr	Zu- und Abschläge, z.B. +9 Euro

Abb. 3.4.8 *Flugvakanzabfrage im TOMA-Verfahren*

Nach dieser erfolgreichen Flugvakanzabfrage erfolgt die Hotelvakanzabfrage „Aktion H" gemäß Abb. 3.4.9. Mit dem Anforderungscode „H" wird die Produktnummer des Hotels (gemäß Katalog: AYT231) erfasst.

mit Zeitverzug aktualisierbar sind. Sie sind veranstalterspezifisch, und ein Kunde kann damit kaum umfänglich und bequem Angebote aktuell vergleichen. Sie können keine Vakanzinformationen darstellen.

Diese Daten werden zur Prüfung an das Veranstaltersystem übermittelt, das mit der vollständigen Darstellung antwortet, hier: Die gewünschte Suite „SUA“ ist in der Woche vom 22.09.2014 bis 29.09.2014 aktuell mit mehr als neun Einheiten verfügbar. Weiterführende Hotelbeschreibungen werden in codierter Form (gemäß Veranstalterkatalog) ergänzt. (Der in der letzten Zeile integrierte Internet-Link ermöglicht hier den Aufruf der Katalogseite.)

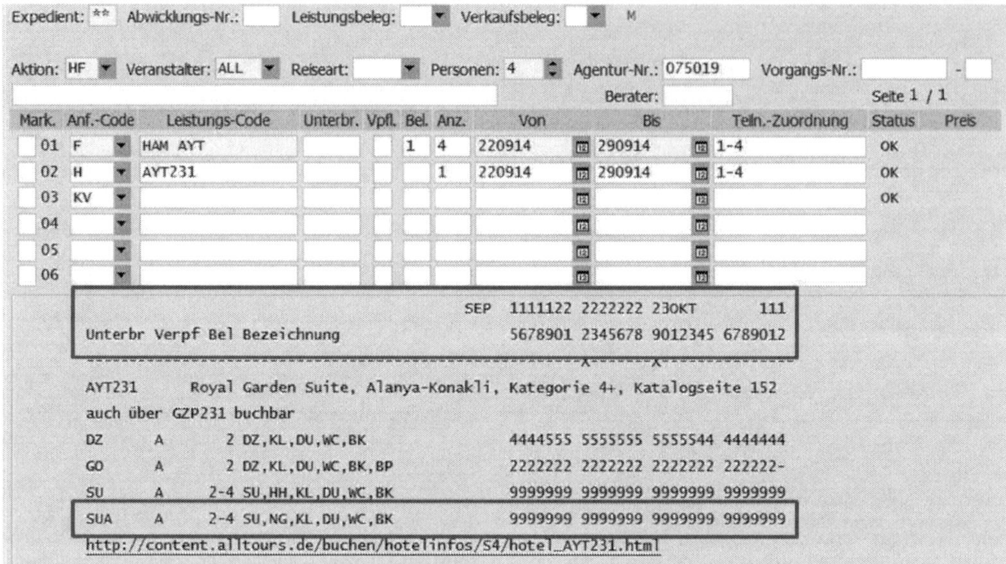

Unterbr	Verpfl	Beleg	Bezeichnung	SEP 2 ... 2 2 ... 9
Unterbringungsart, z.B. SUA = Suite	Verpflegungsart, z.B. A = All Inclusive	Belegung, z.B. 2-4 = 2-4 Personen	Zimmer-Eigenschaften, z.B. NG = Nebengebäude, KL = Klimaanlage, DU = Dusche, BK = Balkon	Aufenthaltszeitraum, z.B. 22.09. bis 29.09.

Abb. 3.4.9 *Hotelvakanzabfrage im TOMA-Verfahren*

Wenn die Müllers mehrere Angebote bei unterschiedlichen Veranstaltern und in unterschiedlichen Zielgebieten in die engere Wahl genommen hätten, oder wenn zur Hauptsaison Flug- oder Hotelleistungen nicht mehr ausreichend verfügbar wären, müssten diese Anfragen entsprechend häufig wiederholt werden.

Wenn die Verfügbarkeiten geprüft und gegeben sind, ist die TOMA-Buchungsmaske gemäß Abbildung 3.4.7 zu vervollständigen, und dieser Beratungsprozess wird mit der verbindlichen Buchung im Veranstaltersystem abgeschlossen.

3.4.3 Folgende Prozessstufen

Eine schriftliche Reisebestätigung wird vom Veranstaltersystem zur Unterschrift übermittelt. Das Inkasso des Reisepreises, die Abrechnung der Provision sowie die Erstellung und der Versand der Reiseunterlagen wird vom Veranstaltersystem gesteuert und gemäß den Festlegungen im Agenturvertrag zwischen Veranstalter und Reisebüro(-kette) durchgeführt (z. B. Direktinkasso beim Reisekunden durch den Reiseveranstalter oder Inkasso durch das Reisebüro, Versand der Reiseunterlagen direkt vom Veranstalter an den Reisekunden oder Versand an das Reisebüro zur Aushändigung an den Kunden, vgl. Kap. 4.6).

Die im Reisebüro ermittelten und erfassten Reise- und Buchungsdaten werden, wie in den Prozessen A und B dargestellt, via TOMA an das reservierende Veranstaltersystem übertragen. Um aber auch im Reisebüro basierend auf dieser Geschäftstransaktion und seinen Daten Mid-Office-Dienste (z. B. Kunden-, Vorgangsverwaltung, Kundenbindungsmaßnahmen) und Back-Office-Funktionen (z. B. Management-Information, Finanzbuchhaltung, Controlling) IT-gestützt durchführen zu können, müssen die Daten auch dem System des Reisebüros bzw. seines IT-Dienstleisters zur Verfügung gestellt werden. Dazu bieten die GDS den Reisemittlern an, die an die Veranstalter weiter geleiteten und bestätigten Daten an das Mid- und Back-Office-System des Reisemittlers (zurück) zu übertragen. Die Reisemittlersysteme haben entsprechende Schnittstellen, um diese Daten aufzunehmen und in ihre Datenbanken zu integrieren. Teilweise bieten die GDS auch selbst diese Mid- und Back-Office-Systeme den Reisemittlern bzw. den Reisebüroketten als zusätzlich IT-Dienstleistungen an (vgl. Kap. 3.1).[1]

Quellen:

Amadeus Germany GmbH, amadeus.com.

Deutscher Reiseverband DRV, drv.de/fachthemen/informationstechnologie-onlinevertrieb.

Galileo und Worldspan über Travelport, travelport.com.

Goecke, R., Eberhard, T., Roth, J., Neue Wege zur Navigation durch die Datenflut der Reiseangebote – auf der Suche nach neuer Beratungsqualität im digitalen Zeitalter, Fakultät für Tourismus, 2010, Hochschule München, http://w3-mediapool.hm.edu/mediapool/media/fk14/fk14_lokal/diefakultt_1/forschungundprojekte/it/Arbeitsberichtl-Goecke_Eberhard_Roth_Internet.pdf, (Zugriff 20.6.14).

Sabre Deutschland Marketing GmbH, http://de.eu.sabretravelnetwork.com.

TravelTainment GmbH, traveltainment.de/tt-bistroportal.

---

1 Das erweiterte TT-BistroPortal2 bietet mit dem Dashboard eine Mid-Office-Funktion, mit der eine Übersicht aller BistroPortal-Buchungen, Stornierungen und Optionen dargestellt werden kann.

3.5 Geschäftsreisemanagement und IT-Systeme

Klaus Fischer

Analysen zeigen seit mehreren Jahren auf, dass

- Kostenkontrolle durch
  - bestmögliche Einkaufsbedingungen
  - Budgeteinhaltung
  - Beachtung der Reiserichtlinien
- Datentransparenz und
- Sicherheitsmanagement für Geschäftsreisende

zu den Top-Themen des Geschäftsreisemanagements gehören (z. B. Paystreamadvisors 2014).

Um diese drei Themen erfolgreich zu managen, müssen differenzierte Daten über die in den Unternehmen getätigten Geschäftsreisen vorliegen. Diese Daten sind die Grundlage sowohl für die genaue Identifizierung der Kostenarten bzw. Kostentreiber, für das Krisenmanagement sowie für die generelle Datentransparenz, die die Voraussetzung für eine effektive Kostenkontrolle ist. Die Basis für die Bereitstellung der notwendigen Daten ist der gezielte und effiziente Einsatz der Informationstechnologie (IT). Effizienz muss hier bedeuten, dass die eingesetzte Technik die notwendigen Geschäftsreise-Prozesse unterstützt und nicht verkompliziert. Um das zu gewährleisten, ist eine sorgfältige Analyse des Geschäftsprozesses „Ein Mitarbeiter geht auf Reisen“ notwendig. So kann festlegt werden, welche Prozessschritte die IT unterstützen sollte und welche nicht. Ausgangspunkt ist also nicht das technisch Machbare, sondern das technisch Sinnvolle.

Typische Fehler, die Ursache dafür sind, dass die mit den drei Top-Themen verbundenen Ziele nicht erreicht werden, sind:

- Die Möglichkeiten, die Kosten für Geschäftsreisen aktiv zu managen, werden unterschätzt. Es findet keine Steuerung in Form von Preisverhandlungen, Volumenbündelung und der Aufstellung von Regularien für die Reisenden in Form einer Reiserichtlinie statt. Ein Geschäftsreisemanagement setzt voraus, dass detaillierte Informationen über das Reiseverhalten vorliegen, um die notwendigen Prognosen vornehmen zu können und um zu erkennen, wo eine Regulierung des Reiseverhaltens notwendig ist.
- Bei der Prüfung einer IT-Unterstützung findet eine singuläre Fokussierung auf den Post-Trip Prozess statt. Nur die Reisekosten, für die der Mitarbeiter in Vorleistung getreten ist, werden erfasst und automatisch für die Weiterverarbeitung in der Buchhaltung und für die Auslagenerstattung an das Rechnungswesen-System weitergereicht. Dieses Vorgehen ist nachteilig für die beiden erstgenannten Top-Themen. Der Detaillierungsgrad der Daten, der für das Rechnungswesen benötigt wird, ist für die optimale Steuerung des Reisebudgets nicht ausreichend.
  Entsteht eine zeitkritische Krisensituation, wird es sehr zeitaufwändig, die notwendige Information über den aktuellen Aufenthaltsort des Reisenden zu beschaffen, da diese aus

unterschiedlichen i. d. R. externen Systemen (System des Reisebüros oder der Leistungsträger) zusammengeführt werden muss.

– Es werden IT-Funktionen unkritisch genutzt. Der Prozess wird verkompliziert auf Kosten der Benutzerfreundlichkeit und damit der Benutzerakzeptanz. Die Benutzerakzeptanz ist aber der entscheidende Erfolgsfaktor für den unterstützenden IT Einsatz. Denn viele der IT-gestützten Prozessschritte sind von dem Reisenden oder einem sogenannten „Travel Arranger" durchzuführen, um den Prozess effizienter zu gestalten und damit die Prozesskosten zu senken. Diese Benutzergruppe ist typischerweise sehr heterogen. Es gibt die Vielreisenden und damit erfahrene Nutzer, und es gibt die Gelegenheitsreisenden, die einige wenige Reisen im Jahr absolvieren und sich daher jedes Mal wieder mit dem Prozessablauf vertraut machen müssen. Gleiches kann auch für einen Travel Arranger, der die Datenerfassung für eine Gruppe von Kolleginnen und Kollegen übernimmt, gelten. Für beide Benutzergruppen muss die Nutzung der IT-gestützten Prozessschritte ohne großen Schulungsaufwand möglich sein. Die einfache Handhabung und die damit verbundene Benutzerfreundlichkeit ist ein Schlüssel zum Erfolg.

Nachfolgend soll ein Überblick über die IT-Systeme gegeben werden, die ein Unternehmen für die Unterstützung des Geschäftsreiseprozesses einsetzen kann. Die IT-Systeme, die die Reisemittler (vgl. Kap. 3.1) nutzen oder die Reservierungssysteme wie die Globalen Distributionssysteme (vgl. Kap. 3.2) werden an dieser Stelle nicht explizit betrachtet.

3.5.1 Grundlegende Begriffe

- **Geschäftsreisemanagement**

Für die Bundesrepublik Deutschland wird in den Lohnsteuer-Richtlinien geregelt, wann und in welchem Umfang ein Arbeitgeber seinem Arbeitnehmer steuerfrei Kosten erstatten bzw. eine Aufwandentschädigung für eine beruflich bedingte Reisetätigkeit zahlen kann. Diese Richtlinie regelt auch, wann von einer vom Arbeitgeber veranlassten Reisetätigkeit auszugehen ist. Die rechtliche Definition ist demnach aus nationalen Gesetzen abzuleiten und kann von Land zu Land unterschiedlich sein. Nachfolgend soll daher der im allgemeinen Sprachgebrauch genutzte Begriff der Geschäftsreise genutzt werden, der für eine beruflich bedingte Reisetätigkeit steht. Die auf diese Reisen spezialisierten Reisemittler werden als Geschäftsreisebüros bezeichnet. In der deutschsprachigen Praxis wird sehr häufig der englischsprachige Begriff der Travel Management Company (TMC) genutzt (Wilbers 2008, S. 66).

Ebenso hat sich in der Praxis eine Begriffsvielfalt rund um die Geschäftsreise für die gleichen Aktivitäten entwickelt. Neben Geschäftsreisemanagement sind gebräuchliche Begriffe „Reisemanagement", „Business Travel Management BTM" oder nur „Travel Management TM". Gemeinsam ist allen Begriffen, dass der Terminus „Management" enthalten ist. Damit wird deutlich gemacht, dass es sich um einen gemanagten Geschäftsprozess handelt, der so zu gestalten ist, dass die eingesetzten Ressourcen optimal zur Zielerreichung genutzt werden. Travel Management stellt damit den Prozess zur Planung, Organisation, Abwicklung und Kontrolle der Geschäftsreisen dar. Bei der Abwicklung dieses Prozesses sind unterschiedliche unternehmensinterne und externe Personen und Organisationseinheiten beteiligt. Aus IT-Sicht gibt das einen ersten Hinweis darauf, dass unterschiedliche IT-Systeme diesen Prozess unterstützen können und Daten bei unterschiedlichen Prozessschritten für unterschiedliche Prozessaktivitäten zur Verfügung gestellt werden müssen.

- **Prozess Geschäftsreise**

Dieser Prozess kann in drei in zeitlicher Abhängigkeit zueinander stehende Teilprozesse untergliedert werden:

- Pre-Trip-Prozessaktivitäten
- On-Trip-Prozessaktivitäten
- Post-Trip-Prozessaktivitäten

Eine Übersicht der Aktivitäten je Teilprozess, die mittels des Einsatzes eines IT-Systems unterstützt werden können, zeigen die Abbildungen 3.5.1 bis 3.5.3. Nicht in jedem praktischen Anwendungsszenario werden alle Prozessaktivitäten durchlaufen. Die Unterstützung eines IT-Systems ist auf die spezifischen Anforderungen des einzelnen Unternehmens anzupassen.

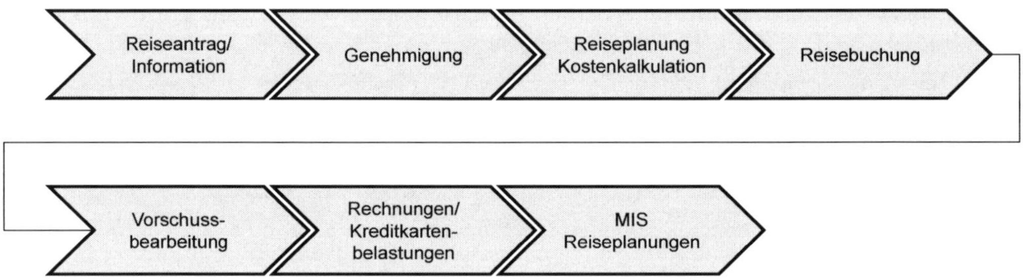

Abb. 3.5.1 *Geschäftsreise-Teilprozess Pre-Trip*

Anhand der Abbildung 3.5.1 sollen die in den Prozess typischerweise eingebundenen Rollen dargestellt werden:

- *Travel Arranger*: Übernimmt für eine Gruppe von Reisenden die Datenerfassung und -bearbeitung, in dieser Phase zum Zwecke der Beantragung, der Planung und der Buchung von Reisedienstleistungen. In der Phase Post-Trip ergänzt und, sofern notwendig, aktualisiert der Travel Arranger die Daten, die danach zur Berechnung der Gesamtkosten der Reise und zur Berechnung des Erstattungsbetrages für den Reisenden herangezogen werden.
- *Reisender*: Übernimmt die für den Travel Arranger beschriebene Aufgabe sofern diese Rolle in dem Prozess nicht vorgesehen ist. Zusätzlich kann er auch während des On-Trip-Prozesses Daten erfassen.
- *Vorgesetzter:* Die Führungskraft des Reisenden muss den Reiseantrag seines Mitarbeiters prüfen, sofern ein solcher Antragsprozess vorgesehen ist. Der Antragsprozess kann einen unterschiedlichen Grad an Formalisierung und Automatisierung aufweisen.

- *Travel Management*: Steuert für eine Organisation, z. B. ein Unternehmen oder eine Behörde, den Prozess durch die Entwicklung einer Reiserichtlinie, Preisverhandlungen mit den Leistungsträgern und durch das Controlling des Gesamtreisebudgets. Der Erfolg der Arbeit des Travel Management ist stark abhängig von der Qualität des zur Verfügung stehenden Management Informationssystems (MIS).
- *Travel Management Company (TMC)*: Ein auf Geschäftsreisen spezialisierter Reisemittler. Hauptaufgabe besteht in der Bereitstellung, der für eine Reise notwendigen Reisedienstleistungen in Form von Buchungen und Reservierungen unter Berücksichtigung der Vorgaben des Travel Managements des beauftragenden Unternehmens und des Reisenden. Eine TMC kann auch die Rolle des Travel Managements ganz oder teilweise für seinen Auftraggeber übernehmen.

Mit jeder dieser Rollen sind spezifische Anforderungen an das oder die zur Prozessunterstützung eingesetzten IT-Systeme verbunden. Das gilt für die Anforderungen hinsichtlich der verfügbaren Funktionalität und der Benutzerfreundlichkeit.

In dem Teilprozess **Pre-Trip** können alle beschriebenen Rollen involviert sein: Der Reisende bzw. sein Travel Arranger bei der Reisebeantragung bzw. der Reiseplanung, der Vorgesetzte bei der Genehmigung des Antrages, im Anschluss daran die TMC für die Bereitstellung der eingeplanten Reisedienstleistungen und das Travel Management bei der Planung, Steuerung und Kontrolle der Qualität und der Quantität der Reisedienstleistungen und der Einhaltung der Reiserichtlinie (Brochhausen u. a. 2003, S. 33f.).

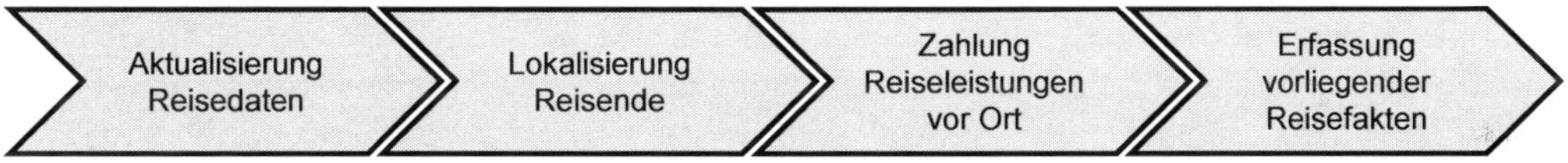

Abb. 3.5.2 *Geschäftsreise-Teilprozess On-Trip*

Der Einsatz von mobilen IT-Endgeräten hat den in Abbildung 3.5.2 dargestellten **On-Trip** Teilprozess aus Sicht der IT-Systeme nachhaltig geändert. Die Nutzung von Smartphones oder Tablets ermöglichen es dem Reisenden während der Reise einen Informationsaustausch mit dem zentralen IT-System durch die Nutzung spezifischer Anwendungsprogramme vorzunehmen. Bei mobilen Endgeräten hat sich aus der englischen Übersetzung für Anwendungsprogramm der Begriff „App" im Sprachgebrauch eingebürgert. Der Informationsaustausch beinhaltet die Möglichkeit zusätzliche oder aktualisierte Daten zu seinem Reiseverlauf zu erhalten. Umgekehrt kann der Reisende schon während der Reise die Vervollständigung der Reisefakten vornehmen, indem er z. B. Belege über seine Auslagen, die während der Reise entstanden sind, in dem zentralem IT-System über sein mobiles Endgerät erfasst. Dazu gehört auch die Möglichkeit, dass er zu den von ihm erfassten Daten den Originalbeleg in digitaler Form ergänzt. Im Krisenfall kann ein direkter Kontakt zwischen dem Reisenden und den ihn unterstützenden Organisationseinheiten (Travel Manager, TMC, Risk-Management) hergestellt werden, um Informationen auszutauschen oder um den Reisenden zu lokalisieren, damit die nötigen Hilfsmaßnahmen eingeleitet werden können.

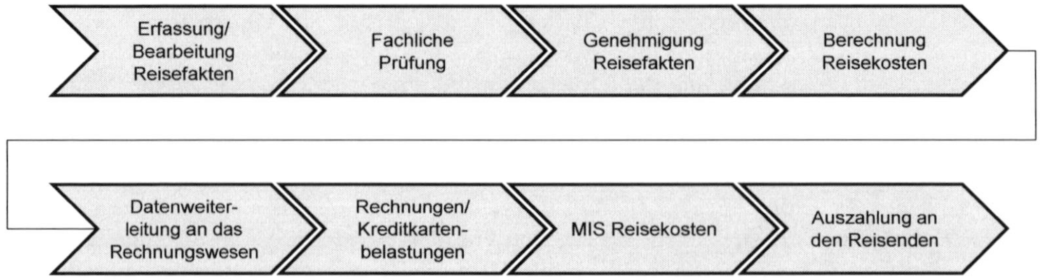

Abb. 3.5.3 *Geschäftsreise-Teilprozess Post-Trip*

Der Teilprozess **Post-Trip** zeichnet sich dadurch aus, dass viele Prozessschritte automatisch ablaufen können. Nachdem der Reisende die Reisedaten, die zum großen Teil bereits in den beiden vorgelagerten Schritte erfasst oder erzeugt wurden, ergänzt hat, werden, sofern vorgesehen, vor der Weiterverarbeitung der Daten eine fachliche Prüfung und/oder eine Genehmigung der Reisefakten vorgenommen. Die fachliche Prüfung besteht im Wesentlichen aus der Kontrolle der Reisebelege hinsichtlich Vollständigkeit der Belege, der Vollständigkeit der notwendigen Informationen pro Beleg und dem Abgleich auf Vollständigkeit und Korrektheit der dazu erfassten Daten im IT-System. Sind die Belege digitalisiert und stehen in einem optischen Archiv zur Verfügung, kann diese Prüfung durch spezielle Anwendungsprogramme teilweise automatisiert werden. Die Genehmigung der Reisefakten erfolgt meistens durch den Vorgesetzten des Reisenden. Die Weiterleitung der zu genehmigenden Daten an den Vorgesetzen kann durch einen automatisierten Workflow erfolgen. Es wird eine Workflow-Aufgabe erzeugt, die die wichtigsten Details der Reise beinhaltet. Bei diesem Teilschritt erhält der Vorgesetzte erstmals in dem gesamten Prozess den Überblick über die tatsächlich angefallen Kosten. Meistens wird diese Workflow-Aufgabe mit den Optionen „Genehmigen" oder „Ablehnen" versehen.

Danach können die Kosten der Geschäftsreise, Kostenarten und -träger genau berechnet werden, um den Erstattungsbetrag an den Reisenden auszuzahlen und die Daten an das Rechnungswesen weiterzuleiten. Bei der Berechnung des Erstattungsbetrages müssen gezahlte Vorschüsse verrechnet werden und die vom Unternehmen direkt bezahlten Reisedienstleistungen, z. B. Flugtickets, dürfen in diesen Betrag nicht einfließen. Bei der Bereitstellung der Daten für das Rechnungswesen, Buchhaltung und Controlling, muss der Betrag für das Flugticket enthalten sein, denn es gilt die Gesamtkosten einer Reise darzustellen.

- **IT-System**

Der Einsatz eines IT-Systems hat auch im Reisemanagement das Ziel den Prozess zu optimieren und dadurch Prozesskosten einzusparen. Optimieren bedeutet, dass Prozessschritte automatisiert oder beschleunigt abgearbeitet werden können. Aktuelle Analysen zeigen auf, bei welchen Prozessteilschritten Handlungsbedarf für die Optimierung durch IT-Systeme bestehen. Abb. 3.5.4 zeigt die drei meistgenannten Herausforderungen, die zu bewältigen sind, um eine Verbesserung des Reisemanagement-Prozesses zu erreichen (Paystreamadvisors 2014, S. 8). Diese drei Punkte verdeutlichen, dass IT-Systeme ganz unterschiedliche Aktivitäten in den geschilderten Teilprozessen unterstützen sollen. Für die Anwendungsschicht des IT-Systems bedeutet dies, es müssen unterschiedliche Funktionen mittels geeigneter Anwendungsprogramme unterstützt werden.

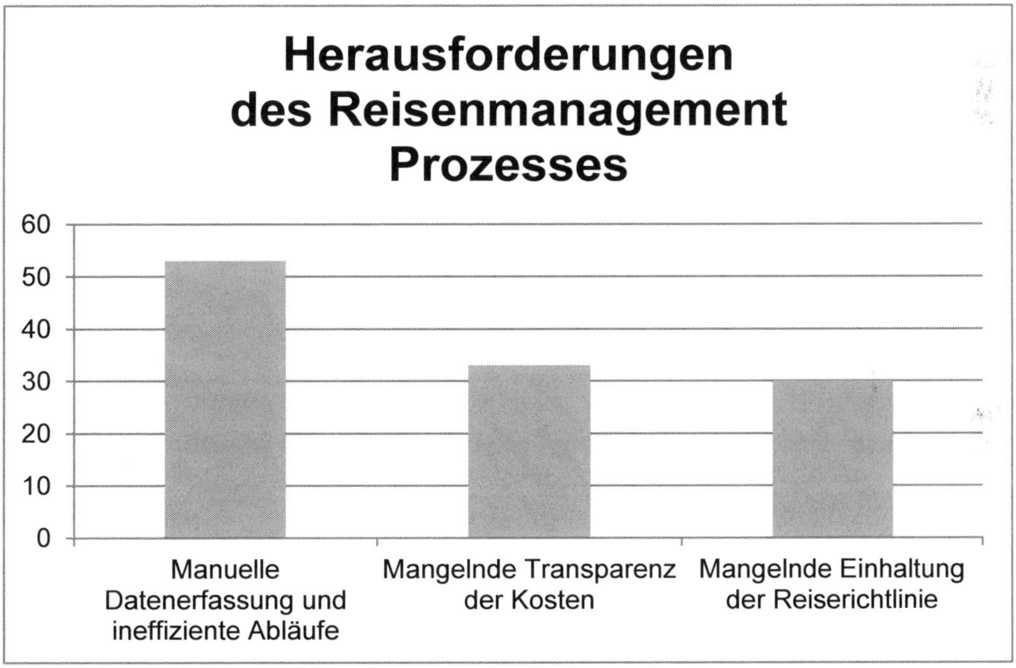

Abb. 3.5.4 *Herausforderungen*

Die Gesamtheit der IT-Systeme, die ein Unternehmen zur Unterstützung des Prozesses einsetzt, kann als Reisemanagement-System im weiteren Sinne bezeichnet werden. Abbildung 3.5.5 zeigt die typischen Anwendungen und den typischen Informationsfluss auf. Es wird ersichtlich, dass ein Reisemanagement-System durch die Integration einer Reihe von unternehmensinternen und -externen Anwendungskomponenten entsteht. Ein solches IT-System lässt wichtige Schritte der beschriebenen Teilprozesse automatisiert ablaufen.

Bei einem Reisemanagement-System im engeren Sinne handelt es sich um die IT-Systemkomponenten, die auf die Datenobjekte *Reisender* und *Reise* fokussiert sind.

Aus Sicht der Anwendungsschicht handelt es sich um die Softwarelösungen, mittels denen der Reiseantrag, der Reiseplan und die Reisekostenabrechnung administriert, d. h. erfasst, geändert, angezeigt, storniert oder gelöscht, werden kann.

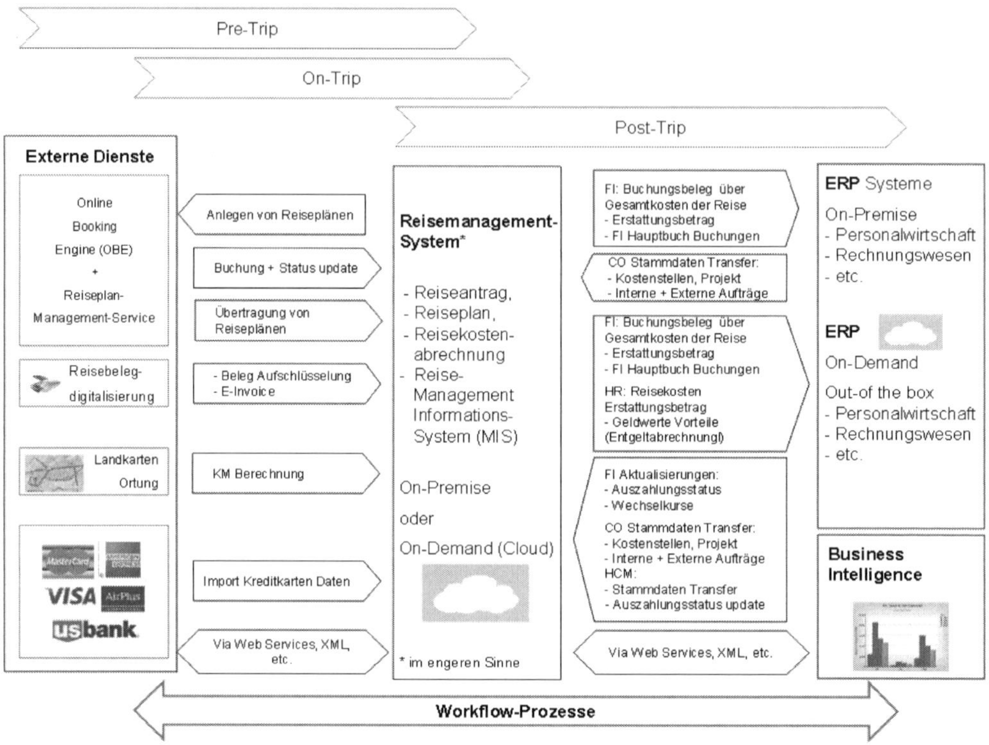

FI = Rechnungswesen; HR = Personalwirtschaft; CO = Controlling; ERP = Enterprise Resource Planning;

Abb. 3.5.5 *Reisemanagement im weiteren Sinne: Anwendungen und Informationsfluss*

Eine andere Kategorisierung ergibt sich aus der Frage, wer betreibt die IT-Systeme. Ist es die IT-Abteilung des Unternehmens oder wird auf das IT-System eines IT-Dienstanbieters zurückgegriffen. Zur Unterscheidung dieser beiden Nutzungsmodelle von Soft- und Hardware haben sich die Begriffe On-Premise und On-Demand etabliert. Hinter dem zuletzt genannten verbirgt sich das sogenannte Cloud-Computing. Die genannten unternehmensexternen Anwendungskomponenten werden von einem IT-Dienstanbieter als On-Demand-Lösung den nutzenden Unternehmen zur Verfügung gestellt.

3.5.2 Externe Dienste

Die in Abbildung 3.5.5 dargestellten Anwendungen sollen im Nachfolgenden genauer analysiert werden, mit dem Ziel, typische Software-Lösungsansätze für die Teilprozesse vorzustellen.

- **Online Booking Engine (OBE)**

Die Kategorisierung der Online Booking Engine (OBE) als „Externer Dienst“ leitet sich daraus ab, dass aus Sicht des anwendungsnutzenden Unternehmens auf Programme und Content externer Dienstanbieter zurückgegriffen wird. Es handelt sich also um eine Nutzungsart des Cloud-Computing. Der zentrale Prozessschritt des Pre-Trip-Prozesses ist das Buchen der notwendigen Reisedienstleistungen. Dies erfolgt über die per Internet angebundenen OBE. Einige Anbieter bieten ihren Kunden auch die alternative Nutzung basierend auf dem Erwerb von Nutzungslizenzen an. Dann wird die OBE-Software auf Servern des Lizenznehmers installiert.

Der Begriff der OBE wird hier in Abgrenzung zur Internet Booking Engine (IBE) genutzt. Die OBE wird im Geschäftsreisemanagement eingesetzt und bietet die Möglichkeit Regelungen der Reiserichtlinie in der Engine abzubilden und ermöglicht den gezielten Zugriff auf die vom Unternehmen ausgehandelten Preise (Firmenraten). Ebenfalls in Abgrenzung zur IBE ermöglicht die OBE die Konsolidierung der Daten verschiedener Buchungssysteme und die Synchronisation der Stammdaten der Reisenden zwischen einem Personalmanagementsystem oder einem Reisemittlersystem und der OBE zur Aktualisierung der notwendigen Profildaten. Eine IBE, die für die Buchung von Privatreisen genutzt wird (vgl. Kap. 3.7), ist i. d. R. preisorientiert und bietet neben dem Preis eine Reihe von zusätzlichen Selektionskriterien zur Spezifizierung eines Reisewunsches. Gemäß dieser Abgrenzung werden Online-Buchungen von Reisedienstleistungen auf Basis Business to Business (B2B) mit Hilfe einer OBE und auf der Basis Business to Consumer (B2C) mit Hilfe einer IBE durchgeführt.

Die am Markt angebotenen OBEs bieten Funktionen an, die von den oben beschriebenen Charakteristika geprägt sind. Standard ist es, dass eine OBE mit verschiedenen Kategorien von Reservierungssystemen und innerhalb einer Kategorie auch mit Reservierungssystemen verschiedener Anbieter verbunden werden kann. Bei den Kategorien lässt die Kategorie der Global Distribution Systems (GDS) von Reservierungssystemen (vgl. Kap. 3.2 u. 3.3), die sich auf einen Leistungsträger, z. B. Hotel, oder auf eine Region beschränken, abgrenzen. Eine dritte Kategorie sind die Buchungssysteme der Leistungsträger, also Airlines, Bahngesellschaften, Mietwagenanbieter etc. So können Unternehmen mit Standorten in verschiedenen Ländern eine OBE global nutzen und dennoch unterschiedliche, gemäß regionaler Präferenz, GDS-Lösungen integrieren. Abbildung 3.5.6 zeigt die Kernfunktionalitäten einer OBE auf. Die Integration eines oder mehrerer Reisemittlersysteme (IT-Systeme der TMC) ist für das Fulfillment der Buchungen, die mittels eines GDS erzeugt werden, notwendig. Dies gilt insbesondere für die Flugbuchung, da für die Ticketausstellung die Lizensierung der International Air Transport Association (IATA) notwendig ist, die ein Unternehmen i. d. R. nicht besitzt. Im Zusammenwirken der OBE mit dem GDS werden die erzeugten Buchungsdaten, zusammengefasst in dem Passenger Name Record (PNR), von dem GDS an das zuständige Reisemittlersystem übertragen. Dort können die Mitarbeiter der TMC die ergänzenden Prozessschritte, z. B. die Ticketerstellung, durchführen oder die Daten verändern (vgl. auch Kap. 3.1). Veränderungen können darin begründet sein, dass eine Buchung etwa hinsichtlich des Preises optimiert wird, oder dass eine Umbuchung bzw. eine Stornierung erfolgt. In der Praxis ist es üblich, dass Umbuchungen und Stornierungen von Flügen nicht über die OBE vom Reisenden/Travel Arranger vorgenommen werden dürfen. Wegen der Komplexität der von den Airlines erhobenen Umbuchungs- bzw. Stornogebühren werden diese Vorgänge den Experten der TMC überlassen. Die im Reisemittlersystem vorgenommene Aktualisierung der Online-Buchung wird über das GDS in die OBE synchronisiert. Dies zeigt der Doppelpfeil zwischen Reisemittlersystem und dem GDS in Abb. 3.5.6 an. Ähnliches gilt für komplexe Flugverbindungen. Sie werden von den Experten der TMC in dessen Systemen gebucht. Diese Buchungen werden als Offline Buchungen (auch Untouched Booking) bezeichnet. Durch eine automatisierte Synchronisation werden diese Reisedaten aus dem GDS in die OBE übertragen. Damit ist gewährleistet, dass alle Reisebuchungen in der OBE verfügbar sind und diese damit die zentrale Anwendung ist, die alle Daten zu Reisebuchungen beinhaltet. In Abb. 3.5.6 ist dieser Datenfluss mit den gestrichelten Pfeilen dargestellt.

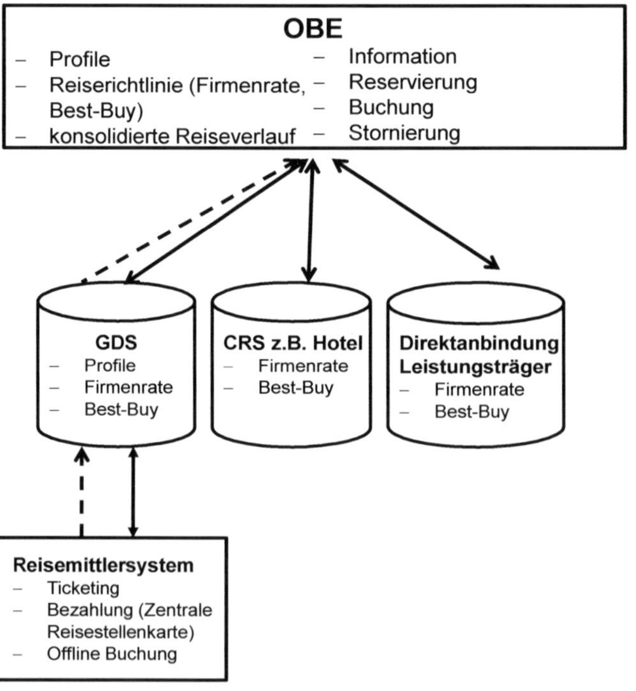

Abb. 3.5.6 Online Booking Engine

Die OBE-Anbieter sind auf Reisebranchen-Lösungen spezialisierte Softwareunternehmen. Dazu gehören unter anderen die Anbieter der Globalen Distributionssysteme (GDS), wie z. B. die drei Marktführer Amadeus, Sabre und Travelport. Auch deren OBE-Lösungen sind Multi-GDS-fähig. Für das Beispiel von Amadeus heißt das, dass deren OBE-Lösung mit dem

Sabre GDS oder mit den beiden GDS aus dem Hause Travelport integriert werden kann. Hier mussten diese Anbieter auf die Anforderungen des Marktes reagieren. Lösungsansätze, die hinsichtlich der Einbindung von Reservierungssystemen Restriktionen aufwiesen, im Sinne von: *die OBE des Anbieters A kann nur mit dem GDS des Anbieters A zusammenarbeiten*, fanden am Markt keine Akzeptanz. Für global agierende Unternehmen, die in Abhängigkeit von den Ländern, in denen sich ihre Standorte befinden, unterschiedliche GDS nutzen, ist es nicht hinnehmbar, dass sie wegen der Nutzung der OBE das GDS wechseln müssten oder auf die Einbindung anderer Reservierungssysteme verzichten müssten. Für die Anbieter einer OBE-Lösung bedeutet dies, dass sie einen hohen Aufwand betreiben müssen, die verschiedenen Reservierungsoptionen zu integrieren. Dies gilt auch umgekehrt für das zu integrierende System. Mangels IT-Standards in der Reisebranche muss für jeden Einzelfall die Schnittstelle spezifiziert und entwickelt werden. Mittels einer service-orientierten Architektur wird auf beiden Seiten versucht den Integrationsaufwand zu reduzieren. Bei der Auswahl einer OBE ist daher genau zu prüfen, ob die aus Sicht des Travel Managements notwendigen Reservierungs- und Buchungsdienste nutzbar sind. Da die Anwendung auf Servern des OBE-Anbieters läuft und somit die Profil- und die Buchungsdaten auf Servern des Anbieters gespeichert werden, ist aus Sicht des Datenschutzes zu prüfen, inwieweit es kritisch ist, dass Mitarbeiterdaten und Reisedaten auf externen Servern gespeichert werden.

Ebenfalls als Anbieter von OBE-Lösungen treten die TMCs auf. Nur in wenigen Ausnahmefällen handelt es sich dabei um eigenentwickelte Lösungen. In der Regel werden die Lösungen der spezialisierten Software-Anbieter als White Label-Produkt mit eigenen Oberflächen und evtl. angereichert mit kleineren eigen entwickelten Features vermarktet. Damit verbunden ist das Ziel das Lösungsportfolio für die TMC-Kunden zu ergänzen.

Die Anwender der OBE sind die Reisenden oder die Travel Arranger. Ein Ziel des Einsatzes der OBE ist die Optimierung der Buchungsprozessschritte. Die TMC soll für weniger komplexe Reise für den Buchungsschritt nicht mehr in Anspruch genommen werden. Die Aufgabe der TMC beschränkt sich dann, etwa bei der Flugbuchung, auf das Ausstellen des Tickets. Damit verbunden ist eine Reduzierung der Prozesskosten, da sich das Service-Entgelt für die TMC aufgrund des geringeren Aufwandes reduziert. Auch wenn komplexe Flugbuchungen, Umbuchungen oder Stornierungen von der Experten der TMC gebucht werden, ist die Nutzung der OBE zur Erfassung des Reiseplanes bzw. der Reiseplanänderung als Kommunikationsmedium mit der TMC sinnvoll. Der direkte Kontakt zwischen Reisenden/Travel Arranger soll vermieden oder auf ein Minimum reduziert werden, da dies zeitaufwendig und mit erhöhten Prozesskosten verbunden ist. Eine wichtige Kennzahl ist in diesem Zusammenhang die Online-Adoption-Rate. Mit ihr wird gemessen wie viele der online buchbaren Reisen tatsächlich online gebucht werden. Aus Sicht des Travel Managements sollte die Rate so hoch wie möglich sein. Nur so können die notwendigen Investitionen durch eingesparte Prozesskosten, durch Optimierung der Einkaufssteuerung und durch Kosteneinsparungen in Folge reiserichtlinien-konformes Buchungsverhalten amortisiert werden. Reiserichtlinien-konform heißt, dass die OBE so konfiguriert wird, dass bei dem Vorliegen der vom Unternehmen ausgehandelten Rabatte nur diese buchbar sind. Für den Fall, dass eine Firmenrate nicht existiert und das Best-Buy-Prinzip gilt, werden die preisgünstigsten Angebote mit der höchsten Priorität angezeigt. Die Auswahl eines teureren Angebotes könnte die Erfassung einer Begründung erforderlich machen. Es können leistungsspezifische Höchstpreisgrenzen definiert werden, z. B. Maximalpreis pro Hotelübernachtung. Dazu gehören die Vorgaben für zulässige Klassen, z. B. bei Bahn- oder Flugbuchungen. Diese können ergänzend in Abhängigkeit von Reisedauer, Entfernung oder anderen Kriterien differenziert werden.

Der wirtschaftliche Einsatz einer OBE setzt voraus, dass es eine ausreichende Anzahl an online-fähigen Buchungen gibt. Ein Unterschreiten dieser Anzahl kann darin begründet sein, dass das Reisevolumen so gering ist, dass die möglichen Einspareffekte nicht ausreichen, die notwendigen Investitionen zu decken. Bei der Berechnung der Investitionen sind neben den Kosten für Soft- und Hardware auch die Kosten für die Konfiguration und der Wartung der OBE zu berücksichtigen Die Konfigurationskosten werden in der Praxis nicht selten falsch kalkuliert. Die Abbildung komplexer Genehmigungsprozesse, komplexer Reiserichtlinien oder die Einführung in mehreren Ländern und das in Zusammenarbeit mit verschiedenen TMCs sind typische Gründe für diese Fehleinschätzungen. Wie bereits ausgeführt, wird die Online-Fähigkeit durch die Komplexität einer Reise eingeschränkt. Auch eine hohe Storno- und Umbuchungsrate wirkt hier einschränkend. Es sollte vor einer Entscheidung über den Einsatz einer OBE das Buchungs- und Reiseverhalten des Unternehmens genau analysiert werden. Das Ergebnis einer solchen Analyse kann sein, dass trotz eines hohen Reisevolumens, der Einsatz eine OBE keine Prozessoptimierung darstellt, weil die Storno- und Umbuchungsrate, die wegen ihrer Komplexität über den Reisemittler abgewickelt werden, so hoch ist, dass der Anteil der online-fähigen Reisen auf unter fünfzehn Prozent sinkt. In einem solchen Fall gilt es den zweiten Schritt nicht vor dem Ersten zu tun. Prozesse, die nicht effizient sind, werden allein durch den Einsatz von IT-Systemen nicht effizient. Für die Buchung von Geschäftsreisen heißt das, dass die Mitarbeiter durch eine klar formulierte Reiserichtlinie dazu angeleitet werden, ihre Reisen sorgfältig zu planen, so dass Planänderungen die Ausnahme und nicht die Regel sind.

Ähnlich stellt sich die Problematik der unzureichend eingehaltenen Reiserichtlinie dar. Vor der Umsetzung der Reiserichtlinie in eine OBE gilt es, die Richtlinie hinsichtlich ihrer Verständlichkeit, ihrer Eindeutigkeit und der Praktikabilität der Regelungen zu prüfen. Probleme mit der Einhaltung entstehen häufig dadurch, dass die Regelungen unpräzise sind, auch weil dem Reisenden eine gewisse Flexibilität bei der Auswahl der Reisemittel zugestanden werden soll. Das ist sinnvoll, weil der Prozess der Geschäftsreise diese Flexibilität erfordert. Aber Flexibilität muss nicht im Widerspruch zu eindeutigen Reiserichtlinien stehen. In der Richtlinie sind die Regeln verbindlich zu formulieren und da wo Flexibilität notwendig ist, müssen die Ausnahmen von den Regeln ebenfalls eindeutig beschrieben werden. Im zweiten Schritt kann eine solche Reiserichtlinie in einer OBE hinterlegt werden und die Einhaltung technisch unterstützen.

- **Weitere Externe Dienste**

Ist der Einsatz einer OBE nicht sinnvoll, kann der Einsatz eines Reiseplan-Management-Service sinnvoll sein. Wie Abbildung 3.5.7 zeigt, erkennt und aggregiert ein solcher Service Reiseinformationen aus verschiedensten Quellen wie dargestellte Reiseverläufe auf Web-Seiten der Leistungsträger oder Buchungsbestätigungen, die per Mail versendet werden. So wird für einen Reisenden, für den unter Nutzung verschiedener Reservierungssysteme die Reisedienstleistungen gebucht wurden, ein einheitlicher Reiseplan erstellt. Je nach Leistungsfähigkeit des Services werden zusätzliche Informationen, z. B. der aktualisierte Stand eines Bonusprogramms, zur Verfügung gestellt. Als weiteren Vorteil bieten diese Services eine Schnittstelle, die die Daten einem anderen IT-System zur Verfügung stellt. Sinnvoll ist etwa die Übernahme der Daten in eine Anwendung zur Reisekostenabrechnung. Daten die in der Pre- bzw. On-Trip-Phase entstanden sind, stehen somit für den Post-Trip-Teilprozess zur Verfügung und müssen nicht nochmals erfasst werden. Eine solche Schnittstelle beinhaltet eine gewisse Komplexität, es muss bei der Auswahl des Reiseplan-Management-Service geprüft werden, ob ein generelles Interface vorhanden ist oder ein speziell programmiertes Interface zu der Reisemanagement-Lösung des ausgewählten Anbieters. Dies beeinflusst den Integrationsaufwand eines solchen Services.

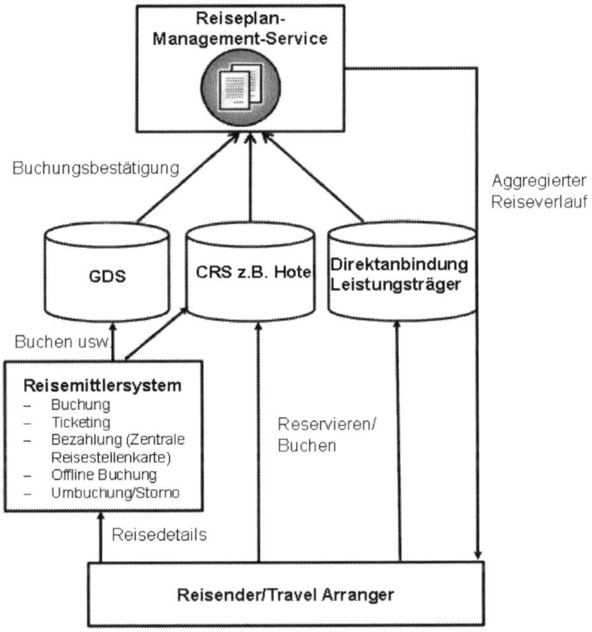

Abb. 3.5.7 *Reiseplan-Management-Service*

Die weiteren Externen Dienste der Abb. 3.5.5 dienen der automatisierten Ergänzung der Reisedaten und entlasten damit insbesondere den Reisenden von der manuellen Datenerfassung. Entlastung, also Senkung der Prozesskosten, da der Mitarbeiter seine bezahlte Arbeitszeit für seine Kernaufgaben nutzen kann, ist nicht der einzige Vorteil, auch die Gefahr von Fehleingaben sinkt. Dies ist ein weiterer Ansatzpunkt zum Senken der Prozesskosten. Je später im Prozessablauf die Fehleingabe entdeckt wird, desto aufwendiger ist die Prozess zur Korrektur der Fehleingabe.

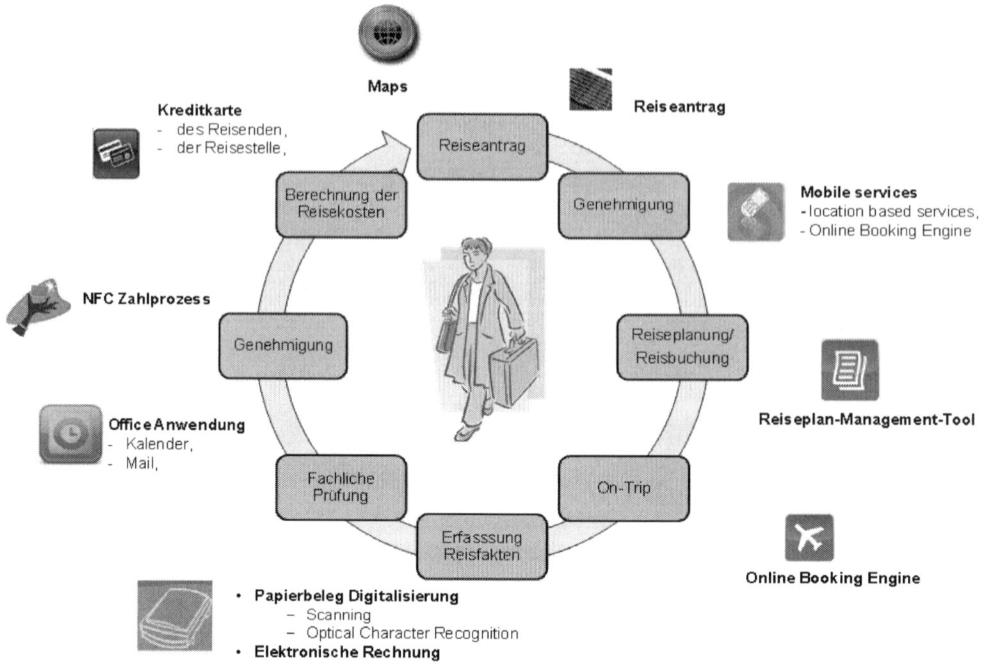

Abb. 3.5.8 *Reisedaten-Quellen*

Abbildung 3.5.8 zeigt detailliert auf, welche Anwendungen die Externen Dienste in den Teilprozessschritten Pre-Trip und On-Trip für die automatische Erfassung der Reisedaten zur Verfügung stellen. Die optimale Nutzung dieser Quellen ist ein wichtiger Baustein zur Sicherung der Vollständigkeit der Reisedatenerfassung, die Voraussetzung für die Schaffung von Datentransparenz ist. Ein schon seit längerer Zeit etablierter Service ist die Bereitstellung der Daten aus den Kreditkarten-Transaktionen. Vielfach werden zwei Arten von Kreditkarten genutzt. Zum einen die Zentrale Reisestellenkarte, die auf das Unternehmen ausgestellt ist und auch als Company Card oder Lodged-Card bezeichnet wird. Diese Karte nutzt die beauftragte TMC zur Abrechnung der durch das Unternehmen direkt bezahlten Reisedienstleistungen. Zum anderen die vom Unternehmen den Reisenden zur Verfügung gestellten personenbezogene Kreditkarte, die auch Corporate Card oder Walking Card genannt wird. Für beide Karten stellen die ausgebenden Kreditkarten-Unternehmen die Transaktionsdaten elektronisch zur Verfügung. Diese Datensätze beinhalten eine Fülle von Detailinformationen, die nicht nur für die Reisekostenermittlung, sondern auch für die Steuerungsaufgabe des Travel Managements interessant sind.

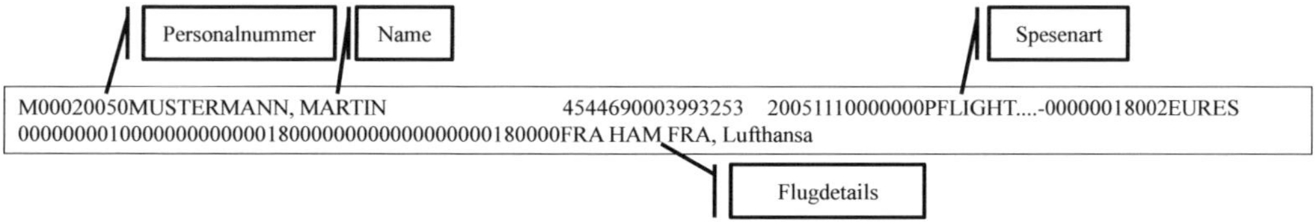

Abb. 3.5.9 *Datensatz Kreditkarten-Transaktion*

Das Beispiel für einen solchen Datensatz in Abbildung 3.5.9 zeigt, dass auch unternehmensinterne Daten, z. B. die Personalnummer des Reisenden, verarbeitet werden So kann die Zuordnung der Daten automatisch gesteuert werden. Der Reisende hat über das Reisemanagement-System Zugriff auf diese Daten und kann sie der konkreten Reise zuordnen, sofern dies nicht bereits automatisch auf der Basis von Reise- und Transaktionsdatum erfolgt. Die Nutzung dieses Externen Dienstes, der an den beschriebenen Einsatz von Kreditkarten gekoppelt ist, bietet Potential zur Prozessoptimierung. Bei der Auswahl des Reisemanagement-Systems im engeren Sinne, ist darauf zu achten, ob dieser Dienst einfach zu integrieren ist. Der gleiche Prozessablauf ist auch für elektronische Rechnungen und digitalisierte Papierbelege umsetzbar. Mittels spezieller Anwendungen ist es möglich, aus dem Image, wie es auf der rechten Seite der Abbildung 3.5.10 ersichtlich ist, differenzierte Belegarten für das Reisemanagement-System zu erzeugen, wie sie auf der linken Seite der Abbildung dargestellt sind. Ein solches Image kann der Reisende z. B. in der On-Trip-Phase mit der Digitalkamera seines Smartphones oder Tablets erzeugen.

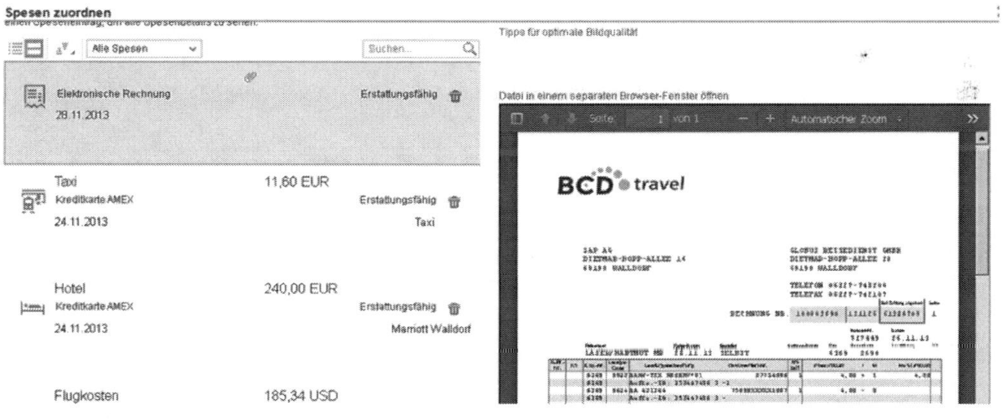

Abb. 3.5.10 *Automatisierte Datenerfassung durch elektronische Rechnung*

3.5.3 Reisemanagement-System im engeren Sinne

Das Reisemanagement-System im engeren Sinne unterstützt die Prozessschritte Reise beantragen, planen und abrechnen. Bei der Durchführung dieser Schritte kann, wie geschildert, auf Daten, die die Externen Dienste zur Verfügung stellen, zurückgegriffen werden.

- **Reiseantrag**

Der Reiseantrag ist wie Abbildung 3.5.1 aufzeigt sehr häufig der erste Prozessschritt. Sieht die Reiserichtlinie vor, dass der Mitarbeiter eine geplante Reise vor Antritt von einem Vorgesetzten genehmigen lassen muss, wie es in vielen Unternehmen geregelt ist, hängt es vom Grad der Formalisierung ab, ob die Nutzung eines IT-Systems den Prozess effizienzsteigernd unterstützen kann. Ist ein formalisierter Prozess auf der Grundlage einer strukturierten Information (Formular) vorgesehen, kann dieser mittels eines automatisierten Workflows effizient unterstützt werden. Eine der Reise nachgelagerte Genehmigung ist seltener umgesetzt. Sinnvoller ist an dieser Stelle die schon beschriebene fachliche Prüfung der Reisedaten. So wird sichergestellt, dass korrekte Daten für die Ermittlung der Reisekosten, des Erstattungsbetrages und der Weiterleitung an das Rechnungswesen herangezogen werden. Diese Prüfung findet nicht durch einen Vorgesetzten statt, sondern durch einen Sachbearbeiter der Organisationseinheit, die für die Reisekostenabrechnung verantwortlich ist. Dieser kann beurteilen, ob die Daten vollständig und dem Reiseverlauf entsprechend im System vorliegen.

Der Aufwand für die Abbildung des Workflows zur Genehmigung hängt davon ab, wie Zuständigkeiten geregelt sind. Im einfachen Fall ist der jeweilige disziplinarische Vorgesetzte für die Zustimmung bzw. Ablehnung eines Reiseantrages zuständig. Diese Information kann aus den Daten des Organisationsmanagement in Kombination mit den Personalstammdaten abgeleitet werden. Ist die Regelung komplexer, da z. B. der für die Genehmigung Zuständige nicht der direkte Vorgesetzte ist, sondern der nächst höhere Vorgesetzte, der mit einer bestimmten Handlungsvollmacht ausgestattet ist und dieser in den verschiedenen Bereichen eines Unternehmens auf unterschiedlichen Hierarchieebenen angesiedelt ist, nimmt der Aufwand für die Workflow-Gestaltung und -wartung entsprechend zu. Die Verantwortlichen sollten dann prüfen, ob der Nutzen, den eine solche Genehmigungsregelung bringt, den Aufwand, der mit Prozessautomatisierung verbunden ist, rechtfertigt.

In Sinne der Prozessoptimierung ist zu prüfen, inwieweit bei Einsatz eines Workflows Reiseanträge automatisch genehmigt werden können. Dazu müssen programmtechnisch prüfbare Kriterien definiert werden, auf deren Basis entschieden werden kann, ob der Antrag den Status „Genehmigt“ erhalten kann oder ob er zur Prüfung an den Vorgesetzten weitergeleitet werden muss. Typische Prüfkriterien für eine automatische Genehmigung sind:

- erwartete Kosten – automatische Genehmigung bei Unterschreitung eines definierten Höchstbetrags
- Reiseziel – automatische Genehmigung bei Inlandsreise
- Reisedauer – automatische Genehmigung bei eintägiger Reise.

Der automatisierte Reiseantragsprozess sollte in des Intranet oder das vorhandene Mitarbeiter-Portal integriert sein. Abbildung 3.5.11 zeigt einen Ausschnitt einer typischen Web-Seite zum Reiseantrag. Es muss natürlich darauf geachtet werden, dass alle Mitarbeiter die potentiell reisen, Zugriff auf diesen Prozess haben. Für Mitarbeiter der Produktion können Kiosksysteme bereitgestellt werden, über die sie auch andere Prozesse, wie z. B. die Beantragung ihres Urlaubs anstoßen können.

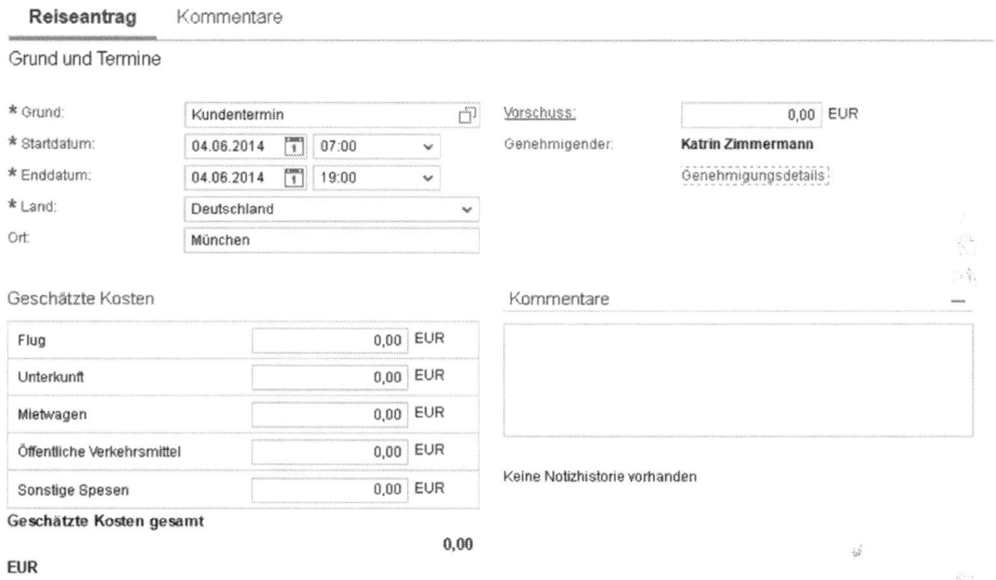

Abb. 3.5.11 *Web-basiertes Reiseantragsformular (Auszug)*

- **Reiseplan**

Daten, die im Reiseantrag erfasst wurden, werden um die Daten der Buchungen über die OBE und um Daten aus den anderen Externen Diensten zu einem Reiseplan im Reisemanagement-System zusammengefasst. Dieser Reiseplan steht als zentrale Informationsdrehscheibe für den Reisenden und für das Travel Management als Pre- und On-Trip-MIS zur Verfügung. Damit er diese Aufgabe erfüllen kann, muss er immer den aktuellen Stand einer Reise beinhalten. Die Aktualisierung der Daten ist also auch während der On-Trip-Phase zu gewährleisten. Wird während der Reise eine Änderung des Reiseverlaufs nötig, sind die ergänzten oder geänderten Daten aus den Externen Diensten zu synchronisieren. Damit ist der Reiseplan auch die Grundlage für das Sicherheitsmanagement. Er zeigt im Notfall die aktuelle Destination des reisenden Mitarbeiters auf und stellt somit die einfachste Lösung zur Ortung eines Reisenden da. Die Analyse der Aufenthaltsorte der Reisenden kann mit der MIS-Funktion der Reisemanagement-Systems erfolgen.

Alternativ kann ein Externer Dienst integriert werden. Die Anbieter sogenannter Travel Tracking Systemen arbeiten ähnlich den beschriebenen Reiseplan-Management-Tools. Die elektronisch übertragenen Reiseplandaten werden im Kontext von destinationsbezogenen Risikoeinschätzungen analysiert und aufbereitet. Die Aufbereitung erfolgt meistens mit Hilfe von Landkarten, die zeigen, wo sich aktuell Reisende aufhalten. Diese Landkarten werden ergänzt um Informationen über die unternehmensexterne und -interne Risikoeinschätzung und aktuelle Kriseninformationen. Solche Lösungen beinhaltet eine gewisse Ungenauigkeit, die in bestimmten Notfallsituationen gefährlich für den Reisenden sein kann. Wenn Reisen in bekannte Krisenregionen nicht vermieden werden können, ist die Analyse der Reiseplandaten nicht ausreichend. In solchen Fällen kann ergänzend auf technische Lösungen zurückgegriffen werden, wie z. B. die Ortung des Mobilfunkgeräts des Reisenden. Dieses setzt voraus, dass der Reisende darüber informiert ist, dass er geortet werden kann und dass er damit einverstanden ist.

- **Reisekostenabrechnung**

Bei einem geringen Automatisierungsgrad wird häufig nur der Teilprozess Reisekostenabrechnung durch den Einsatz eines IT-Systems unterstützt. Reisedaten werden dann erst im Post-Trip-Teilprozess erfasst. Ein Anwendungsprogramm zur Reisekostenabrechnung muss also alle Grundfunktionen der Datenverarbeitung unterstützen: Anlegen, Ändern, Anzeigen sowie Löschen bzw. Stornieren der Reisedaten. So kann eine Anwendung zur Reisekostenabrechnung unabhängig vom Automatisierungsgrad in die IT-System-Architektur einpasst werden. Der Markt für Softwarelösungen für die Reisekostabrechnung ist sehr groß und sehr vielfältig. Die global agierenden Softwareanbieter haben ebenso ein Angebot in ihrem Portfolio wie kleinere Spezialanbieter, die teilweise nur regional aber auch international agieren.

Die VDR-Geschäftsreiseanalyse weist für das Jahr 2009 aus, dass bei 43,5 % der befragten Unternehmen, die Datenerfassung für die Reisekostenabrechnung zentral von der Reisekostenabrechnungsstelle vorgenommen wird (Verband Deutsches Reisemanagement e.V. 2009, S. 15). Der Zeitpunkt der Dateneingabe orientiert sich in diesen Fällen an dem Abrechnungsprozess. Werden die notwendigen Berechnungen nur in Abhängigkeit des Zahlrhythmus der Erstattungsbeträge an den Reisenden vorgenommen, stehen die Daten dem Travel Management erst einige Zeit nach Beendigung der Reise zur Verfügung. Eine Steuerung oder Unterstützung der Reisenden in der Pre-Trip-Phase und in der On-Trip-Phase mit Hilfe der beschriebenen Reisemanagement-Anwendungen ist in diesem Szenario nicht möglich. Je höher der Automatisierungsgrad des Gesamtprozesses ist, d. h. je mehr Teilprozessschritte mittels eines IT-Systems unterstützt werden, desto früher kann das Travel Management die Daten für seine Aufgaben nutzen.

Daten zu	Details
Reiserahmendaten	– Reisebeginn und –ende mit Datum und Uhrzeit – Zielland bzw. Erstes Zielland – Weitere beschreibende Merkmale
Reiseverlauf	Tage- und Uhrzeitgenaue Erfassung der Aufenthaltsdauer der bereisten Zielländer
Pauschalerstattungskategorien	– Verpflegung: Ja/Nein – KM/Meilen: Anzahl – Übernachtung: Anzahl
Pauschalerstattungs-Abzugskategorien	Kennzeichen der Pauscherstattungskategorie, die einer Abzugsregelung unterliegt
Belege	Zuordnung der ausgewiesenen Belegbeträge zu vordefinierten Belegarten
Vorschüsse	Erfassung der dem Reisenden ausgezahlten Vorschüsse zur Verrechnung mit dem Erstattungsbetrag

Tab. 3.5.1 *Abrechnungsrelevante Reisefakten-Kategorien*

Eine Anwendung zur Reisekostenabrechnung sollte so konzipiert sein, dass es auf der Basis der Reisefakten die notwendigen Berechnungen durchführt, der Anwender also keinerlei von ihm vorberechnete Daten erfassen muss. Die Tabelle 3.5.1 gibt einen Überblick über die Reisefakten. Umfangreiche gesetzliche (meist begründet durch das nationale Steuerrecht) der einzelnen Länder oder Branchen (z. B. Öffentlicher Dienst) bestimmen, zu welchen dieser Kategorien Daten zu erfassen sind. Bei der Auswahl der Anwendung ist also zu prüfen, ob die für die Einsatzstandorte notwendigen Landes- und/oder Branchenversionen vorliegen. In dem Zusammenhang sei darauf hingewiesen, dass für alle Anwendungsprogramme zur prüfen ist, in welchen Sprachen die Software und die dazugehörige Dokumentation zur Verfügung steht.

Basierend auf den Reiserahmendaten kann ein Abrechnungsprogramm pauschale Erstattungen wie z. B. die nach deutschem Lohnsteuerrecht vorgesehene Verpflegungsmehraufwandpauschale, die in Abhängigkeit der Reisedauer steuerfrei an den Reisenden gezahlt werden kann, berechnet werden. Die Pauschalsätze sollten in der Anwendung leicht zugänglich hinterlegt sein, so dass bei einer Änderung einer Pauschale durch den Gesetzgeber diese aktualisiert werden kann. Bei einer On-Demand-Anwendung werden solche Anpassungen durch den Cloud-Service-Anbieter vorgenommen. Pauschalsätze können sich nicht nur ändern, sondern ein Unternehmen kann in der Reiserichtlinie vorsehen, dass ein von der gesetzlichen Regelung abweichender Betrag gezahlt wird. Auch dieser Betrag muss leicht zu konfigurieren sein. Die Anwendung muss dann vor dem Hintergrund der geltenden gesetzlichen Regelung diese Abweichung richtig bewerten. Wird z. B. in Deutschland ein höherer Betrag an den Reisenden pauschal erstattet, entsteht dem Arbeitnehmer ein geldwerter Vorteil der lohnsteuerpflichtig ist. D. h. für die Reisekostenabrechnung, dass dieser Betrag an die Entgeltabrechnung des ERP-Systems weitergereicht werden muss. Da die Pauschalbeträge je nach Reisezielland unterschiedlich hoch sein können, so ist es in Deutschland für die Verpflegung und die Übernachtung geregelt, muss neben der Reisedauer auch das Zielland aus den Reiserahmendaten bzw. dem Reiseverlauf für die Berechnung der Pauschalerstattungsbeträge herangezogen werden. Die in der Tabelle 3.5.1 bei den Reiserahmendaten angeführten „weiteren beschreibenden Merkmale" sollen anzeigen, dass bei der Reisekostenabrechnung Steuerungsmöglichkeiten vorliegen müssen. Beispielhaft sei eine verbreitete firmeninterne Regel angeführt, die besagt, dass bei Reisen zu einem Firmenstandort dem Reisenden nur eine reduzierte Verpflegungsmehraufwandspauschale zusteht. In diesem Fall muss es dem Anwender möglich sein, die Reise so zu kennzeichnen, dass das Abrechnungsprogramm diese Besonderheit berücksichtigen kann. Pauschalabrechnungen sind nicht in allen Ländern vorgesehen. In den Ländern, in denen nur die Belege, die im Zusammenhang mit einer Reise entstehen, abgerechnet werden, ist der Komplexitätsgrad der notwendigen Daten geringer. Nicht notwendige Eingabefelder sollten bei einem Einsatz in solch einem Land für die Anwender nicht sichtbar sein.

Die Daten zu den Belegen müssen immer vorliegen. Der Detaillierungsgrad der Belegarten ist im Wesentlichen abhängig vom dem Informationsbedürfnis des Travel Managements. Belegarten wie z. B. Hotel, Bahn, Flug sind die Grundlage für differenzierte Analysen des Reiseverhaltens und der Reisekostenbestandteile, die mittels des MIS vorgenommen werden können. Des Weiteren können die Belegarten Informationsträger für die Datenintegration in das nachgelagerte ERP-System sein. Sie können das Zuordnungskriterium zu den Sachkonten in der Buchhaltung, den Kostenarten im Controlling und den Lohnarten in der Personalwirtschaft sein. Diese Daten werden von der Anwendung zur Reisekostenabrechnung so aufbereitet, dass die nachfolgenden Prozesse im ERP-System, wie in Abbildung 3.5.5 schematisch dargestellt, angestoßen werden. Die Rolle des ERP-Systems kann demnach als Back-End-System für das Reisemanagement-System beschrieben werden.

Bei einem hohen Automatisierungsgrad sind während der Post-Trip-Phase nur noch wenige Daten in der Reisekostenabrechnungsanwendung zu erfassen. Wie in der Abbildung 3.5.8 können die verschiedenen Reisedaten-Quellen genutzt werden. Teilweise stellen diese Quellen der Reisekostenabrechnung die Daten durch die Integration eines Externen Dienstes oder des Reiseantrages direkt zur Verfügung. Für den Reisenden/Travel Arranger bedeutet dies, dass die Rahmendaten überprüft werden müssen, da erst nach Abschluss der Reise das tatsächliche Ende uhrzeitgenau feststeht. Dies ist immer dann erforderlich, wenn eine reisezeitabhängige Pauschale berechnet werden muss. Weiterhin müssen nur noch die Belegarten für die während der Reise getätigten Auslagen erfasst bzw. ergänzt werden. Der Zugriff auf die Daten der Kreditkartentransaktionen der Reisenden- und der Reisestellenkreditkarte sowie auf die bereits digitalisierten Belege für die getätigten Barauslagen kann diesen Teilschritt der Dateneingabe unterstützen.

- **Management Informationssystem (MIS)**

Auf die Bedeutung des MIS ist in den bisher beschriebenen Prozessschritten eingegangen worden. An dieser Stelle soll auf die den einzelnen Schritte übergeordnete Rolle eingegangen werden. Das MIS als Reiseinformationssystem im engeren Sinne kann die Daten aller Phasen einer Reise beinhalten. Das MIS bietet die Möglichkeit dem Travel Management diese Daten in dem Detaillierungsgrad zur Verfügung zu stellen, der für die Erfüllung dieser spezifischen Aufgabe erforderlich ist. In der Finanzbuchhaltung oder dem Controlling liegen die Daten in einer Verdichtung vor, die die Steuerungsaufgabe des Travel Managements nicht unterstützen kann. Dies gilt unabhängig von dem gewählten Automatisierungsgrad des Geschäftsreiseprozesses. Selbst wenn das Reisemanagement-System nur die Funktion der Reisekostenabrechnung unterstützt ist der Detaillierungsgrad höher als der eines Rechnungswesensystems, da es z. B. Information über die Reiseziele, die Reisedauer, die detaillierte Zusammensetzung der Reisekosten bietet. Im Rechnungswesen liegen diese Daten nur noch verdichtet zu Kostenarten bzw. Sachkonten vor. Stehen neben den Daten der Reisekostenabrechnung die Transaktionsdaten einer genutzten Firmenkreditkarte zur Verfügung, können Analysen über die genutzten Leistungsträger und die Volumina durchgeführt werden. Diese Daten stellen die Grundlage für die Steuerung des Reisebudgets und für die Verhandlungen mit den Leistungsträgern, also eine Kernaufgaben des Travel Managements, dar.

Die aus einem MIS gewonnenen Berichte können für die Integration der Reisemanagementdaten in ein Business Intelligence (BI) System herangezogen werden. Ein solches Entscheidungs- bzw. Führungsunterstützendessystem hilft dem Management bei der Bestimmung der Themen, auf die es sich zu fokussieren gilt. Die Berichte des BI-Systems können so gestaltet werden, dass es nicht notwendig ist, eine große Anzahl von Daten zu analysieren, sondern die Berichte sind so programmiert, dass Abweichungen von der Norm oder besondere Datenkonstellationen festgestellt werden, um diese in dem BI-Dashboard auszugeben. So lassen sich Fehlentwicklungen, z. B. nicht ausgeschöpfte Einsparpotentiale, analysieren oder Prognosen, z. B. über in kürze häufig frequentierte Destinationen, erstellen.

Sowohl MIS als auch BI sollten so genutzt werden, dass sie ein Reisedatenaudit unterstützen. Die Reisekostenabrechnungen stehen schon immer unter besonderer Beobachtung von interner und externer Revision sowie der Steuerprüfung. Daher sind die korrekte Abwicklung der Prozesse und der Nachweis über eine konsequente regelmäßige Prüfung der Daten unabdingbar. Dafür spezialisierte Berichte sollten Verstöße gegen die Reiserichtlinie oder Betrugsversuche und -handlungen aufdecken, in dem Daten z. B. auf Plausibilität geprüft werden. Reisemanagement-Datenaudit-Lösungen stehen ebenfalls als Externe Dienste von MIS, BI und anderen Lösungsanbietern zur Verfügung.

3.5.4 Benutzerschnittstelle (User Interface)

Bei der Gestaltung der Oberflächen ist darauf zu achten, dass der Anwender bei der Nutzung verschiedener Geräteklassen, wie sie Abbildung 3.5.12 zeigt, einen hohen Wiedererkennungswert hat. D. h. die Anordnung der Felder, die Menüführung, die Auswahl der grafischen Elemente und die Farbgestaltung sollten abgestimmt sein, soweit es die Geräteklasse zulässt. Die erfolgreiche Umsetzung dieses Grundsatzes reduziert den Trainingsaufwand für die Anwender und die Supportlast im laufenden Betrieb.

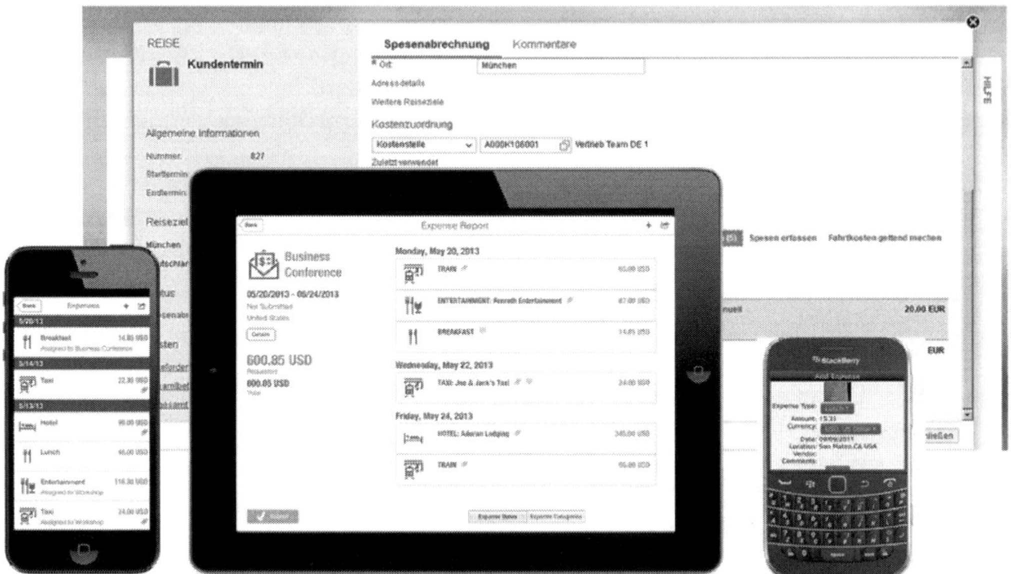

Quelle: SAP AG 2014

Abb. 3.5.12 *Reisemanagement Devices*

Mit der Verbreitung der Smartphones und Tablets ist der Einsatz von Apps ein Thema für die Verantwortlichen geworden. Es steht eine Vielzahl von Apps, die im Zusammenhang mit einer Geschäftsreise nutzbar sind, zur Verfügung. Für die Verantwortlichen, in diesem Fall Travel Management und IT-Management, stellt sich die Frage, ob sie die Nutzung zulassen oder nicht. An dieser Stelle soll nur die Nutzung aus Sicht des Travel Managements betrachtet werden. Ein Problem entsteht dadurch, dass die Leistungsträger, die Reisemittler und andere Dienstleister mit ihren App-Angeboten versuchen, den App-Nutzer, also den Reisenden, direkt anzusprechen. Dadurch entsteht ein durch das Travel Management nicht kontrollierbarer Buchungskanal. Nutzt der Reisende sein privates Gerät besteht keine Handhabe die Installation und die Nutzung der App zu unterbinden. Hier gilt es durch klare Regelungen in der Reiserichtlinie und für die Geräte, die das Unternehmen dem Reisenden zur Verfügung stellt, in der IT-Richtlinie festzulegen, welche App genutzt werden kann bzw. soll. Die Akzeptanz solcher Regelungen steigt in dem Maße, in dem die von den Richtlinien freigegebenen Apps den gleichen Benutzerkomfort hinsichtlich der Bedienbarkeit und des zur Verfügung stehenden Contents haben wie frei verfügbare Apps. Ein weiteres Problem der Nutzung frei verfügbarer Apps ist der Datenschutz. Werden z. B. die Daten einer App zur Reiseplan-Verwaltung von Unbefugten ausgelesen, können sie Rückschlüsse auf Kundenkontakte oder Vertriebsaktivitäten geben.

Eine Lösung kann die Einführung einer Corporate Travel App sein. Angeboten werden solche Anwendungen von den auf die Reisebranche spezialisierten Softwareunternehmen, den Anbietern von Smartphones und Tablets sowie den TMCs. Eine solche App kann so konfiguriert werden, dass sie, unter Berücksichtigung der unternehmensindividuell genutzten IT-Prozessunterstützung, für die Prozessschritte, die mittels eines mobilen Endgerätes durchgeführt werden können, genutzt werden kann. Damit ist die Kontrolle durch das Reisemanagement gewährleistet und es werden die Nachteile, die Insellösungen mit sich bringen, vermieden. Die App muss also eine in das Reisemanagement-System integrierte Anwendung sein. Ergänzt werden kann eine solche zentrale App um Apps der Leistungsträger, mit denen das Unternehmen zusammenarbeitet und bei denen sichergestellt ist, dass die Reisenden bei Buchungen, die Firmenraten angeboten bekommen. Über den beschriebenen Synchronisationsprozess können die Daten einem Reisemanagementsystem zur Verfügung gestellt werden. Generell kann festgestellt werden, dass die Nutzung von Smartphones und Tablets zu steigenden technischen Anforderungen geführt haben, denen sich Travel Management, IT-Management, TMCs und IT-Lösungsanbieter stellen müssen.

3.5.5 Ausblick

Es wurde aufgezeigt, dass zur Unterstützung des Geschäftsreisemanagements eine Vielzahl an eigenständigen IT-Systemen mit ihren Anwendungsprogrammen zur Verfügung steht. Jedes Unternehmen, das den Prozess *„Ein Mitarbeiter geht auf Reisen"* mittels IT-Technik automatisieren will, muss

- prüfen, für welche Prozessschritte das nutzenbringend ist
- die geeigneten IT-Systeme auswählen und
- diese so integrieren, dass die Datenkommunikation über die Systemgrenzen hinweg reibungslos funktioniert.

Die Sicherstellung der Datenkommunikation ist eine der Herausforderungen bei der Einführung oder Erweiterung eines Reisemanagement-Systems. Es gibt in der Tourismusbranche so gut wie keine Datenkommunikationsstandards. Die Ende der 1990er Jahre gegründete Open Travel Alliance hat sich das Ziel der Schaffung von Spezifikationen für den systemübergreifenden Austausch von Daten für die Reisebranche gesetzt. Doch die von der Organisation entwickelten Schemen für den Buchungsprozess der verschiedenen Leistungsträger spielen im Umfeld des Geschäftsreisemanagements kaum eine Rolle. Ein Kritikpunkt an den Spezifikationen ist, dass sie viel Spielraum lassen hinsichtlich der Zuordnung einzelner Inhalte zu den in den Strukturen definierten Datenfeldern.

Für die Airline-Industrie hat die IATA im Jahr 2013 ein Standardisierungsprojekt gestartet. Bis zum Jahr 2016 soll der Datenstandard New Distribution Capability (NDC) marktreif sein und die Datenkommunikation zwischen den Airline- und den Reisemittler-Systemen durch eine standardisierte Schnittstellenspezifikation unterstützen. Unter Berücksichtigung der Rolle der IATA als globale Vereinigung und damit Interessensverband der Fluggesellschaften ist davon auszugehen, dass sich dieser Standard etablieren wird. Aus verschiedenen Gründen wird der NDC von den Travel Managern kritisch diskutiert, aber aus Sicht des IT-Managements ist er zu begrüßen, da es der erste globale Ansatz zur Schaffung eines Industriestandards für die Datenkommunikation in der Reisebranche ist.

Die Entwicklung weiterer Standards über die Airline-Industrie hinaus würde auch die Umsetzung des Rollenwandels des Travel Managements, der unter dem Stichwort „Open Booking" diskutiert wird, unterstützen. Open Booking heißt, dass der Mitarbeiter frei entscheiden kann, wo und wie er bucht. Erste Beispiele aus der Praxis US-amerikanischer Unternehmen zeigen, dass der Begriff ein wenig in die Irre führt (Boehmer, 2014). Es geht bei weitem nicht darum, dass der Mitarbeiter frei entscheiden kann, sondern es gelten weiterhin Regeln, die ihm aber eine größere Flexibilität bei der Auswahl der Buchungswege gibt. Eine erfolgreiche Umsetzung des Konzepts hängt daran, dass alle Daten der Buchungen unabhängig vom Buchungsweg im Reisemanagement-System des Unternehmens zur Verfügung stehen. Die Anzahl der zu integrierenden Externen Dienste wird also weiter steigen. Der Aufwand der Integration würde sich bei allen Beteiligten deutlich reduzieren lassen, wenn Leistungsträger, Reisemittler, GDS und Software-Lösungsanbieter gemeinsam die Standardisierung der Datenkommunikation vorantreiben würden.

Quellen:

Boehmer, J., FINRA Is Ready For Open Booking. Is The Industry?, Business Travel News vom 23. Mai 2014, www.businesstravelnews.com/More-News/FINRA-Is-Ready-For-Open-Booking-Is-The-Industry-/?ida=Travel Mgt Companies&a=proc (Zugriff 28.05.2014).

Brochhausen, E., Melzer, M., Thurner, M., Vordenbäumen, H., SAP Travel Management, Bonn 2004.

Paystream Advisors (Hrsg.), Travel and Expense Management Benchmark Report Q2 2014, www.paystreamadvisors.com/eResearch/pdf/PayStream-Advisors-Travel-Expense-Report-2014.pdf (Zugriff 17.03.2014).

Verband Deutsches Reisemanagement e.V., VDR Geschäftsreiseanalyse 2009, Frankfurt 2009, www.vdr-service.de.

Wilbers, A., Entwicklung von Anforderungsprofilen für Geschäftsreisebüros im Rahmen des strategischen Managements, Rostock 2008.

3.6 Destinationsmanagement-Systeme und Portale

Uwe Weithöner, Carolin Raab

Der Begriff der Destination wird im Folgenden mit Bezug zum Freizeittourismus verwendet, der in der Regel mit Übernachtungen am Reiseziel verbunden ist. Eine Destination ist ein geografisch eingrenzbarer und zusammenhängender Raum, den der Reisende als Reiseziel aussucht. Der Reisende nimmt die Destination als touristische Angebotseinheit wahr, in der er die Erfüllung seiner mit der Reise verbundenen Anforderungen und Wünsche erwartet. Der Begriff der Destination kann daher sehr unterschiedlich ausgeprägt sein. Eine Destination kann nur aus einer Örtlichkeit, z. B. einem Freizeitpark, bestehen, eine Großstadt mit umfangreichem Kultur- und Freizeitangeboten stellt eine Destination dar, oder sie kann sich aus einer Vielzahl von Urlaubsorten und -angeboten als eine Flächenregion/-destination zusammensetzen, z. B. Nordseeküste. Auch Länder und Kontinente können in der Betrachtung externer Reisender als Destinationen wahrgenommen werden (vgl. Bieger, 2008, S. 55 ff, Wiesner, 2008, S. 15 ff).

Destinationen im Sinne von beispielweise Freizeitparks werden in diesem Kapitel nicht behandelt; ihre elektronischen Managementsysteme entsprechend weitgehend den Property-Management-Systemen der Hotellerie (vgl. Kap. 4.3). Destinationen im Sinne von Ländern und Kontinenten werden zwar strategisch infrastrukturell auf Basis politischer Entscheidungen entwickelt, sie haben aber i. d. R. kein operatives Geschäftsmodell und damit kein Destinationsmanagement im Sinne dieses Kapitels. Im Folgenden wird insbesondere auf Flächendestinationen als aus Kundensicht homogene Angebotseinheiten Bezug genommen.

3.6.1 Grundlagen zum Marketing- und Informationsmanagement touristischer Destinationen

Das **Destinationsmanagement** befasst sich insbesondere mit der touristischen und infrastrukturellen Planung und Angebotsentwicklung, dem Marketing sowie mit der Gestaltung und Unterstützung der destinationsinternen und nach außen gewandten Kooperationen und Prozesse. Aufgabe des Destinationsmanagements ist es daher, die touristischen Potentiale und Angebote zu einer homogenen Angebots- und Leistungseinheit zu entwickeln, das heißt insbesondere auch, destinationsweite Organisations- und Informationsstrukturen aufzubauen und im Rahmen dieser Strukturen die tourismuswirtschaftlichen Prozesse, insbesondere Marketing-Prozesse des Incoming Tourismus (vgl. Bieger, 2008), zu unterstützen oder durchzuführen.

Das **Destinationsmarketing** im Rahmen des Destinationsmanagements beinhaltet die Funktionen und Serviceleistungen einer Incoming Agentur, die den (potentiellen) Gästen Informations- und Beratungsleistungen bietet und als Mittler Reiseleistungen zwischen den Gästen und den Leistungsträgern vermittelt. Für eine Flächendestination bedeutet das in Anlehnung an die Touristische Informationsnorm TIN (vgl. deutschertourismusverband.de/service/touristische-informationsnorm-tin.html): *Der einzelne Ort kann nicht umfassender Ansprechpartner der Kunden sein, da ihre Anforderungen nicht zufriedenstellend an nur einem Ort erfüllt werden können. Der Kunde erwartet einen zentralen Servicepartner für die gesamte Urlaubsregion mit hoher Professionalität und Qualität.*

Auch das **Informationsmanagement** in einer Urlaubsregion ist folglich auf der Ebene der Destination zu integrieren und Teil des Destinationsmanagements. Das schließt nicht aus, dass integriert und kooperierend auch dezentral auf Ortsebene Aufgaben des Marketing- und Informationsmanagements wahrgenommen werden. Das unkoordinierte und abgrenzende ortsbezogene Vorgehen, das in der kommunalpolitisch gesteuerten Tourismusförderung begründet liegt und im Deutschland-Tourismus historisch gewachsen ist, muss in ein übergreifendes kundenorientiertes Destinationsmanagement überführt werden. Grundlage des Informationsmanagements ist daher die destinationsweite Integration und Gestaltung der touristischen Informationen, Angebote und Services zur Förderung und Vermarktung der Tourismusregion bei i. d. R. heterogenen dezentralen Ausgangsbedingungen in den Orten und bei den Leistungsträgern.

Der örtliche und regionale Incoming Tourismus in Deutschland wird seit jeher durch öffentliche Gelder, die die Gebietskörperschaften und ihre politischen Gremien bewirtschaften, finanziert oder gesichert. Die öffentliche Tourismusförderung wird getragen durch kommunalpolitische Entscheidungen in den Orten und Landkreisen. Dadurch haben sich ortsspezifische und in der Flächendestination unterschiedliche, heterogene Strukturen gebildet, die eine destinationsweite Integration und Homogenisierung erheblich behindern. Schon die Unternehmensrechtsformen der örtlichen Tourismusorganisationen bedingen unterschiedliche Ziel- und Aufgabenorientierungen:

- Öffentlich-rechtliche Unternehmensform mit gemeinwirtschaftlichen Aufgaben und öffentlicher Finanzierung der Tourismusförderung
- privatwirtschaftliche Unternehmensform mit dem Ziel der Gewinnerzielung
- Mischformen, privatwirtschaftliche Unternehmensform mit öffentlicher finanzieller Sicherung und öffentlich-rechtlichen Gesellschaftern.

Ein destinationsweites Informationsmanagements ist damit auch Zielen und Bedingungen im gemeinwirtschaftlichen Sinn verpflichtet:

- Allgemeine Tourismusförderung durch Kommunikation destinationsweiter Informationen über die touristischen Angebote, die die gesamte Region weitestgehend vollständig repräsentieren (müssen) und Leistungsanbieter weder bevorzugen noch ausschließen, Tourismusförderung durch allgemeinen Touristen-Service (nach außen gerichtet)
- Förderung der destinationsinternen Kooperationen durch geeignete Informations- und Kommunikationsprozesse (nach innen gerichtet).

Um die öffentliche Finanzierung zu refinanzieren und um ggf. Überschüsse erzielen zu können, werden Tourismusorganisationen in privatwirtschaftliche Rechtsformen überführt. Weitergehendes Ziel im privatwirtschaftlichen Sinn ist es daher, touristische Angebote und Services kosten- oder provisionspflichtig zu vermitteln und destinationsbezogene Angebote und Services zu gestalten und zu vermarkten.

Für ein umfassendes Destinationsmanagement leiten sich damit folgende Aufgaben des Marketing- und Informationsmanagements ab:

- Repräsentative Integration der touristischen Informationen, Angebote und Services mit einheitlichen Standards
- Aufbau von Informations-, Beratungs- und Vermittlungssystemen bzw. Koordination der Beteiligung an entsprechenden Systemen, die die Destination als Einheit repräsentieren, mit einheitlichen Verfahrens- Abwicklungs- und Abrechnungsstandards und -prozessen
- Entwicklung destinationsweiter, übergreifender Serviceangebote (z. B. elektronische Kur-/ Touristenkarten-Systeme mit Mehrwerten)
- Unterstützung des Kundenbindungsmanagements, des Marketing-Controlling und der Marktforschung.

Zur Erfüllung der oben genannten Aufgaben sind nicht nur die sich abgrenzenden Wettbewerbsbeziehungen der einzelnen Orte in eine destinationsweite Kooperation zu überführen, auch die unterschiedlichen Ansprüche und Kooperationsbedingungen der Leistungsträger, insbesondere der Unterkunftsanbieter, sind zu integrieren. Folgende vertriebliche **Kooperationsformen** zwischen den Unterkunftsanbietern und ihren örtlichen oder regionalen Tourismus- bzw. Destinationsmanagementorganisationen sind grundsätzlich zu berücksichtigen:

- Die Beherbergungsbetriebe sind oftmals nicht bereit, den Tourismusorganisationen rechtlich verbindliche Buchungs- und Vermittlungsberechtigungen zu übertragen. Sie fürchten beispielsweise einen für sie anonymen Buchungsprozess und behalten sich selbst den verbindlichen Geschäftsabschluss vor. Die Kooperationsstufen 0 und 1 entsprechen der öffentlichen-rechtlichen und gemeinwirtschaftlichen Orientierung des Destinationsmanagements:

  In *Kooperationsstufe 0* werden lediglich die relevanten Stammdaten der Leistungsträger und ihrer Angebote erfasst und in einem Unterkunfts-/Gastgeberverzeichnis zusammengefasst. Die anfragenden potentiellen Gäste erhalten keine konkreten Angebotsinformationen, z. B. keine verbindlichen Vakanz- und Preisinformationen. Sie wenden sich auf Basis des Unterkunftsverzeichnisses direkt an die Vermieter. Um diese Stufe informationstechnologisch zu unterstützen, bedarf es lediglich handelsüblicher Office-Software und etwas vertiefter Kenntnisse, um z. B. die Daten zur Produktion von Printmedien (Katalog, Unterkunftsverzeichnis) zur Verfügung zu stellen.

  In *Kooperationsstufe 1* melden die Leistungsanbieter, insbesondere die Beherbergungsbetriebe, ihre Belegungen bzw. ihre Vakanzen an die Tourismusorganisation bzw. an das elektronische Destinationsmanagement-System (DMS), jedoch ohne die Verpflichtung zur Vollständigkeit, Aktualität und Verbindlichkeit. Ein anfragender Kunde erhält einen Unterkunftsnachweis mit unverbindlichen Vakanz- und Preisinformationen. Der Gast selbst oder die Tourismusorganisation im Auftrag des Gastes wendet sich dann zur Reservierung an einen ausgewählten Vermieter. Wenn die Tourismusorganisation die Vermittlung im Gästeauftrag durchführt und vertraglich basiert dem Leistungsträger Provisionen berechnet, entsteht schon in dieser Kooperationsstufe das Geschäftsmodell eines Reisemittlers, das den Einsatz eines Destinationsmanagement-Systems (mit reduzierter Funktionalität) rechtfertigen kann.

Die Stufen 0 und 1 sind wenig service- und kundenorientiert, da sie keine kurzfristigen, schlanken und medienbruch-freie Geschäftsprozesse ermöglichen, die die Reisenden z. B. durch multimediale Produktpräsentationen, Online- und Last-Minute-Buchungen im Internet und durch die damit verbundene Unabhängigkeit von Geschäftszeiten zunehmend als selbstverständlich erwarten.

– Privatwirtschaftliche Unternehmensformen und Geschäftsmodelle haben das Ziel der Gewinnerzielung, das die Kunden- und Serviceorientierung voraussetzt. Zur verbindlichen Reisevermittlung in automatisierten Prozessen sind rechtssichere und verbindliche Kooperationsformen erforderlich:

  In *Kooperationsstufe 2* stellen die Leistungsträger dem Destinationsmanagement verbindliche Angebote (Kontingente und Preise) zur Vermittlung zur Verfügung, sie behalten sich aber das Recht zur Eigenbelegung vor. Sie verpflichten sich vertraglich, durch stets aktuelle Meldungen, ihre Vakanzen und Preise verbindlich zu aktualisieren. Die Tourismusorganisation kann verfügbare Kontingente dieser Stufe 2 für anfragende Kunden sofort verbindlich buchen, bestätigen und abrechnen. Sie arbeitet im Status eines Reisemittlers mit der Möglichkeit, die Prozesse im Rahmen eines IT-basierten Destinationsmanagement-Systems (DMS) zu automatisieren.

  In *Kooperationsstufe 3* überlassen die Beherbergungsbetriebe der örtlichen oder regionalen Tourismusorganisation Kontingente zur exklusiven Verfügung. Sie verzichten auf das Recht zur Eigenbelegung. Das Destinationsmanagement garantiert einen festen Preis und übernimmt das Belegungsrisiko. Mit dieser Stufe hat die Tourismusorganisation die Möglichkeit, als Reiseveranstalter aufzutreten, Pauschalreisen zusammenzustellen und gemäß eigener Preiskalkulation zu vermarkten.

Zur elektronischen Integration und zur Unterstützung oder automatisierten Durchführung dieser Aufgaben werden datenbank-basierte IT-Systeme, Destinationsmanagement-Systeme (DMS), eingesetzt. Sie sind die informationstechnologische Basis zur Unterstützung und Automatisierung der Geschäftsprozesse einer Destination bzw. ihrer Tourismusorganisation(en). Ein DMS muss diese heterogenen Bedingungen in der Weise abbilden können, wie sie in einer Destination durch die Anforderungen, Rechte und Pflichten der Kooperationspartner im Rahmen der Geschäftsprozesse erforderlich sind.

Diese heterogenen Bedingungen bzw. das unterschiedliche ortsbezogene Entscheiden und Handeln haben in der Vergangenheit in vielen Destinationen auch zu heterogenen informationstechnologischen Strukturen geführt, die nachträglich nur schwer im Sinne eines gemeinsamen, kundenorientierten Informationsmanagements homogen integrierbar sind. Eine interne Studie, die der Verfasser im Jahre 2005 gemacht und die die Verfasserin im Jahre 2014 wiederholt hat, hat folgende Situation für die Niedersächsische Nordseeküste gezeigt: In den 21 Küstenorten und Inseln zwischen Emden und Bremerhaven, die als Destination eine gemeinsame Marketing GmbH betreiben, werden zurzeit 8 (2005: 10) unterschiedliche DMS eingesetzt. Auch Orte, die gleiche Systeme einsetzen, nutzen sie mit sehr unterschiedlicher Intensität, Ausprägung in den Kooperationsstufen und mit sehr unterschiedlicher Informations- und Datenqualität.

In Destinationen mit diesen informationstechnologisch heterogenen Ausgangsbedingungen ist es eine wesentliche Aufgabe des Informationsmanagements diese Systeme destinationsweit zu integrieren und systemtechnische Kooperationen zu ermöglichen. Das kann/sollte mit einem Neuanfang auf Basis eines einheitlichen, gemeinsamen und standardisierten DMS verbunden sein. Grundsätzlich und vereinfachend am Beispiel gesagt, muss dem Gast mit einer destinationsweiten Abfrage sofort verbindlich, umfassend und mit allen nötigen aktuellen Informationen versehen folgende Frage beantwortet werden können: *Gibt es in der Hauptsaison, am kommenden Wochenende noch eine freie Ferienwohnungen mit Meerblick auf einer Nordsee-Insel oder an der Küste und ist das Mitbringen von Hunden möglich?*

Wenn es einer Tourismusregion vor dem Hintergrund einer jahrzehntelang defizitären öffentlichen Tourismusförderung nicht gelingen kann, ihr Marketing- und Informationsmanagement und ihre heterogenen Systeme zu einer homogenen und gegenüber den Kunden und den Leistungsträgern serviceorientierten Einheit zusammen zu führen, muss strategisch analysiert werden, ob eine vollständige Privatisierung der tourismuswirtschaftlichen Aktivitäten auch für das Gemeinwesen der bessere Weg sein kann. Die Vermarktung kann beispielsweise über Reiseveranstalter und Hotelvertriebsorganisationen und somit über deren informationstechnologische Systeme erfolgen (vgl. Kap. 3.7, 4.3 u. 4.6). Privatwirtschaftliche Incoming-Agenturen übernehmen zusätzlich zu der Vermarktung auch die kunden- und leistungsgeberorientierten Serviceleistungen vor Ort. Sie können die marktorientierten Aufgaben des Destinations- und Informationsmanagement, wie es oben mit seinen Zielen und Aufgaben beschrieben worden ist, übernehmen und dazu auch durch öffentliche Ausschreibung und Vergabe autorisiert werden. Eine umfangreiche Vermarktung über Reiseveranstalter- und Hotelvertriebssysteme im direkten Vertragsverhältnis mit geeigneten Leistungsgebern (z. B. Hotelbetriebe und Ferienhäuser mit geeigneten Qualitätsstandards) kann eine Konsequenz aus dem Scheitern eines wie oben geforderten Destinationsmanagements sein.[1]

3.6.2 Destinationsmanagement-System (DMS) als informations-technologische Basis

Zur Kundeninformation und -kommunikation, als Vertriebsmedien und -systeme und zum Kundenservice sind mit IT-Bezug folgende Medien und Systeme bedeutend:

- **Printmedien** werden im Zusammenwirken mit Telediensten eingesetzt, z. B. Call- und Service-Center, die zur Kundenberatung und zum Vertrieb Zugriff zum DMS der Tourismusorganisation haben. Die Informationen, die mit den Printmedien kommuniziert werden, werden aus der DMS-Datenbank generiert und z. B. zum Katalogdruck bereitgestellt. Printmedien werden den Interessenten auch elektronisch über Web-Seiten als Download-Dateien (PDF-Format) zur Verfügung gestellt.

1 Ergänzend sei angemerkt, dass es trotz deutschlandweiter Bemühungen in den letzten 20 Jahren u. a. aus oben genannten Gründen nicht gelungen ist, die Angebote bzw. die Systeme deutscher Urlaubsdestinationen über den Vertriebsweg Reisebüro/GDS buchbar zu machen (z. B. im TOMA-Verfahren, vgl. Kapitel 3.2 u. 3.4). Lediglich ausgewählte Unterkünfte finden den Weg in die Deutschlandangebote von Reiseveranstaltern.

- Mit elektronischen **Touristenkarten** auf der Basis von Chipkarten können Prozesse unterstützt werden, wie z. B. Zahlungs-, Kontroll- und Einlassfunktionen. Außerdem können dem Gast Service- und Mehrwert-Funktionen angeboten werden. Die Ausgabe und Verwaltung dieser Karten, den ggf. notwendigen Datenaustausch mit Kartenlese-, -lade- oder -zahlstationen, sowie damit verbundene Funktionen wie Kurbeitragsrechnung und Meldewesen, kann das DMS mit einem integrierten Card System übernehmen. Darüber hinaus können Daten, die durch den Gebrauch dieser Karten anfallen, zu Controlling-Zwecken und für Maßnahmen zur Kundenbindung genutzt werden. Es kann davon ausgegangen werden, dass diese Funktionen der Touristenkarten zunehmend in mobile Applikationen (App) integriert werden, ebenso wie bereits stationäre Info-Terminals und Kiosksysteme durch Applikationen für mobile Endgeräte ersetzt werden, verbunden mit zusätzlichen ortsbezogenen Diensten (Location based Services LBS, vgl. Kap. 2.6 u. 2.8).

- Im Gegensatz zu stationären Systemen zur Gästeinformation und -kommunikation ist die Nutzung **mobiler Applikationen und Endgeräte**, z. B. Smartphones, nicht an einen festen Standort gebunden. Diese Systeme bieten den mobilen Abruf der im DMS integrierten Funktionalitäten und Informationen auf das mobile Endgerät des Interessenten oder Gastes. Eine Ergänzung der kundenorientierten DMS-Funktionalität um Services auf Basis von Positionierungs- und Lokalisierungstechnologien wie GPS (Global Positioning System GPS) wird dadurch möglich. Diese Kombination ermöglicht dem Gast in einer Destination neben Wegweiserfunktionen auch erweiterte Location based Services. Mit diesen Diensten werden dem Gast in einer Destination mobil touristische Informationen und Funktionen angeboten. So kann er beispielsweise über Verpflegungs- oder Veranstaltungsangebote und Unterkünfte in seiner aktuellen Nähe informiert werden und ihm wird der Weg dorthin angezeigt. Basis derartiger mobiler Systeme ist die Georeferenzierung von Objekten (Points of Interest POI). Dabei wird das DMS mit einer Geo-Datenbank verknüpft, die alle Informationen mit ihrer Referenzierung enthält, die den Nutzern im Rahmen ihrer Echtzeitpositionierung zur Verfügung gestellt werden (vgl. Kap. 2.6 u. 2.8 sowie Kap. 2.3.3).

- Das **Web-Portal** einer Tourismus-/Destinationsmanagementorganisation informiert als Destinationsportal im Internet über die Tourismusdestination, bietet Kommunikationsmöglichkeiten und führt den Interessenten zum Produkt. Die aktuellen Produktdaten (multimediale Darstellungen, aktuelle Verfügbarkeiten, Angebote und Preise) werden dem Interessenten über das interaktive Web-Portal aus dem DMS online und in Echtzeit zur Verfügung gestellt. Die Web-Anwendung nimmt automatisierten Zugriff auf die Datenbank des DMS, das damit als eine Internet Booking Engine (IBE) fungiert (vgl. Kap. 3.7 u. 2.3.4) und die Reiseleistungen online vermitteln und buchen kann. Das Web-Portal kann vollständige Vermittlungsprozesse bis hin zur Reservierung der Reiseleistungen ohne Medienbrüche und in Selbstbedienung des Kunden nur verbindlich anbieten und umsetzen, wenn die Angebote der Reiseleistungen, insb. Unterkunftsangebote, aktuell und verbindlich gemäß Kooperationsstufe 2 (s. o.) im DMS zur Verfügung stehen. Niedrigere Kooperationsstufen erfordern einen Wechsel des Kommunikationsmediums: Wenn das Interesse bei einem potentiellen Gast mit noch unverbindlichen (Vorab-)Informationen geweckt worden ist, muss dieser per eMail oder Telefon bei der vermittelnden Tourismusorganisation oder beim Beherbergungsbetrieb nachfragen; Zeitverzug mit ggf. enttäuschenden Absagen können die Folge sein.[1]

Die genannten Punkte zeigen, dass ein Destinationsmanagement-System die informationstechnologische Basis für die Aufgaben und Prozesse darstellt und damit die Voraussetzung für eine effiziente und service-orientierte Prozesssteuerung und -integration ist. Abbildung 3.6.1 gibt einen Überblick über den Aufbau eines DMS.

Am branchenbezogenen IT-Markt werden den Tourismusorganisationen einige verbreitete und geeignete Systeme angeboten, die in ihrem konkreten Funktionsumfang, ihrer Spezialisierung oder mit ihren Systemkosten unterschiedlich ausgeprägt sein können.[2] Unterschiede könnten z. B. zu folgenden Punkten bestehen:

- Integration des Kurbeitrags- und Meldewesens
- Integration eines Card-Systems und/oder mobiler Applikationen mit ortsbezogenen Diensten
- Vermarktungsmöglichkeit über destinationsübergreifende Web-Portale und Schnittstellen zu anderen touristischen Vertriebssystemen, z. B. zu Hotelreservierungssystemen, (inter-)nationalen Distributionssystemen zur Vermittlung von Ferienhäusern
- Möglichkeit zur Definition und zum Online-Vertrieb von Pauschalangeboten, ggf. inkl. Dynamic Packaging (vgl. Kap. 4.6)
- Unterscheidung der Kooperationsstufen, d. h. Möglichkeit zur Differenzierung je Leistungsträger oder je Angebot
- IT-Systemkosten, z. B. Fixkosten(anteile) und/oder variable Provision
- IT-Systembetrieb durch den Systemanbieter bzw. IT-Provider (s. u.).

Es bedarf für eine Destination einer konkreten Analyse der aktuellen und zukünftigen Anforderungen an ein System in Abstimmung mit der geplanten Geschäftsentwicklung, und es bedarf der detaillierten Bewertung der aktuell angebotenen DMS zur Auswahl des für die jeweilige Destination besten Systems.[3]

---

1 Vgl. z. B. die Unterkunftssuche unter *die-nordsee.de* und die Unterkunftsvermittlung unter *vorpommern.de.*

2 Beispielhaft seien folgende IT-Anbieter/DMS genannt: Feratel/Deskline, TOMAS/myIRS, Intobis/Incoming Soft, wildEast/zimmer.im-web.de, NetHotels/ReServer, Tiscover, DIRS 21.

3 Zur Analyse und Aufbereitung dieser Investitionsentscheidung können spezialisierte Unternehmensberater beauftragt werden.

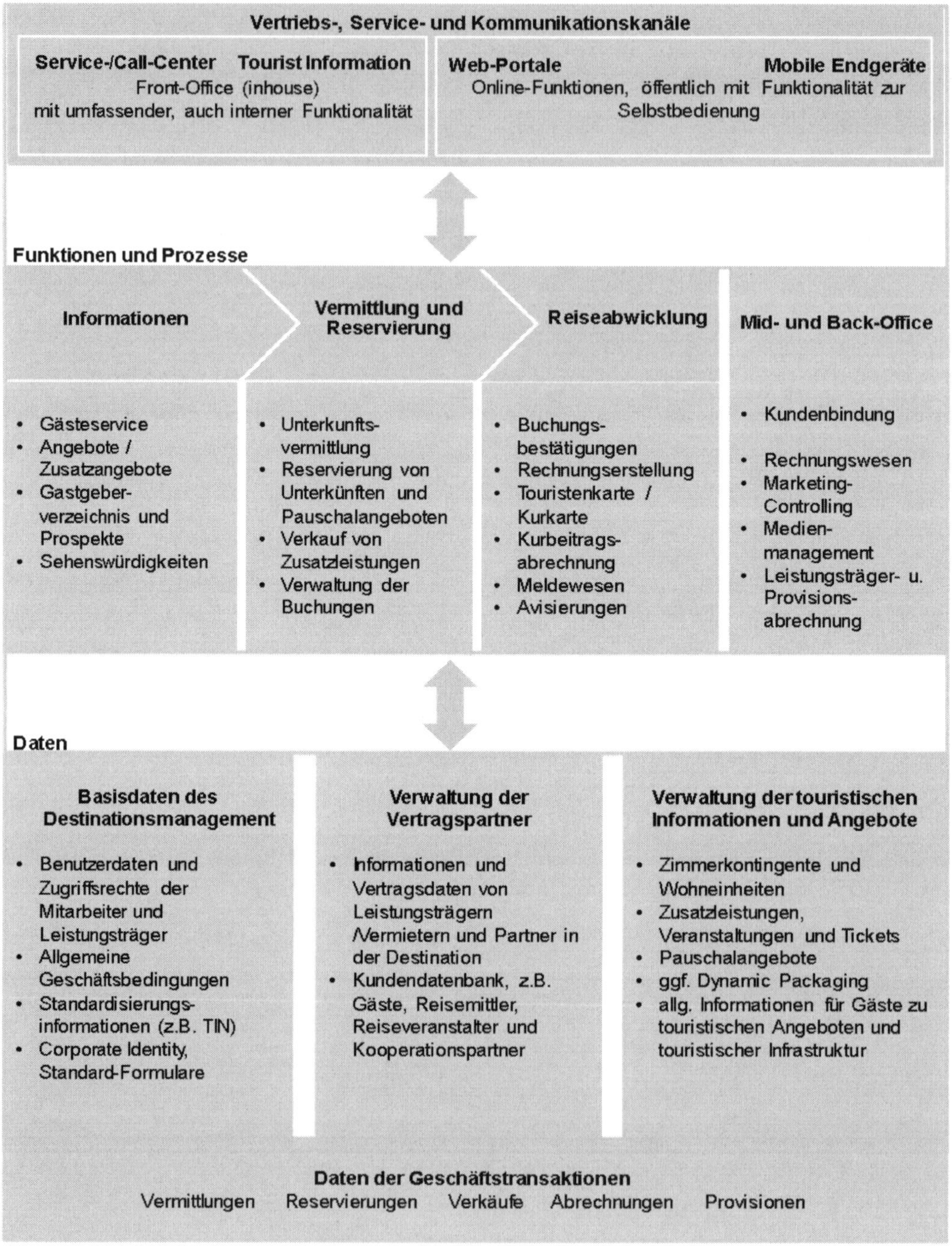

Abb. 3.6.1 *Funktionen eines Destinationsmanagement-Systems (DMS) auf Basis der DMS-Datenbank*

3.6.3 Systemtechnische Voraussetzungen und rechte-basierte, destinationsweite Nutzung eines DMS

Destinationsmanagement-Systeme (DMS) werden nicht mehr vor Ort bei der Tourismusorganisation mit Hardware-Server, Software und Datenbank aufgebaut und betrieben. Die Systeme werden in den Rechenzentren der Software-Anbieter bzw. ihrer IT-Dienstleister /Provider zentral technisch betrieben, gewartet und gesichert. Die Destination greift über eine gesicherte Internetverbindung auf „ihr" entferntes System zu und erhält software-gesteuert und gesichert ihre vereinbarten Zugriffsrechte auf Funktionen und Daten.

Eine Destination erwirbt folglich eine Lizenz zur Nutzung eines ASP-Systems (Application Service Provider) für DMS-Dienste (Software as a Service SaaS). Die Tourismusorganisation wird durch ihre Lizenz ein Mandant und erhält alle Rechte zur Nutzung der vertraglich und kostenpflichtig zu vereinbarenden Systemfunktionalität. Das DMS arbeitet auf Basis einer gegenüber unbefugten Dritten geschützten und gesicherten Datenbank.

Die Tourismusorganisation nimmt eine Unterverteilung der Nutzungs- und Zugriffsrechte vor. Sie vergibt Rollen, d. h., sie differenziert die Rechte aufgabenabhängig und vergibt ihren Mitarbeitern, Geschäftspartnern und Partnersystemen die Software-Nutzungsrechte und Datenbankzugriffsrechte, die zur Erfüllung ihrer jeweiligen Aufgaben erforderlich sind. Durch die Systemanmeldung bzw. das Nutzer-Login oder durch systemtechnische Schnittstellen werden diese Rollen gesichert und gesteuert, z. B. (vgl. Abb. 3.6.2):

- Die Mitarbeiter_innen des Call-Centers der Destination erhalten die Rechte zur Nutzung des Front-Office-Moduls und zur Vermittlung aller Leistungsangebote destinationsweit.
- Das Web-Portal der Destination erhält die Vermittlungsrechte für alle Leistungsangebote destinationsweit.
- Die Mitarbeiter_innen in einer örtlichen Tourist Information werden berechtigt, die Front-Office-Funktionen und die Pflege der Angebotsdaten durchzuführen, aber nur für die Kunden, Angebote und Daten ihres jeweiligen Ortes.
- Das Web-Portal eines Ortes erhält die Vermittlungsrechte für seine örtlichen Leistungsangebote.
- Ein Partner-Hotel erhält die Rechte, seine Hotel- und Angebotsdaten web-basiert selbst zu pflegen und die Online-Buchungsfunktion in seine Hotel-Website zu integrieren, nur mit Zugriff auf seine Daten und Angebote.
- Ein Systemadministrator erhält alle Rechte und damit auch die Rechte, Basis- und Stammdaten sowie Rollen und Zugriffsrechte erfassen und ändern zu können.

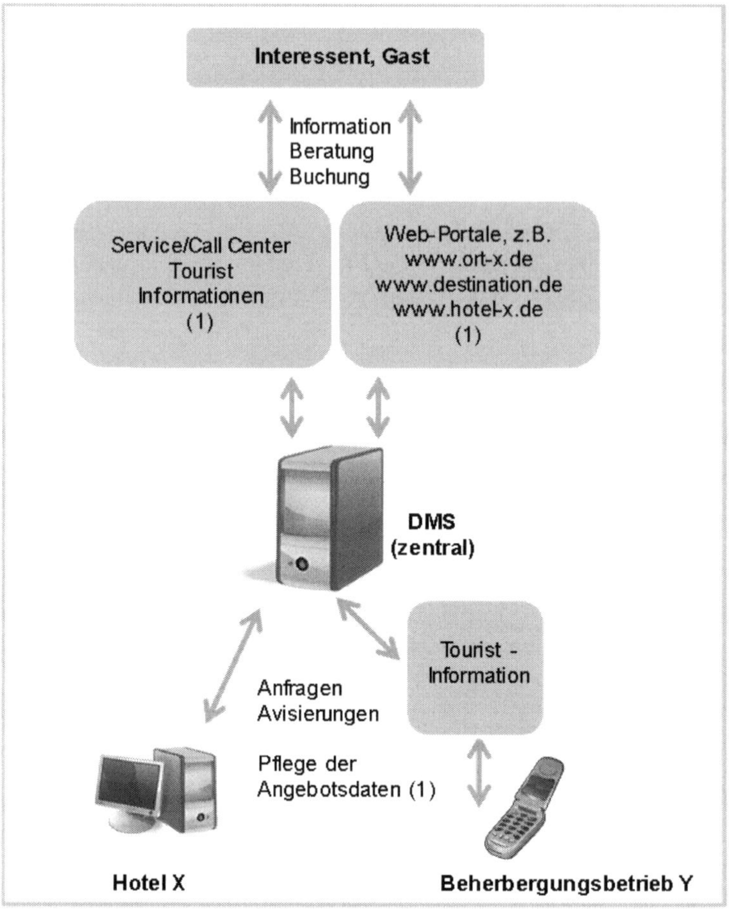

1 Durch Rollen und Zugriffsrechte gesteuert

Abb. 3.6.2 *Systemkonfiguration zur destinationsweiten Nutzung eines DMS*

Mit dieser Rechte- und Rollenverteilung wird eine Verkaufs- und Prozesssteuerung definiert.[1] Das arbeitsteilig organisierte Systemkonzept bietet allen Systempartnern die Möglichkeit, sich auf ihr Kerngeschäft zu konzentrieren, damit sind folgende Vorteile verbunden:

- Kein technischer Investitionsaufwand, kein IT-Know-How und Wartungsaufwand in den Destinationen und Tourismusunternehmen zum DMS-Betrieb erforderlich
- einfache Systemnutzung über Internet- und Web-Standards

---

1 Das Zusammenwirken von örtlichen und destinationsweiten Web-Portalen auf der Basis eines einheitlichen DMS kann am Beispiel der Destination Vorpommersche Ostseeküste (*vorpommern.de – Online Buchen*) und ihrer Teilregionen, Orte und Inseln praktisch nachvollzogen werden (Stand: 5/2014).

- geringe Fixkosten, variable Kosten bei Buchung durch Provisionen an den IT-Dienstleister
- Prozess-Steuerung durch ein aufgabenorientiertes Rechte-/Rollen-Konzept.
- Externe Vertriebspartner können über verfügbare Web-Standards integriert werden. Beispielsweise große Web-Portale, die schwerpunktmäßig andere Märkte bedienen, wollen durch touristische Angebote ihren Kunden Mehrwerte und Zusatznutzen bieten und zusätzliche Einnahmequellen erschließen. So können z. B. Destinationen, die mit entsprechenden DMS-Dienstleistern zusammenarbeiten über Portale wie bahn.de oder spiegel.de sowie über Distributoren wie bestfewo.de, fewo-direkt.de oder fewo24.de ihre Angebote vermarkten.

3.6.4 DMS-Suchmaschine bei heterogen strukturierten Destinationen

Die Darstellungen des vorangegangenen Kapitels beziehen sich auf das Zusammenwirken in homogenen, standardisierten Strukturen, die die effiziente Nutzung eines gemeinsamen DMS ermöglichen. Flächendestinationen im Deutschland-Tourismus sind intern aber vielfach durch heterogene Strukturen gekennzeichnet, die in den in Kapitel 3.6.1 dargestellten Bedingungen begründet liegen. Durch unterschiedliche Entwicklungen, Potentiale und Interessen sowie durch destinationsinternes Konkurrenzdenken fehlen oftmals der politische Wille und die tourismuswirtschaftliche Kooperationsfähigkeit, um destinationsweite gemeinsame Strukturen, Standards und Geschäftsmodelle zu schaffen. Das führt zu einer heterogenen DMS-Landschaft innerhalb einer Destination.

Dem Interessenten und potentiellen Gast muss aber dennoch über Service-Center oder Web-Portal ein destinationsweiter Beratungsservice und eine flächendeckende verbindliche Vermittlungsunterstützung geboten werden. Es ist nicht mehr zeitgemäß, dass ein Kunde in vielen unterschiedlichen Einzelsystemen je Ort selbst recherchieren soll oder gar einzelne Beherbergungsbetriebe per eMail oder Telefon kontaktieren muss. Der potentielle Gast muss in einem Web-Portal die Angebote der Destination umfänglich vorfinden und gemäß seiner Wünsche selektieren und buchen können.

Eine heterogen strukturierte Destination muss daher im Rahmen ihrer Website einen Mindestservice bieten und dem Interessenten eine destinationsweite Suchmaschine für touristische Angebote online zur Verfügung stellen:[1]

1. Dem Interessenten wird die Möglichkeit gegeben, seine Reisewünsche zu erfassen, und die touristische Suchmaschine übermittelt über automatisierte Datenschnittstellen diesen Wunsch an die unterschiedlichen örtlichen Systeme.
2. Die örtlichen Systeme beantworten diese Anfrage, indem sie in ihren örtlichen Angeboten automatisiert recherchieren und ggf. die entsprechenden Angebote an die Suchmaschine mit standardisierten Text- und Bildinformationen übermitteln. Die Suchmaschine

[1] Dieser Ablauf kann nachvollzogen werden unter *sh-buchen.de* (Schleswig Holstein). In einigen Tourismusregionen sind ähnliche Suchmaschinen realisiert worden

fasst die Antworten in einer einheitlichen Darstellung zusammen und übermittelt diese Suchergebnisliste an den Interessenten. Dieser Ablauf darf in Echtzeit nur wenige Sekunden dauern.

3. Wenn der Interessent ein Angebot zur detaillierten Bewertung und ggf. weiterführenden Buchung auswählt, wird er weitergeleitet auf die jeweilige örtliche Website, die ihm die Buchungs- oder Vermittlungsfunktionalität für dieses Angebot im örtlichen System online zur Verfügung stellt.

3.6.5 Standardisierung als Voraussetzung eines IT-basierten Destinationsmanagements

Die Anforderungen eines destinationsweit integrierenden, prozessoptimierenden und kundenorientierten Systems kann ein DMS nur erfüllen, wenn es den Entscheidungsträgern bzw. dem Management einer Destination gelingt, heterogene Ausgangsbedingungen zu vereinheitlichen und destinationsweit akzeptierte Standardisierungen zu schaffen (vgl. Touristische Informationsnorm TIN, deutschertourismusverband.de/service/touristische-informations norm-tin.html):

- Verbindliche Richtlinien zur vergleichenden Darstellung, Beschreibung und Klassifizierung der Angebote sind erforderlich, um destinationsweit und online vergleichen, suchen und beraten zu können.
- Rechtssichere Geschäftsprozesse und Geschäftsbedingungen sind verbindlich zu vereinbaren, z. B.:
  - Ausgestaltung der Kooperationsstufen und der damit verbundenen Prozess,
  - Preisrechnung (z. B. Preis pro Person oder pro Objekt, Saisonzeiten)
  - Status der Akteure und ihre rechtlichen Verpflichtungen (Leistungsträger, Mittler, Veranstalter, technischer Systemdienstleister)
  - Vermittlungs- und Buchungsprozesse, Zahlungsverkehr und Provisionsmodelle
  - Vergütung oder Finanzierung destinationsweiter Dienstleistungen (z. B. kostenfreie Nutzung des Öffentlichen Personennahverkehrs mit der elektronischen Tourist Card).
- Der Aufbau einer homogenen DMS-Landschaft ist zur elektronischen Kooperation in der Destination und zur Optimierung des Kundenservice erforderlich. Durch die gemeinsame Nutzung eines Systems, das technisch durch einen Provider betrieben wird, sind Kosten- und Servicevorteile zu erwarten.

Es ist ein tourismuswirtschaftliches Gesamtkonzept für die Destination zu entwickeln und darauf abgestimmt ein informationstechnologisches Systemkonzept aufzubauen. Hierzu ist ein strukturiertes projektorientiertes Vorgehen erforderlich, das die tourismuswirtschaftlichen Entscheidungsträger der Destination einbezieht und zum gemeinsamen Erfolg verpflichtet. Systemaufbau und Systembetrieb erfordern ein destinationsweites kundenorientiertes **Qualitätsmanagement**, um die tourismuswirtschaftlichen Systeme und Prozesse, die Qualität der Informationen, Medien und Kommunikationen marktgerecht zu standardisieren und weiter zu entwickeln.

Quellen und weiterführende Literatur:

Bieger, Th., Mangement von Destinationen, 7. Aufl., München 2008.

Deutscher Tourismusverband DTV e.V. (Hrsg.), Touristische Informationsnorm TIN, deutschertourismusverband.de/service/touristische-informationsnorm-tin.html (5/2014).

Wiesner, K. A.; Strategisches Destinationsmarketing, Meßkirch 2008.

3.7 Web-Portale und Internet Booking Engines

Uwe Weithöner

Auf Basis der Internet- und Web-Technologie können tourismuswirtschaftliche Vertriebssysteme und Geschäftsprozesse aufgebaut und betrieben werden (vgl. Kapitel 2.3). Der Begriff „Portal“ steht im Folgenden bildlich für den internetbasierten Zugang zum Markt der angebotenen Reisen und Reiseleistungen und für den webbasierten „virtuellen“ Ausstellungs- oder Verkaufsraum. Das Portal gibt Reise- und Tourismusinformationen, es animiert und eröffnet die Möglichkeiten der individuellen und interaktiven Angebotssuche und des Angebotsvergleichs. Es vermittelt für die entsprechenden Marktsegmente Transparenz und Beratungskompetenz und ermöglicht den Zugang zum Kauf bzw. zur Buchung der Produkte. Ein Portal ist somit Teil eines Reisemittlersystems und ist vom Front-End des Direktvertriebskanals eines einzelnen Produzenten von Reisen und Reiseleistungen abzugrenzen (vgl. auch Kap. 3.1).[1]

3.7.1 Web-Portale

Allgemein kann zwischen Business-to-Business- und Business-to-Consumer-Prozessen und Systemen unterschieden werden, vereinfachend gesagt: Prozesse zwischen Unternehmen und Prozesse mit Endkunden bzw. mit „Selbstbedienung“ durch den Konsumenten sollen unterschieden werden.

- **Business-to-Business-Portale (B2B)**

In der Tourismuswirtschaft sind in diesem Bereich zwei Marktsegmente hervor zu heben:

– Im traditionellen Reisevertrieb nutzen die stationären Reisebüros die Global Distribution Systems (GDS) oder alternative Distributionssysteme (ADS) als elektronische Dienstleister, um als Distributionspartner der Reiseproduzenten und Leistungsanbieter die Kunden zu beraten und im Kundenauftrag Reisen zu vermitteln. Die GDS und ADS nutzen die Internet-Technologie zur Datenlogistik und stellen ihre Dienste lizensierten Nutzergruppen zur Verfügung. Die GDS und ADS stellen den Reisebüros Portale für ihre Front- und Mid-Office-Funktionen zur Verfügung, die die relevanten Reiseangebote vergleichbar, transparent und mit touristischen Zusatzinformationen darstellen und die eine Angebotssteuerung zur Vermittlung ermöglichen. Die Systeme und Prozesse zwischen Reisebüros und Reiseanbietern via GDS oder ADS sollen hier nur abgegrenzt aber nicht erneut be-

---

1 Diese Abgrenzung zwischen Reisemittler- und Direktvertrieb kann vom Reisekunden nicht immer eindeutig vorgenommen werden. Während z. B. www.bahn.de, www.ryanair.com oder www.lufthansa.com als Front-Ends des Direktvertriebs dieser Leistungsanbieter angesehen werden können, verstehen sich z. B. tui.com oder thomascook.de als konzerngebundene Reisemittler. Sie werden nach dem Geschäftsmodell der Reisemittler in der Verantwortung von Tochtergesellschaften betrieben, wobei unter tui.com nur konzerngebundene Reisen und Reiseleistungen vermittelt werden, während thomascook.de im Sinne eines Vollsortiments auch konzernfremde Angebote vermitteln kann.

trachtet werden, da sie bereits allgemein in Kapitel 3.1 und 3.2 sowie mit Praxisbeispielen in den Kapiteln 3.3 und 3.4 dargestellt worden sind (vgl. auch aus jeweiliger Sicht der Reiseveranstalter und Leistungsträger die Beiträge in Kapitel 4).

– Business Travel Management Systeme unterstützen oder automatisieren die Prozesse der Geschäftsreisen. Sie bieten den Unternehmen mit Geschäftsreisetätigkeiten über ein internet- und webbasiertes Portal Zugriff zu den Anbietersystemen, um Reiseleistungen zu recherchieren, zu vergleichen und in den Anbietersystemen zu buchen. Sie unterstützen darüber hinaus auch die Durchführung der Reisen durch mobile Front-End-Systeme sowie die Abrechnung von Reisen. Auch auf diese Portale sei an dieser Stelle nur zur Vollständigkeit verwiesen, sie werden in Kapitel 3.5 detailliert erläutert.

- **Business-to-Consumer-Portale (B2C)**

Im Folgenden werden endkundenorientierte B2C-Systeme betrachtet, die in der Tourismuswirtschaft auf Basis öffentlich zugänglicher und „selbstbedienbarer“ Web-Portale und Internet Booking Engines (IBE) aufgebaut werden. Sie arbeiten nach dem Geschäftsmodell der Reisemittler. Sie „virtualisieren“ und automatisieren die Geschäftsprozesse und ermöglichen bzw. erfordern im Front-End die weitgehende Selbstbedienung durch den Reiseinteressenten und -kunden. Virtuelle Reisemittler bzw. Online-Reiseagenturen (Online Travel Agents OTA) sind Reiseportale im Web, die dem Reisekunden die individuelle, interaktive Recherche nach Reisen und Reiseleistungen ermöglichen, die die Angebote multimedial und georeferenziert vergleichend darstellen und die Buchungen im Kundenauftrag online steuern:

– In Analogie zum stationären Reisebüro übernimmt das Web-Portal die Funktionen eines Schaufensters und Ladenlokals mit allgemeiner touristischer Information und Animation.

– Die integrierte Internet Booking Engine übernimmt die konkrete angebotsvergleichende Beratung und Vermittlung und fungiert dazu als technische Schnittstelle zu den Reservierungssystemen der Reise- oder Leistungsproduzenten (vgl. z. B. Kap. 4.6.4).

– Bewertungssysteme, insbesondere Hotelbewertungssysteme, ergänzen die Beratung und den Angebotsvergleich durch User Generated Content.[1] Diese Hotelbewertungen werden mit den Angebotsdaten verknüpft, so das eine virtuelle „Von-Mund-zu-Mund-Bewertung und Empfehlung“ entsteht, die aus Anbietersicht als ein System zur „viralen Werbung“ moderiert und genutzt werden kann/muss.

– Die Reise-, insbesondere die Hotelangebote, werden mit Geo-Informationen verknüpft, die eine geografische Referenzierung bzw. Verortung und Ansicht ermöglichen, z. B. über Google Maps und Street View oder Bing (vgl. Kap. 2.6).

Online-Agenturen können in ihrem Kerngeschäft spezialisiert sein auf ein Marktsegment, z. B. als Hotel-Distributions- und Reservierungssysteme (booking.com, hrs.de)[2], sie können

---

1 Im Rahmen der Web2.0-Philosophie sind Systeme entstanden, die ihre Inhalte aus Beiträgen der Nutzer zusammenstellen und sie aufbereitet und recherchierbar anderen Nutzern zur Verfügung stellen. Vgl. Kap. 2.7.

2 Spezielle Ausprägungen regionaler Portale und Systeme zur Vermittlung insbesondere von Ferienunterkünften in deutschen Urlaubs- und Freizeitdestinationen werden in Kapitel 3.6 dargestellt.

aber auch im Sinne eines Vollsortiments eine Vielzahl unterschiedlicher Reiseleistungen und Reisearten anbieten und dazu mehrere, jeweils spezialisierte Internet Booking Engines einsetzen (s. u.). Systeme wie z. B. unter holidaycheck.de oder tripadvisor.de sind zunächst als offene Hotelbewertungssysteme aufgebaut worden, auch um andere Vermittlungsportale zu ergänzen. Mit ihrer Professionalisierung sind auf dieser Basis heute Online Travel Agents (OTA) entstanden, die ihr Vermittlungsangebot kontinuierlich in Richtung Vollsortiment erweitern.

Um auch funktional oder rechtlich komplexere Vorgänge sicher und zur Kundenzufriedenheit abwickeln zu können (z. B. Umbuchungen, Stornierungen) und um Kunden, die den persönlichen Kontakt nicht missen möchten, gewinnen zu können, arbeiten die Web-Portale/OTAs mit Call- und Service-Centern oder auch mit stationären Reisebüros zusammen. Letzteres ist insbesondere der Fall, wenn die Portale von Reisebüroketten betrieben werden bzw. wenn stationäre Reisebüros eigene Portale betreiben.

Die Portale müssen sich automatisch an die Endgeräte der nutzenden Reisekunden anpassen, sie müssen mit hoher Usability multidevice-fähig sein (vgl. Kap. 2.4 u. 2.5). Das heißt, dass ihre multimedialen Informationen und ihre vom Nutzer erwartete Funktionalität sowohl auf mobilen Endgeräten mit kleinen Smartphone-Displays wie auch auf stationären PC- und Mac-Geräten unabhängig vom jeweiligen Betriebssystem nutzbar sein sollten[1]. Das gilt insbesondere, wenn über die Portale ortsabhängige mobile Services zur Reisebegleitung angeboten werden (Location based Services LBS, vgl. Kap. 2.3.3, 2.6 u. 2.8).

Web-Portale betreiben in ihrem Geschäftsmodell als Reisemittler auch das elektronische Beziehungsmanagement zum Kunden (elektronisches Customer Relationship Management eCRM, vgl. Kap. 2.3.4 u. 5.4). Der Reisekunde erfasst als Web-Client durch Anreize motiviert oder im Rahmen der Reisebuchung seine Daten zur Registrierung und damit zur Speicherung in der CRM-Datenbank. Diese Daten werden gemeinsam mit seinen erfassten Reisewünschen, seinen gebuchten Reisen u. a. verwaltet und sind die Basis für individualisierte (Stamm-) Kundenbeziehungen.

3.7.2 Internet Booking Engines, insbesondere Touristik

Die Dienstleistungen, die in einem stationären Reisebüro durch die Fachkräfte erbracht werden (vgl. z. B. die Praxisbeispiele in Kap. 3.3 u. 3.4) werden bei einem virtuellen Reisemittler durch Internet Booking Engines (IBE) automatisiert erbracht. Die IBE ist damit das operierende System, auf das das Web-Portal zur Umsetzung der angebotenen Beratungs- und Vermittlungsdienste Zugriff nimmt. Internet Booking Engines vollziehen die kunden- und auftragsbezogenen Dienstleistungen im Kundendialog. Sie automatisieren die Geschäftsprozesse in Echtzeit. Das Web-Portal kann seinen Kunden zur Selbstbedienung Zugriff auf mehrere integrierte Internet Booking Engines bieten, die unterschiedlich spezialisiert sind, z. B. Flug-IBEs für Linien-, Consolidator- und Low Cost-Flugangebote, Hotel-, Mietwagen- oder Ticket-IBEs sowie zu Booking Engines für Pauschal- und Lastminute-Reisen (pre-packaged

[1] Zur Realisierung im Rahmen eines Content Management Systems (CMS) vgl. Kapitel 2.3.3 u. 2.3.4

oder dynamic-packaged, vgl. Kap. 4.6). Die IBEs arbeiten mit automatisierten Schnittstellen zu den Anbietersystemen. Internet Booking Engines werden von IT-Dienstleistern den virtuellen Reisemittlern zur Nutzung bzw. zur Integration in ihr Web-Portal angeboten. Auch die GDS bieten über Tochtergesellschaften oder Partnerunternehmen IBEs für Online-Reiseportale an ebenso wie die im Wettbewerb zu den GDS stehenden alternativen Distributionssysteme (ADS).[1]

Internet Booking Engines übernehmen die Reisemittler-Funktionen: Touristische Beratung, multimedialer Produkt- und Preisvergleich sowie Kommunikation mit den Reservierungssystemen der Reise-/Leistungsanbieter zur Buchung und Funktionen der Buchungsabwicklung (z. B. Inkasso). Die IBE-Datenbank stellt die Produktinformationen der Reisen und Reiseleistungen dem Reiseinteressenten im Sinne einer Beratung zur Verfügung, indem er sie über Selektionsmasken recherchieren und vergleichen kann. Die Benutzerführung, die Selektionsmöglichkeiten und die vergleichenden multimedialen Ergebnis- bzw. Angebotsdarstellungen bilden den kundenorientierten Beratungsprozess ab. Mit Auswahl einer Reise oder Reiseleistung ist ihre aktuelle Verfügbarkeit zu prüfen, der verbindliche Gesamtpreis darzustellen und ggf. anschließend die Buchung im reservierenden Vertriebssystem zu veranlassen. Hierzu kommuniziert die Internet Booking Engine im Hintergrund und in Echtzeit mit dem Reservierungssystem des jeweiligen Anbieters auf Basis standardisierter Schnittstellen (Interfaces).[2]

- **Touristik Internet Booking Engine mit zentraler Angebotsdatenverwaltung in Cache-/Poolsystemen**

Im Folgenden werden Touristik-IBEs zur Vermittlung von Reisepaketen bzw. Pauschal-/Freizeitreisen näher betrachtet. Die ersten und heute verbreiteten IBE-Systeme sind als zentrale Zwischenspeichersysteme, auch als Cache- oder Pool-Systeme bezeichnet, aufgebaut worden. Sie basieren auf dem traditionellen Reiseveranstalterprozess, der fertig paketierte Reisen (prepackaged) in die Vertriebssysteme einsteuert (vgl. Kap. 4.6). Abbildung 3.7.1 stellt den Aufbau einer solchen IBE am Beispiel der marktverbreiteten Traveltainment IBE dar.

---

1 Am Travel-IT-Markt werden marktverbreitete IBE-Systeme angeboten, die insbesondere auf der jährlichen Internationalen Tourismusbörse (itb-berlin.de) und dem jährlichen fvw-Kongress (fvw-kongress.de) präsentiert werden. IBE-Anbieter für Flug, Hotel und ergänzende Reiseleistungen sind z. B.: Aerticket, Hitchhiker, TUI4U, Ypsilon.net, Lowcostbeds, Travelcube, vgl. fvw Dossier Travel Technologie 2014. Auch ein stationärer Reisemittler, der zusätzlich seine Dienstleistungen automatisiert und „rund um die Uhr" im Web (virtuell) anbieten will, kann die Rechte zur Nutzung einer IBE (branded oder white Label) erwerben und sie unter fremdem oder eigenem Label in seine Web Site integrieren.

2 Dazu können auch die Dienste der Global Distribution Systems in Anspruch genommen und integriert werden.

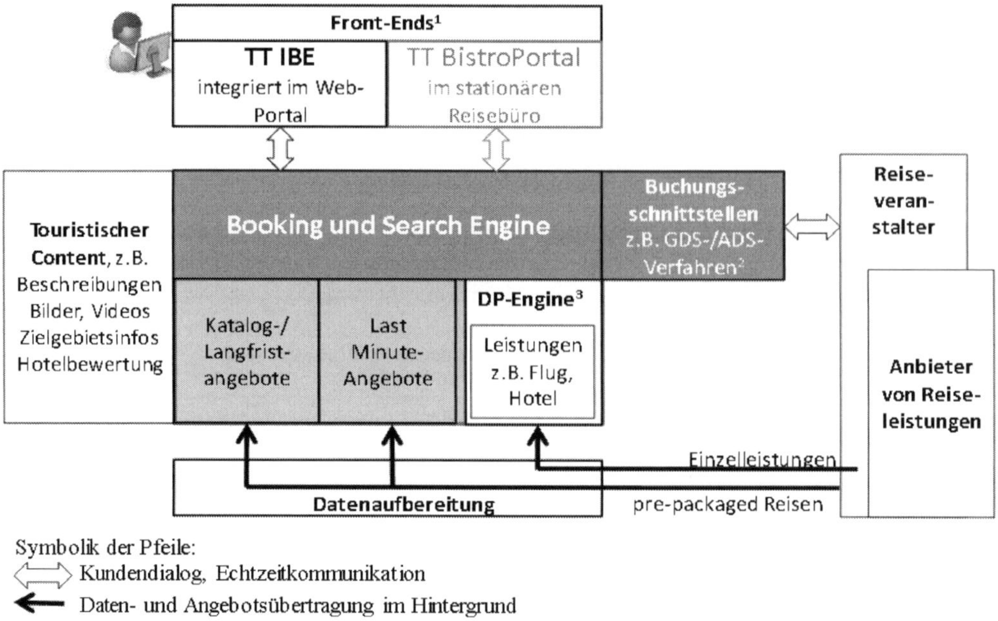

1) Die Front-Ends in stationären Reisebüros und Web-Portale können dieselben IBE-Systeme nutzen, hier am Beispiel von Traveltainment (TT). Vgl. Kap. 3.1 sowie zu BistroPortal Kap. 3.4.
2) Z. B. TOMA oder TUI/IRISplus, vgl. Kap. 4.6.4.
3) Dynamic Packaging (DP) als Service für X-Veranstalter, vgl. Kapitel 4.6.3.

Quelle: in Anlehnung an die Produktbeschreibungen der Front-Ends von TravelTainment (TT)

Abb. 3.7.1 *Modell einer Touristik Internet Booking Engine (mit Dynamic Packaging Service für X-Veranstalter)*

Reiseveranstalter übertragen saisonvorbereitend ihre langfristig vorproduzierten und traditionell kataloggebundenen Reiseangebote an die Angebots- bzw. Cache- oder Pool-Datenbanken der Internet Booking Engine. Ergänzend werden kurzfristig, z. B. lastminute und nächtlich, aus Restplätzen automatisiert zusammengestellte Reisepakete von den Reiseveranstaltern in den Pool übermittelt (dynamic pre-packaged, vgl. Kap. 4.6.3f).

Darüber hinaus bieten IBEs auch den Service des echten Dynamic Packaging zur (virtuellen) Reiseveranstaltung. Flug- und Hotelleistungen mit i. d. R. kurzfristigem Verfallsdatum werden von kooperierenden Anbietern automatisiert an die IBE-Datenbank übermittelt und stehen damit zu einer dynamischen Paketierung in Echtzeit der Kundenberatung zur Verfügung. Reiseveranstalter können diesen Dienst der virtuellen Reiseveranstaltung kostenpflichtig nutzen, so dass sie unter ihrer Marke dynamisch produzieren lassen (sogenannte X-Veranstalter, vgl. Kap. 4.6.3f).

Diese Angebote stehen dem Beratungsprozess zur Verfügung. Die Angebote werden vergleichend in sortierbaren Listen den Kunden gemäß ihrer Wünsche bzw. gemäß der genutzten Selektionskriterien, die die IBE zur Verfügung stellt, dargestellt (vgl. Kap. 3.4). Da die Angebotsdaten dazu aus den unterschiedlichen Quellen und Anbietersystemen zusammen geführt werden, müssen sie in ihren Aussagen gegenüber den Kunden gleichlautend vergleichbar gemacht und entsprechend aufbereitet werden. Dieser Angebotsvergleich, der zunächst nur ein Preisvergleich war, gibt in der Touristikbranche erheblichen Anlass zur Kritik an den IBE-Systemen mit zentraler Logik:

– Die heterogenen und gemäß Vertriebssteuerung veränderlichen Preisstrukturen und -bedingungen der Reiseproduzenten (vgl. Kap. 4.6.3, sowie Kap. 5.1 u. 5.2) sind im Detail eines konkreten Kundenwunsches nicht verbindlich darstellbar und vergleichbar zu machen. Es werden im Vergleich unverbindliche „ca. Preise", „ab-Preise" oder Preise pro erwachsenen Vollzahler genannt. Erst nachdem der Kunde auf dieser Basis gewählt hat und die IBE seine Wahl an das entsprechende Reiseveranstaltersystem übermittelt hat, wird dort der verbindliche Preis für den Kunden, der z. B. mit seinen zwei Kindern unterschiedlichen Alters buchen möchte, ermittelt. Ein konkret ermittelter Preisvergleich kann ex post anders ausfallen als zum Zeitpunkt der Kundenberatung und Entscheidung.

– Die vergleichende Anzeige der Angebote erweckt beim Kunden die Erwartung, dass die Angebote auch frei und verfügbar sind. Dieser Eindruck kann trügen. Die Angebote waren verfügbar als der Anbieter sie an das Cache-System übertragen hat oder als die IBE letztmalig in der Vergangenheit darauf zugegriffen hat. Da die Reiseveranstalter ihre Reisen aber auch in anderen Vertriebskanälen und -systemen anbieten und kein automatisierter Abgleich in Echtzeit einer Buchung erfolgt, ist nicht gewährleistet, dass das Angebot auch aktuell noch verfügbar ist. Erst nachdem der Kunde ein Angebot ausgewählt hat, überprüft die IBE seine verbindliche Verfügbarkeit im System des Reiseveranstalters.

– Abbildung 3.7.1 zeigt, dass nur Reisepakete in den Beratungsprozess eingehen, die in den drei Segmenten des zentralen IBE-Pools angeboten werden. Reiseveranstalter, die in ihrem eigenen System echtes Dynamic Packaging in Echtzeit des Kundenwunsches durchführen (sogenannte Y-Veranstalter, vgl. Kap. 4.6) erfahren die Kundenwünsche nicht und können damit die gemäß Kundenwunsch produzierbaren Reisen nicht in den Beratungsprozess einsteuern. Diese Veranstalter helfen sich zurzeit dadurch, dass sie kurzfristig (nachts) mit automatisiertem Dynamic Pre-Packaging Reiseangebote produzieren und übermitteln. Das führt zu sehr großen Datenmengen und kann zu absurden Angebotsstrukturen führen, wie ein vereinfachendes Beispiel zeigt: Zwei noch freie Restflugplätze werden mit allen Hotels im Zielgebiet, die kurzfristig noch Doppelzimmer verfügbar haben (z. B. 20 Hotels), zu Reisepaketen gebündelt. Wenn nur eine dieser 20 Reisen verkauft wird, liegen noch 19 Reisen ohne verfügbare Flugleistung im IBE-System und werden angeboten.[1]

– Wenn Reiseangebote vergleichbar gemacht werden sollen, ist nicht nur der Preis als Kriterium relevant. Weitere Attribute, Ausstattungs- oder Qualitätsmerkmale sind einzubeziehen, damit der Kunde das vollständige Preis-Leistungsverhältnis der alternativen Angebote vergleichen kann. Der Kunde äußert seine Wünsche durch Selektionskriterien, die

---

1 In der Fachzeitschrift fvw magazin vom 19.10.12 war dazu mit dem Titel „Y-Dilemma" sinngemäß zu lesen: Bis zu zwei Milliarden zusätzliche Datensätze werden von den Veranstaltern für das neue Touristikjahr angekündigt. Weil sie immer mehr Hotel- und Flugdatenbanken anzapfen, sinkt die Halbwertzeit der Angebote. Sobald die Daten in ein Cache-System geliefert werden, entsteht eine Verzögerung, und die Angebote kommen nicht mehr aktuell im Front-End an.

er als gewünschte Attribute der Reiseleistungen in Selbstbedienung nutzt. Um einen übergreifenden und transparenten Vergleich zu ermöglichen, müssen alle Angebote mit standardisierten Kriterien ausgezeichnet werden. Ein Veranstalter muss daher seine angebotenen Reisen und Reiseleistungen detailliert und kundennah mit den relevanten Merkmalen/Attributen darstellen. Dazu ist die Standardisierung der Merkmale erforderlich, um im Systemverbund z. B. einer IBE kooperieren zu können und um dem Kunden verlässliche Aussagen mithilfe der Merkmale zu liefern. Ein hoher Detaillierungsgrad der Merkmale ist erforderlich, um dem Kunden eine individuell differenzierte Auswahl zu ermöglichen und um dem Reiseanbieter die Möglichkeit zu geben, seine Angebote im Vergleich mit anderen besonders zu qualifizieren und heraus zu heben. Derartige standardisiert und detailliert nutzbare Angebotsmerkmale/Reiseattribute, die zum Angebotsvergleich von den IBEs genutzt und den Kunden angeboten werden können, hat es bisher nicht gegeben. Sie sind erst in jüngerer Vergangenheit mit den DRV-GlobalTypes entwickelt worden und stehen zur Intergration in die IBE- und Veranstaltersysteme bereit. (vgl. Kap. 4.6.4 sowie unter drv.de/fachthemen/informationstechnologie-onlinevertrieb).[1]

- **Entwicklung zu Touristik Internet Booking Engines mit dezentraler Logik**

Die genannten Kritikpunkte an der zentralen Logik liegen in dem Cache-/Pool-Systemaufbau begründet, dem das traditionelle Reiseveranstaltermodell der pre-packaged und insbesondere der langfristig saisonvorbereitend produzierten Reisen zugrunde liegt. Als Ergänzung oder Alternative zu den Print-/Katalogdarstellungen der Reiseangebote waren diese Systeme innovativ und mit den technischen Kapazitäten der Datenübertragungen kompatibel. Die genannten Kritikpunkte zeigen aber, dass diese Systeme den gewachsenen Kundenansprüchen sowie den Anforderungen der Reiseanbieter und ihrer Entwicklungen nicht mehr entsprechen. Daher werden neue Systeme aufgebaut, die einer dezentralen Logik folgen. Vom Grundsatz her werden in der dezentralen Logik die Reiseangebote in Echtzeit des Kundenwunsches direkt aus den kooperierenden Veranstaltersystemen abgefragt und ggf. an die IBE zur Beratung und zum Angebotsvergleich übermittelt.

Die Angebote, die von der IBE aus einer Vielzahl kooperierender dezentraler Anbietersysteme abgefragt werden, sind bereits in diesen Systemen mit den standardisierten Merkmalen z. B. gemäß DRV-GlobalTypes ausgezeichnet worden und können so mit einem hohen Detaillierungsgrad vom Kunden selektiert und ihm vergleichend dargestellt werden.

Wenn Internet Booking Engines unterschiedlicher Travel-IT-Anbieter mit unterschiedlichen Veranstaltersystemen direkt kommunizieren sollen, dann können diese Kommunikationsstrukturen nur effizient aufgebaut werden, wenn der Datenaustausch über standardisierte

---

[1] Unter anderem werden Attribute zur eindeutigen Klassifizierung von Strandnähe, zur exakten Preisberechnung mit Berücksichtigung aller Preisregeln inkl. Kinderpreisen und viele Zusatzattribute zur eindeutigen Beschreibung der Hotelart, Ausstattung, Verpflegung und diverser weiterer Teilleistungen festgelegt. Mit dieser besseren quantitativen und qualitativen Vergleichbarkeit der Reiseangebote möchte man kleinere Treffermengen bei Suchanfragen erreichen, die besser zur Kundenanfrage passen und den preisfixierten Wettbewerb hin zu einem qualitätsorientierten Wettbewerb führen (vgl. drv.de/fachthemen/informationstechnologie-onlinevertrieb). Darüber hinaus ist die Integration von Hotelbewertungssystemen ein wichtiges ergänzendes Element zur Kundenberatung.

technische Schnittstellen erfolgt bzw. verbreitete technische Schnittstellenmodule (Interfaces) in die kommunizierenden Systeme integriert werden. Entsprechende Systeme werden zurzeit unter dem Oberbegriff „Player-Hub-Technologie" aufgebaut und in den Markt eingeführt.[1] Ein Player ist dabei ein im Veranstaltersystem für einen oder mehrere Vertriebspartner bereitgestelltes und stets aktualisiertes Angebotssystem, das sowohl pre-packaged Reisen wie auch ein veranstalterseitiges echtes Dynamic Packaging bereitstellt. Ein Hub ist ein technischer Knotenpunkt, an den die Vertriebspartner angeschlossen werden, die auf denselben Player zugreifen. Ein Veranstalter kann mehrere Player für jeweils unterschiedliche Vertriebskanäle betreiben. In die IBE sind ebenfalls Hubs eingebunden, die die Verbindung zu einem oder mehreren Playern betreiben. Zur Datenkommunikation werden die definierten Datenaustauschformate in der XML-Technologie (vgl. Kap. 2.3.4) genutzt. Abbildung 3.7.2 gibt einen Überblick und stellt die zentrale und die dezentrale Logik mit ihren Kommunikationsstrukturen im Vergleich dar.

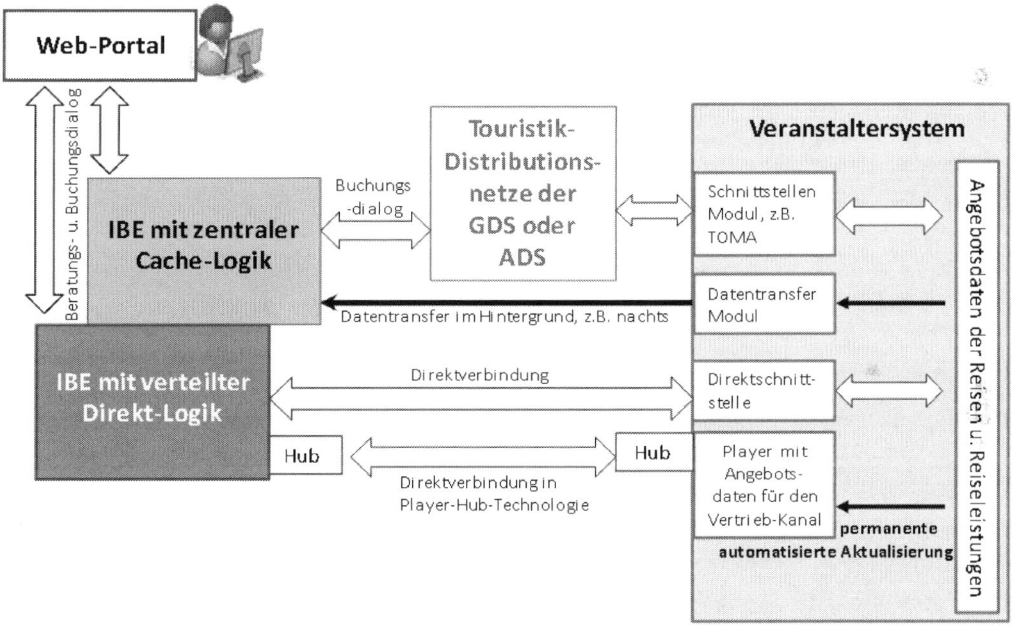

Vgl. Abb. 4.6.10 in Kap. 4.6.4, die hier in angepasster Form aufgegriffen wird. Eine hier symbolisierte „IBE mit zentraler Cache-Logik" wird in Abb. 3.7.1 detailliert dargestellt.

Abb. 3.7.2 *Vergleichender Überblick über die Kommunikationsstrukturen von Internet Booking Engines (IBE) mit zentraler und mit dezentraler Logik*

Für die Zukunft kann die Erwartung formuliert werden, dass hybride Systeme entstehen werden, die die Daten der langfristig produzierten Reisen in einem Cache-System speichern,

[1] Konkret können die im Wettbewerb stehenden Systeme Y-Player/D-Hub von Vilauma/Peakwork mit dem Einheitlichen Datenaustauschformat (EDF) und ODTS-FlexPlayer/FlexHub von Bewotec (Offener Datentransfer Standard) genannt werden.

um mit ihrer einmaligen oder periodischen Übermittlung die Veranstaltersysteme und die Datentransfers zu entlasten, und die die Aktualität der kurzfristigen und dynamischen Angebote durch die Player-Hub-Technologie in Echtzeit der Kundenberatung gewährleisten.

3.7.3 Touristische Suchmaschinen

Touristische Suchmaschinen (Travel Search Engines TSE) sind von virtuellen Reisemittlern bzw. Online Travel Agents und ihren Internet Booking Engines zu unterscheiden. TSE arbeiten nicht nach dem Geschäftsmodell der Reisemittler, die den Kunden umfänglich beraten und in seinem Auftrag die Buchungsvorgänge durchführen, wozu sie von den Reiseproduzenten und Leistungsgebern autorisiert sind. Touristische Suchmaschinen unterstützen den Reiseinteressenten bei der Suche nach geeigneten Angeboten, wobei sie keine „normalen" Suchmaschinen sind, die mit Suchbegriffen nach relevanten Quellen im Web recherchieren (vgl. Kap. 2.3.5). Der Nutzer einer touristischen Suchmaschine erfasst seine konkreten Reisewünsche, und die Suchmaschine übermittelt diese Wünsche über elektronische Schnittstellen an kooperierende Anbietersysteme und fragt damit entsprechende Angebote ab, die anschließend in einer vereinheitlichten Darstellung und mit einem vorläufigen unverbindlichen Preisvergleich dem Nutzer dargestellt werden. Die Suchmaschine übernimmt i. e. S. keine weiterführenden Funktionen, sondern bietet nur die Verweise zu den anbietenden Systemen, in denen der Interessent dann vertiefend weiter suchen und ggf. buchen kann. Touristische Suchmaschinen sind Meta-Suchmaschinen (Meta Searcher), die keine Reiseleistungen vermitteln sondern Interessenten zu kooperierenden Anbietern führen. Sie generieren Web-Besuche bei den Reiseanbietern, die dann für die Vermittlung der Besuche oder für die daraus erzielten Reiseumsätze Gebühren oder Provisionen zahlen. Grundsätzlich können die Suchmaschinen Gebühren pro vermitteltem Link (cost per click) vergleichbar den Google-Adwords berechnen, i. d. R. aber berechnen sie Provisionen, wenn aus vermittelten Links Verkäufe bzw. Reisebuchungen generiert werden, vergleichbar der Konversion in einem Partner-/Affiliate-Programm (vgl. Kap. 2.3.5). Die touristischen Suchmaschinen beziehen sich i. d. R. auf einzelne Reiseleistungen, insbesondere Flüge und Hotelangebote. Sie kooperieren auch untereinander, um den Reiseinteressenten umfangreiche Suchergebnisse oder Suchergebnisse für mehrere Leistungsarten bieten zu können.

Für Anbieter von Reisen und Reiseleistungen ist die automatisierte Kooperation über technische Schnittstellen zwischen ihren Reservierungssystemen und den touristischen Suchmaschinen eine Form des Suchmaschinen-Marketing.

Besondere Aufmerksamkeit ist der zukünftigen Entwicklung der Google TSEs am deutschen und europäischen Markt zu widmen. Google Flights als Flugsuchmaschine und Google Hotelfinder streben auch in Europa an, die wichtigsten Flug- und Hotelgesellschaften und/oder ihre Vertriebspartner mit Suchschnittstellen anzubinden, um das Marktangebot möglichst umfänglich darstellen zu können. Die georeferenzierte Einbindung in die Google-Suche und in Google Maps in Kombination mit Google Street View, das einen virtuellen Rundgang ermöglicht (vgl. Kap. 2.6), ergänzt durch Kundenbewertungen und Bilder bietet Suchergebnisse mit einem umfangreichen Informationsservice und mit den Links zu den entsprechenden Reservierungssystemen, z. B. booking.com, expedia.de oder zu den zentralen Reservierungssystemen der Hotelketten.

Die folgenden Beispiele zeigen, dass Online Travel Agents (OTA), die virtuell das vollständige Geschäftsmodell der Reisemittler vollziehen, zunehmend schwerer von anderen Portalen differenzierbar sind (Stand: Mai 2014):

- Als Vollsortiment-OTAs können beispielsweise genannt werden: expedia.de, start.de, ab-in-den-urlaub.de oder opodo.de, wobei letztgenannter zunächst als Flug-Portal der Lufthansa entstanden ist. tui.com kann als OTA mit konzerngebundenem Vermittlungsportfolio genannt werden und thomascook.de bietet im Sinne eines Vollsortiments auch konzernfremde Reiseangebote, beide sind zu differenzieren vom Direktvertrieb.
- Als reine Suchmaschinen können beispielsweise genannt werden traveljungle.de, trivago.de, swoodoo.com, während Suchmaschinen wie kayak.de erweiterte Informationsservices bieten wie zuvor auch für die Google-Dienste dargestellt.
- Hotelbewertungssysteme wie z. B. unter holidaycheck.de oder tripadvisor.de sind zunächst als offene Bewertungs-/Empfehlungssysteme aufgebaut worden, auch um andere Vermittlungsportale zu ergänzen. Heute haben sie sich zu Online Travel Agents (OTA) entwickelt, die ihr Vermittlungsangebot kontinuierlich in Richtung Vollsortiment erweitern und Dienste wie Google Maps und Street View integrieren.

Diese Unterscheidungen deuten an, dass unterschiedliche IT-Systeme für diese unterschiedlichen Portal-Typen erforderlich sind – von einfachen Suchschnittstellen mit den Distributions- und Reservierungssystemen der Anbieter bis hin zu umfangreichen Internet Booking Engines mit zentraler Cache-Logik und dezentraler Player-Hub-Technologie. Auch für die Reisekunden ist diese Unterscheidung wichtig, um zu wissen, welche Leistungen juristisch verbindlich vom jeweiligen Portal erwartet werden können. Die Allgemeinen Geschäftsbedingungen (AGB) der Portale geben darüber verbindlich Auskunft.

Weiterführende Informationsquellen zu den IT-Systemen:

DRV, drv.de/fachthemen/informationstechnologie-onlinevertrieb.

ITB, Travel Technologie-Veranstaltungen und Ausstellungen im Rahmen der Internationalen Tourismusbörse Berlin, itb-berlin.de.

fvw Kongress, Travel Technologie-Veranstaltungen und Ausstellungen im Rahmen des fvw-Kongress, fvw-kongress.de.

fvw Dossier „Travel Technologie“, erscheint einmal jährlich, zuletzt im April 2014.

4 Informationsmanagement bei Leistungsanbietern

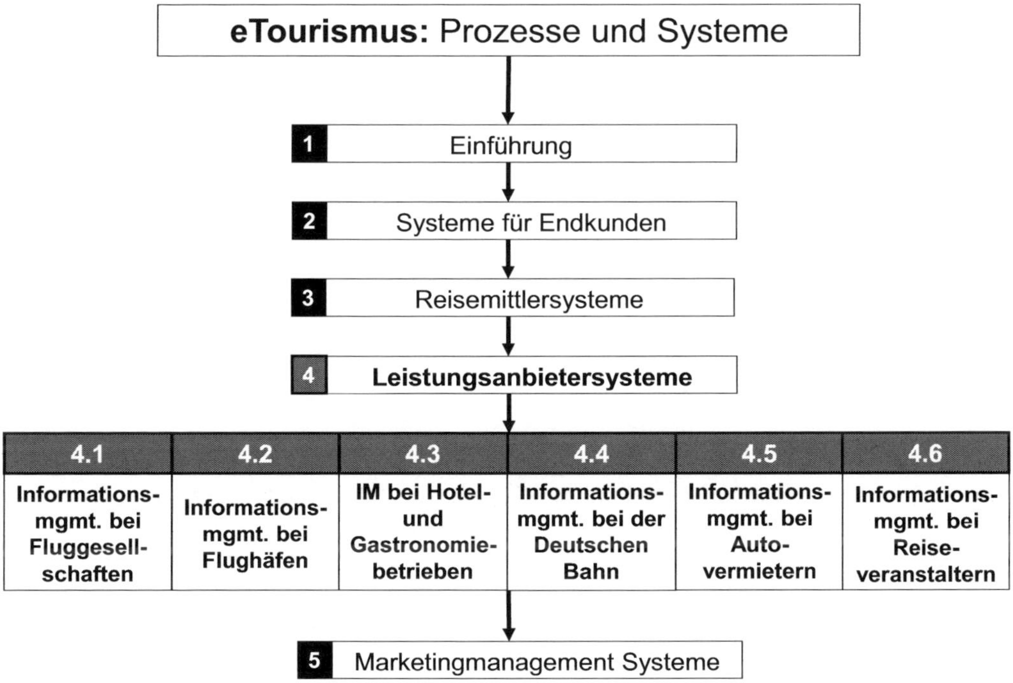

Abb. 4.1 *Überblick Leistungsanbietersysteme*

Das Zeitalter der Informations- und Kommunikations-Technik, der sogenannte fünfte Kondratjew-Zyklus, war im Wesentlichen der Antriebsmotor für eine zunehmende Komplexität der Prozesse der Unternehmen im Allgemeinen, und der touristischen Unternehmen, im Speziellen, wie Fluggesellschaften, Flughäfen, Hotel- und Gastronomiebetriebe, Deutsche Bahn und Reiseveranstalter. Nicht nur die internen Prozesse, sondern auch die externen Prozesse erreichten einen Status, in dem der Zugriff auf unterstützende Informationssysteme unausweichlich wurde. Spezifische IT-Lösungen im Rahmen eines aktiven Informationsmanagements vereinfachen die Verarbeitung, Organisation und Verknüpfung einzelner Daten innerhalb einer komplexen IT-Landschaft und bieten den Unternehmen gleichzeitig eine Optimierung ihrer Prozesse mit hohen Zeiteinsparungseffekten.

Linienfluggesellschaften gelten als Pioniere im Bereich Informationssysteme in der Touristik. Sie riefen die heutigen GDS in den 1970er Jahren als eigene Computer-Reservierungssysteme zur Vereinfachung der Kontingenzverwaltung und des Flugscheinvertriebes ins Leben. Ihre IT-Landschaft ist seitdem in den meisten Fällen gewachsen und besteht heutzutage aus einem sehr komplexen Umfeld von Systemen, mit denen die Kernprozesse einer Fluggesellschaft abgedeckt werden. Zum Einen sind die eigenen Systeme einer Fluggesellschaft stark miteinander verbunden, zum Anderen bewegen sich Fluggesellschaften in einem stark vernetzten Geschäftsumfeld, in dem eine Vielzahl von Datenflüssen stattfinden. Das erste Kapitel schafft einen Überblick über diese gesamte prozessorientierte IT-Landschaft im Luftverkehr. Im Vordergrund stehen hierbei Planungs- und Steuerungssysteme, Passagier Service, Operative sowie Administrative Systeme. Planungs- und Steuerungssysteme umfassen die Netzplanung und Strategie einer Fluggesellschaft, die Flugplanung sowie die Ertragssteuerung und das Pricing. Bei Passagier Service Systemen handelt es sich um Anwendungen, welche die direkten Prozesse in Verbindung mit dem Kunden unterstützen, wie Flugscheinreservierung, Kundendatenverwaltung und Abfertigung. Operative Systeme sind Module, die zur direkten und zeitnahen Unterstützung des Flugbetriebes im Wesentlichen beitragen, wie Einsatzplanung, Flugvorbereitung sowie der Bereich der Flugdurchführung und -überwachung. Unter den Bereich Administrative Systeme fallen die Prozesse der allgemeinen Verwaltung wie auch der Auswertung von Daten sowie der Abrechnung von erbrachten oder eingekauften Leistungen.

Der nächste Abschnitt handelt von Informationssystemen im Flughafenbereich. Flughäfen stellen heutzutage multifunktionale Dienstleistungszentren dar, in denen neben dem Flughafenbetreiber und den Fluggesellschaften, öffentliche Dienste und private Dienstleister auf einer gemeinsam genutzten Fläche ihre Arbeit verrichten. Aufgrund der Vielzahl an Prozessen, die einen reibungslosen Ablauf am Flughafen garantieren sollen, bedarf es umfangreicher IT-Systeme, die aufeinander abgestimmt werden müssen. Zur Unterstützung der drei Kernprozesse, wie Flugzeug- und Passagierabfertigung, als auch Gepäcktransport und weiteren internen und externen Serviceprozessen, kommen unterschiedliche Systeme zur Anwendung, welche sich in drei Kategorien einteilen lassen. Basisinfrastrukturdienste umfassen alle Telekommunikationsdienste wie auch Netze, welche eine reibungslose Kommunikation zwischen allen beteiligten Organen des Flughafens ermöglichen. Passagier- und Gepäckabfertigungssysteme sorgen für eine durchgängige und sichere Abfertigung. So stellen Security Systeme sicher, dass das unerlaubte Eindringen in die Sicherheitsbereiche von Personen oder Gegenständen verhindert wird. Anzeige- und Passagierleitsysteme sorgen für einen unkomplizierten und raschen Passagierfluss. Der Transport und das Sortieren der einzelnen Gepäckstücke liegt in dem Verantwortungsbereich der Gepäcksysteme. Systeme zur Planung und Administration der Flugzeugabfertigung stellen Planungssysteme dar, die sowohl der kurz- als auch langfristigen Planung von Abläufen an Flughäfen dienen. Darüber hinaus umfasst dieser Bereich Dispositionssysteme, um vorhandene Ressourcen bestmöglich aufzuteilen und anzupassen sowie administrative Systeme, um Statistiken und Planungen zu Abrechnungszwecken zu erstellen.

Im dritten Abschnitt leitet der Autor vom Luftverkehr zu den bedeutendsten IT-Systemen für Hotel- und Gastronomiebetriebe über. Diese werden zusammen mit ihren diversen Einsatzmöglichkeiten und ihrem vernetzten Zusammenwirken in Geschäftsprozessen von der Reservierung über den Check-In, den Service in Hotel und Restaurant bis zum Check-Out vorgestellt. Darunter werden u. a. Kassen- und Warenwirtschaftssysteme, Hotelmanagement Systeme, Hotel-Telefonanlagen, Hotel-TV, Hotel-WLAN, Elektronische Zugangs- und Schließsysteme sowie direkte und indirekte computergestützte Distributionssysteme wie z. B. Webauftritt, Central Reservation Systems und elektronische Distributionssysteme (GDS, IDS/ADS, etc.) mit ihren wichtigsten Funktionen und Schnittstellen behandelt. Auch auf die neuesten Entwicklungen wie Seamless Connectivity und Multi-Channel-Management in den Hotel-Distributionssystemen wird eingegangen. Aufgezeigt werden darüber hinaus die Verbindungen der klassischen Hotel-IT-Systeme zu bedeutenden externen Systemen wie elektronischen Zahlungssystemen oder speziellen Marketingmanagement-Systemen, die im 3. Kapitel ausführlicher erörtert werden.

Das nachfolgende Kapitel beschäftigt sich mit dem Informationsmanagement bei der Deutschen Bahn. In Deutschland ist der öffentliche Personenverkehr (ÖVP) als offenes System durch sein hohes Maß an Vernetzung zwischen den einzelnen Verkehren gekennzeichnet. Als eines der größten Herausforderungen des ÖPV gilt das Management und der qualitativ hochwertige Betrieb dieser Verkehrsnetzwerke. Zahlreiche Informations- und Kommunikationssysteme (ITK), wie Netzmanagement Systeme, Systeme des Preis- und Yieldmanagements, Vertriebs- und Kundenbindungssysteme sowie Systeme der Produktionsplanung- und Durchführung leisten hierbei eine umfassende Unterstützung. Die ITK-Landschaft im Personenverkehr ist v. a. gekennzeichnet durch externe Schnittstellen wie Kunden, Partnern und zu unternehmensübergreifenden Funktionen und ist mit den zentralen Systemen für Finanzen, Controlling, Rechnungswesen, Einkauf bzw. Human Resources verbunden.

Der letzte Abschnitt beleuchtet Informationssysteme für Reiseveranstalter, in dem die wichtigsten Funktionsmodule und Schnittstellen von IT-Systemen für Reiseveranstalter dargestellt werden. Planungssysteme analysieren und prognostizieren v. a. die Nachfrage und Simulationsrechnungen für verschiedene Bereiche der Angebots- und Nachfrageentwicklung. Einkaufssysteme leisten den Reiseveranstaltern eine unverzichtbare Unterstützung bei dem meist zeitkritischen Einkauf der einzelnen Reiseleistungen im Rahmen der Saisonvorbereitung. Diese stellen den Einkäufern alle aufbereiteten einkaufsrelevanten Planungsdaten und Daten aus der vorangegangenen Saison für Vertragsverhandlungen online zur Verfügung und ermöglichen ihnen somit einen reibungsfreien Produktions- und Kalkulationsprozess. Die Kontingentverwaltung erfolgt entweder intern oder über externe Systeme, die über automatisierte Schnittstellen an den Veranstalter gekoppelt sind. Mit ihren drei verschiedenen Produktionssystemen versuchen die Veranstalter aus ihren eingekauften Leistungen möglichst kundengerechte Produkte zu erstellen. Hierbei lassen sich Pre-Packaging, Dynamic Pre-Packaging und Dynamic-Packaging voneinander unterscheiden. Zu den Vertriebs- und Distributionssysteme zählen in erster Linie die Distributionsnetzwerke der Globalen Distributionssysteme (GDS) als indirekter Vertriebsweg über ein Reisebüro, im deutschsprachigen Raum insbesondere Amadeus-Tour-Market, Sabre-MERLIN und TraviAustria/Galileo-CETS. Content Aggregatoren und Angebots- und Preisvergleichssysteme gehören darüber hinaus ebenfalls zu Vertriebssystemen wie auch alternative Intermediäre (ADS), die im Wettbewerb zu den traditionellen GDS stehen. Touristische Internet Boooking Engines gewinnen ebenfalls als alternatives indirektes Vertriebssystem immer mehr an Bedeutung. Mit Hilfe von Vertriebssteuerungssystemen erreicht der Reiseveranstalter sowohl im direkten als auch im indirekten Vertrieb eine übersichtliche Verwaltung von Produkt- und Steuerungsdaten, insbesondere hinsichtlich Provisionsmodelle und Vertriebskanäle. Administrative Systeme steuern alle Buchungen im Reservierungssystem des Veranstalters, die über die unterschiedlichen Vertriebskanäle eingehen. Data-Warehouse und Customer Relationship Management (CRM), bzw. Partner Relationship Management Systeme (PRM) dienen im Wesentlichen dazu, zahlreiche Daten aus Geschäftsbeziehungen zwischen Leistungsträger, Reisemittler und Endkunden aus verschiedenen Teilsystemen zusammenzuführen und zentral auswerten zu können. Zur Abrundung des dritten Abschnittes werden verschiedene Möglichkeiten der Konfiguration und des Betriebs von Reiseveranstalter verschiedener Größenordnung vorgestellt.

Zusammenfassend werden in folgendem Kapitel die Basis des Informationsmanagements in der Touristik vermittelt und die spezifischen Informationssysteme für die einzelnen Leistungsanbieter näher beleuchtet. Hierbei erfolgt sowohl eine detaillierte Darstellung der IT-Lösungen sowie deren Anwendungsmöglichkeiten in den jeweils relevanten Bereichen.

4.1 Informationsmanagement bei Fluggesellschaften

Annette Kreczy

Noch bis in die 1980er Jahre haben Fluggesellschaften in vielen Bereichen mit manuellen Prozessen gearbeitet. Tickets wurden mit der Hand geschrieben, Tarife wurden mit Hilfe von Tarifhandbüchern errechnet, die Flugplanung fand mit Papier und Bleistift statt und bei der Abfertigung wurden die Bordkarten jeweils mit Aufklebern für die Sitzplatznummern versehen. Die Möglichkeiten, die sich durch die Entwicklung der Informationstechnologie (IT) und die zunehmende Verbreitung des Internets ergaben, wurden von der Luftfahrtbranche schnell aufgegriffen und haben dazu geführt, dass heute ein Flugbetrieb ohne Informationsmanagement nicht mehr denkbar ist. Alle Geschäftsprozesse werden nun mit IT-Unterstützung durchgeführt, und es gibt nur noch wenige Mitarbeiter, die noch über das entsprechende Wissen verfügen, um ihre Aufgaben notfalls auch manuell ausführen zu können. Daher stellen Fluggesellschaften beim Systembetrieb höchste Anforderungen an Systemverfügbarkeit und Verarbeitungsgeschwindigkeit, da der Ausfall eines einzelnen Systems unter Umständen den gesamten Flugbetrieb lahmlegt, und damit schnell zu Verdienstausfällen oder Schadensersatzforderungen in Millionenhöhe führen kann.

Betrachtet man jedoch den Anteil, den die Informationstechnologie am Gesamtbudget einer Fluggesellschaft hat, so lag dieser 2012 gemäß einer jährlich von dem Branchenverband SITA (ehemals Société Internationale de Télécommunications Aéronautiques) durchgeführten Studie lediglich bei rund 1,5 % des Umsatzes der befragen Fluggesellschaften. Bei Billigfluggesellschaften liegt dieser Wert mit rund 1 % noch deutlich niedriger, was jedoch auch auf das einfachere Geschäftsmodell dieser Gesellschaften zurückzuführen ist. Im Vergleich zu den Ausgaben anderer Branchen liegen die durchschnittlichen IT-Ausgaben von Linienfluggesellschaften im unteren Drittel. Beim direkten Vergleich dieser Branchenkennzahlen ist allerdings auch zu beachten, dass Fluggesellschaften viele Prozesse inklusive der dafür notwendigen IT-Applikationen ausgelagert haben (Abfertigung, Wartung etc.) und dadurch vergleichsweise niedrige Kosten ausweisen. Ebenso ordnen die meisten Fluggesellschaften die Buchungsgebühren, die an globale Distributionssysteme (GDS) gezahlt werden, nicht dem IT Budget, sondern den Vertriebskosten zu. Trotzdem sind diese niedrigen IT-Budgets um so erstaunlicher, wenn man berücksichtigt, dass hiermit eine sehr komplexe und heterogene Systemlandschaft unterhalten werden muss.

Die IT von Fluggesellschaften basiert auch heute noch auf Großrechnersystemen, die in den 1970er Jahren gemeinsam mit Fluggesellschaften von den Firmen Unisys mit der Unisys Application Suite (USAS) und IBM mit der Transaction Processing Facility (TPF) entwickelt wurden. Diese Betriebssysteme zeichnen sich durch eine hohe Robustheit aus und sind in der Lage, große Datenmengen sehr schnell zu verarbeiten. Basierend auf TPF hat IBM das System PARS bzw. IPARS und Unisys die Systeme USAS*RES (Reservierungssystem), USAS*FDC (Flight Data Control) und USAS*CGO (Cargo) entwickelt, welche die Urformen vieler Airlinesysteme sind. Diese Ursysteme wurden von den Fluggesellschaften über die letzten Jahrzehnte kontinuierlich weiterentwickelt, so dass mittlerweile zahlreiche Versionen des ursprünglichen Systemkerns weltweit im Einsatz sind. Sukzessive wurde die

Mainframe- basierte Systemlandschaft um neue Applikationen erweitert. Hierbei wurden nach und nach neue Technologien wie Unix, Windows, aber auch webbasierte Technologien wie Java oder .net eingesetzt. Diese stark vernetzte und durch unterschiedliche Technologien geprägte Systemlandschaft führt auch dazu, dass ein großer Anteil der Kosten auf den Systembetrieb entfällt und nur geringe Mittel für Neuentwicklungen zur Verfügung stehen. Im Durchschnitt wenden Fluggesellschaften etwa zwei Drittel der IT-Ausgaben für Betrieb und Wartung bestehender Anwendungen auf und lediglich ein Drittel steht für eigene Neuentwicklungen oder den Kauf neuer Software zur Verfügung.

4.1.1 Gesamtprozess und externe Schnittstellen

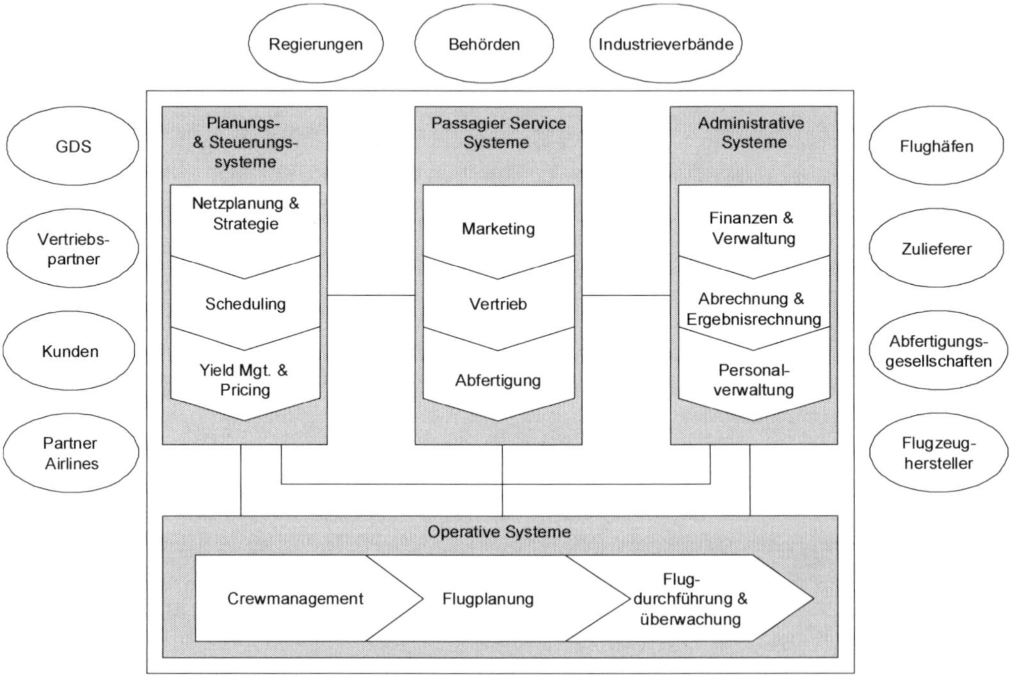

Abb. 4.1.1 *Prozessorientierte IT-Landschaft von Fluggesellschaften*

Die IT-Landschaft von Linienfluggesellschaften ist in den meisten Fällen über die letzten 40 Jahre gewachsen und besteht häufig aus einem sehr komplexen Umfeld von Systemen, mit denen die Kernprozesse einer Fluggesellschaft abgedeckt werden. Zum einen sind die eigenen Systeme einer Fluggesellschaft stark miteinander verbunden, zum anderen bewegen sich Fluggesellschaften in einem stark vernetzten Geschäftsumfeld, in dem eine Vielzahl von Datenflüssen stattfinden. Die vorliegende Abhandlung fokussiert sich auf die wichtigsten IT-Systeme einer Passagierfluggesellschaft, d. h. Cargosysteme werden nicht betrachtet. Ebenso werden Geschäftsbereiche, die häufig von externen Zulieferern erbracht werden (wie z. B. die Flugzeugwartung oder das Catering) ausgeklammert. Auch die Behandlung von Spezialsystemen würde den Umfang dieser Abhandlung sprengen.

Die Kernsysteme einer Fluggesellschaft lassen sich in vier große Bereiche untereilen:

- **Planungs- und Steuerungssysteme**, welche die Kernprozesse Netzplanung und Strategie, Scheduling (d. h. die Erstellung des Flugplans) und Yield Management & Pricing unterstützen. In diesem Bereich kommen in erster Linie Optimierungstools zum Einsatz, die eine Fluggesellschaft dabei unterstützen, die vorhandenen Ressourcen (Flugzeuge, Crew) möglichst ergebnisoptimal einzusetzen.
- Unter den Bereich **Passagier Service Systeme** (PSS) fallen alle Systeme, die eine Fluggesellschaft in den Bereichen Marketing, Vertrieb und Abfertigung unterstützen. Hierzu zählen IT-Applikationen, welche den direkten Kundenkontakt unterstützen, wie beispielsweise Reservierungssysteme, Kundenverwaltungssysteme oder Abfertigungssysteme. Die Systeme in diesem Bereich sind durch eine große Menge an zu verarbeitenden Transaktionen und Daten sowie externen Schnittstellen geprägt.
- **Operative Systeme** decken die Prozesse rund um das Crewmanagement, die Flugplanung und die eigentliche Flugdurchführung und Überwachung ab. Die Kernaufgaben der IT in diesem Bereich liegen in der Steuerung und Überwachung aller flugnahen Prozesse wenige Tage vor und am Flugtag.
- Der Schwerpunkt der **Administrativen Systeme** einer Fluggesellschaft liegt in der Analyse von Daten, der Abrechnung der erbrachten oder eingekauften Leistungen und der allgemeinen Verwaltung. Zu den Bereichen, die von diesen Systemen abgedeckt werden, zählen beispielsweise Finanzen und Verwaltung, Abrechnung und Ergebnisrechnung sowie die Personalverwaltung.

In ihrem Umfeld unterliegen Fluggesellschaften einer Vielzahl von gesetzlichen Vorschriften von Regierungen (Einreise- und Zollbestimmungen, Umwelt und Lärmschutz etc.) und Behörden (z. B. Luftraumüberwachung). Weitere Standards und Regeln werden durch Industrieverbände wie die International Air Traffic Association (IATA) vorgegeben. Im Vertrieb kooperieren insbesondere Linienfluggesellschaften über Allianzen oder bilaterale Vereinbarungen. Darüber hinaus sind sie stark vernetzt mit ihren Kunden und ihren Vertriebspartnern (Reisebüros, Veranstalter, Distributionssysteme). Auch bei der eigentlichen Leistungserbringung arbeiten Fluggesellschaften mit verschiedenen anderen Unternehmen und Einrichtungen zusammen. So geschieht beispielsweise die Beschaffung und Wartung des Fluggeräts in enger Kooperation mit den Flugzeugherstellern und externen Wartungsgesellschaften, bei Start und Landung wird die Infrastruktur eines Flughafens genutzt, und die Bodenprozesse (Abfertigung, Catering, Reinigung, Betankung) werden häufig durch externe Zulieferer übernommen.

4.1.2 Planungs- und Steuerungssysteme

Je größer eine Fluggesellschaft und damit das Netzwerk ist, umso komplexer ist die Planung und Steuerung, umso höher ist aber auch das Optimierungspotential. Während für das Netzmanagement einer kleinen Fluggesellschaft mit überschaubarer Flotte teilweise noch Microsoft Excel als Planungstool ausreicht, setzen große Gesellschaften auf leistungsfähige Netzplanungssoftware, die über komplexe mathematische Modelle die Planung optimiert. Zu den im Folgenden erläuterten Planungs- und Steuerungssystemen zählen Applikationen, die das

Netzmanagement, die Flugplanung, das Ertragsmanagement und die Preisgestaltung einer Fluggesellschaft unterstützen.

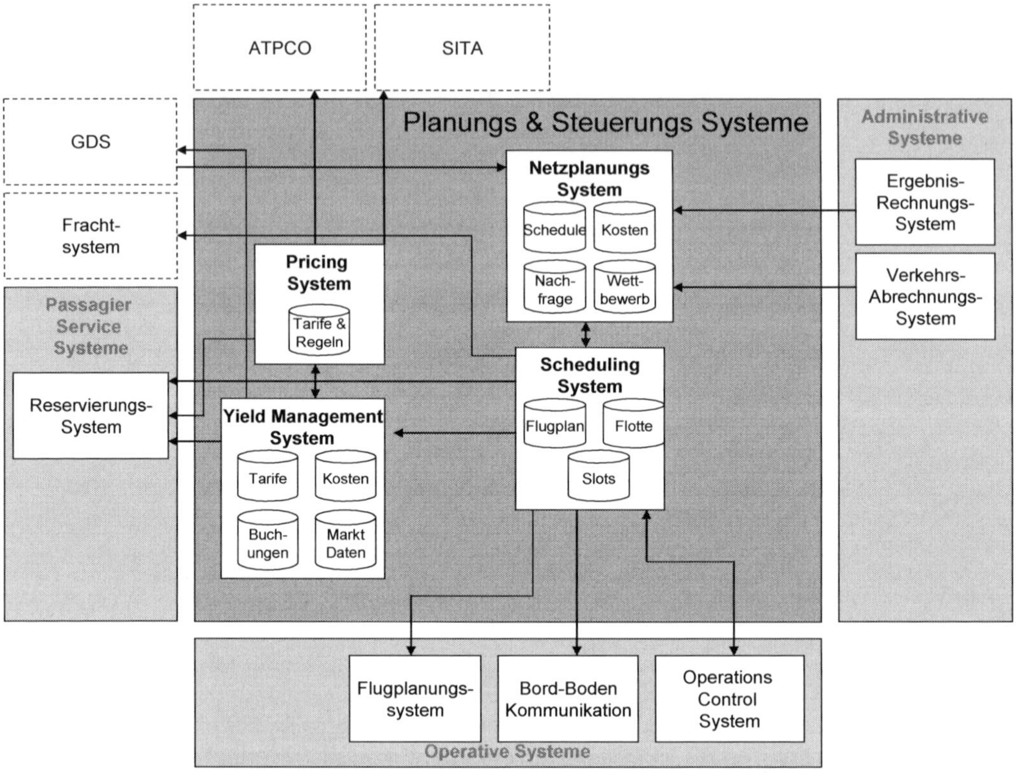

Abb. 4.1.2 Planungs- und Steuerungssysteme

- **Netzplanungssystem**

Netzplanungssysteme arbeiten mit ausgefeilten Optimierungs- und Kalibrierungsmechanismen, um einen optimierten Einsatz vorhandener Kapazitäten zu erreichen bzw. um eine potenzielle Erweiterung des Netzwerks oder der Flotte unter wirtschaftlichen Gesichtspunkten zu evaluieren.

Die Grundlage für die Entwicklung der Netzstrategie bilden historische Buchungsdaten aus der Netz- und Streckenergebnisrechnung sowie der bisherige eigene Flugplan. Auf Basis dieser Informationen erstellt das Netzplanungssystem Prognosen über die Entwicklung der Nachfrage in der Zukunft. Hierbei werden auch saisonale Schwankungen, Feiertage und Großereignisse berücksichtigt. Eine weitere wichtige Datengrundlage sind Informationen über die Flugpläne und Preisstrukturen anderer Fluggesellschaften sowie Daten über das Nachfrageverhalten.

Basierend auf dem bestehenden Flugplan werden vom Netzplanungssystem verschiedene Flugplanszenarien errechnet. Hierbei wird geprüft, welche neuen Strecken unter O&D-Gesichtspunkten (Origin & Destination) das größte Potenzial bieten bzw. wie der Verkehr über verschiedene Hubs optimiert werden kann. Ebenso wird geprüft, wie vorhandene Verbindungen in Bezug auf die Präferenzen der Nachfrage oder Veränderungen im Flugplan der Wettbewerber optimiert werden können. Neben dem eigenen Netzwerk können auch Partnerschaften mit anderen Fluggesellschaften optimiert werden, wie z. B. die Evaluierung potenzieller neuer Codeshare-Partner oder Allianzen. Schließlich kann sowohl der Einsatz der vorhandenen Flotte mit einem Netzplanungssystem optimiert werden als auch das Potenzial durch neues Fluggerät evaluiert werden.

Aufbauend auf den im System gespeicherten Annahmen zu Kosten, Erträgen, Nachfrage und Wettbewerb wird der Netzertrag der verschiedenen Szenarien errechnet. So kann die Netzplanung iterativ verbessert werden. Das Ergebnis der Netzplanung ist die grundsätzliche Entscheidung darüber, welche Strecken an welchen Tagen mit welchem Fluggerät angeboten werden können, bzw. welche Ressourcen noch zusätzlich benötigt werden. Diese Daten liefern eine wichtige Grundlage für die Flugplanerstellung.

- **Scheduling System**

Die Aufgabe des Scheduling Systems liegt darin, die Vorgaben der Netzplanung in Form eines Flugplans umzusetzen. Dabei müssen verschiedene Einschränkungen berücksichtigt werden. Zum einen muss versucht werden, Kundenwünsche z. B. nach Tagesrandverbindungen, zu berücksichtigen, zum anderen muss das vorhandene Fluggerät möglichst optimal genutzt werden (d. h. möglichst kurze Bodenzeiten). Insbesondere bei großen Fluggesellschaften sind für das Scheduling komplexe IT-Systeme im Einsatz, die über künstliche Intelligenz verfügen, bzw. mit Methoden aus dem Bereich Operations Research arbeiten. Die Hauptfunktionen eines Scheduling Systems lassen sich in die folgenden Bereiche untergliedern.

– Flugplanerstellung und Optimierung

Aufbauend auf dem zur Verfügung stehenden Fluggerät und den vorhandenen Slots kann der Flugplan erstellt werden. Die Erstellung und Visualisierung des Flugplans geschieht in den meisten Systemen mit Hilfe von Gantt Charts. Konflikte bzw. Optimierungsmöglichkeiten in der Planung werden dabei vom System entsprechend hervorgehoben. Die Systeme unterstützen auch die Evaluierung alternativer Szenarien unter Berücksichtigung vorgegebener Einschränkungen (Blockzeiten, Wartungsintervalle etc.) mit dem Ziel, die Ressourcennutzung und den möglichen Ertrag zu maximieren. Ebenso kann bei Ad-Hoc-Änderungen, z. B. als Reaktion auf neue Flüge eines Wettbewerbers bzw. aufgrund von Krisensituationen in einem Zielgebiet, schnell ein neuer Flugplan errechnet werden. Zunächst werden den einzelnen Umläufen im Flugplan lediglich generische Flugzeugtypen zugeordnet (z. B. eine Boeing 747-400), die Zuordnung einzelner Flugzeuge zu den geplanten Umläufen (Tail Assignment) erfolgt in der Regel erst wenige Tage vor Abflug, damit beispielsweise die Wartungsplanung berücksichtigt werden kann.

– Verwaltung von Slots

Für jeden Flug wird ein sogenannter Slot benötigt, über den einer Fluggesellschaft ein Zeitfenster für den Start und die Landung an einem Flughafen zugeteilt wird. Hierfür werden die Schedules aller Fluggesellschaften auf der zweimal jährlich stattfindenden IATA Schedules Conference (auch bekannt als Slots Conference) abgeglichen und mit der vorhandenen Kapazität an den Flughäfen in Einklang gebracht. Das Standard Schedules Information Manual (SSIM) der IATA gibt dabei den Rahmen für den Datenaustausch zwischen allen beteiligten Fluggesellschaften und Flughäfen vor. Im Vorfeld der Slots Conference wird der geplante Schedule über sogenannte Slot Clearance Requests (SCR) an die IATA geschickt. Frei werdende Slots können anschließend bei der Slots Conference neu vergeben werden. Ebenso können Slots untereinander getauscht werden. Je nachdem ob die beantragten Slots zugeteilt wurden oder nicht, muss anschließend im Scheduling System der Flugplan nochmals überarbeitet werden.

– Flugplan-Publizierung

Wenn die Flugplanerstellung abgeschlossen ist, wird der Schedule über sogenannte Standard Schedule Messages (SSMs) publiziert und damit die entsprechenden Flüge den eigenen Systemen sowie anderen Fluggesellschaften oder Flughäfen zur Verfügung gestellt.

- **Yield Management System**

Die Aufgabe eines Yield (oder Revenue) Management Systems (vgl. auch Kapitel 3.1) ist es, eine Fluggesellschaft darin zu unterstützen, die verfügbaren Sitzplätze zum bestmöglichen Preis zu verkaufen. Bei *Sterzenbach u. a.* wird Yield Management wie folgt definiert: „Yield Management sind Verfahren zur kurzfristigen Steuerung der Nachfrage mit der Zielrichtung, Kapazitäten und Preise eines einzelnen Flugereignisses so zu steuern, dass der Ertrag im gesamten Streckennetz einer Airline optimiert wird. Die Nachfrage mit der höchsten Zahlungsbereitschaft wird mit Priorität befriedigt. Nicht die Ertragsoptimierung eines einzelnen Legs, sondern der Ertrag des gesamten Streckennetzes einer Airline soll optimiert werden." Während die Aufgabe eines Netzmanagement Systems darin besteht, das Gesamtangebot einer Fluggesellschaft (Strecken, Frequenzen, Kapazität) zu optimieren, besteht die Aufgabe des Yield Management Systems darin, das vorhandene Angebot möglichst zu optimalen Erträgen zu verkaufen.

Grundsätzlich lassen sich zwei Arten von Yield Management Systemen unterscheiden: leg/segment-basierte Systeme, die jeweils nur einzelne Flugstrecken betrachten, und sogenannte O&D-basierte Systeme (Origin & Destination), die jeweils die gesamte Reise eines Passagiers betrachten. Bei einem O&D-basierten System wird daher beispielsweise die Strecke MUC-FRA-NYC als Ganzes betrachtet, während bei einem leg/segment-basierten System die Segmente MUC-FRA und FRA-NYC jeweils einzeln betrachtet und optimiert werden.

Zu den Hauptaufgaben eines Revenue Management Systems gehören:

– Eine möglichst genaue Analyse und Vorhersage der Nachfrage, bzw. deren Produktloyalität und Reaktion auf Preisanpassungen (z. B. abnehmende Elastizität der Nachfrage je näher der Abflugtermin ist). Für die Vorhersage werden dabei insbesondere Faktoren wie Ereignisse in der Vergangenheit (z. B. Großveranstaltungen), Ferientermine und allgemeine saisonale Nachfragetrends sowie die zu erwartende Zahl von No-Shows in Erwägung gezogen.

- Die kontinuierliche Anpassung der verfügbaren Buchungsklassen an die Nachfrage (Inventarsteuerung) durch Öffnen und Schließen einzelner Klassen im Inventar, um so ein optimales Angebot zu verschiedenen Preisen im Markt platzieren zu können.
- Das Management von Gruppenanfragen d. h. zu welchem Preis soll eine Gruppenbuchung akzeptiert werden, die zwar die Auslastung erhöht, aber in der Regel einen niedrigeren Durchschnittspreis pro Passagier als Individualbuchungen hat.

- **Pricing System**

Yield Management und Preisgestaltung sind eng miteinander verknüpft, daher werden in Zukunft auch die entsprechenden Systeme enger miteinander verbunden werden. Die Preisgestaltung kann dabei als die Operationalisierung der Ertragssteuerung gesehen werden. Zu den Hauptaufgaben eines Pricing Systems gehören dabei:

- Die Überwachung der Preise der Wettbewerber im Markt (Preise und damit verbundene Restriktionen).
- Der Vergleich mit dem eigenen Angebot und die (automatische) Anpassung an die neuen Gegebenheiten. Diese Anpassung kann entweder reaktiv erfolgen, das bedeutet eine Anpassung der eigenen Preise als Reaktion auf die Preisanpassung eines Wettbewerbers, oder pro-aktiv bzw. dynamisch.
- Die Lieferung von Daten in die Airline-eigenen Preisberechnungssysteme (Fare Quote) und Distribution der Tarife über die entsprechenden Kanäle (ATPCO (Airline Tariff Publishing Company) und SITA), von denen die Preise und Buchungsrestriktionen (Fares und Fare Rules) mehrmals täglich publiziert werden (z. B. an globale Distributionssysteme wie Amadeus, Sabre oder Worldspan und Galileo).

Ertragsmanagement und Preisgestaltungssysteme bilden die Schnittstelle zu den Passagier Service Systemen, die im folgenden Kapitel näher analysiert werden.

4.1.3 Passagier Service Systeme (PSS)

Zum Bereich Passagier Service Systeme gehören alle Applikationen einer Fluggesellschaft, welche den direkten Kontakt mit den Kunden unterstützen. Diese Systeme sind somit das Herzstück der IT einer Fluglinie, da sie auch mit allen wichtigen externen und internen Anwendungen vernetzt sind.

Unter den Bereich der Passagier Service Systeme fallen Reservierungs-, CRM-, Kundenbonus- und Check-In Systeme.

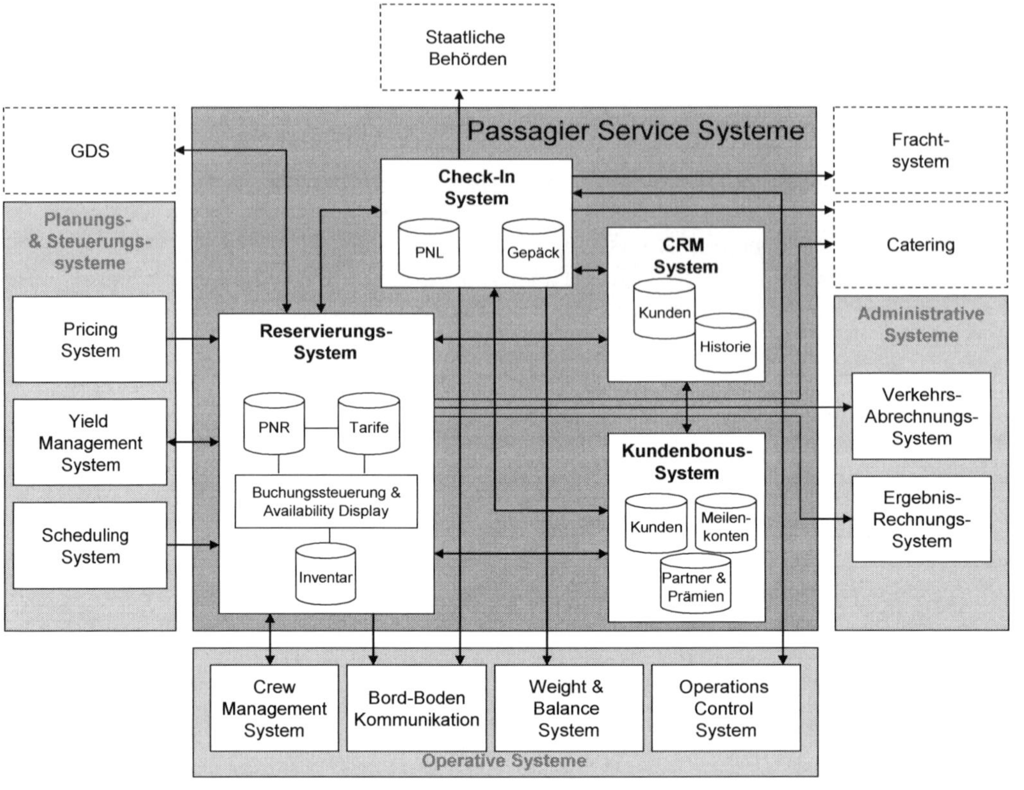

Abb. 4.1.3 *Passagier Service Systeme*

- **Reservierungssystem**

Das interne Reservierungssystem einer Fluggesellschaft enthält alle Reservierungen, unabhängig davon, über welchen Vertriebskanal die Reservierungen getätigt wurden. Der Direktvertrieb einer Fluggesellschaft greift dabei unmittelbar auf das eigene Reservierungssystem zu. Zum einen ist dies das Personal in einem Callcenter, welches in der Regel mit einer eigens hierfür angepassten grafischen Benutzeroberfläche (GUI) arbeitet, zum anderen sind es auch die Kunden, die über Internetnetanwendungen oder mobile Applikationen selbst buchen können. Reisebüros oder andere indirekte Vertriebskanäle greifen meist nicht direkt auf das Reservierungssystem einer Fluggesellschaft zu, sondern arbeiten mit globalen Distributionssystemen (GDS), die über Standardschnittstellen mit den Reservierungssystemen aller internationalen Fluggesellschaften verbunden sind.

Da der Betrieb eines eigenen Reservierungssystems aufgrund der funktionalen Komplexität und der hohen Anforderungen an die Verfügbarkeit sehr aufwändig ist, haben die meisten Fluggesellschaften diese Systeme an externe Anbieter wie Amadeus, Sabre oder SITA ausgelagert. Viele Billigfluggesellschaften arbeiten mit neuen Reservierungssystemen wie beispielsweise ‚New Skies' von der Accenture Tochter Navitaire. Die Funktionen eines Reservierungssystems können in drei große Bereiche unterteilt werden.

- Inventarmanagement

Im Inventar werden alle Flüge mit ihren jeweils in den einzelnen Buchungsklassen verfügbaren Sitzplätzen verwaltet. Die Inventardaten (d. h. Liste der angebotenen Flüge) werden über standardisierte Schnittstellen über ein Scheduling System erstellt und regelmäßig aktualisiert. Im Inventarmanagement spielt die Buchungssteuerung eine zentrale Rolle. Das Inventar der Fluggesellschaft wird dabei neben den verschiedenen Serviceklassen (z. B. First, Business oder Economy) in bis zu 26 Buchungsklassen unterteilt, für die jeweils andere Preise und Buchungsbedingungen gelten. Über die Buchungssteuerung wird festgelegt, wie viele Sitzplätze in den einzelnen Buchungsklassen verfügbar sind, indem einzelne Klassen geöffnet oder geschlossen werden. In Kombination mit den im Tarifsystem für die einzelnen Buchungsklassen gespeicherten Preise und Konditionen wird so gesteuert, zu welchem Preis ein Flug jeweils verfügbar ist. Die Buchungssteuerung verfügt in einigen Fällen über eine Echtzeitschnittstelle zum Yield Management System und erlaubt so eine laufende Optimierung der angebotenen Buchungsklassen als Reaktion auf Veränderungen in der Nachfrage.

- Angebotsdarstellung und Reservierung (PNR)

Die Abfrage von Inventardaten durch einen Nutzer erfolgt über ein sogenanntes Availability Display. Hierbei werden für eine Verbindung (Citypair) alle Flüge mit ihren jeweils verfügbaren Sitzplätzen in den einzelnen Buchungsklassen dargestellt. Diese Darstellung enthält sowohl Flüge, die von der Airline selbst durchgeführt werden als auch Codeshare-Flüge. Der Abgleich verfügbarer Sitzplätze mit anderen Fluggesellschaften erfolgt dabei über standardisierte Schnittstellen und erlaubt abhängig von der Kooperationsform den gegenseitigen Buchungszugriff bis zum letzten Platz (Last Seat Availability) in Echtzeit. Die Reservierungen für einzelne Passagiere oder Gruppen werden in einem sogenannten Passenger Name Record (PNR) oder gespeichert. Der PNR enthält dabei sowohl Personendaten (wie Namen oder Kontaktinformationen) als auch die für den Passagier gebuchten Flüge (Segmente) und ausgestellte Tickets. Teilweise werden in den Reservierungssystemen auch die Profildaten der Kunden gespeichert, zudem gibt es Schnittstellen zum Kundenbonussystem bzw. zu einem CRM-System. Die Reservierungsdaten werden vom Reservierungssystem an zahlreiche andere Systeme weitergegeben. Mit Hilfe einer sogenannten Passenger Name List (PNL) werden die Daten kurz vor Abflug an die Abfertigungssysteme übergeben, ebenso werden die Anzahl der gebuchten Passagiere an verschiedene operative Systeme (z. B. Crewmanagement, Flugplanung, Weight & Balance) sowie an die Catering- und Frachtplanung weitergeleitet. Nachdem der Flug durchgeführt wurde, werden die Reservierungen nochmals mit der Liste der abgefertigten Passagiere aktualisiert (d. h. Passagiere, die eine Reservierung hatten, aber nicht eingecheckt haben (No Shows) und Passagiere, die ohne Reservierung eingecheckt wurden (Go Shows)). Anschließend werden die Daten zur Abrechnung und Erstellung von Auswertungen an die administrativen Systeme übergeben.

- Tarifberechnung und Ticketing

In der Tarifdatenbank (engl. Fare Quote System) sind alle Tarife und Buchungskonditionen (z. B. Mindestaufenthalt, Vorausbuchungsfristen etc.) hinterlegt, wobei alle Tarife jeweils für einzelne Verbindungen und Buchungsklassen gespeichert werden. Mit Hilfe der Buchungssteuerung erfolgt die Entscheidung, wie viele Plätze jeweils zu einem bestimmten Tarif angeboten werden. Hierzu werden einzelne Buchungsklassen dynamisch geöffnet oder geschlossen. Die Tarifsysteme werden heute häufig nicht mehr selber von den einzelnen

Fluggesellschaften gepflegt, da die Aktualisierung des Systems und der darin enthaltenen Tarifdaten sehr aufwändig ist. Die Tarifpflege wird daher als Dienstleistung von externen Anbietern eingekauft.
Die Aufgabe des Ticketing besteht darin, Tickets und andere Dokumente wie z. B. EMDs (Electronic Miscellaneous Documents) zu erstellen und zu verwalten. Die Ticketinformationen werden hierfür in einer Datenbank abgelegt, in der Informationen wie z. B. die Ticketnummer, die einzelnen Bestandteile des Ticketpreises oder Wechselkursinformationen gespeichert sind. In der Vergangenheit wurden noch Papiertickets ausgestellt, seit 2008 werden von der IATA nur noch elektronische Tickets unterstützt. Eine weitere wichtige Funktion eines Ticketing-Systems ist das sogenannte Interline Electronic Ticketing, über das Partnergesellschaften Änderungen an elektronischen Tickets vornehmen können, auch wenn diese von einer anderen Gesellschaft ausgestellt wurden. Hierzu wird jeweils über eine Standardschnittstelle die Kontrolle über das Ticket an die andere Fluggesellschaft übergeben.

- **Check-In System**

Die Hauptfunktion eines Check-In Systems ist die Abfertigung von Passagieren und Gepäck. Einige Abfertigungssysteme berechnen auch die optimale Beladung des Flugzeugs (Weight & Balance), in den meisten Fällen werden hierfür jedoch separate Systeme eingesetzt (siehe hierzu das Kapitel Flugplanung und Betrieb). In Europa haben viele Fluggesellschaften die mit dem Check-In verbundenen Tätigkeiten an Abfertigungsgesellschaften ausgelagert und betreiben daher auch die für die Abfertigung benötigten IT-Systeme nicht mehr selbst. Neben dem klassischen Check-In am Schalter unterstützen die meisten Systeme heute eine Vielzahl von Optionen, über die ein Kunde selbst einchecken kann. Neben Selbstbedienungskiosks (CUSS – Common Use Self Service) findet die Abfertigung vermehrt auch über Internet (web Check-In) oder mobile Endgeräte (mobile Check-In) statt.

– Passagierabfertigung

Vor dem Check-In werden entweder die Reservierungsdaten über eine Passagierliste (Passenger Name List (PNL)) vom Reservierungssystem transferiert oder es wird die gesamte Kontrolle über die Reservierungen für den jeweiligen Flug an das Check-In System übergeben. Sofern nicht bereits bei der Reservierung eine Sitznummer zugeteilt wurde, geschieht dies bei der Abfertigung. Ebenso wird ggf. nachträglich noch die Kundennummer eines Bonusprogramms im System erfasst. Immer mehr Länder verpflichten die Fluggesellschaften bereits vor Abflug, eine Passagierliste inklusive weiterer Informationen wie Passnummer oder geplantem Aufenthaltsort im Land zu übermitteln. Die hierfür benötigten Informationen werden entweder maschinell erfasst (z. B. über ein Lesegerät für Reisepässe) oder müssen manuell eingegeben werden. Am Ende des Abfertigungsvorgangs wird die Bordkarte auf einem speziellen Drucker ausgedruckt. Die Bordkarte hat entweder einen Magnetstreifen oder einen Barcode, der beim Einsteigen eingelesen wird. Bei der Abfertigung über Internet druckt der Kunde selbst eine Bordkarte mit einem Barcode aus, beim mobilen Check-In erhält der Kunde eine elektronische Bordkarte in Form einer MMS (Multimedia Messaging Service) mit einem elektronischen Barcode auf sein mobiles Endgerät. Während des Einsteigevorgangs werden die Magnetstreifen oder Barcodes über entsprechende Endgeräte eingelesen. So hat die Fluggesellschaft jederzeit einen Einblick darüber, wie viele Passagiere sich bereits an Bord befinden, bzw. wie viele abgefertigte Passagiere noch fehlen (Boarding Control).

- Gepäckabfertigung

Bei der Gepäckabfertigung wird das Gepäck zunächst gewogen und anschließend mit einem Gepäckanhänger versehen. Der Gepäckanhänger enthält einen Barcode oder einen RFID Chip, über den später das Gepäckstück über die gesamte Transportkette identifiziert werden kann. Die Gepäcknummern werden dabei vom System mit den Passagierdaten gespeichert, so dass das Gepäck den jeweiligen Passagieren zugeordnet ist (Baggage Reconciliation). Seit Ende der 1980er Jahre ist diese Zuordnung auf allen internationalen Flügen Pflicht. Beim Verladen des Gepäcks geschieht ein automatischer Abgleich zwischen dem geladenen Gepäck und den an Bord befindlichen Passagieren. Die Barcodes der Gepäckanhänger werden beim Verladen eingescannt und das System speichert, in welchem Container das jeweilige Gepäckstück verladen wurde, damit es jederzeit auffindbar ist (Baggage Tracking). Fast alle Fluggesellschaften sind an das WorldTracer System von SITA angeschlossen, um verlorenes Gepäck wieder aufzufinden (Baggage Tracing). Nachdem ein sogenannter Lost Baggage Claim eröffnet wurde, kann sich der Passagier auch über das Internet über den Verbleib seines Gepäcks informieren.

- **CRM-System**

Viele Fluggesellschaften setzen bei der Verwaltung von Kundendaten auf Standardsoftware von Softwareunternehmen wie SAP, Siebel von Oracle oder Microsoft AX. Der generelle Vorteil solcher Lösungen liegt im sehr großen Funktionsumfang, ein Nachteil sind jedoch in der Regel die fehlenden Schnittstellen in die Airline internen Systeme (wie z. B. das Reservierungssystem). Daher arbeiten viele Fluggesellschaften mit selbst entwickelten Lösungen. Die meisten Gesellschaften stützen sich beim Zielkundenmanagement zudem ausschließlich auf die internen Daten aus dem Kundenbonussystem.

Die Hauptfunktion eines Customer Relation Management (CRM-)Systems liegt in der Verwaltung von Kundendaten (vgl. auch Kapitel 3.4). Da Fluggesellschaften Millionen von Kunden haben, ist eine eindeutige Kundenidentifikation wichtig. Häufig geschieht diese über die Vielfliegernummer, es werden aber auch andere eindeutige Informationen wie eine Kundennummer oder eine Kreditkartennummer benutzt. Als wichtige Stammdaten des Kunden werden in erster Linie Name, Anschrift, Telefonnummern, aber auch persönliche Präferenzen (z. B. Sitz, Essen an Bord) und Interessen gespeichert. Idealerweise sammelt ein CRM-System Informationen über die gesamte Kundenservicekette, wie z. B. bei der Reservierung über ein Callcenter, beim Check-In am Automaten oder auch an Bord. Hierzu sind entsprechende Schnittstellen in das Reservierungssystem, das Check-In System oder ein Kundenbonussystem notwendig, und es muss eine konsistente Identifikation in sämtlichen Systemen gewährleistet sein. Nur so lässt sich eine durchgängige Kundenhistorie aufbauen, die sämtliche gebuchten Flüge, den Umsatz des Kunden sowie gegebenenfalls auch Kundenbeschwerden enthält. Die so gewonnenen Kundeninformationen dienen dann als Basis für das Zielkundenmanagement und Werbemaßnahmen. Hierfür werden die Kundendaten über Reportingtools entsprechend ausgewertet und segmentiert (z. B. nach Umsatz, Reisehäufigkeit, Beschwerdegründe etc.).

- **Kundenbonussystem**
Die meisten Fluggesellschaften bieten ihren Kunden Bonusprogramme, über die bei Flügen und anderen Dienstleistungen von Partnerunternehmen (z. B. Hotelübernachtungen) Bonuspunkte oder Meilen gesammelt werden können. Diese können in Form von Flug- oder Sachprämien eingelöst werden. Die hierfür erforderlichen Daten und Prozesse werden durch ein Kundenbonussystem (engl. Customer Loyalty System) abgedeckt. In diesem System werden die Kundenstammdaten, Meilenkonten und dem Programm angeschlossene Partnerunternehmen und Prämien verwaltet. Die Meilendaten werden dabei direkt über Schnittstellen aus dem Reservierungs- oder Check-In System der Fluggesellschaft bzw. aus den Systemen von Partnerunternehmen eingespielt. In Fällen, in denen der Transfer nicht automatisch erfolgt ist, besteht die Möglichkeit, über einen sogenannten ‚Retroclaim' eine Meilengutschrift zu erfassen. Buchungen von Prämien erfolgen bei den meisten Gesellschaften entweder direkt durch den Kunden über das Internet oder über ein Callcenter. In vielen Fällen ist auch über eine direkte Anbindung an das Check-In System ein Upgrade gegen Meilen am Flughafen möglich. Viele Fluggesellschaften haben den gesamten Prozess der Verwaltung von Kundenbonussystemen an externe Unternehmen ausgelagert und betreiben daher kein eigenes Kundenbonussystem.

- **Mobile Anwendungen**
In den letzten Jahren haben Fluggesellschaften vermehrt in Technologien investiert, die Selfservice via Internet oder über mobile Endgeräte unterstützen. Während die Priorität zunächst auf e-Commerce Anwendungen lag, wurde in den letzten Jahren verstärkt in m-Commerce investiert. Gemäss der SITA Airline IT Trends Survey 2013 bieten bereits 61% der befragten Fluggesellschaften Lösungen zum mobilen Checkin via Handy oder Smartphone an. 58% der befragten Fluggesellschaften bieten Lösungen zum mobilen Ticketkauf und 51% stellen ihren Kunden Fluginformationen (z. B. SMS bei Verspätungen) auf mobilen Endgeräten zur Verfügung. Für die nächsten Jahre wird erwartet, dass Fluggesellschaften verstärkt in mobile Anwendungen in den Bereichen Gepäckermittlung, Umbuchung und Beschwerdemanagement investieren werden.

Während der Fokus in der IT Entwicklung mehr und mehr auf mobilen Lösungen liegt, werden diese Anwendungen noch zögerlich von den Kunden genutzt. In der SITA Passenger IT Trends Survey 2013 gaben nur 36% der befragten Kunden an, mobile Check-In Lösungen zu nutzen. Als Hauptgründe für die mangelnde Akzeptanz nennen 31% der befragten Kunden Bedenken, dass das mobile Endgerät nicht funktionieren könnte, während 27% befürchten dass die Applikation (App) oder der Reiseplan zu komplex für eine mobile Nutzung sind. Darüberhinaus halten Bedenken zur Sicherheit und zum Datenschutz viele Kunden davon ab, mobile Endgeräte für Zahlungen und zum Speichern sensitiver Daten zu nutzen. Die zunehmende Verbreitung von Anwendungen wie Apple Passbook, Samsung Wallet oder Google Now wird in den nächsten Jahren dazu führen, dass auch bei Flugreisenden mobile Boardingpässe mehr und mehr Akzeptanz finden. Insbesondere bei kostenpflichtigen Zusatzleistungen (Essen an Bord, Sitzplatzreservierung, etc.) bieten mobile Anwendungen den Fluggesellschaften die Möglichkeit, Zusatzeinnahmen bis kurz vor Abflug zu generieren.

4.1.4 Operative Systeme

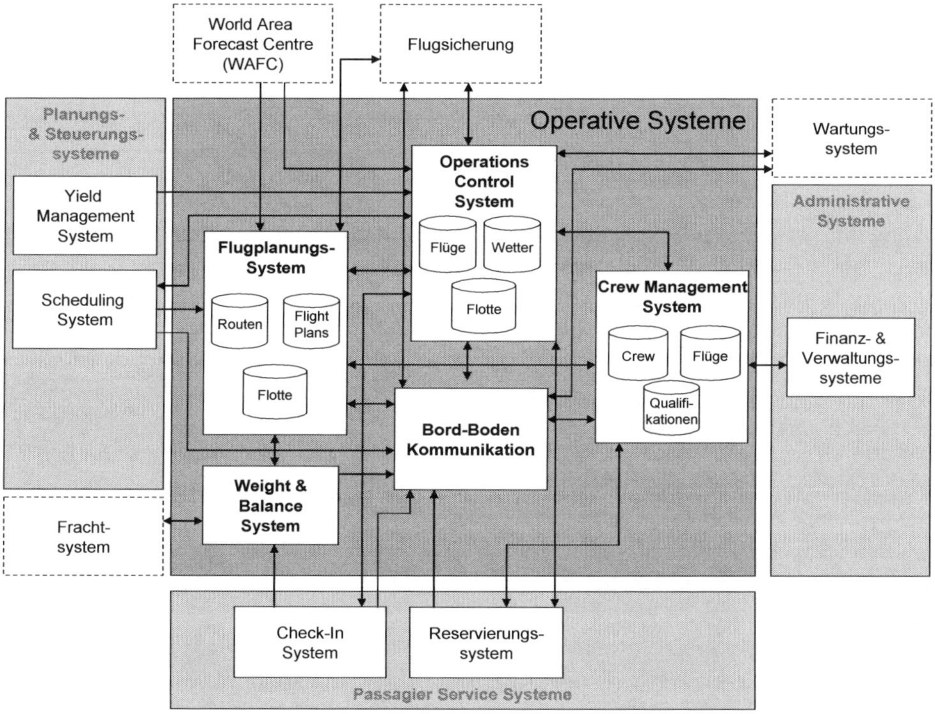

Abb. 2.1.4 *Operative Systeme*

Zu den operativen Systemen zählen alle Applikationen, die den Flugbetrieb selbst unterstützen. Hierzu gehören Systeme zur Flugplanung und -überwachung, zur Berechnung der optimalen Beladung des Flugzeugs (Weight & Balance), für das Crewmanagement und die Bord-Boden Kommunikation.

- **Weight & Balance System**

Die Aufgabe eines Weight & Balance oder Load Control Systems ist die Planung der optimalen Beladung des Flugzeugs mit Gepäck und Fracht. Basierend auf Daten aus dem Check-In System wird hierfür zunächst die Anzahl der benötigten Container für das Gepäck in den verschiedenen Serviceklassen sowie für den Transport von Post errechnet. Die übrige Beladungskapazität wird dem Frachtsystem zur Verfügung gestellt. Diesen Prozess bezeichnet man als Load Planning. Im zweiten Schritt wird die optimale Verteilung der Beladung im Flugzeug errechnet (Load Distribution), um einen möglichst guten ‚Trim' des Flugzeugs zu erreichen und um so Kerosin zu sparen. Neben einem optimalen ‚Trim' müssen auch weitere Faktoren berücksichtigt werden. So sollte das Gepäck der Passagiere möglichst nah an den Ladeluken verladen werden, um eine schnelle Be- und Entladung zu gewährleisten. Des Weiteren gelten für bestimmte Fracht wie z. B. lebende Tiere oder Gefahrgut Vorschriften für die Unterbringung im Flugzeug. Das Weight & Balance System berücksichtigt diese

Faktoren und macht dem Load Planner Vorschläge für eine optimale Verteilung der Container und Paletten im Flugzeug, die gegebenenfalls manuell angepasst werden können. Wenn das Load Planning abgeschlossen ist, wird vom System das sogenannte Loadsheet generiert. Das Loadsheet wird bei der Beladung des Flugzeugs genutzt und auf das Flight Management System im Cockpit geladen. Zusätzlich erhält der Pilot für besondere Fracht eine sogenannte NOTOC (Notice to Captain), welche über an Bord befindliches Gefahrgut oder lebende Tiere informiert.

- **Flugplanungssystem**
Die Hauptfunktion eines Flugplanungssystems ist die Errechnung des Flugdurchführungsplans (Flight Plan), der für die meisten Flüge verpflichtend ist. Das Flugplanungssystem erhält die Informationen über die durchzuführenden Flüge aus dem Scheduling- oder Operations Control System. Der Flugdurchführungsplan wird von zertifizierten Flight Dispatchern oder den Piloten selbst erstellt. Für die Berechnung eines Flugdurchführungsplans werden Informationen aus verschiedenen Systemen (z. B. Schedule Informationen) und Stammdaten (wie z. B. Flugzeugtypen) benötigt. Das Weight & Balance System liefert für jeden zu planenden Flug das Gewicht des beladenen Flugzeugs inklusive Passagieren und Fracht. Die für die Flugplanung benötigten Navigationsdaten werden in der Regel von darauf spezialisierten Anbietern eingekauft. Diese Informationen werden zusätzlich noch durch sogenannte NOTAMS (Notice to Airmen) aktualisiert, die Auskunft über temporäre Veränderungen geben (z. B. bei Wartungsarbeiten an einer Startbahn). Die für die Flugplanung benötigten Wetterdaten werden vom WAFC (World Area Forecast Centre) geliefert. Auf Basis dieser Daten wird der Flight Plan entweder manuell oder auf Basis gespeicherter Standardrouten errechnet (sogenannte Company Routes). Der Flight Plan kann dabei vom System nach verschiedenen Faktoren optimiert werden (z. B. Kostenreduktion durch Optimierung der Fluggeschwindigkeit, der Überflugsgebühren, des Flughöhenprofils oder der Betankung). Der errechnete Flugdurchführungsplan enthält alle Informationen über die Flugroute und -zeiten, Anzahl Passagiere an Bord, das benötigte Kerosin, das erwartete Wetter auf der Flugstrecke sowie über Ausweichflughäfen, die im Notfall unterwegs angesteuert werden können. Den Piloten wird der Flight Plan als Bestandteil eines sogenannten Crew Briefing Package zur Verfügung gestellt. Entweder erhält die Crew diese Daten in Papierform oder kann sich das Crew Briefing Package über Internet selbst zusammenstellen. Neben dem Operational Flight Plan (OFP) enthält das Crew Briefing Package noch NOTAMs, Informationen zur Betankung (Fuel Release), Wetterinformationen sowie die Flugkarten (Route Maps). Nach der Freigabe wird der Flight Plan auf das Flight Management System im Cockpit geladen, sowie in Form eines Air Traffic Control Flightplans (AFP) an die Flugsicherungsbehörden der überflogenen Länder geschickt. Viele Systeme bieten heute die Möglichkeit, den Flight Plan nicht nur in Textform darzustellen, sondern auch grafisch anzuzeigen (vgl. Abbildung 2.1.5). Über diese Funktion kann auch während des Fluges die Position des Flugzeuges angezeigt werden.

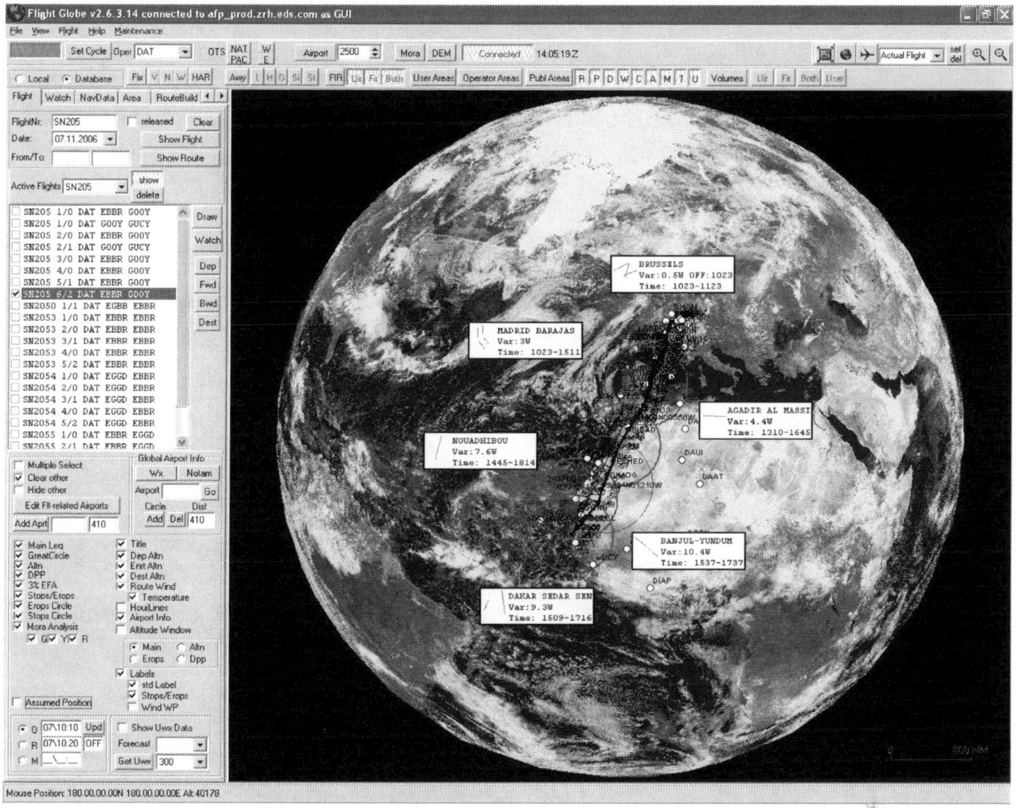

Abb. 2.1.5 *Flight Globe Darstellung, EDS Flightplanning System. Quelle: EDS Information Business GmbH, 2009*

- **Operations Control System**

Im Scheduling System werden Flüge langfristig (d. h. für ein Jahr oder eine Flugplanperiode) geplant. Im laufenden Flugbetrieb können sich aufgrund von verschiedenen Faktoren Veränderungen ergeben. Operative Probleme können dabei einzelne Flüge betreffen (z. B. durch ein technisches Problem oder die verspätete Ankunft einer Crew) oder aber einen ganzen Hub (z. B. bei einem Schneesturm) bzw. die gesamte Fluggesellschaft (z. B. bei einem Streik). Die Aufgabe eines Operations Control Systems ist es, den laufenden Flugbetrieb zu überwachen, Probleme möglichst frühzeitig zu identifizieren und zu lösen. Der geplante Flugplan wird dabei mit den tatsächlichen Flugbewegungen verglichen und meist in Form eines Gantt Charts grafisch aufbereitet. Mögliche Verspätungen werden farblich hervorgehoben.

Die Mitarbeiter im Bereich Operations Control können sich so auf kritische Situationen konzentrieren und diese möglichst optimal lösen. Das Operations Control System schlägt dem Benutzer pro-aktiv verschiedene Lösungsmöglichkeiten vor, die verschiedene Faktoren berücksichtigen, wie z. B. die Anzahl der betroffenen Passagiere, den Einfluss auf nachfolgende Flüge, Kompensationszahlungen an Passagiere etc. Mit Hilfe von What-if-Szenarien kann der Operations Controller verschiedene Szenarien vergleichen, um die optimale Problemlösung zu finden. Nach Freigabe durch den Operations Controller wird der allenfalls geänderte Flugplan über sogenannte Ad-Hoc Schedule Messages (ASMs) erneut publiziert. Es können dann in den verschiedenen Systemen die notwendigen Änderungen vorgenommen werden, wie z. B. die Neuberechnung eines Flugplans, die Umbuchung von Passagieren oder die Umplanung von Crews.

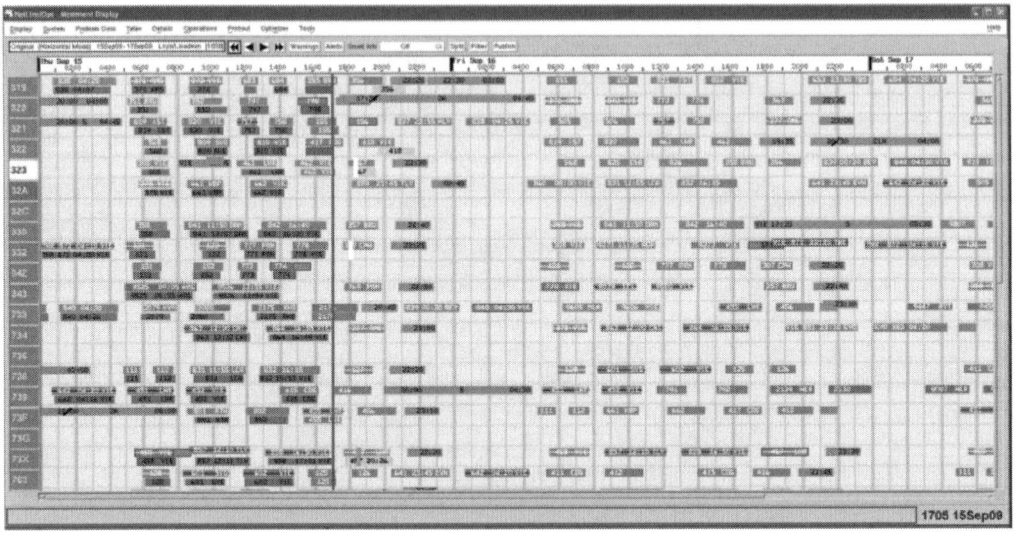

Abb. 4.1.6 *Aircraft Movement Display. Quelle: Lufthansa Systems 2009*

- **Crew Management System**

Die Hauptaufgabe eines Crew Management Systems ist die Einsatzplanung der Piloten und Flugbegleiter. Je größer die Fluggesellschaft ist und je mehr Personal zur Verfügung steht, umso komplexer ist die Einsatzplanung. Insbesondere bei den großen Gesellschaften sind daher sehr ausgefeilte Systeme im Einsatz, die die Planung weitgehend automatisieren und den Ressourceneinsatz optimieren. In einem Crew Management System sind die Stammdaten der Crew gespeichert sowie deren Qualifikationen (z. B. welches Fluggerät ein Pilot fliegen darf). Die Daten für die durchzuführenden Flüge erhält das System aus dem Scheduling System oder aus dem Operations Control System. Die Crewplanung beginnt mit der mittel- und langfristigen Planung, welche der Fluggesellschaft hilft, den zukünftigen Personalbedarf abzuschätzen. Basierend hierauf wird zunächst ein anonymisierter Einsatzplan in Form von Rotationen erstellt und optimiert (Crew Pairing). Im letzten Schritt werden den einzelnen Flügen Crewmitglieder namentlich zugeordnet (Crew Assignment). Hierbei müssen insbesondere auch die Vorgaben bezüglich maximaler Flugzeiten und Ruhezeiten berücksichtigt werden, bzw. auch die Ferien- oder Schulungsplanung der Mitarbeiter in Einklang gebracht werden. In vielen Systemen kann die Crew auch Präferenzen für bestimmte Flüge oder Einsätze äußern, die miteinander abgeglichen und im Rahmen der Möglichkeiten bei der Einsatzplanung berücksichtigt werden. Das Ergebnis ist ein Einsatzplan, der den Crewmitgliedern entweder in Papierform oder elektronisch zur Verfügung gestellt wird. Während des Flugbetriebs muss die Crewplanung laufend überarbeitet werden, wenn z. B. durch Verspätungen Crews nicht mehr eintreffen oder durch Krankheit Mitarbeiter kurzfristig ausfallen. In der Regel wird über das Crew Management System auch die weitere Reiseplanung wie z. B. Hotelunterkunft oder Transfers abgewickelt.

- **Bord-Boden Kommunikation**

Während die Kommunikation zwischen dem Flugzeug und den verschiedenen Einheiten am Boden früher ausschließlich über Sprechfunk geschah, ist die Kommunikation seit Ende der 1970er Jahre auch über Datenverbindungen möglich. Über das sogenannte Aircraft Communications Addressing and Reporting System (ACARS) ist es möglich, kurze Telexnachrichten zwischen dem Flugzeug und dem Boden auszutauschen. An Bord des Flugzeugs befindet sich eine Kommunikationseinheit, die die Daten empfängt und sendet bzw. an die verschiedenen Systeme an Bord wie Telexdrucker oder das Flight Management System im Cockpit weiterverteilt. Am Boden werden die Daten weiter verarbeitet und der Datenaustausch mit verschiedenen In-House-Applikationen wie z. B. Flugplanungssystem, Reservierungssystem, Check-In System, Wartungssystem oder Operations Control System unterstützt. Viele Fluggesellschaften nutzen an Bord auch sogenannte Airshow Systeme, über die vor der Landung Informationen über Umsteigeverbindungen auf den Monitoren an Bord angezeigt werden. Über ACARS erfolgen auch die Überwachung des Fluges und die Kommunikation mit den Flugsicherungsbehörden. Viele Fluggesellschaften haben in den letzten Jahren die Bord-Boden Kommunikation erweitert und modernisiert, um beispielsweise auch einen Internetzugang im Flugzeug zu unterstützen.

- **Mobile Anwendungen**

Neben mobilen Anwendungen im Passagier Service haben Fluggesellschaften in den letzten Jahren auch in mobile Lösungen für den Flugbetrieb investiert. In operativen Bereichen wie Crewmanagement oder Wartung werden verstärkt Lösungen genutzt, mit denen Daten mobil konsultiert oder geändert werden können.

Auch an Bord befinden sich mobile Lösungen im Vormarsch. Sogenannte ‚Electronic Flight Bags‘ (EFBs) ergänzen heute bereits bei vielen Fluggesellschaften die traditionellen papierbasierten Dokumente im Cockpit. Erste Fluggesellschaften arbeiten bereits an neuen Lösungen für das Unterhaltungsangebot an Board. So arbeitet beispielsweise die Fluggesellschaft Sun Express an einer Lösung, die das traditionelle Inflight Entertainment über fest installierte Monitore ersetzen soll. Stattdessen sollen sich in Zukunft Passagiere mit ihren eigenen Tablets oder anderen mobilen Endgeräten in ein WLAN an Board einloggen und so das Unterhaltungsangebot abrufen können. Die Fluggesellschaft spart dadurch zum einen Kosten für die Installation und Wartung der Monitore an Board, zum anderen bieten solche Lösungen die Möglichkeit, Zusatzeinnahmen durch kostenpflichtige Leistungen (wie z. B. Filme oder Spiele) zu erzielen.

4.1.5 Administrative Systeme

Zu den administrativen Systemen einer Fluggesellschaft zählen neben Standardanwendungen wie Finanzbuchhaltung, Controlling, Einkauf oder Personalverwaltung vor allem branchenspezifische Systeme zur Verkehrsabrechnung und zur Ergebnisrechnung.

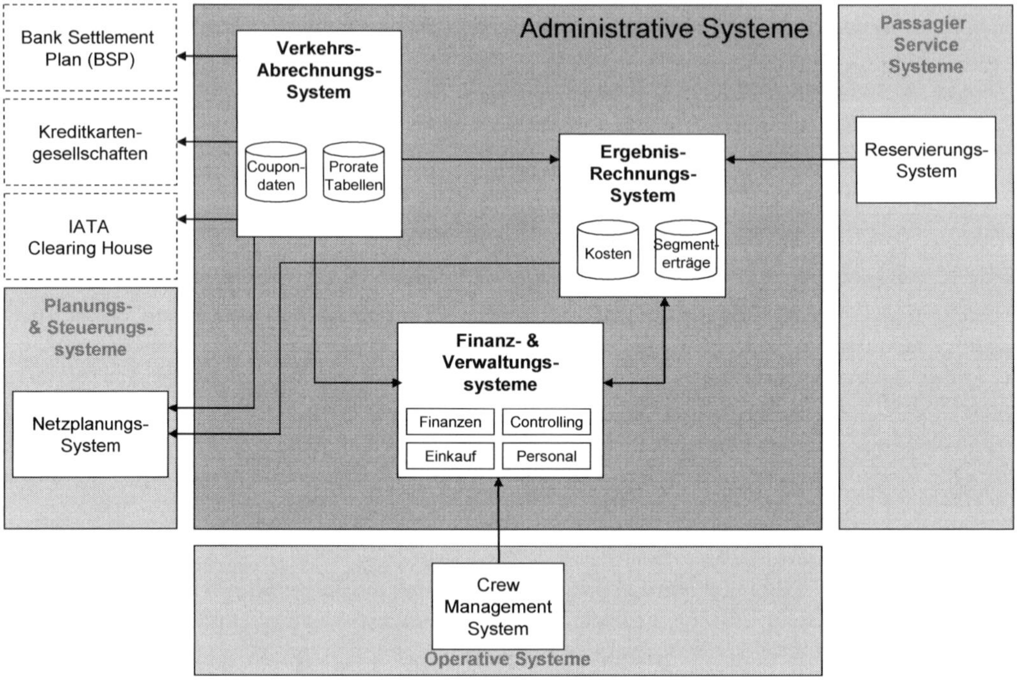

Abb. 4.1.7 *Administrative Systeme*

- **Finanz- & Verwaltungssysteme**

Insbesondere große Fluggesellschaften arbeiten in der Verwaltung mit Standardsystemen wie SAP oder Oracle, die alle Prozesse in der Finanzbuchhaltung, Einkauf und Materialverwaltung, Controlling und Personal mit Standardmodulen abdecken. Diese Standardanwendungen lassen sich auf die speziellen Unternehmensanforderungen anpassen bzw. mit Hilfe spezieller Entwicklungssoftware können zusätzlich auch unternehmensspezifische Programme entwickelt werden. Bei den meisten Anbietern gibt es darüber hinaus auch Industrieanwendungen, die auf die speziellen Bedürfnisse einer Branche ausgerichtet sind. Ein Beispiel ist die MRO (Maintenance, Repair & Overhaul) Anwendung von SAP, mit der viele große Fluggesellschaften und Wartungsunternehmen arbeiten.

Auch bei den Standardprozessen in der Personalverwaltung setzen viele Fluggesellschaften auf Unternehmenssoftware. Zwar sind die Personalverwaltungsprozesse ähnlich wie diejenigen anderer Großunternehmen, jedoch sind die Anforderungen an die Standardsysteme häufig komplexer, da eine große Anzahl von Mitarbeitern in vielen verschiedenen Ländern verwaltet werden muss, und zudem durch die Creweinsätze die Reisekostenabrechnung komplexer ist. Daher müssen Standardanwendungen durch eigene Entwicklungen auf die spezifischen Anforderungen der Fluggesellschaft angepasst werden.

Neben den bereits beschriebenen Anwendungen für die Crewplanung gibt es jedoch im Personalbereich weitere branchenspezifische Anwendungen. Ein Beispiel ist die Buchung und Verwaltung von vergünstigten Flügen für eigene Mitarbeiter, Mitarbeiter anderer Fluggesellschaften (ID (Industry Discount)) bzw. Mitarbeiter von Reisebüros (AD (Agency Discount)). Um die Reisestellen und Ticketbüros zu entlasten, haben viele Fluggesellschaften mittlerweile webbasierte Tools entwickelt, mit denen Mitarbeiter selbst die Verfügbarkeit von Sitzplätzen checken bzw. Tickets ausstellen können. Obwohl es sich hierbei um standardisierte Prozesse handelt, und die reduzierten Flugpreise über die sogenannten ZED (Zone Employee Discounts) mittlerweile vereinheitlicht wurden, gibt es im Markt fast keine Standardanwendungen und die meisten Fluggesellschaften arbeiten mit selbst entwickelten Lösungen.

- **Verkehrsabrechnungssystem (Revenue Accounting)**

Einen wichtigen Teil der Abrechnung einer Fluggesellschaft decken sogenannte Revenue Accounting Systeme ab, die die Abrechnung abgeflogener Tickets mit anderen Fluggesellschaften, Reisemittlern und Kreditkartengesellschaften abdecken. Zu den Hauptfunktionen eines Revenue Accounting Systems gehören:

- Die Datenerfassung – entweder manuell, über OCR Scanning oder automatisch von den GDS-Systemen über standardisierte Datenformate wie TCN (Transaction Control Number) oder HOT (Hand of Tape).
- Das sogenannte Prorating, d. h. die Aufteilung des Gesamtpreises eines Flugtickets auf die einzelnen Flugcoupons. Diese Funktion stellt die korrekte Abrechnungsbasis bei Strecken sicher, die von anderen Linienfluggesellschaften, als der ausstellenden Gesellschaft abgeflogen wurden (z. B. Codeshare Flüge). Als Basis hierfür gelten von der IATA festgelegte Basiswerte, Regeln und Faktoren.
- Die Umsatzkontrolle, d. h. der Vergleich von Couponpreisen mit Kontrollwerten aus der Tarifberechnung, mit dem Ziel Ticketmissbrauch, unzulässige Preisnachlässe oder Fehler bei der Ticketausstellung aufzudecken und allenfalls eine Nachbelastung einzuleiten.
- Die Ticketabrechnung, d. h. die Übergabe der entsprechend aufbereiteten Daten an ein internes Buchhaltungssystem wie z. B. SAP, die Abrechnung mit anderen Airlines (das sogenannte Interlining), die Abrechnung von Ticketerträgen und Provisionen mit Reisemittlern und Veranstaltern (das sogenannte BSP (Bank Settlement Plan) Reporting) und die Abrechnung mit Kreditkartengesellschaften.
- Das Management Reporting (MIS – Management Information System), über das sowohl standardisierte Auswertungen als auch ad-hoc-Reports wie beispielsweise Codeshare Reports erstellt werden können.

Fluggesellschaften lagern häufig das gesamte Revenue Accounting an Anbieter in Billiglohnländern aus und halten nur einen sehr kleinen Personalbestand für höher qualifizierte Controlling-Funktionen im eigenen Unternehmen vor. Im Markt gibt es daher nur eine sehr kleine Anzahl von Revenue-Accounting-Anwendungen.

- **Ergebnisrechnungssysteme**
Ein weiterer wichtiger Backoffice-Bereich einer Fluggesellschaft ist die Ergebnisrechnung, d. h. die Auswertung von Daten nach der Durchführung eines Fluges. Beispiele für solche Auswertungsformen ist die Streckenergebnisrechnung bzw. die Netzergebnisrechnung, die eine detaillierte Auswertung der Deckungsbeiträge bzw. des Ergebnisses einzelner Flugstrecken, bzw. des gesamten Netzes einer Fluggesellschaft ermöglicht. Hierfür werden die Erlöse auf einer Strecke den verschiedenen Kosten gegenübergestellt, die für die Leistungserbringung notwendig waren (z. B. Personalkosten, Materialkosten, Gebühren, Finanzierungskosten, anteilige Verwaltungskosten etc.). Häufig fließen in die Betrachtung auch Konkurrenzdaten ein, die beispielsweise in Form von MIDT (Management Information Data Tapes) gekauft werden können. Die ex-post Betrachtung der Ergebnisrechnung schließt den Prozesskreislauf einer Fluggesellschaft und liefert wertvolles Optimierungspotenzial für die kommenden Netzplanungsperioden. Fast alle Fluggesellschaften arbeiten im Bereich der Ergebnisrechnung mit selbstentwickelten Datawarehouse-Anwendungen, bzw. konfigurierter Standard Software von SAP oder Siebel von Oracle. Der Grund hierfür ist, dass zum einen die Reporting-Anforderungen der Fluggesellschaften sehr unterschiedlich sind, und zum anderen eine einheitliche technologische Plattform für alle Bestandteile des Unternehmensberichtswesens sinnvoll ist.

4.1.6 Ausblick

Die IT-Landschaft von Fluggesellschaften ist über die letzten 40 Jahre stark gewachsen. Die damals entwickelten TPF oder Unisys Großrechnersysteme sind dabei teilweise noch heute im Einsatz und stellen insbesondere im Bereich Inventarverwaltung, Reservierung und Abfertigung den Kern dar, mit dem alle anderen Systeme verbunden sind. Mit der zunehmenden Verbreitung des Internets und von mobilen Anwendungen auf Tablets oder Smartphones müssen die bestehenden Backend-Systeme mit einer steigenden Anzahl von Benutzeroberflächen und Kommunikationsprotokollen interagieren.

Diese starke Vernetzung macht es sehr schwer, einzelne Systeme oder Systemkomponenten auszutauschen oder zu modernisieren. Beim Austausch eines Reservierungssystems beispielsweise müssen häufig mehrere hundert Schnittstellen zeitgleich umgestellt werden und große Mengen an Buchungsdaten in das neue System übernommen werden. Darüber hinaus stellen die Altsysteme Fluggesellschaften vor finanzielle Herausforderungen, da der Betrieb und die Weiterentwicklung teuer sind. Schließlich wird es zunehmend schwieriger, Personal mit dem entsprechenden Know-how zu finden, da Nachwuchskräfte eine Ausbildung in neuen Technologien bevorzugen.

Ein möglicher Ansatz zur Lösung dieser Problemstellung bietet die serviceorientierte Architektur (SOA), da sie eine Möglichkeit bietet, die stark verwobenen Schnittstellen einer Fluggesellschaft über standardisierte ‚Services' zu entflechten. Diese Vereinfachung der Systemarchitektur wird in der folgenden Grafik schematisch dargestellt.

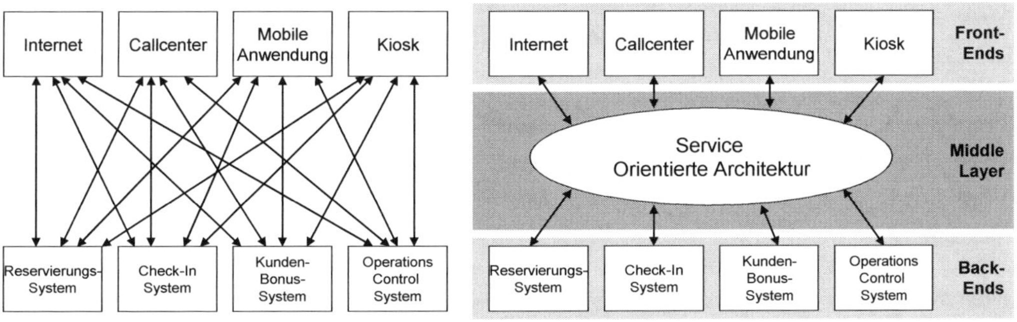

Abb. 4.1.8 *Schnittstellenreduzierung durch Service Orientierte Architektur*

Vorhandene Systeme können so weiterhin Schnittstellen im gleichen Format bedienen und erhalten Daten in den bekannten Strukturen. Des Weiteren lässt sich über eine SOA die Anzahl der zu wartenden Schnittstellen drastisch reduzieren. Eine SOA besteht in der Regel aus mehreren wohl definierten Ebenen: Über die sogenannte Präsentationsebene werden unterschiedliche Frontend-Systeme wie z. B. Internet-Buchungsmaschinen, Check-In Kiosks, graphische Benutzeroberflächen oder mobile Anwendungen angebunden. Im sogenannten Middle Layer steckt die eigentliche ‚Intelligenz' der SOA. Hier geschieht über einen Service Bus die Verbindung zwischen den Frontend- und Backendsystemen. Ebenso befinden sich im Middle Layer Komponenten, die den Datenfluss in der SOA überwachen und steuern. Backend-Systeme werden schließlich über vorhandene Standardanbindungen (Common Off the Shelf Adaptors – COTS) oder speziell entwickelte Adaptoren angebunden. Ein Beispiel für eine Praxisanwendung bietet die Deutsche Lufthansa AG, die bei der Migration auf ein neues Passagier Service System auf eine SOA-Plattform setzte.

Quellen und weiterführende Literatur

Goecke, R., Heichele, H., Westermann, D.: Lufthansa Systems: dynamic pricing, in: *Egger, R., Buhalis, D. (Edts.),* eTourism Case Studies, Amsterdam 2008, S. 310–324.

Lufthansa Systems, Product Brief NetLine/Crew, http://www.lhsystems.de/resource/document/pdf/pb/pb_netline_crew.pdf und Product Brief NetLine/Ops http://www.lhsystems.de/resource/document/pdf/pb/pb_netline_ops.pdf (Zugriff 25.10.2009).

Michaels, L., Significant gains through an integrated view by origin-destination market, in: Journal of Revenue and Pricing Management, Herausgeber: Palgrave Macmillan Ltd, Volume 6, Number 4, Dezember 2007, S. 274–278.

SITA, The Airline IT Trends Survey 2013, www.sita.aero (Zugriff 11.05.2014).

SITA, The Passenger IT Trends Survey 2013, www.sita.aero (Zugriff 11.05.2014).

Schulz, A., Frank, K., Seitz, E., Tourismus und EDV, Vahlen Verlag, München 1996.

4.2 Informationsmanagement bei Flughäfen

Robert Goecke, Marc Lindike

Charakteristisch für Flughäfen ist, dass sie multifunktionale Dienstleistungszentren sind. Außer dem Flughafen-Betreiber, den Fluggesellschaften und den öffentlichen Verkehrsmitteln interagieren sowohl gewerbliche Dienstleister als auch staatliche Dienste mit hoheitlichen Aufgaben (Zoll, Polizei, Flugsicherung) in gemeinsam genutzten Arealen und Gebäuden. Sie erbringen in verschiedenen Rollen Serviceprozesse, die von Passagieren oder Besuchern als integrierte Dienstleistungskette bzw. als Gesamterlebnis wahrgenommen werden. Flughäfen haben sich neben ihrer originären Funktion als Flug-Terminal und intermodaler Verbindungspunkt zu anderen Verkehrsträgern (Schiene und Straße) zu Geschäftszentren entwickelt mit Parkhäusern, Lounges, Cafés, Restaurants, Läden, Reisebüros, Hotels, Autovermietern, Konferenzzentren etc. Sie bieten sowohl den Fluggästen als auch den Besuchern alles an, was das Reisen oder die Kommunikation mit Reisenden komfortabel macht (vgl. zu Airport-Geschäftsmodellen/-prozessen Mensen 2013, Maurer 2006, Conrady/Sterzenbach/Fichert 2012 und Schulz 2010). Diese komplexen Prozesse unterstützt IT-seitig das Flughafen-Informationsmanagement.

4.2.1 Akteure, Prozesse und IT-Applikationslandschaft

Einen Überblick über die wichtigsten Akteure und IT-Anwendungen im Informationsmanagement eines Passagierflughafens gibt Abbildung 4.2.1. Die bei den meisten Flughäfen zusätzlich anzutreffenden Systeme für das Frachtwesen (Cargo) werden hier entsprechend des Tourismus-Themenfokus nicht berücksichtigt. Dienstleistungsanbieter, deren Dienste nicht unmittelbar mit dem Flugbetrieb und den Passagierprozessen zu tun haben, seien hier als Konzessionäre bezeichnet. Sie betreiben am Flughafen mit Erlaubnis des Flughafen-Betreibers gegen Miete, Pacht etc. ihre Geschäfte und nutzen hierzu Flughafeninfrastrukturen wie z. B. Telekommunikationsnetze und Gebäudetechnik.

Hauptkunden eines Flughafens sind die Fluggesellschaften (Airlines), die für die Flughafennutzung Start- und Lande-, Abstell- und Passagiergebühren entrichten und Entgelte für zahlreiche weitere Dienste der Bodenabfertigung (Betankung, Ab-/Frischwasser-Transport, Schleppen, …) sowie die Anmietung von Geschäfts- und Betriebsräumen bezahlen. Es gibt auch Betreibermodelle, bei denen eine Fluggesellschaft ein Terminal mitfinanziert und in Kooperation mit der Flughafengesellschaft betreibt, wie z. B. beim Terminal 2 des Münchner Flughafens. Je nach Geschäftsmodell kann auch die Abfertigung eines Flugzeuges vom Flughafen selbst oder von sogenannten Handling Agents (Abfertigungsgesellschaften) als Subunternehmern übernommen werden. Entscheidend für die Wettbewerbsfähigkeit eines Flughafens sind neben seiner Lage und Verkehrsanbindung sowie den Dienstleistungsangeboten kurze Abfertigungszeiten. Wenn ein Flughafen von Fluggesellschaften als Drehkreuz (Hub) eingesetzt wird, müssen darüber hinaus kurze Umsteigezeiten zu Anschlussflügen garantiert werden.

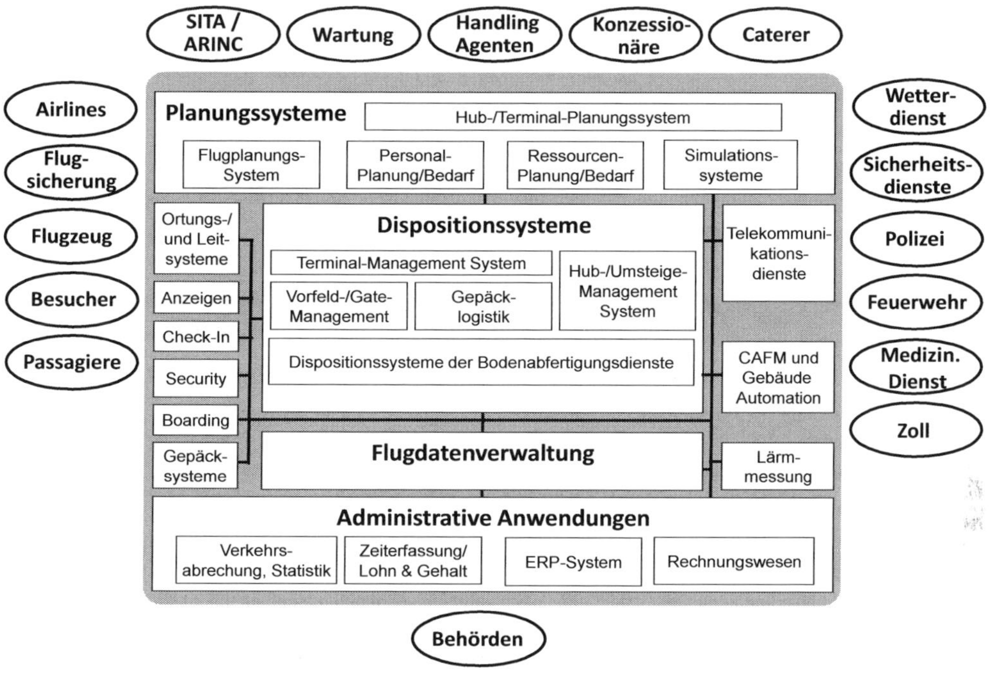

Abb. 4.2.1 *IT-Applikationslandschaft eines Passagierflughafens*

Check-In und Boarding der Passagiere können entweder von der Airline selbst (vgl. Kapitel 4.1 Airline Systeme), von Handling Agents (oft Tochterfirmen der Flughafenbetreiber) oder vom Flughafen übernommen werden. Der Flughafen stellt hierfür meist die Abfertigungsschalter (Counter) und die Telekommunikations- und Netzinfrastruktur bereit. In jedem Fall koordiniert er, welcher Flug an welchem Flugsteig (Gate) abgefertigt wird. Außerdem ist er für die Passagierleitung und die Gepäckförderanlagen verantwortlich.

Die Wartung der Flugzeuge in den Hangars wird entweder von großen Fluggesellschaften oder von Flugzeugwerften bzw. Wartungsgesellschaften (oft die Flugzeug- oder Turbinenhersteller) übernommen, die hierfür ebenfalls Flughafeninfrastrukturen nutzen. Ähnlich ist es beim Catering. Dieses übernehmen spezialisierte Verpflegungsbetriebe von Fluggesellschaften oder im Auftrag der Fluggesellschaften. Auch die Caterer sind meist am Flughafen angesiedelt und beliefern die Flugzeuge auf dem Vorfeld.

Die Flugsicherung kontrolliert vom Kontrollturm aus den Flughafen-Luftraum und alle Bewegungen der Flugzeuge auf den Start- und Landebahnen (Runways) sowie auf den Rollbahnen (Taxiways) bis zur Übergabe an die Kontrolle des Flughafen-Vorfeldes (Apron), für die in der Regel der Flughafen-Betreiber verantwortlich ist. Die Flugzeuge werden dabei vom Rollleitsystem zu den Abfertigungspositionen (Ramp) geführt, wo sie mit Hilfe des Andocksystems unmittelbar in Parkposition gebracht werden. Dort werden alle Abfertigungsvorgänge von Disponenten koordiniert bzw. von einem Ramp Agent durchgeführt.

Nationale Wetterdienste betreiben an den Flughäfen Wetterstationen, welche die für die Piloten der Airlines notwendigen Wetterberichte bereitstellen und austauschen.

Für die elektronische Kommunikation und den Datenaustausch zwischen Flughäfen, Airlines und Flugzeugen bieten beispielsweise SITA (entstanden aus der Société Internationale de Télécommunications Aéronautiques) aus Europa bzw. ARINC (Aeronautical Radio Inc.) aus Nordamerika diverse globale Kommunikationsdienste an, u. a. Dienste zur Übermittlung aller relevanten Flugdaten in standardisiertem Format.

Feuerwehr und medizinischer Dienst sind meist direkt in der Verantwortung des Flughafens, während die Sicherheitskontrollen mit Gepäckdurchleuchtung auch von spezialisierten Sicherheitsunternehmen übernommen werden. Diese arbeiten für die Wahrnehmung hoheitlicher Aufgaben (Ausweis-/Zollkontrollen) mit den am Flughafen angesiedelten Polizei- und Zolldienststellen zusammen. Da Flughäfen auch Orte für Ein- und Ausreisen über Staatsgrenzen hinweg sind und sie bzgl. Diebstahl, Schmuggel und auch terroristischen Bedrohungen besonders gefährdet sind, kommen staatlichen Organen umfangreiche weitere Kontroll- und Überwachungsfunktionen auf dem gesamten Flughafengelände zu. Schließlich ist der Flugbetrieb mit zahlreichen Umweltbelastungen, insbesondere Lärm, verbunden, die durch geeignete Vorkehrungen und Sensoren überwacht und systematisch reduziert werden sollen.

Wie jede andere Organisation haben schließlich auch Flughäfen einen Datenaustausch mit Behörden. Als öffentliche Betriebe kommen sie ihren Melde- und Dokumentationspflichten gegenüber der Finanzverwaltung nach, indem sie z. B. elektronische Steuer-/Meldeverfahren nutzen.

In der Verantwortung des Flughafen-Betreibers sind üblicherweise folgende IT-Systeme, welche die drei Kernprozesse Flugzeugabfertigung, Passagierabfertigung und Gepäcktransport sowie die zahlreichen weiteren erwähnten internen und externen Serviceprozesse unterstützen:

1. Basisinfrastrukturdienste wie Telekommunikation und Netze, die Haus- und Gebäudetechnik, die Ortungssysteme zur Lokalisierung der am Flughafenverkehr beteiligten Objekte, die Rollleit- und Andocksysteme und die Umwelt-Messtechnik.

2. Systeme der Passagier- und Gepäckabfertigung wie die Anzeigesysteme, Systeme zur Zugangs- und Sicherheitsüberwachung (Security) sowie die Anlagen zur Gepäckförderung.

3. Eine meist zentrale Flugdatenverwaltung (Airport Operational Database), die allen Applikationen konsistenten Zugriff auf die Daten von geplanten, sich in Abfertigung befindlichen oder bereits früher abgefertigten Flügen gewährt.

4. Anwendungen des strategischen und operativen Flughafen-Managements von der Planung des Flugverkehrs und der Bodendienste (Ground Handling) über die tägliche Disposition des Bodenverkehrs und aller Abfertigungsprozesse bis hin zu administrativen betriebswirtschaftlichen Anwendungen der kaufmännischen Verwaltung.

Sie werden in den folgenden Abschnitten eingehender erläutert.

4.2.2 Basisinfrastrukturdienste

Flughäfen dienen als Kommunikationsdrehscheibe zwischen allen oben genannten Partnern und deren IT-Systemen. Entsprechend vielfältige Telekommunikationsdienste müssen bereitgestellt und miteinander verbunden werden. Außerdem muss jeder Flughafen komplexe stationäre Gebäudesysteme und Anlagen steuern, regeln und warten, was durch intelligente Gebäudetechnik und computergestützte Gebäudemanagementsysteme (teil-)automatisiert werden kann. Schließlich sind im Flugbetrieb zahlreiche mobile Objekte zu koordinieren: Flugzeuge, Fahrzeuge des Bodenverkehrsdienstes, Werkzeuge, Geräte und auch Personen. Dies erfordert eine möglichst differenzierte Ortungstechnologie.

Abb. 4.2.2 *Basisinfrastrukturen und -dienste der Flughafen IT*

- **Telekommunikationsdienste und Netze**

Kommunikation und Datenaustausch auf Großflughäfen basieren auf Festnetzen und mobilen Funknetzen (vgl. Flughafen München 2000 S. 12f.). Die stationären Computersysteme (PCs und Server) sind wie bei anderen Betrieben auch meist über LAN (Local Area Networks) auf Basis des IEEE 802.3 Standards verbunden, die an einen breitbandigen Glasfaser-Backbone angeschlossen sind, um Daten über Gebäudegrenzen hinweg austauschen zu können. Für die Vernetzung von Sensoren (Messfühler, Schalter) und Aktoren (Antriebe) im Feld (Gebäude, Außenanlagen etc.) mit Steuerungen in der Gebäudetechnik, aber auch in den Gepäckförderanlagen werden sogenannte Feldbusse (IEC Standard) eingesetzt, die speziell für die Robustheits-, Effizienz- und ggf. auch Echtzeitanforderungen der Signalübertragung in der Regelungstechnik optimiert sind. Für die Telefonie an Flughäfen werden traditionell private Nebenstellenanlagen (PABX – Private automated Branch Exchanges) auf ISDN-Basis mit Übergängen ins öffentliche ISDN-Netz eingesetzt. Eine besondere Anforderung an Flughafen-PABX-Systeme ist neben der Möglichkeit, von einem Telefon am Abfertigungsschalter aus Lautsprecherdurchsagen vorzunehmen, die Multi-Mandantenfähigkeit: Viele Unternehmen, die sich an einem Flughafen als Konzessionäre eingemietet haben, möchten ihre Telefone wie eine unternehmenseigene Anlage mit eigenem Nummernplan nutzen und verlangen eine individuelle Gebührenabrechnung (ähnlich wie ein Gast in einem Hotel vgl. Kapitel 4.3.3). Denselben Bedarf nach physikalischer oder logischer Abschottung haben die öffentlichen und privaten Organisationen auch bzgl. der LAN-Computernetze in einem Flughafen, was neben der Netzseparation auch durch spezielle Router (Firewalls) oder durch Verschlüsselung (Virtual Private Networks) erreicht werden kann. Es ergeben sich somit hohe Anforderungen an das Netzwerkmanagement eines Flughafens. Im Zuge der Konvergenz von Sprach- und Datenkommunikation z. B. durch Voice-over-IP-Dienste (IP: Internet Protokoll) verschmelzen auch an Flughäfen zunehmend die Netzinfrastrukturen für Sprach- und Datenkommunikation. Backbone und LAN dienen der Übermittlung aller multimedialen Informationen und Signale. Sie integrieren auch Verkehre der Feldbus-Systeme und PABX-Anlagen, was eine flexiblere und effizientere Ausnutzung aller vorhandenen Netzkapazitäten ermöglicht. Das Netzwerkmanagement hat die Aufgabe, sämtliche passiven (Kabel) und aktiven (Verstärker, Router, Netzübergänge, Vermittlungsrechner, Telefonanlagen, Basisstationen etc.) Netzkomponenten zu konfigurieren, zu administrieren und einschließlich ihrer Stromversorgungen zu überwachen. Ein Netzausfall an einem Flughafen hätte fatale Folgen nicht nur finanziell, sondern auch in Bezug auf die Sicherheit.

Eine besondere Bedeutung kommt an Flughäfen der mobilen Kommunikation zu (vgl. hierzu auch Mensen 2013). Traditionell ist der mobile Flugfunkdienst: Für jeden Flugplatz sind Frequenzen festgelegt, auf denen Lotsen oder die Vorfeldkontrolle mit den Piloten der Flugzeuge im Sprechfunk nach festgelegten Regeln kommunizieren. Unter der Bezeichnung ATIS (Automatic Terminal Information Service) gibt es auf größeren Flugplätzen eine automatische, auf einer bestimmten Funkfrequenz „vom Band“ ausgestrahlte Anflug- und Wetteransage. Instrumentenflugregeln (IFR) schreiben vor, dass Piloten vor Start oder Landung auf einem Flughafen die aktuellen ATIS-Ansagen abhören. Globale Systeme z. B. von SITA oder ARINC ermöglichen über ein weltweites Netz von Basisstationen und Satelliten die Sprach- und Datenkommunikation mit den Flugzeugbesatzungen auch in Echtzeit. Sie sind Voraussetzung für den globalen automatischen Austausch operativer Flugdaten als SITA- bzw. ARINC-Messages zwischen Bord- und Bodensystemen nach dem ACARS-Standard (Aircraft Communications Addressing and Reporting System) und entlasten den Sprechfunkverkehr. Auch auf dem Flughafengelände spielt der Funkverkehr eine wichtige Rolle. Der Betriebsfunk ermöglicht die nicht-öffentliche Sprechfunkkommunikation zwischen Vorfeldkontrolle und den Akteuren auf dem Vorfeld (z. B. Bussen, Tankwagen, Schlepper etc.) sowie mit den mit Sprechfunkgeräten ausgestatteten Personen in den Abfertigungsprozessen. Als BOS bezeichnet man den Funkverkehr zwischen **B**ehörden und **O**rganisationen mit **S**icherheitsaufgaben, über den z. B. Polizei, Zoll oder die Flughafenfeuerwehr auf eigenen Frequenzen kommunizieren. Zukünftig werden Betriebs- und BOS-Funk durch digitale Bündelfunksysteme (z. B. TETRA oder Tetrapol Standard) ersetzt, die Sprach- und Datenkommunikation verschiedener Organisationen im gleichen Kanal bündeln können und so zu einer besseren Nutzung des Frequenzspektrums beitragen. Zunehmende Bedeutung erfährt Wireless LAN (W-LAN IEEE 802.11) an Flughäfen nicht nur für die Nutzung durch Passagiere, die während ihres Aufenthaltes am Flughafen einen Internetzugang für ihre Mobilcomputer wünschen, sondern auch für die Übertragung z. B. von Positionsdaten aus einem mit GPS-Navigation ausgerüstetem Fahrzeug an Dispositionssysteme oder für die drahtlose Kommunikation zwischen Sensoren, Aktoren und Steuerungen in Gebäuden, Anlagen oder anderen „Feld-Systemen“. Um mit dem mobilen Flughafenpersonal zu kommunizieren, werden, wie in anderen Unternehmen auch, GSM-Mobiltelefone, SMS oder Pager bzw. Personenrufdienste (Feuerwehr) eingesetzt. Großflughäfen verfügen zudem wegen der hohen Dichte an Besuchern und Passagieren mit mobilen Endgeräten oftmals über eigene GSM- oder UMTS/LTE-Basisstationen verschiedener Provider, um das hohe Gesprächs-/Datenaufkommen zu bewältigen.

- **Computer Aided Facility Management (CAFM)**

Sämtliche stationären Anlagen und Objekte in den Gebäuden und Flächen eines Flughafens müssen verwaltet und technisch kontrolliert bzw. gesteuert werden. Ein GIS (Geo-informationssystem) mit allen 2-D- oder 3-D-CAD-Daten (Computer Aided Design) der Gebäude, Flächen und über- bzw. unterirdischen Anlagen bildet die Grundlage eines CAFM. Sämtliche zu verwaltenden Objekte, Systeme oder Infrastrukturen können erfasst und in verschiedenen logischen Schichten (Layers) in den 2-D-/3-D-Modellen des GIS abgebildet und in einem zentralen Managementsystem visualisiert werden. Die Verbindung mit einem Dokumentenmanagementsystem erlaubt es, zu jedem Objekt relevante Zeichnungen, Verträge, Korrespondenzen etc. abzurufen.

Die Vernetzung mit den Leitsystemen der Gebäudeautomatisierung, der Gepäckförderanlagen, der Vorfeldbeleuchtung, dem Netzwerkmanagement, Alarmsystemen oder anderen Steuer- und Regelsystemen erlaubt die Anzeige aktueller Statusinformationen, Alarme (z. B. Rauch-, Feuermelder) oder anderer Systeminformationen. Über geeignete Bedienoberflächen können umgekehrt Befehle und Steuerparameter direkt an die Leitsysteme oder vernetzte Aktoren gesendet werden, um technische Vorgänge fernzusteuern (z. B. Beleuchtung anschalten, Kamera aktivieren, Tür öffnen, Temperatur regeln etc.). Es können auch mobile Einsatzkräfte oder Wartungs- und Reinigungspersonal koordiniert werden. Letztere erhalten über mobile Endgeräte selbst Zugriff auf für sie relevante Informationen aus dem CAFM. Eine Kopplung des CAFM mit der zentralen Flugdatenverwaltung ermöglicht z. B. die flugplanabhängige automatische Steuerung von Beleuchtung und Klimaanlagen an den Gates bei entsprechenden Energieeinsparungen (vgl. Haller/May 2006). Weitere Schnittstellen eines CAFM zu Dispositionssystemen erlauben z. B. den Abruf von aktuellen Informationen über den aktuellen Status der Flugzeugabfertigung an einem bestimmten Gate und die Visualisierung von Abfertigungsprozessen in 2-D- oder 3-D-Ansichten, in die auch Bild- und Videodaten von Überwachungskameras eingespielt werden können.

Die Integration von Planungssystemen und administrativen kaufmännischen Systemen ermöglicht die Unterstützung und das Management verschiedenster Prozesse des Anlagen-, und Gebäudemanagements: Von der Planung und Projektführung beim Bau oder der Erweiterung beliebiger Systeme und Anlagen über die Wartungsorganisation und Überwachung der Betriebs- und Verbrauchsdaten bis zur kaufmännischen Abrechnung der Planungs-, Projekt-, Wartungs- und Betriebskosten kann der gesamte Lebenszyklus bis zur Entsorgung und Abschreibung mit Hilfe eines CAFM verwaltet werden.

Abb. 4.2.3 *2-D-Bildschirmansicht (PC eines Gebäudemanagers) und 3-D-Ansicht (Apple IPhone eines Wartungstechnikers) der Visualisierungskomponente des Münchner Flughafen-CAFM. Quelle: Flughafen München 2009*

Dasselbe gilt auch für alle Prozesse der Immobilien-, Flächen- und Parkraumverwaltung bis hin zur Raumplanung, Möblierung und Arbeitsplatzgestaltung. Typischerweise greifen also fast alle Bereiche auf die jeweils für sie wichtigen Sichten eines Airport-CAFM zu (vgl. Abb. 4.2.3). Hierzu gehören auch die Feuerwehr, die Wasserwirtschaft, der Winterdienst, die Personenbeförderungsdienste, der Umweltschutz, die Zugangs- und Schlüsselverwaltung, die Sicherheitstechnik, die Öffentlichkeitsarbeit und der Vertrieb.

- **Ortungs-, Lokalisierungs- und Leitsysteme für mobile Objekte**

Eine wichtige Rolle für die Sicherheit und effiziente Koordination spielen Systeme zur Ortung, Lokalisierung und Leitung mobiler Objekte, seien es Flugzeuge (vgl. hierzu insbesondere Mensen 2013), Fahrzeuge, Werkzeuge, Geräte oder auch Personen (vgl. Abbildung 4.2.2). Flugzeuge können ihre Position aktuell über GPS- und zukünftig über Galileo-Satellitennavigationssysteme bestimmen. Für den Autopilot werden deren Positionsangaben noch zusätzlich mit genaueren Daten des bordeigenen inertialen Navigationssystems auf der Basis von Gyroskopen und mit Daten von Funkfeuern kombiniert. Als Navigationsfunk bezeichnet man alle Funkfeuer oder Funkbaken in der Umgebung eines Flughafens, die auf der Basis verschiedener Peilfunkverfahren die Navigation der Flugzeuge insbesondere beim Landeanflug mit Instrumenten oder per Autopilot unterstützen. Eine Landung mit Ausrollen auf der Landebahn per Autopilot stellt höchste Anforderungen an die Zuverlässigkeit und Verfügbarkeit des Navigationsfunkes und bedarf zusätzlich eines bordeigenen Höhenradars im Flugzeug. Die Befeuerung der Landebahnen ermöglicht dem Piloten bei manuellem Anflug eine optische Orientierung, indem er aus verschiedenen Anflugwinkeln verschiedene Lichter bzw. Lichtfarben sieht und seinen Kurs entsprechend korrigieren kann. Flugsicherung und Vorfeldkontrolle nutzen zur Ortung Radarsysteme, mit denen sie den Luftraum, die An- und Abflugzonen sowie die Vorfelder überwachen und den Flugzeugen über Funk Anweisungen geben. Datenfusion ermöglicht, dass auf dem Bildschirm des Fluglotsen die aktuelle Position aus der Radarortung zusammen mit weiteren Informationen über das Flugzeug oder mit Karten hinterlegt angezeigt wird. Das Vorfeld-Radar kann neben den Flugzeugen auch größere Fahrzeuge wie Tankwagen etc. erkennen. Anders als in der Luft kann bis heute auf den Rollbahnen und Vorfeldern keine automatische Steuerung der Flugzeuge und Fahrzeuge erfolgen, da insbesondere die autonome Steuerung von Fahrzeugen noch immer unausgereift ist. Die Rollleit- und Andocksysteme, die die Flugzeuge nach der Landung entsprechend der Anweisungen der Lotsen und der Vorfeldkontrolle über die Rollwege und Vorfelder zur Abstellposition leiten, basieren auch auf optischen Systemen (vgl. zu diesem und zu Folgendem Flughafen München 2000, S. 18).

Abb. 4.2.4 *Markierungen der Bahnen durch das Rollleitsystem und Andock-Anzeige an der Abstellposition zur Leitung des Piloten in die Halteposition*

Über die in die Rollbahnen eingelassenen Lampen können vom Tower Rollwege blockweise für ein Flugzeug als freigegeben oder gesperrt markiert werden. Die an den Abstellpositionen zusätzlich angebrachten optischen Andock-Anzeigen helfen dem Piloten, ebenfalls unter Ausnutzung optischer Effekte auf den letzten Metern richtig einzuparken. Sie werden an der zugewiesenen Abstellposition mit den Daten des Flugzeugtyps aus der zentralen Flugdatenbank automatisch eingeschaltet, wenn das Flugzeug den letzten Rollabschnitt erreicht hat. Im Boden verlegte Induktionsschleifen zeigen den Piloten an, wenn die Räder seines Flugzeugtyps die richtige Halteposition erreicht haben.

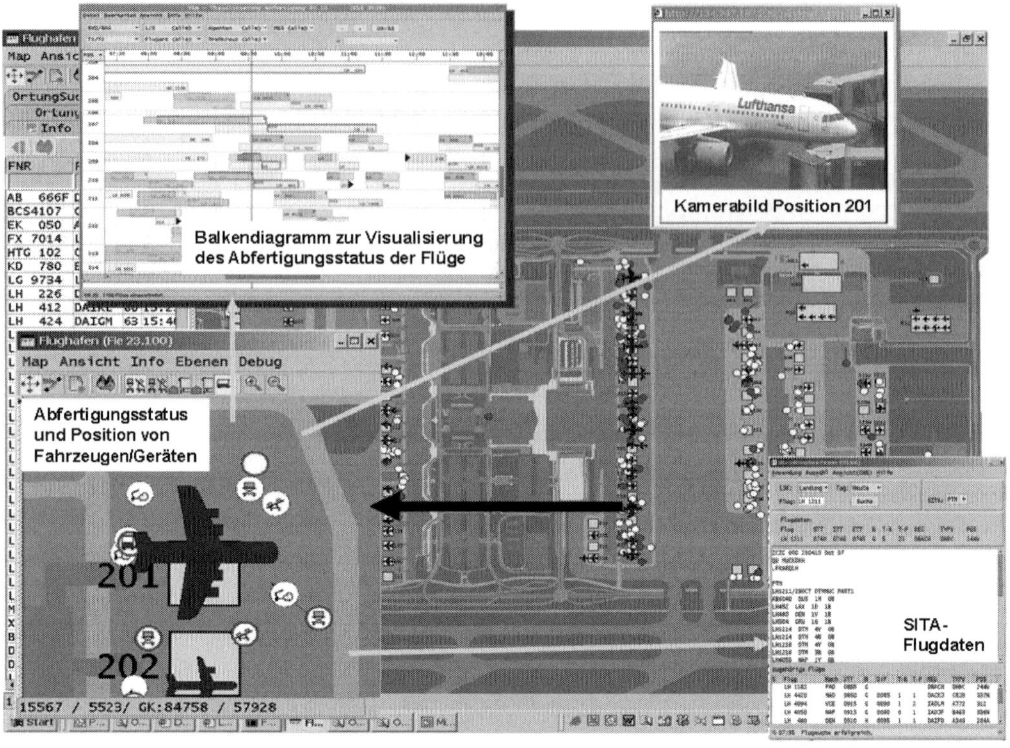

Abb. 4.2.5 *Ansicht der 2-D-Echtzeit-Visualisierungskomponente der APM Airport Process Management Suite des Münchner Flughafens mit Positions-, Status- und Videoinformationen diverser mobilere Objekte (Flugzeug, Bus, mobile Rampe) für Disponenten. Quelle: Flughafen München 2008*

Große Fortschritte wurden in den letzten Jahren bei der Ortung und Navigation von Fahrzeugen und anderen mobilen Objekten auf dem Vorfeld und in Gebäuden gemacht (vgl. Goecke/ Lindike 2010): Fahrzeuge des Bodendienstes können nicht nur ein GPS-Navigationssystem verwenden, sondern ihre Positionsdaten zusammen mit Betriebsdaten wie dem aktuellen Tankstand etc. kontinuierlich über WLAN an die Dispositionssysteme melden. Aktive batteriebetriebene RFID (Radio Frequency Identification) Tags mit GPS-Empfängern und WLAN-Modul können an mobilen Objekten ohne eigene Stromversorgung befestigt werden und ebenfalls ihre Positionsdaten übermitteln. Sind mehrere WLAN-Basisstationen in Reichweite eines batteriebetriebenen WLAN-Senders, so kann über Triangulation (Vergleich der Signallaufzeiten und Signalstärken an drei Basisstationen) eine Ortung mobiler Ressourcen auch bei fehlendem GPS-Signal z. B. in Gebäuden erreicht werden. Ungenauer ist die Positionierung über die Bestimmung der stärksten Funkzelle bzw. Basisstation bei GSM- oder UMTS-Geräten.

Auch die Videoüberwachung erlaubt die Lokalisierung von mobilen Objekten, Personen oder Personengruppen. Aktuell werden weltweit neue Technologien zur automatischen Objekterkennung und -verfolgung in Videodatenströmen aus sicherheitsrelevanten Bereichen erforscht. Insgesamt ist damit zu rechnen, dass relativ bald alle für die Koordination von Serviceprozessen und für die Sicherheit an Großflughäfen relevanten mobilen Objekte und Ressourcen hinreichend genau lokalisiert und in Verbindung mit 2-D- und 3-D-Darstellungen (vgl. Abb. 4.2.3 und 4.2.5) aller stationären Anlagen und Prozessdaten aus den CAFM-Systemen visualisiert werden können.

4.2.3 Systeme der Passagier- und Gepäckabfertigung

Die Prozesse der Passagier- und Gepäckabfertigung bei Abflug, Ankunft und bei Umsteigeverbindungen sind in Abbildung 4.2.6 aus der Sicht des Passagiers bzw. der Handling-Schritte, die das einzelne Gepäckstück durchläuft, dargestellt.

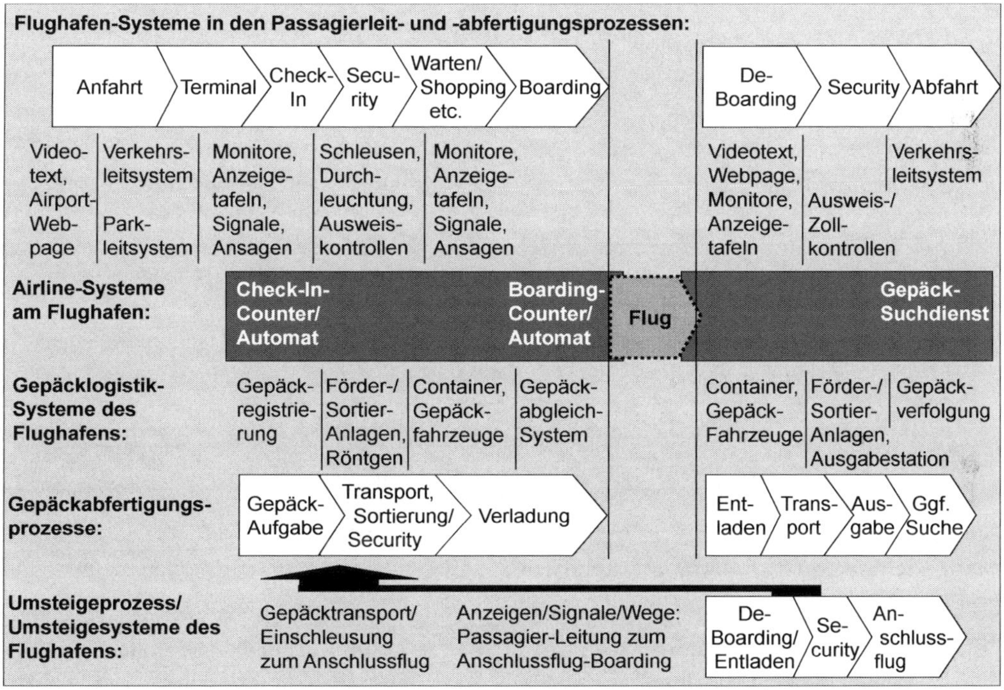

Abb. 4.2.6 Einsatz von Anzeigesystemen, Sicherheitssystemen und Gepäcksystemen in den Passagierabfertigungs-, Gepäckabfertigungs- und Umsteigeprozessen

Der Fluggast ist in erster Linie Kunde der Airline, die daher wichtige Prozessschritte der Passagier- und Gepäckabfertigung am Flughafen auch mit eigenen IT-Systemen übernimmt. Zu diesen Airline-IT-Systemen zählen die zum Airline Departure Control System (vgl. Kapitel 4.1) gehörenden Check-In-Automaten bzw. die Check-In-Terminals an den Gepäckaufgabestationen, aber auch die Boarding-Automaten bzw. Boarding-Control-Programme an den Gate-Countern. Sie nutzen die Netzinfrastrukturen und -dienste des Flughafens und benötigen Schnittstellen zum Datenaustausch mit den Airport-IT-Systemen und den Airline-Abfertigungsschaltern der Flugsteige.

IATA-Standards wie CUTE (Common Use Terminal Equipment) und CUSS (Common Use Self Service Kiosks) ermöglichen es, vom selben PC aus in einheitlicher Weise auf die Departure Control Systeme verschiedener Airlines zuzugreifen bzw. denselben Check-In-Automaten für mehrere Fluglinien zu verwenden. Auf diese Weise können Flughäfen standardisierte CUTE-Terminals und CUSS-Kiosksysteme vor allem für kleinere Airlines bereitstellen, was ein flexibles Sharing der Kiosksysteme und Counter-PCs ermöglicht. Auch für große Fluggesellschaften, die an ihren Hauptflughäfen ihre dedizierten Kiosksysteme und Abfertigungsschalter nutzen, bringen CUTE und CUSS Vorteile bei der Nutzung von Flughäfen, die sie weniger häufig anfliegen. Während also die Verantwortung für das Check-In und Boarding vor allem bei den Fluggesellschaften liegt und von deren Departure-Control-Systemen gesteuert wird, ist der Flughafen für die Leitung der Passagiere, die Sicherheitssysteme und den Gepäcktransport zwischen Gepäckaufgabeschalter und Flugzeug bzw. zwischen Flugzeug und Gepäckausgabestation zuständig.

- **Security-Systeme**

Ein Flughafen muss durch geeignete Zugangs- und Kontrollsysteme sicherstellen, dass nur berechtigte Personen und erlaubte Gegenstände in die Sicherheitszonen auf dem Vorfeld und in den Gebäuden gelangen. Ebenso dürfen nur berechtigte Personen Zugriff auf die gemeinsam genutzten IT-Systeme erhalten. Am effizientesten ist, wie auch in Hotels (vgl. Abschnitt 4.3.5), der Einsatz elektronischer Schließanlagen auf der Basis von elektronisch lesbaren Identitätskarten als Türöffner für Personal und andere berechtigte Personen. Sie können an IT-Systemen mit Kartenleser auch statt User-ID und Passwort zur Autorisierung beim Login genutzt werden. Da die Sicherheitsanforderungen an Flughäfen höher als in Hotels sind, werden die Zugangssysteme am besten mit einem zentralen Identity- und Access-Management-System gesteuert. Eine besondere, als Directory bezeichnete Datenbank enthält für alle Personen, die Zugang zu Räumen oder IT-Systemen haben, sämtliche aktuellen Zugangs- und Zugriffsrechte. In einem Authentifizierungsdienst sind aktuell gültige Identitätskarten, Passworte oder auch biometrische Daten, wie Fingerabdrücke, Iris-Muster etc., hinterlegt, anhand derer sich eine Person an Lesergeräten, PCs oder entsprechenden Sensoren identifizieren kann. Anschließend können im Directory die aktuelle Zugangsberechtigung geprüft und der Zugang gewährt oder verhindert werden.

Zu den Security-Systemen eines Flughafens zählen neben den Schließanlagen auch die häufig kameraüberwachten Zugänge und Tore sowie die Alarmanlagen und ihre Sensoren. Metalldetektor-Schleusen und die Durchleuchtungssysteme für Handgepäck oder für das über Gepäckförderanlagen transportierte Gepäck sind als Sicherheitssysteme in die Abfertigungsprozesse integriert. Hoheitliche Aufgaben bei den Sicherheitskontrollen nehmen Polizei und Zoll war, die über eigene IT-Systeme z. B. für die Kontrolle maschinenlesbarer Pässe und Personalausweise oder den automatischen Abgleich mit der Fahndungskartei verfügen. Auch hier kommen vor allem in den USA immer mehr biometrische Verfahren z. B. der Gesichtserkennung für (teil-)automatisierte Ausweiskontrollen zum Einsatz. Aktuell wird außerdem intensiv an Verfahren zur automatischen Personenerkennung und Verfolgung in Videoüberwachungssystemen geforscht. Dies eröffnet neue Möglichkeiten für Sicherheitskontrollen in allen Aufenthaltsbereichen, wirft aber auch Datenschutzprobleme auf.

- **Anzeige- und Passagierleitsysteme**
Für die Leitung der Passagiere und Besucher im Flughafen sind eine Vielzahl von Anzeigesystemen erforderlich (vgl. Flughafen München S. 20 f.):

Die richtige Passagierinformation beginnt dabei nicht erst mit der eigentlichen Passagierabfertigung, sondern bereits vor der Anfahrt, wenn sich ein Passagier z. B. per Videotext im Fernsehen oder auf der Flughafen-Website über die aktuell geplante Ankunfts- oder Abflugzeit und das Gate erkundigt. Dieser Dienst wird vor allem auch von Fluggast-Abholern benutzt, die sich über den richtigen Abholzeitpunkt und den richtigen Ausgang informieren. Bei der Anfahrt ist gerade für nicht ortskundige Fluggäste ein gutes Verkehrsleitsystem in Flughafennähe wichtig, das frühzeitig den optimalen Weg zu freien Parkflächen und Mietwagen-Rückgabestationen in der Nähe des richtigen Terminals weist.

In allen Aufenthaltsbereichen eines Flughafens zeigen Anzeigemonitore und -tafeln, welcher Flug wann an welchem Gate startet bzw. erwartet wird und was sein aktueller Flugstatus ist. Die Anzeigesysteme dienen hier auch dem Flugpersonal zur Information. Jeder Fluggast muss nun zu Check-In-Schaltern bzw. Check-In-Automaten geleitet werden, an denen er bei Elektronic Ticketing einen Sitzplatz auswählt, sein Flugticket mit Bordkarte ausgedruckt bekommt und sein Gepäck aufgeben kann. Nach den Sicherheitskontrollen gibt es weitere Anzeigesysteme, die den Fluggast zum richtigen Gate weisen, an dessen Schalter ein Display den aktuell aufgerufenen Flug anzeigt. Hier können von einem Boarding-Automaten der Fluggesellschaft evtl. mit Drehkreuz die Tickets beim Boarding kontrolliert und bis auf die Bordkarte eingesammelt werden. E-Ticketing- und Boarding-Prozesse werden inzwischen auch von mobilen Smartphone-Apps unterstützt, die auf dem Smartphone-Display der Kunden E-Tickets mit maschinenlesbaren 2D-Barcodes darstellen können. Der Passagier muss dann über richtig geöffnete Türen zur richtigen Fluggastbrücke bzw. zu einem Bus geleitet werden, der ebenfalls den aufgerufenen Flug anzeigen sollte und den Passagier zum richtigen Flugzeug bringt.

Ankommende Fluggäste sind nach dem Verlassen des Flugzeuges (Deboarding) auf den richtigen Wegen über das dem Flug zugeordnete Gepäckausgabeband und die ggf. notwendigen Einreise- und Zollkontrollen zum Flughafenausgang zu leiten. Am Flughafenausgang sind die Wege zu Parkhäusern, Mietwagenstation und öffentlichen Verkehrsmitteln zu weisen. Umsteiger müssen durch geeignete Anzeigen möglichst auf schnellstem Wege und ohne ein Verlassen des Sicherheitsbereiches zum Flugsteig des Anschlussfluges geführt werden.

Neue interaktive Systeme zur Beratung und individuellen Wegführung von Passagieren und Flughafenbesuchern wurden vom Flughafen München entwickelt (vgl. Lindike, M. 2010): Besucher, die eine Auskunft oder Hilfe benötigen, können hierzu mit Videotelefonie-Technik und verschiedensten Scan-Technologien wie RFID, Barcode, QR-Code, Magnetkartenleser, etc. ausgestattete Multimedia-Infoterminals nutzen, die über die Flughafengebäudekomplexe verteilt sind. Video-Call-Center Agenten können in verschiedenen Sprachen im Live-Dialog mit hochauflösendem Videobild Auskunft zu diversen Fragen geben, auf Wunsch des Passagiers Dokumente, Tickets, etc. lesen und erklären, sowie Wegeweisungen und Routenempfehlungen geben. Komplexe Routen werden entweder auf Papier mit zusätzlichem QR-Code ausgedruckt, auf RFID-Karte oder aufs Smartphone gesendet. Mittels RFID-Karten oder QR-Codes können Passagiere über ebenfalls in den Flughafengebäuden dicht verteilte elektronische Wegweiser, die jeweils nächste Etappe ihrer individuellen Route anzeigen lassen. Auf diese Weise sind z. B. gewünschte Einkaufsmöglichkeiten auf dem Weg bis zum Abflugsteig einfacher auffindbar und eine individuelle optimale Lenkung einzelner Passagiere entsprechend ihrer persönlichen Anforderungen und verfügbaren Zeiten bis zum Abflug wird ermöglicht. Immer mehr Flughäfen bieten zusätzlich zu den Airline-Apps der Fluggesellschaften auch Flughafen-Apps für Smartphones und Webpads an, die den Fluggästen und Flughafenbesuchern die Flughafeninformationen auch mobil abrufbar bereitstellen.

- **Gepäcksysteme**

Die Gepäcksysteme eines Flughafens beginnen bei den Gepäckaufgabestationen, an denen die Gepäckstücke vom Fluggast nach dem Check-In aufgegeben und registriert werden. Jedes Gepäckstück erhält ein maschinenlesbares (Barcode oder RFID-Tag) Label ausgedruckt, das angeheftet eine automatische oder auch manuelle Identifizierung und Lenkung des Gepäckstückes mittels standardisierter IATA-Codes an den Sortieranlagen ermöglicht.

Der Fluggast erhält einen Kontrollabschnitt, der die Identifizierung des Gepäckstücks bei Verlust erlaubt. Das Departure Control System der Airline sendet eine BSM (Baggage Source Message) an das Flughafen-Dispositionssystem mit allen für den Gepäcktransport relevanten Passagier- und Flugdaten (Flug, Ziel-/Umsteigeflughafen etc.). Die Förder- und Sortieranlagen und ihre Antriebe werden von mehreren mit den Flughafendispositionssystemen und untereinander vernetzten industriellen Prozessrechnern gesteuert.

Das Gepäck wird von den Förder- und Sortieranlagen automatisch an die vom Dispositionssystem vorgegebenen Ausgabebänder geliefert, wo es zumeist in Containern auf Gepäckwagen geladen wird. Die Zuordnung von Gepäckstücken zu Containern wird ebenfalls im Gepäcksystem gespeichert. Die Container oder einzelne Gepäckstücke werden dann von den Gepäckfahrzeugen über Förderbänder in das Flugzeug geladen. Internationale Sicherheitsvorschriften erfordern, dass vor Abflug ein Abgleich des geladenen Gepäcks mit der Passagierliste erfolgt (Baggage Reconciliation). Gepäckstücke, die keinem mitreisenden Passagier zugeordnet werden können, dürfen nicht geladen werden. Sie müssen vor Abflug aus dem entsprechenden Container wieder entladen werden.

Nach der Ankunft eines Flugzeuges wird das Gepäck entladen, ggf. mit Gepäckfahrzeugen an die Gepäckförderanlagen gebracht und dort wiederum entsprechend den BSM der Airline entweder an eine Gepäckausgabestation zur Abholung durch den Fluggast geleitet oder möglichst schnell zu den verschiedenen Anschlussflügen der Umsteiger weitertransportiert. Da das Barcode-System bei verknautschten Gepäckanhängern fehlerhaft arbeitet, entwickelte die IATA einen neuen Standard auf Basis von (passiven) RFID-Tags. Diese sind ohne direkten Sichtkontakt per Funk auslesbar, erleichtern das Ablesen und vermeiden Lesefehler. Auch die Beförderung einzelner Gepäckstücke in eindeutig markierten Wannen statt freilaufend auf Bändern reduziert die Häufigkeit der notwendigen Barcode-Scan-Vorgänge und die Fehleranfälligkeit der Gepäckförderanlagen.

Wird ein Gepäckstück einmal vermisst, bietet die SITA das mit der IATA gemeinsam entwickelte globale Gepäckverfolgungssystem WorldTracer an. Es ermöglicht die Verfolgung und Suche nach Gepäckstücken bei allen partizipierenden Airlines, Handling-Agents und Flughäfen.

4.2.4 Systeme zur Planung, Disposition und Administration der Flugzeugabfertigung

Aus der Sicht des Flughafens ist der Prozess der Flugzeugabfertigung (vgl. Abb. 4.2.7) besonders wichtig. Kurze Abfertigungszeiten und schnelle Umsteigemöglichkeiten sind Wettbewerbsvorteile eines Flughafens aus Sicht der Fluggesellschaften. Die optimale Nutzung der vorhandenen Personal-, Terminal- und Geräteressourcen ist entscheidend für die Wirtschaftlichkeit eines Flughafens.

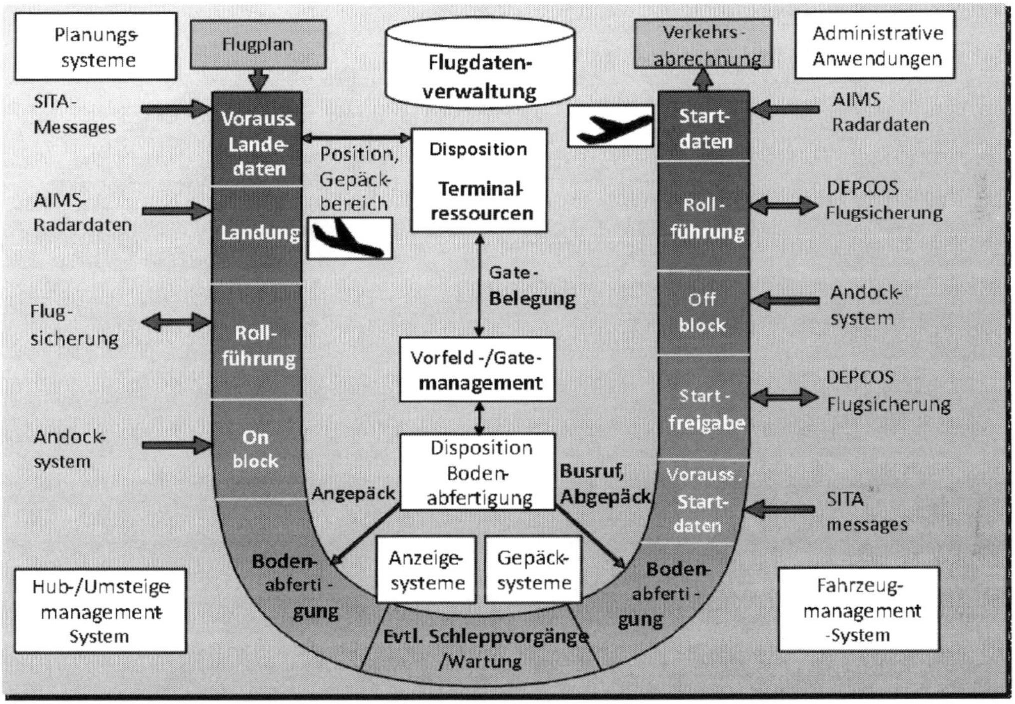

Abb. 4.2.7 Planungssysteme, Dispositionssysteme und administrative Anwendungen im Flugabfertigungsprozess. Quelle: In Erweiterung nach Flughafen München 2000, S. 25

- **Planungssysteme**

Ausgangspunkt der IT-Unterstützung der Flugzeugabfertigung sind die Planungssysteme (vgl. hierzu und zu Folgendem Flughafen München 2000, S. 20 und S. 24). Alle Informationen zu geplanten Flugbewegungen werden in der Flugplan-Verwaltung gesammelt und bereitgestellt. Der Zeithorizont reicht von einer 10-jährigen Langfristplanung bis zum aktuellen Tagesflugplan. Quellen für die Flugplanung sind der zentrale Flugplankoordinator in Frankfurt/Main, bei dem alle Flüge angemeldet werden, und die aktuellen Flugpläne der Fluggesellschaften und Handling-Gesellschaften. Die langfristigen Planungsdaten werden sowohl für die Weiterentwicklung und Ausbauplanung eines Flughafens verwendet, wie auch für die Optimierung der Ablauforganisation.

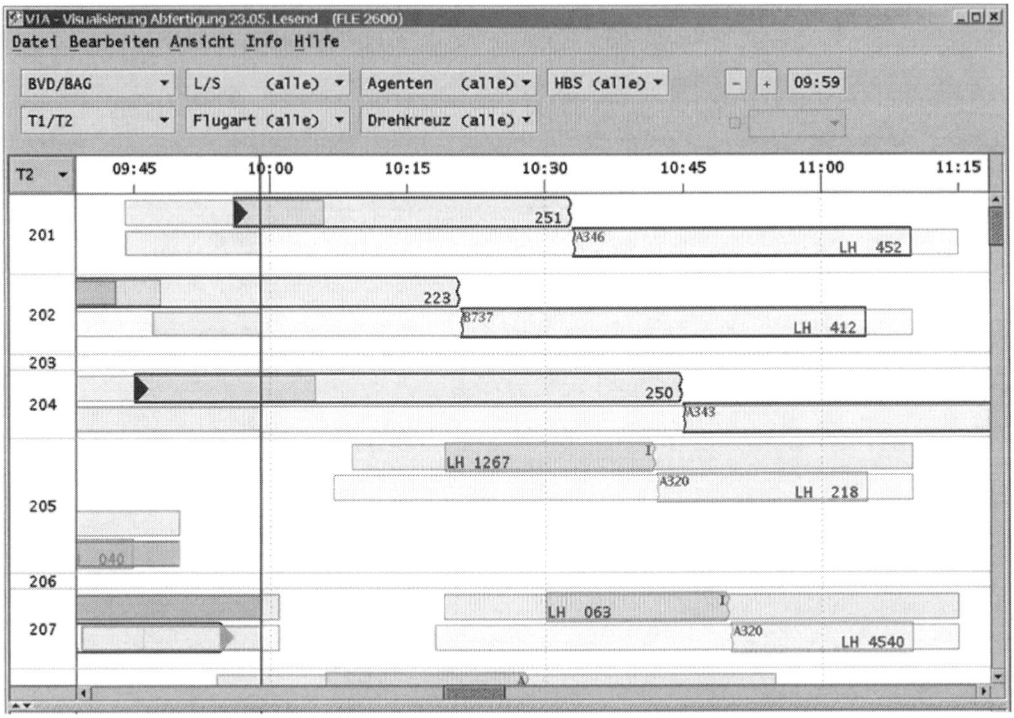

Abb. 4.2.8 *Visualisierung der Zuordnung von Flügen (Balken) zur Abfertigung an Terminalpositionen 201–207 zur aktuellen Tageszeit in einem Gantt-Chart des Terminal-Dispositionssystems. Quelle: Flughafen München 2008*

Simulationsprogramme dienen dazu, die Auslegung von Gebäuden richtig zu dimensionieren, Passagier- und Gepäckflüsse zu optimieren, und die Prozeduren der Flugabfertigung besonders effizient zu gestalten. Mittel- und kurzfristige Flugplandaten werden für die Planung der Terminal-, Personal- und Geräteressourcen verwendet. Sie werden mit unterschiedlichem zeitlichen Vorlauf (monatlich, wöchentlich, täglich) an die Dispositionssysteme verteilt, damit diese für jeden geplanten Flug rechtzeitig Personal, Gerät und Ressourcen (Abstellpositionen, Gates etc.) einplanen können. Durch betriebswirtschaftliche Verfahren der Bedarfsermittlung werden aus der mittel- und kurzfristigen Flugplanung unter Berücksichtigung von Rüstzeiten, Schicht- und Arbeitszeitmodellen mittel- und kurzfristige Bedarfe für Personal und Geräte (insb. auch Fahrzeuge) berechnet. Das Ergebnis sind Schichtpläne vom Saisonplan bis hin zum Tagesplan, die Grundlage für die Personalbeschaffung und die Personaleinsatzplanung sind. Das Hub- bzw. Terminal-Planungssystem (vgl. Abb. 4.2.1 und Abb. 4.2.7) stellt Verfahren zur optimalen regelbasierten Planung von Flugzeug-Abstellpositionen, Gate- und Check-In-Schaltern, Gepäckausgabebändern und Ankunfts-Stauräumen auf Basis der Flugplandaten bereit. Randbedingungen wie bauliche Gegebenheiten, Nutzungsstrategien und die einzuhaltenden Vertragsbedingungen werden automatisch berücksichtigt. Ergebnis ist eine tagesgenaue Ausgangsplanung der Belegung der Hub-/Terminal-Ressourcen durch die einzelnen Flüge.

Sie wird am Vortag in der zentralen Flugdatenbank gespeichert, auf die alle Dispositionssysteme Zugriff haben. Diese verteilt die Daten an andere Systeme wie z. B. die Anzeigesysteme oder die Gepäcksysteme.

- **Dispositionssysteme**

Die Verfahren des Terminalplanungssystems sind auch Grundlage für die tägliche Disposition der Terminal-Ressourcen. Der Disponent bekommt für die verschiedenen Ressourcen die jeweils aktuellen Belegungspläne als Gantt-Charts visualisiert, z. B. in Abbildung 4.2.8 die Belegung der Terminalpositionen durch Flüge im Tagesablauf.

Bei Abweichungen vom Plan (z. B. Verspätungen) kann das System automatisch Auswirkungen auf den Gesamtplan berechnen und Konflikte anzeigen. Die Optimierungsalgorithmen machen ebenso automatisch Vorschläge zu Umdisponierungen, welche die Disponenten annehmen oder manuell verändern können. Alle Änderungen werden über die zentrale Flugdatenbank an alle anderen Systeme (z. B. die Anzeigen, Gepäckdispositions-Systeme oder Umsteigemanagement-Systeme) weitergemeldet, so dass hier ebenfalls ereignisgesteuert umdisponiert werden kann. Voraussetzung für eine rechtzeitige Erkennung von Flugplanänderungen ist jedoch die Sicherstellung der Versorgung des Flughafens mit Daten über den aktuellen Status eines Fluges in Echtzeit.

Der Flugabfertigungsprozess (vgl. zu diesem und zu Folgendem Flughafen München 2000, S. 18f. und S. 24ff.) beginnt deshalb bereits mit dem Start der Maschine am Vorflughafen (vgl. Abb. 2.2.7). Ein globales Netz zur Übermittlung von Flugdaten (hier z. B. SITA) überträgt an den Zielflughafen SITA-Messages mit der tatsächlichen Beladung, mit Umsteigeinformationen etc. und der voraussichtlichen Landezeit. Sie werden nach einer Analyse in der zentralen Flugdatenverwaltung gespeichert und an alle betroffenen Dispositionssysteme verteilt. Auch aus den Radardaten der Flugsicherung werden automatisch die Positionsdaten eines Fluges berechnet, um die voraussichtliche Landezeit immer genauer vorherzubestimmen und an die Flugdatenverwaltung weitergeben zu können. Ab einer bestimmten Entfernung vom Flughafen werden die Abfertigungsprozesse nach Plan automatisch gestartet. Bei Verzögerungen wird wie oben beschrieben umdisponiert.

Die Landung wird von der Flugsicherung überwacht. An Flughäfen, die bei der Berechnung der Gebühren aus Lärmschutzgründen den tatsächlich verursachten Fluglärm berücksichtigen, wird der Lärmpegel gemessen und zusammen mit dem Aufsetzzeitpunkt in der Flugdatenverwaltung gespeichert. Das Rollleitsystem und das Andocksystem (vgl. Abschnitt 4.2.1) erhalten von der Disposition die Halteposition zugewiesen und leiten das Flugzeug unter Aufsicht der Fluglotsen an den Übergabepunkt, wo die Verantwortung mit allen relevanten Daten an die Vorfeldkontrolle des Flughafens übergeht. Wenn der Pilot mit Hilfe des Andocksystems am Haltepunkt angekommen ist, wird dadurch automatisch die On-Block-Zeit gemeldet und im Terminalmanagement-System die Position als belegt gekennzeichnet. Das Vorfeld- bzw. Gate-Management-System kann die nun beginnenden Bodenabfertigungsprozesse mit Hilfe der CAFM und der Ortungssysteme visualisieren (vgl. Abb. 4.2.5) und den Disponenten der verschiedenen Gewerke alle Informationen aus den verschiedenen Dispositionssystemen anbieten. Der Abfertigungsstatus des Fluges wird auch durch die Ausrichtung des Flugzeug-Symbols angezeigt. Ein Flugzeug, das gerade angekommen ist, wird in „Nose-in"-Position gezeigt. Wenn es für den nächstem Start vorbereitet wird, erhält es eine „Nose-out"-Orientierung, auch wenn das Flugzeug selbst seine physische Position dabei nicht ändert (vgl. Abb. 4.2.5 links unten). Die Dispositionssysteme der Bodenabfertigung visualisieren ebenfalls die genaue Abfolge der Aktivitäten durch Gantt-Charts (vgl. Abb. 4.2.9).

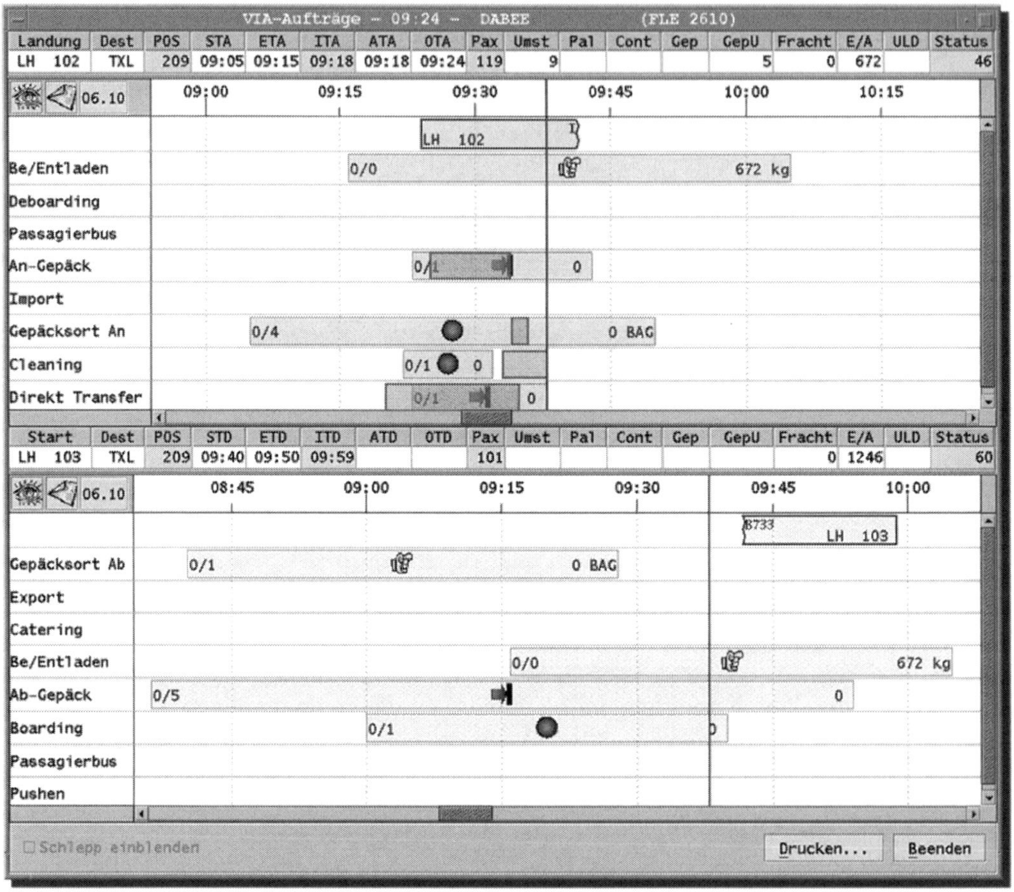

Abb. 4.2.9 Visualisierung der Aktivitäten zur Abfertigung eines gelandeten Fluges und zu den Startvorbereitungen des nächsten Fluges. Quelle: Flughafen München 2008

Alle Gewerke haben eigene Dispositionspläne, die den Ressourcen Aufträge zuordnen, die vom System permanent bzgl. möglicher Ressourcen-Konflikte überwacht und bei Bedarf umdisponiert werden. Die Dispositionssysteme senden unter Aufsicht der Disponenten Aufträge per Datenfunk an Mitarbeiter, weisen Gepäckausgabebänder zu, setzen Transportaufträge ab und senden die richtigen Meldungen an die Anzeigesysteme. Das Fahrzeugmanagement-System meldet die Position und den Status von Tankwagen, Entsorgungsfahrzeugen, Schleppfahrzeugen etc., überwacht deren Betriebsbereitschaft und organisiert die Wartung.

Die Mitarbeiter z. B. der Gepäckaufsicht senden Statusmeldungen über die Erledigung von Aufträgen und die Freigabe von Ressourcen oder Störungen. Über die Zeiterfassung und Dispositionsdaten können die Zeitverbräuche für jeden Abfertigungsvorgang berechnet werden. Da das Management von Umsteigevorgängen (Transfer) besonders komplex und zeitkritisch ist, und Dispositionen ggf. über zwei Terminals hinweg erforderlich sind, gibt es ein spezielles Hub-/Umsteigemanagement-System mit Zugriff auf alle an einem Umsteigevorgang beteiligten Dispositionssysteme.

Abbildung 4.2.9 zeigt die Disposition der Aktivitäten eines gelandeten Fluges und des nachfolgenden Fluges, der zum Start vorbereitet wird. Bei internationalen Flügen werden die Vorgänge zum Import bzw. Export der Waren mit dem Zoll abgestimmt. Hinter jeder Aktivität stehen wiederum Aufträge an alle beteiligten Personen, Fahrzeuge und Ressourcen, z. B. die einzelnen Segmente der Gepäckanlagen, die auf ähnliche Weise koordiniert werden. Zwischen Landung und Start muss das Flugzeug unter Umständen in eine Wartungshalle zur Wartung geschleppt werden, deren Disposition von den Wartungsgesellschaften mit eigenen Systemen übernommen wird. Die Startvorbereitungen beginnen bereits lange vor der Bereitstellung des Flugzeuges mit der Zuweisung der Check-In-Schalter und des Gates, die durch das Anzeigesystem bekannt gemacht werden. Die SITA-Messages der Flug- bzw. Abfertigungsgesellschaften teilen dem Flughafen wieder die voraussichtliche Startzeit und die Beladung mit. Analog zur Landeabfertigung disponieren die Systeme nun die Startabfertigung nur in umgekehrter Reihenfolge (vgl. auch Abb. 4.2.7 und Flughafen München 2000). Das CAFM schaltet die Beleuchtung und Klimatisierung in den Abfertigungsräumen ein, die Passagiere checken ein, ihr Gepäck wird ggf. zusammen mit Umsteigegepäck anderer Flüge geladen, das Flugzeug betankt und mit Catering versorgt etc. Schließlich können die Passagiere einsteigen (Boarding), wobei das Boarding Control System der Fluggesellschaft mit Hilfe des Flughafen Gepäcksystems den vorgeschriebenen Abgleich der Gepäckidentifizierung (Baggage Reconciliation) vornimmt (vgl. Abschnitt 4.2.3). Die Dispositionssysteme erhalten entsprechende Statusmeldungen, die Anzeigesysteme zeigen den Boarding-Status. Gegebenenfalls werden Busse zum Passagiertransport disponiert. Nach dem vollständigen Boarding ist die Abfertigung beendet und der Pilot beantragt die Startfreigabe durch direkte Kommunikation mit der Flugsicherung. Im Winter ist unter Umständen eine Enteisung vor dem Start vorzunehmen. Die Startfreigabe erhält der Pilot von der Flugsicherung aus deren Abflugkontrollsystem DEPCOS (nicht zu verwechseln mit dem Departure Control System der Airline). Das Flugzeug wird vom Push-Dienst aus der Parkposition geschoben, wobei das Andocksystem automatisch die sog. Off-Block-Zeit an die Flugdatenverwaltung sendet und die Abstellposition im Terminalmanagement-System wieder als frei gekennzeichnet wird. Es folgen die Rollführung über das Rollleitsystem, die Übergabe des Flugzeuges von der Vorfeld-Kontrolle des Flughafens an die Flugsicherung inkl. der Übergabe aller relevanten Daten an deren DEPCOS-System. Beim Start überträgt das AIMS die Radardaten mit dem Abhebezeitpunkt an die zentrale Flugdatenverwaltung, in der auch die Ergebnisse der Lärmmessung gesammelt werden. Der Flug wird abschließend von allen Anzeigen gelöscht.

Im Rahmen von Airport Collaborative Decision Making (A-CDM) Projekten werden an vielen Flughäfen intensive Bemühungen unternommen, die Dispositionssysteme des Airports noch stärker in die Dispositionssysteme aller an der Flugabfertigungen beteiligten Partner zu integrieren (vgl. Eurocontrol 2009). Durch gemeinsamen Zugriff auf alle relevanten Informationen (Information Sharing) sollen alle verantwortlichen Mitarbeiter des Flughafens, der Airlines, der Flugsicherung, der Handling-Agents, der Caterer usw. stets alle für sie relevanten Informationen möglichst in 2-D- und 3-D-Visualisierung erhalten und sich mit geeigneten Kommunikationsdiensten (Collaborative Groupware) gemeinsam abstimmen können. Ebenso sollen auf Basis der gemeinsamen Datenbestände kooperative Projekte zur Prozessoptimierung unterstützt werden.

- **Administrative Anwendungen**
Zu den administrativen Anwendungen zählen die Verfahren zur Verkehrsabrechnung und Statistik, die Verfahren zur Lohn- und Gehaltsabrechung, das Enterprise Resource Planning (ERP) und das Rechnungswesen (vgl. Flughafen München 2000 S. 22f.). Nach Tagesabschluss werden alle Daten aus der Flugdatenverwaltung (Airport Operational Database) an die relevanten administrativen Anwendungen überspielt. Personal-Dispositionsdaten (Zeiterfassungen, Aufträge, Überstunden etc.) sind Grundlage der Lohn- und Gehaltsabrechnung sowie Input für die Personalstatistik, die wiederum wichtige Daten für die zukünftige Personalplanung bereitstellt. Damit schließt sich der Informationsmanagement-Kreislauf zu den Planungssystemen.

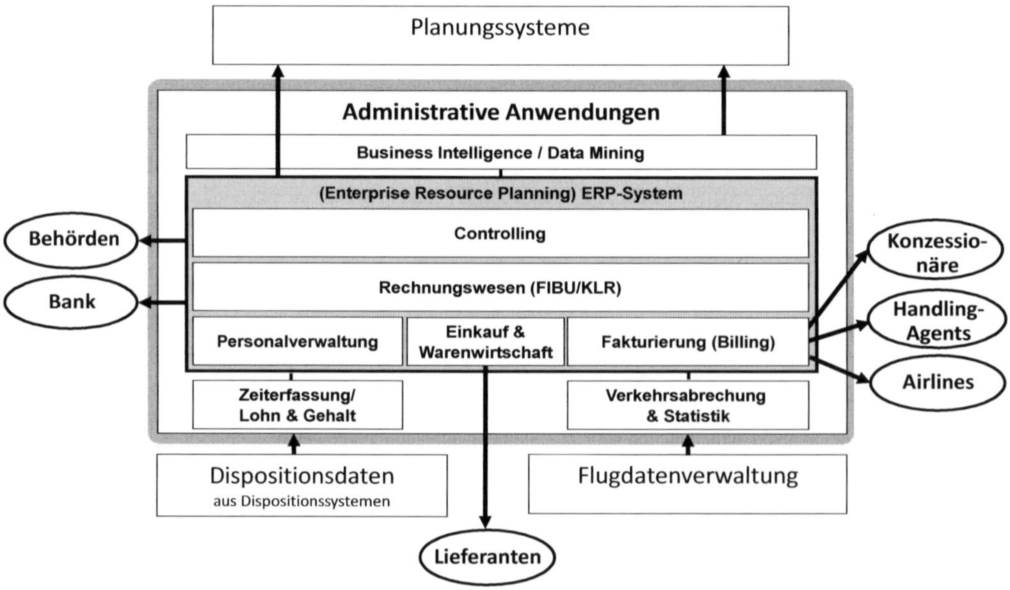

Abb. 4.2.10 Wichtige administrative Anwendungen im Überblick

Die Flugdaten des vergangenen Tages werden mit den von den Fluggesellschaften übermittelten Belegungsdaten und Flugberichten verknüpft und an das System Verkehrsabrechnung zur Fakturierung (Rechnungsstellung, engl. Billing) bzw. zur Erstellung von Verkehrs- und Qualitätsstatistiken übertragen. Hier werden auch alle in den Dispositionssystemen aufgenommenen und bearbeiteten Aufträge z. B. zur Betankung abgerechnet. Auch diese Daten bilden wieder einen wichtigen Input für die Planungssysteme z. B. zur Kapazitätsplanung.

Schließlich werden alle Daten sowohl der Personal- als auch der Verkehrsabrechnung in das Rechnungswesen übergeleitet. Dort erfolgen auch die finanzielle Verbuchung und die Rechnungsstellung an die Fluggesellschaften bzw. die Überweisung der Gehälter und die Abrechnung mit allen anderen Geschäftspartnern des Flughafens. Im Rahmen integrierter ERP-Systeme (Enterprise Resource Planning) gibt es neben dem Rechnungswesen und der Finanzbuchhaltung zusätzlich Einkaufs- und Warenwirtschaftssysteme zur Versorgung des Flughafens mit Materialien und Treibstoff, die Personal- und Fahrzeugverwaltungssysteme, die Immobilienverwaltung sowie umfangreiche Controlling-Funktionen für die Geschäftsleitung. Sie sind sowohl mit den Planungssystemen als auch mit dem CAFM-System verzahnt. Mit Fluggesellschaften und Handling-Agenten findet häufig intensiver elektronischer Datenaustausch z. B. in der Rechnungsstellung statt. Ebenso werden die Steuerverfahren der Behörden und die Bankverfahren für Überweisungen etc. genutzt.

Zunehmend setzen Flughäfen in ihrem Informationsmanagement auch auf Data Mining bzw. Business Intelligence Systeme, um große Mengen von Daten aus den unterschiedlichsten Quellen der IT-Landschaft über längere Zeiträume zu sammeln und durch komplexe Datenbankabfragen miteinander zu verknüpfen. So können z. B. aus der Auswertung der monatlich oder jährlich gesammelten Flugdaten wichtige Informationen über die längerfristige Entwicklung von Passagierströmen verschiedener Fluggesellschaften in Bezug auf einzelne Destinationen gewonnen werden. Auch Trends zu Engpässen in der Bodenabfertigung bei gewissen Umsteigekonstellationen werden aufgedeckt. Diese Informationen dienen der strategischen Planung und dem Marketing eines Flughafens um die Qualität seiner zahlreichen Dienstleistungen und das zu deren Erstellung notwendige effiziente Zusammenspiel aller Akteure kontinuierlich zu verbessern.

Quellen und weiterführende Literatur:

Conrady, R., Fichert, F., Sterzenbach, R., Luftverkehr – Betriebswirtschaftliches Lehr- und Handbuch, 5. Aufl., München 2012.

Eurocontrol, Airport Collaborative Decision Making Manual, http://www.eurocontrol.int/airports/gallery/content/public/pdf/cdm_implementation_manual_2009.pdf (Zugriff 10.9.2009).

Goecke, R., Lindike, M., Ortung, Visualisierung und Management mobiler Objekte in Serviceprozessen am Flughafen München, in: *Egger R., Jooss, M., (Hrsg.),* MTourism – Mobile Dienste im Tourismus, Wiesbaden 2010.

Flughafen München GmbH, E-Logistik am Flughafen München – Moderne Konzepte und Verfahren zur Steuerung komplexer Dienstleistungsprozesse, Prospekt, München 2000.

Flughafen München GmbH, Service Division IT Development Ground Handling – Organisation and System Overview, Präsentation zur APM Airport Process Management Suite, München 2008.

Lindike, M. und Flughafen München GmbH, Interaktives System zur Beratung und Individuellen Wegeführung, Patent PCT/EP2009/007263; publiziert am 15.4.2010.

Maurer, P., Luftverkehrsmanagement-Basiswissen, München 2006.

May, M., Haller, P., Success Story: Flughafen München – CAFM-Erfolge in Deutschland Beitrag von Prof. Michael May nach einem Manuskript von Wolfgang Haller. in: IT im Facility Management erfolgreich einsetzen – Das CAFM Handbuch, 2. Auflage, Berlin Heidelberg 2006, S. 358–367.

Mensen, H., Handbuch der Luftfahrt, Berlin, Heidelberg 2013.

Schulz, A., Verkehrsträger im Tourismus, München 2009.

Schulz, A., Baumann, S., Wiedenmann, S., Flughafen Management, München 2010.

4.3 Informationsmanagement in Hotel- und Gastronomiebetrieben

Robert Goecke

Einen Überblick über die wichtigsten Informationssysteme, die im Informationsmanagement von Hotel- und Gastronomiebetrieben eingesetzt werden, gibt Abbildung 4.3.1[1].

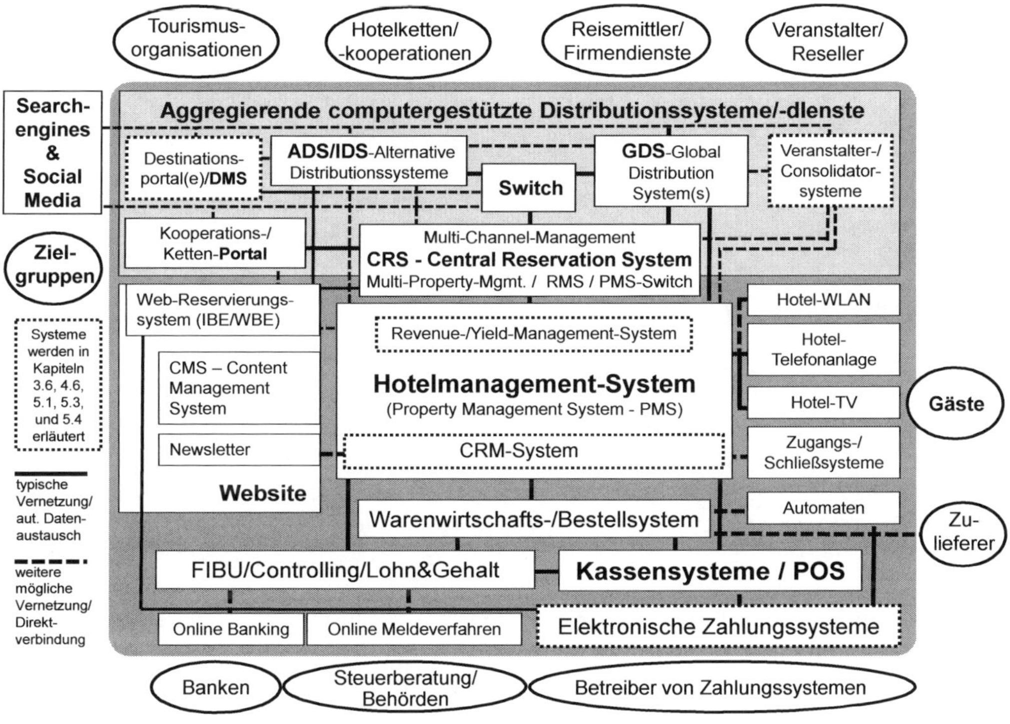

Abb. 4.3.1 *IT-Systeme mit Relevanz für Hotel- und Gastronomiebetriebe*

In Abbildung 4.3.1 wird die idealtypische Systemlandschaft eines großen Hotelbetriebes mit Restaurant dargestellt. Der Hotelbetrieb kann entweder als Teil einer Hotelkette, Kooperation oder als Individualbetrieb in verschiedenen elektronischen Distributionssystemen buchbar sein:

[1] Der Autor dieses Beitrages hat eine Liste mit zahlreichen für die Hotellerie und Gastronomie typischen IT-Systemen und Diensten als Beispiele für die vorgestellten Systemkategorien zusammengestellt (Goecke 2009/2014). Die genannten Systeme/Dienste und Anbieter sind keine Produktempfehlungen, sondern Belege und Beispiele zur besseren Veranschaulichung der folgenden Ausführungen.

Computergestützte Distributionssysteme unterstützen die regionale, nationale und globale Vermarktung und Reservierung: Der eigene **Webauftritt** (engl. Website) von Hotels und Gastronomiebetrieben ist ein direkter und individueller computergestützter Distributionskanal. **Aggregierende computergestützte Distributionssysteme** dienen dem direkten Vertrieb der Vakanzen mehrerer zusammengeschlossener Häuser einer Hotelkette oder dem indirekten Vertrieb der Angebote einer Vielzahl von kooperierenden oder konkurrierenden Anbietern über Dritte (3rd Parties), wie z. B. Hotel-Kooperationen, Tourismusorganisationen, Reisemittler, Firmendienste oder Reiseveranstalter (vgl. Dettmer/Hausmann/Kloss 2008 S. 244ff.). Im Gegensatz zu individuellen Distributionskanälen ermöglichen aggregierende Distributionssysteme den (vergleichenden) Zugriff auf Angebote mehrerer Häuser bzw. Anbieter. Sie werden meist von Service Providern oder Intermediären betrieben.

Nicht in der Abbildung 4.3.1 gezeigt sind die ebenfalls vertriebsrelevanten **elektronischen Medien** wie Online-Magazine (Webzines) und mobile Applikationen (Apps) von Reise-, Stadt-, Hotel- und Restaurantführern sowie Bewertungsportalen. Sie bieten multimediale Informationen über Hotel- und Gastronomie-Betriebe, die als Ergebnis journalistischer Tätigkeit oder als kostenlose Verzeichniseinträge, Kundenbewertungen bzw. kostenpflichtige Werbeanzeigen von themen- oder zielgruppenspezifischen Webportalen gesammelt und präsentiert werden. Nach ihrem Geschäftsmodell zählen auch Internet-Branchenverzeichnisse, Suchmaschinen oder zielgruppenspezifische Web-Portale und Web-Communities zu diesen meist werbefinanzierten elektronischen Medien, welche die Internet-Promotion und Distribution von Hotel- und Gastronomiebetrieben u. a. durch Links, Internet-Anzeigen oder Werbebanner fördern, ohne die Rolle eines Reisemittlers oder einer Buchungsplattform einzunehmen[1]. Immer enger wird aber die Vernetzung der Distributionskanäle mit Suchmaschinen (engl. **Search Engines**) und **Social Media** (Soziale Netzwerke), die beide auch Hotelbewertungen aggregieren und daher beide in Abb. 4.3.1 dargestellt sind: Hierzu gehören **Hotel-Metasuchmaschinen** wie z. B. tripadvisor, trivago, google Hotel Finder, bettenjagd.de, kayak, Hotel-Vergleich.net, traveljungle, swoodoo, etc. und die **Unterkunfts-Suchmaschinen** der überregionalen Tourismusorganisationen (z. B. Hotelsuche auf Bayern.by). Sie sind eine spezielle Variante von **Reisesuchmaschinen**[2], die Hotelangebote aus verschiedenen aggregierenden Internet-Hotel-Distributionssystemen und Destinationsportalen sammeln und den Kunden evtl. mit Zusatzinformationen zum Angebots- und Preisvergleich anbieten. Die Kunden werden aber zur Buchung per Link an das jeweilige aggregierende Internet-Hotel-Distributionssystem, Destinationsportal oder direkt auf die Hotel-Website weitergeleitet, wofür kommerzielle Hotel-Metasuchmaschinen typischerweise eine Provision bzw. auch eine buchungsabhängige prozentuale Werbeprämie vom werbenden Buchungsportals verlan-

[1] Eine Website bzw. ein Portal, das durch werbende Links auf ein Shop- oder Buchungsportal verweist und diesem Besucher und Käufer zuleitet, wird als „Affiliate-Partner" oder „Affiliate" des Shop- oder Buchungsportals bezeichnet. Affiliate-Partnerschaften beruhen entweder auf Gegenseitigkeit, oder der Affiliate erhält eine Provision für jeden vermittelten Besucher bzw. bestimmte beim Besuch auf dem beworbenen Portal getätigte Aktionen (Kauf, Buchung, etc.).

[2] Eine Suchmaschine, die über Suchanfragen bei verschiedenen Portalen Angebote sammelt, sei hier als Metasuchmaschine bezeichnet. Eine normale Suchmaschine durchsucht nur die Webseiten der besuchten Portale und verweist auf dort direkt angezeigte Informationen ohne sich der Suchfunktionen der Portale zu bedienen oder Preise und Angebotsmerkmale systematisch zu vergleichen.

gen. Als weitere Medien sind schließlich **Soziale Netzwerke**, insbesondere **Facebook** für die Public Relations und Werbearbeit von Restaurant- und Hotelbetrieben von Bedeutung. Sie ermöglichen neue Formen der Zielgruppenansprache und Echzeit-Zielgruppeninteraktion, in Ergänzung oder sogar alternativ zur eigenen Website.

Das interne Informationsmanagement von Restaurants und Hotels wird im Wesentlichen durch **Kassensysteme** (Registrierung, Abrechnung von Bestellungen etc.) bzw. das **Hotelmanagement-System** (Zimmerverwaltung, Rechnungsstellung etc.) unterstützt, die evtl. um ein **Warenwirtschafts-/Bestellsystem** (zur Verwaltung von Warenbeständen, Einkauf, etc.) erweitert sind. Sie dokumentieren, unterstützen und automatisieren als sog. Front- bzw. Midoffice-Systeme die wichtigsten betrieblichen Kernprozesse, Informations- und Warenflüsse mit unmittelbarem oder mittelbarem Kundenkontakt (vgl. z. B. Dettmer/Hausmann 2007, S. 301ff.). Schnittstellen ermöglichen die Vernetzung und den Datenaustausch z. B. mit Distributionssystemen, mit elektronischen Zahlungssystemen, mit den von Kunden während ihres Aufenthaltes kostenpflichtig nutzbaren **internen Kommunikationssystemen** (Hotel-WLAN, Hotel-Telefonanlage, Hotel-TV etc.), mit **Automaten** (z. B. für Getränke/Snacks etc.), sowie mit **Zugangs- und Schließsystemen**, die den Kundenzugang zu Zimmern und exklusiven Bereichen regeln.

Schließlich gibt es – wie in Betrieben anderer Branchen auch – die klassischen **Backoffice-Systeme zur Hotel-Administration** wie **FIBU** (Finanzbuchhaltung), **Lohn&Gehalt** (Lohn- und Gehaltsbuchhaltung), **Personalverwaltung** und **Controlling**. Sie sammeln über geeignete Vernetzungen mit den vorgelagerten Systemen alle relevanten Informationen über Geschäftsvorfälle und bereiten diese in der internen (für Mitarbeiter und das Management) und der externen (für die Finanzbehörden, Gesellschafter und Gläubiger) Rechnungslegung auf. Backoffice-Systeme werden auch von Steuerberatern und anderen spezialisierten Dienstleistern bereitgestellt, die häufig auch die Dateneingabe übernehmen. Überweisungen und andere elektronische Banktransaktionen mit Kunden, Lieferanten und Mitarbeitern werden heute in der Regel über die **Online-Banking-Verfahren** der Banken und Sparkassen abgewickelt. Da auch Steuererklärungen, Renten- und Krankenversicherungsmeldungen etc. zunehmend in elektronischer Form gefordert sind, werden auch diese Meldeprozesse durch elektronischen Datenaustausch mit den vorgeschriebenen öffentlichen **Online-Meldeverfahren** realisiert.

4.3.1 Kassensysteme

Kassensysteme (engl. POS – Point of Sale Systems) haben als Basissysteme des Informationsmanagements im Gastgewerbe eine lange Geschichte. Ein Lokalbesitzer aus Dayton, Ohio, USA soll 1879 eine Bargeldschublade (Geldlade) erfunden haben, die sich nur zum Zahlungszeitpunkt mit dem für Registrierkassen (engl. cash register) bis heute typischen Klingelgeräusch öffnen ließ, um unbefugte Bargeldentnahmen seines Personals zu verhindern. Kassen wurden mit dem technischen Fortschritt mechanisch, elektrisch und elektronisch erweitert um Registrier-, Additionsfunktionen und vieles mehr. Heutzutage werden Kassensysteme als vernetzte Computer- oder PC-Kassen mit zahlreichen Peripheriegeräten am POS (Point of Sale) in allen Bereichen des Handels eingesetzt. Für Gastronomie- und Hotelbetriebe verfügen sie als sog. **Hotel-** bzw. **Gastro(nomie)kassen** über spezielle Funktionen (vgl. zum Folgenden auch Nyheim/McFadden/Connolly 2011). Hier werden sie vom Servicepersonal im Restaurant bzw. Food & Beverage Bereich, an der Rezeption und in anderen Servicebereichen (Wellness, Badebetrieb, etc.) eingesetzt.

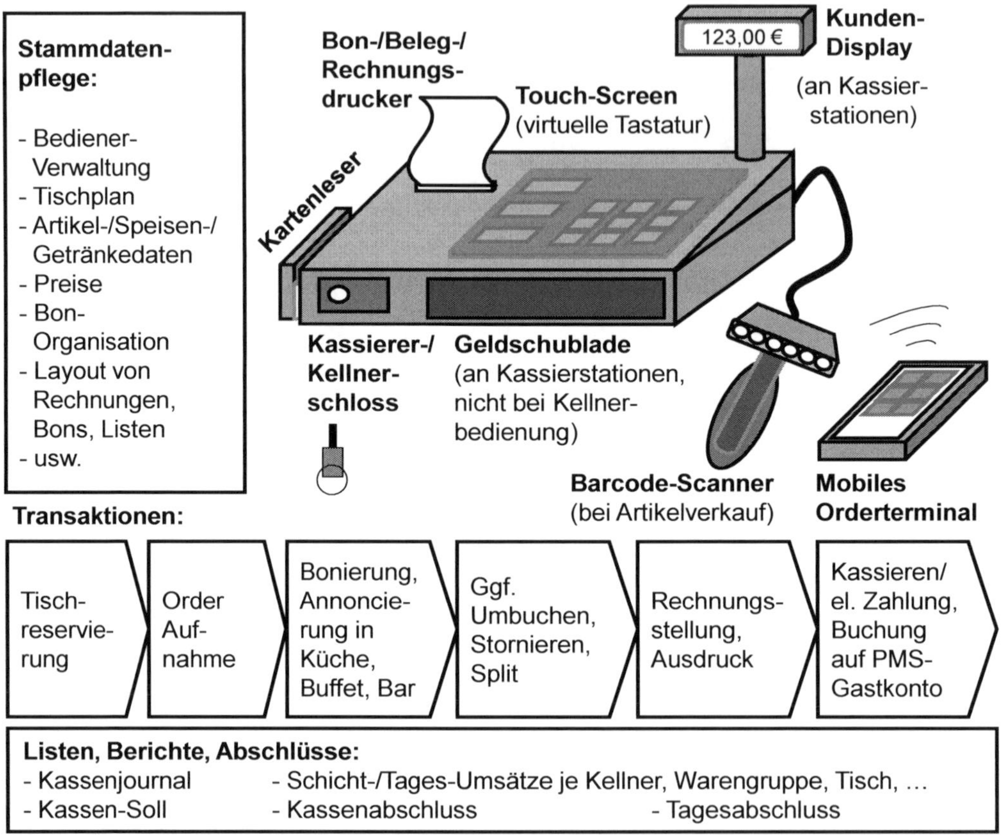

Abb. 4.3.2 Komponenten und Funktionen eines Kassensystems

Hotel-/Gastronomie-Kassensysteme gibt es als Hardware-, Software- oder integrierte Komplett-Lösungen z. B. von Vectron, Schultes, Toshiba, NCR, IBM, Casio, Epson, Sharp, MICROS-Fidelio/Indatec, Orderman, Diesselhorst, MULTI DATA, Quorion QMP, 42GmbH Matrix, POSDirekt, Uniwell, Provendis, EuCaSoft, PosBill, Pepperbill, Olympia, etc. (Goecke 2014). Sie dienen der Registrierung der Bestellungen bzw. der von den Kunden in Anspruch genommenen Leistungen, der Annoncierung der Bestellungen in der Küche über Bons oder Terminals, der Addition der Bestellungen zu einer Kunden-Rechnung mit Belegcharakter auch gegenüber dem Finanzamt, sowie der Aufzeichnung der Zahlungstransaktionen und Verwaltung der Bargeld-Bestände zur Abrechnung mit dem Personal. Kassensysteme liefern die Daten über alle registrierten umsatzrelevanten Geschäftsvorfälle und Zahlungen an das FIBU-System, wo sie kaufmännisch verbucht werden. In Hotelbetrieben liefern sie zudem Daten über die von Hausgästen in den verschiedenen Servicebereichen in Anspruch genommenen Leistungen an das Hotelmanagement-System zur Verbuchung auf dem Gästekonto.

Kassensysteme bieten umfangreiche Funktionen zur Parametrisierung und Eingabe bzw. Pflege von **Stammdaten**: Zunächst können Bediener mit verschiedenen Rechten ausgestattet werden, die sich über Passwort, elektronische Karten oder sogenannte Kellnerschlösser (auch berührungslos) schnell identifizieren lassen. Als Produktstammdaten (Artikel, Speisen, Getränke etc.) können Produktnummern, -gruppen, -bezeichnungen (bei Touchscreen-Kassen mit Artikelabbildungen) und Produktpreise (ggf. mit mehreren Preisebenen wie Mittag, Abend, Happy-Hour, Weekend etc.) angelegt werden. Die Tischverwaltung erlaubt es, Räume und Tische mit Nummern oder Bezeichnungen und bei Touchscreen-Kassen sogar als grafischen Raum-/Tischplan zu hinterlegen. Dies ermöglicht später sowohl die Zuordnung der Bestellungen auf Tische, als auch die exklusive Zuweisung einer Gruppe von Tischen an einen Bediener (sogenannter Revierschutz). Parameter zur Festlegung der Bon-Organisation definieren, welche Informationen aus einer Bestellung wann in welcher Form an welchen Druckern (Bons) oder Terminals (in welchen Küchenbereichen, an der Bar etc.) zur Annoncierung ausgegeben werden. Ebenso ist die Vorgabe von Layout und Struktur der Kundenrechnungen, Listen und Berichte (Kellner-Abrechnung, Artikelumsätze, Schicht-/Tages-Abrechung, Kassenbuch bzw. -journal etc.) möglich.

Die Aufnahme von Bestellungen (**Transaktions-** bzw. **Bewegungsdaten**) erfolgt durch die Bediener an stationären oder mobilen Kassenterminals über mit Artikelnamen/-gruppen beschriftete Tasten, virtuelle bebilderte Touchscreen-Tastaturen oder über die Eingabe von Artikelcodes. Verpackte und mit Barcode ausgezeichnete Artikel können am POS-Terminal mit Laser-Scannern automatisch erfasst werden. Bei Bedienung am Tisch werden alle Bestellungen auf den Tisch aggregiert, wobei es spezielle Funktionen zur Umgruppierung, Zusammenfassung und zum Split bei getrennter Rechnungsstellung gibt (auch Einzelkundenabrechnung). Ebenso sind Gutschriften, Umbuchungen oder Stornierungen möglich, die ggf. nur von dem Personal, das in der Bedienerverwaltung mit speziellen Rechten ausgestattet wurde, vorgenommen werden dürfen. Sie werden wie alle Transaktionen im Journal aufgezeichnet. Manche Systeme signalisieren, wenn ein Tisch noch nicht abgerechnet ist. Um Kellnern die Erfassung von Bestellungen direkt am Tisch zu ermöglichen, wurden mobile Bestellterminals entwickelt, die meist über WLAN mit dem Kassensystem vernetzt sind. Mit zusätzlichen mobilen Belegdruckern wird auch die Rechnungsstellung am Tisch unterstützt.

Als **Bestandsdaten** werden u. a. für jeden Tisch die Rechnungssumme und für jeden Kellner der Gesamtumsatz automatisch addiert. Nach dem Ausdruck einer Rechnung kann über eine geeignete Schnittstelle zu Zahlungssystemen der Rechnungsbetrag an ein Kartenlesegerät oder ein eigenes Zahlungsterminal übertragen und der erfolgreiche elektronische Zahlungsvorgang z. B. per Kredit-, EC-, Geld- oder Kundenkarte dokumentiert werden. Über eine Schnittstelle zum Hotelmanagement-System ist der Rechnungssaldo eines Hotelgastes auch direkt auf dessen Gastkonto buchbar. Auf der Basis aller erfassten Umsatz- und Zahlungstransaktionen wird der Bargeld-Soll-Bestand der einzelnen Bediener bestimmt und am Schichtende beim Kassenabschluss (auch Kassenschnitt) mit dem Bedienpersonal abgerechnet. Der aktuelle Stand der Verkaufsmengen und Umsätze kann zu jedem Zeitpunkt je Produktgruppe, Produkt, Servicebereich etc. ermittelt werden. Das elektronische Kassenjournal liefert der FIBU alle Rohdaten für die Verbuchung von Umsätzen und Zahlungen und der Lohnbuchhaltung die Basisdaten zur Ermittlung von Umsatzprovisionen etc. Die Warenwirtschaft erhält Daten zu den verkauften und damit verbrauchten Produktmengen.

Spezielle Kassensysteme unterstützen eine Kundendatenbank mit Telefon- und Adressdaten sowie eine Routenoptimierung insbesondere für Lieferservices. Andere Gastronomiekassen bieten eine Tischreservierungsfunktion an. Als Fiskalkassen bezeichnet man zertifizierte Kassen, die durch geeignete technische Maßnahmen (z. B. Verplombung oder lückenlose elektronische Aufzeichnung aller Bedienungen und Manipulationsversuche in einem Fiskalspeicher) eine revisionssichere Aufzeichnung aller Transaktionen vor allem zur Bekämpfung der Steuerhinterziehung garantieren und in manchen Staaten gesetzlich vorgeschrieben sind.

Werden mehrere Kassen eingesetzt, so empfiehlt sich deren Vernetzung per LAN zu einem Kassenverbund. In einer sogenannten Master-Kasse bzw. einem PC-Kassenverwaltungssystem oder Kassenserver brauchen alle Stammdaten nur einmal verwaltet werden, da sie dann automatisch an alle sog. Slave- oder Client-Kassen verteilt werden. Umgekehrt können alle in den einzelnen Kassen erfassten Daten auf diese Weise wieder an die zentrale Stelle zurückgemeldet und hier konsolidiert werden. Über LAN oder andere Netze können Kassensysteme auch mit elektronisch kontrollierten Schankanlagen vernetzt werden. Diese Schankkontrollsysteme portionieren und registrieren die Menge an ausgegebenen Getränken und melden die Verbräuche an das zentrale Kassen- bzw. Bestandsverwaltungssystem.

4.3.2 Warenwirtschafts- und Einkaufsplattformen

Warenwirtschaftssysteme wie z. B. MINERWAS von Schaupp EDV Service, MICROS-Fidelio Materials Control, KOST Material Management und andere (vgl. Goecke 2014) unterstützen und automatisieren die Disposition und Bewertung der Warenbestände in Lagern, Küche und Verkauf. Hierzu zählen Basisprodukte, Halbfertigprodukte, Endprodukte/Speisen/Getränke, Hilfs- und Betriebsstoffe sowie allgemeine Verbrauchsmaterialien. Warenwirtschaftssysteme bilden Informationsflüsse in Einkaufs-, Beschaffungs-, Logistik- und Produktionsprozessen ab. Sie werden außer als integrierte Zusatzfunktionen von Kassensystemen auch als Zusatzmodule zu Hotelmanagement-Systemen oder als eigenständige Softwarelösungen mit Schnittstellen zu ebendiesen Systemen angeboten. Während kleinere Hotel- und Gastronomiebetriebe Warenwirtschaftsfunktionen nur rudimentär einsetzen, sind leistungsfähige Systeme vor allem in größeren Gemeinschaftsverpflegungen, im Airline Catering und in der Systemgastronomie unverzichtbar. Auch größere Hotelbetriebe und Einkaufsgemeinschaften sowie Hotelketten benötigen leistungsfähige Warenwirtschaftssysteme.

Stammdaten der Warenwirtschaftssysteme sind ähnlich wie bei den Kassensystemen die Produktstammdaten aller Artikel, Speisen und Getränke, die den Kunden eines Gastronomie- oder Hotelbetriebs angeboten werden oder dort verbraucht werden. Zusätzlich zu diesen Produktstammdaten, die auch in einem Kassensystem hinterlegt werden, finden sich im Warenwirtschaftssystem für jedes Produkt Angaben über Mengeneinheiten wie Stück, kg, l etc. Von zentraler Bedeutung sind außerdem die Stücklisten und Rezepturen für alle selbst produzierten, veredelten oder gebündelten Produktangebote oder Dienstleistungen. In der Stückliste oder Rezeptur wird angegeben, welche Mengen von welchen Waren und Vorprodukten für die Produktion einer Einheit eines Endproduktes benötigt werden.

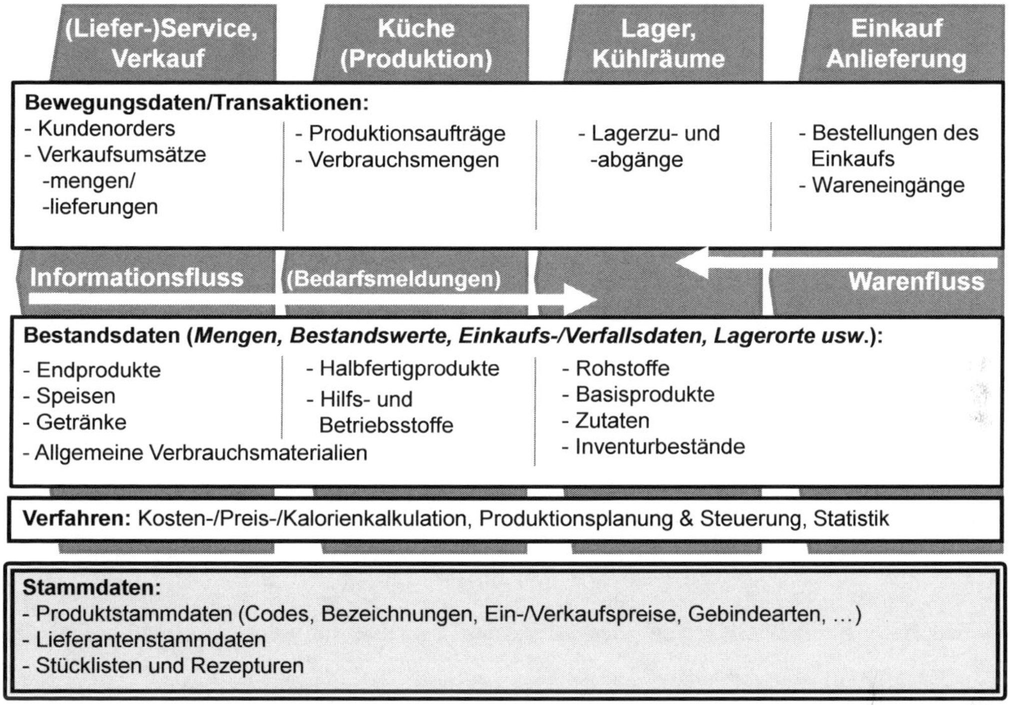

Abb. 4.3.3 *Daten, Transaktionen und Verfahren eines Warenwirtschaftssystems*

Sie können ggf. noch um Angaben über den hierzu erforderlichen Arbeitsaufwand oder die Nutzung knapper Produktionsmittel ergänzt werden. Aus den Portionsgrößen, die z. B. bei Getränken auch in der Speisen- und Getränkekarte ausgewiesen sind, kann ein Warenwirtschaftssystem anhand der sog. Rezeptur- bzw. Stücklistenauflösung automatisch zu den geplanten oder tatsächlich verbrauchten Mengen von Endprodukten die hierzu benötigten oder verbrauchten Wareneinsätze, Arbeitszeiten oder Produktionsmittel berechnen. Speichert man zu allen zu beschaffenden Produkten zusätzliche Angaben über die Lieferanten, die gelieferten Gebindegrößen (50 Stück, 100 kg, 1 hl etc.), Einkaufs- und ggf. Verkaufspreise sowie Lieferzeiten, ist eine umfassende mengenmäßige Bestandsführung möglich.

Bestands- und Bewegungsdaten: Die einmal durch Inventur ermittelten Lagerbestände können durch systematische Erfassung der Warenflüsse und Umsätze (Bewegungsdaten) wie dem Wareneingang, den Materialentnahmen und den aus den Produktverkäufen durch Stücklistenauflösung berechneten Warenverbräuchen über längere Zeiträume relativ exakt fortgeschrieben werden. Bei Unterschreitung festgelegter Lagerbestandsmengen können Warenwirtschaftssysteme anhand der Lieferantenstammdaten automatisch entsprechende Nachbestellungen vorschlagen oder diese sogar elektronisch über EDI[1] direkt im Bestellsystem eines vernetzten Lieferanten auslösen. Durch ergänzende automatisierte Verbrauchsmessungen, z. B. an Schankanlagen, Automaten etc. und Stichtags-Inventuren können per Vergleich der Soll- und Ist-Bestandsmengen Abweichungen entdeckt, korrigiert und zur Ermittlung der Ursachen weiter analysiert werden. Eine besondere Bedeutung kommt der Warenwirtschaft in der Gastronomie insbesondere im Frischemanagement zu, wenn bei jedem Wareneingang und jeder Warenentnahme die Verfallsdaten erfasst und überwacht werden. Auch hier erleichtern Barcode-Scanner die Arbeit. Die meisten Handelsartikel besitzen einen eindeutigen EAN-Code (European Article Number), der als Barcode auf der Verpackung aufgedruckt ist und das Produkt samt Hersteller eindeutig identifiziert. Den EAN-Codes des geführten Artikelsortiments können beliebige Informationen und Preise zugeordnet werden, die durch Scanner bei Anlieferung, Lagerbewegungen, Verarbeitung oder an der Kasse automatisch erfasst werden. Auch Produkte aus eigener Herstellung können durch Preisaufkleber mit hauseigenen Barcodes beschriftet und für die automatische Erfassung vorbereitet werden. Statt Barcodes eignen sich auch RFID (Radio Frequency Identification) Transponder zur Identifizierung von Waren. Auch sie werden auf Artikeln angebracht oder angeklebt und ermöglichen ein Auslesen der Identifizierungsinformation über elektromagnetische Felder, wobei kein optischer „Sichtkontakt" zwischen Objekt und Scanner erforderlich ist. Waren können also nach Art und Menge automatisch beim Passieren bestimmter Erfassungspunkte auch ohne weitere Handhabungsprozeduren registriert werden. Inventuren sind schon durch Abschreiten von Lagern/Regalen mit geeigneten RFID-Lesegeräten möglich.

Kalkulation: Schließlich bieten Warenwirtschaftssysteme umfangreiche Funktionen zur Vor- und Nachkalkulation von Produkten, Gerichten und Speisenfolgen an. Über die Rezepturen und Stücklisten können nämlich aus den gespeicherten Einkaufspreisen die Kosten für den Wareneinsatz sowie der Arbeits- und Produktionsmitteleinsatz berechnet werden. Dies ist für die Angebotserstellung und zur Ermittlung der Auswirkungen veränderter Ein- und Verkaufspreise auf das Betriebsergebnis wichtig. Für Krankenhäuser, Kurbetriebe und Betriebskantinen ermöglichen spezielle Zusatzmodule die Bestimmung, Optimierung und Kontrolle der Kalorien und bestimmter Inhaltsstoffe einer Rezeptur bzw. eines Gerichts, z. B. als Grundlage zur fachgerechten Zubereitung von Diätkost.

Logistiksteuerung: In der Systemgastronomie bieten Warenwirtschaftssysteme spezielle Logistikfunktionen zur optimalen Routenplanung und Beladung von Liefertransporten. Im Airline Catering sind zusätzliche Schnittstellen zu zeit- und auftragsbezogenen Produktionsplanungs- und Steuerungssystemen (PPS) sowie logistische Funktionen zur Beladung, Lieferung und Positionierung der Behälter in den Flugzeugen notwendig. Betriebe, die Getränke- oder Verkaufsautomaten für Lebensmittel und andere Artikel zur Selbstbedienung einsetzen, können über geeignete Netz-Schnittstellen von diesen Zählerstände, Bestands- oder Verbrauchsmeldungen abfragen bzw. empfangen. Diese Informationen unterstützen die Disposition der Nachbestellungen und die Tourenplanung zur Automatenbefüllung.

---

[1] EDI = Electronic Data Interchange – hier als Sammelbegriff verwendet für international standardisierte Nachrichtenformate für asynchrone elektronische Geschäftstransaktionen wie Bestellungen oder Rechnungen, z. B. per File-Transfer oder E-Mail zwischen den Anwendungen von Geschäftspartnern.

Schnittstellen zum Rechnungswesen: Alle Warenwirtschaftssysteme haben Schnittstellen zur FIBU und zum Rechnungswesen, da sie wichtige Inventur-, Bestands-, Bewegungs-, Bestell-, Liefer- und Kostendaten liefern. Für das Management bieten Warenwirtschaftssysteme schließlich unverzichtbare Informationen, Kennzahlen und Betriebsstatistiken.

Bestellsysteme bzw. Einkaufsplattformen/E-Procurement Portale haben Bedeutung zum einen für Restaurant- und Hotelketten und zum anderen, wenn sich mehrere Restaurants oder Hotelbetriebe zu Einkaufsgemeinschaften oder Einkaufsgenossenschaften zusammenschließen. Einkaufsplattformen aggregieren die Bedarfe aller angeschlossenen einkaufenden Betriebe um gemeinsam die aggregierte Nachfragemenge zu bestellen und dabei Mengenrabatte bzw. Preisnachlässe und verbesserte Einkaufskonditionen bei den ebenfalls an die Einkaufsplattform angeschlossenen Händlern zu erhalten, soweit dies im Rahmen des Kartellrechts zulässig ist. Für Händler, die sich einer Einkaufsplattform anschließen ergibt sich die Möglichkeit auf hohe Nachfrage zu treffen. Für Anbieter und Nachfrager ergeben sich zudem Vorteile aus den mit der elektronischen Vernetzung gegebenen Möglichkeiten zur Teil-Automatisierung der Prozesse des Einkaufs-, der Bestellabwicklung, Lieferung, Abrechnung und Zahlung. Beispiele für Einkaufsplattformen, sind die SRM-Suite der jb-x group, Easy-Going von Hogast, sowie die E-Procurement Portale von HGK und Progros und andere. Lieferanten pflegen hier ihre elektronischen Katalogdaten mit ihren Produkten und verhandelten Preisen ggf. tagesaktuell ein. Wie in einem Internet-Online-Shop können die an die Einkaufsplattform angeschlossenen Hotels alle Produktangebote einsehen, vergleichen und in Einzel- oder Sammelbestellungen einkaufen, wodurch diverse Prozesse der Bestellung und Bestellüberwachung bzw. der Abrechnung und Zahlung nach Wareneingang angestoßen, ausgeführt bzw. überwacht und dokumentiert werden. Je nach System werden ergänzende Funktionen für elektronische Auschreibungen, Auktionen oder Einkaufscontrolling (Umsätze, Rabatte, Qualitätskennzahlen, Schwund-Vermeidung, etc.) zum operativen und strategischen Einkaufs- und Lieferantenmanagement angeboten. Viele Einkaufsplattformen haben dazu Schnittstellen zu Warenwirtschafts-, FIBU-&Controlling-Lösungen und Zahlungssystemen.

4.3.3 Hotelmanagement-Systeme

Das Hotelmanagement-System (engl. PMS – Property Management System, Hotel Management System oder Hotelmanagement-Software – vgl. zu folgendem Nyheim/McFadden/Connolly 2011) ist das zentrale Verwaltungssystem eines Beherbergungsbetriebes (vgl. Abb. 4.3.1). PMS werden als PC-Applikation, als Client-Server-Lösung oder als Web-Applikation und Application Service angeboten. Beispiele für Hotelmanagement-Systeme sind MICROS-Fidelio Suite/Opera, Protel SPE/MPE, HS/3, infor/SoftBrands Hospitality HMS/PMS, Gubse SIHOT, Hotline FrontOffice, Velox VelHotel, HOPE, Winhotel MX, UB-Soft Hotel 4.0, Citadel Front Office, SoftTec Easy2Res, ASSD, lodgit, ibelsa.rooms, Hetras, Logotel, ResiGo, etc. (vgl. Goecke 2014). Auch für Kreuzfahrtschiffe gibt es PMS, wie z. B. Fidelio Cruise, das neben der Kabinenverwaltung unter anderem zusätzliche Crew-Management-Funktionen anbietet.

- **Stamm-, Bewegungs- und Bestandsdaten in den Geschäftsprozessen**

Im Hotelmanagement-System werden als **Stammdaten** alle Zimmer und belegbaren Räumlichkeiten (Tagungsräume) des Hotels verwaltet. Dabei können sämtliche spezifischen Merkmale wie Ausstattung, Zimmerstatus, Preiskategorien, Raten, Minimal- und Maximal Belegung einer Zimmerkategorie, etc. eingegeben und gepflegt werden.

Der klassische Geschäftsprozess (vgl. Abb. 4.3.6) beginnt mit Reservierungsanfragen von Kunden, die von der Reservierungszentrale oder der Rezeption im PMS eingegeben, bzgl. der Verfügbarkeit geeigneter Räume geprüft, ggf. bestätigt und als **Bewegungsdaten** in die Reservierungskartei des PMS übernommen werden.

DEMO-PMS *Kategoriespiegel*

Heute:														
<< SEPT 09 >> <<	KW 37							KW 38						
	Mo	Di	Mi	Do	Fr	Sa	So	Mo	Di	Mi	Do	Fr	Sa	So
	12.9.	13.9.	14.9.	15.9.	16.9.	17.9.	18.9.	19.9.	20.9.	21.9.	22.9.	23.9.	24.9.	25.9.
Auslastung:	50%	54%	58%	60%	52%	50%	50%	54%	54%	52%	52%	52%	50%	50%
Verfügbarkeiten:														
Suite	4	3	3	2	3	2	2	2	2	3	3	3	3	3
DZ	13	13	12	12	12	14	14	13	13	13	13	13	12	12
EZ	8	7	6	6	9	9	9	8	8	8	8	8	10	10
Summe:	25	23	21	20	24	25	25	23	23	24	24	24	25	25
Reservierungen:														
Kontingent	4	4	4	4	4									
Definitiv	21	23	25	26	22	25	25	27	27	25	25	25	22	22
Option													2	2
Warteliste														
Anfragen										1	1	1	1	1
Summe:	25	27	29	30	26	25	25	27	27	26	26	26	25	25
Zimmerkapazität:	50	50	50	50	50	50	50	50	50	50	50	50	50	50

Abb. 4.3.4 *Typische Informationen eines PMS-Kategorie(n)spiegels (auch Buchungsbestand, Inventory etc.)*

Im sog. Kategoriespiegel (vgl. Abb. 4.3.4) oder Inventory (**Bestandsdaten**) zeigt ein PMS in einer kalenderartigen Belegungsübersicht tagesgenau an, wie viele Zimmer von jeder Kategorie (Einzelzimmer, Doppelzimmer, Suite usw.) insgesamt noch frei sind (Verfügbarkeiten), und welche Kontingente, Definitivbuchungen oder Optionen etc. an welchen Tagen existieren. Diese Informationen zusammen mit statistischen Daten über die akzeptierten Raten, Belegungen und Auslastung vergangener Saisonen sind wichtige Input-Daten für die Ertragsoptimierung durch das Revenue- bzw. Yield-Management.

Hotel-Revenue-/Yield-Management-Systeme (vgl. Abschnitt 5.1.2, Hayes/Miller 2011) empfehlen auf der Basis von statistischen Prognose- und Optimierungsmodellen, ob Reservierungen zu einem bestimmten Zeitpunkt zu einer bestimmten Rate angenommen bzw. abgelehnt werden sollten, um einen möglichst hohen Umsatz/Ertrag zu erzielen. Sie werden als Einzellösungen oder als Zusatzmodule von PMS oder Central Reservation Systems (vgl. Abschnitt 4.3.6) angeboten. Als weiterer Input für die Preisbildung und Festlegung von Angebotsmengen sind Informationen über aktuelle Preise und Buchbarkeit der Wettbewerber hilfreich, die in diversen elektronischen Distributionskanälen (vgl. Abschnitt 4.3.6) und Hotel-Metasuchmaschinen einsehbar sind und dort von Anbietern sog. **Rate-Shopping-Systeme** regelmäßig automatisiert abfragt, gesammelt und zur elektronischen Abfrage angeboten werden. Beispiele für Rate-Shopping-Dienste sind Adojo Hotelscreening.de, eRevMax RTShopper, ZenMarket von Zenith, CompareYourRoom, RateGain, RevCaster und andere.

In der Gästekartei werden alle notwendigen Informationen über die Gäste, trennbar nach Privat-, Firmen- und Gruppenreservierungen sowohl bei Buchungen, als auch – soweit möglich – bei Anfragen gespeichert. PMS unterstützen auch die Verwaltung von Umbuchungen, Stornierungen oder Umzügen von einem Zimmer in ein anderes.

Eine detaillierte grafische Übersicht über den aktuellen Status der einzelnen Zimmer und über die Zuordnung von Reservierungen auf konkrete Zimmer gibt der ebenfalls kalenderartig strukturierte Zimmerplan (vgl. Abb. 4.3.5). Vom PMS generierte Listen zeigen die erwarteten oder abreisenden Gäste, Events und andere Managementinformationen an.

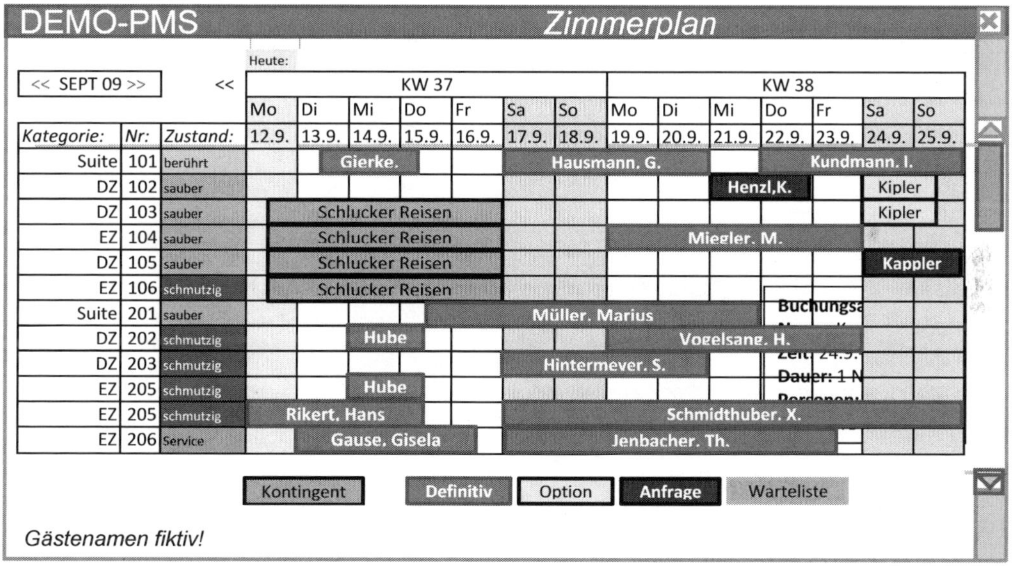

Abb. 4.3.5 Typische Darstellung eines PMS-Zimmerplans (auch Zummerspiegel, Belegungsplan etc.)

Manche PMS verfügen über ein zusätzliches Modul zur Angebotserstellung, Reservierung, Planung und Abwicklung von Tagungen und Festlichkeiten (Bankett). Hier werden neben den Gästezimmern die Tagungsraumbelegung sowie die Tagungs-, Konferenz- bzw. Veranstaltungstechnik verwaltet und das Catering samt Personal- und Wareneinsatz geplant, kalkuliert und abgerechnet. Speziell für das Management der Angebotserstellung bei Ausschreibungen von Firmen, Business Travel Einkäufern bzw. Business Travel Reisebüroketten werden RFP-Softwarepakete (Request for Proposal) angeboten.

Spätestens beim Check-In (vgl. Abb. 4.3.6) werden der Reservierung konkrete Zimmer der geforderten Kategorie zugeordnet und ein Gastkonto, bei Reisegruppen auch ein Gruppenkonto, eröffnet. Auf dem Gastkonto kann das Hotelmanagement-System über Schnittstellen zu anderen Hotelsystemen (Kassensysteme, Hotel-Telefonanlage, Hotel-TV, Automaten, Zugangs- & Schließsysteme usw.) sämtliche Umsätze, die ein Gast während des Aufenthaltes im Hause tätigt, automatisch sammeln und für die Gesamtrechnung beim Check-Out saldieren. Fehlen diese Schnittstellen, muss die Eingabe der Umsätze regelmäßig auf der Basis entsprechender Belege aus den Servicebereichen manuell erfolgen. Die Vernetzung des PMS mit anderen Hotel-Systemen ermöglicht Automatisierungen und erleichtert die Koordination: Über die Hotel-TV- oder -Telefonanlage kann ein PMS z. B. Mitteilungen von der Rezeption an Gäste oder an das Hauspersonal übermitteln. Haustechnik- und Reinigungsmitarbeiter können über mobile und stationäre Terminals Nachrichten über Aufträge, Übersichten über den Zimmerstatus (sauber, schmutzig, berührt, reparaturbedürftig etc.) oder Bearbeitungsprioritäten abfragen und Rück- oder Fertigmeldungen kommunizieren.

Abb. 4.3.6 Typische Funktionen und Schnittstellen eines Hotelmanagement-Systems

- **Front-, Mid- und Backoffice-Funktionen**

Obwohl der Schwerpunkt der Funktionalität von Hotelmanagement-Systemen traditionell im Management des Logis-Bereiches liegt und sie wegen ihres Einsatzes an der Rezeption mit direktem Kundenkontakt auch als Frontoffice-Systeme bezeichnet werden, reicht die Funktionalität heutiger Hotelmanagement-Systeme aufgrund ihrer Vernetzung und dem integrierten Zugriff auf alle Kunden-, Reservierungs- und Rechnungsdaten in alle Bereiche des Hotelmanagements inkl. Mid- und Backoffice (vgl. Abb. 4.3.6):

Die automatisierte Kontrolle des Eingangs der bei einer Reservierung im Frontoffice vereinbarten Deposit-Zahlung durch das Hotelmanagement-System ist eine Midoffice-Funktion. Hotel-Management-Systeme unterstützen wie Kassensysteme, die sie z. T. sogar durch ähnliche Funktionen ersetzen, einen Kassenabschluss und einen Tagesabschluss als Datenkommunikationspunkt zum Backoffice. Für den Tagesabschluss sollten bei den meisten Systemen zunächst alle noch offenen integrierten oder vernetzten Kassen geschlossen werden. Alle noch unklaren Vorgänge und Reservierungen (No Shows, offene Check-Outs etc.) werden zur Umbuchung, Stornierung oder zur weiteren Klärung angezeigt. Dann werden alle je Kasse, Bediener, Schicht etc. gespeicherten Transaktionsdaten für die FIBU und das Rechnungswesen ausgegeben bzw. überspielt und geeignete Listen und Betriebsstatistiken für das Management erstellt. Schließlich wird typischerweise das Datum fortgeschrieben, und es werden alle Konten und Listen für den neuen Tag aktualisiert, was insbesondere die Aufbuchung einer weiteren Übernachtung auf die Konten der übernachtenden Gäste beinhaltet.

CRM-Module und -Systeme: Die Verknüpfung von Informationen aus der Gästekartei mit den Reservierungs- und Rechnungsdaten ist die Basis für ein gezieltes Kundenbeziehungsmanagement (CRM-Customer Relationship Management vgl. Kapitel 5.4) des Marketing-Bereiches (Midoffice, da nur mittelbarer Kundenkontakt), z. B. mittels Mailing-Aktionen. Hierzu gehört auch die Eingabe und Pflege von Informationen über Kundenprofile und -präferenzen sowie speziell verhandelte Raten oder Kontingente von Stammkunden, Firmenkunden, Veranstaltern, etc. Hotel-CRM-Systeme werden als PMS-Zusatzmodule, als CRS-Dienste (vgl. Abschnitt 4.3.7) oder als Stand-Alone Lösung bzw. Application Service mit Schnittstellen zu gängigen PMS-Systemen und CRS angeboten. Die Funktionalitäten reichen von der Analyse und Segmentierung der Kundenprofile anhand der Buchungs- und Umsatzdaten sowie der Kundenhistorie über die Planung, Durchführung und das Controlling von Sales-Kampagnen (z. B. Adressdatenbereinigung, Zusammenstellung und Responseraten von Mail-/Newsletter-verteilern, Call-Center Kontaktverwaltung) bis hin zum Beschwerdemanagement und systematischen Auswertung von Kundenzufriedenheits- und Loyalitätserhebungen. Beispiele für Hotel-CRM-Systeme sind Micros-Fidelio Suite CRM bzw. Opera OCIS/SFO, TS&C dailypoint 360°, Guestware, salesforce.com mit hotelninjas, hotelscape CRM, protel Module für Gästebindung, Infor CRM Epiphany, ASSD CRM und andere. Einige Systeme setzen hierbei DataMining-Technologien ein, was neue Chancen und Risiken für die Branche mit sich bringt (vgl. Toedt 2013 und Gola/Reif 2011).

Mit **elektronischen Distributionssystemen** (vgl. Abschnitte 4.3.6 und 4.3.7) tauscht das Frontoffice-Modul eines Hotelmanagement-Systems Vakanz- und Reservierungsdaten zum Hotelvertrieb aus. Manche PMS bieten eigene Module für FIBU (Finanzbuchhaltung), Rechnungswesen und für die Personalverwaltung zur integrierten Unterstützung des Backoffice an, andere PMS bieten Schnittstellen zu entsprechender Backoffice-Standardsoftware an (vgl. Abschnitt 4.3.8).

Multi-Property-Management-Systeme wie z. B. Protel MPE, oder die Multi-Property-Varianten von MICROS-Fidelio, INFOR/SoftBrands Core CRS und anderen bieten zusätzlich zu den oben genannten Front-, Mid- und Backoffice-Funktionen die Möglichkeit zur Verwaltung mehrerer Häuser in einer gemeinsamen Bedienoberfläche an. Auf diese Weise können z. B. mehrere Zimmerpläne vom Mitarbeiter einer gemeinsamen Reservierungszentrale gemeinsam nach Vakanzen durchsucht werden, oder Reservierungen z. B. von Reisegruppen per Mausklick von einem Haus in ein anderes umgezogen werden. Auch ein gemeinsamer Zugriff verschiedener Häuser auf die Gästekarteien, das CRM-System oder Statistiken sind technisch möglich. Vor dem Austausch personenbezogener Daten zwischen verschiedenen Organisationen ist in jedem Fall die datenschutzrechtliche Legalität zu prüfen, da die Datenschutzgesetze hier sehr strenge Verbote und Vorgaben machen, die unbedingt einzuhalten sind.

Alle Hotelmanagement-Systeme besitzen Schnittstellen zu vielen anderen hotelspezifischen IT-Systemen, die zum einen bestimmte erweiterte PMS-Funktionen erst ermöglichen, zum anderen erheblichen zusätzlichen Integrationsnutzen schaffen.

4.3.4 Hotel-Kommunikationssysteme

Zu den Kommunikationsmedien, die mit speziellen Funktionen für Hotel-Betriebe angeboten werden, gehören Hotel-Telefonanlagen, Hotel-TV-Systeme und Hotel-WLAN.

- **Hotel-Telefonanlagen**
Hotel-PABX-Systeme (Private Automated Branch Exchange) werden von Telefonanlagen-Herstellern als private Nebenstellenanlagen, wie sie auch in Unternehmen zum Einsatz kommen, mit besonderen Zusatzfunktionen angeboten. Diese können von den Gästetelefonen, von speziellen Rezeptionstelefonen oder vom PC bzw. PMS angesteuert werden: Definition der Regeln zur Gebührenberechnung, Freischaltung & Sperrung der Zimmertelefone/Telefonkonten ggf. mit Displays in der Landessprache des Gastes, Weckruf, Service-Tasten für Rezeption/Zimmerservice, Notruf, Taxi, Service-Ansagen für den Gast bzw. Reisegruppen, Statusmeldungen des Zimmerpersonals über spezielle Tastencodes u. v. a. m. Die Schnittstelle zum PMS erlaubt neben der automatischen Übermittlung der Telefongebühren die Automatisierung vieler der oben genannten Funktionen beim Check-In oder Check-Out. Call-Center-Funktionen einer Hotel-Telefonanlage ermöglichen die automatische Anwahl von Telefonnummern aus der Gästekartei. Umgekehrt kann die Gästekartei mit aktuellen kundenbezogenen Service-Aufträgen immer dann automatisch angezeigt werden, wenn der Kunde von seinem Zimmer oder von seiner ISDN/GSM-Nummer aus anruft. Reservierungsanfragen können durch ACD (Automated Call Distribution) in Hotelketten und Kooperationen je nach Tageszeit automatisch an eine besetzte Rezeption oder die Reservierungszentrale zur Reservierung im Multi-Property-Management-System oder CRS geleitet werden.

- **Hotel-TV-Systeme**
Hotel-TV-Systeme von Fernsehgeräteherstellern und Spezialanbietern zeichnen sich durch spezielle TV-Geräte und Fernbedienungen mit einem Hotel-Bedienmodus aus: konfigurierbare persönliche Begrüßungsmenüs, zentrale Sender-Programmierung zur Vermeidung der

Programmverstellung durch Gäste, Weckfunktion, automatische Ein-/Abschaltung, Einspielung von Hotel-Werbevideos und Veranstaltungskalendern, Zugang zu Pay-TV-Angeboten, Internet, Computerspielen oder hoteleigenen Videoservern mit Gebührenerfassung, Anzeige und Bestätigung von Nachrichten der Rezeption, Feueralarm mit Fluchtweganzeige, Kredit-/ Prepaid- oder Schlüsselkartenleser zur Pay-TV-Autorisierung u. v. m. Die Vernetzung mit dem PMS-System vereinfacht vor allem den Nachrichtenaustausch mit dem Gast und kann über einen speziellen Rückkanal per Antennenkabel, über eine Settop-Box per LAN- oder andere (auch Funk-)Gebäudevernetzungen erfolgen.

- **WLAN-Basisstationen**

WLAN-Hotspots sind insbesondere für Geschäftshotels wichtig, da Kunden mit dem eigenen Mobilcomputer im Zimmer auf das Internet zugreifen möchten und häufig nicht über UMTS/3G verfügen. Wenn sich ein Hotel nicht unmittelbar in der Nähe eines WLAN-Hotspots eines Mobilfunkanbieters befindet, den die Gäste nutzen können, sollte es selbst einen oder mehrere WLAN-Hotspots anbieten. Es gibt hierbei verschiedene Verfahren, den Zugriff wirksam auf die eigenen Gäste zu beschränken bzw. einzelne Gäste für die Nutzung gegen Gebühren freizuschalten. Gebühren können entweder durch die Ausgabe von Prepaid-Karten mit einem Passwort und einer maximalen Nutzungsdauer oder durch Einrichtung und nutzungsabhängige Belastung eines Gästekontos erhoben werden. Die letzte Variante, bei der die Kunden erst beim Check-Out bezahlen, erfordert eine Schnittstelle zum PMS. Immer mehr entwickelt sich WLAN allerdings zu einem Serviceangebot für die Gäste, das nicht extra abgerechnet wird. Ein WLAN-Hotspot ist zudem nicht nur als Kommunikationsdienst für die Gäste wichtig, sondern auch eine wichtige Voraussetzung für eine kostengünstige funkbasierte Vernetzung der eigenen IT-Systeme im Hotel oder Restaurant (z. B. Kassen und mobile Bestellterminals, Zahlterminals etc.).

4.3.5 Elektronische Zugangs- und Schließsysteme

Elektronische Zugangs- und Schließsysteme z. B. von Messerschmitt, Vingcard, Timelox, Kaba, Winkhaus, Haefele, und anderen (vgl. Goecke 2014) erhöhen die Sicherheit auch beim Verlust von Zugangskarten und ermöglichen z. T. auch eine bequeme Erfassung und Zurechnung der Leistungen, die die Gäste bei ihrem Aufenthalt konsumieren. Statt eines Schlüssels erhalten Gäste beim Check-In eine Magnet-, Chip- oder Transponder-Karte mit einem Code, der von Lesegeräten auch berührungslos erfasst werden kann (vgl. Abbildung 4.3.7). Bei Schlössern, die wie ein Safe eine Zahlentastatur besitzen, kann den Gästen auch nur eine Nummer ohne Karte mitgeteilt und auf diese Weise ein unassistierter Check-In ermöglicht werden. Ein Karten- bzw. Berechtigungsmanagement-System verwaltet, welchen Codes welche Berechtigungen zur Öffnung von Zimmern, zum Zugang zu speziellen Service-Bereichen oder zur Inanspruchnahme welcher Dienste zugeordnet sind. Hiermit kann auch der Personalzugang geregelt und überwacht werden. Eine Schnittstelle zum PMS-System ermöglicht die automatische Zuordnung des Zimmers zur Karte und zum Gast bzw. zu dessen Aufenthalt und Gastkonto. Man unterscheidet Offline- und Online-Betrieb, je nachdem, ob elektronische Schlösser und Lesegeräte mit dem Karten- und Berechtigungsmanagement-System oder dem PMS vernetzt sind. Im Offline-Betrieb kann jedes Schloss bzw. Lesegerät anhand eines geeigneten kryptografischen Verfahrens aus dem Code entschlüsseln, welche Berechtigungen er enthält und wie lange diese gelten. Es können auch Informationen zur Identifizierung des Zimmers bzw. Gastes auf der Karte gespeichert werden. Die Online-Vernetzung von Schlössern und Lesegeräten mit dem Karten- bzw. Berechtigungsmanagement-System ermöglicht entweder eine sofortige Kommunikation gesperrter Kartennummern an die Schlösser bzw. Akzeptanzstationen, oder umgekehrt eine Echtzeit-Abfrage der Schlösser- und Lesegeräte im Management-System, ob eine bestimmte Karte für einen Dienst oder Zugang gesperrt wurde. Wenn sich Gäste über ihre Karte an Automaten, Kassen und Zugangsschleusen identifizieren, können diese Systeme automatisch alle Ereignisse des Leistungskonsums zuordnen und über geeignete Schnittstellen an das PMS zur Verbuchung auf dem Gastkonto melden.

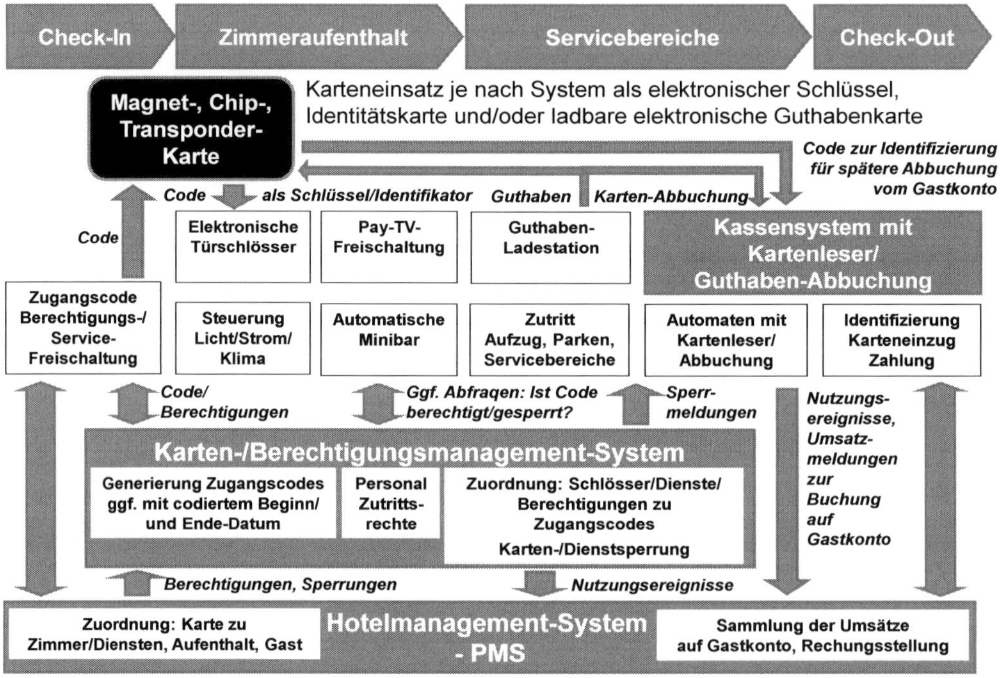

Abb. 4.3.7 *Anwendungsfelder und mögliche Informationsflüsse beim Einsatz elektronischer Kartensysteme als Zugangs- und Schließsystem oder Guthabenkarte*

Innerhalb des Zimmers können mit dem PMS vernetzte Geräte wie die Minibar oder das TV-System auch ohne Kartenunterstützung Nutzungsereignisse durch den Gast zur automatischen Abrechnung melden.

Soll den Gästen kein Kredit während ihres Aufenthaltes eingeräumt werden, sind die Karten auch mit zusätzlichen Guthaben-Lade- und -Abbuchungsstationen z. B. an Kassen als elektronische Guthaben-Karte (vgl. auch Abschnitt 5.3.1) einsetzbar. Eine weitere Anwendung elektronischer Zugangskontrollen ist die energiesparende Steuerung von Licht, elektrischen Geräten und Klimaanlagen in Abhängigkeit von der An- oder Abwesenheit des Gastes.

Smartphone als virtuelle elektronische Zugangskarte: Auf der Basis des NFC Nearfield Communication Standard, der RFID weiterentwickelt, können mit NFC-Antennen und einem gesicherten Zusatzchip ausgerüstete Smartphones wie RFID-Smartcards eingesetzt werden. In Pilotversuchen wurden Szenarien getestet, in denen Gäste nach der Reservierung sich per Smartphone App selbst einchecken können, und dann im Hotel das Smartphone als elektronischen Zimmerschlüssel nutzen können. Bei Berührung des elektronischen Türschlosses mit dem Smartphone werden hierzu per NFC verschlüsselte Zugangsdaten ausgetauscht, die bei positiver Prüfung zur Türöffnung führen (vgl. Giesecke & Devrient 2011). Ein Smartphone kann auf diese Weise mit verschiedenen Apps verschiedene „virtuelle Smartcards" für unterschiedliche Anwendungen (Zugangskarte, Kundenkarte, Zahlkarte, Ticket, etc.) emulieren.

4.3.6 Website als individueller elektronischer Distributionskanal

Von strategischer Bedeutung für den Vertrieb und mit wachsendem Einfluss auf die Erträge der Hotelbetriebe sind die verschiedenen elektronischen Distributionskanäle (vgl. Gardini 2009). Neben den aggregierenden computergestützten Distributionssystemen, die stets von mehreren Häusern gemeinsam genutzt werden und im nächsten Abschnitt behandelt werden, hat sich mit dem Internet der eigene Webauftritt (engl. Website) für viele Hotels und Restaurants als direkter individueller computergestützter Werbe- und Distributionskanal etabliert.

- **Eigener Webauftritt (Website)**

Ein eigener Webauftritt (vgl. Abb. 4.3.1 und Abb. 4.3.8) bietet für Hotel- und Gastronomiebetriebe die Möglichkeit, sich ihren Zielgruppen rund um die Uhr mit Texten, Bildern, Animationen und Filmen multimedial zu präsentieren (vgl. zu folgendem Zhou 2004).

Der Vertrieb über den eigenen Webauftritt hat den Vorteil, dass die Informationen über den eigenen Betrieb sowie das Layout und die Benutzerführung individuell gestaltet werden können und keine Vertriebsprovisionen anfallen. Außerdem hat die eigene Website eine wichtige Funktion als Haupt-Informationsquelle und Anlaufstelle für Bewerber. Spezielle **E-Recruiting-Systeme** bieten insbesondere für Hotelketten Funktionen zum Management von Stellenanzeigen auf der Website und zur Vorgangssteuerung der abgefragten elektronischen Informationen und Bewerbungsunterlagen für Bewerberauswahl an. Diesen Nutzenpotentialen stehen aber auch Kosten für die Programmierung, den Betrieb und die Pflege des Webauftrittes sowie die Bereitstellung einer *Web-Reservierungsfunktion* und weiterer Webdienste (siehe unten) gegenüber. Außerdem müssen Webauftritte nicht mehr nur hinsichtlich ihrer Bedienbarkeit (**Usability und Barrierefreiheit**) für normale PC-/Notebook-Browser, sondern auch für **mobile Browser** nach HTML 5.0 in Smartphones und Web-Pads optimiert werden, wozu auch Funktionen zur Unterstützung der Lokalisierung und Navigation zum Hotel- bzw. Restaurantstandort gehören. Die beste Integration und Useability für mobile Endgeräte bieten aktuell (Stand 2014) **Hotel-Apps**, die vom Gast auf seinem Endgerät dauerhaft installiert werden können, und die vor allem von Hotelketten, Luxus- und Tagungshotels für Stammgäste angeboten werden.

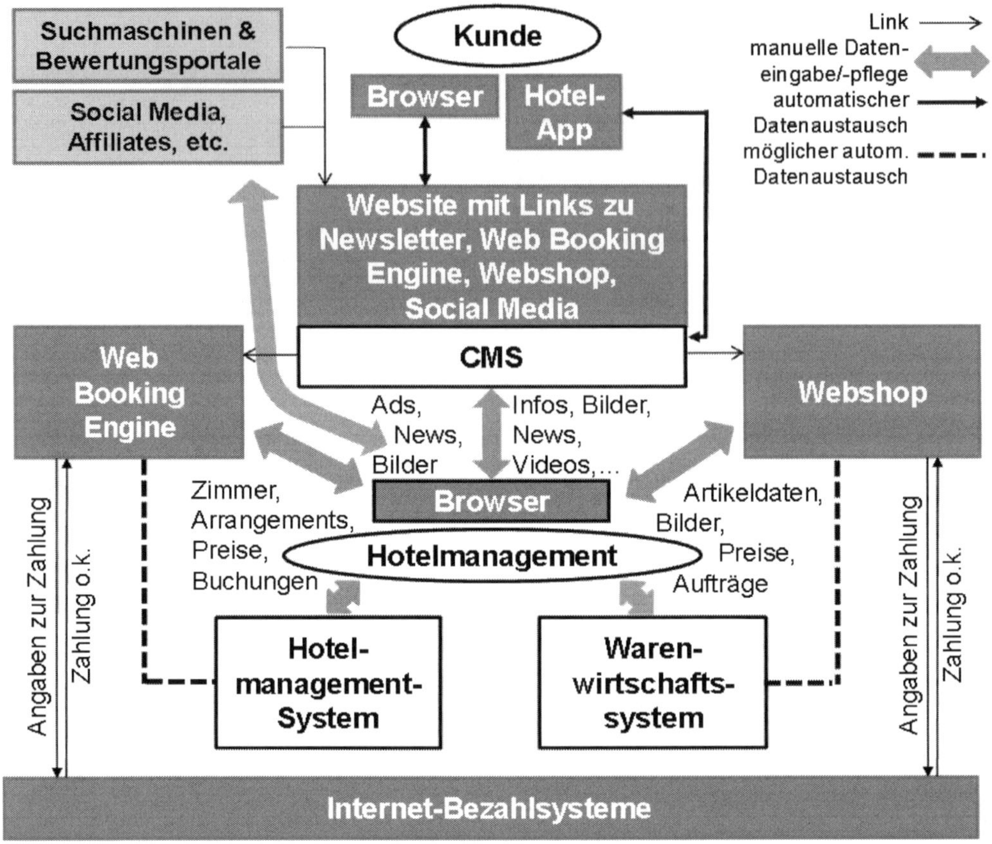

Abb. 4.3.8 Komponenten und mögliche Datenaustauschbeziehungen bei einem Hotel-Webauftritt mit Web Booking Engine, Webshop und Internet-Bezahlsystem

Sie bieten neben den Informationen und Buchungsfunktionen der Website zusätzliche Inhouse Services wie aktuelle Speisen-/Veranstaltungspläne, Bestellung des Zimmerservice, Terminkalender für Kuranwendungen, Rechnungsübersicht, Wegbeschreibungen im Haus, Aktionen, etc. Die Realisierung, Pflege und Datenabgleich mit dem PMS ist entsprechend aufwändig, wobei es inzwischen Standard-Hotel-Apps wie z. B. Micros Fidelio MyStayManager mit Schnittstellen zu PMS gibt.

SEO-SEM für Restaurant- und Hotel-Websites: Ein spezielles Problem ist, dass Interessenten, die die Webadresse eines Betriebes nicht kennen, den Webauftritt erst über Suchmaschinen finden müssen. Die wichtigste allgemeine Suchmaschine ist Google (Stand 2014). Um hier in der Trefferliste bei bestimmten Suchbegriffen gut, d. h. weit oben, gelistet zu werden, gibt es verschiedene mehr oder weniger aufwändige Ansätze zur Suchmaschinenoptimierung (engl. SEO – search engine optimization) eines Webauftrittes, die von Web-Agenturen und spezialisierten Dienstleistern angeboten werden. In Google gibt es auch ein auf Google Maps basierendes Branchenverzeichnis, in das sich Hotels und Restaurants kostenlos mit ihrer Adresse, Telefonnummer und Webadresse eintragen können. Sie werden dann bei Suchen z. B. nach der Schlagwort-Kombination „Hotel München" mit Landkarte ausgegeben. Schließlich gibt es noch die Möglichkeit, für ein oder mehrere Schlagworte eine kostenpflichtige Anzeige im Pay-per-Click-Dienst Google AdWords zu schalten (SEM – search engine marketing): Immer wenn ein Kunde auf die Anzeige klickt und zum Webauftritt geleitet wird, fällt eine Werbegebühr an, die das vorher an Google überwiesene AdWords-Werbebudget vermindert. Die Google-Analytics-Dienste bieten ergänzend zahlreiche Funktionen zur Erhebung und Auswertung von Besucherstatistiken für das Erfolgscontrolling derartiger Online-Werbeaktionen (Web-Controlling). Darüber hinaus können Hotels auch Anzeigen im Google Hotel Finder schalten und ihre Angebote mit aktuellen Preisen und Link zur Buchung auf die eigene Website im Preisvergleich der zugehörigen Google-Hotelsuchmaschine anzeigen lassen.

Soziale Netzwerke wie facebook, Google+, Pinterest oder auch Twitter bieten weitere Möglichkeiten, die eigene Hotel-Website bekannt zu machen (vgl. Amersdorffer et al. 2010, Carboni 2013, Kwentoh/Kwentoh 2013): facebook bietet Werbebanner an, die nur Facebook-Mitgliedern mit bestimmten soziodemographischen Merkmalen, Interessen und Wohn- bzw Aufenthaltsorten angezeigt werden. Der eigene Web-Auftritt kann über „Like-Buttons" und Facebook-Apps mit Facebook vernetzt und unter Nutzung der social networking Weiterempfehlungs- und Bewertungsfunktionen zielgruppenspezifisch bekannt gemacht werden. Umgekehrt können Restaurants und Hotels auch für Nicht-Facebook-Mitglieder einsehbare Facebook-Seiten oder Gruppen- bzw. Fanseiten anlegen, um die Facebook-spezifischen Interaktions-. Präsentations- und Analysefunktionen zur PR-Arbeit einsetzen zu können. Ein typisches Format sind dabei Tagebuch-artige Einträge mit aktuellen Berichten rund um das eigene Angebot, die nicht nur über soziale Netze, sondern auch über Blog-Dienste wie z. B. Blog.de oder Open-Source Blog Software wie z. B. Wordpress oder von Web-Hostern in die eigene Website integriert werden können. Twitter dient in Gastronomie und Hotellerie eher der schnellen Verbreitung von Kurznachrichten z. B. über geplante Events, Sonderaktionen, etc. Pinterest ist z. B. ein soziales Netzwerk, in dem man virtuelle Pinwände mit Kommentaren und Fotos zu allem, was interessant ist und neuerdings auch Angebote als Promoted Pins mit Gleichgesinnten teilt. Bei allen sozialen Netzwerken ist stets zu bedenken, dass Inhalte und Daten über alle Interaktionen mit den Kunden im sozialen Netzwerk natürlich auch den Betreibern der sozialen Netzwerke zugänglich sind und die eigenen Nutzer- und Zielgruppen natürlich auch für Werbemaßnahmen von Mitbewerbern erschlossen werden.

- **CMS, Newsletter, Fotos und Hotelvideos**

Ein Webauftritt, der auf Basis eines Content-Management-Systems (CMS – deutsch auch Redaktionssystem) programmiert wurde, erlaubt es, Inhalte im Webauftritt auch ohne HTML-Kenntnisse oder komplexere Web-Editoren zu pflegen (vgl. Abb. 4.3.8). Größere Häuser, Lokale mit einer größeren Gemeinde von Stammkunden oder Hotelketten können über eine zusätzliche Newsletter-Funktion zudem die Kundenbindung erhöhen und ihre Kundschaft über Promotion-Aktionen informieren. Um einem Kunden einen Newsletter zu senden, muss jedoch sichergestellt sein, dass er dem Newsletter-Abo tatsächlich zugestimmt hat. Jede Newsletter-Abonnierfunktion auf einer Website sollte daher über sog. Opt-In- bzw. Opt-Out-Prozeduren des Permission Marketings verfügen: Wurde ein neuer Abonnent mit seiner E-Mail-Adresse angemeldet, sollte er automatisch eine E-Mail erhalten, in der er über einen Link das Abonnement bestätigen kann. Erst wenn dieser Opt-In vorliegt, wird er im Newsletter-Verteiler aufgenommen. Jeder Newsletter sollte außerdem einen Link enthalten, mit dem der Empfänger den Newsletter abbestellen kann (Opt-Out). Seine E-Mail-Adresse wird dann aus dem Verteiler entfernt. Komfortable Newsletter-Funktionen werden als Software oder webbasierter Application Service von Internet Service Providern angeboten, die auch den Betrieb (engl. Hosting) des Webauftrittes auf einem Webserver übernehmen. Newsletter-Systeme werden auch als Bestandteil von CRM-Systemen angeboten oder haben eine Schnittstelle zu diesen (vgl. Abb. 4.3.1). Sowohl auf Websites als auch in Newslettern werden hierbei gerne Fotos und Videos z. B. zur Darstellung von Räumlichkeiten und Hotelanlagen gezeigt, die dann typischerweise auf Videoservern von Videodiensten wie z. B. YouTube bereitgestellt werden, die sich zunehmend durch Werbeeinblendungen in populäre Videos refinanzieren. Hotelvideos werden zur Beratung von Kunden in Reisebüros und Online-Reisebüros auch von Reiseveranstaltern genutzt und von Content-Aggregatoren wie z. B. der GIATA und Interactive CMS systematisch gesammelt, gehosted und für Reisebüro-Beratungssysteme und Internet-Booking-Engines abrufbar bereitgestellt (vgl. Abschnitt 5.6).

Neben diesen reinen Informationsfunktionen einer Website sind für die Distribution Web-Reservierungs- oder Buchungssysteme und für den Vertrieb materieller Artikel Webshops notwendig. Beide setzen in den meisten Fällen eine **Internet-Bezahlfunktion** voraus (vgl. Abb. 4.3.8). Diese werden in Kapitel 5.3 detailliert erläutert.

- **Web-Reservierungssysteme**

Per E-Mail oder per elektronischem Reservierungs-/Buchungsformular können Interessenten über den Webauftritt elektronische Reservierungsanfragen stellen. Sie werden vom Anbieter in der Regel ebenfalls per E-Mail oder telefonisch mit einem konkreten Angebot beantwortet. Vakanzprüfung, Angebot und Reservierung erfolgen hierbei auf jede Reservierungsanfrage von Hand. Zur Automatisierung der Reservierung und Buchung im Internet dienen Web-Reservierungs- und -Buchungssysteme (englisch Internet oder Web Booking Engine IBE/WBE, vgl. Abb. 4.3.8). Sie werden als PMS-Erweiterung oder als eigenständige Softwaremodule (z. T. sogar Open Source, z. B. CultBooking) zur Integration in Webauftritte oder als Application Service von IT-Dienstleistern, wie z. B. Caesar-Data, sogar zur Integration in Facebook angeboten. Auch viele Betreiber aggregierender Hotel-Distributionssysteme (vgl. Abb. 4.3.7) erlauben eine provisionsfreie Integration einer *Web-Reservierungsfunktion* in den hoteleigenen Webauftritt.

Web-Reservierungssysteme bieten dem Reservierungsmanager eine passwortgeschützte Web-Administrationsoberfläche, in die sich browserbasiert Zimmerbeschreibungen, Kontingente, Saisonen, Preise und sogar Arrangements (Pauschalen) eintragen lassen. Diese Angebote werden durch das Web-Reservierungssystem im Webauftritt dem Kunden mit verschiedenen Suchmöglichkeiten präsentiert. Der Kunde kann im Web-Reservierungssystem die aktuell vakanten Zimmer und Arrangements in Echtzeit reservieren und durch Angabe seiner Kundendaten und ggf. Zahlung in einem Internet-Bezahlsystem verbindlich buchen. Die Buchung wird dem Kunden automatisch per E-Mail bestätigt. Das Web-Reservierungssystem reduziert bei jeder Buchung automatisch das Kontingent der im Web als vakant präsentierten Angebote (die sog. Web-Kontingente) und versendet eine E-Mail-Buchungsbestätigung an den Kunden. Dem Betrieb werden die Buchungen ebenfalls per E-Mail, ggf.

auch per Fax oder SMS avisiert und im Web-Administrationssystem zur weiteren Bearbeitung/Verwaltung bereitgestellt. Um auch die automatische Synchronisation der Buchungen und Web-Kontingente im Web-Reservierungssystem mit der Zimmerverwaltung des Hotelmanagement-Systems zu ermöglichen, bieten Anbieter von Hotelmanagement-Systemen eigene Web-Reservierungssysteme oder entsprechende Schnittstellen an (vgl. Abb. 4.3.1, 4.3.8 und 4.3.9 – Verbindung vom Webauftritt zum PMS). Die Pflege der Web-Kontingente kann dann z. T. direkt im Hotelmanagement-System erfolgen, wenn nicht sogar ein Direktzugriff des Web-Reservierungssystems auf alle freien Zimmer der Zimmerverwaltung des Hotelmanagement-Systems zugelassen wird. Eine Integration des Web-Reservierungssystems mit dem PMS bzw. CRM-System erlaubt auch für ausgewählte Stammkunden im Internet-Buchungsdialog Upgrades, Rabatte oder spezielle Arrangements zu empfehlen (Recommender-Funktion).

- **Webshop-Systeme**

Für den Verkauf von Restaurant- und Hotel-Gutscheinen, materiellen Waren und Artikeln durch Gastronomie- und Hotelbetriebe auf der eigenen Website sind auch die herkömmlichen Internet-Shop-Lösungen geeignet. Diese können von zahlreichen Softwarehäusern oder Internet Service Providern (ISP) gekauft, gemietet oder auf Provisionsbasis genutzt werden. Sie bieten zusätzliche Funktionen zur Verwaltung der Lagerbestände, zur Rechnungsstellung oder zum Versand an und haben ggf. Schnittstellen zur Warenwirtschaft, zu FIBU- und Controlling-Systemen sowie zu Internet-Bezahlsystemen (vgl. Abb. 4.3.8). Eine Alternative zum eigenen Webshop mit größerer Reichweite sind die Auktions- und Verkaufsplattform EBay, auf der Hotel-Vouchers zur Versteigerung oder zum Festpreis angeboten werden können. CultBay von Cultuzz bietet hierzu eine automatisierte Schnittstelle zwischen eBay und Hotel-PMS bzw. CRS an. Auch Social Shopping Dienste wie Groupon bieten spezielle Verkaufsprogramme für Restaurants- und Hotels an, die stark reduzierte Gruppenrabatte über Web, Social Media und Mobile Media Kampagnen vermarkten.

4.3.7 Aggregierende computergestützte Distributionssysteme

Aggregierende computergestützte Distributionssysteme (vgl. zu folgendem Buhalis/Laws 2001, Egger 2005, Dettmer et al. 2008 S. 244ff., Sölter 2007/2013, Gruner 2008, Spalteholz 2014, Goecke 2014) unterstützen den direkten Vertrieb der Vakanzen aller Häuser einer Hotelkette oder den indirekten Vertrieb einer Vielzahl von Hotelbetrieben über Dritte (3rd Parties) wie Hotelkooperationen, Tourismusorganisationen, Reisemittler, Reisebürokooperationen (engl. Consortia), Firmenreisedienste, Veranstalter, Hotel-Consolidator (Reseller) etc. Entsprechend vielfältig sind die Geschäftsmodelle, nach denen aggregierende computergestützte Distributionssysteme für Hotelbetriebe tätig werden: Einmalige Anschlussgebühren, monatliche Gebühren, Mitgliedsbeiträge, Provisionen und Kommissionen, Transaktions-/Buchungsgebühren etc. sind ebenso wie zusätzliche Vereinbarungen über Mindestkontingente, Preisgarantien sowie Modelle auf der Basis von Bruttopreisen (der Kunden-Endpreis wird vom Hotelier festgelegt) oder Nettopreisen (der Hotelier legt den Nettopreis fest – der Distributionssystem-Betreiber gestaltet den Endpreis) möglich. Je nach Geschäftsmodell nehmen die Anbieter der Distributionssysteme die Rolle eines Technologie-Lieferanten, Infrastruktur-/Anwendungsbetreibers (Application Service Provider), Content-Anbieters, Reisemittlers/Handelsvertreters (Broker/Agent), eines Händlers (Merchant/Retailer/Reseller) bzw. Großhändlers (Wholesaler/Consolidator) oder Reiseveranstalters (Tour Operator) ein.

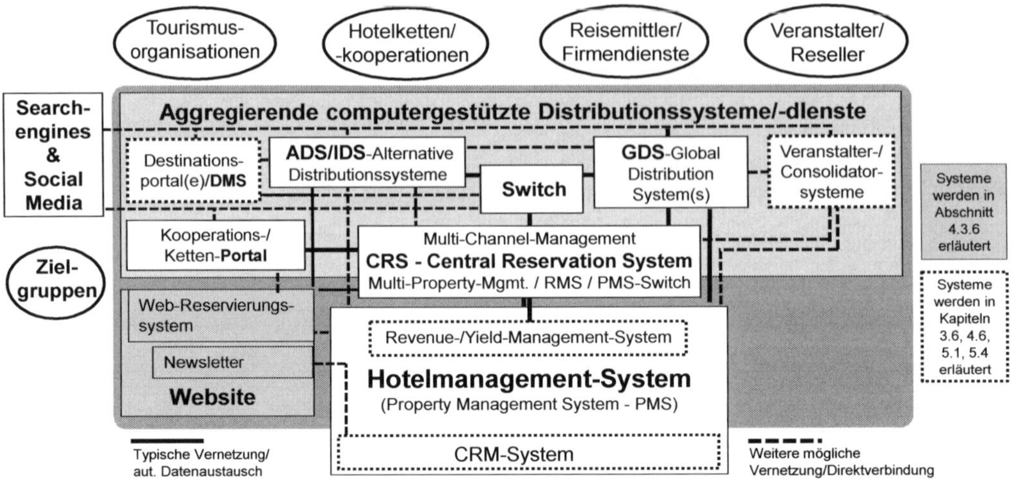

Abb. 4.3.9 Aggregierende computergestützte Distributionssysteme im Überblick

- **CRS Central Reservation Systems**

Hotelketten, Hotelkooperationen und spezialisierte CRS-Provider betreiben für teilnehmende Häuser „zentrale Reservierungssysteme", um dem internen und externen Vertrieb einen zentralen Zugriff auf die Vakanzen mehrerer Häuser zu geben (Multi-Property-Management) und diese über gemeinsam genutzte Schnittstellen in möglichst vielen Vertriebskanälen buchbar zu machen (Multi-Channel-Distribution). Ein CRS verwaltet die Text- und zunehmend auch Bildbeschreibungen aller teilnehmenden Häuser sowie deren regelmäßig gemeldeten Preise und Vakanzen in einer zentralen Datenbank. Über das CRS kann z. B. eine gemeinsame Reservierungszentrale (**CRO – Central Reservation Office** – meist ein Call Center mit CRS-Terminals) auf alle gemeldeten Vakanzen aller angeschlossenen Häuser zugreifen und diese telefonisch und über ein gemeinsam betriebenes und beworbenes **Ketten- bzw. Kooperations-Portal** (Webauftritt mit Web Booking Engine für Zugriff auf alle Hotels und Vakanzen im CRS) vermarkten. Zusätzlich zum CRS werden inzwischen auch spezielle Programme für Call-Center-Agenten angeboten, die den Zugriff auf Raten und Vakanzen um zusätzliche Informationenen aus angeschlossenen CRM- und Revenue-Management-Systemen sowie um Call-Center-Management-Funktionen (Anrufhistorie, Reports, etc.) erweitern. Viele Kooperationen und CRS-Provider bieten ihre Web Booking Engine mit Zugriff auf das CRS gleichzeitig allen teilnehmenden Häusern als Web-Reservierungsfunktion zur Integration in deren hoteleigenen Webauftritt an. Wegen ihrer zentralisierten Informations- und Reservierungsfunktion bilden CRS auch das klassische Zugangssystem zu den GDS – Global Distribution Systems. Anstatt für jedes einzelne Hotel einen Datenaustausch mit einem oder mehreren GDS zu organisieren, sind es die CRS, die mit den GDS entweder direkt oder über einen Hotel-Switch (siehe unten) alle notwendigen Informationen austauschen, um unter einer gemeinsamen Ketten-/Kooperations-/CRS-Kennung bei allen an den GDS weltweit angeschlossenen Reisemittlern, Firmenreisestellen und Veranstaltern buchbar zu sein. CRS müssen wie PMS in der Lage sein, für spezielle Kundengruppen (z. B. Firmen, Reisebürokooperationen oder Veranstalter) jedes teilnehmenden Hotels verhandelte Sondertarife (Negotiated oder Corporate Rates) zu verwalten und diese ggf. nur für definierte Nutzergruppen zugreifbar zu halten. Ebenso sollten CRS, die über Schnittstellen neben dem eigenem Portal, den Hotel-Websites und den GDS weitere Distributionskanäle Dritter wie ADS/IDS, DMS und Veranstaltersysteme versorgen, sog. Multi-Channel-Management-Funktionen unterstützen: Für verschiedene Kanäle und deren Zielgruppen müssen je nach Strategie entweder verschiedene Konditionen und Buchungsregeln oder Ratenparität (einheitliche Preise in allen Kanälen) steuerbar sein. Der CRS-Dienst stellt mehr oder weniger automatisiert für alle angeschlossenen elektronischen Distributionskanäle sicher, dass sie stets mit den aktuellen Angebotsdaten und Vakanzen versorgt sind. Das CRS gibt bei jeder Reservierung für den Kunden eine Reservierungsnummer als Buchungsbestätigung aus, reduziert ggf. die Vakanzen und meldet alle eingegangenen Reservierungen an die einzelnen Häuser (häufig per Fax/E-Mail) bzw. elektronisch in deren PMS zurück. Immer mehr CRS sind hierfür auch direkt über geeignete Schnittstellenplattformen bzw. einen Hotel-PMS-Switch mit den Hotelmanagement-Systemen (PMS) der Einzelbetriebe vernetzt. Besonders in Hotelketten/-kooperationen dient das CRS auch als Multi-Property-PMS und ist Basis für Statistik-/Benchmark- und Revenue-Management-Services (RMS vgl. Kap. 5.1). Beispiele für CRS-Systeme sind die CRS von Ketten und Kooperationen, z. B. Intercontinental Hotels Group Holidex@Plus, Hilton Hilstar, Starwood StarLink-Valhalla, Accor TARS, Supranational Hotels Columbus oder CRS-Softwareprodukte bzw. CRS-Dienste, wie z. B. Sabre SynXis CRS, Trust yourVoyager CRS, Micros Opera CRS/myFidelio.net, Pegasus RVNG, Amadeus HotelLink, Reconline CRS, TravelClick iHotelier, webres Software, Infor/SoftBrands Core CRS, etc. (vgl. Goecke 2014). Hotel-Kooperationen und CRS-Service-Provider finanzieren die CRS durch die Teilnahme- und Marketing-Beiträge ihrer Mitglieder oder über Provisionen, Anschluss-, Nutzungs- und Transaktionsgebühren.

- **GDS – Global Distribution Systems als globale Hotel-Distributionskanäle**

Die klassischen GDS Amadeus, Sabre/Abacus und Travelport Galileo/Worldspan (vgl. Kap. 3.1 und 3.2) bieten allen weltweit angeschlossenen Reisebüros, Firmenreisestellen und -diensten integrierte Plattformen zur Buchung von Flügen, Hotels, Mietwagen, Kreuzfahrten, touristischen Veranstalter-Angeboten wie Pauschalreisen und ergänzende Aktivitäten (Theaterkarten, Stadtführungen, Besichtigungen etc.) an. Sie verlangen dafür sowohl von den Leistungsanbietern als auch von den Reisemittlern Anschluss-, Nutzungs- oder Transaktionsgebühren. Die Expedienten im Reisebüro können Hotels im GDS destinationsbezogen suchen, Text-/Bild- und Lageinformationen abrufen, die Verfügbarkeiten prüfen, Preise vergleichen und schließlich in Echtzeit bzw. unter Bestätigungsanforderung Zimmer buchen. Je nach Anbindungsart (vgl. Abb. 4.3.9 und 4.3.10) werden Hotelinformationen bei der Anfrage eines Expedienten aus GDS-Datenbanken (sehr komprimierte Information) oder „seamless" aus den direkt oder indirekt über einen Hotel-Switch mit Content-Distribution-Service angeschlossenen CRS oder PMS abgerufen (umfangreichere, aktuellere Information). Die Hotelbuchungsdienste der GDS-Plattformen unterstützen die Reisebüro-Agenten bei der Suche, Auswahl, Lokalisierung, Bilddarstellung, dem Preisvergleich und der Buchung von Zimmerangeboten vor allem aus den CRS der Hotelketten und -Kooperationen. Dabei müssen auch verhandelte Raten z. B. mit Reisebüroketten, Firmenkunden, Veranstaltern, etc. vertraulich abfragbar und buchbar sein. Die Integration der Flug-, Bahn, Hotel- und Mietwagen-Buchungssysteme in den Bedienoberflächen der GDS erleichtert insbesondere die gemeinsame Vermittlung von Hotelbuchungen mit komplementären Reisesegmenten wie Flug, Bahn oder Mietwagen, wie sie für Individualreisen bzw. Geschäftsreisen typisch sind. Die Reservierungs- und Buchungsinformationen werden von den GDS, ggf. über den Hotel-Switch, zurück in das jeweilige CRS und von dort zum Hotel (per Fax/E-Mail) oder direkt in das Hotel-PMS übertragen. GDS, Hotel-Switch-Companies und CRS betreiben darüber hinaus **globale Kommissionsmanagement-Systeme**, mit denen die bei der GDS-Buchung für Reisebüros oder andere Mittler angefallenen Kommissionen bzw. Provisionen verwaltet und abgerechnet werden können. GDS bieten außerdem Schnittstellen für Online-Reisebüros oder Veranstalter an, die ihren Kunden die Buchung oder Zu-Buchung von Hotels aus dem GDS-Hotelangebot zu Individualreisen oder per Dynamic Packaging ggf. auch zu Pauschalreisen ermöglichen möchten (vgl. Kapitel 4.6).

- **ADS/IDS – Alternative Internet-Distributionssysteme**

Als Alternative Distributionssysteme (ADS) oder auch Internet-Distributionssysteme (IDS) werden nationale und internationale nicht Hotelketten-/-kooperationsgebundene Internet-Hotel-Reservierungsdienste und Online-Reisebüros bezeichnet (Weithöner 2007). In intensiv beworbenen Internetportalen mit Reservierungs-Hotlines machen ADS/IDS eine große Auswahl von Hotels und Unterkünften direkt für Endkunden, Firmenkunden und zunehmend auch für Reisebüro-Agenten vergleichbar und buchbar. Bekannte Beispiele sind HRS, Hotel.de, Tiscover.at, Booking.com, Hotel.at, Expedia.de, Venere.com, Hotels.com, hotelreservierung.de, eHotel.com, RatesToGo.com, NetHotels.com, DERHotel.com, easyres.com, travelocity und viele andere (vgl. Goecke 2014). Obwohl einige ADS/IDS mit GDS und Reisebüros kooperieren, umgehen sie via Internet den klassischen CRS-GDS-Reisebüro-Vertrieb und bilden eigenständige alternative Internet-Distributionssysteme: Auch kleinere ungebundene Hotels und Zimmeranbieter können ihre Hotel- und Zimmerbeschreibungen mit Bildern, Raten und Vakanzen über passwortgeschützte, webbasierte Verwaltungsoberflächen (Extranet) direkt in die ADS/IDS-Webportale einpflegen. ADS/IDS arbeiten als Mittler (Agent) auf Kommissions-/Provisionsbasis bzw. für eine Buchungsgebühr oder als Buchungsplattform-Betreiber bzw. „Elektronischer Bote“ für Anschluss-, Nutzungs- bzw. Transaktionsgebühren. Manche ADS/IDS ermöglichen dem Hotelier die Vorgabe der Bruttoraten. Andere arbeiten eher wie ein Händler (Merchant) und bestimmen auf der Basis der vom Hotelier vorgegebenen Nettoraten die Bruttoraten in Abhängigkeit von der Nachfrage selbst. Alle ADS/IDS offerieren sämtliche eingepflegten Angebote einer nationalen oder internationalen Kundschaft auf einem oder mehreren Internet-Portalen zur Information, zum Preisvergleich, zur Buchung und ggf. sogar zur Bündelung mit komplementären Reiseleistungen (Dynamic Bundling bzw. Dynamic Packaging – vgl. hierzu den folgenden Punkt Veranstaltersysteme und Kap. 4.6). Registrierte Reisebüros, Reisebürokooperationen und Firmenkunden bekommen für ihre Buchungen in ebenfalls passwortgeschützten Bereichen ggf. Provisionen oder Corporate Rates angeboten. Einige Portale ermöglichen zudem Gruppenreservierungen und den Vertrieb von Tagungen. Die Hotels werden per E-Mail von den Buchungen informiert und können in ihrem Verwaltungsbereich alle Buchungsvorgänge per

Internet-Browser administrieren. ADS/IDS können Hoteldaten, Preise und Vakanzen zum Teil auch direkt mit einem CRS, einem Hotel-Switch oder mit über geeignete Schnittstellen bzw. einen PMS-Switch direkt angeschlossenen Hotelmanagement-Systemen (PMS) austauschen (vgl. Abb. 4.3.9). ADS/IDS mit vielen teilnehmenden Hotels, einer guten Marke und gutem Suchmaschinen-Marketing ziehen im Internet mehr Besucher an als einzelne Hoteleigene Websites. Viele ADS/IDS bieten teilnehmenden Hotels die Nutzung des ADS/IDS-Reservierungssystems auch für die Hotel-Homepage an. Über Kooperationen zwischen ADS/IDS und GDS werden bestimmte Hotels, die über ein ADS/IDS buchbar sind, automatisch auch in einem GDS buchbar und umgekehrt. Manche GDS sind inzwischen auch an namhaften Online-Reisebüros beteiligt, über die Kunden im Internet auch die im GDS verfügbaren Hotels buchen können. CRS- und GDS-Anbieter bieten in Kooperation mit Hotel-Switches den Hotels zur Realisierung von Multi-Channel-Distribution die technische Anbindung sowohl an mehrere GDS als auch an zahlreiche ADS/IDS und DMS an.

- **Suchmaschinen, Soziale Netze, Bewertungsportale und ORM-Dienste**

ADS/IDS wie auch Ketten- und Kooperationsportale bewerben ihre Angebote insbesondere auch in Hotel-Suchmaschinen, Bewertungsportalen und sozialen Netzwerken und unterhalten direkte Schnittstellen zu diesen, die inzwischen auch zentral von Hotel-Switch-, Multi-Channel-Management-Systemen und CRS-Betreibern angeboten werden. In Hotel- bzw. Restaurant-Bewertungsportalen wie z. B. holidaycheck, tripadvisor, trivago, zoover, votello, hotelkritiken.de, yelp, oder Google können Gäste Hotels und zunehmend auch Restaurants bewerten. Auch bei den meisten ADS/IDS haben sich Funktionen zur Darstellung und Sammlung von Kundenbewertungen zu den einzelnen Hotels durchgesetzt: ADS/IDS bitten ihre eigenen Kunden nach der Buchung und dem Aufenthalt automatisch per E-Mail um eine Bewertung, was den Vorteil hat, dass die Bewertung von einem tatsächlichen Kunden kommt. Die Bewertungen der Hotels werden dann aggregiert und mit den anderen Hotel-Informationen auf dem Portal angezeigt. Zusätzlich finden sich zunehmend auch direkt auf Hotel- und Restaurant-Websites oder den Facebook-Seiten von Hotels und Restaurants Rubriken, in denen die Kunden ihre Bewertung direkt hinterlassen können. Entsprechend wichtig wird das Monitoring und Management der Bewertungen, da insbesondere negative Bewertungen schnell mit einer kompetenten Stellungnahme beantwortet werden sollten. Für das Monitoring der Kundenbewertungen aus diversen verschiedenen Bewertungsportalen, ADS/IDS oder auch der eigenen Webpräsenzen werden spezielle Dienste wie z. B. TrustYou, eRevMax RTReview, vioma Hotel Barometer, mit verschiedenen Funktionen zum sog. **ORM – Online Reputation Management** angeboten: Sie liefern systematische Übersichten über aller Kundenbewertungen aus verschiedenen Kanälen, fassen Ergebnisse von Internet-Kundenbefragungen zusammen, analysieren Kundenbewertungen durch semantische Analyse mit Methoden der automatischen Spracherkennung nach negativen oder positiven Begriffen und Bewertungskategorien und vergleichen diese mit Kundenbewertungen von Mitbewerbern.

- **DMS – Destinationsmanagement-Systeme und Destinationsportale**

DMS wie z. B. Feratel Deskline, Intobis IncomingSoft, my.IRS TOMAS, NetHotels ReServer, wild east im-web, Eberl proDestination, TourOnline DIRS21 smartOffice und Acomodo unterstützen bzw. automatisieren die Prozesse zur Internet-Vermarktung und zum Management einer Tourismusdestination durch regionale und kommunale Tourismusorganisationen oder Incoming Agenturen. Diese bieten Gastronomie- und Beherbergungsbetrieben ihres Einzugsgebietes eine Darstellung auf dem Webportal der Destination an, mit der Möglichkeit, Zimmer, Ferienwohnungen und Pauschalen online oder telefonisch wie bei einer Reservierungszentrale zu buchen. Anbieter von DMS bieten Tourismusorganisationen und Beherbergungsbetrieben hierzu, z. T. in Konkurrenz zu oder auch in Kooperation mit ADS/IDS-Web-Reservierungsfunktionen, Web-DMS oder destinationsorientierte Webportale an. Tourismusorganisationen erhalten mit einem Web-DMS ein spezielles touristisches Content Management System, in das sie über einen passwortgeschützten (Extranet) Browser-Zugang neben allgemeinen Informationen über die Destination auch Text- und Bildinformationen über ortsansässige Gastronomie- und Beherbergungsbetriebe einpflegen können. Wie bei den ADS können mittels Web Booking Engine Zimmer- und Pauschalangebote (z. B. wenn die Tourismusorganisation auch als Incoming Agentur auftritt) mit Vakanzen und Preisen im Internet vertrieben werden. Alle eingepflegten Inhalte und die buchbaren Angebote werden auf dem Webportal der Tourismusorganisation in individuell gestaltbarem Design angezeigt und vermittelt. Für Beherbergungsbetriebe gibt es bei Bedarf auch eigene passwortgeschützte Zugänge, in denen sie die auf ihren Betrieb bezogenen Inhalte und Angebote selbst pflegen können. In diesem Fall können die eigenen Inhalte und Angebote auch auf dem eigenen Webauftritt des Beherbergungsbetriebes ebenfalls in individuellem Layout integriert und dort buchbar gemacht werden (Web-Reservierungsfunktion vgl. oben). Bei manchem Anbieter gibt es zusätzlich ein unter gemeinsamer Dachmarke betriebenes und beworbenes Webportal, in dem die Beherbergungsangebote der teilnehmenden Tourismusorganisationen destinationsübergreifend gesucht und gebucht werden können. Die Gebühren und Provisionen für die Nutzung eines DMS durch Beherbergungsbetriebe hängen außer vom Geschäftsmodell des Systemanbieters auch vom Organisationsmodell und der Politik der entsprechenden Tourismusorganisation ab. Manche Tourismusorganisationen arbeiten auch mit ADS/IDS-Reservierungsdiensten zusammen und zeigen auf ihren Destinationsportalen selektiv die Angebote nur von regionalen Beherbergungsbetrieben aus den ADS/IDS an, die dann auch über jene gebucht werden. Fusionen und Kooperationen von ADS/IDS mit DMS führen zu hybriden Buchungsplattformen. So wurde z. B. das an Alpen-Destinationen orientierte Tiscover Portal von HRS übernommen und HolidayInsider vermarktet deutschlandweit Unterkünfte, die von zahlreichen vernetzten DMS, Multi-Channel-Management-Diensten oder direkt von Hotelbetreibern über PMS-Schnittstelle angeliefert oder manuell eingegeben werden können.

- **Veranstalter- und Hotel-Consolidatorsysteme**

Reiseveranstalter und Hotel-Consolidator bzw. -Broker bilden einen weiteren wichtigen indirekten Distributionskanal, wenn sie Zimmerkontingente reservieren, vermitteln oder einkaufen, um sie in ihren eigenen Veranstaltersystemen (vgl. Kapitel 4.6) und in Hotelbanken (engl. Bed Bank z. B. TUI Hotelbeds, GTA/Kuoni, Transhotel, Thomas Cook Med Hotels, Hotels4U, Tourico, DOTW- Destinations of the World, Radius, u. a.) entweder für die Bündelung mit komplementären Reisesegmenten zu Reiseveranstaltungen oder zum direkten Weiterverkauf (nicht selten als Dynamic-Packaging- oder Last-Minute-Angebote) oder im Großhandel (B2B-Wholesale/Resale/Consolidator) z. B. für Reisebürokooperationen buchbar zu machen. Entweder werden die verhandelten Kontingente und Raten von den Veranstaltern bzw. Consolidatorn in ihren Systemen selbst gepflegt, oder die Hotelbetriebe können ihre Verfügbarkeiten und Netto- oder Brutto-Raten in einer passwortgeschützten Web-Oberfläche selbst verwalten. Die Hotels sind dann meist in Veranstalterkatalogen dargestellt und können über die touristischen Verfahren (touristische Distributionsnetze vgl. Kapitel 4.6 und 3.4) der GDS im Reisebüro als Bestandteil einer Pauschal- oder Bausteinreise oder auch als „Nur-Hotel"-Veranstalter-Angebot gebucht werden. Viele Veranstalter machen diese Angebote auch auf ihren eigenen Veranstalter-Webportalen und per Call Center buchbar. Über Aggregatoren von elektronischen Touristik-Katalogen wie Giata und Interactive CMS und touristische IBEs werden sie als touristische Veranstalterangebote auch in vielen wichtigen Online-Reisebüros buchbar. Alle diese Kanäle sind aber in der Regel preis- und mengenmäßig nicht mehr direkt durch den Hotelbetrieb steuerbar, sondern werden vom Veranstalter oder Hotel-Consolidator gesteuert, insbesondere wenn dieser Fix-Kontingente eingekauft hat. Mit dem neuen touristischen Datenstandard des Deutschen ReiseVerbandes werden XML-basierte GlobalTypes definiert, die es gestatten, Unterkunftsangebote noch detaillierter und exakter auf der Basis eines Branchenstandards zu beschreiben (vgl. Kapitel 4.6). Dabei wird neben der oben beschriebenen zentralen auch eine neue dezentrale Abfragelogik unterstützt, die es insbesondere Hotelketten und Hotelkooperationen ermöglicht, ihre detaillierteren Angebotsdaten über eine eigene sog. Player-Software an diverse Veranstalter oder Reisemittler selektiv, direkt und in Echtzeit zu übertragen, woraus sich neue Möglichkeiten zur Feinsteuerung der Vertriebskanäle für die Hotels ergeben.

- **Switch- und Channel-Management-Dienste**

Bedingt durch die zahlreichen verschiedenen elektronischen Distributionskanäle gibt es viele Schnittstellen, an denen zwischen den verschiedenen Reservierungssystemen der Distributionskette Daten ausgetauscht werden müssen. Distributionssysteme wie CRS, ADS/IDS und DMS können natürlich über heute meist webbasierte Verwaltungszugänge manuell gepflegt werden und melden dann die Reservierungen per E-Mail zurück. Wenn sich Raten z. B. im Rahmen des Revenue-Management häufiger ändern und sofortige Reservierungsbestätigungen in Echtzeit erwartet werden, ist ein solcher manueller Datenabgleich aber nicht mehr handhabbar, oder es müssen zur Vermeidung von Überbuchungen für jeden Kanal exklusive Kontingente bereitgestellt werden, was eine optimale Auslastung erschwert. Daher haben sich im Laufe der Zeit verschiedene Formen des automatisierten oder teil-automatisierten Datenaustausches zwischen den Systemen entwickelt: Die Programmierung einer direkten automatisierten Schnittstelle zwischen zwei Systemen (z. B. CRS-GDS oder PMS-CRS) war vor der Einführung von XML-basierten Schnittstellen-Standards aufwendig und teuer, weshalb sich dies zunächst nur große Hotelketten und Kooperationen leisten konnten.

Es entstanden **Hotel-Switch-Companies** (Gruner 2008, S. 322) und Anbieter von **Channel-Management-Diensten** (Gruner 2008, S. 71), die als Intermediäre auch den übrigen Ketten, Kooperationen, Individualhotels und Anbietern von Hotelsoftware wichtige (Gateway-)Funktionen der Datenkonvertierung, der Vernetzung, des automatisierten Datenaustausches und der Datensynchronisation als Dienst gegen Gebühren oder Provisionen anbieten, und auf diese Weise Skalenvorteile nutzen.

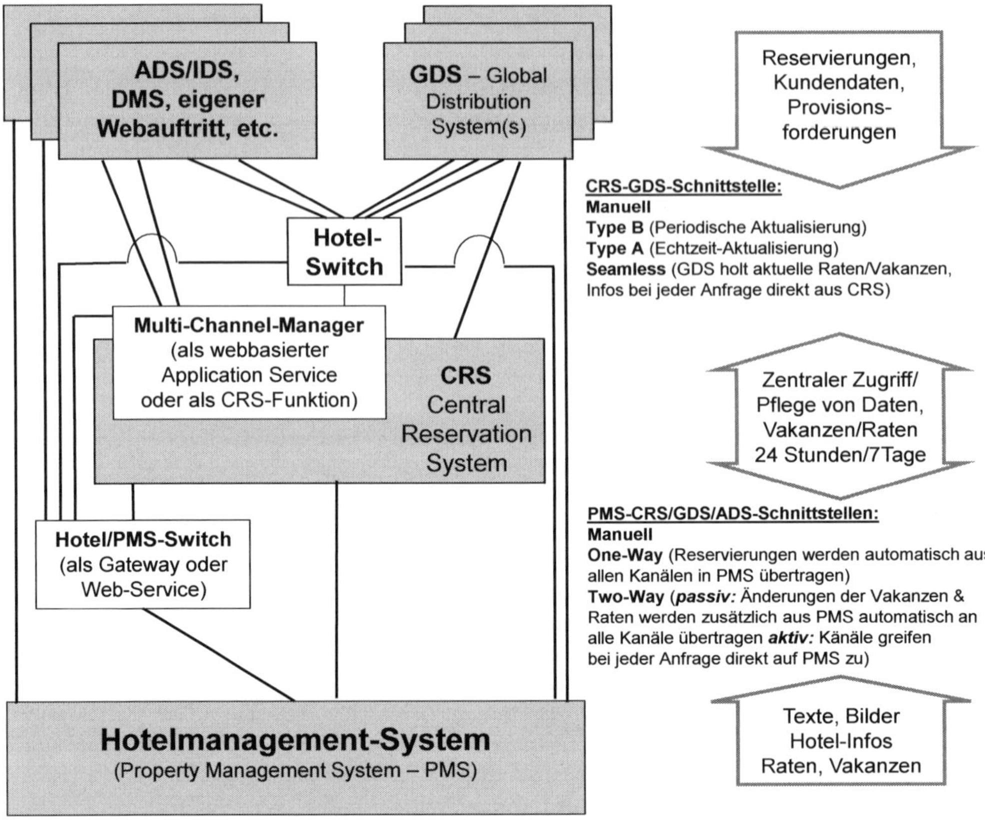

Abb. 4.3.10 *Alternative Wege zur Realisierung der Interkonnektivität zwischen verschiedenen Systemen der elektronischen Hotel-Distribution*

Ein **Hotel-Switch** (vgl. Weithöner 2007, Gruner 2008), wie z. B. Pegasus Switch in Dallas, Trust International in Orlando, DerbySoft in Shanghai, CultSwitch in Berlin und DIRS21 ChannelSwitch bei Stuttgart automatisiert den Datenaustausch zwischen CRS, GDS und ADS/IDS ggf. auch zu Veranstaltersystemen und DMS. Diese Systeme haben historisch und wettbewerbsbedingt verschiedene Datenformate, Protokolle und Schnittstellen. Angebotsdaten müssen bei einem Multi-Channel-Vertrieb für diverse Reservierungssysteme verschieden aufbereitet und nach unterschiedlichen Regeln technisch konvertiert und ggf. auch mehrsprachig übersetzt werden. Reservierungen und aus ihnen resultierende geänderte Verfügbarkeiten müssen zurückgemeldet und in allen Systemen synchronisiert werden. Der Hotel Switch Pegasus entstand ursprünglich, um Hotels von Hotelketten in mehreren GDS gleichzeitig buchbar zu machen (Multi-GDS-Vertrieb), ohne dass jedes Hotelketten-CRS einen eigenen Anschluss und Datenkonvertierungen zu jedem einzelnen GDS betreiben muss. Die ersten sog. Switch-Companies boten für die CRS also eine technische Gateway-Funktion zu einem oder mehreren GDS an. Erweiterungen der Hotel-Switch-Dienste nach Einführung der alternativen Internet Distributionssysteme ermöglichen heute allen angeschlossenen CRS, zu denen inzwischen nicht nur die CRS der Hotelketten, sondern auch die CRS von Hotelkooperationen, Hotelrepräsentanz-Gesellschaften und anderen CRS-Betreibern gehören, den Datenaustausch und die technische Buchbarkeit in einer Vielzahl von ADS/IDS, DMS und Veranstaltersystemen weltweit. Neben der technischen Buchbarkeit in verschiedenen Kanälen werden zusätzliche Content Distributionsdienste von CRS- und Hotel-Switch-Anbietern oder auch von Content-Aggregatoren wie der Giata in Kooperation mit Pegasus angeboten: Lokalierung (Übersetzung), Geokodierung (Geo-Koordinaten zur Darstellung auf elektronischen Landkarten), automatische Verteilung und Aktualisierung der multimedialen Daten (Texte, Bilder, Videos) zur Hotelbeschreibung in diversen vernetzten Distributionskanälen.

(Multi-)Channel-Management-Dienste (vgl. Sölter 2007/2013, Gruner 2008, und Spalteholz 2014) werden als Teilfunktion von CRS und CRS-basierten Distributionsdiensten oder für Hotels ohne CRS-Zugang als Browser-basierte Application Services angeboten (vgl. Abb. 4.3.9 und 4.3.10). Beispiele sind eRevMax RTChannelManager, ChannelRUSH, hotelwebservice ADM, Web-Media Channelmanager, ChannelPro, HotelSpider, DIRS21 ChannelSwitch, CultChannel, Reservento, Rate Distributor und andere (vgl. Goecke 2014). Sie konzentrieren sich auf das Problem vieler Hotelbetriebe, die in mehreren elektronischen Distributionskanälen gleichzeitig vertreten sind und ihre Verfügbarkeiten und Raten in allen (oft 5 bis 30) Kanälen gleichzeitig pflegen müssen. Um im Rahmen moderner Revenue- bzw. Yield-Management-Strategien eine dynamische und ggf. in verschiedenen Kanälen differenzierte Preis-Mengen-Steuerung vornehmen zu können, müssen Raten und Vakanzen häufig in zahlreichen Distributionssystemen geändert werden. Hotels, die in Ketten oder Kooperationen über ein CRS verfügen, die über einen Hotel-Switch mit allen relevanten Distributionskanälen verbunden sind, können ihre Raten über Multi-Channel-Management-Funktionen im CRS oder bei Seamless Integration von CRS und PMS über Hotel-PMS-Switch (vgl. unten) sogar in ihrem PMS steuern. Insbesondere kleinere Betriebe und ungebundene Privathotels ohne CRS-Anbindung müssen hierzu von Hand diverse Web-Administrations-Zugänge aller elektronischen Distributionskanäle, in denen sie buchbar sind, mit verschiedenen Bedienlogiken von Hand pflegen. Browser-basierte Channel-Management-Systeme ermöglichen auch für solche Betriebe die gleichzeitige Administration mehrerer Distributionskanäle in einer einzigen Web-Administrationsoberfläche: Nach Eingabe aller für jeden Distributionskanal zugeteilten Hotel-Login-Daten (die Erlaubnis zur Weitergabe von Login-Daten an Dritte ist vorher rechtlich abzuklären, ggf. gibt es auch andere technische Möglichkeiten der Systemvernetzung) können sämtliche Ein- und Ausgabedialoge zur Pflege von Raten, Verfügbarkeiten und Reservierungsinformationen in den verschiedenen Kanälen regelbasiert automatisiert werden. Zur Realisierung einer Ratenparitäts-Strategie in verschiedenen Distributionskanälen braucht z. B. in der Verwaltungsoberfläche eines Channel-Management-Systems die Rate für eine Zimmerkategorie nur einmal geändert werden. Die Dialoge zur Ratenänderung werden dann vom System automatisch mit allen freigeschalteten Distributionskanälen durchgeführt, wozu die Anbieter der Channel-Management-Dienste zum Teil multi-mandantenfähige CRS mit Direktverbindungen zu ADS/IDS, DMS und Veranstaltersystemen oder etablierte Hotel-Switch-Dienste bzw. Hotel-PMS-Switche nutzen. Durch Regeln werden auch kanalspezifische Auf- oder Abschläge automatisch berücksichtigt und einzelne Raten können selektiv für einzelne Kanäle freigegeben oder gesperrt werden. Die Reservierungen werden dann auf herkömmliche Art per E-Mail/Fax aus den verschiedenen Distributionskanälen an das Hotel zurückgemeldet oder es werden ebenfalls per Hotel-

PMS-Switch Verfügbarkeiten direkt im PMS-System des Hotels abgefragt und Reservierung direkt in das PMS-System gebucht. Ein komfortables Multi-Channel-Management ist also heute für jede Art von Hotel unabhängig von der Zugehörigkeit zu einer Kette oder Kooperation möglich.

Advertising-Schnittstellen & Distributionsdienste-Integration: Neueste Schnittstellen der Hotel-Switche, CRS und Channel-Management-Systeme ermöglichen den nutzenden Hotels darüber hinaus die Verteilung von Angebots- und Preisinformationen mit Buchungslinks an Hotel-Suchmaschinen, soziale Netzwerke oder Affiliate-Partner (Web-Portale, die Werbebanner für Hotels schalten). Die meisten Hotel-Switch Anbieter sind heute auch CRS-Betreiber bzw. kooperieren mit CRS-Betreibern und Channel-Management-System-Anbietern und umgekehrt (Koopetition). Sie bieten nicht nur für Hotels ohne eigenes CRS sondern auch für Hotelketten und -kooperationen, die kein eigenes CRS mehr betreiben wollen, integrierte **Distributions- & Multi-Channel-Management-Funktionen** als Dienstleistung (SaaS – Software as a Service bzw. Application Service) ggf. sogar mit integriertem **Revenue Management** (Steuerung verschiedener Mengen-/Preispolitiken in verschiedenen Vertriebskanäle) und **Reporting-/Rate-Shopping-Funktionen** (Verkaufsmengen, Umsatzzahlen, Konkurrenz-Preisen, etc.) an.

Hotel/PMS-Switche und **PMS-CRS-Direktverbindungen** ermöglichen die Integration von PMS und CRS. Die in den letzten Jahren durch die Open Travel Alliance (OTA) erfolgte welt- und branchenweite Standardisierung des Austauschs von Angebots- und Reservierungsdaten auf der Basis moderner XML-Technologie wie HTNG-XML (Hotel Next Generation) hat wie oben beschrieben nicht nur die Realisierung von Direktverbindungen zwischen CRS und GDS, ADS/IDS, DMS bzw. Veranstaltersystemen auf der einen Seite, sondern auch auf der anderen Seite zwischen den CRS und den PMS der einzelnen Häuser technisch vereinfacht. Hotel/PMS-Switch-Systeme verbinden ein CRS mit diversen PMS der teilnehmenden Häuser und ersetzen die manuelle Pflege und Synchronisation von Verfügbarkeiten im CRS durch (teil-)automatische One-Way- oder Two-Way-Synchronisation von PMS und CRS.

Technische versus vertragliche Buchbarkeit: Hotel Switche, Channel-Management-Systeme und Hotel/PMS-Switche ermöglichen heute also die technische Buchbarkeit in diversen elektronischen Distributionskanälen, also den Datenaustausch zwischen all diesen Systemen, wofür Anschluss-, Nutzungs- oder Transaktionsgebühren anfallen. Je nach Distributionskanal muss ein Hotelbetrieb bzw. der von ihm beauftragte Hotelrepräsentanz-Dienst oder die Hotelkooperation zusätzlich zur technischen Buchbarkeit ggf. noch vertragliche Teilnahme- bzw. Vertriebsvereinbarungen mit dem Betreiber des jeweiligen Distributionssystems treffen, um für Buchungen, Vermittlung etc. z. B. gegen Provision freigeschaltet zu werden und das Billing, Clearing & Settlement zu regeln.

Interkonnektivität und „Seamless Integration“: Als Ergebnis der jahrzehntelangen technologischen Entwicklung bieten sich heute für Hotelbetriebe eine Vielzahl von alternativen Wegen zur Integration der verschiedenen elektronischen Distributionssysteme. Sie sind in Abbildung 4.3.10 gemeinsam abgebildet. Je nach Anforderungen, Gegebenheiten und Kosten wird ein Hotelbetrieb bzw. eine Hotelkette oder -Kooperation den einen oder anderen Weg wählen. Bedingt durch den Trend zu Echtzeit-Buchungen und tagesaktuellen Preisen (z. B.

um in einem Kanal ein gutes Listing im Preisvergleich zu erreichen) wird dabei zunehmend eine vollautomatische medienbruchfreie (seamless) Integration aller Systeme und Kanäle angestrebt. In der Praxis ist man von diesem Ideal jedoch häufig noch weit entfernt. Es haben sich zudem verschiedene Begriffe zur Charakterisierung des Integrationsgrades gebildet: Schon 1996 hatte Burns die in Abbildung 4.3.10 wiedergegebenen vier Grade der Integration (manuell, type B, type A, seamless) an der CRS-GDS-Schnittstelle zusammengefasst. Bezüglich des Automatisierungs- und Aktualitätsgrades des Datenaustauschs zwischen PMS und CRS einerseits sowie CRS und GDS andererseits unterscheidet später Cooley 2005 die in Abbildung 4.3.10 wiedergegebenen vier Grade der Integration an der PMS-CRS/GDS-Schnittstelle: manuell, one way, two way passive und two way active. Dem Ziel der Verbesserung und Erleichterung der Seamless Integration haben sich auch die Hotel-IT-Fachverbände HEDNA (Hotel Electronic Distribution Network Association), HTNG (Hotel Next Generation) oder die europäische Standardisierungsinitiative CEN/ISSS eTour verschrieben. HEDNA erarbeitete 2011 „Push and Pull Connectivity Models“ für zukünftige Hoteldistributionssysteme. Hier werden verschiedene Szenarien für den Austausch von Verfügbarkeits-, Preis- und Kontingentdaten von Anbietern über Intermediäre bis zum Nachfrager definiert, und verschiedene Distributionsformen von der anbieterseitigen Angebotsverteilung bis hin zur nachfrageseitigen Angebotsabfrage in Echtzeit oder mit Zwischenspeicherung in Cache-Speichern definiert. Für detailliertere Beschreibungen von Hotelleistungen, deren zentral oder dezentral gesteuerte Übermittlung an Hotel-Consolidator, Reiseveranstalter, Touristik-IBEs und Angebotsvergleichssysteme für Reisebüros wurde 2012 durch den Deutschen ReiseVerband auch der neue Datenstandard DRV-GlobalTypes vorgestellt (vgl. Kapitel 4.6). Ebenfalls auf XML-Basis werden hier zahlreiche neue Attribute zur qualitativen Beschreibung von Hotelkategorien, Zimmerkategorie, Ausstattung, etc. auch inhaltlich verbindlich definiert mit denen Hotelleistungen und deren quantitative Preisregeln (Kinderpreise, Auf- und Abschläge, Verpflegung etc.) viel genauer als bisher dargestellt und exakt verglichen werden können. Der Endkunde, Veranstalter, Zwischenhändler und Mittler sollen damit Hotel- und Reiseangebote besser als bisher und insbesondere auch in qualitativer Hinsicht vergleichen und selektieren können. Hier sind in den nächsten Jahren auch in zwischenbetrieblichen Multi-Vendor-Umgebungen weitere Innovationen zu erwarten.

4.3.8 Systeme für Administration und Controlling

Zu den administrativen Systemen zählen alle Systeme, die dem Finanz- und Rechnungswesen, der Personalverwaltung sowie dem Hotel-Controlling (vgl. Von Freyberg 2013) bzw. der Betriebsstatistik oder den Management Informationssystemen zuzurechnen sind. Ihnen gemeinsam ist, dass mit ihnen als typischen Back-Office-Systemen keine Kerngeschäftsprozesse mit direktem Kundenkontakt abgewickelt werden. Viele Daten, die in den operativen Geschäftsprozessen mit Kundeninteraktion insbesondere in Kassensystemen, PMS und der Warenwirtschaft entstehen, werden allerdings in den Adminsitrativen Systemen gesammelt, nach den gesetzlichen Vorgaben gespeichert, verarbeitet und aggregiert. Sie dienen als internes Informations- und Entscheidungsunterstützungssystem für das Management sowie der offiziellen Rechnungslegung gegenüber Gesellschaftern und Gläubigern sowie der steuerlichen Veranlagung. Während in den Front- und Mid-Office Prozessen der Kunde bzw. organisatorische Effizienz im Vordergrund steht, dienen die Backoffice-Systeme vor allem der

Transparenz für das Management, die Stakeholder und die Finanzbehörden, die inzwischen auch genaue gesetzliche Vorschriften z. B. für elektronische Meldungen von Arbeitsverhältnissen, Steuern und Sozialabgaben, zur elektronische Archivierung von Geschäftsvorfällen sowie für die Bereitstellung elektronischer Schnittstellen für Betriebsprüfungen der Finanzbebehörden und Renten-/Sozialversicherungsträger machen. Zu den Stakeholdern gehören auch die Mitarbeiter, die ebenfalls gesetzliche Ansprüche auf korrekte Abrechnung und Zahlung von Löhnen, Überstunden und Urlaubsgeldern haben. Prüfungen im Interesse von Gesellschaftern und Gläubigern (Banken und andere Kreditgeber) können von Wirtschaftsprüfern durchgeführt werden. Wichtig ist auch die EDV-technische Unterstützung der Zusammenarbeit zwischen Geschäftsführung und Steuerberater bei der Erstellung der Steuerbilanzen. Auch bei internationalen Hotelketten sind stets die Gesetze aller Länder zu beachten, in denen sie Häuser betreiben, was besondere Anforderungen an zentrale Softwarelösungen auf Konzernebene stellt.

- **Finanzbuchhaltungs-Systeme (FIBU)**
Eine besondere Anforderung an Finanzbuchhaltungssysteme für Hotels- & Gaststätten ist die Unterstützung der branchenspezifischen Sonderkontenrahmen für Hotels und Gaststätten (in BRD z. B. die Kontenrahmen für Hotels- und Gaststätten auf Basis DATEV SKR04, SKR03, SKR04 bzw. SKR70 Hotel/Gaststätten). Außerdem müssen passende Schnittstellen zur Übernahme der Daten aus den im jeweiligen Betrieb eingesetzten branchenspezifischen Kassensystemen, PMS und Warenwirtschafts-/Einkaufssystemen in die Buchhaltung existieren.

- **Systeme für Personalverwaltung und Personalmanagement**
Die normale **Lohn- und Gehaltsbuchhaltung** ist in viele Standard-Finanzbuchhaltungssysteme integriert. Spezialsoftware gibt es für die **Lohn- und Gehaltsabrechnung (Payroll-Software)**, die diverse Melde-, Bescheinigungs- und Abrechnungsformulare, Pensionszusagen sowie Überweisungsprozesse unterstützt. **Personalmanagement-Software** (HRM- bzw. Human Resource Management-Software) bietet zusätzliche Funktionen zur Zeitabrechnung (Schnittstellen zu Zeiterfassungssystemen), Tarifregeln, Personalplanung, Personalentwicklung/ Talentmanagement, eRecruiting/Bewerbermanagement, Reisekosten- und Spesenabrechnung (Schnittstellen zu Finanzbuchhaltung und Controlling), Schicht- und Personaleinsatzplanung, elektronische Personalakte, Organigramm-/Tätigkeits- und Berechtigungsverwaltung, Personalbewertung, uvm. Personalwirtschafts-Standard-Softwarepakete und -Dienste differenzieren sich typischerweise nicht branchenspezifisch bzw. sind für die jeweilige Branche anpassbar. Eine spezielle Hotel-Branchenlösung bieten z. B. Micros-Fidelio mit Workforce Management NG und Infor mit Workbrain an.

- **Systeme zum Hotel- und Gastronomiecontrolling**
Das Hotel- und Gastronomiecontrolling orientiert sich zunehmend an branchenspezifischen Standards wie z. B. **USALI** (Uniform System of Accounts for the Lodging Industry). Ziel dieser Standards ist ein einheitliches Berichtswesen mit aussagekräftigen Standard-Kennzahlen, die eine schnelle Lagebewertung auch in einzelnen einheitlich abgegrenzten Betriebsbereichen (Kostenstellen z. B. F&B, Logis, etc.) und Kennzahlenvergleiche (Benchmarking) zwischen verschiedenen Betrieben und Betriebsbereichen ermöglichen. Hierfür werden branchenspezifische Softwarelösungen bzw. Application Services zum Hotel- und Restaurant-Controlling angeboten, die aufbauend auf einer externen oder integrierten Finanz-

buchhaltung ein Rechnungswesen und standardisierte bzw. individualisierbare Kennzahlensysteme mit Plan-/Soll-/Ist-Vergleichen und Berichten realisieren. Zum Teil können mit Daten- aus Kassen, PMS, Warenwirtschaft und Yield-Management-System auch Prognosekennzahlen erstellt und Vor- und Nachkalkulationen der Kosten- und Leistungsrechnung unterstützt werden. Dem betrieblichen Planungswesen dienen weitere Funktionen zu Forecast und Budgetierung sowie zur Finanz- und Liquiditätsplanung bis hin zur Aufstellung einer Balanced Scorecard. Beispiele für branchenspezifische Hotel-Controlling-Systeme sind (vgl. Simeonova 2012, Goecke 2014) z. B. IGEL Controlling der Controlling Service GmbH, Fairmas FairPlanner/Budget/Payroll, STAHR.net, Steinkogler Profit&Loss, Treugast Solutions SoluMIS, DATEV Branchenpaket für Hotellerie und Gastgewerbe, SP-Hotel von S+S SoftwarePartner, fibuNet/RHC-Real Hotel Controlling. Eagle Control, Pyrasoft Hoga Controlling, die Controlling Spezial-Module Micros-Fidelio Balance/Vision und Opera Business Intelligence oder die infor Finanzlösungen für Hotels FMS Infinium, SunSystems und CPM-Corporate Performance Management. Einige der genannten Lösungen erlauben eine Consolidierung aller Finanz- bzw. Reservierungsdaten in einem zentralen **Data-Warehouse** um dort mit **OLAP** (Online Analytical Processing) komplexe **Data-Mining** Auswertungen für Business Intelligence Anwendungen durchzuführen. Hier bestehen enge Berührungspunkte und zum Teil auch Schnittstellen zum CRM-Management und Marketing Controlling, zum Qualitätsmanagement und -Controlling und zum Revenue bzw. Yield-Management.

- **Benchmarking-Dienste**

Da es in jeder Region relativ viele Gastronomie- und Hotelbetriebe gibt, ist ein anonymer Betriebsvergleich auf der Basis der standardisierten branchentypischen Kennzahlensysteme ein wichtiges Instrument zur Beurteilung des Revenue Managements (vgl. Hayes/Allison 2011), der Betriebsstrategie und Managementleistung. Für große Restaurant- und Hotelketten ist ein Betriebsvergleich zwischen vergleichbaren Häusern im Rahmen des Konzerncontrollings einfach zu organisieren, es fehlen aber Zahlen zu konkurrierenden Ketten. Für Einzelbetriebe, Kooperationen und Ketten bieten daher spezialisierte Dienstleister elektronische Dienste und regelmäßige Studien mit aggregierten Kennzahlen zum Betriebsvergleich entweder aus Aggregationen bereits massenhaft vorhandener vollständig anonymisierbarer Finanzdaten unter Beachtung des Datenschutzes oder aus gezielten Benchmarking-Befragungen. Die teilnehmenden Betriebe liefern durch regelmäßige Befragung oder automatische Datenübermittlung aus FIBU bzw. Controlling-System ihre Betriebskennzahlen, die dann anonymisiert und als aggregierte und anonymisierte Durchschnitts-Kennzahlen aufbereitet zum Betriebsvergleich an die Teilnehmer zurückgeliefert und ggf. automatisch in den Berichten des Controlling Systems mit den eigenen Betriebskennzahlen verglichen werden. Anbieter internationaler und nationaler Dienste zum Kennzahlenvergleich sind z. B. STAR Global, Deloitte HotelBenchmark, KPMG Hospitality Benchmark, die Branchenauswertungen der DATEV als EDV-Dienstleister der Steuerberater, Fairmas Hotel Benchmarking oder das Webmark-Hotellerie Benchmarking von Manova in Österreich.

Quellen und weiterführende Literatur:

Ammersdorfer, D. Bauhuber, F., Egger, R., Oellrich, J. (Hrsg.), Social Web im Tourismus: Strategien – Konzepte – Einsatzfelder, Springer Berlin 2010.

Buhalis, D., Laws E., Tourism Distribution Channels: Patterns, Practices and Challenges, co-editor, Thomson, London 2001.

Burns, J., Seamless – The New GDS Connectivity Standard, http://www.burns-htc.com/Articles/Seamless_The_New_GDS_Connectivity_Standard.htm (Zugriff: 10.9.2009).

Carboni, C., SOCIAL MEDIA MARKETING: Hotel Industry Edition: Reach Online Prospects & Turn Them Into Offline Clientele In 21 Straightforward Steps, Create the Dream USA, 2013.

Cooley, C.W., Connectivity! Connectivity! Connectivity! – Achieving „Really Real Time" Room Inventory Management, http://www.hotel-online.com/News/PR2005_4th/Nov05_Connectivity.html (Zugriff: 10.9.2009).

Dettmer, H. Hausmann, Th. (Hrsg.), Wirtschaftslehre für Hotellerie und Gastronomie, Handwerk und Technik, Hamburg 2007.

Dettmer, H., Hausmann, Th., Kloss, I. (Hrsg.), Gästemarketing Hotellerie und Gastronomie, Handwerk und Technik, Hamburg 2008.

Egger, R., Buhalis, D. (Hrsg.), eTourism Case Studies, Butterworth Heinemann/Elsevier, London 2008.

Gardini, M. A., Marketing-Management in der Hotellerie, Oldenbourg Verlag, München, 2009.

Giesecke & Devrient, A pilot project with NFC phones shows great potential for mobile keys, Pressemitteilung vom 8. Juni 2011, München, http://www.gi-de.com/en/about_g_d/press/press_releases/A-pilot-project-with-NFC-phones-shows-great-potential-for-mobile-keys-g13376.jsp, (Zugriff: 24.3.2014).

Goecke, R., Kategorien und Beispiele für IT-Systeme in der Hotellerie und Gastronomie, http://www.tourismus-it.de, Kapitel 2.3. bzw. http://www.mtourism.de/hoga-it-beispiele.php (Zugriff 11.5.2014).

Gola, P., Reif, Y., Brennpunkt Datenschutz: Ein Leitfaden für Unternehmen aus Tourismus, Verkehr und Gastgewerbe, hrsg. von INTERHOGA Gesellschaft zur Förderung des Deutschen Hotel- und Gaststättengewerbes mbH, Berlin 2011.

Gruner, A. (Hrsg.), Management-Lexikon für Hotellerie und Gastronomie Deutscher Fachverlag GmbH, Frankfurt/Main 2008.

Hayes, D. K., Miller, A., Revenue Management for the Hospitality Industry, Wiley, Hoboken New Jersey 2011.

HEDNA, White Paper: Push and Pull Connectivity Models for Hotel Distribution, http://c.ymcdn.com/sites/hedna.site-ym.com/resource/resmgr/HEDNA_Push_Pull_White_Paper.pdf, 2011, Zugriff (24.2.2014).

Kwentoh, Judith, Kewntoh, Joshua, Social Media Marketing Tips For Hotels: The Best Social Media Marketing Ideas For Hotels: Online Reputation Management, Facebook, Twitter, YouTube, and More!, Hotels Digital Marketing (Kindle-Edition), 2013.

Nyheim, P. D., McFadden, F. M., Connolly, D. J., Technology Strategies for the Hospitality Industry, Upper Saddle River, NJ, 2nd Edition, 2011.

Schulz, A., Frank, K., Seitz, E., Tourismus und EDV, Vahlen Verlag, München 1998.

Simeonova, D., Marktangebotsanalyse von Controllingsoftware für die Hotellerie, unveröffentlichte Bachelorarbeit, Fakultät für Tourismus, Hochschule München 2012.

Sölter, M., Hotelvertrieb, Yield Management und Dynamic Pricing in der Hotellerie, E-Book 2007, http://www.grin.com/e-book/85263/hotelvertrieb-yield-management-und-dynamic-pricing-in-der-hotellerie (Zugriff 10.9.2009); als Taschenbuch Grin Verlag, Norderstedt 2013.

Spalteholz, B., Spalteholz Hotelkompetenz Glossar, http://www.spalteholz.com/go/glossar (Zugriff 24.2.2014).

Toedt, M., Big Data – Challenges for the Hospitality Industry, 2nd Edition, München 2013.

Von Freyberg, B., Hospitality Controlling: Erfolgreiche Konzepte für die Hotellerie; Erich Schmidt Verlag, Berlin 2013.

Weithöner, U., Electronic Tourism – kleines Lexikon zu informationstechnologischen Systemen in der Tourismuswirtschaft, WiWi-Online.de, Hamburg, Deutschland, 2007, http://www.odww.net/artikel.php?id=359 Stand November 2007.

Zhou, Z. Q., E-Commerce and Information Technology in Hospitality and Tourism, Delmar Learning, Clifton Park NY 2004.

Weitere Quellen sind außerdem im Internet bzw. als Broschüre publizierte Produktinformationen diverser im Beitrag genannter Hersteller und Produkte (Stand März 2014).

4.4 Informationsmanagement bei der Bahn

Eberhard Kurz, Jürgen Beuttler

Die Deutsche Bahn AG entstand 1994 aus dem Zusammenschluss der Deutschen Bundesbahn und der Deutschen Reichsbahn. Heute ist der Personenverkehr der Deutschen Bahn eines der weltweit größten Unternehmen im ÖPV. Der Personenverkehr besteht aus dem Fernverkehr zur Verbindung von Ballungszentren, dem nationalen und internationalen Regionalverkehr als leistungsstarke Alternative zum PKW mit Bahn oder Bus sowie einem Vertriebsdienstleister für alle Vertriebskanäle vom bedienten Vertrieb bis zum Internet.

Der Fernverkehr bietet in eigenständiger wirtschaftlicher Verantwortung mit selbst definierten Fahrplan- und Fahrzeug-/Servicekonzepten seine Produkte an, während der Regionalverkehr im Wettbewerb mit anderen Verkehrsunternehmen um den Gewinn von meistens langjährig vom Aufgabenträger (z. B. Verkehrsverbund) vergebenen Verkehrsverträgen mit in der Ausschreibung definierten Verkehrskonzepten (z. B. Fahrpläne, Fahrzeuge) ist.

Besonderes Kennzeichen in Deutschland ist das offene System (z. B. keine Drehkreuze im Nahverkehr, offener Zugang zum Fernverkehr ohne Reservierungspflicht) und das hohe Maß an Vernetzung zwischen den unterschiedlichen Verkehren. Vergleichbare Strukturen aus Kundensicht gibt es derzeit in Europa nur in Österreich und in der Schweiz. Zusätzlich gibt es historisch eine Vielzahl von Inkompatibilitäten (z. B. Spurweiten, Stromsysteme), die die Zusammenarbeit in Europa erschweren. Es gibt im ÖPV keine weltweit standardisierten Geschäftssysteme wie z. B. bei den IATA-Airlines. Diese Charakteristiken haben einen großen Einfluss auf die eingesetzten Informations- und Kommunikationssysteme im ÖPV in Deutschland.

Der vorliegende Artikel beschreibt die Informations- und Kommunikationssystemlandschaft (ITK) eines typischen großen Komplettanbieters von Mobilitätsdienstleistungen mit dem Fokus öffentlicher Personenverkehr. Einzelbeispiele erfolgen auf Basis von Systemen des Personenverkehrs der Deutschen Bahn. Die Anforderungen und Applikationen sind aber übertragbar auf andere Unternehmen. Anwendungen wie z. B. elektronische Stellwerke oder Leit- und Sicherungssysteme für den sicheren Eisenbahnbetrieb eines Eisenbahninfrastrukturunternehmens werden nicht beschrieben.

4.4.1 Historische Entwicklung von ITK im ÖPV

Von Software im heutigen Sinne wird seit etwa 1960 gesprochen. Die Deutsche Bahn AG (DB) und ihre Vorgängerorganisationen Deutsche Bundesbahn und Deutsche Reichsbahn waren und sind führend beim Einsatz innovativer ITK-Technik. Seit 1960 gab es eine Zentralstelle für Betriebswirtschaft und Datenverarbeitung in Frankfurt/Main mit etwa 1.000 Mitarbeitern. 1961 wurde in Frankfurt/Main die erste Großrechenanlage installiert. Fokus war die Datenverarbeitung der Transportleistung wie z. B. Abrechnung des Wagenladungsverkehrs und der Materialwirtschaft. Mitte der achtziger Jahre hatte die Deutsche Bundesbahn etwa 30.000 Programme in über 350 Anwendungsgebieten mit einem Datenbestand in Größenordnungen von Tera-Bytes und gab etwa 75 Mio. €/Jahr aus. 1986 gab es bei der DB drei Rechenzentren, ca. 50 dezentrale Mehrplatzsysteme (mittlere Datentechnik) und ca. 7.000 Einplatzsysteme/Terminals und ca. 500 PCs. In den folgenden Abschnitten werden die wichtigsten Entwicklungen beschrieben.

- **Auskunft, Verkauf und Abrechnung**

Für den Vertrieb war zunächst die Platzreservierung von größter Bedeutung. Nach Anfängen mit Telex-orientierten Techniken wurde im Februar 1971 bei der DB die elektronische Platzbuchungsanlage EPA 70 mit 350 Terminals und 8,2 Mio. Platzbuchungen/Jahr eingeführt. Eine Neuentwicklung für die Platzreservierung sowie Druck der Reservierungszettel in den Zügen kam 1983 mit der elektronische Platzbuchungsanlage EPA 80. Die Reservierungen konnten in über 300 Verkaufsstellen der größeren Bahnhöfe und auch über das System START in mehr als 1.300 Reisebüros durchgeführt werden. Zusätzlich sind die Reservierungsrechner von 14 europäischen Bahnen untereinander verbunden. 1985 werden 24 Mio. Buchungen im Jahr vorgenommen.

Neben den Platzreservierungen wurde der Fahrscheinverkauf in mehreren Generationen erneuert. Schwerpunkt war zunächst der bediente Verkauf in Fahrkartenausgaben – heute Reisezentren – und Reisebüros. Eine erste Generation wurde ab 1977 eingeführt (Modernisierte Fahrausweisverkauf MOFA; 1.100 Triumph-Adler TA 1069 Work Stations in über 500 Bahnhöfen.

Ab 1985 entwickelt, wurde ab Ende der achtziger Jahre das „Kundenfreundliche Reise-, Informations- und Verkaufssystem der 90er Jahre“ KURS’90 eingeführt. KURS’90 war als System und einheitliche Verkaufsbasis für alle Vertriebskanäle (Reisezentren, Reisebüros, Selbstbedienungsgeräte) und für alle Leistungserstellungen wie Information, Fahrscheine und sonstige Leistungen (z. B. Hotel) geplant. Alle Verkaufsdaten wurden als Datensätze erfasst und konnten rationell und schnell für Abrechnung und Statistiken aufbereitet werden. Der Verkauf an Endkunden direkt über den Service Bildschirmtext (Btx) wurde ab 1993 realisiert. Ebenso wurden alle Zahlungsarten (bar, Kredit-/EC-Karte, Rechnung, Home-Banking) vorgesehen. Als Computersystem wurde ein fehlertolerantes, ausfallsicheres „TANDEM“-System mit höchster Verfügbarkeit verwendet.

Im selbstbedienten Vertrieb wurden bereits früh Automaten eingesetzt: 1965 kam der erste elektronische „Fahrplanauskunftsautomat“ der DB, der die abgefragten Zugverbindungen (4.765 Zugverbindungen zu 281 Reisezielen) per Ausdruck ausgab. Bildschirme waren damals als Ausgabegeräte noch unbekannt. 1967 wurden in Hannover Fahrkartenautomaten mit den gängigsten Verbindungen des Nah- und Bezirksverkehr mit Sprachausgabe aufgestellt. Die Bedienung erfolgte mit Tasten und einer Wählscheibe (analog Telefon). Die erste Automatengeneration wurde an mehreren großen Bahnhöfen aufgestellt und konnte > 200 Zielbahnhöfe und mehr als 350 Verbindungen per Barzahlung verkaufen. Anfang der neunziger Jahre waren bereits mehr als 3.000 Automaten der DB aufgestellt.

Ab den achtziger Jahren wurden alle Fahrplandaten der tagtäglich ca. 30.000 Züge in einer Fahrplandatenbank erfasst und für betriebliche Zwecke und z. B. für Kunden als „Städteverbindungen“ aufbereitet. Seit 1985 werden die Buchfahrpläne der Lokführer mit programmierbarer Textbe- und -verarbeitung erstellt. 1989 wird mit dem Programm „Ariadne“ als

Kursbuchprogramm mit allen Streckendaten des DB-Netzes die elektronische Fahrplan- und Verkehrsauskunft gestartet. Unter einer bundesweit einheitlichen Rufnummer der Reisezugauskunft und in einigen Reisezentren kann innerhalb von max. 6 Sekunden eine Auskunft über Reisezugverbindungen erteilt werden.

- **Produktionsplanung und -durchführung**

Zur Unterstützung der betrieblichen Prozesse wurden sehr früh Anstrengungen unternommen, die Effektivität und Effizienz des Produktionsmitteleinsatzes zu optimieren. Der ÖPV ist charakterisiert durch einen hohen Anteil von Fixkosten. Liegt ein Fahrplan fest, so sind damit die Kosten für Personal, Fahrzeugeinsatz und Trassen weitestgehend bestimmt. Der Anteil der variablen Kosten (z. B. Traktionsenergie, laufleistungsabhängige Instandhaltung) ist im Personenverkehr dagegen gering. Deshalb ist die Optimierung des Einsatzes von Personal (z. B. Triebfahrzeugführer, Zugbegleiter) und Fahrzeugen unter Berücksichtigung des Marktvolumens (z. B. Quelle-/Ziel-Mobilitätsaufkommen) und des Wettbewerbs (z. B. durch den Individualverkehr) eine dauerhafte Aufgabe und Herausforderung. Hierzu wurden aktuelle Forschungs- und Entwicklungsergebnisse aus den Fachgebieten Operations Research (z. B. im Umfeld der Optimierung, lineare Programmierung), Simulation, Automation und Kybernetik und Expertensysteme verwendet.

Mitte der sechziger Jahre waren u. a. folgende Systementwicklungen im Fokus: Optimierung der Zugleitung, Verbesserung des Energieeinsatzes und der Verbrauchswerte, Aufstellung und Überprüfung von Fahrplänen, Aufstellen optimaler Einsatzpläne für Personal und Fahrzeuge, Ermittlung optimaler Fahrzeugumläufe, Auswertung der Verkehrsbedürfnisse für Fahrplan und Zugbildung, Betriebsleistungsstatistik und Marktforschung. Auch in den Werken wurde die Instandhaltungsarbeit mit Hilfe von ITK unterstützt. 1976 wurde beispielsweise die Arbeitsvorbereitung in Ausbesserungswerken mit Hilfe mit einem dezentralem System optimiert.

- **Integration der ITK-Systeme von Deutscher Bundesbahn und Deutscher Reichsbahn**

Nach dem Mauerfall 1989 arbeiteten die beiden deutschen Bahnen sehr schnell Hand in Hand. In den Jahren 1990–1994 wurde mit oft getrennten Systemen eng kooperiert – egal ob im Verkauf oder in der Erbringung von Zugleistungen. Im November 1990 wurde erstmals eine gesamtdeutsche elektronische Fahrplan- und Verkehrsauskunft realisiert. Am 22.01.1991 wurde die elektronische Platzreservierung von DB und DR zusammengeschaltet. Aber auch an Innovationen wurde gedacht: Die ersten Minicomputer als Handterminals für den Fahrscheinverkauf wurde im Januar 1993 eingeführt. Mit der Zusammenführung beider Bahnen 1994 wurde der Rahmen für eine Erneuerung der ITK-Systemlandschaft geschaffen. Am Anfang stand – bedingt durch den Zusammenschluss – die Schaffung einheitlicher Systeme für betriebswirtschaftliche Prozesse und z. B. für die Personalwirtschaft. In der zweiten Hälfte der neunziger Jahre konkretisierte sich der Erneuerungsbedarf für alle Geschäftsfunktionen und ein großes Erneuerungsprogramm für die ITK-Landschaft wurde z. B. im Personenverkehr 1999 begonnen. Ein weiterer Treiber für das Zusammenführen der ITK-Systemlandschaften war die freizügige gegenseitige Nutzung der beiden Fahrzeugflotten. Die Ergebnisse dieser Erneuerung werden in den folgenden Kapiteln vorgestellt.

4.4.2 Überblick über die Landschaft der Informations- und Kommunikationssysteme

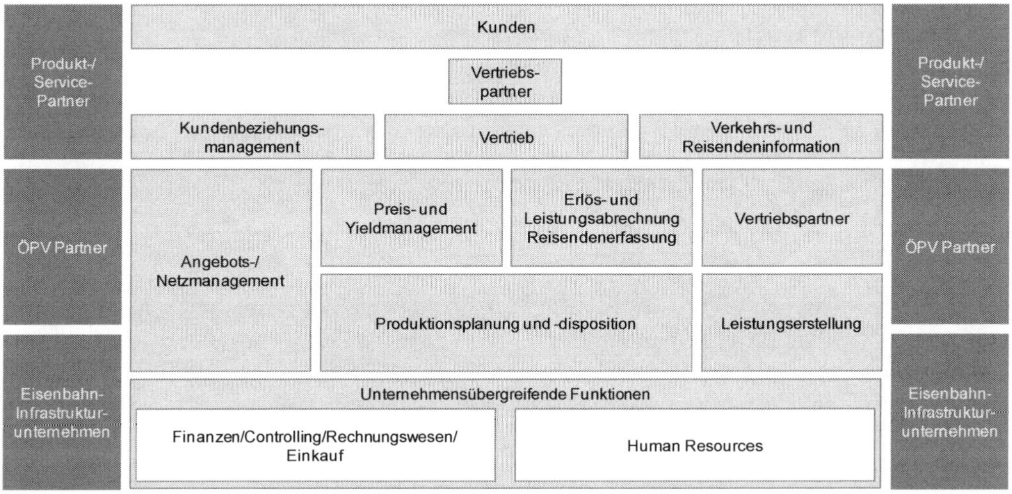

Abb. 4.4.1 *Überblick und Einbindung der ITK-Landschaft des Personenverkehrs*

Die große Herausforderung des ÖPV ist das Management und der qualitativ hochwertige Betrieb von Verkehrsnetzwerken. Dazu ist eine umfassende Unterstützung durch ITK-Systeme notwendig. Abbildung 2.4.1 gibt einen Überblick. Die ITK-Landschaft im Personenverkehr ist gekennzeichnet durch externe Schnittstellen zu Kunden, Partnern und zu unternehmensübergreifenden Funktionen. Die Fahrpläne können nur durch engste Zusammenarbeit mit den Eisenbahninfrastrukturunternehmen und den Aufgabenträgern (als Besteller von Nahverkehrsleistungen) erstellt werden. Die Eisenbahnverkehrsunternehmen in Deutschland bestellen beim Infrastrukturunternehmen DB Netz AG die Trassen und bekommen dann (nach Lösung von Trassenkonflikten) die Fahrtzeiten von der DB Netz AG. Zusätzlich bieten Partner aus dem ÖPV (z. B. andere Verkehrsunternehmen oder Verbünde) bzw. sonstige Produkt- und Servicepartner (z. B. Mietwagenunternehmen) weitere Produkte an, die der Personenverkehr bündelt. Die Produkte werden über eine Vielzahl von Vertriebskanälen weltweit – entweder im Eigenvertrieb oder mit Vertriebspartnern wie z. B. Reisebüros via Global Distribution Systemen (GDS) – an Privat- und Geschäftskunden vertrieben. Bei der Produkterbringung sind ebenso Partner nötig, sei es für die Reisendeninformationen an den Bahnhöfen durch das Eisenbahninfrastrukturunternehmen DB Station&Service AG oder Partner für die Erbringung von Mobilitätsleistungen im Zu- und Abbringerverkehr. Die Systeme des Personenverkehrs sind mit den zentralen Systemen für Finanzen/Controlling/Rechnungswesen/Einkauf bzw. Human Resources (Personalverwaltung und -abrechnung) verbunden. Auf eine gesonderte Darstellung und Vertiefung dieser Systeme wird in diesem Beitrag verzichtet, weil in diesen Bereichen Standardsoftware großer Hersteller im

Einsatz ist. Eine besondere Erwähnung finden diese Systeme, wenn sie z. B. Mitarbeiterqualifikationen wie Streckenkenntnisse im Personalsystem beinhalten.

Das zentrale Element für ein ÖPV-Unternehmen ist der Fahrplan. Mit Hilfe von ausgefeilten Netzmanagement-Systemen wird auf Basis von Nachfragemodellen und Wettbewerbsanalysen ein sinnvolles Fahrplanangebot kurz-, mittel- und langfristig ermittelt und als Trassen bestellt. Ebenso wird ein nachfrageorientiertes langfristiges Fahrzeugkonzept mit allen notwendigen Ausstattungsmerkmalen (z. B. Anzahl Sitzplätze 1./2. Klasse, Eigenschaften Fahrgastraum, Platzverhältnisse etc.) definiert. Auf dieser Basis wird im Preis- und Yieldmanagement ein markt- und kundenorientiertes Preisgefüge ermittelt. Die Produkte werden mit der Unterstützung von externen Vertriebspartnern oder im Eigenvertrieb vertrieben. Die Aufteilung und Aufschlüsselung der Erlöse dient zur Abrechnung der Leistungen zwischen Verkehrsunternehmen und Vertriebspartnern.

Auf Basis des Fahrplans und der einzusetzenden Fahrzeugtypen sowie gesetzlicher Vorgaben ermittelt die Produktionsplanung zunächst für eine längere Periode (z. B. 1 Jahr) die erforderlichen Personalressourcen und deren Qualifikation, zunächst ohne genaue Zuschlüsselung eines exakten Fahrzeugs oder eines Mitarbeiters. In der Disposition wird dann eine personen- und fahrzeugbezogene Einsatzplanung durchgeführt. Diese Leistungen können dann in der Phase der Leistungserstellung erbracht werden. Neben vorbereitenden Tätigkeiten wie z. B. die Bereitstellung steht die Transportsteuerung während der Zugfahrt im Vordergrund. Die Transportsteuerung koordiniert die Leistungen im Echtzeitbetrieb und disponiert Züge z. B. im Verspätungsfall um. Diese Informationen dienen auch als Grundlage für die Reisendeninformation. Von ebenso großer Bedeutung im ÖPV in der Leistungserstellung ist die Instandhaltung der Fahrzeuge. Diese findet in abgestuften Instandhaltungskonzepten statt.

Die Verkehrs- und Reisendeninformation gibt an die Reisenden Auskünfte über aktuelle Status der Produktion in einer kundengerechten Sprache und Aufbereitung. Hier stehen den Kunden und Mitarbeitern im Kundenkontakt Informationen über Verspätungen, Ausfälle o. ä. zur Verfügung.

Heute existiert innerhalb des Personenverkehrs der DB eine gemischte technische Architekturlandschaft. Neben Großrechner-/Hostsystemen, z. B. für die Platzreservierung gibt es überwiegend Client-Server-Anwendungen in 3-Schicht-Architektur. Die zentralen Komponenten sind in 3 Rechenzentren untergebracht und stellen eine hohe Verfügbarkeit der ITK sicher. Über eine bahnweit verteilte Netz-Infrastruktur sind im Personenverkehr derzeit ca. 11.000 Standard-Verfahrensclients (z. B. für Büroarbeitsplätze, Dispositionsarbeitsplätze) sowie eine große Anzahl verfahrensspezifische Clients (z. B. Mobiles Terminal MT oder vertriebsspezifische Clients im Reisezentrum).

Durch die zunehmende Verknüpfung von Informations- und Telekommunikationstechnologien werden die vorhandenen IT-Infrastrukturen zunehmend auch für Telekommunikationsanwendungen genutzt (z. B. VoIP in den DB Call Centern). Diese technisch getriebene Entwicklung hat zunehmend Einfluss auf die fachlichen Prozesse.

4.4.3 Preis- und Yieldmanagement

Die überwiegende Anzahl der Produkte im ÖPV ist in der Preisgestaltung von der Entfernung abhängig. Zusätzlich sind Serviceparameter (z. B. 1./2. Klasse) zu berücksichtigen. Bei entfernungsbasierten Preisen muss der Preis für eine größere Distanz höher sein als der für eine kürzere Entfernung, um Inkonsistenzen zu vermeiden. Darüber hinaus gibt es Produkte zu einem Pauschalbetrag ohne Entfernungsbezug (z. B. „Schönes Wochenendticket"). Ebenso müssen sowohl Einzelfahrten als auch preislich rabattierte Zeitfahrscheine (z. B. Abonnements) verkaufbar sein. Das offene System bedeutet, dass der Fahrschein als Fahrtberechtigung nicht zusammen mit einer Platzreservierung für einen Sitzplatz gekauft werden muss (bis auf einige Ausnahmen wie z. B. Sprinter oder Autozüge). Die Verkehrsunternehmen müssen durch Sonderpreise Anreize für Fahrten in nachfrageschwächeren Zeiten zur Auslastungssteigerung sorgen. Das Preismanagement ist beim Fernverkehr und beim Regionalverkehr unterschiedlich.

- **Preis-, Yieldmanagement und Platzreservierung beim Fernverkehr**

DB Fernverkehr setzt heute in Deutschland im Wesentlichen zwei Preisschemata ein: Die Bepreisung einer Punkt-zu-Punkt Verbindung (Relationspreis) unter Berücksichtigung der Produktkategorie und Festpreise (fix oder in Staffeln). Die Preisberechnung muss zusätzlich kundenspezifische Elemente wie z. B. Ermäßigungen für BahnCard-Besitzer oder Gruppen berücksichtigen. Vereinfacht ausgedrückt werden beim Relationspreissystem zwischen allen Halten des Fernverkehrs einer oder mehrere Preise für ICE und IC/EC bestimmt. Dabei wird auch berücksichtigt, dass man für eine Quelle-Ziel Relation verschiedene Wege und Fahrtmöglichkeiten/Fahrtzeiten hat. Die Ermittlung von konsistenten Relationspreisen bei ca. 370 Fernverkehrshalten und 45.000 FV-Relationen (Preisen) wird mit Hilfe von komplexen ITK-Systemen im Vorfeld und laufend durchgeführt.

Im internationalen Verkehr werden die Preise entweder bilateral zwischen den Bahnen ausgehandelt oder UIC-übergreifend als sogenannte NRT- bzw. TCV-Preise vereinbart. Die EVU können im ersten Fall der DB und der SNCF z. B. für die Alleo-Züge zwischen Frankfurt/Main und Paris Preise vereinbaren. Die Sicherstellung des Verkauf im geschlossenen System (SNCF) und offenen System (DB) setzte die Verbindung der beiden Carrier-Systeme voraus. Im anderen Fall werden zwischen den Bahnen im UIC-Verbund Preise nach Marktkriterien vereinbart. Diese Preise sind meist relations- oder entfernungsbasiert berechnet. Sie werden dann in den jeweiligen ITK-Systemen als Tabellen einmal oder mehrmals pro Jahr eingepflegt. Zusätzlich zu den Relationspreisen werden Festpreise verwendet. Diese als Pauschalpreise für Sonderaktionen (z. B. „Lidl-Ticket") oder in Entfernungsstaffeln wie bei den „Sparpreisen".

Den Erlös pro Sitzplatz und Kilometer Strecke (der sogenannte Yield) wird im speziell für offene Systeme entwickelten Preisverfügbarkeits-System, dem DB Fernverkehr Yieldmanagement-System optimiert. DB Fernverkehr hat hiermit eines der fortschrittlichsten Yieldmanagement-Systeme und das einzige für offene Systeme. Dazu berechnet ein Prognosesystem auf Basis von historischen Daten (z. B. Verkaufsdaten, Reisendenerfassung) täglich pro „Leg" (Strecke zwischen 2 Halten) und Zug die Anzahl der Sonderpreise. Diese können dann von Experten im Yieldmanagement nachgesteuert werden (z. B. auf Sonderereignisse wie

Messen). Nach dieser Überarbeitung erfolgt die Einspielung in die Verkaufssysteme. Die Sonderpreise bedeuten Zugbindung für die Kunden.

Die DB verwendet das Platzreservierungssystems EPA in einer modernisierten und weiterentwickelten Version, da sich die Anforderungen nicht wesentlich geändert haben und es funktional und mengenmäßig gut skalierbar ist. Heute werden ca. 100 Mio. Platzreservierungen/Jahr durchgeführt. In dem System sind 11 Bahnen mit ihrem Inventar abgebildet. Zusätzlich ist das Platzreservierungssystem über das HERMES-IP-Netzwerk mit allen Eisenbahnen in Europa verbunden. Auch die Autoreisezüge, Nachtzüge und gewisse Züge aus geschlossenen Systemen anderer Bahnen sind hier abgebildet. Um den gestiegenen Anforderungen der Kunden und des Betriebes bezüglich der Flexibilität im Bereich der Reservierung Rechnung zu tragen werden zunehmend Systeme genutzt, die die Reservierungsdaten per Funk in die Züge übertragen. Zusätzlich zu Qualitätsverbesserungen lassen sich so zusätzlich wirtschaftliche Effekte erzielen.

- **Preismanagement im Regionalverkehr**

Die EVU haben beim Preismanagement hier eine doppelte Funktion. Handelt es sich um Verkehrsleistungen in einem Verbund, so müssen die EVU diese Verbundpreise verkaufen. Auch Verkehrsverbünde ermitteln Preise nach Entfernungskriterien. Dazu wird ein Verbund je nach geographischer Situation entweder in Zonen oder Waben strukturiert. Innerhalb dieser Strukturen ist die Wahl des Verkehrsmittels frei. Der Preis richtet sich i. d. R. nach der Anzahl durchfahrener Zonen/Waben. In Verbünden mit größeren Entfernungen (z. B. Schleswig-Holstein Tarif) werden diese auch Zonen/Waben mit Entfernungskomponenten (z. B. degressive Preisberechnung bei größeren Entfernungen) kombiniert.

Darüber hinaus können EVU aber auch eigene Produkte zu selbst bestimmten Preisen/Tarifen anbieten. Sie müssen wohl auch genehmigt werden, können aber nach eigenen Kriterien gestaltet werden. Diese können wiederum Pauschalpreise (z. B. Bayern-Ticket) oder entfernungsabhängige (z. B. im Regionalbus-Verkehr) Tarife sein.

- **Verkehrsträgerübergreifende Preisberechnung**

Für die Kunden ist es von besonderer Bedeutung, einen Preis und einen Fahrschein für die Fahrt von A nach B zu haben. Häufig wählt der Kunde auf Basis der Fahrplaninformation eine Kombination von Verbund im sog. Vor- und Nachlauf und eine schnelle ICE-Verbindung im Hauptlauf. Deshalb sind Regeln definiert, wie diese Einzelpreise zu einem Gesamtpreis aufaddiert werden. In der folgenden Abbildung sind die wesentlichen Komponenten des ITK-Systems für Preis- und Yieldmanagement abgebildet. Die Systeme enthalten jeweils Komponenten für die Preisberechnung und die Abbildung der Produktstammdaten. Fernverkehr und Regional-/Stadtverkehr haben jeweils eigene Teilsysteme für die Abbildung der o. g. Entitäten und Preise. Unabhängig vom Vertriebskanal trifft eine Anfrage auf das Preisbildungssystem. Die Eingangslogik der Verkaufslogik zerlegt die Anfrage auf Basis der angefragten Verbindung in die Verkehrsbestandteile (z. B. Fernverkehr und Verbund). Die Einzelpreise werden in den Subsystemen bestimmt und mit Zusatzinformationen wie z. B. Verfügbarkeiten von Sonderpreisen oder verfügbare, reservierbare Plätze versehen. Die Einzelergebnisse werden dann von der Verkaufslogik wieder zusammengefügt und an die Vertriebskanäle abgegeben.

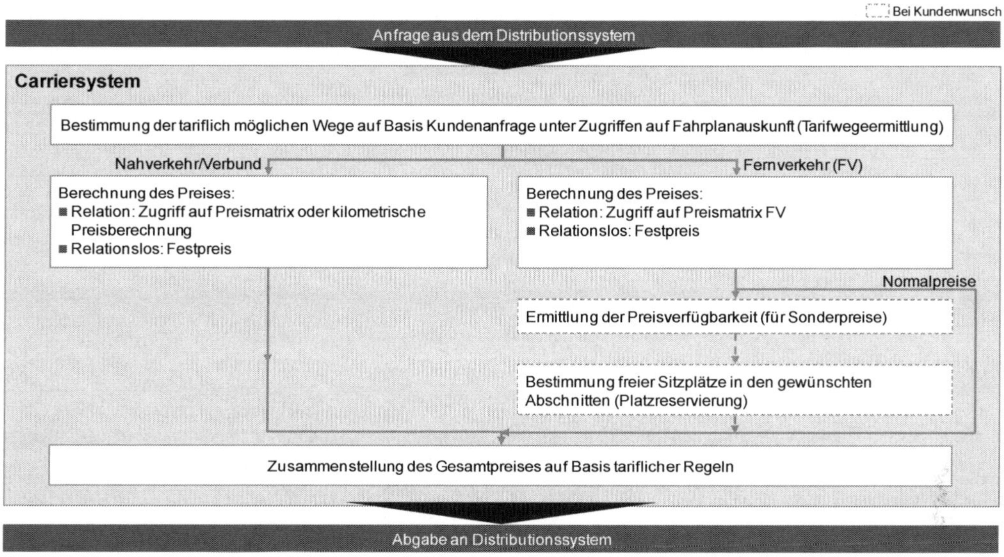

Abb. 4.4.2 *Prinzipien des Preis- und Yieldmanagement-Systems*

4.4.4 Vertrieb

Der Vertrieb mit seinen verschiedenen Vertriebskanälen ist die Schnittstelle zum Kunden. Wie in anderen Bereichen des Tourismus kann in Eigen- und Fremdvertrieb sowie in selbstbediente und bediente Kanäle differenziert werden.

Charakteristisch für den Vertrieb im ÖPV ist, dass der Kunde oft anonym ist und dass anders als z. B. in der Telekommunikationsindustrie, bei Fluggesellschaften oder Hotels nicht jeder Verkaufsvorgang oder Auftrag 1:1 einem Kunden zugeordnet werden kann.

Das Vertriebsystem deckt alle Geschäftsprozesse von der Auskunft einer Verbindung bis zur Zahlung und After Sales ab. Bei der Deutschen Bahn sind das im bedienten Vertrieb mehr als 420 Reisezentren inkl. Mobility Center in Stadtzentrallagen mit ca. 3.000 Mitarbeitern in Deutschland sowie ca. 1.400 Mitarbeitern in 6 Call Center, die an 7 Tagen 24 Stunden am Tag zur Verfügung stehen. Dazu kommen 8 Abo-Center, die auf den Verkauf von z. B. Zeitkarten spezialisiert sind. In den Zügen und Bussen kann mit mehr als 13.500 mobilen Terminals sowie den Fahrscheindruckern in den Bussen bedient durch den Fahrer zur Verfügung. Für den selbstbedienten Vertrieb stehen ca. 7.000 Automaten an ca. 4.000 Standorten mit unterschiedlichen Ausprägungen zur Verfügung. Der Internetvertrieb unter www.bahn.de ist die am meisten besuchte Internet-Adresse bei den Tourismusunternehmen in Deutschland. Zusätzlich können mehr als 3.000 Reisebüros mit GDS-Anschluss DB-Produkte (bei Bedarf weltweit) an über 15.000 Arbeitsplätzen verkaufen. Die quantitative Darstellung wird in Stückzahlen von Tickets oder Anfragen dargestellt, weil diese – anders als z. B. Einnahmen – der Indikator für die Anforderung an die Leistungsfähigkeit von ITK-Systemen sind.

Das Distributionssystem erhält vom Carriersystem Fahrplaninformationen, Preise sowie deren Preis- und ggf. Platzverfügbarkeiten. Diese werden durch das Distributionssystem an die Vertriebskanäle kommuniziert. Zusätzlich erfolgt im Distributionssystem die Auftrags- und Kundenverwaltung. Die Systeme sind untereinander – soweit sinnvoll – technisch vernetzt und tauschen Informationen untereinander (z. B. Auftragsidentifikationsnummer) aus.

Alle Systeme der Vertriebskanäle schreiben einheitlich strukturierte Verkaufsdatensätze zur Verrechnung von Leistungen mit Kunden und Vertriebspartnern. Auf der Verarbeitung dieser Daten wird in dem Teil „Erlös- und Leistungsabrechnung" eingegangen.

- **Bediente Vertriebswege**
Von 2000–2005 hat die DB ein neues Vertriebssystem für den personenbedienten Vertrieb (sowohl DB als auch Partner) entwickelt und eingeführt. An dieses System sind heute alle Reisezentren, die Arbeitsplätze in den DB Call Centern aber auch mehr als 15 Vertriebspartner über eine XML-basierte Schnittstelle angebunden. Das System ermöglicht einen auftragsbasierten und – falls gewünscht – auch kundenbasierten Verkauf. Damit kann z. B. telefonisch in einem Reisebüro eine Fahrkarte gekauft werden, die dann als Print-at-Home Onlineticket per E-Mail verschickt oder an einem Automaten zur Abholung hinterlegt werden kann.

Das System wurde in einer 3-Schicht-Architektur entwickelt und arbeitet mit einer modernen, browserbasierten Benutzungsoberfläche. Über den bedienten Vertrieb wurden 2012 über 55 Mio. Tickets verkauft.

Über eine XML-basierte Schnittstelle sind die Vertriebspartner angedockt. Dazu gehören zum einen alle großen Global Distribution Systeme aber auch einige Business Travel Management-Systeme (BTM) sowie Partnerbahnen. Die Systempartner integrieren den Verkauf der DB-Produkte in ihre Systeme und Benutzungsoberflächen. Zusätzlich findet ein personenbedienter Vertrieb in den Zügen und Bussen statt. In den Zügen von DB Regio und DB Fernverkehr wird dazu das sogenannte Mobile Terminal (MT) verwendet. Mehr als 13.500 Geräte der 2. Generation sind im Einsatz. Neben Fahrplanauskunft und Verkauf kann mit dem MT 2 auch Fahrscheinkontrolle von Elektronischen Tickets (s. u.) oder auch Fahrgeldnacherhebung durchgeführt werden. Da eine betriebssichere Datenkommunikation auf 35.000 km Strecken des DB Netzes nicht wirtschaftlich möglich ist, kann das MT 2 autark betrieben werden. Es ist ein mobiler Handheld PC mit einem WIN CE Betriebssystem und möglichen zusätzlichen Speichermedien.

In den eigenen Bussen des DB Regionalverkehrs und bei deren Auftragnehmer sind zusammen mehr als 12.500 sogenannte Fahrscheindrucker eingesetzt. Diese werden in der Regel durch den Busfahrer oder durch den Fahrgast bedient. Diese sind Kaufprodukte von spezialisierten Herstellern, die oft auch Ticketautomaten herstellen. Moderne Geräte basieren auf Windows CE bzw. Windows.

- **Selbstbediente Vertriebswege**
Über 77% aller Tickets wurden bei der DB in 2012 über Automaten und Internet verkauft. Die Bedeutung der selbstbedienten Kanäle wird in den nächsten Jahren noch an Bedeutung zunehmen.

– Automaten

Die DB Vertrieb setzt heute mehr als 7.000 Automaten ein. In der Vergangenheit wurden je nach Verwendungszweck (z. B. Verbund- oder Fernverkehrsverkauf) oft unterschiedliche Automatentypen und -technologien eingesetzt. Heute und in der Zukunft wird stärker modular entwickelt. Ziel ist eine möglich hohe Harmonisierung der Automatentypen und Gleichteileverwendung sowohl der Software als auch der Hardwarekomponenten. Der aktuell im Einsatz befindliche Automat ist der Regionale Ticket-Automat (RTA). Der RTA ist ein Universalautomat für den Verkauf aller DB- und Verbundprodukte. Der Kunde kann mit Bargeld oder mit Kredit-/EC-Karten bezahlen. Der RTA ist online an das zentrale Carriersystem angeschlossen, um z. B. Sonderpreise zu verkaufen. In seinem Gehäuse ist ein leistungsfähiger Industrie-PC installiert. Er steuert sowohl die Prozesse an der Touch-Screen Benutzungsoberfläche als auch z. B. Ticketdruck und Zahlungsprozesse. Eine besondere Herausforderung ist die Erkennung von Bargeld (inkl. Falschgelderkennung) und der korrekte Umgang mit Wechselgeld. Ebenso hat sich die Benutzungsoberfläche (anfangs Tasten) laufend weiterentwickelt. Unter Einbeziehung von Forschungsinstituten werden die Oberflächen laufend verbessert. Die Automaten sind extrem stabil ausgeführt, um an ihren teilweise exponierten Standorten sicher gegen Vandalismus zu sein.

Für die autarken Endgeräte MT 2 und Automaten wurde eine Software-Architektur verwendet, die so viel wie möglich Gleichteile mit den anderen Vertriebskanälen verwendet. Dazu gehört z. B. die Fahrplanauskunft oder die Preisberechnung. Kanalspezifische Module wie z. B. Ablaufsteuerungen werden gesondert für autarke Geräte entwickelt.

– Internet und Mobile

Das Internet hat sich in den letzten 15 Jahren zu einem der wichtigsten Kanäle für den Reisevertrieb entwickelt. Bahn.de ist eines der führenden Mobilitätsportale und wird jeden Monat über 40 Mio. mal besucht. Die DB hat bereits 1999 als eine der ersten Bahnen weltweit mit dem Verkauf von Tickets mit dem Surf&Rail Ticket begonnen. Auch die Auskunft und die Reisendeninformation via Internet als Bahnhofsabfahrtstafeln kam Ende der neunziger Jahre. Das Online-Ticket wurde 2001 eingeführt. Mit der Einführung des MT 2 (s. o.) wurde 2006 der Kontrollprozess auf das Lesen eines 2 D Barcodes umgestellt. In einem ähnlichen Verfahren sind Platzreservierungen mit MMS auf dem Handy seit 2004 und seit 2006 Komplettbuchungen inkl. des Einlesens des MMS 2 D Barcodes auf dem MT 2. In 2012 wurden ca. 53 Mio. Tickets über Internet verkauft. Das Internet sowie die neuen Mobile Kanäle und -Apps (z. B. DB Navigator) sind die wichtigsten Informationskanäle für den Personenverkehr. Die Fahrplanauskunft wird mehr als 2.300 Mio. mal pro Jahr angefragt. Auch für die Reisendeninformation ist das Internet von besonderer Bedeutung. Ebenso sorgen intelligente Zusatzkomponenten wie z. B. Echtzeitinformation in der Fahrplanauskunft inkl. Pünktlichkeitsprognosen und E-Mail-Benachrichtigungen bei Verspätungen sowie alternative Routenplaner im Verspätungsfall für dynamisch geplante Mobilität. Auch ergänzen weitere Funktionen, wie nationale und internationale Fahrplanauskünfte von Tür zu Tür und ein Verkehrsmittelvergleich die individuelle Reiseplanung. Hotels, Mietwagen und Veranstaltungen sind ebenfalls direkt aus der Reiseauskunft buchbar.

Die Software-Architekturen sind so ausgelegt, dass sowohl das „stationäre" als auch das „mobile" Internet (z. B. Mobiltelefone) bedient werden können. Eine besondere Herausforderung im Vergleich zum bedienten Betrieb ist das hohe Look-to-Book Ratio und die schwierig prognostizierbare maximal auftretende Last. Beispielsweise war z. B. in der Abfrage der Online-Bahnhofsabfahrtstafeln bei Sonderereignissen (z. B. Streik, Sturm) eine Verfünfzehnfachung der Last festzustellen. Die Software-Architektur ist durch Lastsicherungen und Repliziermechanismen auf diese Herausforderungen eingestellt. Im Vertriebskanal Internet ist – ebenso wie im bedienten Vertrieb – eine Auftrags- und Kundendatenbank im Einsatz.

- **Fahrscheine und Ticketing**
Die Nutzung des ÖPV setzt von Beginn bis heute voraus, dass der Kunde einen Fahrausweis (Ticket) als Nutzungsberechtigung vor Antritt der Fahrt erwirbt. Ein manipulationsgeschütztes, dokumentenechtes Papier enthält in einer für Kunde und z. B. Zugbegleiter oder Kontrolleur lesbarer Form die Fahrtstrecke, die Tarifkonditionen, den Preis und weitere Informationen wie z. B. Mehrwertsteuersatz oder Verkaufsstelle und Verkehrsträger. Diese Fahrscheine werden so heute im bedienten und selbstbedienten Vertrieb ausgegeben. Technische Innovationen wie z. B. Chipkarten ermöglichen neue Wege. So werden teilweise Zeitkarten auf Chipkarten ausgestellt. Die Gültigkeit des Fahrscheins wird auf dem MT 2 berührungslos durch Auslesen der Chipkarte geprüft.

Der Internet-Vertrieb hat eine völlig neue Anforderung gebracht: Der Kunde will sein Ticket zu Hause oder im Büro ausdrucken und der Kontrolleur im Zug muss die Echtheit des Fahrscheins überprüfen. Dazu wurde eine Verschlüsselung der Fahrscheindaten und der persönlichen Informationen entwickelt. Dieser Code wird auf dem 2 D Barcode hinterlegt und im Zug mit dem MT 2 ausgelesen. Der Kunden identifiziert sich mit der Kredit- oder EC-Karte, mit der er bezahlt hat. Die gelesenen Daten werden aufgenommen und mit denen des Zentralsystems verglichen. Werden Differenzen wie z. B Mehrfachbenutzungen nachgewiesen, so wird der Kunden vom Verfahren ausgeschlossen. Damit wir eine ausreichende Sicherheit gewährleistet. Neue Verfahren wie z. B. „Pay as you go“ Electronic Ticketing werden im Kapitel Ausblick dargestellt.

- **Erlös- und Leistungsabrechnung**
Die Verkaufsdaten aller Vertriebskanäle kommen in einer einheitlichen und strukturierten Form in die Systeme zur Erlös- und Leistungsabrechnung. Die Verkaufsdaten durchlaufen mehrere Stufen: als erste Stufe findet eine Qualitätssicherung und ein Clearing der Daten vollautomatisch statt. Danach werden die Daten in einem Modularen Abrechnungssystem weiter verarbeitet. Das System basiert auf einer Standardsoftware für die Abrechnung, die z. B. Telekommunikationsunternehmen eingesetzt wird. In dem System wird die Abrechnung für alle Agenturen mit deren Provisionen inkl. Rechnungserstellung genauso durchgeführt wie die Abrechnung mit Verbünden und anderen nationalen und internationalen Verkehrsunternehmen. Es erfolgt eine Verarbeitung von rund 400.000.000 Verkaufsdaten pro Jahr für ca. 4.000 Geschäftspartner und es werden dabei ca. 120.000 Rechnungen und Gutschriften erzeugt. Des Weiteren wird mit ca. 167.000.000 Regeln die DB interne Erlösaufteilung zwischen DB Regio und DB Fernverkehr durchgeführt. Nach Durchlaufen der Verarbeitungsschritte erfolgt die Weitergabe der Verkaufsdaten in konsolidierter Form an das führende kaufmännische SAP-System des DB-Konzerns. Parallel zu den Verkaufsdaten werden Kassen- und Zahlungsinformationen der DB-eigenen Vertriebskanäle im SAP-basierten integrierten Verkaufsbuchhaltungssystem vorkonsolidiert und danach ebenfalls an das Konzern-SAP-System geliefert.

4.4.5 Kundenbindungssysteme

Die Deutsche Bahn AG setzt im Personenverkehr ein ganzheitliches Prozess-System ein, das laufend weiterentwickelt wird. Das größte und mittlerweile seit 1992 etablierte System ist das Kundenbindungsprogramm des DB Fernverkehrs: die BahnCard Familie. Mittlerweile sind knapp 5 Mio. Kunden in dem Programm. BahnCard Kunden können sich als Vielfahrer an einem BahnComfort Programm beteiligen; hier bekommen sie für Umsätze Punkte gutgeschrieben und können Serviceleistungen wie z. B. Sitzplatzreservierungen präferiert buchen. Zusätzlich hat die DB ein Bonusprogramm eingeführt, mit dem gesammelte Punkte bei einer Vielzahl von Partnern eingelöst werden können. Zusätzlich hat die DB ein Personenverkehrs-übergreifendes Beschwerdemanagement entwickelt, mit dem Kundenbeschwerden z. B. im Call Center von DB Dialog bearbeitet werden können. Für die Vertriebsunterstützung bei Firmenkunden hat DB Vertrieb ein Werkzeug zum optimalen Key Account Management der ca. 25.000 Firmenkunden entwickelt. Sowohl das BahnCard als auch das Beschwerdemanagement- und auch das Firmenkundensystem sind mit der Standardsoftware SIEBEL der Firma ORACLE entwickelt. Den Informationsaustausch zwischen Vertriebskanälen, den Kundenbindungssystemen und Systemen zur Zahlungsabwicklung (z. B. Forderungsmanagement bei Lastschriftzahlungen) übernimmt eine Zentrale Kundendatenbank.

4.4.6 Produktionsplanung und -durchführung

Die Prozesse der Produktionsplanung und -durchführung bilden einen separaten fachlichen Cluster. Die Prozesse – und damit auch die ITK-Systeme – zeichnen sich durch eine hohe fachliche Integration bei gleichzeitig stark örtlich verteilter Leistungserbringung aus. Die Produktionsplanung und -durchführung ist eingebettet zwischen Angebot, Marketing und Vertrieb einerseits sowie Abrechnung und Erlöszuscheidung andererseits.

Die Beschreibung der Prozesse und ITK-Unterstützung der Produktionsplanung und -durchführung erfolgt aus der Sicht eines EVU (Eisenbahnverkehrsunternehmen). Der Blickwinkel eines EIU (Eisenbahninfrastrukturunternehmen) wird an den gemeinsamen fachlichen und technischen Schnittstellen betrachtet. EIU sind die Unternehmen, die für die Produktion erforderliche Infrastrukturleistungen, wie Trasse, Stationshalte oder Energie bereitstellen, damit die EVU ihre Verkehrsleistung erbringen können. Die EIU stellen allen EVU die Infrastruktur diskriminierungsfrei und entgeltlich zur Verfügung und unterliegen der Regulierung durch die Bundesnetzagentur.

- **Netzmanagement, Fahrlagenplanung (Angebotsplanung)**

Ausgangspunkt für alle Aktivitäten eines EVU ist die langfristige Angebotsplanung. Dazu werden die erwarteten Reisendenströme (Quell- und Zielorte bzw. -regionen sowie erwartete Mengen) ermittelt und daraus Linien gebildet. Zu berücksichtigen sind dabei die VT (Verkehrstage, d. h. Montag, Dienstag, …, Sonntag), da sich die Reisendenströme und die Struktur der Reisenden an jedem Wochentag deutlich unterscheiden können.

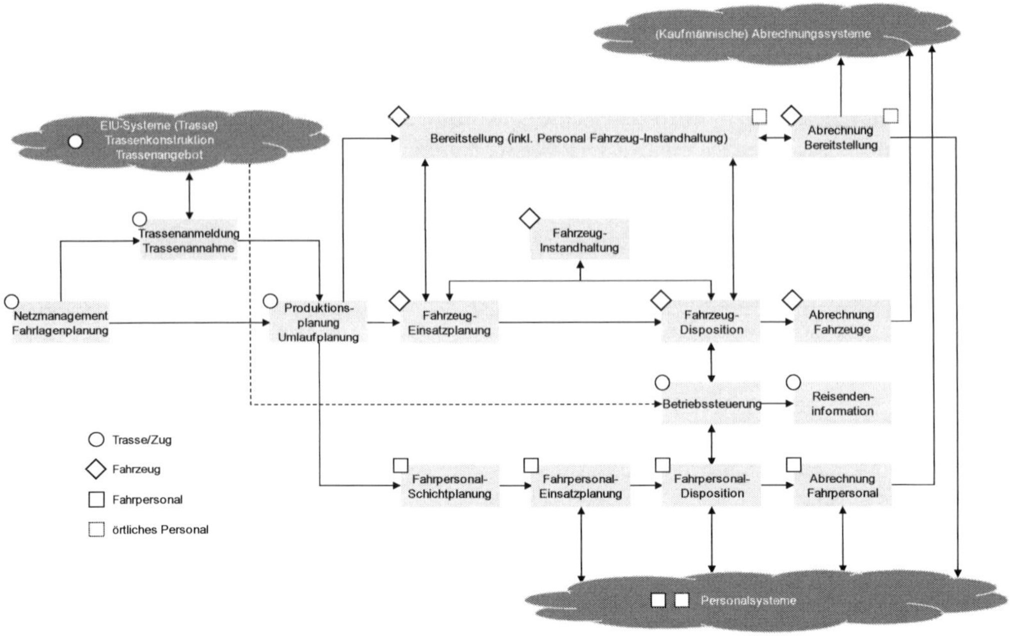

Abb. 4.4.3 *Übersicht fachliches Cluster Produktionsplanung und -durchführung*

Beispiele für Linien der DB Fernverkehr AG sind die Linie 41 von Dortmund über Köln, Frankfurt/Main, Nürnberg nach München oder die Linie 11 von Berlin über Wolfsburg, Göttingen, Fulda, Frankfurt/Main, Stuttgart, Ulm, Augsburg nach München. Beide Linien bedienen die Verbindung von Frankfurt/Main, allerdings auf unterschiedlichen Laufwegen und mit unterschiedlichen Unterwegshalten. Die Angebotsplanung hat einen Vorlauf von mindestens 2 Jahren bis weit in die Zukunft.

Um die optimalen Linien zu definieren, werden mittels mathematischer Modelle und mit ITK-Unterstützung zahlreiche Varianten von Linienbündeln (Verkehrsnetze) simuliert und kalkuliert. Die jeweiligen Linienbündel unterscheiden sich in Fahrzeugbedarf, Reisezeiten, Umsteigehäufigkeit und weiteren betrieblichen und wirtschaftlichen Kenngrößen. Unter wirtschaftlichen, marketingtechnischen und teilweise betrieblichen sowie beim Regionalverkehr unter bestellerorientierten Gesichtspunkten ermitteln die ITK-Systeme der Angebotsplanung den groben Fahrplan, der dem Kunden angeboten werden soll und der der detaillierten Produktionsplanung übergeben wird.

Fachcluster **Netzmanagement, Fahrlagenplanung (Angebotsplanung)**: ⏩ Netz-Infrastruktur ⏩ Fahrzeugmengen ⏩ Fahrzeug-Eigenschaften (Geschwindigkeit, Anzahl Sitze, …) ⏩ erwartetes Kundenverhalten (Umsteigewiderstände, …)
Input: ⏩ Reisendenquellen ⏩ Reisendensenken ⏩ Reisendenmengen
Output: ⏩ Linienkonzept ⏩ Grobfahrplan ⏩ Fahrlagenplan

- **Produktionsplanung, Fahrzeugumlaufplanung (Fahrplanung)**
Bei der Produktionsplanung wird das gewünschte Angebot unter Berücksichtigung aller relevanten Rahmenbedingungen für die nächste Fahrplanperiode im Detail ausgeplant. Dazu wird in einem ersten Schritt das vorliegende Angebotskonzept mit den Fahrzeugverfügbarkeiten abgeglichen und ggf. angepasst. In den Fahrzeugverfügbarkeiten sind auf der einen Seite der Fahrzeugbestand (je Fahrzeugflotte) und auf der anderen Seite der Fahrplan-Fahrzeugbedarf, Fahrzeug-Reserven, Bedarf für Instandhaltung und Revisionen sowie für Sonderumbauten berücksichtigt.

In der Fahrzeugumlaufplanung (Umlaufplanung) werden neben den Fahrlagen aus der Angebotsplanung weitere Bestandteile der Produktion eingeplant: Rangier- und Bereitstellungsfahrten, Innen- und Außenreinigung sowie häufig wiederkehrende Fahrzeuginstandhaltungsmaßnahmen (Laufwerkskontrollen, Nachschauen, Wagenuntersuchungen). Die Fahrzeug-Behandlungen außerhalb der Zugfahrt werden mittels ortsbezogener Prämissen zu Mindestwendezeiten (Zeit zwischen Ende einer Kunden-Zugfahrt und Beginn der nächsten Kunden-Zugfahrt eines Fahrzeuges) in die Umlaufplanung integriert. Die Fahrzeuginstandhaltungsmaßnahmen, die in größeren zeitlichen oder leistungsmäßigen Abständen durchzuführen sind (Fristen, Revisionen, …), werden nicht in die Umlaufplanung aufgenommen, da die konkrete zeitliche und räumliche Lage dieser Leistungen sehr stark abhängt von einem bestimmten physischen Fahrzeug und dessen jeweils aktueller Laufleistung. Um die entsprechenden Leistungen kapazitiv in die Umlaufplanung integrieren zu können, werden daher in definierten Zyklen größere Zeitblöcke in den Umlauf aufgenommen, um in einer Kapazitätsbetrachtung auch die Fristen u. ä. berücksichtigen zu können. Die Hinterlegung von qualitativ hochwertigen Stammdaten ist daher ein erfolgskritischer Aspekt der Umlaufplanung.

Im Rahmen der Umlaufplanung werden einzelne Fahrlagen – soweit möglich – oder Teil-Fahrlagen so untereinander verknüpft, dass das Angebot mit möglichst wenigen Fahrzeugen zu produzieren ist. Diese Aufgabe erfordert auf der einen Seite sehr erfahrene Umlaufplaner, auf der anderen Seite ist diese Arbeit ohne die Unterstützung einer ITK-Anwendung für Umlauf- und Reihungsplanung nicht denkbar. Im Bereich der Umlaufplanung ergeben sich für die nähere Zukunft die größten Handlungsmöglichkeiten, da durch die fortschreitende Entwicklung der Computertechnologie die rechnergestützte Umsetzung von Optimierungsverfahren ermöglicht wird. Noch vor wenigen Jahren waren weder die mathematischen Grundlagen noch die Rechentechnik für die Problemstellung der Umlaufplanung vorhanden.

In der Umlaufplanung wird „nur" eine logische Planung ohne Beug auf ein konkretes physisch vorhandenes Fahrzeug erstellt – lediglich die Baureihe und/oder Bauart ist festgelegt. Um die einzelnen Fahrlagen optimal zu verknüpfen, werden in der Umlaufplanung auch Leerfahrten geplant, die die Umläufe „rund" machen, d. h. dass eine bestimmte Anzahl von Fahrzeugen eine bestimmte Anzahl von aneinander gereihten Leistungen in Umlauftagen zyklisch abfahren kann. Die Anzahl der in einem Umlauf benötigten Tage (Umlauftage) entspricht somit der Anzahl der für diese Leistungsmenge benötigten Fahrzeuge (ohne Reserven).

Die Fahrlagen aus der Angebotsplanung sowie die geplanten Leer- und Rangierfahrten bilden die Leistungsmenge, die beim EIU bei der Trassenanmeldung bestellt werden.

Fachcluster **Produktionsplanung, Umlaufplanung (Fahrplanung)**: ⏩ Planungsprämissen (Mindestwendezeiten) ⏩ Behandlungsregime (Fahrzeuginstandhaltung, Ver- und Entsorgung, …) ⏩ örtliche Infrastrukturen
Input: ⏩ Fahrlagen (Kundenfahrplan)
Output: ⏩ Umlauf (Betriebsfahrplan)

- **Trassenanmeldung, Trassenkonstruktion/-angebot, Trassenannahme**

Nach Abschluss der Umlaufplanung werden alle Zugfahrten, für die eine Trasse (= Zugnummer) benötigt wird, über eine Schnittstelle oder über die Nutzung eines vom EIU bereitgestellten Internetclient beim EIU angemeldet. Das EIU konstruiert aus den Anmeldungen aller EVU konfliktfreie Trassen. Ist dies nicht möglich, so werden in Absprache mit den betroffenen EVU Alternativen angeboten. Ist weiterhin keine konfliktfreie Trassenkonstruktion möglich, so entscheiden Priorisierungsregeln der Regulierungsbehörde über die Trassenvergabe an die verschiedenen EVU. Nach Abschluss der Trassenkonstruktion beim EIU wird den EVU über eine DV-Schnittstelle oder den Internetclient ein Trassenangebot gemacht. Das Trassenangebot wird üblicherweise angenommen, da während der Trassenkonstruktion Abstimmungen zwischen EVU und EIU stattgefunden haben. Durch die Übergabe der Fahrlagen über eine DV-Schnittstelle sind die bestätigten Fahrlagen im Fahrlagenplanungssystem und im Umlaufplanungssystem des EVU vorhanden.

Fachcluster **Trassenanmeldung, Trassenkonstruktion/-angebot, Trassenannahme**:
⏩ Netz-Infrastruktur ⏩ Konstruktionsvorgaben ⏩ Vergabevorgaben
Input: ⏩ Fahrlagen ⏩ Umläufe
Output: ⏩ Fahrlagen (bestätigt) ⏩ Umläufe (bestätigt)

- **Fahrzeugeinsatzplanung**

Aus der Umlaufplanung werden die Daten zum Einen in die Fahrzeugeinsatzplanung und zum Anderen in die Schichtplanung für fahrende Personale übergeben. In der Fahrzeugeinsatzplanung werden den Umläufen konkrete physische Fahrzeuge zugeordnet. Dazu werden Fahrzeuge auf Fahrzeugumläufe „gebunden" und offene Fahrlagen in die jeweiligen Leistungsketten integriert. Die Fahrzeugeinsatzplanung erfolgt mit in einem ITK-System in einer Gantt-Darstellung. Beim Zuordnen der Fahrlage zu einem konkreten Fahrzeug wird geprüft, ob das Fahrzeug die aus der Fahrlage gestellten Anforderungen – Baureihe, Restlaufleistung, Orts- und Zeitplausibilität – vollständig erfüllt. Insbesondere die Überprüfung der Restlaufleistung bis zur nächsten fälligen Instandhaltungsleistung ist ein entscheidendes Kriterium, ob die Leistung durch das vorgesehene Fahrzeug erbracht werden kann.

Fachcluster **Fahrzeugeinsatzplanung**: ⏩ Fahrzeug-Stammdaten ⏩ Fahrzeug-Einsatzkriterien
Input: ⏩ Umläufe ⏩ Fahrzeug-Leistungsdaten
Output: ⏩ Fahrzeugeinsatzplanung ⏩ Fahrzeug-Leistungsketten (mit Fahrzeug-Leistungsdaten)

- **Fahrzeugdisposition**

Im Bereich der Fahrzeugdisposition werden alle (kurzfristigen) Änderungen (überwiegend manuell) in die Fahrzeugeinsatzplanung eingearbeitet. Kurzfristige Änderungen können u. a. eine größere Verspätung, eine Umleitung oder ein Fahrzeugtausch aufgrund eines Defekts (und damit verbunden eine veränderte Restlaufleistung bis zur nächsten Instandhaltungsmaßnahme) sein. Üblicherweise werden ITK-Anwendungen mit hochgrafischen Oberflächen verwendet, damit das Lösen und Binden von Fahrzeugen auf Umläufe in anwenderfreundlicher Gantt-Chart-Darstellung erfolgen kann. Obwohl die Disposition dezentral erfolgt, sind alle Anwender der Fahrzeugdisposition an einer zentralen Datenbank angemeldet, um einen Überblick über alle für die Disposition verfügbaren Ressourcen zu haben.

Aus der Fahrzeugdisposition heraus wird die Zuführung konkreter Fahrzeuge in die Instandhaltung geplant. Eine enge fachliche und organisatorische Abstimmung mit dem Bereich der Fahrzeuginstandhaltung ist entsprechend wichtig. Die technische Schnittstelle zwischen Fahrzeugeinsatz und Instandhaltung ist für den sicheren und wirtschaftlichen Betrieb eines EVU unerlässlich.

Fachcluster **Fahrzeugdisposition**: ⏩ Fahrzeug-Stammdaten ⏩ Fahrzeug-Einsatzkriterien
Input: ⏩ offene Leistungen (manuell) ⏩ Fahrzeugeinsatzplanung ⏩ Fahrzeug-Leistungsdaten
Output: ⏩ Fahrzeugeinsatzplanung (aktualisiert) ⏩ Fahrzeug-Leistungsdaten (aktualisiert)

- **Fahrpersonal-Schichtplanung/-einsatzplanung und -disposition**

Die Umlaufplanung ist Basis zur Erstellung von unpersonalisierten Schichten für das fahrende Personal (Tf – Triebfahrzeugführer, Bordpersonal). Dazu sind in allen Umläufen Brechpunkte definiert, an denen ein Personalwechsel stattfinden kann. Eine ITK-Anwendung mit mathematischem Optimierungskern erstellt nun auf Basis von gesetzlichen, tariflichen, sozialen und örtlichen Vorgaben Schichten, die die durch die Umlaufplanung vorgegebene Leistungsmenge mit einer minimalen Anzahl von Fahrpersonal produzieren lässt.

Die in der Schichtplanung erstellten Schichten werden in einem weiteren Schritt der Personaleinsatzplanung konkreten Mitarbeitern zugewiesen. Dabei sind z. B. Baureihenkenntnis, Streckenkenntnis, besondere Qualifikationen, persönliche Einschränkungen sowie der aktuelle Stand des Arbeitszeitkontos entscheidend. Diese Informationen werden aus den führenden Personalsystemen zeitnah bezogen. Außerdem gehen in die Personaleinsatzplanung die Wünsche der Mitarbeiter mit ein, die über eine spezielle Anwendung eingegeben werden können. Im Bereich des Bordpersonals ist die Bildung von festen Teams in der Personaleinsatzplanung zu berücksichtigen. Die Personaleinsatzplanung muss dem Betriebsrat zur Mitbestimmung vorgelegt werden, so dass die ITK-Anwendung zur Erstellung der Schicht- und Personaleinsatzplanung einen formal korrekten, fachlich guten und sozial ausgewogenen Plan erstellen muss. Die Personaleinsatzplanung wird üblicherweise ebenfalls mit Hilfe einer ITK-Anwendung mit mathematischem Optimierungsalgorithmus erstellt.

Die Personaleinsatzpläne werden nach Abstimmung mit dem Betriebsrat an die Personaldisposition übergeben. Dort werden alle Änderungen, die sich nach der Erstellung des Plans ergeben, (überwiegend manuell) in die ITK-Anwendung eingegeben und die daraus resultierenden Handlungsbedarfe für die Personaldisponenten deutlich hervorgehoben. Solche Anpassungen sind notwendig z. B. bei kurzfristigen Baumaßnahmen, bei der Krankmeldung eines Mitarbeiters, bei Verspätungen, die den Übergang des Personals zur Folgeleistung unmöglich machen oder beim kurzfristigen Einsatz eines abweichenden Fahrzeugs.

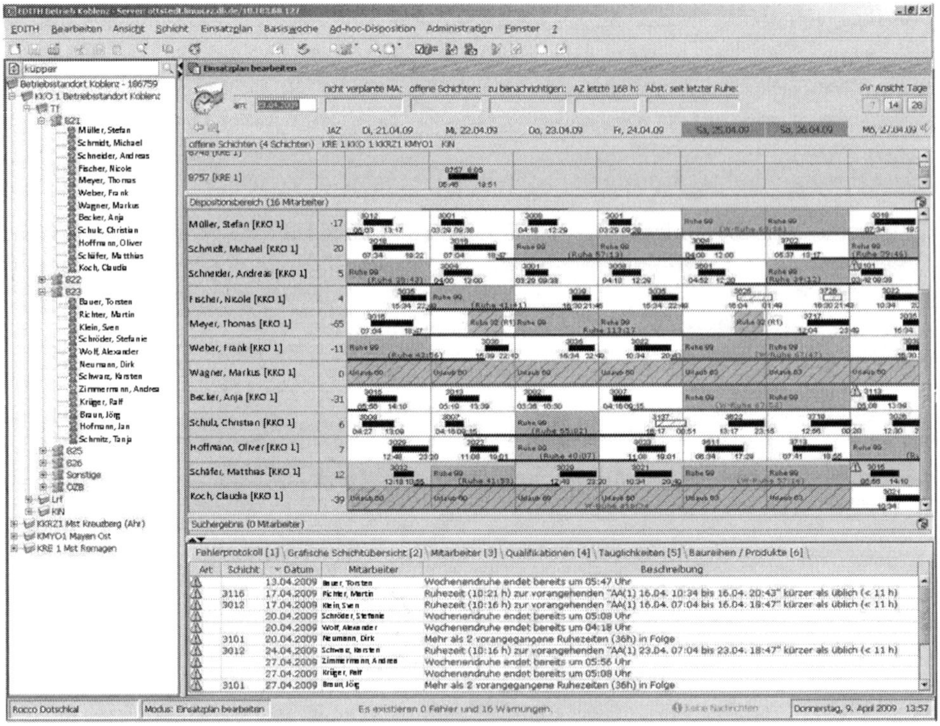

Abb. 4.4.4 Übersichtliche Fahrpersonaleinsatzplanung und -disposition mit Gantt-Chart-Darstellung

Die DB setzt im Personenverkehr für die Schicht- und Einsatzplanung des fahrenden Personals ein Produkt ein, das neben dem Einsatz bei Eisenbahnen auch in der Luftfahrtbranche eingesetzt wird. Der Optimierungskern (Core) ist unabhängig von der Fachlichkeit und wird für alle Nutzer des Systems identisch weiterentwickelt. Um den Optimierungskern herum sind unterschiedliche personengruppenspezifische Anwendungen erstellt, die die jeweilige spezielle Fachlichkeit enthalten (User, z. B. Tf-Schichtplanung, Tf-/Bordservice-Einsatzplanung). So können bei einem hohen Grad an Software Standardisierung die notwendigen fachlichen Anpassungen realisiert werden.

Die ehemals 2-schichtige ITK-Anwendung wurde aufgrund von fachlichen und technischen Anforderungen auf eine 3-Schicht-Architektur (inkl. Datenbank) umgestellt. Das Schicht- und Einsatzplanungssystem im Fernverkehr wird durch folgende Kennzahlen charakterisiert: ca. 9.500 verplante Personale, ca. 1.100.000 Schichten p. a. bei ca. 240 Anwendern/Planern.

Fachcluster **Fahrpersonalschichtplanung/-einsatzplanung/-disposition**: ⏩ Tarifregeln ⏩ gesetzliche Vorgaben ⏩ örtliche Regelungen ⏩ Mitarbeiterwünsche ⏩ örtliche Stammdaten (z. B. Wegezeiten)
Input: ⏩ Umläufe mit Brechpunkten ⏩ Prämissen für regionale Leistungsverteilung ⏩ Personaldaten (Strecken-/Baureihenkenntnis, Arbeitszeitkonto, Einschränkungen, ...) ⏩ Abweichungen vom Planzustand (z. B. Krankmeldungen)

Output: ⏩ optimierte und/oder manuell angepasste Personalschichten ⏩ optimierte und/oder manuell angepasste Personaleinsatzpläne ⏩ individuelle Mitarbeiter-Dienstpläne

- **Bereitstellung (Rangieren, Zugbereitstellen, Innen-/Außenreinigung, Catering)**

Alle Tätigkeiten zwischen zwei Kunden-Zugfahrten werden als Bereitstellung bezeichnet. Da die Fahrzeuginstandhaltung eine herausragende Stellung innerhalb der Bereitstellung hat, ist diese separat beschrieben.

Nach Beendigung einer Zugfahrt muss der Zug entweder im Rahmen einer Kurz- oder Bahnsteigwende direkt für die nächste Zugfahrt vorbereitet werden (z. B. Bremsprobe) oder für weitere Behandlungen vom Bahnsteig wegrangiert werden. Für jedes Fahrzeug gibt es eine Behandlungsplanung, die alle Rangierarbeiten, die Innen- und Außenreinigung, die Ent- und Versorgung (z. B. Entsorgung WC und Versorgung mit Wasser), die Instandhaltung, die Abstellung und – soweit erforderlich – ein Catering beinhaltet.

Ziel der gesamten Bereitstellungstätigkeiten ist, das Fahrzeug pünktlich für die nächste Zugfahrt in einem qualitativ hochwertigen Zustand für die Kunden am Bahnsteig bereitzustellen.

Fachcluster **Bereitstellung (Rangieren, Zugbereitstellen, Innen-/Außenreinigung, Catering)**: ⏩ Infrastrukturen (Kapazitäten, Einschränkungen, örtliche Zuordnung, …) ⏩ Bereitstellungsregime
Input: ⏩ Umläufe (insbesondere Orte und Zeiten) ⏩ Fahrzeugeinsatzplan
Output: ⏩ Leistungsverteilung ⏩ Umtriebsplan, örtliche Behandlungen (Plan und Ist) ⏩ gewerkespezifische Leistungen (Plan und Ist) ⏩ vollständige Fahrzeug-Leistungskette

- **Fahrzeuginstandhaltung**

Die betriebsnahe Fahrzeuginstandhaltung ist der zentrale Bestandteil der Bereitstellung. Für einen sicheren, qualitativ hochwertigen, verlässlichen und wirtschaftlichen Bahnbetrieb ist der Zustand der Fahrzeuge sowie der Aufwand, diesen Zustand zu erhalten, eine maßgebliche Einflussgröße.

Für die „schwere Instandhaltung" – verbunden mit einer längeren Standzeit – werden Fahrzeuge aus der Verfügbarkeit genommen. In der Kapazitätsplanung (Netzmanagement, Umlaufplanung, s. o.) werden Fahrzeugbedarfe für die schwere Instandhaltung berücksichtigt.

Die zu erbringende Leistung wird flottenbezogen auf Basis des jeweiligen Instandhaltungsregimes ermittelt und durch das Flottenmanagement per Beauftragung auf verschiedene Instandhaltungswerke verteilt. Bei der Leistungsverteilung sind die flottenbezogenen Umläufe bekannt, so dass für die Instandhaltung der Fahrzeuge die „natürlichen Stilllagen" genutzt werden, d. h. die Lücken zwischen zwei Zugfahrten. Im Fernverkehr mit seinen relativ hohen Sitzplatzkosten wird versucht, die Instandhaltung möglichst vollständig in der Nacht (22:00 Uhr bis 06:00 Uhr) zu erledigen. Im SPNV können auch die Stillstände während des Tages genutzt werden, da hier nur in der HVZ (Hauptverkehrszeit) die maximale Anzahl an Fahrzeugen benötigt wird.

In einem zentralen SAP-System sind alle an einem Fahrzeug durchzuführenden Arbeiten im AV (Arbeitsvorrat) hinterlegt. Diese Arbeiten werden im Rahmen einer Befundung im Werk identifiziert oder – wo möglich – per Funk durch das Fahrzeug vorgemeldet. Zusätzlich sind alle „alten“ Befunde, die noch nicht abgearbeitet sind, im AV enthalten. Auf Basis des AV werden die an den Fahrzeugen durchzuführenden Arbeiten vorgeplant und das notwendige Personal und Material bereitgestellt. Den Handwerkern werden die entsprechenden Arbeitsscheine vorbereitet. Um die Arbeitsabläufe zu optimieren, werden mobile Endgeräte mit Anbindung an das SAP-System eingesetzt.

Nach Durchführung der Arbeiten wird die Erledigung der Arbeiten in das SAP-System per Arbeitsschein oder über ein Mobilgerät zurückgemeldet. So ist sichergestellt, dass im SAP-System immer zeitnah der tatsächliche Zustand der Fahrzeuge mitsamt der vollständigen Fahrzeug- und Komponenten-Historie dokumentiert ist. Material und Fertigungsstunden werden bezogen auf die einzelnen Instandhaltungsprodukte auf die Fahrzeuge verbucht. Das SAP-System dient ebenfalls der Überwachung von Gewährleistungsprozessen. Da alle (relevanten) Komponenten eines Fahrzeuges separat überwacht werden, können die aus Gewährleistungsansprüchen resultierenden Effekte realisiert werden.

Folgende Kenngrößen charakterisieren das zentrale Fahrzeuginstandhaltungssystem der Deutschen Bahn AG (konzernweite Zahlen): ca. 582.400 aktive sowie eigene/fremde Fahrzeuge (davon ca. 7.100 Lokomotiven, ca. 14.000 Triebzüge/Triebwagen, ca. 554.600 Güter- oder Personenwagen und ca. 5.600 Busse), ca. 2,3 Mio. Instandhaltungsaufträge p. a. Ca. 6.800 Anwender, davon ca. 1.500 gleichzeitig. Ca. 4,6 TB Datenvolumen (online verfügbar), ca. 700 GB Datenwachstum p. a.

Fachcluster **Fahrzeuginstandhaltung**: ⏩ Instandhaltungsregime ⏩ Fahrzeug-Stammdaten ⏩ Werke-Infrastruktur ⏩ gewerkespezifische Personalkapazitäten
Input: ⏩ Umläufe ⏩ Fahrzeug-Leistungsdaten ⏩ Diagnose- und Befundungsmeldungen ⏩ Status Arbeitsvorrat
Output: ⏩ Leistungsblock für nächste Instandhaltungsmaßnahme ⏩ Status Arbeitsvorrat (aktualisiert) ⏩ Verbrauch an Material und Fertigungsstunden

- **Abrechnung Bereitstellung, Fahrzeuge und Fahrpersonal**

Für die unterjährige Unternehmenssteuerung sind die Leistungsdaten aus den Produktionssystemen ein wichtiger Input. Sowohl für die Kostenträgerrechnung, für die Personalabrechnung als auch für die kaufmännische Unternehmenssteuerung über das UKV (Umsatz-Kosten-Verfahren) werden korrekte Leistungsdaten benötigt. Diese Daten zu Fahrzeugen, Personal, Energie, Infrastruktur und weiteren Produktionsfaktoren müssen vollständig sein und sich konsistent auf den jeweiligen Kostenträger verrechnen lassen. Im Personenverkehr ist üblicherweise die Linie der Kostenträger, im Güterverkehr ist es dagegen ein Auftrag. Die Ist-Leistungsdaten bilden auch die Grundlage für die gesamte Unternehmensplanung, die wichtige Ist-Entwicklungen berücksichtigen muss.

Fachcluster **Abrechnung Bereitstellung, Fahrzeuge und Fahrpersonal**: ⏩ Kostenträger ⏩ Fahrplandaten
Input: ⏩ Leistungsdaten Fahrzeuge ⏩ Leistungsdaten Personal ⏩ Leistungsdaten (eigene) Infrastruktur
Output: ⏩ Leistungsdaten Fahrzeuge (bezogen auf Kostenträger) ⏩ Leistungsdaten Personal (bezogen auf Kostenträger) ⏩ Leistungsdaten (eigene) Infrastruktur (bezogen auf Kostenträger)

- **Transport-/Betriebssteuerung**

Abweichungen im Betrieb, insbesondere Verspätungen, Fahrzeugstörungen oder sonstige Störungen (z. B. durch Suizid) müssen so behandelt werden dass die Auswirkungen auf die Kunden minimiert werden. Dazu wird in der Transport-/Betriebssteuerung dafür gesorgt, dass Anschlüsse für Reisende mit Umstieg sichergestellt werden, dass Reisende in Tagesrandlagen noch ihr Ziel erreichen, dass die Einsatz- und Knotenpunktreserven zur Abfederung der Störungsauswirkungen optimal eingesetzt werden. Die Auswirkungen auf die Fahrzeug- und Personaleinsatzplanung werden in den jeweiligen ITK-Systemen für Fahrzeuge und Personal nachgehalten.

Alle Dispositionsentscheidungen werden im ITK-System dokumentiert und daraus automatisiert oder teilautomatisiert Reisendeninformationen erzeugt, die an das Reisendeninformationssystem RiS weitergegeben werden.

Fachcluster **Transport-/Betriebssteuerung**: ⏩ Netz-Infrastruktur ⏩ verfügbare Fahrzeugreserven ⏩ verfügbare Personalreserven
Input: ⏩ Fahrzeugeinsatzplanung ⏩ Personaleinsatzplanung ⏩ Betriebslage (zugbezogene Verspätungen und Ereignisse)
Output: ⏩ Fahrzeugeinsatzplanung (aktualisiert) ⏩ Personaleinsatzplanung (aktualisiert) ⏩ angepasste Trasse ⏩ Reisendeninformation

- **Reisendeninformation**

Während der Produktionsdurchführung gibt es immer wieder Abweichungen zum geplanten Zustand (s. o.), die zeitnah innerhalb des Unternehmens sowie an die Kunden kommuniziert werden müssen. Alle relevanten Veränderungen, die im Bereich der Transport-/Betriebssteuerung vorgenommen werden, werden über ein Reisendeninformationssystem an die Zub (Zugbegleiter im Fernverkehr) und KiN (Kundenbetreuer im Nahverkehr), an die Tf (Triebfahrzeugführer), an die Stationen, an das Internet und weitere interne wie externe Informationsempfänger weitergegeben.

Für ein EVU ist es von großem Interesse, dass bei Störungen und Abweichungen – die sich bei einer komplexen und vernetzten Produktion nicht vollständig vermeiden lassen – die Kunden so gut informiert werden, dass sie die Gründe und die persönlichen Auswirkungen der Störungen und Abweichungen kennen.

Fachcluster **Reisendeninformation**: ⏩ Verteilungs-/Informationsmatrix
Input: ⏩ Reisendeninformation (intern/extern)
Output: ⏩ zielgruppenspezifische Kundeninformation ⏩ zielgruppenspezifische Mitarbeiterinformation

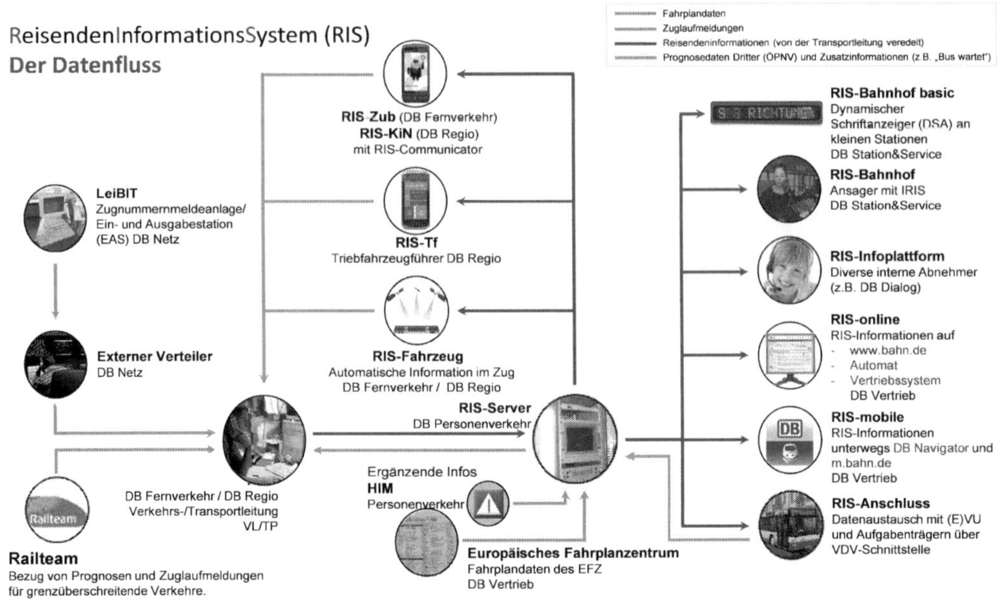

Abb. 4.4.5 *Informationskanäle beim Reisendeninformationssystem*

4.4.7 Zukünftige Entwicklung der ITK-Systeme

Die Schwerpunkte folgen den wesentlichen Geschäftszielen des Personenverkehrs: Optimierung des Kerngeschäfts, Expansion in neue Märkte und Integration verschiedener Bausteine zu einer gesamten Mobilitätskette. Für die ITK bedeutet dies: Im Fokus bei der Optimierung stehen u. a. Themen wie CRM am Customer Touch Point, Optimierung der Vertriebskanäle (z. B. bessere Bedienung der Automaten) oder in der Produktion die Bereitstellung oder die Weiterentwicklung von Optimierern. Expansion in neue Märkte führt zu verstärkter gegenseitiger Anbindung der Partnerbahnen. Dies findet insbesondere bei den Vertriebs- und CRM-Systemen statt. Ziel ist es, dem Fahrgast „einen Preis und einen Fahrschein" anbieten zu können. Die Integration verschiedener Bausteine zielt auf einen integrierten Mobilitätsdienstleister. Der Kunde soll ein Haus-zu-Haus Angebot unter Nutzung des ÖPV und ergänzenden Angeboten bekommen. Eine wichtige Komponente ist das Electronic Ticketing-Verfahren „Touch&Travel". Hierbei checkt sich ein bekannter Kunde bspw. mit seinem Near-Field-Communication Handy an seinem Startpunkt ein, nutzt verschiedene Verkehrsmittel und checkt sich nach dem Aussteigen am Zielpunkt aus. Ein Hintergrundsystem berechnet auf Basis der Ein- und Ausstiegszeitpunkte und -orte den Fahrtpreis und der Kunden bekommt eine monatliche Mobilitätsrechnung.

4.5 Informationsmanagement bei Autovermietern

Robert Goecke

Sowohl für die An- und Abreise als auch für die Mobilität am Zielort ist die Anmietung eines Autos „zum Selbstfahren“ ein wichtiger Bestandteil vieler Urlaubs- und Geschäftsreisen. Autovermieter stellen hierzu Touristen auf vielfältige Weise und nach verschiedenen Geschäftsmodellen Kraftfahrzeuge im Quell- und Zielgebiet sowie an Flughäfen, Schiffshäfen, Bahnhöfen und anderen Anmietstationen bereit. Um die Anmietung und Abgabe eines Autos möglichst bequem in die Reisekette des Touristen zu integrieren, werden von Autovermietern, Reiseveranstaltern, Reisemittlern und Destinationen unterschiedliche Dienste zur Reservierung von Autos über stationäre und elektronische Vertriebskanäle angeboten. Die mobile Internet-Kommunikation mit Kunden über Smartphones und die mobile Vernetzung von Fahrzeug-Bordcomputern mit den Reservierungssystemen der Autovermieter haben zuletzt das Car Sharing als innovative Form der Autovermietung zur gemeinsamen Nutzung von Fahrzeugen mit Parkraum inkl. Kraftstoffversorgung (insb. Elektromobilität) ermöglicht.

4.5.1 Kernprozesse der Autovermietung

Der Fokus liegt im Folgenden auf der generischen Beschreibung der Unterstützung der Kerngeschäftsprozesse der Autovermietung im Tourismus durch Informationsmanagement.

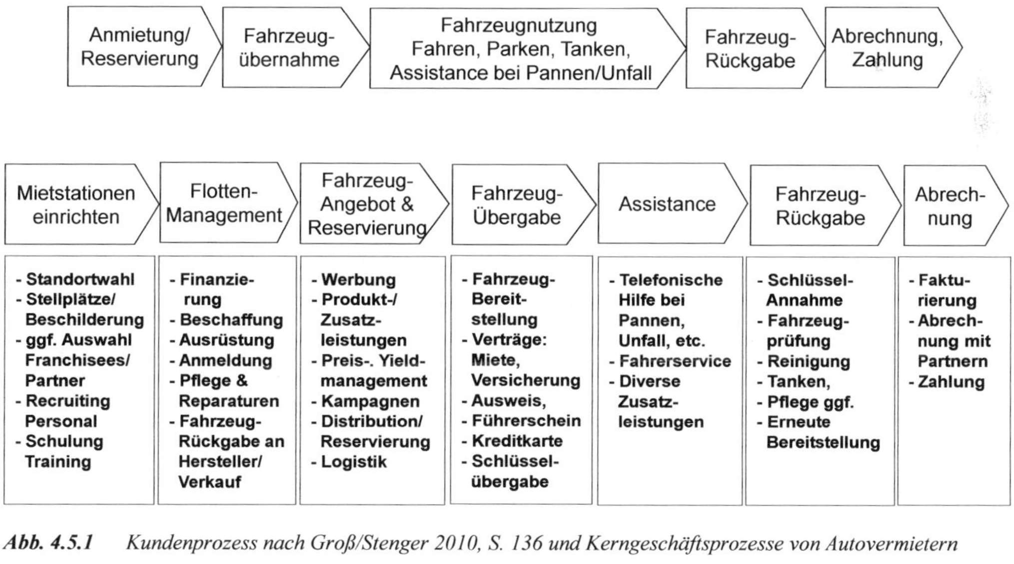

Abb. 4.5.1 *Kundenprozess nach Groß/Stenger 2010, S. 136 und Kerngeschäftsprozesse von Autovermietern*

Eine Einführung in das klassische Autovermieter-Geschäft im Tourismus findet sich in Schulz 2009, S. 287–303. Für eine umfassende Behandlung der rechtlichen Rahmenbedingungen, der typischen Funktionsbereiche und Geschäftsprozesse eines Autovermieters, eine

Marktstrukturanalyse sowie der Caravan-, Motorrad und Fahrradvermietung verweisen wir auf Groß/Stengel 2010. Die Beförderung mit Fahrer (Taxi oder Ruf-Mietwagen) zählen wir hier entsprechend der Literatur nicht mehr zur klassischen Autovermietung obwohl sich immer mehr Berührungspunkte z. B. bei Limousinen-Services mit Fahrer ergeben.

- **Autovermietungsprozess aus Kundensicht**

Die typischen 5 Aktivitäten, mit denen Reisende bei der Anmietung, Nutzung und Rückgabe eines Autos konfrontiert sind, zeigt Abbildung 4.5.1:

Die **Anmietung und Reservierung** eines passenden Fahrzeugs (Auswahl aus verschiedenen Fahrzeugtypen und Ausstattungsmerkmalen sowie Zusatzleistungen und Versicherungen), die **Fahrzeug-Übernahme**, die eigentliche **Fahrzeugnutzung** (insbesondere Assistenz bei Problemen), die **Fahrzeug-Rückgabe** und die **Abrechnung** sind möglichst bequem, effizient und transparent zu gestalten. Außerdem müssen aus Sicht des Reisenden alle Aktivitäten der Mietwagen-Nutzung sich möglichst nahtlos in die Reisekette einfügen, in die meist auch andere Beförderungsmittel (Bahn, Bus, Flug, Taxi, Fahrrad, etc.) eingebunden sind. Das heißt: Einfaches Zubuchen von Mietwagen bei der Reisebuchung, kurze Wege zur Mietwagenübergabe, kurze Warte- und Bearbeitungszeiten und einheitliche Prozeduren bei Einhaltung aller gesetzlichen Bestimmungen in verschiedenen Ländern, schnelle und wirksame Hilfe bei Problemen im Fahrzeug, einfache und schnelle Rückgabe sowie transparente Abrechnung sind wichtige Prozessanforderungen aus Kundensicht. Zusätzliche Anforderungen ergeben sich bei Geschäftsreisen, in denen Firmenkunden mit Mietwagenanbietern Rahmenverträge abschließen, die zusätzliche Prozess-, Abrechnungs-, Informations- und Controlling-Anforderungen (z. B. Einhaltung von Reiserichtlinien, etc.) beinhalten können.

- **Kerngeschäftsprozesse des Autovermieters**

Um die 5 Aktivitäten des Kundenprozesses realisieren zu können, müssen Mietwagenanbieter in der Regel mindestens 7 Kern-Geschäftsprozesse implementieren. Zur Ausgabe und Rückgabe der Fahrzeuge werden üblicherweise Mietstationen eingerichtet.

Management der Mietstationen: Neben Räumen und Personal zur Bedienung der Kunden, Vertragsabschluss und Überprüfung der Dokumente müssen Stellplätze für die Fahrzeuge und deren Reinigung bzw. Wartung etc. organisiert werden. Da die Attraktivität eines Mietwagen-Anbieters, insbesondere im Tourismus, stark von der Anzahl und geographischen Verteilung der Stationen abhängt, an denen Fahrzeuge ausgeliehen bzw. zurückgegeben werden können, werden hier oft auch Kooperationen mit externen Partnern oder Franchise-Nehmern im In- und Ausland eingegangen. Sämtliche Stationen müssen IT-Zugänge zum Reservierungssystem erhalten und eigenes Personal sowie Kooperationspartner müssen in allen Prozessen intensiv geschult werden.

Flottenmanagement: Alle Aktivitäten zur Beschaffung, Finanzierung, Anmeldung, Versicherung, Verwaltung, Bereitstellung, Wartung, Reparatur sowie die Weiterverwertung bzw. der Weiterverkauf der Gebrauchtfahrzeuge lassen sich unter dem Begriff Flottenmanagement zusammenfassen. Ein wichtiger Punkt bei Autovermietern, die keine Rückgabe der Fahrzeuge am Ausleihort vorschreiben, ist zudem die **Fahrzeuglogistik**. Sie ist notwendig, um Fahrzeuge zwischen verschiedenen Ausleihstationen durch Überführungsfahrten bedarfsgerecht auszutauschen.

Fahrzeug-Angebot und -Reservierung: Hierunter fallen alle Aktivitäten des Marketings bzw. des Vertriebs. Welche Mietwagen (Fahrzeugklassen, Marken, etc.) sollen mit welcher Ausstattung, wo, für welche Zielgruppen, zu welchem Preis, mit welchen Zusatzleistungen angeboten werden? In welchen Quellgebieten soll Touristen über welche Vertriebskanäle ein Mietwagen zur Reise angeboten werden? Werden Reisemittler bzw. Mietwagen-Broker (auf Mietwagenvermittlung im In- und Ausland spezialisierte Intermediäre) in den Vertrieb eingeschaltet? Sollen Autos zur Anmietung in Produktbündel von Reiseveranstaltern integriert oder mit Angeboten komplementärer Verkehrsmittel kombiniert werden? Welche Werbekampagnen mit welchen Werbemedien können wann (z. B. an Wochenenden) und wo den Verkauf welcher Fahrzeuge fördern? Dies alles sind Fragen der Angebotsgestaltung der Autovermieter. Um die angebotenen Fahrzeugkapazitäten zu disponieren und technisch buchbar zu machen, werden auch von Autovermietern wie von allen Leistungsträgern im Tourismus Reservierungssysteme, ggf. mit Anschluss an geeignete elektronische Distributionssysteme eingesetzt (vgl. Kapitel 3.1 und 3.2). Bei der Umsatz- und Gewinnoptimierung spielen Methoden und Systeme des Revenue- bzw. Yield-Managements zur bedarfsorientierten Preis-/Mengensteuerung insbesondere bei großen Autovermietern eine wichtige Rolle (vgl. Kapitel 5.1.3). Nicht genutzte Fahrzeuge sind wie leere Sitzplätze oder leere Hotelzimmer „verderbliche Produkte". Eine nachfrageorientierte Steuerung nicht nur von Preisen sondern auch von Angebotsmengen z. B. durch Überführungsfahrten oder die bedarfsgerechten An- und Abmeldung von Fahrzeugen können erhebliche Umsatz-/Kosteneffekte haben.

Fahrzeug-Übergabe, Assistance und Fahrzeug-Rückgabe: Dies sind alle internen Aktivitäten des Autovermieters um die bereits genannten Interaktionen, die der Kunde im Kundenprozess bei der Anmietung, Nutzung und Rückgabe des PKW erlebt, zu realisieren. Insbesondere bei der Anmietung sind gesetzliche und juristische Vorgaben zur Haftungsbeschränkung des Autovermieters einzuhalten. Als Assistance-Dienste in der Nutzungsphase werden alle Unterstützungsdienste bezeichnet, die der Kunde z. B. durch eine telefonische Hotline (Call-Center), zunehmend aber auch durch automatisierte Informationsdienste im Fahrzeug (situationsspezifische elektronische Hinweise, etc.) angeboten bekommt. Assistance-Dienste werden nicht nur von Autovermietern sondern auch von Dritten (ADAC, Versicherern, Autoherstellern, Telematik-Dienstanbietern, etc.) angeboten. Insbesondere Prozesse zur schnellen Pannen- oder Unfallhilfe sind wichtig. Nach Rückgabe eines Autos und vor seiner Neubereitstellung sind zudem im Hintergrund Aktivitäten zur Fahrzeugreinigung, Fahrzeugpflege, Betankung, etc. auszuführen, die für die Qualität des Angebotes aus Kundensicht mit entscheidend sind. Da Autovermieter meist erste Anlaufstelle für alle Forderungen Dritter und polizeilicher Ermittlungen nach Fahrern bei Ordnungswidrigkeiten sind, ist ein Bußgeld- bzw. Schadensmanagement mit entsprechenden Fahrer-Nachweisen notwendig.

Abrechnung: Je nach Preis-/Tarifmodell muss eine genaue und nachvollziehbare Abrechnung (nach Ausleihdauer, gefahrenen Kilometern, Zusatzleistungen, etc.) sichergestellt werden. Da Kreditkarten für die Autovermietung das typische Zahlungsmittel sind, kann der Einzug der Rechnungsbeträge mit entsprechenden IT-Schnittstellen zu den Kreditkartengesellschaften automatisiert werden. Bei Firmenkunden sind je nach vertraglichen Vereinbarungen komplexere Sammelabrechnungen und Mengenrabatte etc. anzufertigen.

4.5.2 IT-Applikationen bei Autovermietern

Zur Unterstützung der Kundenprozesse und Kerngeschäftsprozesse eines Autovermieters wurden branchenspezifische IT-Applikationen entwickelt. Bei einigen großen Autovermietern sind dies Eigenentwicklungen bzw. Erweiterungen von Standard-Software (z. B. Avis Wizard, Europcar GreenWay, Hertz Car Rental Reservation System, Sixt Online Reservation System, etc.). Standard-Software wird durch spezialisierte Softwarehäuser entwickelt, die diese national und international als integrierte Autovermieter-Branchenlösungen oder als funktionsspezifische Softwaremodule offerieren und auch als Application Service für Autovermieter betreiben (z. B. ARS/AMS von Ametras rentconcept GmbH, C-Rent von CX9 GmbH, Rentoffice von KMS.de vgl. www.mtourism.de Rubrik Autovermieter & Carsharing).

- **IT Applikationslandschaft Autovermietung**

In Abbildung 4.5.2 werden typische Funktionsmodule von Branchen-Software-Produkten für Autovermieter dargestellt, die entweder als integrierte Gesamtlösung, Application Service oder als Softwaremodule angeboten werden.

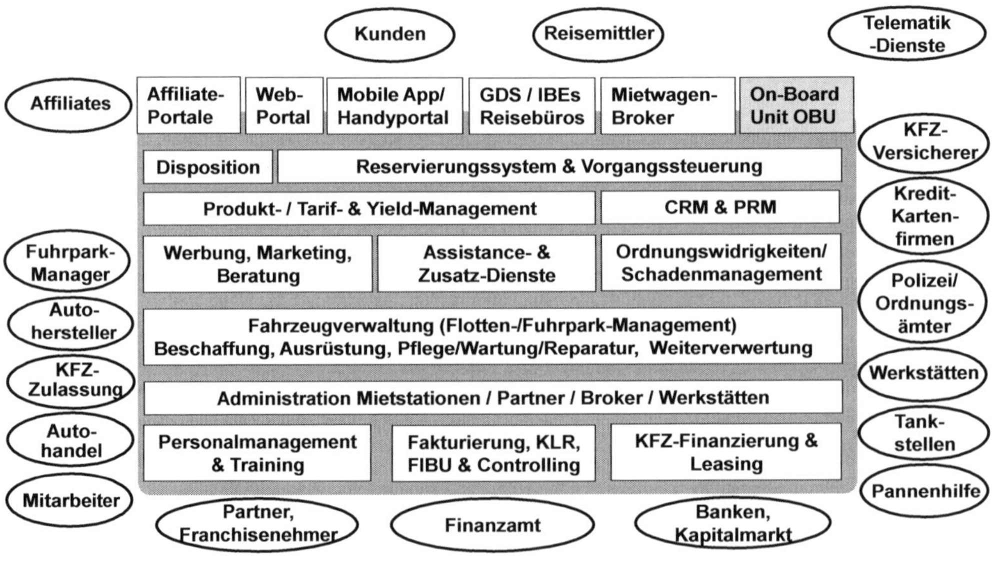

Abb. 4.5.2 *Akteure und typische IT-Applikationslandschaft in der Autovermietung*

Die einzelnen Funktionen können in der Praxis auch anders auf Teilmodule aufgeteilt sein oder als Erweiterungen gängiger Standardsoftwarepakete realisiert sein. Typischerweise handelt es sich bei den IT-Applikationen von Autovermietern um zentrale oder verteilte Datenbank-Anwendungen, bei denen die im Folgenden als Applikationsmodule bezeichneten Softwarekomponenten bestimmte Funktionen zum Management typischer Anwendungsobjekte wie das Fahrzeug, die Mietstation, das Produktangebot, den Kunden, die Reservierung, den Vertrag, den Schadenfall, etc. bündeln. Prinzipiell ist natürlich EDV-technisch eine Verknüpfung beliebiger Objekte unter beliebigen Aspekten bei beliebiger Gestaltung der Zugriffsrechte programmierbar. Ebenfalls aufgeführt sind in Abbildung 4.5.2 typische Akteure, mit denen Autovermieter ggf. über IT-Schnittstellen Daten austauschen. Dies geschieht entweder auf der Grundlage gesetzlicher Vorschriften (z. B. Steuer- und Finanzverwaltung) oder zur Vereinfachung und Automatisierung von Kooperations-, Distributions- und Abrechnungsprozessen (z. B. mit Franchise-Nehmern, Versicherern, Kreditkartenfirmen, Telematik-Diensten oder Reisemittlern).

- **IT Applikationsmodule der Autovermietung**

Die **Fahrzeugverwaltung** bzw. **das Flotten- oder Fuhrparkmanagement** ist Kernmodul fast aller IT-Lösungen für Autovermieter. Hier werden sämtliche Fahrzeugstammdaten eingepflegt (Fahrzeug-Typ, Marke, Ausstattung, Abbildungen, etc.). Manche Systeme verzeichnen auch Fahrzeuge, die beim Autohersteller oder Händler zwar bestellt aber noch nicht ausgeliefert sind, oder die geliefert aber noch nicht zugelassen wurden und noch nicht für die Vermietung freigegeben sind. Im operativen Betrieb werden über jedes Fahrzeug auch alle Daten über den aktuellen Zustand (Fahrzeugdokumente, Kennzeichen, Versicherung, Schadensmeldungen, Reparaturen, Inspektionstermine, Kilometerstand, etc.) und soweit bekannt die aktuelle Position (Mietstation, Stellplatz, Werkstatt, etc.) gespeichert.

Das **Dispositionssystem** ist Teil der Fahrzeugverwaltung oder hat zu dieser eine Schnittstelle. Mit dem Dispositionssystem kann die Verlegung von Fahrzeugen zwischen Mietstationen z. B. zu Werkstattaufenthalten oder die Ein- und Aussteuerung von Fahrzeugen in bzw. aus der verfügbaren Flotte für andere Verwendungen gesteuert werden. Auch der Verkauf bzw. die Rückgabe von Fahrzeugen an die Autohersteller kann hier geplant werden. Da Autovermieter Kosten durch die **temporäre Ab- und Anmeldung** nicht genutzter Fahrzeuge bei Kfz-Zulassungsstellen und Versicherungen sparen können, werden hierzu spezielle Funktionen angeboten. Bei Pannen oder Unfällen wird die Zuführung des Fahrzeuges zur Reparatur in geeignete Werkstätten und die Ersatzfahrzeug-Bereitstellung organisiert.

Ein Modul zur **Administration der Mietstationen**, an denen Fahrzeuge zur Vermietung bereitgestellt werden, ist eine weitere wichtige Komponente, die eng mit der Fahrzeugverwaltung verknüpft ist. Mietstationen können durch eigenes Personal oder durch Partnerunternehmen z. B. im Franchising betrieben werden. Sie haben Stellplätze und Kunden mit zugeordneten Fahrzeugen und besitzen Waschanlagen und Werkstätten, die ebenfalls disponierbar sind. Mietstationen können als Filiale, Cost- oder Profit-Center mit entsprechenden Anforderungen an die **Module der Finanzbuchhaltung (FIBU)** und **Kosten- und Leistungsrechnung (KLR)** geführt werden. Mietstationen sind geographisch in der Fläche und manchmal auch auf verschiedene Länder verteilt. Eine Erweiterung der Mietstationen-Administration mit geographischen Karten zum Geoinformationssystem erleichtert die Optimierung der **Fahrzeugdisposition**, damit Fahrzeuge bedarfsgerecht und entfernungsabhängig an Stationen mit hoher Nachfrage unter Minimierung der Rück-/Überführungsfahrten bereitgestellt werden können. Die Mitarbeiter der Mietstationen müssen genau definierte Zugriffsrechte auf die für die Abwicklung der Geschäftsprozesse vor Ort notwendigen zentralen oder dezentralen **Module und Daten** erhalten.

Durch das **Produkt-/Tarif- und Yield-/Revenue-Management-System** werden den Fahrzeugen Preise bzw. Tarife zugeordnet, die als **Produkte (Mietangebote)** mittels Angebotserstellungssystem bzw. einem Content Management System konfiguriert, dargestellt und beschrieben werden. Die Angebotsbeschreibungen müssen über geeignete Schnittstellen für die elektronischen Distributionssysteme verfügbar gemacht werden.

Elektronische Distributionssysteme für den Direktvertrieb sind die eigene Website eines Autovermieters mit Internet Booking Engine und Hinweis auf eine telefonische Buchungshotline (Call Center) oder mobile Webauftritte/Apps für Kunden mit Smartphones. Durch Suchmaschinen-Werbung, Listung in Preisvergleichsportalen sowie Werbebanner und Link-Partnerschaften mit sog. **Affiliate-Partnern** (Werbepartner) wird ebenso wie über Mail-Kampagnen und Plakatwerbung (ggf. mit 2D-Barcode Verlinkung für Smartphones) Besucherverkehr für die eigene Website generiert. Elektronische Distributionssysteme für den indirekten Vertrieb sind die Rental Car Buchungsplattformen der Global Distribution Systems (GDS z. B. Amadeus Cars, Sabre Cars, Travelport Car Select bzw. Car Master) oder die Touristischen Computerreservierungssysteme (Touristik-CRS), über die vor allem die stationären Reisebüros buchen. Über weitere Schnittstellen können die Internet-Booking Engines von Internet-Portalen der Online Reisemittler oder spezialisierter Mietwagen Broker angebunden werden. **Mietwagen Broker** (z. B. auto europe, Car Del Mar, sunnycars und andere) schließen mit Autovermietern Rahmenverträge über spezielle Mengenrabatte, Preiskonditionen, Provisionen, Mindestabnahmemengen, Optionen etc. ab, gestalten die Mietraten anders als normale Reisemittler häufig selbst und sind ähnlich wie Reiseveranstalter auch Vertragspartner der Endkunden. Über das **Reservierungssystem** werden die Angebote von Kunden, Mietstationen und Vertriebspartnern in Echtzeit ausgewählt, auf Verfügbarkeit geprüft und reserviert bzw. gebucht. Durch das Monitoring von Angebot und Nachfrage an Hand der Buchungseingänge und Verfügbarkeiten aus **dem Dispositionssystem** kann das **Yield- bzw. Revenue-Management-System** Kontingente und Preise im Reservierungssystem erlösmaximierend steuern und wichtige Hinweise zur Optimierung der **Fahrzeugdisposition** geben.

Ein **Vorgangssteuerungssystem** löst nach der Buchung die Aktivitäten zur Auftragsbestätigung und Fahrzeugbereitstellung aus. Es stellt elektronische Dokumente bereit und steuert den Geschäftsprozess von der Fahrzeugbereitstellung und Anmietung bis zur Rückgabe inklusive Rechnungsstellung, Zahlungseinzug und Überwachung des Zahlungseingangs vom Kunden. Hierfür sind Schnittstellen zu den Modulen der **Fakturierung und Finanzbuchhaltung** notwendig. Besondere Anforderungen stellt der **Datenaustausch mit den Versicherungsunternehmen**, deren Policen bei der Anmietung der Fahrzeuge vom Autovermieter vermittelt werden. Typisch für Autovermieter ist zudem unabhängig vom Distributionskanal die Sicherung der Buchung und Zahlung per Kreditkarte, wofür weitere Schnittstellen zu Kreditkarten-Unternehmen bzw. den Zahlungsdienst-Anbietern existieren. **Mobile Apps** für das Wartungs- und Reinigungspersonal unterstützen nach der Rückgabe des Fahrzeuges durch den Kunden eine schnelle Aufnahme z. B. von Tankfüllstand, Fahrzeugzustand oder Schäden sowie die effiziente Dokumentation, Disposition und Abrechnung aller Pflege-/ Wartungsmaßnahmen. Neben der Abrechnung gegenüber den Kunden müssen Autovermieter mit Partnern, Reisemittlern, Mietwagen-Brokern, und anderen diverse Leistungsentgelte und Provisionen fristgerecht abrechnen. Mietstationen und Partner, die Fahrzeuge an Kunden übergeben, sowie der Vertriebsaußendienst für Geschäftskunden benötigen auch Zugänge zum **Vertragsführungs- und Dokumentenmanagementsystem**. In diesem sind alle relevanten Kundenverträge sowie begleitend eingescannte Dokumente (Ausweise, Führerschein,

Versicherungen, Vorgänge, Rechnungen, etc.) gespeichert und werden entsprechend der gesetzlichen Vorschriften auch längerfristig archiviert.

Im **Customer Relationship Management System (CRM)** können Autovermieter alle Kundendaten, ggf. spezielle Kundentarife sowie die Buchungshistorie jedes einzelnen Kunden führen. Sie dienen außer den operativen Vertriebs- und Serviceprozessen auch der Steuerung von kundenbezogenen Werbekampagnen oder dem Management von Promotion- und Bonusprogrammen im **Marketing** sowie der Besuchsplanung im Außendienst. Der **Außendienst** benötigt für seine Beratung von Firmenkunden, die für ihre Mitarbeiter Rahmenverträge zu besonderen Firmenkonditionen nachfragen, insbesondere Zugriff auf Tarife, Verträge, Firmenraten, Nutzungsprofile, Umsatz- und Ertragsdaten der jeweiligen Kunden. Auch Vertriebs- und Werbepartner (Affiliates) können ähnlich wie Kunden in einem modifizierten CRM oder einem speziellen **Partner Relationship Management System (PRM)** verwaltet und in Verbindung mit dem **Yield-/Revenue-Management-System** gesteuert werden.

Module zur Unterstützung von **Assistance und Zusatzdiensten** werden von Autovermietern genutzt, um Kunden bei Auskunft und Buchung aber auch unterwegs bei Orientierungsproblemen, Pannen oder Unfällen telefonische Hilfestellung zu geben. Es gibt auch **Zusatzdienstleistungen**, bei denen man unterwegs telefonisch Restaurantplätze oder Theaterkarten bzw. einen weiteren Mietwagen mit Fahrer zur Abholung bestellen kann. Mit sog. **Concierge-Diensten** können Autos auch durch Fahrer vor Hotels oder Wohnungen der Kunden bereitgestellt oder zum Parken abgestellt werden. Call-Center Mitarbeiter, die diese Dienste rund um die Uhr koordinieren, erhalten hierzu Zugang zu verschiedenen Modulen der Autovermietungs-Software. Nicht nur Autovermieter bieten solche Dienste an. Auch als Bestandteil von Versicherungen, Kreditkartenverträgen Automobilclub-Mitgliedschaften, etc. können solche Dienste alternativ von Dritten angeboten und erbracht werden. Schließlich werden solche Dienste auch zunehmend von spezialisierten **Telematik Service Providern** der Autohersteller in deren **OnBoard-Fahrzeug-Informations- & Kommunikationssysteme** integriert. Diese können dann ggf. vom Autovermieter auf Wunsch zur Nutzung für den Kunden aktiviert und abgerechnet werden. Entsprechend ist je nach Assistance-Modell ein Datenaustausch zwischen Versicherer bzw. Service Providern der Autohersteller auf der einen Seite und dem Autovermieter auf der anderen Seite zu organisieren.

Für die Bearbeitung von **Ordnungswidrigkeiten- und Bußgeldverfahren** sowie das **Schadensmanagement** werden spezielle Module angeboten. Sie führen sämtliche Informationen über alle Vorgänge und Dispositionen, die ein konkretes Fahrzeug betreffen, mit den notwendigen Vertrags-, Versicherungs- und Kundeninformationen zusammen. In einem **elektronischen Fahrtenbuch** können in Verbindung mit dem Reservierungssystem auch alle Reservierungen und eingetragenen Fahrer ermittelt werden. Aus den neueren europäischen Normen zu Emergency Call Funktionen (E-Call) im Fahrzeug und den Angeboten einzelner Versicherer, fahrerspezifische Tarifermäßigungen an ein Fahrer-Monitoring bzw. eine Black-Box Aufzeichnungen der letzten Fahrmanöver zur Auswertung nach einem Unfall zu koppeln, werden sich zukünftig weitere Anforderungen zu Datenaufzeichnung und Datenaustausch ergeben.

Controlling-Module sind meist eng mit den Systemen der **Finanzbuchhaltung (FIBU)** und **Kosten- und Leistungsrechnung** (KLR) verbunden. Abhängig vom jeweiligen System geben sie in Berichten Auskunft z. B. über Umsätze, Nutzungsdauern, Kilometerleistungen, Reservierungen, Deckungsbeiträge oder Wiederverkaufswerte sowohl der Gesamtflotte wie auch einzelner Fahrzeugtypen und Fahrzeuge, bis hin zur Ebene einzelner Ausstattungsmerkmale. Die Kennzahlen sollten auch nach Distributionskanälen, Werbe-/Vertriebspartnern und Mietstationen oder Kundengruppen aufgeschlüsselt werden können. Spezialmodule gibt es **zur Verwaltung von Leasing-Verträgen** für Fahrzeuge, deren Eigentümer der Autovermieter nicht selbst ist. Auch die Kalkulation und Verwaltung eigener Leasing-Angebote von Fahrzeugen, die z. B. für Firmenkunden längerfristig bereitgestellt werden, kann von solchen Systemen unterstützt werden.

Besondere Anforderungen an Module des **Personalmanagements** und der **Personalverwaltung** ergeben sich bei Autovermietern durch die Schichtplanung zur Besetzung der Mietstationen und die Überführungsfahrten, die aber auch von externen Dienstleistern übernommen werden können. Außerdem muss eigenes und fremdes Personal von Vertriebspartnern und Franchisenehmern ständig über aktuelle Angebote, deren Reservierung sowie die Organisation der Geschäftsprozesse informiert und geschult werden. Viele Autovermieter setzen zur **Qualifizierung** intensiv auf **E-Learning** mit Hilfe von **Web/Online-Schulungsprogrammen**, insbesondere für Reisebüromitarbeiter und Partner.

4.5.3 Car Sharing

Satelliten-gestützte Ortungsdienste in Verbindung mit kostengünstiger mobiler Datenübertragung über das mobile Internet ermöglichen die Lokalisierung, Freigabe und Reservierung von im Freien abgestellten Fahrzeugen. Da viele Privatfahrzeuge die meiste Zeit ungenutzt in Garagen oder auf Parkplätzen stehen und gerade in Ballungsräumen Parkraum knapp ist, wurden in der letzten Dekade verschiedene innovative Formen der temporären Fahrzeugnutzung unter dem Oberbegriff Car Sharing in Innenstädten eingeführt. Diese Angebote werden von unterschiedlichen Anbietern nach verschiedenen Geschäftsmodellen organisiert und wenden sich sowohl an Anwohner als auch an Touristen. Gemeinsam ist allen Car-Sharing-Modellen, dass sich die Kunden nur einmal zum Car-Sharing mit Führerschein und Ausweis anmelden müssen. Danach können sie bei Bedarf kurzfristig freie Autos über Telefon, Internet-Portal oder Smartphone-App zur Nutzung lokalisieren und reservieren oder direkt am Parkplatz durch Berührung mit einer Chipkarte reservieren und öffnen. Nach der Nutzung, die entweder nach gefahrenen Kilometern oder Zeit abgerechnet wird, kann das Auto auf verschiedene Weise wieder abgestellt und zur Nutzung durch andere Kunden freigegeben werden. Die Anmietung und Rückgabe sowie der obligatorische Check des Autos an einer Mietstation entfallen bzw. erfolgen weitgehend in Selbstbedienung.

Es können verschiedene Car-Sharing-Modelle und Anbietergruppen unterschieden werden:

1. **Car-Sharing-Vereine** bzw. **Broker** für **Privates** bzw. **Peer-to-Peer Car Sharing** (z. B. Autonetzer.de, tamyca, rent'n'roll, etc.): Diese betreiben Internet-Portale, Telefonzentralen und Büros um Anbieter von Autos (ebenfalls private oder kommerzielle) und potentielle Car-Sharing-Nutzer zusammenzubringen. Nach Registrierung können Auto-Anbieter ihre Fahr-

zeuge zur Reservierung im Portal anmelden, wo Sie durch registrierte Kunden gebucht werden können. Der Car-Sharing-Verein bzw. Broker erhält für jede erfolgreiche Autovermittlung, deren Geschäftsbedingungen er vorgibt, Provisionen vom Vermieter oder auch vom Nutzer oder von beiden. Auch Mitgliedschaftsbeiträge oder Gebühren für zusätzlich angebotene Abrechnungs- und Zahlungsdienste etc. sind möglich.

2. **Car Sharing-Dienste** von **Bahnunternehmen**, **Verkehrsverbünden** oder auch **Kommunen** manchmal auch in Kooperation mit Autovermietern (z. B. DB Flinkster, ÖBB & carsharing.at, mobility car sharing Schweiz). Vorzugsweise an Bahnhöfen, Haltestellen und zentralen Plätzen werden Fahrzeugflotten an Ausgabestationen und ausgewiesenen Parkplätzen oder auch verteilt auf öffentliche Parkplätze in bestimmten Stadtvierteln bzw. dem ganzen Stadtgebiet bereitgestellt. Sie können nach einmaliger Registrierung im Car-Sharing-Modell kurzfristig belegt und an Bahnhöfen, auf Parkflächen in ausgewiesenen Stadtvierteln oder im gesamten Stadtgebiet abgestellt und freigegeben werden. Die Abrechung erfolgt nach Kilometern, Nutzungszeit oder gemischten Modellen. Bahnen fördern durch diese kommerziellen Car-Sharing-Dienste insbesondere die sog. Anschluss-Mobilität der Bahn-Kunden am Zielort ihrer Reise. Städte und Kommunen erproben Konzepte zur Entlastung der Verkehrs- und Parkraumsituation in den Innenstädten oder wollen neue attraktive Mobilitätsangebote für Touristen schaffen.

3. **Automobilhersteller** stellen **in Kooperation mit Autovermietern oder verbundenen Autohäusern** in ausgewählten Städten und Ballungszentren Car-Sharing-Flotten mit Autos nur ihrer eigenen Marken auf speziell ausgewiesenen oder auch auf allen öffentlichen Parkplätzen einer Stadt bereit (z. B. car2go, DriveNow, Quicar, Multicity, etc.). Hierbei werden neue Auto-zentrierte Mobilitätsdienste und innovative Geschäftsmodelle jenseits des Autokaufs bzw. der klassischen Autovermietung für Privat- und Geschäftskunden in Ballungsräumen erprobt. Die Kunden finden in allen Autos die gewohnten Marken-spezifischen Bedienelemente. Über die komfortable Verbindung von Internet-Diensten mit innovativen Mobilitätskonzepten können junge Zielgruppen erschlossen werden, für die ein eigenes Auto unattraktiv oder unerschwinglich ist. Attraktive Car-Sharing-Innovationen unterstützen das Image der jeweiligen Automobilmarke bei potentiellen Käufern.

4. **Autovermieter** bieten **allein** oder in **Kooperation mit Bahnen/Kommunen/Energieversorgern/Postunternehmen** zusätzlich zu ihrem normalen Angebot Car-Sharing-Dienste in bestimmten Gebieten oder für Firmenkunden an (z. B. AVIS/Zipcar, Hertz On Demand, Emil Salzburg, Mobility Solutions Schweiz, etc.). Für kurze Fahrten können Autovermieter auf diese Weise neue Märkte erschließen, für die die klassischen Autoübergabe und Rückgabeprozesse zu aufwendig sind. Hier kann auch die Wirtschaftlichkeit von Selbstbedienungsprozessen bei der Übergabe und Rückgabe von Fahrzeugen erprobt werden. Außerdem können führende Autovermieter insbesondere Geschäftskunden ähnlich wie bei Bahnen z. B. in Kooperation mit Airlines, etc. eine lückenlose bedarfsgerechte Auto-Mobilitätskette aus einer Hand anbieten.

Innovative Impulse gehen vom Einsatz von **Elektrofahrzeugen** im Car Sharing aus. Diese Fahrzeuge erzeugen keine Abgase, sind geräuscharm und können mit Ökostrom betrieben werden. Die Technologie ist aber (Stand 2014) noch relativ teuer, weshalb eine intensive Nutzung von Elektrofahrzeugen z. B. durch privates und gewerbliches Car Sharing für eine schnelle Amortisation besonders geeignet ist. Eine Gewöhnung der Kunden an die neue Technologie im Car Sharing kann die Akzeptanz der Elektromobilität bei zukünftigen Autokäufern steigern. Hemmende Faktoren sind bisher noch die Ladezeiten und begrenzten Reichweiten der Batterien sowie die nicht flächendeckende Verfügbarkeit von Ladestationen, die wiederum durch geeignete mobile Internet-Dienste lokalisiert, reserviert und abgerechnet werden müssen.

- **Car-Sharing Kundenprozesse**

Abbildung 4.5.3 zeigt die wesentlichen Elemente des Car-Sharing-Prozesses aus Kundensicht. Sie enthält die wesentlichen Prozessschritte und mögliche Varianten, die abhängig vom Anbieter und der jeweiligen Stadt sind (z. B. kommunale Unterschiede bei der Parkraumbereitstellung). Im Folgenden soll nur auf die Unterschiede des Car-Sharing-Prozesses im Vergleich zur klassischen Autovermietung eingegangen werden:

Anmeldung (1-malig)	Fahrzeug-Belegung	Fahrzeugnutzung Fahren, Parken, Tanken, Assistance bei Pannen/Unfall	Fahrzeug-Freigabe	Abrechnung, Zahlung
- **Einmalige Registrierung**: Web-ID & Passwort - Ausweis, - Vertrags-Abschluss / Versicherung, - Access-Card oder/und Führerschein-Tag/PIN	- **Kurzfristige** Belegung freier PKW „in der Nähe“ oder auf speziellen Park-plätzen per Anruf, App, SMS, Internet - **Ad-Hoc** durch Berührung freier PKW mit Card, Führer-schein-Tag oder Öffnung Schlüsseltresor - (**Mittelfristige** Fahrzeugvor-bestellung/ -bereitstellung an Bahnhöfen/ Flughäfen/ Parkplätzen)	- **Fahrzeug-Öffnung** mit Card, Führerschein-Tag, Schlüssel, etc. - **Check Fahrzeugzustand** & elektronische Dokumentation im Dialog mit On Board Unit - **Motor-Start:** Fahrberechtigung mit PIN, Führerschein-Tag, etc. - **Nutzung** von Navigation und telefonischen Telematik-/ Assistance-Diensten des Mietwagenanbieters oder Fahrzeugherstellers bzw. der Versicherung - **Parken** je nach Tarifmodell auf eigene Rechnung oder kostenlos; Auto bleibt reserviert im Parktarif. - **Tanken** oder **Batterie-Aufladen** (Elektroautos) je nach Tarifmodell auf eigene Rechnung oder mit Tankkarte bei Vertragstankstellen, ggf. Bonus für Tanken.	- **Abstellen des PKW** am Abholparkplatz, in speziellen Parkzonen oder auf beliebigem Parkplatz im Nutzungs-gebiet - **Check out:** Fahrzeugzustand – ggf. Meldung Probleme/ Schäden, elektronisch Abschließen oder Schlüssel-rückgabe in Tresor	- **Abrechnung:** Per Mail oder Post bzw. mit Online-Konto: Leistungs-nachweis je nach Tarif - **Gebühren-einzug per Kreditkarte**

Abb. 4.5.3 *Typischer Car-Sharing Nutzungsprozess aus Kundensicht*

Registrierung und Fahrzeug-Zugangsformen: Wesentlich ist im Vergleich zum klassischen Autorvermietungs-Prozess die nur einmalige Registrierung,. Kunden müssen hierbei Ausweis und Führerschein persönlich vorlegen und einen Vertrag unterschreiben. Der Führerschein wird von einigen Car-Sharing-Anbietern durch ein elektronisches RFID-Tag als Zugangs-Schlüssel für die Fahrzeuge präpariert, von anderen werden Auto-Zugangskarten

(RFID-/Chip-Access-Card) und/oder persönliche Zugangscodes ausgegeben. Über verschiedene Mechanismen (RFID-Lesegerät im Fahrzeug, Chipkartenleser am Fahrzeug, PIN-gesteuerter Schlüsseltresor am Parkplatz, Smartphone-Befehl zur Türöffnung, etc.) kann sich der Kunde nach der Registrierung in Selbstbedienung Zugang zu einem abgestellten Fahrzeug verschaffen und Fahrzeuge ebenso einfach in Selbstbedienung abstellen und wieder zur weiteren Vermietung freigeben.

Fahrzeug-Lokalisierung und -Belegung: Um Autos jenseits der klassischen Anmietstationen oder Spezialparkplätzen aufzufinden und zu reservieren sind mobile Internetdienste mit Navigationsfunktionen für Smartphones notwendig, oder es müssen Übergabeorte und Zeiten kurzfristig koordiniert werden (bei Car Sharing Clubs/Börsen mit privaten Autoeigentümern, die ihre Fahrzeuge zum Sharing bereitstellen).

Nutzungsparameter zur Abrechnung: Je nach Geschäftsmodell sind zudem die abrechnungsrelevanten Fahrparameter (Nutzungsdauer, Kilometerstände, Nutzungsgebiete, Tankfüllungen, Parkzeiten etc.) automatisch zu erfassen und zu übermitteln.

Parken und Tanken/Laden: Anders als bei der klassischen Autovermietung werden von manchen Car-Sharing-Anbietern Tarifmodelle angeboten, in denen alle Parkgebühren und Treibstoffkosten inkludiert sind. Hierzu erwerben Car-Sharing-Anbieter von Kommunen und Parkflächenanbietern Parklizenzen für ganze Stadtviertel und schließen mit Betreibern von Tankstellennetzen und Strom-Ladestationen Verträge ab. Die Kunden müssen hierzu über das Fahrzeug-Navigationssystem zu den lizenzierten Parkflächen, Tankstellen und Ladestationen geleitet werden und über das jeweilige Prozedere informiert werden. Mit Tankkarten, Parkhaus-Karten, Ladekarten, die im Fahrzeug deponiert sind, können Kunden dann bei den Vertragspartnern die Dienste in Anspruch nehmen ohne mit Geld zahlen zu müssen. Da viele Kunden das Auftanken und andere Servicemaßnahmen gerne den Nachmietern überlassen wird mit verschiedenen Incentive-Systemen für das Auftanken und Laden experimentiert.

Meldung & Dokumentation des Fahrzeug-Zustandes: Besondere Anforderungen ergeben sich bei Selbstbedienung auch an die Dokumentation des Fahrzeugzustandes nach einer Anmietung: Verschmutzungen, Funktionsfehler, Tankanzeigen oder auch Schäden z. B. von Bagatellunfällen können bei der Fahrzeugrückgabe nicht vom Personal überprüft werden und werden von den Verursachern beim Verlassen des Fahrzeuges manchmal verschwiegen. Entsprechend werden nachfolgende Nutzer zum einen vor dem Fahrzeugstart in elektronischen oder telefonischen Dialogen um die Meldung des Fahrzeugzustandes gebeten, zum anderen werden Ferndiagnose-Systeme zur Überwachung technischer Parameter eingesetzt.

Verteilung der Servicefälle auf große Gebiete: Fahrzeuge mit Problemen müssen dann ggf. von zusätzlichem Personal an diversen Stellen im Nutzungsgebiet lokalisiert und zur Wartung gebracht werden. Überführungsfahrten von Parkplätzen, an denen Fahrzeuge abgestellt aber wenig nachgefragt werden, zu Gebieten mit hoher Nachfrage sind zusätzlich notwendig. Der Personaleinsatz im gesamten Stadtgebiet ist also aufwändiger zu disponieren als bei der klassischen Autovermietung, bei der der Service in der Regel an den Mietstationen erfolgen kann.

- **Spezielle IT-Systeme im Car Sharing**

Um die oben genannten Car-Sharing-Kundenprozesse zu realisieren sind spezielle IT-Lösungen erforderlich, die insbesondere auf der Vernetzung der zentralen IT-Anwendungen zur Fahrzeug-Disposition, Reservierung und Abrechnung (Billing) mit On-Board-Systemen im Fahrzeug, mobilen Endgeräten des Kunden und Telematik- bzw. Assistance-Diensten beruhen. Die wichtigsten Systeme und ihre Funktionen sind in Abbildung 4.5.4 dargestellt.

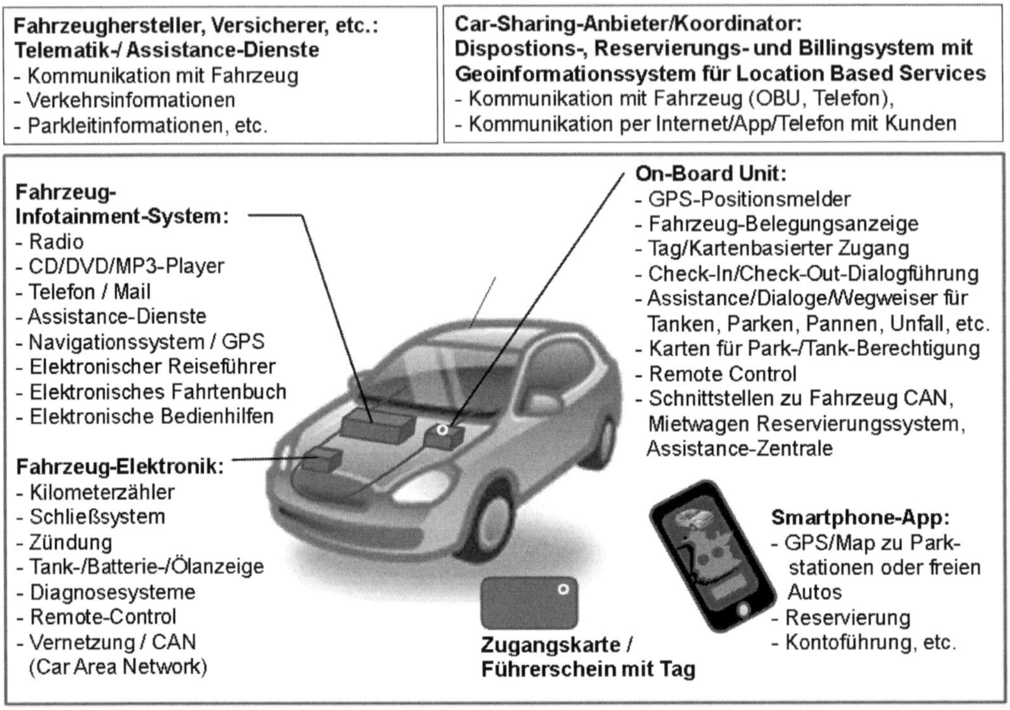

Abb. 4.5.4 *Vernetzung mit Fahrzeugsystemen und IT-Applikationen beim Car-Sharing*

Systeme im Fahrzeug: Wenn nicht Schlüsseltresore an speziellen Übergabe-Parkplätzen zum Einsatz kommen, muss jedes Car-Sharing-Fahrzeug mit einem Car-Sharing-Computer, der sogenannten **On Board Unit (OBU)** ausgerüstet werden. Dieser fest installierte Computer mit Smartphone-Funktionalität kann Schnittstellen zur Bordelektronik, zum Schließsystem des Fahrzeuges sowie einen Leser für die Zugangskarten oder RFID-Tags haben. Mit diesen können sich registrierte Kunden Zugang zum abgestellten Fahrzeug verschaffen, sofern dies nicht über Remote Control (Fernzugriff über verschlüsselte Nachrichten) über die Zentrale geschieht. Wenn die On-Board Unit nicht direkt auf das Fahrzeug-Navigationssystem zugreifen kann, besitzt sie ein GPS-Modul zur Lokalisierung des Fahrzeuges und ein Datenfunk-Modul zum Datenaustausch mit dem Dispositions-, Reservierungs- und Abrechnungssystem des Car-Sharing Anbieters. Viele On-Board Units haben eine Schnittstelle zum Bord-Datennetz (z. B. CAN-Car Area Network) und können diverse Diagnose- und Systemparameter (Kilometerstand, Tankfüllung, Warnhinweise, Fehlermeldungen, etc.) abfragen, speichern und an die Car-Sharing-Zentralsysteme übermitteln. Die On Board Unit verfügt meist über ein eigenes Display mit Bedienoberfläche und steuert eine visuelle Anzeige, die signalisiert, ob ein Fahrzeug frei oder belegt ist, nimmt Reservierungen vom Reservierungssystem entgegen und führt die An- und Abmeldedialoge mit dem Kunden durch. Darüber hinaus kann die OBU weitere Car-Sharing-Informationsdialoge wie Anleitungen zum Tanken, Verhalten bei Unfall, Meldung von Schäden etc. anbieten. Notfalls kann über die OBU telefonisch eine Hotline-Verbindung zu Assistancediensten hergestellt werden. Je nach Fahrzeugtyp und vorhandenen Fahrzeug-Infotainment-Systemen kann eine OBU auch auf deren Funktionen verweisen oder vorhandene Infotainment-Dienste (z. B. elektronische Fahrzeug-Bedienungsanleitungen, Bordtelefon-, Navigations- und Assistance-Dienste des Fahrzeugherstellers, etc.) aufrufen. Zusätzlich können in Verbindung mit der Auto-Alarmanlage verschiedene Vorkehrungen zur Diebstahlsicherung implementiert sein.

Systeme des Car-Sharing Anbieters: Die normalen Systeme für die Autovermietung werden für Car-Sharing per mobiler Datenkommunikation mit den On Board Units der Fahrzeuge vernetzt. Auf diese Weise können die Dispositionssysteme den Standort abgestellter Autos mit sämtlichen Systemparametern abrufen und in Geoinformationssystemen darstellen. Das Reservierungssystem erfasst ebenfalls automatisch die Standorte aller abgestellten freien Fahrzeuge und zeigt diese im Internet bzw. in mobilen Car-Sharing Apps für die Kunden zur Reservierung und Belegung an. Anders als bei klassischen Autovermieter-Reservierungssystemen ist die Ausleihdauer eines Fahrzeugs im Voraus nicht bekannt, was Echtzeit-Verfügbarkeitsanzeigen mit geografischer Positionsanzeige auf elektronischen Straßenkarten zur Darstellung im Internet und auf Smartphones notwendig macht. Gemäß der typischen Car-Sharing-Nutzungsmuster sind auch die Fahrzeugreservierungen typischerweise sehr kurzfristig, was andersgeartete Dispositions- und Revenue-Management-Prozesse erforderlich macht und aktuell auch noch Forschungsthema ist (Stand 2014). Für die Abrechnung mit dem Kunden werden die Nutzungsdaten aus dem Fahrzeug ebenfalls per mobilem Datenfunk abgerufen.

Systeme der Fahrzeughersteller oder Versicherer: Insbesondere bei Premium-Ausstattungen bieten Fahrzeughersteller Navigationssysteme, Infotainmentssysteme und Fahrerassistenzsysteme an, die selbst über mobile Internet-Datenkommunikation diverse Funktionen und Informationen für Fahrer und Fahrzeuginsassen anbieten. Car-Sharing Anbieter können diese Systeme und Informationsdienste wie bei der klassischen Autovermietung als Zusatzpakete anbieten und nach Nutzung abrechnen oder standardmäßig als Ergänzung der Dienste der On-Board-Unit bereitstellen. Wer homogene Flotten einer Marke in Kooperation mit einem Autohersteller anbietet, kann auch die Dienste der On-Board-Unit auf den herstellerspezifischen Fahrerassistenz- und Infotainment-Diensten aufbauen und beide Dienste komfortabel integrieren. Kritisch ist bei der Realisierung aller Dienste, die während der Fahrt genutzt werden sollen, dass die Ablenkung des Fahrers vom Verkehrsgeschehen durch die Gesamtheit der Interaktion mit verschiedenen Informations- und Assistenzdiensten minimiert wird (Driver Distraction Prevention), damit keine Unfälle passieren. Versicherer experimentieren mit zusätzlichen On-Board-Monitoring-Diensten, die permanent die Fahrerinteraktionen und Verkehrssituation analysieren und Feedback über ökoeffiziente Nutzung und sicheres Fahrverhalten geben, wovon auch die Versicherungsprämie abhängig gemacht wird (UBI-Usage Based Insurance). Welche Wirkung solche Maßnahmen auf Unfallhäufigkeit, Energieverbrauch und Kundenakzeptanz haben ist aktuell noch ein Forschungsfeld.

Endkunden-Systeme: Der Endkunde erhält nach Registrierung eine Chipkarte oder ein RFID (Radio-Frequency Identification) Tag auf seinen Führerschein geklebt, das bei Ablösung funktionsuntüchtig wird. Über Internet oder Smartphone App kann er in Echtzeit die Positionen von freien Fahrzeugen in seiner Nähe (falls er ein Smartphone mit Ortung hat) ermitteln und für eine gewisse Zeit zur Nutzung vorreservieren. Aktuelle Abrechnungsinformationen, Kontostände etc. können ebenfalls per App oder E-Mail bereitgestellt werden.

4.5.4 Zukunftsperspektiven – neue Mobilitätskonzepte

Die Vernetzung der Dispositions- und Reservierungssysteme der Autovermieter mit mobilen Applikationen im Fahrzeug und Smartphone-Apps der Endkunden über mobiles Internet erlaubt die Realisierung neuartig gebündelter Mobilitätskonzepte mit neuen Geschäfts- und Kooperationsmodellen, bei denen im In- und Ausland zunehmend klassische Branchengrenzen überschritten werden (vgl. z. B. Economist 2012 und 2013, Loose/Glotz-Richter 2012, Kiermasch 2014, Mager 2014, Monheim et al. 2014 und Ringeisen/Goecke 2014):

Die Abgrenzung zwischen Autovermietung für Vielnutzer im Abonnement-Modell und stationsgebundenem Car Sharing löst sich auf. In Pilotversuchen kooperieren Car Sharing Anbieter mit Mitfahrzentralen, bei denen z. B. Car-Sharing-Fahrer Freunden in sozialen Netzwerken Mitfahrgelegenheiten anbieten. Es wird diskutiert, ob und unter welchen Bedingungen Privatpersonen im Peer-to-peer Car Sharing neben ihrem Auto auch sich selbst als Fahrer anbieten dürfen, da hier gesetzliche Vorgaben zur Personenbeförderung und Taxi-Lizenzierung berührt werden. Umgekehrt etablieren sich Smartphone-Apps mit innovativen Formen der Taxi-Ortung und Reservierung sowie Abrechnung für Touristen. Autovermieter bieten Urlaubern z. B. in Kooperation mit Airlines und Veranstaltern neben Transfers auch Limousinen-Abholung am Flugzeug mit Fahrer an. Bahnunternehmen und E-Bike-Portale wie z. B. Movelo bieten Car-Sharing und E-Bike-Sharing am Zielort als komplementäre Dienste zur Bahnreise oder bei Eigenanreise mit Hotelaufenthalt an. Hoteliers und Destinationen offerieren Bike-Sharing und Car-Sharing mit Luxusautos oder Elektroautos am Urlaubsort als Zusatzattraktion bzw. Probefahrt inkl. Beratung für einen möglichen Autokauf. Autohersteller engagieren sich noch stärker im Autovermietungs- und Car-Sharing-Geschäft, um ihren Kunden Mobilität aus einer Hand mit einheitlichem Fahr- und Bedienkomfort anzubieten. Bahnen und Verkehrsverbünde im öffentlichen Nahverkehr sowie Anbieter von Navigationssystemen und Suchmaschinenanbieter wie Google bieten mobile Dienste zur Organisation der Reisekette über verschiedene Verkehrsmittel hinweg an. Solche intermodale Mobilität soll zunehmend auch mit einheitlichen Kundenkarten oder Smartphone-basierten Ticketkonzepten unterstützt werden, wozu Pilotprojekte mit Nearfield Communication (NFC) stattfinden. Kommunen und Parkhausbetreiber experimentieren mit verschiedenen Formen der Parkplatz-Allokation und -reservierung, erste Internet-Börsen zur Vermittlung privaten Parkraums entstehen. Autohersteller, Anbieter von Navigationssystemen Versicherungen, und Suchmaschinen entwickeln Fahrerassistenzdienste zur optimalen Routenwahl und zur Optimierung des persönlichen Fahrverhaltens im Hinblick auf die Verbesserung der Ökoeffizienz und Sicherheit mit Aussicht auf günstigere Versicherungsprämien. Unternehmen und Autovermieter erproben neue Kombinationsformen von Car Leasing, Autovermietung und Car Sharing für Mitarbeiter bzw. Geschäftskunden. Für Studierende von Hochschulen wird Campus Car- und Bike-Sharing mit Nahverkehrsangeboten kombiniert. Entsprechend der vielen Pilotprojekte in all den genannten Bereichen sind hier in der nächsten Zeit noch zahlreiche Innovationen nicht nur im urbanen, sondern auch im ländlichen Raum zu erwarten, die auch neuartige Kombinationen von Verfügungsrechten zwischen Kauf, Miete, Leihe, Reservierung, Nutzung, Beförderung, und Teilung beinhalten.

Quellen und weiterführende Literatur:

Bundesverband CarSharing e.V. 2014, Eine Idee setzt sich durch! 25 Jahre CarSharing, ksv Verlag 2014.

Economist 2013, All eyes on the sharing economy, in: The Economist, Technology Quarterly, Mar. 9th, 2013, http://www.economist.com/news/technology-quarterly/21572914-collaborative-consumption-technology-makes-it-easier-people-rent-items (Zugriff Oktober 2013).

Economist 2012, A Sense of place, in: The Economist, Special Report: Technology and Geography, Oct. 27th, 2012.

Groß, S., Stengel, N., Mietfahrzeuge im Tourismus, Oldenbourg Verlag, München, 2009.

Kiermasch, C., Carsharing mit Elektroautos: Welches Mobilitätskonzept eignet sich für Großstädte?, disserta Verlag, Hamburg, 2014.

Loose, W., Glotz-Richter (Hrsg.), M, Car-Sharing und ÖPNV, ksv Verlag, Köln, 2012.

Mager, Th. J. (Hrsg), Liegt die Zukunft der Elektromobilität im ländlichen Raum?, ksv Verlag, Köln, 2014.

Monheim, H., Muschwitz, Chr., Reimann, Joh., Streng, M., Fahrradverleihsysteme in Deutschland, ksv Verlag, Köln, 2012.

Peterle, J., A study of the innovation adoption process of car sharing in Germany; (Südwestdeutscher Verlag für Hochschulschriften), Saarbrücken 2012.

Ringeisen, P., Goecke, R., Flinkster – the Car Sharing Platform of Deutsche Bahn AG, in: *Egger, R., Gula, I., Walcher, D.,* Open Tourism, Springer Verlag, Berlin, 2014 (in Druck).

Schulz, A., Verkehrsträger im Tourismus; Oldenbourg Verlag, München, 2010.

Schwieger, B., Second Generation Car-Sharing: Developing a New Mobility Services Target Groups and Service Characteristics; (Südwestdeutscher Verlag für Hochschulschriften), Saarbrücken, 2012.

FC Business Intelligence Ltd, Insurance Telematics Report 2013, herausgegeben von telematicsupdate.com 2012, http://www.telematicsupdate.com/insurance-report/index.php (Zugriff Oktober 2013).

Quellen sind außerdem im Internet bzw. als Broschüre publizierte Produktinformationen diverser im Beitrag genannter Anbieter und Produkte (Stand Mai 2014).

4.6 IT-Systeme und Prozesse bei Reiseveranstaltern

Robert Goecke, Uwe Weithöner

Reiseveranstalter befinden sich in der touristischen Wertschöpfungskette zwischen den Leistungsträgern, von denen sie Einzelleistungen beziehen, und den Reisemittlern, welche die vom Veranstalter zu Pauschalangeboten gebündelten Reisen an die Endkunden vertreiben.[1] Entsprechend zeichnet sich das Informationsmanagement der Reiseveranstalter neben der Unterstützung der internen Prozesse der Reiseproduktion insbesondere durch hohe Anforderungen an die Schnittstellen zur Integration vor- und nachgelagerter Partner und Prozesse aus (zum allg. RV-Management vgl. z. B. Voigt 2012 oder Von Dörnberg et al. 2013).

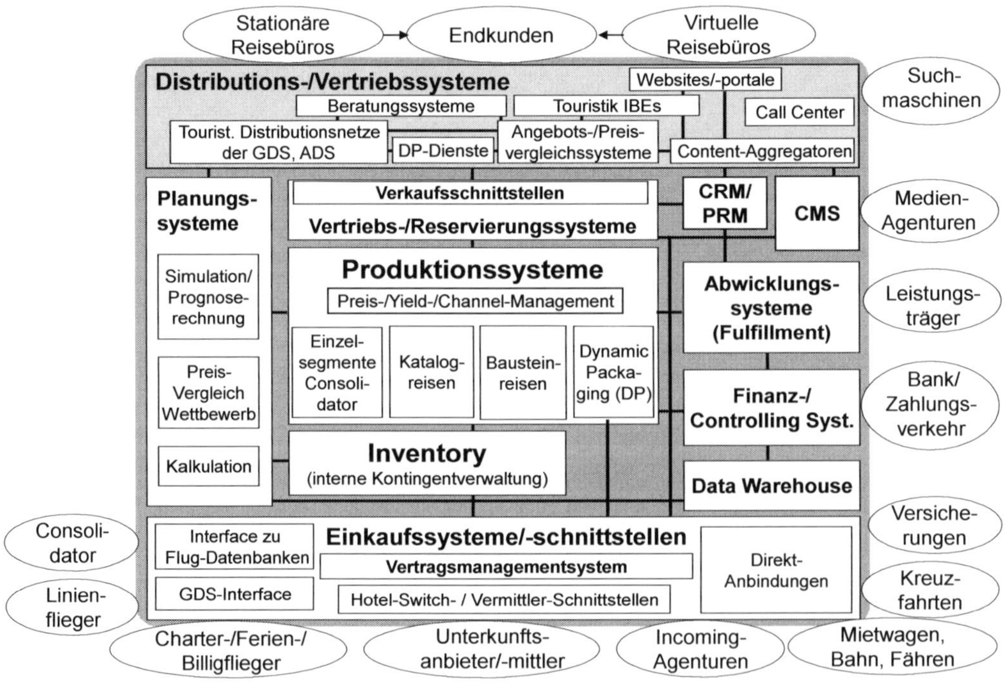

Abb. 4.6.1 *IT-Applikationslandschaft mit Relevanz für mittlere und große Reiseveranstalter*

Einen Überblick über die IT-Landschaft eines Reiseveranstalters gibt Abbildung 4.6.1. Es werden die wichtigsten Funktionsmodule dargestellt. Von der Verteilung dieser Funktionsmodule auf ein oder mehrere Systeme (z. B. als ein integriertes Veranstaltersystem oder als verschiedene mit einander vernetzte Teilsysteme mit ggf. verschiedenen internen und exter-

---

1 Im Folgenden steht diese komplexe Struktur im Vordergrund, was aber den Direktvertrieb eines Reiseveranstalters an die Endkunden z. B. über seine Website oder sein Call Center nicht ausschließt.

nen Betreibern) wird hier zunächst abstrahiert. Bei kleineren Veranstaltern sind manche der dargestellten Systeme bzw. Komponenten nicht im Einsatz, da die entsprechenden Prozesse manuell oder mit Hilfe von Standard-Office-Software abgewickelt werden.

Als Haupt-Funktionsmodule (vgl. Abb. 4.6.1) lassen sich bei Veranstaltern die Planungssysteme, die Einkaufssysteme, die Systeme des Inventory zur Verwaltung eingekaufter Kontingente, die Produktionssysteme, die Content Management Systeme (CMS), die Reservierungs- und Distributionssysteme, die Abwicklungssysteme (Fulfillment), die Personal-, Finanz- und Controlling Systeme (Enterprise Management Systeme ERP) sowie die Systeme des Kunden- bzw. Partner-Beziehungsmanagements (CRM/PRM Customer/Partner Relationship Management) unterscheiden. Sie unterstützen und automatisieren neben den innerbetrieblichen Prozessen die Geschäftsprozesse in den Schnittstellen mit den vor- und nachgelagerten Partnern der touristischen Wertschöpfung.

4.6.1 Planungssysteme

Reiseveranstalter, die Reiseleistungen einkaufen, bündeln und als Urlaubsprodukte für verschiedene Zielgruppen anbieten, haben das Risiko, dass ihre zusammengestellten Urlaubsprodukte nicht in der erwarteten Menge oder zum kalkulierten Preis abgesetzt werden. Dies führt entweder zu entgangenen Gewinnen durch zu wenig verfügbare Einzelleistungen bzw. zu gering kalkulierte Preise, oder es führt zu Verlusten durch eingekaufte aber nicht absetzbare Leistungen. Entsprechend sind Planungssysteme für die Analyse und Prognose der Nachfrage und Simulationsrechnungen für verschiedene Szenarien der Angebots- und Nachfrageentwicklung notwendig. Basisdaten für die Prognosen kommen z. B. von Marktforschern, die regelmäßig Kunden nach ihren Urlaubsplänen befragen (Reiseanalysen), oder von Distributionssystemen, die Statistiken über die aktuelle Entwicklung der Buchungszahlen liefern. Die wesentliche interne Quelle sind Buchungsdaten, die vorzugsweise in einem Data Warehouse gesammelt und ausgewertet werden.

Ein Data Warehouse ist selbst kein Planungssystem, sondern eine multidimensionale Datenbank, in der für statistische Auswertungen und multivariate Korrelationsanalysen die Vorgangsdaten aus den relevanten Distributionssystemen und Vertriebskanälen einheitlich formatiert gespeichert und zu Analysezwecken (Data Mining) verfügbar gemacht werden (vgl. Kap. 2.3.5, 5.2 u. 5.4). Dem Unternehmen bietet das Data Warehouse zahlreiche Methoden zur statistischen Online-Analyse dieser Datenbestände im Rahmen des sog. Online Analytical Processing OLAP. So kann z. B. aus den Daten der Vergangenheit der typische Buchungsverlauf erfolgreicher zielgruppenspezifischer Urlaubsangebote früherer Saisonen ermittelt werden, was den Produkt- und den Einkaufsverantwortlichen Trends und wertvolle Hinweise auf die zu erwartende Nachfrage z. B. nach Hotels und Zielgebieten für die zu planende Saison liefert. Ebenso können Kundengruppen nach verschiedenen Kriterien ihres Buchungsverhaltens z. B. für das Kundenbeziehungsmanagement segmentiert werden. Hierbei sind stets die gesetzlichen Bestimmungen des Datenschutzes zu beachten.

Reiseveranstalter setzen als Basis ihrer Einkäufe Planzahlen/Planteilnehmerzahlen für ihre Reiseziele und Reiseangebote fest, die sich an differenzierten Saison- und Ferienzeiten orientieren. Diese Planzahlen können mit den kalkulierten Reisepreisen und Preiskonditionen bewertet werden. Damit werden Planumsätze ermittelt und, reduziert um die jeweiligen Einkaufspreise, Deckungsbeiträge simuliert. Entsprechen die simulierten Deckungsbeiträge nicht den Zielen des Unternehmens für die vorzubereitende Saison, können, sofern es die Marktsituation zulässt, die kalkulierten Preise und ggf. die Planzahlen und die Marketingaktivitäten zur Realisierung der Planzahlen angepasst werden (vgl. auch Voigt 2012).

Die kalkulierten Preise werden mit den Preisen der Wettbewerber für ähnliche Produkte verglichen. Dieser Vergleich vollzieht sich zunächst auf Basis von Vergangenheitswerten, er wird aber im Saisonablauf auf Basis aktueller Preise fortgesetzt, so dass im Rahmen der Verkaufssteuerung Preisaktivitäten (z. B. spezielle Rabatte und Sonderpreise) durchgeführt werden können. Für einen automatisierten Vergleich sind die Wettbewerberdaten aus Preisvergleichssystemen nützlich. Um ihre aufwändige Erfassung zu vermeiden, können Standard-Vergleichssysteme zum Einsatz kommen, wie sie für Beratungsfunktionen in touristischen Internet Booking Engines der Online-Reiseportale (vgl. Kap. 3.7) und in touristischen Beratungssystemen für Reisebüros (vgl. Kapitel 3.4) verfügbar sind.

Bei entsprechender Datenmenge sind diese die Saison vorbereitenden Kalkulations-, Simulations- und Vergleichsprozesse nur mit entsprechender Software-Unterstützung durchführbar.[1]

4.6.2 Einkaufssysteme, -schnittstellen und Kontingentverwaltung

Reiseveranstalter kaufen, unterstützt von Einkaufssystemen und auf Basis der Planungsdaten, Reiseleistungen von Leistungsanbietern. Das sind Leistungsträger (Verkehrsträger: Flug-/Bahn-/Fährgesellschaften, Busunternehmen, Kreuzfahrtreedereien sowie Beherbergungsbetriebe, Autovermieter, etc.) bzw. deren Vermittler (Broker), Großhändler (Consolidator) oder Zielgebietsagenturen (Incoming Agenturen). In Abstimmung mit der Saisonplanung (Teilnehmer- und Ergebnisplanung) vereinbaren die Reiseveranstalter Belegungsrechte für touristische Leistungen mit den jeweiligen Leistungsanbietern. Beförderungskontingente werden z. B. für bestimmte Strecken „gechartert“ (Charterverträge mit Fluggesellschaften/Carriern) und Hotelkontingente werden durch Belegungsverträge mit den Hoteliers „eingekauft“.

Der Einkauf im Rahmen der Saisonvorbereitung ist in der Regel zeitkritisch, und er basiert auf den umfangreichen Planungsdaten und auf Daten vergangener Saisonen (z. B. Einkaufskonditionen, Beschwerden, Entwicklungstendenzen). Die Einkäufer sollten daher für ihre Vorort-Verhandlungen online Zugriff auf das Planungs- und Einkaufssystem bzw. auf das Data Warehouse und damit Zugriff auf alle aufbereiteten einkaufsrelevanten Daten erhalten. Weiterhin können standardisierte Vertragsformulare bereitgestellt und die Verhandlungsergebnisse sofort und online erfasst werden. Die Vertragsdaten sind damit in Echtzeit für den folgenden Produktions- und Kalkulationsprozess verfügbar.

---

1 Es sei auch darauf verwiesen, dass sich die Aufgaben und Prozesse gemäß Kap. 4.6.1 und 4.6.2 auf den „traditionellen“ Veranstalterprozess mit vorbereitender Saison- und Katalogplanung beziehen im Unterschied zu den Prozessen des Dynamic Packaging (vgl. Abb. 4.6.3).

Der Einkauf von Leistungen ist für den Reiseveranstalter mit dem Risiko verbunden, sie im Rahmen seiner Produkte nicht absetzen zu können, so dass die Belegungsrechte verfallen. Je nach Risikoverteilung zwischen Veranstalter und Leistungsanbieter unterscheidet man die Einkaufskonditionen (vgl. Abb. 4.6.2). Sie stellen unterschiedliche Anforderungen an die den Saisonablauf begleitende Verkaufs- und Kontingentsteuerung. Die von den Leistungsanbietern eingekauften Reiseleistungen werden als Kontingente oder Optionen (auch auf sog. Pro Rata Basis) im internen Inventory verwaltet. Alternativ oder ergänzend können Reiseleistungen mittels geeigneter Einkaufsschnittstellen über externe kontingentführende Reservierungssysteme bei den Leistungsanbietern ad hoc bzw. in Echtzeit des Bedarfs angefragt und reserviert werden.

Fixkontingente	Pro Rata Kontingente	Verhandelte Tarife	Preisdynamik
Fest/garantiert eingekaufte Reiseleistungen	Reiseleistungen mit Option der kostenfreien Rückgabe	Einkaufstarife u. Konditionen werden für den Fall der Reservierung vereinbart. (Reiseleistungen werden nicht als Vorleistungen eingekauft.)	Reiseveranstalter schließen mehrjährige Verträge mit jährlichen Preissteigerungsraten ab.
Das Risiko der Nichtbelegung bzw. des Verfalls trägt der Veranstalter, der den Leistungsträger für die Bereitstellung der Leistung zu bezahlen hat und die Kontingente vollständig im eigenen System verwaltet.	Wenn eine Leistung nicht spätestens z.B. 14 Tage vor einem Belegungstermin reserviert worden ist, geht das Belegungsrecht an den Leistungsanbieter zurück. Bis zum Rückgabetermin kann das Kontingent vom System des Veranstalters selbständig verwaltet werden. Danach ist ein Request beim Leistungsanbieter notwendig.	Das Belegungsrecht verbleibt beim Leistungsträger. Der Veranstalter hat das Risiko, dass zum Zeitpunkt seiner Kundenbuchung das Kontingent bereits ausgebucht ist. Die Beschaffung der Reiseleistung findet erst mit der Kundenbuchung im Leistungsträgersystem statt.	Das System berechnet die jeweils neuen Einkaufspreise automatisch und stellt sie der anschließenden Kalkulation zur Verfügung.
Beispiele: Charterflüge	Ferienhotels	Luxusreisen mit Linienflügen in Stadthotels	Ferienhäuser

Abb 4.6.2 *Unterschiedliche Einkauskonditionen und ihr Einfluss auf die Kontingentverwaltung*

Im internen Inventory werden die eingekauften Leistungen (z. B. Flüge, Zimmer etc.) mit ihren spezifischen Eigenschaften (z. B. Flugstrecke, Abflug-/Ankunftzeiten, Zimmerkategorie, Zimmerbelegung, Verpflegungsart etc.) sowie Kontingentart und -größe, Zeitraum und Preiskonditionen geführt. Je nach Kontingentart kann die Kontingentverwaltung intern durch die Inventory-Datenbanken des Reiseveranstalters oder über Anfragen an externe kontingentführende Systeme der Leistungsanbieter erfolgen, die über automatisierte elektronische Schnittstellen direkt mit dem System des Veranstalters verbunden sind (Direktanbindung vgl. Abb. 4.6.1 unten). Größere Veranstalter mit einer Spezialisierung auf entsprechende Reisearten nutzen häufig automatische Einkaufsschnittstellen zwischen ihrem Reservierungssystem und den Systemen, die als Reservierungszentralen für die entsprechenden Leistungsträger fungieren (z. B. Hotel-Switch, Flug-Datenbanken, GDS). Das heißt beispielsweise, eine beim Veranstalter eingehende Buchungsanfrage wird über eine Einkaufsschnittstelle automatisch zur Flugvakanzprüfung und zur Reservierung an das kontingentführende GDS einer Linienfluggesellschaft weitergeleitet (vgl. Kapitel 3.2). Dieses bestätigt dem Reiseveranstaltersystem die Reservierung dann automatisch und in Echtzeit.

Hatten früher die einzelnen Produktlinien und Marken eines Veranstalters jeweils separate Kontingentverwaltungen, so geht der Trend zu zentralen bzw. integrierten Kontingentverwaltungen (Inventory-Systemen). Sie erleichtern durch Zugriff aller Produktlinien und Marken eine flexible Lenkung der eingekauften Kontingente hin zur jeweils ertragsstärksten Verwendung. Fest eingekaufte Kontingente können so bei drohendem Verfall einfacher an andere interne Marken und Produktlinien sowie an Tochtergesellschaften oder externe kooperierende Veranstalter weiterverkauft oder im Rahmen von Last-Minute-Angeboten vermarktet werden (vgl. Weithöner/Ehbrecht, 2004 u. Kap. 5.1).

4.6.3 Produktionssysteme

Abbildung 4.6.3 zeigt als Folge der unterschiedlichen Produktionsprozesse die Merkmale der Reiseprodukte im Vergleich.

<table>
<tr><th></th><th>Katalog-/Bausteinreise</th><th>Dynamic-Pre-Packaging</th><th>Dynamic-Packaging</th></tr>
<tr><td>Status</td><td>„Traditionelle" Reiseveranstaltung</td><td colspan="2">„Virtuelle" Reiseveranstaltung</td></tr>
<tr><td>Leistungs-verzeichnis</td><td>Definierte Leistungsverzeichnisse ggf. mit Wahlmöglichkeiten durch Bausteine</td><td>Definierte Leistungsverzeichnisse</td><td>Undefinierte Leistungs-verzeichnisse, Regeln zu einer „plausiblen" Paketbildung</td></tr>
<tr><td>Produkt</td><td>Langfristiges Produkt bzgl. Einkauf, Planung, Kalkulation</td><td>Kurzfristig automatisiert erstelltes Produkt aus (Lastminute-) Einzelleistungen</td><td>Echtzeit-Produkt gemäß aktuellem Kundenwunsch</td></tr>
<tr><td>Bündelung und Kalkulation</td><td>Langfristige Bündelung vom Veranstalter mit definierten Optionen und Alternativen für den Kunden</td><td>Kurzfristige Bündelung durch Veranstaltersystem und Kalkulation des Reisepreises gemäß Regelwerk</td><td>Bündelung in Echtzeit des Kundenwunsches (online), Kalkulation des Reisepreises in Echtzeit gemäß Regelwerk</td></tr>
<tr><td>Katalog und Medien</td><td>Saison vorbereitende Katalog- u. Medienproduktion</td><td colspan="2">vorbereitende Katalog- u. Medienproduktion nicht möglich -> allgemeinere Tourismusinformation u. Bewertungssysteme</td></tr>
<tr><td>Freiheitsgrad des Kunden</td><td>Begrenzte Individualisierung</td><td>Keine Individualisierung</td><td>Individualisierung, nur begrenzt durch die kooperierenden Anbietersysteme und die Plausibilität der Paketzusammenstellung</td></tr>
<tr><td>Preisstruktur</td><td>Einzelpreise nicht bekannt, ggf. Zuschläge für Wahlleistungen</td><td colspan="2">Einzelpreise nicht bekannt, Gesamtpreis</td></tr>
<tr><td>Vertragspartner des Reisenden</td><td colspan="3">Veranstalter - eine Paketrechnung, Produktverantwortung und Sicherungsschein</td></tr>
</table>

Abb. 4.6.3 Unterschiedliche Produktions- und Angebotsformen von Urlaubsreisen als Reisepakete

Mit ihren Produktionssystemen bündeln und kalkulieren Reiseveranstalter beim „traditionellen" Pre-Packaging im Rahmen ihrer Saisonplanung aus den eingekauften Leistungen fest definierte Pauschal-/Katalogreisen oder Bausteinreisen, die mit definierten und in Grenzen kombinierbaren Reisebausteinen gemäß Kundenwunsch angeboten werden (Pflicht-, Wahlpflicht- und Wahl-Leistungen).

Beim Dynamic Pre-Packaging erfolgt die Bündelung nicht schon im Rahmen der vorbereitenden Saisonplanung, sondern kurzfristig/lastminute. Aktuell und kurzfristig vakante Angebote von Einzelleistungen werden an den (Lastminute-)Reiseveranstalter mit den Konditionen zur kurzfristigen Vermarktung transferiert. Der Lastminute-Veranstalter kombiniert die

Einzelleistungen der Leistungsgeber automatisch zu Reisepaketen bzw. Pauschalreisen, um sie anschließend in den Lastminute-Distributionssystemen anzubieten. Die Angebotsbündel und ihre Preise werden hierbei auf der Basis von Bündelungs- und Kalkulationsregeln automatisiert produziert und kalkuliert. Für Leistungsgeber/Veranstalter, die kurzfristig übrige Leistungen zur Lastminute-Paketierung liefern, handelt es sich meist um eine Aktion der kurzfristigen Verkaufs- und Kontingentsteuerung (vgl. 4.6.5 sowie Kap. 5.1 u. 5.2).

Um den Kunden bei ihrer Reiseentscheidung zusätzliche Individualität und Flexibilität zu ermöglichen, werden die Produktionssysteme um Dynamic-Packaging-Funktionalität erweitert. Mit Dynamic Packaging werden Pauschalreisen nicht vorproduziert angeboten, sondern sie werden kundenindividuell zum Zeitpunkt und auf Basis der Kundenanfrage automatisch online produziert. Leistungsträgerangebote werden, zumindest teilweise, außerhalb des internen Inventory in Echtzeit aus vernetzten Datenbanken von Leistungsanbietern und Wiederverkäufern (Consolidator) abgefragt und ggf. dort gebucht.

Dynamic Pre-Packaging- und Dynamic-Packaging-Veranstalter werden wegen ihrer vollautomatisierten und kurzfristigen dynamischen Prozesse als Virtuelle Veranstalter bezeichnet, wobei größere Veranstalter zur optimalen Marktabdeckung inzwischen gleichzeitig traditionelle und virtuelle Veranstaltermarken mit Zugriff auf das gemeinsame Inventory und auf externe Anbietersysteme führen. Es gibt auch virtuelle Veranstalter, die die dynamische Produktion von „White-Label-Reisepaketen" beispielsweise für Handelsketten oder Online-Reiseportale zur Vermittlung über deren Handelsmarke durchführen. Auch virtuelle Reiseveranstalter sind rechtlich verpflichtet, die Erbringung der Reiseleistungen zu sichern.[1]

- **Traditionelle Produktion von Katalog- und Bausteinreisen**

Der Produktionsprozess des traditionellen Reiseveranstalters kann als saisonvorbereitendes Pre-Packaging bezeichnet werden. Er ist integrierter Teil der sich in jeder Saison wiederholenden Phasen. Planung, Einkauf, Produktion, Vertrieb und Fulfillment werden durch ein integriertes Reservierungssystem/Veranstaltersystem mit elektronischen internen und externen Schnittstellen zu beteiligten Partnersystemen unterstützt oder automatisiert. Die Disposition der Kontingente und die Bündelung und Kalkulation der Reiseangebote erfolgt durch das Produktmanagement. Neben den langfristig, die Saison vorbereitend kalkulierten Katalogpreisen werden besondere Konditionen wie z. B. Frühbucher- und Last-Minute-Rabatte definiert. Gegebenenfalls müssen im Saisonverlauf anstelle von Angeboten, die sich schlecht verkaufen, aus den zugrundeliegenden Kontingenten neue Produkte kurzfristig rekombiniert werden, die als Kurzfrist-Angebote über spezielle Distributionskanäle in den Markt gebracht werden (Dynamic (Pre-) Packaging), oder die Reiseleistungen müssen als Einzelleistungen vermarktet werden (z. B. Nur-Flug-, Nur-Hotel-Angebote).

---

[1] Im Rahmen des Dynamic Bundling stellen Reisemittler im Kundenauftrag eine Reise aus Einzelleistungen verschiedener Leistungsanbieter unter Ausweis der Einzelpreise zusammen. Bei Online-Reisebüros stellt sich der Kunde selbst die Reise aus Einzelleistungen zu Einzelpreisen in einem elektronischen Warenkorb zusammen. Im Gegensatz zum Dynamic Packaging erfolgt beim Dynamic Bundling kein Ausweis eines Pauschalpreises, keine Übernahme der Produktverantwortung, und ein Sicherungsschein wird nicht ausgestellt.

Abbildung 4.6.4 zeigt die Basis-Architektur eines integrierten Veranstaltersystems mit traditionellen Prozessen. Abbildung 4.6.5 zeigt diese Prozessstruktur im Vergleich zur Dynamic-Packaging-Struktur. Auf der Basis der im internen Inventory erfassten Kontingente eingekaufter Reiseleistungen, zu denen auch durch den Veranstalter selbst zu erbringenden Reiseleistungen (z. B. Busbeförderung durch den Busreiseveranstalter) mit ihren Preisen, Konditionen oder Verrechnungssätzen gehören, werden die Einzelleistungen zu Reisepaketen bzw. Pauschalangeboten gebündelt und kalkuliert.

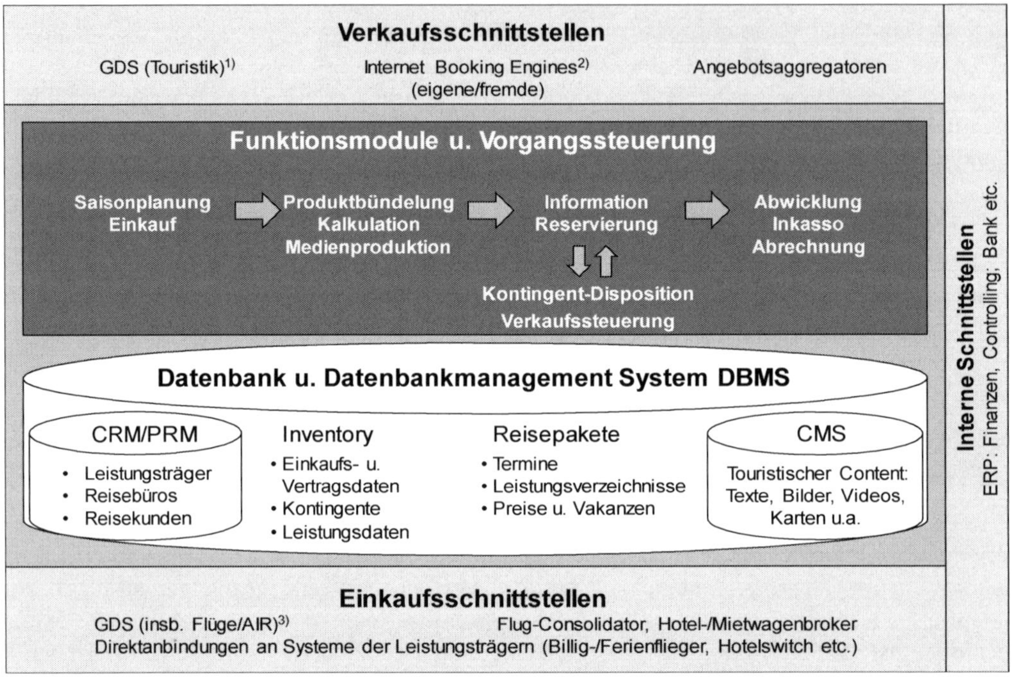

1) Vgl. Kapitel 3.1 u. 3.4, 2) Vgl. Kapitel 3.7, 3) Vgl. Kapitel 3.2

Abb. 4.6.4 *„Traditionelle" Basis-Architektur eines integrierten datenbankbasierten Veranstaltersystems*

Für die Produktion einer Katalog- oder Bausteinreise sind folgende Schritte notwendig:

1. Festlegung der Einzelleistungen (Flug, Hotel, Transfer, etc.), aus denen sich die Pauschalreise zusammensetzt: Welche Leistungsarten aus welchen Kontingenten bilden die festen Bestandteile des Angebotes (Pflichtleistungen – meist Flug und Hotel), welches sind alternativ auswählbare Wahlpflichtleistungen (Transfer oder Mietwagen) und welches sind optionale Wahlleistungen (z. B. ein Tauchkurs)?

2. Festlegung der zeitlichen Reiseparameter: Angebotszeitraum der Reise, An- und Abreisetage, Reisedauer, Verlängerungsmöglichkeiten, zeitliche Positionierung der einzelnen Reiseleistungen im Rahmen des Reisepaketes, etc.

3. Kalkulation der Reisepreise und Verkaufskonditionen: Die Kalkulation eines Reisepreises besteht nicht nur aus der Addition der Einkaufspreise und ihrer Multiplikation mit Zuschlagsfaktoren zur Gemein-/Fixkosten-Deckung und Gewinnerzielung. Mit der Preiskalkulation sind auch alle Konditionen der Reisepreise festzulegen. Das Ergebnis sind Preistabellen und Parameter für Kalkulationsformeln.

Folgende Beispiele zeigen Faktoren, die bzgl. Punkt 3 den Reisepreis beeinflussen können:

- Buchungszeitpunkt: Festlegung von Frühbucher- und Last-Minute-Rabatten.
- Saisonzeiten: Die Saisonzeiten werden in der Saisonvorbereitung festgelegt abhängig von der Kalenderzeit, dem Zielgebiet und dem Abflughafen. Der Reisepreis ist abhängig von der Saisonzeit, in der die Reise stattfinden wird. Regeln zur Preiskalkulation, wenn die Saisonzeit während der Reisedauer wechselt, sind erforderlich.
- Kalkulationsbasis: Preiskalkulation pro Person (Kinderrabatte in Abhängigkeit vom Alter) oder pro Wohneinheit/Zimmerkategorie, Zu-/Abschläge bei von der Standardbelegung abweichenden Zimmerbelegungen?
- Zu- und Abschläge: Zuschläge für bestimmte Abflughäfen, Zu- oder Abschläge für abweichende Verpflegungsarten, Preisnachlässe für direkte Internet-Buchungen, Preisnachlass für Buchung einer optionalen Zusatzleistung, z. B. Mietwagen.
- Reisedauer und Abreisetermine: Bei Pauschalreisen ist in der Regel im Preis der ersten Reisewoche die Hin- und Rückbeförderung enthalten, der Preis der folgenden Woche ist ein Verlängerungspreis für die zusätzlichen Übernachtungen. Wenig nachgefragte Abreisetermine werden durch Preisnachlässe, die nur an diesen Abreisetagen gelten, gefördert.
- Sonstige Rabatte & Vergünstigungen: Besitzt der Reisende z. B. eine Stammkunden-Kreditkarte, die der Veranstalter herausgibt, und zahlt er die Reise mit dieser Karte, ist die Reiserücktrittskosten-Versicherung inklusive und kostenfrei. Darüber hinaus kann er kostenlos einen Sitzplatz für den Hin- und Rückflug reservieren lassen.
- Zusätzliche Komplexität ist bei Bausteinreisen gegeben, die bestehend aus Pflichtleistungen, optionalen Wahlleistungen und alternativen Wahlpflichtleistungen individuell zusammengestellt werden können, da der Reisepreis im Unterschied zur fest definierten Katalogreise abhängig von der kundenindividuellen Zusammenstellung der Reise bei Buchung zu berechnen ist.

Die kalkulierten Verkaufspreise und -konditionen sind bezüglich ihrer Marktchancen und Wettbewerbsfähigkeit zu überprüfen und ggf. unter Wahrung von Deckungsbeitrags- und Gewinnpotentialen anzupassen, bevor die Produkte zum Vertrieb freigegeben werden.

Je nach Vertriebskanal müssen Veranstalter ihre Angebote in Print- und elektronischen Medien und im Rahmen von Online-Beratungssystemen und Web-Portalen darstellen (vgl. z. B. Kap. 3.4 u. 3.7). Dieselben Text- und Bildmaterialien müssen für verschiedene Medien formatiert, aufbereitet und bereitgestellt werden. Hierfür eignen sich Content Management Systeme. Dies sind auf Datenbanken basierende Systeme, in denen alle verwendeten Textdokumente und Medienobjekte von sachkundigen Content Managern ohne Programmierkenntnisse eingestellt und verwaltet werden (vgl. Kap. 2.3.4). Aus diesen multimedialen Basisinformationen können durch die für jede Darstellungsart einmal programmierten Layout-Templates automatisch Angebotsdarstellungen für alle Ausgabemedien, Formate und Geräte (Drucker, Browser, Mobile, etc.) generiert werden. Für Pauschal- und Bausteinreisen, die auch heute noch in Printmedien dargestellt werden, müssen die Kataloge mit elektronischen Publishing Systemen auf Basis der CMS-Daten mit den Preistabellen und Buchungscodes produziert und in hohen Auflagen gedruckt werden.

- **Produktionsprozesse des Dynamic Packaging**

Die Produktionsprozesse der virtuellen Veranstalter basieren auf einem Netzwerkverbund eines regelbasierten Paketierungssystems mit den externen Inventories der Leistungsgeber und den elektronischen Vertriebskanälen.

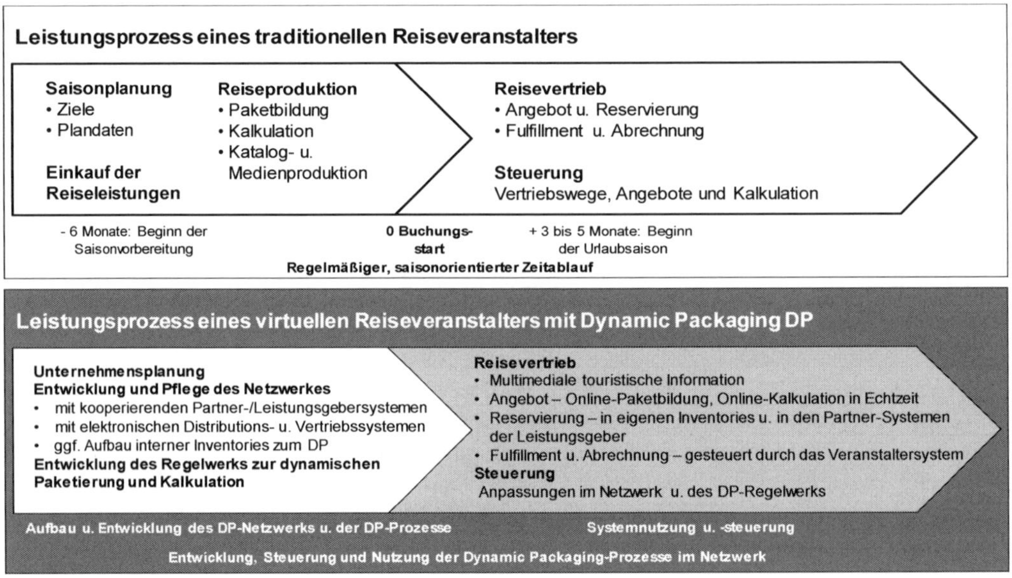

Abb. 4.6.5 *Prozesse der Reiseproduktion bei Katalog-/Bausteinreisen und bei Dynamic (Pre-)Packaging im Vergleich*

Spezialisierte Dynamic-Packaging-Engines und -Dienste[1] mit ihren Reservierungsschnittstellen zu Leistungsgebern und zu elektronischen Vertriebswegen werden als Softwarelösung oder als Application Service angeboten (vgl. Abb. 4.6.6 und Simon/Küçükçankaya 2004).

---

[1] DynaPack von znt Travel, TTdataMix/TTdynamix von Traveltainment, TravelPack von Traffics, ePackage von Travel-IT, Y-Player/D-Hub von Peakwork oder OTDS-FlexPlayer/FlexHub von Bewotec.
Anmerkung der Verfasser: Die Nennung der Firmen erfolgt wie bei allen Produkten und Unternehmen dieses Beitrags nur beispielhaft und beinhaltet keine Wertung oder Empfehlung der Autoren. Weitere Firmen und Produkte werden im Internet und jedes Jahr auf der ITB in Berlin oder der TravelExpo in Köln von ihren Herstellern präsentiert. Wir empfehlen vor jeder Auswahl eines Produktes, die Angebote verschiedener Anbieter im Hinblick auf die individuellen Anforderungen systematisch zu vergleichen (vgl. Kap. 1.3).

Der Veranstalter gibt dabei die Paketierungs- und Kalkulationsregeln vor, die im Wesentlichen auf Zuschlägen zu den zu Netto-Tagespreisen buchbaren Einzelleistungen der Leistungsgeber beruhen (Dynamic Pricing). Statt Nettopreisen ist auch der Ausweis von Bruttopreisen im anbietenden System möglich, der Dynamic Packaging Veranstalter erhält dann Provisionen auf die Bruttopreise, ist aber aufgrund der Paketierung nach wie vor kein Reisemittler sondern Veranstalter. Der einzelne Veranstalter differenziert sich beim Dynamic Packaging durch seine Schnittstellen, ggf. durch seine speziellen Preiskonditionen bei den angeschlossenen Leistungsgebern oder durch die Zusteuerung eigener Kontingente aus seinem internen Inventory für die Paketierung.

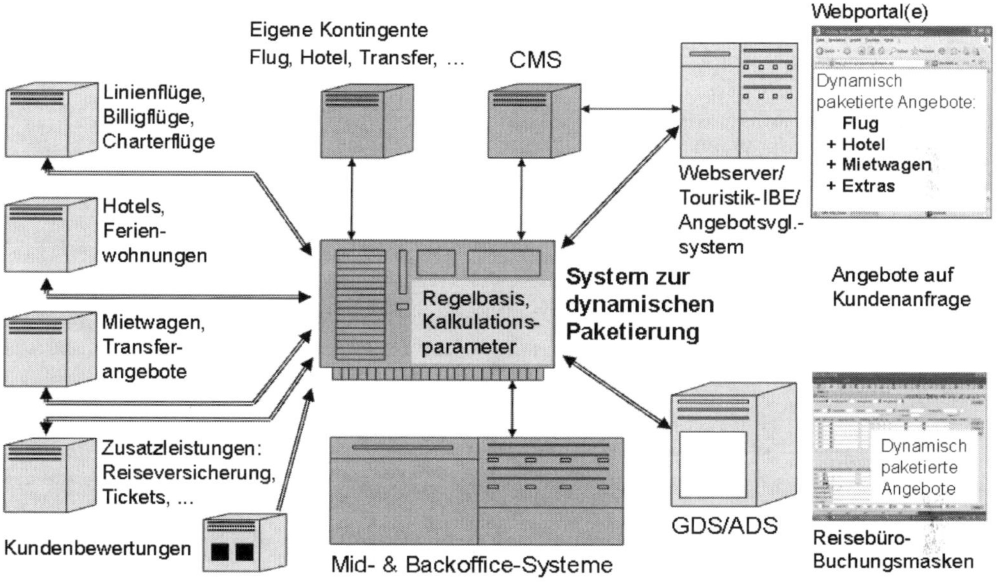

Abb. 4.6.6 *Typische Architektur eines Dynamic-Packaging-Systems*

Beim dynamischen Paketieren werden die Einzelleistungen typischerweise nicht im Voraus geplant, gebündelt und kalkuliert. Die Einzelleistungen werden beim echten Dynamic Packaging erst zum Zeitpunkt der Kundenanfrage, beim Dynamic Pre-Packaging kurzfristig, z. B. nachts vor dem ersten Verkaufstag, aus verschiedenen internen Angebotsbeständen und externen Systemen automatisch abgefragt. Statt eine Pauschalreise durch die direkte Zuordnung von passenden Einzelleistungskontingenten aus dem internen Inventory als Pflicht-, Wahl- oder Wahlpflichtleistungen zu bündeln, werden in Dynamic-Packaging-Systemen Datenquellen und Suchabfragen definiert, durch welche bei einer konkreten Kundenanfrage oder bei der kurzfristigen Vorpaketierung von Angebotsdatensätzen alle für die Bündelung passenden Einzelleistungen aus den Systemen der vernetzten Leistungsanbieter abgefragt und kombiniert werden. Durch Regeln und Formeln wird beschrieben, wie aus den aktuellen Einzelpreisen der abgefragten Einzelleistungen durch Addition ggf. mit geeigneten Zu- oder Abschlägen der Gesamtpreis der entstehenden Pakete dynamisch berechnet wird.

Bei der Buchung der dynamisch gebündelten Pakete aus den von verschiedenen internen und externen Datenquellen abgefragten Einzelleistungen ist zu beachten, dass es sich um eine verteilte Geschäftstransaktion handelt, die nur vollständig oder gar nicht abgewickelt werden darf. Nur wenn alle Einzelleistungen einer Pauschale in allen beteiligten Leistungsanbietersystemen erfolgreich reserviert werden können, ist die Reisebuchung erfolgreich. Wenn nur eine einzige Teilleistung zum Buchungszeitpunkt nicht mehr verfügbar ist, müssen alle anderen bereits gebuchten Teilleistungen wieder automatisch storniert werden. Außerdem müssen mit den gebündelten Reiseangeboten die richtigen beschreibenden Text- und Bildinformationen der Anbieter aus internen oder externen Content Management Systemen CMS verknüpft werden.

- **Integration des Dynamic Packaging mit Distributions- und Vertriebssystemen**

Das dynamische Paketieren stellt hohe Anforderdungen an die Integration von Reiseproduktions- und Distributionssystemen. Es sind in Echtzeit auf eine Anfrage im Vertriebs- bzw. Distributionssystem passende Reisen zu produzieren und als Angebote zur Buchung auszugeben. Während vorproduzierte Reiseangebote als fertige Angebotsdatensätze in die Distributionskanäle geliefert werden können, entstehen beim „echten" dynamischen Paketieren diese Angebotsdaten erst durch Interaktion zwischen Produktion und Distribution, wozu sich inzwischen drei verschiedene Realisierungsformen entwickelt haben (vgl. Abschnitt 4.6.4):

Veranstalterspezifische Dynamic Packaging Systeme: Ursprünglich wurde Dynamic Packaging veranstalterspezifisch entweder durch spezielle Dynamic Packaging Engines mit veranstalterseitigen Einkaufs- und Verkaufsschnittstellen oder als Erweiterung der klassischen Veranstaltersysteme um Dynamic Packaging Schnittstellen und regelbasierte Echtzeit-Bündelungsfunktionen realisiert (vgl. Abb. 4.6.6 und 4.6.7). Der Implementierungsaufwand insbesondere für die Anpassung der Schnittstellen und die komplexe Paketierungslogik war für die Dynamic Packaging Pioniere beträchtlich. Die Dynamic Packaging-Erweiterung des klassischen Veranstaltersystems muss den gesamten Dialog, die Produktion mit Echtzeit-Einkauf und den hiermit verbundenen Datenaustausch mit dem/den beteiligten Distributionssystemen bei jeder Anfrage ausführen, was auch hohe Anforderungen an die Systemleistung bedeutet. Anbieter von Dynamic Packaging Engines übernehmen daher die Einführung und den Betrieb von DP-Systemen häufig als Application Service für die Veranstalter.

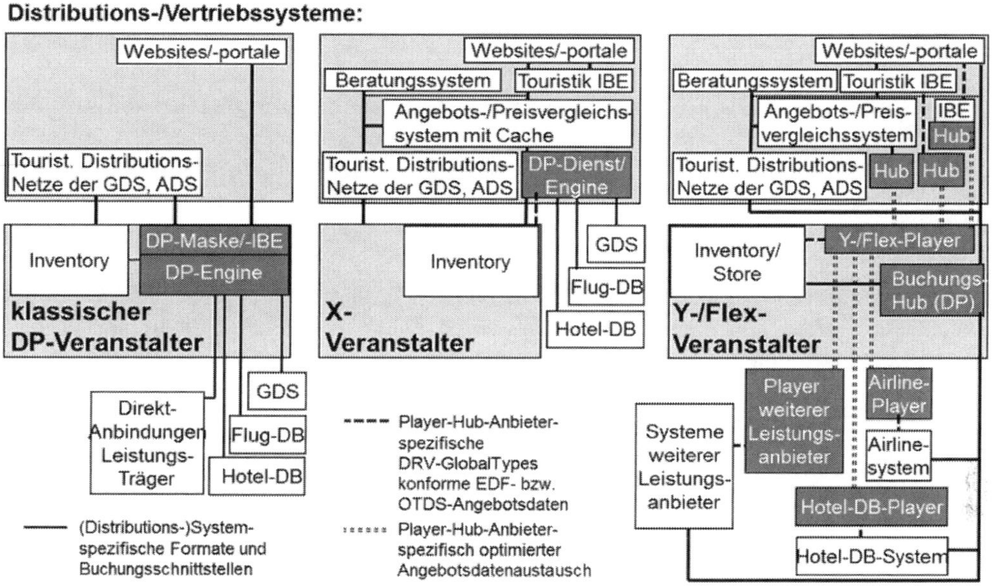

Abb. 4.6.7 *Verschiedene Varianten der Integration von Dynamic Packaging mit Distributions- und Vertriebssystemen. Entsprechend der sehr verschiedenen Architekturen und Implikationen sei hier zwischen X- und Y-/Flex-Veranstaltern unterschieden – der DRV bezeichnet in seinen FAQ zu dynamisch produzierenden Veranstaltern von 2012 alle drei Varianten als X-Veranstalter. Quelle: eigene Darstellung auf Basis der Angaben von DRV, Peakwork und Bewotec auf deren Websites; Stand 17.2.2014*

Zentrale Dynamic Packaging Dienste für X-Veranstalter: Um Dynamic Packaging Angebote in ihre zentralen veranstalterübergreifenden Beratungs- und Angebotsvergleichssysteme (s. u. Kap. 4.6.4) aufzunehmen und für Veranstalter den Weg in die Dynamic Packaging Produktion zu vereinfachen, bieten informationstechnologische Intermediäre, z. B. Traveltainment, Traffics oder Travel-IT, Dynamic Packaging Funktionen integriert in ihre Angebotsvergleichs- und Distributionsdienste an: Sogenannte virtuelle X-Veranstalter können so über die Dynamic-Packaging-Schnittstellen dieser Intermediäre ihre Hotel- bzw. Flugangebotsdaten an deren multimandantenfähigen Dynamic Packaging Dienst senden, zusammen mit ihren dynamischen Paketierungs- und Kalkulationsregeln. Die dynamische Reiseproduktion erfolgt dann im DP-System des Intermediärs entweder mittels kurzfristigem Dynamic Pre-Packaging oder mittels echtem Dynamic Packaging. Die Dynamic Packaging Engine des Intermediärs für X-Veranstalter ist für den in beiden Fällen notwendigen Echtzeit-Einkauf direkt mit GDS, Flug- und Hoteldatenbanken verbunden, zur Angebotsdarstellung mit dessen Beratungs- und Angebotsvergleichsystem vernetzt, und zur Buchung an ein touristisches Distributionsnetzwerk bzw. ADS (vgl. Abschnitt 4.6.4) angeschlossen. Die Dynamic Packaging Engine ist somit technisch Teil des zentralen Distributionssystems in der Datenhoheit des Intermediärs (vgl. Abb. 4.6.1 und 4.6.7 sowie den folgenden Abschnitt 4.6.4). Der X-Veranstalter braucht kein eigenes Dynamic-Packaging-Produktionssystem aufzubauen.

Geht nun im Angebotsvergleichssystem des Intermediärs eine Kunden- oder Reisemittleranfrage aus einem elektronischen Vertriebskanal, z. B. aus einer Internet Booking Engine (IBE) oder einem Reisebüro-Beratungssystem ein, so greift dieses System in seinem Cache entweder auf passende kurzfristig vorher (prc) durch den Dynamic Packaging Dienst mit passenden Marktangeboten aus GDS, Flug- und Hotelbanken nach den Regeln und im Namen des X-Veranstalters kombinierte virtuelle X-Veranstaltungen zu, was schnelle Zugriffszeiten bedeutet. Oder das Angebotsvergleichssystem ruft die Dynamic Packaging Engine des Intermediärs auf, die nun in Echtzeit komplementäre Flug- und Hotelangebote aus den angeschlossenen Flug- und Hoteldatenbanken zu aktuellen Tagespreisen abfragt und die gelieferten Einzelleistungen dann automatisch ebenfalls nach den Regeln und im Auftrag des Veranstalters mit dessen angelieferten Einzelleistungen zu virtuellen X-Veranstaltungen bündelt, was im Vergleich zu den dynamic pre-packaged Angeboten eine höhere Aktualität und Verfügbarkeit ermöglicht. Alle auf diese Weise im Namen verschiedener X-Veranstalter produzierten Reisepakete werden schließlich als Antwort auf die ursprüngliche Anfrage des Kunden bzw. Reisemittlers an das Angebotsvergleichssystem geliefert. Dies bietet die X-Veranstaltungen in einer entsprechend der Anfrage gefilterten und sortierten Liste zusammen mit allen ebenfalls zur Anfrage passenden klassisch produzierten Reiseangeboten sämtlicher im Angebotsvergleichssystem vertretenen Veranstalter zur Auswahl und Buchung an. Den Vorteilen der vereinfachten dynamischen Paketierung und der schnellen Vergleichbarkeit aller Reiseangebote in den Vertriebs- und Distributionskanälen stehen Probleme durch Überflutung der Vertriebssysteme mit wenig differenzierten und schnell ausgebuchten dynamisch paketierten Billig-Angeboten zu Lasten höherpreisiger Qualitätsangebote gegenüber.

Dynamic Packaging mit veranstalterseitigen Playern – Y/Flex-Veranstalter: Um vor allem qualitative Merkmale von Einzelleistungen und Reiseangeboten differenzierter und gleichzeit maschinell verarbeitbar darstellen zu können, wurde 2010 vom DRV (Deutscher ReiseVerband) der auf XML-Technologie basierende „Neue Datenstandard GlobalTypes" und eine DRV-Abfrageschnittstelle für die Distribution von Angebotsdaten vorgestellt (vgl. hierzu auch den folgenden Abschnitt 4.6.4). Anbieter wie Peakwork mit dem Y-Player und Bewotec mit dem FlexPlayer bieten basierend auf diesen Standards neuartige Dynamic Packaging Lösungen an, bei denen das dynamische Paketieren dezentral von sog. veranstalterseitigen Player-Systemen mit DRV-GlobalTypes-konformen Schnittstellen wieder unter vollständiger Datenhoheit des Veranstaltersystems durchgeführt wird. Es entstehen sog. Y/Flex-Veranstalter, die ohne den Aufwand veranstalterspezifische DP-Funktionen implementieren zu müssen, durch Nutzung eines Standard-Players selbst bestimmen können, welche Angebotsdaten sie mit den GlobalTypes-konformen EDF- bzw. OTDS-Formaten[1] in welcher Aktualität und mit welchen erweiterten Qualitätsattributen welchen Vertriebssystemen bei einer konkreten Kunden- oder Reisemittleranfrage liefern. Die Vertriebssysteme und Internet Booking Engines wiederum stellen hierbei ihre Anfragen über ein eigenes sog. Hub-System nicht mehr an eine zentrale Angebotsdatenbank eines Angebotsvergleichssystems mit integrierter Dynamic Packaging-Funktion, sondern direkt an die Player der mit ihnen

[1] EDF: Einheitliches Datenformat von Vilauma/Peakwork, OTDS: Offener Touristischer Datenstandard des Konsortiums um Bewotec

kooperierenden Y/Flex-Veranstalter. Die aus den Vertriebskanälen eingehenden DP-Buchungen können dann beim Veranstalter in sog. Buchungs-Hubs verarbeitet und an das Inventory bzw. die betroffenen Leistungsträger gesendet werden. Player und Hubs sind dabei mit vielen fertigen Kommunikationsschnittstellen auf der Basis des neuen Datenstandards ausgerüstet, die dann im Vergleich zu früheren veranstalterspezifischen Dynamic Packaging Engines nicht mehr veranstalter-, vertriebssystem- oder leistungsträgerspezifisch realisiert werden müssen.

- **Anmerkungen zur Anpassung oder Neuentwicklung von Veranstaltersystemen**

Im Markt befindliche Reiseveranstaltersysteme haben als Datenbank- und Software-Systeme vielfach bereits lange Lebens- und Nutzungsdauern hinter sich. Sie sind ursprünglich für das traditionelle Veranstaltergeschäft mit saisonvorbereitender Reiseproduktion entwickelt worden, und sie sind ohne übergreifende Standardisierungen weiterentwickelt und gemäß den individuellen Anforderungen der nutzenden Veranstalter angepasst worden. Die Inventories mit der Kontingentverwaltung der Reiseleistungen (vgl. Kap. 4.6.2) und die Darstellungen der Angebotsdaten der paketierten Reisen sind im Vergleich der Systeme uneinheitlich. Altsysteme wurden und werden mit dynamischen Produktionsverfahren ergänzt oder erweitert, die dazu auf interne Inventories und externe Datenbanken von kooperierenden Leistungsanbietern zugreifen. Sie werden folglich zu hybriden Systemen bzw. Systemverbünden weiterentwickelt (s. o.). (Alt-)Systemspezifische Schnittstellen und Konvertierungsprogramme sind erforderlich, um die Leistungs- und Angebotsdaten in die neuen Datenstandards der Global-Types-konformen EDF- bzw. OTDS-Formate zu überführen, um damit im externen Verbund automatisierte Dynamic Packaging-Prozesse realisieren zu können und um mit den Angebots- und Distributionssystemen kooperieren zu können (vgl. Kap. 4.6.4 u. zusammenfassend Abb. 4.6.10). Das heißt aber auch: Wenn zukünftig neue Reiseveranstaltersysteme entwickelt werden, sind die Datenstrukturen der Reiseleistungen, ihrer Kontingente und der Reisepakete gemäß dieser neuen Standards zu entwickeln.

Grundsätzlich ist darüber hinaus die Frage zu stellen, ob die traditionellen Veranstalterprozesse in hybriden Systemen weiter betrieben werden sollen oder ob die Prozesse der dynamischen Produktion sie vollständig ablösen. Auf dem fvw Travel Technology Day 2014 (fvw.de/events/15/11140) ist von prominenter und kundiger Seite prognostiziert worden, dass das traditionelle Veranstaltergeschäft und damit auch die entsprechenden IT-Systeme im nächsten Jahrzehnt keine Bedeutung mehr haben werden. Der Vorhersage folgend werden zwischen den beiden Polen der angebotenen Reiseleistungen und den Wünschen der Reisekunden keine traditionellen Veranstalter mehr agieren, sondern eine dynamisch „just-in-time“ produzierende „Reisefabrik“. In vollautomatisierten Prozessen und Systemen werden nach Regelwerken, die für die jeweiligen Marktsegmente zur Paketierung und Kalkulation vorgegeben werden, auf Kundenwunsch in Echtzeit Reisen aus den für das Marktsegment frei gegebenen internen und externen Quellen der Reiseleistungen produziert.

Wenn Leistungen aus externen Systemen übernommen werden, ist die Qualitätssicherung insbesondere der Unterkunftsleistungen ein besonderes Problem des Dynamic Packaging-Prozesses. Veranstalter mit bekannten Marken priorisieren daher (konzern-)eigene Hoteldatenbanken/-inventories im Rahmen ihrer Dynamic Packaging-Prozesse, um ihre Qualitätsstandards sichern zu können und um Zugriff auf exklusive Hotelkontingente zu erhalten, die am Markt nicht allgemein verfügbar sind. Die Bewertung der Qualität einer Reise orientiert sich nicht nur an objektiv nachvollziehbaren Kriterien, sondern die Wünsche des

Kunden müssen über den Beratungsprozess in Überstimmung mit der Auswahl seiner Reise gebracht werden. Der Kunde äußert seine Wünsche durch Selektions- und Vergleichskriterien, die er als gewünschte Attribute der Reiseleistungen in Such- und Vergleichsprozessen nutzt. Ein Veranstalter muss daher seine angebotenen Reisen und Reiseleistungen detailliert und kundennah mit den relevanten Merkmalen/Attributen auszeichen. Dazu ist die Standardisierung der Merkmale erforderlich, um im Systemverbund kooperieren zu können und um dem Kunden verlässliche Definitionen bzw. Aussagen mithilfe der Merkmale zu liefern und um ihm Angebotsvergleiche zu ermöglichen. Gleichzeitig ist aber auch ein hoher Detaillierungsgrad der Merkmale erforderlich, um dem Kunden eine individuell differenzierte Auswahl zu ermöglichen und um dem Reiseanbieter die Möglichkeit zu geben, seine Angebote im Vergleich mit anderen besonders zu qualifizieren und heraus zu heben. Derartige standardisiert und detailliert nutzbare Angebotsmerkmale/Reiseattribute sind erst in jüngerer Vergangenheit insbesondere mit den DRV-GlobalTypes entwickelt worden und warten auf die Integration in die Veranstaltersysteme zur Beschreibung der Reiseangebote (vgl. drv.de/fachthemen/informationstechnologie-onlinevertrieb).[1]

4.6.4 Vertriebs- und Distributionssysteme

Auch im Veranstaltervertrieb sind direkte und indirekte Vertriebskanäle zu unterscheiden (vgl. Kap. 5.2).

Direktvertrieb: Reiseveranstalter können ihre Reiseangebote direkt über Call Center, Eigenbüros oder die eigene (Veranstalter-)Website an Endkunden vertreiben.

In die Website ist eine veranstalter- oder konzernspezifische Booking-Engine integriert, die dem Interessenten den Informations- und Recherche-Service bietet und als Schnittstelle den Buchungsprozess im Reservierungssystem des Veranstalters gemäß Kundenwunsch steuert. Call- und Service-Center des Veranstalters sowie eigene Büros zur Kundenbetreuung nehmen direkt Zugriff auf das Veranstaltersystem. Sie nutzen zum Zugriff Buchungsmasken bzw. Front-Office-Module, die erweiterte Funktionalitäten zur Verfügung stellen, z. B. Beschwerdemanagement, Kundenhistorie und CRM-Funktionen. Die genannten direkten Vertriebskanäle können folglich über integrierte Front-Office-Module und ohne informationstechnologische Intermediäre direkt auf das interne Reservierungs- bzw. Veranstaltersystem zugreifen.[2]

Indirekter Vertrieb: Für Reiseveranstalter, die ihre Produkte überregional und (inter-) national anbieten und entsprechende Zielgruppen ansprechen, ist der indirekte Vertrieb über Reisemittler erforderlich bzw. von großer Bedeutung.

---

1 Darüber hinaus kann die Integration von Hotelbewertungssystemen (vgl. Kap. 2.4, 2.7 u. 3.7) in den Dynamic Packaging-Vertriebskanal ein wichtiges Element zur Beratung und kundenorientierten Qualitätssicherung sein. Die rückblickenden Bewertungen von Reisekunden geben empfehlende oder kritische Hinweise an die Reiseinteressenten. Es handelt sich um eine Online-Mund-zu-Mund-Propaganda, mit der die Masse der gereisten Kunden ihre Erfahrungen dem einzelnen Interessenten mitteilt, der dann gemäß seiner Wünsche und Qualitätsansprüche diese Informationen bewerten kann.

2 Alternativ können auch im Veranstalterdesign konfigurierte Standard-Internet-Booking-Engines informationstechnologischer Intermediäre eingesetzt werden, die integriert in die Veranstalter-Website über Filter nur das Veranstalterangebot anbieten.

Zu den Reisemittlern zählen neben den traditionellen Reisebüros (stationäre Ladengeschäfte mit Expedienten zur Kundenberatung vor Ort, meist organisiert in Ketten oder Kooperationen) auch die virtuellen Online-Reisebüros (Online Travel Agents OTA, vgl. Kapitel 3.7). Online-Agenturen sind Web-Reiseportale, die die Reisen und Reiseleistungen dem Kunden zur Selbstbedienung, unterstützt durch Call Center, anbieten, sie multimedial vergleichend darstellen und ggf. die Buchungen im Kundenauftrag online veranlassen und steuern[1].

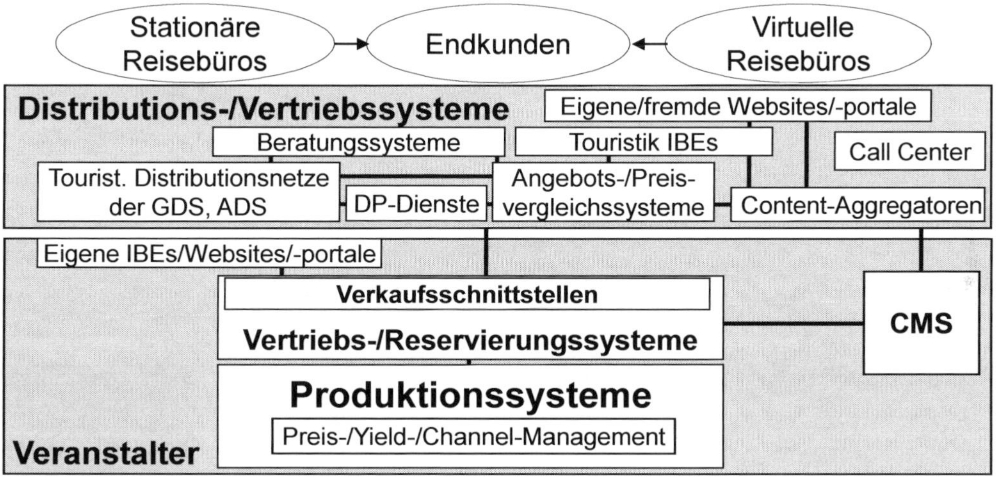

Abb. 4.6.8 *Vernetzung wichtiger Systeme eines Veranstalters mit Distributionssystemen für direkten Vertrieb oder für indirekten Vertrieb über stationäre und virtuelle Reisemittler*

Die Verbindung zwischen dem internen Vertriebs-/Reservierungssystem und Content Management System (CMS) des Reiseveranstalters auf der einen Seite und den Vertriebs- und Beratungssystemen (Front-Office-Systeme, vgl. Kapitel 3.1) der stationären, virtuellen und mobilen Reisemittler auf der anderen Seite übernehmen touristische Distributionssysteme, die von informationstechnologischen Intermediären bereitgestellt und betrieben werden. Hierzu zählen die touristischen Distributionsnetzwerke der GDS, die Content-Aggregatoren und -Distributoren, die Angebotsvergleichssysteme, die Alternativen Distributionssyteme ADS (alternativ zu den traditionellen GDS-Distributionsnetzwerken) und die touristischen Internet Booking Engines IBE, die im Folgenden im Detail und mit ihrer Verflechtung und Kooperation vorgestellt werden (vgl. Abb. 4.6.8 u. Kap. 3.7).

1 Das Webportal übernimmt die Funktionen eines Schaufensters und einer allgemeinen touristischen Information und Animation. Die integrierte Internet Booking Engine übernimmt die konkrete kundenorientierte und produktbezogene Beratung und Vermittlung und fungiert als technische Schnittstelle zu den Reservierungssystemen der Veranstalter. Die Reservierung der vermittelten Reiseleistungen und die Steuerung der Reiseabwicklungen erfolgen in den Reservierungssystemen der Reiseveranstalter. Dabei besteht grundsätzlich kein Unterschied, ob eine Reise über ein stationäres Reisebüro z. B. via GDS-Distributionsnetz oder über einen virtuellen Mittler und seine Booking Engine in das Veranstaltersystem vermittelt wird.

- **Touristische Distributionsnetzwerke der Global Distribution Systems GDS**

Das Rückgrat des indirekten Vertriebs über Reisebüros bilden im deutschsprachigen Raum bis heute die jeweils standardisierten touristischen Distributionsnetzwerke der GDS[1], insbesondere Amadeus mit Amadeus TOMA Tour-Market (vormals START), Sabre ROBIN/Merlin und Galileo CETS (Central European Touristic Solution) von TraviAustria bzw. Travelport. Diese touristischen Distributionsnetzwerke sind im Gegensatz zu den globalen Distributionsverfahren, welche die GDS für originäre Leistungsträger (Airlines, Hotelketten, Autovermieter etc., vgl. Kap. 3.2 u. 3.3) weltweit anbieten, nicht global sondern z. B. bei Amadeus in Deutschland und Österreich als „German Content" anders technisch und funktional realisiert als z. B. in Frankreich. In Bezug auf Reiseveranstalter und die Buchung von Pauschalreisen arbeiten die GDS als Kommunikationssysteme und touristische (Branchen-) Netzwerke, die in der jeweiligen Ländergruppe einheitliche Kommunikationsstrukturen und Verfahrensstandards zwischen Reisemittler und Reiseveranstalter zur Verfügung stellen.

Veranstalter, die ihr internes Reservierungssystem an ein solches touristisches GDS-Netzwerk anschließen, werden bei allen in der entsprechenden Ländergruppe am jeweiligen GDS angeschlossenen Reisebüros über ein einheitliches touristisches Buchungsverfahren technisch buchbar. Auf diese Weise erhalten Expedienten Online-Zugriff auf die Veranstalter-Reservierungssysteme und kommunizieren mit diesen in einem vorgegebenen Standard-Transaktionsverfahren. Anhand eindeutiger Codes der Reiseangebote aus den jeweiligen Veranstalterkatalogen oder Angebotsdatenbanken können die Expedienten der am GDS angeschlossenen Reisebüros Vakanzen, Preise und weitere verkaufsrelevante Informationen abfragen und Reservierungen/Buchungen, Umbuchungen und Stornierungen elektronisch vermitteln (z. B. bei Amadeus Tour Market im TOMA-Verfahren und mit der TOMA-Buchungsmaske, vgl. Kap. 3.2 u. 3.4). Die Reisemittler haben damit den Vorteil, dass sie über ein Standard-Buchungsverfahren ihres GDS bei allen am jeweiligen touristischen Distributionsnetz angeschlossenen Veranstaltern elektronisch buchen können.[2] Die Teilnehmer-

---

1 Vielfach wird der Begriff Computer-Reservierungssystem CRS auch heute noch synonym mit dem GDS-Begriff verwendet. Der Begriff Global Distribution System bezeichnet in einem engen Sinn ein Computer-Reservierungssystem, das originären Leistungsträgern wie Airlines, Hotelketten- und -kooperationen oder Mietwagenfirmen eine globale technische Plattform zur weltweiten Anbindung von Reisemittlern also zur Unterstützung der technischen Buchbarkeit im globalen Vertrieb bietet. Im erweiterten Sinne bieten die GDS wie Amadeus, Sabre und Travelport auf Basis ihrer Reservierungssysteme und ihrer globalen Netzwerke den Akteuren der Tourismusbranche eine Vielzahl weiterer nationaler oder internationaler touristischer IT-Dienste, z. B. die oben genannten nationalen touristischen Distributionsnetze oder IBEs. Der Begriff Computer-Reservierungssystem wird darüber hinaus oftmals auch unspezifisch als Oberbegriff für alle elektronischen Systeme zur Buchung, Reservierung und Abwicklung touristischer Leistungen genutzt. Im Hotelmanagement wird als CRS explizit das Central Reservation System einer Hotelkette oder Hotelkooperation bezeichnet, das mit einem GDS kooperieren kann (vgl. 4.3). Die Verfasser verzichten daher in diesem Kapitel auf den CRS-Begriff.

2 Die GDS stellen den Reisemittlern ihre touristischen Distributionsverfahren für die Vermittlung von Veranstalterangeboten gebündelt mit den globalen Distributionsverfahren zur weltweiten Vermittlung von Einzelleistungen originärer Leistungsträger (z. B. Linienflüge, Hotels, Mietwagen etc. vgl. Kap. 3.1–3.4) zur Verfügung. Das Amadeus GDS beispielsweise fasst TOMA und die weiteren Distributionsverfahren in dem Front-End-System „Amadeus Selling Platform" zusammen, das auf den Endgeräten der Reisemittler installiert ist. Unter dem Namen „Amadeus Distribution Center" werden zusätzlich Mid-Office Komponenten integriert angeboten.

schaft an den touristischen Distributionsnetzwerken beruht auf gesicherter Internet-Technologie, d. h. Zugriff nur über Extranet mit Login/Passwort sowie verschlüsselte Übertragung über die Virtual Private Networks VPN der GDS. Die Systemteilnahme ist für die Reisemittler kostenpflichtig und kann gemäß der genutzten und lizenzierten Transaktionsverfahren differenziert werden. Ein Reisebüro kann jedoch eine Reisebuchung über das touristische Distributionsnetz nur durchführen, wenn es Agenturverträge mit den jeweiligen Reiseveranstaltern geschlossen hat. Das Reiseveranstaltersystem prüft diese Bedingung auf Basis seiner Reisebüro-Stammdaten (vgl. Abb. 4.6.4).

Um als Reiseveranstalter angeschlossen zu werden, ist als Schnittstelle zum betrieblichen Reservierungssystem ein automatisiert arbeitendes Software-Modul erforderlich (z. B. eine TOMA, Robin/MERLIN oder CETS-Schnittstelle). Diese Schnittstellen-Software interpretiert die von den Reisemittlern im touristischen Standard-Buchungsverfahren erfassten und übermittelten Daten, so dass das Reservierungssystem des Veranstalters sie automatisch mit der gewünschten Aktion (z. B. Vakanzanfrage, Buchung) verarbeiten und beantworten kann. Anschließend versendet die Schnittstellen-Software die Antwortdaten zu der jeweiligen Aktion, so dass sie beim Reisemittler im Buchungsverfahren für Pauschalreisen sachgerecht dargestellt werden. Für Busreiseveranstalter, Ferienhaus-Reiseveranstalter, Kreuzfahrt-Veranstalter aber auch für einzelne Mietwagen-Broker, Billigfluggesellschaften und Hotelanbieter sind spezielle Verfahrensanpassungen und Detailmasken entwickelt worden, die auf diesen Standard-Reservierungsverfahren für Pauschalreisen basieren.

Die Veranstalter zahlen dem jeweiligen GDS Anschluß- und Transaktionsgebühren und haben den Vorteil, dass sie je GDS nur eine Schnittstelle unterhalten müssen, mit der sie eine Vielzahl von Reisemittlern erreichen. Im deutschen Reisemarkt sind nicht alle Reisebüros an demselben touristischen Distributionsnetzwerk angeschlossen. Daher ist es für viele Veranstalter erforderlich, an mehreren Systemen teilzunehmen und für mehrere GDS Schnittstellen-Software zu implementieren. Diesen Investitionsaufwand hat der Reiseveranstalter zu tragen. Die GDS prüfen kostenpflichtig die Funktionalität und technische Sicherheit der Verfahrensschnittstelle im Zusammenwirken mit dem Reservierungssystem des Reiseveranstalters.

Nur der Reiseveranstalter TUI Deutschland bietet seinen lizenzierten Reisebüros ein eigenes Verfahren, IRISplus, mit speziellen TUI-Funktionen. Das IRISplus-Verfahren ist aus den touristischen Distributionsnetzen der GDS ebenfalls aufrufbar.

Mit diesen traditionellen Transaktionsverfahren für Reiseveranstalter und ihre Pauschalangebote im Rahmen eines GDS-Distributionsnetzwerks, das in Deutschland unter dem Namen START bereits vor mehr als 30 Jahren eingeführt wurde, wird der Reiseverkauf auf Basis einer katalogbasierten Beratung optimiert. Insbesondere Verfügbarkeitsprüfung, Preisberechnung, Buchung, Umbuchung und Stornierung von in Prospekten beschriebenen Reiseangeboten werden unterstützt. Hier liegen aber auch die Grenzen dieser traditionellen Verfahren:

- Multimediale Tourismus- und Angebotsinformationen, katalog- und veranstalterübergreifende Suchfunktionen mit Vergleichen und Bewertungen konkurrierender Angebote bei Berücksichtigung aktueller Kurzfrist- und Lastminuteangebote haben bis in die jüngere Vergangenheit gefehlt (vgl. in Kap. 3.4 die Prozesse A und B).

- Veranstalter beispielsweise, die kurzfristig Restkontingente oder Last-Minute-Angebote an die Reisebüros kommunizieren wollten, waren lange Zeit zur Bekanntmachung der Angebotsbeschreibungen und Buchungscodes auf Mailing-/Fax-Aktionen ggf. mit Hilfe entsprechender Dienstleister und deren Kurzfrist-Angebotsdatenbanken angewiesen.

- Nur Pre-Packaged-Angebote mit (wenigen) alternativen Wahlpflichtleistungen/Bausteinen oder optionalen Wahlleistungen (z. B. Versicherungen) konnten in den traditionellen Verfahren vermittelt werden. Dynamic-Packaging-Angebote sind zunächst über Web-Portale und spezialisierte Internet Booking Engines vermarktet worden. Um die Buchungsdialoge der traditionellen GDS-Transaktionsverfahren flexibler und z. B. für Bausteinreisen, Warenkorb-Funktionen und Dynamic Packaging-Angebote gestalten zu können, werden diese um dynamische Teilmasken mit Bildinhalten und entsprechenden Auswahlfunktionen ergänzt. Reiseveranstalter passen auf dieser Basis ihre Systeme entsprechend an, um Dynamic-Packaging auch GDS basiert und im stationären Reisevertrieb anbieten zu können (vgl. Abb. 4.6.6 rechts unten).

- **Integration von Content-Aggregationssystemen und Angebotsvergleichssystemen zu Beratungssystemen**

Die oben genannten Grenzen wurden auch von Content-Aggregatoren bzw. Content Distributionssystemen und Angebots-/Preisvergleichssystemen aufgegriffen[1]. Die Content-Aggregationssysteme und die Vergleichssysteme entwickelten sich zunächst parallel:

- Content Aggregatoren sammeln elektronische Versionen der Reisekataloge aller wichtigen Veranstalter und bereiten diese zur Darstellung in Beratungssystemen, Angebotsvergleichssystemen und IBEs auf. Zusätzlich erfassen sie systematisch Text-, Bild- und Videodaten über die angebotenen Hotels und Zielgebiete, integrieren Geoinformationen, Hotelbewertungen und Reiseinformationen in Kooperation mit Reiseführerverlagen.

- Angebots- und Preisvergleichssysteme wie das IFF-System Bistro sind Datenbanken, die systematisch Angebots- und Preisdaten der Reiseveranstalter in einem systemspezifisch fest vorgegebenen Format sammeln, um diese veranstalter- und katalogübergreifend vergleichbar zu machen.

Insbesondere nach der Übernahme des IFF-Systems Bistro durch Traveltainment sind die Content-Systeme mit den Angebotsdatenbanken zu umfassenden multimedialen und vergleichenden Kundenberatungs- und Angebotssystemen verknüpft worden. Die GDS integrierten diese Beratungssysteme, insbesondere nach der nachfolgenden Übernahme von Traveltainment durch Amadeus, zusätzlich mit ihren Buchungsverfahren und stellen sie als Front-End-Systeme zur Reiseberatung und Buchung den Reisebüros und Reiseportalen kostenpflichtig zur Verfügung (z. B. im Rahmen der Amadeus Selling Platform, vgl. Kap. 3.1–3.4 sowie Kap. 3.7). Die Reisemittler erhalten Online-Zugriff auf die multimedialen Informations- und Contentdienste und greifen integriert auf alle elektronischen Reisekataloge der Veranstalter

---

1 Beispiele für Content-Systeme: Giata, Interactive CMS, Traveltainment, Traffics. Pionier der Vergleichssysteme war das Institut für Freizeitanalysen IFF, das später mit seinem Produkt Bistro von Traveltainment übernommen wurde. Weitere Vergleichssysteme: Traffics Cosmo, Bewotec myJack Shop, Sabre Merlin Shop Holidays und Travel IT LMPlus sowie TraviAustria PowerSearch.

zu. Mittels veranstalter- und katalogübergreifenden Attribut- oder Volltextsuchen können sie sämtliche Angebote und ihre multimedialen Beschreibungen recherchieren und vergleichen.[1] Darüber hinaus bieten die Beratungssysteme integriert viele Zusatzdienste, die neben den reinen Angebotsdaten beim Vertrieb von Pauschalreisen nützlich sind, z. B. Smartphone-Apps, die veranstalterspezifisch den Reisenden mobil Urlaubs- und Routeninformationen nach der Buchung bereitstellen.

Die Kundenberatungs- und Angebotssysteme sammeln nicht nur langfristig produzierte Katalogangebote sondern auch täglich aktuelle (Lastminute-)Veranstalter-Angebote. Da einige Angebotsvergleichsdatenbanken ihren Ursprung im Bedarf der Veranstalter nach schneller Verbreitung von dynamic pre-packaged Reisepaketen bzw. von Lastminute- und aktuellen Spezialangeboten hatten, wurden auch diese Angebotsarten von Beginn an in die Angebotsvergleiche einbezogen. Für Lastminute- und Specialangebote übermitteln Reiseanbieter hierzu im Rahmen ihrer Vertriebssteuerung und ihres Yield-Managements (vgl. Kap. 5.1 u. 5.2) kurzfristig ihre Angebotsdaten über automatisierte elektronische Schnittstellen ebenfalls an die Angebotssysteme. Diese bereiten die Daten so auf, dass die angelieferten Lastminute- und Special-Angebote veranstalterübergreifend gemeinsam mit den Katalogangeboten zur Kundenberatung sowohl in den Reisebüros als auch in den Internet Booking Engines der Reiseportale zentral recherchiert, sortiert und vergleichend dargestellt werden können. Die Abbildung 4.6.9 und 4.6.10 stellen diese etablierte „Zentrale Logik" des Angebotsdatenaustausches zwischen Veranstaltern und Reisemittlern dar. Die Angebotsdaten werden von den Veranstaltern regelmäßig an die zentralen Angebotsdatenbanken geliefert und beinhalten neben Verweisen auf z. B. Hotelbilder und Katalogbeschreibungen von Content-Aggregatoren alle für die Vakanzabfrage und Buchung eines ausgewählten Angebotes in den Distributionsnetzwerken und Veranstaltersystemen notwendigen Leistungscodes. Die Beratungssysteme und IBEs können die Angebotsdaten darstellen, vergleichen und den mit ihnen verknüpften multimedialen Content von den Content Aggregatoren per Link abrufen. Hat ein Kunde ein Angebot ausgewählt, werden die Produktdaten und -codes automatisch vom Angebotssystem in das gewünschte traditionelle Verfahren (TOMA, merlin oder CETS) übergeben, um dort eine aktuelle Verfügbarkeitsprüfung und ggf. die verbindliche Vermittlung und Reservierung im jeweiligen Veranstaltersystem durchzuführen.

- **Integration von Dynamic (Pre-)Packaging-Angeboten in Angebotsvergleichs- und Beratungssysteme**

Um darüber hinaus gehend auch dynamisch paketierte Reiseangebote mit in die Beratungs- und Angebotssysteme zu übernehmen, wurden in die Distributionssysteme Dynamic Packaging Engines integriert, die als externe Dynamic Packaging Dienste für Reiseveranstalter angeboten werden. Sie kombinieren nach den Vorgaben des Veranstalters entweder im Dynamic Pre-Packaging Verfahren oder im echten Dynamic Packaging Verfahren automatisch sogenannte virtuelle X-Veranstaltungen, wobei man Reiseveranstalter, die solche Dienste zur

[1] Auch Zugriff auf Charterflüge und Nur-Hotel-Angebote der Veranstalter und Consolidator sind möglich und Reisebüros ohne IATA-Lizenz können auch auf Linienflüge der GDS zugreifen, die dann ggf. über Consolidator gebucht werden.

Reiseproduktion nutzen, auch als virtuelle X-Veranstalter bezeichnet[1]. Auch die virtuellen X-Veranstaltungen werden zusammen mit den anderen klassisch produzierten Angeboten bei einer passenden Anfrage im Vergleichssystem mit ausgegeben und im Distributionsnetzwerk buchbar gemacht (vgl. hierzu die detaillierten Ausführungen zu X-Veranstaltern im vorangehenden Abschnitt zur Reiseproduktion, die Abb. 4.6.7 (mitte) und die zusammenfassende Abb. 4.6.10).

- **Alternative Distributionssysteme ADS als Alternative zu GDS-Diensten**

Parallel zu diesen Entwicklungen im GDS-Umfeld haben sich national und international mehrere neue Anbieter von Angebotsvergleichssystemen für Pauschalreisen, Nur-Flug und Nur-Hotel-Angeboten erfolgreich etabliert, die in Ergänzung ihrer Beratungssysteme eigene alternative Distributionsnetzwerke mit direkten Verbindungen zu den Anbietersystemen der Reiseveranstalter, Consolidator und ausgewählter Leistungsträger aufgebaut haben. Damit können sie die traditionellen touristischen Distributionnetzwerke der GDS umgehen (vgl. Abb. 4.6.10).[2] Auch sie betreiben Dienste zur Integration von Lastminute-, Special- und Dynamic Packaging-Angeboten in ihre Distributionsnetze und Angebotssysteme. Viele touristische ADS offerieren ihre Systeme sowohl für den traditionellen stationären Vertrieb als auch für den Online-Vertrieb als Internet Booking Engines zur Integration in Reiseportale (s. u. sowie Kap. 3.7). Somit bieten sich aus Veranstalter- und Reisemittlersicht neben den touristischen Distributionsnetzen der GDS alternative Distributionssysteme als alternative Intermediäre im Vertrieb an. Im Ergebnis haben Veranstalter hierdurch einerseits mehr Auswahl bezüglich ihrer Distributionskanäle, andererseits muss ein Veranstalter sich aber ggf. auch an mehr Distributionssysteme als früher anschließen, um alle seine Zielgruppen über die passenden stationären und Online-Reisemittler erreichen zu können.

- **Der Neue DRV-Standard zum Angebotsdatenaustausch**

Alle von klassischen Veranstaltern übermittelten und von X-Veranstaltern dynamisch (vor-) produzierten Angebotsdaten werden in den Angebots-Datenbanken der GDS und ADS für schnelle Suchen, Vergleichbarkeit, Sortierbarkeit und Darstellung in den Kunden-Beratungssystemen und IBEs konzentriert. Sie werden dazu in sog. Daten-Caches bzw. Zwischenspeicher-Datenbanken als materialisierte Datensätze zur Schnellabfrage vorgehalten. Ergänzt werden sie durch dynamisch in Echtzeit der Kundenabfrage produzierte X-Angebote. Vorteile dieser zentralisierten Architektur der Angebotsdatenbanken sind der schnelle Zugriff und Vergleich sämtlicher Angebotsdaten ohne die Notwendigkeit bei jeder Suchanfrage alle Veranstaltersysteme mit Anfragen zu belasten bzw. auf deren Antworten warten zu müssen (vgl. Abb. 4.6.9 u. 4.6.10). Als Nachteile dieser im Angebots-/Distributionssystem zentralisierten Architektur werden diskutiert: Unaktuelle Angebotsdaten in den Cache-Datenbanken (Vakanzprüfung findet vor Datenlieferung des Veranstalters und bei Buchungsanfragen im Veranstaltersystem, aber nicht zwingend bei jeder Suchanfrage statt), Überflutung des Mark-

---

[1] Manchmal wird der Begriff des virtuellen X-Veranstalters auch für jeden Veranstalter gebraucht, der irgendeine Form des Dynamic Packaging anbietet. Da diese Begriffsverwendung keinen Unterschied zwischen X- und Y-Veranstaltungen macht, verwenden wir diesen undifferenzierten X-Veranstalter-Begriff hier nicht.

[2] Beispiele für Alternative Distributionssysteme ADS sind bum@ von Travel-IT, CRS von Traffics, Schmetterling Neo CRS, Ypsilon.net Magic.Res CRS und myJack CRS von Bewotec.

tes mit riesigen Mengen an mehr oder weniger passenden Angebotsdaten verschiedener Qualität (dynamisch paketierte nur kurzfristig verfügbare Billig-Angebote mit wenigen beschreibenden Merkmalen verdrängen gut attributierte, hochverfügbare und auch als Option reservierbare Katalogreisen), sowie Schwierigkeiten der Veranstalter, ihre Angebotsdaten nur in ausgewählten Vertriebswegen anzeigen zu lassen (vgl. Goecke/Eberhard/Roth 2010). Obwohl manche der Probleme auch in der ungenügenden Qualität so mancher angelieferten Veranstalterdaten begründet sind, wurde zur Lösung der Schwierigkeiten vom DRV als Branchenverband 2011 ein neuer Datenstandard für Reiseangebotsdaten und eine neue Abfrageschnittstelle für die Übermittlung von Angebotsdaten verabschiedet.

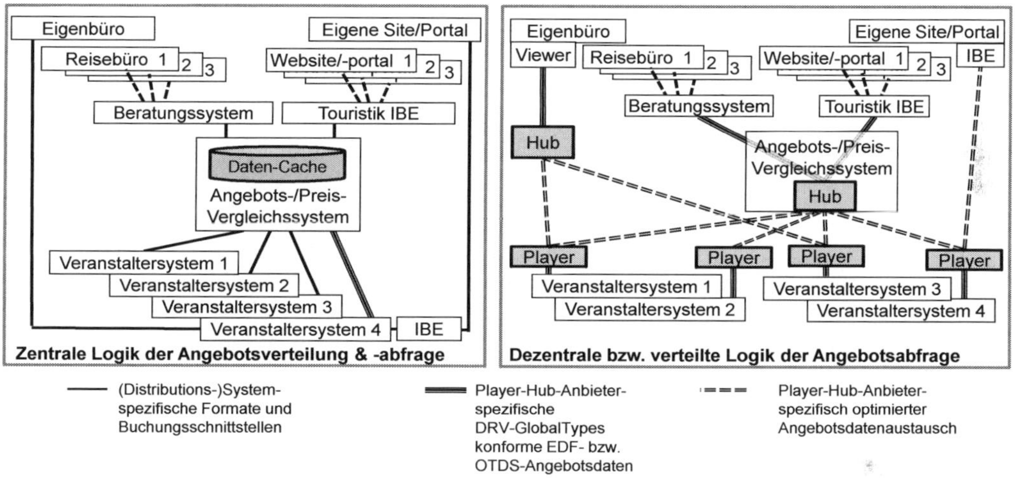

Abb. 4.6.9 Zentrale und dezentrale/verteilte Architekturen für die Verteilung und Abfrage von Angebotsdaten zwischen Reiseveranstaltern und verschiedenen Distributionssystemen des direkten bzw. indirekten Vertriebs. Quelle: eigene Darstellung auf Basis von Darstellungen der Websites von DRV, Peakwork und Bewotec; Stand März 2014

Der **DRV-GlobalTypes-Standard** begegnet dem Problem, dass in den bisherigen verschiedenen Datenübertragungsformaten der Beratungs- und Angebotssysteme keine einheitlichen Standards hinsichtlich der Art und Bedeutung insbesondere qualitativer Reisemerkmale wie z. B. Strandnähe oder der Art eines Hotels bestand. Der Neue Datenstandard für Reiseangebote basiert auf der bewährten XML-Technologie, die auch den weltweiten OTA-Standards für Einzelleistungen der Open Travel Alliance und den NDC-New Distribution Capabilities der IATA für GDS-Systeme zugrundeliegt. Als DRV-GlobalTypes werden zahlreiche Attribute zur differenzierteren Beschreibung der Merkmale von Reiseangeboten formal und inhaltlich spezifiziert, die als Branchenstandard zukünftiger XML-basierter Datenübertragungsformate für maschinenlesbare Reiseangebotsdaten dienen sollen. Reiseangebote sollen zukünftig wesentlich detaillierter dargestellt und auch bzgl. zahlreicher eindeutig definierter qualitativer Merkmale maschinell vergleichbar gemacht werden. Unter anderem werden Attribute zur eindeutigen Klassifizierung von Strandnähe, zur exakten Preisberechnung mit Berücksichtigung aller Preisregeln inkl. Kinderpreisen und viele unmißverständliche Zusatzattribute zur eindeutigen Beschreibung der Hotelart, Ausstattung, Verpflegung und diverser weiterer Teilleistungen festgelegt. Mit dieser besseren quantitativen und qualitativen Vergleichbarkeit der Reiseangebote möchte man kleinere Treffermengen bei Suchanfragen erreichen, die besser zur Kundenanfrage passen und den preisfixierten Verdrängungswettbewerb hin zu einem eher qualitätsorientierten Wettbewerb führen. Die Stammdaten der Reiseleistungen müssen dazu aber detaillierter als bisher erfasst und gepflegt werden.

Der neue DRV-Standard unterstützt außer den etablierten zentralen Angebotsdatenbanken und Datencaches auch neue dezentrale bzw. verteilte **Player-Hub-Architekturen** (vgl. Abb. 4.6.9 u. 4.6.10). Leistungsträger und Reiseveranstalter spielen ihre Angebotsdaten in einem zum Neuen Datenstandard konformen Datenformat auf Anfrage oder in regelmäßigen, möglichst kurzen Update-Intervallen in einen in ihrer eigenen Datenhoheit befindlichen Player. In jedem Player kann genau festgelegt werden, wer welche Angebotsdaten abfragen darf. Die Angebots- und Preisvergleichssysteme sowie die IBEs können sog. Hubs betreiben, über die sie jede Anfrage in Echtzeit an die im Hub konfigurierten Player der Leistungsträger und Veranstalter richten. Die Player senden den berechtigten Hubs die zur Anfrage passenden Angebote in Echtzeit, die Hubs sortieren die Angebote verschiedener Player entsprechend der Suchkriterien und geben die sortierte Trefferliste zur Darstellung an das am Hub angeschlossene Angebotssystem bzw. die IBE weiter. Wenn die Angebotsdaten in den Playern durch kurzfristige Update-Strategien oder Echtzeitabfragen im Veranstalter- oder Leistungsträgersystem aktuell gehalten werden, ermöglicht der Echtzeit-Datenaustausch zwischen Playern und Hubs eine höhere Datenqualität und Datenaktualität und liefert weniger Angebote, die sich dann bei der Buchung doch als schon ausgebucht erweisen.

Spezielle Y-Player für Dynamic Packaging geben den sog. Y-Reiseveranstaltern auch die Datenhoheit für das dynamische Paketieren mit auf Basis des neuen Datenstandards detaillierteren Angebotsdarstellungen zurück (vgl. hierzu die Ausführungen zu Y/Flex-Veranstaltern im vorangehenden Abschnitt 4.6.3 zur Reiseproduktion). Aktuell konkurrieren am Markt zwei Implementierungen der Hub-Player-Architektur auf Basis des neuen Datenstandards: Die auf dem GlobalTypes konformen EDF (Einheitliches Datenformat) von Peakwork basierenden Peakwork-Player und -Hubs sowie die auf dem ebenfalls GlobalTypes konformen OTDS-Format (Offener Touristischer Datenstandard) basierenden OTDS-Player eines Konsortiums um die Firma Bewotec. Vilauma und Peakwork haben den Neuen Datenstandard für den DRV und die Player-Hub Architektur entwickelt, OTDS ist eine auf den DRV-Standards basierende Weiterentwicklung der Datenübertragungsformate der bisher führenden Anbieter Traveltainment und Traffics, die hiermit die erweiterten Angebotsbeschreibungen auch in ihre zentralen Cache-basierten Angebots- und Vergleichssysteme übernehmen können und z. B. durch schnellere Daten-Update-Zyklen auch die Datenaktualität der zentralen Caches optimieren. Zahlreiche Veranstalter setzen den neuen Datenstandard für Player zum Datenaustausch zwischen ihren Veranstaltersystemen und Veranstalter-Portal-Viewern im Direktvertrieb ein und erproben den neuen Standard im Austausch mit Angebotssystemen und IBEs im indirekten Vertrieb. Auch Travel-IT übernimmt in seinem etablierten LMPlus System neue EDF-Daten, was wie die neue DRV-konforme Traveltainment-Schnittstelle zur Realisierung einer dezentralen Abfragelogik jenseits des Caches auf ein kooperatives Nebeneinander zentraler und dezentraler Abfragelogiken in verteilten Web-Service-Architekturen der Zukunft hinweist. Selbst Airlines haben Player für ihre Flugdaten entwickelt und HEDNA entwickelt als internationaler Hotel IT-Verband Szenarien für ähnliche Standards und Architekturen für zukünftige Hotelreservierungssysteme (vgl. Kap. 4.3.7).

Inwiefern auf der Basis des Neuen DRV-Datenstandards und der Player-Hub-Architektur mit sog. Buchungs-Hubs bzw. Dynamic Packaging Hubs von Peakwork bzw. Bewotec weitere alternative Distributionsnetzwerke entstehen, die Angebotssysteme über die Player-Hub-Architektur nicht nur zur Angebotsdarstellung, sondern auch zur Buchung direkt mit Veranstaltersystemen in Form von Stores und Inventories verbinden sollen, kann aktuell (Stand März 2014) nicht abschließend beurteilt werden.

- **Touristische Internet Booking Engines IBE**

Die Kundenberatungs- und Angebotssysteme und ihr Content werden als Internet Booking Engines IBE in Online-Reiseportale von Virtuellen Reisemittlern und zum Teil auch von Veranstaltern mit Direktvertrieb integriert. IBEs wurden entwickelt, um den in den Beratungssystemen mit Unterstützung des Expedienten vom Kunden durchlaufenen Kaufprozess[1] in der Bedienung so zu vereinfachen, dass Kunden sich im Internet-Browser selbst bedienen können. Zudem verfügen IBEs[2] zur Vakanzabfrage und Reisebuchung über elektronische Schnittstellen zu den Anbietersystemen oder den jeweils unterstützten GDS-/ADS-Distributionsnetzen (vgl. Abb. 4.6.10). Diese Schnittstellen können Direktverbindungen sein, oder über einen Hub nach der neuen Player-Hub-Architektur Reiseangebote in Echtzeit von den Playern aller angeschlossenen Reiserveranstaltersysteme abfragen und über Buchungs-Hubs buchen. Sie können aber auch im Hintergrund über die vorhandenen touristischen Distributionsnetzwerke der GDS oder ADS realisiert werden. Aus Sicht des Endkunden verläuft die Buchung nach Ausfüllen des Buchungsformulars der IBE vollkommen automatisch (vgl. Kap. 3.7). Im Hintergrund kann die IBE-Buchungen aber auch an Sachbearbeiter des entsprechenden Web-Reiseportals zur manuellen Kontrolle weiterleiten.

Die Beratungs- und Angebotssysteme sind also als Beratungsdienste einerseits mit den traditionellen GDS-Distributionsnetzen integriert worden, um die GDS-Dienstleistungen zur Reisevermittlung zu verbessern und andererseits, um GDS- und ADS-Dienste als IBE auch für den Online-Vertrieb über virtuelle Reisemittler anbieten zu können. Auch bei Buchungseingang über IBEs können in der Abwicklung und Nachbearbeitung einer Buchung weiter die vielfältigen Funktionalitäten und Services der klassischen GDS und der neueren ADS Systemverbünde vom virtuellen Reisemittler genutzt werden, z. B. Inkasso-Steuerung, Mid- und Back-Office-Funktionen (vgl. Kap. 3.1).

Reisende können nach der Buchung auch im Web oder per Veranstalter-App aktuelle Reiseinformationen, elektronische Reiseführer und weitere Dienste des CRM erhalten.

---

[1] Der Online-Kaufprozess in einer IBE wird auch Buchungsstrecke genannt:
Eingabe der Reise-Wunsch-Paramter → Suche und Produktvergleich → Produktdarstellung → Vakanzabfrage und Buchung

[2] Beispiele für Touristik-IBEs sind: Traveltainment TTibe, Traffics Evolution IBE, Travel-IT LMweb, Bewotec IBE, Schmetterling Urania, TraviAustria HolidaySearch, etc. (vgl. Goecke 2014)

- **Zusammenfassung der Distributionssysteme aus Sicht des Reiseveranstalters**

Abbildung 4.6.10 gibt einen zusammenfassenden, vereinfacht vergleichenden Überblick über den gesamten Systemverbund zur Distribution von Reisen. Um seine Angebote in den verschiedenen indirekten stationären und Online-Vertriebssystemen darzustellen und technisch buchbar zu machen, muss ein Reiseveranstalter die Beschreibungen und Medien zu seinen Angeboten den Content-Aggregatoren elektronisch zur Verfügung stellen.

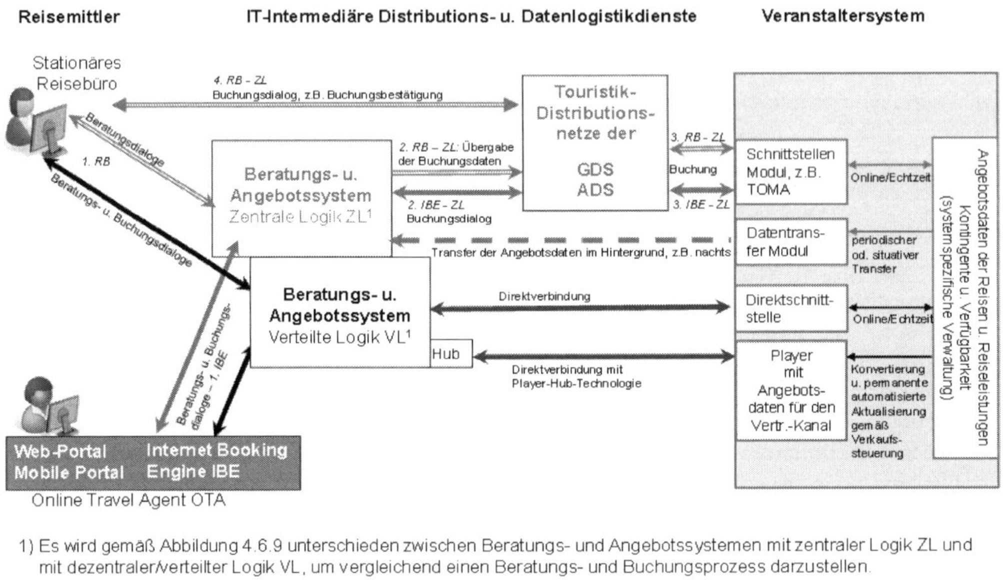

1) Es wird gemäß Abb. 4.6.9 unterschieden zwischen Beratungs- und Angebotssystemen mit zentraler Logik ZL und mit dezentraler/verteilter Logik VL, um vergleichend einen Beratungs- und Buchungsprozess darzustellen.

Abb. 4.6.10 *Datenflüsse zwischen Veranstaltern, Kundenberatungs- und Angebotssystemen, Internet Booking Engines und touristischen GDS/ADS-Netzwerken*

Seine konkreten Angebotsdaten, sowohl die Daten der langfristigen Katalogangebote wie auch die Daten der Kurzfristangebote und dynamische Pakete, sind zeitgerecht oder in Echtzeit an die Vergleichssysteme bzw. an die Lastminute-Datenbanken zu übermitteln, wobei die dynamische Paketierung nach Veranstaltervorgaben auch distributionssystemseitig (X-Veranstaltung) stattfinden kann. Mit den DRV-GlobalTypes wurde für Deutschland ein neuer XML-basierter Standard als Grundlage für detailliertere Reiseangebotsbeschreibungsformate verabschiedet und mit EDF und OTDS liegen zwei konkurrierende Implementierungen vor, um reichhaltigere Angebotsdaten zwischen Leistungsträgern, Reiseveranstaltern und Distributions- und Vertriebssystemen auszutauschen. Neben der zentralen Abfragelogik der etablierten Angebotssysteme mit zentralem Angebots-Cache wird eine neue dezentrale Abfragelogik auf der Basis von Player-Hub-Systemen eingeführt, die den Veranstaltern eine feinere Steuerung der Zugriffsrechte, sowie eine höhere Datenqualität und -aktualität ermöglichen soll.

Das Veranstalter-Inventory bzw. -Reservierungssystem muss schließlich für die Buchung der Angebote mit automatisiert arbeitenden Schnittstellen an alle zielgruppenrelevanten touristischen Distributionsnetzwerke (GDS/ADS) ggf. auch in verschiedenen Ländern angeschlossen werden. Auch hier können mit Buchungs-Hubs neue Architekturen alternativ zu den bewährten Buchungsschnittstellen realisiert werden. Welche der alten bzw. neuen Standards und Architekturen eine optimale kundenorientierte Integration von Online- und Offline-Vertrieb leisten oder ob die Zukunft in verteilten Mischvarianten liegt, ist ein aktuelles Forschungsthema mit Implikationen für die zukünftigen Strukturen des Veranstaltervertriebs.

4.6.5 Vertriebssteuerung und Disposition

Für den Multi-Channel-Vertrieb eines Reiseveranstalters über verschiedene direkte und indirekte Vertriebskanäle sind mit den Produktdaten im internen Vertriebssystem des Veranstalters auch Steuerungsdaten zu verwalten (vgl. Kap. 5.2). Sie legen fest, über welche Vertriebssysteme die einzelnen Reiseprodukte angeboten werden und gebucht werden können, z. B. einfach strukturierte Pauschalreisen direkt via Internet und über Reisebüros im touristischen GDS-Verfahren, Bausteinreisen nur über Reisebüros im touristischen GDS-Verfahren, Gruppenreisen nur mit telefonischer oder schriftlicher Anfrage im Call Center oder im Eigenbüro.

Zur Vertriebssteuerung des Veranstalters gehört auch die Vereinbarung differenzierter Provisionen und Provisionsmodelle mit den Reisemittlern bzw. den Reisebürokooperationen in den indirekten Vertriebskanälen. Für jeden Reisemittler müssen im System die aktuellen Provisionssätze und -modelle (z. B. Staffelprovision) ggf. differenziert nach Produkten bzw. Produktgruppen und Kanälen (Online/Offline) hinterlegt sein. Für eine optimale Mehrkanal-Vertriebssteuerung spielt auch die Abstimmung der Mengen- und Preisvorgaben im Rahmen des Yield-Managements (vgl. Kap. 5.1) eine wichtige Rolle (z. B.: Über welchen Kanal werden wann welche Kurzfrist-Angebote zu welchen Konditionen vertrieben?).

Der langfristige Einkauf von Reiseleistungen, die Produktbündelung und die Preiskalkulationen basieren auf Planteilnehmerzahlen und auf erwartetem Kundenverhalten im Zusammenhang mit Saisonzyklen, Werbeaktivitäten u. v. a. m. (vgl. Abschnitte 4.6.2 u. 4.6.3). Um die im Saisonablauf eingehenden Buchungen (Istzahlen) mit den Planzahlen kontinuierlich und detailliert vergleichen zu können, haben die Veranstaltersysteme regelmäßig und automatisiert sachgerechte Auswertungen und Vergleiche zu erstellen. Diese Auswertungen sind die Basis der kurzfristigen, saisonbegleitenden Disposition und Verkaufssteuerung:

- Wird erkannt, dass die Nachfrage nach bestimmten Reisen und Zielgebieten die Planwerte und die vorhandenen Kontingente übersteigen wird, sind kurzfristig entsprechende Reiseleistungen zu beschaffen, um das Angebot zu erhöhen und zusätzliche Deckungsbeiträge zu erzielen. Es können auch geeignete Umstrukturierungen im Angebot vorgenommen werden, indem z. B. preisgünstige Pauschalangebote gesperrt werden und die knappen Einzelleistungen im Rahmen höher bepreister Paketangebote vermarktet werden.

- Ist eine zu geringe Nachfrage zu erwarten und drohen Angebote zu verfallen, sind Preis-, Werbe- und Verkaufsförderungsaktivitäten vorzunehmen, oder fest eingekaufte Kontingente sind an kooperierende (Low-Cost-)Veranstalter und Last-Minute- oder Dynamic-Packaging-Anbieter, z. B. im Konzern-Verbund, weiterzuverkaufen, um statt Angebotsverfall zumindest reduzierte Deckungsbeitrage zu realisieren. Eingekaufte (Rest-)Kontingente können darüber hinaus auch als Einzelleistungen (Nur-Flug- bzw. Nur-Hotel-Angebote) den Endkunden oder anderen Vermarktern angeboten werden.

In das Veranstaltersystem können Software-Module integriert werden, die nach Freigabe durch die Verkaufssteuerung automatisch die Angebotsdaten an Last-Minute-, Dynamic (Pre-)Packaging oder Restplatz-Anbietersysteme transferieren. Inzwischen gibt es auch automatisierte System für das Online-Werbekampagnen-Management, mit denen Werbebanner und Ads automatisiert mit Deep-Links zu buchbaren Reiseangeboten kombiniert und auf Reiseportalen und Suchmaschinen oder in Affiliate-Partner-Netzen plaziert werden können.

Um eine geringe Nachfrage durch Preisaktivitäten verbessern zu können, muss ein Reservierungssystem der Verkaufssteuerung vielfältige Möglichkeiten zur Gestaltung der Preis- und Rabattbedingungen geben und damit eine differenzierte Preisrechnung ermöglichen (vgl. Abschnitt 4.6.3, die beispielhafte Aufzählung der Preisfaktoren deutet die Komplexität an).

4.6.6 Abwicklung und administrative Systeme

Alle im Reservierungssystem des Veranstalters über die unterschiedlichen Vertriebskanäle eingehenden Buchungen werden gesteuert von Abwicklungs- bzw. Fulfillment-Modulen (teil-)automatisiert bearbeitet und verwaltet. Diese Module basieren auf Vorgangssteuerungssystemen, die regelbasiert automatische und manuelle Bearbeitungsschritte wie das Inkasso, die Erstellung und den Versand der Buchungsbestätigungen und Reiseunterlagen, die Meldung an die Leistungsträger (Avise), die Leistungsträgerabrechnung, die Provisionsabrechnung mit den Reisemittlern, die Transaktionsabrechnung mit Intermediären bis zum Bank- und Zahlungsverkehr mit allen Kunden und Geschäftspartnern steuern. Eine gebuchte Reise wird hierzu wie folgt mit den Leistungsträgern, und bei indirektem Vertrieb mit dem Reisemittler bzw. direkt mit dem Reisenden abgewickelt und abgerechnet:

- **Abwicklung von Inkasso, Provisionsabrechnungen und Reiseunterlagen**

Der Ablauf ist abhängig vom Agenturvertrag, der zwischen dem Reiseveranstalter und dem vermittelnden Reisebüro geschlossen worden ist. Der Agenturvertrag regelt z. B., ob das Reisebüro das Inkasso beim Kunden durchführt oder ob der Veranstalter direkt beim Reisenden den Reisepreis einzieht. Die relevanten Vertragsdaten werden in den Reisebüro-Stammdaten des Veranstaltersystems gespeichert, um abhängig davon die Abläufe des Veranstalters automatisiert steuern und durchführen zu können, z. B.:

Reisebüro-Inkasso: Die Adress- und Zahlungsinformationen der Reisenden sind mit der Reisebuchung nicht anzufordern und nicht zu speichern. Die Reiseunterlagen werden automatisch erstellt und an das Reisebüro geschickt oder bei kurzfristigen Reisebuchungen am Abflughafen hinterlegt. Rechnungsempfänger und Debitor des Veranstalters ist das Reisebüro. Es erhält eine Nettorechnung (Reisepreis abzüglich Provision) zeitnah zum Hinreisetermin der Buchung. Der Agenturvertrag regelt die Zahlungsart, z. B. automatischer Bankeinzug: Das Veranstaltersystem übermittelt periodisch die Zahlungsdaten an die Bank des Veranstalters, die die Zahlungen automatisiert mit den Banken der entsprechenden Reisebüros abwickelt und ggf. den Zahlungseingang dem Veranstaltersystem per Datentransfer bestätigt.

Direktinkasso: Die Adress- und Zahlungsinformationen der Reisenden sind mit der Reisebuchung, z. B. im touristischen GDS-Verfahren, zwingend anzufordern und als Kundendaten zu verwalten. Rechnungsempfänger und Debitor des Veranstalters ist der Reisende. Er erhält eine Bruttorechnung unmittelbar nach Buchung der Reise, die bei ausreichend langfristiger Buchung in Anzahlung und Restzahlung gestaffelt wird. Zahlungsarten werden vom Veranstalter zur Wahl gestellt, z. B. Lastschrift oder Kreditkartenzahlung. Die Zahlungsabwicklung erfolgt automatisiert. Nach Erhalt bzw. Absicherung der (Rest-)Zahlung werden die Reiseunterlagen automatisch erstellt und in Papierform an das Reisebüro oder, abhängig von den Vereinbarungen im Agenturvertrag, direkt an den Reisenden geschickt. Das Veranstaltersystem ermittelt monatlich die Provisionsabrechnungen, und das Reisebüro erhält automatisiert entsprechende Zahlungen vom Veranstalter.[1] Das Direktinkasso hat für den Veranstalter nicht nur den Vorteil, dass er in den Besitz umfangreicherer persönlicher Daten der Reisenden kommt, die er später z. B. zum Marketing nutzen kann, sondern er erhält auch sehr früh (mit der Buchung) die Anzahlungsbeträge, die beim Reisebüro-Inkasso zunächst bis zur Reiseabrechnung beim Reisebüro verbleiben würden. Der Veranstalter hat also einen Liquiditäts- und Zinsgewinn, der den vermittelnden Reisebüros entgeht. Dieser Konflikt wird bei großen Reiseveranstaltern dadurch geregelt, dass den Reisebüros frühzeitig pauschale Vorabzahlungen gegeben werden, die dann im Saisonverlauf mit den Vermittlungsprovisionen verrechnet werden.

- **Abwicklung von Avisierungen und Leistungsträgerabrechnungen**

Die Reservierungen sind mit ausreichendem zeitlichem Vorlauf den Leistungsträgern anzukündigen bzw. zu avisieren. Dazu muss ein Modul der Veranstalter-Software regelmäßig, z. B. täglich/nachts, alle neuen Reservierungen selektieren und je Leistungsträger auswerten. Diese Avisierungsdaten werden automatisch z. B. als Faxlisten, als E-Mails oder als Dateien übermittelt.

Reiseveranstalter kooperieren zur Avisierung häufig mit Service-Agenturen in den Zielgebieten. Die Daten der Unterkunftsreservierungen werden dann an die Zielgebietsagentur elektronisch übermittelt und durch diese an die Beherbergungsbetriebe in der Destination weitergeleitet. Die Daten zur automatischen Steuerung des Kommunikationsweges werden mit den Stammdaten der Leistungsträger und Zielgebietsagenturen in der Datenbank des Veranstalters gespeichert.

Leistungsträger-Abrechnungen sind, im engen Sinne, Rechnungen, die der Leistungsträger dem Reiseveranstalter stellt und die daher nicht durch den Veranstalter zu erstellen sind. Es ist jedoch sinnvoll, im Rahmen der Veranstalter-Software ein Modul einzusetzen, das periodisch die Abrechnungen mit den Leistungsträgern auf Basis der vorliegenden Reservierungen und der entsprechenden Einkaufspreise ermittelt. Diese Abrechnungen dienen der Kon-

[1] Ein Direktvertrieb durch den Veranstalter selbst ist ebenfalls verbunden mit Verfahren zum Direktinkasso.

trolle der eingehenden Rechnungen, und sie können zur kurzfristigen Finanz- und Devisenplanung herangezogen werden.

- **Administrative ERP-Systeme und Managementinformation**

Sämtliche Daten über Forderungen, Umsätze und Kosten aus den Geschäftsvorfällen werden schließlich in die Systeme für Finanzwirtschaft und Controlling übergeleitet. Deckungsbeiträge können dort detailliert bis zum einzelnen Reiseangebot kontiert werden. Entsprechende Statistiken und Berichte für das Management bis hin zur Betriebsergebnisrechnung und Bilanz sind generierbar. Konzerngebundene Reiseveranstalter übermitteln zudem regelmäßig Daten, die den aktuellen Verlauf einer Saison zusammenfassend darstellen, an das Berichtswesen bzw. das Management-Informationssystem (MIS) des Konzerns zur übergeordneten Steuerung. Die konzernweit abgestimmte Aufbereitung und der Transfer der Daten erfolgen automatisch durch das Informationssystem des Veranstalters (vgl. Weithöner/Ehbrecht, 2004).

4.6.7 Data-Warehouse und CRM/PRM-Systeme

Jeder Reiseveranstalter hat Verträge und Geschäftsverkehr mit Leistungsträgern, Reisemittlern und den Endkunden. Zahlreiche relevante Daten über die Geschäftsbeziehungen fallen in verschiedenen (Teil-)Systemen an: Stammdaten über Lieferanten entstehen im Einkauf, wo in Vertragsmanagementsystemen (vgl. Abb. 4.6.1) alle Konditionen jedes Lieferanten eingegeben und stets aktuell gehalten werden. Leistungsträger-Stammdaten spielen auch bei der Kontingentüberwachung und der Buchungsabwicklung eine wichtige Rolle, da dort die Reisenden dem jeweiligen Leistungsträger angekündigt (avisiert) und die abgerufenen Kontingente bzw. durchgeführten Buchungen bezahlt werden. Ebenso müssen Kundenbeschwerden zu einem Leistungsträger im Rahmen der Qualitätssicherung gesammelt werden. Daten über Reisemittler und ihre Provisionen werden in den Reservierungssystemen und der Buchungsabwicklung benötigt oder erzeugt. Kundendaten entstehen spätestens bei einer Buchung, werden den Leistungsträgern übermittelt und werden bei allen Geschäftsvorgängen (Rechnungsstellung, Ausstellung von Reiseunterlagen, Stornierungen, Umbuchungen, Beschwerden etc.) benötigt bzw. erweitert. Sie werden der Reiseleitung bereitgestellt, die sie ggf. um besondere Vorkommnisse ergänzt. Später stellen diese Kundendaten eine wichtige Basis für Marketing-Maßnahmen dar (z. B. Zielgruppenanalysen, Marketing-Controlling, Kundenbindungs- und Kundenbeziehungsmanagement).

Um auf diese verteilt anfallenden Kunden-, Partner- und Transaktionsdaten zentral zugreifen zu können und um die Daten übergreifend und in ihrer Vernetzung für unterschiedliche Zwecke und Ziele analysieren und auswerten zu können (Data-Mining, Big Data), werden diese zunehmend in speziellen Customer Relationship Management Systemen CRM bzw. Partner Relationship Management Systemen PRM konzentriert (die Datenbankbasis wird allgemein als Data Warehouse bezeichnet, vgl. Kap. 5.4). Zu jedem Kunden, jeder Kundengruppe oder zu jedem Partner kann bei entsprechender Berechtigung beispielweise die gesamte Historie abgerufen und ausgewertet werden, Beziehungen oder Verhaltensmuster können erkannt werden. Diese Informationen und Analyseergebnisse sind Grundlagen für das Management von Vertriebssystemen und -kampagnen, z. B. auf Basis personalisierter Angebote, für das Beschwerde- und Qualitätsmanagement sowie für die Steuerung des Vertriebs und für die

Verhandlungen mit den Leistungsträgern. Die besondere Herausforderung im Management von CRM/PRM-Systemen für Reiseveranstalter liegt in der großen Anzahl komplexer Schnittstellen zu fast allen internen und externen Systemen, die partner-, kunden- und transaktionsbezogene Daten liefern oder benötigen. Marktführende Distributionssysteme bieten zudem Data-Mining- und Business-Intelligence-Dienste zur anonymisierten Auswertung der Veranstalter- und Portal-übergreifenden Such- und Buchungsdaten ihrer IBEs und Reservierungsplattformen für Marktforschung und Benchmarking an. Bei jeder Erfassung, Verwendung oder Weitergabe von personenbezogenen Daten sind stets die strengen Auflagen der Datenschutzgesetzgebung zu beachten (vgl. Kap. 2.9).

4.6.8 Anmerkung zur Systemkonfiguration

Insbesondere bei kleineren und mittleren Reiseveranstaltern muss/sollte ein Veranstaltersystem nicht (mehr) vor Ort im Unternehmen mit Hardware-Server, Software und Datenbank aufgebaut und betrieben werden. Marktverbreitete integrierte Veranstaltersysteme[1] können alternativ in den Rechenzentren der Software-Anbieter bzw. ihrer IT-Dienstleister/Provider zentral für alle nutzenden Reiseveranstalter technisch betrieben, gewartet und gesichert werden. Der nutzende Reiseveranstalter greift bei webbasierten Systemen über Internetverbindung und Web-Browser auf „sein" entferntes System zu und erhält software-gesteuert und gesichert die vereinbarten Zugriffsrechte auf die Systemfunktionen und seine Daten. Der Veranstalter erwirbt folglich eine Lizenz zur Nutzung eines ASP-Systems (Application Service Provider) bzw. er nutzt gemäß der Terminolgie des Cloud-Computing „Software as a Servive SaaS". Er wird durch seine Lizenz ein Mandant und erhält alle Rechte zur Nutzung der vertraglich und kostenpflichtig zu vereinbarenden Systemfunktionalität. Das Veranstaltersystem arbeitet ggf. als Multi-Mandanten-System auf Basis einer gegenüber unbefugten Dritten geschützten und gesicherten Datenbank. Das ASP-Modell ermöglicht dem Reiseveranstalter, sich auf sein Kerngeschäft zu konzentrieren. Das heißt, kein technischer Investitionsaufwand, kein IT-Know-how und kein technischer Wartungsaufwand sind beim Veranstalter erforderlich, die Systemnutzung erfolgt nur über Internet-/Web-Standards.

Quellen und weiterführende Literatur:

DRV-Deutscher ReiseVerband, FAQs – Dynamisch produzierende Reiseveranstalter, www.drv.de/fileadmin/user_upload/Fachbereiche/Dynamisch_produzierende_Veranstalter/12-09-12_FAQ_X-VA.pdf/, 2012, Zugriff 17.2.2014.

DRV-Deutscher ReiseVerband, Informationsbroschüre DRV-GlobalTypes und DRV-Abfrageschnittstelle, www.drv.de/fileadmin/user_upload/Fachbereiche/Informationstechnologie_und_Onlinevertrieb/12-11-23_DRV-Datenstandard_Broschuere_DEU.pdf, 2012, Zugriff 17.2.2014.

---

[1] Z. B. wbs Blank, ISO Pacific, Bewotec DaVinci, Anite @comRes, DCS CAESAR, W&W turista, CIC Packagemaster, Schmetterling Bombyx, TraSo xRes, IT-SCORE. Veranstaltersysteme werden jedes Jahr auf der Internationalen Tourismus Börse ITB in Berlin sowie auf dem jährlich stattfindenden fvw-Kongress Travel-Technology präsentiert.

Fuchs, W., Mundt, J. W., Zollondz, H. D. (Hrsg.), Lexikon Tourismus, München 2008, S. 205–206, S. 576–588.

Führich, E., Dynamic Packaging und virtuelle Veranstalter – Entwicklung und Anwendung des Reisevertragsrechts auf die neue Internet-basierte Pauschalreise, in: RRa ReiseRecht aktuell, 2/2006, S. 50–57.

Goecke, R., Verzeichnis von IT-Applikationen im Tourismus; http://www.mtourism.de; Zugriff 17.5.2014.

Goecke, R., Eberhard, T., Roth, J., Neue Wege zur Navigation durch die Datenflut der Reiseangebote – auf der Suche nach neuer Beratungsqualität im digitalen Zeitalter, Arbeitsbericht der Fakultät für Tourismus, Hochschule München, 2010.

Simon, H., Küçükçankaya, G., Dynamic Packaging – Wie kommt die Innovation ins Reisebüro? – Vortrag auf dem fvw-Kongress 2004, www.fvw-kongress-zukunft.de/_files/ content/simon-14.10-IT_2102704_143645.pdf (Zugriff 9.10.2009).

Voigt, P., Internationales Reiseveranstaltungsmanagement, München 2012.

Von Dörnberg, A., Freyer, W., Sülberg, W., Reiseveranstaltermanagement – Funktionen, Strukturen, Management, München 2013.

Weithöner, U., Ehbrecht, O., Integrierte Informations- und Kommunikationssysteme im Touristikkonzern, in: *Bastian, H., Born, K.*, Der integrierte Touristikkonzern, München 2004, S. 101–120.

Im Internet bzw. als Broschüre publizierte Produktinformationen diverser im Beitrag genannter Hersteller und Produkte (Stand März 2014).

Weitere Quellen:

fvw Fachzeitschrift für Touristik & Business Travel, Travel Technology Events unter www.fvw.de/events/15/11140.

Verband Internet Reisevertrieb v-i-r, unter www.v-i-r.de.

Deutscher ReiseVerband, unter www.drv.de/fachthemen/informationstechnologie-onlinevertrieb/.

5 Marketingmanagement-Systeme

Im vorigen Kapitel wurde ein Überblick über das Informationsmanagement, die IT-Systeme und Prozesse der Leistungsanbieter gegeben. Der Fokus dieses Kapitels liegt auf dem Informationsmanagement in den Marketing- und Vertriebsprozessen, die insbesondere durch die neuen Internet-basierten Vertriebskanäle für alle touristischen Anbieter komplexer geworden sind. Alle Anbieter touristischer Leistungen stehen hier vor ähnlichen Problemen des optimalen Marketingmanagements, deren Handhabung durch verschiedene IT-Systeme unterstützt wird, die im Folgenden als Marketingmanagement-Systeme bezeichnet werden:

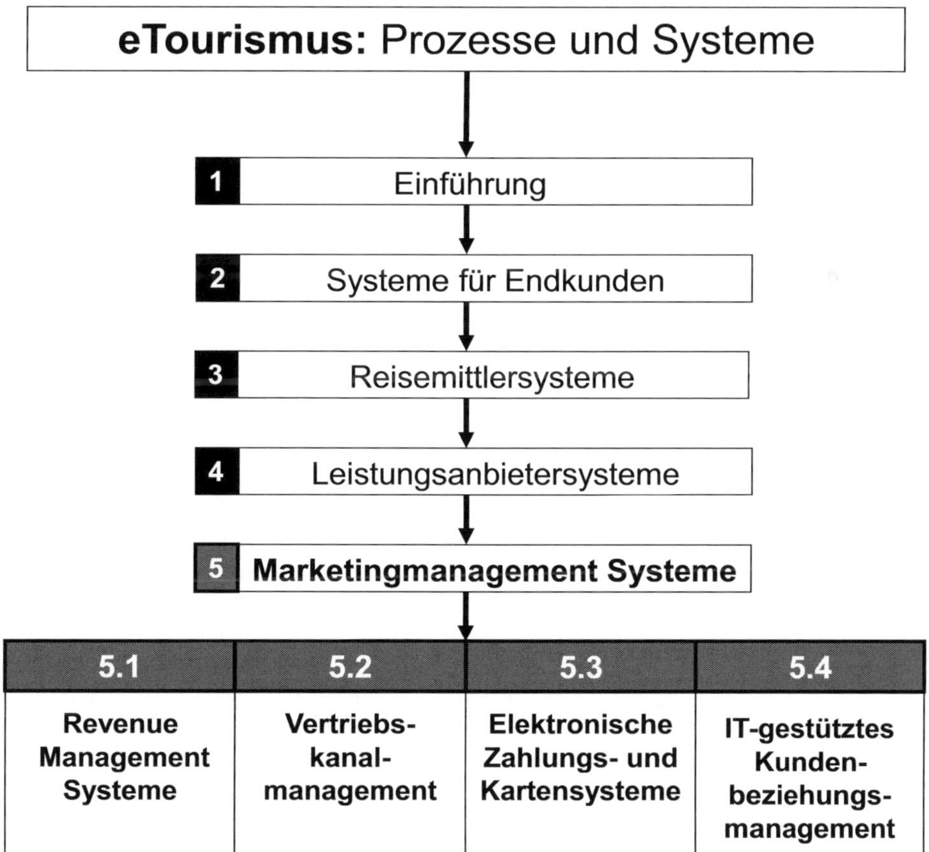

Abb. 5.1 *Überblick Marketingmanagement-Systeme*

Zu welchem Preis und in welcher Kombination soll ein Anbieter die vorhandenen oder eingekauften Kapazitäten an Flügen, Betten, Mietwagen, Restaurantplätzen etc. in welcher Menge welchen Kunden zu welchem Zeitpunkt anbieten, um einen optimalen Ertrag zu erzielen? Der Abschnitt *Revenue-Management-Systeme* gibt einen Überblick über Systeme und Verfahren zur computergestützten Ertragsoptimierung bei Airlines, in Hotels, bei Autovermietern und bei Veranstaltern. Welche Vertriebskanäle gibt es und welches ist der richtige Vertriebskanal-Mix – welche Angebote bietet man am besten in welchen stationären oder Online-Vertriebskanälen an? Der Abschnitt *Vertriebskanalmanagement* systematisiert die Vielzahl unterschiedlicher On- und Offline-Vertriebskanäle und stellt Methoden und Strategien des Multi-Channel-Managements im Tourismus vor.

Welche Zahlungsmöglichkeiten gibt es in welchen Vertriebskanälen, um dem Kunden den Kauf oder die Reservierung und Buchung zu vereinfachen und um dabei als Leistungsträger oder Mittler sicher an sein Geld zu kommen? Bedingt durch das Vordringen von E-Commerce und Mobile Commerce haben sich in den letzten Jahren neben den klassischen elektronischen Zahlungsformen am Point of Sale neue Online-Zahlungsdienste entwickelt, die sowohl für touristische Anbieter als auch für die Reisemittler von wachsender Bedeutung sind. Der Abschnitt *Elektronische Zahlungs- und Kartensysteme* stellt die sich in diesem rasant weiterentwickelnden Gebiet zum Zeitpunkt der Veröffentlichung wichtigsten elektronischen Zahlungssysteme, ihre Organisation, Systemkomponenten und Informationsflüsse vor. Zudem werden Kundenkartensysteme im Tourismus behandelt.

Eine wichtige Erkenntnis der Forschung zum Dienstleistungsmarketing ist, dass für den Unternehmenserfolg und die Profitabilität eine hohe Kundenbindung entscheidend ist. Welchen Beitrag computergestütztes Customer Relationship Management zur Erhöhung der Kundenbindung im Tourismus liefern kann und welche Systeme, Methoden und Prozesse in den Phasen des touristischen Konsumprozesses zum Einsatz kommen, wird im Abschnitt *IT-gestütztes Kundenbeziehungsmanagement* ausführlich erläutert. Dabei wird mit umfangreichen Quellenangaben besonders auf den aktuellen Stand der wissenschaftlichen CRM-Forschung Bezug genommen.

Das Kapitel 5 beleuchtet somit exemplarisch einige wichtige Aspekte des computergestützten Informationsmanagements in Marketingmanagement-Prozessen ohne Anspruch auf Vollständigkeit. Die genannten Produkte dienen als Beispiele lediglich der Veranschaulichung und stellen keine Bewertung oder Produktempfehlung der Herausgeber dar. Wir empfehlen allen Anwendern, sich bei der Auswahl von Systemen, Produkten und Methoden immer einen Überblick über die aktuell am Markt angebotenen Alternativen zu verschaffen und diese nach situationsspezifischen Kriterien und Referenzen auszuwählen (vgl. Kapitel 1.3).

5.1 Revenue-Management-Systeme

Robert Goecke

Revenue- bzw. Yield-Management-Systeme sind integrierte Informationssysteme, die durch eine (teil-)automatische dynamische Preis-Mengen-Steuerung zu einer umsatz- bzw. gewinnoptimalen Nutzung einer kurzfristig nur beschränkt flexiblen Angebotskapazität beitragen. Ursprünglich wurde das Yield Management für Linienflüge entwickelt, bei denen es um die gewinnoptimale Auslastung der festen Sitzplatzkapazitäten bei qualitativ differenzierter und quantitativ schwankender Nachfrage geht (vgl. Daudel/Vialle 1992). Inzwischen haben sich verschiedene Varianten von Revenue-Management-Systemen auch bei Billigfliegern, Bahn- und Schifffahrtsgesellschaften, Autovermietern sowie in Hotelbetrieben und bei Event- bzw. Reiseveranstaltern etabliert (vgl. Talluri/Van Ryzin 2005).

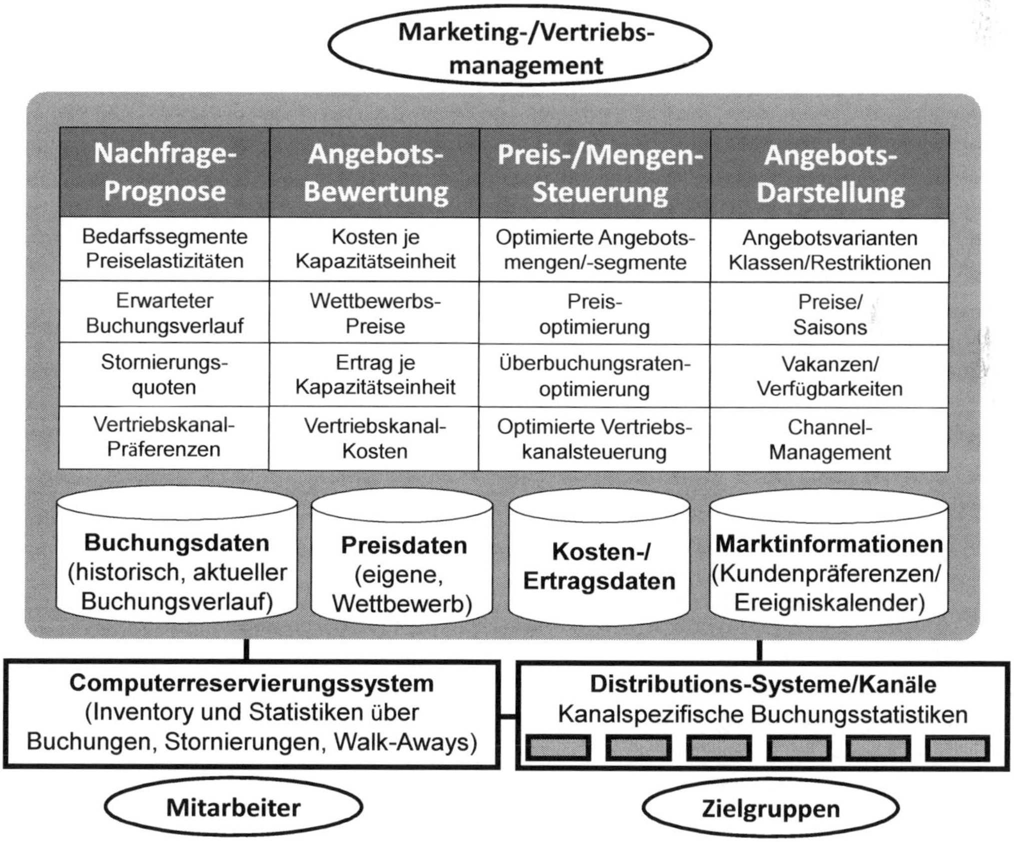

Abb. 5.1.1 *Allgemeine Struktur eines Revenue-Management-Systems (in Erweiterung nach Mensen 2003, S. 732)*

Yield- bzw. Revenue Management ist dann sinnvoll, wenn dieselbe Dienstleistung zur gleichen Zeit für verschiedene Zielgruppen einen unterschiedlichen Wert hat, die Nachfrage im zeitlichen Verlauf schwankt, hohe Kapazitätsbereithaltungskosten (Fixkosten) niedrigen variablen Kosten gegenüberstehen, eine nicht verkaufte Kapazität zu einem bestimmten Zeitpunkt einen unwiederbringlich entgangenen Umsatz bedeutet (Verderb) und ein kontinuierlicher Vorverkauf, z. B. über Reservierungssysteme (Inventory), möglich ist (vgl. Fandel/von Portatius 2005, Phillips 2005).

Zu den Methoden des Yield Management gehört das Konzept der Kundensegmentierung mit zielgruppenspezifischer Preisdifferenzierung, wodurch die verschiedenen Preisbereitschaften der Zielgruppen optimal abgeschöpft werden sollen (vgl. Klein/Steinhardt 2008, Talluri/Van Ryzin 2005). Wenn unabhängig von der Zielgruppe zeitliche Schwankungen in der Nachfrage bestehen, ermöglicht die mit einer saisonalen Preisdifferenzierung verbundene Konzentration auf die Nachfrage mit hoher Preisbereitschaft in der Hochsaison eine ertragsoptimale Kapazitätsnutzung. Schließlich gibt es das Problem der Stornierungen, die zu freien Kapazitäten führen. Deren Nicht-Nutzung bedeutet selbst bei Stornogebühren, die dem Nutzungspreis entsprechen, eine unwiederbringlich entgangene Chance auf zusätzlichen Umsatz bzw. Gewinn, der durch Überbuchung begegnet werden kann.

Revenue- bzw. Yield-Management-Systeme (vgl. Abb. 5.1.1) basieren also auf Systemen zur statistischen Prognose der Nachfragesegmente und Nachfragemengen sowie der Stornierungsraten. Hierzu müssen neben Marktinformationen vor allem Buchungsdaten und Preisdaten sowohl aus vergleichbaren Perioden der Vergangenheit als auch zur aktuellen Lage gesammelt und kontinuierlich aus Reservierungs- und Distributionssystemen bereitgestellt werden. Zur Optimierung benötigt man weiterhin aktuelle Informationen über den Ertrag und die Kosten je verkaufter Dienstleistungseinheit. Hieraus berechnen Revenue-Management-Systeme anhand geeigneter Verfahren der mathematischen Optimierung unter Berücksichtigung der aktuellen Buchungslage, wieviele Einheiten einer Dienstleistung aus der noch verfügbaren Kapazität zu welchen Konditionen (Preis und Nebenbedingungen) angeboten werden sollten, um den hierbei zu erwartenden Umsatz bzw. Gewinn zu maximieren. Gegebenenfalls werden in den der Optimierung zugrundeliegenden statistischen Modellen auch die aktuellen Konditionen der Konkurrenz und ihre Wirkung auf die Nachfrage nach den eigenen Dienstleistungen im Verdrängungswettbewerb berücksichtigt. Die Preis-Mengen-Steuerung steuert entweder die Preise und Verfügbarkeiten in den Distributionskanälen mehr oder weniger automatisiert oder macht als sog. Decision Support System Mitarbeitern Vorschläge über die anzubietenden Tarife bzw. Raten. In den letzten Jahren hat mit dem Entstehen zahlreicher alternativer Internet-Vertriebskanäle die Bedeutung des Multi-Channel-Managements zugenommen: Als weitere Variablen des Yield Management sind nun die unterschiedlichen Reichweiten und Vertriebskosten der verschiedenen Distributionssysteme zu berücksichtigen, um den optimalen Kanalmix zu bestimmen und die in den verschiedenen Vertriebskanälen angebotenen Preise und Mengen tagesaktuell zu steuern. Hierzu gehört auch die über den Preis beeinflussbare Positionierung in Anbieter-übergreifenden Preisvergleichssystemen und Suchmaschinen. Neben dieser kurzfristigen Preis-Mengen-Steuerung geben die Daten, Analysen und Berichte aus dem Revenue-Management-System auch wertvolle Hinweise für die mittel- und langfristige Kapazitätssteuerung. Manche Systeme bieten zusätzliche Simulationsverfahren zur Umsatz- und Gewinnprognose bei Kapazitätserweiterungen oder -einschränkungen an. Sie dienen dem Management als Planungsinstrument.

Vom Management werden auch die Parameter vorgegeben, nach denen die Optimierung erfolgen soll. Je nach Strategie kann ein höherer Gewinn bei größerem Risiko angestrebt werden, indem z. B. aktuelle Nachfrage nach niedrigen Preisen nicht bedient wird in Erwartung einer zukünftigen Nachfrage zu höheren Preisen oder umgekehrt. Ebenso muss das Management entscheiden, welche Risiken durch Überbuchung eingegangen werden dürfen, da dem entgangenen Gewinn durch Stornierungen in Überbuchungssituationen erhebliche Mehrkosten (sog. Fehlmengenkosten) für die Bereitstellung von Ersatz- oder Ausweichkapazitäten bzw. Entschädigungsansprüche von Kunden gegenüberstehen.

Während die Grundstruktur von Yield- bzw. Revenue-Management-Systemen weitgehend ähnlich ist, soll in den folgenden Abschnitten exemplarisch auf die spezifischen Ausprägungen der Yield- bzw. Revenue-Management-Systeme im Flugverkehr, im Hotelwesen, bei Reiseveranstaltern und bei Autovermietern eingegangen werden.

5.1.1 Revenue-Management-Systeme von Fluggesellschaften

Linienfluggesellschaften waren im Zuge der Deregulierung die ersten Anwender von computergestützten Revenue-Management-Systemen im Tourismus, weil die Flugkapazitäten kurzfristig fix sind und eine gewinnoptimale Auslastung durch eine nachfrageabhängige Preisanpassung angestrebt werden muss. Da bei fixen Kosten der Ertrag proportional zum Umsatz (engl. Revenue) ist, führt eine umsatzoptimierende Verteilung der vorhandenen Sitzplatzkapazitäten an die verschiedenen Nachfragesegmente zur angestrebten Ertragsoptimierung. Sogenannte Netzwerk-Carrier, die ein weltweites Linienflug-Netz betreiben, müssen Umsteigeverbindungen und diverse globale Vertriebskanäle und Allianzen berücksichtigen. Billigfluggesellschaften optimieren in der Regel nur einzelne Strecken und konzentrieren sich auf den Direktvertrieb, was die Optimierung und die Struktur des Revenue-Management-Systems wesentlich vereinfacht. Bezüglich der Revenue-Management-Systeme bei Fluggesellschaften ist daher zwischen Linienfluggesellschaften mit Netz (Netzwerk-Fluggesellschaften) und Billigfluggesellschaften zu unterscheiden (vgl. hierzu und zu folgendem Daudel/Vialle 1992, Mensen 2003 S. 730ff., Maurer 2006 S. 332–371, Klein/Steinhardt 2008, Conrady/Fichert/Sterzenbach 2013 S. 363–388 und Parker 2014).

- **Revenue-Management-Systeme von Netzwerk-Fluggesellschaften**

Für das Revenue Management bei Netzwerk-Carriern werden neben den auch qualitativ und von der Kostenposition her unterscheidbaren Kabinenklassen (Economy, Business, First) zusätzliche unterschiedliche Preisklassen für gleichartige Sitzplätze eingeführt. Diese sog. Tarif- oder Buchungsklassen sind mit Restriktionen versehen, die die Nutzbarkeit eines Tickets, das zum entsprechenden Preis gekauft wurde, mehr oder weniger einschränken. Damit wird neben tatsächlich entstehenden Kosten z. B. durch Umbuchungen oder Stornierungen auch der Tatsache begegnet, dass für verschiedene an ihrem Buchungsverhalten erkennbare Kundengruppen ein- und derselbe Flug einen unterschiedlichen Wert hat, der durch die Fluggesellschaft mittels sog. Preisdiskriminierung abgeschöpft wird. So pflegen Geschäftsreisende mit höherer Preisbereitschaft in der Regel kurzfristiger zu buchen, und bleiben seltener am Wochenende am Zielort. Entsprechend sind z. B. Kurzstrecken-Tarife mit kurzer Buchungsfrist mit Hin- und Rückflug am selben Tag teurer als Tarife mit langer Buchungsfrist und Übernachtung, selbst wenn es sich um die gleichen Sitzplätze handelt. Abbildung 5.1.2 zeigt die auf diesem Prinzip beruhenden wesentlichen Prozessschritte und Komponenten des Revenue-Management-Systems für Linienflüge.

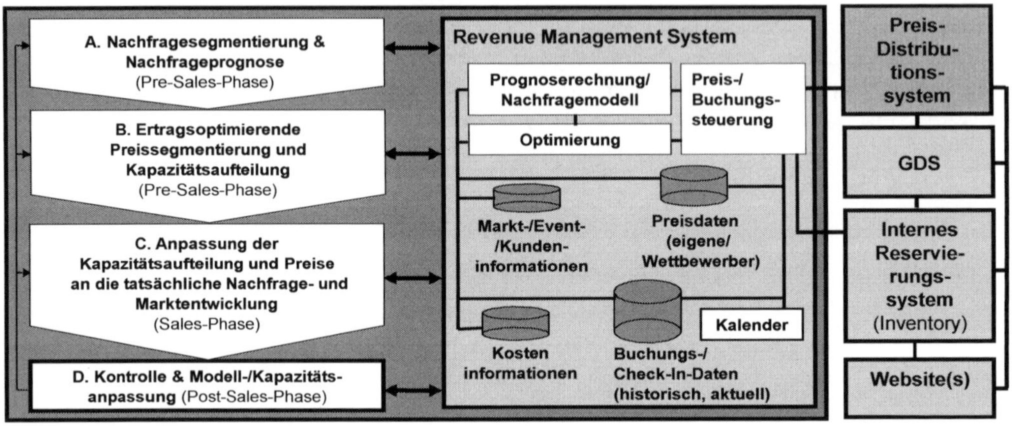

Abb. 5.1.2 Prozessschritte und Komponenten eines Revenue-Management-Systems einer Linienfluggesellschaft (in Erweiterung nach Corsten/Stuhlmann 1999)

Abbildung 5.1.3 zeigt zur Erläuterung der Grundprinzipien ein Beispiel zum Revenue Management eines fiktiven Fluges von München nach Hannover.

Im ersten Schritt (A) müssen in der Phase vor Buchungsbeginn auf der Basis von Marktforschung, Wettbewerbsanalysen und historischen Buchungsdaten Tarife (engl. Fares) mit Restriktionen definiert werden, welche die vorhandenen Nachfragesegmente möglichst gut abbilden. Für jede Tarifklasse wird aus den ggf. in einem Data Warehouse gesammelten historischen Buchungsdaten und anderen nachfragerelevanten Informationen wie z. B. wichtigen Events (Messen, Ferien, ...) mit statistischen Methoden eine Prognose über die zu erwartende Nachfrage und den Buchungsverlauf unter Berücksichtigung der Preiselastizitäten der relevanten Zielgruppen erstellt. Durch Analyse der Buchungskurven verschiedener Zielgruppen können dabei entsprechende Restriktionen wie z. B. Frühbucher-Rabatte durch Buchungsfristen etc. abgeleitet werden. Die Tarife sind durch sog. Fencing mittels geeigneter Restriktionen wie z. B. Umbuchungs- und Stornogebühren für billige Tarife so voneinander abzugrenzen, dass für Kunden oder Händler keine Anreize geschaffen werden die Segmentierung zu umgehen, z. B. indem sie statt eines vollflexiblen teuren Tarifes frühzeitig einen günstigen Tarif buchen und das Billigticket dann kurzfristig in ein „passenderes" umzutauschen. Gleichzeitig sollten die Segmentierungen, Restriktionen und Tarife insbesondere für loyale Stammkunden nachvollziehbar und fair gestaltet sein. Revenue-Management-Systeme unterstützen die Preismanager bei dieser Aufgabe durch einen möglichst integrierten Zugriff auf alle relevanten Daten und ihre Verarbeitung durch verschiedene statistische Kalkulationsprogramme, Clusteralgorithmen zur Segmentierung, Simulationsverfahren und Entscheidungsunterstützungssysteme. Abbildung 5.1.3 zeigt für einen Beispielflug einer fiktiven Airline von München nach Hannover die Prognose (Forecast) für verschiedene Tarifklassen bei den angegebenen Preisen und Restriktionen. Dabei gibt es auch Tarifklassen, die auf verhandelten Tarifen (Negotiated Fares) mit Großkunden beruhen und nur durch diese buchbar sind. Andere Tarifklassen beinhalten einen Billigtarif oder einen Tarif, der für Umsteiger aus Peking (PEK) kalkuliert wird, da in einem Netz diese Nachfrage speziell zu berücksichtigen ist, um nicht gewinnbringende Langstreckenflüge zu diskriminieren.

Im zweiten Schritt (B) wird auf der Basis der im Flugzeug für jede Klasse vorhandenen gleichartigen Sitzplätze die Anzahl der für jede Tarifklasse buchbaren Sitze (Verfügbarkeiten) so berechnet, dass der durch die Aufteilung der verfügbaren Kapazitäten auf die Tarifklassen erzielbare erwartete Umsatz bei der prognostizierten Nachfrage maximiert wird. Vom Revenue-Management-System werden hierzu mathematische Optimierungsverfahren auf Basis des EMSR (Expected Marginal Seat Revenue) oder stochastischer Prozesse eingesetzt. Sie beruhen darauf, dass für eine mit hoher Wahrscheinlichkeit eintretende hochwertige Nachfrage (hoher erwarteter Grenzertrag) Kapazität geblockt wird und für die Niedrigpreisnachfrage nur Restplätze bereitgestellt werden.

Fluggesellschaft:	**LineAir**
Strecke:	**MUC-HAJ**
Wochentag Abflug:	**Freitag 1.8.**
Abflug.-Ankunft.:	**7.55 - 8.55**
Saison:	**KW 32-35**
Events:	**keine Messe**
Flugzeugtyp:	**X370**

Bestuhlung/Kabinenklassen:
First: 0 Business: 20 Economy: 75

Umsteiger aus Peking: (vgl. Karte)
Buchungsverlauf: (vgl. Statistiken)

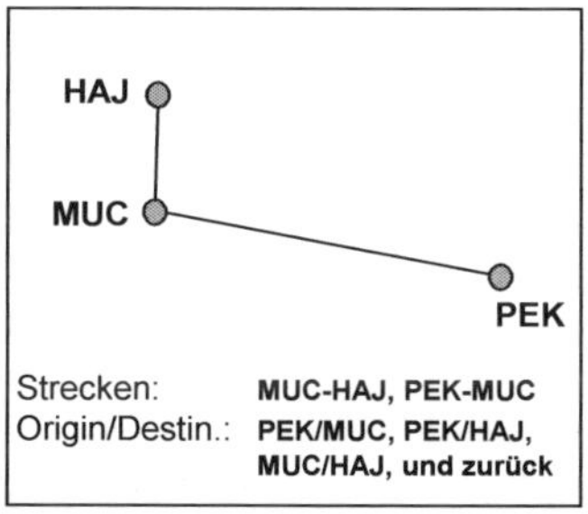

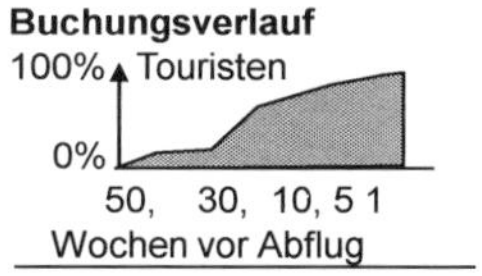

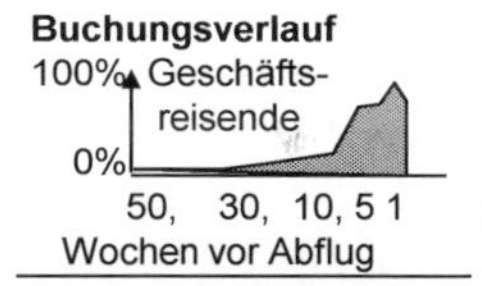

Economy:		**Tarife:**		**Restriktionen:**			**Verfügbarkeiten:**			
Nachfrage Prognose:		**Tarifklasse:**	**Preis:**	**Mindestaufenthalt:**	**Umbuchbar:**	**Vorausbuchungsfrist:**	**Tarifklasse:**	**Verfügbarkeiten:** opt. Kap. Segm.		
Forecast:		**Economy**						**Seats:**		**Verfügb.:**
Nachfrage	**10**	Y	**330 €**	-	-	-	Y	**10**	+3	85
nach	**15**	B	**280 €**	-	-	**3 Tage**	B	**15**	+4	72
Tarifen,	**8**	*H (PEK)*	*190 €*	3 Tage	-	-	H	*8*		53
wenn	**7**	X	**189 €**	-	**Fee 50 €**	**8 Tage**	X	**7**	+2	45
alle	**16**	K	**149 €**	**2 Tage**	**Fee 50 €**	-	K	**16**	+1	36
Tarife	**30**	L (Billig)	**129 €**	**2 Tage**	-	**15 Tage**	L	-		-
unbe-	**11**	M (Nego)	119 €	2 Tage	Nein	14 Tage	M	11		19
grenzt	**5**	N (Nego)	100 €	-	-	-	N	5		8
buchbar	**23**	V (Billig)	**99 €**	-	**Nein**	-	V	**0**		0
wären:	**25**	Q	**79 €**	**2 Tage**	**Nein**	**21 Tage**	Q	**3**		3
	150									
	15	**„No Shows“**	Buchen, zahlen, erscheinen nicht!					→ **10**		
	20	**„Walk Aways“**	Reservieren, zahlen nicht, erscheinen nicht!					Overbooking		

Kumuliert wegen Nesting

Für jede Kabinenklasse (Economy, Business, First) eines Fluges gibt es mehrere Tarifklassen (Buchungsklassen)!

Abb. 5.1.3 *Beispiel zum Revenue Management der Economy Klasse eines fiktiven Fluges von München nach Hannover mit Umsteigern aus Peking*

Zur Berechnung der optimalen Verfügbarkeiten sind zudem die Stornierungsprognosen zu berücksichtigen. „No Shows“ und „Walk Aways“ erfordern eine Korrektur der Zuordnung von Sitzplätzen zu Tarifklassen nach oben, damit echte Nachfrage nicht verdrängt wird durch Reservierungen, die von Passgieren beim Start nicht in Anspruch genommen werden. Hierzu ist neben den Buchungsdaten ein Zugriff auf historische Check-In Daten notwendig, die angeben, wieviele Passagiere auf den vergleichbaren Flügen der Vergangenheit tatsächlich an Bord waren. Das Ergebnis ist eine Überbuchungsrate (Overbooking) als Optimum aus dem Zielkonflikt zwischen zu erwartenden Fehlmengenkosten und Leerkosten bzw. entgangenen Erträgen.

Die Schachtelung der Tarifklassen (Nesting) ermöglicht schließlich, dass hochpreisige Tarifklassen bei großer Nachfrage aus den Kontingenten der Niedrigpreis-Tarifklassen bedient werden können, während umgekehrt verhindert wird, dass eine Anfrage nach einem niedrigen Tarif durch einen Sitz aus einem hochpreisigen Kontingent befriedigt wird. Sortiert man die Klassen nach absteigendem Ertragswert wie in Abbildung 5.1.3, wird die Schachtelung dadurch erreicht, dass die maximale Verfügbarkeit eines Tarifs sich stets aus der Aufsummierung (Kumulation) der niederwertigen Verfügbarkeiten berechnet. Bei jeder Buchung müssen dann alle Verfügbarkeiten in Echtzeit neu berechnet werden, was durch den Computereinsatz kein Problem ist.

Damit in einem Linienflug-Netz auch die Nachfrage von und zu Anschlussflügen richtig bewertet wird, erweitern Revenue-Management-Systeme die streckenbezogene Optimierung zu einer verkehrsstrombezogenen Optimierung auf der Basis von O/D (Origin/Destination)-Paaren. Diese konkurrieren entsprechend ihres Ertragswertes um die knappen Plätze auf den Teilstrecken (vgl. Phillips 2005, S. 195ff. und Maurer 2006): Hat z. B. eine Umsteigeverbindung von Peking über München nach Hannover einen hohen Gesamtertragswert, darf die nur für Umsteiger buchbare Tarifklasse H (PEK) des Anschlussfluges von München nach Hannover nicht durch lokale Nachfrage verdrängt werden, die zwar bei einer Einzelbetrachtung des MUC-HAJ-Fluges lukrativ, aber im Vergleich zum erzielbaren Deckungsbeitrag einer Buchung von Peking nach Hannover minderwertig ist (vgl. Abb. 5.1.3). Sogenannte Bid Pricing Algorithmen simulieren den Wettbewerb der relevanten O/D-Paare (PEK/MUC, MUC/HAJ, PEK/HAJ), indem sie für alle Tarifklassen die Nachfrage prognostizieren und durch lineare Optimierung auf Basis der Ertragswerte eine optimale Verteilung der O/D-Nachfrage auf alle Strecken berechnen. Der sich hieraus je Teil-Strecke ergebende Bid-Preis ist ein virtueller Preis, der den Wert eines Sitzplatzes bei der ermittelten optimalen Kapazitätsaufteilung angibt. Die prognostizierte O/D-Nachfrage wird dann so auf die Tarifklassen aufgeteilt, dass nur die Nachfrage befriedigt wird, deren Gesamtertrag (Tarifsumme) mindestens die erzielbaren Bid-Preise der Teilstrecken deckt. Auch wenn der Umsteigertarif günstiger sein sollte als andere lokale Tarife, erhält er durch den höheren Gesamtertrag der PEK-MUC-Nachfrage relativ viele Verfügbarkeiten zugeteilt.

Im dritten Schritt (C) beginnt der Verkauf der Linienfluges durch weltweite Distribution der Flugpläne (Schedules) z. B. über den OAG (Official Airline Guide) sowie der Tarife mit ihren Restriktionen und Preisen z. B. über die ATPCO (Airline Tariff Publishing Company) oder die SITA an die GDS Global Distribution System bzw. diverse andere Distributionskanäle (vgl. Abb. 5.1.4). Nicht alle Tarife werden veröffentlicht. Negotiated Tarife sind z. T.

nur mit Codewort einsehbar und buchbar. Damit Flugreservierungen in Echtzeit bestätigt werden können, ohne dass es zu Doppelbuchung eines Platzes kommt, werden die Sitzplätze und Verfügbarkeiten (Availabilities) aller Tarife im internen Reservierungssystem der Airline verwaltet mit Echtzeit-Anbindung eines oder mehrerer GDS, der eigenen Website und ggf. ausgewählter Internet-Portale und Distributionssysteme Dritter (z. B. Consolidator, Veranstalter, etc.). Bei jeder Reservierungsanfrage, z. B. aus einem Reisebüro mit GDS-Terminal, können auf diese Weise die aktuellen Verfügbarkeiten für jede Tarifklasse gelistet und über einen sog. Fare Quote (Anfrage verfügbarer Tarife mit Preisen) die Preise und Restriktionen abgefragt werden.

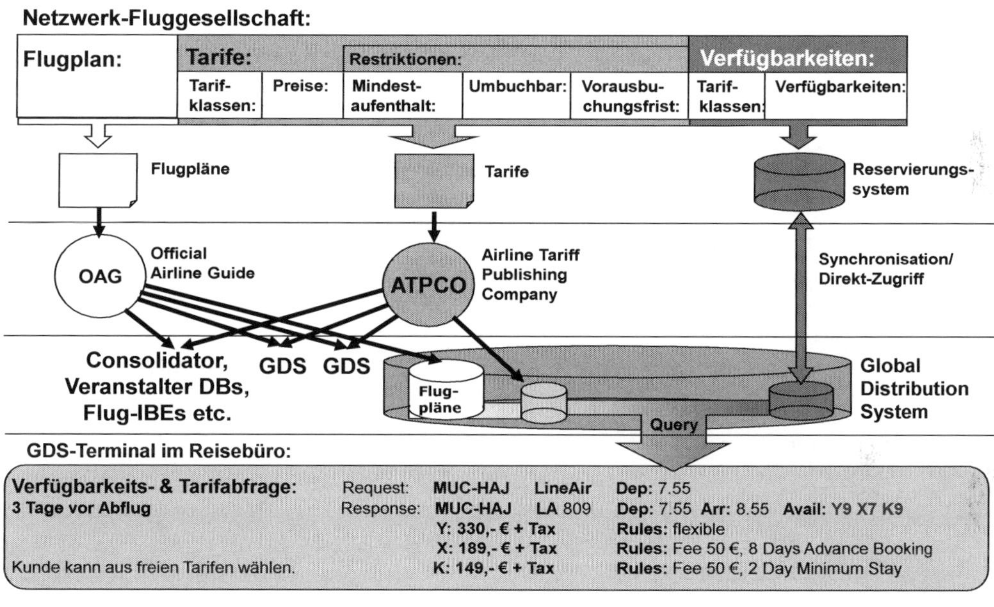

Abb. 5.1.4 *Distribution von Fares und Echtzeit-Synchronisation von GDS und internem Reservierungssystem*

Bei Echtzeitanbindung führt jede Buchung sofort im internen Reservierungssystem zu einer Neuberechnung der Verfügbarkeiten unter Berücksichtigung des Nesting. Über die gesamte Verkaufsperiode hinweg vergleicht das Revenue-Management-System regelmäßig durch die sog. Buchungssteuerung automatisch die Anzahl der tatsächlich eingegangenen Reservierungen mit den zu diesem Zeitpunkt prognostizierten Reservierungen. Wesentliche Abweichungen nach oben oder unten sind deutliche Indikatoren, dass sich die ursprünglich erwartete Nachfrage verändert hat und deshalb die Kapazitäten nicht mehr optimal auf die Tarifklassen verteilt sind. Die Buchungssteuerung des Revenue-Management-Systems berechnet die optimale Verteilung der Verfügbarkeiten neu, indem es z. B. bei unerwartet hoher Nachfrage Kapazitäten von Niedrigpreis-Tarifen abzieht und zu Hochpreis-Tarifen verlagert. Bei O/D-Steuerung werden Optima/Bid-Preise neu berechnet. Auf diese Weise werden auch die anfangs hohen Überbuchungsraten gegen Ende der Buchungsphase nach unten korrigiert, um eine echte Überbuchung am Abflugtermin zu vermeiden. Durch die direkte Schnittstelle können diese Verfügbarkeits-Anpassungen direkt im internen Reservierungssystem mit sofortiger Wirkung auf die weltweite Buchbarkeit der Tarife durchgeführt werden, ohne dass die relativ aufwändigere und fehleranfälligere globale Distribution neuer Preise nötig würde.

Als grafische Veranschaulichung dieser regelmäßigen automatischen Buchungssteuerung zeigt Abbildung 5.1.5 den sog. Buchungskorridor aus den prognostizierten Schwankungsbreiten des Buchungseingangs, deren Überschreitung zu automatischen Korrekturen der Kapazitätsaufteilung führt.

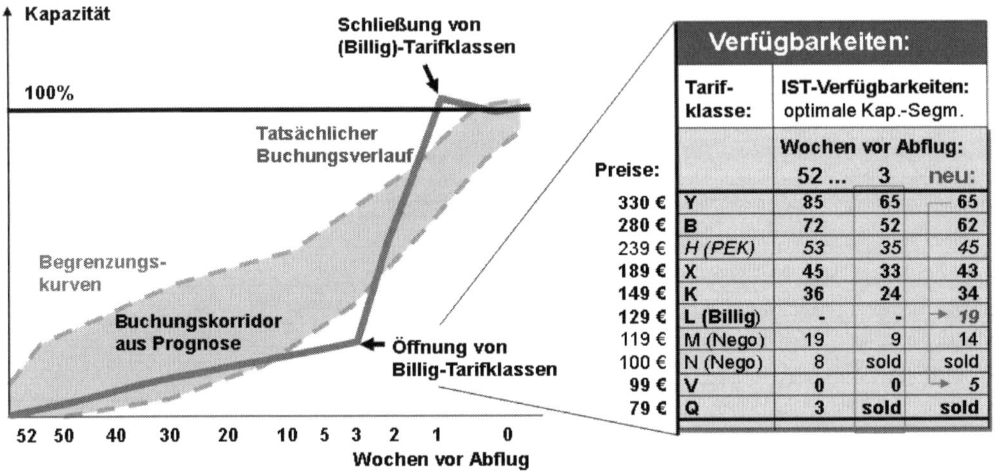

Preise:	Tarif-klasse:	IST-Verfügbarkeiten: optimale Kap.-Segm. – Wochen vor Abflug: 52 ...	3	neu:
330 €	Y	85	65	65
280 €	B	72	52	62
239 €	*H (PEK)*	*53*	*35*	*45*
189 €	X	45	33	43
149 €	K	36	24	34
129 €	L (Billig)	-	-	→ 19
119 €	M (Nego)	19	9	14
100 €	N (Nego)	8	sold	sold
99 €	V	0	0	→ 5
79 €	Q	3	sold	sold

Abb. 5.1.5 *Buchungs-Korridor der Buchungsteuerung und Maßnahmen zur automatischen Anpassung der Kapazitätsaufteilung durch Umverteilung der Verfügbarkeiten*

- **Revenue-Management-Systeme von Billigfluggesellschaften**

Billigfluggesellschaften sind erst nach der Deregulierung entstanden und konzentrieren sich auf einzelne Strecken, die sie meist mit einer qualitativ einheitlichen Beförderungsklasse anbieten. Eine Berücksichtigung der Erträge durch Umsteigeverbindungen oder Interlining-Abkommen mit Allianzpartnern sind also nicht notwendig. Der Vertrieb erfolgt beim „klassisch-reinen“ Low-Cost Modell in der Hauptsache auf direktem Wege über Call Center und die eigene Website bzw. über Websites von Intermediären, die einen Direktzugriff auf das interne Reservierungssystem erhalten. Bei jeder Buchungsanfrage gibt es nur sehr wenige (2–4) Tarife zur Auswahl – im Extremfall nur einen One-Way-Tarif mit hoher Umbuchungsgebühr (um die Stornierungsprobleme zu kompensieren).

Intern arbeitet das Revenue Management einer Billigfluggesellschaft nicht mit einem komplexen System von Tarifklassen mit differenzierten Restriktionen zur Abschöpfung der bei den Zielgruppen vorhandenen Preisbereitschaften. Stattdessen gibt es eine im Vergleich zu den Tarifklassen der Netzwerk-Carrier große Anzahl von unveröffentlichten Stufenpreisen mit relativ kleinen Preissprüngen und extrem niedrigen werbewirksamen Einstiegspreisen. Die zahlreichen Preisstufen erlauben theoretisch eine feinere Anpassung der Kapazitätsaufteilung an Nachfrageschwankungen durch reine Anpassung der zugeordneten Verfügbarkeiten an die Buchungslage ohne weitere Eingriffe der Preisverantwortlichen (vgl. Abb. 5.1.6).

Häufig werden sehr einfache Preisstrategien verfolgt, z. B. niedrig kontingentierte Einstiegspreise zu Verkaufsbeginn, die mit wachsender Belegung des Flugzeuges ansteigen, um kurz vor Abflug bei guter Buchungslage die Höchstpreise zu erreichen (vgl. Barlow 2006). Ist die Buchungslage schlecht, bleibt der Preis niedrig.

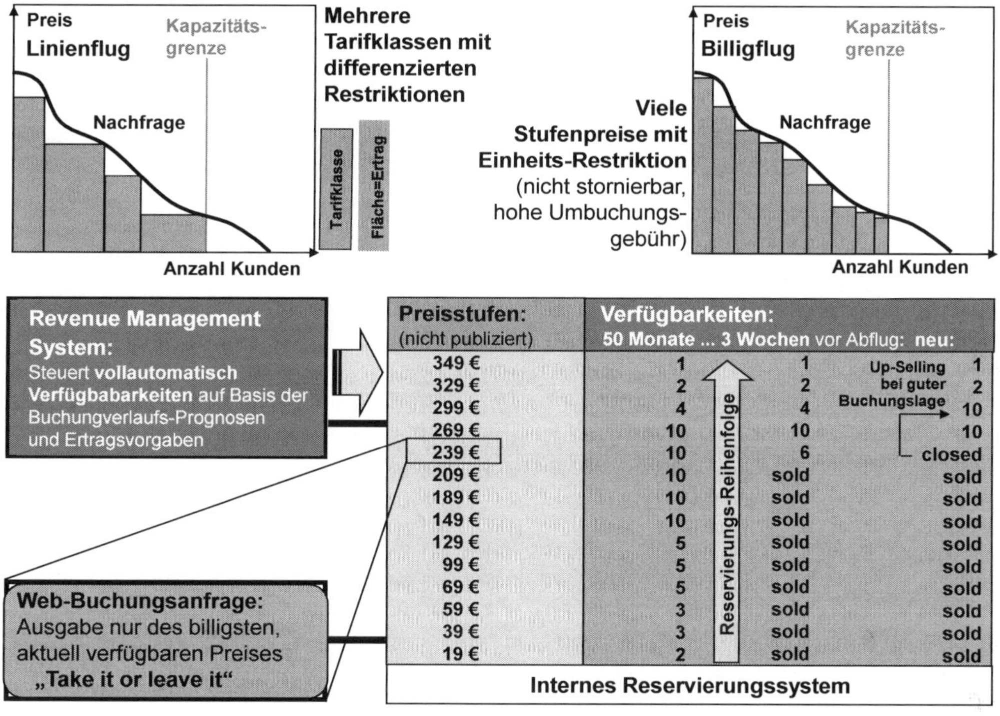

Abb. 5.1.6 *Revenue Management mit Stufenpreisen bei einem Billigflug im Vergleich zu klassischen Tarifklassen*

Das Revenue-Management-System bekommt unter der Berücksichtigung von Events und den Marktdaten Umsatzziele vorgegeben und kann aus den Buchungsverläufen der Vergangenheit eine optimierte Kapazitätsaufteilung bestimmen, die wie bei klassischen Linienflügen mit Tarifklassen bei Abweichungen der Nachfrage von den Prognosen durch automatische Umverteilung der Kapazitäten nachgesteuert wird. Andererseits werden Preisbereitschaften der Kunden nicht optimal ausgeschöpft, da zum Verkaufszeitpunkt kaum Auswahl besteht. Basierend auf Flugziel, Abflugtag und Abflugzeit wird der gesamte Flug als Businessflug oder Touristenflug kalkuliert und außer dem Buchungszeitpunkt keine Differenzierung nach den Präferenzen verschiedener Kundensegmente oder verhandelten Preisen vorgenommen. Entsprechend sind das Revenue-Management-System und die Distributionssysteme erheblich einfacher und kostengünstiger als bei Netz-optimierten Linienflügen.

- **Hybrides Revenue Management**

Im zunehmenden Wettbewerb zwischen den Fluggesellschaften geht der Trend zu hybriden Formen des Revenue Managements. Netzwerk-Gesellschaften setzen auf Strecken mit Low-

Cost-Wettbewerbern ebenfalls Stufenpreis-Modelle ein und setzen auf Direktvertrieb über die eigene Website. Dies wird insbesondere durch die allgemeine Einführung elektronischer Tickets durch die IATA erleichtert. Billigfluggesellschaften bauen umgekehrt ihre Einzelstrecken zu Netzen aus und kooperieren stärker national und international. GDS-Anbieter bieten neben klassischen GDS-Anschlüssen mit der komplexen Tariflogik einfachere Distributionswege für sog. Webfares auch im Reisebüro an. Preisvergleichssysteme und Flugsuchmaschinen vergleichen Angebote in klassischer Tarifstruktur mit Web-Angeboten. Entsprechend wurden Revenue-Management-Systeme entwickelt, die in Abhängigkeit von Vertriebskanal, Strecke, Wettbewerbssituation und den Anfrageparametern dynamisch das am besten geeignete Preismodell zur Angebotsdarstellung auswählen (vgl. Goecke/Heichele/Westermann 2008, S. 319–322). Weitere aktuelle Trends (Stand 2014) im Airline Revenue Management sind die Erweiterung des Distribution/Sales Channel orientierten Yield Managements um Advertising-E-Mail-Kampagnen mit per Klick buchbaren Angeboten zu besonders günstigen Preisen an Stammkunden aus dem CRM-System, sowie um die Ermittlung optimaler Sonderpreise und Sonderkontingente für Werbekampagnen in Suchmaschinen und bei Affiliate Partnern sowie in Social Media Netzwerken. Außerdem wird das Revenue Management verstärkt mit Big Data bzw. Data Mining Lösungen vernetzt, um Kundensegmente bis hin zum Personal Pricing (Segmentgröße 1) verfeinern können, detaillierte Wettbewerbs- und Nachfrageanalysen zu machen und den Preis von Zusatzleistungen sowie den Mix der bei jedem Kauf angebotenen Online-Zahlungsmedien zu optimieren.

Typische interne Airline-Reservierungssysteme (auch Passenger Service Systems vgl. Kap. 4.1) wie z. B. Amadeus Altéa, Sabre Sonic, SITA Horizon oder SkyVantage bieten integrierte Airline-Revenue-Management-Module an oder besitzen wie z. B. Unisys AirCore, Sutra AirKiosk oder Results Reservation System Schnittstellen zu dedizierten Airline-Yield-Management-Systemen wie z. B. PROS RMS, Lufthansa Systems ProfitLine, Navitaire SkyPrice, JDA Airline Price&Revenue Optimizer, SITA Revenue Management, Amadeus Altéa Revenue Management, Sabre AirVision Revenue Manager und anderen (vgl. Abb. 5.1.2 und Goecke 2014).

5.1.2 Revenue-Management-Systeme in der Hotellerie

Nach den Erfolgen des Revenue Management bei Airlines begannen auch große Hotelketten, die in Kooperation mit Airlines zunehmend auch die GDS als Vertriebskanäle nutzten, ebenfalls auf Verfahren des computergestützten Yield Management zu setzen (vgl. hierzu und zu folgendem Günther 2005, Sfodera 2006, Sölter 2008/2013, Göhrlich/Spalteholz 2008, Tranter/Stuart-Hill/Parker 2009, Hayes/Miller 2011, Mauri 2012, Kohl 2013). Anders als im Revenue Management der Airlines führt bei Hotelbetrieben die Optimierung der durch die Zimmerraten erzielten Umsätze noch nicht zu einem Ertragsoptimum. Es müssen auch die stark variierenden und zum Buchungszeitpunkt oft nicht bekannten Kosten und Umsätze der Bewirtung berücksichtigt werden. Ebenso ist zwischen einer Reservierung mit einer Übernachtung und mit mehreren aufeinanderfolgenden Übernachtungen im selben Zimmer zu unterscheiden, die nicht nur zu unterschiedlichen Umsätzen sondern auch zu unterschiedlichen Kosten z. B. für den Wäschewechsel führen. Zimmer werden auch nicht wie Sitzplätze einzeln, sondern als Einzel-, Doppel- oder Mehrbettzimmer verkauft mit Upgrade-Möglichkeiten, z. B. von Einzel- zu Doppelzimmern. Schließlich sind Gruppenbuchungen, Veranstaltungen und Tagungen mit umfangreichen Kosten- und Umsatzbeiträgen im Bankettbereich zu berücksichtigen. Entsprechend werden für Hotelbetriebe spezielle Revenue bzw. Yield-Management-Systeme angeboten, entweder als eigenständige Software-Lösung oder als Erweiterungsmodule von Hotelmanagement Systemen oder von zentralen Reservierungssystemen (CRS vgl. Abschnitt 4.3.5).

Abb. 5.1.7 Typische Module, Funktionen und Schnittstellen eines Hotel-Revenue-Management-Systems

Abbildung 5.1.7 zeigt die typische Struktur solcher Systeme, die aufgrund der Komplexität der Optimierungsaufgaben eher als Entscheidungsunterstützungssysteme denn als vollautomatische Buchungssteuerung konzipiert sind. Über Schnittstellen zum Hotelmanagement-System bzw. zum Central Reservation System werden die Zimmer- und Raumkapazitäten eines Hotels, alle Buchungsdaten, Umsätze und Zimmerbelegungen der Vergangenheit (in der Regel mindestens ein Jahr) und die aktuelle Belegungs- bzw. Buchungslage für die kommenden Monate eingelesen. Wird der Bankettbereich separat vom PMS verwaltet, ist eine entsprechende Schnittstelle zum Bankett- und Tagungsmanagement-System notwendig, um insbesondere für Gruppenbuchungen alle Zusatzerträge neben den Logiserträgen zu ermitteln. Ist außer der Kundendatei des PMS ein Customer Relationship Management System (CRM) im Einsatz, liefert es ebenfalls über eine geeignete Schnittstelle wertvolle Zusatzinformationen über den sog. Kundenwert aus seiner bisherigen Historie, was z. B. für die Verhandlung speziell rabattierter Raten mit Firmenkunden (sog. Corporate Rates) oder bei der Angebotserstellung für Stammkunden wichtig ist. Schließlich gibt es Anbieter von Preisvergleichsdiensten, die z. B. aus den GDS und Hotelportalen regelmäßig die Raten ausgewählter Wettbewerber abfragen und gegen eine Gebühr in einem vordefinierten Datenformat zur maschinellen Auswertung durch Yield-Management-Systeme anbieten.

Im Folgenden werden die wichtigsten Funktionen von computergestützten Hotel-Yield-Management-Systemen zusammengefasst, wobei von einzelnen Produkten abstrahiert wird (vgl. Talluri/VanRyzin 2005, Günther 2005, Gruner/Maxeiner 2005, Sfodera 2006, Ingold/McMahon/Beattie/Yeoman 2006, Tranter/Stuart-Hill/Parker 2009, Hayes/Miller 2011, Mauri 2012).

- **Datenanalyse**

Unter Zugriff auf die vorangehend beschriebene umfangreiche Datenbasis errechnet der Analyseteil eines Revenue-Management-Systems zahlreiche Statistiken zum Vergleich der aktuellen Buchungs-, Belegungs-, Umsatz- und Ertragszahlen mit entsprechenden Daten aus der Vergangenheit. Sie können im Dialog mit dem Nutzer auf vielfältige Weise gruppiert, aggregiert und kategorisiert werden. Beispielsweise kann für jede definierte Buchungs-, Zimmer-, Event- oder Kundenkategorie die aktuelle Belegung und Buchungslage für jeden Tag der kommenden Wochen und Monate mit den entsprechenden Zahlen der Vorwoche(n), der Vormonat(e), des Vorjahres oder der vergleichbaren Vorsaison (z. B. Ferienzeiten, Feiertage, Messezeiten, etc.) ggf. auch stundengenau verglichen werden. Dabei werden neben der Anzahl der Buchungen auch die An- und Abreisetage sowie die Aufenthaltsdauern (engl. stay pattern) analysiert und mit den erzielten Erträgen in Beziehung gesetzt. Auch Vergleichsdaten von anderen Häusern der gleichen Kette oder von Wettbewerbern können in die Analysen einbezogen werden. Mit leistungsfähigen Data-Mining-Methoden können zusätzlich zu den vordefinierten Standardauswertungen neue Datenkonstellationen in Beziehung gesetzt werden, z. B. die saisonale Entwicklung der Buchungszahlen und Erträge für eine bestimmte Zimmerkategorie und Aufenthaltsdauer im Vergleich über die verschiedenen Vertriebskanäle unter Berücksichtigung der in jedem Kanal anfallenden Provisionen. In Hotelketten mit verschiedenen vergleichbaren Häusern ggf. auch in der gleichen Region können zudem Betriebsvergleiche (Benchmarking) wichtiger Kennzahlen vorgenommen werden, die Verbesserungspotentiale aufzeigen. Neben den bereits erwähnten Preisvergleichsdiensten gibt es auch Dienstleister, die für Kooperationen oder ihre Kunden Betriebsvergleiche anbieten. Sie ermitteln regelmäßig manuell bzw. aus den PMS von allen teilnehmenden Häusern deren Belegungen und andere wichtige betriebswirtschaftliche Kennzahlen, insbesondere den sog. RevPAR (Revenue Per Available Room). Diese Kennzahlen werden den Teilnehmern des Betriebsvergleichs dann in anonymisierter Form regelmäßig zur Verfügung gestellt und erlauben die Bewertung des eigenen Revenue Managements im Vergleich zum Wettbewerb.

- **Prognose**
Mit den Ergebnissen der Analyse wird im Prognosemodul durch verschiedene Herstellerspezifische statistische Verfahren der Trendextrapolation bzw. der Ableitung künftiger Buchungsmuster aus ähnlichen Buchungsmustern der Vergangenheit ein sog. Forecast für relevante Buchungs-, Belegungs-, Umsatz- und Ertragswerte erstellt (vgl. Talluri/Van Ryzin 2005). Ein vielzitiertes Verfahren der Trendextrapolation ist auch das sog. „Rolling rearward facing window“ (vgl. Günther 2005, S. 16 bzw. S. 29): Die Prognose für den kommenden Donnerstag wird aus den Buchungen der letzten N Donnerstage und dem selben Donnerstag des Vorjahres kombiniert und mit den jeweils M Donnerstagen vor und nach dem entsprechenden Donnerstag des Vorjahres durch verschiedene Gewichtungsfaktoren gemittelt. Hierbei müssen besondere Events und Ferienzeiten aus dem manuell in das PMS oder Yield-Management-System eingepflegten Kalender und der bereits vorhandene Buchungsbestand des kommenden Donnerstags berücksichtigt werden. Durch Verfahren des maschinellen Lernens vergleichen viele Prognosesysteme ihre Forecasts kontinuierlich mit den später tatsächlich eingetretenen Buchungen und korrigieren entsprechend die Parameter ihrer Nachfragemodelle für das entsprechende Modell. Der Forecast wird auch automatisch neu berechnet, wenn sich die aktuelle Buchungssituation gravierend ändert, z. B. durch Eingang oder Stornierung größerer Gruppenbuchungen. Tage oder Zeiträume, die vom System wegen des aktuellen Buchungsverlaufs als „Ausreißer“ im Vergleich zu Mustern der Vergangenheit auffallen, werden angezeigt, um vom Anwender genauer analysiert werden zu können. Die Daten des Analysemoduls über den historischen und aktuellen Buchungsverlauf können nun durch die Prognosedaten des Forecasts angereichert in Tabellen und übersichtlichen Grafiken visualisiert und ggf. auch in Excel zu übersichtlichen Reports weiterverarbeitet werden.

- **Optimierung**
Unter Verwendung der Daten aus den Analysen und Prognoserechnungen werden im Optimierungsteil Verfahren bereitgestellt, um die Auswirkungen verschiedener Raten-Strategien bei gegebener bzw. prognostizierter Nachfrage auf den Ertrag zu berechnen (Simulation) und eine für den jeweiligen Buchungszeitraum ertragsoptimierende Ratenstruktur zu bestimmen.

Die Algorithmen zur Ertragsoptimierung für Zimmer mit Mehrfachbelegungen, mehrtägigen Aufenthaltsdauern und Zusatzerträgen aus anderen Geschäftsfeldern des Hotels (insb. Restaurant, Bar, Kasino-/Bäderbetrieb, Bankett-/Tagungsservice) verhalten sich mathematisch ähnlich wie die Bid Pricing-Verfahren der Netzwerk-Airlines mit den zu berücksichtigenden Zusatzerträgen durch Umsteigeverbindungen. Ertragsmaßstab ist bei kurzfristig nicht beeinflussbaren Kosten der RevPAR (Revenue Per Available Room) – also die Maximierung des durchschnittlichen Umsatzes je verfügbarem Zimmer (vgl. Telluri/Van Ryzin 2005). Die Parameter und Variationsmöglichkeiten sind jedoch viel zahlreicher, weshalb die Optimierung in den meisten Fällen nicht vollautomatisch sondern ebenfalls im Dialog mit verantwortlichen Fachkräften der Reservierungsabteilung erfolgt.

Eine Ratenstrategie basiert auf einer Gästesegmentierung mit einer Prognose der Preisbereitschaft und Anzahl der Buchungen je Gästesegment. Jedem Zimmer können dann entsprechend der Ausstattung verschiedene Gästesegmente und mehrere alternative Raten zugeordnet werden, wobei die sog. Rack-Rate (Rate, die im Zimmer ausgezeichnet ist) oder eine spezielle „Messerate“ die Obergrenze darstellen und auch diverse Raten für spezielle Zielgruppen (z. B. Corporate Rates) oder mit bestimmten Restriktionen (Vorausbuchungsfrist, Mindest-/Höchstaufenthaltsdauer, Mindest-/Höchstbelegung, An-/Abreisetage etc.) festgelegt werden können. Für jede Rate und Ratenkombination kann nun anhand der prognostizierten Buchungsmuster geschätzt werden, auf welche Nachfrage sie trifft und welchen Ertragseffekt das Öffnen, Schließen oder eine Restriktionsveränderung der Rate im jeweiligen Zeitraum haben wird. Der automatische Vergleich verschiedener möglicher Raten-Strategien für alle angebotenen Zimmer erlaubt die Auswahl einer für einen Zeitraum optimalen Raten-Strategie, die durch die Reservierungsabteilung später in das Property Management System bzw. das Central Reservation System oder die Distributionskanäle für den entsprechenden Zeitraum zurückgespielt werden kann. Insbesondere beim Vertrieb über GDS und Internet-Hotelportale macht es zudem Sinn, wegen der hier herrschenden Preistransparenz die Raten mit den Angeboten der Wettbewerber zu vergleichen und ggf. anzupassen. In diesen elektronischen Vertriebskanälen werden nämlich die billigsten Angebote meist zuerst gelistet.

Nachfrageprognose DZ/EZ Komfort:		180	**Buchungsmuster (Stay Pattern):**			
Verfügbare DZ:		80	Ankunft Do 2 Nächte		Kalenderwoche 30	
Verfügbare EZ:		60	Komfort Zimmer EZ/DZ			
Raten:	Preis (€):	Unrestricted Forecast:	Unrest. FC kumuliert:	Steuerung: Hurdle Rates	Steuerung: Buchungsklassen	Vakanzen: (geschachtelt)
Rack Rate DZ	290		0		open	**80**
Rack Rate EZ	250		0		open	**55**
Norm Rate DZ	190	10	10		open	**80**
Norm Rate EZ	160	40	50		open	**55**
Corp. Rate DZ	150	6	56		open	**70**
Corp. Rate EZ	130	20	76		open	**15**
Gruppen-/Tagungsrate DZ	105	16	92		open	**64**
Gruppen-/Tagungsrate EZ	95	13	105	**Hurdle Rate EZ**	closed	**0**
Discount Rate DZ	90	53	158		open	**43**
Discount Rate EZ	80	15	173		closed	**0**
Familien DZ	70	2	175	**Hurdle Rate DZ**	closed	**0**
Familien EZ	60		175		closed	**0**
Veranstalter DZ	60		175		closed	**0**
Veranstalter EZ	50		175		closed	**0**
Mitarbeiter EZ	20	5	180	non-yieldable	open	**5**
Revenue Forecast:						16.800 €

Abb. 5.1.8 Beispiel für einen Stay-Pattern-Forecast und Vorschläge des Revenue-Management-Systems für verschiedene Formen der Buchungssteuerung

Wenn nicht die gesamten Raten verändert werden sollen, wird vereinfachend mit Preishürden (Hurdle Rate) gearbeitet (vgl. Abb. 5.1.8 und Orkin 2001). Es werden nicht einzelne Raten neu definiert oder geöffnet bzw. geschlossen, sondern es wird für Zimmerkategorien oder auch das ganze Haus ein Mindestpreis festgelegt. Nur noch Raten über dem Mindestpreis werden offeriert. Vertraglich fest vereinbarte Raten, die weiter angeboten werden müssen, können dabei aus dem Yield Management herausgenommen werden (im System definiert als „Non-yieldable“ Rate). Das mit dem Yield-Management-System verbundene PMS oder CRS zeigt den Mitarbeitern bei Reservierungsanfragen nur die der optimalen Ratenstrategie entsprechenden Raten an, oder es gibt eine Ampelsteuerung (grün = alle Raten sind buchbar; gelb = Billigraten sind geschlossen; rot = es gilt nur die Rack Rate), die ggf. auch im Kalender die aktuell für einen Zeitraum vorgegebene Buchungssteuerung signalisiert. Oft werden für belegte Zimmerkategorien zusätzlich optimierte Upgrade-Regeln vorgegeben, nach denen z. B. Stammgästen ein höherwertiges Zimmer angeboten wird.

<< *Komfort* >>	Ankunft:														
Aufenthalt: <<	KW 30							KW 31							>>
<< 2 >> Nächte	Mo	Di	Mi	Do	Fr	Sa	So	Mo	Di	Mi	Do	Fr	Sa	So	
	26.7.	27.7.	28.7.	29.7.	30.7.	31.7.	1.8.	2.8.	3.8.	4.8.	5.8.	6.8.	7.8.	8.8.	
EZ															
DZ															
	grün:	*Alle Raten*		*gelb:*	*HurdleRate*		*rot:*	*Nur Rack Rate*				ausgebucht			

Abb. 5.1.9 *Beispiel für Revenue-Management-Vorgaben aus Stay Pattern Forecasts und ihre Visualisierung durch eine Ampelsteuerung im PMS*

Neben der teilautomatisierten Ermittlung einer ertragsoptimierenden Ratenstrategie ist ein weiterer Anwendungsbereich von Revenue-Management-Systemen die individuelle Bestimmung von Angebotspreisen für Anfragen zu Tagungen, Banketten, Gruppenbuchungen, Reiseveranstalter-Kontingenten oder die vertragliche Einräumung von dauerhaften Rabatten für Stammkunden. Aus den Informationen über die sonst erwartete Nachfrage für den angefragten Zeitraum kann z. B. geschätzt werden, welche Nachfrage durch eine Reservierung verdrängt wird, welchen Wert der von einem Stammkunden übers Jahr gemachte Umsatz voraussichtlich haben wird, und welche Zusatzeinnahmen in anderen Hotelbereichen von den Gästen einer Tagung zu erwarten sind. Hieraus ermittelt das Revenue-Management-System Preisuntergrenzen, die bei einem Angebot nicht unterschritten werden sollten.

Umgekehrt signalisieren Revenue-Management-Systeme frühzeitig Problemtage und Zeitintervalle, in denen das Hotelmanagement durch Vermarktungsoffensiven, z. B. durch Anschreiben von Stammkunden, Weekend Arrangements etc. prognostizierten Nachfragelücken begegnen sollte. Es können für den Vertriebsbereich gezielte Vorgaben (Budgets) kalkuliert werden, wann noch welcher Umsatz in welchen Zimmer- und Angebotskategorien einzuwerben ist. Auch für die Einkaufs- und Personalplanung sind die Prognosen des Revenue-Managements nützlich, wenn Zeiten hoher und niedriger Belegung und Nachfrage frühzeitig berücksichtigt werden können.

- **Erfolgsmonitoring und Ausblick**

Revenue-Management-Systeme für die Hotellerie werden mit unterschiedlichem Funktionsumfang inzwischen auch für mittlere und kleine Hotels sowie auch anpassbar für Kreuzfahrtschiffe vertrieben. Beispiele für Hotel-Revenue-Management-Systeme sind Micros-Fidelio Opera RMS ORMS, SAS IDeaS RMS, INFOR EasyRMS EzRMS, JDA Hospitality Revenue Optimizer, Amadeus RMS und PROS Hotel RMS (vgl. Goecke 2014). Zum Teil werden sie nicht als Softwareprodukt, sondern als Application/Cloud Service ggf. mit begleitender Beratung durch Spezialisten angeboten. Spezialisierte Berater übernehmen für kleinere Hotelbetriebe inzwischen auch das gesamte Revenue Management als Dienstleistung.

Um den Erfolg eines Yield-Management-Systems beurteilen und gegebenenfalls nachjustieren zu können, werden zudem spezielle Verfahren zur Bewertung der durch das Revenue Management erzielten Ertragssteigerungen angeboten. Stärker als bei Airlines wird in der Hotelbranche über die Akzeptanz eines intensiven Yield Managements bei den Gästen diskutiert. Welche Auswirkung haben bei Stammgästen stark schwankende Raten für dasselbe Zimmer in der gleichen Saison, und wie reagiert ein guter Kunde, wenn er feststellt, dass andere Stammgäste oder Internet-Bucher mehr Rabatt bekommen. Um diesen Effekten zu begegnen, unterstützen Yield-Management-Systeme auch Raten-Paritätsstrategien, indem sie bei der Ratendistribution sicherstellen, dass z. B. verschiedene Vertriebskanäle gleiche Brutto- bzw. Nettoraten ausweisen oder dass zu jedem Buchungszeitpunkt bestimmten Kunden oder Buchungskanälen die aktuell günstigste verfügbare Rate offeriert wird (Best Available Rate). Auf der anderen Seite wird speziell für Internet-Vertriebskanäle oder als Angebot für Reiseveranstalter auch die Strategie des Dynamic Pricing (vgl. Sölter 2007) unterstützt: Hierbei sind die Raten auch für einen mehrtägigen Aufenthalt im selben Zimmer tagesaktuell nachfrageabhängig verschieden. Statt eines Gesamtpreises oder einer gemittelten Rate werden im Angebot für einen Aufenthalt unter Umständen für jeden einzelnen Tag andere Raten ausgewiesen.

5.1.3 Revenue-Management-Systeme von Autovermietern

Das Revenue Management von Autovermietern ist durch folgende Besonderheiten gekennzeichnet, woraus sich besondere Anforderungen an Prozesse und Systeme ergeben (vgl. Abschnitt 4.5 sowie Telluri/Van Ryzin 2005, Fandel/Von Portatius 2005, Rantanen 2013):

Kapazitätssteuerung der Fahrzeugflotten: Anders als bei Linienflügen oder Hotelzimmern sind die auszulastenden Kapazitäten der vorhandenen Mietfahrzeuge in Mietwagenflotten nicht fix sondern in einem gewissem Rahmen disponierbar. Wieviele Mietwagen in welcher Saison/Monat/Woche vorhanden sind, kann durch geschickten An- und Verkauf von Fahrzeugen sowie durch kurzfristige An- und Abmeldung von Fahrzeugen bei den Kfz-Zulassungsstellen beeinflußt werden. Die vorhandenen Kapazitäten und Fixkosten können also in gewissen Grenzen gewinnmaximierend beeinflußt werden. Das Revenue Management muß hierzu besonders eng mit dem Flottenmanagement zusammenarbeiten. Strategisches und operatives Revenue Management sind interdependent und sollten technisch vernetzt sein. Zentrale Zielgrößen der Optimierung sind der Revenue per Available Car (RevPAC), Revenue per Available Car Day (RevPACD) oder Revenue per Available Car Hour (RevPACH). Zur optimierten Anpassung der Flottengröße in Abhängigkeit von der schwankenden Nachfrage werden sogar sonst im Revenue Management nicht übliche Optionspreismodelle vorgeschlagen (vgl. Anderson/Davison/Rasmussen 2004).

Zufällige geographische Verteilung der Fahrzeugflotte: Durch das individuelle Verhalten von Kunden, die Fahrzeuge an einer Station anmieten und an einer anderen Station zurückgeben, verteilen sich Mietwagenflotten zufälliger über die geographisch verteilten Mietwagenstationen als z. B. Linienflugzeuge auf Flughäfen. Mittels Überführungsfahrten können Ungleichgewichte zwischen Stationen behoben werden und nicht ausgelastete Fahrzeuge zu Anmietstationen transferiert werden, an denen hohe Nachfrage herrscht. Das Revenue Management muß ein Optimum zwischen der Anzahl der kostenverursachenden Überführungsfahrten und den durch die Bedienung der Nachfrage an anderen Stationen erzielbaren Zusatzeinnahmen finden. Die optimale geographische Flottenverteilung wird zum Revenue Management Ziel (vgl. Hensel/Mederer/Schmidt 2011).

Variantenvielfalt des Angebots: Bedingt durch die Anzahl der möglichen Fahrzeugkategorien, Nutzungsmöglichkeiten, Automarken, Ausstattungsvarianten und Zusatzdienste kann die Variantenvielfalt des Angebots sehr groß sein. Hieraus ergeben sich zum einen mehr Differenzierungs- und Segmentierungsmöglichkeiten, andererseits wird die Komplexität des Revenue-Managements z. B. durch Fahrzeugtyp- oder Ausstattungs-spezifische Forecasts und Optimierungen komplexer. Die Vernetzung der Distributionssysteme mit dem Flottenmanagement-System erlaubt eine exakte Darstellung der Fahrzeugmerkmale und Ausstattungsvarianten zur Auswahl für den Kunden. Das Revenue Management System kann hier Preise z. B. für häufig oder selten nachgefragte Varianten entsprechend der Nachfrage und Verfügbarkeiten optimieren. Mit kostenlosen Upgrades kann auf Engpässe bei bestimmten Fahrzeugen reagiert werden, weshalb dem Management von geplanten Upgrades im Rental Car Revenue Management eine besondere Bedeutung zukommt (vgl. Steinhardt/Gönsch 2010).

Hoher Anteil von Firmenkunden: Bei vielen Autovermietern haben zudem Firmenkunden mit verhandelten Konditionen, Bereitstellungs- und Abnahmemengen sowie Raten den höchsten Umsatzanteil. Für das Revenue-Management bedeutet dies, dass ein großer Anteil der Preise und Verfügbarkeiten kurzfristig nicht steuerbar sind. Dafür bestimmen die Ergebnisse der Vertragsverhandlungen mit Firmenkunden den Revenue entscheidend mit. Entsprechend ist das Revenue Management in die Angebotserstellung für Firmenverträge einzubeziehen, wobei die klassischen Revenue Management Methoden um Ansätze zur Prognose des zu erwartenden Kundenwertes (z. B. Customer Lifetime Value) für die Vertragsperiode auch auf Basis von Informationen aus dem CRM-System zu erweitern sind.

Franchising-Partner: Die großen weltweit agierenden Autovermieter arbeiten oft mit kleinen regionalen Autovermietern im Rahmen von Franchise-Kooperationen zusammen. Die großen Autovermieter erhöhen hiermit für ihre Kunden die Abdeckung und Reichweite, die kleinen Autovermieter bekommen Kunden vermittelt. Anders als bei Hotels und Fluggesellschaften, in denen bei Kooperationen nur die Kunden gemeinsam bedient werden, nicht aber Fluggeräte oder Hotelzimmer zwischen den Kooperationspartnern ausgetauscht werden, kommt es bei Autovermietern auch zu Übergaben von Fahrzeugen an Mietstationen von Kooperationspartnern, die dann zurückgeführt werden müssen. Zum Teil werden Flotten sogar gemeinsam beschafft, genutzt und disponiert. Beides stellt erweiterte Anforderungen an das Revenue Management, da Optimierungen nun auf den Ebenen der einzelnen Mietstationen (Flughafen, Bahnhof, Ortsteil, etc.), der Region (Metropole, Einzugsgebiet, Ferienregion, Land) der eigenen Flotte sowie der fremden Flotte(n) vorzunehmen sind.

Wegen dieser Spezifika setzen die meisten großen Autovermieter speziell auf ihre individuellen Bedürfnisse angepasste oder sogar eigenentwickelte Revenue Management Software ein. Beispiele für Autovermieter Revenue Management Software sind PROS CMS – Contribution Management System, JDA RCRMS Rental Car Revenue Management System oder das in das Car Broker Management System CBMS von Rental Booking integrierte Car Hire Yield Management System. Abbildung 5.1.10 gibt typische Schnittstellen eines Rental Car Revenue Management Systems wieder (vgl. hierzu auch Abschnitt 2.2).

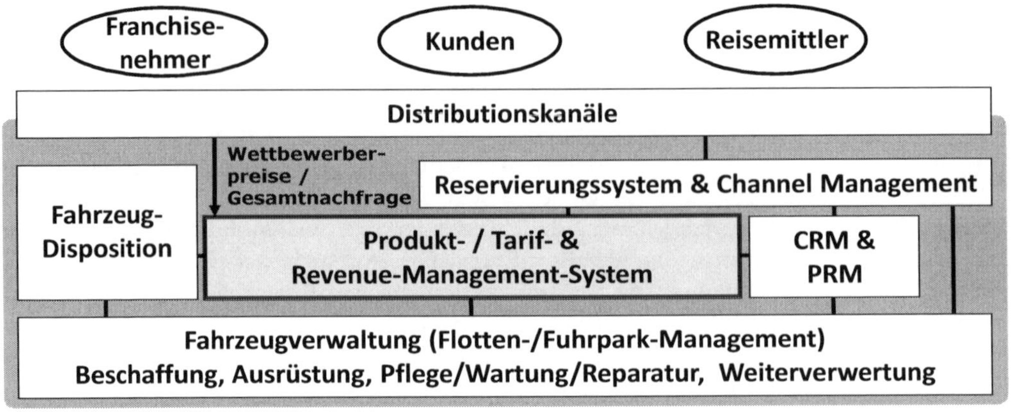

Abb. 5.1.10 *Revenue Management System eines großen Autovermieters und wichtige Schnittstellen zu anderen Systemen (vgl. auch Abb. 2.2.2 und Talluri/Van Ryzin 2005, S. 533)*

Neue Herausforderungen für das Revenue Management von Autovermietern ergeben sich aktuell durch die neuen Car-Sharing Geschäftsmodelle, an denen sich insbesondere Autovermieter beteiligen. Fahrzeuge können von Kunden in Selbstbedienung kurzfristig angemietet und nach Gebrauch auf bestimmten Parkplätzen wieder abgestellt werden. Die Reservierungen sind nicht lange im Voraus bekannt, die Nutzungsdauer stellt sich erst während der Nutzung heraus und die Abstellposition des Fahrzeugs verteilt sich auf ein bestimmtes Gebiet und ist ebenfalls nicht planbar. Aus Kundensicht hängt die Verfügbarkeit und Attraktivität eines Autos auch von der aktuellen Entfernung des Kunden zum nächsten freien geparkten Auto bzw. der Verfügbarkeit freier Parkplätze in der Nähe seines Zielortes ab. Das Selbstbedienungsmodell erfoldert Incentives für Kunden, die z. B. ein Auto auftanken oder an Stellen parken, an denen sie wieder auf hohe Nachfrage treffen. Außerdem sind Kooperationsmodelle möglich, bei denen Car-Sharing-Anbieter Kunden kooperierender Car-Sharing Anbieter die sog. Quernutzung ihrer eigenen Fahrzeuge erlauben, um gemeinsam die kritische Masse an Fahrzeugen zu erreichen, die eine ausreichende geographische Abdeckung eines Gebietes oder auch Anschluss-Mobilität an Bahnhöfen und Flughäfen ermöglicht (vgl. Ringeisen/Goecke 2014). Hier besteht aktuell (Stand 2014) noch Forschungsbedarf.

5.1.4 Revenue-Management-Systeme von Reiseveranstaltern

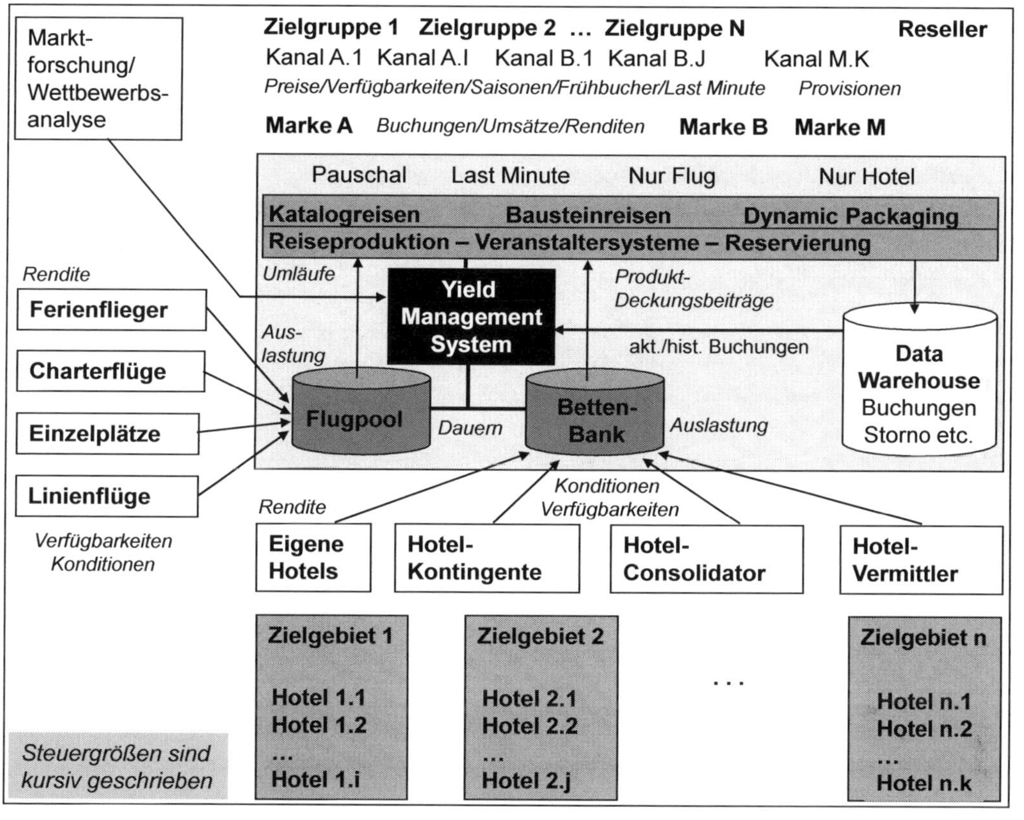

Abb. 5.1.11 *Komponenten, Steuergrößen und Schnittstellen eines Revenue-Management-Systems für Reiseveranstalter (in Erweiterung nach Hohmeister 2004, S. 260)*

Besonders anspruchsvoll ist das Revenue bzw. Yield Management von Reiseveranstaltern, da hier Leistungsbündel aus Flug-, Hotel- und weiteren Zusatzleistungen (Transfer, Führungen, etc.) gebündelt werden und bei der Ertragsoptimierung entsprechend viele Parameter mit komplexen gegenseitigen Abhängigkeiten zu berücksichtigen sind. Daher werden von Reiseveranstaltern für das Yield Management bisher eher individuell programmierte Systeme eingesetzt, und die Prozesse sind weniger standardisiert und automatisiert als bei Airline-Revenue-Management-Systemen (vgl. Clüsing 2004, Hohmeister 2004 und JDA 2009). Bei Reiseveranstaltern ist Revenue Management auf der Ebene der Einzelleistungen und auf der Ebene der Produkte relevant (vgl. Hilz 2011, Voigt 2012 und Von Dörnberg/Freyer/Sülberg 2013). Für Großveranstalter und internationale Reisekonzerne kommen zudem die Ebenen der Marken, Quellmärkte und der ggf. integrierten Wertschöpfungsstufen (Leistungsträger, Veranstalter, Vertrieb) hinzu. Eine Optimierung einer dieser Ebenen führt dabei zwangsläufig zu Zielkonflikten mit der Optimierung auf den anderen Ebenen. Es ist praktisch unmöglich, mit einem integrierten computergestützten Revenue-Management-System ein unternehmensweites Ertrags-Optimum zu steuern. Revenue-Management-Systeme werden jedoch zur Optimierung verschiedener Teilaspekte erfolgreich eingesetzt, wobei der Ausgleich der bestehenden Zielkonflikte durch verschiedene Systeme der Unternehmenssteuerung von Zielvereinbarungen über Budgetierungen bis hin zu internen Verrechnungspreissystemen mit Profit-Centern erfolgt. Im Folgenden wird daher auf spezielle Aspekte des Reiseveranstalter Revenue Managements eingegangen (vgl. hierzu Abb. 5.1.11 und Hilz 2011).

- **Ertragsoptimierendes Management der Einzelleistungen**

Großveranstalter mit eigener Fluglinie oder eigenen Hotels können ebenso wie Reiseveranstalter mit großen eingekauften Flug- oder Hotelkontingenten die oben beschriebenen Yield-Management-Systeme zur Disposition dieser Einzelleistungen einsetzen. Im Gegensatz zu Fluglinien oder Hotels besteht aber bei Veranstaltern die Möglichkeit, Ferienflüge bzw. deren Umläufe oder Hotelkapazitäten flexibel umzudisponieren bzw. von Dritten hinzuzukaufen oder an diese weiterzuverkaufen. Damit sind die Kapazitäten auch kurzfristig noch beeinflussbar. Entsprechend müssen bei der Ertragsoptimierung neben den Umsätzen auch die flexiblen Kosten berücksichtigt werden, was eine Steuerung auf der Basis von Deckungsbeiträgen (vgl. Abb. 5.1.11) notwendig macht. Yield Management ist auf der Basis von Bid Pricing auch zur Bestimmung geeigneter interner Verrechnungspreise geeignet. Typisch für Veranstalter ist aber das Problem, dass für das Produkt Reise stets nur „passende" Flug- und Hotelangebote kombiniert werden können, und ein auf Ebene der Einzelleistungen ertragsoptimierendes Yield Management meist mit einem suboptimalen Überhang von Flügen ohne Hotelkapazitäten oder einem Überhang von Hotelkapazitäten ohne Flüge verbunden ist. Beides führt zu Leerkapazitäten. Diesem Problem kann durch die Steuerung der Aufenthaltsdauern begegnet werden (Dauern-Steuerung vgl. Abb. 5.1.11): Es werden nur Aufenthaltsdauern eingekauft bzw. angeboten, die zu den verfügbaren Flügen passen. Restkapazitäten müssen kurzfristig ggf. als Einzelleistungen und evtl. mit entsprechenden Preisabschlägen über andere Vertriebskanäle verkauft werden. Um ein unternehmensübergreifendes Yield Management aller verfügbaren Kapazitäten zu erleichtern, konzentrieren Veranstalter zunehmend sämtliche verfügbaren Flug- oder Hotel-Kapazitäten aus den dezentralen Leistungsträger- und Veranstaltersystemen in einem sog. Flugpool und einem Hotelpool. Das sind zentrale Datenbanken, auf die alle Quellgebiete, Produktmanager, Marken oder interne Consolidator Zugriff haben. Auf diese Weise können die verfügbaren Einzelleistungen wie in einem internen Markt transparent den Produktmanagern der verschiedenen Quellgebiete und Marken zur Bündelung in ihre Reiseangebote bereitgestellt werden. Schnell können dann Über- bzw. Unterbelegungen zunächst intern bedarfsgerecht auf der Basis von Bid Pricing ertragsoptimierend umverteilt und rekombiniert oder evtl. später noch rechtzeitig extern als Einzelleistung („Nur Flug"-, „Nur Hotel"-Angebote) vertrieben oder weitergehandelt werden. Das Pooling erleichtert die Steuerung der Auslastung (vgl. Abb. 5.1.11) aller eingekauften Komponenten, und das Bid Pricing gibt wertvolle Eckdaten für den Einkauf und den Verkauf von Flug- und Hotelkapazitäten in Form von Maximal- bzw. Minimalpreisen. Außerdem wird die bei Preisverhandlungen relevante Gesamtnachfrage eines Veranstalters bei einzelnen Leistungsträgern transparent.

- **Ertragsoptimierende Steuerung der Reiseproduktion**
Der Mehrwert eines Veranstalters liegt eigentlich in der ertragsoptimierenden Bündelung der Einzelleistungen zu Katalog-Pauschalreisen, Bausteinreisen oder kundenindividuell zusammengestellten Reiseangeboten (vgl. hierzu Abbildung 5.1.11):

Da bis vor kurzem bei den klassischen Pauschalreisen durch die Katalogpreisbindung die Preise nach dem Verkaufsstart nicht mehr nachkalkuliert werden konnten, kommt es beim Yield Management besonders auf eine korrekte Prognose der Nachfrage für die gesamte kommende Saison an. Die Datenbasis hierfür sind die Buchungsdaten der Vorjahres-Saison, die in einem Data Warehouse gesammelt werden, und die Informationen aus der Marktforschung (Reiseanalysen). Leider sind hier jedoch Abweichungen und kurzfristige Trendverschiebungen im Buchungsverhalten eher die Regel als die Ausnahme. Die Vorlieben der Pauschal-Touristen für Zielgebiete ändern sich schnell, ebenso wie Präferenzen für Kurzfristreisen oder Frühbuchungen. Es spielen politische Entwicklungen und das Marketing der Zielgebiete ebenso eine Rolle wie die Wirtschaftslage und „Moden" in den Quellmärkten. Entsprechend liegt der Schwerpunkt der Revenue-Management-Systeme bei der Analyse, Simulation und Kalkulation verschiedener produktbezogener Nachfrage-Szenarien, die vom Produktmanagement zu bewerten sind. Sie werden sowohl bei der Bündelung berücksichtigt, als auch bei den Preisen, die ebenso wie bei Flügen und Hotels saisonal stark variieren, aber bei Pauschalreisen im voraus für den Katalog festgelegt werden müssen.

Da bei dieser Planung und Bündelung von Reiseangeboten aus Veranstalter-Sicht sowohl die Preise als auch die Kosten gestaltbar sind, ist die Optimierung der Produktdeckungsbeiträge das als erstes zu optimierende Ziel des Veranstalter-Yield-Managements. Die Ertragsprognosen des Yield-Managements sind entsprechend bedeutsam für die Allokation und den Einkauf knapper Einzelleistungen zu den verschiedenen alternativen Produktangeboten. Entscheidend ist dabei vor allem die Qualität des Hotelangebotes, das stärker als der Flug über den Wert einer Reise aus Kundensicht entscheidet. Je nach Einkaufspolitik sind zudem Risiken wie Wechselkursschwankungen, nicht mehr nachbeschaffbare oder verkaufbare Kontingente für die Gestaltung der Einkaufskonditionen mit Wahrscheinlichkeit und Ertragswirkung zu bewerten (vgl. Voigt 2012).

Erst, wenn feste Kontingente eingekauft sind, ist die Auslastung optimal zu steuern, und nur, wenn ein Veranstalter eigene Hotels oder Flugzeuge besitzt, muss auch deren Rendite optimiert werden (vgl. Abb. 5.1.11). Nach Verkaufsstart werden mit ähnlichen Verfahren wie bei Flügen und Hotels von Revenue-Management-Systemen der Veranstalter auch die eingehenden Buchungen je Produkt, Katalog, Zielgebiet, Leistungsträger, Vertriebskanal, Marke, Quellmarkt etc. analysiert und mit Erfahrungs- bzw. Prognose-Werten verglichen, um rechtzeitig Fehlentwicklungen in der Auslastung zu erkennen und ihnen begegnen zu können. Auch hier sind aber – anders als bei Linienflügen – stabile Buchungscluster und Buchungskurven nicht typisch. Eine automatisierte Steuerung über Tarif-/Buchungsklassen ist also nicht realisierbar. Zudem ist selbst bei Erkennung unerwarteter Nachfrageschwankungen eine Gegensteuerung über Veränderungen der Katalogpreise nicht möglich. Stattdessen steuert das Produktmanagement auf der Basis der Informationen aus dem Yield-Management-System Agenturprovisionen (nur in engen Grenzen), alternative Vertriebskanäle, Werbeaktionen, Änderungen der Flugumläufe, interne Kapazitätsumverteilungen, oder den Einkauf zusätzlicher Kapazitäten bzw. den Verkauf von Überkapazitäten. Letzterer erfolgt über mit Preisnachlass verbundene Last-Minute-Angebote, über mit anderen Kapazitäten neu kombinierte Spezialangebote oder über Nur-Flug- bzw. Nur-Hotel-Angebote, deren Ertragswirkungen vom Produktmanagement mit Unterstützung des Yield-Management-Systems abzuschätzen sind, und die ertragsoptimierend zu disponieren sind.

Für Bausteinreisen, bei denen Kunden die im Katalog angebotenen Reisekomponenten mehr oder weniger frei kombinieren können, ergibt sich einerseits ein geringeres Risiko, dass die Kunden keine ihrem Bedarf entsprechende Reise finden, da sie ja die Komponenten individuell zusammenstellen können. Andererseits besteht das Risiko, dass mit der Flexibilität z. B. bei der Auswahl der An- und Abreisetermine sowie der Aufenthaltsdauer zwangsläufig ungeplante Leerkapazitäten durch nicht ausgelastete Hin- oder Rückflüge in Ferien- bzw. Charterflügen auftreten oder Hotelkapazitäten nicht genutzt werden können, weil Flüge fehlen. Die Yield-Management-Systeme müssen die Wahrscheinlichkeiten entsprechender Probleme prognostizieren und bewerten, damit z. B. in den Katalogpreisen die Kosten dieser für den Kunden wertvollen Flexibilität entsprechend berücksichtigt werden können.

Die neuen Produktionsmethoden des Dynamic Packaging (vgl. Kapitel 4.6) stellen weitere Anforderungen an das Yield-Management-System. Hier werden Reisen ohne Katalog ganz oder teilweise erst zum Verkaufszeitpunkt aus Komponenten zusammengestellt. Diese wurden vom Veranstalter vorher nicht eingekauft, sondern werden zu Tagespreisen (Dynamic Pricing) von Dritten bezogen. Zum einen stellt das Dynamic Packaging eine neue Möglichkeit dar, eigene Überkapazitäten mit Komponenten Dritter zu neuen kundenorientierten Angeboten zu bündeln. Zum anderen können auf dem Wege einfacher Zuschlagspreiskalkulationen ohne Einkaufsrisiken zusätzliche Reisen für bestehende und neue Zielgruppen angeboten werden. Das Revenue-Management-System muss bei der Optimierung der Katalogangebote für Pauschal- und Bausteinreisen die alternativen Vermarktungsmöglichkeiten der eingekauften Kapazitäten über Dynamic Packaging berücksichtigen. Insbesondere sind die Substitutionseffekte von eigenen oder fremden Dynamic-Packaging-Angeboten auf die Nachfrage nach den eigenen Pauschal- und Bausteinreisen zu bewerten und die Preisentwicklung vergleichbarer Angebote der Wettbewerber bei der Kalkulation der eigenen Dynamic-Packaging-Angebote zu berücksichtigen.

- **Dynamic Pricing und Multi-Channel-Vertrieb als Komplexitätstreiber**

Obwohl die Revenue-Management-Systeme für Veranstalter noch weniger ausgereift und etabliert sind, wie die Yield-Management-Systeme von Linienfluggesellschaften und Hotels, werden sie auch für Veranstalter immer wichtiger. Je stärker der Trend weg von starren Katalogpreisen hin zu individualisierbaren und auf der Basis von Tagespreisen kalkulierten Reisen geht, die über immer stärker differenzierte und zukünftig auch personalisierte Vertriebskanäle angeboten werden, desto mehr Möglichkeiten gibt es, mittel- und kurzfristig Preise und Kapazitäten ertragsoptimierend zu steuern. Durch die inzwischen sowohl im Internet als auch im Reisebüro weit verbreiteten Veranstalter-übergreifenden Preisvergleichssysteme muss auch entsprechend schneller auf Veränderungen im Angebot der Wettbewerber reagiert werden, was eine Computerunterstützung der sich immer dynamischer entwickelnden Preis- und Kapazitätssteuerung erforderlich macht. Der Tour Revenue Optimizer von JDA ist ein Beispiel für ein parametrisierbares Standardsoftware-Revenue-Management-System für Veranstalter. Eine wichtige Voraussetzung für ein effektives Revenue Management bei Großveranstaltern ist zudem die Integration der heterogenen Systemlandschaften der Teilveranstalter. Ähnlich wie beim Pooling der Flug- und Hotelkapazitäten ist sie notwendig, um allen Beteiligten die für Zielgebiets-, Marken- oder Quellmarkt-übergreifende Optimierungen erforderlichen Informationen bereitzustellen und hierauf aufbauende unternehmensübergreifende Prognosen und Optimierungen zu ermöglichen. Das Problem hierbei ist jedoch die damit verbundene Erhöhung der Komplexität durch die mit jedem weiteren Einflussfaktor exponentiell ansteigenden Abhängigkeiten. Da die klassischen Verfahren der statistischen Ertragsoptimierung des Revenue Management dabei an ihre Grenzen stoßen, wird hier aktuell außer mit Data Mining auch mit maschinellem Lernen und neuronalen Netzen experimentiert. Letztere haben den Vorteil, sehr schnell Muster in extrem vielen Einflussfaktoren erkennen und optimieren zu können. Sie haben aber den Nachteil, dass die Ergebnisse nicht mehr algorithmisch nachvollziehbar sind. Die Interpretation der Ergebnisse erfordert erfahrene und verantwortungsbewusst handelnde Revenue Manager.

Quellen und weiterführende Literatur:

Anderson, C.K., Davison, M., Rasmussen, H., Revenue Management: A Real Options Approach, The University of Western Ontario, http://www.iro.umontreal.ca/~marcotte/PLU6000/PLU6000_H04/PaperAnderson.pdf (Zugriff 8.3.2014).

Baker, T., Collier, D. A., A comparative revenue analysis of hotel yield management heuristics, http://findarticles.com/p/articles/mi_qa3713/is_199901/ai_n8828483 (Zugriff 20.9.2009).

Boyd, E.A., Revenue Management and Dynamic Pricing, Präsentation am Institute of Mathematics and its Application, University of Michigan; Minneapolis 2002, http://www.ima.umn.edu/talks/workshops/9-9-13.2002/boyd/boyd.pdf (Zugriff 19.9.2009).

Barlow, E., Yield Management in Budget Airlines, in: *Ingold, A., McMahon-Beattie, U., Yeoman, I.,* Yield Management – Strategies For The Service Industries, 2nd Edition, London 2006, S. 198–210.

Clüsing, Cl., Das System des Yield Managements im integrierten Touristikkonzern, in: *Bastian, H., Born, K. (Hrsg.),* Der integrierte Touristikkonzern – Strategien, Erfolgsfaktoren und Aufgaben, Wien 2004, S. 233–246.

Conrady, R., Fichert, F., Sterzenbach, R., Luftverkehr – Betriebswirtschaftliches Lehr- und Handbuch, 4. Aufl., München 2009, 6. Aufl. München 2013.

Corsten, H., Stuhlmann, H., Yield Management als Ansatzpunkt für die Kapazitätsgestaltung von Dienstleistungsunternehmungen, in: Corsten, H., Schneider, H. (Hrsg.), Wettbewerbsfaktor Dienstleistung, München 1999, S. 79–107.

Daudel, S., Vialle, G., Yield Management – Erträge optimieren durch nachfrageorientierte Angebotssteuerung, Frankfurt/Main 1992.

Fandel, G., Von Portatius, H. B. (Hrsg.), ZFB Special Issue 2005 – Revenue Management, Wiesbaden 2005.

Goehrlich, B., Spalteholz, B., Das Revenue Management Buch – Wie Sie die Erträge Ihres Hotels steigern, Berlin 2008.

Goecke, R., Heichele, H., Westermann, D., Lufthansa Systems: dynamic pricing, in *Egger, R., Buhalis, D. (Edts.),* eTourism Case Studies, Amsterdam 2008, S. 310–324.

Goecke, R., Kategorien und Beispiele für IT-Systeme im Tourismus, http://www.mtourism.de/tourismus-it-beispiele.php 2014 (Zugriff 11.5.14).

Gruner, A., Maxeiner, M., Fachbegriffe Revenue Management, in: Fachzeitschrift hotelling, Nr. 11/2005, S. 19–23.

Günther, P., Yield Management als Erfolgsfaktor der Hotellerie – eine kritische Evaluation der automatisierten Yield-Management-Systeme, Diplomarbeit FH-Kempten, München 2005.

Hayes, D.K., Miller, A.A., Revenue Management for the Hospitality Industry, Wiley, Hoboken N.J. 2011.

Hensel A., Mederer, M., Schmidt, H., Revenue management in the car rental industry: A stochastic programming approach, Journal of Revenue and Pricing Management (2012) 11, 99–108. doi:10.1057/rpm.2010.52; published online 7 January 2011, http://www.palgrave-journals.com/rpm/journal/v11/n1/full/rpm201052a.html (Zugriff 8.3.2014).

Hilz, A., Revenue Management für Reiseveranstalter, in: Mundt, J.W. 2011; Reiseveranstaltung: Lehr- und Handbuch, 7. Aufl. Oldenbourg München 2011, S. 531–565.

Hohmeister, H., Integrierte Kapazitätsplanung und -steuerung im Touristikkonzern, in: *Bastian, H., Born, K. (Hrsg.),* Der integrierte Touristikkonzern – Strategien, Erfolgsfaktoren und Aufgaben, Wien 2004, S. 247–267.

Ingold, A., McMahon-Beattie, U., Yeoman, I., Yield Management – Strategies For The Service Industries, 2nd Edition, London 2006.

JDA Software Group Inc. (ohne Verfasser), Tour Revenue Management, http://www.jda.com /solutions/tour-revenue-management.html (Zugriff 13.9.2009).

Klein, R., Steinhardt, Cl., Revenue Management – Grundlagen und Mathematische Methoden, Springer Berlin 2008.

Kohl, M., Richtiger Preis, satter Gewinn: Preisstrategien für die Hotellerie, Matthaes Verlag Stuttgart, 2013.

Maurer, P., Luftverkehrsmanagement-Basiswissen, Oldenbourg München 2006.

Mauri, A. G., Hotel Revenue Management, Pearson Italia, Milano – Torino 2012.

Mensen, H., Handbuch der Luftfahrt, Springer Berlin Heidelberg 2003, 2. Auflage 2013.

Orkin, E., Hotel Revenue Management and Market Segmentation, im Internet: http://www.hotel-online.com/News/PR2001_1st/Jan01_OrkinRevenueMgmt.html, Januar 2001 (Zugriff 10.9.2009).

Parker, G. L., Practical Revenue Management in Passenger Transportation, Create Space Independent Publishing Platform, Montréal, 2014.

Phillips, R. L., Pricing and Revenue Optimization, Stanford 2005.

Rantanen, A., Revenue Management approach to car rental business, Bachelor Thesis, Haaga Hella University of Applied Sciences Dec 2013, https://www.theseus.fi/bitstream/handle/10024/69940/Rantanen_Aimo.pdf?sequence=1 (Zugriff 8.3.2014).

Ringeisen, P., Goecke, R., Flinkster – the Car Sharing Platform of Deutsche Bahn AG, in: *Egger, R., Gula, I., Walcher, D.,* Open Tourism, Springer Verlag, Berlin 2014 (in Druck).

Sfodera, F. 2006, The Spread of Yield Management Practices, Springer Heidelberg 2006.

Talluri, K. T., Van Ryzin, G. J., The Theory and Practice of Revenue Management, Springer New York 2004.

Tranter, K. A., Stuart-Hill, Tr., Parker, J., An Introduction to Revenue Management for the Hospitality Industry: Principles and Practices for the Real World, Upper Saddle River, New Jersey 2009.

Sölter, M., Hotelvertrieb, Yield Management und Dynamic Pricing in der Hotellerie, GRIN Verlag Norderstedt 2008 und 2013.

Steinhardt, Cl., Gönsch, J., Revenue Management in the Car Rental Industry: Capacity Control with Planned Upgrades, Presentation 10th INFORMS RM and Pricing Section Conference Ithaca, 06/17/2010, (Zugriff 8.3.2014).

Quellen sind auch die im Internet bzw. als Broschüren publizierten Produktinformationen der Hersteller der im Beitrag erwähnten Revenue-/Yield-Management-Systeme.

5.2 Vertriebskanalmanagement

Stephan Kull

5.2.1 Grundlagen des touristischen Vertriebsystems

Informationen bilden für das Vertriebskanalmanagement eine wesentliche Stromgröße: Bei jedem Vertriebsprozess werden Informationen über die Angebots- und Nachfragestrukturen ermittelt und zwischen den Vertriebspartnern ausgetauscht. Dies geschieht auch, um Angebot und Nachfrage entsprechend lenken zu können. Am einfachsten nachzuvollziehen ist dies bei **direktem Vertrieb** (Freyer 2007, S. 505). Hier offeriert ein Leistungsanbieter (z. B. ein Hotel) seine Leistung einem Nachfrager ohne zwischengeschaltete Akteure. Angebot und Nachfrage finden sich z. B. durch den Austausch von Informationen am Telefon oder über das Internet. Der Reiseveranstalter kann ebenfalls als Leistungsanbieter gesehen werden, wenn auch im weiteren Sinne (Freyer 2006, S. 203, Freyer 2007, S. 510). Er bündelt als selbständiges Unternehmen einzelne Leistungen und bietet sie dann in eigenem Namen und eigener Verantwortung als Baustein- oder Pauschalreise an.

Auch beim **indirekten Vertrieb** über eine mehrstufige Wertkette (Bastian 2004, S. 34–37) mit entsprechender Einschaltung von Reisemittlern (Freyer 2006, S. 237) werden Informationen ausgetauscht. Je weniger Reibungsverluste an den Schnittstellen der einzelnen Akteure der Wertkette entstehen, umso besser ist die Informationsgrundlage entlang der Wertkette und umso präziser kann die Marktlenkung insgesamt erfolgen. Eine Destination als Leistungsanbieter ist auf die Informationen von ihren zwischengeschalteten Akteuren angewiesen, um möglichst zielgruppengerechte Angebote bilden zu können. Ein Reisemittler wiederum (z. B. ein stationäres Reisebüro) sorgt innerhalb der Wertkette für eine entsprechende informatorische Aufbereitung und individuelle Beratung. Auch Reiseveranstalter und Reisemittler benötigen konkrete Marktdaten, um ihrer Bündelungs- und Beratungsaufgabe nachgehen zu können. Und schließlich muss auch der Nachfrager seine zu treffende Kaufentscheidung informatorisch fundieren.

In Erweiterung des informationsbezogenen Grundansatzes in diesem Buch geht es im Vertrieb darüber hinaus um konkrete Leistungsflüsse oder um das Weiterreichen von Zertifikaten, die Leistungsversprechen beinhalten. Eine Reisebuchung führt häufig erst viel später zum tatsächlichen Konsum-Prozess. Vertrieben werden häufig die Anrechtsbescheinigungen auf die Leistungsbündel, aber auch alle Leistungsbestandteile inklusive der Beratung und Betreuung eines Nachfragers.

Über den Vertriebskanal findet ein Austausch von Werten monetärer und ethisch-kultureller Art statt. Sowohl die Bezahlung als auch mögliche Kreditierung werden im Vertriebskanal zumindest vertraglich geregelt, wenn nicht sogar vollzogen. Und über den notwendigen Informationsaustausch im Vertrieb kommt es zudem zu einer Übermittlung von ethisch-moralischen Wertvorstellungen, wie sie sich beispielsweise in der Nachhaltigkeitsdebatte um den sanften Tourismus ausdrücken.

Ein Vertriebssystem besteht demnach aus einer mehrstufigen Wertkette von Vertriebsakteuren, die über verschiedene Vertriebskanäle für die Bündelung und Übermittlung von Leistungen, Informationen und Werten sorgen. Die nachfolgende Abbildung stellt die Zusammenhänge dar.

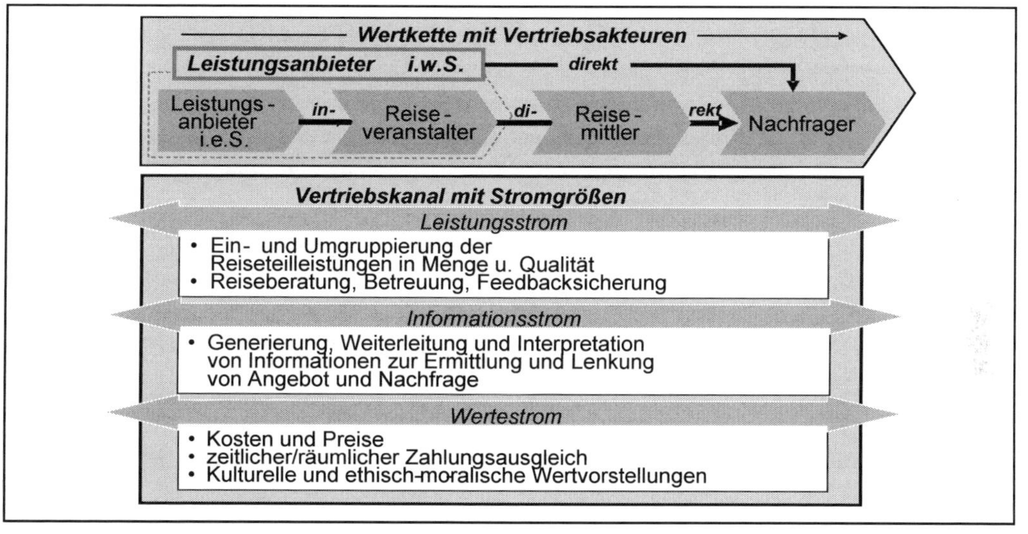

Abb. 5.2.1 *Grundelemente eines touristischen Vertriebssystems*

Somit kann **Vertriebskanalmanagement** im hiesigen Kontext charakterisiert werden als von mindestens einem Vertriebsakteur (oft Reiseveranstalter) initiiertes Prozessmanagement der Leistungs-, Informations- sowie Werteströme zum Zweck der adäquaten Akteursbeteiligung und Kanalwahl für eine erfolgreiche Vermittlung zwischen Angebot und Nachfrage.

5.2.2 Besonderheiten touristischer Vertriebsobjekte

Eine Reise kann aufgefasst werden als ein Leistungsangebot rund um die Befriedigung eines zeitweiligen Ortsveränderungsbedürfnisses (Freyer 2006, S. 1–7). Die touristische „Leistung" besteht jedoch darüber hinaus aus einer Vielfalt unterschiedlicher Sach- und Dienstleistungsmodule, weshalb sie eher als ein **Leistungsbündel** gedacht werden muss[1]. Hierbei weist das touristische Leistungsbündel schwerpunktmäßig Dienstleistungskomponenten auf, die zudem äußerst vielschichtig sind. Alleine der **Kernnutzen** der zeit- und ortsgenauen Ablaufgewährleistung für Beherbergung und Transport kann zu komplexen vertrieblichen Abstimmungsproblemen aller Beteiligten führen. Bei einem Freundesbesuch wird vielleicht „nur" ein Flug benötigt. Bei einer Flug-Pauschalreise hingegen sind klassischerweise ein Hotel, eine Incoming-Agentur, der Reiseveranstalter, ein Reisemittler und ein Fluganbieter

1 Die Abgrenzung zwischen Dienst- und Sachleistung fällt oft schwer. Deshalb schlagen Engelhardt u. a., 1993 den Begriff des Leistungsbündels als Verbund verschiedener Teilleistungen vor, die in graduellen Abstufungen mehr oder weniger hohen Dienstleistungscharakter besitzen.

und natürlich der Nachfrager einbezogen. Eine individuelle vorgebuchte Erlebnisrundreise dürfte alleine in der Kernleistung noch weitaus komplexer sein.

Erweitert wird die Komplexität durch funktionale und vor allen Dingen symbolische Zusatzleistungen, die bei Reisen besonderes Gewicht erlangen. **Funktionale Zusatznutzen** müssen beispielsweise auch die Destination und die Umgebung schaffen, indem sie mit ihren eigenen Zusatzleistungen den Erwartungen der Kunden entsprechen. Komfort und Servicegrad werden mit Preisen zu einem Preiswürdigkeitsurteil ausgeformt. Noch anspruchsvoller sind die **symbolischen Zusatznutzen** wie erlebnisorientierte/atmosphärische Passung, Erholungswert oder soziales Prestige/Erzählqualität der Reise zu bewerten. Gerade bei Urlaubsreisen ist die Aufrechterhaltung einer permanenten Zufriedenheit des Kunden von hoher Bedeutung, denn vieles konzentriert sich auf das Erleben der „schönsten Zeit im Jahr“.

Reisen sind also keine „einfachen“ Vertriebsobjekte wie z. B. dieses Buch. Bereits der grundlegende **Dienstleistungscharakter** verschafft in allen drei Phasen einer Dienstleistung (Potenzial, Erstellungs- und Ergebnisphase) vertriebliche Besonderheiten (Meffert/Bruhn 2008, S. 28), die nachfolgend um die Spezifika der Reise ergänzt werden.

Im Rahmen der **Potenzialphase** wird bei allen Dienstleistungen vor dem Kauf nur das Versprechen der Leistungserstellung abgegeben, die fertige Leistung „Urlaubsreise“ kann nicht in ihrer Qualität erprobt werden. Durch die Komplexität der Leistung steigt der Erklärungsbedarf. Dies bedeutet, dass Glaubwürdigkeit und Vertrauen in den jeweiligen Akteur im Vertriebskanal doppelte Bedeutung erlangen: Zunächst muss das Leistungsbündel immateriell beschrieben werden und dann wird selbst beim Kauf ein immaterielles Leistungsversprechen veräußert (Reservierung). Der Nachfrager muss sicher sein können, dass das Versprechen auch gehalten wird. Dafür sind frühzeitige Kapazitätsabsicherungen notwendig, die mit näher kommender Erstellungsphase u. U. immer unwahrscheinlicher durch Nachfrage gedeckt werden und zum geplanten Erstellungsbeginn als Leerkapazitäten verfallen können. Die hierdurch aufkommende „Lastminute“-Dynamik, aber auch die langfristige Absicherung der Planungssicherheit über Frühbucherrabatte sind Folge dieser Besonderheiten touristischer Leistungsbündel. Das Vertriebssystem muss dieses Spannungsfeld zwischen kurzfristigster Flexibilität und langfristiger Planungssicherheit abdecken.

Die **Erstellungsphase** einer Dienstleistung ist gekennzeichnet durch das zeitliche und örtliche Zusammenfallen von Produktion und Konsum unter Mitwirkung des Nachfragers. Bei Reisen sind zwei Besonderheiten zu beachten. Zeitlich handelt es sich bei dem Prozess selten um Minuten, wie beim Friseur, sondern eher um konsequent positives Durchleben von Tagen oder Wochen. In diesem Zeitraum können situationsadäquate Komponenten einer Reise u. U. nachverkauft werden (Upgrade, Zusatzausflug etc.). Vertriebsakteure tun also gut daran, den Nachfrager während der gesamten Erstellungsphase nie aus den Augen zu verlieren. Örtlich dreht sich in der Erstellungsphase die Logistikleistung um: Nicht die Leistung kommt zum Nachfrager, sondern der Tourist muss transportiert werden. Auch hier bieten sich vertriebliche Ansatzpunkte für Zusatzmodule gegenüber einer „normalen“ Dienstleistung (z. B. verschiedene Komfortklassen und Geschwindigkeiten beim Transport).

Und schließlich kennzeichnet die **Ergebnisphase** bei Dienstleistungen zumeist ein hoher Immaterialitätsgrad des Ergebnisses. Hieraus resultieren weitere vertriebliche Besonderheiten, die über Nachkaufbetreuung eng mit dem Kundenbeziehungsmanagement verbunden sind. Über die Beeinflussung und Materialisierung der Kundenbeurteilungen werden wichtige Voraussetzungen für Wiederholungskäufe geschaffen. Beide Ansätze verfolgen letztlich das Ziel, die Nachfrager durch permanente Erwartungsübererfüllung als Stammkunden zu gewinnen, die dann u. U. selbst als Vertriebsakteure aktiv werden.

5.2.3 Vertriebskanäle und Kontaktpunkte

Grundlegend besteht ein Vertriebsweg aus einem Kanal mit mehreren Kontaktpunkten. Während der Kanal die Wegstrecke zum Kunden beschreibt, kennzeichnet der Kontaktpunkt die konkrete Schnittstelle zum jeweilig nächsten Vertriebsakteur. Nachfolgend werden zunächst Vertriebskanäle mit ihren grundlegenden Vor- und Nachteilen vorgestellt.

- **Offline-Vertriebskanäle**

Die klassischen Kanäle können nach vier Kontakt-Prinzipien (Heinemann 2008, S. 16) gegliedert werden:

1. Ein klassischer Vertriebskanal setzt am Standort des Anbieters an, den die Nachfrager bei Bedarf aufsuchen, z. B. ein stationäres Reisebüro, das an einem festen Ort residiert (**Residenz-Kanal**). Über diesen klassischen Weg können intensive Verkaufsgespräche zum Vertrauensaufbau und zur individuellen Kundenansprache bis hin zum Shopping-Erlebnis stattfinden. Der Erfolg ist jedoch stark vom Standort und Personal abhängig und zudem oft mit sehr hohen Fixkosten verbunden.

2. Vertrieb kann auch erfolgen, indem ein Außendienstmitarbeiter den potenziellen Kunden zur Beratung zuhause in dessen Domizil besucht (**Domizil-Kanal**). Für den Kunden bedeutet dies Bequemlichkeit, für den Anbieter erhebliche Reise- und Personalkosten, die nur durch hohen Gegenwert (z. B. individuelle Kundenberatung bei Luxus-Rundreise) zu rechtfertigen sind.

3. Weiterhin können sich Anbieter und Nachfrager an einem dritten Ort, beispielsweise auf der jährlichen Tourismus-Leitmesse ITB in Berlin treffen (**Treff-Kanal**). Hier ist die Frage, wie „magnetisch" der Treffpunkt tatsächlich auf potenzielle Kunden wirkt. Zudem sind derartige Treffen terminlich stark reglementiert und u. U. nicht bedarfsgerecht positioniert.

4. Und schließlich gibt es den Fall, das kein persönlicher Kontakt stattfindet, weder am Ort des Anbieters noch des Nachfragers noch an einem dritten Ort. Postalisch wird ein Katalog mit entsprechender Bestellkarte zwischen Anbieter und Nachfrager über die Distanz verschickt (Distanzprinzip als **Katalog-Kanal**). Hier hat der Kunde den Vorteil, dass er unabhängig von Öffnungszeiten in Ruhe bestellen kann. Nachteilig ist allerdings das Fehlen individueller Zuschnitte und ergänzender Beratung.

Die vier Kanäle lassen sich als Offline-Kanäle kennzeichnen, die ohne ein technologisch-informatorisches Netzsystem auskommen. Demgegenüber greifen die vier nachfolgenden Online-Vertriebskanäle auf ein solches Leistungsnetz zurück.

- **Online-Vertriebskanäle**

Alle vier Onlinekanäle arbeiten ohne direkten persönlichen Kontakt zwischen den Vertriebspartnern, folgen also ebenfalls dem **Distanzprinzip.**

1. Der im Tourismus am meisten diskutierte Online-Kanal nutzt als technologisch-informatorisches Netzwerk das Internet in seinem stationären Zugang z. B. über einen Home-Computer. Dieser Kanal wird als **E-Commerce** bezeichnet. Der Vertriebsweg birgt u. U. langfristig starke Kostenersparnisse für die Anbieter, die zudem durch die unbegrenzten Öffnungszeiten und Regalplätze zur Angebotsdarstellung bereichert werden. Ferner sind standardisierte Teilangebote von Nachfragern nach individuellen Präferenzen neu kombinierbar. Nachteilig ist jedoch, dass hier selten persönliche individuell zugeschnittene Beratung möglich ist. Auch haben nicht alle Nachfrager einen Internetzugang, von denen wiederum längst nicht alle online kaufen. Reisen, Hotel und Tickets scheinen allerdings besonders gut für den Vertrieb über das Internet geeignet.[1]

2. Im Laufe der Zeit entwickeln sich weitere Zugangsarten zum Internet über mobile Endgeräte (besonders über Laptop, Smartphones und Tablet PC), die auch im Tourismus vertrieblich nutzbar sind. Dieser Vertriebskanal wird nachfolgend als **M-Commerce** erfasst. Besonderer Vorteil hier ist der mobile, kurzfristige Zugang zum Internet, der gekoppelt mit einem mobilen Anruf im Callcenter sowohl internetbasierte als auch fernmündliche Bestellungen zulässt. Über QR-Codes, Personalisierung, und Lokalisierbarkeit von Nachfragern sind auch im Tourismus Zusatzinformationen und -angebote möglich. Momentan findet diese Variante besonders bei Tickets (Bahn, Eintritt, etc.) Anwendung. Buchungen von erklärungsbedürftigen Pauschalreisen sind hier eher weniger zu erwarten. Nachteilig wirken begrenzte Darstellungsmöglichkeiten durch kleine Displays. Aber die hohe Gerätedichte und ein „Always in Touch"-Verhalten der Smartphone-Nutzer machen den Vertriebsweg zukünftig attraktiv. Neben dem Smartphone als „digitalem Schweizer Taschenmesser" und „Beweglichkeits-Ermöglicher" wird aber auch der Tablet PC als „digitales Leichtsurfbrett" und „Bequemlichkeits-Ermöglicher" immer mehr an Bedeutung gewinnen. (Kull, Hübner 2014)

3. Das älteste technologisch-informatorische Netzwerk existiert für das Telefon. Was zunächst als vereinzelter Verkaufs- oder Bestellanruf begann, wird heute über zentralisierte Call Center abgewickelt. Diese Vertriebsvariante soll hier **C-Commerce** genannt werden. Gerade ein professionell geführtes Service-Call Center bietet einen bequemen Bestellkanal für standardisierte Vorgänge und eine levelmäßig organisierte Weiterleitung bis hin zur individuellen Beratung.

4. Zu guter Letzt findet der Vertrieb touristischer Leistungsbündel mittlerweile über eigene Fernseh-Sendungen und TV-Spartenkanäle statt (Sonnenklar-/Bahn TV, TV Travel Shop). In Anlehnung an TV wird diese Vertriebsvariante als **T-Commerce** gekennzeichnet. Vorteilhaft sind hier die hohe Dichte der Endgeräte und die steigende Akzep-

---

[1] So belegt die Allensbacher Computer- und Technikanalyse 2008 äußerst hohe Wachstumsraten und große Käuferkreise für diese Leistungsbündel, die eigentlich nur von Büchern und Auktionsware bei Ebay übertroffen werden. Vgl. Schneller, 2008, Folie 0334.

tanz des Teleshopping. Die zunehmende individuelle Spezialisierung und ein Programm auf Abruf kennzeichnen zukünftige Entwicklungen. Zudem kann das Fernsehen der Zukunft interaktive Fernbedienung ähnlich dem E-Commerce bieten. Nachteilig könnte sich auswirken, dass Nachfrager die Aktiv-Potenziale u. U. nicht nutzen wollen, weil sie das Fernsehen weiterhin als passives Erholungsmedium einstufen.

Am Fernsehen lässt sich ein wichtiges Phänomen zwischen den vier Online-Kanälen plastisch beschreiben, die **Konvergenz**: Zugangsformen zum Fernsehen waren ursprünglich eigene Kabelleitungen und Satellitennetze und der Fernseher war ein eigenständiges Gerät, das in keiner Wohnstube fehlen durfte. Mittlerweile ist Fernsehempfang auch über mobile Endgeräte und stationäre PCs über das Internet möglich, und es existieren unterschiedlichste Zugangsnetze wie Strom- und Telefonkabel bis hin zu neuen Breitbandtechnologien, die gleichzeitig TV- und Internetzugang sowie das Telefonieren als „Voice over IP" ermöglichen. Das Verschmelzen dieser Kanäle, aber auch das Miteinander aller acht Kanäle erfordert genaue Überlegung, welcher Vertriebskanal für welches touristische Leistungsbündel in welcher Funktion zum Einsatz kommt. Diese Fragestellung wird später wieder aufgegriffen.

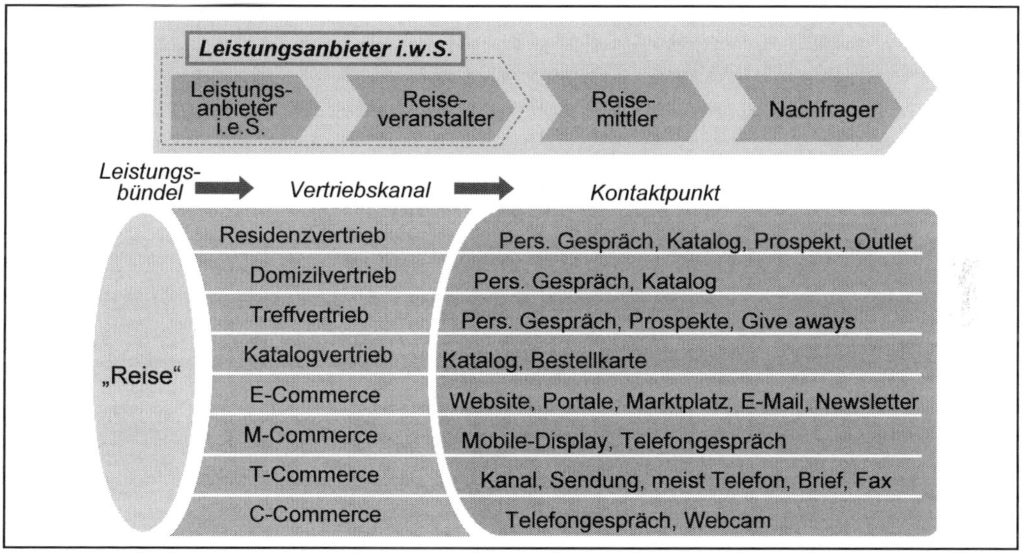

Abb. 5.2.2 *Vertriebskanäle und Kontaktpunkte für touristische Leistungsbündel*

- **Kontaktpunkte**

Alle Kanäle enden mit konkreten Kontaktpunkten. Diese stellen jeder für sich einen „Augenblick der Wahrheit" (Stauss 1991) aus Kundensicht dar. Hier werden Erfahrungen mit dem jeweilig markierten Leistungsbündel konkretisiert.

Alle Kontakt-Erlebnisse entlang des Konsumprozesses in ihrer Gesamtheit bilden die Grundlage für Zufriedenheit bzw. langfristige Loyalität gegenüber Leistungsbündeln oder Unternehmen. Auch die vertrieblichen Kontaktpunkte sind also für den Konsumenten wichtiger

Teil des Beziehungsgeflechtes. Konkrete Kontaktpunkte fasst die vorangehende Abbildung mit Rückbezug auf die beschriebenen acht Vertriebskanäle zusammen.

Wichtig bleibt festzuhalten, dass jeder Akteur auf alle acht Vertriebskanäle zurückgreifen kann. Welche Akteure hierbei eine Rolle spielen, klärt der nächste Abschnitt.

5.2.4 Multi-Akteur-Vertrieb für touristische Leistungen

Nach der Herleitung grundlegender Vertriebskanäle soll nachfolgend die einfache Wertkette weiter aufgeschlüsselt werden. Die Frage, wie viele Stufen der Wertkette mit welchen Akteuren besetzt werden, wird in der Theorie u. a. von der Transaktionskostentheorie beantwortet (Meffert/Bruhn 2008). Reiseveranstalter und Reisemittler reduzieren durch ihre Informationsbereitstellung und Bündelung bzw. Übermittlung von Leistung (-sversprechen) die sog. Transaktionskosten eines Austauschprozesses in Form von Anbahnungs-, Kontroll-, Anpassungs- und Vereinbahrungskosten. Ein Reisebüro beispielsweise bündelt die Vertriebswege, die sowohl Hotels als auch Hotelnutzer bis zum Vertragsabschluss zu gehen hätten, auf einen lokalen Anlaufpunkt für beide Seiten. Gleichzeitig entstehen in der Tätigkeit Kosten, die zuzüglich einer Gewinnspanne je beteiligtem Akteur den Einsparungen gegenüber stehen. Im Wechselspiel dieser beiden Einflussfaktoren entscheidet sich die Sinnhaftigkeit der Beteiligung von Vertriebsakteuren an der Wertkette.

In den seltensten Fällen existiert ein exklusiver Vertriebskanal mit ebenfalls exklusiven Vertriebsakteuren. Normalerweise findet sich im touristischen Vertrieb ein Neben- bzw. Miteinander der Akteure und Kanäle. Diese arbeiten entweder im synergetischen Verbundsystem oder als konkurrierende Vertriebssysteme. Die einzelnen Akteursgruppen „Leistungsanbieter“, „Reisemittler“ und „Nachfrager“ werden nun in ihrer Bedeutung für die Praxis näher vorgestellt.

- **Leistungsanbieter**

Allen Leistungsanbietern stehen grundsätzlich alle acht Vertriebskanäle offen. Besonders interessant neben der spontanen Adhoc- oder langfristigen Stammkundenbuchung vor Ort sind für diese Akteure alle Onlinekanäle, die allesamt den direkten Vertrieb zum Endkunden ermöglichen. Durch die Ausschaltung der Mittler kann ein Preisvorteil an die Kunden weitergegeben werden. Besonders über C-Commerce und E-Commerce schaffen sich die Leistungsanbieter direkten Zugang zum Nachfrager. Dies ist interessant für standardisierbare Pauschalreisen oder für unkomplexe Teilleistungen wie Flüge, Hotels etc.. Gerade größere Reiseveranstalter wie TUI oder Thomas Cook, aber auch Mietwagenunternehmen wie Hertz und Sixt haben eigene Buchungsplattformen im Netz und eigene Call Center. Tickets für etwaige Leistungen können auch kurzfristig und flexibel über M-Commerce geordert werden.

Das Internet stellt die Basistechnologie für ein umfassend unterstützendes Global Distribution System (GDS) dar (Weithöner 2008, S. 324). In einem abgeschirmten Branchennetz (Extranet) sorgt das Global Distribution Network (GDN) als Teildienst des GDS für Kommunikationsverbindungen hin zum Reisebüro. Für Reiseveranstalter existiert z. B. im Amadeus-GDS mit dem TOMA-Transaktionsverfahren eine standardisierte Schnittstelle, die das im Hintergrund laufende eigene Reservierungssystem integrierbar macht. Die GDS be-

treiben darüber hinaus jeweils zentrale Global Reservation Systems (GRS), auf die die Reisebüros über das GDN und mit Hilfe eines standardisierten Transaktionsaktionsverfahren Zugriff erhalten (z. B. Ama-Verfahren im Amadeus-GRS). Über die GRS werden Einzelleistungen angeboten. Insbesondere die internationalen Linienfluggesellschaften, Hotelketten, Mietwagengesellschaften bieten ihre Leistungen den stationären aber auch den virtuellen Reisebüros zur Vermittlung an. Die GDS-Dienste sind kostenpflichtig für die Anbieter von Reiseleistungen und Reisen. Beispiele für umfassende GDS-Anbieter sind AMADEUS, SABRE und Travelport.
Bei Pauschalreisen haben die großen Reiseveranstalter in der Destination oft eigene Kräfte. So kann der bereits beschriebene Nachverkauf von Mietwagen oder Zusatzausflügen ebenfalls als Vertriebsaktivität angesehen werden. Ferner können M-Commerce-Aktionen im Sinne lokaler Zusatzinformationen im Zielgebiet gute Möglichkeiten vertrieblicher Zusatzpotenziale sichern. Smart-Poster mit entsprechend per Mobile abrufbaren Coupons oder Informationen schaffen automatischen Kontakt zum Nachfrager.

- **Reisemittler**

Die Reisemittler lassen sich unterscheiden in eigene Akteure der Leistungsanbieter, fremde Branchenakteure sowie branchenfremde Akteure. Alle Gruppen werden nachfolgend ausgeformt.

– Eigene Mittler

Zunächst sind im stationären Bereich eigene Filialen als vollkommen selbst gesteuert und Franchisingkonzepte mit unternehmerischem Risiko bei den Outlet-Betreibern zu unterscheiden. Auch Außendienstmitarbeiter als Domizilkanal sowie Hausmessen als Treffkanal können hier zum Einsatz kommen. Ferner werden von den großen Veranstaltern, aber auch von mittelständischen Spezialveranstaltern mittlerweile Online-Reisebüros selbst betrieben. Gerade die großen Reiseveranstalter setzen online vermehrt so genannte Affiliate-Programme ein, die über Verlinkungen auf den Partnerwebsites schnell zur Veranstalterwebsite führen und mit einer Provision an jedem Umsatz beteiligt werden.

– Fremde Branchenmittler

Neben die klassischen stationären Outletformen (Informationscenter der Destination, Reisebüro) tritt zunehmend das Online-Reisebüro in Form von Portalen und eigenen Webshops. Auch und gerade für Spezialmittler stellt das Internet für E-Commerce eine sinnvolle Plattform dar, da schnell hohe Reichweiten zu erzielen sind. Überhaupt gibt es im Internet mittlerweile standardisierte Angebote (z. B. www.reisebüro-webseiten.de), über die schnell ein eigener touristischer Webshop erstellt werden kann. Im T-Commerce bieten Spartenkanäle ebenfalls vielfältige Mittlertätigkeiten an. M-Commerce hingegen ist für Reisemittler aufgrund der geringen Kauf-Nutzung mobiler Endgeräte und begrenzter Darstellungsmöglichkeiten wohl weniger interessant. Kataloghandel ist im Tourismus zumeist an beratende Ergänzungen im Reisebüro gebunden, allerdings haben Veranstalter wie TUI vielfältige Kataloge auch im Onlineangebot. Das Treffprinzip findet sich hier z. B. in Form einer Messe wie der jährlichen ITB in Berlin, oder auch bei Spezialmessen für z. B. Sanften Tourismus.

– Branchenfremde Mittler
Große Handelskonzerne weisen oft ein eigenes Geschäftsfeld „Tourismus" aus, was leicht zu synergetischem Vertrieb über das LEH[1]-Filialnetz führt. REWE-Touristik oder Karstadt-Quelle mit Neckermann-Reisen sind hier sicherlich Vorreiter. Neuerdings ist der Betriebstyp Discounter besonders präsent. Lidl hat im Onlineauftritt touristische Angebote als feste Rubrik integriert. Netto, Plus und Aldi haben sogar eigene reisespezifische Websites aufgebaut. Auch Multi-Kanal-Händler wie Tchibo oder Otto treten als eigenständige touristische Marktmittler im Internet und mit eigenen Katalogen auf.
Neben dem Handel bieten sich Vereine und andere freizeit- oder berufs-/bildungsorientierte Gruppen über Freizeitangebote für Mitglieder als Reisemittler an.
Viele Reisemittler, egal ob stationäre oder virtuelle Reisebüros, greifen für den Vertrieb auf ein bereits für Leistungsanbieter beschriebenes Global Distribution System (GDS) wie AMADEUS aber auch auf konkurrierende Alternative Distributionssysteme (ADS) zurück. Das GDS stellt zunächst die Hochgeschwindigkeitsverbindung zwischen den Leistungsanbietern, Reiseveranstaltern auf der einen und den Reisebüros auf der anderen Seite sicher. Zudem werden hier komplette Reservierungsverfahren, Produktpräsentationen, Tarife und Dokumentenerstellung sowie weitere Zusatzleistungen wie beispielsweise Klimatabellen und Veranstaltungshinweise für Reisemittler angeboten (Schulz 2008, S. 188).

- **Nachfrager**

Die Nachfrager sind aus vertrieblicher Perspektive zunächst als Endkunden interessant, denn gerade im Tourismus ist das Stammkundengeschäft ein wesentlicher Umsatzfaktor. Aufgabe ist die erfolgreiche Begleitung des Nachfragers in seinen Rollen als Kunde, Käufer und Konsument, um Wiederholungskäufe und Beziehungsaufbau zu gewährleisten.
Daneben sind die Nachfrager als Vertriebsorgane einsetzbar. Über positive Referenzbereitschaft und Mund-zu-Mund- bzw. WOM-Werbung (engl. World of Mouth, WOM) war dies immer schon der Fall. Die persönliche Empfehlung ist eine glaubwürdige Vermittlungsform für eine touristische Leistung. Im Zuge der Internetverbreitung und der Entwicklung von Web 2.0 als dem Mitmachnetz steigt diese Multiplikatorfunktion in ihrer Bedeutung. Empfehlungen, während der Reise erstellte Reisebloggs oder Online-Photoalben und Urlaubsvideos (Facebook, YouTube), besonders aber auch die Kundenbewertungen von Reiseleistungen auf Anbieter- (Opodo, HRS) oder Nachfragerportalen (Ciao oder Dooyoo) bergen starkes neues vertriebliches Potenzial.

Die Multiplikatoreffekte lassen sich auch offline einbinden. In Kombination mit dem Treffkanal Messe hat dies z. B. eine „Stammgast-Messe der Ostfriesischen Inseln" realisiert. Diese Messe richtete sich ausschließlich an Stammgäste, die im Hauptbuchungsbereich Ruhrgebiet persönlich eingeladen und gebeten wurden, Freunde, Verwandte und Bekannte mitzubringen (Kleinmann 2008).

Sowohl online als auch offline zu Vertriebszwecken einsetzbar ist das Viralmarketing. Hierbei spielt ebenfalls der Nachfrager als Multiplikator eine entscheidende Rolle. Unternehmen initiieren einen „Virus", der dann von den Nachfragern aufgenommen und weiter verteilt wird. Dies kann in Form eines Onlinespieles (Moorhuhn von Johnny Walker), eines Online-

[1] LEH: Lebensmittel-Einzelhandel

Videos/Podcast (Horst Schlämmer alias H.-P. Kerkeling und VW) oder Spaß-Websites („Gibsnich“ Seite von Sixt), aber auch durch Offline-Aktionen im Guerillia-Marketing, einer imposanten Aktionswerbung die über den Aha-Effekt ein Weitersagen auslöst. Derartige Flankierungen eigenen sich in erster Linie für etablierte Markenleistungen.

Damit sind die möglichen Akteursgruppen Anbieter, Mittler und Nachfrager im Vertrieb touristischer Leistungsbündel umfassend beschrieben worden. Die nachfolgende Abbildung fasst die Ausführungen zusammen.

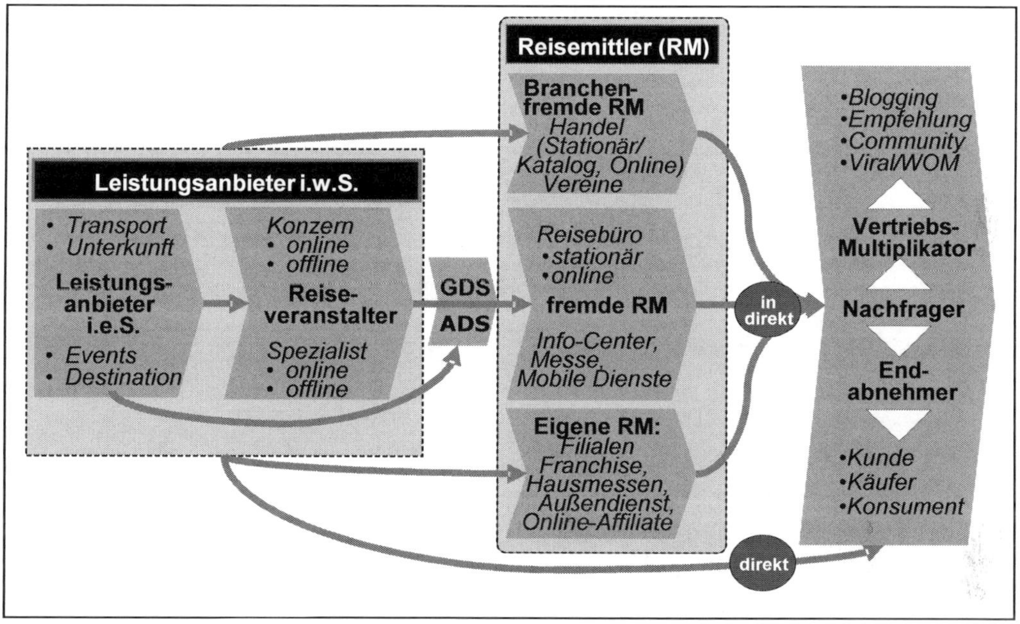

Abb. 5.2.3 Vertriebsakteure in der Wertkette für touristische Leistungsbündel

Bisher wurde davon ausgegangen, dass nur ein Kanal für den Vertrieb touristischer Leistungen ausgewählt wird. Die Praxis zeigt, dass sowohl mehrere Vertriebskanäle unverbunden nebeneinander (Parallel-Vertrieb) als auch in Synergieeffekten aufeinander abgestimmt genutzt werden (Multi-Kanal-Vertrieb, oft auch Multi-Channel-Marketing bzw. MCM). Darum wird es im nachfolgenden Abschnitt gehen.

5.2.5 Multi-Kanal-Vertrieb für touristische Leistungen

Neben den beschriebenen verschiedenen Kanal-Vorlieben der vielen oft gleichzeitig am Vertrieb beteiligten Akteure stellt sich für jede Unternehmung die konkrete Frage, welche Vertriebskanäle zu wählen und wie intensiv zu vernetzen sind.

Mit dem Leistungsbündel und der funktionalen Ausrichtung existieren zwei große Einflussfaktoren auf die Gestaltung des Vertriebskanalnetzes.

- **Leistungsbezogener Multi-Kanal-Vertrieb**

Als Besonderheiten vieler touristischer Leistungsbündel wurden u. a. die Komplexität der Beratungsleistung und die Notwendigkeit von Vertrauen in den jeweiligen Vertriebspartner herausgearbeitet. Je wichtiger diese Komponenten für den Nachfrager werden, um so eher wird er auf eine persönliche Beratung im stationären Reisebüro oder die Erfahrungen anderer hören. Anders herum: Je standardisierter und kurzfristiger zu buchen ist, desto eher wird auf die Online-Vertriebskanäle zugegriffen, da diese eine Buchung rund um die Uhr und schnellen, umfassende Transparenz bis hin zum Preis ermöglichen. Diesen Sachverhalt drückt die nachfolgende Abbildung anhand der konkreten Leistungs-Kanal-Matrix eines Reiseveranstalters aus.

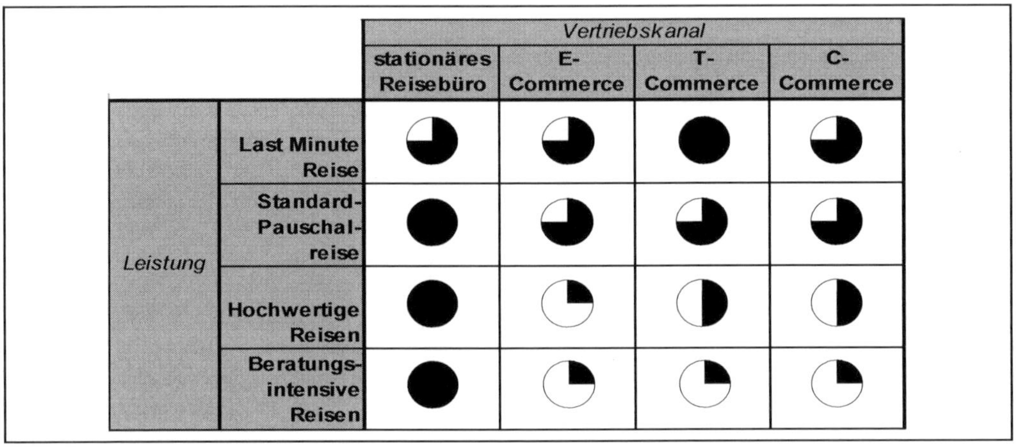

Abb. 5.2.4 Leistungs-Kanal-Matrix der Thomas Cook AG. Quelle: Begriffliche Modifizierung von Rengelshausen, Köpler 2003

- **Funktionsbezogener Multi-Kanal-Vertrieb**

Bisher wurde davon ausgegangen, dass ein Akteur für eine Leistung die gesamten Vertriebsfunktionen über einen Kanal vornimmt. Dies ist in der Praxis nicht der Normalfall. Kunden nutzen im Tourismus immer mehr verschiedene Kanäle für unterschiedliche Funktionen, und die Erfahrungen des einen Kanals werden auf andere übertragen (Schmidt 2003, Freyer/Molina 2008). Multi-Kanal-Verhalten in diesem Sinne ist kein neues Phänomen aus der Internet-Ära: Auch früher wurden vor dem Kauf Informationen über Massenmedien gesucht, die Reisen im Reisebüro gebucht, die Tickets per Post versendet und Beschwerden per Telefon durchgeführt. Neu ist die flexiblere Nutzung einzelner Kanaloptionen und deren Verwobenheit aus Kunden- und Unternehmenssicht.

Die vordergründig bedeutendsten Vertriebsfunktionen sind Kommunikation vor und nach dem Kauf (Vorkauf: Vertrauensbildung, Beratung, Nachkauf: Beschwerde) und die Vereinbarung und Durchführung von Transaktionen (Bestellung, Bezahlung, Rückgabe von Leihgerät, Entsorgung) (Kull 2003). Hinzu treten Service-Funktionen vor (Katalog), während (bargeldloses Zahlen) und nach dem Kauf (Willkommen-Zuhause-Aktion). Gerade in der Nachkaufbetreuung durch den Vertrieb zeigt sich die Nähe zum Kundenmanagement. Getreu dem Motto „Nach dem Kauf ist vor dem Kauf", geht es um den Vertrieb von Folgeleistungen, also der Kundenbindung im Sinne eines erneuten Versuchs der Geschäftsgenerierung. Davon Unabhängig kann ein Vertriebskanal Content (Reisetagebücher) zur Verfügung stellen.

Im Rückgriff auf die einzelnen Vertriebskanäle lässt sich eine Funktionen-Kanal-Matrix aufspannen. Ziel ist, die zielgruppenspezifischen Kanalpräferenzen für die jeweiligen Funktionen mit dem Leistungsangebot in Zusammenhang zu stellen (Schögel/Sauer 2002, S. 30, Homburg/Schäfer/Scholl 2002, S. 39).

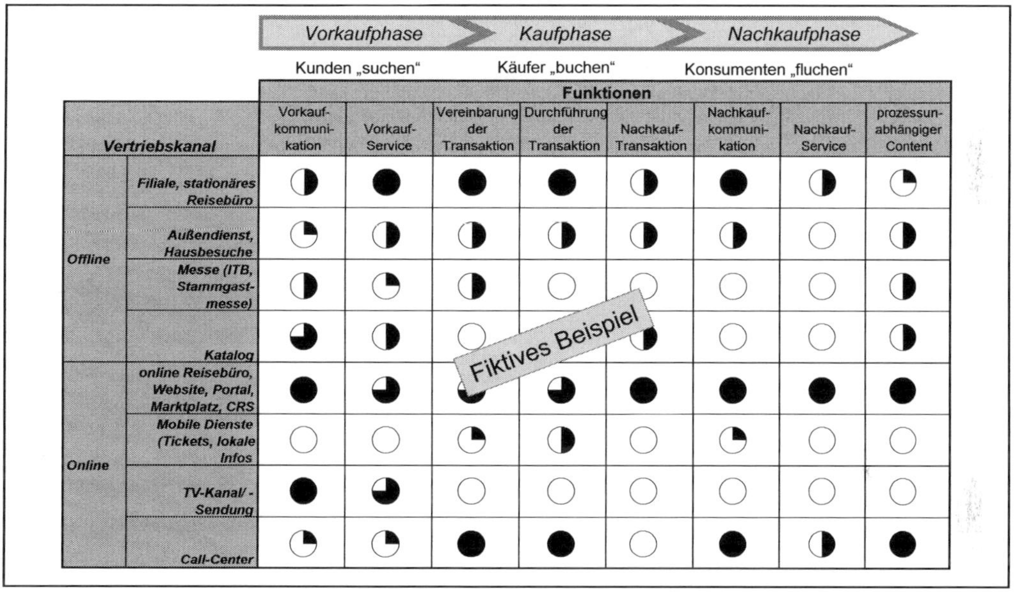

Abb. 5.2.5 Funktionen-Kanal-Matrix als fiktives Beispiel. Quelle: Modifikation von Kull 2003

Da Kunden immer anspruchsvoller auf immer mehr Kanälen selbstbestimmt agieren wollen, intensivieren viele Unternehmen die intergrative Vernetzung der Kanäle auch durch ein zentrales Backoffice, das die Interaktion mit dem Kunden gesamthaft zu erfassen versucht. Dieses Phänomen wird oft als Cross-Channel-Ansatz bezeichnet. Inhaltlich hat Kull (2003) bereits eine integrierende Multi-Channel-Strategie vorgestellt, die Inhalte intensiver und übergreifender Kanalvernetzung auch im Multi-Channel-Ansatz erklärbar macht.[1]

Sowohl die Aufnahme eines neuen Kanals als auch der übergreifende Vernetzungsgrad müssen intensiv abgewogen werden. Im Einzelnen sind vier Felder zu berücksichtigen (Hom-

[1] Zur Beschreibung der forschreitenden Kanalvernetzung und zunehmenden Selbstbestimmung in der Erwartungshaltung des Kunden finden sich immer neue Sprachhülsen, wie „Multi-Cross-Channeling" (Verband Internet Reisevertrieb 2013) „Omni-Channeling" (Haderlein 2012, S. 20) oder „No-Line" als Zusammengehen von On- und Offline-Channels (Heinemann, 2013) an, die hier zugunsten klarer Begriffe ausgegrenzt werden.

burg/Schäfer/Scholl 2002, S. 40): Die Verbesserung der Marktabdeckung (neue Märkte, Kunden), der Kundenorientierung (Bessere Kundenbindung, Bedürfnisbefriedigung), der Verbesserung der strategischen Position (Wettbewerbsstellung, weniger Abhängigkeiten, wenig Konflikte mit bestehenden Kanälen) sowie die Erhöhung der Kosteneffizienz.

In Abhängigkeit von individueller Unternehmenssituation, dem spezifischen Leistungsangebot und entsprechend erforschten Nutzen und Nutzungsmustern der Kunden ergeben sich andere Kanalprioritäten und dementsprechend eine andere Funktionen-Kanal-Matrix.

So lässt sich z. B. die multifunktionale Bedeutung des neuen Internetkanals für die Konsumprozesse über die Matrix empirisch bestätigen. Im Rückgriff auf die übergeordneten Funktionsbereiche „Suchen" und „Buchen" stellt eine Studie unter Beteiligung von Google und TUI aus 2008 (ROPO-Initiative 2008)[1] für die beiden Vertriebskanäle stationäres Reisebüro und Internet eine nach wie vor hohe Bedeutung des stationären Reisebüros fest, allerdings auch eine hohe Bedeutung des Internet-induzierten Konsums im Sinne von Online Suchprozessen im Vorfeld.

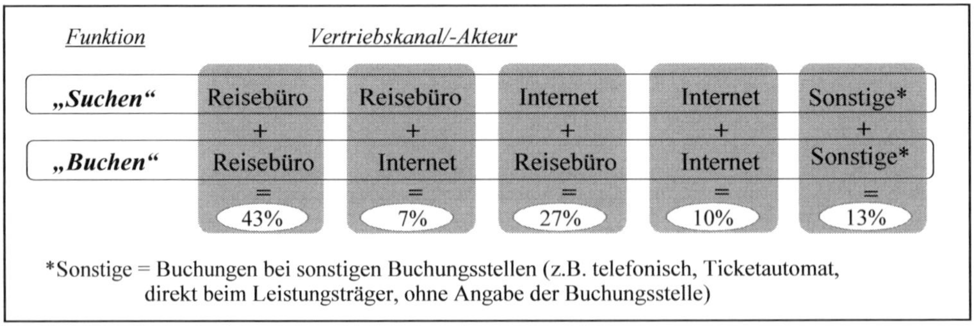

Abb. 5.2.6 *Praxisbeispiel einer Ausschnitt-Funktionen-Kanal-Matrix: Internet vs. Reisebüro. Quelle: Eigene nach Umsatzprozentzahlen aus ROPO-Initiative, 2008, S. 14*

Allgemein lässt sich festhalten, dass das Internet in Form des E-Commerce zwar eine wichtige Ergänzung für den Vertrieb touristischer Leistungsbündel darstellt. Die Kernfunktionen eines klassischen Reisebüros werden jedoch sowohl über bestimmte individualisierbare und beratungsintensive hochpreisige Leistungsbündel als auch über Kanalpräferenzen der Kunden weiterhin nicht in Frage gestellt.

5.2.6 Fazit und Ausblick

Insgesamt lassen sich die Ausführungen wie folgt zusammenfassen: Zum Vertriebssystem gehören verschiedene Vertriebsakteure, die über Vertriebskanäle an Kontaktpunkten touristi-

---

1 Insgesamt schwanken die Zahlen für die Bedeutung des Internets bereits beim „Buchen" stark je nach Studie zwischen 11% (Verbrauchs- und Medienanalyse 2009, untersucht wurde der Haupturlaub) über 24% bei Bitcom/Forsa für 2007 über 32% des GFK-Travelscope für 2007 bis zu 39% der Forschungsgruppe Wahlen für 2007. Bis auf eine Ausnahme wurden jeweils auch Ticket- und Teilbuchungen erfasst.

sche Leistungsbündel hin zum Nachfrager vermitteln. Ein Vertriebskanal beinhaltet neben dem Informationsstrom auch die beiden Stromgrößen Leistungsbündel und Werte. Touristische Leistungsbündel sind besonders komplex und weisen über den Dienstleistungscharakter hinaus mit dem Handel von Leistungsversprechen sowie örtlicher/zeitlicher Besonderheiten bei der Erstellung Eigenarten auf, die auch den Vertrieb kennzeichnen.
Es gibt acht grundlegende Ansätze für Vertriebskanäle: Offline lassen sich Residenzkanal (Reisebüro), Domizilkanal (Außendienst), Treffkanal (Messen) und Distanzkanal (Katalog) trennen, und online gibt es E-Commerce (Portale), M-Commerce (Ticketing), T-Commerce (Spartensender) und C-Commerce (Call Center). Die Vertriebsakteure können entlang der Wertkette zunächst grob in Leistungsanbieter, Reiseveranstalter, Reisemittler und Nachfrager unterteilt werden. Im Zuge der Multi-Akteur-Perspektive kann dann jede Stufe weiter ausdifferenziert werden. Hierbei spielt neben dem Direktvertrieb und den klassischen Reisebüros besonders die GDS- bzw. Internetbasierung des Vertriebes, aber auch die Multiplikatorfunktionen der Nachfrager eine neue wichtige Rolle.

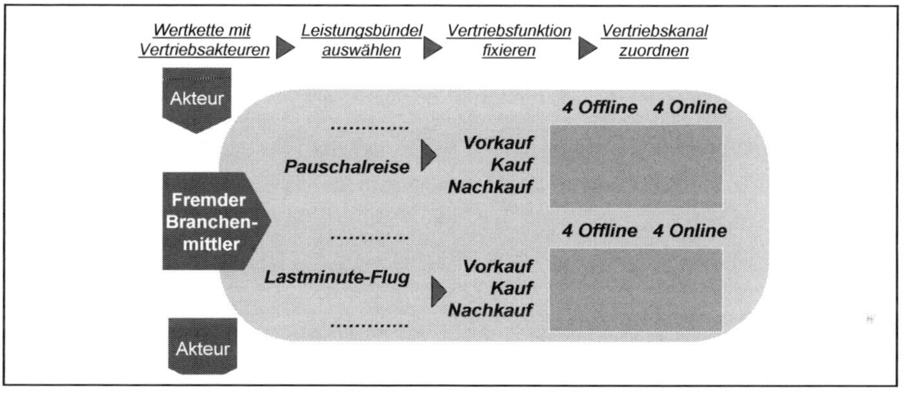

Abb. 5.2.7 *Komponenten des Vertriebskanalmanagement mit Vorgehens-Beispiel*

Hervorgehend aus dem geänderten Nachfragerverhalten besteht in der Multi-Kanal-Perspektive über parallele Vertriebskanäle hinaus die Notwendigkeit einer synergetischen Abstimmung im gesamten Vertriebsnetz. Diese kann sich einerseits auf Leistungsbündel (z. B. Lastminute-Reisen contra hochwertige Individual-Buchungen) und andererseits auf Funktionsübernahmen des jeweiligen Kanals beziehen (z. B. suchen contra buchen). Erst im Zusammenspiel all dieser Parameter kann ein Vertriebssystem situationsadäquat für ein spezifisches touristisches Unternehmen aufgebaut werden. Beispielsweise kann ein Akteur sein Vertriebsnetz nur im Wechselspiel mit der Wertkette planen, muss dann für jedes seiner Leistungsbündel die Vertriebsfunktionen auf die einzelnen Kanäle legen und immer schon die Stimmigkeit und mögliche Potenziale zur nächsten Stufe in der Wertkette beleuchten. Ein derartiges Beispiel zeigt die Abbildung.

Die Multioptionalität der Konsumenten und die leistungs- und funktionsbegründete Vernetzung von Vertriebskanälen werden eher zunehmen. Besonders die zukünftigen Entwicklungen und Akzeptanzen der technologisch-informatorischen Basisnetzwerke und Endgeräte können hier weitere Neuerungen und Marktverschiebungen mit sich bringen, denn wie bereits zu Beginn bemerkt wurde, haben veränderte informatorische Ströme starke Wirkung auf das Vertriebskanalmanagement.

Quellen und weiterführende Literatur:

Bastian, H., Die touristischen Kernprozesse des Reiseveranstalters, in: Bastian H., Born, K. (Hrsg.): Der integrierte Touristikkonzern: Strategien, Erfolgsfaktoren und Aufgaben, München, Wien 2004, S. 33–68.

Engelhardt, W. H., Kleinaltenkamp, M., Reckenfelderbäumer, M., Leistungsbündel als Absatzobjekte – Ein Ansatz zur Überwindung der Dichotomie von Sach- und Dienstleistungen, in: Schmalenbachs Zeitschrift für betriebswirtschaftliche Forschung, 45. Jg., 1993, S. 395–426.

Freyer, W., Tourismus, 8. Aufl., München 2006.

Freyer, W., Tourismus-Marketing, Marktorientiertes Management im Mikro- und Makrobereich der Tourismuswirtschaft, 5. Aufl., München 2007.

Freyer, W., Molina, M., Multichannel-Vertrieb: Innovatives Distributionsmanagement für Destinationen, in: Freyer, W./Pompl, W. (Hrsg.): Reisebüro-Management, Gestaltung der Vertriebsstrukturen im Tourismus, 2. Aufl., München 2008, S. 123–133.

Haderlein, A., Die digitale Zukunft des stationären Handels. Auf allen Kanälen zum Kunden, München 2012.

Heinemann, G., Multi-Channel-Handel, Erfolgsfaktoren und Best Practices, Wiesbaden 2008.

Heinemann, G., No-Line-Handel, Wiesbaden 2013.

Homburg, C., Schäfer, H., Scholl, M., Wie viele Absatzkanäle kann sich ein Unternehmen leisten? in: Absatzwirtschaft, 2002, H. 3, S. 38–41.

Kleinmann, S., Deutscher Tourismuspreis für Stammgast-Messe der Ostfriesischen Inseln. http://www.nordseewolf.de/magazin/08-11-2008/deutscher-tourismuspreis-fur-stammgast-messe-der-ostfriesischen-inseln/, 8.11.2008 (Zugriff 24.01.2009).

Krippendorf, J., Marketing im Fremdenverkehr, Bern/Frankfurt 1971.

Kull, S., Multi-Channel-Marketing, in: Kamenz et al. (Hrsg): Applied Marketing, Anwendungsorientierte Marketingwissenschaft an deutschen Fachhochschulen, Berlin u. a. 2003, S. 337–352.

Kull, S., Hübner P., „Augmented Retailing“ als virtuelle Erweiterungsoption realer Shoppingwelten: Ein Monitoring der Basistechnologie „Augmented Reality“, Anwendungsfelder für Hersteller und Handel sowie empirische Einschätzungen aus Shopper-Perspektive. In: Jahresband 2013 des Fachbereichs Wirtschaft,- Gesammelte Erkenntnisse aus Lehre und Forschung, Schriftenreihe des Fachbereichs Wirtschaft der Jade Hochschule Wilhelmshaven/Oldenburg/Elsfleth, Wilhelmshaven 2014 im Druck).

Markbach, J., Hirche, T., Erfolgreicher Vertrieb über Multichannel, in: Bastian, H., Born, K. (Hrsg.): Der integrierte Touristikkonzern: Strategien, Erfolgsfaktoren und Aufgaben, München, Wien 2004, S. 461–474.

Meffert, H., Bruhn, M., Dienstleistungsmarketing, Grundlagen-Konzepte-Methoden, 4. Aufl., Wiesbaden 2008.

Rengelshausen, O., Köpler, B.-H., Die Rolle der digitalen Kanäle bei der Thomas Cook AG, in: Merx, O. (Hrsg): Multichannel-Marketing-Handbuch, Berlin u. a. 2003, S. 305–316.

ROPO-Initiative, Research Online – Purchase Offline in der Touristik, Präsentation Impulsstudie, Hannover 2008.

Schögel, M, Sauer, A., Multichannel Marketing – Fokus auf Kunden und Kanäle, in: Thexis, 2002, Nr. 2, S. 34–38.

Schmidt, I, Schögel, M, Tomczak, T., Nutzung von Distributionskanälen aus Kundensicht, eine Analyse der Reisebranche, in: Thexis Fachbericht für Marketing Nr. 2, St. Gallen 2003.

Schneller, J., Internetinduzierte Veränderungen von Kaufentscheidungen und Kaufverhalten, http://www.acta-online.de/Präsentationen 16.10.2008 (Zugriff 24.01.2009).

Schulz, A., Informationsmanagement im Reisebüro, in: Freyer, W./Pompl, W. (Hrsg.): Reisebüro-Management, Gestaltung der Vertriebsstrukturen im Tourismus, 2. Aufl., München 2008, S. 183–202.

Stauss, B., „Augenblicke der Wahrheit“ in der Dienstleistungserstellung: Ihre Relevanz und ihre Messung mit Hilfe der Kontaktpunkt-Analyse, in: Bruhn, M., Stauss B. (Hrsg.): Dienstleistungsqualität: Konzepte, Methoden, Erfahrungen. Wiesbaden 1991, S. 345–366.

Streichfuss, M., Touristik-Vertriebssystem 2015, ein Ausblick, http://www.drv.de/presse/reden-und-vortraege/drv-deutscher-reisebuerotag.html 13.11.2006 (Zugriff 24.01.2009).

Verband Internet Reisevertrieb, Vom Singel- zum Multi-Cross Channel in der Touristik. http://www.v-i-r.de/viroitdocs/vir-channel-grafik-2013%20Kopie.pdf 2013, (Zugriff 27.3.2014).

Weithöner, U. Informationsmanagement und Informationssysteme der Reisemittler, in: Freyer, W., Pompl, W. (Hrsg.): Reisebüro-Management, Gestaltung der Vertriebsstrukturen im Tourismus, 2. Aufl., München 2008, S. 321–346.

5.3 Elektronische Zahlungs- und Kartensysteme

Robert Goecke

So manche Innovation im internationalen Zahlungsverkehr hat ihren Ursprung im Reiseverkehr. Reisende sind unterwegs darauf angewiesen überall, zu jeder Zeit und im Ausland ggf. auch mit Fremdwährungen zahlungsfähig zu sein. Auf diese Problematik geht die Erfindung des Reiseschecks (Traveller's Cheques) zurück, die 1874 Thomas Cook zugeschrieben wird und in großem Stil seit 1891 von American Express global verbreitet wurden: Reiseschecks werden gegen Einzahlung der entsprechenden Bargeld-Summe in verschiedenen Währungen ausgegeben und bei der Ausgabe einmal vom Kunden unterschrieben. Beim Zahlen auf Reisen unterschreibt der Kunde unter Vorlage seines Personalausweises den Reisescheck zum zweiten Mal. Ohne Ausweis oder fehlende zweite Unterschrift wird der Reisescheck an den weltweit verbreiteten Annahmestellen nicht akzeptiert. Gastronomen und Hoteliers sind darüber hinaus auf sichere Zahlungssysteme angewiesen, mit denen sie nicht nur ihren Gästen von auswärts, sondern auch ihren einheimischen Gästen eine bequeme bargeldlose Zahlung ermöglichen können, ohne Kreditrisiken zu übernehmen. Dieses Problem löst die Kreditkarte, die als Diners-Club-Karte nach der Gründungsgeschichte des Unternehmens in einem gastronomischen Kontext ihren Ursprung genommen haben soll. Kreditkarten verschiedener Anbieter haben weltweit den Reisescheck inzwischen überwiegend abgelöst.

Informationstechnisch relevant sind inzwischen nicht nur im Tourismus, sondern im gesamten Handel elektronische Zahlungssysteme (vgl. Dettmer et al. 2007, S. 191–213), die wegen ihrer hohen Bedeutung für diverse Geschäftstransaktionen in allen Segmenten des Tourismus im Folgenden überblicksartig behandelt werden[1]. Hierbei ist zu unterscheiden zwischen den elektronischen Zahlungssystemen am Point of Sale und den neuen Internet-Bezahlsystemen, bei denen der Kunde zum Zahlungszeitpunkt am Verkaufsort nicht physisch anwesend ist. Darüber hinaus haben die Technologien für Kartensysteme und E-Payment neben der Nutzung in Zahlungssystemen insbesondere im Tourismus auch intensive Anwendung als Kundenkarten, Wertkarten, E-Tickets, Zutrittsmedium oder Destinationskarte gefunden, auf die im letzten Abschnitt dieses Beitrags gesondert eingegangen wird.

5.3.1 Elektronische Zahlungs- & Kartensysteme am Point of Sale

Elektronische Zahlungssysteme am POS ermöglichen Kunden von Handels- und Tourismusunternehmen die bequeme bargeldlose computergestützte Bezahlung, wenn sie am POS (Point of Sale – am Tisch, an der Kasse, an einem Automaten) anwesend sind. Folgende elektronische POS-Zahlungssysteme haben eine besondere Relevanz für den Tourismus:

---

[1] Jede Zahlungsform ist mit technisch-organisatorischen und rechtlichen Bedingungen und Risiken für alle am Zahlungsvorgang beteiligten Parteien verbunden, die im Beitrag nur überblicksartig behandelt werden können. Trotz sorgfältiger Recherchen (vgl. Goecke 2014) kann keine Gewähr für die im Beitrag gemachten Aussagen übernommen werden. Stets sind die aktuellen Vertragsbedingungen der Zahlungssystem-Anbieter zu beachten!

Kreditkarten, Debitkarten, Geldkarten, Pre-/Postpaid-Karten und *Handy-Bezahlsysteme*

Obwohl viele der hier genannten Systeme nicht nur bei Anwesenheit des Kunden am POS sondern auch zur Zahlung im Fernabsatz, bei telefonischen Reservierungen und insbesondere im Internet genutzt werden, sind die Verträge, Prozesse und technologischen Sicherheitsvorkehrungen wegen der durch die „Abwesenheit des Kunden und seiner Karte" bedingten höheren Risiken anders. Im Gegensatz zum Bargeld ist kein Händler oder Kunde verpflichtet, eines dieser elektronischen Zahlungssysteme, die auch als Bezahlsysteme oder Zahlverfahren bezeichnet werden zu nutzen oder zu akzeptieren. Meist beinhalten jedoch die Vertragsbedingungen, die ein Händler zur Teilnahme an Systemen des elektronischen Zahlungsverkehrs akzeptiert, dass allen Kunden die Zahlung mit dem jeweiligen System zu gewähren ist. Für weitere rechtliche Aspekte zu allen in diesem Beitrag genannten Zahlungssystemen (vgl. insb. Toussaint 2009 und Wahlers 2013).

	Kreditkarten	**Debitkarten**	**Geldkarten**	**Prepaid-Kreditkarten Pre-/Postpaid-Kundenkarten**
Beispiele: *Ohne Wertung und ohne Anspruch auf Vollständigkeit*	American Express, MasterCard, Visa, Diners Club (alle global)	girocard (ec-Karte) (Deutschland), Maestro (weltweit), Visa Electron / V Pay	GeldKarte ggf mit girogo (Deutschland), Quick (Österreich), CASH (Schweiz)	„Prepaid-Kreditkarten" Eigenbetriebene Kartensysteme, z.B. Kunden-/Mitarbeiter-/Fahr-/ Handy-/Destinationskarten
Kosten/ Gebühren:	In der Regel 2-5% vom Umsatz; zzgl. Kosten/Miete für Terminalbetrieb	girocard: meist 0,3% Maestro: meist 0,95 % vom Umsatz; zzgl. Kosten/Miete für Terminalbetrieb	GeldKarte: 0,3 % vom Umsatz; zzgl. Kosten/Miete für Terminalbetrieb	„Ähnlich wie Kreditkarte" Aufwand für Eigenbetrieb des Zahlungssystems (Karten, Automaten und Kartenterminals)
Typische Nutzung: *Beispiele:*	Mittlere und größere Beträge bei Hotels, Restaurants, Reisebüros, Parkautomaten, Reservierungen, etc. Kontaktlos für Kleinbeträge	Kleinere, mittlere und größere Beträge im Einzelhandel, Ticketverkauf, Restaurants, Hotels, etc.	Kleinbeträge, vor allem im ÖPNV, bei Automaten insb. mit Jugendschutz-relevantem Angebot u.v.m.	„Ähnlich wie Kreditkarte" mittlere/kleinere Beträge in Gemeinschafts-verpflegungen, Caféteria, Automaten, Hotel; Ausweis, Zugangskarte, Skipass, etc.
Authentifizierung:	Kartenvorlage & Unterschrift ggf. PIN, NFC	Karte einlesen & PIN eingeben	Elektronische Chip-Prüfung – ggf. per NFC	Karte einlesen - PIN je nach Technologie
Sperrabfrage/ Autorisierung:	Online – zum Teil abhängig vom Betrag	Sperrabfrage und Online-Autorisierung	Keine Sperrabfrage / Autorisierung im Chip	„Online-Abfrage" elektronisch je nach System und Technologie unterschiedlich
Zahlungsgarantie:	Bei Prozedureinhaltung: Kreditkarten-Gesellschaft	Bei Prozedureinhaltung: Ausgebende Bank	Ausgebende Bank	Kreditkarten-Gesellschaft Betreiber des Kartensystems selbst

Abb. 5.3.1 *Vergleich elektronischer Zahlungs- und Kundenkarten am POS aus Händlersicht (Stand März 2014, ohne Gewähr, Wertung und Anspruch auf Vollständigkeit)*

Zunächst sind von allen Beteiligten gewisse technische und organisatorische Vorbereitungen mit weiteren Akteuren (z. B. Bank, Kartengesellschaft, Zahlungsterminal-/Netzprovider) zu treffen, um das jeweilige Zahlungsverfahren einzusetzen. Der Vorteil der Bequemlichkeit für den Kunden und entsprechende verkaufsfördernde Effekte für die Händler und insbesondere die Leistungsträger im Tourismus haben jedoch zu einer großen Verbreitung der elektronischen Zahlungssysteme geführt (vgl. Kretschmar 2005/2012).

- **Kreditkartensysteme**

Wie Registrierkassen haben moderne Kreditkartensysteme ihren Ursprung in der Gastronomie. 1950 soll laut Gründungsmythos der Amerikaner Frank McNamara beim Mittagessen in einem Lokal bemerkt haben, dass er seinen Geldbeutel vergessen hatte. Das Lokal akzeptierte seine Visitenkarte als Zahlungsgarantie. Er gründete dann Diners Club als erste Kreditkartenfirma. Die heute weltweit operierenden Kreditkartenorganisationen (vgl. Abb. 5.3.1) geben bonitätsgeprüften Direktkunden oder bonitätsgeprüften Kunden kooperierender Banken gegen jährliche Gebühr eine maschinenlesbare (erhabene – mit Ritsch-Ratsch-Gerät kopierbare Schrift, Magnetstreifen, Kundenunterschrift, evtl. Chipkarte) Plastik-Kreditkarte aus. Händler schließen mit den Kreditkartenorganisationen bzw. mit in deren Auftrag tätigen Serviceanbietern (sog. Akquirern) oder Banken (sog. Akquiring-Banks) Verträge. In diesen verpflichten sich die Kreditkartenorganisationen die von Karteninhabern durch Vorlage ihrer Kreditkarte und Unterschrift auf einem speziellen Beleg mit dem Kartenabdruck bestätigten Zahlungen zu übernehmen. Für diese Zahlungsgarantie/-haftung (Delcredere) und die Abwicklung muss der Händler einen Abschlag (Disagio von einigen Prozent der Rechnungssumme zuzüglich einer festen Transaktionsgebühr) bezahlen und ist dann Akzeptanzstelle für die jeweilige Kreditkarte. Der Kunde erhält von der Kartengesellschaft eine monatliche Abrechnung aller Zahlungen, die dann von der Kreditkartengesellschaft vom Konto des Karteninhabers eingezogen werden. Hierdurch bekommt der Kunde gewissermaßen „Kredit“, da er erst später zahlen muss und bei entsprechendem Überziehungsrahmen auch tatsächlich von der Bank oder Kreditkartengesellschaft eine Kreditlinie gegen entsprechende Zinsen eingeräumt bekommt.

Um die Sicherheit der Kreditkartenzahlung zu erhöhen, erfolgt der Nachweis der Vorlage der Kreditkarte heute meist nicht mehr durch die Ritsch-Ratsch-Kopiervorrichtung, sondern elektronisch über ein stationäres, portables oder mobiles Kreditkartenterminal. Es wird meist mit einem Servicevertrag von einem Provider bezogen, der über einen zertifizierten Netzprovider Daten mit Kreditkartengesellschaften austauschen kann. Zur Zahlung wird der Rechnungsbetrag per Schnittstelle aus dem Kassensystem oder manuell in das Kartenterminal eingegeben und die Kreditkarte des Kunden eingelesen. Das Kartenterminal stellt über Telefon-Modem, ISDN, WLAN-DSL oder GSM/GPRS eine verschlüsselte Verbindung über den zertifizierten Netzwerkprovider und Akquirer zur Kreditkartenorganisation her. Diese prüft, ob die Karte echt und gültig oder gar gesperrt ist, und ob der Betrag das mit dem Kunden vertraglich vereinbarte Limit nicht übertrifft. Ist alles o.k., wird die Transaktion freigegeben und vom Kartenterminal ein (Doppel-)Beleg mit den Transaktionsdaten zur Unterschrift bzw. als Kopie für den Kunden ausgegeben. Die Überweisung der Kreditkartengesellschaft an den Händler kann bei dieser elektronischen Variante mit einer zusammenfassenden Aufstellung automatisch veranlasst werden (Fulfillment Service des Akquirers). Die unterschriebenen Belege werden nur noch zu Nachweiszwecken aufbewahrt. Mastercard paypass, Visa payWave sind Beispiele wie aktuell (2014) Kreditkarten mit neuartigen RFID-NFC-Chips für berührungsloses Zahlen von limitierten Kleinbeträgen oder mit zusätzlicher PIN-Eingabe oder Unterschrift auch für größere Beträge aufgerüstet werden. RFID (Radio Frequency Identification) erlaubt die Datenübertragung ohne leitende Pin-Kontakte mit den mit Induktiv-Antenne und Chip ausgestatteten batterielosen Karten, Tags oder Transpondern, die von einem Lese-/Schreibgerät mit elektromagnetischen Wellen auf kurze Entfernung bzw. bei

Berührung angestrahlt werden (vgl. Finkenzeller 2012). Durch Induktion geraten sie in Resonanz, werden mit Induktionsstrom versorgt, empfangen und reflektieren die Strahlung mit aufmodulierter Information. NFC (Near Field Communication) ist eine Weiterentwicklung von RFID mit Sicherheitsfunktionen speziell für berührungslose Zahlkarten sowie Handy-Bezahl- und Ticket-Systeme (siehe unten).

Eine besonders wichtige Rolle spielen Kreditkarten im Business Travel Management (vgl. Kapitel 3.5). Geschäftsreisende erhalten von ihren Unternehmen Kreditkarten, um auf Reisekosten-Vorschüsse verzichten zu können und von der Kreditkartengesellschaft eine automatische Aufstellung aller auf der Reise getätigten Zahlungen zu erhalten. Dies vereinfacht die Abrechnung und reduziert den Aufwand der Reisekostenerstattung. Viele Kreditkartenanbieter bieten auch zusätzlich diverse Reiseversicherungen automatisch bei Kreditkartenzahlung an. Umgekehrt vermitteln Flug-, Mietwagen- und Hotelgesellschaften ihren Kunden eine Kreditkarte als Kundenkarte mit einem umfassenden Bonus-Programm nicht nur bei Flugbuchungen sondern auch für diverse andere Einkäufe bei einem großen Netz von Kooperationspartnern. Die Kreditkarte dient Fluggesellschaften und Bahnunternehmen als Identifikationsmedium für elektronische Tickets, und Hotels nutzen die hinterlegten und geprüften Kreditkarten-Daten als Sicherheit für Reservierungen. Viele Veranstalter und Leistungsträger bieten Reisebüros an, über die Masken der touristischen Distributionsnetzwerke der GDS und ADS (vgl. Kap. 4.6.4) bzw. der Mid-Office-Systeme (vgl. Kap. 3.1) die Kreditkartendaten der Kunden zu erfassen, zu prüfen und das Inkasso mit den Kartengesellschaften durchzuführen. Die Reisebüros benötigen bei diesem kreditkartenbasierten Veranstalter-Inkasso keinen eigenen Vertrag mit einer Kreditkartengesellschaft und müssen kein Disagio zahlen. Sie sind aber für die Prüfung der Karte und die Unterschrift des Kunden verantwortlich. Immer mehr Reisebüros verwenden bei Reisebüro-Inkasso und Eigenveranstaltungen auch Kreditkarten für ihre Zahlungen an Leistungsträger im In- und Ausland.

- **Debitkartensysteme**

Bei einer elektronischen Zahlung mit einer Debitkarte (EC-Electronic Cash bzw. girocard oder Maestro) wird das Girokonto des Karteninhabers unverzüglich belastet (debitiert). Ein Kredit wird nicht gewährt. Das bisher EC-(Electronic Cash) genannte Verfahren wird in Deutschland vom ZKA (Zentraler Kreditausschuss – der Spitzenverband der Deutschen Kreditwirtschaft) organisiert. Es läuft seit 2008 mit neuem Logo unter dem übergeordneten Begriff *girocard,* um die internationale Akzeptanz deutscher EC-Karten im Euroraum im Rahmen der Einführung des einheitlichen europäischen Zahlungsverkehrsraums (SEPA-Single European Payment Area) zu erhöhen.

Das Maestro Debitkartensystem wird international von MasterCard organisiert. Ein weiteres internationales Debitkartensystem ist z. B. Visa Elektron oder V Pay. Maschinenlesbare Bankkarten mit dem EC/girocard und Maestro-Logo, Magnetstreifen, ggf. Chip und Kundenunterschrift werden von Banken und Sparkassen in Deutschland an Inhaber eines Girokontos ausgegeben. Der Kunde erhält zusätzlich eine nur ihm bekannte geheim zu haltende vierstellige PIN (Persönliche Identifizierungs-Nummer) zur Authentifizierung. Mittels girocard und Angabe der PIN können Kunden mit dem Geld auf ihrem Girokonto elektronisch zahlen und es als Bargeld aus Bankautomaten abheben.

Händler benötigen zur Teilnahme am girocard-Verfahren ein Kartenterminal und einen Servicevertrag mit einem ZKA-zertifizierten Netzprovider. Außerdem brauchen sie neben einem Konto bei ihrer Bank einen gebührenpflichtigen Inkasso-Vertrag, der die Bank verpflichtet, alle girocard-Transaktionen am Kartenterminal bei den Banken der girocard-Besitzer einzuziehen. Die herausgebenden Banken der girocard-Besitzer erhalten hierbei für die für ihre Kunden übernommene Zahlungsgarantie ein sog. Händlerentgelt.

Die Electronic-Cash- bzw. girocard-Zahlung am Kartenterminal erfolgt entsprechend anders als bei Kreditkarten: Nach Eingabe der Zahlungssumme wird die girocard eingelesen und der Kunde authentifiziert sich mit seiner PIN. Wie beim Kreditkartenterminal stellt das girocard-Terminal über den Netzprovider eine Verbindung zum Autorisierungssystem der Bank her, die die girocard herausgegeben hat. Das Autorisierungssystem prüft neben der Echtheit und Gültigkeit der Karte die Sperrdateien, die PIN und den verfügbaren Finanzrahmen des Kunden und autorisiert die Transaktion mit einem nicht zu unterschreibenden (Doppel-)Beleg. Die PIN ist sicherer als eine fälschbare Unterschrift, weshalb die Zahlung auch ohne Unterschrift für den Händler gesichert ist. Der volle Zahlungsbetrag wird über den Fulfillment-Dienst des Netzproviders und den Inkasso-Dienst der Bank des Händlers unverzüglich eingezogen. Alle anfallenden Gebühren werden vom Händler gezahlt. Die Kosten pro Transaktion sind aber wegen der beim EC/girocard-Verfahren kaum vorhandenen Kredit- und Sicherheitsrisiken insgesamt niedriger als bei Kreditkartenzahlungen mit ihrem relativ hohen Disagio. Kontaktlose NFC-Debitkarten bieten z. B. Maestro PayPass und VPay paywave.

EC-Karten erlauben neben dem sicheren PIN-basierten Electronic Cash/girocard-Verfahren und dem im Ausland analog funktionierenden Maestro-Verfahren weitere Zahlungsarten: Das OLV (Online Lastschriftverfahren) auf der Basis einer Online-Autorisierung ohne PIN-Prüfung aber mit Belegunterschrift oder das ELV (elektronisches Lastschriftverfahren) ohne Online-Autorisierung nur auf der Basis des Auslesens der Kontonummer und Bankleitzahl mit Belegunterschrift. Beide Verfahren sind zwar billiger, aber mit erheblich höheren Ausfallrisiken durch Missbrauch und Rücklastschriften verbunden. Wegen der fehlenden Garantien sind sie für Händler erheblich unsicherer als Electronic Cash/*girocard* bzw. Maestro oder Visa Electron/VPay und *Kreditkarten*. Alle Lastschriftverfahren werden ab Februar 2014 bzw. nach einer Übergangsfrist bis 2016 durch das neue europaweite SEPA (Single European Payment Area) Lastschriftverfahren ersetzt, bei dem die nationalen Bankleitzahlen und Kontonummer durch höherstellige EU-weit gültige BIC (Bank Identification Code) und IBAN (International Bank Account Number) ersetzt werden. Außerdem treten für SEPA-Lastschriften neue EU-Vorschriften in Kraft: Bei jeder Lastschrift sind zusätzliche Angaben wie Fälligkeitsdatum (Due-Date), europaweit eindeutiger Gläubider (Creditor) ID des Händlers und einer vom Gläubiger eindeutig zu vergebenen Mandatsreferenznummer für jeden Zahlungsvorgang oder Vertrag mit dem jeweiligen Kunden notwendig. Sie werden Änderungen bei OLV und ELV-Verfahren mit sich bringen, die aktuell (2014) aber nicht klar sind. Außerdem ergeben sich neue erweiterte Widerrufsrechte, Widerrufsprozesse und –fristen.

Verschiedene Anbieter von Zahlungssystemdiensten bieten inzwischen Händlern, Gastronomen und Hoteliers sog. integrierte oder auch *hybride Kartenterminal* (vgl. Abb. 5.3.2) an, die sowohl für die Akzeptanz von Kreditkarten als auch von Debitkarten und Geldkarten sowohl kontaktbehaftet als auch kontaktlos geeignet sind. Bei diesen Anbietern kann man also alle elektronischen Zahlungssysteme inklusive Zugang zu den Netzprovidern und Fullfilment-Diensten (Durchführung der Abrechnungen und Überweisungen mit allen Beteiligten) aus einer Hand beziehen.

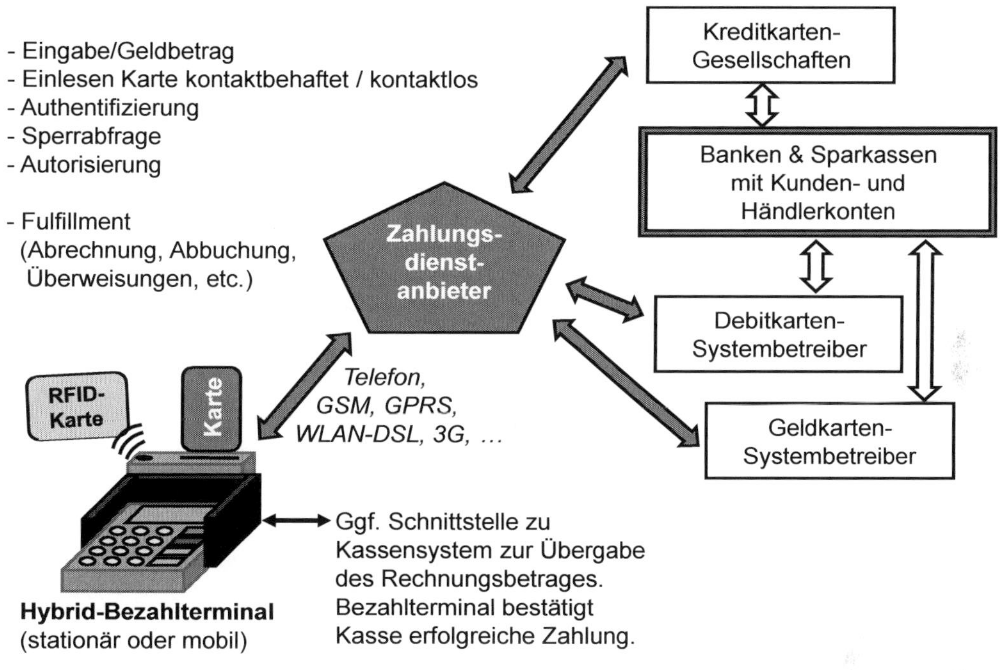

Abb. 5.3.2 *Hybridkarten-Terminal eines Zahlungsdienstanbieters am Point of Sale*

- **Geldkartensysteme**

Während Kreditkarten für die Zahlung höherer Beträge und Debitkarten für mittlere Beträge auf der Basis von Kontenbewegungen konzipiert sind, wurden Geldkarten explizit für kleine Zahlungsbeträge ähnlich einer nachladbaren elektronischen Geldbörse entwickelt. Sie eignen sich besonders zur Zahlung an Automaten und für Jugendliche, da sie kein eigenes Konto voraussetzen. Technische Basis für die Geldkarte ist der für Kredit- und Debitkarten nur optionale (Mikro-)Chip. Er kann Berechnungen zur Ver- und Entschlüsselung ausführen und in einem Speicher u. a. ein Geldguthaben verwalten. Karten mit solchen intelligenten Chips werden auch als Chipkarten oder Smart-Cards bezeichnet und haben neben der Geldkarte noch viele andere Anwendungen. Seit 2012 wird zusätzlich zum kontaktbehafteten Geldkartenchip die RFID-Erweiterung *girogo* in Deutschland angeboten. Hiermit kann die Zahlung und Aufladung an RFID-fähigen Terminals auch kontaktlos erfolgen.

Kontogebundene Geldkarten werden als Zusatzfunktion zu Debit- oder Kreditkarten von Sparkassen und Banken an Kunden mit Girokonten ausgegeben. *Kontoungebundene Geldkarten* (sog. White Cards) können z. B. auch von Verkehrsbetrieben an anonyme Kunden ohne Konto verteilt werden. Kontogebundene kombinierte Geld-/Debitkarten können an

Bankautomaten mit Hilfe der Debitkartenfunktion aufgeladen werden. Kontoungebundene Geldkarten können entweder an speziellen Ladeterminals mit zwei Kartenlesern von einer anderen Debitkarte oder am Bankschalter gegen Bargeldeinzahlung geladen werden. Dabei wird von der ausgebenden Bank der auf dic Geldkarte eingezahlte Betrag auf ein sog. Börsenverrechnungskonto gebucht. Es ist ein Sammelkonto für alle Guthaben von ausgegebenen Geldkarten einer Bank. Außerdem wird von der sog. Karten- oder Kundenevidenzzentrale ein zur Geldkarte gehörender Schattensaldo geführt, der das Kartenguthaben zusätzlich zum Speicherchip auf der Karte abbildet.

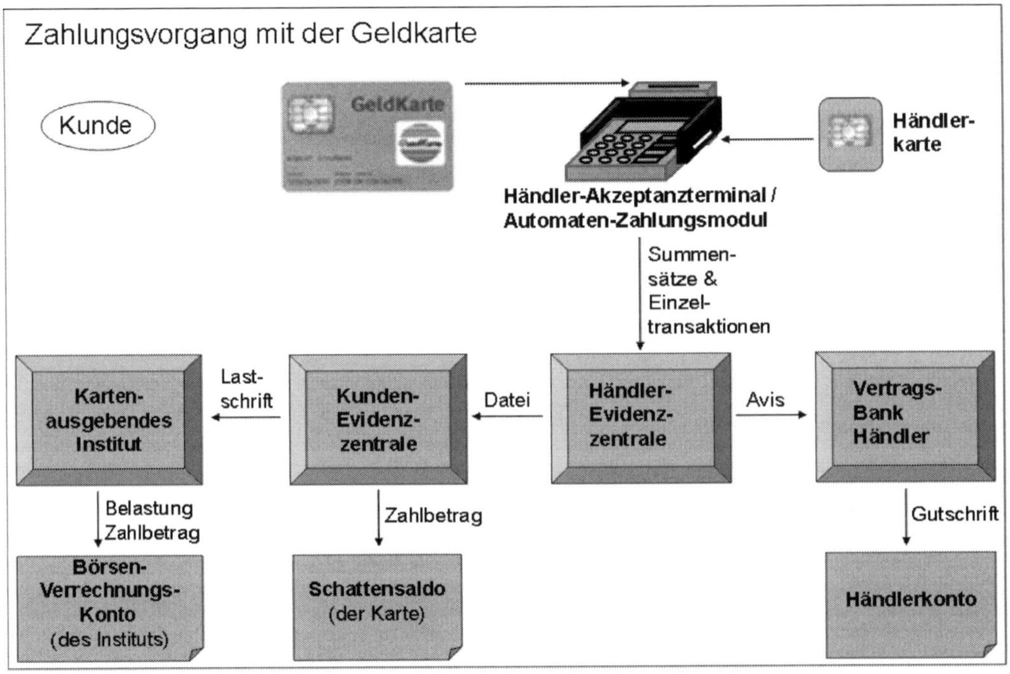

Abb. 5.3.3 *Zahlungsprozess mit der Geldkarte (Quelle: in Anlehnung an VÖB 2009)*

Händler, Hoteliers und Gastronomen, die Geldkarten zur Zahlung akzeptieren wollen, benötigen ein stationäres, portables oder mobiles Geldkarten-Terminal (Händlerterminal). Für Automatensysteme gibt es spezielle Geldkarten-Module. Zur Aktivierung der Geldkarten-Terminals oder Module benötigt man sog. Händlerkarten, die ebenfalls von Sparkassen und Banken an Händler mit einem Konto ausgegeben werden. Geldkarten-Terminals und -Module müssen im Gegensatz zu anderen Kartensystemen bei einer Zahlung keine Online-Verbindung zu zentralen Prüf- oder Autorisierungsrechnern aufbauen. Der auf der Kundengeldkarte verschlüsselt gespeicherte Geldbetrag wird nach Karteneinführung durch den Kunden ohne PIN und Unterschrift um die zu zahlende Summe vermindert. Die Zahlung wird mit Informationen über die Kundengeldkarte, sowie mit Terminal- und Händlerinformationen aus der im Terminal oder Modul eingesetzten Händler-Chipkarte im Terminal bzw. Modul gespeichert. Erst beim Kassenabschluss werden vom Händler-Terminal bzw. Automaten-

Modul alle Zahlungsdaten in einem Summensatz über einen Händler-Netzbetreiber an eine sog. Händler-Evidenzzentrale gesendet. Diese lässt die im Summensatz verzeichneten Zahlungsbeträge über einen elektronischen Avis an die Händlerbank auf dem Händlerkonto gutschreiben und zieht über die Karten- oder Kundenevidenzzentrale die Beträge per Lastschrift von den Börsenverrechnungskonten der Kundenbanken ein. Die Kartenevidenzzentrale reduziert entsprechend die Schattensalden der betroffenen Kunden-Geldkarten, die nun wieder dem auf der Karte gespeicherten Betrag entsprechen. Durch die Schattensalden kann das Guthaben einer Geldkarte bei einem technischen Defekt bei vorliegender Geldkarte und nach angemessener Wartezeit rekonstruiert werden. Kommt die Geldkarte allerdings abhanden, kann jeder Finder wie bei einer Geldbörse technisch über das Kartenguthaben verfügen, selbst wenn ihm das rechtlich nicht zusteht. Der Händler, Hotelier oder Gastronom bekommt in jedem Fall sein Geld.

Die einzelnen Zahlungstransaktionen mit Geldkarten sind aufgrund der technischen Vorgänge und Vorkehrungen sehr sicher und bei rechtzeitiger korrekter Einreichung von den Banken garantiert. Sie sind wegen des Verzichts auf Online-Autorisierung sehr schnell und von den Gebühren her sehr günstig. Automatenaufsteller können auf aufwändige Bargeldeinzugs- und Verwahrungsfunktionen verzichten, müssen aber auf eine gegen Stromausfall gesicherte Speicherung der Summensätze bis zu deren Übertragung an die Evidenzzentrale achten. Kontogebundene Geldkarten enthalten zudem eine Altersangabe gespeichert, die z. B. bei Zigarettenautomaten eine Zahlung und Selbstbedienung durch minderjährige Geldkartenbesitzer einschränkt. Die Zahlung mit kontoungebundenen White-Cards ist anonym. Saldenbewegungen von kontengebundenen Geldkarten sind rekonstruierbar.

Ähnliche Systeme wie die Deutsche Geldkarte gibt es in anderen Ländern wie z. B. Quick in Österreich. In allen genannten Ländern ist auch typisch, dass die Banken und Sparkassen ihren Kunden Debitkarten mit Geldkarten-Chip und neuerdings auch RFID-NFC-Chip als Multifunktions-Karten für beide Zahlungssysteme und kontaktlose Zahlung ausgeben.

- **Prepaid-Kreditkarten**

Als Alternative zu klassischen Kredit- und Debitkarten werden von einigen Kreditkartengesellschaften Guthabenkarten als „Prepaid-Kreditkarten“, „aufladbare Kreditkarten“ bzw. „Kreditkarten auf Guthaben-Basis“ ohne Girokonto, Schufa-Auskunft und Bonitätsprüfung gegen Gebühren angeboten. Man kann mit ihnen weltweit an den Kreditkarten-Akzeptanzstellen auch im Internet elektronisch zahlen, wenn vorher auf einem speziellen Kartenkonto ein entsprechendes Guthaben (auch größere Beträge als mit Geldkarte) eingezahlt wurde. Eine Zahlung ohne Bezahlterminal nur mit Unterschrift/Ritsch-Ratsch-Apparat auf Kredit ist mit diesen Karten ohne erhabene Schrift unmöglich.

- **Prepaid-/Postpaid-Kundenkarten-Systeme**

Prepaid-Karten, Guthabenkarten, oder auch *Wertkarten,* sind Karten, die anhand verschiedener Technologien (Barcode, Magnetstreifen, Chip, RFID-Tags, etc.) bzw. durch Online-Konto-Abfragen ermitteln, was ein Kunde für den späteren Konsum von Produkten oder Dienstleistungen beim Anbieter vorausbezahlt hat. Sie werden beim eigentlichen Produkt- oder Dienstleistungskonsum bzw. der Zahlung ganz oder teilweise entwertet, können aber durch weitere Einzahlungen des Kunden an Kassen oder Bargeld-Ladeautomaten oder Überweisungen auf spezielle Karten-Konten wieder aufgeladen werden.

Oft werden *Kundenkarten* von öffentlichen und privaten Produkt- und Dienstleistungsanbietern bzw. Kooperationen *in Eigenverantwortung* und nur für ihre eigenen Kundengruppen eingeführt und betrieben (vgl. Stoll 2011). Sie dienen dann zur Gewährung von Sonderkonditionen, Erfassung und Gutschrift von Rabatten und Boni, als „Schlüssel" für Zugangssysteme (vgl. Abschnitt 4.3.5), elektronische Tickets/Fahrausweise/Zeitkarten, Bonus-/Rabattkarten, Kundenausweis oder zur systematischen Erfassung der Kaufgewohnheiten. Beispiele sind Karten von Verkehrsbetrieben, Fremdenverkehrsregionen, Telefon- und Mobilfunkgesellschaften, Bädern, Krankenhäusern, Hotelketten, Kantinenbetrieben, Studentenwerken, Automatenaufstellern etc. Entsprechend vielfältig sind die technischen Realisierungsformen, Funktionen, Anwendungsmöglichkeiten und Sicherheitsvorkehrungen. Der Wert eines Guthabens kann entweder direkt auf der Karte oder in zentralen Systemen gespeichert sein, die an vernetzten Lesegeräten bei Berührung oder berührungslos einen eindeutigen Kartenschlüssel auslesen, dem sie das entsprechende Kartenguthaben zuordnen. Die nicht von der Kreditwirtschaft betriebenen Guthabenkarten sind nur bei den ausgebenden Organisationen, bei denen die Vorauszahlung erfolgte bzw. den angegebenen Kooperationspartnern einlösbar. Guthabenkarten sind z. B. als Kunden- und Mitgliedskarten, Touristenkarten (vgl. Kap. 3.6), Abokarten und Skipässe ein wichtiges Instrument der Kundenbindung und Marktforschung. Sie erlauben eine Reduzierung der Bargeldhaltung sowie eine Vereinfachung, Automatisierung und Erfassung der Konsumvorgänge. Außer dem Aufwand für Systemeinführung und -betrieb sind solche Prepaid-Systeme für Händler finanziell vorteilhaft, da die Kunden dem Händler von der Vorauszahlung bis zum tatsächlichen Konsum ein zinsloses Darlehen gewähren. Mit der Vorauszahlung, selbst wenn sie und die Kartenausgabe anonym erfolgen, ist allerdings bereits ein Vertragsverhältnis zwischen Kunde und Händler zustande gekommen, in dem der Kunde wie bei einem Gutschein einen Anspruch auf die Erfüllung der versprochenen Leistungen erworben hat.

Als sog. *Postpaid-Karten* oder *-Tags* dienen Kundenkarten auch als Medium zur Registrierung von kostenpflichtigen Konsumvorgängen von Gästen, z. B. während eines Hotel-/Resort-, Schwimmbad- oder Club-Aufenthaltes, die erst beim Check-Out des Kunden an der Rezeption oder Kasse bezahlt werden (Postpaid-Card). Vorteil für den Gast ist, dass er beim Konsumieren keine Geldbörse mit sich führen muss. Bei Mobilfunkanbietern werden Postpaid-SIM-Karten sogar erst am Monatsende abgerechnet, sind also Varianten der klassischen Vertragsbindung mit Bonitätsprüfung und Schufa-Auskunft aber ohne Kreditkartengesellschaft, die dem Kunden einen Kredit gewährt. Das Ausfallrisiko bei Postpaid-Kundenkarten trägt der Anbieter der Kundenkarte allein.

Da das Management von Kundenkarten-Systemen sehr viel technologisches und organisatorisches Know-How verlangt, haben sich inzwischen Kartensystem-Provider etabliert, die den Betrieb von Kundenkartensystemen und kartenbasierten Kundenbindungsprogrammen insbesondere für Handels- und Tourismusunternehmen in deren Auftrag übernehmen. Beispiele für die Vielfalt unterschiedlicher Kartensystem-Provider sind das PAYBACK-System von loyalty partners, die City-Cards von SmartLoyalty oder die (((eTicket VDV Kernapplikation für Elektronisches Fahrgeldmanagement (EFM).

Kundenbindungskarten wie z. B. PAYBACK identifizieren Kunden bei der Bestellung oder Bezahlung, sammeln die Umsätze und gewähren Rabattangebote oder Geschenke in Abhängigkeit vom Einkaufsvolumen. Gleichzeitig werden Informationen zum Kaufverhalten jedes einzelnen Kunden gesammelt und für zielgruppenspezifische Werbung bzw. Kaufangebote verwertet. Kundenbindungsprogramme werden nicht nur für Einzelunternehmen sondern auch für kooperierende Unternehmen z. B. einer Airline-Allianz oder Hotelkooperation angeboten sowie für branchenübergreifende Kooperationen z. B. zwischen Autovermietern, Airlines, Hotelketten, Restaurantketten, Handelsketten, bei denen Kunden dann mehr Bonuspunkte einsammeln und einlösen können. Oft werden auch in Kooperationen zwischen touristischen Leistungsträgern und der Kreditwirtschaft speziell für Reisende Kundenbindungskarten angeboten, die gleichzeitig als Kreditkarte dienen.

City-Cards, Destinations- oder *Touristenkarten* sind spezielle Kundenkartensysteme zur Förderung des regionalen Tourismus und Erhebung der Kurtaxe (vgl. Pechlaner/Zehrer 2005). Touristische Leistungsträger und Händler einer Stadt oder einer Tourismus-Region kooperieren mit den Tourismus-Organisationen und Kommunen um eine Gästekarte mit aufbuchbaren Zusatzleistungen anzubieten. Abbildung 5.3.4 fasst die Organisationsbeziehungen in einem typischen Destinationskarten-System als Rollenmodell zusammen, wobei einzelne Akteure wie Hotels oder Tourismus-Organisation durchaus mehrere Rollen (z. B. Ausgabestelle und Akzeptanzstelle) gleichzeitig wahrnehmen können:

Abb. 5.3.4 *Rollenmodell und Interaktionsbeziehungne eines Destinationskarten-Systems einer Tourismus-Region*

Die Ausgabestellen können für den Verkauf der Karten und Aufbuchung der Zusatzleistungen Provisionen von den anbietenden Leistungsträgern erhalten. Der Kunde erhält bei den Kartenakzeptanzstellen für alle freigeschalteten Leistungen Zutritt bzw. kann diese von der Karte abbuchen lassen. Der Kartensystem-Provider organisiert die technischen Infrastrukturen, Karten und den Serverbetrieb, stellt die gegenseitigen Forderungen fest (Clearing), rechnet Kartenzahlungen und Provisionen transparent mit allen Beteiligten ab (Billing), zieht die Gelder ein bzw. überweist sie (Settlement), wofür er Transaktionsgebühren erhält. Übernachtungsgäste fragen die Gäste- oder Kurkarte aktiv nach und sind mit der Kartenausgabe über den Kartensystemprovider automatisch gemeldet bzw. für die Kurtaxe registriert, die dann von der Kommune vollständig von den Beherbergungsbetrieben eingezogen werden kann. Hotels können die Karte bei geeignet standardisierter Technologie gleichzeitig als elektronischen Zimmerschlüssel verwenden (vgl. Abschnitt 4.3.5). Die transparente Abrechnung erleichtert die Kooperation touristischer Leistungsträger beim Schnüren von Kombi-Angeboten und Leistungsträger, Kommunen und die Tourismusorganisation erhalten wertvolle Nutzungsstatistiken. Der Kunde erhält bei seinem Aufenthalt in der Destination ähnlich wie in einem Club oder Resort einfachen elektronischen Zutritt zu allen Leistungen, erhält Loyalitätsrabatte und kann auf andere Formen der Zahlung verzichten. Als ÖPNV-, Bergbahn- und Parkticket kann die Gästekarte zudem der Verkehrs- und Besucherlenkung dienen. Die Kommunen können das System auch als Bürgerkarte einsetzten.

Kartensysteme für Verkehrsträger und Mobilitätsanbieter haben eine lange Tradition. Fluggesellschaften und Bahnen betreiben Kartensysteme als Automaten-Zahlungsmittel, Dauer-Fahrausweise, Zeitkarten, Rabatt- und Bonusprogramme, Zutrittsausweise z. B. zu Lounges und Kundenbindungskarten. Je nach Anwendung kommen dabei alle verfügbaren Kartentechnologien zum Einsatz. Im Rahmen der internationalen Airline- und Bahn-Verbände wurden neben betrieblichen, bilateralen und nationalen Regelungen auch zahlreiche internationale Normen zur Ausgestaltung und gegenseitigen Anerkennung insbesondere von Tickets sowie zum Clearing, Billing und Settlement mit Reisemittlern verabschiedet und umgesetzt.
Der (((eTicket-Standard des Verbandes Deutscher Verkehrsunternehmen (VDV) dient zur Förderung der Nutzung einheitlicher Ticket-Karten und intermodaler Mobilität zwischen verschiedenen Verkehrsträgern und Nahverkehrs-Tarifverbünden. Durch einheitliche Smartcard- und RFID-Standards für elektronische Kunden- und Zeitkarten sowie Verbundtickets und eine gemeinsame VDV-Kernapplikation soll die gegenseitigen Verrechnung von Beförderungsentgelten und das Elektronische Fahrgeld Management (EFM) in Deutschland im ÖPNV ermöglicht werden. Lese- und Kontrollgeräte in Bussen und Bahnen erlauben zukünftig sogar exakte nutzungsabhängige Postpaid-Verkehrstarife vom Start- zum Zielort. Branchenübergreifende Kooperationen mit anderen Formen der Mobilität und anderen öffentlichen und privaten Leistungsträgern sind werden ebenfalls unterstützt.
Autovermieter setzen ebenfalls in großem Umfang Kundenbindungskarten ein und nutzen für das Car-Sharing spezielle RFID-Folien-Tags (sog. RFID-Sticker), die mit dem Führerschein verklebt als Zugangsmedium für Car-Sharing Fahrzeuge dienen (vgl Abschnitt 4.5.3).

Staatliche Personalausweise mit integriertem Chip sind als Online-Ausweis mit Biometriefunktionen und Signaturkarte für elektronische Unterschriften einsetzbar. Sie können dieselben technischen Funktionen wie andere Kartensysteme speziell in E-Government Anwendungen wie z. B. zukünftigen Meldeprozessen im Tourismus übernehmen.

- **Handy-Bezahlsysteme und Smartphone-Kartenemulationen**

Das Handy oder Smartphone als Geldbörse am POS einzusetzen ist sehr naheliegend und Basis vieler Mobile Payment Verfahren (vgl. Lerner 2013). Das Handy-Bezahlsystem Paybox, das in Deutschland als Pionier sehr früh ein großes Medienecho fand, hat in Österreich einige Verbreitung gefunden: Kunden können bei kooperierenden Mobilfunkprovidern ohne Anmeldung bzw. nach Anmeldung bei Paybox unter Angabe des Bankkontos mit einer Einzugsermächtigung teilnehmen. Der Kunde erhält dann eine vertrauliche Paybox PIN. Händler haben die Möglichkeit mit Paybox einen Vertrag abzuschließen und können dann Paybox am POS, als Modul in Automaten oder über ein mit Login und Passwort geschütztes Internet-basiertes virtuelles Terminal an Kassen bzw. mobil, z. B. im Taxi etc., einsetzen. Zum Zahlen muss der Kunde dem Händler seine Handy-Nummer oder eine vorher vereinbarte Alias-Nummer angeben. Der Händler übermittelt diese Nummer an Paybox, die einen Anruf (PayCall) an das Handy des Kunden sendet und die Zahlung bei Anruf durch Eingabe der Paybox PIN (Tonwahl) bestätigen lässt. Die bestätigten Zahlungen werden vom Kunden eingezogen und dem Händler überwiesen. Auch Parkscheine und Fahrscheine können per SMS bzw. Smartphone-App gebucht und bezahlt werden. In Österreich, Deutschland und andernorts wurden inzwischen von verschiedenen Anbietern viele weitere Dienste für Handy-Bezahl- und Mobile-Ticketing-Funktionen entwickelt. Sie werden von Zahlungsdienstanbietern und Telekommunikations-/Postunternehmen (z. B. veropay, O2/Vodafone/Telekom/Mastercard mpass, Deutsche Post Paysmart), aber auch von Verkehrsunternehmen (z. B. Deutsche Bahn Touch&Travel, Lufthansa etix mit mobiler Bordkarte, etc.), Kommunen (für Parkgebühren), im ÖPNV (z. B. VDV HandyTicket) oder von Automatenbetreibern angeboten. Die Funktionsweise ist entweder wie oben beschrieben oder bezieht weitere Techniken wie Strichcodes, 2D-Barcodes und Near Field Communication (NFC) ein:

Strichcodes bzw. *2-dimensionale Barcodes* (auch *QR – Quick Response Code*) werden verwendet, um dem Kunden die Eingabe von Händler- oder Produkt-/Tarifkennzeichen zu ersparen, indem einfach die Barcodes mit dem Smartphone-Fotoapparat fotografiert und durch eine geeignete App entschlüsselt und übertragen werden. Verschlüsselte Barcodes werden umgekehrt auch auf dem Handy- oder Smartphone-Display des Kunden angezeigt, damit sie der Händler als Beleg für die vom Kunden durch PIN autorisierte Zahlung einscannen kann. Mobile Tickets werden ebenfalls mit verschlüsselten Barcodes an das Handy oder Smartphone des Kunden versendet, damit sie bei der Fahrkartenkontrolle mittels mobiler Kontrollgeräte eingescannt, entschlüsselt und automatisch auf Gültigkeit überprüft werden können.

Nearfield Communication (NFC) (vgl. Finkenzeller 2012 und Lerner 2013) ist eine Weiterentwicklung des RFID-Standards speziell für Handy-Bezahlfunktionen und sog. Smartcard-Emulationen, bei denen ein Handy oder Smartphone, das mit NFC-Chipsatz und Antenne ausgerüstet ist, die Funktionen einer „virtuellen“ RFID-Smartcard nachahmt (emuliert). Beim Payment unterstützt NFC die sichere Übertragung der oben beschriebenen Zahlungsinformationen zwischen Smartphone und Lesegerät bei Annährung und Bestätigung in einer App oder bei Berührung. Mobile Ticketing-Systeme wie HandyTicket oder DB Touch & Travel ermöglichen per NFC die Meldung des Fahrtantritts und Fahrtendes durch Berührung von Touchpoints an Haltestationen oder in Verkehrsmitteln mit dem Handy. Das Mpass-System bietet zudem einen NFC-RFID-Sticker in Form einer Folienkarte an, der auf Mobiltelefone ohne NFC geklebt werden kann und dann als Mastercard Paypass Karte dient.

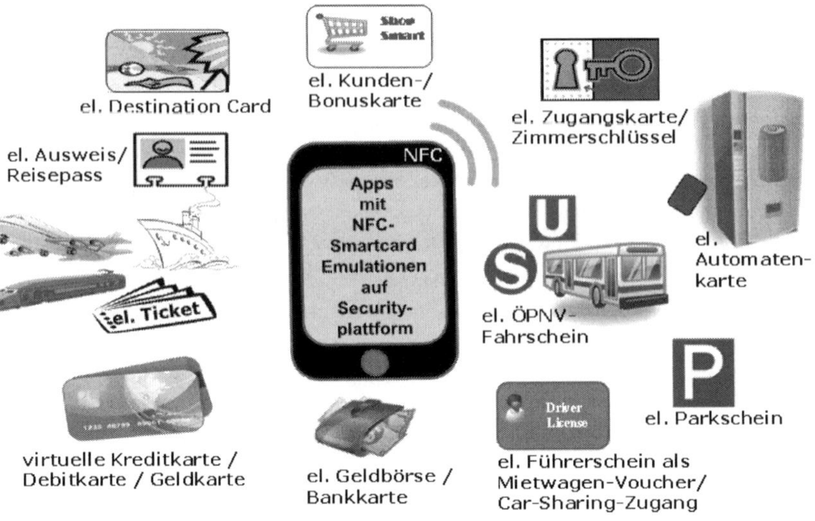

Abb. 5.3.5 *NFC-Smartphone als gesicherte Plattform für elektronische Zahlungs- und Kartensysteme. Quelle: Eigene Darstellung in Anlehnung an Giesecke & Devrient 2011*

Giesecke & Devrient hat eine gesicherte NFC-basierte Smartphone-Plattform entwickelt, bei der das Handy die Rolle diverser aktuell durch Kartensysteme realisierter Anwendungen übernehmen kann. Hiermit können theoretisch alle Karten-Anwendungsfälle eines Touristen in der Reisekette abgedeckt werden (vgl. Abb. 5.3.5). Dies gilt auch für NFC-Watches.

Bluetooth Low Energy (BLE) ist eine Weiterentwicklung des verbreiteten Bluetooth-Standards zur drahtlosen Datenübertragung, der prinzipiell auch für die Realisierung von Zahlungsfunktionen für Smartphones geeignet ist und zum Konkurrenten für NFC werden könnte. Aktuell (2014) sind aber noch keine BLE-basierten Mobile Payment-Lösungen verbreitet.

Weitere Mobile Payment Dienste sind über den Anruf oder die Versendung von SMS an kostenpflichtige Rufnummern realisierbar (rechtlich wegen der Missbrauchsmöglichkeiten stark limitiert) oder über gesicherte E-Mail-, und Smartphone-App-Dialoge mit *Billing- und Inkassosystemen*, die sich aber vor allem auf Mobile Payment zur Anweisung von Zahlungen für E-Commerce-Transaktionen im Internet spezialisiert haben (vgl. nächsten Abschnitt).

5.3.2 Elektronische Systeme zur Zahlung im Internet

Beim Verkauf und der Reservierung über den eigenen Webauftritt handelt es sich um Formen des elektronischen Geschäftsverkehrs, bei dem der Kunde nicht am Point of Sale anwesend ist. Entsprechend sind insbesondere für die Zahlung im E-Commerce spezielle **Internet-Bezahlsysteme** entwickelt worden (vgl. hierzu auch Abbildung 4.3.8 in Kapitel 4.3). Sie basieren z. T. auf den bereits im vorigen Abschnitt behandelten elektronischen Bezahlsystemen, sehen aber zusätzliche Sicherheitsvorkehrungen und Akzeptanzbedingungen für den Fernabsatz oder Internet-Handel vor (vgl. Stahl et al. 2013, Spitz et al. 2012, Theil 2008).

Für alle touristischen Leistungsträger von Fluggesellschaften, Hotels und Autovermietern bis hin zu Reiseportalen spielen Internet-Bezahlsysteme vor allem bei Reservierungen über die eigene Website eine wichtige Rolle. In der Gastronomie ist die Internet-Bezahlung für den Verkauf von Artikeln über das Internet und Versandgeschäfte (Delikatessen etc.) von Bedeutung. Reservierungen im Internet wie auch im Call Center gehören zum Fernabsatz bzw. elektronischen Handel. Da der Kunde beim Bezahlen nicht anwesend ist, ergeben sich zusätzliche Risiken, und auch die Rechtslage ist anders. Im Internet ist der Vertrieb zudem vollständig automatisiert. Die Datenkommunikation erfolgt über ein ungesichertes Netz. Daher sind die bisher diskutierten elektronischen Zahlungsverfahren ohne zusätzliche technische, organisatorische und vertragliche Vorkehrungen nicht oder nur bedingt für das Online-Shopping oder die Reisebuchung im Internet geeignet. Aus Sicht des Kunden ist im Internet zudem die nächste Einkaufsmöglichkeit nur „einen Click weit entfernt". Wegen der niedrigen Eintrittsbarrieren für Online-Shops ist das Angebot konkurrierender Anbieter meist groß und für den Kunden einfache, sichere und vorteilhafte Zahlungskonditionen, Zahlungsmittel und Zahlungsprozesse sind neben dem Preis mit kaufentscheidend. Internet-Zahlverfahren und der Schutz der hierbei ausgetauschten Daten müssen also technologisch und organisatorisch sicher, einfach bedienbar, kostengünstig, vertrauenswürdig sein um die durch die höhere Anonymität und Offenheit der Kommunikationswege im Internet bedingten Zahlungsausfall- und Betrugsrisiken auf Anbieter- und Kundenseite zu minimieren.

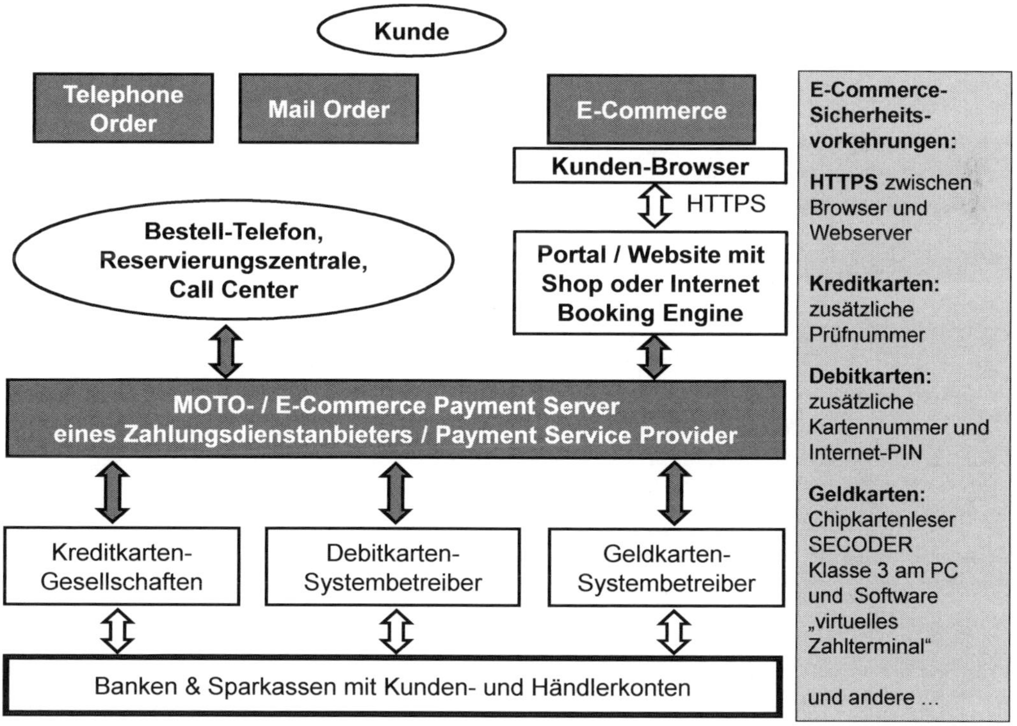

Abb. 5.3.6 *Zahlungsdienstanbieter stellen zusammen mit den Betreibern der elektronischen Zahlungssysteme spezielle Erweiterungen für MOTO- und Internet-Zahlungen bereit.*

Rechtlich und organisatorisch sind auf Anbieter- und Kundenseite Vorschriften zu beachten, nicht nur im internationalen sondern auch im nationalen elektronischen Zahlungsverkehr, wozu jedoch auf Fachliteratur verwiesen wird (vgl. Toussaint 2009, Wahlers 2013).

Technisch ist für alle Internet-Zahlungsverfahren mindestens eine Verschlüsselung der Datenübertragung über HTTPS (Secure Hypertext Transfer Protokoll), der auf dem SSL (Secure Socket Layer) basierenden und Zertifikat-gestützten Variante des WWW-Protokolls, erforderlich (vgl. Spitz et al. 2013 und Abb. 5.3.6). Sie soll sicherstellen, dass von Kunden während des Zahlungsvorganges eingegebene vertrauliche Daten wie Konto- bzw. Kartennummern, PINs, Prüfnummern etc. nicht oder nur mit großem Aufwand abgehört werden können, und dass der Webauftritt, auf dem gezahlt wird, durch ein gültiges Zertifikat einer Zertifizierungsorganisation authentifiziert ist. Letzteres ist wichtig um zu vermeiden, dass gefälschte Webauftritte unberechtigt Zahlungsdaten abfragen (sog. Phishing). Auch auf dem Webserver des Webauftritts dürfen zahlungsbezogene Daten nie unverschlüsselt abgelegt werden.

- **Kreditkartenzahlung im Internet**
Klassische Kreditkarten können im Fernabsatz vom Händler mit einem normalen Vertrag nicht eingesetzt werden, da die Karte bei der Zahlung nicht physisch vorliegt, nicht elektronisch eingelesen und der Beleg vom Kunden nicht unterschrieben werden kann. Für Bezahlungen bei postalischer oder telefonischer Bestellung (inkl. FAX) muss der Händler mit der Kreditkartengesellschaft einen speziellen MOTO (Mail Order/Telephone Order) Vertrag abschließen. Für Internet-Zahlungen sind E-Commerce-Verträge notwendig (vgl. Abb 5.3.6). Wegen des erhöhten Missbrauchsrisikos fallen bei MOTO- und E-Commerce-Verträgen meist höhere Disagios an, oder es werden die Kreditgarantien eingeschränkt. Für MOTO und E-Commerce-Zahlungen muss der Kunde statt der Unterschrift eine zusätzliche Prüfnummer angeben, die auf der Kreditkartenrückseite vermerkt ist. Internet Zahlungen mit neueren „Prepaid-Kreditkarten" funktionieren ebenso. Die Prüfnummer darf von E-Commerce-Softwaremodulen und Zahlungssoftware im Internet zwar zur Prüfung verwendet, aber nicht gespeichert werden. Händler sind durch MOTO- und E-Commerce-Verträge zur Umsetzung technischer und organisatorischer Sicherheitsvorkehrungen in ihren EDV-Systemen und Prozessen sowie zur Einbindung ausschließlich zertifizierter Dienstleister und Systeme verpflichtet. Händler, Netzbetreiber und Anbieter entsprechender Softwarelösungen müssen im Rahmen von Audits und Zertifizierungen z. B. nach dem PCI-DSS (Payment Card Industry Data Security Standard) regelmäßig Auskunft zur Einhaltung der Sicherheitsauflagen geben. Nichterfüllung der Auflagen führen im Missbrauchsfall zu Schadensersatzforderungen und Strafen. Darüber hinaus stellen die Kreditkartenunternehmen zusätzliche Sicherheitsfunktionen wie z. B. *MasterCard Secure Code* oder *Verified by Visa* bereit, mit denen sich der Kunde z. B. durch eine weitere geheime PIN vor der Zahlung direkt bei der Kreditkartengesellschaft, Bank oder Sparkasse authentifiziert.

- **Virtuelle Kreditkarten**
Eine Weiterentwicklung der Kreditkartenzahlung im Internet ist die sog. virtuelle Kreditkarte, die eigentlich eine virtuelle „Prepaid-Kreditkarte" – also eine virtuelle Guthabenkarte (siehe oben) ist. Der Kunde muss ein Guthabenkonto anlegen und erhält statt einer Plastik-Prepaid-Kreditkarte lediglich die Daten (Inhaber-Name, Kartennummer, Ausstellungs- und

Ablaufdatum, Prüfziffer) seiner zum Guthaben gehörenden virtuellen Kreditkarte mitgeteilt. Mit diesen Kreditkarten-Daten kann er bei akzeptierenden Online-Shops bis zur maximalen Guthaben-Höhe bezahlen. Gegebenenfalls können auch für jede einzelne Zahlungstransaktion nur einmalig verwendbare virtuelle Kreditkarten-Nummern generiert werden.
Speziell für die internationale Bezahlung von Buchungen und Provisionen zwischen Reisemittlern bzw. Online-Reiseportalen und Leistungsträgern bietet z. B. die Wirecard AG den auf virtuellen Kreditkarten basierenden Supplier and Commissions Payments Dienst als Alternative zu den europäischen SEPA-Überweisungen und zum weltweiten SWIFT-Interbank-Zahlungsverkehr an.

- **Debitkarten, Online-Lastschrift und Girokonto-Überweisungen im Internet**

Das Problem der EC-/girocard Zahlung mit PIN-Verfahren im Internet ist die Autorisierung der Zahlung und die technisch sichere Übermittlung der geheimen PIN. Sie sind bei der Geldkarte wegen der intelligenten Smart-Card-Verschlüsselungsfunktionen einfacher und sicherer zu realisieren. Maestro erlaubt die Internet-Zahlung mit einer Debitkarte unter Verwendung des *MasterCard Secure Code* Verfahrens (vgl. oben). Die Deutsche Kreditwirtschaft plant eine girocard Online genannte Erweiterung der girocard Debitkarten. Die girocard Online Debitkarte soll für Internet-Zahlungen in ein gesichertes Kartenlesegerät eingelesen werden und die Zahlung mit PIN-Eingabe in den Kartenleser bestätigt werden (vgl. Der Handel 2013).
Oft sind im Internet auch die für den Händler unsicheren Online-Lastschrift- oder Bankeinzugs-Verfahren verbreitet, die aktuell durch das EU-**SEPA** Verfahren ersetzt werden (siehe oben und vgl. Gerle 2013). Durch eine HTTPS-geschützte Formularabfrage werden die auf der EC/girocard angegebenen Bank- und Kontodaten vom Kunden ohne dessen Unterschrift erfragt. SEPA verlangt für die Angaben der Bankverbindung die BIC und die Kontodaten die IBAN sowie zusätzlich einen Fälligkeitstermin (Due-Date) sowie die Mitteilung der Gläubiger-ID und einer Mandatsnummer. Das Mandat kann vom Kunden als einfaches „Häckchen-Mandat" im Formular oder per Internet-Signatur erteilt werden. Die Beweislast für die Online-Mandate liegt beim Händler. Die Akzeptanz von Häckchen-Mandaten hängt auch von der Vereinbarung des Händlers mit dessen Hausbank ab. Die Internet-Signatur erfordert zudem weitere Signatur-Hardware wie einen sicheren Kartenleser (Secoder), eine Signaturkarte (z. B. auch der Neue Deutsche Personalausweis) und PIN-Eingabe beim Kunden. Der Kunde hat außerdem Widerrufsmöglichkeiten und -fristen für die Abbuchungen, die bei ungenügendem Kontostand auch schon vorher scheitern oder später zu Rückzahlungsverpflichtungen führen können.

Ein weiteres in Deutschland von der Postbank und Teilen der Kreditwirtschaft eingeführtes Verfahren auf Basis eines Girokontos ist *giropay*. Zum Bezahlen benötigt der Kunde ein für Online-Banking freigeschaltetes Girokonto mit entsprechender PIN und TAN (Transaktionsnummern)-Liste. Der Händler oder touristische Anbieter braucht einen Vertrag mit einem giropay-Akquirer und einen Payment Service Provider, der eine giropay-Softwareplattform in den Webshop bzw. die Internet Booking Engine des Anbieters integriert. Beim Kauf verzweigt der Webshop zur Giropay-Plattform, wo der Kunde seine Bank angibt und zum Online-Banking der Bank weitergeleitet wird. Dort führt er nach Log-In und Authentifizierung mit Kontonummer und PIN eine Überweisung durch, die er mit der TAN autorisiert. Damit hat er den Kauf bezahlt und kann die Überweisung an den Anbieter auch nicht rückgängig machen. Der Händler bzw. touristische Anbieter erhält eine Zahlungsgarantie über eine Schnittstelle zum Webshop bzw. zur IBE in Echtzeit um den Verkaufsprozess sicher abschließen zu können. Missbrauchsgefahr besteht hier nur darin, dass der Kunde auf gefälschte Online-Banking Log-Ins geleitet wird (Phishing) und hier seine PIN/TAN preisgibt.

- **Geldkarten im Internet**

Geldkarten eignen sich im Internet für die Zahlung kleinerer Beträge, sog. Micropayments bzw. als elektronisches Kleingeld. Beispiele sind die Bezahlung kleinerer Artikel, Tickets, Downloadartikel oder inkrementelle Zahlungen für Online-Dienste nach Zeittakt. Sie setzen aber im Gegensatz zur Kreditkarte beim Kunden einen Chipkarten-Leser nach dem Klasse 3 oder dem neueren SECODER Standard der Deutschen Kreditwirtschaft voraus, der über Standard-Schnittstellen an jeden PC oder Mobilcomputer angeschlossen werden kann. Klasse-3 Chipkartenleser sind ZKA-zertifiziert und besitzen wie Zahlungsterminals eine eigene Nummerntastatur. Es ist also kein Umweg über den unsicheren PC nötig. Ein Transaktionsmodul, stellt eine Ende-zu-Ende Verschlüsselung, die Anzeige des zu zahlenden Geldbetrages und eine Zahlung nur nach Bestätigung durch den Kunden sicher. Händler und touristische Anbieter müssen für die Akzeptanz von Geldkarten im Webshop oder in der Reservierungsfunktion ihres Webauftrittes (IBE) ebenfalls einen E-Commerce-Vertrag mit einem zertifizierten Dienstleister abschließen und benötigen eine Händlerkarte. Statt eines Händler-Terminals oder Automaten-Moduls braucht man am Shopsystem ein spezielles Software-Zahlungsmodul mit einem Hardware Chipkarten-Leser-Rack, in dem eine oder mehrere Händlerkarten ähnlich wie in Automaten rund um die Uhr zugreifbar eingesetzt sind. Das System realisiert ein sog. „Virtuelles Zahlterminal", in dem es für die Zahlung eine Ende-zu-Ende verschlüsselte Verbindung zum Chipkarten-Leser des Kunden aufbaut. Es zeigt diesem den Namen des Webshops und den Zahlbetrag an und führt nach der Bestätigung durch den Kunden in Kommunikation mit der Händlerkarte die Zahlungstransaktion analog zur normalen Geldkarte durch. Die Eingabe einer PIN ist nicht notwendig.

- **Virtuelle Prepaid Karte**

Etwas anders als die Geldkarte aber bei kleinen Beträgen ebenfalls anonym funktioniert die europaweit vom britischen Anbieter Skrill angebotene paysafecard. In teilnehmenden Läden, Tankstellen, Kiosks oder auch im Internet kann man Geld einzahlen und erhält eine 16-stellige PIN als **virtuelle Prepaid-Karte**. Mit der 16-stelligen PIN kann dann bis zum eingezahlten Geldbetrag in teilnehmenden Online-Shops und Onlinediensten bezahlt werden. In einem my paysafecard genannten Portal bzw. mit einer mobilen App kann man auch seine PINs mit den eingezahlten Guthaben verwalten.

- **Internet-Zahlung über Inkasso und Billing-Systeme**

Inkasso bzw. Billing-Systeme (z. B. PayPal (EBay), clickandbuy (Telekom), O2 „Bezahlen per Handyrechnung", Vodafone „Mobil bezahlen", Amazon Payments, Google Wallet, Click2Pay, und viele andere) schalten sich als Intermediäre zwischen Kunden und Lieferanten. Sie bieten eine große Bandbreite an Medien, über die eine Zahlung veranlasst werden kann inkl. E-Mail, SMS, Telefon, Handy und Smartphone-App (vgl. hierzu auch 5.3.1 Unterpunkt Handy-Bezahlsysteme).

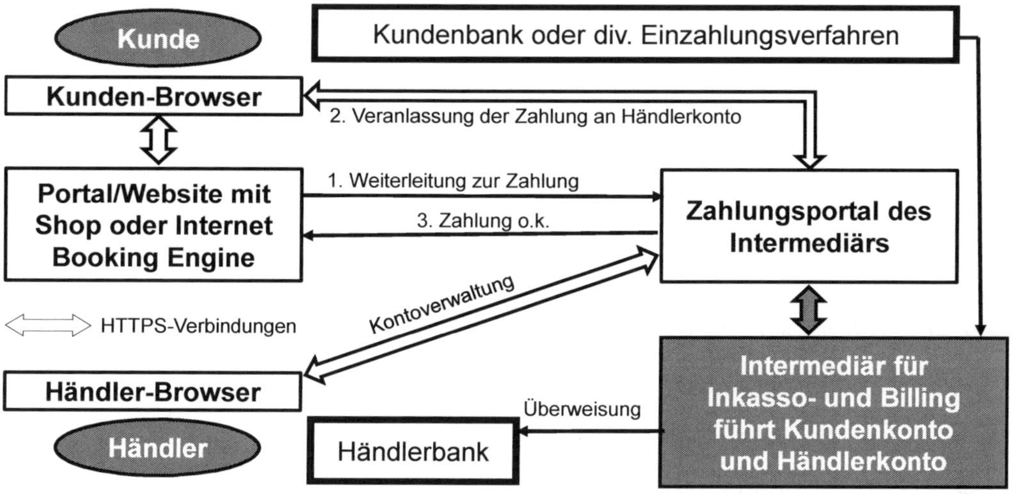

Abb. 5.3.7 *Inkasso- & Billing-Systeme als Intermediäre für Internet- oder Handy-Zahlungen*

Der Kunde steht entweder bereits in einer Geschäftsbeziehung zum Intermediär (bei Telefongesellschaften meist auf der Basis einer Einzugsermächtigung, bei großen Internet-Portalen über seine hinterlegten Zahlungsdaten) oder meldet sich beim Inkasso-System unter Hinterlegung seiner Bankverbindung mit Einzugsermächtigung oder seiner Kreditkartendaten an. Er kann auch beim Intermediär ein Online-Konto führen und hierauf z. B. mittels Internet-Banking, giropay oder über andere Verfahren ein Guthaben überweisen. Händler und touristische Anbieter machen ebenfalls einen Vertrag mit dem Intermediär und verbinden das Billing-System mit ihrem Webshop bzw. ihrem Web-Reservierungssystem. Gegebenenfalls erhalten sie dann auch ein Konto beim Intermediär, von dem sie eingegangene Beträge auf ihr eigenes Bankkonto überweisen können.

Beim Kauf wird der Kunde auf das Internet-Inkasso-System des Intermediärs geleitet und kann dort die gewünschte Zahlungsart auswählen. Der Zahlungsvorgang erfolgt nun zwischen dem Kunden und dem Intermediär entweder über ein Internet-Portal oder eine Smartphone App des Intermediärs oder über einen Dialog per E-Mail, SMS oder mit dem Call Center des Intermediärs. Dies hat den Vorteil, dass das Händlersystem keine vertraulichen Kundendaten wie Bankverbindung, PIN, Kreditkartennummern etc. übermittelt bekommt.

Der Anbieter bzw. Händler erhält lediglich die erfolgreiche Zahlung in Echtzeit signalisiert und dann auf seinem Konto gutgeschrieben. Das Inkasso- bzw. Billing-System zieht die Zahlung über das vom Kunden gewählte Zahlungssystem ein, z. B. von dessen Bankkonto, dessen Guthaben auf dem Kundenkonto, von einer Guthabenkarte, per Lastschrift, Kreditkarte, Online-Überweisung oder über die Telefonrechnung. Die Möglichkeiten variieren hierbei von System zu System. Die Intermediäre bedienen sich dabei ggf. der elektronischen MOTO/E-Commerce Dienste der zugrundeliegenden elektronischen Zahlungssysteme

Der Händler bzw. touristische Anbieter muss für diese Zahlungsleistung Transaktionsgebühren und Provisionen, gleichbedeutend mit dem Kreditkarten-Disagio, zahlen. Zusätzlich werden ihm Inkassodienste zur Einziehung von ausstehenden Forderungen angeboten, die über die weniger sicheren Zahlungsarten abgewickelt werden. Vielfach wird wegen der hohen Präferenz vieler Kunden für diese Zahlungsart nämlich auch im E-Commerce zumindest für Stammkunden die klassische *Zahlung per Rechnung* angeboten. Noch sicherer für den Händler, aber unbequem und risikobehaftet für den Kunden ist die *Zahlung per Vorkasse*, bei der ein Kunde erst den Zahlungsbetrag überweist und der Händler erst nach Zahlungseingang auf seinem Konto die Ware versendet. Es gibt hier keine Intermediäre aber beide Parteien haben einen organisatorischen Aufwand und erhebliche zeitliche Verzögerungen.

Mit dem Aufkommen der Smartphone Apps sind mit den Betreibern der Smartphone AppStores schließlich neue Intermediäre für Internet-Zahlungen wie Apple, Nokia, Google, Samsung, Microsoft und andere entstanden. Sie ziehen Zahlungen für Apps und andere digitale Medien, die Kunden ihrer Endgeräte und Betriebssystem-Plattformen über die dazugehörigen systemspezifischen Stores zum Teil exklusiv und gegen erhebliche Provisionen ein. Jeder Tourismus-Anbieter, der eine kostenpflichtige App z. B. für Apple Smartphones und IPads bereitstellen will, kann diese App auschließlich über Apples AppStore vertreiben, wofür eine Provision zu entrichten ist. Im Gegenzug werden die Apps von Apple geprüft und die gesamte Einkaufs- und Zahlungabwicklung wird von Apple übernommen.

Eine spezielle Alternative für Lieferwaren ist schließlich die klassische *„Zahlung per Nachname"* bei Auslieferung durch ein Logistik-Unternehmen, bei dem die Ware nicht übergeben wird, wenn der Kunde nicht bar, per EC- oder Geldkarte beim Zusteller oder an der Abholstation bezahlt. Das Logistik-Unternehmen leitet die Zahlung mit einer Gebühr an den Versender weiter und hat damit die Rolle des Intermediärs übernommen.

Quellen und weiterführende Literatur:

Der Handel – Wirtschaftsmagazin für den Einzelhandel, EC-Karte soll Internet-Zahlverfahren werden, News vom 15.9.2013, https://www.derhandel.de/news/technik/pages/ePayment-EC-Karte-soll-Internet-Zahlverfahren-werden-10037.html (Zugriff 16.3.2014).

Dettmer, H., Hausmann, Th., Wirtschaftslehre für Hotellerie und Gastronomie, Handwerk und Technik, Hamburg 2007.

Finkenzeller, K., RFID-Handbuch – Grundlagen und praktische Anwendungen von Transpondern, Kontaktlosen Chipkarten und NFC, 6. Aufl. Hanser Verlag München 2012.

Gerle, K., Der Einsatz des SEPA-Lastschriftverfahrens im Internet-Sales touristischer Dienstleister in Deutschland, Bachelorarbeit Hochschule München 2013.

Giesecke & Devrient, o. V., Smartphones vom Mobiltelefon zum Alleskönner, Abbildung, http://www.gi-de.com/de/trends_and_insights/nfc_mobile_phones/nfc-mobile-phones.jsp (Zugriff: 15 6.2014, erstmalig in 2011).

Goecke, R., Kategorien und Beispiele für IT- und Karten-Systeme im Tourismus, http://www.mtourism.de/tourismus-it-beispiele.php (Zugriff 11.8.2014).

Kretschmar, St., Elektronische Zahlungssysteme: Grundlagen, Verbreitung, Akzeptanz, Bewertung, VDM Dr. Müller Verlag 2005 und AkademikerVerlag Saarbrücken 2012.

Lerner, Th., Mobile Payment – Technologien, Strategien, Trends, Fallstudien, Springer Vieweg + Teubner 2013.

Pechlaner, H., Zehrer, A., Destination-Card-Systeme: Entwicklung – Management – Kundenbindung, Linde Verlag Wien 2005.

Spitz, St., Pramateftakis, M., Swoboda, J., Kryptographie und IT-Sicherheit, 2. Auflage, Springer Vieweg+Teubner Wiesbaden, 2011.

Stahl, E., Krabichler, Th., Breitschaft, M., Wittmann, G, E-Commerce Leitfaden – Noch erfolgreicher im elektronischen Handel, www.e-commerce-leitfaden.de, 3. überarb. und erw. Aufl., Regensburg 2013.

Stoll, D., Kundenkarten als Instrument zur Kundenbindung im Einzelhandel: Erfolgspotentiale und Grenzen, VDM Verlag Dr. Müller Saarbrücken 2011.

Theil, M., Kreditkarte versus E-Payment: Dic Zukunft der Zahlungsmittel im Electronic Commerce, Saarbrücken 2008.

Toussaint, G., Das Recht des Zahlungsverkehrs im Überblick: Praxishandbuch, Berlin 2009.

VÖB – Verband öffentlicher Banken, Der Zahlungsvorgang mit der Geldkarte, Abbildung 2009, online im Internet unter https://www.geldkarte.de/_www/de/pub/geldkarte/geschaefts partner/geldkarte_im_einsatz/technische_hintergruende/technische_hintergruende_laden.php (Zugriff 19.9.2009).

Wahlers, K., Die rechtliche und ökonomische Struktur von Zahlungssystemen innerhalb und außerhalb des Bankensystems, Springer Verlag Heidelberg 2013.

Quellen sind auch die im Internet bzw. als Broschüren publizierten Dienst-/bzw. Produktinformationen der Anbieter der im Beitrag erwähnten Zahlungssysteme.

5.4 IT-gestütztes Kundenbeziehungsmanagement

Ralph Berchtenbreiter

Der Gast von heute ist ein hybrider Gast. Er hat widersprüchliche und komplexe Bedürfnisstrukturen. Er ist anspruchsvoll, zugleich aber preissensibel. Sein Verhalten und seine Wünsche sind dadurch für die Unternehmen immer schwieriger zu antizipieren (vgl. Merl 2002, S. 19). Die Möglichkeit Kundenbeziehungen zu Gästen aufzubauen wird ambivalent diskutiert. Zum einen ist die Suche nach Abwechslung eines der wichtigsten Reisemotive (vgl. Dreyer 1999, S. 34). Dies führt zu einer im Vergleich zu anderen Branchen unterdurchschnittlichen Kundenloyalität (vgl. Born 2004, S. 425 und S. 440f.; Holloway 2004, S. 115). Andererseits eignet sich „die schönste Zeit des Jahres" unter anderem durch ihren stark emotionalen Charakter sehr wohl zum Bindungsaufbau (vgl. Bieger 2008, S. 16; Hirche 2004, S. 415).

Aber warum soll sich ein Unternehmen überhaupt mit den Beziehungen zu seinen Kunden auseinandersetzen? Die Antwort ist trivial: Je mehr der Kunde als Nachfrager zum Engpassfaktor wird, je schwieriger und kostenintensiver es ist, neue Kunden zu akquirieren, umso wichtiger sind die Beziehungen zu bestehenden Kunden, um Gewinne zu generieren. Das Kundenbeziehungsmanagement oder *Customer Relationship Management (CRM)* widmet sich detailliert den daraus erwachsenden Managementaufgaben. Dieser Beitrag konzentriert sich auf die IT-Unterstützung des CRM-Ansatzes. Trotzdem ist es zwingend notwendig, die konzeptionellen Grundlagen in der gebotenen Kürze darzustellen. Anders lässt sich weder der Aufbau der IT-Systeme noch die Aufgabenstellung an die IT-Systeme nachvollziehen.

5.4.1 Charakteristika des CRM und die Basisarchitektur von CRM-Systemen

CRM kann als eine kundenorientierte Unternehmensphilosophie verstanden werden, die „(…) den Aufbau und die Festigung langfristig profitabler Kundenbeziehungen durch abgestimmte und kundenindividuelle Marketing-, Sales- und Servicekonzepte mit Hilfe moderner Informations- und Kommunikationstechnologien" umfasst. (Leußer et al. 2011, S. 18).

Diese Definition führt zu zwei Aktionsfeldern:

(1) CRM bündelt als *kundenorientiertes Managementkonzept* die wesentlichen Strömungen der Marketingdisziplin, die sich mit der selektiven und langfristigen Bearbeitung von profitablen Kunden auseinandersetzen. Der Kunde, seine Prozesse und Beziehungsphasen werden dabei in das Zentrum der Überlegungen gestellt. Zur Umsetzung dieser Ausrichtung werden alle kundenorientierten Geschäftsprozesse und Verantwortlichkeiten neu ausgerichtet.

(2) CRM benötigt zur Umsetzung der o. g. konzeptionellen Anforderungen ein *IT-Konzept* in Form von integrierten Informationssystemen (CRM-Systeme). Die fachlich abgeleiteten kundenorientierten Geschäftsprozesse müssen durch die CRM-

Systeme vollständig unterstützt werden. Unerlässliche Basis hierfür ist eine Integration aller Insellösungen in Marketing, Sales und Service. Neben dieser Synchronisation der Bereichslösungen mit direktem Kundenkontakt ist eine Konsolidierung aller Kundeninformationen und deren Bewertung notwendig. Erst dies ermöglicht eine ganzheitliche Abbildung des Kunden („One Face of the Customer") und seine individuelle und konsistente Ansprache („One Face to the Customer").

- **Social CRM**

In den letzten Jahren hat die Nutzung des Webs eine Evolution durchlaufen. Aus passiven Informationskonsumenten wurden aktive Informationsproduzenten: User konsumieren nicht nur die unternehmensseitig bereitgestellten Informationen, sondern interagieren untereinander, reagieren auf Unternehmensaktionen und auf die Unternehmenskommunikation. Diese Nutzerevolution, in Verbindung mit den technologischen Entwicklungen der letzten Jahre, wird mit den Begriffen Web 2.0 und Social Media umschrieben (vgl. Malthouse et al. 2013). Im CRM lösten diese Entwicklungen eine Diskussion über die dadurch notwendigen Veränderungen der Marketing-, Vertriebs- und Serviceprozesse aus, die unter dem Schlagwort *Social CRM* zusammengefasst werden. Unter Social CRM wird daher eine Erweiterung des „klassischen" CRMs um Social Media verstanden. (vgl. Bulander 2011, S. 90). Sowohl aus management- als auch aus technologieorientierter Sicht gehen damit größere Veränderungen einher:

(1) Das wesentliche *managementorientierte* Merkmal ist der *Verlust der Kommunikationshoheit* der Unternehmen. Auch müssen Unternehmen anderes und schneller kommunizieren. Diese Machtverschiebung zugunsten der Kunden erfordert ein konzeptionelles Umdenken in Richtung einer stärker partnerschaftlichen Beziehung und höheren Interaktion zwischen Kunden und Unternehmen (vgl. Gräs-sel/Weinberg 2014).

(2) *Technisch* besteht die Herausforderung, die vielfältig möglichen Kommunikationskanäle und -plattformen systematisch zu identifizieren, zu beobachten, Daten zu sammeln, zu speichern, zu analysieren und die Analyseergebnisse so aufzubereiten, dass daraus managementorientiertes Wissen generiert wird. Hierzu muss die bisher vorherrschende Data Warehouse-Orientierung angepasst und erweitert werden (vgl. Kapitel 5.4.5).

- **Die Zielsetzung des CRM**

Das Ziel des CRM liegt im systematischen Aufbau von *langfristig profitablen Kundenbeziehungen*. Dabei muss die Bewertung der Profitabilität grundsätzlich aus Unternehmenssicht erfolgen. Jedoch impliziert der Begriff „Beziehung" ein symbiotisches Verhältnis: Nur wenn es dem Unternehmen gelingt, auch für den Kunden einen Nutzen zu schaffen, wird dieser sich auf die vom Unternehmen benötigte Beziehung „einlassen" (vgl. Gummesson 1997, S. 56). Um dieses Ziel zu erreichen, darf CRM weder als reines Managementkonzept noch als reines IT-Projekt verstanden werden. Ersteres (ver)führt dazu das technisch Machbare und Mögliche aus den Augen zu verlieren und so die Umsetzbarkeit zu gefährden (vgl. Wilde/Hippner 2008, S. 105). Letzteres reduziert CRM auf das zugrundeliegende CRM-System, das dabei auf keiner strategischen, konzeptionellen und organisatorischen Basis steht (vgl.

Homburg/Sieben 2005). Es muss deutlich gesagt werden, dass die IT lediglich der „Enabler“ einer CRM-Strategie ist (vgl. Buttle 2009, S. 13). Die Strategie muss vor der Anschaffung eines CRM-Systems erarbeitet werden, da sie maßgeblich die Anforderungen an das System bestimmt.

- **Rahmenbedingungen des CRM**

Zur Zielerreichung sind folgende Rahmenbedingungen einzuhalten (vgl. Hettich et al. 2000, S. 1346f.):

Profitabilität: Das CRM hat ein wertorientiertes Kundenverständnis. Gerade im Tourismus, für den der Begriff „Gastfreundschaft“ einen Teil des Selbstverständnisses ausmacht, mag dies unemotional klingen. Jedoch sind für das langfristige Überleben eines Unternehmens profitable Kundenbeziehungen existentiell. Die pauschale Erhöhung der Kundenzufriedenheit und/oder der Kundenbindung ohne Auswirkung auf die Profitabilität ist nicht zielführend (vgl. Reichheld 1993). Die dauerhafte Subventionierung unprofitabler Kunden durch profitable Kunden ist abzulehnen. Aus dieser Erkenntnis heraus bevorzugt das CRM langfristig statt einer Erhöhung des Marktanteils eine wertorientierte Steigerung des Kundenportfolios. Dies führt dazu, dass sich das Unternehmen von unprofitablen Kunden, die auch durch unterschiedlichste Maßnahmen nicht in profitable Kunden gewandelt werden können, zu trennen hat (vgl. Buttle 2009, S. 284ff.; Wiesner 2006, S. 107; Hirche 2004, S. 419).

Eine weitere Herausforderung ist die Operationalisierung des Konstrukts „Profitabilität“. Was unter einem „profitablen“ Kunden zu verstehen ist, muss unternehmensindividuell definiert werden. In Theorie und Praxis wurden hierzu unterschiedlichste Ansätze für Kundenwertmodelle entwickelt. Sie umfassen quantitative Größen wie Umsätze und Kosten, aber auch qualitative Bestimmungsfaktoren wie das Relations-, Informations- und Kooperationspotential. Insbesondere die qualitativen Bestimmungsfaktoren sind damit Gegenstand des Social CRMs.

Bei den Modellen zur Operationalisierung der Profitabilität reicht das Spektrum von einfachen ABC-Analysen bis hin zu komplexen dynamischen Modellen wie dem Customer Lifetime Value (CLV) (vgl. umfassend Englbrecht 2007; Günter/Helm 2003; Günter/Helm 2011). Jedoch stellt sich die Monetarisierung der qualitativen Werttreiber als problematisch dar (Cornelsen 2000, S. 233). Die Entwicklung geeigneter Metriken sowie deren Operationalisierung und Messung (vgl. Peters et al. 2013) können als eine wesentliche Aufgabe der Social Media Analytics bezeichnet werden (vgl. auch Kap. 5.4.5). Als Beispiel mögen ausgesprochene Bewertungen auf diversen Bewertungsportalen dienen. Diese beeinflussen die Buchungsentscheidungen Dritter und sind deshalb werthaltig.

Langfristigkeit: Aufgrund der zunehmenden Marktsättigung wird es immer schwieriger, die angestrebten Umsatz- und Gewinnziele durch Neukundenakquisition sicherzustellen. Die bessere Ausschöpfung des bestehenden Kundenportfolios soll die kostenintensive und mühsame Neukundenakquisition ausgleichen. Damit nimmt die Bedeutung der Kundenbindung zu, wobei dahinter die Hypothese steht, dass es einen positiven Zusammenhang zwischen Kundenbindung und Profitabilität eines Kunden gibt (vgl. Buttle 2009, S. 31ff.; Lessmann 2003, S. 190). Diese Hypothese ist allerdings stets kritisch zu prüfen. Es kann durchaus vorkommen, dass mit zunehmender Dauer der Kundenbeziehung die Kundenbeziehung unprofitabel wird. Als Beispiel seien hier im Geschäftsreisesegment unangemessen hohe eingeforderte Rabatte genannt, die der Kunde mit der Dauer der bestehenden Geschäftsbeziehung rechtfertigt.

Personalisierung: Kunden erwarten, dass man ihre Bedürfnisse kennt, ihnen dafür maßgeschneiderte Lösungen anbietet und sie persönlich anspricht. Allgemein ist damit eine Personalisierung der Produkte, Dienstleistungen und Kommunikation verbunden. Um dies leisten zu können, ist ein detailliertes Kundenwissen notwendig (vgl. Born 2004). Diese Personalisierung bedeutet für das Unternehmen einen Mehraufwand. Die Ausgestaltung der personalisierten Kundenorientierung muss sich daher am jeweiligen Kundenwert ausrichten (Kantsperger 2006, S. 293).

Integration: Ein personalisierter und wertorientierter Kundendialog erfordert, dass jede Unternehmenseinheit mit operativem Kundenkontakt in Marketing, Sales und Service ein einheitliches, umfassendes und konsistentes Bild über den Kunden hat. Dies verlangt nach dem Aufbau einer konsolidierten Datenbasis, auf die alle Unternehmensbereiche funktions- und abteilungsübergreifend zugreifen können (Datenintegration). Zusätzlich müssen alle Geschäftsprozesse konzeptionell und systemtechnisch mit einbezogen und auf die Kundenprozesse ausgerichtet werden (Prozessintegration) (vgl. Englbrecht 2007, S. 11).

- **Basisarchitektur von CRM-Systemen**

In jeder Unternehmung findet man in den Bereichen Marketing, Sales und Service eine historisch gewachsene IT-Systemlandschaft vor. Beispielsweise sind CRS-Systeme für Buchungen zuständig, während über eine Marketingdatenbank Kundenmailings koordiniert werden. Jede dieser Insellösungen hat durch ihre spezifische Aufgabenstellung eine eingeschränkte Sicht auf den Kunden. Insgesamt fehlt dem Unternehmen jedoch durch diese verteilten Kundendaten eine einheitliche Sicht auf den Kunden. Oftmals ist noch nicht einmal der Kunde, sondern die operative Aufgabe, wie z. B. eine Buchung, im Fokus des Systems (vgl. Minghetti 2003, S. 142).

CRM-Systeme beabsichtigen eine Integration der einzelnen Anwendungen, indem die Applikationen aus Marketing, Sales und Service unter einer koordinierenden Systemlandschaft vereint werden. Damit liegt als wesentliches Ergebnis eine (logische) Kundendatenbank vor, auf die alle Unternehmensbereiche zugreifen können und ihnen eine einheitliche Sicht auf den Kunden gestattet (vgl. Hippner et al. 2006, S. 47). Erst diese konsistente und ganzheitliche Kundendatenbank ermöglicht einen über alle Bereiche abgestimmten Kundendialog. Die jeweiligen unternehmens- und branchenspezifischen touristischen Anwendungssysteme im Front-/Mid- und Back Office werden über Schnittstellen an das CRM-System angebunden. Neben ERP-Systemen ist dabei besonders an Hotelmanagementsysteme, Yield-Managementsysteme, Internet-Booking-Engines (IBEs) und Passagier-Service-Systeme zu denken (vgl. zur Systemübersicht Weithöner 2003; Weithöner/Ehbrecht 2004 sowie weitere Beiträge in diesem Buch). Auch zu CRS- bzw. GDS-Systemen sollten Schnittstellen realisiert werden, solange die durchgeführten Buchungen nicht auf unternehmensinternen Systemen redundant gespeichert wurden. Um das o. g. Ziel zu erreichen, besteht die integrierende Aufgabenstellung jedes CRM-Systems aus einer (vgl. Hettich et al. 2000, S. 1348f.)

(1) *kanalorientierten Aufgabenstellung*: Einbindung und Koordination aller möglichen Kundenkanäle zwischen Unternehmen und Kunde, einer

(2) *operativen und prozessorientierten Aufgabenstellung*: Synchronisation und operative Unterstützung der zentralen Kundenkontaktpunkte in Marketing, Sales und Service für den personalisierten Kundendialog und den daraus folgenden kundennahen Geschäftsprozessen und aus einer

(3) *datenorientierten und analytischen Aufgabenstellung*: Konsolidierung, Sammlung und Analyse aller vorhandenen Kundeninformationen.

Damit kann ein CRM-System definiert werden als ein spezialisiertes logisches Anwendungssystem, das alle kundennahen Prozesse in Marketing, Vertrieb und Service unterstützt, die dort anfallenden kundenrelevanten Daten sammelt, diese konsolidiert in einer (logischen) Datenbank speichert, sie analysiert und den Prozessen wieder zur Verfügung stellt. Als ein logisches Anwendungssystem wird es deshalb bezeichnet, da es nicht zwingend aus einer einzigen Anwendung bestehen muss, sondern auch aus der Zusammenführung mehrerer Anwendungen, die dem Anwender jedoch wie ein System erscheinen.

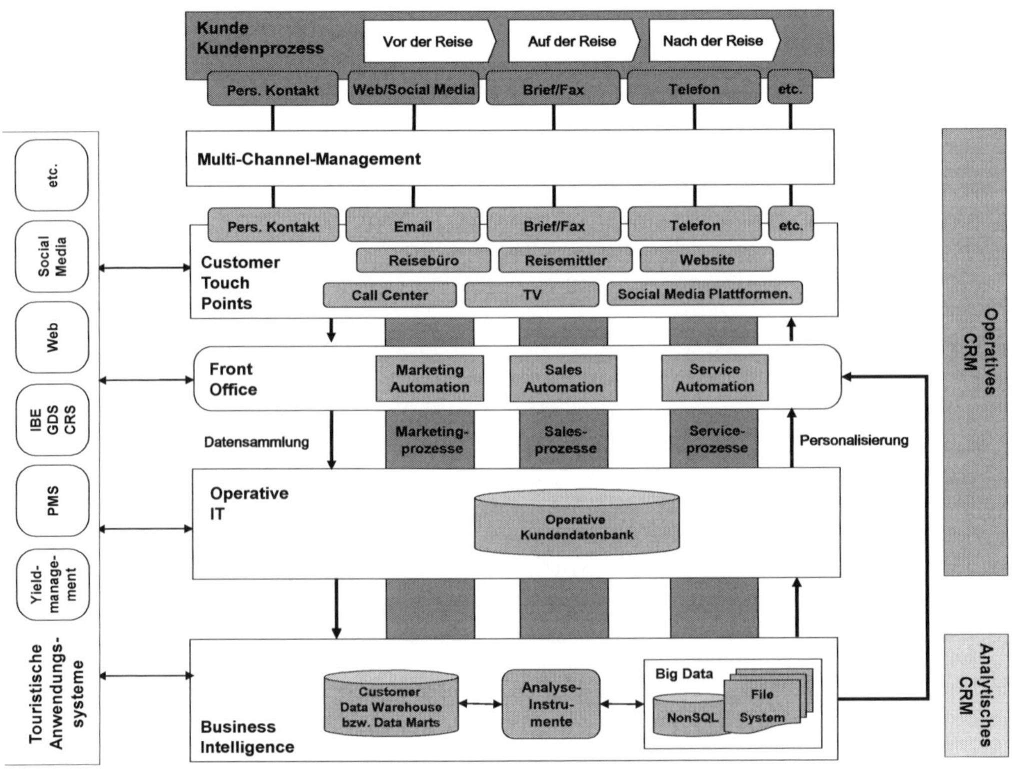

Abb.5.4.1 *Basisarchitektur eines CRM-Systems (eigene Darstellung in Anlehnung an Hippner et al. 2006, S. 48)*

Trotz der mittlerweile unüberschaubaren Anzahl an Systemen auf dem Markt muss jedes CRM-System zur Erfüllung seiner Aufgaben über eine operative und analytische Systemkomponente verfügen. Daraus ergibt sich die in Abbildung 5.4.1 dargestellte Basisarchitektur, die in den Kapiteln 5.4.3 bis 5.4.5 erläutert wird. Weiter besteht eine wesentliche Aufgabe in der Unterstützung der kundennahen Geschäftsprozesse. Aus diesem Grund werden in Kapitel 5.4.2 die nötigen prozessorientierten Grundlagen geschaffen.

5.4.2 Prozesse und Zyklen im CRM

Der Aufbau einer langfristig profitablen Kundenbeziehung erfordert vom Unternehmen die Fähigkeit, sich in die Problemlösungs- und Bedürfnisstruktur des Kunden hineinversetzen zu können. Kundenprozesse sollen dabei die Problemslösungsstruktur offenbaren, während die Zyklenkonzepte helfen, phasenspezifische Bedürfnisse des Kunden zu identifizieren.

- **Kundenprozesse**

Die Aufgaben und Schritte, die ein Kunde zu einer spezifischen Bedürfnisbefriedigung durchläuft, wird Kundenprozess (Customer Buying Cycle) genannt. Obwohl diese Kundenprozesse höchst individuell sind, lassen sich gleichwohl idealtypische generische Phasen erkennen (vgl. Muther 2001, S. 14ff.):

(1) *Anregungsphase*: Hier werden Bedürfnisse beim Kunden erzeugt bzw. sein Interesse geweckt.

(2) *Evaluationsphase*: Das unspezifische Bedürfnis oder Interesse wird zu einem konkretisierten Bedürfnis oder Interesse. Um dieses zu befriedigen, beginnt der Kunde aktiv und verstärkt Informationen zu sammeln und zu bewerten.

(3) *Kaufphase*: Aus mehreren Alternativen entscheidet er sich für ein konkretes Angebot. Dieses wird in dieser Phase bestellt, bezahlt und bezogen.

(4) *After Sales Phase*: Hier verwendet oder entsorgt der Kunde die Leistung.

Aufgrund des allgemeingültigen Anspruchs der vier Phasen sowie der primären Ausrichtung auf Kaufprozesse physischer Produkte haben sich spezialisierte Varianten herausgebildet. Für den Tourismus eignet sich eine dreiphasige Sichtweise, die bei Bedarf noch problemspezifischer dargestellt werden kann (vgl. ergänzend Freyer/Molina 2008, S. 128f.; Mundt 2006, S. 154f.):

(1) *Vor der Reise*

a. Während der *Aufmerksamkeitsphase* kommt es zur Bedürfnisentwicklung. Dabei werden vielfältigste Alternativen zur Bedürfnisbefriedigung in Betracht gezogen.

b. In der *Informationsphase* informiert sich der Kunde detailliert über konkrete für ihn in Frage kommende Alternativen.

c. Die letztendliche Buchung der Reise erfolgt in der *Buchungsphase*. Hier werden auch die notwendigen Reisedokumente übergeben.

(2) Die Phase *„Auf der Reise"* zeichnet sich durch die Nutzung der Produkte der Leistungsträger aus. Es finden Betreuung und Kommunikation durch den und mit dem Leistungsträger(n), aber auch mit anderen Reiseteilnehmern, etc. statt.

(3) Die Aufarbeitung der Reiseerlebnisse ist Gegenstand der abschließenden Phase *„Nach der Reise"*. Sie ist durch die Kommunikation mit den Reisepartnern (Reisebüros, Leistungsträgern, etc.) und Dritten (Freunde, Bekannte, etc.) charakterisiert. Gegenstand der Kommunikation können sowohl positive wie negative Reiseerlebnisse sein.

Die genannten generischen Kundenprozesse dienen zur Strukturierung der detaillierten, branchenabhängigen und höchst individuellen Kundenprozessen. Das detaillierte Verständnis der Kundenprozessen und die Auseinandersetzung mit ihnen ist elementar für die erfolgreiche kundenorientierte Ausrichtung der Geschäftsprozesse (vgl. Rapp 2000, S. 111f.).

- **CRM-Prozesse**

Bei jeder Aufgabe innerhalb des Kundenprozesses kann der Kunde Unternehmensleistungen in Anspruch nehmen. Aus Prozesssicht bedeutet Kundenorientierung nun, dass für jede dieser Aufgaben ein adäquater kundenorientierter Geschäftsprozess existieren muss, wobei Aufgabe und korrespondierender Geschäftsprozess „wie bei einem Reißverschluss nahtlos ineinander greifen" (Rapp 2000, S. 107). Ein so verstandener kundenorientierter Geschäftsprozess wird CRM-Prozess genannt. Jeder Auftrag, der vom Kundenprozess kommt, wird von ihm aufgenommen und in einer definierten Abfolge unter Zuhilfenahme von Applikationen des CRM-Systems weiterverarbeitet. Das Ergebnis wird dann an den auslösenden Kundenprozesses zurückgeliefert. Ein CRM-Prozess ist damit die zentrale Schnittstelle zwischen Kundenprozessen und nachgelagerten Unternehmensprozessen und dient unmittelbar zur Befriedigung des Kundenbedürfnisses (vgl. Schulze 2002, S. 141). Zusammenfassend kann ein CRM-Prozess als ein kundenorientierter Geschäftsprozess definiert werden, der sich durch einen direkten Kundenkontakt bzw. durch eine Unterstützung des Kundenkontakts auszeichnet. Funktional gehört er zu einem der Bereiche Marketing, Sales oder Service und ist daher ein operativer *Marketing-*, *Sales-* oder *Service-Prozess* (vgl. Englbrecht 2007, S. 13).

Für die Modellierung in einem CRM-System ist die Einteilung in lediglich drei Prozesse zu grob. Es ist sinnvoller, diese in sechs feinere Kernprozesse zu unterteilen (vgl. Riempp 2003, S. 5f.):

(1) Der Hauptprozess im Marketing ist das *Kampagnenmanagement*. In einem für den Kunden einheitlichen Erscheinungsbild werden alle Kampagnen definiert und unter Zuhilfenahme aller denkbaren Kommunikations- und Vertriebskanäle geplant und gesteuert.

(2) Durch das Kampagnenmanagement werden Leads – Kundenkontakte mit mehr als einem undifferenzierten Interesse an den Produkten und Leistungen des Unternehmens – erzeugt. Diese werden im *Leadmanagement* weiterverfolgt, um die Abschlusswahrscheinlichkeit weiter zu erhöhen. Dieser Prozess tritt bereits im Marketing-, hauptsächlich jedoch im Sales-Prozess auf.

(3) In der Prozessphase des *Angebotsmanagements* werden auf Basis qualifizierter Leads kundenspezifische Offerten erstellt, die systematisch nachverfolgt und gesteuert werden müssen. Damit es aus Kundensicht nicht zu einer unkoordiniert erscheinenden Kundenbearbeitung kommt, sollten insbesondere Firmen mit mehr als einem Vertriebskanal ein besonderes Augenmerk auf diesen Prozess haben. Diese Phase stellt einen Kernprozess im Sales-Prozess dar.

(4) Ein weiterer wesentlicher Sales-Prozess ist das *Vertragsmanagement*. Hier werden die Aufträge bzw. Buchungen und Verträge erstellt und verwaltet. Es wird sichergestellt, dass die Verträge den vereinbarten Rahmenregelungen, wie z. B. Reiserichtlinien, entsprechen. Auch das Ticketing und die Überreichung der notwendigen Reisepapiere fallen in diesen Schritt.

(5) Alle Prozesse nach der eigentlichen Buchung werden zum *Servicemanagement* zusammengefasst. Ziel ist es, den Kunden in der Phase nach Vertragsabschluss optimal zu betreuen und Potentiale für Cross- und Up-Selling zu identifizieren (z. B. Zusatzbuchungen vor Ort). Das Management von Garantieleistungen (z. B. Umbuchung und Upgrades bei überbuchten Flügen, etc.) gehört ebenso wie die Kundenbetreuung am Reiseort in diese Phase. Abgeschlossen wird der Prozess durch die Reisenachbereitung. Dies kann einerseits dadurch erfolgen, dass Kontaktaufnahmen durch den Kunden verarbeitet werden müssen, andererseits Nachfragen durch das Unternehmen zu managen sind (vgl. Freyer/Molina 2008, S. 129).

(6) Der Prozess des *Beschwerdemanagements* nimmt aktiv ausgesprochene Beschwerden des Kunden entgegen und bearbeitet die Beschwerde. Zusätzlich versucht er zu stimulieren, dass nicht artikulierte Beschwerden ausgesprochen werden. Dabei wird kurzfristig das Ziel verfolgt, die Kundenzufriedenheit durch die Aufnahme und Bearbeitung der Beschwerde zu erhöhen. Langfristiges Ziel ist die Beschwerdevermeidung durch dauerhafte Beseitigung der Beschwerdeursachen (vgl. ausführlich Stauss/Seidel 2007).

Abbildung 5.4.2 fasst die Zusammenhänge zwischen Kunden- und CRM-Prozessen zusammen. Die Marketing- und Sales-Prozesse sind entscheidend vor Reiseantritt. Die Aufmerksamkeitsphase wird dabei durch das Kampagnenmanagement unterstützt. Die Sales-Prozesse übernehmen den Kunden in seiner Informations- und Buchungsphase. Im Vergleich zu anderen Branchen hat der Service-Prozess im Tourismus überragende Bedeutung, da er den Kunden während seiner Reise und in der Nachreisephase unterstützt.

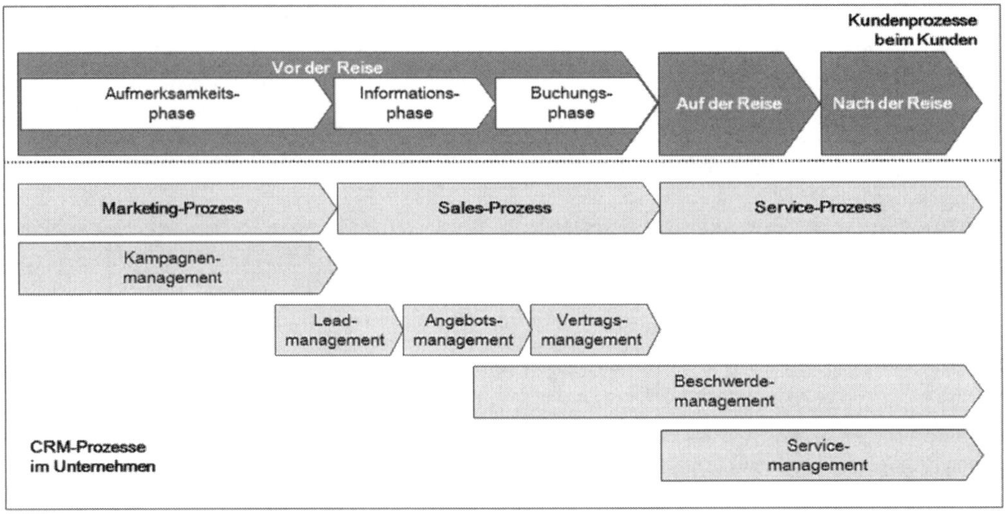

Abb.5.4.2 *Kunden- und CRM-Prozesse*

Im CRM-System werden die jeweiligen Prozesse mittels *Workflows* (IT-orientierte Arbeitsablaufspezifikationen) abgebildet und umgesetzt. Für typische Prozesse (z. B. Angebotserstellung) existieren systemseitig sog. Standardworkflows und Referenzprozesse, die vom Unternehmen übernommen werden können. In der Regel müssen die Workflows aber an die unternehmensspezifischen Bedürfnisse zur Abwicklung eines Prozesses angepasst werden (vgl. Schuhmacher/Meyer 2004, S. 140). Dabei ist zu betonen, dass schlecht durchdachte Prozesse auch durch das beste CRM-System nicht zu kompensieren sind.

Ein wichtiges Ergebnis der Prozessbetrachtung ist das dadurch spezifizierbare Anforderungsprofil des CRM-Systems. Die Analyse zeigt auf, welche Funktionen das System aus prozessorientierter Sicht zwingend unterstützen muss (Must-haves), welche wünschenswert (Nice-to-haves) wären und auf welche verzichtet werden kann (vgl. Hippner et al. 2004, S. 107f.).

- **Kundenbeziehungslebenszyklus und Familienlebenszyklus**

Die prozessorientierte Sichtweise beschreibt dezidiert einzelne Kaufakte. Unter dem Paradigma der langfristig profitablen Kundenbeziehung ist es notwendig, den einzelnen Kaufakt in die Summe der möglichen Kaufakte während einer Kundenbeziehung einzubetten und der Kundenbeziehung den notwenigen dynamischen Charakter zu verleihen. Hierfür eignet sich das Konzept des *Kundenbeziehungslebenszyklus* (Customer Lifetime Cycle), bei dem der Ablauf einer Kundenbeziehung von der Anbahnung bis zur Beendigung generische darstellt wird (vgl. Stauss 2000). Das Konzept verdeutlicht auch die weite Fassung des Kundenbegriffs im CRM in potentielle, aktuelle und verlorene Kunden. Jede dieser Kundengruppen hat spezifische Verhaltensweisen und Bedürfnisse, die durch das System abbildbar sein müssen: Potentielle Kunden sind dabei die Zielgruppe des Interessentenmanagements, die aktuellen Kunden stehen im Fokus des Kundenbindungsmanagements, verlorene Kunden werden durch das Rückgewinnungsmanagement umworben (vgl. Stauss/Seidel 2007, S. 25f.).

Das Konzept des *Familienlebenszyklus* beschreibt die typischen Lebensphasen eines Menschen wie Jugend, Ehe, Nachwuchs oder Ruhestand und versucht daraus Kauf- und Verhaltensmuster zu bestimmen (vgl. Kotler/Bliemel 1995, S. 289ff.; Martin 2007; S. 29f.). Diese Phasen sind auch für den Tourismus von besonderer Bedeutung zur Beschreibung des Reiseverhaltens (vgl. Mundt 2006, S. 66ff.). Es ist daher notwendig, dass im CRM-System die notwendigen Deskriptoren gespeichert und analysiert werden. Beispielsweise liefert die Kenntnis über die Anzahl und das Alter der Kinder eines Kunden eine bessere Prognose seines Reiseverhaltens als das Alter des Kunden alleine. CRM-Systeme müssen demnach mehr als nur einen singulären Kaufakt prozessorientiert unterstützen – sie müssen das Management der gesamten Kundenbeziehung ermöglichen.

5.4.3 Multi-Channel-Management

Im Rahmen ihrer Kundenprozesse treten die Kunden mit den Unternehmen in Kontakt. Das Zusammentreffen zwischen Kunde und Unternehmen kann über die verschiedensten Kontaktpunkte (*Customer Touch Points*) erfolgen. Im Tourismus sind die Kontaktpunkte Reisebüro/-mittler, eigene Webauftritte, Social Media Plattformen aller Art, Call Center und TV von Bedeutung. Der Weg, wie Kunden und Unternehmen am Kontaktpunkt ihre Botschaften austauschen, kann als (medialer) Kanal bezeichnet werden (vgl. Hippner et al. 2006, S. 63f.). Kanäle können dabei in direkte und indirekte Kanäle differenziert werden. Direkte Kanäle, wie das persönliche oder telefonische Gespräch, zeichnen sich durch einen unmittelbaren Kontakt zwischen Mitarbeitern und Kunden aus. Bei indirekten Kanälen, wie Email, Brief, etc., findet dieser direkte Kontakt nicht statt.

Die Komplexität der Kontaktaufnahme nimmt durch die Veränderung des Kundenverhaltens und die technische Entwicklung der Kommunikationsmedien stark zu (vgl. Freyer/Molina 2008, S. 125ff.; Schögel et al. 2004, S. 110f.; Born 2004, S. 434). Abbildung 3.4.3 visualisiert dieses Verhalten exemplarisch: Ein Reisender (Kreis) wird über den TV-Shop auf ein Angebot aufmerksam (Aufmerksamkeitsphase), informiert sich über die Website (Informationsphase), bucht die Reise über das Call-Center (Buchungsphase), beschwert sich am Urlaubsort bei der Reiseleitung (Auf der Reise) und kommt deshalb nach der Reise persönlich ins Reisebüro, um eine Minderung des Buchungspreises einzufordern. Andere Kunden nehmen gemäß ihrer Präferenzen andere Kanäle und Customer Touch Points in Anspruch. Jeder aber verlangt vom Unternehmen einen konsistenten Dialog und einen vollständig informierten Kommunikationspartner. Es lässt sich damit feststellen, dass Kunden im Rahmen ihrer Kundenprozesse über verschiedenste Kanäle mit dem Unternehmen Kontakt aufnehmen (multioptionale und hybride Kunden). Die Steuerung und Koordination mehrerer Kanäle wird *Multi-Channel-Management* genannt (vgl. Schulze 2002, S. 43). Dabei wird das Ziel verfolgt, dem jeweiligen Kunden den von ihm in der jeweiligen Prozessphase gewünschten Kanalmix bereitzustellen, gleichzeitig aber die Werthaltigkeit des Kunden nicht aus den Augen zu verlieren. Besonders profitable Geschäftsreisekunden können beispielsweise persönlich durch einen Key-Account-Manager betreut werden, während weniger profitable Kunden webbasierte Selfservice-Applikationen in Anspruch nehmen müssen. Ein weiteres Ziel ist die unabhängig vom Kanal in sich einheitliche Sicht des Unternehmens auf den Kunden („one face of the customer“) und ein konsistenter und personalisierter Dialog mit dem

Kunden über alle Kanäle („one face to the customer") (vgl. Hippner et al. 2006, S. 65). Oftmals wird der Gedanke des Multi-Channel-Managements lediglich auf distributionspolitische Aspekte und damit im Wesentlichen auf die Buchungsphase bzw. den Sales-Prozess beschränkt (vgl. Freyer/Molina 2008). Dies ist jedoch zu kurz gegriffen. Alle kunden- und unternehmensseitigen Prozesse sind einzubeziehen.

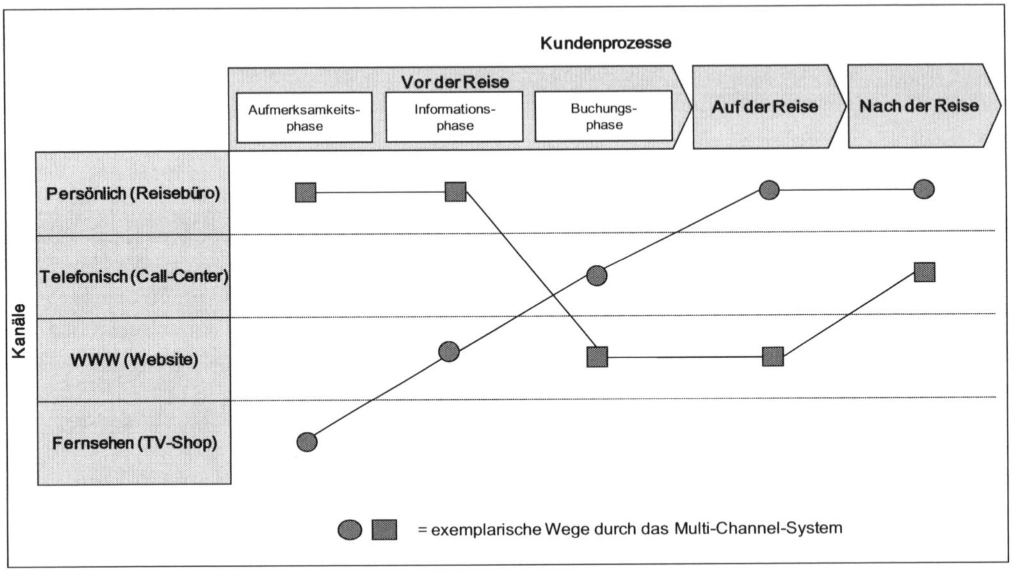

Abb. 5.4.3 Der Reisende als Channel-Hopper (eigene Darstellung in Anlehnung an Orth 2002)

Aus technischer Sicht ist die Umsetzung des Multi-Channel-Managements äußerst anspruchsvoll, da es eine Verknüpfung kanal- und prozessspezifischer Applikationen erfordert (vgl. Buttle 2009, S. 366). Insbesondere ist eine konsolidierte Kundendatenbank notwendig, die sämtliche Dialogdaten aus den Kanälen aufnimmt. Diese Daten werden im analytischen CRM untersucht. Verfahren zur Kundensegmentierung sind von Bedeutung, da sie helfen, die operative Kernfrage des Multi-Channel-Managements zu beantworten: Welche Kunden(segmente) werden über welche Kanäle am jeweiligen Customer Touch Point in ihrem jeweiligen Kundenprozess unterstützt (vgl. Schögel et al. 2004, S. 116)? Innerhalb des Multi-Channel-Managements steuert dabei das Interaktionsmanagement, welcher Kanal mit welchem Kunden kommuniziert und das Kanalmanagement, wie sich die Kanäle intern organisieren (vgl. Gronover et al. 2004, S. 18).

5.4.4 Operative CRM-Systembestandteile

Das operative CRM (oCRM) kann in drei Abschnitte unterteilt werden, die eng miteinander verzahnt sind (vgl. Hippner et al. 2006, S. 48). Der erste Abschnitt umfasst die bereits im letzten Kapitel geschilderten Aufgaben bei Einbindung und Koordination aller Kanäle in die Prozessunterstützung im Rahmen des Multi-Channel-Managements. Aufgrund der dreigeteilten Aufgabenstellung eines CRM-Systems (siehe Kap. 5.4.1) wurde dieser Teil des operativen CRM herausgelöst und gesondert dargestellt. Der zweite Abschnitt besteht aus dem Front Office, das alle Aktionsfelder des Unternehmens zusammenfasst, die einen direkten Kundenkontakt besitzen (vgl. Weithöner 2001, S. 196). Sie können dem Marketing, Sales und Service mit ihren in Kapitel 5.4.2 skizzierten Prozessen zugeordnet werden. Trotz der angestrebten Personalisierung der Kundenbeziehung laufen viele Detailprozesse bei allen Kunden nahezu identisch ab (z. B. der Buchungsprozess bei einer Internetbuchung). Eine Automatisierung dieser Prozesse führt zu einer höheren Effizienz und Qualität (vgl. Wehrmeister 2001, S. 213f.). Dies ist das Ziel der Marketing-, Sales- und Service-Automation (Front Office Automation), wobei eine vollständige Automatisierung fast nie erreicht werden kann. Realiter wird daher eine umfassende IT-Unterstützung der zugrunde liegenden Prozesse angestrebt. Eine Automatisierung bei gleichzeitiger Personalisierung der Prozesse ist datenintensiv. Die benötigten Daten und Informationen finden sich in der operativen Kundendatenbank wieder und werden von dort zur Automatisierung der Prozesse abgerufen. Gleichzeitig nehmen diese Systeme neu entstehende Informationen und Daten beim Abarbeiten der Prozesse auf. Die operative Kundendatenbank bildet den dritten Abschnitt des operativen CRM – die operative IT.

- **Front Office Automation**

Die Unterstützung der CRM-Prozesse bei der Front Office Automation in Form spezieller Applikationen spiegelt eine systemorientierte Sichtweise wieder. Unter diesem Gesichtspunkt können die jeweiligen Automatisierungsaufgaben dem operativen Teil eines CRM-Systems zugeordnet werden. Anderseits binden die Automatisierungsaufgaben der CRM-Prozesse sowohl operative wie analytische Teilprozesse mit ein. Dies entspricht einer prozessorientierten Sichtweise der Front Office Automation. Nachfolgende Ausführungen konzentrieren sich auf die systemorientierte Sichtweise. Wichtige analytische Teilprozesse werden kurz in Kap. 3.4.5 beschrieben. Existierende Softwaremodule vermischen oftmals beide Sichtweisen und bieten neben der reinen operativen auch eine analytische Unterstützung an.

– **Marketing Automation**

Unter Marketing Automation können IT-Applikationen verstanden werden, die CRM-Prozesse im Marketing unterstützen und steuern (vgl. Buttle 2009, S. 415). Kern der Marketing Automation ist das *Kampagnenmanagement*, das eine ganzheitliche und logisch aufgebaute Gestaltung der Kundenkommunikation bezweckt. Im operativen Kern geht es dabei um die Frage, dem richtigen Kunden das richtige Informations- und Leistungsangebot im richtigen Kommunikationsstil zum richtigen Zeitpunkt zu vermitteln. Das Kampagnenmanagement löst die Tradition isolierter und nicht abgestimmter Marketingaktionen ab. Angestrebt wird eine individuell auf den Kunden abgestimmte, dialogorientierte Kommunikationskette, wobei alle Kommunikationskanäle parallel oder sequentiell einbezogen werden können. Kampagnenplanung, -steuerung und -auswertung sind grundlegende Phasen im Kampagnenmanagement, wobei in jeder Phase insbesondere zur Operationalisierung des Terms „richtig“ auf Komponenten des analytischen CRM zurückgegriffen wird (vgl. ausführlich Englbrecht 2007). Weiteres Ziel ist die Abstimmung der einzelnen Kampagnen zu einem schlüssigen Kommunikationskonzept. Die Phasen werden durch Workflow-, Segmentierungs-, Personalisierungs- Auswertungs- und Reportingmodule als Kernelemente einer Kampagnenmanagementsoftware unterstützt (vgl. Buttle 2009, S. 418ff.).

- **Sales Automation**

Der Einsatz der IT im Vertrieb und die Automatisierung der identifizierten Kernprozesse Lead-, Angebots- und Vertragsmanagement sind Voraussetzung, um im Wettbewerb zu bestehen. Viele CRM-Systeme haben sich aus dem sog. Computer Aided Selling (CAS) heraus entwickelt. Vereinfacht gesagt bedeutet Sales Automation, den Vertrieb mit Hard- und Software so zu unterstützen, dass er seine Vertriebsaufgaben optimal ausführen kann (vgl. Winkelmann 2004, S. 304). Die Applikationen bieten dabei ein weites Spektrum an Funktionalitäten. Neben Modulen, die die Kernprozesse Lead-, Angebots- und Vertragsmanagement unterstützen, existieren Funktionen für das Key-Account-Management, für die Vertriebs- und Besuchsplanung und für die Preisfindung, Produktkonfiguratoren und Kalkulation (vgl. Schmidt 2005, S. 1522).

Die Zielsetzungen von Sales Automation Applikationen überschneiden sich historisch bedingt stark mit denen touristischer Kernsysteme. Die Automatisierung des Vertriebs ist Kernaufgabe der GDS- und CRS-Systeme (vgl. Weithöner 2001, S. 177ff.). Dynamic Packaging zielt ebenso wie ein Produktkonfigurator auf eine kundenindividuelle und eigenständige Gestaltung des Produkts „Reise“ ab. Es ist zu beobachten, dass die Reservierungssysteme im Rahmen der Vertriebsunterstützung ihre CRM-Funktionalitäten ausweiten, indem sie beispielsweise Hintergrundinformationen zur eigentlichen Reise, wie Einreise- und Impfbestimmungen, Informationen zu Land und Leute, etc., liefern. Es muss abgewartet werden, ob CRM-Systeme oder Reservierungssysteme inkl. IBEs innovative webbasierte Distributionskanäle im Rahmen der Sales Automation integrieren oder ob dies zu einer weiteren „Insel“ bei vertriebsorientierten Applikationen führt.

- **Service Automation**

Im Kontext des CRM versteht man unter Service Automation Funktionalitäten und Applikationen „(...) zur informationstechnologischen Steuerung und Unterstützung der Serviceprozesse im Unternehmen, um deren effizienten und effektiven Ablauf sicherzustellen und Kundenbeziehungen zu festigen“ (Schöler 2004, S. 377). Obwohl die Serviceprozesse im Tourismus die Nutzungsphase des Produktes unterstützen (siehe Kap. 5.4.2) zielt die Service Automation nicht auf die Unterstützung der Nutzung des touristischen Produktes ab. Dies sind Kernleistungen der Leistungsträger. Die Service Automation wird in der Regel immer dann aktiv, wenn ein Reisender Probleme bei der Produktnutzung hat.

Der Kernprozess *Servicemanagement* wird dabei durch eine Vielzahl von Applikationen (vgl. Buttle 2009, S. 450ff.) unterstützt, die nach Selfservice Automation, Front Office Service Automation und Back Office Service Automation systematisiert werden können (vgl. Schöler 2004, S. 379ff.). Tools der Selfservice Automation ermöglichen es Kunden, ohne Inanspruchnahme von Mitarbeitern eigenständig problemlösende Serviceprozesse auszulösen. Ein Beispiel hierfür wäre ein Emailalarm von Airlines und Bahn bei Verspätungen. Module zur Front Office Service Automation unterstützen Mitarbeiter im direkten Kundenkontakt. Das Servicepersonal benötigt hierzu insbesondere ein einheitliches, aktuelles und komplettes Bild über den Kunden sowie den auslösenden Servicefall. Eine aktuelle und vollständige Kundendatenbank ist hierfür die Grundlage. Die Back Office Service Automation dient dabei Aufgaben, bei denen der Kunde nicht direkt involviert ist, wie beispielsweise Eskalationssysteme, Erinnerungsfunktionen oder Wiedervorlagesysteme für Mitarbeiter.

Der Kernprozess *Beschwerdemanagement* erfordert neben der Bereitstellung möglichst vieler Kanäle zur Beschwerdeartikulation und –stimulation eine leistungsfähige Beschwerdedatenbank, in der alle Beschwerden systematisch erfasst und bearbeitet werden (vgl. Schöler 2004, S. 384f., ergänzend Born 2004, S. 435ff.). Die Analyse der Beschwerden zur künftigen Beschwerdevermeidung ist Aufgabe des analytischen CRM.

- **Operative IT: Operative Kundendatenbank**

Zur Erfüllung von Kundenwünschen und zur Fähigkeit, dem Kunden das Gefühl zu geben, dass man ihn kennt und sich seiner Bedürfnisse bewusst ist, ist ein sehr tiefes und detailliertes Kundenwissen notwendig. Dieses Wissen ist Grundlage einer profitabilitätsorientierten und individuellen Kundenbetreuung. In der operativen Kundendatenbank sollen die dazu notwendigen Kundendaten gespeichert sein, die die Mitarbeiter in ihrem Tagesgeschäft nutzen und die von den CRM-Prozessen abgerufen werden können. Der Kundenbegriff ist dabei erneut weit aufzufassen: Nicht nur Daten aktueller, sondern auch die potentieller und verlorener Kunden sind Gegenstand der operativen Kundendatenbank.

Zwingender Inhalt einer Kundendatenbank ist die vollständige Buchungshistorie. Jede Buchung ist damit nicht nur an das jeweilige Reservierungssystem zu übermitteln, sondern über Schnittstellen redundant in der Kundendatenbank zu dokumentieren (vgl. Weithöner/Ehbrecht 2004, S. 115). Dabei verändert sich jedoch die Betrachtungsperspektive. Steht im Datensatz des Reservierungssystems die Buchungsinformation im Vordergrund („Eine Buchung hat *n* Reisende“), so ist in der Kundendatenbank der Kunde, der die Buchung durchgeführt hat, das zentrale Objekt („Eine Person hat *n* Buchungen“). Jedoch sind nicht nur transaktionsbasierte Daten von Bedeutung. Reisen sind immer mit Emotionen verbunden. Diese affektive Komponente muss in den Kundendatenbanken ihren Niederschlag finden und dazu führen, dass Informationen über verhaltensorientierte und emotionale Aspekte des Kunden archiviert werden (vgl. Born 2004, S. 431). Es ist infolgedessen unter Beachtung des Datenschutzes eine möglichst umfangreiche Datensammlung anzustreben, wobei eine verbindliche Aussage, welche Datenstruktur eine operative Kundendatenbank haben muss, aufgrund der vielfältigen und unterschiedlichen Problemstellungen nicht sinnvoll erscheint. Grundsätzlich sollten aber jene Daten aufgenommen werden, die eine Identifikation und einen personalisierten Dialog ermöglichen, die die bisherige Buchungs-, Kommunikations- und Reaktionshistorie dokumentieren, die das Buchungsverhalten erklären und beeinflussen können und Aussagen über Buchungswahrscheinlichkeiten ermöglichen, die eine wert- und potentialorientierte sowie individualisierte Steuerung der Marketinginstrumente, Vertriebs- und Kommunikationskanäle zulassen und die eine Grundlage für das Controlling auf Kunden- bzw. Kundensegmentsebene bilden (vgl. Kreutzer 1991, S. 628).

Abbildung 5.4.4 zeigt eine generische Kundendatentypologie, die den o. g. Anforderungen gerecht wird (vgl. Geib 2006, S. 125f.; Link/Hildebrand 1993, S. 34ff.):

(1) Die *Grunddaten* umfassen Personendaten und Deskriptionsdaten. Personendaten dienen dabei in erster Linie der Identifikation des Reisenden, während die Deskriptionsdaten spezifische Eigenheiten des Reisenden näher beschreiben und in soziodemografische und psychografische Kriterien aufgeteilt werden können. Letztere dienen auch zur Aufnahme von Merkmalen mit emotionalem Charakter.

(2) Die *Potentialdaten* umfassen Kennziffern und Merkmale, aus denen das zukünftige Nutzen- oder Wertpotential abgeleitet werden kann. Diese Informationen sind für die langfristige Attraktivitäts- und Profitabilitätseinschätzung von Bedeutung.

(3) Die *Kommunikationsdaten* dokumentieren sämtliche Kommunikations- und Kampagnenmaßnahmen des Unternehmens und die darauf folgende Reaktion des Kunden.

(4) Die *Buchungsdaten* zeigen lückenlos das bisherige Buchungsverhalten des Kunden auf. Die Daten hierfür stammen zum Großteil aus den Reservierungssystemen, werden aber auch durch Vor-Ort-Buchungen ergänzt.

<table>
<tr><th colspan="3">Grunddaten</th><th rowspan="3">Potenzialdaten</th></tr>
<tr><th rowspan="2">Personendaten</th><th colspan="2">Deskriptionsdaten</th></tr>
<tr><th>Soziodemografische Daten</th><th>Psychografische Daten</th></tr>
<tr><td>Name, Geschlecht, Adresse, Geburtsdatum, Kreditkarten-nummer, Firmen-daten,...</td><td>Alter, Familienstruktur, Informationen zu Kindern, Ausbildung, Einkommen, Bonität,...</td><td>Hobbys, Interessen, Reisetyp, Allergien, Reisehäufigkeiten, Zielgebietspräferen-zen, Reisewünsche, Verpflegungstyp,...</td><td>Phase im Familienlebenszyklus / Kundenbeziehungslebenszyklus, Bedarfsprognose, Beziehungsdauer, Kundenbindungstyp, Kundenwert (Customer Lifetime Value, Scoringwert, etc.),...</td></tr>
<tr><th colspan="2">Kommunikationsdaten</th><th rowspan="2">Buchungsdaten</th></tr>
<tr><th>Aktionsdaten</th><th>Reaktionsdaten</th></tr>
<tr><td>Kampagnentyp, Kampagnenkanal, Kampagnen-inhalt, Kampagnenkosten, Kontaktaffinitäten, Teilnahme an Kundenkarten-/ Loyalitätsprogrammen,...</td><td>Clickstreams, Zufriedenheitsäußerungen , Beschwerden, Reaktionstyp (Anfrage, Angebotseinholung, Buchung), Reaktionsinhalte, ...</td><td>Buchungswege, Reiseanlässe, Verkehrsmittelwahl, Food&Beverage Ausgaben, Buchungsraten, Zusatzbuchungen (Exkursionen, etc.),...</td></tr>
</table>

Abb. 5.4.4 *Kundendatentypologie mit Beispielen (eigene Darstellung in Anlehnung an Geib 2006, S. 125)*

Als Ursprung für die Daten kommen sowohl unternehmensexterne (z. B. Marktforschungsdaten, Lifestyledaten, Social Media Daten, etc.) wie unternehmensinterne Datenquellen in Frage (vgl. Wiesner 2006, S. 106). Unternehmensexterne Daten werten die Kundendatenbank sowohl quantitativ – z. B. neue Adressbestände für das Interessentenmanagement – wie qualitativ – z. B. neue Merkmale wie Kaufkraftabschätzungen für bestehende Datensätze – auf. Das implizite Wissen von Mitarbeitern (z. B. Erfahrungen mit dem Gast) zählt mit zur wertvollsten unternehmensinternen Quelle. Hier liegt die Managementaufgabe darin, Mitarbeitern Anreize zu geben, ihr implizites Wissen zu dokumentieren. Grundsätzlich sollten Mitarbeiter in den Informationssammlungsprozess eingebunden werden. Durch ihren stetigen Kontakt mit den Gästen haben sie einen guten Einblick in deren Bedürfnisstruktur. Wird dieses Wissen erfasst, kann es zum Wohl des Gastes und des Unternehmens genutzt werden (vgl. Minghetti 2003, S. 145). Allerdings muss es auch Grenzen für die Informationssammlung geben. Sensibilität ist insbesondere bei der Erfassung kundenbezogener Informationen und Daten im Web erforderlich (z. B. der Aufbau der Datenbasis für Analysen im Rahmen des Social CRM). Die Beachtung folgender Prinzipien ist notwendig:

(1) Die sich gerade in Deutschland immer weiter verschärfenden Anforderungen des Datenschutzes sind unbedingt zu beachten.

(2) Zur Erhöhung der Akzeptanz durch den Kunden sollte dieser stets und unabhängig von einer rechtlichen Pflicht um die Erlaubnis zur Speicherung und Verwertung seiner Daten gebeten werden. Dies ist die Leitidee des *Permission Based Marketing* (vgl. Rapp 2000, S. 33ff.).

(3) Dem Kunden sollte die Erlaubnis nicht nur abgerungen, sondern dafür auch ein erkennbarer Mehrwert geboten werden (z. B. personalisierte Angebote).

Die in den unterschiedlichsten internen wie externen Systemen verteilten Daten werden über Schnittstellen in die operative Kundendatenbank migriert. Es ist für die nachfolgenden Analysen existentiell wichtig, dass diese migrierten Datenbestände von guter Qualität sind. Es sei warnend erwähnt, dass die Bedeutung und der notwenige Aufwand zur Erreichung wie auch zur Erhaltung dieser Datenqualität in der Praxis oft stark unterschätzt werden. Die mangelnde Datenqualität ist ein häufiger Grund für enttäuschende CRM-Maßnahmen und gescheiterte CRM-Projekte. Ein umfassendes Datenqualitätsmanagement ist daher unbedingt anzuraten (vgl. Hippner/Wilde 2007; S. 497ff.).

5.4.5 Analytische CRM-Systembestandteile

Das analytische CRM kann als das „Gehirn" – die Business Intelligence – des CRM-Ansatzes bezeichnet werden. Es umfasst Komponenten zur Sammlung, Integration, Aufbereitung und Analyse von Kundendaten. Dabei wird relevantes und personalisiertes Wissen über die betrachtete Kundenbeziehung mit dem Ziel erzeugt, es zur Steuerung und fortwährenden Optimierung der kundenorientierten Marketing-, Sales- und Service-Prozesse zu nutzen (vgl. Hippner/Wilde 2007, S. 492). Im analytischen CRM schließt sich der Closed-Loop Ansatz der CRM-Systemarchitektur: Die in den CRM-Prozessen erzeugten Daten werden im analytischen CRM zu Wissen transformiert und dieses Wissen den CRM-Prozessen wieder zur Verfügung gestellt. Das CRM-System lernt durch die analytische Komponente. Bestandteile des analytischen CRM sind das Data Warehouse und die Big Data Architekturen als „Datenspeicher" und darauf aufsetzende Analysewerkzeuge und Personalisierungssysteme.

- **Data Warehouse**

Grundlage für die Analyse der strukturierten Daten ist ein Data Warehouse. Darunter versteht man eine zentrale, konsistente und eigenständige Analysedatenbank, die von den operativen Datenbanken entkoppelt ist und der Entscheidungsunterstützung des Managements dient (vgl. Kuhl/Stöber 2003, S. 548). Anders als eine operative Datenbank übernimmt das Data Warehouse keine direkte Funktion im Tagesgeschäft, sondern speichert die in den verschiedensten operativen Datenbanken und eventuellen zusätzlichen externen Quellen vorhandenen Daten redundant ab und stellt den Systemen relevante Analyseergebnisse wieder zur Verfügung. Sinn dieser Trennung ist, die operativen Datenbanken nicht durch rechenintensive Analysen zu blockieren (Alpar/Niedereichholz 2000, S. 15).

- **Big Data Architekturen**

Nicht nur strukturierte Daten, z. B. Buchungsdaten, sind im digitalen Zeitalter ein Datenlieferant für das CRM. Insbesondere Kommunikationsdaten durch Soziale Netzwerke, Clickstreamdaten und Logdateien der Webseitenbesucher, Standortdaten von mobilen Geräten, Logdaten aus allen Internetdiensten, Multimediadaten, wie Fotos, Videos etc. (vgl. o. V. BITKOMM 2014, S. 100ff; Gadatsch, 2012, S. 1616 f.) gewinnen an Bedeutung. Eine weitere bedeutsame Datenquelle der Zukunft werden die Sensordaten des *„Internets der Dinge"* darstellen. Darunter versteht man den Trend, dass immer mehr Systeme und Geräte durch Integration miniaturisierter Computer mit dem Internet verbunden sind und dabei für das CRM interessante Daten erzeugen.

Die dabei erzeugten Daten liegen meist in *semistrukturierter* (z. B. XML- und HTML-Dateien) oder *unstrukturierter* Form (z. B. Posts, Fotos und Videos in sozialen Netzwerken) vor. Zusammengefasst werden diese unterschiedlichen Datenstrukturen unter dem Begriff *polystrukturierte Daten* (vgl. auch Schoeneberg/Pein 2014, S. 310). Sie fallen dabei nicht nur in einer großen Vielfalt (*variety*), sondern auch sehr schnell (*velocity*) und in großen Mengen (*volume*) an. Mit diesen drei Vs wird das Phänomen *Big Data* definiert und charakterisiert: Das Entstehen von Daten in großer Menge, großer Geschwindigkeit und großer Varietät sowie deren Analyse in Echtzeit (vgl. Russom 2012, S. 6ff.). Traditionelle Datenbanken, Analyse- und Visualisierungssysteme kapitulieren vor den daraus resultierenden Hard- und Softwareanforderungen (vgl. Chen et al., 2012).

Systemarchitekturen, die diesen Anforderungen gewachsen sind, nennt man *Big Data Architekturen*. Hierbei kommen insbesondere *NonSQL Datenbanken* oder das auf dem *Hadoop Framework* basierende Hadoop Distributed File System (HDFS) zum Einsatz, die mit speziellen Verfahren zum Datenzugriff kombiniert werden (vgl. Sawant/Shah, 2013; o. V. BITKOMM 2014). Der strukturierten Datenanteile werden weiterhin im Data Warehouse gespeichert.

- **Analyseinstrumente**

Im Data Warehouse und den Big Data Architekturen liegen Daten als kombinierte Datenbasis zur Analyse, Extrahierung und Visualisierung des darin verborgenen Wissens vor. Den Analyseinstrumenten obliegt es, dieses Wissen ans Tageslicht zu bringen und dabei so zu präsentieren, dass es für Managemententscheidungen nutzbar ist.

Dabei können grob drei Analysearten mit zunehmender Komplexität unterschieden werden: Standardreports, das Online Analytical Processing (OLAP) sowie unterschiedliche Formen des Data Minings (vgl. Buttle 2009, S. 377ff.). Weiter werden mit zunehmender Bedeutung der internetbasierten Kanäle verstärkt analytisch orientierte Personalisierungssysteme eingesetzt.

– **Standardreports**

Standardreports sind ein zentrales Instrument zur Information des Managements. Im Wesentlichen handelt es sich dabei um methodisch einfache Auswertungen der deskriptiven Statistik wie Häufigkeitstabellen, Kreuztabellen, Analyse von Lage- und Streuungsparametern sowie Grundformen der Zusammenhangsanalyse.

– **OLAP**

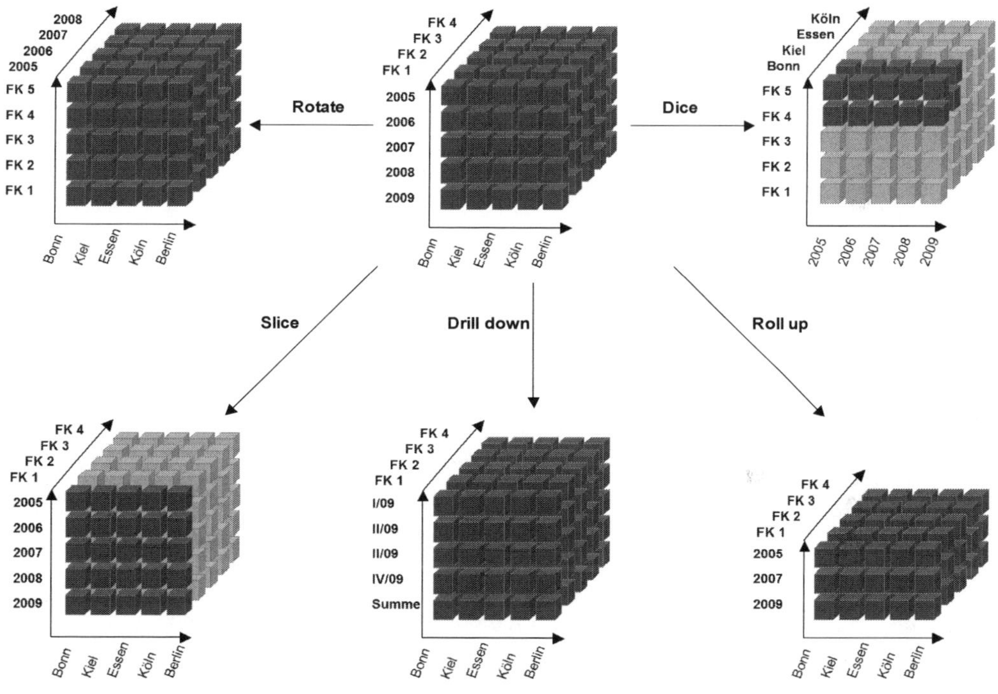

Abb. 5.4.5 *Exemplarische OLAP-Analyse für eine Hotelkette*

Standardreports verfügen über kein Potential, komplexe Zusammenhänge zu untersuchen. Dies liegt unter anderem an ihren maximal zweidimensionalen Analysen. Betriebswirtschaftliche Fragestellungen lassen sich jedoch häufig erst unter Berücksichtigung mehrdimensionaler Ansätze sinnvoll beantworten. Maßgrößen wie Umsätze oder Buchungshäufigkeiten sind oftmals erst dann aussagekräftig, wenn sie in Bezug zu Kundengruppen, Leistungsträgern und Destinationen betrachtet werden. Die Aufdeckung von Wissen in umfangreichen multidimensionalen Datenquellen ermöglicht OLAP. Ein mehrdimensionaler Datenwürfel kann mit unterschiedlichen Grundfunktionen analysiert werden: *Drill down* bedeutet dabei, dass man den Detaillierungsgrad der Analyse erhöht (z. B. von Jahres- auf Quartalsebene), während man ihn bei *Roll up* verringert (z. B. von Jahresintervallen auf Zweijahresintervalle). *Rotate* zeigt eine Drehung des Würfels an, um eine gewünschte neue (Analyse-)Sicht zu zeigen. Damit gerät mindestens eine neue Dimension in den Fokus. *Slicing* bedeutet eine „Scheibe“ aus dem Würfel herauszuschneiden, also eine Dimension bei der Analyse zu vernachlässigen. Beim *Dicing* werden (eine oder) mehrere Dimensionen eingeschränkt und damit eine „kleinerer“ und unter Umständen „gekippter“ Datenwürfel erzeugt (vgl. Codd et al. 1993). Abbildung 5.4.5 zeigt eine exemplarische OLAP-Analyse für eine Hotelkette, die den Umsatz (=Zielgröße) ihrer Hotels in verschiedenen Städten über mehrere Jahre bei verschiedenen Firmenkunden (FK) untersuchen möchte.

OLAP setzt allerdings voraus, dass der Anwender weiß, wonach er sucht. Unbekannte Zusammenhänge lassen sich mit diesen Verfahren kaum entdecken. Das systematische Ergründen neuer relevanter Erkenntnisse ist die Domäne der Data Mining Verfahren.

- **Data Mining, Web Mining, Text Mining, Social Media Analytics und Big Data Analytics**

Im Gegensatz zur anwendergetriebenen OLAP-Analyse umfasst Data Mining den soweit wie möglich automatisierten Prozess der Extrahierung von handlungsrelevantem und bedeutsamen Wissen aus sehr umfangreichen Datenquellen (vgl. Hagedorn et al. 1997, S. 601). Hierbei kommen komplexe statistische Verfahren wie z. B. Clusteranalysen, Faktorenanalysen, Assoziationsanalysen, Entscheidungsbaumverfahren, multiple Regressionsanalysen, Künstliche Neuronale Netze, etc. zum Einsatz. Diese Verfahren werden in den drei Anwendungsbereichen des Data Mining genutzt: *Klassifikation und Prognose*, *Segmentierung* und *Abhängigkeitsentdeckung*. Data Mining ist jedoch mehr als ein statistisches Verfahren, vielmehr handelt es sich dabei um einen komplexen Analyseprozess (vgl. Chiu/Tavella 2008, S. 137ff.).

Während Data Mining vornehmlich strukturierte Datenquellen nutzt, analysieren Web Mining und Text Mining als Sonderformen des Data Mining hauptsächlich unstrukturierte bzw. polystrukturierte Daten. *Web Mining* wendet dabei die Verfahren des Data Mining auf Datenquellen des Internets wie z. B. Logfiles, Weblogs, etc. an. Analysiert werden Inhalte von Webseiten (Web Content Mining), Seitenstrukturen (Web Structure Mining) und auch das Verhalten der Nutzer auf einer Website (Web Usage Mining) (vgl. Hippner et al. 2002). Viele Informationen von und über Kunden liegen im Unternehmen nicht in Datenbanken, sondern in Textform vor. Dies können Briefe, Emails, Posts in sozialen Netzwerken, etc. sein. *Text Mining* versucht automatisiert Wissen aus diesen wichtigen Datenquellen zu extrahieren. Vor neuen Herausforderungen – z. B. das Erkennen und Interpretieren der Semantik von Texten durch Subjektivität, Zweideutigkeiten und Emotionen – steht das Web Mining und Text Mining bei der Analyse von (Big-)Daten aus dem Social Media Bereich. Daraus entwickelt sich aktuell das Forschungsgebiet der *Social Media Analytics*, welches die „(...) Entwicklung und Bewertung von wissenschaftlichen Methoden, technischen Rahmenmodellen und Software zum Auslesen, Modellieren, Analysieren und Erfassen von umfangreichen Daten aus sozialen Netzwerken“ zum Ziel hat (Stieglitz et al. 2014, S. 102; ergänzend Reinhold/Alt 2011; Peters et al. 2013). Hierunter fällt auch das *Social Media Monitoring*, das systematisch Social Media Inhalte auf Meinungen, Stimmungen gegenüber dem Unternehmen hin untersucht, analysiert, welche Trends oder Themenschwerpunkte sich durch die Netzgemeinde etablieren oder welche User als kommunikative Multiplikatoren einzustufen sind.

Analysiert man allgemein Daten im Kontext von Big Data, so hat sich der Begriff *Big Data Analytics* etabliert. Es handelt sich hierbei nicht um neue Analysemethoden, sondern den Analyseprozess großer und unterschiedlich strukturierter Datenmengen (vgl. Russom 2011; Maltby 2011). Besonderes Augenmerk ist auf die Visualisierung der Analyseergebnisse zu legen, die aufgrund der Komplexität, Vielfalt und Menge der zugrundeliegenden Daten komplexer ist als bei Data Mining (vgl. Schoenberger/Pein 2014).

- **Personalisierungssysteme**

Das Internet eröffnet neue Möglichkeiten der indirekten Informationsbeschaffung durch Beobachtung des Userverhaltes auf der Website. Diese Informationen werden im Data Warehouse und den Big Data Architekturen erfasst und analysiert. Interessant sind nun Verfahren, die diese Profilinformation zur automatisierten Personalisierung des Leistungsangebots im Rahmen der Marketing-, Sales- und Serviceprozesse des Unternehmens nutzen. Hierdurch sollen die Bedürfnisstrukturen der Kunden besser bedient werden. Dies verringert Streuverluste und soll sich positiv auf die Profitabilität der Kundenbeziehung auswirken.

Dabei lassen sich das Content-Based Filtering sowie das Collaborative Filtering als Verfahrensklassen unterscheiden (vgl. Meier/Stromer 2007; Runte 2000). Beim *Content-Based Filtering* werden zwei Leistungen aufgrund ihrer Eigenschaften verglichen. Zwei Produkte A und B sind dann ähnlich, wenn sie viele gemeinsame Eigenschaften aufweisen. Besitzt ein Reisender eine Präferenz für das Produkt A, kann damit auf die Präferenz für das Produkt B geschlossen werden. So ein System kann z. B. für das Vorschlagswesen bei einer Reisebuchung genutzt werden: Ist die gewünschte Reise ausgebucht, wird dem Interessenten eine ähnliche Reise angeboten. Beim *Collaborative Filtering* stellt man dagegen fest, welche Nutzer A und B sich ähneln. Kennt man die Präferenz eines Nutzers A für ein Produkt, kann daraus auf die Präferenz eines ähnlichen Nutzers B für das gleiche Produkt geschlossen werden. Auch dieses Verfahren kann für eine Reiseempfehlung genutzt werden: Ähneln sich zwei Reisende A und B und ist bekannt, dass sich Reisender A für Städtereisen interessiert, so kann Reisenden B im nächsten Newsletter ebenfalls eine Städtetour angeboten werden. Beim Social Media Analytics spielt dabei die *Soziale Netzwerkanalyse* eine besondere Rolle (siehe Beispiel im nächsten Abschnitt).

- **Exemplarische analytische Anwendungsfälle**

Abschließend werden einige typische analytische Anwendungsfälle erläutert (vgl. ergänzend Kuhl/Stöber 2003). Diese können nur teilweise spezifischen Prozessen zugeordnet werden. In der Regel lösen sie Fragestellungen, die bei unterschiedlichsten Prozessen auftauchen. Grundsätzlich besitzt jeder CRM-Prozess somit auch analytische Anteile.

Neben einem Modell zur Ermittlung des Kundenwertes ist die Kundensegmentierung eine Grundvoraussetzung, um eine individualisierte und wertorientierte Kundenbeziehung aufzubauen. Sie wird potentiell in allen Prozessen benötigt, wobei je nach Problemstellung unterschiedliche Segmentierungen herangezogen werden können. Ein Beispiel für eine Kundensegmentierung wäre die Analyse des Reiseverhaltens zur Erstellung einer Kundentypologie. Diese Kundentypologie kann dann im Kampagnenmanagement genutzt werden. Auch das Interaktionsmanagement innerhalb des Multi-Channel-Managements nutzt Segmentierungen, indem Kundengruppen mit Kanalpräferenzen identifiziert werden. Ein weiteres Beispiel wären segmentsindividuelle Inhalte und Anstoßhäufigkeiten für Newsletter-Kampagnen

(z. B. häufige Promotion von Städtereisen für den „Städetreisetyp"; familienfreundliche Pauschalangebote, insbesondere im Zeitfenster der Jahresurlaubsplanung für die „junge berufstätige Familie", etc.).

Das Kundenbindungsmanagement kann durch *Cross- und Up-Selling Analysen* im Sales-Prozess unterstützt werden (vgl. Hirche 2004, S. 417). *Lost-Order Analysen* erklären, warum Kundenanfragen nicht in Buchungen transformiert werden konnten. *Sales-Cycle Analysen* helfen den Kunden gemäß seiner Phase im jeweiligen Zyklus mit den richtigen Produkten und dem richtigen Timing anzusprechen. Dem Servicebereich können durch *Beschwerdeanalysen* wertvolle Verbesserungspotentiale aufzeigt werden. *Churn Analysen* helfen Loyalitäts- und Kundenbindungsprogrammen (z. B. Vielfliegerprogramme, Kundenclubs, etc.), abwanderungsgefährdete und inaktive Kunden (Schläfer) zu identifizieren. Diese Kunden werden im Rückgewinnungsmanagement bearbeitet: Kundengruppen mit hohem Wert oder Potential versucht man zu reaktivieren, wohingegen bei Kunden mit geringem Potential keinerlei Aktivierungsmaßnahmen erfolgen.

Anwendungsfälle zur *Personalisierung* auf Basis von *Social Media Analytics* lassen sich *kontext-* und *prozessorientiert* skizzieren (vgl. Alt/Reinhold 2011, S. 283; Davenport 2013). Posts auf Bewertungsportalen können im Rahmen der Serviceprozesse zur individuellen Kundenkommunikation genutzt und gleichzeitig im Rahmen des Qualitätsmanagements zur Produktverbesserung herangezogen werden. Soziale Netzwerkanalysen helfen, personalisierte Produktangebote zu unterbreiten: Stellt man bei einem Kunden fest, dass einige seiner engen Facebook-Freunde eine Reise auf die Balearen gebucht haben, so könnte dieser Kunde ebenfalls eine erhöhte Affinität für diese Destination besitzen. Ein Angebot erscheint plausibel. Ein Beispiel für eine kontextbasierte Anwendung auf Basis von Lokalisierungsinformationen wäre, dass man bei der Landung eines Fluges den Fluggästen automatisch aktuelle Verbindungen zu ihrem Hotel zuschickt („Sollen wir Ihnen ein Taxi zum Ausgang xyz bestellen?", „Ihre nächste S-Bahn S8 geht in 5 min von Gleis 2 Richtung Innenstadt. Steigen Sie bitte an der Station Ostbahnhof aus.").

Bei fortschreitender Digitalisierung durch das „Internet der Dinge" sind neue Geschäfts- und Erlösmodelle durch Kooperation mit anderen Branchen denkbar. Jeder kennt das Problem bei der Rückkehr aus dem Urlaub: Der Kühlschrank ist leer oder der Inhalt verdorben. Kooperationen zwischen Touristik und Lebensmittelhändlern könnten dieses Problem lösen: Der intelligente Kühlschrank meldet den fehlenden Inhalt (z. B. aufgrund von Kaufverhaltensanalysen oder aber durch hinterlegte digitale Wunschzettel) zum Zeitpunkt der Rückkehr aus dem Urlaub an den Lebensmittelhandel. Diese schickt die Waren rechtzeitig zur Wohnung der Urlauber. Gebucht wird dieser Service auf dem Reisemittlerportal innerhalb des Buchungsprozesses der Reise.

Quellen und weiterführende Literatur:

Alpar, P., Niedereichholz, J., Einführung zu Data Mining, in: Alpar, P., Niedereichholz, J. (Hrsg.), Data Mining im praktischen Einsatz – Verfahren und Anwendungsfälle für Marketing, Vertrieb, Controlling und Kundenunterstützung, Braunschweig 2000, S. 1–27.

Alt, R., Reinhold, O., Social-Customer-Relationship-Management (Social-CRM) – Anwendung und Technologie, in: Wirtschaftsinformatik, Jg. 54. Heft 5, 2011, S. 281–286.

Berchtenbreiter, R., Grundlagen von Content-Management-Systemen und Ansätze ihrer Bedeutung für das CRM, in: Hippner, H., Wilde, K.D. (Hrsg.), IT-Systeme im CRM – Aufbau und Potentiale, Wiesbaden 2004, S. 209–240.

Bieger, T., Management von Destinationen, 7. A., München 2008.

Born, K., Kundenwünsche erfüllen – unverzichtbare Voraussetzung erfolgreicher Kundenbindung, in: Bastian, H., Born, K. (Hrsg.), Der integrierte Touristikkonzern – Strategien, Erfolgsfaktoren und Aufgaben, München 2004, S. 423–445.

Bulander, R., Herausforderungen im Social CRM und Mobile Business, in: Deutscher Dialogmarketing Verband e.V. (Hrsg.): Dialogmarketing Perspektiven 2010/2011, Wiesbaden, 2011, S. 87–107.

Buttle, F., Customer Relationship Management – Concepts and Technologies, 2. A., Oxford 2009.

Chen, H., Chiang, R. H. L., Storey, V. C., Business Intelligence and Analytics: From Big Data to Big Impact. MIS Quarterly, Vol. 36, Nr. 4, 2012, S. 1165–1188.

Chiu, S., Tavella, D., Data Mining and Market Intelligence for Optimal Market Returns, Amsterdam et al. 2008.

Codd, E. F., Codd, S.B., Salley, C.T., Providing OLAP (Online Analytical Processing) to User-Analysts – An IT Mandate, E.F. Codd & Associates, White Paper, o.O. 1993.

Cornelsen, J., Kundenwertanalysen im Beziehungsmarketing: Theoretische Grundlegung und Ergebnisse einer empirischen Studie im Automobilbereich, in: Diller, H. (Hrsg.), Schriften zum Innovativen Marketing, Band 3, Nürnberg 2000.

Davenport, T.H., At the Big Data Crossroads: Turning towards a smarter travel experience, o.O. 2013, http://blogamadeus.com/wp-content/uploads/Amadeus-Big-Data-Report.pdf (Zugriff: 11.06.2014).

Dreyer, A., Kundenzufriedenheit und Kundenbindungs-Marketing, in: Bastian, H., Born, K., Dreyer, A. (Hrsg.), Kundenorientierung im Touristikmanagement, München 1999, S. 12–50.

Englbrecht, A., Kundenwertorientiertes Kampagnenmanagement im CRM, Hamburg 2007.

Freyer, W., Molina, M., Multichannel-Vertrieb: Innovatives Distributions-Management für Destinationen, in: Freyer, W., Pompl, W. (Hrsg.), Reisebüro-Management, München 2008, S. 123–133.

Gadatsch, A., Big Data, in: WISU, 2012, Nr. 12, S. 1615–1621.

Geib, M., Kooperatives Customer Relationship Management – Fallstudien und Informationssystemarchitektur in Finanzdienstleistungsnetzwerken, Wiesbaden 2006.

Grässel, R., Weinberg, J., Social CRM – Umsetzungsmöglichkeiten in der Praxis, in: Deutscher Dialogmarketing Verband e.V. (Hrsg.): Dialogmarketing Perspektiven 2013/2014, Wiesbaden, 2014, S. 105–125.

Gronover, S., Kolbe, L.M., Österle, H., Methodisches Vorgehen zur Einführung von CRM, in: Hippner, H., Wilde, K.D. (Hrsg.), Management von CRM-Projekten, Wiesbaden 2004, S. 13–32.

Gummesson, E., Relationship Marketing – The Emperor's New Clothes or a Paradigm Shift?, in: Marketing and Research Today 1997, Vol. 25, No. 1, S. 53–60.

Günter, B., Helm, S., Kundenwert, Wiesbaden 2003.

Günter, B., Helm S., Kundenbewertungen im Rahmen des CRM, in: Hippner, H., Hubrich, B., Wilde, K.D. (Hrsg.), Grundlagen des CRM – Strategie, Geschäftsprozesse und IT-Unterstützung, 3. A., Wiesbaden 2011, S. 271–292.

Hagedorn, J., Bissantz, N., Mertens, P., Data Mining (Datenmustererkennung): Stand der Forschung und Entwicklung, in: Wirtschaftsinformatik, 1997, Heft 6, S. 601–612.

Hettich, S., Hippner, H., Wilde, K.D., Customer Relationship Management (CRM), in: WISU, 2000, Nr. 10, S. 1346–1366.

Hippner, H., Merzenich, M., Wilde, K.D., Grundlagen des Web Mining, in: Hippner, H., Merzenich, M., Wilde, K.D. (Hrsg.), Handbuch Web Mining im Marketing, Wiesbaden 2002, S. 3–31.

Hippner, H., Rentzmann, R., Wilde, K.D., Ein Vorgehensmodell zur Auswahl von CRM-Systemen, in: Hippner, H., Wilde, K.D. (Hrsg.), IT-Systeme im CRM – Aufbau und Potentiale, Wiesbaden 2004, S. 97–119.

Hippner, H., Rentzmann, R., Wilde, K.D., Aufbau und Funktionalitäten von CRM-Systemen, in: Hippner, H., Wilde, K.D. (Hrsg.), Grundlagen des CRM – Konzepte und Gestaltung, 2. A., Wiesbaden 2006, S. 45–74.

Hippner, H., Wilde, K. D., CRM im Wandel – Entwicklungen einer IT-gestützten Unternehmensphilosophie, in: Gouthier, M., Coenen, C., Schulze, H.S., Wegmann, C. (Hrsg.), Service Excellence als Impulsgeber, Wiesbaden 2007, S. 485–501.

Hirche, T., Kundenbindung im Touristikkonzern – Von der Bindung zur Beziehung, in: Bastian, H., Born, K. (Hrsg.), Der integrierte Touristikkonzern – Strategien, Erfolgsfaktoren und Aufgaben, München 2004, S. 395–421.

Holloway, J.C., Marketing for Tourism, 4. A., New York 2004.

Homburg, C., Sieben, F.G., Customer Relationship Management (CRM) – Strategische Ausrichtung statt IT-getriebenem Aktivismus, in: Bruhn, M., Homburg, C. (Hrsg.), Handbuch Kundenbindungsmanagement, 5. A., Wiesbaden 2005, S. 435–462.

Kantsperger, R., Modifikation von Kundenverhalten als Kernaufgabe im CRM, in: Hippner, H., Wilde, K.D. (Hrsg.), Grundlagen des CRM – Konzepte und Gestaltung, 2. A., Wiesbaden 2006, S. 291–304.

Kotler, P., Bliemel, F. W., Marketing-Management. Analyse, Planung, Umsetzung und Steuerung, 8. A., Stuttgart 1995.

Kreutzer, R.T., Database-Marketing – Erfolgsstrategien für die 90er Jahre, in: Dallmer, H. (Hrsg.), Handbuch Direct Marketing, Wiesbaden 1991, S. 623–641.

Kuhl, M., Stöber, O., Data Warehousing und Customer Relationship Management als Grundlage des wertorientierten Kundenmanagements, in: Günter, B., Helm, S., Kundenwert, Wiesbaden 2003, S. 545–562.

Leußer, W., Hippner, H., Wilde, K.D., CRM – Grundlagen, Konzepte und Prozesse, in: Hippner, H., Hubrich, B., Wilde, K.D. (Hrsg.), Grundlagen des CRM – Strategie, Geschäftsprozesse und IT-Unterstützung, 3. A., Wiesbaden 2011, S. 17–55.

Lessmann, S., Customer Relationship Management, in: WISU, 2003, Nr. 2, S. 190–193.

Link, J., Hildebrand, V., Database Marketing und Computer Aided Selling – Strategische Wettbewerbsvorteile durch neue informationstechnologische Systemkonzeptionen, München 1993.

Maltby, D., Big Data Analytics, Austin 2011, https://www.ischool.utexas.edu/~dmaltby/Big_Data_Analytics.pdf (Zugriff: 02.06.2014).

Malthouse, E.C., Haenlein, M., Skiera, B., Wege,E., Zhang, M., Managing Customer Relationships in the Social Media Era: Intruducing the Social CRM House, in: Journal of Interactive Marketing, 2013, Vol. 27, Issue 4, S. 270–280.

Meier, A., Stormer, H., Empfehlungssysteme, in: WISU, 2007, Nr. 11, S. 1455–1462.

Merl, A., Rahmenbedingungen und Trends im Tourismus, in: Noeo Wissenschaftsmagazin, 2002, Nr. 1, S. 19–21.

Minghetti, V., Building customer value in the hospitality industry: Towards the definition of a customer-centric information system, in: Information Technology & Tourism, 2003, Vol. 6, No. 2, S. 141–152.

Mundt, J.W., Tourismus, 3. A., München 2006.

Muther, A., Electronic Customer Care, 3. A., Berlin et al. 2001.

Orth, M., Reise-Websites: Planen, buchen, reisen – alles im Internet, Vortrag im Rahmen des FVW Kongresses der Zukunft, Wiesbaden 2002, 26.09.2002.

o. V., Big-Data-Technologien – Wissen für Entscheider – BITKOM Leitfaden, Berlin 2014, http://www.bitkom.org/files/documents/BITKOM_Leitfaden_Big-Data-Technologien-Wissen_fuer_Entscheider_Febr_2014.pdf (Zugriff: 11.06.2014).

Peters, K., Chen, Y., Kaplan, A.M., Ognibeni, B., Pauwels, K., Social Media Metrics – A Framework and Guidelines for Managing Social Media, in: Journal of Interactive Marketing, 2013, Vol. 27, Issue 4, S. 281–298.

Rapp, R., Customer Relationship Management, Frankfurt a. M. 2000.

Reichheld, F.F., Treue Kunden müssen auch rentabel sein, in: Harvard Business Manager, 1993, 15. Jg., Nr. 3, S. 106–114.

Reinhold, O., *Alt, R.*, Analytical Social CRM – Concept and Tool Support, in: Proceedings 24. Bled eConference, Bled 2011, S. 226–241.

Riempp, G., Von den Grundlagen zu einer Architektur für Customer Relationship Management, St. Gallen 2003, https://extranet.iwi.unisg.ch/public/cm_web.nsf/SysWebResources/ckm_architektur/$FILE/CKM-Architektur%20CKM-Buch%2004%20GRI.pdf (Zugriff: 28.09.2009).

Runte, M., Personalisierung im Internet – Individualisierte Angebote mit Collaborative Filtering, Wiesbaden 2000.

Russom, P., Big Data Analytics, Renton 2011.

Sawant, N. , *Shah, H.*, Big Data Application Architecture Q&A, A Problem – Solution Approach, New York 2013.

Schmidt, H., Customer Relationship Management, in: WISU, 2005, Nr. 12, S. 1517–1524.

Schoeneberg, K.-P., *Pein, J.*, Entscheidungsfindung mit Big Data – Einsatz fortschrittlicher Visualisierungsmöglichkeiten zur Komplexitätsbeherrschung betriebswirtschaftlicher Sachverhalte im Unternehmen, in: Schoeneberg, K.-P. (Hrsg.), Komplexitätsmanagement in Unternehmen, Wiesbaden 2014, S. 309–354.

Schögel, M., *Schmidt, I.*, *Sauer, A.*, Multi-Channel Management im CRM – Prozessorientierung als zentrale Herausforderung, in: Hippner, H., Wilde, K.D. (Hrsg.), Management von CRM-Projekten, Wiesbaden 2004, S. 105–134.

Schöler, A., Service Automation – Unterstützung der Serviceprozesse im Front- und Backoffice, in: Hippner, H., Wilde, K.D. (Hrsg.), IT-Systeme im CRM – Aufbau und Potentiale, Wiesbaden 2004, S. 373–392.

Schramm, D., Wie verwaltet man Inhalte? Anforderungen an XML-basierte Content Management Systeme im Electronic Publishing, in: WiSt, 2001, Nr. 11, S. 615–620.

Schuhmacher, J., *Mayer, M*,. Customer Relationship Management strukturiert dargestellt – Prozesse, Systeme, Technologien, Berlin u. a. 2004.

Schulze, J., CRM erfolgreich einführen, Berlin u. a. 2002.

Stauss, B., Perspektivenwandel: Vom Produkt-Lebenszyklus zum Kundenbeziehungs-Lebenszyklus, in: Thexis, 2000, Heft 2, S. 15–18.

Stauss, B., Seidel, W., Beschwerdemanagement – Unzufriedene Kunden als profitable Zielgruppe, 4. A. München 2007.

Stieglitz, S., Dang-Xuan, L., Bruns, A., Neuberger, C., Social Media Analytics – Ein interdisziplinärer Ansatz und seine Implikationen für die Wirtschaftsinformatik, in: Wirtschaftsinformatik, Wiesbaden 2014, Volume 56, Number 2, S. 101–109.

Wehrmeister, D., Customer Relationship Management – Kunden gewinnen und an das Unternehmen binden, Köln 2001.

Weithöner, U., Informationssysteme und tourismuswirtschaftliche Leistungsprozesse, in: Dettmer, H. (Hrsg.), Tourismus 3 – Reiseindustrie, Stuttgart 2001, S. 173–209.

Weithöner, U., Kap. 6.8 Anwendungssysteme in der Tourismuswirtschaft, in: Disterer, G., Fels, F., Hausotter, A. (Hrsg.), Taschenbuch der Wirtschaftsinformatik, 2. A., München, Wien 2003, S. 711–724.

Weithöner, U., Ehbrecht, O., Integrierte Informations- und Kommunikationssysteme im Touristikkonzern, in: Bastian, H., Born, K. (Hrsg.), Der integrierte Touristikkonzern, München 2004, S. 101–120.

Wiesner, K.A., Strategisches Tourismusmarketing, Berlin 2006.

Wilde, K.D., Hippner, H., Customer Relationship Management: Grundlagen und aktuelle Entwicklungen, in: WISU, 2008, Nr. 1, S. 105–111.

Winkelmann, P., Sales Automation – Grundlagen des Computer Aided Selling, in: Hippner, H., Wilde, K.D. (Hrsg.), IT-Systeme im CRM – Aufbau und Potentiale, Wiesbaden 2004, S. 301–332.

Personenverzeichnis

Prof. Dr. Ralph Berchtenbreiter

Prof. Dr. Ralph Berchtenbreiter lehrt eBusiness, digitales Marketing und CRM an der Fakultät für Tourismus der Hochschule München. Er studierte Betriebswirtschaftslehre an der Ludwig-Maximilians-Universität in München und war anschließend Consultant bei einer großen deutschen Unternehmensberatung. Promoviert wurde er am Lehrstuhl für ABWL und Wirtschaftsinformatik an der WFI der Katholischen Universität Eichstätt-Ingolstadt. Für seine Arbeiten im Bereich mobiler Technologien wurde ihm ein internationaler Preis verliehen, der ihn zu einer der größten deutschen eBusiness-Agenturen führte, bei der er Mitglied der Geschäftsleitung der Techniktochter mit touristischen Key-Accounts war. 2005 nahm er einen Ruf als Professor für eBusiness, CRM, Marketing und Marktforschung an die Duale Hochschule Baden-Württemberg Ravensburg an und erhielt dort den Lehrpreis 2008. Im Jahr 2009 folgte er dem Ruf an die Fakultät für Tourismus der Hochschule München. Neben Beratungstätigkeiten für Unternehmen ist er Lehrbeauftragter an der Dualen Hochschule Baden-Württemberg Ravensburg und dem MCI Management Center Innsbruck.

Jürgen Beuttler

Jürgen Beuttler studierte Technik-Pädagogik an der Universität Stuttgart und Elektrotechnik an Universität Siegen. Nach zweijährigem Referendariat war er in verschiedenen Fach-, Projekt- und Führungsaufgaben bei der SER Systeme AG, der Transport-, Informatik- und Logistik-Consulting GmbH, der Avinci GmbH und der DB Fernverkehr AG tätig.
Zurzeit ist er als Bereichsleiter CIO und Compliance Officer bei der DB Fernverkehr AG und verantwortlich für die gesamte Informationstechnologie und Telekommunikation des Fernverkehrs. Daneben ist Jürgen Beuttler Compliance Officer des Fernverkehrs.

Prof. Dr. Thomas Brinkhoff

Prof. Dr. Thomas Brinkhoff studierte Informatik an der Universität Bremen. Nach dem Studium promovierte er an der Ludwig-Maximilians-Universität München 1994 mit einer Arbeit auf dem Gebiet der Anfragebearbeitung in Geodatenbanksystemen. Im Abschluss war er Projektleiter für GIS-basierte Verkehrstelematiksysteme bei der Mannesmann Autocom GmbH in Düsseldorf. Seit 1999 ist er Professor für Geoinformatik an der Jade Hochschule in Oldenburg. Seine Arbeitsschwerpunkte umfassen das Geodatenmanagement, die Sensordatenverarbeitung sowie webbasierte und mobile Geoinformationssysteme. Er ist Autor von über 50 Veröffentlichungen, darunter ist das einzige deutschsprachige Lehrbuch über Geodatenbanksysteme.

Prof. Armin A. Brysch

Prof. Armin A. Brysch ist Professor für Dienstleistungsorientierte BWL und Tourismusmanagement an der Hochschule Kempten. Seine Schwerpunkte in Forschung und Lehre liegen auf den Themen Service Management/Service Excellence, eTourism und International Destination Management. Als Internationalisierungsbeauftragter seiner Fakultät betreut er das Netzwerk mit über 40 internationalen Universitäten und Hochschulen.

Prof. Brysch verfügt über eine 20-jährige internationale Berufserfahrung in der Dienstleistungs- und Tourismusbranche, u. a. als Vorstand bei der Deutschen Zentrale für Tourismus (Frankfurt), beim Deutschen Industrie- und Handelskammertag (Berlin) und Europäischen Tourismus Institut.

Als Vorsitzender des Ausschusses Bildung des Deutschen Reise-Verbandes (DRV) setzt er sich für die Qualifizierung und Professionalisierung der Tourismusbranche ein. Er verfügt über breite Verbands-, Industrie- und Beratungserfahrung und ist als Referent und Trainer tätig.

Thomas Hinterholzer

Mag. (FH) Thomas Hinterholzer, geboren 1975 in Salzburg, absolvierte an der Tourismusfachschule in Klessheim nach seinem Gymnasial-Abitur das Tourismuskolleg und war dann 10 Jahre in leitenden Funktionen in der Privatwirtschaft tätig. Zu Beginn seiner 30er-Lebensjahre diplomierte er an der Fachhochschule Salzburg am Studiengang Innovation and Management in Tourism. Er gewann für seine Abschlussarbeit den 2. Preis beim Tourismusforschungspreis „Tourissimus" und wurde als studentischer Mitarbeiter in das Team des Studiengangs aufgenommen. Über die Stationen eines wissenschaftlichen Mitarbeiters arbeitete er sich zum Senior Researcher und Lektor empor. Mag. (FH) Hinterholzer promoviert derzeit berufsbegleitend an der Universität Salzburg am Institut für Sozial- und Wirtschaftswissenschaften im Bereich der strategischen Unternehmensführung zum Thema des Innovationsmanagements in KMU-Betrieben.

Prof. Dr. Eric Horster

Prof. Dr. Eric Horster ist Professor für Hospitality Management und eTourismus an der Fachhochschule Westküste. Vor seinem Ruf promovierte er als Stipendiat des Innovations-Inkubators an der Leuphana Universität Lüneburg bei Prof. Dr. Edgar Kreilkamp. Seine Arbeits- und Forschungsschwerpunkte entwickelt er aktuell im digitalen Tourismusmanagement sowie im Reputations-, Marken- und Qualitätsmanagement.

Prof. Dr. Roman Egger

Prof. Dr. Roman Egger ist an der Fachhochschule Salzburg tätig und Leiter der dort ansässigen Abteilung für Tourismusforschung. Seine Forschungsschwerpunkt liegt im Bereich der Informations- und Kommunikationstechnologien im Tourismus. Er hat eine Reihe touristischer Fachbücher veröffentlicht und ist Mit-Herausgeber der „Zeitschrift für Tourismuswissenchaft". Er ist Mitglied der DGT, IFITT, ÖGAF, DGOF und Vorstand der eTourism Foundation.

Prof. Dr. Klaus Fischer

Prof. Dr. Klaus Fischer verfügt über eine mehr als 25 jährige Erfahrung im Management von Software Projekten. Über 10 Jahre war er als Mitarbeiter der SAP AG in den Bereichen Beratung und Entwicklung tätig. Als Leiter des Produktmanagements eines SAP Partnerunternehmens verantwortete er die Entwicklung und Markteinführung einer umfangreichen Auditierungs- und Prüfsoftware für SAP ERP HCM und Travel Management. Als Berater unterstützt er zahlreiche Unternehmen bei der Einführung einer Personalmanagement- und Reisemanagement-Software. Im Jahr 2007 wurde er zum Professor der FH Worms an den Fachbereich Touristik/Verkehrswesen berufen. Die Schwerpunkte seiner Lehr- und Forschungstätigkeit umfassen Prozesse und IT-Lösungen in den Bereichen Organisation und Personal sowie Geschäftsreiseverkehr. Prof. Dr. Fischer studierte an der Universität zu Köln Betriebswirtschaftslehre und wurde dort zum Dr. rer. pol. promoviert.

Prof. Dr. Robert Goecke

Prof. Dr. Robert Goecke lehrt Wirtschaftsinformatik mit dem Schwerpunkt Dienstleistungsmanagement an der Fakultät für Tourismus der Hochschule München. Nach dem Studium der Informatik Promotion zum Doktor der Wirtschaftswissenschaften an der TU München. 1996 ausgezeichnet mit dem Dissertationspreis der Alcatel-SEL-Stiftung für Kommunikationsforschung. 1995–1998 Vorstand von JUST – Joint Users of Siemens Telecommunications. 1999 Mitgründer, Vorstand und Aufsichtsrat der segm@ – Service Engineering & Management AG. Über 15 Jahre Erfahrung als Programmierer, Berater, Projektleiter und Forschungskoordinator in zahlreichen Organisations-, IT- und Internet-Projekten verschiedener Dienstleistungsbranchen. Robert Goecke ist Mitglied und Reviewer der IFITT International Federation for IT and Travel & Tourism und Mitglied des Arbeitskreises Revenue Management der GOR Gesellschaft für Operations Research.

Marc Lindike

Marc Lindike ist seit 2001 bei der Flughafen München GmbH beschäftigt, bis 2007 als Vice President Operations and Services (Service Division Information Technology), seitdem als Vice President IT Consulting. Seit 1984 „professionell" mit Computern in Berührung, arbeitete er als Softwareentwickler, Administrator (1991) und Technischer Manager (1998) für die GfK (Gesellschaft für Konsumforschung in Nürnberg), später dann auch als Senior Consultant (1998) in der debis Systemhaus ISM GmbH.

Annette Kreczy

Annette Kreczy studierte in München BWL/Tourismus. Nach dem Studium begann sie 1988 ihre berufliche Laufbahn bei Amadeus in Frankreich und arbeitete dort im Produktmanagement für PC basierte Reisebürolösungen. Von 1994 bis 1997 war sie Bereichsleiterin EDV bei der Lufthansa City Center Reisebüropartner GmbH in Frankfurt. Von 1997 bis 2001 arbeitete sie bei Lufthansa Systems in Frankfurt als Managerin im SAP Produktmanagement und im Bereich Corporate Strategy. Von 2001 bis 2009 war sie bei atraxis/EDS in Zürich für das Key Account Management verschiedener Airline Kunden verantwortlich. Seit Mitte 2009 ist sie bei Kuoni Schweiz für Vertriebsprojekte zuständig.

Dr. Markus Kroner

Dr. Markus Kroner, geb. 1967 in Kitzbühel, ist Rechtsanwalt in Salzburg mit Zulassung in Österreich (1999) und Deutschland (2003) und dem beruflichen Schwerpunkt auf nationalem und internationalem Zivil- und Wirtschaftsrecht insbesondere auch im Bereich des Tourismus- und Wohnrechts, sowie als Lehrbeauftragter an der Fachhochschule Salzburg für den Studiengang Innovation und Management im Tourismus tätig. Er hat bereits mehrere Publikationen im Bereich des Tourismusrechts veröffentlicht und ist regelmäßig Vortragender für die Österreichische Hoteliervereinigung, Urlaub am Bauernhof, Fachhochschule Salzburg, Tourismusverbände in Deutschland und Österreich sowie Hauptverband der allgemein beeideten gerichtlich zertifizierten Sachverständigen, dem Landesverband der Gerichtssachverständigen Oberösterreich und Salzburg sowie der Vereinigung der allgemein beeideten und gerichtlich zertifizierten Sachverständigen für das Immobilienwesen und der Wirtschaftskammer Salzburg.

Prof. Dr. Stephan Kull

Prof. Dr. Stephan Kull hat seit 2002 eine Professur für Allgemeine Betriebswirtschaftslehre mit den Schwerpunkten Marketing und Handel an der Jade Hochschule in Wilhelmshaven inne. Zudem lehrt er seit 2005 als Gastprofessor am Shanghai Institut of Foreign Trade in China und ist im Rahmen seiner Forschungsarbeit mit dem Wissenschaftspreis 2014 ausgezeichnet worden.

Im Anschluss an sein Studium der Wirtschaftswissenschaften an der Universität Hannover war er zunächst am dortigen Lehrstuhl Markt und Konsum bei Frau Prof. Dr. Dr. hc. Ursula Hansen als Assistent sowie nebenher als Unternehmensberater tätig.

Nach seiner Promotion zum Handelsmarketing begann er seine Praxislaufbahn in der Tengelmann-Gruppe und sammelte dann als Strategie- und Organisationsberater bei Deloitte auch internationale Erfahrungen.

Aus einer Position im Konzernmarketing der TUI-AG heraus nahm er nach sechsjähriger Praxiserfahrung den Ruf an die Hochschule in Wilhelmshaven an, wo er bis heute zu den Schwerpunkten Marketing, Handel und E-Business lehrt und forscht.

Dr. Eberhard Kurz

Dr. Eberhard Kurz studierte Maschinenwesen an den Universitäten Stuttgart und Tucson, USA. Nach mehreren Jahren Projekt- und Führungstätigkeiten bei der Fraunhofer-Gesellschaft und Promotion war er in der IT-Strategie-Beratung für die Reise-, Transport- und Logistikindustrie bei Arthur D. Little International, Inc. und McKinsey&Company, Inc. tätig. Danach war er Leiter Informationsmanagement/CIO im Vorstandsressort Personenverkehr der DB Mobility Logistics AG und verantwortlich für die ITK im Stadt-, Nah- und Fernverkehr sowie im Vertrieb des Personenverkehrs. Anschließend war er für Thomas Cook als CIO für West-Europa tätig. Danach war er Chief Business Consultant bei der SAP AG, zuständig für die Reise-, Transport- und Logistikindustrie. Heute ist er der CIO der Deutschen Bahn AG.

Saskia Kwoka

Ausbildung zur Reiseverkehrskauffrau und mehrjährige Tätigkeit in einem Geschäftsreisebüro. Anschliessend Tourismus-Management Studium bei Prof. Dr. Schulz. 2008 hat sie Ihr Studium mit dem Diplom abgeschlossen. Forschungsgebiete sind Geschäftreisemanagement und IT-Einsatz im Tourismus. Aktuell arbeitet sie bei einem mittelständischen Reiseveranstalter in der Schweiz.

Prof. Christian Maurer

Prof. Christian Maurer hat an der Universität Wien (Österreich) und an der University of Hull (England) studiert. Seit 2005 ist er Professor für E-Tourismus an der IMC Fachhochschule in Krems, Österreich. Er verfügt über langjährige Erfahrung im E-Tourismus, E-Marketing und E-Commerce. Von 2000 bis 2004 arbeitete Christian Maurer bei der Österreich Werbung in Wien und war für den Betrieb und die Weiterentwicklung des Internet-Portals www.austria.info verantwortlich.
Christian Maurer ist Co-Autor des von der ETC/UNWTO 2014 herausgegebenen *Handbooks on E-marketing for Tourism Destinations* und er hat weiters Forschungsartikel über Social Media Anwendungen und Digital Divide im Tourismus veröffentlicht. Zudem ist Christian Maurer Gründer der International Student Conference in Tourism Research (ISCONTOUR). Er ist aktives Mitglied der International Federation of Information Technology for Travel and Tourism (IFITT) sowie Mitglied des Organisationskommitees der in Österreich gegründeten Initiative Tourismus 2020.

Carolin Raab

Dipl. Kffr. (FH) Carolin Raab studierte an der Fachhochschule in Wilhelmshaven Tourismuswirtschaft. Nach dem Berufseinstieg bei der HolidayCheck AG, der Marketingassistenz bei der Nordseebad Carolinensiel-Harlesiel GmbH und der Arbeit als Wissenschaftliche Mitarbeiterin an der Jade Hochschule ist Frau Raab seit 2014 Lehrkraft für besondere Aufgaben mit Schwerpunkt im Online-Studiengang Tourismuswirtschaft der Jade Hochschule. Neben der Lehre im Bereich Informationsmanagement und E-Tourism engagiert sich Frau Raab auch bei unterschiedlichen touristischen Projekten in der Region.

Prof. Dr. Axel Schulz

Prof. Dr. Axel Schulz lehrt Tourismusmanagement an der Hochschule Kempten. Nach dem Studium der Betriebswirtschaftslehre anschliessend Promotion zum Thema globale Distributionssysteme (GDS) und elektronische Märkte. Gleichzeitige Tätigkeit bei der Deutschen Lufthansa AG im Marketingbereich, Projektleiter für Neue Medien. Forschungsschwerpunkte sind Management von Verkehrsträgern & Informationsmanagement im Tourismus.

Mareke Tetz

Mareke Tetz B.A. ist seit 2011 Wissenschaftliche Mitarbeiterin an der Jade Hochschule in Wilhelmshaven und ist u. a. für den Aufbau und die Betreuung des Online-Studiengangs Tourismuswirtschaft zuständig. Darüber hinaus arbeitet sie in touristischen Forschungsprojekten. Frau Tetz ist gelernte Reiseverkehrskauffrau und studierte danach Tourismuswirtschaft mit dem Abschluss als Bachelor of Arts an der Jade Hochschule. Derzeit absolviert sie berufsbegleitend ein Master-Studium der Betriebswirtschaftslehre an der PFH Göttingen (Abschluss Master of Arts, voraussichtlich September 2015).

Prof. Dr. Uwe Weithöner

Prof. Dr. Uwe Weithöner, Studium der Wirtschaftswissenschaften mit Abschluss als Diplom-Ökonom an der Universität Hannover. Wissenschaftlicher Mitarbeiter am Institut für Unternehmensplanung der Universität Hannover, Promotion.

Dozent und Abteilungsleiter bei einem privaten Bildungsträger, Fachgebiet Wirtschaftsinformatik. Projektleiter bei der damaligen TUI Software GmbH, Software-Entwicklung für Reisemittler und Reiseveranstalter.

Seit Wintersemester 1993/94 Professor für Wirtschaftsinformatik mit dem Schwerpunkt Tourismuswirtschaft an der Hochschule in Wilhelmshaven.

Nebenamtlich: Berater für tourismuswirtschaftliche IT-Systeme.

Seit 2008 Mitglied des Hochschulpräsidiums, u. a. zuständig für die IT- und Mediensysteme der Jade Hochschule.

Stichwortverzeichnis